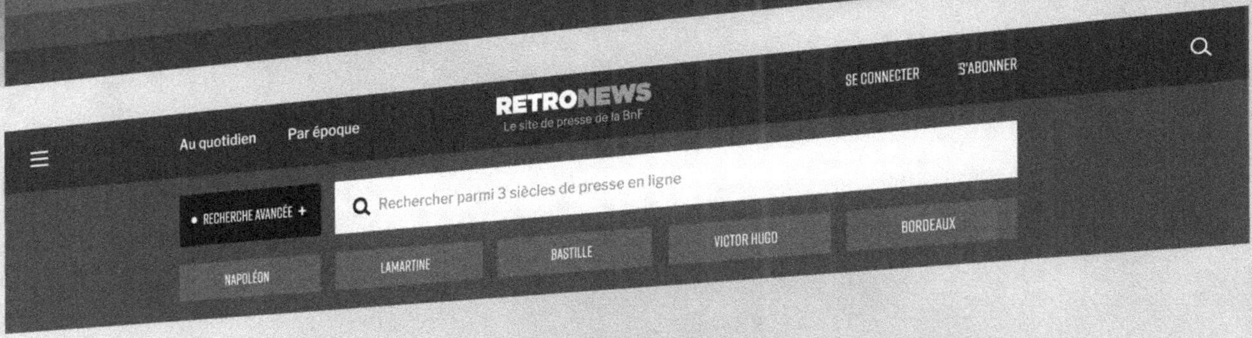

VINGT-SEPTIÈME ANNÉE.

BULLETIN MENSUEL
DE LA
SOCIÉTÉ D'ACCLIMATATION

Fondée le 10 février 1854

RECONNUE COMME ÉTABLISSEMENT D'UTILITÉ PUBLIQUE
PAR DÉCRET DU 26 FÉVRIER 1855

3e SÉRIE
TOME VII
N° 1
Janvier 1880

SOMMAIRE.

I. Travaux des membres de la Société.

MM. Le docteur MOREAU. — Les strongles du larynx chez les faisans......... 1

J. FALLOU. — Tentative d'une éducation en plein air des *Attacus Pernyi* (G. Mén.) et *Cecropia*.................... 7

II. Travaux adressés et communications faites à la Société.

JACQUES LE MERRER. — Notes sur la reproduction de divers oiseaux exotiques (*Ptilopachus fuscus*, *Rynchotis rufescens*, *Euplocomus ehrythrophtalmus*........................ 11

WILLIAM WOOLLS. — Sur les *Eucalyptus*.................... 16

III. Extrait des Procès-verbaux des séances de la Société.

RAVERET-WATTEL — Séances générales des 9 et 23 janvier 1880...... 20, 33

IV. Extrait des Procès-verbaux des séances des Sections.

CHRISTIAN LE DOUX et CRETTÉ DE PALLUEL. — Séances des 16, 23 et 30 décembre 1879, 6, 12 et 27 janvier 1880.................. 45, 47

V. Faits divers et extraits de correspondance.

COMTE LE COUTEULX DE CANTELEU. — Les chevaux de Dongola......... 48

VI. Bulletin bibliographique.

Le Rosier, culture et multiplication, par J. LACHAUME, 52. — Notice historique sur la pisciculture, par H. BOUT, 53. — Journaux et Revues, 54. — Publications nouvelles, 56. (*Notices et analyses*, par M. AIMÉ DUFORT.)

PARIS
AU SIÈGE DE LA SOCIÉTÉ
HÔTEL LAURAGUAIS RUE DE LILLE, 19.

AVIS AUX AUTEURS ET ÉDITEURS

BULLETIN

DE LA

SOCIÉTÉ D'ACCLIMATATION

PARIS. — IMPRIMERIE EMILE MARTINET, RUE MIGNON, 2.

BULLETIN

DE LA

SOCIÉTÉ D'ACCLIMATATION

FONDÉE LE 10 FÉVRIER 1854

RECONNUE ÉTABLISSEMENT D'UTILITÉ PUBLIQUE

PAR DÉCRET DU 26 FÉVRIER 1855

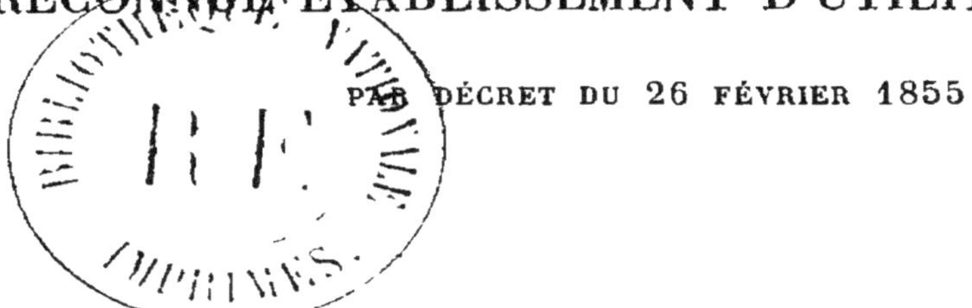

3e SÉRIE — TOME VII

1880

VINGT-SEPTIÈME ANNÉE

PARIS

AU SIÉGE DE LA SOCIÉTÉ

HÔTEL LAURAGUAIS, RUE DE LILLE, 19

880

SOCIÉTÉ D'ACCLIMATATION

ORGANISATION POUR L'ANNÉE 1880

Conseil — Délégués. — Commissions. — Bureaux des Sections

CONSEIL D'ADMINISTRATION

BUREAU

MM. DROUYN DE LHUYS, de l'Institut, *Président honoraire.*
H. BOULEY, de l'Institut,
Ernest COSSON, de l'Institut,
Le comte d'ÉPRÉMESNIL,
DE QUATREFAGES, de l'Institut,
} *Vice-présidents.*
A. GEOFFROY SAINT-HILAIRE, *Secrétaire général.*
E. DUPIN, *Secrétaire pour l'intérieur.*
Maurice GIRARD, *Secrétaire du Conseil.*
C. RAVERET-WATTEL, *Secrétaire des séances.*
P. L.-H. FLURY-HÉRARD, *Secrétaire pour l'étranger.*
Edgar ROGER, *Trésorier.*
Amédée BERTHOULE, *Archiviste-bibliothécaire.*

MEMBRES DU CONSEIL

MM. Camille DARESTE.
DUCHARTRE, de l'Institut.
Aimé DUFORT.
Alfr. GRANDIDIER.
Fréd. JACQUEMART,
Henri LABARRAQUE.

MM. Saint-Yves MÉNARD.
Alph. MILNE EDWARDS.
P.-A. PICHOT.
Marquis de SELVE.
Marquis de SINÉTY.
Léon VAILLANT.

Vice-présidents honoraires : MM. le prince Marc de BEAUVAU, et RICHARD (du Cantal).

Membre honoraire du Conseil : M. de RUFZ DE LAVISON.

Agent général : M. Jules GRISARD.

DÉLÉGUÉS DU CONSEIL EN FRANCE.

Boulogne-s.-Mer, MM. Alex. Adam.
Douai, L. Maurice.
Le Havre, Henri Delaroche.
La Roche-sur-Yon, D. Gourdin.
Poitiers, Malapert père
Saint-Quentin, Theillier-Desjardins.
Toulon, Turrel.

DÉLÉGUÉS DU CONSEIL A L'ÉTRANGER.

Batavia, MM. J.-C. Ploem.
Cernay (Alsace), A. Zurcher.
Mexico, Chassin.
Milan, Ch. Brot.
New-Orléans, Ed. Sillan.
Odessa, P. de Bourakoff.
Pesth (Hongrie), Ladislas de Wagner.
Philadelphie, MM. Th. Wilson.
Québec, Henry Joly de Lotbinière.
Rio-Janeiro, De Capanema.
Téhéran, Tholozan.
Wesserling, Gros-Hartmann.

COMMISSION DE PUBLICATION.

MM. Le Président et le Secrétaire général, *membres de droit.*
E. Dupin, *Secrétaire pour l'intérieur.*
Maurice Girard, *Secrétaire du Conseil.*
Raveret-Wattel, *Secrétaire des séances.*
Flury-Hérard, *Secrétaire pour l'étranger.*
Edgar Roger, *Trésorier.*
Duchartre, de l'Institut, } *Membres du Conseil.*
Marquis de Selve, }

COMMISSION DES CHEPTELS.

MM. le Président et le Secrétaire général, *membres de droit.*

Membres pris dans le Conseil.

MM. Amédée Berthoule.
Maurice Girard.
Saint-Yves Ménard.
Edgar Roger.

Membres pris dans la Société.

MM. P. Carbonnier.
Docteur Ed. Mène.
Ant. Quihou.
Eug. Vavin.

COMMISSION DES FINANCES.

MM. le Président et le Secrétaire général, *membres de droit.*

MM. Amédée Berthoule.
Eug. Dupin.
MM. Frédéric Jacquemart.
Edgar Roger.

COMMISSION MÉDICALE.

MM. le PRÉSIDENT et le SECRÉTAIRE GÉNÉRAL, *membres de droit.*

MM. DUCHARTRE.
E. HARDY.
H. LABARRAQUE.

MM. MAISONNEUVE.
MARAIS.
Édouard MÈNE.

COMMISSION PERMANENTE DES RÉCOMPENSES.

MM. le PRÉSIDENT et le SECRÉTAIRE GÉNÉRAL, *membres de droit.*

Délégués du Conseil :

MM. H. LABARRAQUE.
Amédée BERTHOULE.

MM. RAVERET-WATTEL.
Marquis DE SINÉTY.

Délégués des sections :

Première section. — *Mammifères.* — MM. Saint-Yves MÉNARD.
Deuxième section. — *Oiseaux.* — CRETTÉ DE PALLUEL.
Troisième section. — *Poissons, etc.* — C. MILLET.
Quatrième section. — *Insectes.* — Marquis de GINESTOUS.
Cinquième section. — *Végétaux.* — Docteur E. MÈNE.

BUREAUX DES SECTIONS.

1re Section. — Mammifères.

Geoffroy St-Hilaire, *dél. du Conseil.*
St-Yves Ménard, *président.*
Tellier, *vice-président.*
Auteroche, *secrétaire.*
Vicomte d'Esterno, *vice-secrétaire.*

2e Section. — Oiseaux.

Edgar Roger, *délégué du Conseil.*
Cretté de Palluel, *président.*
N. Masson, *vice-président.*
Lemoine, *secrétaire.*
N. Meyer, *vice-secrétaire.*

3e Section. — Poissons, etc.

L. Vaillant, *délégué du Conseil.*
C. Millet, *président.*
Léon Vidal, *vice-président.*
R. de Ginestous, *secrétaire.*
Ed. Renard, *vice-secrétaire.*

4e Section. — Insectes.

Maurice Girard, *délégué du Conseil*
Marquis de Ginestous, *président.*
Jules Fallou, *vice-président.*
A.-L. Clément, *secrétaire.*
N***, *vice-secrétaire.*

5e Section. — Végétaux.

Duchartre, *délégué du Conseil*
Eug. Vavin, *président.*
Ch. Joly, *vice-président.*
Jules Grisard, *secrétaire.*
Paillieux, *vice-secrétaire.*

VINGT-CINQUIEME LISTE SUPPLÉMENTAIRE DES MEMBRES

Admissions du 30 mai 1879 au 11 juin 1880.

Allaire, ancien notaire, à Neuilly (Seine).
Arcos (Santiago), 14, rue Nitot, à Paris.
Aubusson (Louis d'), 58, rue Jacob, à Paris.
Baird (Spencer F.), président de la Commission des pêcheries nationales, à Washington (États-Unis).
Augy (Guillaume d'), 45, rue de l'Arquebuse, à Châlons-s.-Marne (Marne).
Balmes, notaire, à Ginestas (Aude).
Barre de Nanteuil (baron de la), propriétaire à Portillon, près Tours (Indre-et-Loire).
Basset (le docteur), 12, boulevard du Temple, à Paris.
Bassy (Salvador), directeur des corps télégraphiques, à Almeria (Espagne).
Bastide (Scevola), au château d'Agnac, par Fabrègues (Hérault).
Baume-Pluvinel (comte de la), 217, boulevard Saint-Germain, à Paris.
Beauvoir (marquis de), 15, rue de Miromesnil, à Paris.
Becq-Rouger, architecte-voyer de la ville de Tours (Indre-et-Loire).
Bellonnet (de), au château de Lys, par Moulins (Allier).
Bernard (Salomon), négociant, 31, avenue de Neuilly, à Neuilly (Seine).
Bigeau (Edmond), au château de Bourmois, commune de Saint-Martin-la-Place, par Les Rosiers (Maine-et-Loire).
Billitzer (Joseph), 19, rue Vintimille, à Paris.
Bloch (Émile), 6, rue du Marché, à Neuilly (Seine).
Bochet (L. P.), propriétaire, fondateur de la colonie de Fouilleuse, 8, boulevard de Clichy, à Paris.
Bonnaric (Joseph), 69, rue de Rome, à Paris.
Borsella (Joseph), architecte, à Castropignano, Molise (Italie).
Bouchereaux (Alfred), fabricant de meubles, 30, rue du Pont, à Choisy-le-Roi (Seine).
Boudinhou (Adrien), ingénieur, à Saint-Chamond (Loire).
Bourjuge, avocat, 13, rue Lenepveu, à Angers (Maine-et-Loire).
Bouvaist (Alfred), 62, rue Richelieu, à Paris.
Brisay (Marquis Achille de), propriétaire, à Auray (Morbihan).
Bruyère (Ernest), propriétaire, à Pont-Saint-Esprit (Gard).
Bruyère (Robert), propriétaire, à Pont-Saint-Esprit (Gard).
Burton (Charles), administrateur du chemin de fer du Nord, 6, avenue de Messine, à Paris.

CAMONDO (comte J. de), 61, rue de Monceau, à Paris.
CARON (Henri), 69, rue Sainte-Anne, à Paris.
CHAPUT fils aîné, horticulteur, à Bourges (Cher).
CHARLTON-PARR, à Grappenhall Heyes, Warrington (Angleterre).
CHENU (Charles), au château de Coteau, par Mehun-sur-Yèvre (Cher).
CHEVIGNÉ (comte de), 1, avenue Percier, á Paris.
CLAIRCY (Marius de), 9, boulevard de la Saussaye, à Neuilly (Seine).
CLÉMENT (A.-L.), chimiste, 34, rue Lacépède, à Paris.
CLÉMOT (Benjamin), curé, à Vouneuil-sous-Biard, par Poitiers (Vienne).
CLERMONT (Gaston de), aux Ormes, par Varennes (Loiret).
CONTE (Gustave), au domaine de Sainte-Lucie-d'Aussun, commune de Boutenac (Aude).
CORNILLON (Paul), rue Caumartin, 58, à Paris.
COUSTÉ, 78, avenue Joséphine, à Paris, et Pavillon-Royal, près Seine-Port (Seine-et-Marne).
CROUZAT (Léon), propriétaire, à Ventenac, canton de Ginestas (Aude).
DAMAS (comte Ch. Georges de), au château de Cirey-sur-Blaise (Haute-Marne).
DAVID (Emile), au Tlélat, province d'Oran (Algérie).
DAVID DE LA MOTTE (Armand), à Chavignon-la-Bannière (Aisne), et 37, rue de la Chaussée d'Antin, à Paris.
DAVILLIER (Henri), régent de la banque de France, 14, rue Roquépine, à Paris.
DAVILLIER (Maurice), banquier, avenue de Messine, à Paris.
DECROIX (Félix), fabricant de sucre, à La Fère (Aisne).
DELCHEVALERIE, propriétaire, à Chaumes (Seine-et-Marne).
DELFOUR (Joseph), propriétaire, au château de Salgues, par Gramat (Lot).
DELORE père (Eugène), banquier, 74, faubourg Saint-Martin, à Paris.
DENAIX (François), propriétaire, à Gondrecourt (Meuse).
DEPONTAILLER (Jules), 18, rue de Berlin, à Paris.
DIETERLIN (A.), industriel, à Rothau (Alsace-Lorraine).
DIOT aîné, propriétaire, 25, rue de la Terrasse, à Autun (Saône-et-Loire).
DOJMI (le docteur Laurent), à Lissa (Dalmatie).
DORTAN (comte de), 16, rue Martignac, à Paris.
DREVET (Auguste), propriétaire, 18, rue de Lisbonne, à Paris.
DUQUESNAY (Jules), ingénieur, passage Masséna, 8, à Neuilly (Seine).
FABRE (Adrien), propriétaire, à Perpignan, (Pyrénées-Orientales).
FABY (de), lieutenant-colonel en retraite, au château de la Villechaperon, près Moncontour (Côtes-du-Nord).
FAVRE (Benoit), propriétaire, au château de Grande-Vallée, par Blangy-sur-Bresle (Seine-Inférieure).
FÉDIT (Charles), négociant, 92, rue de Rivoli, à Paris.

FORGET (Georges), à la Terre de Gourvillette, par Beauvais-sur-Matha (Charente-Inférieure).

FOY (comte Fernand), propriétaire, 85, faubourg Saint-Honoré, à Paris.

FREMOND (Alphonse), ingénieur civil, 11, avenue Rapp, à Paris.

GERMAIN (Antoine), 24, rue Nicolo, à Paris.

GIBERT (Édouard), 31, rue d'Amsterdam, à Paris.

GINOUX, propriétaire, au château de Sucy, près Grosbois-en-Brie (Seine-et-Oise).

GOUPIL (Adolphe), éditeur, 9, rue Chaptal, à Paris.

GOURCY-SERAINCHAMP (comte de), au château de Leignon, par Ciney (Belgique).

GUIGNEZ (Paul), 170, avenue de Neuilly, à Neuilly (Seine).

GUILLAUME (L.), lieutenant-colonel en retraite, 5 *bis*, passage Masséna, à Neuilly (Seine).

HAUREGARD (Albert), propriétaire, 112, boulevard Voltaire, à Paris.

HAYS, filateur, à Saint-Maixent (Deux-Sèvres).

HOCEDÉ DU TREMBLAY (Pierre), propriétaire, au château de Rubelles, près Melun (Seine-et-Marne).

HUET (Léonce-Théodore), propriétaire, à Étampes (Seine-et-Oise).

JACQUEMART-PONSIN (Adolphe), 4, place Godinot, à Reims (Marne).

JAMRACH (William), 6, Somerset Villas, Lordship road Stoke, Newington (Angleterre).

JEAN (G.), propriétaire, 20, rue du Regard, à Paris.

JOFFRION (Ludovic), rue Saint-François, à Niort (Deux-Sèvres).

LAFLÈCHE (Jules-Henri), 59, rue de Rambuteau, à Paris.

LAGORBE (Eug.), à Laplacette, commune de Cayrols, canton de Saint-Mamet (Cantal).

LALEU (Ollivier de), propriétaire, au château de la Cour, à Saint-Martin-Ville-Anglose, par Saint-Denis d'Anjou (Mayenne).

LANG (Gustave), propriétaire, 6, Uhlandstrass, à Stuttgard.

LANGLADE (baron de), au château de Langlade, par Issoire (Puy-de-Dôme).

LAOUR (E.), propriétaire, 18, rue Soufflot, à Paris.

LECLERC (Pierre-Léon), propriétaire, avenue de Neuilly, 182, à Neuilly (Seine).

LEENHARDT-POMMIER (Jules), propriétaire, au domaine de Verchant, près Montpellier (Hérault).

LEFÈVRE (Claude), industriel, à Larrich-Extra, près Tours (Indre-et-Loire).

LE PELLETIER, propriétaire, avenue du Roule, à Neuilly (Seine).

LEROY (Henri-Abel), 74, rue d'Amsterdam, à Paris.

LEROY, horticulteur, à Bourg-la-Reine (Seine).

LESBAUPIN (J.-B.), juge doyen au tribunal civil de Saint-Malo, à la Barre (Ille-et-Vilaine).

LESCURE (le docteur Charles), 48, rue des Abbesses, à Paris.
LESPIAULT (Hippolyte), propriétaire, 182, route de Versailles, à Billancourt (Seine).
LEVY (Léopold), 83, boulevard Magenta, à Paris.
LOISEL (A.), propriétaire, à la Rivière-Thibouville (Eure).
LORGERIL (comte Victor de), au château du Colombier-en-Hénon, près Moncontour de Bretagne (Côtes-du-Nord).
LOUIS (Placide), régisseur, au château de Gouville, par Fontaine-le-Bourg (Seine-Inférieure).
LOUVET (Alfred), ancien avoué, 115, avenue de Neuilly, à Neuilly (Seine).
LUGOL (E.), propriétaire, 11, rue Téhéran, à Paris.
MAHIEU (Louis-Désiré), propriétaire, à Saint-Maur (Seine).
MARAIS (Paul), négociant, 31, rue des Feuillantines, à Paris.
MARES (Gustave-Jaunez des), propriétaire, au Mont-Jarry, commune du Val-Saint-Père, près Avranches (Manche).
MARRIQUE, expert comptable, 37, rue de la Longue-Main, à Bruxelles (Belgique).
MARTIN (Miguel Francisco de), secrétaire de la légation du Guatémala, 2, rue Blanche, à Paris.
MARTINEAU (Jules), rue des Douvres, à Niort (Deux-Sèvres).
MASSIAS (Osmain), propriétaire, au château de Longueville, près Marmande (Lot-et-Garonne).
MEFFRAY (comte de), 32, rue de la Ville-l'Évêque, à Paris.
MEHEMET-ALI-BEY (S. Exc.), maître des cérémonies de la Maison S. A. le khédive, au Caire (Egypte).
MENNESON (Henry), Esplanade Cérès, à Reims (Marne).
MERCIER (Achille), avenue d'Eylau, 44, à Paris.
MESTAYER (Gaston), propriétaire, 52, rue de Grenelle, à Paris.
MION (Georges), 11, rue Rondelet, à Montpellier (Hérault).
MOLINIER (Émile), négociant, à Mèze (Hérault).
MONTROUGE (Louis), propriétaire, à Vez-sur-mer, près Courseuille (Calvados.
MUIZON (Maurice de), 31, rue de Lille, à Paris.
MURRAY, major en disponibilité dans l'armée des Indes, Portigliolo, à Ajaccio (Corse).
NAVOIT, propriétaire, 17, rue Morère, à Paris.
NOLTE (Ch.-Georges), propriétaire, 10, rue du Marché, à Neuilly (Seine).
NUEROS (Perez de), ancien professeur à l'Université de Barcelone, à San Sebastian (Espagne).
PARLIER (Louis), négociant, 2, rue des Balances, à Béziers (Hérault).
PENDRIEZ (Albert), propriétaire, à Saint-Marcel (Aube).
PÉNEAU (Émile), propriétaire, 26, avenue de Launay, à Nantes (Loire-Inférieure).

PETIT (Achille), négociant, à Gémozac (Charente-Inférieure).
PHÉTU (Émile), 17, rue Saint-Germain, à Puteaux (Seine).
POTHIER (François), ingénieur, 6, rue de Penthièvre, à Paris.
PRÉVOST (Léon), graveur, rue Honoré-Chevalier, à Paris.
PUYO (Édouard), vice-consul de Suède et de Norvége, à Morlaix (Finistère).
QUYO (Charles), 11, avenue de Madrid, à Neuilly (Seine).
RAFINESQUE (le docteur), 52, rue de la Tour, à Paris.
RAINNEVILLE (le vicomte J. de), sénateur, 32, rue de la Ville-l'Évêque, à Paris.
RAMBAUD (Antonin), propriétaire, 23, rue d'Antin, Paris.
REDON (de), au château des Grèzes, près Brioude (Haute Loire).
REINE (Charles), directeur de la papeterie de Brouains, près Sourdeval (Manche).
RIENCOURT (comte Hugues de), ancien conseiller général de la Seine, 12, rue d'Aguesseau, à Paris.
RIOUST DE LARGENTAYE (Jacques), propriétaire, au château de Largentaye, Plancoët (Côtes-du-Nord).
RIUGEL (Émile), station Schtschurowo, chemin de fer de Rjaran (Russie).
RIVAUD DE LA RAFFINIÈRE (comte Charles), propriétaire, au château de la Raffinière, par Chaunay (Vienne).
ROBINEAU (F. de), propriétaire, château de Vallières, près Candé (Maine-et-Loire).
ROCHEBROCHARD (Louis de la), à Niort (Deux Sèvres).
ROCHEQUAIRIE (Comte de), à Aulnay-en-Poitou, par Martaizé (Vienne).
ROCHET (Alfred), 5, rue de Vienne, à Paris.
ROSEN (baron Georges, de), au château de Strythagon, par Harlem (Pays-Bas).
ROUXELIN (Victor-Louis), propriétaire, à la Ferté-sous-Jouarre (Seine-et-Marne).
SALVAGO (Nicolas), propriétaire, à Athènes, (Grèce), et 28, allées des Capucines, à Marseille.
SAMESHIMA (S. Exc. Naonobou), ministre plénipotentiaire du Japon, 75, avenue Joséphine. à Paris.
SARDIN-MACÉ (Jules-André), propriétaire, aux Diablaires-en-Bonnemain, par Combourg (Ille-et-Vilaine).
SAURY (Émile), pharmacien, à Aurillac (Cantal).
SAXE-COBOURG-GOTHA, duc de Saxe (S. A. R. Mgr le prince Ferdinand).
SECRÉTAT, propriétaire, au château de l'Ardinalie, près Saint-Pierre de Chignac (Dordogne).
SCHWESTER (Albert), 2, rue des Princes, à Meudon (Seine-et-Oise).
SEIGNETTE (Henri), à la Gripperie, par Saint-Agnant (Charente-Inférieure).
SIMON (A.), rue de l'Ascension, 14, à Bruxelles (Belgique).
SŒHNLIN (Dagobert), propriétaire, 83, rue de l'Abbé-Groult, à Paris.

SOUILLIER (Jules-Maurice), propriétaire, à Bazancourt (Marne).
SPELTZ (Nicolas), 78, avenue des Ternes, à Paris.
STURNE (Gustave), aviculteur, 31, rue Chef-de-Ville, à Clamart (Seine).
TALMIER, pharmacien, 102, faubourg Saint-Denis, Paris.
TERTRAIS (Victor), maire de Vertous, près Nantes (Loire-Inférieure).
THAUVIN, notaire, à Orléans (Loiret).
THINET, négociant, 15, rue du Grenier-Saint-Lazare, à Paris.
TROUETTE (Édouard), pharmacien de première classe, ex-interne des hôpitaux, 68, rue de Rivoli, à Paris.
VAN DER LAAN (le docteur), à Lisbonne (Portugal).
VERNE (Victor du), propriétaire, au château de La Croix, commune de Varennes-les-Nevers (Nièvre).
VERRIER (Alfred), propriétaire, 103, avenue de Neuilly, à Neuilly (Seine).
VINCENS (le docteur Joseph), à Saint-André-de-Sangonis (Hérault).
VINENT, marquis DE PALOMARÈS (Santiago), propriétaire, 52, rue Charles-Laffite, à Neuilly (Seine), et à Séville (Espagne).
VUILLEFROY DE SILLY (Eugène de), 17, rue Neuve-Saint-Augustin, à Paris.

SOCIÉTÉS AGRÉGÉES :

Commissariat national d'agriculture des États-Unis de Colombie, à Bogota.
Société zoologique de Bâle (Suisse).

VINGT-TROISIÈME SÉANCE PUBLIQUE ANNUELLE

DE DISTRIBUTION DES RÉCOMPENSES

DE LA

SOCIÉTÉ D'ACCLIMATATION

PROCÈS-VERBAL.

La Société d'Acclimatation a tenu sa vingt-troisième séance publique annuelle de distribution des récompenses le vendredi 11 juin 1880, dans la salle du théâtre du Vaudeville, sous la présidence de M. de Quatrefages, membre de l'Institut, Vice-Président de la Société.

Au bureau siégeaient : M. Drouyn de Lhuys, membre de l'Institut, Président de la Société ; M. Ferdinand de Lesseps, membre de l'Institut; MM. H. Bouley, membre de l'Institut, et le comte d'Eprémesnil, Vice-Présidents de la Société ; M. Alb. Geoffroy-Saint-Hilaire, secrétaire général; MM. les Ministres des Pays-Bas, de la République Argentine, de Suisse, etc., etc.

Sur l'estrade se trouvaient placés MM. les membres du Conseil, les membres du bureau des diverses sections, les membres de la Commission des récompenses et un grand nombre de notabilités françaises et étrangères.

Une très nombreuse et brillante assemblée occupait la salle.

M. le marquis de Selve, membre du Conseil, avait bien voulu, comme les années précédentes, se charger d'introduire les invités et leur faire les honneurs de la séance avec plusieurs commissaires qu'il avait désignés à cet effet.

L'orchestre du Jardin d'Acclimatation, dirigé par M. Mayeur (de l'Opéra) prêtait son concours à cette solennité.

La séance a été ouverte par M. de Quatrefages, qui s'est exprimé en ces termes :

« MESDAMES ET MESSIEURS,

» Un usage, presque invariablement suivi jusqu'ici, veut que le Président de nos séances publiques ouvre cette solennité de famille en traitant rapidement quelqu'une des questions qui nous occupent. Mais, aujourd'hui, la plus courte allocution vous paraîtrait trop longue. — Vous êtes justement impatients d'entendre et d'applaudir l'homme extraordinaire qui a déjà séparé l'Asie de l'Afrique et mis en communication notre Méditerranée avec les mers de l'Arabie et des Indes; qui se prépare maintenant à couper l'Amérique en deux et à marier le Pacifique à l'Atlantique. Aussi ne garderai-je la parole que le temps nécessaire de dire pourquoi j'ai eu à la prendre. »

» Si j'occupe aujourd'hui le fauteuil, comme votre plus ancien Vice-Président, c'est que, — par un sentiment que nous devons respecter, tout en le regrettant, tout en protestant, — celui qui aurait dû s'y asseoir, a résisté à toutes nos instances. Mais, où qu'il lui ait convenu de prendre place, M. Drouyn de Lhuys n'en est pas moins, pour vous tous comme pour moi, le véritable Président de la séance; et c'est en son nom que je donne la parole à M. Ferdinand de Lesseps. »

Après cette allocution, vivement applaudie par l'Assemblée, M. de Lesseps a fait une conférence fort intéressante sur le percement de l'isthme de Panama, envisagé au point de vue de la facilité des relations avec l'Océan Pacifique, dont la science de l'acclimatation profitera plus qu'aucune autre. Le discours de l'éminent ingénieur a été couvert par les applaudissements unanimes de la salle.

Au moment de donner la parole à M. le Secrétaire général, M. le Président a fait connaître qu'il venait de recevoir l'avis que M. le Ministre de l'Instruction publique, avait, par arrêté du 9 juin, conféré à M. Jules Grisard, Agent général de la Société, les palmes académiques.

En remettant à notre dévoué collègue les insignes de cette distinction, M. de Quatrefages lui a adressé les paroles suivantes :

Monsieur Grisard,

« Je suis chargé par M. le Ministre de l'Instruction publique de vous remettre les insignes d'officier d'Académie. »

« C'est une mission que je remplis avec joie, car je vous sais digne de cette distinction. — Une Société libre, comme la nôtre, n'a pas seulement besoin de présidents qui, comme MM. Is. Geoffroy Saint-Hilaire et Drouyn de Lhuys, mettent à son service une influence justement acquise ; pas seulement de secrétaires généraux qui, comme MM. le comte d'Eprémesnil et Alb. Geoffroy-Saint-Hilaire lui consacrent tout le temps que leur laissent d'autres occupations; pas seulement d'un Conseil composé d'hommes à la fois entreprenants et sages. Le Président, le Secrétaire général, le Conseil sont les têtes de la Société; mais ils ne sauraient pas se passer d'une main et d'une main intelligente. Il leur faut un homme qui se voue cœur et âme à l'élévation des plans arrêtés en commun. »

» Depuis bien des années, vous avez été cet homme. La Société ne pouvait méconnaître vos services; et elle n'a été que juste en demandant pour vous les palmes universitaires que le Ministre a accordées avec un gracieux empressement. »

« Recevez-les, Monsieur, vous pouvez les porter avec la conscience de les avoir bien méritées. »

Ces paroles du Président ont été suivies d'applaudissements unanimes qui s'adressaient évidemment au nouveau dignitaire de l'Université.

M. le Secrétaire général a présenté ensuite le rapport au nom de la Commission des récompenses.

Il a été décerné cette année :

1° Deux titres de Membre honoraire;

2° Une médaille d'or offerte par le Ministre de l'agriculture et du commerce;

3° Une grande médaille d'or de la Société;

4° Deux grandes médailles d'argent à l'effigie d'Isidore Geoffroy Saint-Hilaire;

5° Trois prix d'une valeur totale de 1200 francs;

6° Deux primes d'une valeur totale de 400 francs;

7° Vingt médailles de première classe d'argent;

8° Neuf médailles de seconde classe de bronze;

9° Six mentions honorables;

10° Une récompense pécuniaire d'une valeur de 100 francs;

11° Les deux primes de 200 et de 100 francs, fondées par feu Agron de Germigny;

12° Quatre primes de 100 francs et deux de 50 francs, offertes par l'Administration du Jardin d'Acclimatation.

Le Secrétaire des séances,

RAVERET-WATTEL.

PRIX EXTRAORDINAIRES ENCORE A DÉCERNER(1)

GÉNÉRALITÉS.

1° — **1863.** — Prix pour les travaux théoriques relatifs à l'acclimatation.

§ I. Les travaux théoriques sur des questions relatives à l'acclimatation, publiés pendant les cinq années qui précèdent, pourront être récompensés, chaque année, par des prix spéciaux de 500 francs au moins.

La Société voudrait voir étudier particulièrement les causes qui peuvent s'opposer à l'acclimatation, et les moyens qui peuvent servir à prévenir ou à combattre leurs effets.

§ II. Il pourra, en outre, être accordé dans chaque section des primes ou des médailles aux auteurs de travaux relatifs aux questions dont s'occupe la Société.

Ces travaux devront être de nature à servir de guide dans les applications pratiques ou propres à les vulgariser.

Les ouvrages (imprimés ou manuscrits) devront être remis à la Société avant le 1er décembre de chaque année.

2° — **1867.** — Prix pour les travaux de zoologie pure, pouvant servir de guide dans les applications.

La Société, voulant encourager les travaux de *zoologie pure* (monographies génériques, recherches d'anatomie comparée, études embryogéniques, etc.), qui servent si souvent de guide dans les applications utilitaires de cette science et rendent facile l'introduction d'espèces nouvelles ou la multiplication ou le perfectionnement d'espèces déjà importées, décernera annuellement, s'il y a lieu, un prix de 500 francs au moins à la meilleure monographie de cet ordre publiée pendant les cinq années précédentes.

Elle tiendra particulièrement compte, dans ses jugements, des applications auxquelles les travaux de zoologie pure appelés à concourir auraient déjà conduit, que ces applications aient été faites par les auteurs de ces travaux ou par d'autres personnes.

Un exemplaire devra être déposé avant le 1er décembre.

3° — **1875.** — Des primes ou médailles pourront être accordées aux personnes qui auront démontré, pratiquement ou théoriquement, les procédés les plus favorables à la multiplication et à la conservation des animaux essentiellement protecteurs des cultures.

Concours ouvert jusqu'au 1er décembre 1880.

(1 Le chiffre qui précède l'énoncé des divers prix indique l'année de la fondation de ces prix. Tous les prix qui ne portent pas l'indication d'une fondation particulière sont fondés par la Société.

4° — 1867. — Prix perpétuel fondé par feu Mme GUÉRINEAU, née DELALANDE.

Une grande médaille d'or, à l'effigie d'Isidore Geoffroy Saint-Hilaire, et destinée à continuer les fondations faites les années précédentes, dans l'intention d'honorer la mémoire de l'illustre et intrépide naturaliste voyageur Pierre Delalande, frère de Mme Guérineau.

Cette médaille sera décernée, en 1881, au voyageur qui, en Afrique ou en Amérique, aura rendu depuis huit années le plus de services dans l'ordre des travaux de la Société, principalement au point de vue de l'alimentation de l'homme.

Les pièces relatives à ce concours devront parvenir à la Société avant le 1er décembre 1880.

5° — **1864.** — Introduction d'espèces nouvelles.

Il pourra être accordé, dans chaque section, des primes d'une valeur de 200 à 500 francs à toute personne ayant introduit quelque espèce nouvelle utile ou ornementale d'un réel intérêt.

6° — 1861. — Prix fondés par feu M. AGRON DE GERMIGNY.

Deux primes, de 200 francs et de 100 francs, seront décernées, *chaque année*, pour les bons soins donnés aux animaux ou aux végétaux, soit au Jardin d'acclimatation (200 francs), soit dans les établissements d'acclimatation se rattachant à la Société (prime de 100 francs).

Les pièces relatives à ce concours devront parvenir à la Société avant le 1er décembre de chaque année.

PREMIÈRE SECTION. — MAMMIFÈRES.

1° — **1870.** — Introduction en France des belles races asines de l'Orient.

On devra faire approuver par la Société d'Acclimatation les Anes étalons importés, et prouver que vingt saillies au moins ont été faites dans l'année par chacun d'eux.

Prix. — 1000 francs.

Concours prorogé jusqu'au 1er décembre 1880.

2° — **1868.** — Domestication complète, application à l'agriculture ou emploi dans les villes de l'Hémione (*Equus Hemionus*) ou du Dauw (*E. Burchelli*).

La domestication suppose la reproduction en captivité.

Concours prorogé jusqu'au 1er décembre 1880.

Prix. — 1000 francs.

3° — **1867.** — Métissage de l'Hémione ou de ses congénères (Dauw, Zèbre, Couagga) avec le Cheval.

On devra avoir obtenu un ou plusieurs métis âgés au moins d'un an.

Concours prorogé jusqu'au 1er décembre 1880.

PRIX. — 1000 francs.

4° — **1867.** — Propagation des métis de l'Hémione ou de ses congénères (Dauw, Zèbre, Couagga) avec l'Ane.

Ce prix sera décerné à l'éleveur qui aura produit le plus de métis. (Il devra en présenter quatre individus au moins.)

Concours prorogé jusqu'au 1er décembre 1880.

PRIX. — 1000 francs.

5° — **1867.** — Élevage de l'Alpaca, de l'Alpa-Lama et du Lama.

On devra présenter au concours 12 sujets nés chez l'éleveur et âgés d'un an au moins.

Concours prorogé jusqu'au 1er décembre 1885.

PRIX. — 1500 francs.

6° — 1869. — Prix perpétuel fondé par feu Mme Ad. DUTRONE, née GALOT.

Une somme annuelle de 100 francs sera, tous les trois ans, convertie en prime de 300 francs (ou médaille d'or de cette valeur), et décernée, *par concours*, au propriétaire ou au fermier qui, en France ou en Belgique, aura le mieux contribué à la propagation de la *race bovine désarmée* SARLABOT, créée par feu M. le conseiller Ad. Dutrône.

Ce prix sera décerné en 1881 et 1884.

7° — **1873.** — Chèvres laitières.

On devra présenter 1 Bouc et 8 Chèvres d'un type uniforme, et justifier que trois mois après la parturition les Chèvres donnent 3 litres de lait par jour et par tête.

Les concurrents devront présenter un compte des dépenses et recettes occasionnées par l'entretien du troupeau, et faire connaître à quel usage le lait a été employé (lait en nature, beurre, fromage).

PRIX. — 500 francs.

Concours ouvert jusqu'au 1er décembre 1885.

8° — **1874.** — Multiplication en France, à l'état sauvage (dans un grand parc clos de murs ou en forêt), du cerf Wapiti (*Cervus Canadensis*), du Cerf d'Aristote (*Cervus Aristotelis*) ou d'une autre grande espèce.

On devra faire constater la présence de dix individus au moins, nés à l'état de liberté, parmi lesquels six animaux seront âgés de plus d'un an.

PRIX. — 1500 francs.

Concours ouvert jusqu'au 1er décembre 1880.

9° — **1874.** — Multiplication en France, à l'état sauvage (dans un grand parc clos de murs ou en forêt), du Cerf axis (*Cervus axis*), du Cerf des Moluques (*Cervus Moluccensis*) ou d'une autre espèce de taille moyenne.

On devra faire constater la présence de dix individus au moins, nés à l'état de liberté, parmi lesquels six animaux seront âgés de plus d'un an.

PRIX. — 1000 francs.

Concours ouvert jusqu'au 1er décembre 1880.

10° — **1874.** — Multiplication en France, à l'état sauvage (dans un grand parc clos de murs ou en forêt), du Cerf-Cochon (*Cervus porcinus*), ou d'une autre espèce analogue.

On devra faire constater la présence de dix individus au moins, nés à l'état de liberté, parmi lesquels six animaux seront âgés de plus d'un an.

PRIX. — 500 francs.

Concours ouvert jusqu'au 1er décembre 1880.

11° — **1874.** — Multiplication en France, à l'état sauvage (dans un grand parc clos de murs ou en forêt), du Cerf Pudu (*Cervus Pudu*) ou d'une espèce analogue.

On devra faire constater la présence de dix individus au moins, nés à l'état de liberté, parmi lesquels six animaux seront âgés de plus d'un an.

PRIX. — 500 francs.

Concours ouvert jusqu'au 1er décembre 1880.

12° — **1874.** — Multiplication en France, à l'état sauvage (dans un grand parc clos de murs ou en forêt), de l'Antilope Canna (*Bos elaphus Oreas*) ou d'une autre grande espèce.

On devra faire constater la présence de dix individus au moins, nés à l'état de liberté, parmi lesquels six animaux seront âgés de plus d'un an.

PRIX. — 1500 francs.

Concours ouvert jusqu'au 1er décembre 1880.

13° — **1874.** — Multiplication en France, à l'état sauvage (dans un grand parc clos de murs ou en forêt), de l'Antilope Nylgau (*Portax picta*) ou d'une autre espèce de taille moyenne.

On devra faire constater la présence de dix individus au moins, nés à l'état de liberté, parmi lesquels six animaux seront âgés de plus d'un an.

PRIX. — 1000 francs.

Concours ouvert jusqu'au 1er décembre 1880.

14° — **1874.** — Multiplication en France, à l'état sauvage (dans un grand parc clos de murs ou en forêt), d'Antilopes de petite taille.

On devra faire constater la présence de dix individus au moins, nés à l'état de liberté, parmi lesquels six animaux seront âgés de plus d'un an.

PRIX. — 500 francs.

Concours ouvert jusqu'au 1er décembre 1880.

15° — **1873.** — Introduction en France de l'*Hydropotes inermis* (*Ke* ou *Chang*).

On devra avoir introduit au moins trois couples de *Ke* ou *Chang*, et faire constater que trois mois après leur importation ces animaux sont dans de bonnes conditions de santé.

Concours prorogé jusqu'au 1er décembre 1880.

PRIX. — 500 francs.

16° — **1873**. — Multiplication en France de l'*Hydropotes inermis* (*Ke* ou *Chang*).

On devra faire constater la présence de dix individus au moins âgés de plus d'un an et issus des reproducteurs importés.

Concours prorogé jusqu'au 1er décembre 1880.

PRIX. — 1000 francs.

17° — **1865**. — Domestication en France du Castor, soit du Canada, soit des bords du Rhône.

On devra présenter au moins quatre individus mâles et femelles, nés chez le propriétaire et âgés d'un an au moins.

Concours prorogé jusqu'au 1er décembre 1880.

PRIX. — 500 francs. — Le prix sera doublé si l'on présente des individus de seconde génération.

18° — **1875**. — Multiplication en France, à l'état sauvage (dans un grand parc clos de murs ou en forêt), de Kangurous de grande espèce.

On devra faire constater la présence de dix individus au moins, nés à l'état de liberté, parmi lesquels six animaux seront âgés de plus d'un an.

PRIX. — 1000 francs.

Concours ouvert jusqu'au 1er décembre 1880.

19° — **1875**. — Multiplication en France, à l'état sauvage (dans un grand parc clos de murs ou en forêt), de Kangurous de petite taille.

On devra faire constater la présence de dix individus au moins, nés à l'état de liberté, parmi lesquels six animaux seront âgés de plus d'un an.

PRIX. — 500 francs.

Concours ouvert jusqu'au 1er décembre 1880.

DEUXIÈME SECTION. — OISEAUX.

1° — **1875**. — Un prix de 500 francs sera accordé à l'inventeur d'un genre de nourriture artificielle ou composition pouvant remplacer partout et à un prix modéré les œufs de fourmis (nymphes et larves), pour l'élevage des Perdrix et des Faisans. On devra justifier du plein succès du procédé et livrer ce genre de nourriture à un prix qui ne sera pas plus élevé que celui des œufs de fourmis.

PRIX. — 500 francs.

Concours ouvert jusqu'au 1er décembre 1880.

2° — **1864**. — Introduction et acclimatation d'un nouveau gibier pris dans la classe des Oiseaux.

Sont exceptées les espèces qui pourraient ravager les cultures.
On devra présenter plusieurs sujets vivants de seconde génération
Concours prorogé jusqu'au 1er décembre 1880.
PRIX. — 500 à 1000 francs.

3° — **1870.** — Multiplication et propagation en France ou en Algérie du Serpentaire (*Gypogeranus Serpentarius*).

On devra présenter un couple de ces oiseaux de première génération, et justifier de la possession du couple producteur et des jeunes obtenus.
Concours ouvert jusqu'au 1er décembre 1880.
PRIX. — 1000 francs.

4° — **1868.** — Acclimatation du Martin triste (*Acridotheres tristis*), ou d'une espèce analogue, en Algérie ou dans le midi de la France.

On devra présenter cinq paires de ces oiseaux, adultes, de seconde génération.
Concours prorogé jusqu'au 1er décembre 1880.
PRIX. — 500 francs.

5° — **1870.** — Multiplication en France, à l'état sauvage, de la Pintade ordinaire (*Numida Meleagris*).

On devra faire constater l'existence, sur les terres du propriétaire, d'au moins quatre compagnies de Pintades de six individus chacune, vivant à l'état sauvage.
Concours prorogé jusqu'au 1er décembre 1880.
PRIX. — 250 francs.

6° — **1875.** — Multiplication en France, à l'état sauvage, du Faisan vénéré.

On devra faire constater l'existence d'au moins dix jeunes sujets vivant en liberté et provenant du couple ou des couples lâchés.
Concours prorogé jusqu'au 1er décembre 1880.
PRIX. — 500 francs.

7° — **1870.** — Création d'une race de Poules domestiques pondant de gros œufs.

On devra présenter au moins douze Poules de 3e génération, constituant une race stable, et donnant régulièrement des œufs atteignant le poids de 75 grammes. Cette race, créée par la sélection ou par croisement, devra présenter les caractères d'une variété de bonne qualité pour la consommation.
Concours ouvert jusqu'au 1er décembre 1880.
PRIX. — 500 francs.

8° — **1879.** — Reproduction en captivité du Lophophore (*Lophophorus refulgens*) en France.

On devra présenter au moins six sujets vivants nés chez le propriétaire et issus d'oiseaux nés en Europe.
Concours ouvert jusqu'au 1er décembre 1885.
PRIX. — 500 francs.

9° — **1867.** — Reproduction en captivité du Tragopan satyre (*Ceriornis satyra*) en France.

On devra présenter au moins six sujets vivants âgés d'un an, produits en captivité et nés chez le propriétaire.

Concours ouvert jusqu'au 1er décembre 1880.

PRIX. — 500 à 1000 francs.

10° — **1867.** — Introduction et multiplication en France, en parquets, du Tétras huppecol (*Tetrao Cupido*) de l'Amérique du Nord.

On devra présenter au moins douze sujets, complètement adultes, nés et élevés chez le propriétaire.

Concours prorogé jusqu'au 1er décembre 1880.

PRIX. — 250 francs.

Le prix sera doublé si la multiplication du Tétras huppecol a été obtenue en liberté.

11° — **1870.** — Multiplication en France, à l'état sauvage, de la Perdrix de Chine (*Galloperdix Sphenura*) ou d'une autre Perdrix percheuse.

On devra faire constater l'existence d'au moins six sujets vivant en liberté et provenant du ou des couples lâchés.

Concours ouvert jusqu'au 1er décembre 1880.

PRIX. — 300 francs.

12° — **1877.** — Importation des grosses espèces de Colins (originaires du Mexique et du Brésil) et des petites espèces de Tinamous de l'Amérique méridionale.

On devra avoir importé au moins six couples de ces oiseaux et justifier que trois mois après leur importation ils sont dans de bonnes conditions de santé.

PRIX. — 250 francs.

Concours ouvert jusqu'au 1er décembre 1880.

13° — **1877.** — Multiplication en volière des grosses espèces de Colins originaires du Mexique et du Brésil, ou des petites espèces de Tinamous de l'Amérique méridionale.

On devra présenter dix sujets vivants nés des oiseaux directement importés du pays d'origine.

PRIX. — 300 francs.

Concours ouvert jusqu'au 1er décembre 1880.

14° — **1876.** — Propagation des Pigeons voyageurs.

La Société d'Acclimatation, voulant encourager la propagation des Pigeons voyageurs, décernera annuellement, s'il y a lieu, des médailles ou des primes en argent aux personnes qui auront installé des colombiers peuplés de Pigeons voyageurs, reconnus de bonne race, dans les diverses régions de la France où il n'en existe pas encore.

Ces colombiers devront être installés dans les villes et de préférence dans les places fortes ; ils devront être peuplés de dix paires, au moins, de Pigeons voyageurs adultes reproducteurs.

Les candidats aux récompenses de la Société devront justifier que leurs Pigeons ont été entraînés et fournir des détails circonstanciés sur les épreuves subies par leurs oiseaux.

15° — **1870.** — Reproduction de la grande Outarde (*Otis tarda*) à l'état sauvage.

On devra prouver que trois couples au moins de grandes Outardes ont couvé et élevé leurs jeunes en France, sur les terres du propriétaire.

Concours ouvert jusqu'au 1er décembre 1880.

PRIX. — 250 francs.

16° — **1870.** — Domestication en France ou en Algérie de l'Ibis sacré (*Ibis religiosa*) ou de l'Ibis falcinelle (*Ibis falcinellus*), ou d'un autre oiseau destructeur des Souris, Insectes et Mollusques nuisibles dans les jardins.

Sont exceptées les espèces qui pourraient ravager les cultures.

On devra faire constater l'existence de quatre sujets au moins de première génération, vivant en liberté autour d'une habitation et nés de parents libres eux-mêmes dans la propriété.

Concours ouvert jusqu'au 1er décembre 1880.

PRIX. — 500 francs.

17° — **1857.** — Introduction et domestication en France du Dromée (Casoar de la Nouvelle-Hollande, *D. Novæ-Hollandiæ*), ou du Nandou (Autruche d'Amérique, *Rhea americana*).

On devra justifier de la possession d'au moins six Casoars ou Nandous, nés chez le propriétaire et âgés d'un an au moins, ou de quatre Casoars ou Nandous de seconde génération.

Concours prorogé jusqu'au 1er décembre 1885.

PRIX. — 1500 francs.

18° — **1867.** — Domestication de l'Autruche d'Afrique (*Struthio camelus*) en Europe.

On devra justifier de la possession d'au moins six Autruches nées chez le propriétaire et âgées d'un an au moins.

Concours prorogé jusqu'au 1er décembre 1880.

PRIX. — 1500 francs.

19° — **1879.** — Création en Algérie d'une ferme d'Autruches.

On devra être possesseur de dix couples, au moins, de reproducteurs, et avoir fait naître et élevé dans les trois années précédentes cent jeunes autruchons. Les concurrents ne seront pas tenus d'entretenir chez eux tous les jeunes produits; mais ils devront fournir des documents authentiques justifiant de la destination qui leur a été donnée.

Les concurrents devront présenter un compte des dépenses et recettes occasionnées par l'entretien du troupeau; faire connaître la valeur des plumes livrées au commerce; les procédés à employer pour la multiplication des jeunes (incubation naturelle ou hydro-incubateurs), et adresser à la Société un rapport circonstancié donnant tous les détails propres à l'éducation de l'Autruche en captivité.

Concours ouvert jusqu'au 1er décembre 1885.

PRIX. — 1000 francs.

20° — **1873**. — Domestication d'un nouveau Palmipède utile.

On devra présenter au moins dix sujets vivants de seconde génération produits en captivité.

Concours prorogé jusqu'au 1er décembre 1880.

Prix. — 1000 francs.

TROISIÈME SECTION. — POISSONS, MOLLUSQUES, ETC. CRUSTACÉS, ANNÉLIDES.

REPTILES.

1° — **1870**. — Introduction et multiplication en France de la Grenouille bœuf (*Rana mugiens*) de l'Amérique du Nord.

On devra justifier de la possession de vingt-cinq sujets nés chez le propriétaire.

Concours ouvert jusqu'au 1er décembre 1880.

Prix. — 250 francs.

POISSONS.

2° — **1873**. — Introduction dans les eaux douces de la France d'un nouveau Poisson alimentaire.

Les poissons introduits devront être au nombre de vingt au moins ; on devra justifier qu'ils ont été importés depuis plus d'un an.

Concours ouvert jusqu'au 1er décembre 1880.

Prix. — 500 francs.

3° — **1873**. — Acclimatation dans les eaux douces de la France d'un nouveau Poisson alimentaire.

Concours ouvert jusqu'au 1er décembre 1880.

Prix. — 1000 francs.

4° — **1873**. — Introduction dans les eaux douces de l'Algérie d'un nouveau Poisson alimentaire.

Les poissons introduits devront être au nombre de vingt au moins ; on devra justifier qu'ils ont été importés depuis plus d'un an.

Concours ouvert jusqu'au 1er décembre 1880.

Prix. — 500 francs.

Le prix sera doublé si le poisson introduit est le *Gourami* (*Osphromenus olfax*).

5° — **1873**. — Acclimatation dans les eaux douces de l'Algérie d'un nouveau Poisson alimentaire.

Concours ouvert jusqu'au 1er décembre 1880.

Prix. — 1000 francs.

Le prix sera doublé si le poisson acclimaté est le *Gourami* (*Osphromenus olfax*).

6° — **1873**. — Introduction dans les eaux douces de la Guadeloupe et de la Martinique d'un nouveau Poisson alimentaire.

Les poissons introduits devront être au nombre de vingt au moins ; on devra justifier qu'ils ont été importés depuis plus d'un an.

Concours ouvert jusqu'au 1er décembre 1880.

Prix. — 500 francs.

Le prix sera doublé si le poisson introduit est le *Gourami* (*Osphromenus olfax*).

7° — **1873.** — Acclimatation dans les eaux douces de la Guadeloupe et de la Martinique d'un nouveau Poisson alimentaire.

Concours ouvert jusqu'au 1er décembre 1880.

Prix. — 1000 francs.

Le prix sera doublé si le poisson acclimaté est le *Gourami* (*Osphromenus olfax*).

8° — **1876.** — Multiplication en France du *Salmo fontinalis* de l'Amérique du Nord.

On devra présenter au moins cinquante sujets, âgés d'un an, nés chez le propriétaire.

Concours ouvert jusqu'au 1er décembre 1880.

Prix. — 500 francs.

9° — **1874.** — Introduction en France du *Coregonus otsego* de l'Amérique du Nord.

Les poissons introduits devront être au nombre de vingt au moins, et l'on devra justifier qu'ils ont été importés depuis plus d'un an.

Concours ouvert jusqu'au 1er décembre 1880.

Prix. — 500 francs.

Si des multiplications du *Coregonus otsego* ont été obtenues en France, le prix sera doublé.

10° — **1879.** — Multiplication en France du *Salmo quinnat* de l'Amérique du Nord.

On devra présenter au moins 500 alevins, âgés d'un an, nés de parents existant dans les eaux du propriétaire depuis au moins dix-huit mois. L'état des reproducteurs devra être constaté au moment du frai par de pièces authentiques. On devra également faire constater l'époque de l'éclosion des œufs et faire connaître dans un rapport circonstancié les observations auxquelles donnerait lieu l'éducation de ces jeunes poissons.

Concours ouvert jusqu'au 1er décembre 1885.

Prix. — 500 francs.

11° — **1879.** — Propagation dans les eaux douces de la France de la grande Truite des lacs (*Salmo Lemanus*).

Concours ouvert jusqu'au 1er décembre 1885.

Prix. — 500 francs.

12° — **1879.** — Propagation dans les eaux de la France du Coregone Lavaret.

Concours ouvert jusqu'au 1er décembre 1885.

Prix. — 500 francs.

MOLLUSQUES.

13° — **1867.** — Acclimatation et propagation d'un Mollusque utile d'espèce terrestre, fluviatile ou marine, resté jusqu'à ce jour étranger à notre pays. — Cette acclimatation devra avoir donné lieu à une exploitation industrielle ; ses produits alimentaires ou autres seront examinés par la Société.

Concours prorogé jusqu'au 1er décembre 1880.

PRIX. — 500 francs.

14° — **1869.** — Reproduction artificielle des Huîtres. — Un prix de 1000 francs sera décerné pour le meilleur travail indiquant, *au point de vue pratique*, les méthodes les plus propres à assurer cette reproduction artificielle. L'ouvrage devra, en outre, faire connaître d'une manière précise les conditions à remplir pour obtenir les autorisations de créer des établissements huîtriers, et énumérer les travaux que comportent les bancs d'Huîtres naturels, aussi bien que les caractères auxquels on peut reconnaître qu'un banc est exploitable ; enfin quelles sont les mesures qu'il convient de prendre pour l'enlèvement du coquillage. En un mot, ce travail devra constituer un véritable *manuel d'ostréiculture*.

Concours prorogé jusqu'au 1er décembre 1880.

15° — **1879.** — Culture de la Moule sur les côtes méditerranéennes.

On devra justifier d'une superficie d'un hectare mis en culture, soit sur fond horizontal, soit sur bouchots, et ayant donné des produits alimentaires au moins une année.

Les concurrents devront joindre à l'appui de leur demande un mémoire indiquant, *au point de vue pratique*, les moyens les plus propres à assurer le succès de semblable industrie, et présenter un compte des dépenses occasionnées pour l'établissement de l'exploitation et des bénéfices qu'on peut en tirer.

Concours ouvert jusqu'au 1er décembre 1885.

PRIX. — 1000 francs.

CRUSTACÉS.

16° — **1867.** — Introduction et acclimatation d'un Crustacé alimentaire dans les eaux douces de la France, de l'Algérie, de la Martinique ou de la Guadeloupe.

Concours prorogé jusqu'au 1er décembre 1880.

PRIX. — 500 francs.

QUATRIÈME SECTION. — INSECTES.

1° — **1865.** — Acclimatation et multiplication soutenue pendant trois années au moins en Europe ou en Algérie d'un insecte producteur de cire, autre que l'Abeille ou les Mélipones.

Concours prorogé jusqu'au 1er décembre 1880.

PRIX. — 1000 francs.

SÉRICICULTURE.

2° — **1857.** — Acclimatation et multiplication soutenue pendant trois années au moins en France ou en Algérie d'une nouvelle espèce de Ver à soie produisant de la soie bonne à dévider ou à carder pour employer industriellement.

Le prix ne sera accordé que sur preuve d'une production annuelle de mille cocons au moins.

Concours prorogé jusqu'au 1er décembre 1880.

PRIX. — 1000 francs.

3° — **1863.** — Application industrielle de la soie des *Attacus Cynthia* et *Arrindia,* Vers à soie de l'Ailante et du Ricin.

On devra présenter plusieurs coupes d'étoffe formant ensemble au moins 50 mètres, et fabriquées avec la soie dévidée en fils continus de l'*Attacus Cynthia* ou de l'*A. Arrindia,* ou du métis de ces deux espèces et sans aucun mélange d'autres matières. Les tissus de bourre de soie sont hors de concours.

Concours prorogé jusqu'au 1er décembre 1880.

PRIX. — 1000 francs.

4° — **1878.** — Encouragement, en France, à un établissement industriel pouvant livrer à la consommation et prêtes à être tissées des soies grèges ou des filoselles des cocons d'une des espèces ci-après désignées :

Attacus Yama-maï, Pernyi, Cynthia, Cecropia, Polyphemus, etc., espèces qui ont déjà été l'objet d'éducations en France sur une échelle plus ou moins étendue.

Concours ouvert jusqu'au 1er décembre 1883.

PRIX. — 1000 francs.

5° — **1877.** — Vers à soie du Mûrier. — Études théoriques et pratiques sur les diverses maladies qui les atteignent. Les auteurs devront, autant que possible, étudier monographiquement une ou plusieurs des maladies qui atteignent les Vers à soie, en préciser les symptômes, faire connaître les altérations organiques qu'elles entraînent, étudier expérimentalement les causes qui leur donnent naissance et les meilleurs moyens à employer pour les combattre.

Concours ouvert jusqu'au 1er décembre 1880.

PRIX. — 1000 francs.

6° — **1870.** — Vers à soie du Mûrier. — Production dans le nord de la France de la graine de Vers à soie de races européennes par de petites éducations.

Considérant l'intérêt qu'il y aurait à encourager la production de la graine saine des Vers à soie du Mûrier de *races européennes,* les prix sont institués pour récompenser dans les bassins de la Seine, de la Somme, de la Meuse, du Rhin, ainsi que dans la portion septentrionale du bassin de la Loire, les petites éducations qui permettront de mettre au grainage des cocons provenant d'éducations dans lesquelles aucune maladie des Vers n'aura été constatée.

La Société n'admettra au concours du grainage que les graines de Vers à soie de races européennes.

Elle ne primera aucune éducation portant sur plus de 30 grammes de graine pour une même habitation.

Mise au grainage de plus de 50 kilogrammes de cocons :
DEUX PRIX de 500 francs chacun.
Mise au grainage de 25 à 50 kilogrammes de cocons :
DEUX PRIX de 200 francs chacun.
Mise au grainage de 10 à 25 kilogrammes de cocons :
QUATRE PRIX de 100 francs chacun.
Mise au grainage de 5 à 10 kilogrammes de cocons :
DIX PRIX de 50 francs chacun.

Ces primes seront distribuées chaque année, *s'il y a lieu*, jusqu'en 1880.

Les concurrents devront (cette condition est de rigueur) se faire connaître en temps utile, afin que la Société puisse faire suivre par ses délégués la marche des éducations et en constater les résultats.

APICULTURE.

7° — **1870.** — Études théoriques et pratiques sur les diverses maladies qui atteignent les Abeilles, et principalement sur la *loque* ou *pourriture du couvain*.

Les auteurs devront, autant que possible, en préciser les symptômes, indiquer les altérations organiques qu'elle entraîne, étudier expérimentalement les causes qui la produisent et les meilleurs moyens à employer pour la combattre.

Concours ouvert jusqu'au 1er décembre 1885.
PRIX. — 500 francs.

8° — **1870.** — Propagation en France de l'Abeille égyptienne (*Apis fasciata*).

On devra justifier de la possession de six colonies vivant chez le propriétaire depuis au moins deux ans, en bon état, sans dégénérescence ni hybridation, et de six bons essaims de l'année parfaitement purs, provenant des ruches mères ci-dessus désignées.

Concours ouvert jusqu'au 1er décembre 1880.
PRIX. — 500 francs.

9° — **1870.** — Introduction en France d'une Mélipone ou Trigone (Abeille sans aiguillon) américaine, australienne ou africaine.

Présenter une colonie vivant depuis deux ans chez le propriétaire.
Concours ouvert jusqu'au 1er décembre 1880.
PRIX. — 500 francs.

CINQUIÈME SECTION. — VÉGÉTAUX.

1° — **1873.** — Plantes de pleine terre utiles et d'ornement, introduites en Europe dans ces dix dernières années.

Les auteurs devront indiquer dans un livre, ou dans un mémoire étendu, les usages divers de ces plantes, leur pays d'origine, la date de leur introduction, la manière de les cultiver; les décrire et désigner les différentes variétés obtenues depuis leur importation, ainsi que les différents noms sous lesquels ces végétaux sont connus.

En d'autres termes, les ouvrages présentés au concours devront pouvoir servir de *guide pratique* pour la culture des plantes d'importation nouvelle.

Concours ouvert jusqu'au 1er décembre 1880; les ouvrages (manuscrits ou imprimés) devront être remis à la Société avant le 1er décembre.

PRIX. — 500 francs.

2° — **1866.** — Introduction en France et mise en grande culture d'une plante nouvelle pouvant être utilisée pour la nourriture des bestiaux.

Concours prorogé jusqu'au 1er décembre 1880.

1er PRIX. — 500 francs.

2e PRIX. — 300 francs.

3° — **1870.** — Introduction en France, sous le climat de Paris, d'une espèce végétale propre à être employée pour l'alimentation de l'homme, ou utilisable dans l'industrie ou en médecine.

On devra justifier des qualités de la plante introduite, et prouver qu'elle a été cultivée en pleine terre, durant trois années au moins, sous le climat de Paris, ou sous un climat analogue.

Concours ouvert jusqu'au 1er décembre 1880.

PRIX. — 500 francs.

1880. — Prix de 200 francs, fondé par M. GODEFROY-LEBŒUF.

Un prix de 200 francs sera décerné à la personne qui présentera un double décalitre de graines d'*Elæococca vernicia* récoltées sur des plantes cultivées à l'air libre, en Europe ou en Algérie, sans autres abris que les rangées d'arbres nécessaires à leur protection dans le jeune âge (comme au Se-tchuen).

Concours ouvert jusqu'au 1er décembre 1890.

PRIX. — 100 francs.

5° — **1870.** — Utilisation industrielle du Lo-za (*Rhamnus utilis*) qui produit le vert de Chine.

On devra fournir à la Société, sous réserve des droits de propriété, les documents relatifs aux méthodes et procédés employés.

On devra également présenter des spécimens d'étoffes teintes en France avec les produits du Lo-za préparés en France.

Concours ouvert jusqu'au 1er décembre 1880.

PRIX. — 500 francs.

6° — **1868.** — Utilisation industrielle de l'Ortie de Chine (*Bœhmeria utilis, tenacissima*, etc.).

On devra fournir à la Société, sous réserve des droits de propriété, les documents relatifs aux méthodes et procédés employés.

Concours prorogé jusqu'au 1er décembre 1880.

PRIX. — 500 francs.

7° — **1870.** — Introduction en France des espèces de Chêne originaires du Japon (*Quercus serrata, glandulifera* et autres).

En présence des échecs éprouvés généralement dans les éducations des Vers à soie Yama-maï, nourris sur les Chênes européens, on pense qu'il y aurait intérêt à introduire en France les Chênes japonais.

Le prix sera décerné à la personne qui pourra justifier de la plantation d'un millier de pieds de Chênes japonais, hauts de 1 mètre au moins, et qui aura pu faire avec les feuilles de ses arbres une éducation de Vers à soie Yama-maï.

Concours ouvert jusqu'au 1er décembre 1880.

PRIX. — 500 francs.

8° — **1870.** — Introduction et culture en France du Noyer d'Amérique (*Carya alba*), connu aux États-Unis sous le nom de *Hickory* (bois employé dans la construction des voitures légères).

On devra justifier de la plantation sur un demi-hectare de Noyers d'Amérique ou de la possession de 500 arbres hauts de $1^{m},50$ au moins.

Concours ouvert jusqu'au 1er décembre 1880.

PRIX. — 350 francs.

9° — **1870.** — Propagation du Mûrier du Japon (*Morus Japonica*) dans le nord de la France.

La Société, pensant qu'il y a tout avantage à encourager les tentatives de sériciculture pour grainage, et par conséquent la plantation du Mûrier, dans le centre et le nord de la France;

Considérant en outre qu'aucune variété de Mûrier ne pourra donner des résultats plus assurés que le Mûrier du Japon, récompensera les propagations les plus importantes de cette plante qui auront été faites dans les bassins de la Seine, de la Somme, de la Meuse, du Rhin et dans la portion septentrionale du bassin de la Loire.

Ces primes seront distribuées chaque année, s'il y a lieu, jusqu'en 1880.

DEUX PRIX de 100 francs chacun.

QUATRE PRIX de 50 francs.

10° — **1866.** — Introduction ou obtention pendant deux années successives d'une variété d'Igname de la Chine (*Dioscorea Batatas*) joignant à sa qualité supérieure un arrachage beaucoup plus facile.

Concours prorogé jusqu'au 1er décembre 1880.

1er PRIX. — 600 francs.

2e PRIX. — 400 francs.

11° — **1870.** — Culture du Bambou dans le centre et le nord de la France.

Le prix sera accordé à celui qui aura :

1° Cultivé avec succès le Bambou pendant plus de cinq années, et dont les cultures couvriront, au moins pendant les dernières années, un demi-hectare ;

2° Exploité industriellement ses cultures de Bambou.

Concours ouvert jusqu'au 1er décembre 1880.

DEUX PRIX de 1000 francs chacun.

12° — **1872.** — Introduction, par semis, de glands truffiers de la Truffe noire dans une contrée où elle est aujourd'hui inconnue. La culture devra être faite suivant les données nouvelles, couvrir au moins un demi-hectare, et pouvoir livrer des produits de qualité marchande.

Le PRIX de 1000 francs sera décerné dans dix ans (en 1882).

13° — **1873.** — Culture de l'*Eucalyptus* en Algérie.

Le prix sera accordé à celui qui aura :

1° Cultivé avec succès l'*Eucalyptus* pendant plus de cinq années et dont les cultures couvriront au moins, pendant les dernières années, 8 hectares ;

2° Exploité industriellement ses cultures d'*Eucalyptus*.

Concours ouvert jusqu'au 1er décembre 1880.

PRIX. — 1000 francs.

14° — **1873.** — Culture de l'*Eucalyptus* en France et particulièrement en Corse.

Le prix sera accordé à celui qui aura :

1° Cultivé avec succès l'*Eucalyptus* pendant plus de cinq années et dont les cultures couvriront au moins, pendant les dernières années, 2 hectares ;

2° Exploité industriellement ses cultures d'*Eucalyptus*.

Concours ouvert jusqu'au 1er décembre 1880.

PRIX. — 1000 francs.

15° — **1876.** — Guide théorique et pratique de la culture de l'*Eucalyptus*.

Les auteurs devront surtout étudier, en s'appuyant sur des expériences, et comparativement, quelles sont les espèces d'*Eucalyptus* qui peuvent être cultivées sous les divers climats ; faire connaître la nature du sol qui leur convient, les soins spéciaux de culture que chaque espèce exige, le degré de froid auquel elle résiste et leur valeur relative.

Concours ouvert jusqu'au 1er décembre 1885.

PRIX. — 500 francs.

16° — **1876.** — Culture du *Jaborandi* (*Pilocarpus pinnatus*) en France ou en Algérie.

Le prix sera décerné à celui qui aura :

1° Cultivé avec succès le *Jaborandi* pendant plus de cinq années et dont les cultures couvriront, au moins pendant les dernières années, un demi-hectare ;

2° Exploité commercialement ses cultures de *Jaborandi*.

Concours ouvert jusqu'au 1er décembre 1885.

Prix. — 500 francs.

17° — **1879**. — Reboisement des terrains en pente par l'Ailante.

Considérant que l'Ailante s'accommodant facilement de tous les sols, que les troupeaux ne touchent ni à ses feuilles ni à son écorce, et qu'il serait par conséquent essentiellement propre au reboisement de certains terrains pauvres servant actuellement de pâture, la Société institue un prix de 1000 francs, qui sera décerné à la personne ou à la commune qui, en France, justifiera de la plantation de 5 hectares de cette essence.

Les concurrents devront établir que le reboisement est fait depuis plus de cinq ans.

Concours ouvert jusqu'au 1er décembre 1890.

Prix. — 1000 francs.

RAPPORT ANNUEL

SUR LES

TRAVAUX DE LA SOCIÉTÉ D'ACCLIMATATION

EN 1879

Par M. C. RAVERET-WATTEL

Secrétaire des séances.

MESSIEURS,

Je viens, suivant l'usage établi dans notre Société, vous présenter le tableau succinct des travaux accomplis pendant la session dernière. Les résultats dont j'ai à vous entretenir présentent un ensemble des plus satisfaisants, et témoignent, comme ceux des années précédentes, des efforts que vous ne cessez de faire pour les progrès de votre œuvre. Mais avant de vous en exposer le détail, je dois remplir un triste et pieux devoir en rendant hommage à la mémoire de ceux de nos confrères que la mort a séparés de nous dans l'année.

La Société a perdu en Mgr Verrolles, vicaire apostolique de Mantchourie, évêque de Colombie, un de ses plus anciens membres honoraires et de ses plus fidèles adhérents. Dès l'origine de notre Société, Mgr Verrolles était venu lui apporter son précieux concours, et s'était notamment employé de la façon la plus utile, lors de l'envoi en France d'animaux de la Chine par M. de Montigny.

M. Paul Gervais, membre de l'Académie des sciences, professeur au Muséum d'histoire naturelle, etc., fut, lui aussi, dans les instants de liberté que lui laissaient ses nombreux travaux, un des membres les plus assidus de la Société ; sa mort laisse également dans nos rangs un vide profondément regrettable.

La Société a de même perdu, dans la personne de M. le docteur Alphonse Gubler, membre de l'Académie de médecine, professeur de thérapeutique à la Faculté de médecine, un de ses membres les plus éminents.

Enfin la mort nous a encore séparés de deux autres de nos confrères, M. Victor Masson et M. Augustin Delondre, qui comptaient tous deux au nombre des membres les plus anciens et les plus zélés de notre association.

Si la Société a fait des pertes regrettables, elle a heureusement, Messieurs, recruté de nouveaux adhérents, qui viennent lui apporter le concours de leur science et de leur dévouement, augmenter ses ressources et accroître ses moyens d'action. Or, c'est en multipliant les essais et les tentatives sur un grand nombre de points que nous arriverons plus sûrement et plus rapidement au but que nous poursuivons. La plupart des questions dont nous nous occupons ne sauraient, en effet, être résolues qu'en examinant attentivement les faits pour en tirer des déductions exactes, en groupant et en coordonnant judicieusement de nombreuses observations afin d'arriver à des conclusions certaines.

C'est précisément d'après cette méthode qu'avec ce soin, cette conscience qu'il apporte dans tous ses travaux, M. la Perre de Roo a poursuivi cette année dans notre *Bulletin* l'étude de la question de la consanguinité (1), question si pleine d'intérêt au point de vue de la physiologie et de la science pure, comme à celui de la pratique, c'est-à-dire de l'élevage et de la création des races.

La même question a également fixé l'attention de notre confrère M. Garnot, qui vous a communiqué, à ce sujet, le résultat de ses propres expériences (2).

Sous l'inspiration de son illustre et vénéré fondateur Isidore Geoffroy Saint-Hilaire, la Société d'Acclimatation s'est, presque dès l'époque de sa création, intéressée à la propagation de l'usage alimentaire de la viande de cheval; elle a tenu à encourager et à seconder de philantropiques efforts tendant à détruire les préjugés regrettables, à vaincre la répugnance

(1) V. La Perre de Roo, *Des prétendus effets néfastes des alliances consanguines* (*Bulletin*, 1879, p. 1, 361).

(2) *Procès-verbaux* (*Bulletin*, 1879, p. 707).

non motivée, qui privaient l'alimentation publique d'une ressource particulièrement importante à une époque où les classes nécessiteuses ont tant à souffrir du renchérissement général des denrées. Seize années de persévérance ont triomphé du préjugé, et plus de 2,000,000 de kilogrammes de viande de cheval sont maintenant consommés chaque année dans Paris (1), diminuant les privations des pauvres et des travailleurs, auxquels la cherté des autres viandes en interdit souvent l'usage.

Si l'hippophagie est ainsi définitivement acceptée aujourd'hui, on le doit en grande partie, disons mieux, on le doit surtout à notre honorable confrère M. Decroix. Ajoutons que, non content de se consacrer avec un zèle déjà fort méritoire à la propagation de l'usage de la viande de cheval, M. Decroix a tenu à combattre et à réfuter toutes les objections, en démontrant, par des expériences faites sur lui-même, l'inocuité complète de la viande des animaux malades employée comme aliment (2). De semblables expériences, entreprises uniquement par amour de l'humanité, témoignent d'un dévouement et d'un esprit de sacrifice qui font le plus grand honneur à notre confrère.

Si introduire et propager chez nous les espèces étrangères est le but principal que notre Société s'est proposé, conserver et protéger celles que nous possédons déjà est également l'objet de nos préoccupations. Aussi avez-vous reçu avec intérêt les nombreuses communications de M. de Confévron (3) relatives à la rapide disparition du gibier en France et à la nécessité de mesures administratives pouvant assurer une protection véritablement efficace à grand nombre d'espèces animales qui, jadis très communes chez nous, tendent à disparaître bientôt d'une façon complète, par suite du braconnage ou d'une chasse effrénée.

Sur la proposition de votre Secrétaire général, une Commission a été nommée pour étudier, sous toutes ses faces, cette

(1) E. Decroix, *l'Hippophagie et les viandes insalubres* (*Bulletin*, 1879, p. 209).
(2) *Procès-verbaux* (*Bulletin*, 1879, p. 65).
(3) *Procès-verbaux* (*Bulletin*, 1879, p. 48, 57, 183, 241, 509, 516, 582, 709).

question si complexe. Un rapport, résumant les travaux et les propositions de cette Commission, vous sera présenté et viendra certainement fournir des éléments précieux pour la solution d'un problème véritablement d'intérêt public (1).

Notre confrère, M. le comte d'Esterno, vous avait entretenu d'une race exceptionnelle de Chiens sauvages, habitant certaines contrées des pays de la Plata ; il vous avait signalé l'intérêt qu'il y aurait à ce que ces animaux, inconnus en Europe, y fussent importés, afin que l'on essayât de les utiliser pour la chasse et la destruction des fauves, qui causent de sérieuses déprédations sur certains points de l'Algérie. Dans un mémoire intéressant M. le baron Henri de Rasse (2) a complété les indications premières qui vous avaient été données sur ces Chiens, et il vous a, en même temps, fourni de curieux détails sur la chasse du Tinamou, à la Plata.

D'autre part, M. de Sémallé vous a rendu compte d'un essai d'élevage du Cobaye ou Cochon d'Inde en demi-liberté (3), et M. Joseph Cornély vous a tenus au courant des éducations de mammifères et d'oiseaux exotiques dont il continue à s'occuper avec tant de succès dans son parc de Beaujardin, à Tours. La rigueur excessive de l'hiver dernier a permis à notre confrère de faire des observations précieuses sur le degré de résistance au froid des espèces dont il s'occupe, espèces parmi lesquelles un grand nombre ont fait preuve d'une rusticité remarquable (4). Nous mentionnerons en particulier les Chevreuils prolifiques de la Chine (*Hydropotes*), les Cerfs nains du même pays (*Cervulus Reevisii*), ainsi que les Kangourous géants et de Bennett. Il est aujourd'hui démontré que ces derniers animaux peuvent supporter, en liberté, nos plus rudes hivers, lorsqu'ils sont nés en France, ou qu'ils y ont vécu quelques années. Les observations recueillies à cet égard

(1) *Procès-verbaux* (*Bulletin*, 1879, p. 52).

(2) Baron de Rasse, *Les Chiens sauvages et la grande Perdrix de la Plata* (*Bulletin*, 1879, p. 389).

(3) René de Sémallé, *Sur les Cochons d'Inde élevés en demi-liberté* (*Bulletin*, 1879, p. 552).

(4) Joseph Cornély, *Éducation de Mammifères et d'Oiseaux à Tours* (*Bulletin*, 1879, p. 673).

par M. Cornély sont pleinement confirmées par celles faites sous le climat plus rigoureux de Pont-à-Mousson, par notre confrère M. L. Munier (1), qui a su, lui aussi, mener à bien l'élevage du Kangourou de Bennett, et qui possède actuellement un troupeau de 15 individus.

M. le vicomte de Courcy a, de son côté, obtenu, la reproduction du Cerf des Moluques (2), et M. le marquis de Pruns a continué à s'occuper de l'élevage de la Chèvre d'Angora (3), dont il s'efforce de propager l'espèce dans les parties montagneuses de la région qu'il habite. Des détails intéressants ont été aussi donnés par M. Lespinasse, sur l'élevage de cette précieuse espèce de chèvre dans certaines parties des États-Unis (4), et par M. Brisset-Fossier, sur les mœurs de la Loutre élevée en captivité (5).

En ce qui concerne la classe des oiseaux, des renseignements très satisfaisants nous ont été adressés par un grand nombre de nos confrères sur les résultats obtenus dans l'éducation d'espèces utiles ou d'agrément et de luxe. C'est ainsi que vous avez applaudi aux succès de MM. Coutelier (6) et Plateau (7), dans leurs élevages de Faisans ; à ceux de M. le marquis de Cheffontaine (8), dans l'élevage de la Bernache ordinaire (*Bernicla leucopsis*) ; enfin à ceux de MM. Rousse (9), Leroy (10), Delaurier (11), et Delaître (12), dans l'acclimatation de différentes espèces de Perruches et autres Psitacidés au riche plumage, qui, rares encore dans nos musées il y a moins de vingt ans, sont aujourd'hui acquises à nos volières et se reproduisent en complète domesticité.

Vous avez reçu avec non moins de satisfaction le rapport de

(1) *Procès-verbaux* (*Bulletin*, 1879, p. 314).
(2) *Ibidem* (*Bulletin*, 1879, p. 316).
(3) *Ibidem* (*Bulletin*, 1879, p. 578).
(4) *Ibidem* (*Bulletin*, 1879, p. 434).
(5) *Ibidem* (*Bulletin*, 1879, p. 316).
(6) *Ibidem* (*Bulletin*, 1879, p. 360, 514, 581).
(7) *Ibidem* (*Bulletin*, 1879, p. 511).
(8) *Ibidem* (*Bulletin*, 1879, p. 425).
(9) *Ibidem* (*Bulletin*, 1879, p. 579).
(10) *Ibidem* (*Bulletin*, 1879, p. 183).
(11) *Ibidem* (*Bulletin*, 1879, p. 60).
(12) *Ibidem* (*Bulletin*, 1879, p. 424).

M. Edouard Barrachin (1), qui a obtenu de nouveau cette année la reproduction de l'Emeu ou Casoar de l'Australie, et celui de M. O. Larrieu (2), qui a réussi à faire multiplier en volière le Rossignol du Japon (*Leiothrix luteus*).

M. l'abbé Daviau (3) et M. Menant (4) vous ont fait connaître le mode de nourriture qu'ils emploient pour l'élevage des jeunes Faisans, nourriture qui leur paraît pouvoir être parfaitement substituée à l'usage des œufs ou larves et nymphes de Fourmis. Partant d'une opinion opposée, et persuadé au contraire que rien ne saurait remplacer complètement les œufs de Fourmis pour l'alimentation des Faisandeaux, M. Burky (5) vous a signalé le moyen de créer, à volonté, des fourmilières pour avoir constamment sous la main les œufs dont on a besoin.

Les observations de M. le capitaine Xambeu (6), sur le Colin de Californie, de MM. Goll (7) et Leroy (8), sur la Perdrix de Chine, de M. le marquis d'Hervey de Saint-Denis (9), sur les Talégalles, vous ont fourni des renseignements utiles sur le degré de rusticité de ces oiseaux et sur les soins particuliers qu'ils réclament pour prospérer sous notre climat.

La propagation de nos meilleures races de basse-cour est, aussi bien que celles des espèces nouvellement introduites, l'objet d'une sérieuse attention de votre part. Aussi avez-vous accueilli avec faveur une note de M. Lemoine (10), décrivant l'établissement de gallino-culture qu'il a créé dans son parc de Crosne (Seine-et-Oise), et faisant connaître l'intelligente organisation de cet établissement consacré à l'élève et à la propagation des volailles de race pure.

Vous avez de même suivi avec intérêt les essais d'élevage

(1) *Procès-verbaux* (*Bulletin*, 1879, p. 425).
(2) O. Larrieu, *Reproduction du Rossignol du Japon* (*Bulletin*, 1879, p. 538).
(3) *Procès-verbaux* (*Bulletin*, 1879, p. 243).
(4) *Ibidem* (*Bulletin*, 1879, p. 581).
(5) *Ibidem* (*Bulletin*, 1879, p. 531).
(6) *Ibidem* (*Bulletin*, 1879, p. 422).
(7) *Ibidem* (*Bulletin*, 1879, p. 530, 540).
(8) *Ibidem* (*Bulletin*, 1879, p. 657).
(9) *Ibidem* (*Bulletin*, 1879, p. 580).
(10) Le Moine, *Élevage d'Oiseaux de basse-cour* (*Bulletin*, 1879, p. 556).

faits à Nîmes, par M. Cambon (1), sur un grand nombre de variétés de choix, notamment sur la race de Dorking qui, malheureusement, n'a pas jusqu'ici paru se prêter au climat du midi de la France.

Avec autant de zèle que de générosité, notre confrère M. Garnot a continué à faire connaître et à propager la belle race du Canard du Labrador (2), qui lui paraît tout particulièrement recommandable sous le rapport de la rusticité, de la fécondité et de la rapidité de développement. Des renseignements non moins favorables sur le compte de cettte race vous ont du reste été adressés de différents côtés, notamment par M. Lagrange (3), qui l'a mise en essai à Autun.

Une question dont vous vous préoccupez depuis longtemps, celle de l'élevage de l'Autruche en domesticité, paraît devoir être enfin prochainement résolue dans notre colonie algérienne. Comme on le sait, l'incubation artificielle des œufs est la base fondamentale du fermage des Autruches, attendu que, sur la production annuelle d'une quarantaine d'œufs par femelle (quand on prépare le couple reproducteur par une alimentation convenable), douze œufs au plus, peuvent être couvés naturellement, et que sur ce nombre, 30 pour 100 à peine arrivent à éclosion, par suite d'accidents nombreux, souvent inévitables, qui se produisent au cours de l'incubation, tels que : bris d'œufs, abandon du nid, intempéries des saisons, etc.

Par l'incubation artificielle, tous ces accidents sont écartés, et les pertes sur les œufs fécondés sont pour ainsi dire nulles.

Il importait, par suite, d'être en possession d'incubateurs d'un emploi simple et facile, tout en fonctionnant d'une manière régulière. Or, les appareils inventés et mis en usage, tant par M. Créput (4) que par MM. Jules Oudot et Gonzague

(1) *Procès-verbaux* (*Bulletin*, 1879, p. 437).
(2) *Ibidem* (*Bulletin*, 1879, p. 712).
(3) *Ibidem* (*Bulletin*, 1879, p. 730).
(4) Le capitaine Créput, *Incubation artificielle des œufs d'Autruche* (*Bulletin*, 1879, p. 337).

Privat (1), semblent donner toute satisfaction à cet égard. Nous sommes donc en droit d'espérer que l'état d'infériorité regrettable dans lequel se trouvait l'Algérie par rapport à la colonie anglaise du Cap, au point de vue de l'intéressante industrie du fermage des Autruches, va bientôt disparaître.

Comme les années précédentes, la question du repeuplement des eaux a continué à vous préoccuper vivement et, tout en songeant aux moyens de mettre un terme aux abus de pêche et au braconnage (2), qui ont amené la disparition plus ou moins complète du poisson dans presque toutes les rivières, vous vous efforcez d'enrichir notre faune ichtyologique d'espèces rustiques, à croissance rapide et plus propres, par suite, que les espèces indigènes à faciliter un prompt réempoissonnement. Parmi ces espèces exotiques, le Saumon de Californie (*Salmo Quinnat*) mérite de fixer particulièrement l'attention par sa vigueur remarquable, son développement d'une rapidité exceptionnelle (3), et son aptitude à supporter des températures élevées. Grâce à la généreuse initiative de M. le professeur Spencer F. Baird, commissaire général des pêcheries des États-Unis, notre Société a pu recevoir des envois considérables d'œufs fécondés de *Salmo Quinnat* (4); ces œufs ont été confiés à plusieurs de nos confrères, et, d'après les rapports qui vous sont parvenus, l'espèce ne semble rien perdre dans nos eaux des qualités hors ligne qui la distinguent en Amérique (5). Déjà des quantités importantes d'alevins ont pu être versées dans un grand nombre de rivières (6) et per-

(1) Jules Oudot et Gonzague Privat, *Incubation artificielle des œufs d'Autruche en Algérie* (*Bulletin*, 1879, p. 346).

(2) M. le Marquis de Pruns a appelé l'attention de le Société sur la disparition toujours croissante du poisson, tant dans l'Allier que dans la plupart des autres rivières, par suite du braconnage et de l'emploi pour la pêche, des procédés les plus coupables, tels que, par exemple, l'usage de la dynamite (*Procès-verbaux* (*Bulletin*, 1879, p. 714).

(3) *Procès-verbaux* (*Bulletin*, 1879, p. 117, 172).

(4) *Ibidem* (*Bulletin*, 1879, p. 583).

(5) M. Potron, notamment, a signalé la rusticité de ses alevins de *Salmo quinnat*, qui lui ont paru beaucoup plus vigoureux que ceux de la Truite (*Procès-verbaux*, *Bulletin*, 1879, p. 116).

(6) Parmi les cours d'eau qui ont reçu des alevins figurent notamment : l'Ain, le Suran, l'Albarine, la Valouze, le Lez, la Sarthe, la Vienne, l'Yonne, l'Adour

mettent d'espérer l'acclimatation de cet excellent Salmonide dans les eaux de la France.

Notre reconnaissance ne saurait donc être trop grande envers M. le professeur Spencer F. Baird, qui, par sa générosité extrême à l'égard de notre Société, nous a permis de nous occuper d'une aussi précieuse acquisition.

Nous devons, en outre, les plus vifs remerciements à M. Fred Mather, de Newark (New-Jersey), membre adjoint de la Commission des pêcheries Nord-Américaines, qui a bien voulu donner ses soins aux envois d'œufs faits à la Société, et contribuer à assurer le succès de ces envois par son intelligent et précieux concours.

Les progrès réalisés à l'étranger (1), et particulièrement de l'autre côté de l'Atlantique, dans l'industrie de la production artificielle du poisson ont vivement fixé notre attention, et vous avez accueilli avec grand intérêt les renseignements qui vous ont été donnés sur les travaux de la Commission supérieure des pêcheries des États-Unis (2). Réunion de savants distingués et de praticiens émérites ayant à leur tête l'éminent professeur Spencer F. Baird, cette Commission rend les plus grands services à la zoologie pure, comme à l'industrie des pêches et à la pisciculture. Triomphant de toutes les difficultés, elle a réussi à appliquer aux poissons de mer des procédés de multiplication artificielle dont, il y a peu d'années encore, on contestait l'utilité en ce qui concerne les espèces vivant dans les eaux douces. Il convient d'ajouter que c'est sur une échelle tout à fait gigantesque que ces procédés vont être mis en pratique dès la fin de la présente année.

L'Exposition universelle de 1878 a fourni l'occasion de travaux qui ne pouvaient, eux non plus, échapper à votre attention. Vous vous êtes fait présenter un rapport sur la piscicul-

et les Gaves de Pau, l'Isole, l'Ellé et la Laeta (*Bull.*, 1879, p. 104, 116, 178, 304, 732).

(1) M. Raveret-Wattel a fait connaître les tentatives faites par l'Association de chasse et de pêche de Christiania pour l'introduction du *Salmo fontinalis* en Norvège (*Procès-verbaux, Bulletin*, 1879, p. 429), et les travaux de réempoissonnement exécutés sur divers points de la haute Autriche (*Procès-verbaux, Bulletin*, 1879, p. 172).

(2) *Procès-verbaux* (*Bulletin*, 1879, p. 427, 517, 728).

ture à ce grand concours international, et M. Carbonnier (1) vous a rendu compte des très intéressantes observations qu'il lui a été donné de recueillir à l'aquarium du Trocadéro, pendant le temps où la direction de ce magnifique établissement lui a été confiée.

M. Ducastel vous a soumis un mémoire détaillé sur la transformation des marais salants en réservoirs à poissons, et sur l'importance (2) que présente la création de semblables réservoirs au point de vue de l'alimentation publique.

Enfin, vous avez enregistré avec intérêt les communications qui vous ont été faites par M. Ditten (3) sur la protection et la reproduction des homards et des huîtres en Norwège, et celle relative aux études de M. le docteur Henri Le Roux sur l'hybridation de l'huître (4).

Cette année encore, de nombreuses communications vous sont parvenues concernant l'industrie séricicole. Si ces communications vous ont appris que les magnaneries continuent, sur certains points, à éprouver des pertes regrettables du fait de la maladie, elles ont aussi porté à votre connaissance des succès qui égalent et surpassent même ceux des beaux jours de la sériciculture d'il y a vingt ans, et qui prouvent que nous devons conserver tout espoir pour l'avenir (5).

Comme toujours, vous avez compté au premier rang parmi ceux qui s'occupent de l'éducation des Vers à soie, notre dévoué confrère M. Christian Le Doux, que de longues années de recherches ont enfin mis en possession d'un procédé vraiment industriel pour le dévidage (6) des cocons du Ver à soie de l'Ailante (*Attacus Cynthia vera*). Nous n'avons pas à faire ressortir auprès de vous toute l'importance de cette découverte. L'*Attacus Cynthia* est aujourd'hui complètement naturalisé chez nous ; ses cocons ne coûteraient, pour ainsi

(1) P. Carbonnier, *Rapport et observations sur l'Aquarium d'eau douce du Trocadéro* (*Bulletin*, 1879, p. 281).

(2) Ducastel, *Transformation des marais salants en réservoirs à poissons* (*Bulletin*, 1879, p. 763).

(3) *Procès-verbaux* (*Bulletin*, 1879, p. 428).

(4) *Ibidem* (*Bulletin*, 1879, p. 517).

(5) *Ibidem* (*Bulletin*, 1879, p. 118).

(6) *Ibidem* (*Bulletin*, 1879, p. 249).

dire, que la peine d'être récoltés. Indiquer un moyen de dévider en soie grège, sans l'emploi d'un outillage spécial, ces cocons longtemps considérés comme seulement susceptibles d'être cardés, c'est leur donner immédiatement une valeur bien plus grande, c'est doter l'industrie d'une ressource nouvelle.

Outre de nombreuses communications faites en séance sur ses propres travaux, vous devez à M. Ch. Le Doux un rapport substantiel et consciencieux sur la sériciculture à l'Exposition universelle de 1878 (1), rapport plein d'enseignement et de considérations judicieuses, particulièrement en ce qui a trait à l'utilisation des différentes espèces de Bombyciens auxiliaires du Ver à soie ordinaire.

Grâce à la bienveillance de Sir Antonio Brady, vous avez pu mettre en essai de la graine de Ver à soie de provenance australienne (2), signalée comme exempte de toute trace de maladie. Malheureusement cette expérience, contrariée par le changement de saison et de conditions climatériques, n'a pas donné les résultats qu'en avait espéré son généreux promoteur (3).

Vous avez été plus heureux dans l'éducation des différents Lépidoptères séricigènes d'introduction récente. A côté des comptes rendus, si pleins d'intérêt, adressés par M. Perez de Nueros (4) et par M. Camilo de Amezaga (5), sur l'exploitation, en Espagne, des deux vers à soie du chêne (*Attacus Yama-maï* et *Pernyi*), vous avez eu à enregistrer les rapports également très satisfaisants que vous ont fait parvenir MM. Simon (6), Hénon (7), Blaise (8) et Vendredy (9) sur

(1) Christian Le Doux, *La sériciculture à l'Exposition universelle de 1878* (*Bulletin*, 1879, p. 609, 678).
(2) *Procès-verbaux* (*Bulletin*, 1879, p. 365).
(3) *Ibidem* (*Bulletin*, 1879, p. 716).
(4) Frederico Perez de Nueros, *Relation des expériences faites en Espagne pour élever à l'air libre les* ATTACUS PERNYI *et* YAMA-MAÏ (*Bulletin*, 1879, p. 226).
(5) *Procès-verbaux* (*Bulletin*, 1879, p. 119, 320).
(6) *Ibidem* (*Bulletin*, 1879, p. 586, 716).
(7) *Ibidem* (*Bulletin*, 1879, p. 520, 717).
(8) *Ibidem* (*Bulletin*, 1879, p. 719).
(9) *Ibidem* (*Bulletin*, 1879, p. 719).

leurs essais d'élevage des mêmes espèces, essais pratiqués, les uns en chambre, les autres à l'air libre, sur taillis et en plein bois.

D'autres Lépidoptères séricigènes asiatiques ou américains, tels que les *Attacus Cecropia*, *Prometheus*, *Selene*, *Polyphemus*, *Mylitta*, etc., ont aussi été mis en expérience par plusieurs de nos confrères, notamment par MM. Clément (1), Wailly (2) et Fallou (3), qui ont recueilli des faits intéressants à ajouter à l'histoire naturelle de ces insectes.

Un des obstacles qui gênent chez nous le développement de l'élevage des vers qui se nourrissent des feuilles de chêne, est la difficulté que les éleveurs éprouvent à se procurer des feuilles au moment de l'éclosion (4). Tous nos chênes indigènes sont en retard sous ce rapport; aussi des éducateurs ont-ils imaginé de planter de jeunes chênes en serre pour en activer la végétation et trouver quelques feuilles disponibles quand les jeunes larves sortiront de l'œuf. Mais on peut se demander si les feuilles obtenues par cet expédient, c'est-à-dire sous verre et, par conséquent, assez pauvres en principes nutritifs, par suite d'une lumière insuffisante, constituent bien une nourriture convenable pour les jeunes chenilles. Il paraît hors de doute que des feuilles jeunes, développées à l'air libre, vaudraient mieux et donneraient plus de chances de succès. La question se ramènerait donc à trouver une espèce de chêne dont la pousse printanière pût coïncider avec l'éclosion des larves, ou mieux encore, la précéder de quelques jours. M. Naudin (5) vous a signalé les services que lui paraîtrait appelé à rendre sous ce rapport une espèce algérienne, le chêne de Mirbeck (*Quercus Mirbeckii*), dont les feuilles très grandes, demi-persistantes et demi-caduques,

(1) A. L. Clément, *Note pour servir à l'histoire d'un Bombycien séricigène, élevé à Paris en* 1878 (*Bulletin*, 1879, p. 94). — Voyez aussi : *Procès-verbaux* (*Bulletin*, 1879, p. 519, 588, 517).

(2) *Procès-verbaux* (*Bulletin*, 1879, p. 307, 429, 519).

(3) *Ibidem* (*Bulletin*, 1879, p. 519),

(4) M. Bouguet et M. le comte de Narcillac ont, cette année encore, entretenu la Société des difficultés que crée aux éleveurs la précocité de l'*Attacus Yamamaï* (*Procès-verbaux*, *Bulletin*, 1879, p. 732, 733).

(5) *Procès-verbaux* (*Bulletin*, 1879, p. 251, 307).

endres et molles dans le jeune âge, jamais aussi coriaces que celles de nos espèces françaises de chênes, ont surtout sur ces dernières l'avantage d'une très grande précocité.

Un autre moyen proposé pour obvier à l'éclosion prématurée des œufs de l'*Attacus Yama-maï*, c'est de retarder cette éclosion par l'action du froid. Des craintes ont été, il est vrai, exprimées par quelques personnes sur les conséquences de ce procédé, au point de vue de la santé et du développement ultérieur des jeunes chenilles. Mais les observations faites à ce sujet par M. Huin (1) démontrent l'extrême rusticité du Ver de l'*Attacus Yama-maï*, son aptitude à supporter, sans le moindre inconvénient, le froid et l'humidité, et, par conséquent, tout le parti qu'il est possible de tirer du procédé de la réfrigération des œufs pour n'obtenir d'éclosions qu'au moment où les chênes peuvent fournir aux chenilles une nourriture assurée.

Parmi les différentes questions d'entomologie appliquée qui ont été abordées dans vos séances, il convient encore de rappeler celles de M. Sourbé (2) sur le traitement de la loque ou pourriture du couvain des Abeilles ; celle de M. Maurice Girard, sur l'invasion dans le Roussillon et quelques autres parties de la France d'une nouvelle espèce de Bruche (le *Bruchus obtectus*), qui attaque le Haricot (3) ; enfin celle de M. le capitaine Xambeu, sur le *Palmon pachymerus*, Hyménoptère zoophage, qui, destructeur des œufs de la Mante religieuse (4), est doublement nuisible, en faisant périr les larves de cet Orthoptère, utilisables pour l'élevage des oiseaux de volière, et en diminuant le nombre des insectes carnassiers, précieux auxiliaires de l'agriculture.

De nombreux rapports sur la culture des plantes qui leur avaient été confiées vous ont été adressés par plusieurs de nos confrères, et des mémoires importants sur divers végé-

(1) J. B. Huin, *Observations sur la rusticité de l'*ATTACUS YAMA-MAÏ (*Bulletin*, 1879, p. 571).
(2) *Procès-verbaux* (*Bulletin*, 1879, p. 430).
(3) *Ibidem* *Bulletin*, 1879, p. 123).
(4) *Ibidem* *Bulletin*, 1879, p. 521).

taux vous ont été présentés par MM. A. Roussin (1), Eugène Vavin (2), de Geofroy (3), le docteur A. Turrel (4), Charles Naudin (5).

Nous devons une mention toute particulière aux travaux de M. Garrigues pour l'introduction de la culture du Bambou dans le midi de la France (6), aux soins donnés par M. le Prince Pierre Troubotzkoy à la culture des Eucalyptus dans l'Italie septentrionale (7), et aux persévérants efforts de M. le comte Louis Torelli pour la propagation des mêmes végétaux dans l'*agro Romano*, en vue de l'assainissement du pays (8).

Une savante étude sur les principales conditions qui peuvent être favorables ou défavorables à l'acclimatation des espèces végétales vous a été soumise par M. le docteur Vidal (9); MM. E. Hardy et N. Gallois (10) vous ont fait connaître le résultat de leurs recherches sur diverses substances provenant de l'Exposition de la République du Salvador, travaux qui ont amené la découverte de plusieurs alcaloïdes susceptibles, selon toute probabilité, d'applications thérapeutiques diverses. Enfin, avec ce zèle, cette conscience, cette exactitude d'appréciation et de jugement auxquels il nous a depuis longtemps habitués, notre confrère M. Aimé Dufort a continué, dans le *Bulletin*, le compte rendu mensuel (11) de toutes les

(1) A. Roussin, *Culture de végétaux japonais* (*Bulletin*, 1879, p, 127).

(2) Eugène Vavin, *Igname ronde* (*Bulletin*, 1879, p. 200). — Le même, *Rapport au nom de la Commission de reboisement des montagnes par l'Ailante* (*Bulletin*, 1879, p. 343). — Le même, *Fenouil de Florence et d'Italie* (*Bulletin*, 1879, p. 379).

(3) De Geofroy, *Coton du Japon* (*Bulletin* 1879, p. 452).

(4) Docteur A. Turrel, *Les semis de Caprier inerme* (*Bulletin*, 1879, p. 502).

(5) Ch. Naudin, *Culture du Cotonnier précoce du Japon* (*Bulletin*, 1879, p. 702).

(6) Garrigues, *Culture du Bambou dans les Basses-Pyrénées* (*Bulletin*, 1879, p. 147).

(7) Prince Pierre Troubetzkoy, *Culture de l'*EUCALYPPUS *au lac Majeur* (*Bulletin*, 1879, p. 339).

(8) *Procès-verbaux* (*Bulletin*, 1879, p. 178).

(9) Docteur Vidal, *Considérations sur les principales conditions qui peuvent être avorables ou défavorables pour l'acclimatation des espèces végétales* (*Bulletin*, 1879, p. 394, 632).

(10) E. Hardy et N. Gallois, *Examen de diverses substances provenant de l'Exposition de la République du Salvador* (*Bulletin*, 1879, p. 663).

(11) Aimé Dufort, *Notices bibliographiques et analyses* (*Bulletin*, 1879, p. 68, 130, 131, 132, 205, 203, 276, 331, 382. 454, 540, 604, 605, 666).

publications adressées à la Société. Cette analyse bibliographique n'est pas la partie la moins intéressante ni la moins utile de notre recueil; aussi avez-vous tenu à donner un témoignage de votre reconnaissance à l'auteur d'un travail si justement remarqué.

De précieux envois d'animaux et de graines vous ont été faits. Nous devons particulièrement rappeler ceux de MM. le baron von Mueller, Émile Harel, Schomburgk, Thozet fils, le marquis d'Hervey de Saint-Denys, de Geofroy, Forbes-Watson, Gorry-Bouteau, Paul Fontaine, Ch. Lafitte, Gaetan Partiot, Eugène Vavin, Verdier fils, Rafaël Barba, Bigot, Paul Carbonnier, l'abbé Desgodins, Alfred Audap et de Saint-Quentin (1).

Des dons généreux ont également enrichi votre bibliothèque d'ouvrages de prix (2). En un mot, de tous côtés, comme sous toutes les formes, vous sont parvenus les témoignages les plus flatteurs de hautes sympathies et les encouragements les plus bienveillants (3).

Vous le voyez, Messieurs, j'avais raison de le dire en commençant, nous pouvons nous féliciter de la situation présente de notre Société : les adhésions nouvelles sont nombreuses; nos ressources se maintiennent à un chiffre très satisfaisant; la marche de nos travaux ne se ralentit pas; les succès se continuent et progressent; nous pouvons donc regarder en avant avec confiance et poursuivre l'œuvre commencée, sans nous préoccuper des difficultés à vaincre, en ne perdant jamais de vue que l'avenir appartient à ceux qui persévèrent.

(1) (*Bulletin*, 1879, p. 745 et suivantes).

(2) Il convient de rappeler particulièrement les dons nombreux et importants faits à la Bibliothèque par M. le ministre de l'instruction publique et par M. le ministre de l'agriculture et du commerce (*Bulletin*, 1879, p. 748 et suiv.).

(3) Cette année encore M. le ministre de l'agriculture et du commerce a bien voulu prêter son appui à nos travaux en accordant à la Société une subvention de 2000 francs (*Procès-verbaux, Bulletin*, 1879, p. 359).

RAPPORT

AU NOM

DE LA COMMISSION DES RÉCOMPENSES (1)

Par M. A. GEOFFROY SAINT-HILAIRE

Secrétaire général.

MESDAMES ET MESSIEURS,

Qu'il me soit permis, au nom de la Société d'acclimatation, de remercier M. de Lesseps d'avoir bien voulu venir initier cette assistance à son immense labeur.

RÉCOMPENSES HORS CLASSE

Membres honoraires.

L'œuvre accomplie en Égypte, celle préparée en Amérique intéressent la Société d'Acclimatation au plus haut degré. L'homme éminent que vous avez entendu vous l'a fait comprendre.

Vous ne serez donc pas surpris que notre association ait voulu donner un témoignage de son admiration à M. DE LESSEPS, en lui décernant la plus haute récompense dont elle puisse disposer, le titre de membre honoraire.

Le titre de membre honoraire est accordé à M. SPENCER F. BAIRD, professeur d'histoire naturelle à Washington, secrétaire de l'Institution Smithsonienne, commissaire général des pêcheries des États-Unis.

(1) La Commission des récompenses était ainsi composée : le Président et le Secrétaire général, *membres de droit;* MM. A. Berthoule, docteur H. Labarraque, Raveret-Wattel et le marquis de Sinéty, *délégués du Conseil;* MM. Ménard, Cretté de Palluel, C. Millet, Maurice Girard et docteur Édouard Mène, *délégués par les sections*

M. Baird a fait, en cette dernière qualité, d'importants envois d'œufs de salmonides à la Société d'Acclimatation (300 000 œufs de Saumon de Californie et 20 000 œufs de Saumon des lacs).

Il a publié de nombreux rapports, mémoires et autres documents sur la pisciculture (5 forts volumes in-8°, offerts par lui à la Société). Il a dirigé plusieurs voyages d'exploration (sondages, dragages, etc.) sur les côtes de l'Atlantique, pour étudier la faune marine. On lui doit, sur la distribution géographique des poissons, crustacés et mollusques, et sur l'habitat des espèces, de précieuses observations au point de vue de la zoologie pure, comme à celui de l'industrie des pêches maritimes.

M. Baird a fait appliquer, avec le plus grand succès, aux poissons de mer les procédés de multiplication artificielle qui n'avaient été sérieusement employés avant lui que pour les poissons d'eau douce. Sur sa demande et sous sa direction, il vient d'être construit un navire qui pourra mettre chaque année en incubation près d'un milliard d'œufs de Morue, de Hareng ou de Maquereau.

Cet exposé succinct montre quels services ont été rendus par M. Baird; la Société s'honore de pouvoir l'inscrire sur la liste de ses membres honoraires.

Médaille d'or offerte par le Ministre de l'Agriculture et du Commerce.

Depuis bien des années déjà, M. Aimé Dufort, membre du conseil d'administration de la Société, prête à notre institution le concours le plus éclairé, le plus dévoué.

C'est à M. Dufort que sont dus les bulletins bibliographiques insérés chaque mois dans notre recueil, ce travail difficile qui demande un soin persévérant et dont tout le monde apprécie la forme excellente, est avant tout un travail de vulgarisation. En effet, notre excellent collègue sait extraire des nombreuses publications périodiques et autres que reçoit la Société, ce que les lecteurs du journal ont intérêt à connaître. Cette tâche, pour laquelle il faut esprit, talent, savoir et jugement, est accomplie avec tant de simplicité qu'elle semble n'avoir demandé aucun effort.

La Société, en offrant à M. Aimé Dufort la grande médaille d'or mise à sa disposition par M. le Ministre de l'agriculture, acquitte une dette de reconnaissance.

Grande médaille d'or de la Société.

Monsieur Edmond Barrachin s'occupe avec succès, depuis longtemps déjà, à son parc d'Herblay, d'essais d'acclimatation d'animaux exotiques. Déjà lauréat de la Société, M. Barrachin reçoit aujourd'hui la grande médaille d'or pour les résultats obtenus dans l'éducation des Dromées ou Casoars Émeus de la Nouvelle-Hollande.

L'expérience faite au parc d'Herblay présente un intérêt réel, et les renseignements fournis par M. Barrachin montrent que si le succès est venu, il a été acheté par de longues années de persévérance.

Grandes médailles d'argent
A l'effigie d'Isidore Geoffroy Saint-Hilaire.

M. E. Leroy, receveur de l'enregistrement et des domaines à Fismes, a été plusieurs fois déjà lauréat de la Société pour ses publications relatives à l'aviculture.

Un travail étendu sur la Perdrix percheuse de Chine (*Bambusicola thoracica*), mérite à M. Leroy une nouvelle grande médaille hors classe à l'effigie d'Isidore Geoffroy Saint-Hilaire. Le mémoire que nous récompensons est une œuvre méritante dans laquelle les mœurs des oiseaux étudiées sont suivis pas à pas, en quelque sorte heure par heure.

L'Exposition de 1878 a fourni à M. le docteur Mène l'occasion de présenter à la Société un rapport des plus complets et des plus intéressants sur les productions végétales du Japon.

M. Mène examine dans ce travail les plantes alimentaires, industrielles, forestières et ornementales et a pu établir la concordance des noms japonais avec les noms scientifiques européens.

M. Mène a rempli d'une façon excellente la tâche difficile qu'il s'était imposée. Elle demandait, en outre de connaissances approfondies, un soin minutieux, une précision parfaite.

En offrant à M. Mène une grande médaille hors classe à l'effigie du premier de nos présidents, la Société est heureuse de remercier l'auteur de l'excellent travail dont notre *Bulletin* va bientôt s'enrichir.

PREMIÈRE SECTION. — MAMMIFÈRES.

Médaille de seconde classe.

M. A. Boudard, médecin à Gannat (Allier) cherche à vulgariser par tous les moyens l'allaitement des enfants par la *chèvre nourrice*. Les efforts de M. Boudard ont fixé l'attention de la Société, qui lui décerne une médaille de seconde classe.

DEUXIÈME SECTION. — OISEAUX.

Prix de 500 francs

Fondé par la Société pour la reproduction en France du Tragopan satyre.

La Société a fondé en 1867 un prix pour la reproduction, en captivité, du Tragopan satyre (*Ceriornis satyra*). — Cette belle espèce des montagnes de l'Inde est aujourd'hui abondamment représentée dans les volières de tous les amateurs de l'Europe. M. Delaurier aîné, d'Angoulême, plus que personne, a contribué à la multiplication de l'espèce ; c'est à lui que la Société décerne le prix proposé pour la reproduction en captivité du Tragopan satyre.

Prix de 500 francs.

Proposé par la Société pour l'introduction d'especes nouvelles.

Depuis vingt ans bientôt, M. William Jamrach, de Londres, fait chaque année le voyage des Indes pour réunir les aniimaux les plus rares. C'est par milliers que les Lophophores, les Tragopans ont été introduits par M. William Jamrach qui est devenu le pourvoyeur infatigable des amateurs d'oiseaux rares.

Après de longs efforts, M. William Jamrach a pu se procurer et introduire deux espèces jusqu'ici inconnues à nos volières, le Faisan d'Elliott et le Trapogan de Hasting.

Ce dernier viendra prendre sa place dans les faisanderies entre les Trapogans satyres et de Temminck.

Quant au Faisan d'Elliott, après avoir été multiplié dans les volières, il sera mis en liberté, et avant peu d'années, comme le Faisan versicolore du Japon, comme le Faisan vénéré de la Chine, il deviendra un oiseau français, un véritable oiseau de chasse.

La Société décerne à M. William Jamrach un prix pour cette très importante introduction.

Prime de 200 francs.

Un prix est décerné à M. O. des Murs, naturaliste bien connu, pour ses dernières publications ornithologiques. Quoiqu'ils n'intéressent qu'accessoirement l'acclimatation, les derniers travaux de M. Des Murs font connaître des détails de mœurs intéressants pour l'histoire naturelle pratique.

Prime de 200 francs.

La question des fermes à Autruches a été étudiée avec grand soin par M. Oudot (de Kouba-près-Alger), qui a publié un volume intéressant sur le sujet.

La Société décerne à M. Oudot un prix et fait des vœux pour que le fermage des Autruches prenne en Algérie la plus grande extension. Le livre de M. Oudot pourra servir de guide à ceux qui voudront s'occuper de l'exploitation industrielle des parcs d'Autruches domestiques.

Médailles de première classe.

Depuis bien des années déjà Madame Courtois obtient les plus brillants succès dans la multiplication des oiseaux d'eau. Toutes les espèces de Palmipèdes introduites récemment ont été essayées par cet éleveur persévérant que la Société est heureuse de récompenser par une médaille de première classe.

M. le capitaine Créput a fait connaître à la Société le succès obtenu par lui à Misserghin, près Oran (Algérie) dans l'incubation artificielle des œufs d'Autruches. Ce résultat, premier pas dans la voie qui conduira les fermes à Autruche à la prospérité, est récompensé d'une médaille de première classe.

Les éducations d'oiseaux de volière, et en particulier de Faisans exotiques faites par M. l'abbé Daviau, curé à Joué-Étiau, en Touraine, sont récompensées par une médaille de première classe. M. l'abbé Daviau a fait connaître les procédés qu'il emploie pour amener à bien ses élèves sans leur donner les larves de fourmis et de mouches qui d'ordinaire assurent le succès des éducations.

MM. Oudot et Privat, d'Alger, sont les inventeurs d'un hydro-incubateur spécial pour les œufs d'Autruches; dans un mémoire intéressant inséré au *Bulletin* de la Société, l'appareil a été décrit et figuré; les expériences faites jusqu'à ce jour donnent à penser que le nouvel hydro-incubateur rendra de bons services. La Société sera heureuse de les reconnaître par une récompense importante. Une médaille de première classe récompense MM. Oudot et Privat de l'invention qu'ils ont fait connaître et des premiers résultats obtenus.

Médailles de seconde classe.

Madame Delaitre, de Saint-Eugène, près Alger, a obtenu la reproduction du Cacatois (*Cacatua sulphurea*) des Moluques. Les faits portés à la connaissance de la Société ont paru nouveaux et intéressants. La Société décerne à Madame Delaitre une médaille de seconde classe.

Les éducations de Faisans vénérés faites par M. Plateau, instituteur, à Merfy (Marne), sont récompensées d'une médaille de deuxième classe. Les observations communiquées ont de l'intérêt, et il serait à désirer que les éleveurs voulussent bien, comme l'a fait M. Plateau, faire profiter de leur expérience.

Mentions honorables.

M. Coutelier, de Reims, dans de nombreuses correspondances, a fait part à la Société de ses observations sur les conditions dans lesquelles se fait l'incubation des Faisans, et en particulier celle des Faisans dorés. M. Coutelier reçoit une mention honorable.

Le nouveau procédé d'éjointage consistant à faire une ligature avant que l'amputation du membre soit pratiquée, présente de l'intérêt, et la Société décerne à M. le docteur Pierron, de Broglie (Eure), son auteur, une mention honorable.

Récompense pécuniaire.

M. Durand, faisandier au château de Courcelles depuis vingt-trois ans, est un éleveur expérimenté qui, chaque année, réussit les éducations les plus délicates. Ce serviteur dévoué mérite la récompense pécuniaire que la Société est heureuse de lui accorder.

TROISIÈME SECTION. — POISSONS, etc.

Médailles de première classe.

Le manuel de pisciculture et de pêche publié par MM. Seth Green et Roosevelt de New-York est un livre essentiellement pratique; lorsque cet ouvrage aura été traduit en français, il deviendra le *vade mecum* de tous ceux qui voudront faire de la pisciculture industrielle.

La Société est heureuse d'offrir aux auteurs une médaille de première classe.

Dans un mémoire récent, M. le docteur Gressy (de Carnac, Morbihan), a démontré que, contrairement à la notion accréditée, l'Huître est androgyne. Il résulte de la connaissance de ce fait que les pratiques usitées dans la culture des Huîtres devront être modifiées dans une certaine mesure par les éducateurs soucieux de conserver leurs races sans aucun mélange.

Dans une brochure sur l'hybridation de l'Huître publiée dans le cours de 1878, M. Henri Leroux, de Nantes, a comparé les résultats de la production des bancs placés dans des bassins restreints avec les résultats obtenus des bancs qui subissent l'action des courants et des marées.

M. Henri Leroux reçoit une médaille de première classe.

MM. de Montaugé frères, d'Arcachon, ont étudié, dans un mémoire étendu, les ennemis végétaux et animaux de l'Huître et aussi les maladies de ce précieux mollusque. Ce travail, d'un intérêt pratique réel, est récompensé d'une médaille de première classe.

Médailles de seconde classe.

Une médaille de seconde classe est décernée à M. Desguez, chargé de la direction de la ménagerie des reptiles au Muséum d'histoire naturelle pour avoir obtenu la reproduction d'un batracien, le *Pleurodeles Waltii*, dont les mœurs et le développement étaient mal connus.

M. Ditten, de Christiania (Norwége), a fait connaître un appareil de nature à protéger le développement des jeunes crustacés. Cet appareil ingénieux, qui pourrait servir de frayère artificielle mérite à M. Ditten une médaille de seconde classe.

M. Puységur, commissaire de la marine et M. Bornet, connu par des travaux sur les Algues, ont étudié les procédés au moyen desquels les ostréiculteurs obtiennent le verdissement des huîtres.

MM. Puységur et Bornet ont reconnu que cette coloration tout artificielle était due à l'absorption en abondance par les mollusques d'une algue microscopique la *Navicula fusiformis*. La Société décerne aux auteurs de ce travail intéressant une médaille de deuxième classe.

Mention honorable.

Une mention honorable est accordée à M. Focet, à Bernay, qui a organisé une société de pisciculture pour arriver au repeuplement des cours d'eau du département de l'Eure.

QUATRIÈME SECTION. — INSECTES

Prix de 200 francs

Fondé par la Société pour l'introduction en France d'espèces nouvelles.

Depuis plusieurs années déjà M. Alfred Wailly, de Londres, introduit en Europe des cocons de diverses espèces séricigènes. Grâce à ces importations annuelles, diverses tentatives de naturalisation ont pu être faites les unes par M. Wailly lui-même, d'autres par des éducateurs de divers pays.

La Société témoigne de l'intérêt qu'elle prend à ces introductions en décernant à M. Wailly un prix.

Médailles de première classe.

M. A. L. Clément a fait avec succès la première éducation française de l'*Attacus Selene*, ver à soie qui vit sur le noyer.

Ce n'est pas la première fois que la Société récompense M. Clément, nous sommes heureux d'avoir à lui décerner aujourd'hui une médaille de première classe.

Les espèces séricigènes telles que les *Attacus Cecropia*, *Yama-Maï*, *Polyphemus* et autres ont été élevées à l'air libre par M. Fallou. Dans le rapport qui rend compte de ses expériences, l'auteur donne de précieux conseils. La Société décerne à M. Fallou une médaille de première classe.

Une éducation des Vers à soie du Chêne (Yama-Maï), faite dans le département des Ardennes, un des plus froids et des plus humides, a donné de bons résultats durant deux années consécutives. L'éducateur, M. l'abbé Hénon, curé d'Escombres, reçoit une médaille de première classe et la Société l'encourage à continuer ses élevages de Vers à soie du Chêne sur une grande échelle.

M. de Layens a envoyé à la Société deux mémoires contenant des observations nouvelles sur la façon dont les Abeilles ventilent l'entrée des ruches et les approvisionnent d'eau pour dissoudre le sucre solide.

Ces travaux méritent à leur auteur une médaille de première classe.

Mme Simon et M. Simon fils font depuis quatre années déjà, dans le Brabant belge, et sur une échelle déjà importante, des éducations des Vers à soie du Chêne *Yama-Maï* et *Pernyi*.

Les essais de filature et de teinture de ces soies belges ont donné de bons résultats ; la Société récompense ces premiers succès d'une médaille de première classe et espère apprendre bientôt que des éducations vraiment industrielles auront été entreprises.

Le traité théorique et pratique d'Apiculture mobiliste publié par M. Sourbé est une œuvre intéressante contenant des faits nouveaux, à laquelle la Société décerne une médaille de première classe.

Médaille de seconde classe.

M. Bureau (d'Arras) a fait d'intéressantes observations sur une petite éducation de l'*Attacus Prometheus*, espèce à cocon soyeux de l'Amérique du Nord, qui se nourrit des feuilles du lilas et du cerisier.

Cet essai est récompensé d'une médaille de deuxième classe.

Mentions honorables.

M. Huin a continué avec succès en 1879 les éducations d'*Attacus Yama-Maï* démontrant que la réfrigération longtemps continuée n'altère pas la fécondité de l'œuf du Ver à soie.

La Société encourage les nouveaux essais de M. Huin en lui décernant une mention honorable, et le félicite de sa persévérance.

M. Vendredy, garde forestier à Ménillot (Meurthe-et-Moselle), a fait une petite éducation de Vers à soie Yama-Maï en plein air. Souhaitons que d'autres gardes imitent l'exemple de M. Vendredy. Ces éducations forestières des Vers du Chêne prendront dans l'avenir la plus grande importance. La Société décerne à M. Vendredy une mention honorable.

CINQUIÈME SECTION. — VÉGÉTAUX

Médailles de première classe.

M. F. Albuquerque, de Rio-Janeiro, déjà lauréat de la Société d'Acclimatation pour les introductions de végétaux qu'il a faites dans l'empire du Brésil, reçoit aujourd'hui une médaille de première classe pour ses nouvelles tentatives et aussi pour la fondation d'une publication intitulée *Revista de horticultura* (Revue d'horticulture) qui est propre à rendre de grands services et à vulgariser les connaissances les plus variées.

L'utilisation des tiges d'*Asclepias Syriaca* et de Mélilot de Sibérie, plantes qui peuvent vivre dans les terrains les plus médiocres, présenterait de sérieux avantages. M. Chauvin, de Dijon, a présenté des tissus obtenus avec les tiges de ces plantes. Ces essais méritent d'être imités, la Société leur décerne une médaille de première classe.

Depuis longtemps déjà on savait que les Japonais obtiennent des récoltes de coton dans diverses parties de l'empire. Grâce à l'envoi très considérable de semences de coton du Japon, fait à la Société par M. de Geofroy, Ministre de France à Yeddo, des essais nombreux ont pu être tentés sur un grand nombre de points de la France. La saison ayant été froide et pluvieuse en 1879, les résultats de ces cultures ont été en général mauvais.

Mais des semences avaient été conservées et nous espérons que la présente année 1880 donnera une meilleure réussite.

La Société exprime sa reconnaissance à M. de Geofroy pour la nouvelle marque de sollicitude qu'il donne à nos travaux et lui décerne une médaille de première classe.

MM. Paillieux et Bois, dans un ouvrage consciencieux, ont fait connaître leurs essais, pour rendre comestibles par l'étiolement divers végétaux qui ne sont pas ordinairement employés dans la consommation.

Ces messieurs ont démontré qu'un certain nombre d'espèces cultivées d'une façon raisonnée pouvaient devenir de bons légumes d'hiver. MM. Paillieux et Bois continueront leurs expériences, la Société récompense d'une médaille de première classe les résultats obtenus.

Dans un ouvrage spécialement consacré à l'étude des Orchidées, M. E. DE PUYDT s'est attaché à faire connaître les meilleurs procédés de culture pour ces plantes tropicales qui sont le plus bel ornement de nos serres chaudes.

Cet ouvrage à la fois théorique et pratique mérite à son auteur une médaille de première classe.

Notre collègue M. EUGÈNE VAVIN, de Paris, a présenté à la Société, avec les notes les plus intéressantes, un grand nombre de produits de ses cultures qui ont été appréciés comme ils le méritaient par les gens spéciaux.

La Société est heureuse de constater que le zèle de M. Vavin ne se ralentit pas et lui décerne une médaille de première classe.

Médailles de seconde classe.

M. GALLAIS a cultivé avec succès la Rhubarbe de Chine (*Rheum officinale*) que notre collègue M. de Thiersant avait introduite en France, il y a déjà longtemps. M. Gallais a obtenu de beaux échantillons et nous pouvons espérer que cette culture vulgarisée et convenablement répandue nous dispensera de recourir dans l'avenir aux Rhubarbes étrangères.

La Société décerne à M. Gallais une médaille de deuxième classe.

M. ROUSSIN, commissaire de la marine à Cherbourg, a importé et cultivé depuis plusieurs années déjà une collection intéressante de végétaux japonais. Les renseignements fournis, les observations recueillies ont été l'objet de l'attention de la Société qui décerne à M. Roussin une médaille de deuxième classe.

Mention honorable.

M. Fontaine, de Blidah (Algérie), a présenté à la Société une belle collection de Patates douces et a remis en même temps une note très détaillée sur la culture de ces légumes qui peuvent donner en Algérie des produits excellents et d'une grande abondance.

M. Fontaine reçoit une mention honorable.

Primes fondées par feu Agron de Germigny.

La Prime de deux cents francs est délivrée à M. Alfred Aufort, faisandier à la Ménagerie du Muséum d'histoire naturelle depuis dix ans déjà, qui s'est fait remarquer dans les soins donnés à divers élevages difficiles.

La prime de cent francs est accordée à M. Eugène Dudale, piqueur au chenil du Jardin d'Acclimatation qui mérite les plus grands éloges pour la façon dont les chiens confiés à ses soins sont entretenus.

Primes offertes par l'administration du Jardin zoologique d'acclimatation.

Les primes offertes par l'Administration du Jardin zoologique d'Acclimatation sont remises :

A M. Girard, employé à la volière, qui fait preuve de zèle et rend de bons services;

A M. Léon Andrieux, un élève faisandier qui sera bientôt maître dans son art;

A M. Victor Thuillier, gardien des mammifères, serviteur exact et patient;

A M. Henri Lheritier, gardien des mammifères, employé soigneux et méritant;

A M. Louis Meunier, du service des poneys, qui se fait remarquer par son intelligence et son activité;

A M. Alexandre Mary, le plus exact et le plus méthodique des jeunes gens attachés au service des écuries.

JARDIN D'ACCLIMATATION DU BOIS DE BOULOGNE.

RAPPORT

PRÉSENTÉ AU NOM DU CONSEIL D'ADMINISTRATION

Par M. A. GEOFFROY SAINT-HILAIRE

DIRECTEUR DU JARDIN

A l'Assemblée générale des Actionnaires du 14 avril 1880.

Les deux plus forts actionnaires présents, non membres du Conseil d'administration, MM. BRANÇON et Léon SIMON, sont invités à prendre place au bureau en qualité de scrutateurs.

La parole est donnée à M. le Directeur pour donner lecture du rapport présenté à l'Assemblée générale au nom du Conseil d'administration.

Ce rapport est ainsi conçu :

MESSIEURS,

J'ai l'honneur de présenter à l'Assemblée générale, au nom du Conseil d'administration, les comptes de l'année 1879.

Les résultats de cet exercice ne sont pas satisfaisants; car les recettes ont été de 91,734 fr. 88, inférieures aux dépenses.

A un printemps froid et pluvieux a succédé un été déplorable et l'hiver a été tel qu'on n'en avait jamais subi de semblable à Paris.

La cherté des fourrages est venue augmenter encore les difficultés de notre situation.

Bilan au 31 décembre 1879.

ACTIF.

Valeurs immobilisées.

Création du Jardin, immeubles, constructions, serres.			1,536,390 98

Valeurs réalisables.

Animaux { au Jardin de Paris.	363,835 35	373,781 35	589,505 75
Animaux { au Jardin d'Hyères.	9,946 »		
Approvisionnements		133,712 30	
Cautionnement		5,000 »	
Mobilier		77,012 10	
A reporter...			2,125,896 73

Report...		2,125,896 73
Valeurs disponibles.		
Caisse	4,596 20	
Effets à recevoir	7,996 »	48,128 05
Débiteurs divers	35,535 85	
		2,174,024 78
Perte de l'exercice 1879		91,734 88
Total		2,265,759 66

PASSIF.

Engagements sociaux		
Capital-Actions (4,000 actions émises à 250 fr.)		1,000,000 »
Engagements envers les tiers (à terme).		
Dette consolidée : 801 obligations à 470 fr. (Solde des 900 oblig^s émises sur l'emprunt autorisé de 1200).		376,470 »
(Exigibles.)		
Service de l'emprunt : obligations sorties aux tirages et intérêts des coupons.	21,600 »	370,517 35
Créanciers divers	348,917 35	
		1,746,987 35
Recettes de l'exploitation		
Recettes employées en constructions au 31 décembre 1878		518,772 31
Total		2,265,759 66

Vous trouverez au passif du bilan ci-dessus :

1° Le capital, fourni par les actionnaires, soit : 1 000 000 francs.

2° Ce qui reste dû sur l'emprunt émis en 1876, déduction faite des obligations sorties au tirage du 15 décembre dernier, soit, 376 470 francs. Au 1er janvier de cette année 1880, 99 obligations avaient été successivement amorties, et le capital que notre entreprise redoit à ses prêteurs se trouve réduit de (423 000 — 376 470 =) 46,530 francs.

3° La somme de 21 600 francs destinée au paiement de l'intérêt des obligations et au remboursement des obligations sorties au dernier tirage (échéance du 31 décembre 1879).

4° Dans le passif que nous soumettons à votre examen, les créanciers divers comptent pour 348 917 fr. 35. C'est à diminuer l'importance de ce chiffre que tendent tous nos efforts.

Actif.

L'actif porté au bilan qui vous est présenté comprend :

1° Les valeurs immobilisées, c'est-à-dire les sommes employées pour la création et le développement du Jardin zoologique d'Acclimatation depuis sa fondation.

Il résulte de ce chiffre, qu'en outre du million initialement reçu des actionnaires, les bénéfices de l'entreprise ont été employés pour 536 390 fr. 98 en améliorations et en constructions nouvelles; ce qui porte à 1 536 390 fr. 98, ce que coûte à ce jour l'établissement que vous avez fondé.

2° Les valeurs réalisables de l'actif comptent pour 589 505 fr. 75 qui sont répartis comme suit :

A. Collection des animaux	363,835	35
B. Plantes diverses disponibles	34,504	40
C. Mobilier et outillages	77,012	10
D. Approvisionnements divers. Nourriture. Chauffage.	32,923	45
E. Cautionnement déposé dans les caisses de la ville de Paris	5,000	»
F. Jardin d'Acclimatation d'Hyères (Var) :		
a. Collection d'animaux	9,946	»
b. Plantes diverses disponibles	54,851	»
c. Mobilier et outillage	10,854	20
G. Clos de Meulan.		
Mobilier et outillage	579	25
TOTAL	589,505	75

La valeur totale de cet actif réalisable est supérieure de 30 000 francs environ au chiffre de l'inventaire du 31 décembre 1878.

3° Les valeurs disponibles figurant à l'actif représentent 48 128 fr. 05. Le compte d'exploitation que nous vous présentons ci-après vous fera connaître les dépenses et les recettes de l'année 1879.

Compte d'exploitation de l'exercice 1879.

(PROFITS ET PERTES.)

Recettes.		*Dépenses.*	
Subvention du Ministère de l'Agriculture	7,000 »	Personnel	149,336 85
Participation sur cotisations des membres de la Société d'Acclimatation	5,120 »	Uniformes	9,593 15
Entrées du Jardin	413,256 90	Nourriture des animaux	184,993 90
Abonnements	10,950 »	Aquarium	1,903 75
Promenades	46,511 65	Nubiens	72,620 10
Locations de chaises	13,008 60	Entretien des bâtiments	42,387 75
Exposition permanente	1,352 70	Entretien des clôtures	7,238 10
Loyer du buffet	23,264 35	Entretien du Jardin	2,615 30
Manège	3,021 25	Abonnement des eaux	3,251 50
Dons d'animaux	300 »	Chauffage et éclairage	18,347 40
Bénéfice sur le commerce des animaux, mortalité déduite	21,728 05	Mobilier industriel et outillage	35,813 20
Saillies	3,281 »	Outils de jardinage	840 85
Ventes d'œufs	7,266 20	Concerts	26,419 95
Graines et plantes	3,514 80	Omnibus	5,721 95
Librairie	837 45	Frais de bureaux	5,337 55
Succursale de Meulan	376 10	Frais de correspondance	5,671 25
	560,789 05	Publicité	13,785 75
Excédant des dépenses de l'exercice 1879 (PERTE)	91,734 88	Loyers	4,500 40
		Assurances	1,061 55
		Impositions	4,410 55
		Timbre et impôt des actions et obligations	4,221 20
		Assemblée générale	489 35
		Frais généraux	17,263 43
		Jardin d'Hyères	11,099 15
		Allocation au Pré Catelan	3,000 »
		Intérêts des obligations	20,600 »
TOTAL	652,523 93	TOTAL	652,523 93

Dépenses.

Le total des dépenses atteint 652 523 fr. 93. Il convient de vous faire remarquer que dans ce chiffre figurent pour 72 620 fr. 10, les frais résultant de la présence des Nubiens pendant quatre-vingt-cinq jours au Jardin d'Acclimatation.

Notre Conseil d'Administration avait pensé qu'il serait avantageux de recevoir une fois encore au Jardin d'Acclimatation, un convoi d'hommes et d'animaux Nubiens.

Le public a fait comme de coutume, bon accueil à cette exhibition zoologique et ethnographique qui, d'ailleurs, présentait le plus vif intérêt. Parmi les animaux du convoi, on a particulièrement remarqué un Cheval des montagnes d'Abyssinie et quatre jeunes Chevaux de Dongola. Ces derniers appartiennent à une race célèbre dans laquelle les souverains de l'Abyssinie de temps immémorial choisissent leurs montures, et s'il faut en croire la tradition, les Chevaux de Dongola seraient les descendants authentiques des Chevaux de guerre des anciens Égyptiens; leur ressemblance avec les coursiers représentés sur les monuments de la plus haute antiquité donne à penser que cette tradition est fondée.

Les hippologistes les plus éclairés ont étudié ces animaux auxquels ils ont reconnu des qualités de conformation éminentes rappelant par plus d'un point celles des meilleurs Chevaux arabes.

Le caractère de ces chevaux est remarquablement facile; l'écuyer qui en a fait le dressage dans notre manège, assure n'avoir jamais rencontré de sujets plus doux, plus amis de l'homme.

Il eût été désirable que ces types de grand prix, importés pour la première fois, fussent conservés en France; nous avons fait de notre mieux pour qu'il en fût ainsi, mais, l'Administration des Haras de France n'ayant pu faire cette acquisition, c'est au Gouvernement brésilien que nous avons expédié les animaux.

En outre des Chevaux, la caravane Nubienne était formée de Dromadaires, Anes blancs, Taureaux zébus porteurs, Vaches gallas à cornes gigantesques, Antilopes onctueuses, Girafe, Éléphants, Hippopotame, Autruches, etc., etc.

Les hommes, au nombre de dix-huit, les femmes, au nombre de deux, plus un enfant, appartenaient à diverses tribus. Ils ont été examinés avec soin par les membres de la Société d'anthropologie, heureux de pouvoir étudier, à Paris même, les types qu'il faut aller chercher d'ordinaire vers le 20° de latitude.

Déduction faite des dépenses de toutes natures occasionnées par la présence des Nubiens au Jardin d'Acclimatation, l'exploitation de l'année 1879 a coûté (652 523 fr. 93 — 72 620 fr. 10 =) 579 993 fr. 83. Dans ce chiffre la nourriture des animaux figure pour 184 993 fr. 90. Nos prévisions pour ce chapitre de dépenses ont été dépassées d'une façon très notable par suite de la cherté des fourrages, résultant des conditions déplorables dans lesquelles a été faite la fenaison en 1879. Nous avons fait de notre mieux pour réduire notre effectif d'animaux, mais malgré cela, nous sommes arrivés à une dépense trop importante, comme vous le voyez.

Les dépenses de chauffage ont occasionné en 1879 des frais exceptionnels, on ne saurait en être surpris quand on se rappelle le climat exceptionnellement froid qui a régné à Paris en décembre dernier. Jamais le Jardin d'Acclimatation n'avait subi pareille épreuve. Pendant vingt-sept jours notre établissement a été sous la neige, le thermomètre restant au-dessous de 0. Notre minimum a été de — 24°.

Grâce aux précautions prises, les végétaux abrités dans nos serres n'ont pas eu à souffrir, mais la mortalité des animaux a été grande, moindre cependant qu'on aurait pu le craindre.

Notre personnel, dans ces circonstances difficiles, a fait preuve du zèle le plus louable, nous sommes heureux d'avoir à le constater.

Les dégats causés par le froid sont au Jardin d'Acclimatation, comme partout, très sérieux dans les végétaux de pleine terre. Nous avons vu périr un certain nombre de conifères et des magnolias remarquables qui atteignaient des proportions importantes. Ces plantations, âgées de vingt ans, devront être recommencées, l'effet paysager de notre établissement y perdra beaucoup.

Recettes.

L'ensemble des recettes réalisées en 1879 s'élève à 560 789 fr. 05. Nous ferons remarquer que les entrées figurent pour 413 256 fr. 90, chiffre considérable, si on se rappelle combien la saison a été mauvaise l'an dernier. En effet, pendant les premiers mois de 1879 nos recettes sont restées au-dessous de nos prévisions.

C'est seulement au moment où le convoi des Nubiens nous est arrivé que les recettes ont pris de l'importance.

Le temps d'ailleurs à cette époque s'était sensiblement amélioré.

Les recettes diverses ont été égales à nos prévisions et ne donnent lieu à aucune observation particulière.

Des explications qui précèdent, on peut conclure que les résultats de l'année 1879 doivent être attribués à deux causes : la cherté des subsistances et la faiblesse des recettes due à l'inclémence du temps pendant une grande partie de la saison.

La perte de l'exercice est sérieuse, mais elle ne doit pas nous décourager, car le public revient avec empressement au Jardin d'Acclimatation, dès que le temps le permet. Nous en avons eu la preuve dans les premiers mois de cette année.

Nous devons espérer, Messieurs, que l'année 1880 nous dédommagera des pertes de 1879 ; nous ferons tous nos efforts pour qu'il en soit ainsi, et nous vous demandons de donner votre approbation aux comptes que nous vous avons fournis dans le présent rapport.

M. le Président met les conclusions du rapport aux voix ; elles sont adoptées à l'unanimité.

Il est ensuite procédé au renouvellement des membres du Conseil d'administration sortants.

MM. BOURÉE.
Le Comte LE COUTEULX de CANTELEU,
Eugène DUPIN,
Pierre RODOCANACH,
Charles IBRY,
administrateurs sortants, sont réélus à l'unanimité.

M. GUÉRINET est nommé membre du Conseil d'administration en remplacement de M. Ruffier, décédé.

Le Gérant : JULES GRISARD.

PARIS. — IMPRIMERIE DE E. MARTINET, RUE MIGNON, 2.

BULLETIN MENSUEL

DE LA

SOCIÉTÉ D'ACCLIMATATION

FONDÉE LE 10 FÉVRIER 1854

RECONNUE ÉTABLISSEMENT D'UTILITÉ PUBLIQUE

PAR DÉCRET DU 26 FÉVRIER 1855.

I. TRAVAUX DES MEMBRES DE LA SOCIÉTÉ (1)

LES STRONGLES DU LARYNX CHEZ LES FAISANS

Lettre adressée à M. le Secrétaire général

Par M. le docteur MOREAU

Quel souvenir restera-t-il aux éleveurs de l'année 1878 ? Mauvaise année, j'entends dire à tous. Je partage l'opinion générale. Tout a concouru à l'insuccès, et chacun avoue que la cause principale et indiscutable de ses revers réside dans le froid et surtout l'humidité persistante du printemps et de l'été. Je n'ai rien à dire sur ces fâcheuses influences atmosphériques qu'il nous faut bien subir; je me place de suite en face de leurs conséquences. J'admets que nombre de mes collègues ont dû souffrir plus particulièrement de telle ou telle forme morbide résultant de la grande cause générale; chacun

(1) La Société ne prend sous sa responsabilité aucune des opinions émises par les auteurs des articles insérés dans son *Bulletin*.

pourrait faire l'exposé de ses observations. Pour moi, je tiens à signaler aux éleveurs la maladie dont j'ai le plus souffert ; ce sont encore les strongles du larynx.

Cette année a été remarquable entre toutes les autres par l'abondance de ces désastreux parasites. Je puis avouer que tous mes Faisans, excepté les dorés et les argentés, en ont été atteints. Je ne saurais me rendre compte de l'élevage dans chaque contrée, ni affirmer que les vers du larynx appartiennent à tous les pays, à tous les terrains, à toutes les latitudes. J'ai pourtant le soupçon que bien des éleveurs qui ont vu décimer, peut-être disparaître leurs élèves, ont eu, sans s'en douter, affaire au même ennemi que moi ; j'appelle leur attention sur ce point et les engage à constater tous les ans si leurs jeunes Faisans ne succombent point par l'existence des vers du larynx.

Voici les symptômes, du reste bien connus, que je puis indiquer. Les Faisandeaux qui peuvent être atteints dès leur premier âge, deux ou trois semaines (ce qui m'est arrivé cette année), bien que conservant leur appétit et leur vivacité d'abord, toussent de temps en temps d'une petite toux convulsive, sèche, courte, à secousse unique dans le début ; plus tard, les secousses se répètent plusieurs fois coup sur coup ; plus tard encore, les accès spasmodiques se rapprochent et sont plus longs ; enfin ces accès deviennent tellement forts que l'oiseau tient le bec ouvert pendant leur durée, bâille pendant les rémissions et semble menacé d'asphyxie. Si on l'excite à se mouvoir, le mouvement détermine davantage la toux et l'oppression : une écume épaisse et gluante obstrue le bec et les fosses nasales, des plaques, d'aspect diphthéritique, se produisent dans la gorge et sur la langue, qui devient violacée et tuméfiée ; l'animal ne peut plus manger, la préhension des aliments et le mouvement de déglutition provoquent des accès incessants de toux. L'oiseau, menacé d'asphyxie réelle, devient de plus en plus maigre, et meurt si on ne vient à temps à son secours.

Cette année, j'ai perdu presque la moitié de mes petits Faisandeaux, entre deux et quatre semaines, et le plus grand nombre par les vers du larynx, parce que, à cet âge, l'étroitesse du larynx, encore peu développé, ne me permettait pas de faire usage des moyens que j'emploie. L'autopsie m'a permis de constater, chez tous ceux qui avaient eu la toux caractéristique, l'existence de nombreux strongles, lesquels avaient déterminé la mort par asphyxie. Les années précédentes, j'avais bien vu mes Faisans atteints, mais jamais aussitôt que cette année. Ma conviction est que les larves du strongle existent dans le sol, que c'est en le piochant avec leur bec que les oiseaux les contractent, et que l'humidité de la terre est la grande cause qui favorise leur production. J'ai pu me convaincre que les Faisans ne prennent point de vers tant qu'ils vivent dans leurs boîtes à élevage, et qu'ils n'en contractent pas si la terre est parfaitement sèche, ou si on ne les lâche que sur un sol dur qu'ils ne peuvent entamer.

D'après mes observations, j'ai été conduit à étudier et employer deux espèces de traitement : le traitement prophylactique et le traitement curatif.

Afin de préserver, l'an prochain, de cette terrible maladie les tout jeunes Faisans, j'ai sacrifié la petite pelouse que j'entretenais pour eux dans la cour qui est jointe à leur chambre d'élevage; je l'ai fait entièrement garnir de béton de chaux uni, de même que leur chambre couverte d'élevage, où j'ai ménagé cependant un emplacement très suffisant pour recevoir du sable sec destiné à leur usage. De cette façon, ni l'eau de pluie, ni l'eau de boisson ne pourra donner de l'humidité au sol des compartiments. J'alimenterai mes poussins de verdure au lieu de leur abandonner celle que faisait croître le sol. J'éviterai ainsi l'humidité et par conséquent les strongles qui ne pourraient d'ailleurs se fixer et vivre dans un béton de chaux. J'espère donc ainsi préserver mes petits Faisans des vers laryngiens jusqu'au jour où ils seront assez grands pour être lâchés en grande volière. C'est là, par exemple, où, ayant la liberté de piocher le sol humide, je m'attends bien à les voir pris de vers au larynx. Mais à cette époque ils seront déjà grands et forts, l'ampleur des organes permettra d'y introduire facilement les instruments et substances nécessaires. Je ne dis rien des préparations préconisées et incorporées aux aliments en vue de se préserver des strongles; il est possible qu'elles aient une action préservatrice complète et certaine. J'ai essayé bien des moyens, j'avoue que jusqu'ici rien ne m'a réussi; mes Faisans ont eu des vers malgré tout. Une forte et abondante alimentation est ce qui m'a paru le plus utile.

J'aborde le traitement curatif. Quand on remarque un Faisan atteint de la toux, il vaut mieux de suite le prendre et le soigner, plutôt que de le laisser aller trop bas. Cependant, jusqu'au moment où l'asphyxie devient imminente, il est encore temps d'agir. J'ai plusieurs fois sauvé la vie à des Faisans prêts à expirer.

Les années précédentes j'employais une sonde et l'huile de camomille camphrée, que j'introduisais dans le larynx: ce procédé, que j'ai décrit et dont le *Bulletin* de la Société a inséré la description, me réussissait très bien; mais souvent il fallait y revenir à plusieurs fois; il était plus compliqué. J'ai cherché à faire mieux; j'y ai réussi. Les strongles constituant une maladie parasitaire, qui de sa nature ne compromet en rien la santé générale des oiseaux, et n'étant qu'une affection locale, j'ai pensé que si on enlevait les parasites on guérirait instantanément les malades. Effectivement. Mon procédé permet du reste parfaitement d'employer concurremment l'huile de camomille ou toute autre substance vermicide ou vermifuge, si on le juge nécessaire; il n'y a qu'à y tremper l'instrument avant de s'en servir.

Voilà ce que je fais : Je prends un petit fil de laiton (fil à collet), de 40 centimètres de longueur environ; je le double en le pliant en deux par son milieu. Dans l'anse formée par les deux fils j'étends, sur une longueur de 4 à 5 centimètres, des cheveux à angle droit par rapport aux fils, et assez espacés pour qu'ils ne forment pas une masse épaisse. Je prends d'une main l'extrémité de l'anse, ou la fixe avec une petite pointe, et de l'autre main je saisis les deux bouts réunis. Je tords les deux fils ensemble jusqu'à ce que la torsion les ait entièrement rapprochés en spirale et qu'ils ne forment plus qu'une tige unique en embrassant et fixant solidement les cheveux.

Je coupe ceux-ci avec des ciseaux à la longueur que je juge convenable pour constituer une sorte d'écouvillon un peu plus gros que le calibre du larynx des oiseaux que j'ai l'intention de soigner. J'ai employé cet instrument cette année et m'en suis encore mieux trouvé que de mon procédé des années antérieures. Un aide tient ferme et immobilise l'oiseau malade. De la main gauche je saisis sa tête, le pouce en dessous du bec et l'index, muni d'un petit linge sec, sur la langue, que j'attire en avant afin de faire avancer l'orifice laryngien; le dessus du médius relève le bec supérieur. Au moment où l'oiseau fait un mouvement d'inspiration, je plonge de la main droite mon écouvillon dans le larynx béant, et l'y fais promptement voyager jusqu'à la résistance qui indique la bifurcation de la trachée artère, tout en lui imprimant un mouvement de vrille. Je retire alors l'instrument en exécutant un mouvement rapide et continu de rotation, comme celui du fuseau entre les doigts de la fileuse, et j'amène l'écouvillon au dehors, rempli de vers rouges enroulés par les cheveux. Si je n'ai pas assez réussi du premier coup, je recommence une nouvelle introduction, à moins que l'oiseau n'éprouve une menace trop violente d'asphyxie ou que la sonde n'ait provoqué un peu d'hémorrhagie. Mais on peut recommencer l'opération dans un autre moment, et la renouveler s'il le faut à quelques jours d'intervalle jusqu'à guérison assurée.

Au moment de cette opération, un mouvement convulsif indique un certain degré d'asphyxie; mais l'air pénètre suffisamment entre les cheveux pour n'avoir rien à craindre, et quelques minutes après avoir lâché l'opéré, si on a retiré ses vers, on le voit tousser, rejeter parfois des vers détachés par l'instrument, et se mettre à bien respirer; quelques heures après, on ne peut presque plus le reconnaître, et le lendemain il n'y paraît plus rien, si on a extrait tous les vers; il mange comme d'habitude et sans peine et ne tousse plus. J'ai extrait cette année des milliers de vers, ayant souvent jusqu'à 4 centimètres de longueur, au nombre parfois de vingt à trente chez le même sujet; j'en remarquais de différentes tailles et de différents âges, ce qui prouve que les Faisans, labourant un terrain humide, peuvent contracter des larves à différentes époques, à moins que les strongles implantés les premiers n'en produisent sur place de nouvelles générations. L'écouvillonnement chez des Faisans assez grands est tout à fait inoffensif. Je le trouve facile à faire, parce que j'en ai pris, il est vrai, l'habitude; mais je crois que tout le monde peut très vite s'y familiariser et en retirer d'excellents résultats.

Comme je l'ai dit, rien n'empêche d'imbiber l'écouvillon d'une substance vermicide. Pour moi, l'instrument sec m'a suffi, en enroulant autour de lui les strongles. Tous mes Faisans ordinaires, Mongols et Vénérés ont été atteints et ont subi l'opération. J'en possède un peu plus de trois cents, qui sont superbes; sur six cents naissances obtenues, j'ai perdu mes petits alors que je ne pouvais les soigner. Depuis qu'ils ont atteint une taille suffisante pour me permettre l'emploi de mon nouveau procédé, je n'en ai perdu que quelques-uns par dévoiement, piquage ou autre accident. Lorsque les Faisans atteints de vers laryngiens ont été guéris, j'ai remarqué qu'ils reprenaient promptement leurs forces et se développaient rapidement; en outre, qu'ils n'étaient pas sujets à récidive. Je n'ai observé aucune conséquence fâcheuse ultérieure de cette maladie ni du traitement employé.

J'avais d'abord tenté l'usage des crins pour fabriquer mon écouvillon; mais le crin est trop dur, il déchirait la muqueuse et m'aurait fait tuer mes oiseaux. Les cheveux n'ont pas cet inconvénient. Pour que l'extrémité pénétrante de l'écouvillon ne puisse produire de lésions, je l'entoure d'une toute petite boule de cire bien fixée. Un fabricant pourrait construire des instruments de ce genre plus perfectionnés, mieux réussis et munis d'une petite boule métallique afin d'éviter de déchirer la muqueuse ou de faire fausse route.

Tels sont les résultats des observations et des tentatives que j'ai faites cette année; je désire que les éleveurs qui pourront se trouver dans le même cas que moi puissent tirer profit de ma communication.

TENTATIVE

D'UNE ÉDUCATION EN PLEIN AIR

DES *ATTACUS PERNYI* (G. MÉN.) ET *CECROPIA*

faite en 1878 à Champrosay, commune de Draveil (Seine-et-Oise)

Par M. J. FALLOU

ATTACUS PERNYI. — N'ayant jamais eu l'occasion d'élever ce producteur de soie, et n'étant pas au courant des expériences tentées ces dernières années pour obtenir des heureux résultats d'acclimatation de cette intéressante espèce, je ne me suis basé pour mon essai que sur ce que j'avais autrefois entendu dire à feu notre collègue Guérin-Méneville dans une de nos séances de la Société entomologique de France, séance de février 1864 : Il nous faisait connaître que M. Simon, revenant de la province de Se-Tchuen dans le nord de la Chine, avait rapporté un grand nombre de cocons vivants de l'*Attacus Pernyi*, et, en même temps, des œufs en parfait état de santé du même Lepidoptère. Il ajoutait que comme l'*Attacus Pernyi* vit sur le Chêne dans des provinces très froides de la Chine et dans lesquelles il neige tous les hivers, on pouvait espérer que l'on parviendrait à l'acclimater en Europe.

Je n'hésitai donc pas à tenter d'élever en plein air et à toutes les intempéries, les chenilles que la Société d'Acclimatation venait de me confier.

Le 25 août, je reçus les œufs, les petites chenilles commençaient à sortir, je m'empressai de leur donner différentes espèces de Chênes qu'elles mangèrent parfaitement.

Après leurs premières mues je les mis dans une très vaste boîte, fermée de toile métallique, et les plaçai dans mon jardin à la meilleure exposition, éloignée de l'habitation et j'en portai une certaine quantité dans la forêt de Senars, située à cinq minutes de distance de ma maison, où les posai sur différents buissons de Chêne dans un taillis de deux ans, ayant eu soin de choisir de préférence ceux éloignés de forts baliveaux, sachant que les oiseaux viennent de préférence chercher leur nourriture sur ces derniers.

Tout alla bien jusqu'à la troisième mue, et l'on pouvait espérer une réussite parfaite, en voyant chaque jour les feuilles des branches de chêne, mangées jusqu'au bois ; celles des chenilles placées dans le bois venaient au moins aussi bien. Mais leur nombre diminuait sensiblement, surtout sur un buisson placé près d'un grand parc attenant à la forêt, cette partie du bois étant plus fréquentée par des oiseaux que les autres, il est à présumer que certains de ces oiseaux ayant trouvé là une nourriture à leur gré, y sont revenus souvent, car, d'une quarantaine de chenilles que j'y avais déposées je n'en retrouvais plus que deux assez grosses vers les premiers jours de novembre. Sur les autres buissons éloignés des localités fréquentées des oiseaux, leur nombre avait beaucoup moins diminué. Dans la forêt, cette chenille se place toujours au sommet des branches, sa position est analogue à celle du *Sphinx ligustri*, Linn.

Vers le 15 octobre, les chenilles commencèrent à moins manger et, des jours entiers, elles restaient immobiles, comme engourdies, surtout lorsque le temps était sombre, ce qui est arrivé souvent cet automne ; quand le soleil apparaissait elles étaient plus remuantes et mangeaient mieux; enfin chaque jour le temps devenait plus froid, et, voyant mes élèves dépérir, j'eus l'idée d'envelopper d'une toile celles de mon jardin, mais cela n'a pas suffi. J'ai donc rentré une petite partie dans une chambre chauffée, là elles reprirent de la vigueur et de l'appétit. Au bout de quelques jours, deux ont filé leur cocon. Voyant du mieux, je rentrai le reste, mais il était déjà trop tard, elles étaient pour ainsi dire mortes de faim, sans avoir eu la force de pouvoir opérer leur dernière mue. Celles du bois restaient souvent plusieurs jours immobiles sans prendre de nourriture, j'en ai observé qui sont restées dans cet état pendant une semaine; elles ont supporté plusieurs gelées de 1 degré : après être restées deux mois et demi dans la forêt, pas une n'est arrivée à sa dernière mue. Je n'ai obtenu qu'une vingtaine de cocons de celles que j'ai rentrées dans les premiers jours de novembre. J'ai continué à en soigner jusqu'au 16 décembre; elles ont fini par mourir sans pouvoir se chrysalider.

Aujourd'hui, 25 décembre, on voyait encore à travers de certains cocons des chrysalides venant seulement de se former.

Le résultat de mes observations me porte à croire que pour élever avec avantage ce Bombycien sericigène, il faudrait hâter son développement par la chaleur qui de toutes les conditions extérieures est le plus puissant moyen d'activer les métamorphoses chez les insectes.

Les conditions de 12 à 13 degrés de chaleur, une grande lumière, même celle d'une lampe le soir, m'ont suffi pendant les derniers temps pour me convaincre que j'aurais dû, pour obtenir un plus heureux résultat, placer plus tôt que je ne l'ai fait les chenilles dans les conditions que je viens d'indiquer.

Attacus Cecropia. — La Société d'Acclimatation m'a confié, le 19 avril 1878, vingt cocons de cette espèce ; le 1er juin 1878, une femelle est éclose avortée ; après avoir pondu quelques œufs çà et là, elle est morte le huitième jour.

Le 9 juin, par une température douce et après un léger arrosement des cocons, un mâle et une femelle très bien développés me sont éclos, un accouplement de ces deux Papillons a eu lieu dans la nuit du 9, et s'est prolongé jusque dans l'après-midi du 11 ; il a donc duré environ trente-six heures, la femelle a ensuite pondu par petits paquets à peu près cent quatre-vingts œufs qu'elle a collés aux parois de la boîte ; tous ces œufs étaient clairs et se sont aplatis quelque temps après. Ce n'est donc pas la durée de l'acte de copulation qui fait que certaines femelles produisent des œufs fécondés ou non, mais une cause tout autre, ainsi que j'ai pu m'en convaincre par le fait suivant : du 11 au 18 juin après avoir exposé les chrysalides à la température chaude et humide de l'atmosphère, deux mâles et six femelles sont éclos. Un des mâles seulement s'est accouplé par deux fois, mais avec deux femelles différentes : La première femelle a seule pondu des œufs fécondés en nombre moins élevé que la première, c'est-à-dire à peu près cent quarante, cette ponte était terminée le 24 juin.

Aussitôt l'éclosion des chenilles (10 au 14 juillet) je leur ai donné comme nourriture diverses espèces de Rosacées, telles que *Prunus spinosa*, *P. domestica* (*P. Mahaleb*, qu'elles n'ont point du tout attaquées), puis le Pommier, Poirier, Cerisier, Rosier cultivé, Églantier et Aubépine (*Cratægus Oxyacanthus*).

Dès qu'elles se sont mises à manger, elles ont d'abord attaqué les feuilles tendres des Rosiers ; elles les ont ensuite délaissées pour le Prunier domestique, et le Cerisier pour lequel elles ont toujours eu de la préférence. Je les déposai donc sur cette essence de petite taille, ce qui me permit de les visiter facilement. Ces Cerisiers sont, du reste, parfaitement situés dans un verger et exposés au midi.

Dans les premiers temps elles attaquèrent les bords des feuilles, mais quelques jours après, j'en trouvai beaucoup de moins et plusieurs mortes. Malgré le temps qui était froid et pluvieux, je persistai à les laisser dehors, mais en voyant chaque jour diminuer le nombre, il me vint à l'idée que cette disparition pouvait bien être attribuée aux Guêpes qui avaient un nid dans le voisinage ; cependant, malgré mes observations, je ne trouvai pas l'occasion de pouvoir le constater.

Enfin, craignant de les perdre toutes, je mis celles qui me restaient, au nombre de vingt, dans une grande cage en toile métallique, placée elle-même dans un pavillon constamment ouvert.

A partir de ce moment je n'ai plus perdu une seule chenille, et elles ont atteint jusqu'à neuf centimètres de long ; elles ont filé leur cocon du 28 septembre au 14 octobre ; ceux-ci sont de belle taille et aussi forts que ceux que m'a confiés la Société d'Acclimatation, au mois d'avril dernier.

II. TRAVAUX ADRESSÉS ET COMMUNICATIONS FAITES A LA SOCIÉTÉ.

NOTES SUR LA REPRODUCTION DE DIVERS OISEAUX EXOTIQUES

PTILOPACHUS FUSCUS, RYNCHOTIS RUFESCENS, EUPLOCOMUS ERYTHROPHTALMUS)

Par M. Jacques Le MERRER

Faisandier, chez Mme Coëffier, à Versailles.

1° Reproduction de la Perdrix brune de la côte occidentale d'Afrique (*Ptilopachus fuscus*).

C'est au mois de mai 1876 que nous avons reçu de Saint-Paul de Loanda la paire de perdrix brunes (*Ptilopacus fuscus*) dont je vais me permettre de vous entretenir un instant. Inquiets, un peu farouches même, les premiers jours de leur arrivée, nos coquets petits oiseaux ne tardèrent pas à se faire à leur nouvelle habitation et à se montrer confiants et familiers envers moi. La femelle cependant ne pondit pas. — Je n'y comptais guère, à vrai dire, — et l'hiver arriva, puis se passa, sans que ces habitués du soleil tropical parussent souffrir de l'exposition au nord de leur volière.

Le 4 mai 1877, j'eus le plaisir d'apercevoir dans l'intérieur de la volière, par terre, derrière un paillasson, sur quelques feuilles sèches qui couvraient le nid de paille que j'avais préparé à l'avance, un œuf blanc légèrement teinté de rose, un peu plus gros qu'un œuf de colin de Californie. Neuf œufs furent ainsi pondus à vingt-quatre heures d'intervalle chacun; le mâle se mit à les couver assidûment, ne quittant son nid qu'une fois par jour pour manger, et cela très régulièrement, à neuf heures et demie du matin. Cette régularité me semblait de bonne augure et me faisait espérer déjà, quand, le onzième jour, l'oiseau quitta brusquement son poste; je pris les œufs : ils étaient tous clairs.

Neuf jours plus tard, la femelle recommença sa ponte, pour s'arrêter cette fois au cinquième œuf; le mâle s'empara du nid et couva pendant cinq jours seulement. Je donnai les œufs à une poule nègre, mais vis bientôt que, comme les premiers, ces œufs étaient clairs. Depuis, la femelle a continué à pondre, le mâle à couver jusqu'au 8 octobre, mais sur 64 œufs obtenus pendant l'année et tous couvés, pas un n'a été fécondé !

L'hiver 1877-78 n'était pas passé que la femelle se mettait à pondre trois œufs que je ne pus faire couver n'ayant pas de poule prête (25 février). Le 7 mars, nouvelle ponte de sept œufs, toujours à un jour d'intervalle ; le mâle se mit à les couver, mais ils étaient encore tous clairs. Désolé, ne sachant à quoi attribuer un insuccès si tenace et si bizarre, car enfin j'avais bien mâle et femelle, je me mis à essayer un peu de tout : je façonnai des nids de diverses espèces, plaçai des fagots de bois dans la volière, distribuai à discrétion millet, sarrasin, blé et surtout verdure, dont nos petits pensionnaires se montraient très-friands. Rien n'y fit, sept œufs pondus le 17 avril étaient clairs, sept autres du 14 mai, donnés à une poule, l'étaient également.

Le 29 mai, le mâle se mit à couver cinq œufs pondus les jours précédents ; le 7 juin je les pris, les mirai et m'aperçus, à ma grande satisfaction, que l'un d'eux était fécondé. Remettant alors en place ce trésor tant désiré, j'observai mon mâle : l'indifférent ne retourna pas à son nid, mais se mit à chanter avec une énergie inaccoutumée ainsi que sa compagne qui semblait plus gaie que de coutume. Je n'avais pas de poule couveuse, mais, par bonheur, un hydro-incubateur fonctionnait; j'y plaçai l'œuf fécondé et, le 18 juin, après vingt-un jours d'incubation tant naturelle qu'artificielle, je vis éclore un petit, que je pris à tâche d'élever en même temps qu'une caille de Chine qui naquit deux jours plus tard dans la même couveuse.

J'ai nourri pendant trois semaines ces deux intéressantes créatures avec une pâtée composée d'œufs durs, de mie de pain, de bœuf hâché, de millet et de chénevis broyés et un peu de verdure, mais ils ont toujours été singulièrement avides du petit sable fin que je leur distribue chaque jour.

Aujourd'hui perdrix brune et perdrix de Chine se portent à merveille et se nourrissent exclusivement de grain ; la première a atteint la taille de ses parents : elle les surpasse, si c'est possible, en douceur et en vivacité et je puis dire en toute conscience que je ne connais pas d'oiseau plus absolument charmant.

Les pontes suivantes se composèrent toutes d'œufs clairs et les froids firent leur apparition.

Au mois de février 1879, le 27, la femelle recommença à pondre, mais le temps était encore trop rigoureux sans doute, car cette première couvée ne réussit pas. Enfin, au commencement de mai, j'eus pour la seconde fois la satisfaction de voir éclore dans la couveuse artificielle deux petites Perdrix brunes dont l'une a parfaitement prospéré. La troisième ponte de l'année eut lieu fin de mai ; je confiai les œufs à une Poule naine qui éleva quatre jeunes, trois mâles et une femelle. J'ai nourri ces oiseaux comme mon élève de l'année passée, leur donnant en plus quelques œufs de Fourmis, dont ils se sont toujours montrés très friands, et je ne me suis jamais lassé du spectacle ravissant de ces gentilles créatures quittant leur mère — j'appelle ainsi la Poule naine — pour venir prendre leur nourriture dans mes mains.

Le 23 juin, je trouvai neuf œufs au nid. Le mâle, comme toujours plein de bonne volonté, les couvait depuis quelques jours, quand, dans la nuit du 10 juillet, un rat s'introduisit dans la volière, dévora sept Serins qui s'y trouvaient et causa une telle frayeur à ses paisibles habitants que le nid fut abandonné. Le lendemain matin je pris les œufs, complètement froids ; deux étaient clairs, sept étaient parfaitement fécondés. Il est inutile de dire combien cet accident me contraria, j'avais encore cette fois espéré, en vain, que nos Perdrix élèveraient elles-mêmes leurs petits. Ce n'est que le 6 septembre que mes petites bêtes ont recommencé leur ponte, mais sans demander à couver. J'ai donné leurs œufs, au nombre de cinq, à une petite Poule ; un seul était clair, mais les quatre petits éclos périssaient au bout de onze jours victimes du froid déjà sensible.

J'espère obtenir l'année prochaine des résultats encore plus satisfaisants et arriver un jour à un élevage régulier du *Ptilopachus fuscus*.

2° Reproduction du Tinamou roux (*Rynchotis rufescens*).

Nous possédons trois Tinamous du Brésil, un mâle et deux femelles, lesquelles nous ont pondu vingt-un œufs en 1878. J'ai fait couver les sept premiers par une Poule nègre, mais n'ai obtenu qu'un seul oiseau, un œuf contenait un poussin mort, les cinq autres étaient clairs. Sur neuf œufs placés le 6 juin dans une couveuse artificielle, deux sont éclos, sept n'étaient pas fécondés ; enfin, sur les cinq derniers œufs mis à couver et dont trois étaient clairs, je n'ai obtenu qu'un oiseau, l'autre étant mort dans la coquille ; en tout donc quatre jeunes sur vingt-un œufs pondu à intervalles régulier de deux jours.

3° Reproduction du Faisan a queue rousse (*Euplocomus erythrophtalmus*).

Le 8 juillet 1878 notre femelle Euplocome nous a pondu un œuf, que je lui ai enlevé et auquel j'ai substitué un œuf de Poule nègre exactement semblable ; le 10, second œuf, enlevé et remplacé comme le premier, deux jours après troisième œuf, le 14, quatrième œuf. Jugeant prudent de ne pas attendre plus longtemps, je confiai le 15 juillet les quatre œufs pondus à une Poule ordinaire et j'eus la satisfaction de voir éclore un petit Faisan, mais un seul, les trois autres coquilles contenant des oiseaux complètement formés, mais morts ; résultat indubitable du violent orage qui, la veille de l'éclosion, passa sur Versailles.

Il me faut dire ici que la Faisane avait commencé à couver les deux œufs de Poule nègre que j'avais substitués aux siens mais que je les lui retirai dans l'espoir de lui voir recommencer sa ponte ; et, en effet, elle ne tarda pas à me donner trois nouveaux œufs sur lesquels elle se plaça. C'eût été fort beau de la voir mener à bien la tâche qu'elle avait entreprise, mais le mâle, toujours trop ardent, vint la détourner de son projet et j'ai dû, comme la première fois, donner les œufs à une Poule couveuse.

J'attends impatiemment le résultat et, comme rien n'est cette fois venu troubler ma couveuse, j'ose presque espérer qu'il sera complet et confirmera l'opinion de feu M. Coëffier, mon maître, qu'on obtiendrait un jour régulièrement des produits de son Faisan favori.

SUR LES EUCALYPTUS

Lettre adressée à M. le Secrétaire général de la Société d'Acclimatation

Par M. WILLIAM WOOLLS

(de Richemond, Nouvelle-Galles du Sud)

J'espère que vous avez reçu un exemplaire de mon travail, *Contribution à la flore de l'Australie*, et aussi de ma lecture sur *Les Merveilles de la végétation australienne*. Le premier vous a été envoyé par la poste, vers la fin de l'année dernière; l'autre a dû vous être adressé de Londres par un de mes parents.

En ce qui concerne le genre *Eucalyptus*, je dois rappeler que M. le baron F. von Mueller, de Melbourne, en a récemment décrit plusieurs espèces dans ses *Fragmenta phytographiæ Australiæ*, et qu'il s'occupe en ce moment de la rédaction d'un ouvrage sur ce genre important, ouvrage qui sera orné de gravures. La grande difficulté pour décrire et classer les espèces subsiste toujours; et bien que les savants auteurs de la *Flora australiensis* aient considérablement fait pour tracer les caractères de beaucoup d'espèces, quelques arbres peuvent être encore plus aisément reconnus à leur bois ou à leur écorce, que d'après toute description scientifique.

Les botanistes attribuèrent tout d'abord beaucoup d'importance à la longueur relative de l'opercule et à la forme des feuilles. Mais, depuis, on a reconnu que ces caractères sont fort incertains; car la forme de l'opercule varie parfois dans la même espèce, et les feuilles ne sont pas toujours de la même dimension ni de la même forme.

Comme moyen artificiel de classer les espèces, le système basé sur la nature de l'écorce, qu'a proposé M. le baron Mueller, présente de nombreux avantages; mais il ne peut pas s'adapter à toutes les espèces, car chez l'*E. hæmastoma*, par exemple, le tronc est tantôt lisse, tantôt couvert d'une écorce brune et profondément sillonnée. Cette différence a conduit quelques botanistes à rapporter le même arbre à deux espèces différentes. Le système de M. Bentham, qui consiste à diviser les espèces d'après la forme des anthères, est ingénieux et très commode pour l'arrangement des espèces dans un herbier; mais il a le défaut de séparer des arbres très proches alliés. Ainsi, par exemple, les espèces qui constituent les groupes connus des colons sous le nom de *Mahoganies* (*Iron Barks*), etc., se trouvent séparées dans cette classification artificielle, alors que ce sont en réalité des espèces très voisines. Les premières sont : *E. acmenoides*, *robusta*, *botryoides*, *resinifera* et var. *grandiflora* ; les secondes sont : *E. paniculata*, *siderophloia*, *sideroxylon* (rapporté à tort à l'*E. leucoxylon*, dans la *Flora australiensis*, vol. III, p. 210), *crebra* et *melanophloia*. Or, si l'on consulte la *Flora*, on voit que les espèces de ces deux groupes naturels y sont séparées. Du reste, une description faite d'après des échantillons desséchés est bien peu certaine, quand il s'agit d'*Eucalyptus*. J'en donnerai deux exemples d'après la *Flora* : l'*E. pilularis* (le *Black Butt* des colons) est un très grand arbre « *half barked* » et fournissant un excellent bois de construction; cependant il est associé à l'*E. acmenoides* (le *White Mahogany* des colons), arbre de hauteur moyenne, à écorce fibreuse, et d'un bois qui varie du précédent comme grain et comme couleur. De même, l'*E. botryoïdes*, arbre à tronc un peu noueux, à écorce profondément crevassée, qui se rencontre dans les sols sablonneux, près de la côte, et qui n'atteint jamais de grandes dimensions, se trouve comprendre le *Blue Gum* de la Nouvelle-Galles du Sud (non pas l'*E. globulus* de Victoria et de la Tasmanie, appelé *Blue Gum*), qui est un grand et bel arbre caractérisé par son écorce lisse et par sa préférence pour les terrains d'alluvion. D'accord avec M. le baron von Mueller, je désigne maintenant le dernier sous le nom d'*E. eugenioides*, bien qu'il ne soit nullement certain que notre *Blue Gum* ait été originairement désigné sous ce nom. Dans mon livre, l'arbre se trouve rapporté à l'*E. goniocalyx* (p. 227), mais le baron Mueller a démontré que c'est à tort. L'*E. rostrata* est le *River Gum* qu'on trouve dans les forêts des bords du Cudgegon, etc. Les feuilles de ces espèces passent pour avoir des propriétés médicinales et sont employées comme remèdes populaires pour les blessures. Je crois que les *E. longifolia* et *corymbosa*, qui sont très riches en huile volatile, peuvent avoir des qualités analogues; car, autant que j'ai pu l'observer depuis la publication de mon travail, les *E. rostrata* (*River Gum*), *melliodora* (*Yellow Box*), *viminalis* (*Manna Gum*) et *dealbata* (un des *Peppermints*) ne se rencontrent pas sous leurs formes typiques sur le versant oriental de notre grande chaîne de montagnes ; tandis que les *Stringy Barks*, qu'on rapportait autrefois à trois variétés d'une seule et même espèce, semblent (d'après les récentes recherches de M. le baron Mueller) constituer trois espèces distinctes : *E. capitella*, *machrorhyncha* et *obliqua*. Il résulte d'observations récentes de notre inspecteur géologique, que la distribution des espèces est subordonnée à la nature du sol, et que certains groupes sont limités aux formations du grès, d'autres à celles du basalte, du granit, etc. Cette question, très intéressante, exige de patientes observations. Feu l'éminent explorateur capitaine Sturt fut un des premiers à penser que les arbres de l'Australie sont localisés par peuplements, et que la façon soudaine dont quelques espèces disparaissent sur certains points pour reparaître sur d'autres plus ou moins distants, tient aux couches géologiques du pays. M. C. S. Wilkinson, F. G. S. qui poursuit dans ce sens d'utiles recherches, a aussi fourni à M. le baron Mueller quelques végétaux fossiles remarquables, provenant des terrains aurifères, échantillons d'une végétation qui a depuis longtemps disparu et dont il est presque impossible de déterminer les restes. Feu le savant Rév. B. Clarke, s'était fort occupé de cette question, aussi bien que de celle de la destruction irréfléchie et abusive des forêts, qu'il considérait comme nuisible à l'hygiène publique, et comme agissant d'une manière très fâcheuse en empêchant la production des pluies.

En terminant je puis aussi mentionner l'opinion du Rév. J. E. Woods (qui fait autorité dans les questions de géologie), à savoir que les âges de nos Gommiers ont été beaucoup exagérés. Il me faudrait trop d'espace pour discuter cette question; mais je crois que, tandis que quelques espèces d'*Eucalyptus* sont de rapide croissance, d'autres mettent des siècles à atteindre tout leur développement, particulièrement les espèces du groupe des *Iron Bark*.

III. EXTRAITS DES PROCÈS-VERBAUX DES SÉANCES DE LA SOCIÉTÉ.

SÉANCE GÉNÉRALE DU 9 JANVIER 1880 (1)

Présidence de M. Cosson, vice-président.

Le procès-verbal de la séance précédente est lu et adopté.

— M. le Président proclame les noms des membres nouvellement présentés :

MM.	PRÉSENTATEURS.
Billitzer (Joseph), 19, rue Vintimille, à Paris.	Camille Tollu. A. Geoffroy Saint-Hilaire. Ernest May.
Bloch (Émile), 6, rue du Marché, à Neuilly.	A. Geoffroy Saint-Hilaire. H. Labarraque. D. Meller.
Charlton-Parr, Grappenhall Heyes, Warrington (Angleterre).	A. Geoffroy Saint-Hilaire. H. Labarraque. Saint-Yves Ménard.
Clermont (Gaston de), aux Ormes, par Varennes (Loiret).	A. Berthoule. H. Labarraque. A. Pierre Pichot.
Nolte (Charles-Georges), propriétaire, 65, rue Saint-Lazare, à Paris.	Bailly. Saint-Yves Ménard. Tournade.
Phétu (Louis-Émile), vérificateur à l'enregistrement, en retraite, à Puteaux (Seine).	A. Geoffroy Saint-Hilaire. D. Meller. Wuirion.
Pothier (François), ingénieur, 6, rue de Penthièvre, à Paris.	E. Cosson. H. Labarraque. A. Lavialle.
Speltz (Nicolas), 78, avenue des Ternes, à Paris.	Foucault. H. Labarraque. Lefebvre.

— A l'occasion du procès-verbal, M. Raveret-Wattel signale l'intérêt qu'il y aurait à déterminer d'une manière exacte les

(1) Un passage, oublié à l'imprimerie dans le procès-verbal de la séance générale du 12 décembre 1879, doit être rétabli comme il suit :
M. Maurice Girard, fait connaître que M. J. Fallou a élevé l'*Attacus Yama-*

différentes espèces d'*Eucalyptus* rustiques déjà introduites en Europe, et il fait remarquer la possibilité d'arriver à ce résultat en adressant des échantillons et des dessins ou des photographies de ces arbres à M. le baron Von Mueller, de Melbourne, et en priant notre savant confrère de vouloir bien nous faire connaître le nom réel de chacune de ces espèces.

— M. le Secrétaire général rappelle à ce sujet que notre confrère M. A. Cordier, d'El-Aliah (Algérie), dont les plantations d'Eucalyptus renferment plus de 80 espèces, possède une iconographie presque complète de ces espèces exécutée avec la plus grande précision par sa nièce, Mlle Cordier. Peut-être pourrait-on obtenir de notre confrère l'autorisation de faire faire une reproduction photographique de cette collection pour l'envoyer, avec les échantillons nécessaires, soit à M. Mueller, soit à tout autre botaniste en état de déterminer ces espèces. M. Geoffroy Saint-Hilaire ajoute que le jardin d'Hyères possède, de son côté, environ 90 espèces d'Eucalyptus sur les noms desquels on n'a encore aucune certitude, et qu'il y aurait un sérieux intérêt à les faire déterminer d'une manière exacte.

— M. le Président fait observer que tels Eucalyptus assez

mai en plein air en 1879, dans sa propriété de Champrosay, près Draveil (Seine-et-Oise), et il présente à la Société, de la part de notre collègue, qui en fait hommage, un cadre vitré renfermant des échantillons de cocons et de papillons de cette éducation. On remarque à côté de très beaux spécimens, une paire de papillons, mâle et femelle, que M. J. Fallou a préparés avec les ailes déchirées, afin de bien montrer dans quel état ces insectes se mettent eux-mêmes lors de l'accouplement.

M. Maurice Girard, abordant ensuite un autre sujet, appelle l'attention de la Société sur une note publiée par M. de Confévron dans le Bulletin de septembre 1879 relative au Phylloxéra, M. de Confévron suppose, avec des raisons fort plausibles du reste, que le Phylloxéra s'attaque aux vignes déjà affaiblies par diverses causes. Il y a là selon M. Maurice Girard, de regrettables inexactitudes en contradiction formelle avec l'expérience. Il est bien évident qu'une vigne déjà chétive résiste moins longtemps qu'une vigne robuste, aux succions du puceron ; mais l'invasion phylloxérienne a lieu absolument au hasard, suivant le transport par les vents ou par divers véhicules accidentels des femelles ailées. M. Maurice Girard a toujours combattu avec énergie dans tous ses ouvrages cette funeste théorie du *Pylloxéra-effet*. C'est un préjugé qui reparaît avec ténacité et qui a des conséquences déplorables, en égarant les vignerons sur le mal qui les frappe et leur inspirant des résistances sans raison aux investigations des agents de l'autorité, comme cela est arrivé l'été dernier en Bourgogne.

rustiques pour supporter le climat de l'Angleterre pourraient fort bien ne pas résister aux froids de nos hivers, même en Provence. Certaines parties des îles Britanniques, notamment l'île de Wight, doivent, en effet, à l'influence du *Gulf-Stream* un climat tempéré qui y permet la culture de végétaux du midi. Le Chêne vert, par exemple, qui existe dans tous les jardins anglais, ne croît sous le climat de Paris que dans les endroits très abrités.

— M. de Confévron écrit de Saint-Jean-de-Maurienne : « De toutes parts, on signale la mortalité considérable des oiseaux et du gibier, tant à plumes qu'à poil, due à l'hiver exceptionnellement rigoureux que nous subissons.

» Il est impossible de défendre les oiseaux sauvages contre ce froid intense et on ne peut guère venir à leur secours, qu'en répandant dans la campagne, du grain ou d'autre nourriture à leur intention. Je ne sais si on use généralement de ce bon procédé à leur égard.

» Mais, il conviendrait au moins de prendre des dispositions pour protéger efficacement les intéressants hôtes emplumés de nos campagnes, contre les ravageurs, les destructeurs de toutes sortes et remédier autant que possible, à la grande facilité que la neige et les frimas donnent à ceux qui leur font la guerre ou veulent s'en emparer.

» Ce but ne peut être atteint qu'au moyen de mesures un peu complètes et absolues.

» Ce n'est pas ce qui a lieu.

» Les nombreuses exceptions introduites dans tous les arrêtés prohibitifs que j'ai lus, les rendent sans effet et ouvrent la porte aux abus.

» Les uns interdisent la chasse et le colportage des petits oiseaux dont la taille est inférieure à celle de la Caille, de la Grive ou du Merle, sauf l'Alouette et le Becfigue.

» Pourquoi cette exception au préjudice de la Grive, du Merle et des oiseaux plus gros ? La taille ne fait rien à l'affaire, et il y a bon nombre d'oiseaux de dimension relativement grande, qui détruisent les insectes divers, et sont des auxiliaires utiles à l'agriculture. Telles sont les Perdrix et bien d'autres.

» N'y a-t-il donc pas intérêt à conserver comme les autres oiseaux, les Merles, les Grives, les Alouettes, ces gracieuses chanteuses qui, dès le mois de février, nous annoncent le renouveau, et les Becfigues qui, s'ils ne se nourrissent pas exclusivement d'insectes en font bien aussi une certaine consommation ? Ne font-ils pas l'ornement et le charme de nos campagnes ?

» D'autres arrêtés permettent seulement la chasse de la Grive et l'emploi du trébuchet pour la prendre. Il y a à faire les mêmes réflexions que ci-dessus, en ajoutant que, grâce à l'exception introduite, on peut prendre bien d'autres oiseaux au moyen des pièges autorisés, sans que la surveillance soit possible.

» Tous autorisent la chasse du gibier d'eau et des oiseaux dits de passage. Or, d'une part, bien des gens ne peuvent faire la distinction. D'autre part, les oiseaux de passage ne sont pas toujours à l'état de passants. Ils s'arrêtent bien quelque part pour y nicher et ceux détruits dans leurs migrations ne nichent plus nulle part, ce qui fait qu'ils diminuent sensiblement d'une année à l'autre, grâce à cette habitude d'en permettre exceptionnellement la chasse et de les traiter en vagabonds.

» Les Bécasses, traitées comme oiseaux de passage, deviennent rares ; il en est de même des Râles, des Pluviers, des Vanneaux, etc. Grâce aux innombrables brochettes de Rouges-Gorges mangées en Lorraine on ne voit presque plus de ces charmants oiseaux à la fois si utiles et si agréables.

» Les arrêtés relatifs à la pêche ne sont pas plus heureux au point de vue de la conservation.

» Ceci prouve le danger que j'ai déjà signalé de laisser aux préfets et aux Conseils généraux la réglementation relative à la chasse et à la pêche.

» Si capables et si instruits que soient ces fonctionnaires, si distingués, si bons administrateurs qu'on puisse les supposer, ils ne sont pas universels. Tous ne sont pas ornithologistes, quelques-uns ne se sont jamais occupés de ces questions, et puis, ils ont tant de préoccupations autres !

» Donc, les mesures à prendre pour la chasse, la pêche, la conservation du gibier et autres choses y relatives, me sembleraient plus avantageusement confiées au Ministre de l'agriculture, s'inspirant d'une commission de savants, de naturalistes et de gens spéciaux désignés à cet effet. A chacun son métier!

» Je profite de la circonstance de cette lettre, pour vous adresser deux recettes bien simples :

» 1° Pour détruire les vers blancs ou larves de Hanneton. — Faire de distance en distance, dans le terrain qu'on veut purger de cette vilaine engeance, des trous remplis de fumier d'écurie ou d'étable. Tous les vers blancs s'y donnent rendez-vous et au moyen de quelques baquets d'eau bouillante, on en est débarrassé.

» 2° Pour détruire les escargots, limaces, etc. : mettre à terre de distance en distance des paquets de carottes. Les mollusques en question, qui affectionnent particulièrement ces légumes y arrivent tous, et en les traitant comme j'ai indiqué de le faire pour les vers blancs, on obtient le même excellent résultat. »

— MM. Geslin, de Vauquelin, Lagrange, Thomas-Piétri, de Bénévent, E. Siffait, de la Rocheterie, G. Roy, vicomte d'Esterno, Devismes-Oger, L. Reich, Ponsard, Rouault, Marquet, S. de Faby, et Brémont-Caqué font parvenir des demandes de cheptels.

— M. le docteur Henri Moreau écrit de Herbiers (Vendée) : « L'élevage de cette année, est bien plus désastreux encore que celui de l'année précédente ; il n'a cependant fait que corroborer mon opinion au sujet des Strongles, et me confirmer dans la valeur des moyens que j'indique contre ces parasites. »

— M. le professeur Spencer F. Baird, président de la commission des pêcheries des États-Unis, exprime sa satisfaction d'apprendre l'arrivée en bon état des œufs de Saumon de Californie qu'il nous a fait parvenir. Il prie la Société de le tenir au courante des résultats de l'expérience.

M. Baird profite de cette occasion pour informer la Société qu'il s'occupe spécialement en ce moment de la propagation de deux espèces de Salmonides, notamment de la Truite connue sous le nom de *Salmo iridea*, Gibb., laquelle est d'une rapidité de croissance merveilleuse et présente cette particularité de frayer au printemps et non pas en automne.

— M. le marquis de Riscal écrit de Madrid : « J'ai l'honneur de vous informer que mon régisseur à Guadalupe, M. Monin, vous enverra, pour être offerts à la Société, quatre-vingt grammes d'œufs d'*A. Yama-maï* et un rapport sur la campagne de 1879, dont le résultat désastreux me prive du plaisir d'envoyer une plus forte quantité de graine. »

Les graines annoncées sont arrivées en parfait état.

Voici le rapport adressé par M. Monin :

« L'éducation a eu lieu sur des taillis de chêne Tauzin âgés » de cinq ans. Le taillis est divisé en bandes de 2 mètres de » largeur par de petits sentiers.

» La graine a été portée à la forêt au 1er avril, nous avions » 1280 grammes.

» *Avril*. Le mois a été très pluvieux et froid ; il a neigé » plusieurs fois.

» Température moyenne maxima au soleil . 18°, 9
— — minima à l'ombre. 5°, 6

» Les Chênes n'ont pas végété en avril et aucune éclosion » ne s'est produite.

» *Mai*. Les naissances ont commencé le 6 de ce mois, en » même temps que se montraient les premières feuilles de » Chêne; la gelée du 8 a détruit celle-ci, mais elles ont été » remplacées en peu de jours par de nouvelles.

» Les naissances sont terminées le 30 mai.

» 1er sommeil des premiers Vers le 17 —
» 2e — — le 29 —

» Les ennemis sont : beaucoup de Fourmis et quelques » Sauterelles.

» *Juin*. L'éducation suit son cours régulier, les Vers sont » bien portants, l'eau d'arrosage est fraîche et abondante, la » feuille est tendre.

» 3e sommeil des Vers le 11 mai.
» 4e — — le 23 —

» Les ennemis sont : Rats, Geais, Merles, Fauvettes, Pinsons, Sauterelles de deux espèces, Calosomes.

» *Juillet*. La sécheresse et la chaleur durcissent la feuille » de Chêne, les Vers perdent l'appétit, il en meurt une grande » quantité. L'eau fait défaut, on ne peut arroser que deux » fois par jour.

« Les Rats, les Sauterelles, les Guêpes, les oiseaux font » beaucoup de mal.

» Les premiers cocons ont été recueillis le 22, ils ne pèsent » que 4 grammes. La température qui dépasse souvent 50 degrés » au soleil est trèsnuisible aux Vers qui filent. Les Vers les » plus développés pèsent 10 grammes.

» *Août*. Les résultats de l'éducation sont mauvais. Nous » récoltons seulement 7299 cocons pesant 23 kilog., 575.

» Nous avons mis au grainage 4545 cocons.

» L'éclosion des papillons a commencé le 21 ; les premiers » éclos sont tous des mâles.

» Nous avons obtenu 2125 Papillons mâles ;
— 680 — femelles ayant pondu ;
— 348 — — ne pondant pas.

» Il y a eu 1392 cocons qui n'ont pas donné de Papillons.

» Ce mauvais résultat est dû évidemment à la chaleur et à » sécheresse des mois de juillet et août.

» *Septembre*. Quantité de graine récoltée 392 grammes. »

— M. Perrin de Bénévent rend compte des résultats obtenus de graines provenant de la Société.

— M. F. Albuquerque écrit de Rio de Janeiro à M. le Secrétaire général : « Bien que m'occupant toujours de notre œuvre commune je n'ai pas eu depuis longtemps l'occasion de communiquer avec notre Société : c'est que jusqu'ici je n'ai réussi à introduire à Rio de Janeiro que des plantes plutôt ornementales qu'utiles.

» Pour faciliter mon œuvre je publie avec bien des sacrifices depuis le commencement de 1876, un journal d'horticulture, dont j'ai déjà envoyé 3 volumes à notre société ; s'il n'a pas encore rendu de grands services, il a du moins appelé l'attention de nos cultivateurs sur le *Café de Libéria* et sur le

Reana luxurians. Publié spécialement dans un but d'acclimatation, je pense qu'il est de nature à être présenté au jury des récompenses, ce que je vous saurais bon gré de faire, si toutefois vous êtes de cette opinion.

» De tous les végétaux, celui auquel je tenais le plus (persuadé que je suis qu'il sera dans l'avenir la source pour le Brésil de plus grandes richesses que ne l'est aujourd'hui le café) c'est la vigne : à Rio de Janeiro j'ai perdu complètement la collection que j'avais réuni avec tant de peine à Rio Grande do Sul ; mais j'ai l'intention d'aller prochainement créer à la ville de San-Paulo un jardin zoologique pour l'introduction et l'acclimatation de certaines espèces animales et végétales, dont la vigne sera une des premières, puisque le climat tempéré de San-Paulo doit s'y prêter facilement.

» Je donnerai encore mes meilleurs soins à toute autre espèce, tant végétale qu'animale, que notre Société voudra bien me confier.

» San-Paulo, une des villes les plus populeuses du Brésil, chef-lieu de sa province la plus riche et la plus prospère, est entourée de pacages de mauvaise qualité où paissent des laitières d'une qualité impossible, ce qui du reste a lieu presque partout au Brésil. Je crois que l'introduction de la race bretonne y serait de grande utilité, et je suis presque décidé à en faire l'essai : mais pour cela j'ai besoin de savoir auparavant ce que me coûterait, à Rio de Janeiro, un taureau et une vache de la plus petite variété du Morbihan, et je vous saurais infiniment gré de me renseigner à ce sujet, ainsi que sur le coût probable d'un couple de porcelets Yorkshire très purs.

» De mon côté je me mets complètement à la disposition de notre Société, et ce sera toujours pour moi un grand plaisir que de pouvoir lui être utile. »

Cheptels. — Des rapports sur la situation de leurs cheptels sont adressés par plusieurs de nos confrères, savoir :

— M. Louis Reich — *Agoutis* : « Un premier couple de jeunes est né au mois de juillet comme j'ai eu le plaisir de vous l'annoncer en son temps ; depuis ce moment jusqu'au mois d'octobre les petits ont été allaités par la mère, quoiqu'ils mangeassent parfaitement seuls depuis le mois d'août ; enfin, au commencement de ce mois, par un froid de 6 degrés au-dessous de zéro, la femelle a mis bas une seconde fois également 2 petits, qui se portaient à merveille et qui commençaient à sortir du nid quand des Rats d'eau ont fait irruption dans la cabane des Agoutis et ont tué un des derniers nés ; l'autre va toujours très bien et commence déjà à manger du pain et des carottes.

» Le fait principal qui se dégage de mes observations c'est que notre climat de Provence, même avec les écarts de température de cette année, convient parfaitement à ces intéressants animaux dont l'élevage n'offre aucune difficulté. Mes Agoutis, grands et petits, vivent en très bonne harmonie avec une couvée de 11 Pintades éclose trop tard (le 14 octobre) pour être élevée en liberté.

» Ils ont une préférence marquée pour les figues, dont ils peuvent manger une quantité énorme, mais ils se contentent très bien de carottes et même de feuilles de choux et de branches de saules ; ils savent très bien casser les noix comme les Écureuils et rien n'est plus drôle que de les voir peler très adroitement une poire ou une pomme.

» Je crois que la femelle née au mois de juillet est également pleine et mettra bas dans quelques semaines ; je me tiens à la disposition de la Société pour envoyer à l'époque qu'on voudra bien me désigner la part du cheptel qui lui revient.

» Habitant un pays de pâturages où l'élevage du Mouton joue le plus grand rôle (la commune d'Arles possède à elle seule plus de 300 mille bêtes à laine), je viens demander à la commission des cheptels de vouloir bien me confier le couple de Moutons chinois prolifiques dont elle dispose ; dans le cas où la commission accueillerait favorablement ma demande je m'engage à remplir toutes les conditions du bail à cheptel et de rendre fidèlement compte des résultats que j'obtiendrai. Je dispose à cet effet d'un petit parc entouré de fossés dans lequel je me propose d'élever à l'avenir mes Agoutis. »

— M. Ponté — *Canards mandarins* : « Il n'y a rien de

changé chez les deux couples qui m'ont été confiés. Ils se portent très bien et supportent la rigueur de cet hiver.

» J'écris aujourd'hui au Directeur du Jardin d'acclimatation pour le prévenir que je lui enverrai demain une Cane provenant de la dernière ponte dont six petits étaient éclos. Il n'en reste plus aujourd'hui que deux. »

— M. le comte de l'Esperonnière — *Canard bec-de-lait* : « Le Canard que j'ai reçu en cheptel a été trouvé mort ce matin, dans la volière. Je ne sais à quoi attribuer cet accident : on avait cependant le soin de casser la glace deux fois par jour.

» Je suis à votre disposition, soit pour vous retourner la Cane, soit pour recevoir une autre paire de Canards, si vous le jugez à propos. »

— M. Boby de la Chapelle — *Pigeons blancs de Montauban* : « Le couple qui m'a été confié en cheptel, n'a donné jusqu'à présent aucun résultat favorable.

» Lorsque j'ai adressé mon premier rapport, les oiseaux couvaient deux œufs ; après onze jours d'incubation je les trouvai brisés et hors du nid, un seul avait été fécondé.

» Il y a donc eu dans l'année quatre pontes. Dans les deux premières les œufs étaient clairs, dans les deux autres deux œufs seulement avaient été fécondés, mais les Pigeons abandonnèrent et cassèrent leurs œufs avant l'époque de l'éclosion.

» J'ai pris le parti de mettre les Pigeons en liberté, mais depuis lors ils n'ont pas pondu ; il est vrai de dire qu'ils ont commencé leur mue presque aussitôt et qu'ensuite depuis six semaines le temps est d'une rigueur exceptionnelle. »

— M. le docteur J.-J. Lafon, de Sainte-Soulle — *Colombes poignardées* : « En donnant à manger aux Colombes poignardées placées en cheptel chez moi, je me suis aperçu que l'une d'elles ne pouvait se tenir debout, qu'elle avait les deux pattes empêtrées dans un brin de foin, et qu'en outre il n'y avait aucun mouvement aux articulations, les doigts étaient rigides ; en les examinant de plus près je constatai qu'ils étaient gelés. Après avoir mis la Colombe dans un panier, sur une étoffe de laine, et l'avoir laissée pendant une heure dans une chambre habitée mais non chauffée pour le moment, les doigts des pattes sont redevenus souples, et elle s'est mise à marcher puis à manger ; aujourd'hui il n'y a plus rien si ce n'est que les pattes sont de couleur plus foncée, je ne sais pas s'il surviendra d'autres désordres ; en attendant je viens de les enlever l'une et l'autre de leur volière pour les mettre en cage dans une chambre. J'avais cependant eu soin depuis les gelées de les faire rentrer chaque soir dans la partie couverte et close de leur volière. Je me demande si la veille les pattes n'étaient pas déjà embarrassées par le brin de foin (je me suis rappelé en effet n'en avoir vu qu'une sortir ce jour-là dans la partie non couverte de la volière), si n'ayant pu se percher, et ainsi obligée de rester sur le sable, elle n'aurait pas eu plus à souffrir de l'action du froid qui a été très-intense cette nuit-là ; à l'avenir je remplacerai le sable par du son de bois. En examinant cet oiseaux j'ai pu constater que la mue n'était pas complète. »

— A l'occasion de la correspondance, M. Raveret-Wattel signale l'intérêt que pourrait présenter l'introduction dans nos eaux douces de la Truite américaine dite *Salmo iridea*, que M. le professseur Spencer F. Baird s'occupe particulièrement de propager en ce moment dans les rivières américaines.

— M. Maurice Girard fait part à l'assemblée de la mort regrettable de M. Berce, entomologiste distingué, ancien président de la Société entomologique de France et plusieurs fois lauréat de notre Société pour ses travaux concernant divers Lépidoptères séricigènes.

M. Maurice Girard présente ensuite à la Société deux mémoires de notre confrère M. de Layens ayant pour titre l'un : « *Remarques sur la ventilation des Abeilles à l'entrée des ruches*, l'autre : « *Remarques sur l'eau recueillie par les Abeilles*.

— M. Vavin dépose sur le bureau :

1° Des pommes de terre d'une variété dite *Champion*, originaire d'Écosse, et, paraît-il, d'excellente qualité.

2° Quelques semences d'un Haricot cultivé à Canton, très remarquable par la longueur des gousses (qui atteignent

40 centimètres), mais sur lequel notre confrère n'a encore reçu aucun renseignement.

3° Un échantillon de Haricot flageolet Chevrier, lequel présente l'avantage de rester vert, même étant cuit, n'exige d'ailleurs aucun soin particulier de culture, et produit beaucoup. Ce Haricot, dont le prix était l'année dernière de 20 francs le kilog., ne coûte plus aujourd'hui que 6 francs chez M. Millet, horticulteur, à Bourg-la-Reine.

— M. Vavin communique ensuite, l'extrait suivant d'une lettre qui lui est adressée par M. de Barrau de Muratel, concernant la culture de l'Ailante : « J'ai renouvelé mes expériences sur l'Ailante, en présentant aux Moutons des feuilles fraîches ; ces animaux ont refusé les feuilles de jeunes arbres et accepté, avec répugnance pourtant, quelques feuilles d'un Ailante de 30 ans.

» Mais, je viens de faire une autre expérience bien involontaire et qui me paraît assez concluante.

» Une bergère avait, par mégarde, laissé entrer tout un troupeau dans un champ où j'ai fait, l'année dernière, un semis d'Ailante dont les plants n'ont pas plus de 5 à 6 centimètres de hauteur.

» Les Brebis ont rongé l'herbe tout autour et dépouillé de leurs feuilles de jeunes Chataigniers placés en bordure, mais elles n'ont pas touché à un seul Ailante. »

Ce fait, ajoute M. Vavin, donne lieu d'espérer que les animaux respecteront les feuilles fraîches d'Ailante, tout en acceptant les feuilles sèches, lesquelles ont perdu par la dessiccation l'odeur et la saveur vireuse qui les caractérisent à l'état frais. Je lis, d'autre part, dans le Journal des connaissances utiles du 1er novembre 1879, p. 270, que « le plus mauvais miel est » celui de l'Ailante ou Vernis du Japon, à cause de son âcreté » et de son goût nauséabond ; il est très abondant et fait le » désespoir des apiculteurs. »

— M. Renard fait une communication relative aux effets des dernières gelées sur les arbres.

— M. Geoffroy-Saint-Hilaire rend compte des observations faites au Jardin d'acclimatation pendant les grands froids du mois dernier; il fait connaître que cette saison rigoureuse n'a heureusement entraîné aucune perte réellement sérieuse parmi les hôtes principaux du Bois de Boulogne.

M. le Secrétaire général donne ensuite lecture d'une lettre par laquelle M. Cornély lui annonce qu'il n'a éprouvé également que des pertes peu sensibles parmi les nombreux animaux exotiques qui peuplent son parc de Beaujardin près Tours.

M. Geoffroy ajoute qu'aux jardins zoologiques d'Hyères et de Marseille, les végétaux exotiques, et notamment les différentes espèces d'*Eucalyptus* ont, en général, assez peu souffert des froids rigoureux que nous venons de traverser, grâce à l'absence de vent pendant toute la durée de cet abaissement de température, grâce aussi et surtout à la grande siccité de l'air. L'état hygrométrique de l'air présente, en effet, une importance considérable au point de vue de l'action du froid, et il y aurait lieu d'en tenir grand compte dans les observations faites concernant l'influence des basses températures sur les végétaux.

— M. le Président fait remarquer que la durée du froid présente aussi beaucoup d'importance, car le bois, étant mauvais conducteur du calorique, est assez long à se mettre en équilibre de température avec l'air ambiant. Par un froid intense, mais de peu de durée, les arbres et même les jeunes branches mal aoutées peuvent ne descendre qu'à 2 ou 3 degrès si l'abaissement de température n'est pas de longue durée ; mais, s'il se prolonge, l'équilibre s'établit et la congélation amène la déchirure des cellules, qui se traduit par le noircissement du bois lorsque la sève se développe.

M. le Président ajoute que c'est particulièrement dans le département du Loiret que le froid parait s'être montré, cette année, avec une rigueur exceptionnelle et qu'il a dû occasionner une mortalité très grande sur les arbres fruitiers ou forestiers, en raison de phénomènes de rayonnement extrêmement intense, et surtout de variations considérables et très brusques dans la température. Les Magnolias, les *Cedrus deodora*, les Sequoias et beaucoup d'autres arbres paraissent être complètement détruits. Par contre, les plantes herbacées, qui étaient abritées par une couche épaisse de neige, n'ont que peu souffert, et les blés en particulier sont exceptionnellement beaux.

— M. Maurice Girard donne une analyse de deux mémoires de M. Fallou sur les éducations de divers Lépidoptères séricigènes faites à Champrosay (Seine-et-Oise), en 1879 (voy. au *Bulletin*).

— Il est offert par le Ministère de l'Instruction publique.

1° *Histoire physique, naturelle et politique de Madagascar*, publiée par Alfred Grandidier. Volume XIV. — *Histoire naturelle des oiseaux*. Tome III, Atlas 2e partie, 7e fascicule,

2° *Histoire physique, naturelle et politique de Madagascar*, publiée par Alfred Grandidier. Volume I. — *Géographie, Physique et Astronomie*. Atlas, 1re partie, 8e fascicule.

3° *Mission scientifique au Mexique et dans l'Amérique centrale*. Recherches zoologiques publiées sous la direction de M. H. Milne Edwards.

Troisième partie. — *Études sur les Reptiles et les Batraciens*, par MM. Auguste Duméril et Bocourt.

4° *Mission scientifique au Mexique et dans l'Amérique centrale*. Recherches zoologiques publiées sous la direction de M. H. Milne Edwards.

Cinquième partie. — *Études sur les Xiphosures et les crustacés podophtalmaires*, par M. Alphonse Milne Edwards.

SÉANCE GÉNÉRALE DU 23 JANVIER 1880.

Présidence de M. Henri Bouley, vice-président.

Le procès-verbal de la séance précédente est lu et adopté.

— M. le Président proclame les noms des membres admis par le conseil depuis la dernière séance, savoir :

MM.	PRÉSENTATEURS.
Brisay (Marquis Achille de), propriétaire à Auray (Morbihan).	H. Labarraque. Comte de Saint-Prix. J. Talbot.

MM.	PRÉSENTATEURS.
CONTE (Gustave), propriétaire, au domaine de Sainte-Lucie, commune de Boutenac (Aude).	Fabre-Firmin. H. Labarraque. P. Amédée Pichot
DECROIX (Félix), fabricant de sucre, à La Fère (Aisne).	Jules Decroix. H. Labarraque. P. Amédée Pichot.
DELCHEVALERIE, propriétaire, à Chaumes (Seine-et-Marne).	A. Geoffroy Saint-Hilaire. H. Labarraque. Saint-Yves Ménard.
DELFOUR (Joseph), propriétaire, au château de Salgues, par Gramat (Lot).	A. Berthoule. H. Labarraque. L. de Montmaur.
DUQUESNAY (Jules), ingénieur, passage Masséna, 8, à Neuilly (Seine).	A. Auteroche. H. Labarraque. Eugène Vavin.
FABRE (Adrien), propriétaire, à Perpignan (Pyrénées-Orientales).	A. Geoffroy Saint-Hilaire. H. Labarraque. Saint-Yves Ménard.
MARIQUE, expert comptable, à Bruxelles (Belgique).	Aimé Dufort. Jules Grisard. A. Simon.
ROCHEQUAIRIE (Comte de), propriétaire, à Aulnay-en-Poitou, par Martaize (Vienne).	A. Berthoule. H. Labarraque. P. A. Pichot.
VERRIER (Alfred), propriétaire, 103, avenue de Neuilly, à Neuilly (Seine).	A. Geoffroy Saint-Hilaire. Jullemier. Saint-Yves Ménard.

— MM. Duquesnay et G. Marique font parvenir des remerciements au sujet de leur récente admission.

— Des demandes de cheptels sont adressées par MM. Barbieux, A. Buzaré, V. du Verne, Égal, Rieffel, C. de Gessler, Dubord, baron de Langlade, Van der Sluys, Claude Lefèvre, Derré, O. Larrieu, Sénéquier, Ch. Baltet, Guy aîné, marquis de la Baume, Agassiz fils, Gourraud, duc de Fitz-James, baron de Dion, Bourjuge, G. Marique, vicomte d'Esterno, H. Fabre, et Chambry.

— M. de Conférvon écrit de Saint-Jean-de-Maurienne : « Sur l'offre que j'en avais faite, la Société d'Acclimatation m'avait demandé de lui procurer des œufs de Salmonides. Je me faisais un vrai plaisir de satisfaire à ce désir. Je m'étais entendu, d'une part, avec un habitant d'Aix, bien placé pour expédier des œufs de Lavaret; d'autre part, pour avoir des œufs de Truite d'une excellente qualité, je m'étais adressé à un pisciculteur de Beaufort (Savoie), qui cultive avec succès le lac de Haute-Luce. Les boîtes étaient sur les lieux, toutes prêtes pour les envois. Malheureusement, l'époque du frai, qui commence ordinairement à la fin d'octobre dans le lac du Bourget comme dans celui de Haute-Luce, bien que ce dernier soit à une altitude bien plus considérable, a été cette année beaucoup plus tardive. Il n'y en avait aucune apparence au mois de novembre, quand les gelées, si fortes et si persistantes de cet hiver, sont venues mettre subitement obstacle à toute pêche, soit de poissons, soit d'œufs, dans les lacs ou les petits affluents. Le pisciculteur de Haute-Luce, pris à l'improviste, n'a pu même se procurer des œufs pour ses élevages annuels. Tel est le seul motif qui, indépendant de ma volonté et à mon grand regret, a empêché la réalisation de mes promesses. »

— M. Gabriel de Féligonde écrit du château de Saint-Genest : « L'éclosion des œufs de Saumon de Californie que la Société a bien voulu m'expédier et que j'ai reçus le 5 novembre dernier, a réussi à souhait. Je n'attends plus que la complète résorption de la vésicule ombilicale, pour mettre les alevins dans l'étang qui leur est réservé. J'aurai soin de vous tenir au courant des résultats obtenus. »

— M. Ad. Jacquemart écrit de Reims : « Mes jeunes Saumons de Californie sont jusqu'à ce jour en parfait état et mangent très bien. »

— M. Spencer F. Baird, inspecteur général des pêcheries des États-Unis, écrit de Washington à M. le Secrétaire des séances : « Je viens de faire attribuer à la Société d'Acclimatation dix mille œufs de Saumon des lacs (*Salmo salar*, var. *Sebugo*, Girard) en invitant M. Charles S. Atkins, directeur de l'établissement de pisciculture du Maine, à vous faire cet envoi par l'intermédiaire de M. Fred. Mather, qui voudra bien se charger d'emballer les œufs d'après sa méthode et de les expédier par un des paquebots de la Compagnie transatlantique. La distribution aura probablement lieu dans huit ou dix jours, et je tâcherai de vous informer par le télégraphe du départ du navire qui vous portera les œufs. J'espère que cet envoi vous parviendra en bon état, et je crois pouvoir dire qu'il ne sera pas sans intérêt, car le Saumon des lacs est une espèce de grande valeur. Bien que difficile à distinguer du Saumon de mer, ce poisson dépasse rarement un poids de 2 ou 3 livres. Il réussit surtout dans les lacs à eau froide et limpide traversés par un cours d'eau, mais il paraît supporter également bien la chaleur et le froid. C'est peut-être la plus belle de nos espèces de Salmonides ; on la pêche facilement à la mouche. En tant que poisson non migrateur, c'est une des meilleures acquisitions que nous puissions essayer de faire faire à la France. »

— Sir Samuel Wilson, de retour à Melbourne d'un voyage en Europe, adresse des remerciements pour la récompense qui lui a été décernée par la Société. Il profite de cette occasion pour faire connaître que les Saumons de Californie, qu'il a fait distribuer dans un grand nombre de rivières australiennes, ont été vus remontant de la mer pour frayer dans les parties supérieures de ces cours d'eau. On a pêché plusieurs de ces poissons qui pesaient 2 livres 1/2 et dont la chair a été trouvée excellente. Des sujets conservés dans des eaux fermées ont atteint rapidement une longueur d'un pied et sont d'une vigueur remarquable. Sir Samuel Wilson ajoute qu'il a appris avec plaisir les tentatives faites en France pour l'acclimatation du Saumon de Californie, qui lui paraît être une espèce des plus recommandables.

M. Raveret-Wattel rappelle à cette occasion que sir Samuel Wilson, qui est en Australie un des apôtres les plus convaincus et les plus ardents de l'acclimatation, s'est particulièrement occupé d'introduire dans cette colonie la Chèvre d'Angora, l'Autruche du Cap et le Saumon de Californie. Par sa généreuse initiative et ses travaux couronnés de succès, sir Samuel Wilson s'est acquis les titres les plus sérieux à la reconnaissance de ses compatriotes.

— M. A. Simon écrit de Bruxelles : « Par suite de la mauvaise année que nous venons de traverser, et des nombreux accidents qui ont contrarié mon éducation d'*Attacus Yama-maï*, j'ai à peine pu refaire ma graine pendant cette dernière campagne. Pour comble de malheur, le grainage a été déplorable, si bien que tandis que l'année passée je pouvais disposer de 250 grammes (avec 1700 papillons), cette année je n'ai obtenu que 200 grammes (avec 2000 papillons). Je vous serai donc fort reconnaissant de vouloir bien m'indiquer l'adresse de M. le marquis de Riscal ou de son intendant, afin que je puisse me procurer un supplément de graine. Je pourrais d'ailleurs faire un croisement très utile.

» Je recevrais également avec reconnaissance ce que la Société voudrait bien me confier à titre de cheptel. Il est probable que ces graines écloront un peu tôt vu leur provenance ; mais je me propose d'essayer un mode de conservation tout à fait nouveau à l'aide de l'évaporation de l'eau transpirant à travers des vases poreux et produisant un froid modéré. Si j'obtiens quelque résultat favorable je m'empresserai de vous en faire part. »

— M. Santini adresse une demande de graine d'*Attacus Yama-maï*. « Des huit cocons que j'ai réussi l'année dernière, ajoute notre confrère, j'ai obtenu quatre femelles qui m'ont donné de la graine non fécondée faute d'accouplement. L'année dernière les graines me sont parvenues écloses ; celles que vous m'adresserez maintenant arriveront dans de bonnes conditions, et l'année courante j'espère obtenir un meilleur résultat. »

— MM. Giraud Ollivier et Jules Leroux adressent également des demandes de graines d'*Attacus Yama-maï*. M. Leroux ajoute : « Je me propose de placer ces Vers sur le Chêne précoce dont je vous ai envoyé des pousses, il y a un an ou deux. M. le docteur Cosson avait déterminé parfaitement et l'arbre et les circonstances qui devaient le faire pousser plus vite. Une légende dit qu'à la déroute de Savenay plusieurs combattants auraient été enterrés au pied de ce Chêne. Je me suis donc abstenu de faire un essai sur un cas isolé et heureusement si rare. Mais j'ai trouvé depuis, dans les environs, plusieurs Chênes de même aspect et de même précocité et il n'est pas question pour ces arbres qu'on ait enterré cent ou deux cents personnes à leur pied.

» La feuille nouvelle paraît toujours près d'un mois avant les autres ; si vous croyez qu'un essai puisse être fait dans ces conditions et avec quelques autres précautions pour la sécurité des Vers, je vous serai très reconnaissant de me comprendre pour une légère part dans la distribution annoncée. »

— M. Carvallo, ingénieur, à Tortose (Espagne), sollicite un envoi de graine de Ver à soie de l'Ailante.

— M. de la Ferrière fait don à la Société d'une certaine quantité de noix d'Hickory et ajoute les renseignements suivants : « L'Hickory appartient à la famille des Noyers. On le trouve à l'état spontané dans les forêts des États de l'ouest de l'Amérique du Nord (Kentucky, Indiana, Tennessee, Ohio, etc.). On le rencontre au milieu des Hêtres, Chênes et autres arbres forestiers analogues à ceux de notre latitude (Touraine, Orléanais, etc.). Il produit une petite noix à coquille très épaisse et difficile à ouvrir ; l'intérieur, la partie comestible, est peu développé. Le bois est précieux pour l'industrie de la carrosserie. C'est avec lui que les Américains confectionnent ces voitures légères, aux très grandes roues (nommées vulgairement *araignées*) et qui servent pour les courses au trot. La contexture du bois est serrée et néanmoins très flexible et résistante. Enfin, pour en préciser la nature, il suffit de rappeler ce fait que les Américains avaient donné à l'ancien président, le général Andrew Jackson (1837), un des plus énergiques qu'ils aient eus, le nom populaire de « Old Hickory ». Il serait vivement à souhaiter que l'Hickory se multipliât en France. Peut-être serait-il possible de le greffer. »

— M. Dupont, ingénieur des constructions navales à l'arsenal de Toulon, écrit à M. le Secrétaire général : « Quand je suis parti pour le Japon en 1874, je vous ai promis de recueillir tous les renseignements utiles pour l'acclimatation des plantes japonnaises. J'ai tenu ma promesse. J'ai parcouru maintes provinces, observant et questionnant partout, je l'ai fait assez longtemps pour pouvoir coordonner mes observations et pour pouvoir rectifier les mille renseignements faux qu'on m'avait donnés ; j'ai amassé ainsi un dossier respectable de documents inédits. Vous trouverez tout cela résumé et condensé dans un travail dont je vous adresse un exemplaire. Je vous enverrai le mois prochain une notice spécial aux Kakis (Diospyros) cultivés. Il y en a de nombreuses variétés. J'ai rapporté des porte-greffe des meilleures espèces, leur multiplication marche bien. Nous ne tarderons pas à récolter de ces fruits délicieux. C'est un fruit d'un réel avenir. »

— M. le Secrétaire général communique l'extrait suivant d'une lettre qui lui est adressée par M. Pynaert-Van Geert, de Gand (Belgique). « ......Ici les pertes dans les jardins sont considérables. Parmi les plantes à feuilles persistantes, les *Osmanthus* et les *Skimmia* se sont montrés particulièrement rustiques. »

— M. le baron Ferd. Von Mueller écrit de Melbourne : « Je lis dans le numéro de juillet du *Bulletin* (1879) que M. le prince Pierre Troubetzkoy signale les *E. colossea* et *diversicolor* comme périssant par un froid, le premier de 3 degrés, l'autre de 7°,5. Pourrait-on savoir lequel des deux est le véritable *E. colossea ?* Car les deux noms indiqués appartiennent en réalité à la même espèce. Il doit donc y avoir deux arbres différents cultivés sous les noms ci-dessus. Vous devez avoir reçu un exemplaire de mon Rapport sur les ressources des forêts de l'Australie occidentale; cet ouvrage renferme une figure de l'*E. diversicolor* qui permettrait de reconnaître facilement l'espèce. »

— M. Giuseppe Gnecchi, de Milan, adresse un rapport sur sa culture de Téosinté, culture qui lui a donné un rendement très satisfaisant comme fourrage, mais sans production de graines.

Cheptels. — Les comptes-rendus ci-après sont adressés par plusieurs de nos confrères, savoir :

— M. le comte de Beaurepaire — *Cochons d'Essex :* Vient de perdre le mâle de son couple. Annonce le renvoi de la femelle.

— M. Talbot — *Céréopses :* Annonce le renvoi de son cheptel, dont il n'a pas obtenu de produits. « Après avoir d'abord lâché ces oiseaux en liberté, j'ai dû faire construire un entourage en fil de fer pour les isoler complètement. Le mâle est si méchant que la vue d'une personne le rend furieux ; il se jette sur la personne chargée de le soigner et là, *unguibus et rostro* fait de véritables blessures. Pour les enfants il est particulièrement à craindre. Un enfant de douze ans, que j'ai et qui aide à soigner mes volailles, étant entré dans leur parc n'a pas tardé à être victime de sa témérité. L'oiseau monta sur le dos de l'enfant, l'accablait de coups de bec et d'ailes. Je ne sais ce qui serait advenu si quelqu'un ne s'était trouvé là pour faire terminer l'attaque.

» *Poules de Breda bleues :* Ces oiseaux, que j'ai eu assez tardivement, n'ont pu me donner que des résultats incomplets. Je n'ai réussi dans l'arrière-saison à élever que trois poulets, dont un fort beau coq. J'espère au printemps être plus heureux. »

— M. René Bordet — *Canards de la Caroline :* Ayant perdu récemment la femelle du couple qui lui avait été confié, annonce le renvoi du mâle qui lui reste.

— M. le comte de Narcillac — *Canards du Labrador :* Prévient la Société du renvoi de son cheptel.

— M. le docteur J. J. Lafon — *Colombe poignardée :* Renvoie l'individu qui lui reste de son cheptel décomplété.

— M. Rabuté, à Doullens — *Perruches omnicolores :* « Le couple n'a pas niché malgré l'installation la plus favorable. Du reste la femelle est morte à la fin de l'hiver d'une affection vermineuse.

« Celle par laquelle je l'ai remplacée est arrivée trop tard pour qu'elle put reproduire l'année dernière. Elle était aussi d'une sauvagerie inouïe qui n'était guère favorable à l'accouplement. »

Canards mandarins : « La femelle a pondu huit œufs en huit jours et s'est arrêtée subitement. N'ayant pas alors de couveuse sûre à ma disposition, j'ai offert les œufs à la Société qui m'a engagé à les faire couver. A cet effet, je les ai remis à M. Oger, membre de la Société, amateur aussi soigneux que patient, qui réussit parfaitement dans l'élevage des Carolins. Nous n'avons obtenu qu'un désappointement, les œufs étaient clairs. Mes Carolins qui partagent avec les Mandarins un enclos d'environ soixante mètres de surface et muni d'un bassin d'eau renouvelée, donnent chaque année des produits. »

— M. Gorry-Bouteau — *Faisans vénérés* : « Mon bail étant expiré, je viens vous exprimer le désir de le garder jusqu'au mois de septembre 1880. Jusqu'à ce jour je n'ai pas obtenu de bons résultats. En 1877, la femelle a pondu cinq œufs clairs ; en 1878, elle en a pondu huit qui se sont trouvés également clairs, mais, depuis cette époque, j'ai fait agrandir ma volière dont une partie est découverte, et cette année j'ai obtenu des résultats qui me donnent de l'espoir pour l'avenir. La femelle a pondu trente-cinq œufs, dont les deux tiers se sont trouvés bons. Malheureusement tous les petits, moins un, sont morts dans la coquille la veille de leur éclosion. Celui qui avait échappé à cette mortalité générale n'a vécu que trois jours, il a été écrasé par la couveuse, une petite Poule cochinchinoise fauve. J'attribue cette mortalité aux intempéries de cette année, et je suis persuadé que l'année prochaine j'obtiendrai de meilleurs résultats. »

— M. Louis Faton, de l'Institut national génévois. — *Végétaux* : « Mes *Rhamnus utilis* sont complètement acclimatés, et prennent un assez grand développement, mais ils n'ont pas jusqu'ici montré de fleurs, je n'ai pas encore pu avoir assez d'écorce pour tenter la préparation du vert de Chine.

» Le pied d'*Aralia Sieboldi*, que j'ai reçu en 1877, est en boutons ; je l'ai mis en pot pour lui faire passer l'hiver en serre, afin qu'il puisse fleurir et mûrir ses graines. Dans mon rapport de l'année précédente j'ai dit, qu'une espèce de *Sorghum*, s'était trouvé mêlée avec les graines de *Reana luxurians ;* les tiges de cette plante ont gelé pendant l'hiver dernier, je la crus morte et la place où elle se trouvait fut labourée au printemps passé ; je n'y pensais plus, quand au mois de mai j'ai été tout surpris de voir ladite plante pousser à cinq endroits différents. J'en ai déterré un morceau et j'ai vu qu'en labourant on l'avait divisée et que chaque morceau reprenait vie. Elle a montré des fleurs dans le courant de septembre. Je l'ai fait déterminer par M. le professeur Müller, c'est le *Sorghum halepense* (Pers.). C'est un *Sorghum* très buissonnant, les chaumes ont atteint la hauteur de 2 mètres. Le froid est venu avant la maturité de la graine. Si la Société d'Acclimatation le désirait, je pourrais lui en envoyer un pied. C'est une espèce à étudier comme plante d'ornement et comme plante fourragère.

» Le *Maïs* de M. l'abbé Mondain, a été semé dans le courant d'avril, sur une terre fortement fumée, les plantes ont atteint une hauteur de 3 mètres, et plusieurs portaient deux épis bien conformés. Quinze plantes espacées de 50 centimètres en tous sens, ont produit 5 kilogrammes d'épis, les spathes comprises ; malheureusement, l'année ayant été froide, plusieurs épis ne sont pas parvenus à maturité ; je n'ai pas pu me rendre compte du produit en graines. Les épis atteignaient généralement 18 centimètres de longueur.

» Les graines de *Salvia*, de *Latania Borbonica* et de *Bambou du Brésil* ne sont pas entrées en germination. »

— A l'occasion des renseignements donnés dans la correspondance par plusieurs de nos confrères sur la réussite de leurs élevages de Saumon de Californie, M. Berthoule appelle l'attention de l'assemblée sur l'utilité de doter nos rivières de cette précieuse espèce ; il fait remarquer, par suite, l'importance qu'il y aurait à ce que les personnes qui ont mené à bonne fin l'éclosion des œufs distribués par la Société, voulussent bien verser dans des cours d'eau la plus grande partie des alevins obtenus, afin de coopérer à l'œuvre du repeuplement tel que le désire la Société, c'est-à-dire en faisant de l'introduction du Saumon de Californie une acclimatation nationale et non pas une œuvre privée.

— M. Grisard met sous les yeux de l'assemblée un échantillon d'Eucalyptus rustique qui lui est adressé de Monsauve (Gard) par notre confrère M. Mazel, sous le nom d'*Eucalyptus coccifera*. Cet Eucalyptus s'éloigne sensiblement, quant au feuillage, des autres échantillons d'origine différente présentés également sous le nom d'*E. coccifera*, dans la dernière séance. Ce serait ainsi une espèce de plus à compter au nombre de celles du genre Eucalyptus qui sont susceptibles de supporter notre climat.

— M. Berthoule donne lecture d'un mémoire dans lequel M. Delaurier aîné rend compte de ses éducations d'oiseaux exotiques, éducation pour la plupart couronnées de succès. En faisant remarquer l'intérêt qu'offrent les renseignements donnés dans ce mémoire, M. Berthoule ajoute qu'il serait à désirer que M. Delaurier voulût bien compléter ces notes par des détails sur les observations qu'il a pu faire concernant les habitudes des diverses espèces mentionnées, les soins particuliers qui semblent nécessaires, le genre de nourriture reconnu le plus convenable, etc.

— M. Grisard donne lecture d'un travail de M. Gallais sur ses cultures de Rhubarbe du Thibet, ainsi que d'une lettre de M. Marès sur les échantillons de Rhubarbe obtenus par M. Gallais. (Voy. au *Bulletin.*)

— Il est donné lecture par M. le Secrétaire d'une note de M. Georges de Layens sur la ventilation des ruches par les Abeilles. (Voy. au *Bulletin.*)

IL EST OFFERT PAR M. ROTHSCHILD, ÉDITEUR, LES OUVRAGES SUIVANTS :

1° *Ornithologie du Salon*, synonymie, description, mœurs, nourriture des oiseaux de volière européens et exotiques, par Raoul Boulart. Paris, 1879, grand in-8°.

2° *Les Papillons de France*, histoire naturelle, mœurs, chasse, préparation, collections, avec 110 vignettes et 19 chromolithographies. Paris, 1880, grand in-8°.

3° *Les Orchidées*, histoire iconographique, avec 244 vignettes et 50 chromolithographies, par E. de Puyot. Paris 1880, grand in-8°.

4° *Traité pratique de chimie et de géologie agricole*, par Stanislas Meunier. Paris, 1879.

5° *Le reboisement par les essences résineuses. — Mise en valeur des sols pauvres*, par Alph. Fillon, 2e édition. Paris, 1880.

6° *Les maladies des plantes cultivées, des arbres forestiers et fruitiers*, par A. d'Arbois de Jubainville et J. Vesque, avec 48 vignettes et 7 planches en couleur. Paris, 1878, in-18.

7° *La culture maraîchère, traité pratique*, par A. Dumas, 4e édition, ornée de 186 grav. Paris, 1880, in-18.

8° *La Pisciculture fluviale et maritime en France, culture de l'écrevisse et des sangsues*, par Jules Pizzetta. — *L'ostréiculture en France*, par M. de Bon, avec 212 grav. Paris, 1880, in-18.

9° *Les plantes médicinales et usuelles, des champs, jardins, forêts*, par H. Rodin, 4e édition, avec 200 grav. Paris 1879, in-18.

Le Secrétaire des séances,

RAVERET-WATTEL.

IV. EXTRAITS DES PROCÈS-VERBAUX DES SÉANCES DES SECTIONS

SÉANCES DES 16, 23 ET 30 DÉCEMBRE 1879, 6 ET 12 JANVIER 1880.

Les sections ont procédé à la nomination de leurs bureaux, qui se trouvent ainsi composés :

1re Section. — Mammifères.

MM.
Ménard, *président*.
Tellier, *vice-président*.
Auteroche, *secrétaire*.
Vicomte d'Esterno, *vice-secrétaire*.
Ménard, *délégué dans la Commission des récompenses*.

2e Section. — Oiseaux.

MM.
A. Cretté de Palluel, *président*.
N. Masson, *vice-président*.
Lemoine, *secrétaire*.
N. Meyer, *vice-secrétaire*.
Cretté de Palluel, *délégué dans la Commission des récompenses*.

3e Section. — Poissons, etc.

MM.
C. Millet, *président*.
Léon Vidal, *vice-président*.
R. de Ginestous, *secrétaire*.
Ed. Renard, *vice-secrétaire*.
C. Millet, *délégué dans la Commission des récompenses*.

4e Section. — Insectes.

MM.
Marquis de Ginestous, *président*.
J. Fallou, *vice-président*.
C. Le Doux, *secrétaire*.
A. L. Clément, *vice-secrétaire*.
Marquis de Ginestous, *délégué dans la Commission des récompenses*.

5e Section. — Végétaux.

MM.
Eug. Vavin, *président*.
Ch. Joly, *vice-président*.
Jules Grisard, *secrétaire*.
Paillieux, *vice-secrétaire*.
Dr Mène, *délégué dans la Commission des récompenses*.

QUATRIÈME SECTION.

SÉANCE DU 6 JANVIER 1880.

Présidence de M. le Marquis de GINESTOUS.

La quatrième section demande au Conseil de vouloir bien appuyer le vœu déjà émis par la Société des Agriculteurs de France, et par plusieurs congrès, qu'une station séricicole soit établie dans l'Extrême-Orient, pays d'origine du ver à soie du mûrier et des vers à soie du chêne. Cette station aurait à s'occuper, non seulement des meilleurs choix d'œufs de ces espèces, mais de l'introduction en France des variétés de mûriers et de chênes les mieux appropriés à leur nourriture ; et de la nature des sols qui leur conviennent. Il ne suffit pas d'amener en France des animaux à acclimater, il faut encore se préoccuper de leur procurer l'alimentation qu'ils reçoivent dans leur pays natal. Cette station serait placée sous le contrôle direct de nos agents diplomatiques ou consulaires dans la localité, et resterait étrangère à toute spéculation commerciale.

M. Raymond de Ginestous, donne lecture d'un long article inséré dans le *Journal Officiel* du 23 octobre 1879, sur la sériciculture en Syrie. Ce que l'on y remarque tout d'abord, c'est l'extension que cette branche de l'industrie agricole a prise en Syrie. De 1840 à 1850, il n'y existait que cinq usines pour le dévidage de la soie; on en compte aujourd'hui soixante-sept. L'auteur de l'article attribue cet accroissement rapide à la régularité à peu près certaine des récoltes de cocons qui ne sont jamais troublées par des variations climatériques. Mais si la production est assurée, il n'en est pas de même du placement des soies, du moins d'une manière avantageuse. Les cours se modifient suivant l'état des récoltes en France et en Italie, d'où il résulte parfois des mécomptes graves pour les filateurs. C'est ainsi qu'au mois d'octobre 1879, les filateurs de Syrie avaient de la peine à vendre à Marseille 60 ou 65 francs le kilogramme de soie, qui leur revenait à 72 et 73 francs. Le prix moyen des cocons avait été de 4 fr. 40 cent. à 4 fr. 50 cent. le kilogramme, par suite de l'écart dans les cours qui ont varié de 20 à 23 piastres l'ocque au début de la vente pour s'élever à 32 et 33 piastres, et retomber vers la fin de la récolte aux cours d'ouverture.

Pendant qu'en France on ne voit généralement de salut pour la sériciculture que dans les graines préparées. L'immense majorité des éducations a été faite avec des graines provenant des cartons japonais reproduits en Syrie.

Dans le cours de la séance, M. le Président a donné communication de tentatives faites pour détruire le phylloxera par le froid. Il s'agit après avoir relevé la neige qui entoure les ceps, de piocher la terre pour la rendre meuble, et laisser plus d'action à la gelée. On a objecté qu'il était à craindre que la vigne ainsi déchaussée ne résistât pas à de basses températures; à cela on a répondu que morte par le froid, ou morte par le phylloxera c'était tout un, et que l'on pouvait en faire l'expérience. La question posée d'une manière si carrée, n'a plus trouvé de contradicteurs; mais plusieurs membres ont fait observer que les insectes, même ceux qui ne sont pas sous terre résistent aux froids les plus intenses.

Au sujet du choix des cocons de *Sericaria mori*, pour le grainage, M. le Président se demande si l'on ne devrait pas adopter pour reproducteurs les vers qui donnent le moins de soie, qui filent ces cocons désignés par le mot *chiques*, se basant sur ce que l'insecte moins épuisé par la secrétion de la soie, conserve une constitution plus robuste devant produire une forte génération. Tout en admettant ce que cette théorie peut avoir de séduisant, M. Christian Le Doux, rappelle que de tout temps dans les Cévennes, on a pris pour la reproduction les cocons les mieux faits, les plus fournis en soie, et personne n'ignore la réputation dont jouissaient avant la période de la maladie les éducations de nos montagnes.

Le Secrétaire:
CHRISTIAN LE DOUX.

DEUXIÈME SECTION.

SÉANCE DU 27 JANVIER 1880.

Présidence de M. CRETTE DE PALLUEL.

M. Millet, annonce que les nichoirs artificiels ont rendu de grands services pendant les derniers froids, non seulement aux oiseaux qui nichent en creux, mais encore à d'autres espèces qui se sont réfugiées dans ces abris. Ce fait a été constaté dans un grand nombre de départements. — M. de Barrau de Muratel, qui habite la Montagne-Noire (Tarn), adresse un assez grand nombre d'estomacs d'allouettes tuées sur les champs à l'époque des semailles de l'automne dernier; ces estomacs ne présentent aucune graine de céréales, mais seulement des graines de plantes sauvages et parasites avec quelques grains de sable et de gravier. — M. de Muratel constate d'ailleurs que dans la région dont il s'agit, les cultivateurs ne se plaignent jamais de dégats commis par les allouettes dans leurs champs.

— Plusieurs Membres, et particulièrement MM. C. Millet et Cretté de Palluel, disent que dans un grand nombre de localités où ils se trouvaient à l'époque des froids rigoureux de cet hiver, la perdrix grise avait complètement disparu.

— M. Cretté de Palluel annonce que pendant le mois de décembre dernier on a capturé un assez grand nombre d'outardes barbues (*Otis Tarda*) aux environs de Paris, et fait observer que ce superbe oiseau ne se montre que très exceptionnellement dans ces régions. A ce sujet, il ajoute que la Société devrait tenter de domestiquer cet oiseau qui offre un grand intérêt tant au point de vue de la science que de l'alimentation.

— M. Millet signale les résultats déplorables survenus à la suite des arrêtés pris par certains Préfets pour la clôture de la chasse, l'article 3 de la loi sur la chasse du 3 mai 1844, porte que les Préfets détermineront par des arrêtés publiés au moins dix jours à l'avance, l'époque de l'ouverture et celle de la clôture de la chasse dans chaque département. La publication de ces arrêtés n'ayant pas été faite dans les délais réglementaires, les chasseurs ont continué à chasser, et les tribunaux ont été impuissants pour leur infliger les peines édictées par la loi.

Pour le Secrétaire absent:
CRETTÉ DE PALLUEL.

V. FAITS DIVERS ET EXTRAITS DE CORRESPONDANCE

Les Chevaux de Dongola

Il a paru dans le *Sport*, il y a quelque temps, une note sur les chevaux de Dongola, amenés par les Nubiens qui ont séjourné au Jardin d'Acclimatation. Il y a doute sur la question de savoir si cette race est la même que la race arabe pure, descendue, dit-on, des fameuses juments de Mahomet. On croit, d'autre part, qu'elle offre les derniers spécimens d'une race beaucoup plus ancienne (originaire peut-être également de l'Arabie) qui peuplait l'Égypte bien longtemps avant Mahomet, avait été pendant de longs siècles élevée avec soin dans ce pays et pendant longtemps recherchée et exportée comme cheval de guerre par toutes les nations alors en rapport avec l'Égypte.

Suivant la tradition invoquée dans l'article du *Sport*, le cheval nubien ou de Dongola, descendrait d'une jument de Mahomet, transportée en Abyssinie, et l'une des trois juments avec lesquelles le Prophète se serait enfui de la Mecque à Médine.

M. de Piètrement, dans son bel ouvrage sur les *Origines du cheval domestique* et M. Perron, dans son « prodrome » de la traduction du Nacéri, ont déjà signalé l'absurdité de cette légende. D'abord on sait fort bien que Mahomet, n'avait pas de cheval lors de sa fuite de la Mecque, mais bien qu'il s'enfuit sur une chamelle de son beau-père, Abou-Beckr. On aurait pu, il est vrai, importer plus tard, en Nubie ou en Abyssinie, une des juments du Prophète ; mais l'erreur de cette tradition repose surtout sur l'ignorance qu'elle suppose de l'histoire du cheval dans la vallée du Nil.

L'histoire démontre, en effet, que l'origine du cheval de Dongola remonte bien au delà de celle de Mahomet. Presque tous les monuments égyptiens où il est question du cheval, prouvent que cette race est celle qui fut importée en Égypte par la grande invasion des pasteurs, les Hyksos, environ trois mille ans avant l'hégire et qu'elle était installée en Nubie plus de vingt siècles avant Mahomet. M. Prisse d'Avesnes, d'après tous les monuments égyptiens qu'il a étudiés, et M. Perron, d'après toutes les recherches et traductions des livres arabes, sont parfaitement d'avis que la race actuelle de la Nubie est la même que celle importée par les Hyksos (la race chevaline étant avant eux inconnue en Égypte), la même que celle représentée sur les monuments, et qu'elle s'est conservée depuis plus de quarante siècles avec ses mêmes caractères, malgré toutes les phases de grandeur et de décadence qu'elle a traversées.

Les recherches de M. Prisse d'Avesnes, ont prouvé que l'introduction du cheval dans ces contrées fut bien l'œuvre des Hyksos, qui envahirent l'Égypte à la fin de la quatorzième dynastie vers 2900, et occupèrent une partie de ce pays jusqu'en 1900 environ avant Jésus-Christ.

D'après les bas-reliefs et les documents de cette époque, les chevaux des Hyksos comme les Dongolawi actuels, étaient d'une taille assez élevée. Ils avaient le cou effilé et long, l'encolure rouée, les paturons hauts, les jambes longues et minces, les pieds petits, la tête grande, un peu busquée, la queue longue et fournie. Les soins que les Égyptiens apportèrent plus tard à l'élevage du cheval, le multiplièrent à l'infini et lui donnèrent une grande valeur. Outre ceux consommés en Égypte pour l'armée et les particuliers, beaucoup étaient vendus aux marchands qui venaient en Égypte en chercher pour les exporter. On sait que Salomon en acheta un très grand nombre au prix de 150 « Sicles » d'argent par tête (soit environ 450 fr.).

Or, dès cette époque, comme encore aujourd'hui, le Dongolawi était très loin du type arabe pur ! Hissé sur de hautes jambes il est peu gracieux, dit M. Perron, et sa vitesse, qui est très grande, ne dure pas longtemps. Son long cou, arqué en cou de cygne et sa tête busquée (commune du reste à presque tous les animaux de ce pays), le distingue parfaitement du cheval arabe.

Son défaut de fond peut provenir ou de la grande consanguinité ou d'une nourriture fort médiocre, prise pendant des siècles (car ils ne sont guère nourris que de feuilles de sorgho). Cependant il est certain maintenant contrairement à l'opinion de M. Perron et à celle de M. Hannont (*Dict.* de Cardini), que les chevaux de Dongola, dans la Nubie, le Soudan, le Darfour, etc., sont très employés à la chasse des animaux sauvages les plus vites, tels que la Girafe, l'Autruche, l'Ane sauvage et qu'il y en a de remarquablement vites et d'une souplesse extraordinaire.

Le cheval de Dongola est très répandu dans le Soudan, le Kordofan, le Darfour, le Waday, la Nubie, l'Abyssinie, etc. Dans ces pays, contrairement à l'habitude des Arabes, les indigènes montent de préférence les étalons. Nourris à la feuille de Dourah, (Sorgho), ils mangent au printemps de l'orge verte, on leur donne aussi souvent, une pâtée faite de Sorgho concassé et de miel. Ils boivent du lait frais ; on les lave et on les frotte souvent avec du beurre fondu. Dans le pays, ils coûtent environ de 80 à 320 francs. Ils sont appelés du nom générique de *Hafes*, c'est-à-dire, Solipèdes.

Au Berber, chaque famille possède habituellement un cheval.

Au Darfour, en temps de guerre on compte au moins de 15 à 20,000 hommes de cavalerie.

Les Soudaniens ont bien 10,000 cavaliers montés.

Dans ces pays, comme dans l'Arabie, c'est l'Arabe Bédouin, vivant sous la tente, qui a les meilleurs chevaux et s'en occupent le plus. C'est eux qui, aux environs de Darfour et du Waday, vont à la chasse des grands animaux. Montés sur leur chevaux, ils rejoignent la Girafe, un des animaux les plus vites qui existent et la portent bas en lui coupant les jarrets, ce qui indique la grande vitesse de leur chevaux et un certain fond.

Ils prennent aussi beaucoup d'Autruches, ce qui n'est pas non plus très facile.

Les Wadayens, les Foriens, les Darfouriens, en temps de guerre, mettent sur la face de leurs chevaux le kardjil ou chanfrein en métal, plaque convexe tombant sur le front du cheval avec deux plaques de côté sur les joues.

Elle sont en tôle ou en fer blanc, tapissées de drap rouge. L'encolure et tout le corps sont couverts de pièces d'étoffe bourrées de coton et piquées comme des courtepointes et destinées à garantir les flèches. Les cavaliers portent une souquenille faite de même avec la cote de mailles (c'est le jacques et le gambisson du moyen âge). Deux sabres droits, vraies lattes, sont placés sous la jambe gauche du cavalier et attachées en avant, au panneau de la selle, et en arrière, au troussequin.

Les chevaux de Dongola sont toujours recherchés au Darfour par les princes, qui en font leurs chevaux de parade. Ils ont tous les jambes longues, la robe brillante, généralement noire. Faciles à dresser, ceux des sultans sont habitués à rester complètement immobiles pendant les cérémonies, sans avancer ni reculer, ni bouger un pied, ni même faire aucune ordure, se bornant à baisser et à lever la tête.

Les chevaux les plus recherchés et les plus chers sont les coureurs à trois « kamin » ou trois relais. Pour ces courses d'épreuves, on établit, au moins à une heure de distance chacun, trois relais ou « kamin », et à chaque relais, dix hommes à cheval. L'individu qui prétend avoir un cheval à trois kamins part au galop du premier relais avec les dix premiers cavaliers rivaux et se dirige vers le second kamin. Dès qu'il arrive en face de celui-ci, les dix cavaliers qui y sont postés, tous prêts à lutter de vitesse avec le coureur en question, s'élancent avec lui, et les onze rivaux courent alors à toute bride vers le troisième kamin, où le cheval d'épreuves doit les devancer. De là les dix chevaux frais qui l'attendent partent au grand galop, et le cheval d'abord vainqueur des vingt premiers doit arriver encore le premier au lieu où l'attendent les juges qui décernent la victoire.

Les chevanx de Dongola offrent, au dire des zoologistes, une autre particularité qui, si elle est réelle, confirmerait la pureté d'une race dont l'histoire atteste l'ancienneté. Ces chevaux ont, dit-on, une ou deux vertèbres, et par conséquent deux ou quatre côtes de moins que les autres races de chevaux. Je ne fais que signaler le fait sans le garantir ; toutefois, je ne puis le passer sous silence, et son exactitude aurait une importance très grande, à mon avis du moins, et voici pourquoi :

On sait d'une façon certaine, que les chevaux bretons de la vieille race offraient souvent la particularité d'une ou deux vertèbres de moins, et cette coïncidence avec le fait constaté, dit-on, chez les Dongolawi, attesterait une relation intime entre les deux races.

Or, la vieille race de chevaux de la Bretagne passe pour être la plus ancienne race de l'Europe et représente à peu près la vieille race celtique. Serait-ce d'une ancienne origine commune entre la race celtique et l'ancienne race égyptienne que daterait cette singulière constitution du squelette, ou bien viendrait-elle de croisements entre la race bretonne et la race des chevaux ramenés d'Égypte par les chevaliers bretons, lors des croisades ? Évidemment les chevaliers ont dû ramener à cette époque beaucoup de Dongolawi qui, croisés avec les bretons, ont pu transmettre à certains de leurs descendants cette particularité de construction. D'un autre côté, les chevaux bretons, s'ils étaient bien les représentants des chevaux amenés par les Celtes, pouvaient fort bien venir des races chevalines possédées par les Aryens, et avoir ainsi une origine commune avec celle que les Hyksos avaient amenée en Égypte lors de leurs invasions.

Ces points seront peut-être éclairés plus tard ; mais on voit quel intérêt peut offrir, à ceux qui étudient l'origine du cheval et son histoire, cette curieuse race de Dongola, curieuse surtout en ce qu'elle est incontestablement la plus anciennement connue du globe et celle qui s'est conservée certainement la plus pure, parce que aucune importation (sauf celle de quelques chevaux arabes par l'Égypte) n'a jamais été faite dans les pays où elle a été importée, et en quelque sorte concentrée depuis tant de siècles.

Comte Le Couteulx de Canteleu.

(*Revue Britannique.*)

VI. BIBLIOGRAPHIE

I

Le Rosier, culture et multiplication, par J. Lachaume. 1 vol. in-12, 173 pages, avec 34 gravures (Bibliothèque du Jardinier). — Librairie agricole de la Maison Rustique, 26, rue Jacob.

La Rose est essentiellement cosmopolite, et aucune région du globe ne peut revendiquer l'honneur de lui avoir donné naissance. Les plus belles variétés sont originaires néanmoins du midi de l'Europe et de la partie tempérée de l'Asie ; mais chaque pays peut montrer avec orgueil celle qui lui appartient en propre : La Rose thé nous vient de la Chine ; celle à cent feuilles, du Caucase oriental; la Rose musquée, du Népaul; la multiflore, du Japon; la jaune, de Constantinople; la Rose de Provins, de la Palestine, et celle de Damas, de la Syrie. On la trouve partout, plus ou moins éclatante, plus ou moins fière de ses riantes couleurs, depuis le Groënland, où l'on rencontre la Rose pâle, jusqu'au Labrador, où l'on peut cueillir encore une espèce bien humble ; depuis l'Écosse avec la *Cœcia*, jusqu'au sommet des Alpes avec la Rose à feuilles rouges, *Rubrifolia*, ou de l'Himalaya, avec la *Sericea*. Elle a été connue et admirée dès la plus haute antiquité ; le moyen âge en a fait l'objet des allégories les plus gracieuses, et les poètes l'ont proclamée la Reine des fleurs.

Cependant cette royauté a subi, pendant les seizième, dix-septième et dix-huitième siècles, une éclipse à laquelle on aurait peine à croire aujourd'hui, en voyant son triomphe. Quelle peut avoir été la cause de cette longue indifférence? Nous serions tenté de l'attribuer à ce que l'on s'est efforcé de lui trouver des vertus thérapeutiques, au lieu de la laisser à sa mission véritable, qui est de charmer les yeux et l'odorat. On en a fait une plante officinale! On l'a placée au rang des cordiaux, des astringents, des céphaliques, des antispasmodiques; on l'a déclarée apéritive et même purgative! Il ne fallait lui demander autre chose que d'être l'emblème de la beauté, de nous enivrer de son parfum, et de nous livrer son essence embaumée.

Jusqu'à la fin du dix-huitième siècle, le nombre des variétés de Roses cultivées dans nos jardins était très restreint, ainsi qu'on peut le voir par les divers auteurs qui s'en sont occupés depuis 1535 à 1795. Au seizième siècle, Olivier de Serres ne parle de la Rose qu'accidentellement ; il ne cite la Rose de Provins que comme étant bonne pour faire de la conserve, et La Quintinie mentionne à peine la reine des fleurs. Avant Redouté, on ne trouve de reproduites, par la peinture, que la Rose blanche et celle à cent feuilles. Ce n'est que depuis le commencement de ce siècle que le culte pour elle s'est nettement accusé. Il y a aujourd'hui plus de deux mille variétés de Roses, et chaque jour en paraissent de nouvelles, avec lesquelles les classifications botaniques n'ont rien à voir.

Une première édition du petit traité de M. Lachaume sur le Rosier s'était rapidement écoulée. Aujourd'hui la Librairie agricole en présente au public une seconde, qui s'est enrichie de l'exposé de quelques greffes nouvelles, ainsi que de développements sur la culture forcée, qui prend chaque jour plus d'extension.

Le premier chapitre est consacré à des considérations générales sur la nature des terres propres à la culture des Rosiers, sur le défoncement du sol, les serres à multiplication, les instruments pour la taille et la greffe, etc.

Le deuxième est une étude sur l'Églantier, qui joue un rôle si important dans cette culture.

Le troisième décrit les divers genres de multiplication.

Le quatrième traite de la taille et de la conduite au point de vue de l'ornementation.

Enfin, le cinquième parle des insectes et des animaux nuisibles ou utiles dans la culture du Rosier.

Notice historique sur la Pisciculture, par H. Bout — Broch. in-8°, 35 p. Berger-Levrault, 5, rue des Beaux-Arts. 1879.

La *Notice* de M. H. Bout, est une œuvre de propagande. Elle a paru d'abord dans la *Revue maritime et coloniale.* Faite pour être lue rapidement, comme tout article de journal, elle ne s'astreint pas toujours à la rigueur scientifique des termes, mais elle présente bien l'état général de la pisciculture fluviale et de l'ostréiculture, à l'époque de l'Exposition dernière. Aujourd'hui, l'auteur pourrait y ajouter les tentatives faites pour acclimater en France les *Salmo fontinalis* et les *Salmo quinnat.*

Ce travail, avons-nous dit, a été écrit pour les lecteurs de la *Revue maritime.* Certes, la Société d'Acclimatation a trouvé jusqu'ici des auxiliaires profondément dévoués chez tous les Officiers de marine. Elle a rencontré chez eux le concours le plus empressé pour le transport des œufs et des alevins de poisson, destinés à repeupler nos rivières; mais avec quelle sympathie, ce corps, si passionné pour les intérêts nationaux, ne va-t-il pas suivre le développement de la pisciculture appliquée aux espèces maritimes, — cette tentative dont M. Raveret-Wattel nous a donné un premier aperçu dans la séance du 12 décembre dernier. Peupler la mer ! Cette entreprise peut sembler chimérique, et cependant sa nécessité s'affirme chaque jour. Les bancs de morues, de harengs, et des autres poissons migrateurs, paraissent s'épuiser. Et cependant, des intérêts considérables sont en jeu : la pêche des côtes est la ressource de tant de monde ; le poisson de mer entre pour une si grande part dans l'alimentation générale! Aussi, devons-nous saluer, à leur aurore, des essais intéressants qui convertiront peut-être en réalité ce qui semble n'être qu'une utopie généreuse.

AIMÉ DUFORT.

II. JOURNAUX ET REVUES

(Analyse des principaux articles se rattachant aux travaux de la Société.)

Bulletin du Comité agricole et industriel de la Cochinchine. (Challamel aîné, 5, rue Jacob, Paris.)

Essais d'acclimatation en Cochinchine.

Il résulte d'un rapport de M. Corroy (en ce moment Directeur du Jardin botanique et de la ferme des Mares) que les résultats obtenus avec des graines adressées au Comité par la Société d'Acclimatation, n'ont pas été satisfaisants. Ou les semis n'ont pas levé, ou les jeunes plantes ont été dévorées par les chenilles et les fourmis, ou bien encore elles sont mortes en quelques jours à la suite de grandes pluies au commencement de juin. Mais l'expérience mérite d'être renouvelée pour le *Tagaste*, le *Tederas*, le *Pachyrrhizus*, le *Physalis edulis* et surtout pour l'*Acacia leiophylla*. Les *Eucalyptus resinifera* et *red gum*, le *Leptospermum lævigatum*, le *Melaleuca parviflora* et l'*Opontia ficus indica* ne paraissent pas pouvoir devenir des acquisitions réelles pour la Colonie.

Revue des Eaux et Forêts (13, rue Fontaine-au-Roi).

Octobre 1879. — *Les forêts du Canada.*

Dans la plupart des forêts de ce pays, l'on retrouve le charme pittoresque de la Nature travaillant seule sur son propre terrain : la vieillesse, la mort, la décomposition et la reproduction des arbres dans une forêt abandonnée à elle-même. Les Erables dominent. On rencontre deux espèces : l'*Acer rubrum*, Erable rouge ou Erable mou, et l'*Acer saccharinum*, Erable à sucre ou Erable dur. Le premier arbre est plus petit que le dernier; il vient dans les terrains bas et marécageux. Il revêt sa brillante couleur écarlate plus tôt que l'Erable à sucre; souvent au mois de juillet ou d'août, son feuillage tranche sur la verdure des forêts par ses teintes cramoisies, brillant d'un vif éclat. On l'emploie beaucoup comme bois de chauffage, et quelques variétés pour l'ébénisterie.

L'Erable à sucre est un des plus grands arbres du genre; il atteint souvent un diamètre de trois ou quatre pieds, et se dresse parfois jusqu'à cent pieds d'élévation; son bois donne un chauffage et un charbon très estimés. Certains individus présentent les mouchetures si connues dans l'ébénisterie sous le nom d'*œil d'oiseau*.

Ces arbres sont exploités en vue d'en récolter la sève, qu'on fait ensuite bouillir pour en retirer le sucre. Voici quelques détails à ce sujet.

L'ascension de la sève douce commence immédiatement après la première interruption des longs froids, du milieu à la fin de février, et elle se continue jusqu'au commencement d'avril. Un vent froid du nord-ouest, avec des alternatives de nuits glaciales et de jours de soleil, tend à exciter l'écoulement de la sève, qui est plus abondant pendant le jour que durant la nuit. Mais cet écoulement est très sensible aux influences défavorables : un arbre, par exemple, donne trois galons par jour (le gallon vaut quatre litres et demi); cet écoulement pourra cesser pendant quelques heures, puis reprendre graduellement; une nuit de dégel provoque la mise en mouvement de la sève; le vent du sud et l'approche d'une tempête font cesser ce mouvement. Les arbres sont tellement sensibles aux variations d'aspect et de température, que, sur le même individu, l'écoulement de la sève se fait plus promptement du côté du sud et de l'est qu'au nord et à l'ouest. Après six semaines, lorsque les feuilles se développent, la matière sucrée diminue et l'on dit que la sève est *acide*.

La sève des arbres isolés est plus riche en sucre que celle des arbres qui ont crû en massif dans la forêt. Un arbre isolé moyen, donne, en saison favorable, 3 gallons de sève par jour et le rendement en sucre est de 4 livres. En moyenne, le produit est de 12 à 24 gallons par arbre pour la saison.

Les jeunes arbres, qui ont moins de vingt-cinq ans, ne sont pas exploités; leur croissance en serait affaiblie. Mais le forage répété des arbres mûrs semble n'altérer en rien la vigueur des sujets. On perce habituellement les arbres à 3 ou 4 pieds du sol, à l'aide d'une tarière, qu'on enfonce à une profondeur de 2 à 6 pouces; on y introduit un petit tube destiné à amener la sève dans les vases où elle est recueillie. On dispose de la sorte d'une à trois conduites par arbre et on les déplace les années suivantes. La plus grande quantité du sucre fabriqué avec la sève de l'Érable est consommée sur place. En avril 1877, le sucre nouveau se vendait à raison de 10 à 11 cents, presque le prix du meilleur sucre de canne.

Les autres grands arbres que renferment les forêts du Canada sont : le Chêne blanc, le Chêne rouge, l'Orme américain, qui est d'une beauté singulière, avec ses grandes dimensions et ses branches étalées retombant avec grâce; l'Orme poli, *Ulmus fulva*, et un autre Orme désigné sous le nom de *Rock elm;* le Hêtre américain, *Fagus ferruginea;* le Frêne blanc et le Frêne noir; le Bouleau blanc; le Tilleul; le Platane; le bois de fer, *Ostrya virginica;* le Peuplier; quelques espèces de la tribu des Noyers : le *Carya alba*, le *Juglans cinerea*, ou Noix à beurre; le Noyer noir. De tous les Conifères de la région, le Pin blanc, *Pinus strobus*, est l'arbre qui atteint les plus fortes dimensions; il arrive fréquemment à 100 ou 130 pieds d'élévation et dépasse parfois 200 pieds. Cette essence vient de préférence dans les sols sableux. L'*Abies Canadensis* se rencontre en général partout : son écorce est employée au tannage des cuirs et son bois sert à toute sorte d'usages. Il faut ajouter à cette liste le *Picea balsamifera,* qui produit le baume du commerce du Canada et qu'on plante souvent dans les parcs comme arbre d'ornement; le *Larix americana,* plus petit que le Mélèze d'Europe, et le *Cupressus thyoïdes,* ou Cèdre blanc. Ces deux derniers arbres poussent à peu près invariablement dans les terrains humides et marécageux. (Traduit par M. Le Tellier du *Journal of Forestry and Estates Management.*) A. D.

III. — PUBLICATIONS NOUVELLES.

Manuel de la culture et de l'ensilage des Maïs et autres fourrages verts, par Auguste Goffart, vice-président du Comité central agricole de la Sologne 3e édition, corrigée et augmentée, avec 4 planches et 6 grav. In-18 jésus, XII-248 p. Paris, imprimerie P. Dupont; librairie G. Masson.

Rapport sur les prairies temporaires à base de graminées, à la Société des agriculteurs de France (session de 1879), par Et. Houdaille de Bailly. In-8°, 47 p. Nancy, imp. Berger-Levrault et Cie.

Manuel pratique de la culture de la vigne dans la Gironde, par Armand Cazenave, propriétaire. Grand in-8°, 224 p, avec fig. Bordeaux, imprimerie Lemarque, librairie Féret et fils; l'auteur, 9, rue Maucoudinat.

La Pisciculture et le Repeuplement des cours d'eau, note, par Gauckler, ingénieur en chef des ponts et chaussées, chargé de la pêche. In-8°, 18 p. Épinal, imp. Busy.

Sylviculture. Exploitation des forêts, travaux forestiers, endiguement des torrents, reboisements, à l'Exposition universelle de 1878 ; rapports ; par M. A. Frochot, sous-inspecteur des forêts. Grand in-8°, 52 p., 18 fig. et 1 pl. Paris, imp. et lib. Lacroix, 3 francs.

Pomologie générale ; par A. Mam. T. IV, Poires. N° 193 à 288. In-8°, 199 p. et 24 planches. Bourg, imp. Villefranche; Mme Mas; Paris, libr. G. Masson. 12 fr.

Le Gérant : JULES GRISARD.

1 / R. S. — IMPRIMERIE E. MARTINET, RUE MIGNON, 2

I. TRAVAUX DES MEMBRES DE LA SOCIÉTÉ

DES PRÉTENDUS EFFETS NÉFASTES DES ALLIANCES CONSANGUINES

Par V. LA PERRE DE ROO

(*Suite.*)

HISTOIRE D'UN TROUPEAU DE VINGT MILLE BŒUFS ISSUS D'UN OU DEUX COUPLES ABANDONNÉS A EUX-MÊMES EN POLYNÉSIE PAR VAN COUVER, EN 1792.

> Ne voit-on pas ces races pures, forcées pendant des siècles de se perpétuer par elles-mêmes, se conserver saines, fortes, vigoureuses, malgré les nombreuses alliances consanguines qu'elles ont dû contracter.
>
> Docteur PÉRIER.

M. de Quatrefages, dans un remarquable discours sur les migrations et l'acclimatation en Polynésie, qu'il a prononcé au théâtre du Vaudeville, à l'occasion de la distribution des récompenses aux lauréats de la Société d'Acclimatation, le 11 mai 1877, raconte que les Européens ont introduit et rapidement multiplié en Polynésie le Bœuf, le Cheval, l'Ane, la Chèvre, le Mouton, le Pigeon, le Dindon, la Pintade, le gros Canard de Chine. Sur le plateau de Vaïméa, les brebis ont souvent deux portées par an et plusieurs petits à chaque portée. Sur une des montagnes d'Hawaï, on comptait, en 1862, plus de *vingt mille Bœufs sauvages, issus d'un ou deux couples abandonnés par Van Couver en* 1792. En 1850, l'Archipel a exporté vingt-cinq mille peaux de chèvres.

« Ces animaux, ajoute M. de Quatrefages, n'ont pu prospérer dans les îles polynésiennes sans y supplanter plus ou moins les espèces locales. Entre celles-ci et les étrangères qui venaient leur disputer le sol, s'est nécessairement déclaré dès l'origine, et dure depuis lors, cette terrible lutte dont Darwin a fait ressortir la nature, tout en exagérant les conséquences jusqu'à l'erreur. Dans cette guerre de tous les instants, la victoire s'est souvent déclarée pour les envahisseurs. Ce fait s'est à coup sûr produit plus ou moins partout; mais nulle part il n'est aussi accusé, aussi frappant qu'à la Nouvelle-Zélande. »

On peut, en examinant la manière rapide de se multiplier de ces animaux placés dans des conditions favorables au développement de leurs qualités physiques et morales, tirer des inductions qui s'accordent avec tout ce que j'ai dit sur l'innocuité des accouplements entre animaux consanguins; et les chiffres cités par M. de Quatrefages sont incontestablement plus éloquents que tous les arguments des adversaires de la consanguinité, qui, le plus souvent, ne reposent que sur des données inexactes ou sur des faits isolés, dont on n'oserait tirer des conséquences sans crainte de se tromper.

Si l'influence de la consanguinité chez l'homme et chez les animaux était pernicieuse, comme on le prétend, il me paraît incontestable que le couple de Bœufs abandonnés par Van Couver à Vaïméa, en 1792, au lieu de peupler cette île de sa progéniture, aurait donné naissance à des produits qui, forcés de se perpétuer par eux-mêmes, se seraient éteints promptement dans la débilité, la dégénérescence et la stérilité.

Or, du moment qu'il n'en a pas été ainsi; que la race s'est, au contraire, perpétuée par elle-même durant trois quarts de siècle, et s'est maintenue saine, forte et pleine de vitalité, malgré les alliances consanguines répétées qu'elle a nécessairement dû contracter, il est évident que les adversaires de la consanguinité sont dans l'erreur.

Suivant l'expression du docteur Perrier, la question de consanguinité ne peut s'élucider par des arguments : c'est une question de chiffres, de faits matériels qui se reproduisent avec constance ou ne se reproduisent point, de résultats négatifs ou affirmatifs d'expériences pratiquées sur un nombre considérable d'animaux, qui seuls sont probants et concluants. Laissons donc la parole à l'illustre M. de Quatrefages, qui va nous citer d'autres chiffres, d'autres exemples d'animaux abandonnés à eux-mêmes dans des îles de la Polynésie, où, forcés également de se régénérer par eux-mêmes durant soixante-dix ans, au lieu de s'éteindre dans l'inceste, se sont, au contraire, maintenus dans toute la plénitude de leur vigueur, de leurs forces et de leur fécondité.

HISTOIRE D'UN NOMBRE FABULEUX DE MILLIERS DE PORCS ET DE LAPINS ISSUS D'UN OU DEUX COUPLES ABANDONNÉS A EUX-MÊMES EN POLYNÉSIE PAR COOK EN 1778.

M. de Quatrefages, poursuivant sa thèse sur les migrations et l'acclimatation en Polynésie, dit que sur cette terre féconde et sous ce climat tempéré, nos espèces européennes, loin d'avoir à lutter contre les difficultés ordinaires d'un changement de milieu, semblent acquérir d'emblée une vitalité nouvelle, et luttent de puissance envahissante avec l'homme blanc lui-même. Les Porcs déposés par Cook, à son premier voyage, ont enfanté une postérité qui ravage aujourd'hui les forêts et les cultures. *Pour s'en délivrer, on organise des battues et on les tue par milliers, sans que leur nombre en paraisse diminué.* Ce sont eux surtout qui, en détruisant les nids des diverses espèces d'aptérix, auront prochainement anéanti les derniers représentants de cette faune d'oiseaux sans ailes, qui remplaçaient les mammifères à la Nouvelle-Zélande.

« Les Lapins, eux aussi, ont pullulé de telle sorte que, comme en Australie, ils sont devenus, pour les colons, des ennemis redoutables contre lesquels on cherche des auxiliaires. Vous vous rappelez, ajoute M. de Quatrefages, que la Société d'Acclimatation a reçu des lettres où il était question d'offrir de 100 à 120 francs par paire de belettes destinées à être importées et mises en liberté, dans l'espoir qu'elles multiplieraient à leur tour et combattraient les terribles ravageurs. »

Ces exemples de merveilleuse prospérité; ces vingt mille Bœufs issus d'un ou deux couples qui durant trois quarts de siècle se sont *multipliés dans la consanguinité* d'une façon si prodigieuse; ces *vingt mille peaux de chèvres exportées en une seule année, en* 1850, provenant d'individus consanguins issus d'*un* ou *deux* couples abandonnés par Van Couver en 1792; ces milliers de Porcs et de Lapins, issus également d'un ou deux couples abandonnés par Cook en 1778, et qui *se sont perpétués et multipliés dans la consanguinité* durant un siècle, ne démontrent-ils pas une fois de plus que la consanguinité, quand elle s'exerce dans des conditions normales, est absolument inoffensive?

« La classe des oiseaux présente des faits pareils, dit M. de Quatrefages. M. Filhol ne compte pas moins de quatorze espèces entièrement naturalisées. Il va sans dire que nos Moineaux et nos Allouettes sont au premier rang. Mais il en est de même des Faisans de la Chine et des Colins de Californie. Ils sont aujourd'hui partout, et, devant eux, semblent diminuer et disparaître les espèces indigènes, dont plusieurs seront prochainement anéanties.

Ainsi nous voyons nos espèces d'animaux importées en Polynésie se multiplier dans la consanguinité, acquérir de nouvelles forces dans la consanguinité, se propager dans la consanguinité; de telle sorte qu'elles se substituent partout aux espèces indigènes, qui tendent même à disparaître complètement devant elles; et l'on ose soutenir que les accouplements répétés entre animaux consanguins conduisent fatalement à l'extinction des races, quand c'est le contraire qui est vrai et démontré.

Les faits cités par M. de Quatrefages sont incontestablement de la plus haute importance; car il ne s'agit pas ici de faits isolés, choisis à plaisir, comme on pourrait l'insinuer, pour les besoins de la cause; mais il s'agit ici d'un nombre inouï de faits, d'une abondance d'observations où la *consanguinité s'est exercée en grand*, et où l'expérience a porté sur un nombre considérable d'animaux. J'ai, du reste, évité avec soin les faits isolés, parce que les observations de cet ordre ne sont nullement probantes, en ce qu'elles sont le plus souvent mêlées d'une hérédité morbide, à laquelle on peut imputer, en toute raison, le mal constaté ; tandis que les observations où la consanguinité a été expérimentée sur un grand nombre d'individus, comme en Polynésie, sont concluantes et n'admettent pas de réplique. Ces résultats, à défaut d'autres exemples, suffiraient pour démontrer que la stérilité, l'extinction des races et toutes les autres conséquences fâcheuses que quelques auteurs attribuent aux alliances consanguines, sont des mensonges de l'imagination; car les Espagnols ont remarqué, au contraire, que les Vaches abandonnées à elles-mêmes dans les pampas montrent plus d'intelligence que celles qui ont continué à rester soumises à la domesticité ; que les Taureaux sont plus vigoureux, plus courageux, fondent, avec confiance dans leur force, sur tout ennemi de leur race, le terrassent, le percent de leurs cornes et lui livrent des combats à mort.

Ces exemples démontrent aussi toute la fragilité des principes d'élevage préconisés par nos savants zootechniciens; car nous voyons que partout où les animaux parviennent à se soustraire à l'intervention de l'homme dans leur hygiène et dans leurs accouplements, ils acquièrent un plus grand développement et une plus grande fécondité ; tandis que, dès que l'homme se mêle de leurs affaires et leur applique ses pernicieux procédés d'élevage, *dont le but recherché consiste à réduire le squelette de l'animal à sa plus simple expression, à développer chez lui jusqu'à l'exagération la précocité et l'aptitude à l'engraissement*, on voit les races dégénérer rapidement, s'éteindre dans la stérilité; et puis on accuse la consanguinité de ces effets déplorables, quand ce sont les détestables procédés d'élevage aujourd'hui à la mode qui en sont la seule et unique cause.

HISTOIRE DE QUELQUES COUPLES DE BŒUFS ABANDONNÉS A EUX-MÊMES A LA PLATA PAR LES ESPAGNOLS, EN 1540.

Les intéressants exemples cités par M. de Quatrefages, d'animaux abandonnés à eux-mêmes dans des îles où ils se sont perpétués dans l'inceste durant un grand nombre d'années, ne sont, du reste, pas les seuls que la science possède.

Longtemps avant Cook et Van Couver, les Espagnols, dès l'année 1540, mirent en liberté dans les pampas, ou vastes plaines de l'Amérique méridionale, quelques Vaches et quelques Taureaux qu'ils avaient apportés d'Europe en vue de peupler ces immenses prairies de leur progéniture.

Là, comme dans les îles de la Polynésie, et comme partout ailleurs, la population indigène a rapidement disparu devant l'homme blanc ; et les animaux domestiques introduits par les Espagnols sur cette terre féconde, au lieu de dégénérer et de s'éteindre dans l'inceste, y ont prospéré et s'y sont multipliés d'une façon si prodigieuse, qu'après un siècle ces riches pâturages étaient peuplés de troupeaux de Bœufs si nombreux qu'on les abattait par centaines de mille, pour s'en procurer la peau, sans se soucier d'utiliser leur chair et sans que ces carnages eussent pour effet de diminuer, en apparence, le nombre de ces animaux.

Pour se faire une idée de l'importance de ces carnages, il suffira de citer les statistiques officielles de Buénos-Ayres, qui accusent une exportation annuelle de huit cent mille peaux de Bœufs par an.

Ces chiffres n'exigent pas de commentaires, et réduisent à néant tous les arguments des détracteurs de la consanguinité qui essayent vainement de contester son innocuité.

HISTOIRE D'UN OU DEUX COUPLES DE BŒUFS ABANDONNÉS A SAINT-DOMINGUE PAR CHRISTOPHE COLOMB, EN 1495.

> Tout est parfait sortant des mains de la nature ; tout dégénère entre les mains de l'homme.
>
> ROUSSEAU.

Voici un autre exemple non moins remarquable d'un ou deux couples de Bœufs qui se sont également multipliés dans la consanguinité, avec une étonnante rapidité.

Dans son second voyage aux Antilles, Christophe Colomb lâcha dans les vastes pâturages de Saint-Domingue, un ou deux couples de Bœufs. Comme les Bœufs introduits en Polynésie par Van Couver et dans les plaines fertiles de la Plata par les Espagnols, les animaux introduits à Saint-Domingue par le célèbre navigateur se multiplièrent si vite sur cette terre féconde, qu'au bout d'un très petit nombre d'années, on put peupler plusieurs autres îles de leur progéniture.

En 1522, c'est-à-dire trente années après la découverte de l'île d'Haïti par Christophe Colomb, il n'était pas rare de rencontrer dans les plaines fertiles de Saint-Domingue des troupeaux de Bœufs composés de 4000 têtes, et, en 1587, on importait de cette île seule 35 500 peaux de Bœufs.

Comme on le voit tous ces animaux abandonnés à leurs seules forces productives naturelles et délivrés de la domination de l'homme, au lieu de dégénérer dans la consanguinité, ont acquis, partout une vitalité nouvelle, et ont prospéré et multiplié dans la consanguinité avec une prodigieuse rapidité. Or, si l'importante question de la consanguinité ne peut être résolue que par des chiffres, j'espère que ceux que je viens de citer contribueront puissamment à l'élucider.

HISTOIRE DE DIX MILLE BŒUFS ISSUS D'UN SEUL COUPLE ABANDONNÉ A L'ÎLE DE TÉNIAN PAR CHRISTOPHE COLOMB, EN 1493.

La question de consanguinité ne pouvant être élucidée que par l'abondance de preuves ou de faits qui se sont reproduits avec constance, je citerai encore à l'appui de la thèse que je soutiens les nombreux troupeaux de Bœufs qu'Anson aperçut dans les plaines fertiles de Ténian, lorsqu'il visita la Micronésie vers la fin du dix-huitième siècle, provenant tous d'un seul couple abandonné sur cette terre féconde par Christophe Colomb, en 1493.

Lorsque Christophe Colomb visita pour la seconde fois, ce nouvel hémisphère, il avait chargé les navires que le roi d'Espagne lui avait confiés, d'un grand nombre d'ustensiles agricoles. Quelques-uns de ses vaisseaux portaient aussi des animaux domestiques d'Europe, tels que des Chevaux, des Bœufs, des Chèvres, des Moutons, des Porcs, des Poules et même des Chiens, parce qu'il avait remarqué que dans aucune des îles qu'il venait de découvrir il n'existait d'animaux de ces diverses espèces.

Un mois à peine fut employé par la flotte du célèbre navigateur pour atteindre le nouveau monde; chemin faisant, il aborda l'île de Ténian, qui lui parut couverte d'une riche et brillante végétation, et y lâcha un couple de Bœufs, un couple de Porcs, un Coq et quelques Poules et d'autres animaux qu'il avait apportés d'Espagne.

Or, là comme en Polynésie, ces animaux abandonnés à eux-mêmes se multiplièrent dans l'inceste sur cette terre féconde où tous les fruits de la terre croissaient en abondance avec une étonnante rapidité ; et leur progéniture prospéra si bien, que deux cents ans après elle s'éleva à plus de dix mille têtes. Laissons la parole à l'amiral Anson, le grand navigateur anglais, qui visita la Micronésie vers la fin du dix-huitième siècle, et qui nous fournira d'autres intéressants renseignements sur ces animaux :

« La longueur de l'île de Ténian, dit Anson, est d'environ douze milles, et sa largeur de six milles.

» Le pays s'élève insensiblement depuis le rivage, où nous allions faire de l'eau, jusqu'au milieu de l'île, de telle sorte pourtant qu'avant d'arriver à la plus grande élévation, on trouve plusieurs clairières en pente douce couvertes d'un trèfle fin et bordées de bois, de beaux et grands arbres dont plusieurs portent d'excellents fruits.

» Ce mélange de bois et de plaines, joint à la variété des hauteurs et des vallons, nous fournissait une grande quantité de vues charmantes. Les animaux qui, durant la plus grande partie de l'année, sont les seuls maîtres de ce fortuné séjour, font aussi partie de sa beauté et ne contribuent pas peu à lui donner un air merveilleux. On voit quelquefois des *milliers de Bœufs* paître ensemble dans une grande prairie, et ce spectacle est d'autant plus remarquable, que *tous* ces animaux sont d'un blanc égal à celui du lait, à l'exception des oreilles, qu'ils ont ordinairement noires; et quoique l'île soit sans habitants, les cris continuels et la vue d'*oiseaux domestiques* qui couraient en grand nombre dans les bois excitaient à tout moment en nous des idées de fermes et de villages, et contribuaient beaucoup à égayer, à embellir ce lieu charmant.

» Le nombre de Bœufs dont cette île était peuplée nous parut monter au moins à dix mille ; et comme ils n'étaient nullement farouches, nous pouvions aisément en approcher. Nous en tirâmes d'abord à coups de fusil ; mais, à la suite de quelques accidents, nous fûmes obligés de ménager notre poudre ; nos gens les prirent facilement à la course. La chair était très bonne et nous parut plus facile à digérer qu'aucune autre de la même sorte que nous eussions mangée ailleurs. La volaille était excellente et se prenait aussi à la course ; car d'un seul vol ces oiseaux ne s'éloignaient guère à plus de cent pas, et cela même les fatiguait tellement qu'ils avaient peine à s'élever une seconde fois en l'air; de sorte que nous en attrapions tant que nous en voulions, les arbres étant assez distancés les uns des autres, et pas entremêlés de broussailles. Outre ce bétail et la volaille, nous trouvâmes une grande quantité de Cochons redevenus sauvages, qui furent pour nous un mets exquis; mais comme ils étaient extrêmement féroces, il fallut tirer dessus ou tâcher de les prendre avec des Chiens.

» Nous trouvâmes également au milieu de l'île deux grands lacs d'eau douce remplis de Canards, de Sarcelles et de Courlieux, sans compter les Pluviers sifflants qui étaient en très grand nombre. »

Il résulte clairement de ces récits que nulle part la consanguinité n'a exercé une influence néfaste chez des animaux abandonnés à eux-mêmes et placés dans des conditions hygiéniques et climatériques qui n'étaient pas défavorables à leur développement, ni à la conservation de leurs qualités prolifiques.

Nous les voyons, au contraire, pulluler partout dans les îles non habitées par l'homme; et de quelque côté qu'on porte ses regards, au lieu de stérilité et de dégénérescence, c'est la fécondité la plus prodigieuse qu'on remarque sous les formes les plus vigoureuses et les plus énergiques.

TROISIÈME PARTIE

TÉMOIGNAGES DES PRINCIPAUX ÉLEVEURS DE MOUTONS MÉRINOS, DE FRANCE.

Témoignage du Directeur de la Bergerie nationale de Rambouillet.

M. Huzard, membre de l'Académie de médecine, dans une note sur les prétendus effets des alliances consanguines, invoque, à l'appui de la thèse qu'il soutient, l'exemple de la Bergerie de Rambouillet, dont le troupeau s'est perpétué également dans la consanguinité durant bientôt un siècle, sans introduction de nouveau sang et sans que la race ait dégénéré.

« Je ne m'occuperai pas, dit en terminant M. Huzard, à discuter le dire que dans le célèbre troupeau de Rambouillet, et dans ceux qui ont suivi le bon exemple qu'il donnait, il y avait plusieurs familles bien distinctes et qu'on avait soin de choisir les pères dans une famille pour les porter dans une autre; *je ne crois pas que ce dire ait été inventé pour les besoins de la cause;* ce que je puis affirmer, c'est que ceux qui l'ont écrit n'ont point connu ces troupeaux. Ceux qui les ont connus savent qu'il en était autrement.

» Je ne discuterai pas cet autre dire que les effets mauvais des alliances entre consanguins, qui se manifestent chez l'homme dès la première génération, ne se manifestent chez

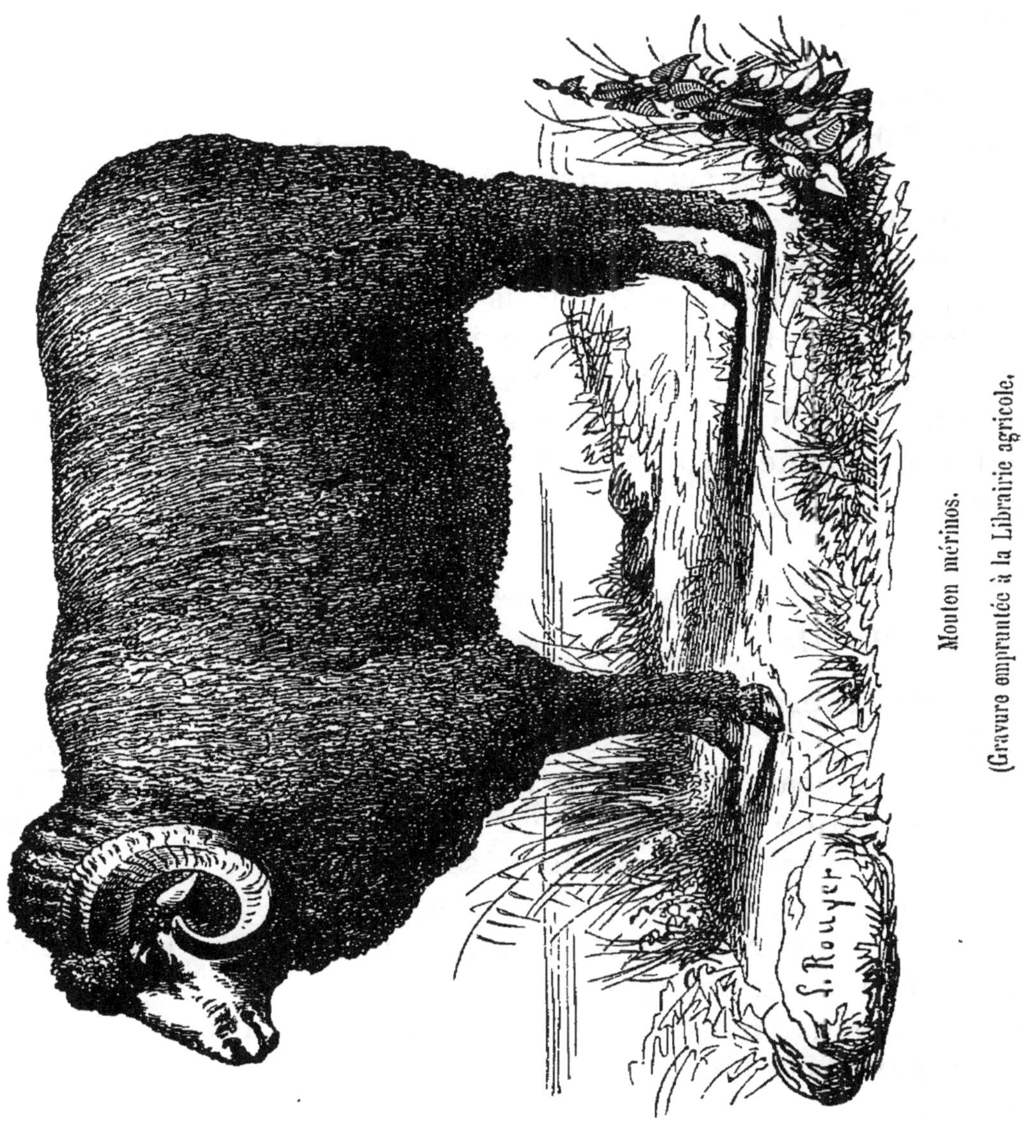

Mouton mérinos.
(Gravure empruntée à la Librairie agricole.

les animaux qu'au bout d'un certain nombre de générations successives. Je ferai observer seulement qu'il serait très curieux de savoir sur quelle idée physiologique, sur quels faits surtout, ce dire se fonde.

» Enfin, je ne discuterai pas cet autre dire si extraordinaire, que les races d'animaux étant toutes entachées de vices, il ne fallait pas allier entre eux les consanguins, parce que ces vices ne feraient que s'accroître. En émettant ce dire, on n'a pas fait attention qu'on retombait tout à fait dans les lois de l'hérédité, et que quelques écrivains, en ajoutant « que, par suite des vices inhérents aux races, il fallait les croiser entre elles », c'était comme si ces écrivains disaient que pour faire disparaître les défauts des races, il fallait, au moyen des alliances entre familles diverses, ajouter les défauts des unes aux défauts des autres, qu'il fallait mêler tous ces défauts entre eux. »

Voulant m'assurer de l'authenticité des allégations de M. Huzard, je me suis adressé directement à M. Léon Bernardin, Directeur de la Bergerie nationale de Rambouillet, qui a eu l'amabilité de me fournir les intéressants renseignements suivants :

« Rambouillet, le 6 août 1878.

» Monsieur,

» Je m'empresse de répondre aux questions que vous me faites l'honneur de m'adresser par votre lettre du 3 de ce mois.

» 1° Le troupeau mérinos de Rambouillet a été créé en 1786 par l'importation de 22 Béliers et 334 Brebis provenant de dix des meilleures Covugues léonèses d'Espagne.

» La composition de ce troupeau a donc été telle que, dans le principe, on n'avait ou pouvait n'avoir rien à redouter des effets de la consanguinité.

» On ne peut rien dire de particulier des alliances entre parents parmi ces têtes dans les soixante-dix premières années. Durant cette période, la lutte se faisait en liberté. Les Béliers choisis pour la monte étaient mis ensemble ou successivement dans toute la troupe de Brebis pour la féconder.

» 2° Nul doute qu'alors des alliances aient eu lieu entre le frère et la sœur, le père et la fille et le fils et la mère, mais sans qu'on ait pu les préciser et en noter les résultats.

» On ne trouve rien dans les archives qui puisse porter à

penser que les accouplements incestueux que ce pêle-mêle a dû permettre aient eu des conséquences fâcheuses (1).

» Plus tard, en 1858 ou 1859, et toujours depuis, la lutte des Brebis se fit autrement. On assigna à l'avance à chacune d'elles un Bélier spécial; on prit des mesures pour qu'aucun autre ne pût la saillir; de telle sorte qu'à partir de cette époque la filiation des Agneaux est établie d'une manière rigoureuse et certaine par de vrais registres d'état civil.

» Chaque année, en décidant de ces accouplements que nous appelons mariages, nous évitons en général d'allier entre eux (depuis 1858 ou 1859) des sujets d'une parenté trop rapprochée, tels que frères et sœurs, parents et enfants, ne voulant pas sans utilité braver l'opinion, *ou le préjugé; mais jamais nous ne nous inquiétons des cousins.*

» Il est cependant des cas où l'on s'est affranchi de ce scrupule; c'est lorsqu'on a voulu perpétuer des qualités qu'un mâle ou une femelle proches parents offraient au plus haut degré. *Alors on n'a pas hésité à les accoupler entre eux, et on ne voit pas qu'on ait eu à le regretter.*

» En remontant à dix ou quinze ans, je pourrais citer quelques cas où ont eu lieu des alliances *voulues* de parents à enfants, de frères à sœurs (frères et sœurs, ou utérins, ou consanguins seulement, et ordinairement consanguins). La destination des Agneaux en provenant démontre que le résultat en vue a été obtenu *sans que d'autre part on ait eu rien à déplorer.*

» 3° *L'état actuel du troupeau, dont les bêtes ne laissent rien à désirer comme aptitude et vigueur*, prouve qu'une colonie, confinée en elle-même, peut se perpétuer indéfiniment sans avoir à redouter les dangers qu'on appréhende.

» Je ferai remarquer toutefois que nous n'employons à la

(1) Voici ce qu'on trouve dans le procès-verbal de la séance de la Société centrale d'agriculture de France du 4 mai 1864 : « M. Bourgeois cite l'exemple » de la Bergerie de Rambouillet et l'acclimatation du Mérinos en France comme » un des résultats les plus concluants en faveur de la consanguinité. »

M. Bourgeois est le fils de l'ancien directeur de la Bergerie de Rambouillet; il a été lui-même directeur de la Bergerie. Cette double direction a embrassé une période de quarante ans.

reproduction et que nous ne vendons pour cette destination que des sujets exempts de tout vice de constitution.

» Ce sont là, Monsieur, les quelques renseignements qu'il m'est possible de vous fournir. Je souhaite qu'ils répondent à votre attente, et je vous prie d'agréer l'assurance de ma respectueuse considération.

» Léon Bernardin,
» *Directeur de la Bergerie nationale de Rambouillet.* »

Ces précieux renseignements, loin d'être une réfutation des allégations de M. Huzard, les confirment, au contraire, dans toute leur étendue.

Enquête sur la Bergerie de M. Leroy, délégué au Comice général de l'arrondissement de Mortagne, lauréat de la prime d'honneur de l'Association normande, lauréat aux Expositions de Paris de 1877 et de 1878, lauréat de soixante médailles obtenues dans les concours régionaux, éleveur au Chaply, près l'Aigle (Orne).

En réponse à un questionnaire adressé à M. Leroy, j'ai reçu la lettre suivante :

« Chaply, le 16 août 1878.

» Monsieur,

» Je m'empresse de vous fournir les renseignements précis que vous me demandez sur l'origine, la direction et l'élevage de mon troupeau de métis mérinos.

» *Première question. — En quelle année et comment avez-vous créé votre troupeau de Moutons métis-mérinos?*

» *Réponse.* — Dès 1840, mon père avait des Moutons d'origine normande, ayant la tête, les oreilles et les pattes rousses, qu'il a croisés avec des mérinos provenant du sang de Rambouillet.

» *Deuxième question. — Avez-vous introduit quelquefois du nouveau sang dans votre troupeau, et dans quel but?*

» *Réponse.* — Depuis 1850, époque à laquelle j'ai pris la

direction du troupeau, j'ai introduit périodiquement *du nouveau sang de mérinos, en vue de faire disparaître les taches de roux et d'obtenir de la laine plus fine*. Dans le principe, je changeais de sang tous les trois ans, et maintenant tous les cinq ou six ans, *en vue de produire des Moutons ayant la laine fine et sans fanon*.

» C'est ce genre de Mouton que nous appelons les métis mérinos, qui fournissent la laine et la viande ; pour vous en donner une preuve, voici le poids exact de mes Béliers âgés de dix-huit mois, criant, bêlant, que j'ai pesés cet hiver.

» Le plus lourd, 120 kilogrammes ;

» Le moins lourd, 90 kilogrammes.

Ce qui établit une moyenne de 110 kilogrammes, et comme laine en suint la moyenne est de 9 kilogrammes.

» *Troisième question. — Avez-vous accouplé quelquefois le frère avec la sœur, le père avec la fille, le fils avec la mère, le cousin germain avec la cousine germaine, et avez-vous remarqué qu'en général, non pas exceptionnellement, mais pris dans leur ensemble, ces accouplements étaient suivis de conséquences fâcheuses, de dégénérescence dans la race, ou avez-vous eu lieu de constater, au contraire, l'innocuité de ces sortes de mariages?*

» *Réponse.* — Pour la première parenté, je n'ai jamais fait ces sortes d'accouplements.

» Quant aux cousins et cousines, ma manière de procéder vous démontre que je les accouple entre eux, et *il ne m'en est jamais résulté de conséquences désastreuses ; au contraire, il en est toujours sorti des sujets remarquables ;* et je suis décidé, maintenant que mon troupeau est arrivé au but que je me proposais, de le faire régénérer toujours par lui-même.

» Il ne me reste plus maintenant, Monsieur, qu'à vous laisser la liberté d'accepter les faibles renseignements que j'ai l'honneur de vous adresser, et de vous prier d'agréer l'assurance de ma parfaite considération.

» F. J. Leroy,

» *Éleveur au Chaply.* »

Il résulte de ces renseignements que M. Leroy a eu recours à l'introduction du sang mérinos dans son troupeau en vue de se créer une race métis mérinos; une fois, ce but atteint, il a pris la résolution de laisser la race se perpétuer par elle-même; l'expérience lui ayant démontré, par les accouplements entre cousins germains, que la consanguinité, loin d'être une cause d'affaiblissement de la santé et de dégénérescence, a *toujours produit chez lui* des sujets remarquables qui lui ont valu soixante médailles dans les concours régionaux.

Je n'hésite pas à ajouter, cependant, qu'il existe presque toujours chez les Moutons métis mérinos une tendance de retour au type primitif, comme chez tous les animaux métis, et qu'il faut combattre ces effets de l'atavisme par l'introduction du sang du mérinos pur, dès qu'on s'aperçoit de la moindre tendance du retour au type qui était en possession de l'indigénat; mais cette observation ne s'applique qu'aux races artificielles et non pas aux races pures.

Enquête sur la Bergerie de M. Charles Lefebure, lauréat au Concours universel de Paris, dans l'espèce ovine, éleveur à la Grange, près Artenay (Loiret).

M. Lefebure se déclare partisan de la consanguinité dans le mariage ; il a, comme la majorité des éleveurs, accouplé fréquemment le frère avec la sœur, le père avec la fille, le fils avec la mère, le cousin germain avec la cousine germaine, et n'a jamais eu à regretter ces sortes de mariages; au contraire, en 1876, il a introduit du nouveau sang dans son troupeau, à titre d'essai, et il n'a obtenu que des produits mauvais, qui tous, mâles et femelles, ont été éliminés de la reproduction et ont été envoyés à la boucherie.

Voici textuellement ce que m'écrit M. Lefebure :

« La Grange, le 9 août 1878.

» Monsieur,

» En réponse à votre lettre du 14 août, je viens vous donner mon appréciation sur les questions que vous m'adressez.

» La formation du troupeau que je possède a été commencée par mon père, il y a environ soixante ans. Pendant ma jeunesse, mon père achetait les reproducteurs dont il avait besoin, soit à Rambouillet, soit chez les éleveurs de mérinos les plus en renom à cette époque.

» Lorsque je suis rentré à la ferme et que j'ai commencé à m'occuper du troupeau, le lot était composé d'un ensemble de Brebis d'une conformation très irrégulière, défaut que j'attribue aujourd'hui à trop de changement et de mélange de sang. Après une visite faite avec mon père chez les principaux éleveurs de mérinos, nous avons décidé, en principe, de ne prendre les reproducteurs dont nous aurions besoin que chez M. Lefebure de Sainte-Escobille, frère de mon père qui, à cette époque avait déjà un troupeau fort remarquable.

» Cependant, j'ajouterai que je suis allé quelquefois chercher des reproducteurs dans d'autres bergeries que celle de Sainte-Escobille, parce qu'alors je partageais aussi cette idée du changement de sang comme amélioration de la race (*ce qu'aujourd'hui je considère comme une erreur*), et j'ajouterai que généralement *j'ai toujours eu des déceptions avec ces changements de sang*.

» En 1858, lorsque j'ai succédé à mon père, j'ai marqué toutes mes Brebis d'un numéro d'ordre dans une oreille, afin de pouvoir mieux suivre les bêtes me donnant les meilleurs produits (numéros qui existent toujours), et, à partir de cette époque, je me suis invariablement fourni de reproducteurs choisis dans la bergerie de Sainte-Escobille, jusqu'au moment de la vente de ce magifique troupeau à des propriétaires de la Prusse, vente qui a eu lieu en 1865.

« Du reste, je n'ai jamais eu à regretter ma manière de travailler, attendu qu'aujourd'hui je suis convaincu, par expérience, que plus un éleveur change de bergeries pour choisir ses reproducteurs, par conséquent, change de sang, moins il doit y avoir d'homogénéité dans son troupeau.

» Depuis 1866, et toujours en consultant les numéros d'ordre, qui me servent surtout à reconnaître et à apprécier les familles qui, parmi mes brebis, me donnent les meilleurs produits, je ne me suis servi que de reproducteurs nés chez moi, et j'ai nécessairement, *depuis cette époque, accouplé bien des fois le frère avec la sœur, les cousins germains avec les cousines germaines, etc., etc.* De ces sortes de mariages, il n'est jamais résulté de conséquences fâcheuses; l'état de mon troupeau ne laisse rien à désirer comme aptitude et comme vigueur.

» Cependant, en 1876, toujours pour me rendre compte du changement de sang, j'ai acheté deux reproducteurs dans deux bergeries différentes, avec lesquels j'ai fait des essais sur vingt-cinq brebis par reproducteur. De l'un, j'ai obtenu des produits assez bons dans leur ensemble; de l'autre, des produits mauvais, qui tous, mâles et femelles, ont été envoyés à la boucherie.

» Vous pouvez juger, Monsieur, par les faits que je viens de relater, de l'innocuité de la consanguinité dans le mariage

» A mon sentiment, pour former un troupeau homogène et de fixité de race, il ne faut pas hésiter à accoupler entre eux les individus de la même famille, et je suis décidé, plus que jamais, à suivre ce mode d'élevage.

» Veuillez agréer, etc.,

» LEFEBURE. »

On voudra remarquer que le troupeau de M. Lefebure se compose de mérinos de *race pure*, et peut conséquemment se régénérer par lui-même sans crainte de dégénérescence.

Le témoignage de M. Lefebure est précieux, en ce sens qu'il démontre une fois de plus que la consanguinité est le seul moyen de conserver les races pures, et qu'il est extrêmement dangereux d'introduire dans un troupeau des Béliers étrangers de généalogie inconnue.

Enquête sur la Bergerie de M. P. Camus, agriculteur, éleveur à Berthaucourt, commune de Pontrer par Saint-Quentin (Aisne).

Comme M. Lefebure, de la Grange, M. Camus est partisan de la consanguinité; il a pratiqué des accouplements entre animaux de parenté la plus rapprochée ; il n'a jamais remarqué que ces sortes de mariages étaient suivies de dégénérescence ou de conséquences fâcheuses, et il attribue l'insuccès de quelques éleveurs à leur ineptie.

Voici ce que M. Camus m'a fait l'honneur de m'écrire en date du 18 août 1878 :

« Monsieur,

» J'ai l'honneur de vous adresser, aussi bien que je le puis, les renseignements que vous me réclamez sur le mode d'élevage que j'ai suivi pour créer mon troupeau de moutons mérinos.

» Mon troupeau a été formé par mes soins, il y a quarante ans, de Brebis tirées du troupeau de Naz, que j'ai accouplées avec le Bélier de Rambouillet. Depuis cette époque, je me suis toujours servi des plus beaux sujets dans mes jeunes Béliers, principalement ceux dont la conformation et la laine ne laissaient rien à désirer ; j'ai corrigé les défauts de l'un par les qualités de l'autre ; de temps à autre, pour repiquer ma laine, j'ai pris des reproducteurs à la bergerie de Rambouillet ; *de sorte que mon troupeau est toujours resté dans le même sang.*

» Naturellement, en me servant de mes élèves, le frère a été accouplé avec la sœur, le fils avec la mère, le cousin germain avec la cousine germaine, etc., et je n'ai jamais remarqué que les alliances entre animaux consanguins étaient suivies de conséquences fâcheuses, ni de dégénérescence dans la race ; il arrive toujours dans l'élevage d'avoir des agneaux d'une plus ou moins belle santé ; mais cela tient principalement à l'abondance ou au manque de lait de la mère.

» Suivant mes appréciations, la dégénérescence de beaucoup de troupeaux est provoquée par une mauvaise alimentation, par le manque d'une judicieuse observation dans le choix des mâles, et *surtout par le mauvais choix des femelles* qu'on accouple, et non par la consanguinité.

» Agréez Monsieur, etc.

» P. CAMUS. »

Comme on le voit, tous les éleveurs de moutons mérinos de *race pure* sont d'accord pour constater l'innocuité des alliances entre animaux consanguins.

Enquête sur la Bergerie de M. F. Cugnot, éleveur, à la Douairière, par Cernay-la-Ville (Seine-et-Oise).

Le troupeau de Moutons mérinos de M. Cugnot existe depuis un demi-siècle; il s'est perpétué durant un grand nombre d'années dans la consanguinité la plus rapprochée sans dégénérer, et il y a été introduit ensuite des Béliers d'autre provenance, ayant les conformités plus parfaites et la laine plus fine, en vue de corriger des défauts de formes et de lainages inhérents au troupeau, et qu'il était impossible de corriger par la sélection pure et simple, sans introduction de sang noble.

Voici ce que m'écrit M. Cugnot :

« La Douairière, 19 août 1878.

» Monsieur,

» En réponse à la lettre que vous m'avez fait l'honneur de m'écrire, je m'empresse de vous fournir les renseignements que vous me demandez sur le troupeau mérinos que j'entretiens sur ma ferme.

» Ce troupeau a été formé en 1827, par mon père, qui a acheté, d'un propriétaire de Rambouillet, des Brebis venant directement d'Espagne; ces Brebis, accouplées avec les Béliers de la bergerie de Rambouillet, ont formé la souche du troupeau de la Douairière.

» Pendant plusieurs années, après cet accouplement, le troupeau s'est reproduit avec des Béliers de son sang et certainement, durant cette période, des accouplements du frère avec la sœur, du père avec la fille, du fils avec la mère, du cousin germain avec la cousine germaine, ont eu lieu, sans que j'aie remarqué aucun inconvénient, *ni aucune dégénérescence quelconque*, le troupeau ayant continué à se maintenir vigoureux et en parfaite condition.

» Plus tard, j'ai introduit du nouveau sang dans mon troupeau ; non pas parce qu'il avait dégénéré, mais en vue de corriger un défaut de conformation et de lainage, inhérent au troupeau et par cela même difficile à corriger en reproduisant le troupeau par lui-même.

» Veuillez agréer, etc.

» F. CUGNOT. »

Enquête sur le troupeau de moutons mérinos de M. Thirouin, éleveur, à Béville-le-Comte (Eure-et-Loire.)

Le troupeau de M. Thirouin se compose de Moutons mérinos de la race dite de Rambouillet; il existe depuis quarante ans; il n'y a jamais été introduit d'autre sang qu'une fois tous les dix ans, un Bélier provenant de la bergerie de Rambouillet, *souche du troupeau*; et la race s'est maintenue belle et vigoureuse, malgré les accouplements successifs entre animaux consanguins.

Voici d'autres renseignements sur ce troupeau que je tiens directement du propriétaire :

« Béville-le-Comte (Machery), le 19 Août 1878.

» Monsieur,

» En réponse au questionnaire que vous m'avez fait l'honneur de m'adresser, je m'empresse de vous dire :

» 1° Que le troupeau de Moutons mérinos que je possède en ce moment m'a été cédé par feu mon beau-père, M. Sorreau, il y a six ans. Ce troupeau a été formé par mon beau-père, il y a une quarantaine d'années, de produits provenant du troupeau mérinos de la bergerie nationale de Rambouillet.

» 2° Les reproducteurs ont toujours été choisis dans le troupeau même et il n'y a jamais été introduit de nouveau sang, sauf un Bélier à peu près tous les dix ans, pris à la bergerie de Rambouillet, souche du troupeau, et conséquemment toujours du même sang.

» 3° Quant aux accouplements du frère avec la sœur, du père avec la fille, du fils avec la mère, du cousin germain avec la cousine germaine, sur les résultats desquels vous demandez à être renseigné, j'ai tenté quelquefois ces expériences et je n'ai jamais eu lieu de constater que ces sortes de mariages étaient suivies des conséquences fâcheuses dont vous me parlez ; et je n'hésite pas à déclarer que je n'ai jamais obtenu de mauvais résultats d'alliances entre animaux consanguins.

» Veuillez agréer, etc.

» Louis THIROUIN,
» *Éleveur*, à Machery. »

Enquête sur la Bergerie de M. Noblet, éleveur à Château-Renard (Loiret).

M. Noblet m'écrit ce qui suit :

« Château-Renard, le 17 août 1879.

» Monsieur,

» Malgré ma volonté de vous être agréable, la question dont vous paraissez vous intéresser me paraît assez complexe pour craindre d'être impuissant à vous satisfaire. Néanmoins, je vais essayer de vous donner une partie des renseignements que vous me demandez.

» Le troupeau de mères que j'ai pu acheter vient de M. de Baerthe, qui l'avait introduit en France peu de temps après Daubenton. Ces bêtes étaient défectueuses sous le rapport de la conformation ; très élevées de terre, anguleuses ; se nourrissant mal ; mais donnant de la belle laine, qui, à cette époque, avait une certaine valeur.

» Depuis plus de quarante ans je m'occupe de l'éducation de la race mérinos, et j'ai obtenu des animaux aptes à la précocité pour la boucherie, donnant une excellente viande et une laine assez longue et d'une finesse suffisante ; pour arriver à ce résultat, j'ai eu recours à la sélection, et j'ai échangé des reproducteurs avec M. Godin, de la Côte-d'Or, dont le troupeau se rapprochait le plus du mien et de la perfection que je voulais atteindre.

» J'ai bien obtenu par ces moyens les avantages de la conformation ; mais au fur et à mesure que j'arrivais à la précocité, à une meilleure constitution en diminuant l'ossature, j'ai dû perdre de la taille et peut-être un peu du poids ; car mes Brebis ne pèsent plus, grasses, que 65 à 70 kilos de viande nette.

» Depuis une quinzaine d'années je n'ai plus eu recours à l'introduction de nouveau sang dans mon troupeau, et la sélection pure et simple a seule été observée, sans que je me sois aperçu d'accidents importants dans les mariages consécutifs qui ont eu lieu.

» Mais je me hâte d'ajouter que les femelles composant mon troupeau étaient assez nombreuses pour ne pas craindre une parenté trop rapprochée, et j'ai pu marcher dans cette voie sans graves accidents.

» Agréez, etc.

» NOBLET,
» *Éleveur à Château-Renard.* »

Il importe de mettre en relief, dans la lettre de M. Noblet, que malgré l'introduction constante de nouveau sang dans le troupeau, pendant les vingt-cinq premières années de son existence, la grande aptitude à l'engraissement et la diminution de l'ossature, qui sont le but recherché par tous les éleveurs d'*animaux de boucherie*, ont été toujours accompagnés dans leur réalisation de *diminution dans la taille et de perte de poids.*

Cet aveu de M. Noblet est précieux, en ce sens qu'il démontre toute l'absurdité des allégations des anticonsanguinistes, qui disent que « *dans le Mouton on a trouvé que l'extrême finesse de la laine, sa diminution dans la taille, tenaient, par l'affaiblissement de la santé, à ce que les animaux provenaient d'alliances consanguines ;* quand, comme on voit, ce sont les principes d'élevage aujourd'hui à la mode qui leur sont appliqués, qui en sont la seule et unique cause.

M. Noblet a, au contraire, évité les alliances entre animaux consanguins durant vingt-cinq ans; il a eu constamment recours à un échange d'animaux reproducteurs avec M. Godin, de la Côte-d'Or, dont le troupeau reproducteur se rapprochait le plus du sien; il a constamment choisi dans la bergerie de M. Godin des Béliers *ayant le squelette léger, en vue d'obtenir un amincissement dans les os de leurs produits*, et, en dépit de cette introduction constante de ce prétendu nouveau sang régénérateur, il n'a pas pu atteindre l'idéal recherché par tous les éleveurs modernes : le squelette de l'animal réduit à sa dernière expression, sans que ce résultat fût accompagné de diminution dans la taille et perte de poids.

J'arrive donc à la conclusion qu'il n'est pas étonnant que les animaux de boucherie soumis méthodiquement à des principes d'élevage détestables et à un régime contraire à la conservation de leurs qualités prolifiques, soient exposés dans leurs produits à une dégénérescence. L'amincissement des os, la précocité et l'aptitude à prendre la graisse développées jusqu'à l'excès, qui sont le but recherché par nos éleveurs, expliquent parfaitement ce fait. Si l'on avait fait attention que ces faits de dégénérescence dans les animaux de boucherie se produiraient aussi en dehors des alliances consanguines, comme M. Huzard l'affirme et comme M. Noblet le démontre, il n'y aurait plus eu de doute.

Enquête sur la Bergerie de M. Conseil-Lamy, éleveur à Oulchy-le-Château (Aisne).

M. Conseil-Lamy est un vieux praticien, qui succéda à son père, éleveur comme lui, en 1845.

Il se déclare grand partisan de la consanguinité dans le mariage, et est en possession d'un magnifique troupeau de Moutons mérinos, qui se perpétue dans l'inceste, sans dégénérer, depuis un demi-siècle.

M. Conseil-Lamy, en réponse à un questionnaire que je lui

ai adressé, m'a fait l'honneur de m'écrire la lettre suivante que je reproduis *in extenso :*

« Oulchy-le-Château, 28 août 1878.

» Monsieur,

» Je regrette que mes nombreuses occupations ne m'aient pas permis de répondre plus tôt aux questions que vous m'avez fait l'honneur de m'adresser par votre lettre du 15 août.

» 1° Le troupeau mérinos que je possède à *Oulchy-le-Château* a été créé par mon père en 1816-17. Des Brebis de choix furent achetées par lui dans Seine-et-Oise et dans Eure-et-Loir; il se procura en même temps un Bélier mérinos de Rambouillet. Dans les premières années, il acheta fréquemment en Beauce les plus beaux Béliers mérinos de la contrée. Pendant trente ans il améliora son troupeau à l'aide d'une sélection bien comprise et de mariages consanguins.

» En 1845, je repris l'exploitation d'Oulchy; je continuai l'œuvre si bien commencée par mon père, et, à force d'alliances successives bien assorties, je suis arrivé à obtenir le mérinos précoce, animal à poitrine très développée, ayant le dos, les lombes et la croupe très larges, but recherché en vue d'augmenter la viande là où elle est de première qualité; la tête, le cou et les pattes, diminués, ces parties ayant peu de valeur. Mes Moutons pèsent autant, sinon plus que les Southdown et les Dishley; la viande est de meilleure qualité; ils ont en outre, comme producteurs de laine, une grande supériorité sur ces derniers.

» 2° Depuis soixante ans il n'a jamais été fait aucun croisement; jamais nouveau sang ne fut introduit dans le troupeau d'Oulchy.

» Deux ou trois cultivateurs de la Marne et des Ardennes, ayant, chaque année, depuis la fondation de l'établissement d'Oulchy (1816-17), loué des Béliers chez mon père et chez moi, sont parvenus à se créer un magnifique troupeau. Les métis mérinos, qu'on rencontre chez ces éleveurs, présentent les mêmes qualités que ceux d'Oulchy, *car ils sont du même sang ;* aussi m'arrive-t-il, lorsque je rencontre dans ces fermes de superbes béliers, de les ramener à Oulchy pour les employer à la reproduction; mais là encore nous faisons des mariages consanguins.

» 3° Le troupeau d'Oulchy s'est progressivement amélioré par la consanguinité ; le frère s'est trouvé accouplé avec la sœur, le père avec la fille, le fils avec la mère, etc. *Jamais ces mariages n'ont produit de résultats fâcheux.*

» Pour mon compte, je suis convaincu que la consanguinité est le seul moyen pratique d'améliorer une race d'animaux ; mais, je le répète, à la condition d'une sélection judicieuse. C'est ainsi qu'il faut exclure impitoyablement de la reproduction tous les sujets mâles et femelles affectés de défauts ; prendre au contraire comme reproducteurs des animaux de choix qui transmettront à leurs produits toutes les qualités dont ils sont doués.

» En résumé : *Exclusion des défauts ; alliances des qualités les plus élevées de la race.*

» Si vous avez besoin d'autres renseignements pour le travail que vous préparez, je suis entièrement à votre disposition.

» Veuillez agréer, etc.

» Conseil-Lamy ».

Les observations de M. Conseil-Lamy démontrent une fois de plus que l'opinion du vulgaire, qui attache toutes sortes de malheurs aux alliances consanguines, est tout simplement digne d'être enregistré dans les annales du ridicule.

(A suivre.)

ÉDUCATIONS D'OISEAUX EXOTIQUES

FAITES A ANGOULÊME EN 1878 ET 1879

Par M. A. DELAURIER aîné.

Année 1878.

Mes élevages se composent cette année de 83 sujets divisés ainsi : Tragopans de Temminck, 14 ; Hybrides de Satyres Temminck, 6 ; Canards mandarins, 20 ; Perruches d'Edwards, 7 ; Perruches de la Nouvelle-Zélande (plus une couvée dont j'ignore le nombre), 28 ; Colombes poignardées, 6.

Voici maintenant la notice de mes réussites et de mes insuccès avec les oiseaux que je possède :

Tragopans de Temminck (*Ceriornis Temminckii*). — Un coq et deux poules, dont l'une provient de mes couvées de l'an dernier.

La vieille poule commença sa ponte dès fin mars, et, à ce moment, elle eût la tête blessée par le Coq qui n'était pas encore suffisamment ardent, puisque les 10 premiers œufs ont été clairs. Cette Poule en pondit 10 autres et la jeune femelle 24, dont 6, du haut d'un perchoir, qui furent perdus. J'eus 28 éclosions. 22 jeunes arrivèrent à bien jusqu'à trois mois. A cette époque ils furent atteints d'une ophthalmie contagieuse qui, malgré tous mes soins, en enleva huit.

Tragopans Satyre (*Ceriornis Satyra*). — La nouvelle poule reçue en remplacement de celle que je perdis l'an dernier, était jeune ; elle m'arriva malade, avec des faiblesses aux pattes qui la rendaient incapables de marcher. Ne pouvant rien en espérer, pour cette année du moins, je lui adjoignis une Poule Temminck de deux ans avec laquelle le coq Satyre s'accoupla immédiatement. J'eus 12 œufs et 12 jeunes. Les hybrides issus de cette union, vinrent bien jusqu'au sevrage; réunis dans le grand parquet des jeunes Temminck, ils contractèrent leur maladie et j'en perdis 6. Ces métis se rapprochent beaucoup de leur aïeul paternel; ils ont le volume des Satyres. Les Coqs possèdent déjà la coloration du plumage rouge cramoisi pointillé de blanc, ils ont la tête et l'œil noir qui distingue le Satyre.

L'élevage de Tragopans exige un certain espace. Un parquet de 40 mètres carrés qui m'avait suffi pour 52 Vénérés en 1875, s'est trouvé trop restreint pour 40 Tragopans cette année. La propreté et les soins ont été les mêmes. Je crois le Tragopan plus rustique que le faisan vénéré et cependant celui-ci n'a jamais été atteint d'épidémie chez moi. J'en conclus que l'élevage du Tragopan à la campagne, en liberté ou en demi-liberté, serait d'une réussite facile.

Éperonniers Chinquis (*Polyplectron Chinquis*) (une paire). — 2 œufs sans coquille pondus au commencement de mars et 4 œufs plus tard. Deux petits sont nés et leur élevage s'est bien fait jusqu'à trois mois et demi. A ce moment ils ont été mis avec un groupe de Tragopans malades, ils n'ont pas contracté l'épidémie, mais atteints de tristesse, ils sont morts sans cause apparente. Ces oiseaux ne réussissent pas chez moi. J'ai perdu deux paires adultes en trois ans; peut-être la cause en est-elle à l'air trop vif du plateau d'Angoulême qui convient si bien aux oiseaux des altitudes élevées; Je renonce à l'Éperonnier avec lequel je n'ai eu que déceptions. C'est un charmant oiseau, inoffensif pour ses compagnons de captivité, mais même chez les amateurs favorisés, je trouve sa fécondité bien restreinte et ses pontes de 2 œufs bien maigres.

Canards mandarins (*Aix galericulata*) (3 paires). — 2 couples ont eu 36 œufs et 28 jeunes, ils proviennent de mes élevages précédents et sont issus de consanguins depuis plusieurs générations; les jeunes se sont élevés facilement. 2 seulement étaient rachitiques et 8 ont péri d'une façon inexplicable.

La couvée à laquelle ils appartenaient avait trois semaines, tous les canetons étaient gais et bien portants le soir, le lendemain matin, j'en trouvai 8 dispersés dans le parquet et morts. Est-ce une panique qui, la nuit, les a éloignés de la mère-nourrice et leur a occasionné un refroidissement subit? je le crois sans pouvoir l'affirmer. Ma troisième paire de reproducteurs se composant d'une belle cane sœur des précédentes et d'un mâle d'un sang différent qui m'avait coûté cher et ne m'a donné que des œufs inféconds.

PERRUCHES D'EDWARDS (*Euphema pulchella*) (un couple). — 4 jeunes d'une première couvée, 3 d'une seconde; la femelle est morte sur sa troisième, et le mâle en faisant sa mue.

Ces oiseaux étaient adultes lorsque je les avais achetés en 1867, et ils m'ont donné plus d'une centaine de petits.

PERRUCHES DE LA NOUVELLE-ZÉLANDE (*Platycercus Novæ-Zelandiæ*) (1 couple). — Je conservais autrefois 2 paires de ces Perruches, mais leur fécondité est telle qu'elles devenaient encombrantes et que j'en ai remplacé un couple par une autre espèce.

Mon unique paire couve et élève depuis décembre dernier, sans interruption. Les couvées ont été successivement de 3, 5, 7, 7, 6, 6, et la femelle couve en ce moment pour la septième fois. Je n'ai pas eu un seul œuf clair. 6 jeunes ont péri par suite de la fréquence des pontes, la femelle abandonnant les petits dès qu'ils prenaient le duvet pour aller nicher dans une autre boîte. Il est arrivé deux fois que le mâle avait à nourrir deux familles séparées, travail pour lequel il était insuffisant. Je n'ai pas encore possédé d'oiseau plus fécond et plus rustique que cette jolie Perruche.

PERRUCHES BLEUES ET JAUNES (*Platycercus Palliceps*) (une paire). — 2 couvées de 5 et 6 œufs inféconds. Je viens de remplacer le mâle et j'espère enfin l'an prochain avoir un résultat.

PERRUCHES A VENTRE ROUGE (*Psephotus Hæmastogaster*). — La femelle provenant de la paire achetée en mai dernier n'avait pas les plumes de son vol, elle commence seulement à les prendre maintenant, elle s'est néanmoins accouplée avec son mâle, mais je n'ai rien obtenu.

Cette espèce paraît avoir la même rusticité que l'Hæmatonotus, elle devra se reproduire comme celle-ci ; j'en possède actuellement 6, dont 4 m'ont été données en cheptel et j'espère bien l'an prochain obtenir des jeunes.

PERRUCHES AUX AILES ÉCARLATES (*Aprosmictus erythropterus*). — Ces oiseaux ne sont chez moi que depuis septembre dernier. En octobre, ils fréquentaient un tronc d'arbre creux et se donnaient à manger, lorsque la mue est survenue, elle s'est faite rapidement sans altérer leur santé mais elle a supprimé tout rapprochement entre eux. Le mâle avec son plumage vert tendre, ses scapulaires rouges et son dos noir est un fort bel oiseau, l'espèce est un peu grosse, un peu lourde et elle ne possède pas la vivacité de la plupart des Perruches d'Australie.

COLOMBES POIGNARDÉES (*Phlogœnas cruententa*) (une paire). — Je désespérais d'en rien obtenir, lorsque vers la fin de juillet, elles se sont décidées à pondre. J'ai obtenu 8 œufs fécondés.

Des Tourterelles communes m'ont élevé 6 jeunes qui sont maintenant adultes et en bonne santé. Une paire de nourrices trop jeunes a laissé mourir les deux autres. Les asticots et vers de farine font beaucoup de bien à ces oiseaux. Pendant l'élevage, je donnais aussi souvent que possible du pain trempé et des asticots que les nourrices dégorgeaient ensuite aux jeunes

La Colombe poignardée est un des plus charmants oiseaux de volière : son joli plumage, ses allures de petite perdrix, la facilité de son entretien, la feront rechercher lorsqu'elle sera à des prix raisonnables, ce qui arrivera bientôt ; car son élevage, par la Tourterelle commune, est très facile. Malheureusement, elle a les pattes susceptibles et ne peut supporter un froid de — 5 degrés ; il est donc indispensable de la mettre à l'abri de nos hivers.

ANNÉE 1879.

TRAGOPANS DE TEMMINCK (*Ceriornis Temminckii*) (1 Coq et 2 Poules.) — Une ponte moins abondante que l'an dernier ;

beaucoup d'œufs clairs et les premières couvées décimées par les journées froides du printemps : tel a été le début de ma saison. Sur 23 œufs, je n'ai obtenu que 16 naissances. Les 9 premiers jeunes ont été réduits à 2 en l'espace de quelques jours. De 5 œufs laissés à une des femelles, 4 petits sont nés et ont réussi. Enfin j'ai pu sauver 2 jeunes de la dernière couvée. Total, 8 élèves sains et robustes.

Je ne saurais trop dire quelle bonne couveuse et quelle excellente mère est la Poule Temminck. Elle se familiarise rapidement et est alors aussi facile que la meilleure des nourrices. Elle fait ses pontes dans des nids en élévation ; les petits qui naissent avec les plumes de l'aile volent à terre sans accident trente-six ou quarante-huit heures après l'éclosion. Chaque soir ils remontent au nid sur les invitations de la mère qui les y abrite pendant presque deux mois et plus tard les garde près d'elle sur le perchoir.

TRAGOPANS SATYRES (*Ceriornis satyra*) (une paire). — Un mois après les Tragopans de Temminck, le 2 mai, la femelle commença sa ponte de 9 œufs fécondés qui donnèrent 9 naissances. Sur les 5 jeunes de la première couvée, 2 moururent de dyssenterie à l'âge de 4 et 6 jours. La seconde couvée, qui était la plus nombreuse eut le sort le plus misérable ; elle comprenait 4 jeunes Satyres et 5 hybrides Satyres. Ces derniers provenant d'oiseaux âgés d'un an. La Poule couveuse, atteinte de la maladie du piquage, a commencé aussitôt l'éclosion à arracher le duvet de ses poussins; je n'ai pu les faire adopter par les autres nourrices. Un seul Satyre a survécu, qui à l'âge d'un mois, fut réuni à ses trois aînés dans un parquet de 150 mètres carrés ayant pelouse, arbustes et eaux vives, et contenant déjà les couvées de Temmincks.

Ces oiseaux étaient nourris d'une pâtée composée de salade, pain émietté, œufs durs, chènevis et chrysalides de vers à soie. Ils avaient, en outre, deux repas de vers de farine, œufs de fourmis et asticots par jour, et verdure de toute sorte à discrétion. Je n'ai plus eu de décès, et les 4 jeunes Satyres et 8 Temmincks ont traversé à merveille toutes les crises des premiers âges.

Pour les Tragopans, ainsi que pour les autres oiseaux, une grande variété de nourriture est chose excellente, mais cette espèce exige de vastes parquets ; agglomérés dans un espace restreint, ils sont atteints vers l'âge de 2 à 3 mois d'épidémies, ophthalmie principalement qui les déciment. C'est ainsi que j'ai perdu l'an dernier 18 Temmincks et hybrides Satyres sur 32.

La conservation en captivité de l'espèce adulte est facile ; pour elle aussi une grande volière est nécessaire. Le Sarrasin mélangé d'un peu de Blé et d'Orge avec herbes variées à discrétion, tels que Pissenlits, Mouron, Laitron, salades diverses, la maintiennent en bonne santé. L'oiseau est friand au printemps d'une herbe commune, appelée ici Poule grasse, et dont le nom botanique, est je crois, *Lampsana communis.*

A l'époque de la ponte, le Coq, et la Poule surtout, mangent beaucoup. Ils absorbent une quantité considérable de pâtée et herbages ; il est nécessaire, à ce moment-là, d'augmenter leurs rations de grains, qu'il faut restreindre plus tard, car ils sont plus gourmands que les Temmincks, et l'abondance de nourriture est aussi nuisible aux adultes qu'excellente pour les jeunes qui ont leur croissance à faire.

Hybrides Satyre-Temminck (2 Coqs et 2 Poules réunis ensemble). — 12 œufs et 5 naissances. Les 5 jeunes ont été tués ainsi que je l'ai dit plus haut.

Faisans de Vieillot (*Euplocomus Vieillotti*) (une paire de 1878). — Le mâle a été en amour une partie de l'été, la femelle n'a pas pondu.

Canards mandarins (*Aix galericulata*) (2 paires). — Une ponte de 32 œufs, sur lesquels 21 jeunes ont été élevés. J'ai laissé aux Canes leurs secondes couvées qu'on leur enlève habituellement afin de les obliger à en faire une troisième. L'an dernier une seule femelle avait pondu 32 œufs.

Colombes poignardées (*Phlogœnas cruentata*) (une paire). — La production de ces oiseaux a été excessive et incroyable si je n'avais mes ventes pour en témoigner, car toutes les jeunes sont livrées ou à peu près. La femelle a commencé à pondre dès fin avril. Relayée par le mâle beaucoup plus assidu qu'elle, elle couvait ses 2 œufs pendant trois ou quatre jours; puis elle quittait le nid que le mâle abandonnait à son tour après avoir toutefois cherché à se faire remplacer par sa compagne. 8 jours environ après la première ponte, les Colombes en faisaient une seconde et ainsi jusqu'en novembre. La quantité d'œufs donnés par cette seule paire, a été de 34 dont 2 sont encore à couver. Les 6 premiers ont été perdus. J'ai alors installé dans des boîtes de 1 mètre carré, grillagées sur le devant, 4 paires Colombes ordinaires qui ont à peine suffi à couver et élever les jeunes poignardées : rien de plus rapide que cet élevage, quinze jours d'incubation et par les chaleurs quatorze jours seulement de séjour au nid.

Les nourrices étaient abondamment approvisionnées de Chénevis, Alpiste, Blé, Maïs, pain trempé et émietté, ainsi que d'œufs de Fourmis et asticots, dont elles mangeaient surtout pendant l'élevage des petits. J'ai pu réussir ainsi 16 jeunes Poignardées, 2 sont tombées du nid pendant la nuit et sont mortes. Une paire de mauvaises nourrices m'en a fait perdre 5; enfin, 9 œufs ont été cassés par les reproducteurs avant que j'aie pu en opérer la substitution.

Pour que la femelle poignardée pût résister à une si étonnante fécondité, je lui donnais, outre des graines de toute sorte, des asticots, œufs de Fourmis, vers de farine et pâtées de mes jeunes Tragopans, dans laquelle j'ajoutais des coquilles d'huîtres pulvérisées, que je distribue, du reste, à tous mes reproducteurs à l'époque de la ponte.

PERRUCHES DE BOURKE (une paire). — Ces oiseaux se sont accouplés, la femelle a pondu 2 œufs par terre qui ont été abandonnés après quelques jours d'incubation.

PERRUCHES BLEUES ET JAUNES (*Platycercus Palliceps*) (une paire). — 2 couvées de 5 et 6 œufs fécondés. Comme les années précédentes, la femelle couve assidûment pendant deux semaines et abandonne le nid vers l'époque de l'éclosion. 2 œufs de la dernière couvée mis avec ceux d'une Perruche de la Nouvelle-Zélande ont parfaitement réussi.

PERRUCHES DE LA NOUVELLE-ZÉLANDE (*Platycercus Novæ-Zelandiæ*). — Cette paire de Perruches couve et élève depuis

1877, sans être arrêtée ni par la mue, ni par les hivers. Depuis décembre 1877, elle a eu environ 60 jeunes. Les couvées réussissent toujours et sont de 5, 6, 7 œufs donnant 5, 6, 7 jeunes. L'avant-dernière couvée de 6 œufs avait en outre 2 œufs de Palliceps. La croissance de la Palliceps est plus lente que celle de la Nouvelle-Zélande, et alors que la femelle Nouvelle-Zélande couvait et allait avoir de nouveaux jeunes, son mâle chassait ses propres enfants, et donnait encore la becquée à ses nourrissons sortis du nid qui pouvaient se suffire parfaitement.

Actuellement (novembre 1879) ces Perruches couvent leur cinquième ou sixième couvée, depuis le 1er janvier dernier.

PERRUCHES AUX AILES ÉCARLATES (*Aprosmictus Erythropterus*) (une paire). — Ces oiseaux sont chez moi depuis plus d'un an. Ils ne manifestent de désir de reproduction que vers septembre ou octobre. Je n'ai rien obtenu.

II. TRAVAUX ADRESSÉS ET COMMUNICATIONS FAITES A LA SOCIÉTÉ.

NOTE SUR LA REPRODUCTION DU *FAISAN ARGUS*

Par M. MISSELBROOK
Jardinier en chef du jardin zoologique de Londres.

La Société zoologique de Londres possédait en 1878 quatre Faisans argus (*Argus giganteus*), un mâle et trois femelles.

Le 7 mars l'une des femelles, que je nommerai A, pondit un œuf, suivi le 9 d'un second ; comme elle ne paraissait nullement disposée à couver, je pris les deux œufs et les plaçai sous une Poule de Bentam, pensant arriver à quelque résultat ; trente jours s'étant écoulés sans que je visse apparaître de petits, je retirai les œufs et constatai que l'un contenait un oiseau mort, mais parfaitement formé, tandis que l'autre était clair.

La seconde femelle, B, pondit le 27 et le 29 mai deux œufs, qui furent comme les premiers confiés à une Poule couveuse de race Bentam. Au bout de vingt-quatre jours de couvaison, je vis éclore deux petits Faisans ; ma joie était au comble ! Elle ne fut malheureusement pas de longue durée, car cinq semaines s'étaient à peine passées que mes élèves, en apparence vigoureux, périssaient attaqués par un ver logé dans la trachée-artère.

Restait une femelle, C, qui elle non plus ne tarda pas à donner deux œufs, que je jugeai bon de placer également sous une Poule. Un œuf était clair, l'autre donna un jeune Argus, qui, comme le premier, mourut en atteignant sa cinquième semaine.

Quelques jours après, la femelle B faisait sa seconde ponte, deux œufs, qu'elle se mit à couver elle-même, mais qui n'étaient pas fécondés.

Le 9 juillet, la Poule A commença à couver deux œufs qu'elle venait de pondre ; elle s'acquitta fort bien de sa tâche, puisque le 2 août j'eus la satisfaction de voir éclore deux Argus. Ainsi, j'acquérais du même coup la certitude que la durée de l'incubation est de vingt-quatre jours et la preuve qu'une femelle Argus peut très bien mener à bonne fin, en volière, l'éclosion de ses œufs.

Mes jeunes Faisans ont aujourd'hui trois mois, et je les considère comme hors de danger.

Les mœurs de mes Faisandeaux ont été jusqu'à présent identiques à celles des Éperonniers (*Polypectron*), comme ces derniers, de très bonne heure, ils ont pu voler ; cinq jours après l'éclosion ils étaient déjà capables de s'élever sur un perchoir haut placé pour s'y cacher sous les ailes de leurs parents ; tout éleveur, tout ami des bêtes, sait ce qu'est d'ordinaire un oiseau de cinq jours.

On a pu voir par les quelques lignes qui précèdent que les trois poules Argus du Jardin zoologique de Londres ont pondu ensemble dix œufs : A et B quatre chacune, C deux seulement. Sur les dix œufs, quatre étaient clairs, un contenait un oiseau mort, cinq sont éclos. Le résultat ne me semble pas mauvais ; il est de nature à engager les éleveurs à tenter de nouveau cette intéressante expérience.

III. EXTRAIT DES PROCÈS-VERBAUX DES SÉANCES DE LA SOCIÉTÉ.

SÉANCE GÉNÉRALE DU 6 FÉVRIER 1880.

Présidence de M. Henri BOULEY, vice-président.

Le procès-verbal de la séance précédente est lu et adopté.

— M. le Président proclame les noms des membres récemment admis par le conseil, savoir :

MM.	PRÉSENTATEURS.
DOJMI (docteur Laurent), à Lissa (Dalmatie).	E. Dupin. H. Labarraque. Saint-Yves Ménard.
MARTINEAU (Jules), à Niort (Deux-Sèvres).	G. Chevallereau. E. Dupin. H. Labarraque.
MOLINIER (Émile), à Mèze (Hérault).	H. Labarraque. Rodocanachi. Saint-Yves Ménard.
QUYO (Charles), 11, avenue de Madrid, à Neuilly (Seine).	Morin. Roques. Wuirion.
VINCENS (le docteur Joseph), à Saint-André-de-Sangonis (Hérault).	A. Geoffroy Saint-Hilaire. O. Leroy. Roche.

— M. le Ministre des affaires étrangères adresse une brochure que le département de l'agriculture des États-Unis vient de faire paraître et qui est relative à la culture du thé en Amérique : *Tea-culture as a probable American industry* by William Saunders. Washington, 1879, in-8°. — Remerciements.

— M. G. Delchevalerie fait parvenir des remerciements au sujet de sa récente admission.

— M. Berthoule exprime ses regrets de pouvoir assister à la séance.

— M. Balcarce, ministre de la République Argentine à Paris, écrit à M. le Président : « J'ai l'honneur de vous faire remettre le premier volume d'une publication qui a paru dans la République Argentine sous le titre : *Études et voyages agricoles en France, Allemagne, Hollande et Belgique*, par M. Eduardo Olivera, ancien élève de l'école de Grignon, fondateur de la Société rurale Argentine, actuellement directeur de nos postes et télégraphes (1).

» M. Olivera a rendu, dans le cours d'une carrière très activement et très noblement occupée, les plus grands services à l'agriculture argentine.

» J'aurai prochainement l'honneur de vous faire parvenir le 2me volume, qui vient d'être publié à Buenos-Ayres, de cet important ouvrage, certain que ce travail, par son objet comme par son mérite, excitera le vif intérêt de la Société d'acclimatation.

» Je vous adresse également l'intéressante publication de M. Hippeau sur l'instruction publique dans la République Argentine (2). » — Remerciements.

— M. James Jackson, secrétaire de la Société de Géographie écrit à M. le Président : « Il m'a paru intéressant de chercher à comparer entre elles un certain nombre de vitesses usuelles et, en les mettant en regard de quelques vitesses astronomiques connues, j'ai dressé un tableau que j'ai l'honneur de vous soumettre ci-inclus.

» J'ai pensé qu'en le présentant à votre bienveillante considération je pourrais peut-être contrôler, ou s'il y a lieu, rectifier, quelques-unes de celles qui figurent sous les rubriques : *Pigeons voyageurs*, *Faucon*, *Martinet*, ou en ajouter encore d'autres, telles la vitesse du levrier à la course, de l'aigle au vol, etc. »

Ce tableau est disposé dans les archives de la société.

— Des demandes de cheptels sont adressées par MM. A. Bourjuge, Chambry, marquis de Brisay, comte de Mansigny, Lartigue et Sabatier-Mandoul.

— M. le comte Gilbert des Voisins écrit de Marseille : « Depuis un an environ une maladie très curieuse, dont je n'ai

(1) *Estudios y viages agricolas en Francia, Alemania, Holanda y Bélgica*, par Eduardo Olivera. Buenos Aires, 1879, in-8°.

(2) *L'instruction publique dans l'Amérique du Sud* (République Argentine), par C. Hippeau. Paris, in-18°.

trouvé encore la description nulle part et devant laquelle tous mes essais sont restés infructueux, sévit sur les différentes races de Poules, composant mon poulailler; les races ordinaires du pays, aussi bien que celles de choix, sont toutes atteintes indistinctement.

» Voici les points saillants de cette épidémie :

» Première période : sorte de baillement n'affectant nullement l'aspect extérieur de l'animal, qui continue à se nourrir suffisamment.

» Seconde période : forts baillements, avec râlements, particulièrement la nuit, amaigrissement faute de nourriture et au bout de quelques mois mort subite.

» A l'autopsie, j'ai remarqué des points blancs dans le gosier et je crois, un développement outre mesure du fiel. Le remède qui m'a semblé le plus efficace, mais pour cela sans obtenir la guérison complète, est le vin et le sel.

« Je vous serai très reconnaissant si vous voulez bien avoir l'obligeance de me faire adresser les renseignements nécessaires, pouvant m'éclairer dans cette circonstance. »

— M. Leroy écrit de Fismes : « Mes Perdrix de Chine sont admirables de santé et vivent en compagnie dans la plus étroite solidarité. Elles ne se quittent pas et je les compte tous les soirs perchées sur le même perchoir, serrées l'une contre l'autre. »

— M. de Confévron écrit de Saint-Jean-de-Maurienne : « J'ai vu dans le *Bulletin* de novembre dernier, que, dans une séance de la Société de la basse Alsace, les Moineaux ont été accusés, et, sans être entendus, convaincus, condamnés et, à l'unanimité, déclarés indignes de la protection accordée à leurs congénères.

« Bien que tardivement et probablement inutilement, je veux dire un mot en leur faveur.

» Ces oiseaux, il est vrai, ne sont pas exclusivement insectivores. Ils peuvent bien commettre la faute de dévorer quelques coléoptères utiles à l'agriculture et entre autres des Scarabées. J'accorde même qu'ils commettent quelques déprédations dans les champs et les jardins.

» Mais il n'est pas moins vrai qu'ils détruisent un grand nombre de Chenilles et d'Insectes, précisément dans les cours, les jardins et autour des habitations où ils élisent domicile de préférence.

« Tout bien calculé, le pour et le contre étant pesé, je les crois plus utiles que nuisibles.

» Ils font leurs nids sous les toîts ou les hangars, dans les trous des murs, dans les cheminées, etc. Ce sont les oiseaux de la rue. Je n'ai jamais remarqué qu'ils nuisissent aux hôtes des vergers, ni qu'ils les éloignassent.

» J'habite une maison qui donne d'un côté sur la rue, de l'autre sur un jardin et un verger.

» D'une part il y a beaucoup de Moineaux en tout temps et de Pinsons en hiver. Ils vivent en parfaite harmonie.

» D'autre part, presque chaque arbre porte un nid au printemps : Merles, Pinsons, Fauvettes, Rossignols, Rouges-gorges, Roitelets, Mésanges, Rouges-queues, Bergeronnettes dans le Lierre, etc., etc.

» A la faveur de l'exception introduite au préjudice de ces pauvres Pierrots, les enfants dénicheurs répondront invariablement que les petits oiseaux trouvés entre leurs mains sont des Moineaux et il sera difficile aux gardes champêtres ou autres agents de l'autorité, de constater le contraire.

» C'est la porte ouverte aux abus.

» Enfin, comme dernier argument je citerai l'expérience faite. Elle vaut à elle seule bien des raisonnements et me paraît concluante en faveur de mon client.

» En Angleterre, les Moineaux avaient été complètement détruits et on a été obligé d'en réintroduire la race, parce qu'on s'est aperçu des inconvénients qui résultaient de sa disparition. »

— M. Henri Fabre écrit du château de Garnès (Haute-Garonne) : « Je me fais un devoir de faire connaître à la Société le résultat d'une expérience que j'ai faite cette année sur les Canards du Labrador, dont l'acclimatation est aujourd'hui assurée et dont la place est marquée sur nos marchés.

« Je désirais savoir si l'engraissement pourrait être tenté utilement sur ces oiseaux ; pour cela j'ai choisi six beaux mâles de l'année que j'ai soumis durant six semaines au même régime que nous employons pour nos Canards mulets, dont la renommée n'est certes pas usurpée.

» J'ai fait employer exclusivement, comme pour ces derniers, le maïs blanc concassé ou non.

» Mes six sujets ont parfaitement supporté la rude épreuve, et je dois avouer qu'elle est concluante.

» En effet, non seulement une épaisse couche de graisse s'est formée sous la peau, mais encore leurs intestins se sont recouverts de cette enveloppe graisseuse qui constitue le parfait état d'engraissement.

» Leur poids a varié entre trois et quatre kilog. la paire.

» La seule remarque qui m'ait paru défectueuse, consiste dans le médiocre développement du foie.

» En résumé ces oiseaux après avoir embelli nos pièces d'eau, pourront très avantageusement tenir leur place dans les ressources alimentaires de nos foyers. »

— M. Spencer F. Baird, inspecteur général des pêcheries des États-Unis, écrit de Washington à la date du 19 janvier : « J'ai le plaisir de vous informer de l'envoi, par le paquebot transatlantique *Canada*, qui part demain pour le Havre, de 10,000 œufs de Saumon de lacs (*Salmo salar*, var. *Sebago*). Ce poisson est propre aux lacs et à quelques cours d'eau de l'état du Maine et des possessions Britanniques voisines. On croit que c'est un Saumon ordinaire qui s'est fixé dans les eaux douces et a renoncé à ses instincts migrateurs. Ce poisson est très rustique, plus même que le *Salmo fontinalis*, et il a toute la valeur du Saumon, quant à la qualité de la chair.

» D'après le télégramme que je vous ai déjà adressé, je pense que vous avez dû prendre des dispositons pour la reception de ces œufs lors de leur arrivée au Hâvre.

» Ils ont été emballés dans une boîte-glacière du système de M. Mather ; j'espère donc qu'ils vous parviendront en bon état.

» Saisissant cette occasion pour vous renouveler l'assurance de mon vif désir de seconder, de tout mon pouvoir, les efforts des pisciculteurs français, mes savants confrères, je vous prie d'agréer, etc. »

— M. le Secrétaire informe l'assemblée que les œufs de Saumon annoncés par M. Baird sont arrivés malheureusement en fort mauvais état; ce qu'il faut sans doute attribuer à l'époque un peu avancée de la saison. Aussi, pour ne pas augmenter encore les chances d'insuccès, le Conseil a-t-il décidé que cet envoi ne serait pas morcelé en petits lots, insuffisants, dans les circonstances présentes, pour permettre une expérience sérieuse. M. Berthoule a bien voulu se charger de mettre en incubation ceux des œufs pouvant encore donner quelque espoir d'éclosion; mais la réussite paraît très compromise.

— M. Faure, président du Comice agricole de Brioude, met à la disposition de la Société de la graine saine de Vers à Soie du Mûrier. Il saisit cette occasion pour demander, au nom du Comice, un envoi de graine de Vers à Soie du Chêne.

— M. A. Simon, de Bruxelles, fait parvenir de nouveaux échantillons de cocons d'*Attacus Yama-maï* provenant de ses éducations; il y joint un certificat constatant l'importance de ces mêmes éducations.

— M. Jules Leroux adresse des remerciements pour l'envoi de graines d'*Attacus Yama-maï* qui lui a été fait.

— M. Gensollen écrit d'Hyères : « J'ai l'honneur de rendre compte des semis des graines d'*Areca catechu* que la Société a bien voulu me faire parvenir avec un lot d'autres graines d'un Palmier innommé. J'ai semé les unes et les autres à leur reception, et quoique placée en serre, non échauffée, il est vrai, mais où fleurissent bien les Géraniums en plein hiver, où résistent les Héliotropes et plusieurs Palmiers de serre et les Fourcroyas, aucune graine n'a encore levé. J'espère qu'au printemps prochain elles se décideront à germer ; quand elles me sont arrivées, elles me paraissaient en grande partie bonnes encore pour les germinations. »

— M. Deforge écrit de la Rochelle : « J'avais fait semer sur des sillons séparés les différentes variétés de Maïs, provenant de l'Exposition, que vous avez bien voulu m'adresser.

» Leur végétation a été magnifique; mais, leur mâturité

déjà contrariée par le défaut de chaleur, a été complètement paralysée par la funeste gelée du 16 octobre qui a fait tant de mal à nos vignobles. Je n'ai pas obtenu une seule fusée. »

— MM. Dauphinot et Gallais, ainsi que M. le président du Comice agricole de Brioude, adressent des rapports sur les résultats obtenus de graines ou de végétaux provenant de la Société.

— M. Delgrange, de Valenciennes, qui désirerait essayer la culture du *Soja hispida*, ou pois de Chine, dans le Luxembourg Belge, prie la Société de lui faire connaître où il pourrait se procurer de la graine de cette plante.

CHEPTELS. — *Canard de la Caroline.* — M. René Bordet, des Essarois (Côte-d'Or), annonce le renvoi du mâle survivant du couple qui lui avait été confié.

— M. le Président annonce l'ouverture du scrutin pour l'élection du bureau ainsi que d'une partie des membres du Conseil, et il désigne pour présider au dépouillement des votes une commission composée de M. le docteur Henri Labarraque, Dufort, Christian Le Doux, de Barrau de Muratet et Grisard.

— M. le docteur Turrel, délégué de la Société, à Toulon, qui assiste à la séance, appelle l'attention de la Société sur l'excellente réussite des éducations de ver à soie du mûrier, faites dans la région boisée et particulièrement saine des Maures d'Hyères, par M. Loniewski. En employant les procédés de sélection et de grainage cellulaire préconisés par M. Pasteur, ainsi que le système des petites éducations (de 12 grammes au maximum) M. Loniewski est arrivé à produire de la graine parfaitement saine. En 1879, sur 17 éducations, 15 n'ont présenté aucune trace de maladie ; une a donné 1 0/0 de vers malades, et une autre 5 0/0. Or, dans le commerce, on tolère même la proportion de 10 ou 12 0/0, et la graine qui ne dépasse pas cette limite est considérée comme de bonne qualité. Les résultats si satisfaisants obtenus par M. Loniewski, grâce aux précautions hygiéniques dont il entoure ses éducations, viennent donner raisons aux doctrines émises par M. le docteur Turrel, sur l'importance de l'hygiène pour la bonne santé des vers à soie.

M. Turrel signale ensuite les services très sérieux que la météorologie peut rendre à l'agriculture par l'indication des probabilités de temps. Notre confrère désirerait que ces prévisions fussent portées par tous les moyens possibles, notamment par la voie d'affiches, à la connaissance des populations rurales, qui ont un intérêt très grand à être renseignés sur ce sujet et qui pourraient souvent en tirer parti, en prenant des précautions contre les intempéries des saisons. M. Turrel demande que des démarches soient faites auprès des pouvoirs publics par la Société d'acclimatation, en vue d'obtenir qu'une publication populaire, émanant de l'observatoire de Montsouris, vienne vulgariser la manière d'interpréter les signes du temps et répandre dans les campagnes des notions d'une incontestable utilité.

En terminant, M. Turrel exprime au nom de la Société d'horticulture du Var, dont il est le président, de vifs sentiments de sympathie à l'occasion de la décoration de la légion d'honneur, dont notre Secrétaire général, M. Geoffroy Saint-Hilaire, vient d'être l'objet.

— A ce sujet, M. le Président adresse à l'Assemblée les paroles suivantes :

« Messieurs, M. Turrel vient de me prévenir. Au moment où » j'aurais fait connaître le résultat du scrutin, je me serais » fait un devoir et un plaisir d'annoncer la bonne nouvelle à » l'assemblée et de féliciter M. Geoffroy Saint-Hilaire. Qu'il » me soit permis, à mon tour, de dire que M. Geoffroy a pris » aux travaux de notre Société, qui est à la fois scientifique et » d'une si grande utilité pratique, une part considérable, qui » associera son nom d'une manière impérissable à tout ce » que la Société a produit et produira de bon dans l'avenir. »

Ces paroles sont accueillies par les chaleureuses acclamations de toute l'assemblée.

— M. le docteur Mène donne lecture d'un rapport sur la production végétale du Japon à l'Exposition universelle de 1878. (Voy. au *Bulletin*).

— A l'occasion de la mention faite dans ce rapport des Kakis, ou Diospyros, qui figuraient dans le jardin japonais du Trocadéro, M. Baltet fait Connaître que M. le commissaire général de l'Exposition lui a remis ces arbres pour servir à des essais de culture, à Troyes. Mais l'hiver terrible de cette année ne les a pas épargnés. « Un moyen de propager les différentes variétés de Kakis, ajoute M. Baltet, c'est de les greffer soit sur le Plaqueminier d'Italie, soit sur celui de Virginie, dont les fruits ne dépassent guère le volume d'une cerise. On peut employer la greffe en écusson ou la greffe en fente. L'arbre, d'une belle végétation, est ornemental; ses feuilles rappellent celles du Magnolia. Le bois a de la ressemblance avec celui de l'ébène, qui appartient d'ailleurs à la même famille. Il en existait un bel exemplaire au Muséum d'histoire naturelle. Cet arbre, qui avait gelé en 1871, mais qui avait ensuite repoussé du pied, n'a pu résister aux froids que nous venons de traverser. Tous les Kakis ne peuvent guère dépasser le littoral Méditerranéen. M. Naudin en cultive et obtient des fruits à Antibes; on en récolte également dans les environs de Toulon. Mais sous notre climat les Plaqueminiers du Japon ne peuvent supporter les températures hivernales. »

— M. Maurice Girard donne lecture d'un mémoire de M. Georges de Layens, sur l'eau recueillie par les abeilles. (*Voir au Bulletin*).

— M. le Président fait connaître le résultat du scrutin. Le nombre des votants était de 342. (Outre les billets de vote déposés dans l'urne par les membres présents, beaucoup de bulletins avaient été envoyés sous pli cacheté et contresigné). Les votes ont été répartis de la manière suivante :

Vice-présidents :	MM.	Henri Bouley	339
		Docteur Ern. Cosson	339
		Comte d'Éprémesnil	334
		De Quatrefages	339
Secrétaire général :		A. Geoffroy Saint-Hilaire	342
Secrétaires :		E. Dupin	339
		Dr Maurice Girard	339
		Raveret-Wattel	340
		Flury-Hérard	339
Archiviste :		Amédée Berthoule	340
Membres du Conseil :		Saint-Yves Ménard	341
		Camille Dareste	340

Membres du Conseil :	Docteur H. Labarraque......	340
	A. Grandidier...............	339

En outre, d'autres membres ont obtenu des voix pour diverses fonctions. En conséquence, sont élus pour l'année 1880 :

Vice-présidents :	MM. Henri Bouley.
	Docteur Ern. Cosson.
	Comte d'Éprémesnil.
	De Quatrefages.
Secrétaire général :	A. Geoffroy-Saint-Hilaire.
Secrétaire pour l'intérieur :	E. Dupin.
Secrétaire du Conseil :	Dr Maurice Girard.
Secrétaire des séances :	Raveret-Wattel.
Secrétaire pour l'étranger :	Flury-Hérard.
Archiviste :	Amédée Berthoule.
Membres du Conseil :	Saint-Yves Ménard.
	Camille Dareste.
	Docteur H. Labarraque.
	A. Grandidier.

M. le Directeur du Jardin zoologique d'Acclimation, remet à la Société une partie des graines qu'il a reçues de M. l'abbé Desgodins, missionnaire au Thibet.

Ces semences viennent de l'arbre appelé par les Thibétains *Ami Djrébou*, et par les Chinois *Ta-tché*.

Il a été déposé sur le bureau :

1° *Notes entomologiques et descriptions de Lépidoptères nouveaux*, 1863-1879 (extraits des *Annales de la Société entomologique de France*), par J. Fallou. — Offert par l'auteur.

2° *Notice sur la carte ichtyologique des principaux cours d'eau et lacs de la France*, par M. le vicomte E. H. de Beaumont. Rodez, 1879, in-8°. — Offert par l'auteur.

3° *Expériences physiologiques sur les eaux minérales du Chatel-Guyon* (Puy-de-Dôme), par le docteur Aguilhon de Sarran. (Extrait de *la Tribune médicale*). Paris, 1879, in-8°.

4° *Sur l'action physiologique du chlorure de magnésium*, par le docteur J.-V. Laborde. (Extrait de *la Tribune médicale*). Paris, 1879, in-8°.

5° *Découverte des causes des maladies des vers à soie*, par Charles Trouyet. In-18.

6° *Danger du sulfure de carbone*, efficacité des engrais minéraux et végétaux mélangés — moyens précis de les employer, par J.-P. Mazaroz. Paris, 1879, in-8°. — Offert par l'auteur.

7° *Rapport sur l'agriculture et la colonisation de l'Algérie*, par F.-A. Allart. Sétif, 1879, in-18. — Offert par l'auteur.

SÉANCE GÉNÉRALE DU 20 FÉVRIER 1880.

Présidence de M. de QUATREFAGES, vice-président.

Le procès-verbal de la séance précédente est lu et adopté.

— M. le Président proclame les noms des membres admis depuis la dernière séance, savoir :

MM.	PRÉSENTATEURS.
BARRE DE NANTEUIL (baron de la), propriétaire, à Portillon, près Tours (Indre-et-Loire).	J. Cornely. H. Labarraque. P. A. Pichot.
BRUYÈRE (Ernest), propriétaire, à Pont-Saint-Esprit (Gard).	A. Masson. C. Millet. E. Renard.
BRUYÈRE (Robert), propriétaire, à Pont-Saint-Esprit (Gard).	A. Masson. C. Millet. E. Renard.
CROUZAT (Léon), propriétaire, à Ventenac-d'Aude, canton de Ginestas (Aude).	Balmes. Dupin. H. Labarraque.
DAVILLIER (Maurice), banquier, avenue de Messine, à Paris.	A. Geoffroy Saint-Hilaire. Saint-Yves Ménard. Rodocanachi.
DELORE père (Eugène), banquier, 74, faubourg Saint-Martin, à Paris.	A. André. A. André. E. Bocquet.
FORGET (Georges), propriétaire, à la Terre de Gourvillette, par Beauvais-sur-Matha (Charente-Inférieure).	P. Gélot. H. Labarraque. Ch. Paquetau.
FOY (comte Fernand), propriétaire, 85, faubourg Saint-Honoré, à Paris.	Dupin. Baron Gérard. Marquis de Selve.

MM.	PRÉSENTATEURS.
LAGORBE (Eug.), propriétaire, à Laplacette, commune de Cayrols, canton de Saint-Mamet (Cantal).	Dessirier. H. Labarraque. Trepsat.
MUIZON (Maurice de), 34, rue de Lille, à Paris.	Comte de Ginestous. De Glatigny. C. Millet.
RAMBAUD (Antonin), propriétaire, 13, rue d'Antin, Paris.	Dupin. H. Labarraque. A. Salmon.
SAURY (Émile), pharmacien, à Aurillac (Cantal).	Dessirier. H. Labarraque. Trepsat.
SOUILLIER (Jules-Maurice), propriétaire, à Bazancourt (Marne).	H. Labarraque. E. Leroy. P. A. Pichot.

Le Conseil a en outre admis au nombre des sociétés agrégées :

LE COMMISSARIAT NATIONAL D'AGRICULTURE DES ÉTATS-UNIS DE COLOMBIE.

— M. Vincens adresse des remerciements au sujet de sa récente admission.

— Des demandes de cheptels sont adressées par MM. Cambon, Charlot, Liénard, Quyo et le docteur Vincens.

— M. Robin, sénateur, président de la Commission chargée d'étudier les voies et moyens de repeupler les cours d'eau de France, écrit sous la date du 6 février : « J'ai l'honneur d'accuser réception de la lettre par laquelle la Société d'acclimatation me signale certaines tolérances administratives en matière de pêche, qui lui paraissent regrettables.

» La Commission sénatoriale sur le repeuplement des eaux prend bonne note des faits que cette lettre soumet à son appréciation. Le résultat d'une vaste enquête comme celle que nous poursuivons devra être la refonte complète de la législation qui régit la pêche ; c'est en ce sens que les communications de ce genre sont appréciées par la Commission, au nom de laquelle je remercie la Société d'acclimatation. »

— M. le docteur F. Blanchet, président de la Société nantaise d'horticulture, annonce la nomination, dans le sein de cette Société, d'une Commission chargée de recueillir des renseignements aussi complets que possible sur les conséquences des froids que nous venons de traverser, au point de vue de l'horticulture et de l'agriculture, et de consigner ces renseignements dans un rapport à la fois historique et scientifique.

— M. de Confévron écrit de Saint-Jean-de-Maurienne : « Il serait intéressant au point de vue de l'ornithologie, comme à celui de l'acclimatation, de rechercher à quelle époque les Pigeons ramiers sont arrivés à Paris, ce qui a pu les y attirer, les y retenir, les y acclimater en quelque sorte, et les faire vivre et se reproduire au milieu du bruit, du mouvement, dans nos promenades publiques, contrairement aux mœurs et et aux habitudes de cette espèce d'oiseaux naturellement sauvage, qui recherche ordinairement les bois profonds, ombreux et solitaires, et qu'on ne trouve guère que là, si ce n'est à Paris : aux Tuileries, au Palais-Royal, etc.

» Je prie donc ceux de nos confrères que cette question peut intéresser et qui sont mieux que moi à même et capables de la résoudre, de vouloir bien s'en occuper.

» Il ne serait pas moins intéressant de rechercher où nichaient les Hirondelles qui habitaient certainement notre climat avant que les maisons, les édifices, aient affecté la forme et les dimensions actuelles, alors qu'il n'y avait que des huttes de terre peu élevées.

» Il est à remarquer, en effet, que ces oiseaux, qui reviennent chez nous avec le printemps, construisent exclusivement leurs nids contre les maisons ou édifices publics, aux angles des fenêtres, contre les poutres, dans les hangars ou les remises ouvertes.

» Il y en a bien qui construisent leurs nids contre les rochers, mais elles appartiennent à une espèce spéciale.

» La construction des maisons ayant donné aux Hirondelles des moyens faciles d'établir leurs nids, ont-elles donc abandonné leurs habitudes premières? Quelles étaient-elles? Ont-elles été attirées chez nous par l'élévation des cités, et leur présence ne remonte-t-elle pas au delà de la période historique? »

— M. le Secrétaire général communique l'extrait suivant d'une lettre qui lui est adressée par M. Le Bihan, de La Tour à l'Oiseau, par Chauvigny (Vienne) :

« .... Mes Perruches ondulées ont si bravement supporté cet hiver rigoureux qu'elles sont en ce moment toutes occupées, les unes à nourrir leurs petits, les autres à couver ; et j'en ai un très grand nombre de couples extrêmement beaux.

» Toutes mes autres espèces de Perruches ont également très bien résisté aux froids si rudes cette année. Mes Loris scapulaires (*Aprosmictus scapulatus*) semblent déjà s'occuper de leur nid. Mes Perruches de Swainson s'accouplent ; la femelle de palliceps ne sort pas de sa bûche..... »

— M. Jacquemart-Ponsin demande à être compris dans la distribution d'œufs de Canard du Labrador généreusement mis à la disposition de la Société par M. Garnot. Notre confrère ajoute : « Les Saumons de Californie que je dois à l'obligeance de la Société prospèrent admirablement jusqu'ici, et sont bien plus gros que des truites du même âge. »

— M. Raveret-Wattel communique l'extrait suivant d'une lettre qui lui est adressée d'Australie par Sir Samuel Wilson :

« J'ai le plaisir de vous informer que des Saumons de Californie ont déjà été capturés dans plusieurs des affluents du Yarra, ainsi que dans l'estuaire de ce fleuve, et dans quelques autres cours d'eau. Un de ces Saumons, qui proviennent de nos alevins, pesait 2 livres; un autre, 2 livres et demie. Ils paraissent remonter pour aller frayer dans le voisinage des sources.

» Les quelques individus que j'ai conservés en étang se sont bien développés; mais moins vite naturellement que les autres.

» J'espère que vos efforts pour introduire en France ce précieux poisson seront couronnés de succès, surtout en ce qui concerne les cours d'eau tributaires de la Méditerranée, où le Saumon est aujourd'hui inconnu. Je vous serai très obligé de vouloir bien me tenir au courant des résultats obtenus. »

— M. le Secrétaire communique également la lettre ci-après qui lui est adressée de Hambourg : « Vous apprendrez sans doute avec intérêt que la côte Est du Schleswig, depuis la frontière du Jutland jusque vers Angelm, a été choisie pour la création de vastes bancs d'huîtres que l'on espère y voir prospérer. Les travaux préparatoires commenceront au mois de mars prochain. Environ 2 millions d'huîtres d'un an ou deux ans seront déposés aux endroits reconnus les plus favorables. La petite huître américaine, qui paraît être acclimatée sur les fonds calcaires du Petit-Belt a été choisie pour les premiers essais de mise en culture de la côte orientale... » (L'huître américaine mentionnée dans cette lettre est l'huître dite de Virginie (*Ostrea virginica*), qui plus rustique et plus prolifique que l'huître ordinaire, se trouve particulièrement indiquée pour des essais de repeuplement).

— M. Wailly adresse un mémoire sur ses éducations de divers Bombyciens séricigènes. (Voy. au *Bulletin*).

— M. de Conféron écrit de Saint-Jean-de-Maurienne : « Dire que les plantes des Alpes, auxquelles l'air frais et raréfié de leur lieu d'origine n'est pas indispensable (c'est-à-dire celles qui peuvent être cultivées), ont besoin d'être couvertes avec soin pendant l'hiver, semble un paradoxe. Rien n'est plus vrai cependant.

» Les plantes des Alpes, en effet, croissent bien spontanément sur les hauts sommets où règne en hiver le froid le plus intense ; mais à cette époque elles sont recouvertes d'un épais manteau de neige, qui ne les abandonne que très tard, quand le soleil est déjà chaud et qu'aucun retour du froid n'est à craindre. Engourdies jusque-là, c'est seulement alors que commence pour elles une végétation très active, et la floraison a lieu promptement.

» Dans les jardins, au contraire, souvent dépourvues de neige, exposées au froid sur la terre nue, elles sont soumises aux végétations reprises et interrompues ainsi qu'à toutes les vicissitudes des gelées et des dégels, ce qui les fait périr.

» Ceci dit pour ceux de nos confrères qui voudraient se livrer à la culture de ces plantes très intéressantes. »

— M. Boisvert écrit de Beaupuy, près Marmande (Lot-et-Garonne) : « Dans les premiers jours du mois de juin dernier vous avez bien voulu m'adresser, sur ma demande, des graines de Coton du Japon.

» J'ai fait le semis les 12 et 13 juin :

» 1° Dans de petits pots qui ont été placés sur couche et sous châssis ;

» 2° Dans un jardin à Beaupuy, canton de Marmande ;

» 3° A Coussan, commune de Marmande, et à l'Ile, commune de Fourques, canton du Mas d'Agenois, dans des terrains d'alluvion préparés pour la culture du Tabac.

» Les graines ont bien levé.

» Les plantes nées sous châssis ont été mises en pleine terre, après la venue de plusieurs feuilles.

» Les semis en grande culture ont été sarclés, éclaircis, chaussés.

» Des fleurs se sont formées et ouvertes, mais aucune n'a pu nouer avant les gelées d'octobre. C'est, en conséquence, un insuccès complet que je dois vous signaler. »

— M. de Montrol fait connaître que les pluies torrentielles de l'été dernier ont nui à ses cultures de Maïs et de Tomate du Mexique. Les Bambous ont seuls prospéré. Les échantillons de céréales provenant de l'Exposition ont été semés dans de bonnes conditions. Notre confrère fera, à l'automne prochain, connaître les résultats obtenus.

— Cheptels. — Des comptes rendus sur la situation de leurs cheptels sont adressés par plusieurs de nos confrères, savoir :

— M. Brucker.— *Faisans versicolores* : « J'ai encore obtenu cette année beaucoup d'œufs ; mais, comme l'année dernière, ils étaient tous clairs. En outre, cette fois, la ponte a été moins suivie, moins régulière, à ce point qu'elle s'est prolongée jusqu'en septembre. Je n'avais fait nul cas des œufs pondus en août ; voyant encore quelques œufs en septembre, je les mis en incubation : essai aussi infructueux que les précédents.

» La troisième année offrira-t-elle plus de chance de réussite? Je ne le pense pas, si nous restons dans les mêmes conditions de sujets. La cause d'infécondation, à mon avis, est la trop grande ardeur du mâle qui, n'ayant qu'une seule femelle, la pourchasse même en cette saison comme au temps des accouplements; à ce moment elle est mutilée plutôt que cochée.

» Je proposerais donc à la Société soit d'ajouter une autre femelle versicolore à ce couple, soit de me permettre de lui adjoindre une faisane ordinaire, soit enfin de reprendre le cheptel.

» Je regrette d'avoir à constater si peu de succès de la part d'oiseaux que nous soignons avec sollicitude depuis deux ans; du reste, ils se sont maintenus en parfait état de santé jusqu'à ce jour.

» Permettez-moi d'attirer l'attention de la Société sur la nécessité d'adjoindre au moins deux femelles à des coqs un peu vigoureux; je ne réussis mes Faisans vénérés qu'à cette condition. »

— M. Bernardos, de Saint-Brieuc. — *Faisans argentés :* Les deux oiseaux sont toujours en bon état; mais la femelle n'a donné que des œufs clairs.

— M. E. Dessirier. — *Colins de Californie :* Le couple est en bon état de santé; la ponte a été abondante; mais aucun œuf n'était fécondé.

— M. Julien Plaut. — *Poules de Crèvecœur :* Annonce le renvoi des deux oiseaux survivants du lot qui lui avait été confié.

— M. Desvismes. — *Canards de Bahama :* Un des deux oiseaux vient de mourir.

— A l'occasion de la lettre de M. de Confévron relative à la nidification des Hirondelles, M. Raveret-Wattel signale certaines modifications qui ont été constatées en Australie dans la manière de nicher de l'Hirondelle (*Hirundo frontalis*) et du Martinet (*Lagenoplastes Ariel*) de ce pays, depuis l'arrivée des Européens. Le Friquet (*Fringilla montana*), introduit dans la colonie de Victoria par les soins de la Société d'Acclimatation, a également changé ses habitudes sous ce nouveau climat. Une modification très remarquable également est celle observée dans le régime alimentaire d'un Lépidoptère nocturne du genre *Agarista*, dont la Chenille, autrefois polyphage, ne vit plus que sur la Vigne depuis que cette plante a été introduite en Australie. En Europe, des faits analogues ont été constatés; à Rouen, M. Pouchet a remarqué que les Moineaux ont, depuis un certain nombre d'années, perfectionné la construction de leurs nids, qui sont plus sûrs et plus confortables pour les couvées.

M. Maurice Girard rappelle qu'en Europe, et notamment en France, la chenille du *Sphinx atropos*, qui vivait autrefois sur le Jasmin et sur diverses Solanées sauvages, ne se trouve plus guère que sur la Pomme de terre, depuis que cette plante est entrée dans la grande culture.

M. Raveret-Wattel dit à ce sujet que certains entomologistes anglais admettent l'existence de deux races différentes chez le *Sphinx atropos*, l'une vivant exclusivement sur le Jasmin, l'autre sur la Pomme de terre.

M. le Président fait remarquer que le changement de nourriture observé s'explique tout naturellement par ce fait incontestable que les animaux ont des goûts et des préférences pour telle ou telle substance nutritive. Un fait moins généralement admis c'est que les animaux soient susceptibles d'un certain progrès; on les regarde comme agissant d'une manière purement instinctive, et on leur refuse l'intervention du raisonnement dans leurs actes. Or, de nombreux faits démontrent qu'il n'en est pas ainsi, que les animaux apprécient très bien certaines conditions extérieures et agissent d'après ces conditions, comme le ferait un individu raisonnant très logiquement.

M. Millet s'étonnerait qu'on ait réellement pu s'apercevoir de modifications dans le mode de nidification du Moineau franc, attendu que cet oiseau a différentes manières de nicher suivant les circonstances, tout en prenant soin, d'ailleurs, de toujours construire son nid de façon à le rendre le plus confortable possible. Ainsi, par exemple, quand il s'installe dans un nichoir artificiel dont l'ouverture est dirigée vers le Nord, il ne manque pas d'élever une sorte de muraille pour se protéger contre l'action du vent. Quant au Friquet, il se montre, en général, moins sauvage que l'ont avancé certains auteurs ; on le voit nicher très fréquemment au milieu même des villages.

M. le Président fait observer qu'il ne paraît pas en être toujours ainsi ; qu'en Alsace, par exemple, le Moineau franc est seul à s'approcher des habitations, et que le Friquet ne se rencontre qu'assez loin des villages.

Comme exemple de la manifestation de l'instinct qui amène les animaux inférieurs eux-mêmes, notamment les Insectes, à modifier leurs habitudes d'après les nouvelles conditions dans lesquelles ils se trouvent placés par le fait de l'homme, M. Maurice Girard cite l'observation, faite à la Nouvelle-Calédonie, d'une Mégachile qui avait logé son nid dans le trou d'une serrure, ayant parfaitement su reconnaître que le choix de cette installation lui épargnerait beaucoup de travail.

— M. Renard place sous les yeux de l'Assemblée un échantillon d'une plante qui lui est adressée du Japon et qu'il croit être une Mousse. Les frondes de cette plante, fort élégante d'ailleurs, sont remarquables par leur extrême ténacité. L'échantillon sera envoyé au Muséum pour y être déterminé.

— M. Berthoule fait connaître que l'état des œufs de Saumon des lacs envoyés récemment de New-York et confiés à ses soins, lui fait craindre une non réussite. Le mode d'emballage de cet envoi laissait à désirer, et les œufs ont eu à en souffrir pendant le voyage. Déjà beaucoup de ces œufs ont dû être jetés, et les sept ou huit mille qui restent n'arriveront peut-être pas davantage à éclosion. Mais, quel que puisse être le résultat final, ajoute M. Berthoule, notre Société n'en doit pas moins de reconnaissance à la Commission des pêcheries américaines pour le nouvel et si généreux envoi qu'elle vient de nous faire.

— M. de Sémallé annonce que les froids rigoureux de cet hiver ont malheureusement fait périr tous les Cochons d'Inde qui s'étaient multipliés en liberté dans une de ses propriétés.

— M. le Secrétaire général dépose sur le bureau, de la part de M. Pierson, des semences et des échantillons du bois de divers arbres de l'Amérique du Sud (République argentine, provinces de la Rioza et de Cordoba), savoir :

1° De *Quebracho blanco*, dont le bois est blanc et assez semblable à celui du Hêtre. L'arbre, assez joli, ne dépasse guère 50 à 60 centimètres de diamètre et 10 à 12 mètres de hauteur. Les semences ont été récoltées dans les llanos de la province de la Rioza, où le climat est comparable à celui de l'Algérie du nord.

2° De *Quebracho cotorado*, qui donne des bois de charpente excellents, beaucoup plus durs que le Chêne et ne pourrissant pas dans la terre. Ils sont employés, de préférence à toute autre espèce, pour les traverses de chemins de fer. Le bois et l'écorce (d'un rouge très vif) contiennent beaucoup de tannin et sont employés dans les tanneries du pays. On en exporte, dit-on, d'assez grandes quantités en Europe. Les semences proviennent de la province de Cordoba ; elles ont été récoltées sur des collines assez arides formées de gneiss. Le climat est celui de la Provence et du nord de l'Algérie.

3° D'*Algarobo* (*Prosopis alba*). Arbre magnifique dont la hauteur atteint 20 et 25 mètres et le diamètre du tronc 1m50 ; donne d'excellents bois de construction, très durs et qui pourrissent très difficilement. Le fruit, qui est une gousse très sucrée, constitue une excellente nourriture pour les Chevaux et les Mules, qui en sont très friands. Il en existe deux variétés principales : la *Blanca* et la *Negra*, que l'on mélange pour les donner aux animaux. Cet arbre croît dans les terrains les plus arides et dans une région où il pleut très rarement. Climat analogue à celui de la Provence et du Nord de l'Algérie.

Avec les gousses de l'*Algarobo blanco* les Indiens de la province de la Rioza préparent le *Patay*, sorte de pâte qui, avec le maïs, constitue la base de leur nourriture pendant une partie de l'année. En faisant fermenter l'Algarobo, ils préparent une liqueur nommée *Chicha*, qui, lorsqu'elle est fraîche est assez agréable à boire et devient ensuite forte et capiteuse.

Dans son ouvrage sur la République argentine, M. Martin de Moussy donne des détails très complets sur ces divers arbres.

— M. Carbonnier annonce que les 4,000 œufs de Saumon de Californie qu'il a reçus de la Société au mois de novembre dernier ont parfaitement réussi ; les alevins, très vigoureux, sont parfaitement en état de subvenir eux-mêmes à leurs besoins. Notre confrère, qui se propose de les verser dans la Seine, à l'endroit dit l'abreuvoir du Louvre, le 21 février courant, prie M. le Président de vouloir bien déléguer quelques membres de la Société pour assister à l'opération.

M. Berthoule considère comme étant d'un choix regrettable l'endroit où seront déposés les alevins, lesquels, en raison de la hauteur de l'eau, de son manque de pureté, de l'état des berges, etc., ne trouveront ni la sécurité désirable, ni la nourriture dont ils ont besoin. Notre confrère estime qu'au point de vue des chances de réussite et de l'intérêt de l'expérience, il importerait de verser ces alevins dans un des cours d'eau tributaires de la Méditerranée. Si l'on tient toutefois à les essayer dans la Seine, il conviendrait de les placer dans un petit affluent, où ils trouveraient des conditions d'existence beaucoup moins défavorables que dans les eaux limoneuses du fleuve.

M. Millet croit également qu'il importerait de placer les alevins dans un milieu se rapprochant autant que possible des conditions naturelles, c'est-à-dire dans une eau fraîche (de 9 à 11 degrés), limpide, peu profonde et riche en animalcules propres à la nourriture des jeunes poissons. Dans la Seine, les Saumoneaux ne rencontreront aucune de ces conditions favorables, et, de plus, ils y seront exposés à la voracité des poissons carnassiers, tels que les Brochets, les Perches et surtout les Anguilles.

M. Carbonnier ne partage pas ces craintes sur l'issue de l'expérience ; il ne croit pas que les poissons carnassiers soient nombreux dans la Seine, au moins dans la traversée de Paris. Il considère d'ailleurs comme intéressant de vérifier par cet essai l'exactitude des renseignements donnés sur la rusticité du Saumon de Californie. Notre confrère ajoute que M. Lamouroux, membre du Conseil municipal, et M. Baurin, chef du bureau des pêches au ministère des travaux publics doivent assister à la mise en liberté des alevins, et que, par suite de la date trop prochaine fixée pour l'opération, il ne lui est plus possible de modifier les dispositions arrêtées.

M. Maurice Girard pense que les pêcheurs pourront contribuer pour le moins autant que les Brochets et les Perches à la destruction des alevins.

M. le Président prie M. Carbonnier de vouloir bien tenir compte des observations qui viennent d'être faites, la Société s'en rapportant d'ailleurs à son expérience.

— M. Maurice Girard fait la communication suivante : — « Il m'a été remis par M. Lespinasse, de la part de notre collègue, M. Francisco Vincent, de Séville (Espagne), des Orthoptères qui ont ravagé en Andalousie les oliviers, en juillet 1879, et détruit les plantations de ces arbres, malgré leur dur feuillage. Ce sont des Acridiens ou Criquets, tribu à migrations dévastatrices ; ils sont voisins de nos Œdipodes à ailes inférieures rouges ou bleues, mais plus gros, et constituent l'espèce appelée *Stauronotus cruciatus*, Fabr., qui existe en Algérie et dont les dévastations ont été signalées par les auteurs, tant en Espagne que dans l'Asie mineure. Ce Criquet a l'abdomen jaune, le corselet marqué d'une sorte de croix noirâtre, les cuisses postérieures rouges et munies de crénelures, les pseudélytres ou ailes supérieures d'un gris jaunâtre avec des bandes noirâtres, les ailes inférieures incolores ; ces ailes, plus grandes que les supérieures, sont plissées en éventail chez les Acridiens comme chez les autres Orthoptères propres. »

— M. Berthoule donne quelques détails sur un appareil de l'invention de M. H. S. Ditten, pharmacien, à Christiania, pour la reproduction du Homard. Cet appareil, dont un modèle réduit est déposé sur le bureau, consiste en une sorte de caisse flottante, à claire-voie, dans laquelle on enferme des femelles quelque temps avant la ponte. M. Berthoule fait remarquer que cet appareil offre bien l'avantage de tenir en sûreté les femelles pendant la durée de l'incubation des œufs, mais que les larves ou phyllosomes s'échappant aussitôt après l'éclosion par les claires-voies de la caisse, ne peuvent être protégées et sont perdues pour l'éleveur.

M. Millet pense que cet appareil pourrait néanmoins rendre quelques services, étant employé comme une sorte de frayère artificielle, car des appareils analogues sont déjà utilisés depuis longtemps dans les eaux douces pour la propagation des Écrevisses.

— M. le Secrétaire général dépose sur le bureau une notice de M. le docteur Boudard, de Gannat, sur les résultats avantageux obtenus pour l'allaitement des enfants, de l'emploi de chèvres spécialement dressées à cet usage.

— M. Geoffroy Saint-Hilaire donne ensuite lecture d'une lettre par laquelle M. le marquis d'Hervey de Saint-Denys rend compte de ses observations sur le degré de résistance des Talégalles au froid de nos hivers. (Voy. au *Bulletin*).

1° *Rapport de M. A. Robert de Goderville sur la question des traités de Douanes.* — Rouen 1879, in-4°.

2° *L'Agriculture et la liberté commerciale*, par M. E. Raoul Duval. — Paris 1880, in-18.

3° *Traitement des vignes phylloxérées par le sulfure de carbone. — Rapport sur les expériences et sur les applications en grande culture effectuées en* 1877, par M. A. F. Marion. — Paris 1878, in-4°

4° *La lutte contre le phylloxéra dans l'arrondissement de Toulon.* — Toulon 1880, in-8°. — Offert par le Comité d'études. et de vigilance de l'arrondissement de Toulon.

5° *Nouveau système d'enseignement national, gratuit et obligatoire, considéré surtout au point de vue des intérêts agricoles*, par L. Fabre. — Carpentras 1879, in-18. — Offert par l'auteur.

6° *Prontuario filoxerico, dedicado a los viticultores españoles y delegados oficiales*, par M. Mariano de la Paz Graells. — Madrid 1879, in-8°. — Offert par l'auteur.

Le Secrétaire du Conseil.

C. RAVERET-WATTEL.

IV. BIBLIOGRAPHIE

I

Les Orchidées, culture, propagation, nomenclature, par G. Delchevalerie. 1 vol. in-12, 132 pages, avec gravures. (Bibliothèque du Jardinier.). Librairie agricole, 26, rue Jacob.

Dans le petit ouvrage de vulgarisation que vient de publier M. Delchevalerie, l'habile et savant directeur des jardins royaux et publics de l'Égypte, l'on trouve des détails intéressants : sur l'établissement des serres à Orchidées, soit pour celles qui viennent de l'Inde et des parties chaudes du globe, soit pour celles des zones plus tempérées et même froides; sur la manière de traiter ces plantes à leur arrivée en Europe, sur la culture en serre, leur multiplication et propagation par semis, division et boutures, etc. Vient ensuite une revue détaillée, fort claire, des genres et des espèces qu'il conviendrait de cultiver dans les collections d'amateurs.

Ce travail est accompagné de 32 gravures très bien dessinées et donnant une idée exacte de ces végétaux bizarres, et, par suite fort difficiles à reproduire.

Comme le dit l'auteur, si l'on juge que celles de ces plantes qui exigent la serre chaude entraînent des frais d'installation et de chauffage trop considérables, il en est un grand nombre auxquelles suffit la serre tempérée ou même la serre tempérée-froide, et qui néanmoins ne le cèdent en rien aux premières pour l'éclat et la beauté.

C'est aussi vers les Orchidées de serre froide que nous désirerions voir se porter de préférence l'attention des horticulteurs.

II. — Journaux et Revues.

(Analyse des principaux articles se rattachant aux travaux de la Société.)

Comptes-rendus des séances de l'Académie des Sciences.
(Gauthier-Villars, 55, quai des Augustins.)

9 Février 1880. — *Sur les maladies virulentes et en particulier sur la maladie appelée vulgairement* choléra des poules.

Les maladies virulentes comptent parmi les plus grands fléaux. Pour s'en convaincre, il suffit de nommer la rougeole, la morve, le charbon, la fièvre jaune, le typhus, la peste bovine. A la suite de mes études sur les organismes microscopiques, et de la culture que j'ai faite de ces petits êtres dans des milieux artificiels (1857), on s'empressa de rechercher si les virus et les contages ne seraient pas des êtres animés. Le Dr Davaine (1863) s'efforça de mettre en évidence les fonctions de la bactéridie du Charbon qu'il avait aperçue dès l'année 1850, et l'étiologie de plusieurs autres maladies fut rapportée à l'existence de ferments microscopiques. Aujourd'hui, les esprits les plus rebelles à la théorie des germes sont ébranlés. Toutefois, dans la grande majorité des maladies virulentes, le virus n'a pu être isolé, encore moins démontré *vivant*, par la méthode des cultures.

En outre, l'histoire de ces maladies présente des circonstances extraordinaires, au nombre desquelles il faut mettre en première ligne l'absence de récidive. N'est-il pas surprenant d'observer que la vaccine (maladie virulente elle-même) préserve et de la vaccine et d'une maladie plus grave, la petite vérole ? Le fait de la vaccine est unique, mais le fait de la non-récidive des maladies virulentes paraît général. L'organisme n'éprouve pas deux fois les effets de la rougeole, de la scarlatine, du typhus, de la peste, etc., du moins l'immunité persiste pendant un temps plus ou moins long.

Parfois, se déclare dans les basses-cours une maladie désastreuse qu'on désigne vulgairement sous le nom de *Choléra des poules*. L'animal en proie à cette affection est sans force, chancelant, les ailes tombantes. Les plumes du corps, soulevées, lui donnent la forme en boule. Une somnolence invincible l'accable. Le plus souvent la mort arrive sans que l'animal ait changé de place, après une muette agonie. La maladie est produite par un organisme microscopique, lequel aurait été soupçonné en premier lieu par M. Moritz, vétérinaire dans la Haute-Alsace, mieux figuré en 1878 par M. Peroncito, vétérinaire à Turin, et enfin retrouvé en 1879 par M. Toussaint, professeur à l'École vétérinaire de Toulouse, qui a démontré, par la culture du petit organisme dans de l'urine neutralisée, que celui-ci était l'auteur de la virulence du sang.

Mais j'ai reconnu qu'un milieu de culture bien mieux approprié à la vie du Microbe du Choléra des poules, c'est le bouillon de muscles de poule, neutralisé par la potasse et rendu stérile par une température supérieure à 100° (110 à 115°). En quelques heures, le bouillon le plus limpide commence à se troubler et se trouve rempli d'une multitude infinie de petits articles d'une ténuité extrême, légèrement étranglés à leur milieu, et qu'à première vue on prendrait pour des points isolés. La virulence est si grande que, par l'inoculation d'une minime fraction de goutte d'une culture sur une poule, dix-huit fois sur vingt, la mort arrive en deux ou trois jours, et le plus souvent en moins de vingt-quatre heures. Quelques gouttes d'une culture déposées sur du pain ou de la viande qu'on donne à manger à des poules, suffisent pour faire pénétrer le mal par le canal intestinal, où le petit organisme microscopique se cultive en si grande abondance, que les excréments des poules ainsi infectés font périr les individus auxquels on les inocule. Evidemment, c'est surtout par les excréments que se propage dans les basses-cours la très grave maladie qui nous occupe.

On peut donc l'arrêter, en isolant, pour quelques jours seulement, les animaux, et en lavant la basse-cour à très grande eau, acidulée avec un peu d'acide sulfurique.

D'autre part, je crois pouvoir dire déjà que, par un certain changement dans le mode de culture, on peut faire que le Microbe infectieux soit diminué dans sa virulence; néanmoins je demande, pour le moment, la liberté de ne pas aller plus loin dans ma confidence..... Sous le premier de ses états, le microbe inoculé peut tuer vingt fois sur vingt; avec le virus atténué, toutes les poules seront malades, mais elles ne mourront pas, et si plus tard, on leur inocule le virus très infectieux, cette fois il ne tuera pas. La maladie aurait par conséquent le caractère des maladies virulentes, maladies qui ne récidivent pas, et le microbe affaibli se comporterait comme un vaccin, relativement à celui qui tue.

On peut donc avoir l'espoir : 1° d'obtenir des cultures artificielles de tous les virus; et 2° de trouver les virus-vaccins des maladies virulentes qui désolent l'humanité, et sont une des grandes plaies de l'agriculture dans l'élevage des animaux domestiques. (M. Pasteur.)

L'Illustration horticole, (J. Linden et Ed. André), Gand.

12e livr. de 1879. — Le *Cycas media.*

Le *Cycas media,* Rob Brown, Cycas moyen, dont le nom est celui que les anciens avaient donné à un petit palmier d'Ethiopie, est un petit arbre, (cycadées) qui peut acquérir trois ou quatre mètres de hauteur. On le trouve à l'état spontané dans l'Australie intertropicale, non loin de la mer; il y croît en société, assez fréquent sur les rochers et dans le sable des plages. Son tronc cylindrique est annelé et se couronne au sommet d'une belle tête compacte de frondes, dont la longueur ne dépasse guère un mètre, mais qui sont disposées d'une manière régulière et élégante. L'inflorescence mâle n'a pas été étudiée jusqu'à présent, mais les fleurs femelles sont connues. A leur maturité, les fruits atteignent la grosseur d'un œuf de poule.

Cette belle espèce, qui croît dans la région tempérée de la côte orientale de l'Australie, à la manière des palmiers robustes, sera une précieuse acquisition pour les serres froides, les jardins d'hiver peu chauffés et les jardins de plein air dans la région méditerranéenne. On vient d'en planter plusieurs pieds à Monte-Carlo.

Peu de végétaux peuvent rivaliser avec les Cycadées pour l'ornementation des jardins du midi. Il y a, dans le jardin public de Gênes, un très fort exemplaire de *Cycas revoluta,* orné d'une magnifique couronne de feuilles et mûrissant ses fruits. Les *Zamia* des parties chaudes de l'Amérique du nord, le *Dioon edule,* dont on mange les graines au Mexique, ainsi que les *Ceratozamia*, les *Encephalartos* de l'Afrique australe, les *Macrozamia* de la Nouvelle-Hollande, le *Cycas media,* et plusieurs autres espèces de cette belle famille sont destinés à fournir à ces contrées des ornements de premier ordre, aussi élégants qu'étranges. Il faudra seulement à ces plantes une préparation intelligente, avant de les exposer tout à fait aux intempéries atmosphériques, et nous ne conseillerons point de risquer les espèces de l'Amérique du Sud, comme les *Zamia Lindeni*, *Z. Roezlii* et autres. qui ne résisteraient pas. (Ed. André.)

III. — Publications nouvelles.

Leçons sur la physiologie et l'anatomie comparée de l'homme et des animaux, faites à la Faculté des sciences de Paris; par H. Milne Edwards, professeur honoraire au Muséum. T. XIII. Première partie· Fonctions de relation (suite). Actions nerveuses excito-motrices; animaux électriques; fonctions mentales. In-8°, p. 1 à 324. Paris, imp. Martinet; lib. G. Masson. L'ouvrage sera complet en 14 volumes.

De l'utilité des algues marines, par Alexandre Saint-Yves. In-8° 61 p. Paris, imp. Martinet; lib. Berthier.

Les Arts textiles à l'Exposition universelle de 1878. Première partie : la Soie, le Coton, la Laine, le Chanvre, le Phormium, le Jute. Deuxième partie : les Tissus réticulaires. Rapport, par M. Alfred Renouard fils, filateur de lin. In-8°, 217 p. avec 6 planches et 9 fig. Paris, imp. et lib. Lacroix, 10 francs.

Le Jardinier des petits jardins, indiquant la manière de cultiver les plantes potagères, le choix, la plantation, la greffe et la taille des arbres fruitiers, et donnant toutes les notions pour former un jardin d'agrément, etc· par Rousselon et Vibert In-18 jésus, 228 p. Corbeil, imp. Crété fils; Paris, lib. Lefèvre.

Le Chêne yeuse ou Chêne vert dans le Gard, par M. M. Regimbeau, inspecteur des forêts. In-18 jésus, 164 p. et 8 planches. Nîmes, impr. Jouve.

Les semis de vignes américaines, par le vicomte de Gironde. In-18 jésus, 32 p. et planche. Montauban, impr. Forestié.

Le Gérant : Jules Grisard.

PARIS. — IMPRIMERIE DE E. MARTINET, RUE MIGNON. 2.

REPRODUCTION EN LIBERTÉ DES TALÉGALLES DE LATHAM

Lettre adressée à M. le Président de la Société d'Acclimatation

Par M. le Marquis D'HERVEY DE SAINT-DENYS

Monsieur le Président,

J'ai le chagrin d'avoir à vous donner aujourd'hui de tristes nouvelles, et si je ne puis regretter d'avoir accompli une expérience d'acclimatation dans des circonstances rigoureuses, le résultat définitif n'est pas moins affligeant à constater.

Vous vous rappellerez que, depuis l'année 1873, j'ai tenté *l'acclimatation des Talégalles en pleine liberté*, dans le parc du Bréau-sous-Nappes (département de Seine-et-Oise). Les premiers essais ne furent pas concluants, parce que le coq talégalle qui m'avait été confié en cheptel, ayant des habitudes de domesticité invétérées, venait sans cesse dans la basse-cour, et surtout n'oubliait pas de s'y trouver aux heures où des distributions de grain étaient faites; mais ce coq fut échangé, et bientôt les talégalles, mâle et femelle, cessèrent de se montrer près des habitations. L'hiver qui suivit ayant été très doux, ils le passèrent comme l'été, cachés dans les bois et sans qu'on leur fournît aucune nourriture. Dès lors ils vécurent de leur vie propre, comme les autres oiseaux du parc, et le premier problème de leur existence à l'état sauvage fut très heureusement résolu.

La reproduction toutefois fut retardée, ou tout au moins très contrariée, au début de ces expériences, par une circonstance importante à notifier. J'avais pensé qu'un coq talégalle pourrait être associé avantageusement à plusieurs poules, comme pour les gallinacés en général, et je m'étais procuré deux poules, en outre de celles que la Société m'avait confiées;

mais cette association eut les plus mauvais résultats. Il y avait des batailles continuelles. Certaines femelles étaient maltraitées par les mâles, et l'entretien des nids souffrait beaucoup de ce désordre. J'appariai donc définitivement les oiseaux deux par deux et, l'année suivante, j'eus la satisfaction de voir courir dans les bois des nouveau-nés, gros comme des merles ou des corbeaux, aussi sauvages et aussi farouches que ces oiseaux pour lesquels on les avait pris d'abord.

Je vous ai tenu au courant de ce premier succès. La Société voulut bien m'en témoigner sa satisfaction en me faisant l'honneur de me décerner une médaille de première classe. Encore un ou deux étés et j'entrevoyais déjà le parc du Bréau littéralement peuplé de talégalles, mais hélas ! c'est ici que je touche au triste dénouement qu'il me reste à vous raconter.

Des neiges d'une abondance extrême sont tombées en décembre dernier. Elles ont recouvert le sol, à la campagne, sur une épaisseur moyenne de 30 centimètres, et cette couche de neige s'est maintenue pendant plus d'un mois sans le moindre dégel, c'est-à-dire sans la moindre interruption. Je me suis préoccupé naturellement de mes talégalles ; j'ai fait balayer plusieurs places et semer du grain dans les endroits du parc où l'on supposait qu'ils pourraient venir, notamment autour des nids, mais sans qu'on eût jamais la satisfaction de reconnaître par des traces imprimées sur la neige que les talégalles aient fréquenté ces endroits plutôt que tous les autres habitants des bois. Le fait même de les avoir rendus si complètement sauvages ôtait tout moyen de les approcher et de les secourir. On eut alors le chagrin d'en trouver successivement dix-sept, tant jeunes que vieux, blottis, et comme enterrés dans des trous profonds qu'ils avaient creusés dans la neige et où ils étaient morts de faim et de froid, s'étant affaiblis, sans doute, par le jeûne plus promptement que les oiseaux indigènes, et n'ayant pu profiter des grains semés en leur intention. Le nombre des oiseaux morts que l'on a trouvé, m'a prouvé que la multiplication avait été beaucoup plus forte que je ne l'avais cru, ce qui s'explique aisément par ce fait, que, ne voyant jamais les talégalles en troupe, on imaginait souvent rencontrer le même oiseau, alors que c'en était un différent. La naissance de plusieurs devait remonter au moins à trois années, d'après l'aspect des pattes. Aujourd'hui tout est tristement changé. On n'en aperçoit plus aucun et il est à peu près certain que tous ont péri.

Peut-être me direz-vous que j'ai attendu trop longtemps (environ quinze jours) avant de faire balayer la neige et semer du grain en quelques endroits; mais il faut considérer que j'avais entrepris d'essayer l'acclimatation des Talégalles en pleine liberté, à l'état complètement sauvage, sans la moindre assistance d'aucune sorte; que depuis quatre ans cet essai avait parfaitement réussi, même avec des périodes passagères de neige, et que je n'ai commencé à m'inquiéter qu'en voyant cette longue durée de froid continu sans le moindre dégel, si contraire aux conditions ordinaires de notre climat.

Maintenant, si nous résumons la série des expériences accomplies dans le parc du Bréau depuis l'année 1873, tout en déplorant le désastre final, nous devrons du moins reconnaître que nous avons réuni un ensemble d'observations positives et des faits concluants absolument acquis, en ce qui regarde l'acclimatation des Talégalles à l'état sauvage sous la zone du climat de Paris.

1° Les deux premières années sont perdues en tâtonnements infructueux, par suite des habitudes domestiques d'un coq trop apprivoisé, et ensuite par le tort d'avoir donné plusieurs poules au même coq, au lieu d'apparier les oiseaux deux par deux; mais, aussitôt après avoir remédié très facilement à ce double obstacle, et dès l'année 1875, les Talégalles s'accoutument à vivre dans les bois, y deviennent tout à fait sauvages, et trouvent eux-mêmes leur nourriture, hiver comme été, grâce aux glands qu'il mangent en grande quantité, quand toute autre alimentation leur manque. Ils savent se garantir des renards, en se perchant la nuit, et même des chats sauvages, en choisissant pour se percher des branches très minces, le plus souvent placées au-dessus d'une pièce d'eau. Ils ne paraissent nullement souffrir du froid, aux jours les plus rudes de l'hiver; ils grattent facilement avec leurs fortes pattes une couche de neige ne dépassant pas l'épaisseur moyenne qu'on a coutume de lui voir dans notre climat. Ces faits sont démontrés par une expérience de quatre années consécutives.

2° En ce qui regarde l'état de fermentation permanente des nids, condition essentielle à l'éclosion de tous les œufs que les poules talégalles pondent et enfouissent sans interruption durant l'été (de manière que les petits naissent un à un et non pas par séries analogues aux couvées des autres oiseaux), il faudrait pour l'obtenir des alternatives fréquentes et continuelles de pluies et de chaleur, que ne comporte pas notre climat, et dont le défaut limitera nécessairement beaucoup dans nos bois la multiplication des Talégalles abandonnés à l'état sauvage. La preuve en est dans le grand nombre d'œufs fécondés et contenant des petits mort-nés, à différentes périodes de leur développement, que l'on trouve dans les nids en les fouillant vers la fin de l'automne ; mais la même expérience de quatre années, dont j'ai parlé plus haut, nous montre qu'un certain nombre d'œufs, très suffisant pour amener une multiplication sensible, ne rencontre pas moins l'ensemble des conditions nécessaires à son éclosion, et peuplerait, assez promptement, un parc, qui n'est pas une forêt, de la quantité de Talégalles qu'il peut renfermer et nourrir. — Le problème de l'acclimatation du Talégalle sous la zone de Paris semblerait donc tout résolu, et résolu de la manière la plus favorable, si la triste catastrophe de mes Talégalles du Bréau, cette année, ne venait indiquer définitivement la conclusion la plus opposée. — En effet, avec des hivers ordinaires, pendant un certain nombre d'années, les Talégalles vivront parfaitement à l'état sauvage dans un bois pourvu de chênes. Je ne le mets pas en doute. Ils ne chercheront pas à émigrer ; ils se multiplieront autant et plus que beaucoup d'autres oiseaux qui ne font qu'une nichée ; mais, à l'arrivée de l'un de ces hivers à grandes neiges dont le retour périodique est pour nous inévitable, toutes les générations précédentes seront fatalement détruites et tous les succès partiels mis à néant.

Remarquons toutefois, pour terminer, que malgré cette terrible et fatale éventualité d'une neige épaisse et persistante paraissant le seul obstacle à l'existence, sous le climat de Paris, des Talégalles à l'état sauvage, on pourrait vraisemblablement, en renouvelant dans quelques parties de l'Europe et même de la France méridionale les essais que j'ai faits dans le département de Seine-et-Oise, obtenir les résultats les plus heureux et les plus complets.

Note ajoutée pendant l'impression.

Dans un rapport que j'ai communiqué l'an dernier à la Société d'acclimatation, j'ai raconté comment les neiges persistantes de l'hiver 1878-1879 avaient fait mourir de faim (et non de froid), sans exception, tous les Tallégalles assez nombreux déjà qui s'étaient acclimatés ou multipliés, à l'*état sauvage*, dans mon parc de Bréau (Seine-et-Oise).

Le fait que la terre demeure couverte d'une neige très épaisse pendant un mois entier sans la moindre intermittence, étant un fait exceptionnel dans notre climat, je ne me suis pas laissé décourager. J'ai acquis un couple de Talégalles presque aussi privés que des poules domestiques. J'ai lâché ces oiseaux dans mes bois au mois d'avril 1879, avec l'espoir que, durant quelques années, nous n'aurions plus en perspective que des hivers ordinaires, tels que mes anciens Talégalles en ont traversés plusieurs, sans cesser de trouver eux-mêmes leur nourriture et sans aucune mortalité.

J'étais loin de prévoir que l'hiver 1879-1880 serait plus terrible encore que celui de l'année précédente et causerait de nouveaux désastres. Toutefois, au point de vue de l'expérience et des renseignements à tirer de cette nouvelle épreuve, peut-être apprendrez-vous avec quelque intérêt ce qui est advenu de mes oiseaux.

Tout d'abord le couple de Talégalles à demi domestiqués s'est accoutumé très vite à la liberté dans les bois durant la saison printanière. Deux nids ont été construits, et peu à peu les oiseaux ont cessé de s'approcher des habitations pour y chercher leur nourriture. L'été, très pluvieux, a manqué de chaleur. Ces conditions étaient défavorables à la fermentation des nids; cependant quatre ou cinq œufs sont éclos, et autant de petits Talégalles *absolument sauvages* se sont répandus dans les bois.

Décembre est arrivé. 50 à 60 centimètres de neige ont recouvert le sol pendant plus de six semaines et causé la famine pour tous les oiseaux. Mon couple de Talégalles élevé dans la domesticité s'est souvenu de son éducation première et s'est rapproché de la basse-cour. Tout en continuant de percher la nuit dans les arbres du parc, il est venu chaque jour se mêler aux poules pour prendre part aux distributions de grains. Les pattes de ces oiseaux ont souffert du froid ; elles étaient enflées et l'oiseau boitait, mais cet accident n'a été que passager.

Quant aux jeunes Talégalles nés durant l'été, on n'en voit plus aucun et plusieurs d'entre eux ont été trouvés morts de faim et de froid sur la neige, avec un grand nombre d'oiseaux indigènes, pies, geais et autres, qui n'ont pu résister à la rigueur de l'hiver.

Il me semble résulter de ces faits et de ceux que je relatai l'année dernière :

1° Que le Talégalle élevé en domesticité s'accoutume aisément à cette situation mixte de garder sa liberté complète tant qu'il peut trouver sa nourriture au dehors, et toutefois de reprendre le chemin de la basse-cour dès qu'il est menacé de mourir de faim;

2° Que le Talégalle né dans les bois devient, au contraire, aussi sauvage que les oiseaux indigènes, pies, geais, etc.

D'où cette conclusion, que la solution du problème à résoudre pour peupler un bois de Talégalles sauvages consisteterait peut-être à posséder toujours un ou deux couples de Talégalles élevés en domesticité, comme producteurs *réservistes* en cas d'hivers destructeurs, tout en laissant d'ailleurs les générations qui se développent à l'état sauvage courir toutes les chances des saisons bonnes ou mauvaises, et nous donner elles-mêmes le dernier mot de leur acclimatation définitive, si quelques couples vigoureux parviennent au même degré de résistance que nos espèces indigènes ou acclimatées depuis longtemps.

NOTE
SUR UNE NOUVELLE SOLANÉE
A TUBERCULES COMESTIBLES

Par M. A. DE SAINT-QUENTIN.

M. Félix de Saint-Quentin, mon oncle, ancien officier d'infanterie de marine, actuellement propriétaire dans le Médoc, qui, pendant quelques années, a exploité une *hacienda* ou établissement rural dans la république de l'Uruguay, m'a fait récemment parvenir une notice fort intéressante, que je reproduis textuellement plus loin, sur une nouvelle Solanée produisant des tubercules comestibles, qu'il a découverte et cultivée pendant son séjour dans l'Amérique du Sud. Cette plante qui croît spontanément sur les rives marécageuses de quelques rivières de la province de Mercédès, dans l'Uruguay, serait une précieuse acquisition pour l'agriculture européenne. En effet, ses produits spontanés et sauvages étant naturellement excellents, il est hors de doute que la culture raisonnée et la sélection les amèneraient peu à peu à un haut degré de perfection. Mais le principal motif qui m'engage à la signaler à l'attention de mes confrères et à la recommander tout particulièrement à la sollicitude de la section des végétaux, c'est son caractère de plante palustre qui la fait prospérer dans les terrains marécageux, terrains généralement improductifs, ou du moins d'un revenu insignifiant. Chacun sait que le *Solanum tuberosum*, ou Pomme de terre actuellement cultivée en Europe, se plaît surtout dans les terrains légers et bien drainés. Or, la nouvelle Solanée recherche, au contraire, les sols humides et bas. Il s'ensuit que, loin d'être une acquisition faisant double emploi avec sa congénère des Andes, cette plante en serait plutôt le complément pour les terres qui refusent de nourrir la première. Au surplus, la perpétuelle objection que font quelques personnes à nos travaux et qui consiste à dire, qu'ayant déjà tout ce qui suffit à nos besoins, nous n'avons que faire d'acquérir de nouveaux produits, est tellement absurde, que lors même que la nouvelle Pomme de terre de l'Uruguay exigerait les mêmes conditions de culture que l'autre, je n'hésiterais pas un instant à en recommander l'introduction, ne fût-ce que pour ajouter de la variété à nos matières alimentaires. Mais cette importation, si elle est couronnée de succès, aura des résultats bien plus considérables.

Grâce à cette plante, des surfaces impropres à la culture pourront être utilisées, et acquerront ainsi une valeur qui sera autant d'ajouté au capital agricole des pays d'Europe. En outre, la production des Pommes de terre se répartira d'une manière plus uniforme et plus générale, chacun pouvant, selon la nature de ses terres, employer une espèce ou l'autre.

La plante dont M. Félix de Saint-Quentin a, le premier, découvert les qualités comestibles, est considérée, par les gens du pays où elle croît, comme vénéneuse. Cette circonstance est à noter, et donne quelque valeur à la découverte de mon oncle. Cette Solanée n'est probablement pas limitée, du reste, au seul territoire de l'Uruguay. Elle doit, sans doute, se retrouver également dans la République Argentine et au Paraguay. J'insiste donc pour que la Société d'Acclimatation asse des démarches, soit auprès de MM. les ministres de ces trois Républiques à Paris, soit auprès de nos consuls dans le Sud-Amérique, dans le but de s'en procurer des graines en assez grande quantité. C'est en faisant, quand on le peut, des essais nombreux et sur une assez vaste échelle, que l'on obtiendra en acclimatation des résultats réels et sérieux.

Mon oncle, n'ayant conservé aucune relation avec la province de Mercédès, j'ai pris des mesures, en ce qui me concerne, pour me procurer des graines de la Solanée dont il s'agit, par l'intermédiaire de M. Gautier, armateur à Cette, qui a des correspondants dans la Plata, et qui s'est mis gracieusement à ma disposition dans ce but. Si je puis me procurer de ces semences, elles seront remises à la Société d'Acclimatation, qui en fera l'emploi qu'elle jugera convenable, et j'en essayerai moi-même la culture, sur les indications de mon oncle.

Je dois, à cette occasion, exprimer le regret que les restrictions apportées au programme des prix de la cinquième section ne permettent pas aux agriculteurs du Midi de se porter comme concurrents pour la culture du tubercule dont il s'agit. Ainsi le troisième prix (1870), qui est celui auquel cette culture leur donnerait le droit de prétendre, ne peut être attribué, d'après le programme, à l'introduction d'une plante utile nouvelle, que si elle est *cultivable sous le climat de Paris*. En quoi le mérite des cultivateurs serait-il amoindri, si la moitié méridionale de la France seulement, au lieu de la moitié septentrionale, trouvait dans leurs efforts pour acclimater un végétal nouveau, une source de produits abondants pour des terres marécageuses jusqu'à présent improductives?

Quoi qu'il en soit, si la Solanée de l'Uruguay se popularisait chez nous, je proposerais de lui appliquer comme désignation vulgaire, le nom de notre illustre et regretté fondateur, et de l'appeler la Pomme de terre Saint-Hilaire.

Avant de terminer ces lignes, je demande la permission de placer ici une anecdote relative à la plante dont je viens de parler et à ses prétendues propriétés vénéneuses.

Lorsqu'il en recueillit pour la première fois les tubercules, mon oncle les montra à M. X..., médecin de la marine française, qui se trouvait alors sur un des navires de l'escadre stationnant à la Plata, sous les ordres de M. l'amiral Le Prédour. Il lui fit part, en même temps, de son projet de les améliorer par la culture pour en faire un objet d'alimentation. Le docteur ne connaissait pas la plante. Il recommanda à mon oncle d'être très prudent dans ses essais, à cause des propriétés suspectes d'un grand nombre de Solanées. Après s'être procuré des tiges et des fleurs de la plante à examiner, M. X... avait cru la reconnaître, ou l'avait peut-être reconnue réellement, dans une description fournie par un ouvrage de otanique; mais, sur la foi des gens du pays, l'auteur du livre désignait la plante comme extrêmement dangereuse.

Pendant ce temps-là, mon oncle, qui n'avait pas revu le docteur, s'était décidé à faire cuire et à manger ses tubercules. Ils les avait trouvés fort bons. A quelque temps de là, il revit M. X... Les premières paroles du docteur furent celles-ci : « A propos, mon bon ami, j'ai trouvé le nom de votre Pomme de terre ; c'est la dangereuse... (ici un nom latin que mon oncle ne retint pas) ; gardez-vous bien d'en goûter, vous vous empoisonneriez à coup sûr. » — « Vraiment? répondit mon oncle ; mais alors ce doit être un poison bien lent, car il y a plus de trois semaines que j'en mange et les symptômes de l'intoxication ne se font point encore sentir. » Le bon docteur resta d'abord tout interdit ; mais, prenant la chose en homme d'esprit, il se mit à rire de bon cœur de l'aventure.

Ce fait démontre combien les naturalistes doivent être réservés quand ils recueillent des renseignements auprès des gens du peuple, chez lesquels règnent souvent des préjugés qui n'ont aucune espèce de fondement.

Voici la notice de M. Félix de Saint-Quentin. Je ne lui ferai qu'un reproche, c'est d'être un peu sobre de détails botaniques. J'y joins une copie en espagnole de ce document, afin de faciliter à la Société les moyens d'en tirer parti :

« Sur les bords des *Cañadas*, ou ravins marécageux, que l'on rencontre le long du chemin existant entre les petites rivières de Bréquélo et de Cololo, dans la province de Mercédès (République orientale de l'Uruguay), j'ai trouvé une plante de la famille des Solanées qui paraît être une véritable Pomme de terre, mais différente de l'espèce cultivée en Europe. La différence consiste principalement dans l'abondance des fruits qui succèdent à des fleurs azurées. Ces fruits répandent une odeur forte et bien caractérisée de fraise.

» J'en ai observé deux variétés ou espèces, dont l'une a le fruit cordiforme et l'autre sphérique. Elles produisent toutes deux des tubercules comestibles d'un goût fin et délicat. Je les ai cultivées pendant les trois années que j'ai passées à Mercédès. Malheureusement, pendant mon voyage de retour en France, les tubercules que j'apportais se sont pourris. J'ai toujours regretté de n'avoir pas eu l'idée d'en prendre des graines qui se seraient certainement conservées. Le terrain où croît spontanément cette plante est humide, comme je l'ai fait comprendre. Je ne doute nullement qu'elle ne se trouve dans d'autres parties de l'Uruguay, aussi bien que dans les provinces Argentines.

» Les gens du pays ont le préjugé de croire qu'elle est vénéneuse, ce qui est absolument faux, puisque je n'ai jamais été incommodé après en avoir mangé. »

Papas del Uruguay.

« En la orilla de las Cañadas que se encuentran en el camino entre los arrolos de Brequeló y Cololó, en la provincia de Mercedes de la república oriental del Uruguay, hallé una planta de la familia de las papas la cual es diferente de la que se cultiva en Europa. Consiste la diferencia especialmente en la abundancia de la frutas sucediendo á numerosas flores azuladas y exhalando un caracterisado y fuerte olor de fresa.

» Existen dos variedades por la forma de la fruta, siendo esta, en una, cordiforme y, en la otra, esférica. Las dos producen tubérculos comestibles de gusto fino y agradadable. Las cultivé tres años, durante mi morada en la provincia de Mercedes.

» Desgradaciamente, al volver á Francia, se hecharon á perder los tubérculos que yo traia. Mucho sentí el no haber habido la idea de tomar mas bien unas semillas que, por lo cierto, se hubieran guardado. El tereno en que espontánamente brota la planta es húmedo como lo di á entender. No hay, por lo demãs, duda alguna de que se ha de encuentrar en otras partes del Uruguay como aun tambien, en las provincias Argentinas.

» Tiene la gente del pais la preocupacion de pensar que es venenosa, lo que es absolutamente falso. »

II. EXTRAITS DES PROCÈS-VERBAUX DES SÉANCES DE LA SOCIÉTÉ.

SÉANCE GÉNÉRALE DU 5 MARS 1880

Présidence de M. Cosson, vice-président.

Le procès-verbal de la séance précédente est lu et adopté.

— M. le Président proclame les noms des membres récemment admis par le conseil, savoir :

MM.	PRÉSENTATEURS.
Aubusson (Louis d'), 58, rue Jacob, à Paris, et château de Polagnat, par Rochefort-Montagne (Puy-de-Dôme).	A. Berthoule. E. Cosson A. Geoffroy Saint-Hilaire.
Bigeau (Edmond), propriétaire, au château de Boumois, commune de Saint-Martin de la Place, par Les Rosiers (Maine-et-Loire).	E. Cosson. Comte d'Eprémesnil. Duchastel.
Laflèche (Jules-Henri), négociant, 59, rue de Rambuteau, à Paris.	Bréham. A. Geoffroy Saint-Hilaire. E. Laflèche.
Lespiaut (Adolphe-Antoine-Hippolyte), propriétaire, route de Versailles, 182, à Billancourt (Seine).	E. Cosson. A. Geoffroy Saint-Hilaire. Jules Grisard.

— A l'occasion des communications faites dans la dernière séance sur les changements qui se produisent parfois dans les mœurs et les habitudes de certaines espèces animales, M. Raveret-Wattel signale les modifications de ce genre qui ont été constatées chez le Moineau franc depuis son introduction en Amérique ; d'après les observations de M. le docteur Elliot Coues, le Moineau serait, aux États-Unis, devenu polygame.

— M. Saury fait parvenir des remerciements au sujet de sa récente admission.

— MM. le docteur Lecler, Eug. Vavin, de Barrau de Muratel, R. Goubie et Gouge adressent des demandes de cheptels.

— Des remerciements pour les cheptels qui leur ont été accordés sont adressés par MM. Jaujou, G. Mantrant, Aug. Bouchez, E. Peneau, Sabatier-Mandoul, Saury, Le Guay, Zeiller, Babert de Juillé, Hardy, Barbieux, A. Chaumette, de Faby, baron de Pommereul, Schotsmans, Gibez, L. Menant, Chambry, Burky, Ol. Larrieu, Journaud, comte Rivaud de la Raffinière, F. Laval, Perronne, de Vauquelin, Guillotaux, Cambon, Ribeaud, marquis d'Hervey de Saint-Denys, Guibert, Rieffel et de Miffonis.

— Des demandes de noix d'Hickory, pour semis, sont adressées par MM. G. Geslin, L. Tancrède, Duchastel, Fabre-Firmin, C. Laisné, Gibez, Thomas-Duris, Maxime Barbier, Léon Simon, Mackensie, Baltet, le vicomte de Salve et Persin, ainsi que par l'Institut national génevois.

— M. le capitaine Xambeu écrit du camp de Sathonay : « Au commencement de février, on apporta chez moi une belle Poule de la Bresse achetée au marché de Lyon ; je n'eus pas de peine à remarquer l'appendice qu'elle portait à la patte gauche : — cet appendice consistait en un ergot aussi long que celui d'un jeune Coq de deux ans (de 18 à 20 millimètres).

» Croyant avoir affaire à une vieille Poule qui se serait parée des attributs et du plumage du mâle (il en est qui non seulement se parent des attributs et du plumage, mais encore chantent comme le Coq), je me mis à examiner et le plumage et la tête ; aucun point de ressemblance n'existait là. Désireux de continuer mes investigations, je la fis ouvrir et allai droit à l'ovaire ; celui-ci était dans les meilleures conditions, la grappe d'ovules contenait quantité d'œufs en formation et de dimensions différentes. D'autre part, pas la moindre trace d'hermaphrodisme.

» Je me trouvais donc en présence d'une Poule jeune encore. »

— M. G. Rieffel adresse la lettre suivante : « Les œufs de Saumon américain que la Société a bien voulu me confier et qui me sont arrivés en parfait état, comme j'avais eu l'honneur de vous en prévenir alors, ont eu un accident au cours de l'éclosion.

» Ces œufs furent déposés dans deux boîtes en bois sur un fond de sable, les extrémités fermées avec des toiles métalliques, puis placées l'une au-dessus de l'autre sous le filet d'eau d'une source vive du parc. Sous les boîtes et recevant les eaux de la source, il y a un petit bassin d'un mètre de diamètre entouré de rocailles; l'eau de ce bassin s'écoule par un mince ruisseau, sur un fond de sable, dans deux pièces d'eau d'un demi-hectare environ.

» Les alevins commençaient à sortir vers le douzième jour, lorsque la toile métallique de la plus grosse boîte se décloua et tomba avec la masse d'eau sur la boîte placée en dessous. Ainsi tous les œufs ou alevins sont dans le petit bassin.

» Je n'eus pas un seul instant l'idée de les repêcher et vous ne m'en blâmerez pas. Je laissai le tout à la loi naturelle, les jeunes alevins une fois en état pouvaient se rendre du petit ruisseau aux grandes pièces d'eau, et je suppose que le passage doit être effectué à présent. Pour plus de sûreté j'ai couvert de grillages le bassin et le ruisseau, contre les canards, les rats d'eau, etc. »

— M. Ad. Jacquemart écrit de Reims : « En temps utile je vous ai accusé réception de l'envoi que la Société a bien voulu me faire de 1000 œufs embryonnés de Saumon de Californie. A la date du 4 janvier dernier je vous ai déjà donné de leurs nouvelles, vous disant que les alevins mangeaient très bien.

» Je les ai jusqu'ici conservés dans un espace restreint mais alimenté par une source ; ils s'y comportent on ne peut mieux sans mortalité, et font l'admiration de tous ceux qui viennent les voir ; ils sont d'une voracité inouïe ; aussi ont-ils atteint actuellement la taille de 6 à 7 centimètres ; tandis que ceux de Truite des lacs de la Suisse que j'élève à côté, mais séparés, n'ont encore que 3 à 4 centimètres (il est vrai que ces derniers ont un mois de moins).

» La question de l'acclimatation de ce poisson m'intéresse au plus haut point, et si ce n'était la question du séjour à la mer qui me préoccupe un peu pour eux plus tard, je vous dirais dès aujourd'hui que je suis certain de la réussite.

» J'en élève ici, en ville, quarante qui sont dans un aquarium dont l'eau se renouvelle constamment ; quoiqu'un peu moins gros que ceux de ma ferme, puisqu'ils sont plus à l'étroit, ils viennent aussi très bien et poussent à vue d'œil. Je nourris les uns et les autres avec du foie ou de la rate grattés; c'est ce qu'ils paraissent préférer.

» Mon intention est de les mettre aux premiers beaux jours dans une pièce d'eau à eau renouvelée, que j'ai fait vider depuis un mois environ et qui contenait des Truites que j'ai fait passer dans un étang plus grand ; la pièce d'eau dans laquelle ils seront contient 500 mètres cubes d'eau au moins ; ils pourront facilement y passer deux ans sans être serrés ; ils ne pourraient être nulle part mieux soignés que chez moi.

» Si vous avez des instructions pratiques à me communiquer, soit pour leur mise en eau, soit pour leur nourriture ou autre chose, je serai enchanté de m'y conformer, ne désirant rien tant que la réussite complète.

» J'en ai promis une cinquantaine à un ami voisin, qui me paraît dans de bonnes conditions de réussite. »

— M. le docteur Maslieurat-Lagémard, membre du conseil général de la Creuse, écrit de Grand-Bourg : « J'ai l'honneur de vous adresser quelques détails sur les œufs de Saumon de Californie que vous avez eu l'obligeance de m'envoyer. Ces œufs sont arrivés en parfait état de conservation. Ils ont été immédiatement déposés dans une boîte à éclosion que j'avais fait préparer quelques jours à l'avance, et consolider dans un canal de 1 mètre de profondeur et long de 20 mètres environ, alimenté par un courant d'eau venant de la rivière de la Gartempe. Ce canal, séparé du lit de la rivière par 2 ou 3 mètres à peine, appartient à M. Routé, qui, avec un zèle et une intelligence remarquables, surveille les œufs chaque jour.

» Ces œufs, très transparents, sont plus gros que ceux de nos Saumons, qui ont une teinte d'un beau jaune, tandis que ceux du *Salmo Quinnat* ont une teinte rouge groseille.

» Le 15 novembre (ils sont arrivés ici le 5 ou le 6 et c'est à peine s'il y en avait alors vingt de détériorés), j'ai été très surpris d'en voir quelques-uns d'éclos ; le 22, il y en avait un assez grand nombre sur la grille.

» Pendant cette première semaine la température fut très basse ; le 15, il y avait 5 degrés, et le 20, 3 degrés au-dessous de zéro ; il tombait un peu de neige tous les jours. Sous cette fâcheuse influence, beaucoup d'œufs furent détériorés.

» Le 22 et le 23, il pleut constamment. L'eau de la rivière

devient très trouble et tellement forte qu'elle déborde dans les prés et submerge le canal, laissant de la vase sur les petits nouvellement éclos et les œufs qui restaient.

» Le 24, la neige reprend jusqu'au 4 décembre. Il y a presque constamment 2 et 3 degrés de froid ; le 5, la neige fond par une tempête affreuse. On remue les œufs dont un grand nombre sont blancs, on ôte de la grille et l'on vide sur le sable qui est dans le fond du baquet, les petits éclos et les œufs qui restent. A ce moment le froid reprend avec une grande intensité, et ce n'est que vers le 8 février qu'on peut s'assurer de l'état de ces petits poissons qui sont restés près de deux mois sous la glace.

» M. Mondelet, ingénieur en chef des ponts et chaussées de la Creuse, qui porte un très grand intérêt à nos tentatives et qui nous seconde de tous ses efforts, a eu l'heureuse idée de remplacer les planches de chaque bout de la boîte à éclosion par une toile métallique assez fine pour garantir les œufs et les petits poissons. Cette toile permet à l'eau de circuler plus librement à travers la boîte, et en même temps elle donne de l'air et de la lumière qui sont très favorables aux petits nouvellement éclos.

» M. Routé m'a dit avoir vu des alevins qui, après la résorption de la vésicule ombilicale, ont pu passer à travers les trous de la toile métallique et gagner le lit de la rivière par la conduite d'eau qui alimente le canal.

» Mais ce qu'il y a de bien constaté, c'est que vers le 6 février 100 petits Saumoneaux bien vivaces, bien conformés, étaient restés dans le fond de la boîte : ils ont été déposés dans la rivière par un temps très convenable et dans un lieu des plus favorables pour leur conservation. Aussitôt mis dans la rivière, ces jeunes poissons se sont disséminés de tous côtés avec une très grande vivacité.

» Nous ne pouvons avoir la certitude si d'autres sont sortis du canal ; mais dans tous les cas, tout fait espérer que sur ces 100 il s'en conservera un assez grand nombre pour multiplier l'espèce. Si cette année n'avait pas été aussi désastreuse, tout fait présumer qu'un bien plus grand nombre auraient pu être conservés.

» Nos Truites ordinaires pondent ici vers le 15 septembre jusqu'à la fin d'octobre ; les Saumons, vers le 15 octobre jusqu'à la fin de novembre. Les œufs éclosent vers le 15 février jusqu'à la fin de mars ; un peu plus tôt, un peu plus tard, en raison de la douceur de la température.

» Ceux du *Salmo Quinnat*, au contraire, commencent à éclore quand nos espèces commencent à pondre : il y a donc une très grande différence de temps. Les alevins du Saumon américain sont déjà gros et cherchent bien leur nourriture, quand ceux de nos espèces ne sont pas encore éclos, ou sont encore immobiles par la vésicule ombilicale.

» En raison de cette différence, il serait à désirer que les envois nous fussent faits un peu plus tôt. Car on serait exposé à voir des œufs éclore pendant la traversée. Ceux que j'ai reçus ont commencé à éclore huit jours après leur arrivée. Étant aussi avancés, ils seraient plus exposés à être détériorés en route. Si vous jugez à propos de m'en réserver encore pour l'année prochaine, je continuerai à y donner tous mes soins. Dans tous les cas, j'ai lieu de croire que des alevins qui ont été répandus dans notre rivière, il en restera un assez grand nombre pour reproduire cette espèce ; et c'est à votre bienveillant concours que nous la devrons. »

— M. Valéry Mayer, professeur à l'École d'agriculture de Montpellier, écrit : « Votre lettre du 19 novembre dernier m'annonçait l'envoi d'instructions pour les soins à donner aux jeunes Saumons. J'ai reçu la petite notice et n'ai pas manqué de modifier dans ce qu'ils avaient de défectueux les soins que je donnais à mes alevins.

» Je viens de terminer l'éducation que vous m'avez confiée et je m'empresse de vous en rendre compte.

» Les deux mille œufs environ, mis en incubation dès leur arrivée sur des baguettes de verre et dans un courant continu, m'ont paru, dès les premiers jours, ne pas devoir donner une forte proportion d'éclosion. Le froid était intense, au point de former un dépôt de glace sur le bord des terrines d'éclosion, et j'enlevai tous les jours bon nombre d'œufs devenus blancs et opaques, c'est-à-dire morts.

» Du 15 novembre au 25 décembre j'ai eu environ six cents éclosions. Quand, vers le 15 janvier, j'ai mis les poissons en piscine, je n'en avais plus que cinq cents. Je les ai nourris avec de la viande crue, bien rouge, pilée, et le 20 février courant je les ai jetés en pleine eau au nombre de quatre cent dix seulement. Soixante ont été mis dans une pièce d'eau vive chez M. Rouquet, président du tribunal de commerce de Clermont-l'Hérault, qui en avait fait la demande, et trois cent cinquante ont été portés par moi-même à Ganges, dans le cours supérieur de l'Hérault. J'ai fait faire pour cela un récipient en zinc de la forme à peu près de celui que vous nous aviez envoyé l'année dernière.

» Malgré ce que j'appellerai mon insuccès, vous voudrez bien, je l'espère, me comprendre dans vos distributions d'œufs de Saumons d'Amérique, l'année prochaine. Nous n'aurons pas, sans doute, des froids aussi rigoureux, et ma piscine mieux installée n'aura pas une grille de déversoir qui m'a tué plusieurs dizaines de Saumons par son aspiration. Il faut en tout faire un peu école.

» Je pense vous faire plaisir en vous disant qu'un pêcheur de notre ville a pris le mois dernier, dans le Lez, un Saumon de 18 centimètres de long, provenant évidemment de l'empoissonnement opéré l'année dernière par M. le colonel Faure et moi.

» Je profite de l'occasion pour vous prier de m'adresser, s'il est possible, pour l'École d'agriculture, des œufs de toutes les espèces séricigènes, dont peut disposer la Société d'Acclimatation, le Bombyx du Mûrier excepté, bien entendu. »

— M. Jaeger écrit de Versoix, près Genève : « Il y a plus d'une année que la disparition complète des Écrevisses dans plusieurs cours d'eau de la Lorraine a été signalée par les journaux.

» On demandait des renseignements dans d'autres pays.

» Ce fait s'est produit dans le Versoix, petit cours d'eau qui prend sa source dans le département de l'Ain, à Divonne-les-Bains, et se jette dans le lac de Genève, après un parcours de 15 kilomètres à peu près.

» Cette mortalité ne peut être imputée aux usines établies sur ce cours d'eau, car elle a eu lieu également en amont de ces usines. Mieux que cela : les Écrevisses paraissent avoir été détruites dans une partie du lac de Genève, au dire des pêcheurs.

» Cet accident a dû se produire dans des contrées différentes et au même moment; je n'en ai vu aucune explication.

» Il me semble que la Société serait bien placée pour ouvrir une enquête à ce sujet.

» On pourrait ainsi établir une carte des pays attaqués, réunir les données et renseignements utiles, et provoquer les mesures nécessaires pour le repeuplement des cours d'eau.

» Si cette idée était partagée par la Société, je me mets avec plaisir à sa disposition pour tout ce qui concerne la Suisse. »

Sur la demande de M. Millet, cette communication est renvoyée à l'examen de la troisième section, qui s'est déjà occupée de la mortalité des Écrevisses, mortalité attribuée par quelques personnes aux attaques d'un ver intestinal.

— M. de Conféyron écrit de Saint-Jean de Maurienne : « Il entre dans l'organisation, et il serait, je crois, dans l'intérêt de la Société d'Acclimatation, d'avoir à sa disposition un étang ou lac aux eaux vives, pures, limpides et profondes, pour y faire de la pisciculture au point de vue scientifique, expérimental et aussi industriel.

» Cette pièce d'eau, comme je la comprends, devrait être propre à l'élevage de toute espèce de Poissons, Salmones ou autres, avec possibilité d'établir à proximité de petits réservoirs séparés. Il conviendrait que, tout en étant facilement abordable et d'un accès commode, elle ne soit pas située contre une grande route ou dans un milieu trop fréquenté. Il serait à désirer que les environs fussent un peu boisés et montagneux.

» Sur ces eaux et sur leurs bords, on pourrait élever à l'état presque libre grand nombre d'Oiseaux d'eau et d'Échassiers, dont quelques-uns s'échapperaient sans doute, mais dont le plus grand nombre resteraient et se multiplieraient.

» Il me semble qu'avec une bonne direction administrative et financière, un semblable établissement ne pourrait qu'être très utile et fort productif.

» Le bassin de Lampy (Tarn), qui appartient à la Compagnie des canaux du Midi, présentait toutes les conditions voulues. C'est pourquoi je l'avais signalé à votre attention. Mais s'il y a impossibilité de l'amodier, ce qui n'est peut-être pas encore absolument définitif, ce n'est pas une raison pour nous décourager et nous regarder comme battus.

» Nous pouvons chercher ailleurs. »

— M. Raveret-Wattel communique l'extrait suivant d'une lettre adressée de Linz (Haute-Autriche) : « La maladie des Écrevisses paraît s'étendre en se propageant dans la direction de l'est. L'épidémie a déjà fait de grands ravages dans plusieurs lacs et rivières de la Haute-Autriche ; elle a fait son apparition dans l'Aget, et ce cours d'eau a bientôt été complètement dépeuplé. »

— M. Barrat, de Toulouse, sollicite l'envoi de quelques cocons ou d'un peu de graine de nouvelles espèces de Vers à soie.

— M. J. B. Martin écrit de Tarare : « J'ai reçu vos lettres des 29 et 30 janvier, ainsi que les deux échantillons de cocons d'*Attacus Yama-maï*.

» Je vous remets sous ce pli un petit échantillon d'organsin extrait des cocons dont la chrysalide a été étouffée, les seuls, du reste, dont j'ai pu m'occuper.

» Le dévidage de ces cocons n'est pas impossible, mais il présente de grandes difficultés par la contexture même du cocon. En effet, si vous voulez examiner ceux que vous possédez, vous remarquerez que le cocon est construit très inégalement, et bien irrégulièrement étouffé. D'un côté, il est assez fourni ; de l'autre, au contraire, il est transparent et presque percé à jour; et comme les baves sont fortement soudées entre elles, il s'ensuit que les matières désagrégeantes (carbonate de soude, savon) usitées pour dissoudre la gomme de la partie épaisse du cocon sont nuisibles à la partie transparente, qu'elles ramollissent trop et percent tout de suite, rendant ainsi le dévidage impossible par l'interruption du fil.

» Je vous remercie de la proposition de m'envoyer les quatre caisses de cocons, je ne pourrais en tirer un parti avantageux. »

— M. Hignet écrit de Varsovie : « Je n'ai toujours que de mauvais résultats dans mes essais d'éducation sur le *Yama-maï* et le *Pernyi;* rien n'égale ma mauvaise chance, si ce n'est toutefois ma persévérance. Je vous serai donc très obligé de vouloir bien, s'il vous est possible, disposer en ma faveur de quelques centaines d'œufs.

» Des derniers qui m'ont été envoyés, une petite partie a été donnée par moi à notre école forestière, et le résultat paraît n'avoir pas été mauvais. J'attends le bulletin du professeur qui a fait l'éducation, et je ne manquerai pas de vous le communiquer aussitôt que je le posséderai.

— M. Léo d'Ounous adresse du château de Verdaïs, près Saverdun (Ariège), les renseignements ci-après sur ses plantations de Conifères exotiques :

« *Pin de Sabine.* — Introduite depuis une trentaine d'années, mais encore trop rare dans nos cultures des Pyrénées centrales, cette magnifique essence se trouve dans les plus favorables conditions de végétation et de fructification.

» Parmi les quelques sujets que j'aime à cultiver, un bel exemplaire, âgé de seize à dix-huit ans, a produit en 1878 un énorme cône du poids de 250 grammes et renfermant plus de cent cinquante gros pignons, bien supérieurs par la finesse de la chair à celle des Pins parasols ou italiens Venant de faire opérer la cueillette, je suis heureux de présenter à la Société un spécimen et quelques fruits qui, semés fin mars, en terrine de terre de bruyère, germeront parfaitement.

» Ces arbres gigantesques, rivaux des Cèdres et des Sequoias, méritent de fixer l'attention des arboriculteurs, et devront sortir de nos jardins paysagers et de nos parcs pour combler les trop nombreuses clairières de nos taillis et de nos futaies. J'espère, si Dieu me prête vie, redoubler de zèle et d'efforts pour en répandre la culture dans notre belle région.

» *Pinsapo.* — Trouvé il y a trente-cinq ans par le botaniste voyageur M. Boissier, de Genève, à 3000 pieds d'altitude sur les sommets de la Sierra Nevada (Espagne), cette belle espèce n'a pas tardé à se répandre dans le nord et le centre de la France, mais elle est trop rare encore dans le sud-ouest; les sujets assez nombreux qui se trouvent dans les parcs de Verdaïs et du Vigné en font, à mon avis, un des plus beaux ornements.

» Un de ces arbres, âgé de trente à trente-cinq ans, et deux ou trois fois déplacé, donne depuis quelques années de bons et gros cônes droits érigés sur les branches de sommet. Ils renferment de jolis pignons d'un goût agréable. Il orne les déclivités d'une terrasse. Son beau port, ses nombreuses branches horizontales, ses nombreuses folioles d'un vert sombre, sa rusticité (il n'a jamais souffert des plus rudes atteintes de nos hivers les plus rigoureux), tout, en un mot, dans cette précieuse espèce, lui assure une place distinguée, soit dans nos massifs, soit isolé au milieu des pièces de gazon. J'en adresse quelques cônes et des fruits que je suis heureux d'offrir aux nombreux amateurs de l'arboriculture forestière ou d'ornement. »

— M. le docteur Maroin, directeur du service sanitaire à Marseille, adresse des remerciements pour l'envoi qui lui a été fait d'une collection de Bambous.

— M. de Montrol prie qu'on lui fasse connaître où il pourrait se procurer de la graine de *Soja hispida*.

— M. Brierre, de Saint-Hilaire de Riez, fait connaître que la plupart des légumes d'origine chinoise dont il avait, depuis une dizaine d'années, introduit la culture en Vendée, tels que les Pois à tiges velues, dits Pois à huile, à fromage, etc., ont disparu peu à peu sous l'influence de saisons défavorables. Deux variétés de Haricots et de Pois ont seules résisté, en se modifiant quant à la forme des gousses et à la couleur des graines.

— M. Chaillou écrit de Cayenne : « Je suis chargé par M. Alexfort Michely de vous expédier par le courrier du 3 février une caisse contenant des Ignames, plante que l'on cultive ici dans les terrains sablonneux. On ne l'enfonce point dans le sol; elle se plante sur une motte; quand elle est un peu grande, on la butte pour lui donner un peu de nourriture, et au moment de l'arrachage, on secoue la liane. »

— M. le docteur Plœm, délégué de la Société à Java, adresse une caisse renfermant :

° Des fruits mûrs d'Ébène, arbre qui croît dans les Moluques et à Bornéo ;

2° Des fruits de l'arbre Kirac des indigènes, *Metroxylon hermaphroditon*, Hassk, Palmier très utile de ces îles, qui croît dans des lieux humides, presque sous l'eau : des feuilles on couvre les toits des maisons ; de l'écorce, on fait des nattes pour couvrir les plafonds ; de l'intérieur, on fait le sagou, qui, dans le pays, entre pour une large part dans l'alimentation ;

3° Quelques semences non déterminées cueillies dans les bois vierges de Palembang (Sumatra). — Remerciements.

— M. Gibez écrit de Sens : « Des graines de *Latania Borbonica* qui m'avaient été données en 1878, il ne m'était resté qu'un seul sujet, ainsi que je vous en ai précédemment rendu compte. Malgré tous mes soins, je n'ai pu le sauver des rigueurs du dernier hiver. »

— M. Laisné écrit de Sissonne (Aisne) : « Je viens vous rendre compte du résultat du semis de graines de Maïs que vous m'avez envoyées au printemps dernier.

» Malgré la plantation en temps utile et dans diverses natures de terrain bien ameubli, l'influence d'une température froide et pluvieuse, tout à fait anormale pendant tout l'été, a retardé considérablement toutes les espèces ; chez les plus délicates les épis ont même complètement avorté.

Cheptels. — Des comptes rendus sur la situation de leurs cheptels sont adressés par plusieurs de nos confrères, savoir :

— M. Talbot. — *Poules de Bréda :* Annonce l'envoi d'un Coq et d'une Poule, produits de son cheptel.

— M. le vicomte de Salve. — *Canards de Rouen :* Annonce le renvoi de son cheptel.

— M. Brucker. — *Faisans versicolores :* Annonce également le renvoi de son cheptel.

M. de Cadaran de Saint-Mars. — *Cygnes noirs :* « Mes Cygnes ne promettent rien encore : cet hiver j'ai dû les confiner dans une grange. J'ai perdu plusieurs Lapins par le froid, mais le cheptel est en bon état. »

M. Plaut. — *Cygnes noirs :* « Les oiseaux se portent à merveille, mais ne donnent encore aucun signe me faisant présager une reproduction. »

— M. de Barrau de Muratel rend compte des excellents résultats qu'il a obtenus de l'emploi de la tannée pour les semis de Chêne. Une couche de tan de 5 centimètres d'épaisseur, recouvrant les semis, suffit pour protéger les glands contre les déprédations des Mulots, et agit, en outre, comme engrais ; le plant se développe avec une rapidité et une vigueur remarquables, ainsi qu'en témoignent les échantillons que notre confrère fait passer sous les yeux de l'assemblée. M. de Barrau de Muratel veut bien promettre pour le *Bulletin* une note sur ses intéressants essais.

— M. Renard dépose sur le bureau des échantillons de Lis du Japon et donne quelques détails sur ces végétaux et sur leur culture.

— M. Jules Grisard donne lecture du procès-verbal de la récente séance de la quatrième section.

— M. Geoffroy Saint-Hilaire fait connaître les résultats des recherches auxquelles il s'est livré en vue de déterminer le degré d'exactitude de certaines appréciations récemment exprimées sur le compte des *Eucalyptus*, appréciations tendant à présenter ces arbres comme ne répondant pas à la réputation qui leur a été faite sous le rapport de la rapidité de croissance, de la rusticité et de la qualité du bois. Il résulte des faits observés et des renseignements recueillis par M. Geoffroy (notamment auprès de notre confrère M. Cordier), que si l'Eucalyptus ne donne pas les résultats chimériques annoncés par quelques esprits enthousiastes, cette essence australienne n'en demeure pas moins l'arbre par excellence pour les plantations dans la région de l'Oranger, et partout où le terrain lui permet de vivre.

Plantés avec discernement, c'est-à-dire avec un choix judicieux des espèces selon la nature du sol, les Eucalyptus sont réellement, comme on l'a dit, susceptibles d'assurer des bénéfices considérables dans un espace de temps relativement très court, hors de toute comparaison avec celui qui est nécessaire au développement de nos arbres d'Europe.

En terminant, M. Geoffroy-Saint-Hilaire dépose sur le bureau divers objets de tabletterie qu'il a fait confectionner, et qui prouvent que ce n'est pas seulement comme bois de charpente que les Eucalyptns pourront être utilisés.

M. Ramel exprime le regret que M. Geoffroy n'ait pas nommé les personnes dont les appréciations sont défavorables aux Eucalyptus. Notre confrère ajoute qu'il suffit d'un peu d'observation et de bonne foi pour être convaincu de toute la valeur de cette essence d'arbres.

M. Vavin cite quelques faits observés en Algérie touchant l'influence des plantations d'Eucalyptus au point de vue de l'assainissement du pays.

M. Geoffroy Saint-Hilaire dit que sa communication avait bien moins pour objet de faire l'éloge de l'Eucalyptus, dont les précieuses qualités sont parfaitement connues de la Société, que de signaler ce que lui paraissait avoir de mal fondé les opinions défavorables exprimées au sujet de cet arbre, par quelques personnes dont il n'a pas d'ailleurs à suspecter la bonne foi.

M. le Président fait remarquer qu'il appartient en effet à la Société d'Acclimatation d'éclairer l'opinion publique, et de faire ressortir, s'il y a lieu, l'inanité d'accusations qui pourraient avoir pour résultat d'entraver la propagation d'une espèce végétale précieuse à tant de titres.

— M. Raveret-Wattel rend compte des observations faites par M. G. Puységur, sous-commissaire de la marine, avec la collaboration de M. le docteur Bornet, sur le verdissement des Huîtres. Il résulte de ces observations que le phénomène du verdissement est dû exclusivement à l'absorption par les Mollusques d'une Diatomée (la *Navicula ostrearia*, Grudnow) qui se développe en abondance dans les claires pendant la saison froide.

En faisant ressortir l'intérêt qui s'attache aux observations de MM. Puységur et Bornet, tant au point de vue de la physiologie générale qu'à celui de la physiologie particulière, M. le Président ajoute que la découverte faite par ces messieurs vient prouver une fois de plus ce que peut la méthode expérimentale pour l'examen d'une question obscure.

— Sur la demande de M. Raveret-Wattel, le travail de MM. Puységur et Bornet est renvoyé à l'examen de la troisième section et de la Commission des récompenses.

— M. Raveret-Wattel dépose sur le bureau, de la part de l'auteur, M. Alexandre Agassiz, membre de l'Académie des arts et sciences de Boston, deux études sur l'organogénie des Poissons : 1° *On the young stages of some osseous fishes.* — I. *Development of the Tail.* Cambridge, 1877. In-8, 2 pl. — 2° *The development of Lepidosteus.* In-8, 5 pl. — Remercîments.

Il est en outre offert à la Société :

1° *Traité théorique et pratique d'apiculture mobiliste*, par T. Sourbé. Paris, 1870. In-8. — Offert par l'auteur.

2° *Calendrier apicole.* Almanach des cultivateurs d'Abeilles, par H. Hamet. Paris, 1880, in-12. — Offert par l'auteur.

3° *Note sur les serres du Jardin botanique de Copenhague*, par M. Ch. Joly (Extrait du *Journal de la Soc. centr. d'hort. de France*). In-8. — Offert par l'auteur.

4° *Bulletin de la Société d'agriculture de la Lozère.* Septembre et octobre 1873, renfermant un article de M. Ch. Le Doux, intitulé : *Revendication pour la France de la découverte de la vaccine.* — Offert par l'auteur.

5° *Proceedings of the central fishcultural Society at their first annual meeting*, held at the Palme House, Chicago, Illinois, October 1st and 2d 1879. Chicago, 1879. In-24.

6° *Les essences forestières du Japon*, par Dupont (Extrait de la *Revue maritime et coloniale*). Paris, 1880. In-8. — Offert par l'auteur.

7° *Guide pratique de la Chèvre nourrice*, au point de vue de l'allaitement des nouveau-nés, par M. A. Boudard. Paris, 1879, in-12. — Offert par l'auteur.

SÉANCE GÉNÉRALE DU 19 MARS 1880

Présidence de M. le comte D'ÉPRÉMESNIL, vice-président.

Le procès-verbal de la séance précédente est lu et adopté. — M. le Président proclame les noms des membres admis par le conseil depuis la dernière séance, savoir :

MM.	PRÉSENTATEURS.
GERMAIN (Antoine), 24, rue Nicolo, à Paris.	L. Germain. H. Labarraque. Ravel.
GUILLAUME (Louis), 5 *bis*, passage Masséna, à Neuilly (Seine).	H. Bourdel. H. Labarraque. H. Lavigne.
HUET (Léonce-Théodore), à Étampes (Seine-et-Oise).	Blavet. A. Geoffroy Saint-Hilaire. H. Labarraque.
LESBAUPIN (J.-B.), juge doyen au tribunal civil de Saint-Malo, à la Barre (Ille-et-Vilaine).	Marquis de Brisay. Jules Grisard. F. Talbot.
MARTIN (Miguel-Francisco de), secrétaire de la légation du Guatémala, à Paris.	Drouyn de Lhuys. A. Geoffroy Saint-Hilaire. H. Labarraque.
PENDRIEZ (Albert), propriétaire, à Saint-Marcel (Aude).	Balmes. A. Geoffroy Saint-Hilaire. H. Labarraque.
REDON (de), propriétaire, au château des Grèzes, près Brioude (Haute-Loire).	A. Berthoule. A. Geoffroy Saint-Hilaire. H. Labarraque.
SECRÉTAT, propriétaire, au château de l'Ardinalie, près Saint-Pierre de Chignac (Dordogne).	A. Geoffroy Saint-Hilaire. H. Labarraque. Laporte.
SEIGNETTE fils (Henri), propriétaire, à la Gripperie, commune de Saint-Symphorien (Charente-Inférieure).	A. Geoffroy Saint-Hilaire. P. Guérin. H. Labarraque.
STURNE (Gustave), aviculteur, 31, rue Chef-de-Ville, à Clamart (Seine).	H. Boulay. A. Geoffroy Saint-Hilaire. H. Labarraque.
TALMIER, pharmacien-chimiste, 102, rue du Faubourg-Saint-Denis, Paris.	A. Geoffroy Saint-Hilaire. Jules Grisard. H. Labarraque.

Société agrégée : LA SOCIÉTÉ ZOOLOGIQUE DE BALE (Suisse).

— M. le Sénateur, Commissaire général de l'Exposition universelle de 1878, annonce qu'il veut bien accorder à la Société d'Acclimatation un exemplaire de la collection des comptes rendus sténographiques des congrès et conférences de l'Exposition. — Remerciements.

— M. Bigeau et M. le docteur Laurent Dojmi adressent des remerciements au sujet de leur récente admission. M. Dojmi saisit cette occasion pour rendre compte de ses essais d'élevage d'Autruches dans l'île de Lissa (Illyrie).

— MM. de Barrau de Muratel, Chaumette, Devisme-Oger, baron de Dion, de Faby, Gibez, Hardy, Lartigue, Leguay, Masson, E. Péneau, et Perrin de Bénévent accusent réception et remercient des cheptels qui viennent de leur être accordés.

— M. le marquis de Pruns exprime ses regrets d'apprendre que la Commission des cheptels n'a pu lui attribuer une nouvelle Chèvre d'Angora.

— M. Cambon, de Nîmes, demande à recevoir en cheptel un lot de Poules de Dorking ou de Poules de Bréda, ou bien encore de telle race qui serait plus susceptible de réussir dans le Midi. Notre confrère annonce en même temps qu'il s'occupe de la création d'une race bonne pondeuse.

— M. Lagrange, d'Autun, annonce qu'il s'occupe de l'établissement d'incubateurs perfectionnés.

— M. Ollitrault-Dureste rend compte de la réussite des œufs de Saumon de Californie qui lui ont été confiés. Les alevins, qui ont 3 à 4 centimètres de longueur, paraissent très vigoureux. Ils sont placés dans un bassin alimenté par un ruisseau d'eau courante, en attendant leur mise en liberté. Notre confrère ajoute que ses Truites des lacs mesurent actuellement 15 centimètres environ de longueur.

— M. Dauphinot annonce également que les œufs de Saumon qui lui ont été envoyés sont parfaitement éclos. Les pertes n'ont pas dépassé 6 pour 100. Pendant une crue les alevins se sont échappés du bassin où ils étaient parqués, et tous sont partis dans la rivière de Suippe.

— M. Bontoux écrit de Pontgibaud : « L'éclosion des œufs embryonnés de Saumon de Californie que vous avez bien voulu mettre à notre disposition ayant eu lieu depuis quelque temps déjà, nous avons dû mettre les alevins dans un des étangs de la Société, étang dont les eaux sont très favorables au développement des sujets qui leur sont confiés, et cet étang avait été préalablement nettoyé. »

— M. le professeur Spencer F. Baird, commissaire général des pêcheries des États-Unis, exprime ses regrets au sujet de la non-réussite de l'envoi d'œufs de Saumon des lacs qu'il nous a fait récemment. M. Baird ajoute que cette espèce de Saumon présente beaucoup d'intérêt; elle croît plus vite que la Truite (*Salmo fontinalis*) et résiste mieux que celle-ci aux températures extrêmes.

— M. de Loës écrit d'Aigle (Suisse) : « J'ai l'honneur de vous adresser quelques exemplaires des dessins que je présente à l'Exposition internationale de produits et appareils de pêche maritime et fluviale à Berlin.

» La légende des plans et des installations explique l'aménagement de ma pisciculture, en liaison intime avec le lac Léman.

» L'établissement de Châlez est une combinaison de cultures végétales et aquatiques. A part un produit annuel en poissons, à l'usage particulier du propriétaire, l'entreprise est essentiellement consacrée à la multiplication des Salmones dans les eaux du domaine public; c'est là son caractère spécial. Par suite d'une concession spéciale de l'État, je suis, seul, autorisé à pêcher des reproducteurs dans le grand canal de la plaine du Rhône; en compensation, je verse annuellement des alevins par milliers dans les affluents de ce cours d'eau.

» Permettez-moi, Monsieur, quelques réflexions :

» Bien que la découverte de l'art piscicole date d'une époque reculée, l'application en est moderne.

» Les pisciculteurs ont fait généralement fausse route; ils ont plus travaillé à faire éclore le poisson qu'à le conserver.

» Je ne veux point discuter les détails techniques des opérations, les divers modes de fécondation, les éclosions, etc., des nombreuses espèces de poissons; je me borne à toucher certains points pratiques concernant les Salmonidés et la Truite en particulier.

» Des expériences sérieuses ont démontré qu'il est impossible d'obtenir des produits industriels dans des espaces restreints.

» Loin de moi la pensée d'atténuer l'importance des travaux du laboratoire; c'est là qu'on apprend la physiologie du poisson, qu'on se livre aux études profondes, comparatives et déductives; c'est dans ce sanctuaire de l'art qu'on jouit du succès ou qu'on souffre du mécompte, qu'on lutte, qu'on s'énerve à la recherche du problème de la conservation des produits obtenus; mais, malgré les meilleures conditions d'eau, de température, d'oxygénation, de courant, d'alimentation, et les systèmes les plus perfectionnés de viviers, bassins artificiels, etc., on n'atteint pas le but que l'on s'était proposé.

» Rien de plus facile que de verser, dans ses viviers, des quantités d'alevins, de plus intéressant que de chercher à les nourrir, mais aussi rien de plus décevant que d'en perdre, après beaucoup d'efforts, la plus grande partie. Cette mortalité n'est point due uniquement à une épuration naturelle entre les sujets sains et maladifs, nés viables ou non ; l'examen microscopique du tube digestif a démontré qu'elle se manifeste aussi bien sur des alevins dont l'estomac est rempli de nourriture que sur ceux qui n'ont pas mangé (voy. n° 8 du *Bulletin*, août 1869). En stabulation, cela se passe dans l'eau la plus pure, la mieux renouvelée (n° 2 du *Bulletin*, février 1870).

» Je me hâte d'ajouter que les pertes sont diminuées lorsqu'on nourrit l'alevin avec des proies vivantes.

» L'exposé qui précède n'est-il pas la démonstration que l'espace joue le rôle le plus important dans les conditions d'existence du premier âge des Salmones !

» Mais encore avec l'espace, il ne suffit point de jeter au hasard, dans les eaux, des masses de petits poissons ; c'est d'un manque d'observations relatives aux milieux convenables, que provient la majeure partie des fautes commises. Pour obtenir d'abondantes récoltes, il faut semer dans les endroits propices, faisant passer l'alevin progressivement du bassin d'éclosion au ruisseau, du ruisseau à l'affluent, de l'affluent enfin, au bassin principal. Le développement du poisson se manifeste en raison directe de la place dont il jouit. En procédant ainsi, j'ai eu la satisfaction d'effectuer des repeuplements constatés dans les cours d'eau de ma contrée, et par la multiplication des Salmones dans le grand canal de la plaine du Rhône, j'aide directement à l'empoissonnement annuel du lac international le Léman. »

— M. Huin adresse un nouveau rapport sur la rusticité de l'*Attacus Yama-maï*.

— M. Wailly, de Londres, informe la Société qu'il attend de l'Inde un envoi de cocons d'*Attacus Mylitta*.

Dans une seconde lettre, notre confrère fait connaître que cet envoi lui est parvenu, mais que, malheureusement, sur les 800 cocons qui le composent, 700 à peu près ont péri en route. M. Wailly offre, à titre d'échantillon, quelques-uns de ces cocons, qui sont fort beaux.

— M. Christian Le Doux écrit à M. le Président : « A l'attrait de la difficulté à vaincre, qu'ont pour les séricìculteurs les éducations de Vers à soie sauvages, se joint toujours un espoir plus ou moins fondé d'atteindre un but d'utilité publique en parvenant à acclimater en France ces précieux insectes. C'est le sentiment qui m'a constamment animé dans mes expériences d'élevages d'*Attacus Yama-maï*, *Pernyi*, *Cecropia*; dans mes travaux pour arriver au dévidage des cocons de l'*Attacus Cynthia*; c'est encore la même pensée qui, depuis trois ans, m'a décidé à vérifier ce fait, que le Ver à soie de l'Ailante peut parfaitement s'élever avec les feuilles du Lilas commun (*Syringa vulgaris*).

» Personne n'ignore de quelle importance est aujourd'hui dans les grandes villes, à Paris surtout, le commerce des fleurs naturelles ; et parmi ces brillants dons de la nature la place qu'occupe celle du Lilas à odeur si suave, une des premières que voit éclore le printemps ; eh bien ! n'est-il pas naturel de penser que l'on rendrait service aux jardiniers qui cultivent le Lilas, en leur démontrant qu'après avoir récolté les fleurs de leurs arbustes, ils pourraient obtenir un nouveau produit en utilisant les feuilles pour la nourriture d'un Ver à soie. C'est pour résoudre cette question, qui me paraît intéressante, que depuis 1877 je me suis occupé de ce genre d'élevage.

» Si je propose ce moyen de multiplication du *Cynthia*, c'est que, dans ma conviction, on ne saurait trop produire de ce sérigène; que la vente de ses cocons sera d'autant plus facile et assurée que le chiffre en sera plus élevé. Dans une de ses lettres un négociant anglais s'offrait à acheter tout ce que la France pourrait produire de cocons *d'Attacus Cynthia*, à raison d'un schelling la livre anglaise, si la quantité en était considérable.

» L'éducation sur Lilas sera toujours le petit côté de la culture de l'*Attacus Cynthia*, je dois en convenir; mais en toutes choses un appoint est bon à recueillir.

» Si quelques membres de la Société d'acclimatation désiraient faire de nouvelles expériences d'éducation d'*Attacus Cynthia* sur le Lilas, je pourrais leur offrir, vers la fin du mois de juin, des œufs qui donneront la quatrième génération élevée avec ces feuilles.

» *P. S.* — M. le secrétaire de la Société d'Agriculture du département de la Lozère vient de m'envoyer une douzaine de cocons d'*Attacus Cynthia* provenant d'une éducation faite avec les feuilles de Lilas, par M. Valgalier, curé de Quézac. Je les présente à la Société d'acclimatation comme une nouvelle preuve à l'appui de la possibilité de nourrir ces vers avec la feuille de cet arbuste. »

— M. le baron Ferd. von Mueller adresse des graines de cinq espèces de végétaux australiens. — Remerciements.

— M. de Barrau de Muratel fait parvenir la note qu'il avait bien voulu promettre sur l'emploi de la tannée pour les semis de chêne (voy. au *Bulletin*).

— MM. Perny, général baron de Béville, P. Gaillard, E. Puyo, baron de Gommecourt, Robert Bruyère, de Mellis, René Bordet et Emile Thibault adressent des demandes de noix de *Carya alba*. M. Emile Thibault profite de cette occasion pour adresser des renseignements sur ses cultures de Bambous et de Cerfeuil bulbeux.

— M. Duchastel remercie de l'envoi de noix de *Carya alba* qui lui a été fait.

— M. Babet de Juillé met à la disposition de la Société des semences de Chou de Chaves et de Melon de la Louisiane provenant de sa récolte. Notre confrère ajoute que ces deux plantes réussissent parfaitement dans le Poitou.

CHEPTELS. — Des rapports sont adressés par plusieurs de nos confrères, savoir :

— M. L. Munier. — *Cerfs-Cochons :* Notre confrère a obtenu, savoir :

Le 15 mars 1877, une femelle ;

Le 1er mars 1878, un mâle ;

Le 23 mars 1879, une femelle ;

Le 6 mars 1880, un jeune, dont il n'a pu encore reconnaître le sexe.

« Malheureusement, ajoute M. Munier, j'ai récemment perdu le jeune mâle né en 1878.

» Il est à remarquer que toutes les naissances ont eu lieu en mars, qu'elles proviennent toutes de la mère, et que la jeune femelle née en 1877 n'a rien donné jusqu'à présent. Le mâle cependant est extrêmement vigoureux.

» Je dois dire que les froids excessifs que nous avons eus cet hiver (jusqu'à 20 degrés), n'ont pas paru nuire à ces animaux, et pendant que j'enfermais dans la chambre les Kangourous de Bennett que je possède, il était matériellement impossible de faire rentrer les cerfs : ils passaient la nuit, en plein air, sous un toit de planches. »

— M. Salanson. — *Poules de Houdan :* A perdu successivement, de maladie ou d'accident, le coq et les deux poules qui constituaient son cheptel.

— M. le comte de Chavagnac. — *Canards Casarkas :* Annonce le renvoi de son cheptel.

— M. Leguay. — *Canards Mandarins :* Une fouine vient de tuer les deux oiseaux.

— M. le Secrétaire général met sous les yeux de l'assemblée des exemplaires de deux petites brochures, avec illustrations, publiées par M. Chevalier, éditeur à Paris, et concernant l'une le Doryphora, l'autre le Phylloxera. Ces brochures sont destinées à faire connaître ces deux insectes dévastateurs, et le Phylloxera en particulier, à tous ceux qui peuvent avoir à les combattre.

— M. Maurice Girard, qui a été appelé à examiner ces publications au Ministère de l'Instruction publique, fait connaître que l'intention de l'Administration est de donner à tous les instituteurs de nos pays vignobles celle des deux brochures qui est relative au Phylloxera. Notre confrère ajoute qu'il a signalé l'utilité de compléter les illustrations de cette notice par la figure des larves qui passent l'hiver, larves qui sont d'un brun très foncé et dont beaucoup de personnes ignorent l'existence, parce que ces insectes sont peu visibles. Ce sont ces mêmes larves qui conservent le Phylloxera pendant la mauvaise saison; elles résistent, en effet, à des températures très basses. M. Lichtinstein a constaté, cet hiver, que des froids de 10 à 12 degrés étaient sans action sur le Phylloxera. Cette observation ne fait d'ailleurs que confirmer les résultats des expériences exécutées, dès l'année 1875, dans le laboratoire de M. Pasteur, par M. Maurice Girard, qui a vu des Phylloxeras supporter impunément des froids intenses obtenus par des moyens artificiels.

— M. Geoffroy Saint-Hilaire donne lecture d'une lettre par laquelle notre honorable confrère, M. de Capanema, membre du conseil privé de S. M. l'empereur du Brésil, annonce l'envoi d'une femelle de Tapir destinée au Jardin zoologique d'Acclimatation, et fait connaître que la collection de Vignes et d'arbres fruitiers (Poiriers et Pommiers) qu'il tient du Jardin et qu'il cultive dans une région élevée du Brésil est actuellement en plein rapport. M. de Capanema adresse en même temps quelques détails curieux sur les habitudes du Tapir. D'après des renseignements fournis à notre confrère par des habitants du pays, le Tapir aurait des mœurs très réservées, et rechercherait une solitude complète pour s'accoupler.

M. Geoffroy Saint-Hilaire rappelle à cette occasion que, dans les établissements zoologiques où l'on a possédé à la fois des Tapirs mâles et des Tapirs femelles, il n'a jamais été observé d'accouplements. « Par conséquent, ajoute M. le Secrétaire général, l'observation de M. Capanema, qui pour moi est nouvelle, présente un certain intérêt. »

— M. le Secrétaire général donne également lecture :

1° D'une lettre dans laquelle M. Liénard, de Jonchery-sur-Nesle, combat l'opinion émise par M. Coutelier (1), que les Faisanes dorées ne prendraient aucune nourriture pendant toute la durée de l'incubation. « Que M. Coutelier, écrit-il, se lève la nuit quand il fait beau, de une heure à trois heures du matin, et assurément, une nuit ou l'autre, il trouvera sa Faisane en train de battre la terre à coups redoublés, de ses pattes et du bec, pour en faire sortir des Vers. Quand elle en a absorbé quelques-uns elle retourne à ses œufs.

» Depuis quatre ans mes Faisanes dorées couvent elles-mêmes. La première année j'étais, comme notre confrère, très inquiet ; mais depuis deux ans je surprends, au moins une ou deux fois par semaine, mes Faisanes aux heures ci-dessus indiquées, voire même une fois à cinq heures du matin. Cette fois je lui donnai du grain qu'elle a refusé.

» Depuis vingt et un ans j'ai des Faisans dorés. Faisant couver tous les ans par des Poules, j'ai cru pendant longtemps que les Faisanes ne couvaient pas leurs œufs. Mais, d'après ce que j'ai vu chez M. Coutelier, j'ai laissé purement et simplement faire mes femelles ce qu'elles voudraient de leurs œufs. Tout réussit à merveille. Je ne me donne même pas la peine de retirer les mâles, qui sont aux petits soins pour leurs femelles.

» En ce qui concerne la consanguinité, je dirai que depuis vingt ans mes Faisans dorés ou argentés se sont reproduits de père en fils, et qu'ils sont superbes. Mon premier mâle est mort il y a deux ans, laissant 8 Faisandeaux provenant de lui seul, sur 11 œufs que sa femelle a couvés. Un de ses fils, âgé de deux ans, habitait le même compartiment ; le vieux coq était devenu aveugle au point qu'il ne mangeait plus que de la mie de pain blanc, et la femelle, très friande de cette nourriture,

(1) Voy. *Bulletin*, 1879, p. 360.

était toujours disposée à la lui prendre; mais le fils l'en empêchait et la battait même lorsqu'elle persistait à s'approcher. Enfin, un jour, le vieux coq succomba. A partir de ce moment le fils ne voulut plus prendre aucune nourriture, ni, pour ainsi dire, quitter l'endroit où le vieux était mort. Lui-même mourut sept jours après, juste à la même place. »

2° D'une lettre de M. Louis Althamer, d'Arco (Tyrol), qui annonce avoir constaté que la femelle du petit Coq de bruyère (*Tetrao tetrix*) ne prend jamais aucune nourriture près de son nid, par mesure de prudence, sans doute, et afin de ne pas éveiller l'attention; mais qu'elle s'envole directement du nid pour aller pâturer au loin. Ce fait expliquerait pourquoi on ne peut obtenir de reproduction de ce Tétras lorsqu'on le tient en captivité.

— M. de Barrau de Muratel rend compte d'observations qu'il a faites en 1878 et 1879 sur le régime alimentaire de l'Alouette, observations qui tendent à démontrer que cet oiseau ne cause pas aux cultures le tort que certaines personnes croient pouvoir lui attribuer. Notre confrère a constaté que, même au moment des semailles, l'Alouette ne mange que peu ou même point de grain du tout. En examinant l'estomac d'un grand nombre d'Alouettes, M. de Barrau de Muratel n'y a trouvé qu'une seule fois un grain de seigle; le contenu de l'estomac consistait toujours en insectes et en menus grains qui n'ont pu être exactement déterminés, mais qui étaient évidemment des graines adventices et probablement nuisibles aux moissons.

— M. de Barrau de Muratel saisit cette occasion pour exprimer le désir de voir la Société d'Acclimatation entreprendre une enquête sur la diminution du nombre des oiseaux en France, diminution qui, généralement considérée comme un fait constant, est cependant contesté par quelques personnes. Notre confrère estime qu'en faisant appel à tous les membres de la Société, on arriverait à réunir les éléments d'une étude comparative entre la quantité d'oiseaux qui existent aujourd'hui et ce qu'il en existait à des époques plus ou moins reculées. Cette statistique intéressante ne laisserait pas que de présenter une véritable utilité pratique, et M. de Barrau de Muratel, qui se met à la disposition de la Société pour l'entreprendre en ce qui concerne son département, propose de soumettre dans la prochaine séance un projet de questionnaire sur ce sujet.

— M. le Président fait observer que la question pourra être utilement renvoyée à l'examen de la commission chargée d'étudier les voies et moyens d'obtenir une protection efficace du gibier.

— M. Millet appuie vivement la proposition de M. de Barrau de Muratel, et demande que la deuxième section soit chargée de la rédaction du questionnaire, auquel toute la publicité possible devra être donnée. M. Millet ajoute qu'il a, lui aussi, constaté depuis longtemps que l'Alouette ne cause aucun préjudice aux cultures ; que, sur sa proposition, la Société des Agriculteurs de France a émis le vœu que l'Alouette ne fût plus classée parmi les animaux nuisibles (comme l'ont fait certains arrêtés préfectoraux, notamment dans les Deux-Sèvres), et que, ce vœu ayant été transmis à M. le Ministre de l'Intérieur, il est désirable que la Société d'Acclimatation s'associe à la démarche dont il s'agit.

— M. le marquis de Sinéty fait remarquer qu'en raison de la rigueur de l'hiver qu'on vient de traverser, la statistique projetée pourra, cette année, donner des chiffres exceptionnellement bas et anormaux. Dans les campagnes, les oiseaux ont presque partout disparu, chassés ou détruits qu'ils ont été par le froid et la neige.

— M. Millet confirme cette assertion, et ajoute que l'accumulation et la persistance des neiges ont, en France, obligé les Alouettes à se porter vers le littoral, où elles ont été détruites par centaines de mille, précisément à la faveur des arrêtés préfectoraux qui en autorisent la chasse.

— M. le marquis de Sinéty constate que ce ne sont pas seulement les Alouettes qui ont disparu, mais presque tous les oiseaux : Geais, Merles, Pinsons, Bergeronnettes, Mésanges, etc.

— M. Millet demande le renvoi à la troisième section de plusieurs lettres et documents qui viennent d'être signalés dans le dépouillement de la correspondance, et qui lui paraissent devoir être soumis à la Commission des récompenses.

— M. le Président fait observer que des délais sont fixés par le Règlement pour la déposition des documents à soumettre à la Commission des récompenses. Le Conseil appréciera s'il est possible de faire une exception en faveur des travaux récemment adressés à la Société.

— A l'occasion de la communication faite dans la dernière séance sur le verdissement de l'Huître, M. Millet rappelle que M. le docteur Sauvé avait, dès 1867, signalé comme étant la cause de ce phénomène de verdissement, l'absorption par le Mollusque d'une Algue microscopique dont l'espèce restait à déterminer. Plus tard, un naturaliste anglais reconnut que cette Algue était une Diatomée. « Les observations de MM. Puységur et Bornet, ajoute M. Millet, n'en sont pas moins intéressantes, en ce qu'elles nous ont fait connaître exactement cette Diatomée. »

— M. Millet signale ensuite les inconvénients graves que présente l'introduction de l'Huître de Portugal (*Griphæa angulata*, Lam.) sur nos gisements huîtriers, où elle détermine la production d'Huîtres métisses de qualité tout à fait inférieure. Ces croisements très curieux prouvent que l'Huître, considérée jusqu'à présent comme hermaphrodite, est androgyne, comme plusieurs autres Mollusques, tels que les Hélices par exemple. Il y aurait des mesures à prendre en vue de prévenir un métissage qui pourrait avoir les plus funestes conséquences pour notre industrie ostréicole.

— Au sujet de la lettre de M. de Loës relative à la pisciculture, M. Raveret-Wattel fait remarquer que, malgré l'importance incontestable de la condition d'espace au point de vue de l'hygiène du poisson, on ne peut contester la possibilité et les avantages de l'élevage en stabulation.

La plupart des fermes aquicoles américaines pratiquent l'élevage dans des espaces restreints ; il en est de même en Angleterre, dans plusieurs établissements de pisciculture, où les produits obtenus sont des plus rémunérateurs.

— M. le vicomte d'Esterno indique un procédé très simple pour se procurer des « *œufs* » (larves et nymphes) de Fourmis pour la nourriture des Faisandeaux. Ce procédé consiste à placer dans le voisinage d'une fourmilière des pots à fleurs renversés et formant cloches, au fond desquels les Fourmis ne tardent pas à venir déposer leurs œufs. Il importe de laisser quelque espace entre le sol et le bord des pots, afin que les insectes puissent entrer et sortir librement. Il convient aussi d'employer de préférence des pots ayant déjà servi et retenant encore sur leurs parois de la terre ou de la boue ; les Fourmis trouvent plus de facilité à y fixer leurs œufs que sur la surface d'un pot neuf. Quand il survient de fortes pluies, qui humectent la terre poreuse des pots, les Fourmis, ne croyant plus leurs œufs en sûreté, les enlèvent souvent pour les porter ailleurs.

M. Millet fait remarquer que l'on pourrait éviter cet inconvénient en employant des pots vernissés à l'intérieur.

M. Maurice Girard rappelle qu'il a déjà indiqué divers procédés employés par les faisandiers pour se procurer des larves de Fourmis ; un entre autres consiste à placer dans les fourmilières des pelottes de feuilles dans lesquelles les Fourmis viennent déposer leurs larves, ce qui rend la récolte facile.

M. Lecreux fait connaître que, dans le département du Nord, son fils emploie depuis une dizaine d'années le procédé indiqué par M. le vicomte d'Esterno. Toutefois, sans doute parce qu'il s'agit d'une autre espèce de Fourmi, les larves sont amoncelées non pas au fond du pot, mais sur le sol même, en petit tas et mélangées avec un peu de terre sèche et très divisée.

M. Chappellier utilise également ce même procédé pour détruire les Fourmis dans son jardin. Comme l'espèce est probablement différente encore, ce ne sont plus seulement les œufs qui sont transportés sous les pots ; la fourmilière entière s'y installe en l'espace de deux ou trois jours, quand le temps est beau, et peut ainsi être facilement capturée puis détruite.

M. le Président fait remarquer que ce procédé serait intéressant à signaler dans le midi de la France, où les Fourmis causent souvent de grands préjudices dans le semis et toute espèce de culture.

— M. Jules Grisard donne lecture 1° du procès-verbal de la séance du 22 janvier, de la deuxième section (voy. au *Bulletin*) ; 2° d'une note de M. le docteur Moreau sur les strongles du larynx chez les Faisans (voy. au *Bulletin*).

— M. Maurice Girard présente à la Société, au nom de M. Christian Le Doux, des Papillons et des cocons d'*Attacus Cynthia* dont les Chenilles ont été élevées non pas sur l'Ailante, qui est la nourriture la plus habituellement indiquée pour cette espèce, mais sur le Lilas. Les Papillons sont fort bien développés et présentent une ampleur d'ailes remarquable. Quant aux cocons, ils sont très beaux et d'excellente qualité. Il y a deux ans (1878 et 1879) que M. Ch. Le Doux a commencé cette intéressante expérience dont la réussite est complète, et qui vient révéler une facilité de plus pour l'élevage de l'*Attacus Cynthia*. Notre confrère étant parvenu, on s'en souvient, à dévider en soie grège les cocons de cette espèce rustique, l'industrie trouvera, quand elle le voudra, des ressources nouvelles dans cette soie différente de celle du Ver à soie du Mûrier.

— M. Grisard met sous les yeux de l'assemblée : 1° Une Igname envoyée de Cayenne par M. Michely, directeur du Jardin botanique de Cayenne : cette espèce d'Igname présente cette particularité intéressante qu'au lieu de s'enfoncer en terre elle a une tendance à remonter à la surface du sol, en sorte qu'on est obligé de la butter pour en obtenir une bonne végétation ;

2° Des cocons d'*Attacus Yama-mai* récoltés à Bruxelles par M. Simon, ainsi que des échantillons de soie teinte en cocons d'après le procédé indiqué par M. Le Doux, et des cocons vivants d'*Attacus Pernyi*.

Il est offert à la Société :

1° *L'art de greffer* les arbres, arbrisseaux et arbres fruitiers et forestiers, par Charles Baltet. 2e édition, suivie d'un appendice sur le rétablissement de la Vigne par la greffe, avec 127 figures dans le texte. Paris, 1880, in-18 jésus. — Offert par l'auteur.

2° *Culture de l'Asperge à la charrue*, résultat obtenu dans un sol de médiocre qualité ; bénéfice net, 6000 francs par hectare, par L. Vauvel. Paris, in-8.

3° *Nouveau traitement du Pêcher*, système Chevalier aîné, de Montreuil, par L. Vauvel. In-8.

4° *Rapport* de M. Lonquéty aîné à S. Exc. l'amiral ministre de la marine, *sur les filets de coton employés à la pêche d'Écosse*. Boulogne-sur-Mer, 1858, in-8. — Offert par l'auteur.

5° Pêche française. *Salaison du Hareng à bord et en atelier*, par P. Lonquéty aîné. Boulogne-sur-Mer, 1860, in-8. — Offert par l'auteur.

6° *Notes sur l'Exposition de pêche de Bergen* (Norvège) en 1865, par M. P. Lonquéty aîné. Boulogne-sur-Mer, 1866, in-8. — Offert par l'auteur.

7° *Notes sur la législation de la pêche du Hareng* et sur la préparation essentielle que doit subir ce poisson, par M. Lonquéty aîné. Boulogne-sur-Mer, 1868, in-8. — Offert par l'auteur.

8° *La pêche maritime en France et en Angleterre*, par M. Lonquéty aîné. Boulogne-sur-Mer, 1868, in-8. — Offert par l'auteur.

9° *La pêche du Hareng*, son importance au port de Boulogne-sur-Mer en 1878, par M. Lonquéty aîné. 1 planche, 1 carte. Boulogne-sur-Mer, 1878, in-8. — Offert par l'auteur.

10° *Le fermage des Autruches* en Algérie. Incubation artificielle, par Jules Oudot, ingénieur civil, avec planches. Paris, 1880, in-8. — Offert par l'éditeur M. Challamel.

11° *Nouveaux légumes d'hiver*, expériences d'étiolement pratiquées en chambre obscure, par MM. A. Paillieux et D. Bois. Paris, in-18. — Offert par les auteurs.

Le Secrétaire des Séances,
C. Raveret-Wattel.

III. EXTRAIT DES PROCÈS-VERBAUX DES SÉANCES DES SECTIONS

TROISIÈME SECTION.

SÉANCE DU 3 FÉVRIER 1880.

Présidence de M. MILLET.

M. de Glatigny appelle l'attention de la section sur les diverses espèces de Poissons, Crustacés et Mollusques qu'il y aurait lieu d'introduire dans les eaux douces et les eaux salées de France et d'Algérie.

— M. de Ginestous informe la section qu'une commission d'enquête sur le repeuplement des eaux, a été nommée par le Sénat, dans la séance du 29 juillet 1879.

La section prie M. Millet de vouloir bien préparer les documents qui pourraient être fournis à cette commission ; pareille invitation est faite, du reste, à tous les membres de la section.

— M. Millet entretient la section des effets de la gelée dans les mois de décembre et janvier derniers sur les poissons, qui ont été gravement atteints dans une grande partie de la France. Dans les cours d'eau et dans les étangs ou réservoirs, alimentés par des sources ou des ruisseaux, la gelée ne cause généralement aucun dégât ; mais dans les eaux stagnantes, comme dans les étangs, il faut éviter de casser la glace sur les bords. comme on le fait habituellement ; car c'est y attirer les poissons à une mort certaine. Pour permettre aux poissons de respirer, il convient de pratiquer des trous dans la glace sur les parties les plus profondes ; on enfonce dans ce trou un piquet ou une perche garnis au contact de l'eau d'une fascine de bois avec de la paille.

— M. de Glatigny rappelle le mode généralement usité en France pour le curage des petits cours d'eau. On détruit ainsi les abris et les frayères naturels.

M. le Président constate en effet que, dans les dernières excursions qu'il a faites, il a reconnu, avec M. le marquis de Pomereu, tous les inconvénients de ce mode de curage dans les ruisseaux de la Seine-Inférieure où la truite était jadis très abondante. Les mêmes dégâts ont été reconnus dans l'Aisne, l'Oise et les Ardennes.

— M. Millet rappelle à ce sujet que dans le département de l'Eure, par suite des observations qu'il avait présentées avec l'honorable M. Passy, le Préfet avait stipulé dans ses arrêtés la réserve des végétaux aquatiques sur un tiers de la surface du ruisseau.

M. le Président appelle toute l'attention de la section sur trois arrêtés pris en septembre 1879, par M. le Préfet de la Savoie, pour réglementer la pêche dans les cours d'eau de ce département, et particulièrement, le lac du Bourget. La section prie M. Millet de vouloir bien rédiger un rapport dans le sens des observations qu'il vient de présenter pour faire modifier s'il y a lieu les arrêtés dont il s'agit.

Le Secrétaire,
COMTE DE GINESTOUS.

QUATRIÈME SECTION.

SÉANCE DU 17 FÉVRIER 1880.

Présidence de M. le marquis de GINESTOUS.

La parole est donnée à M. Maurice Girard pour une communication relative à un insecte dont M. Vinent de Séville lui a envoyé des sujets. C'est le *Stauronotus cruciatus*, Fabricius, ainsi nommé à cause d'une impression noirâtre cruciforme qui existe sur le corselet, genre très voisin de nos *Œdipodes* ou Criquets à ailes rouges ou bleues, qui sont parfois très communs, mais non nuisibles.

En juillet 1879, le *Stauronotus cruciatus* a dévasté les Oliviers en Andalousie. Déjà plusieurs fois cette espèce avait été signalée comme dévastatrice en Espagne et en Syrie. Sa taille est plus forte que celle de nos *Œdipodes ;* le corselet a, comme on vient de le dire, une impression noirâtre cruciforme, l'abdomen est jaune, les cuisses postérieures sont rouges et crénelées; les ailes supérieures, ou pseudélitres, grisâtres, ont des bandes noirâtres, tandis que les ailes inférieures sont incolores.

Le *Stauronotus cruciatus* se trouve aussi en Algérie : on peut même supposer qu'en raison de la proximité de l'Afrique et de l'Espagne il a été importé dans cette dernière contrée, soit par des vents du sud, soit même par suite des rapports journaliers qui existent entre les deux pays pour l'approvisionnement des marchés espagnols.

Cet insecte n'a pas encore été signalé en France. Il serait intéressant, dit M. le président, de savoir si dans les environs de Collioure il n'en existerait pas quelques individus.

M. Fallou dit avoir rapporté d'un voyage dans les Cévennes et la Lozère des Criquets ayant une certaine analogie avec le *Cruciatus :* M. Maurice Girard se charge de prendre des renseignements sur ces insectes auprès des personnes auxquelles M. Fallou a donné ceux qu'il a recueillis.

Le Criquet migrateur cause souvent des ravages dans la Camargue, et dévaste les cultures en Hongrie. On le trouve même quelquefois, mais en petites quantités, dans les environs de Paris, où, du reste, il ne cause pas de dommages.

— M. le marquis de Ginestous appelle l'attention des membres de la section sur un mémoire de M. Blankenhorn, professeur à Carlsruhe, indiquant un insecte destructeur du *Phylloxera*. Cet insecte a été signalé par M. Biley, en Amérique, et par M. E. Planchon, à son retour en France.

M. Maurice Girard entre dans de nombreuses explications sur le *Phylloxera*, et les insectes mangeurs de *Phylloxeras* qui, paraît-il, seraient des Acariens, et auxquels il est douteux que l'on puisse être redevable de la destruction de ce fléau des vignes françaises. Telle a été, dans le temps, l'opinion émise par M. Planchon. En effet, malgré le lion des Pucerons, nos rosiers et bien d'autres végétaux sont continuellement envahis par le Puceron commun.

Les Vignes d'Europe n'ont jamais pu réussir en Amérique. Elles disparaissent après cinq années de culture au maximum.

— M. Millet présente à la quatrième section un morceau d'échalas sur lequel se trouve une grande quantité d'œufs d'un nouvel insecte qui attaque la Vigne, et dont M. Sabaté, inventeur du gant d'acier articulé, a entretenu la Société des Agriculteurs de France pendant la session de cette année.

Pour détruire cet insecte et en même temps le *Phylloxera* des feuilles et la Pyrale, M. Sabaté fait insuffler de la chaux vive en poudre sur les feuilles de vignes encore chargées de rosée, comme l'on épand la fleur de soufre contre l'*Oïdium*, à l'aide d'un soufflet. Ce procédé, qui exige une dépense peu considérable (15 à 20 fr. par hectare), a donné, parait-il, d'excellents résultats. Il est presque inutile d'ajouter que sous l'action caustique de la chaux les Limaces qui se trouvent sur les ceps périssent également.

— M. Millet a recueilli cet hiver des cocons d'*Attacus Cynthia* qui ont supporté, dans le département de la Côte-d'Or, 22 et même 23 degrés au-dessous de zéro, et dont les chrysalides sont en parfait état de vitalité. Il a constaté à nouveau ce fait bien connu, que le froid, quoi que l'on dise, ne fait pas périr les insectes, et surtout les insectes souterrains qui s'enfoncent de plus en plus à mesure que la température s'abaisse. Dans des tranchées faites pour éviter les dégâts que pouvaient occasionner la fonte des neiges, il a vu des larves de hannetons descendues à plus d'un mètre de profondeur. M. Millet rattache toutes ces observations à la thèse qu'i soutient toujours avec une énergique persévérance : LA PROTECTION DES OISEAUX INSECTIVORES, qui nous viennent, dit-il, bien plus en aide pour la protection de nos récoltes que les variations, si graves qu'elles puissent être, de la température.

— M. Millet pense que l'on devrait opérer l'échenillage dans le courant de l'hiver préférablement au printemps, les chenilles pouvant sortir de leurs bourres à la suite de quelques journées de chaleur précoces, et éviter ainsi la destruction.

— Il est donné lecture d'une lettre de M. Arthur Todd, en date de Blidah, adressée à M. le directeur du Jardin zoologique d'Acclimatation, au sujet de gaufres au miel fabriquées pour les ruches en Algérie, à laquelle sont joints des échantillons.

— M. A. Simon a envoyé à la Société d'Acclimatation un mémoire sur des éducations d'*Attacus Yama-maï* faites en Belgique, et il a joint à ce travail des soies de ces Vers sauvages, teintes sans décreusage, en cocons, à la cuve et dévidées Il y a des échevettes teintes en violet, en jaune, en rose et en rouge. Une échevette de soie étiquetée *naturelle* est d'un gris sale, teinte due probablement au bain savonneux dans lequel plongeaient les cocons pendant le dévidage.

La quatrième section ne pouvait pas manquer de voir avec intérêt qu'en Belgique comme en Angleterre, et maintenant en France, on parvient à teindre les soies des Vers sauvages.

On a remarqué une petite échevette de soie tirée de cocons dont les chrysalides n'ont pas été étouffées pendant le dévidage, et ont pu donner des papillons, expérience que notre honorable confrère M. Wailly, de Londres, et plus tard moi-même, à Ferrusac, sur son indication, nous avions faite avec des cocons de *Sericaria Mori*.

Enfin, avec ces soies se trouvent deux jolis échantillons de tissus fabriqués avec ces mêmes fils.

Il y a aussi un chapelet de cocons de graines d'*Yama-maï* provenant d'un cheptel de la Société d'Acclimatation ; un second, composé de cocons de graines d'*Attacus Pernyi* de reproduction ; un troisième, de cocons de graines de *Sericaria Mori* blancs d'Andrinople, très beaux ; et enfin un quatrième, de cocons de graines jaunes de Vers du mûrier, sans indication de provenance.

— Il est également mis sous les yeux des membres de la quatrième section une série de cocons envoyés de Cayenne par M. Michely.

Ces cocons sont en majorité d'*Attacus Aurota*, élevés avec diverses feuilles, en 1878 et 1879 ; et enfin 74 cocons vides de *B. Hesperus*, sorte que seul M. Michely avait fait figurer à l'Exposition universelle de 1878.

— M. Millet informe les membres de la quatrième section que, dans sa dernière séance, la Société des Agriculteurs de France a décerné à M. Péligot, de l'Institut, le prix agronomique qu'elle avait proposé pour une étude sur les feuilles de mûrier dans l'intérêt des éducations de Vers à soie.

Le Secrétaire,
CHRISTIAN LE DOUX.

IV. BIBLIOGRAPHIE

I

Les plantes grasses, autres que les Cactées, par M. Ch. Lemaire. Un vol. in-18, 136 p., 13 grav. (Bibliothèque du Jardinier). Lib. agricole de la Maison Rustique, 26, rue Jacob.

La désignation de *plantes grasses* est un terme qui n'a rien de scientifique, et qui s'applique à un assez grand nombre de végétaux appartenant à des familles bien distinctes; mais il a le mérite d'être clair et d'être compris de tout le monde. De ces plantes, les unes, comme les Cactées, se signalent par des formes anormales, et aussi d'ordinaire par l'absence de feuilles. Ce sont tantôt des troncs verdâtres, tourmentés et cannelés, s'élevant, comme des cierges gigantesques, à une hauteur de 10 ou 15 mètres; tantôt des sphéroïdes bizarres, les uns énormes, les autres minuscules et hérissés de piquants; tantôt, une broussaille impénétrable de raquettes épineuses... Les autres, qui sont en général de petite dimension, se distinguent, soit par des tiges d'une nature molle, avec un tissu cellulaire lâche et peu consistant, soit par des feuilles épaisses et charnues.

C'est seulement de ces dernières que s'occupe le petit traité de vulgarisation que nous avons à faire connaître à nos lecteurs, et qui est dû à la plume autorisée de M. Ch. Lemaire, professeur de botanique à Gand. Il laisse de côté la famille trop nombreuse des Cactées, qui fait l'objet d'un volume spécial.

Dans ces dernières années, il faut bien le reconnaître, les plantes grasses ont été un peu délaissées, et l'auteur proteste énergiquement contre cet abandon. D'après lui, en effet, parmi toutes les espèces végétales, les plantes grasses sont celles qui présentent le plus de diversité dans le port des fleurs, leur élégance, leur coloris et souvent même leur parfum; ce sont elles qui offrent le plus d'attrait à cause de leurs formes singulières; placées isolément avec goût, si l'on ne veut les rassembler en collection, elles interrompent heureusement la monotonie plus ou moins manifeste des plantes à feuillage ordinaire.

Nous n'y contredirons point, car nous sommes un peu désintéressé dans la question : nous ne voyons guère dans ces végétaux de ressource probable pour l'utilité pratique (point de vue auquel nous nous plaçons de préférence à tout autre), et, sous le rapport ornemental, les végétaux de pleine terre sont surtout ceux qui nous attirent. Mais les plantes grasses n'en présentent pas moins une importance réelle pour l'horticulture, et leur organisation si originale ouvre à la physiologie un champ qui est à peine exploré.

Le traité de M. Ch. Lemaire contient, d'abord, par ordre alphabétique, la nomenclature des principaux végétaux que l'on peut ranger sous cette dénomination de *plantes grasses*. Cette liste comprend cinquante genres, chacun subdivisé en de nombreuses espèces, dont l'auteur trace une description suffisamment détaillée.

Viennent ensuite des notions générales sur la culture de ces végétaux, et le résumé sommaire des soins à leur donner.

Toutes les plantes grasses ont besoin d'un abri pendant l'hiver, et elles réclament la serre tempérée, ou tout au moins une bâche avec châssis. La tablette la plus chaude de la serre devra être réservée aux *Euphorbes*; la plus élevée et la mieux exposée au soleil aux *Stapelia*, aux *Mesembrianthemum* nains, aux *Caralluma*, aux *Boucerosia*, etc. Bon nombre d'autres plantes peuvent être cultivées sous une simple bâche, si l'on sait, avec des précautions, les préserver des gelées et de la pourriture : ce sont beaucoup de *Mesembrianthemum*, de *Portulaca*, de *Talinum*, d'*Æonium*, de *Sempervivum*, etc.

En ce qui touche la culture en chambre, que l'auteur repousse naturellement (comme doit le faire tout amateur sérieux et convaincu), elle n'est possible que pour un très petit nombre d'espèces : Crassulacées, Mesembrianthèmes, Écheveria, Sedum, Cotylédon, Aloès. Celles-ci pourront y vivre souffreteuses, fatiguées par la poussière, n'ayant ni une aération suffisante, ni une lumière solaire perpendiculaire; mais enfin elles y végéteront.

AIMÉ DUFORT.

II. JOURNAUX ET REVUES

(Analyse des principaux articles se rattachant aux travaux de la Société.)

La Belgique horticole (Edouard MORREN).

1er trimestre 1880. — L'*Arracacha esculenta*, ou *Apios*.

Dans son exploration de la Nouvelle-Grenade (1866-70), une plante comestible de ces contrées attira l'attention de Roezl (1). C'est l'*Arracacha esculenta* DC. Il croyait à la possibilité de l'introduire en Europe ; il ne savait pas que déjà, à différentes reprises, on avait fait l'expérience de cette culture qui, jusqu'à présent, n'a pas abouti. « La Pomme de terre-céleri, qu'on peut nommer ainsi à cause de son goût (écrivait-il à son

(1) M. Bénedict Roezl, un des plus infatigables voyageurs de notre époque, a exploré le Mexique, la Sierra-Nevada, la Californie, le Pérou, etc., et il a renvoyé de ces divers pays un nombre très remarquable de plantes nouvelles de premier ordre. Ses envois avaient des proportions considérables : c'est ainsi qu'il a expédié en Europe une fois 10000 Orchidées, une autre fois 3500 ; puis 3000 pieds d'Odontoglossum.....

correspondant M. Ortgies), tient complètement lieu de ce tubercule dans les régions froides de la Nouvelle-Grenade. Elle appartient à la famille des Ombellifères, et se muliplie par le tubercule qui pèse de 8 à 10 livres, quand il a atteint son entier développement. On mange le tubercule, comme la Pomme de terre, préparé de toutes les façons, et l'on s'accoutume bientôt à son goût particulier. Ces tubercules sont plus farineux que ceux de la Pomme de terre; les bœufs, les chevaux et même les chiens les mangent avec avidité. A mon avis, cette plante pourrait se cultiver avec succès en Europe, dans un terrain profond et léger. J'ai appris que Wallis avait envoyé un lot de ces tubercules, mais qu'ils étaient déjà tous gâtés en arrivant à Santa Martha. Sa culture est la même que celle de la Pomme de terre. Au printemps, on met le tubercule en terre et, quatre mois après, on peut faire la récolte; mais ce n'est qu'après six mois que le tubercule atteint tout son développement. En hiver, on les met à l'abri dans des caves. L'*Arracacha* ne croît pas dans les terres basses où le climat est trop chaud. Sa culture commence à 6000 pieds et atteint jusqu'à 12000 pieds d'altitude, tandis que les Pommes de terre, qui croissent ici à l'état sauvage, ont leur véritable patrie de 7 à 8000 pieds d'élévation. Peut-être le climat humide des côtes, où les brouillards sont fréquents, est-il particulièrement favorable; même dans les régions élevées de la Nouvelle-Grenade, de froids brouillards règnent toute l'année. »

Les tubercules que Roezl a envoyés à Zurich sont arrivés en mauvais état; ceux qui étaient encore en vie ont été distribués aux jardins botaniques de Kew, Dublin et Saint-Pétersbourg. M. Ortgies, qui les avait reçus, en a gardé deux exemplaires, dont il va tenter la culture; mais tout en exprimant le désir de voir ces essais suivis d'un résultat satisfaisant, il fait remarquer que l'*Arracacha* ne s'est pas étendu en Amérique, pas même sur les hauts plateaux du Mexique, du Guatémala et de Costa-Rica, qui ont à peu près le même climat que ceux de la Nouvelle-Grenade. (*Voyages et decouvertes de M. B. Roezl, en* 1866 *et* 1870, Gartenflora, 1891, p. 70 et 107. Ed. Ortgies.) A. D.

Le Gérant : Jules Grisard.

PARIS. — IMPRIMERIE E. MARTINET, RUE MIGNON, 2

I. TRAVAUX DES MEMBRES DE LA SOCIÉTÉ

REPRODUCTION DE DIVERSES ESPÈCES DE CANARDS EXOTIQUES

Par M. COURTOIS

Lettre adressée à M. le Directeur du Jardin d'Acclimatation.

Il est un Canard dont l'espèce peu répandue est cependant très jolie. Je veux parler du Canard siffleur du Chili (*Mareca Chiloensis*). On le dit délicat, je ne m'en suis pas aperçu.

J'ai 3 paires de ces oiseaux chez moi. Une paire de l'année dernière n'a rien produit. Les deux autres paires m'ont donné 44 œufs presque tous bons. J'ai en ce moment 22 jeunes, et une ponte vient de me donner encore 12 œufs.

Les amateurs qui peuvent procurer de la verdure à leurs oiseaux sont assurés de réussir ces Canards.

Si cela peut vous intéresser, et en même temps quelques amateurs auxquels vous pourrez communiquer ma lettre, je vous dirai que je possède 1 paire *Casarka rutila*, qui, depuis quatre ans, m'a produit :

Première année, 2 pontes, 22 œufs ; je vous ai livré 14 jeunes.

Deuxième année, 1 ponte, 11 œufs, 9 jeunes.

Troisième année, 11 œufs, 9 jeunes.

Cette année, 11 œufs, 11 jeunes. Je viens d'en perdre un qui s'est envolé et qui s'est fait tuer sur la rivière.

J'ai, en outre, 2 paires *Casarka variegata*.

La première qui a produit m'a donné 22 œufs en 2 pontes. Je vous ai livré 14 jeunes et 2 à une autre personne.

La deuxième année, 24 œufs, 14 jeunes.

L'année dernière et cette année je n'ai obtenu aucun produit; ma Cane a failli être tuée par des Bernaches, et elle ne fait que commencer à se rétablir.

Heureusement ma seconde paire a recommencé à pondre l'année dernière et j'ai pu, avec 18 œufs, vous livrer 12 jeunes. Cette année j'ai encore eu 18 œufs, et je possède 16 petits.

J'ai également une paire Bernaches du Magellan, qui m'a pondu 4 œufs que j'ai fait couver par une Poule ; 1 n'a rien valu, ayant été pondu dans l'eau.

J'ai eu 3 jeunes avec les trois autres. La Poule m'en a écrasé 1. J'en possède encore une paire. La femelle est bien délicate; je ne sais si je parviendrai à l'élever.

Je ne vous parlerai ni des Mandarins, ni des Bahamas, ni des Canards de la Caroline. Le chapitre des accidents est si grand que je ne compte mes jeunes qu'au mois de septembre.

Le plus intéressant pour moi cette année est une paire de Sarcelles de Formose que j'ai depuis quatre ou cinq ans et qui a commencé à pondre le 27 juin. Je n'ose pas espérer avoir des jeunes cette année et les élever, mais j'ai bon espoir pour l'année prochaine.

J'oubliais de vous dire que j'avais 5 jeunes Canards bec de lait (*Anas pœcilorhyncha*). La Cane couve une seconde ponte.

Je dois ces résultats aux soins donnés par mon faisandier-chef qui, du mois d'avril au mois d'août, s'occupe des oiseaux d'une façon peu ordinaire. Ce faisandier, vous le connaissez, c'est ma femme.

Plusieurs années de suite elle a admiré vos Canards au jardin, et causant un jour avec un de nos amis, elle prétendit qu'on devait pouvoir faire reproduire tous ces oiseaux ; alors nous avons essayé.

Voici la sixième année que nous avons commencé et, sauf la Sarcelle du Brésil, nous avons obtenu la reproduction de tous les Canards que nous vous avons achetés.

II. TRAVAUX ADRESSÉS ET COMMUNICATIONS FAITES A LA SOCIÉTÉ.

NOTE SUR LES INSECTES MORTS

RENFERMÉS DANS LES LAINES EN BALLOT

Par M. L. OLIVIER

Licencié ès sciences.

Les toisons des Moutons sont toujours chargées d'une certaine quantité de suint, de graterons et d'impuretés diverses, parmi lesquelles on remarque des insectes ou des débris d'insectes.

Ce sont en majorité des Coléoptères. Il y en a de deux sortes : les uns, notamment les Longicornes, vivent sur les végétaux que broute le Mouton ; les autres, appartenant pour la plupart à la tribu des Géotrupes, habitent en parasites les déjections du Ruminant et en activent ainsi la décomposition. Leur présence dans la laine s'explique par l'habitude qu'a le Mouton de se coucher sur l'herbe des prairies.

Emprisonnés dans les mèches de poils que le suint retient unis, les insectes se conservent assez bien pour qu'on les puisse facilement reconnaître. Leur abondance est telle que M. Levoiturier, entomologiste à Elbeuf, a pu dresser une longue liste de Coléoptères par lui trouvés dans les laines des différentes contrées du globe, et spéciaux à chacune de ces régions.

Ce travail a pour but de permettre aux industriels de déterminer, par la seule inspection des insectes qu'elles renferment, la provenance des laines sur l'origine desquelles il peut y avoir doute.

Or, la connaissance de la provenance est chose très importante pour l'évaluation du rendement. On sait, en effet, que la perte de poids due au dégraissage est généralement plus forte pour les laines de Buenos-Ayres que pour celles de Montevideo, et beaucoup moindre pour celles du Cap et de l'Australie. Ces variations correspondant à des conditions de milieu très différentes, l'acheteur qui examine une laine ne peut l'estimer à sa juste valeur s'il en ignore l'origine. Il lui est alors presque impossible de prévoir, avec l'exactitude désirable, quel poids de laine lavée et triée il pourra obtenir de 100 kilog. de laine brute.

On conçoit donc que, dans bien des cas, la collection des insectes dont nous donnons ci-après la désignation, puisse rendre service à l'industrie lainière. Aussi la Société industrielle d'Elbeuf a-t-elle exposé dans son musée technique les spécimens des plus remarquables Coléoptères recueillis dans les laines par M. Levoiturier. En voici les noms avec l'indication de l'habitat :

AUSTRALIE.

Harpalus inornatus, *Germar*.
Clivina Australasiæ, *Bohemann*.
Passalus edentatus, *Leay*.
Onthophagus aculeatus, *Reiche*.
— Australis, *Guérin*.
— auritus, *Latreille*.
Aphodius Tasmaniæ, *Hope*.
Liparethrus sylvicola, *Fabricius*.
Calonota festiva, —
Scitata germinata, *Boisduval*.
Xylonichus lævus, *Blanchard*.
Diluiccphala splendens, *Mac Leay*.
Phyllotocus Mac Leayi, *Fischer*.
Repsimus manicatus, *Swartz*.
Anoplognathus rugosus, *Kirby*.
— reticulatus, *Boisduval*.
— suturalis, —
— inustus, *Kirby*.
— Olivieri, *Dalmann*.
— nitidulus, *Boisduval*.
Lacon variabilis, *Cand*.
Monocrepidius Australasiæ, *Dejean*.
Chantiognathus hostilitatus, *Erichson*.
Natalis porcata, *Fabricius*.
Cestrinus trivialis, *Erichson*.
Tenebrio Australis, *Boisduval*.
Saragus lævicollis, *Fabricius*.
Pterohælæus striatopunctatus, *Boisduval*.
Adelium sinilatum, *Germar*.
— Foveicolle, *Deyrolle*.
Amarygnis columbinus, *Dejean*.
Allecula brunnea, *Deyrolle*.
Narcedes punctum, *Mac Leay*.
Prypnus Fallax, *Cythewhad*.
Leptops tribulus, *Fabricius*.
— robustus, *Olivier*.
Chrysolopus spectabilis, *Fabricius*.
Phoracantha recurra, *Newmann*.
Hebecerus sparsus, *Reiche*.
Trox Australasiæ, *Erichson*.
Lamprolina acneipennis, *Baly*.
Australatica pulchella, *Dejean*.
Paropsis ulcerosa, *Deyrolle*.
— serictuberculata, *Deyrolle*.
— punctata, *Marsham*.
— bifasciata, *Reiche*.
— sexpustulata, *Mac Leay*.

CAP DE BONNE-ESPÉRANCE.

Ctenoncus Cafer, *Illiger*.
Mucrolestia Tabida, *Fabricius*.
Authia guttata, —
Scarites Polytus, *Wiedm*.
Chlœnius quadricollis, *Dejean*.
— natalensis, *Chaudoir*.
Geobænus lateralis, *Illiger*.
Anisodactylus incrassatus, *Bohemann*.
Feronia Cafra, *Dejean*.
Silpha mutilata, *Illiger*.
Circellium Bacchus, *Fabricius*.
Ateuchus Hottentatus, *Mac Leay*.
— capricola, *Castelneau*.
Onitis Apelles, *Fabricius*.

Onthophagus Urus, *Illiger*.
— gazella, *Fabricius*.
— columella, —
Trox Radula, *Erichson*.
Telephorus Capricola, *Fabricius*.
— viridescens, —
Melyris viridis, —
Adesmia porcata, —
Physosterna ovata, *Olivier*.
Eurychosa ciliata, *Thunberg*.
Oncolus testaceus, *Solier*.
— obscuricollis, —
— farctus, *Illiger*.
— tardus,
Melanopterus porcatus, *Mulsant*.
Trignonopus chevrolatii, —
— nigerrimus, —
Eurynotus deuticostæ, —
— muricatus, *Kirby*.
Eurynotus acutus, *Wiedmann*.
— Delalandei, *Mulsant*.
Psammodes pilosa, *Thunberg*.
— villosula, *Deyrolle*.
Phanerotoma elongata, *Solier*.
Trachynotus reticulatus, *Fabricius*.
Gonopus crenicostis, —
Phalleria lævigata, *Schœnhew*.
Tonicum Antilope, *Dejean*.
Lagria villosa, *Fabricius*.
— Chalybea, *Deyrolle*.
— Forcicollis, *Dejean*.
Mylabris tripunctatus, *Thunberg*.
Decatoma undatum, *Bilberg*.
Polycleis equestris, *Schœnhew*.
Hipporhinus granulosus, *Wiedmann*.
Monohammus asperulus, *Withe*.
Ceroplesis Hottentotus, *Fabricius*
— Æthiops, —

BUENOS-AYRES.

Baripus rivalis, *Germar*.
Anisodactylus cupripennis, *Germar*.
Feronia Corinthia, —
— cordicollis, *Dejean*.
Necrodes Bonariensis, *Klug*.
Canthidium breve, *Germar*.
Ontherus rotundatus, *Blanchard*.
Chœridium pauperculum, *Dejean*.
Phanæus splendidulus, *Fabricius*.
Cœlodes discus, *Dejean*.
Trox crenatus, *Olivier*.
Diloboderus abderus, *Sturm*.
Authrichira tetradactyla, *Fabricius*.
Dyscinetus Gagates, *Burmeister*.
— germinatus, *Jacquelin-Duval*.
Phileurus vervex, *Burmeister*.
Monocrepidius scalaris, *Candolle*.
Chauliognathus scriptus, *Germar*.
Scotobius pilularius, —
— muricatus, *Guérin*.
— porcatus, *Solier*.
Trichoton rotundatum, *Curtis*.
Epicauta conspera, *Germar*.
Allecula Helopina, —
Naupactus xantographus, *Germar*.
Trachyderes striatus, *Fabricius*.
Clytus nebulosus, *Chevrolat*.
Pœcilaspis Bonariensis, *Bohemann*.
— angulata, *Germar*.
Megilla 18-pustalata, *Mulsant*.

ESPAGNE.

Chlœnius Dives, *Dejean*.
Steropus globosus, *Fabricius*.
Mastigus prolongatus, *Gery*.
Geotrupes Coweseaux, *Chevrolat*.
Chasmatopterus hirtulus, *Illiger*.
— villosulus, —
Eroduis carinatus, *Solier*.]
Asida Gondoti, —
Mycrositus Ulyssiponensis, *Germar*.
Opatrum perlatum, —
— gregarium, *Roseule*.
Meloe corallifer, *Germar*.
Dorcadium grœlsii, *Chevrolat*.
— Perezi, *Graëls*.
— Braunani, *Sehault*.
Timarcha rugipennis, *Perex*.

RUSSIE.

Cicindela desertorum, *Faldermann*.
Stenoloplus discophorus, *Fischer*.
Harplaus calathoides, *Motsch*.
Teutzria nomas, *Pallas*.
Lytia collaria, *Fabricius*.
Chrysochus asiaticus, *Fabricius*.

Il est à désirer que toutes les Chambres de commerce des cités lainières se procurent ces insectes, et en tiennent le tableau à la disposition des industriels intéressés.

III. EXTRAIT DES PROCÈS-VERBAUX DES SÉANCES DE LA SOCIÉTÉ.

SÉANCE GÉNÉRALE DU 2 AVRIL 1880.

Présidence de M. Henri BOULEY, vice-président, puis de M. le Dr LABARRAQUE, membre du Conseil.

Le procès-verbal de la séance précédente est lu et adopté.

— M. Vavin donne lecture d'une note sur le *Soja hispida*.

— M. Miguel de Francisco adresse des remerciements au sujet de sa récente admission.

— M. W.-J. Hoffman, membre de plusieurs sociétés savantes américaines, adresse diverses brochures relatives à l'Anthropologie, et se met à la disposition de la Société pour les renseignements qu'elle croirait devoir le charger de recueillir pendant un voyage qu'il doit prochainement entreprendre pour visiter les ruines du Nouveau-Mexique et d'Arizona.

— MM. Agassiz fils, Bourjuge, le comte de Casati, de Chanteau, Guibert, Paul Jaujou, N. Masson, Ribeaud et Victor Thomas-Duris accusent réception et remercient des cheptels qui leur ont été adressés.

— M. L. Munier remercie de la prolongation d'une année qui lui est accordée pour son cheptel de Cerf-Cochon.

— M. E. Garnot écrit de Bellevue, près Avranches (Manche) : « Permettez-moi de vous signaler un fait de précocité véritablement extraordinaire du Canard du Labrador.

» J'ai envoyé à un de mes amis, M. Guillebert, de Valognes, un couple de jeunes Canetons nés le 30 octobre 1879. La Cane qui les a couvés faisait sa troisième ponte. Malgré les froids exceptionnellement rigoureux de l'hiver que nous venons de traverser, ces oiseaux, à peine âgés de cinq mois et demi, sont restés constamment, nuit et jour, exposés aux intempéries de la saison.

» La Cane vient de pondre quelques œufs, et M. Guillebert ne doute pas qu'ils soient fécondés.

» Toute la couvée de six Canetons s'est élevée comme si

elle était éclose au printemps, et elle vient affirmer une fois de plus toute la rusticité et fécondité de cette race unique au monde comme produit et comme rapport. »

— M. Alfred Rousse écrit de Fontenay-le-Comte (Vendée) : « Toutes mes Perruches ont parfaitement passé l'hiver. Certaines espèces, telles que les Platycerques, les Perruches de Pennant, les Omnicolores et les Palliceps, ont passé toutes les nuits, même les plus froides, sous le hangar de leur volière, allant parfois dans le jour dans l'abri complet, mais n'y restant jamais longtemps. Les Perruches à scapulaire (*Aprosmictus scapulatus*), à ventre jaune, de Tasmanie, et souris, sont toujours rentrées dans l'abri pour y passer la nuit. Les Perruches de Swainson et de la Nouvelle-Zélande également. Ces dernières, malgré le froid, ont commencé à pondre et à couver dans les premiers jours de janvier. Ces jours derniers (sur cinq œufs) cinq perruchons sortaient du nid en excellent état et aussi vigoureux que possible.

« Les Perruches Melanures ne semblaient pas souffrir du froid, mais ma femelle est morte depuis peu, et je crois bien que les froids seuls en sont la cause.

» J'ai conservé à l'air libre, et sans qu'ils aient eu l'air d'en être incommodés, une paire de Paddas blancs.

» Les Calopsittes et les Ondulées sont toujours rentrées pendant la nuit. Je possède des Perruches à tête noire (*Conurus Nanday*) ; mais quoique je les considère comme excessivement rustiques, je ne puis rien en dire encore, les ayant eu à la fin des froids.

» Pour notre contrée, le froid a été excessif. Le thermomètre est descendu plusieurs nuits à 12 degrés au-dessous de zéro; en revanche les journées ont presque toutes été belles; presque tous les jours le soleil a paru, et ces jours-là j'avais sous le hangar de ma volière, depuis neuf heures du matin jusqu'à trois heures du soir, environ de 8 à 15 degrés au-dessus de zéro.

» Mais ce beau soleil, s'il réjouissait mes oiseaux, achevait d'un autre côté le mal que la gelée avait pu faire aux plantes pendant la nuit. J'avais environ 30 *Chamœrops excelsa* (d'un semis datant de trois ou quatre ans) ; tous furent gelés. Un autre beaucoup plus fort, ayant 70 à 80 centimètres de hauteur, fut également complètement gelé. »

— M. Louis fait connaître qu'il a obtenu environ 1500 alevins des œufs de Saumon de Californie qui lui ont été confiés.

— M. le docteur Gressy écrit de Carnac (Morbihan) : « J'ai l'honneur de vous adresser quatre exemplaires de ma brochure sur la reproduction de l'Huître.

» Je serais heureux que la Société signalât au public le danger que court notre industrie, par l'intrusion sur nos côtes de l'Huître de Portugal, espèce inférieure comme qualité.

» Jusqu'à présent, le bon sens des ostréiculteurs de Bretagne a préservé le rivage armoricain de l'Huître portugaise.

» J'ai l'honneur de vous rappeler que sur l'initiative du regretté Coste, membre de l'Institut, la Société d'Acclimatation a encouragé mes premières tentatives d'ostréiculture par une médaille de bronze en 1870.

» Ajouterai-je que j'ai été assez heureux pour retirer de la Flore marine un médicament précieux, qui, sous le nom de *Fucoglycine Gressy*, commence à faire son chemin par le monde et à rivaliser avec l'huile de foie de morue, médicament dégoûtant, que j'ai prétendu remplacer. »

— M. Seth Green, surintendant des pêcheries de l'Etat de New-York, accuse réception et remercie du diplôme de rappel de médaille d'or, qui lui a été décerné par la Société en 1879. Par suite d'une fausse direction, sans doute, ce diplôme lui est seulement parvenu il y a quelques semaines.

M. Seth Green saisit cette occasion pour mettre gracieusement à la disposition de la Société les objets de pisciculture qui pourraient l'intéresser parmi ceux que l'Etat de New-York vient d'envoyer à l'Exposition internationale aquicole de Berlin.

— M. Focet écrit de Bernay : « J'ai le plaisir de vous annoncer que j'ai obtenu le meilleur résultat du lot d'œufs de Saumon de Californie que la Société a bien voulu me confier en novembre dernier. Sur environ 4000 œufs reçus, j'ai eu

3800 éclosions, et cela malgré le terrible hiver que nous venons de traverser, et grâce à un petit laboratoire bien disposé et chauffé convenablement. Ces alevins sont aujourd'hui magnifiques, ils ont de 3 à 4 centimètres de longueur, sont très voraces et tellement vigoureux, que j'avais grande peine, dans les derniers temps, à les maintenir dans mes bacs.

» Aussi je suis désolé que le désir exprimé par la Société, de me transmettre des instructions pour leur mise en liberté, m'arrive aussi tardivement, la distribution en est faite depuis huit jours, et je n'en ai conservé chez moi que 3 ou 400 que j'ai déposés dans mon réservoir pour les nourrir et en surveiller la croissance.

» Il m'en reste également une cinquantaine de l'année dernière, ils mesurent maintenant 18 à 20 centimètres de longueur. S'ils avaient eu une nourriture abondante et régulière, ils seraient, sans aucun doute, doubles de ce qu'ils sont. En un mot, c'est une espèce précieuse pour le repeuplement de nos eaux. Elle est vigoureuse, facile à élever et à nourrir, et si elle se fixe dans nos cours d'eau sans redescendre à la mer, avant quatre ou cinq ans ce sera une vraie conquête pour la pisciculture de nos contrées.

» Pour ma part, je serais très heureux que la Société prît toutes les mesures nécessaires pour pouvoir cette année être en mesure de nous en livrer une plus grande quantité. J'ai l'intention, dans quelques mois, de vous adresser quelques mots sur mes travaux de pisciculture ; en attendant je tiens à vous faire connaître notre organisation et la distribution des œufs et alevins.

» J'ai formé une petite Société de pisciculture avec l'aide de M. le conducteur des ponts et chaussées, faisant fonctions d'ingénieur. Cette Société se compose des principaux propriétaires riverains de nos deux cours d'eau (la Risle et la Charentonne), sur un parcours de 50 kilomètres environ. Deux garde-rivières sont chargés de la répression du braconnage et servent d'inspecteurs pour les appareils de pisciculture et pour la mise en liberté des alevins. Un troisième garde, dit garde-pêche, appartenant à l'administration des eaux, est aussi mis gracieusement à notre disposition et nous rend les plus grands services. Une cotisation volontaire des propriétaires riverains nous a fourni cette année, au début, de 5 à 600 francs, et le gouvernement nous a donné à titre d'encouragement la somme de 1000 francs.

» J'ai organisé à 4 kilomètres environ de distance, chez les principaux propriétaires, de petites stations munies de boîtes à éclosion et de bassins d'élevage, soit environ une vingtaine. Toutes ont eu cette année 1500 à 2000 œufs au moins, et 2 à 300 alevins de *Salmo Quinnat*, moitié pour être conservés dans des réservoirs disposés à cet effet, moitié pour être mis en liberté dans les endroits les plus convenables. Il me reste à leur livrer, aussitôt que les alevins seront assez forts, 500 alevins de Truite des lacs et 10 000 de Truite commune.

» La station principale est chez moi, sous ma surveillance spéciale. Elle possède encore aujourd'hui 12 000 œufs de Salmonidés que je distribuerai au fur et à mesure de l'élevage convenable des alevins ; mes réservoirs d'élevage sont aussi complets.

» Pour nous résumer, je compte distribuer cette année dans les deux rivières principales de l'arrondissement : Truite ordinaire, 30 000 ; Truite des lacs, 5000 ; *Salmo Quinnat*, 3800 ; Anguilles (Montée), 300 000 ; Écrevisses (Petites des Vosges), femelles prêtes à pondre, 1000.

» Avec l'expérience acquise depuis quelques années et organisés comme nous le sommes, je ne doute point qu'avant peu de temps nous n'arrivions au repeuplement de nos rivières, selon les désirs de notre Société. Si vous avez quelques observations à me soumettre, je les recevrai avec grand plaisir. La grande question à résoudre, maintenant, sera celle de la surveillance. Le braconnage est pour moi l'ennemi contre lequel il reste à lutter sérieusement. »

— MM. Blavet, Bordet, Faure, le comte de Montlezun, de Montrol et Alfred Rousse, accusent réception et remercient des envois de graines qui leur ont été faits.

— M. Blavet, président de la Société d'horticulture de l'arrondissement d'Etampes, écrit à M. le Secrétaire général :

« J'estime que notre petite collection de Bambous, due à la Société d'Acclimatation, va, malgré la neige, se reconstituer. Les dégâts causés par le froid (nous avons eu jusqu'à — 29 1/2) nous ont causé bien des regrets; car la végétation de ces Bambous était déjà des plus luxuriantes. »

— M. Citerne, jardinier en chef du Jardin botanique de Clermont-Ferrand, écrit à M. le Président : « Depuis plusieurs années nous avons fait des semis de *Dioscorea batatas*, et j'ai tenu le Jardin d'Acclimatation au courant de nos opérations, par l'intermédiaire de M. Ruinet des Tailly, ingénieur en chef à la compagnie de P.-L.-M. J'ai adressé à M. Geoffroy Saint-Hilaire trois échantillons d'un semis fait le 20 février 1879 au Jardin de Clermont, plus 300 grammes environ de tronçons de plantes mâles et de plantes femelles, pour tâcher d'obtenir des graines et de faire ensuite des semis s'il est possible. J'ai également envoyé trois échantillons à la maison Vilmorin, et trois autres à M. Carrière, rédacteur en chef de la *Revue horticole*, ainsi que 200 grammes de tronçons mâles ou femelles pour tenter la propagation par graines. »

— M. Narcisse Crépet sollicite un envoi de graines de Cotonnier du Japon.

— M. le Secrétaire fait connaître que les cheptels suivants ont été accordés par la commission dans sa dernière séance :

MM.

AGASSIZ (Ch.), à Moudon (Suisse). Un couple de Pigeons romains noirs.

ARLINCOURT (d'), à Paris. Un coupe de Canards mandarins.

BALTET (Ch.), à Troyes (Aube). Un couple de Faisans argentés.

BARBIEUX, à Abbeville (Somme). Un couple de Perruches omnicolores.

BARRAU DE MURATEL (de), à Montagnes par Sorèze (Tarn). Un couple de Canards du Labrador.

BAUME (marquis de la), à Paris. Un mâle et deux femelles Kangurous.

BECQ-ROUGER, à Tours (Indre-et-Loire). Un couple de Perruches omnicolores.

BENEVENT (de), château de Vaugneray (Rhône). Un couple de Canards d'Aylesbury.

BOUCHEZ, à Seurre (Côte-d'Or). Un couple de Faisans versicolores.

BOUGUET, à Huningue (Alsace). Un couple de Colombes poignardées.

BOURJUGE, à Angers (Maine-et-Loire). Un couple de Lapins angoras.

BRÉMONT-CAQUÉ, à Coupéville (Marne). Un couple de Cygnes noirs.

BRISAY (marquis de), à Auray (Morbihan). Un couple de Perruches omnicolores.

BURKY, à Longpraz-sur-Vevey (Suisse). Un couple de Faisans vénérés.

BUZARÉ, à La More (Deux-Sèvres). Un couple de Faisans de Lady Amherst.

CAMBON (A.), à Nîmes (Gard). Un Coq et 2 Poules de Bréda bleus.

CARPENTIER, au château de Juvigny, près Soissons (Aisne). Un couple de Tragopans de Temminck.

CASATI (comte Gabrio), à Milan (Italie). Un couple de Pigeons grands boulants.

CHAMBRY (de), à Blois (Loir-et-Cher). Un couple de Léporides.

CHANTEAU (de), au château de Montbras (Meuse). Un couple de Pigeons romains bleus.

CHAUMETTE, château Pernaud, à Barsac (Gironde). Un couple de Faisans vénérés.

COLLARD, à la Grange-Rouge (Nièvre). Un couple de Cochons d'Essex.

DESROCHES (l'abbé), à Sainte-Catherine (Indre-et-Loire). Un couple de Faisans Swinhoë.

DEVISMES-OGER, à Domart-en-Ponthieu (Somme). Un couple de Canards Casarkas Variegata.

DION (baron de), au château de Maubreuil (Loire-Inférieure). 1 Coq et 2 Poules Crèvecœur.

ÉGAL, à Issoire (Puy-de-Dôme). Une paire d'Oies de Toulouse.

ESPERONNIÈRE (comte de l'), au château de la Saulaye (Maine-et-Loire). 1 Coq et 2 Poules Dorking.

ESTERNO (vicomte d'), à La Celle-Bruère (Cher). Un couple de Canards Carolins.

FABY (de), au château de La Ville-Chaperon (Côtes-du-Nord). Un couple de Canards d'Aylesbury.

GESLIN, à Mayenne (Mayenne). Un Bouc et deux Chèvres d'Angora.

GESSLER (Ch. de), au château du Chesnay, par Écos (Eure). Un Coq et deux Poules Dorking.

GIBEZ, à Sens (Yonne). Un couple de Colombes Lophotes.

GIRAUD-OLLIVIER, au château de Junayme (Gironde). Un couple de Canards mandarins.

GOUBIE, à Paris. Un couple de Pigeons Satins.

GOURRAUD, aux Brouzils (Vendée). Un couple de Canards siffleurs.

GRUÈRE (docteur), à Dijon (Côte-d'Or). Un couple de Léporides.

GUIBERT, à Trévières (Calvados). Un lot de Volailles de Bentam argentées.

GUILLOTAUX, au château de la Cardonnière (Morbihan). Un couple de Lapins à fourrure.

HARDY, à Nantes (Loire-Inférieure). Un couple d'Oies de Guinée.

Hervey de Saint-Denys (marquis d'), château de Bréau (Seine-et-Oise). Un couple de Faisans versicolores.

Jaujou, à Lunel (Hérault). Un couple de Canards mandarins.

Joubert, à Neuilly (Seine). Un Coq et 2 Poules de Houdan.

Journaud, à Saint-Clément-sous-Valsonne (Rhône). Un couple de Lapins argentés.

Juille (Babert de), à Montmorillon (Vienne). Un couple de Faisans de Lady Amherst.

Kaltenmeyer, à Bâle (Suisse). Un Coq et deux Poules de Yokohama.

Lagrange, à Autun (Saône-et-Loire). Un couple de Perdrix de la Chine.

Langlade (baron de), au château de Langlade, par Issoire (Puy-de-Dôme). Un couple de Lapins à fourrure.

Largentaye (Rioust de), au château de Largentaye (Côtes-du-Nord). Un couple de Bernaches des Iles Sandwich.

Larguier des Bancels (docteur), à Lausanne (Suisse). Un couple de Faisans de Lady Amherst.

Larrieu (O.), à Badech (Lot-et-Garonne). Un couple de Canards Carolins.

Lartigue, à Montauban (Tarn-et-Garonne). Un couple de Perruches de Paradis; un couple de Colombes Turverts.

Laval, à Castres (Tarn). Un couple de Léporides.

Lefèvre (Claude), à Tours (Indre-et-Loire). Un couple de Faisans Swinhoë.

Le Guay, au Cluyou (Finistère). Un couple de Canards de Paradis.

Le Pelletier de Glatigny, à Annet (Seine-et-Marne). Un couple de Canards du Labrador.

Mantrant, aux Granges (Charente-Inférieure). Un couple de Léporides.

Marique, à Bruxelles (Belgique). Un couple de Perruches de Pennant.

Martel-Houzet, à Tatinghem (Pas-de-Calais). Un couple de Tragopans de Temminck.

Masson (N.), à Paris. Un couple de Tragopans de Temminck.

Mennant, à Sablé-sur-Sarthe (Sarthe). Un couple de Faisans de Lady Amherst.

Miffonis (de), à Sceaux (Seine). Un couple de Faisans versicolores.

Montlezun (comte de), à Lévignac (Haute-Garonne). Un couple d'Oies du Canada.

Peneau, à Nantes (Loire-Inférieure). Un couple de Lophophores.

Perronne, à Derval (Loire-Inférieure). Un couple de Faisans Lady Amherst.

Pommereul (baron de), au château de Marigny (Ille-et-Vilaine). Un couple de Canards de Rouen.

Puyo, à Morlaix (Finistère). Un Coq et 2 Poules Campines argentés.

Ribeaud, à Porrentruy (Suisse). Un couple de Faisans Lady Amherst.

RIEFFEL, au château de Ménillet (Seine-et-Oise). Un couple de Dindons sauvages.

RIVAUD DE LA RAFFINIÈRE (comte de), au château de la Raffinière (Vienne). Un couple de Faisans de Mongolie.

ROCHETERIE (de la), à Orléans (Loiret). Un couple de Pigeons romains rouges.

ROY, à Villebois-la-Valette (Charente). Un couple de Perruches Pennant.

SAINT-GILLES (comte de), au château de Fretay-Fougères (Ille-et-Vilaine). Un couple de Lapins à fourrure.

SAURY, à Aurillac (Cantal). Un couple de Perruches à croupion rouge.

SCHOTSMANS, à Aire (Pas-de-Calais). Un couple de Canards de Bahama.

SÉNÉQUIER, à Rascas-de-Grimaud (Var). Un couple de Canards mandarins.

SIFFAIT, au château de la Girardière (Loire-Inférieure). Un couple d'Oies de Toulouse.

SONNAY (de), au château de Sonnay (Indre-et-Loire). Un couple de Canards Carolins.

TARLIER (A.), à Douai (Nord). Un couple de Pigeons de Montauban (noirs).

THOMAS-DURIS, à Bénevent-l'Abbaye (Creuse). Un couple d'Agoutis du Brésil.

VAUQUELIN (de), au château de Drumare (Calvados). Un couple de Faisans de Lady Amherst.

VERNE (Victor du), à Varennes-lez-Nevers (Nièvre). Un Coq et 2 Poules Campines argenté.

VINCENS (le docteur), à Saint-André-de-Sangonis (Hérault). Un Coq et 2 Poules de Houdan.

XAMBEU, à Lyon (Rhône). Un couple de Perruches à croupion rouge.

ZEILLER, à Baccarat (Meurthe). Un couple de Faisans vénérés.

CHEPTELS. — Les rapports ci-après sont adressés par plusieurs de nos confrères, savoir :

— M. Alfred Rousse. — *Colombes poignardées :* « Les deux oiseaux sont en excellente santé, mais jusqu'ici je n'ai rien vu qui puisse me faire croire qu'elles songent à se reproduire. J'ai pris toutes les précautions pour qu'elles n'aient pas à souffrir de la rigueur du froid pendant l'hiver dernier, et les ai en conséquence installées dans la volière aux petits oiseaux exotiques, attenant à la serre aux perroquets, et qui est chauffée. »

— M. de Chanteau. — *Pigeons romains bleus :* Annonce le renvoi du mâle de son cheptel, la femelle ayant succombé cinq jours après son arrivée, des suites d'une affection pulmonaire qu'elle avait sans doute contractée pendant le voyage.

— M. Merceron. — *Faisans de Mongolie :* « La femelle du couple qui m'était confié étant morte ces jours-ci, je m'empresse, d'après les conditions de mon bail, de renvoyer le Faisan mâle. »

— M. Guibert. — *Faisans argentés :* « Les deux oiseaux sont splendides; la femelle a déjà pondu trois œufs. »

— M. Raveret-Wattel dépose sur le bureau, de la part de M. Lonquéty aîné, membre de la chambre de commerce de Boulogne-sur-Mer, plusieurs brochures relatives à l'industrie des pêches maritimes, et, en particulier, à la pêche du hareng. M. Raveret-Wattel fait remarquer l'intérêt qui s'attache aux questions traitées par notre confrère, dont les travaux ont une valeur très grande en raison de la compétence qui y préside.

— M. Decroix met à la disposition de la Société, pour les faire semer si elle le juge à propos, quatre grains de blé qui proviendraient, assure-t-on à notre confrère, d'un grain trouvé dans une hypogée et rapporté d'Égypte par l'amiral Bruat. A cette occasion M. Decroix rapporte avoir vu, en 1861 ou 1862, près de Boghar (Algérie) un champ de blé dont les épis étaient très remarquables par leur développement extraordinaire et leur forme ramifiée. S'étant informé de l'origine de ce blé, notre confrère apprit qu'on l'attribuait à des grains trouvés également dans des hypogées.

— M. Raveret-Wattel émet quelques doutes sur l'authenticité de l'origine des blés dits *de momie*; d'après des expériences suivies qu'il a faites, le blé ne conserverait pas sa faculté germinative plus d'une quinzaine d'années.

— M. le colonel d'Arnaud-Bey dit que pendant son long séjour en Egypte il n'a jamais eu occasion de remarquer de blés présentant les caractères signalés par M. Decroix. Notre confrère a vu fréquemment des grains de blé trouvés dans les anciennes sépultures égyptiennes; mais ces grains étaient tous dans un état qui ne pouvait laisser croire à la possibilité de les voir germer. Les Arabes vendent, du reste, très souvent aux touristes, comme provenant des hypogées, des grains de blé qu'ils ont tout simplement recouverts d'un enduit bitumineux.

— M. Ramel estime qu'il serait aisé de faire venir de Boghar un échantillon du blé qu'y a vu M. Decroix, et qui doit encore y être cultivé si cette variété présentait quelque avantage. A cette occasion, M. Ramel rappelle qu'il a signalé, il y a une quinzaine d'années, l'existence au Japon d'une variété de blé remarquable par sa précocité. Cette variété a été introduite dans le sud de l'Afrique, où elle donne de bons résultats.

— M. Millet cite divers faits tendant à démontrer que certaines graines peuvent conserver leur faculté germinative pendant fort longtemps, à la condition d'être soustraites aux influences ordinaires de l'atmosphère. Enfouies dans un sol argileux, les semences paraissent se conserver fort bien. On rapporte que des graines trouvées dans des dépôts lacustres, aussi anciens que les sépultures égyptiennes, auraient parfaitement germé.

— M. Geoffroy Saint-Hilaire dépose sur le bureau une note relative aux importations d'animaux faites, depuis de longues années, par M. William Jamrach, négociant bien connu de Londres, qui va, lui-même, chercher certaines espèces rares jusque dans les parties les plus lointaines de l'Inde. M. Jamrach profite, d'ailleurs, de ses voyages et des relations qu'ils lui créent, pour importer, sur une échelle très vaste, dans ces régions lointaines, les espèces utiles et d'ornement de l'Europe. En l'espace de dix-huit ans, sans parler d'autres espèces, le nombre des Lophophores, Tragopans et Faisans divers embarqués pour l'Europe par M. William Jamrach s'est élevé à 2210; celui des animaux arrivés sains et saufs en Angleterre a atteint 1042. Il serait très intéressant, ajoute M. le Secrétaire général, que M. Jamrach voulût bien compléter les renseignements purement statistiques contenus dans sa note, par quelques informations sur les chasses qui sont faites aux animaux qu'il importe; sur les procédés employés pour habituer les animaux captifs à leur nouveau régime; sur les soins, en général, qui ont fait réussir les importations, etc. (voy. au *Bulletin*).

— M. Jules Grisard donne lecture :

1° Du procès-verbal de la séance du 17 février 1880 de la 4e section.

2° D'une note de M. Rousse sur des éducations d'oiseaux exotiques faites à Fontenay-le-Comte (Vendée).

SÉANCE GÉNÉRALE DU 16 AVRIL 1880.

Présidence de M. Henri Bouley, vice-président, puis de M. Maurice Girard, secrétaire du Conseil.

Le procès-verbal de la séance précédente est lu et adopté.

— M. le Président proclame les noms des membres nouvellement présentés :

MM.	PRÉSENTATEURS.
Basset (le docteur), 12, boulevard du Temple, à Paris.	H. Labarraque. A. Geoffroy Saint-Hilaire. L. Schmidt.
Bassy (Salvador), directeur des corps télégraphiques, à Almeria (Espagne).	Drouyn de Lhuys. H. Labarraque. H. Vilmorin.
Baume-Pluvinel (comte Gontran de la), 217, boulevard Saint-Germain, à Paris.	Marquis de la Baume. Drouyn de Lhuys. H. Labarraque.
Bernard (Salomon), négociant, 31, avenue de Neuilly, à Neuilly (Seine).	Benedictus. Drouyn de Lhuys. Oulry.
Borsella (Joseph), propriétaire et architecte, à Castropignano, Molise (Italie).	Drouyn de Lhuys. H. Labarraque. Roullier-Arnoult.
Bouchereaux (Alfred), 30, rue du Pont, à Choisy-le-Roi (Seine).	Drouyn de Lhuys. A. Geoffroy Saint-Hilaire. Rodocanachi.
Camondo (comte J. de), 61, rue de Monceau, à Paris.	Comte d'Eprémesnil. A. Geoffroy Saint-Hilaire, Rodocanachi.
Chaput fils aîné, horticulteur, à Bourges (Cher).	Drouyn de Lhuys. Jaurand. H. Labarraque.
Davillier (Henri), régent de la banque de France, 14, rue Roquépine, à Paris.	A. Geoffroy Saint-Hilaire. Rodocanachi. Saint-Yves Ménard.

MM.	PRÉSENTATEURS.
HOCEDÉ DU TRAMBLAY (Pierre), propriétaire, au château de Rubelles, près Melun (Seine-et-Marne).	Drouyn de Lhuys. Comte d'Eprémesnil. C. Millet.
LE PELLETIER, propriétaire, avenue du Roule, à Neuilly (Seine).	Drouyn de Lhuys. A. Dufort. A. Marie.
MARES (Gustave-Jaunez des), propriétaire, au Mont-Jarry, commune du Val-Saint-Père, près Avranches (Manche).	Drouyn de Lhuys. E. Garnot. J. Grisard.
MASSIAS (Osmain), propriétaire, au château de Longueville, près Marmande (Lot-et-Garonne).	Drouyn de Lhuys. H. Labarraque. Vicomte de Luppé.
RIENCOURT (comte Hugues de), ancien conseiller général de la Seine, 12, rue d'Aguesseau, à Paris.	Marquis de Ginestous Comte de Ginestous. H. Labarraque.
ROUXELIN (Victor-Louis), propriétaire, à la Ferté-sous-Jouarre (Seine-et-Marne).	Drouyn de Lhuys. E. Gratiot. E. Roger.
SCHWESTER (Albert), 2, rue des Princes, à Meudon (Seine-et-Oise).	Drouyn de Lhuys. Carbonnier Schlumberger.
VINENTE, marquis DE PALOMARÈS (Santiago), propriétaire, 52, rue Charles-Laffite, à Neuilly (Seine), et à Séville (Espagne).	Comte d'Eprémesnil. A. Geoffroy Saint-Hilaire Marquis de Sinéty.

— En annonçant qu'elle célèbrera son centième anniversaire le 20 mai 1880, l'Académie des sciences et arts de Boston exprime le désir de voir la Société d'Acclimatation désigner un ou plusieurs délégués pour assister à cette solennité.

— M. le Directeur du bureau central météorologique adresse cent exemplaires des instructions publiées par ce bureau pour l'observation des phénomènes périodiques des végétaux et des animaux, ainsi que des cadres destinés à l'enregistrement de ces observations. Il demande que la Société lui fasse parvenir à la fin de l'année les bulletins d'observations qu'elle pourra recevoir.

— M. Torrès-Caïcedo, ministre de la République du Salvador, écrit à M. le Président : « J'ai lu avec le plus grand intérêt le numéro de novembre dernier du *Bulletin* de la Société d'Acclimatation, et j'y ai trouvé le rapport présenté par MM. E. Hardy et N. Gallois, sur diverses substances remises par moi, à la suite de l'Exposition universelle de 1878.

« Je suis très heureux de l'importance que votre Société a bien voulu donner à ces quelques échantillons, et je vais faire tout mon possible pour répondre dans la mesure la plus large au désir exprimé par MM. Hardy et Gallois.

» J'ai trop à cœur les intérêts du pays que je représente pour ne pas mettre tous mes efforts à faire accepter par le Salvador une proposition où les deux pays n'ont qu'à gagner.

» Et s'il ne fallait que la haute personnalité du président de la Société d'Acclimatation pour m'affermir dans ma résolution, je trouverais là un motif plus que suffisant pour engager le Salvador à entrer dans cette voie.

» Veuillez agréer, etc. »

— Des remerciements au sujet de sa récente admission sont adressés par M. Sturne.

— M. Lagrange, aviculteur à Autun, demande à soumettre à l'examen de la Société une couveuse de son invention.

— M. Lesbaupin adresse des renseignements sur la propriété qu'il occupe à Paramé, et où il désire s'occuper de l'élevage des Oiseaux de luxe et du gibier. Notre confrère demande en même temps l'envoi de graines diverses.

— M. le Directeur du Jardin zoologique de Bâle sollicite pour cet établissement la concession d'un cheptel de Faisans versicolores et de Colombes Longhup, ou de Bernaches des îles Sandwich.

— MM. le baron de Dion, Kaltenmeyer, Puyo et Lartigue accusent réception et remercient des cheptels qui leur ont été adressés.

— M. de Confévron appelle de nouveau l'attention de la Société sur la nécessité de protéger les Oiseaux pour assurer la destruction des insectes nuisibles. Notre confrère adresse en même temps une note sur la Gentiane acaule.

— En accusant réception du cheptel de Canards Mandarins qui lui a été accordé, M. Giraud-Ollivier rend compte de l'éclosion prématurée de la graine de Ver à soie du Chêne qu'il avait reçue. Notre confrère sollicite un nouvel envoi de cette graine, ainsi que de graines de Ver à soie du Mûrier.

— M. Paquier rend compte de la situation satisfaisante de son cheptel de Colombes Longhup qui, cependant, ne lui a pas encore donné de produits.

— M. Fabre adresse des remerciements au sujet de l'envoi qui lui a été fait de montée d'Anguilles.

— M. Pontet annonce le renvoi de son cheptel de Canards Casarkas rutila, dont il demande le remplacement par un couple de Canards Casarkas variegata, ou de toute autre espèce à riche plumage.

— M. Léon d'Halloy écrit d'Amiens : « Les œufs de Saumon de Californie que la Société d'Acclimatation a bien voulu m'envoyer ont été soignés chez M. le comte Adrien de Germiny, mon beau-père, avec ceux que vous avez envoyés à son régisseur, M. Louis, qui est aussi membre de la Société.

« Les œufs ont admirablement éclos et n'ont pas donné 10 pour 100 de perte.

« Comme nous ne sommes pas encore bien organisés, nous en avons perdu après l'éclosion. Il en restait plus de 1,500 lorsque vous avez écrit à M. Louis pour lui demander d'en envoyer à Bernay. M. Focet a attendu quelques jours pour répondre et, pendant ce temps, une crue des eaux est venue bouleverser nos appareils et a fait passer les petits Saumons dans un étang d'eau vive de quatre hectares, où il est impossible de les reprendre.

» Ils sont dans de bonnes conditions pour prospérer dans cet étang, qui est alimenté par des sources magnifiques, et où les truites viennent très bien.

» Nous allons organiser à Gouville tout ce qu'il faut pour la pisciculture, avec des vannes de décharge pour éviter l'accident qui vient de nous arriver. »

— M. Jacquemart écrit de Reims : « Je suis toujours enchanté de mes Saumons de Californie, qui continuent à prospérer visiblement. Je les ai mis il y a quinze jours dans une pièce d'eau où ils sont maintenant bien au large. Quoiqu'ils doivent trouver dans ce nouveau milieu une nourriture naturelle abondante, je continue cependant à les nourrir, et j'ai trouvé pour cela un moyen qui me permet de les voir et qui me satisfait pleinement. Voici en quoi il consiste : Je suspends tout simplement avec une ficelle et au bout d'un bâton piqué en terre au bord de l'eau un tuyau de drainage assez large et dont les bords rugueux retiennent parfaitement la nourriture ; je barbouille extérieurement ce tuyau de foie ou de rate grattée avec un couteau et je mets à l'eau, sans trop l'enfoncer, ce tube ainsi chargé. Rien de plus amusant à voir que toutes ces petites bêtes se précipitant sur cette nourriture, se la disputant à l'envi, et si quelque morceau détaché s'en va, il est bien vite happé avant d'avoir gagné le fond. De cette façon rien n'est perdu, et cela évite qu'au bout d'un certain temps l'eau ne se corrompe en cet endroit. Si le tuyau n'est pas complètement submergé et qu'il y ait une certaine quantité de nourriture à l'extérieur, ils savent fort bien sauter après en dehors de l'eau, montrant ainsi leurs petites écailles d'un blanc d'argent. Ils sont aussi très avides des moucherons qui volent au-dessus de l'eau et leur font chaque matin et chaque soir une guerre acharnée.

» La comparaison de croissance avec la Truite des lacs m'est facile, puisque j'en ai environ 2,000 qui vivent séparément et qui sont du même âge, à trois semaines près. Eh bien ! les Saumons ont au moins le double de longueur, et en poids, j'estime qu'il faudrait bien 5 ou 6 Truites pour égaler le poids d'un seul Saumon. »

— M. Piton du Gault demande que la Société veuille bien mettre des alevins de Carpe à la disposition de plusieurs propriétaires du département de la Sarthe pour le repeuplement de pièces d'eau où le poisson a péri pendant les grands froids de l'hiver dernier.

— M. Bureau écrit d'Arras : « A tout hasard je vous adresse sous ce pli quelques œufs d'*Hyperchiria Io ;* je ne puis certifier la bonne qualité de ces graines, n'ayant pas constaté d'accouplement ; si le rapprochement a eu lieu, il n'a pu se faire que la nuit et a dû être de courte durée.

» Des 25 Chrysalides que je possédais de mes éducations, toutes sont venues du 15 mars au 1er avril. J'ai obtenu

13 mâles et 12 femelles. Je n'ai sacrifié que quelques exemplaires pour la ponte, la plupart sont destinés à des collections. Une belle paire est à votre disposition, si vous en désirez; je vous la ferai parvenir aussitôt leur sortie de l'étaloir. »

— MM. A. Lespinasse, Chauvin, A. André, Léon Vidal, Fabre-Firmin, Berthault et Thomas-Piétri adressent des demandes de graines d'Algarobo.

— MM. de Mellis, Thomas-Piétri et Sabatier-Mandoul, ainsi que la Société d'horticulture et d'arboriculture de la Côte-d'Or font parvenir des remerciements pour les envois de graines qui leur ont été faits.

— M. Vavin rend compte de la parfaite réussite des graines du Japon qui lui ont été remises.

— M. Alfred Mercier, secrétaire perpétuel de l'Athénée Louisianais à la Nouvelle-Orléans, adresse, au nom de cette Société, une demande de graines d'*Eucalyptus amygdalina*.

— M. François Marc, inspecteur des plantations des chemins de fer de l'État, à Buda-Pesth, fait un envoi de graines diverses, et signale l'utilité qu'il lui paraîtrait y avoir à régénérer la vigne par semis, en vue de la rendre plus robuste et peut-être plus apte à résister aux attaques du Phylloxera.

— MM. Rochefort et Pairraud écrivent de Montaigu : « Les graines de coton que vous nous avez envoyées ont parfaitement levé, la tige a atteint une hauteur de 7 à 8 centimètres, et sans l'été pluvieux que nous avons eu, elles eussent pris, croyons-nous, leur développement normal. En vous adressant cette lettre aujourd'hui, nous voulons vous demander, s'il y a lieu, des recommandations nouvelles et vous donner l'assurance qu'une fois la récolte effectuée nous vous enverrons de nos produits et le résultat de nos observations.

« Les graines qui nous restent paraissent bonnes, mais nous ne savons leur âge, et l'instruction que vous nous avez mise en main dit qu'elles ne sont utilisables que pendant deux ans seulement, après quoi elles se détériorent. »

— M. Charles Baltet, de Troyes, écrit à M. le Président : « J'ai l'honneur de vous adresser un exemplaire de L'ART DE

GREFFER *les arbres, arbrisseaux et arbustes forestiers, fruitiers ou d'ornement.*

» Je vous avais annoncé cet ouvrage pour décembre 1879 ; mais la confection de nouveaux dessins sur la greffe des vignes phylloxérées en a retardé la publication...

» Mais ce retard n'a pas été perdu pour les études d'acclimatation et de greffe des végétaux.

» Ces deux questions se lient. Sans la greffe on ne pourrait propager une foule d'arbres exotiques.

» J'ai signalé un certain nombre de végétaux qui, greffés, sont plus robustes et plus vigoureux qu'à l'état franc de pied.

» La première édition de l'*Art de greffer* ayant été traduite en plusieurs langues, j'ai dû étendre le champ de mes études, ajouter quelques données historiques et examiner les résultats de la greffe chez plusieurs nations européennes, même aux États-Unis et au Japon.

» Je serais heureux que la Société d'Acclimatation voulût bien renvoyer l'examen de cet ouvrage à son Comité de récompenses. »

— M. Vavin met sous les yeux de l'assemblée des graines de *Soja hispida* et signale la grosseur remarquable que présentent ces graines lorsqu'elles sont gonflées par l'humidité ; leur forme est alors à peu près celle d'un haricot.

— M. Millet demande à quel genre appartient cette légumineuse d'origine chinoise.

— M. Paillieux dit que le nom véritable de la plante est *Glycine hispida.*

— M. Vavin rappelle que, d'après M. Baillon, il existerait en Chine vingt-trois variétés de cette plante ; trois seulement de ces variétés sont connues en Europe.

Notre confrère exprime ensuite le regret que M. Blavet, président de la Société d'horticulture d'Étampes, qui a fait des essais de culture de Soja avec des semences provenant de la Société d'Accclimatation, ne nous ait pas envoyé un échantillon de sa récolte, bien qu'il lui ait été possible de donner 9 litres de graines à M. Vilmorin.

— M. Grisard fait observer que, d'après les observations de

M. Corroy, directeur du Jardin botanique de la ferme des Mares, en Cochinchine, les graines de Soja — au moins celle de couleur noire — seraient en général assez peu recherchées par le bétail.

— M. Paillieux fait connaître qu'il existe des graines de *Glycine* de différentes couleurs, vertes, jaunes, blanches, noires et rouges. Il y a aussi des variétés hâtives, d'autres tardives; les hâtives seules peuvent fructifier chez nous; les autres n'arrivent pas à maturité sous notre climat. Quant au nombre des variétés, il paraît être de plus de trente au Japon.

— M. Grisard donne lecture du procès-verbal de la séance récemment tenue par la quatrième section (voir au *Bulletin*).

— M. Le Doux fait une communication sur l'utilité du reboisement des montagnes au moyen de l'Ailante (voir au *Bulletin*).

— M. Vavin s'informe si M. Le Doux a constaté l'absence habituelle des Vers blancs dans les plantation d'Ailante.

— M. Le Doux répond qu'il n'a pas été à même de faire cette observation.

— M. le colonel d'Arnaud-Bey dit qu'il a vu dans les Basses-Alpes des reboisements faits avec l'Ailante, et que cet arbre réussit fort bien à des altitudes de 1000 à 1500 mètres, dans des terrains assez grossiers; il ne gèle pas dans ces conditions, et les racines donnent de la stabilité au sol.

— M. Millet partage complètement l'opinion émise par M. Le Doux, sur l'utilité de l'Ailante; il croit, toutefois, qu'il ne faut pas cultiver cet arbre comme essence forestière, attendu que le bois en est de mauvaise qualité. Mais, attendu que dans les reboisements des montagnes on a surtout pour but de créer un abri, l'Ailante peut être utilisé comme une essence transitoire qui n'aurait d'autre effet que d'améliorer le sol et ensuite de donner un abri aux essences indigènes plus précieuses. Il y a lieu de remarquer, en outre, que si la feuille de cet arbre n'est pas attaquée par les bestiaux, l'Ailante rendrait de grands services dans les montagnes, où l'on a à déplorer les dégâts commis par les animaux errants, notamment par les moutons. Quant à la propriété d'éloigner les Vers blancs — et peut-être, comme on l'a dit aussi, le

Phylloxera — il se pourrait que cet arbre eût, en effet, quelque influence sur les insectes, car il répand une odeur très forte.

— M. Maurice Girard fait remarquer que le reboisement des montagnes avec l'Ailante présenterait d'autant plus d'importance que cet arbre nourrit un Ver à soie qui est aujourd'hui parfaitement naturalisé chez nous, et dont les cocons ne coûteraient pour ainsi dire que la peine de les récolter. Ces cocons, longtemps considérés comme seulement susceptibles d'être cardés, peuvent acquérir une très grande valeur, grâce à la découverte, faite par M. Le Doux, d'un procédé permettant de les dévider en soie grège. L'acclimatation du Ver à soie de l'Ailante, ajoute M. Maurice Girard, constitue donc une acquisition précieuse à inscrire à l'actif de notre Société; car si le nom de M. Guérin-Méneville est resté attaché avec honneur à l'introduction de cette espèce, il ne faut pas oublier que c'est la Société d'Acclimatation qui avait fourni à M. Guérin-Méneville les moyens de faire ses premiers essais d'élevage.

— M. Ramel demande si le Ver à soie de l'Ailante est véritablement susceptible d'être utilisé. Notre confrère constate que l'on s'occupe depuis longtemps déjà de cet insecte et que, cependant, nulle part on ne voit l'industrie tirer parti de ses produits.

— M. Maurice Girard rappelle que M. Guérin-Méneville ne connaissait pas le moyen de dévider les cocons de l'*Attacus cynthia*, et que les échantillons d'étoffe obtenus par notre regretté confrère étaient faits seulement avec de la soie cardée, appelée par lui « *Ailantine* ». Le procédé de dévidage découvert par M. Le Doux vient augmenter considérablement la valeur des cocons; mais il faut vaincre la répugnance habituelle des industriels à se servir d'un produit nouveau.

— M. Ramel estime que dans le département du Nord, notamment à Roubaix, on serait très disposé à se servir de la soie du Ver de l'Ailante, si elle est réellement de bonne qualité. Notre confrère ajoute qu'il est une autre matière textile, le *China-grass*, dont on a également beaucoup parlé sans qu'on ait su jusqu'à présent en tirer convenablement parti, bien qu'il s'agisse d'un produit de qualité véritablement supérieure.

— M. Millet fait observer que beaucoup de personnes qui ont élevé avec succès le Ver à soie de l'Ailante ont dû renoncer à le cultiver, parce qu'on ne savait pas dévider les cocons. La découverte de M. Le Doux ouvre une phase nouvelle à la question; mais cette découverte étant toute récente, l'industrie n'a pas encore pu s'en emparer et l'utiliser.

— M. le Secrétaire donne lecture d'une note de M. de Saint-Quentin, sur une Solanée nouvelle à tubercules comestibles (voir au *Bulletin*).

— M. Berthoule rend compte de la réussite complète des œufs de Saumon de Californie qui lui avaient été confiés, et annonce qu'il a versé dans le bassin de la Dordogne les alevins obtenus.

M. Berthoule informe également l'assemblée qu'il espère mener à bien l'élevage d'environ 2000 alevins de Saumon des lacs (*Salmo salar, var. Sebago*), provenant des œufs envoyés à la Société par M. le professeur Spencer F. Baird, commissaire des pêcheries des États-Unis.

— M. de Sémallé demande si le Saumon des lacs présente quelque avantage sur le Saumon ordinaire.

— M. Berthoule répond que ce poisson se distingue par ses habitudes sédentaires, qui lui permettent de vivre dans des eaux closes.

— M. Raveret-Wattel dit qu'il existe en Amérique plusieurs variétés ou races locales de Saumon des lacs, variétés qui sont désignées d'après les noms des lacs qu'elles habitent; tels sont le Saumon Sebago, le Saumon Schoodic, etc.

— M. de Semallé estime qu'il n'y a pas intérêt à élever le Saumon, lequel étant un poisson carnassier trouvera difficilement à se nourrir dans nos eaux; mieux vaut s'occuper des espèces herbivores, telles que la Carpe ou la Tanche.

— M. Berthoule objecte que le Saumon ayant une valeur bien supérieure à celle de la Carpe, présente beaucoup plus d'importance pour le pisciculteur, qui peut, d'ailleurs, assurer la nourriture de ses élèves en multipliant également les espèces communes.

— M. Millet fait remarquer que les Salmonides ne se plaisent que dans les eaux froides; la Carpe et la plupart des autres Cyprins recherchent, au contraire, les eaux d'une température plus élevée. On ne saurait donc cultiver partout les mêmes poissons, et il faut savoir utiliser les espèces selon les eaux dont on dispose. D'ailleurs, pour les Salmonides, qui vivent principalement d'insectes pendant une grande partie de l'année, la nourriture ne fait pas défaut. Il convient, en outre, de ne pas perdre de vue que le Saumon, qui est un poisson anadrome, quitte nos rivières à l'état d'alevin pour gagner les eaux salées ou saumâtres; il y prend en peu de temps un accroissement considérable et remonte ensuite dans les eaux douces où il ne mange guère. S'il est tenu captif dans des eaux closes, son développement est bien moins rapide.

— M. Berthoule signale l'avantage que présenterait sous ce rapport le Saumon des lacs, qui paraît pouvoir supporter la captivité sans inconvénient.

Il est offert à la Société :

1° *Proceedings of the central fishcultural society*, at their first annual meeting, held at the Palmer House, Chicago, Illinois, october 1 st and 2, D, 1879. Chicago, 1879, in-16.

2° *Fish hatching and fish catching*, by R. Barnwell Roosevelt, commissionner of fisheries of the state of New-York, Author of Game fish, etc., etc., and Seth Green superintendent of fisheries of the state of New-York. Rochester, 1879, in-18. — Offert par les auteurs.

3° *L'Huître est androgyne et non hermaphrodite*, par le docteur Gressy, de Carnac (Morbihan), ostréiculteur. Vannes, 1878, in-12. — Offert par l'auteur.

4° *L'Ailante*, envisagé au point de vue du reboisement des montagnes, par Christian Le Doux (extrait du *Bull. de la Soc. d'agricult., industrie, etc., de la Lozère*). — Offert par l'auteur.

5° *Le Topinambour*, par H. Goll (extrait du *Journal de la Soc. d'hort. du canton de Vaud* (Suisse), in-8°. — Offert par l'auteur.

6° *Le Haricot Soja*, par H. Goll (extrait du *Journal de la Soc. d'hort. du canton de Vaud* (Suisse), in-8°. — Offert par l'auteur.

7° *Correspondance relative of the introduction of Salmon and Trout at the Antipodes*, by E. H. Moscrop. London, 1879, in-8°. — Offert par l'auteur.

8° *On silk-producing bombyces and other Lepidoptera*, by Alfred Wailly (extrait du *Journal of the Society of Arts*), in-8°. — Offert par l'auteur.

9° *Traitement des vignes phylloxérées par le sulfure de carbone*. — Rapport sur les expériences et sur les applications en grande culture effectuées en 1877, par M. A. F. Marion. Paris, 1878, in-4°.

SÉANCE GÉNÉRALE DU 30 AVRIL 1880

Présidence de M. GEOFFROY SAINT-HILAIRE, secrétaire général, puis de M. Maurice GIRARD, secrétaire du Conseil.

Le procès-verbal de la séance précédente est lu et adopté.

— M. le Président proclame les noms des membres nouvellement admis par le Conseil, savoir :

MM.	PRÉSENTATEURS.
ARCOS (Santiago), 14, rue Nitot, à Paris.	Drouyn de Lhuys. A. Geoffroy Saint-Hilaire. P.-A. Pichot.
BONNARIC (Joseph), 69, rue de Rome, à Paris.	Drouyn de Lhuys. Filippini. P.-A. Pichot.
BOUVAIST (Alfred), 43, rue de la Chaussée-d'Antin, à Paris.	A. André. Drouyn de Lhuys. Tharel.
DIETERLIN (A.), industriel, à Rothau (Alsace-Lorraine).	Drouyn de Lhuys. A. Geoffroy Saint-Hilaire. Rieffel.
NUEROZ (Perez de), ancien professeur à l'Université de Barcelone, San Gerbmina, 23, à San Sebastian (Espagne).	Drouyn de Lhuys. A. Geoffroy Saint-Hilaire. Jules Grisard.

MM.	PRÉSENTATEURS.
PETIT (Achille), négociant, à Gémozac (Charente-Inférieure).	Drouyn de Lhuys. A. Geoffroy Saint-Hilaire H. Seignette.
VUILLEFROY DE SILLY (Eugène de), 17, rue Neuve-Saint-Augustin, à Paris.	Drouyn de Lhuys. A. Geoffroy Saint-Hilaire. Comte de la Raffinière.

— M. le Secrétaire du Comité central des congrès et conférences de l'Exposition universelle de 1878 adresse les huit derniers volumes publiés de la collection des comptes rendus sténographiques de ces congrès et conférences.

— M. Mariano Balcarce, ministre de la République Argentine à Paris, écrit à M. le Président : « En vous adressant, le 28 janvier dernier, le premier volume des *Études et Voyages agricoles* de M. Eduardo Olivera, je vous annonçais l'arrivée prochaine du second volume de cet intéressant ouvrage.

» J'ai le plaisir de m'acquitter, aujourd'hui, de ce nouveau soin, joignant d'ailleurs à l'envoi de ce deuxième volume un article analytique qui vient de paraître sur cette publication et qui en met en relief les côtés les plus importants.

» Veuillez agréer, etc. »

— M. Bouchereaux adresse des remerciements au sujet de sa récente admission dans la Société.

— M. de Conféviron écrit de Châteaulin : « Aux questions que j'ai eu l'honneur de soumettre à la Société d'Acclimatation à propos des Pigeons ramiers et des Hirondelles, je puis en ajouter une analogue au sujet des Cigognes, ces beaux oiseaux naturellement sauvages, qui se plaisent au bord des lacs ou des rivières, au milieu des forêts ou dans les lieux écartés et dont, par une anomalie étrange, quelques individus ont pourtant élu domicile en Alsace, où ils construisent leurs nids sur les cheminées de Strasbourg et d'autres villes.

» La faveur de leur présence est enviée par les habitants, pour lesquels elle est, suivant une poétique croyance, un pronostic de bonheur.

» Ce qui ajoute au surprenant de cet état de choses, c'est que ces oiseaux, ou leurs descendants, reviennent au lieu d'origine après une migration passée peut-être bien loin des hommes et des cités.

» Il est vrai que les tendances naturelles des animaux sont parfois modifiées par la présence de l'homme, dont ils se rapprochent volontiers en certaines circonstances, croyant ainsi, par un instinct de conservation qui semble tenir du raisonnement, trouver un refuge, une protection contre leurs ennemis.

» C'est ainsi que les Chèvres et les Hases viennent mettre bas près des coupeurs ou des charbonniers pour échapper aux Loups et aux Renards.

» Doit-on attribuer à cette tendance particulière à certains animaux, la présence des Pigeons ramiers et des Cigognes dans nos cités. Je ne le pense pas. Il doit y avoir à cela une cause remontant à une époque reculée et que nous aurions intérêt à connaître, ou une importation ancienne qu'il serait intéressant de rechercher.

» ..... Quand j'ai prié la Société d'Acclimatation d'ouvrir une enquête dans le but de rechercher les causes de la mortalité presque générale des Ecrevisses de la Meuse et de la Moselle pendant l'année dernière, j'ignorais qu'il en avait été de même de celles de la Vingeanne et de la Bèze. Je l'ai appris dernièrement, et j'estime que ces faits sont de nature à intéresser la Société, surtout ceux de nos confrères qui s'occupent spécialement de pisciculture ou du repeuplement des cours d'eau. »

— M. Garnot écrit de Bellevue, près Avranches : « La petite Cane du Labrador, âgée de 5 mois, dont je vous ai envoyé les huit premiers œufs, vient d'en pondre 21 en 25 jours. Elle a pondu 12 œufs de suite, s'est reposée un seul jour et a recommencé en s'arrêtant tous les trois ou quatre jours.

» Ce cas de fécondité me paraît assez rare pour que je doive vous le signaler, et je ne saurais trop insister auprès de mes collègues pour les engager à cultiver cette race et de la répandre le plus possible. »

— M. le docteur Maslieurat-Lagémard, président de la Commission départementale de la Creuse, écrit à M. le Secrétaire des séances : « Ainsi que j'ai eu l'honneur de vous le dire, M. Maudelet, ingénieur en chef des ponts et chaussées de la Creuse, porte un très grand intérêt à nos essais de pisciculture. Grâce à son initiative, le département a fait l'acquisition d'un petit établissement de pisciculture qui appartenait à M. Bouchon-Brandely. Avec la modique somme du département et une équivalente qui nous est donnée par M. le Ministre de l'agriculture, M. Maudelet a acheté des œufs de Truites ordinaires à un des établissements du Puy-de-Dôme, M. de Féligonde, je crois; il les fait surveiller par un de ses employés, et cette année ils ont parfaitement réussi. Un des conducteurs des ponts et chaussées a apporté ici, avant hier, 2500 petits alevins dont la vésicule ombilicale était résorbée; ils ont été déposés bien vivants dans la rivière : ils se sont immédiatement disséminés de tous les côtés avec une très grande agilité. Nous sommes à 25 kilomètres de l'établissement. Ces petits poissons avaient été placés dans des bocaux de verre, ils n'ont nullement souffert.

» J'ai fait part à M. Maudelet du résultat des œufs du *Salmo Quinnat* que vous aviez eu l'extrême obligeance de me faire adresser : je lui ai communiqué votre brochure sur cette espèce qui, j'en suis convaincu, s'alimentera très bien dans nos rivières. Il serait très désireux d'avoir des œufs pour notre petit établissement, où ils seraient très bien surveillés et répandus de là dans toutes nos rivières.

» Il m'a chargé, et je m'acquitte bien volontiers de la commission, de vous écrire, pour savoir s'il nous serait possible, par l'intermédiaire du Ministre ou le vôtre, de nous procurer une certaine quantité d'œufs, qu'au besoin nous payerions sur notre modique revenu; nous sommes persuadés que nous rendrions un véritable service à notre département.

» Je dois vous ajouter que la Truite avait à peu près disparue dans notre département et que, depuis un ou deux ans, on en prend déjà une certaine quantité. Ce résultat est probablement dû au petit empoissonnement que nous avons fait. Depuis quelques semaines j'en ai pris et remis à l'eau un ou deux cents de celles qui ont été déposées au printemps dernier. L'année prochaine elles auront dépassé la taille réglementaire.

» Je me permettrai de vous rappeler qu'il faudrait devancer un peu l'envoi des œufs des espèces américaines. Je reçus ceux que vous m'avez envoyés dans les premiers jours de novembre ; et huit jours après l'éclosion commençait. S'ils avaient eu huit jours de retard, tout était perdu. Ici, les œufs de nos Truites n'éclosent que fin mars ou avril. »

— M. Blancho, de la Petite-Ile, commune de Locmariaquer (Morbihan), adresse une note sur la reproduction des Huîtres en parc clos.

— M. Barrat, de Toulouse, accuse réception et remercie de l'envoi qui lui a été fait d'œufs d'*Hyperchiria Io*, et demande des renseignements sur les soins que réclame l'élevage de cette espèce.

— M. Bureau, d'Arras, adresse un couple et deux cocons d'*Hyperchiria Io*, espèce que notre confrère annonce avoir élevée l'an dernier avec un plein succès.

— M. Ch. Zundel, de la Société de sériculture d'Alsace-Lorraine demande, au nom de cette Société, l'envoi des documents publiés depuis quelques années dans notre *Bulletin* sur divers Bombyciens séricigènes.

— M. Despont prie la Société de lui faire connaître où il pourrait se procurer de la graine de Ver à soie de Chêne (*Attacus Yama-maï*).

— M. Blain adresse une demande de graine des *Attacus Cynthia* et *Yama-maï*.

— M. Hignet écrit de Varsovie : « J'ai appris avec un vif regret l'épuisement du stock d'œufs de *Yama-maï* de la Société d'Acclimatation. Mais je nourris l'espoir que vous pourrez encore, cette année, m'envoyer des *Pernyi*, cette espèce venant plus tard que le *Yama-maï*. — Je vous ai fait part de la persistance de mes échecs. Tout cependant n'a pas été perdu des œufs que vous avez eu l'obligeance de m'envoyer le printemps dernier. J'en avais envoyé 60 au professeur Karpinski, de l'Institut agricole et forestier de Nowo-Alexandria, et sur ces 60 œufs, M. Karpinski a obtenu 30 cocons. Je viens d'en recevoir l'avis. Malheureusement on ne me dit pas par quel mode d'éducation ce résultat a été obtenu. J'ai demandé des détails, et s'ils méritent la peine d'être reproduits, je m'empresserai de vous les communiquer.

» Je vous serai reconnaissant de vouloir bien m'inscrire pour tous les envois que vous êtes à même de faire en producteurs séricigènes; l'établissement de Sieltze étant un lieu d'expériences, tout envoi sera le bien venu.

» Je ne me lasserai pas de répéter que nous n'avons pas la maladie des Vers à soie en Pologne, et qu'en général nos graines sont bonnes. Je dis cela dans la pensée que quelque industriel ou éleveur en grand serait porté à venir faire des essais chez nous, pour ensuite, si le succès couronne ces essais, transporter son industrie en Pologne. La terre et la main-d'œuvre y sont à plus bas prix qu'en France. Je me suis mis en rapport, dans le même but, avec des Italiens, mais ils ont posé des conditions impossibles, ayant mal interprété nos intentions. Ils ont voulu se faire payer le service qu'ils croyaient qu'on leur demandait, tandis que mes propositions visaient leur propre intérêt. »

— M. Fallou adresse le compte rendu ci-après de ses observations sur l'influence du froid sur les plantes et les insectes : « Dans un pavillon situé à Champrosay (Seine-et-Oise), resté sans être chauffé pendant l'hiver de 1879-1880, toutes les plantes, telles que Lauriers, Fuchsias, Anthemis, Géraniums, Cactus, etc., ont été gelées.

» Le contraire a eu lieu pour les insectes. Des Chenilles placées à côté des plantes gelées ont résisté au grand froid. Des *Hesperia*, *Chelonia*, *Bombyces*, *Noctuæ*, de nos environs ne paraissent pas avoir souffert. Fait plus remarquable encore, une espèce méridionale, la *Chelonia fasciata*, dont j'ai reçu des Chenilles de la Provence au mois d'octobre 1879, a bien résisté au froid de cet hiver rigoureux. Ces Chenilles sont encore aujourd'hui en bonne santé. »

« Le 12 mars, en examinant les dégâts occasionnés par la gelée sur les arbres fruitiers, je remarquai, sur une jeune branche de Pêcher, une ponte du *Bombyx Neustria*. (La Livrée de Réaumur.) On sait que la femelle de ce Bombyx dépose ses œufs en forme d'anneaux fortement serrés à la branche, où ils sont liés entre eux par un enduit insoluble et luisant, d'apparence gommeuse qui, probablement, doit les mettre à l'abri des intempéries. Ces anneaux ont ordinairement de quatre à huit millimètres de largeur, ils sont si fortement fixés aux branches qu'on ne peut les détacher que difficilement.

» Je coupai la branche sur laquelle étaient placés ces œufs. Cette branche ainsi que les branches voisines n'avaient pas résisté à 26 degrés de froid; quant aux œufs, ils sont restés intacts. Le 22 mars, les petites Chenilles ont commencé à éclore et ont continué les jours suivants.

» J'ai eu l'occasion d'observer un autre fait complètement en opposition avec le préjugé d'après lequel le froid des hivers rigoureux détruirait les insectes qui hivernent en terre. L'automne dernier j'avais remarqué la mortalité de plusieurs tiges d'Absinthe, dont les racines devaient être habitées par des Chenilles d'un petit Lépidoptère de la famille des Pyralidæ, du genre *Euzophera*, *Artemisiella* (Stainton). Le 18 mars dernier, voyant que ces plantes étaient complètement gelées à l'extérieur, je les arrachai, et je constatai que les racines, longues environ de 15 à 20 centimètres, étaient également gelées sous la neige transformée en glaçons pendant plusieurs semaines.

» Les Chenilles que je croyais mortes n'avaient pas quitté les loges qu'elles se pratiquent dans le canal médullaire des plus grosses racines et y vivaient encore parfaitement.

» Je pense que ces quelques renseignements qui, certainement, seront signalés par bien d'autres observateurs bien plus compétents que moi, prouveront assez que les hivers rigoureux sont moins nuisibles aux insectes qu'à certains végétaux. »

— M. le comte A. de Montlezun accuse réception et remercie de l'envoi de noix de *Carya alba* qui lui a été fait.

— M. Tourasse écrit de Pau : « J'ai fait depuis 6 ans de nombreux semis d'*Eucalyptus*. Mes essais ont porté sur plus de cinquante-cinq espèces. Je n'ai complètement réussi avec aucune. Et cependant l'une d'elles me donne les plus grandes espérances. De deux sujets venus par hasard dans un semis d'*Eucalyptus Coriacea*, l'un s'est trouvé depuis sa germination d'une rusticité absolue, n'ayant pas plus souffert du poids de cinq hivers successifs, dont le dernier n'est pas le plus rigoureux au point de vue de l'abaissement du thermomètre au-dessous de zéro, que n'importe quel arbre indigène cultivé dans le département des Basses-Pyrénées. L'autre a dû être recèpé à deux ans. Depuis il a repoussé avec la plus grande vigueur. Il présente aujourd'hui un développement double de celui du premier. Ni l'un ni l'autre n'ont encore fleuri. Je dois ajouter que le plus rustique est abrité par un mur à l'exposition du sud-ouest; mais sa tête qui s'élève à 2 mètres au-dessus du chaperon n'est préservée du froid en aucune façon. Le second est tout à fait en plein vent.

» Quel est le nom de cette espèce? Je l'ai demandé plusieurs fois à diverses personnes qui n'ont pu me donner aucun renseignement à ce sujet. — Je pense néanmoins qu'on doit la rapporter à l'*Eucalyptus pilularis*. En effet, ayant demandé de cette dernière graine à la maison Vilmorin, le semis m'a donné des arbres ayant la plus grande ressemblance avec les deux sujets en question, si ce n'est que ceux-ci ont la tige droite et les rameaux d'une inclinaison normale, tandis que ceux qui sont nés des graines d'Eucalyptus pilularis fournis par M. Vilmorin ont les branches aussi pendantes que possible; caractère que partage la flèche et qui par cela même lui enlève toute vigueur et toute propension à s'élever.

» Des uns et des autres la tige dans sa jeunesse, les jeunes branches, les bourgeons et le pétiole des feuilles sont d'un beau rouge. A trois ou quatre ans l'écorce se détache et le bois apparaît gris de perle, très finement réticulé. Les feuilles sont alternes, pétiolées dès le jeune âge, falciformes, coriaces. Elles ne subissent aucune des métamorphoses si curieuses, notamment dans le *Globulus*, l'*Urnigera*, le *Stuartiana*, le *Goniocalyx*, etc. Elles sont telles enfin que les six qui se trouvent sous ce pli. Les plus petites ont été cueillies sur l'arbre le plus rustique, les plus grandes sur l'arbre qui l'est le moins.

» Je ne sais ce que l'avenir réserve à ces deux arbres et à ceux qui en proviendront de graine. En l'état, ce sont de beaux arbres d'ornement, d'une croissance malheureusement moins rapide que celle de beaucoup d'autres espèces. Le plus rustique mesure 5 mètres de hauteur, avec un mètre de croissance moyenne par an. L'autre, de même hauteur à peu près, est pourvu d'un grand nombre de fortes branches latérales. »

— M. l'Inspecteur des forêts, à Privas, écrit à M. l'Agent général : « Des plantations d'Ailante ont été exécutées en 1861 et 1862, dans le département de l'Ardèche, sur des terrains en pente.

» Les renseignements donnés à la Société d'Acclimatation sur les tentatives de reboisement dans cette région, à l'aide de cette essence, sont exacts. Mais je suis obligé de vous dire que ces essais n'ont absolument donné aucun résultat. Tous les plants d'Ailante ont disparu peu à peu.

» Au début de l'application de la loi sur le reboisement dans ce département, on avait fondé les plus belles espérances sur les plantations d'Ailante ; on en mettait partout un peu légèrement, sans attendre les leçons de l'expérience.

» Mais en présence des insuccès de ces travaux de reboisement, on a complètement renoncé, depuis une quinzaine d'années, à employer l'Ailante et à élever cette essence en pépinière.

» Je crois que le climat des montagnes de l'Ardèche, où ces plantations ont été exécutées, est trop froid pour l'Ailante, le sol trop sec et trop appauvri.

» En second lieu cet arbre a un couvert trop léger pour reconstituer les terrains ruinés où opère l'administration des forêts. »

— M. Faure, président du Comice agricole de Brioude (Haute-Loire), adresse des échantillons de treize des variétés de Pomme de terre ayant donné les meilleurs résultats parmi celles qu'il tenait de la Société. Cet envoi est accompagné des renseignements ci-après sur les variétés mises en essai :

1° Bleue de Vezeille ; belle et fort rendement.

2° Docteur Rempal ; excellente et donnant beaucoup.

3° Eureka ; produit abondant, mais tubercules petits ou moyens.

4° Harisson; produit beaucoup.
5° Tricolore; beau produit, grosseur moyenne.
6° Américaine; belle, rendement abondant.
7° De Californie; rendement supérieur, tubercule gros.
8° Larnet du Chili, rendement moyen.
9° Climax éfreu (?); rendement moyen.
10° Acme; produit abondant, mais petits tubercules.
11° Confédérée; grosse, rendement moyen, qualité moyenne.
12° Du Chili Bolera; tubercule mal fait.
13° Œil de Perdrix; tubercules panachés, gros, rendement moyen.

— M. Joseph Clarté écrit de Baccarat : « Dans les deux années 1878 et 1879 j'ai envoyé des graines, des boutures et des plants enracinés d'*Elæagnus edulis* à un certain nombre de membres de la Société d'acclimatation qui m'en avaient fait directement la demande; il serait intéressant, je crois, de savoir ce que sont devenues ces plantes, surtout après le dernier hiver. Ne pourrait-on pas inviter les personnes qui ont reçu de ces végétaux à adresser un compte rendu sur les résultats obtenus.

» Ici les *Elæagnus edulis* ont souffert de la rigueur de l'hiver, mais les branches basses qui ont été protégées par la neige sont en pleine végétation et couvertes de fleurs.

» Cet arbuste fruitier porte au Japon le nom de *Goumi*, d'après une note qui m'a été adressée par M. le comte de Castillon, de la Société des études Japonaises. »

— Des demandes d'envois de graines annoncées dans la *Chronique* sont adressées par M. Lartigue, Delloye-Orban, Saint-Léon-Boyer-Fonfrède, Ch. Gourraud, H. de Montrol, Harel, L. Vidal, de Benevent, Rafinesque, A. Rousse, Avit, Espéron, Ch. Agassiz, Dumézil, de Laseaux, comte de Piccolomini, Thomas-Duris, et le docteur Gruère, ainsi que par l'Institut national Genevois.

— M. Saint-Léon-Boyer-Fonfrède écrit du château de Victoria, près Vertheuil (Gironde) : « J'ai le plaisir de vous informer que les graines de Cerfeuil tubéreux que j'ai reçues de la Société à la fin de septembre dernier ont parfaitement levé et que j'ai lieu d'espérer en faire cette année une petite récolte. »

— M. Vavin fait connaître qu'il résulte d'observations fréquemment répétées que les graines de Melon datant de sept à neuf ans donnent généralement plus de fruits que des grains d'une récolte plus récente. Le fait, ajoute notre confrère, a été constaté par les membres du comité des cultures potagères de la Société centrale d'horticulture.

— M. Brierre, de St-Hilaire de Riez (Vendée), adressse des renseignements sur un mode de culture de l'Artichaut qu'il emploie depuis de longues années pour obtenir un développement plus considérable de la partie comestible de ce légume.

— Cheptels. — Les rapports ci-après sont adressés par plusieurs de nos confrères, savoir :

— M. le comte de Brisay. — *Perruches omnicolores* : « La femelle, qui paraissait souffrante depuis quelque temps, est morte, peut-être des suites de la mue survenue pendant une saison froide et pluvieuse. »

— M. de Cadaran de St-Mars. — *Lapins à fourrure :* « La femelle est morte après avoir mis bas cinq petits morts-nés. »

Cygnes noirs : « La femelle a pondu 18 œufs dont 2 à coque molle. Comme elle ne voulait pas couver et pondait de droite et de gauche sans faire de nid, j'ai successivement mis 14 œufs à couver sous trois dindes. Voici trois semaines que la ponte est interrompue, à moins qu'il n'y ait un nid bien caché, car nous avons veillé dès la pointe du jour jusqu'à la brune, et toujours les deux cygnes étaient sur l'eau. Ils sont très familiers; il suffit de leur siffler un air de chasse, l'appel, pour les voir venir chercher le pain que je leur distribue plusieurs fois par jour. »

— M. le comte de Montlezun. — *Oies du Canada :* « Les Oies que la Commission des cheptels a bien voulu me faire adresser, sont arrivées en bon état et dans les délais voulus. Ces oiseaux me semblent beaucoup plus farouches que les Cygnes noirs que j'avais l'an dernier. Ils ont besoin d'être surveillés de très près, et ne semblent préoccupés que d'un unique désir, celui de se dérober; en dehors de leur cabane ils mangent fort peu ; le mâle surtout évite d'accepter quoi que ce soit pendant que je le regarde ; sa femelle est moins peureuse : elle mange quelques mies de pain pendant qu'elle nage. Le mâle se contente de la regarder faire, mais ne paraît pas disposé à suivre son bon exemple.

» J'ai dû me borner jusqu'ici à faire quelques observations sur leur caractère ; quant aux herbes qu'elles préfèrent, je n'ai pu encore rien apprécier, ne les ayant jamais vu brouter. »

— M. Ramel communique à l'assemblée la lettre suivante, par laquelle M. le colonel Perrier, chargé de travaux géodésiques en Algérie, lui signale un fait témoignant de la rusticité des *Eucalyptus* et de leur facilité de résistance à la sécheresse.

« Paris, 16 avril 1880.

» Permettez-moi de vous signaler un fait intéressant.

» Pendant mon dernier voyage en Algérie, à l'occasion de la liaison géodésique hispano-algérienne, j'ai occupé pendant plusieurs mois la station de M'sabiha au point culminant de la chaîne du « Murdjadjo » dans la province d'Oran.

» Dans le voisinage de la station, à 585 mètres d'altitude, est située une ferme que le propriétaire, M. Cély, a bien voulu mettre à notre disposition et où nous avons logé du mois de juin au mois de novembre.

» Jugez de ma surprise ! J'ai trouvé là autour de la ferme, à quelques mètres (5 ou 6 seulement) en contrebas de la crête, un petit bois d'Eucalyptus assez touffu pour nous permettre d'y faire la sieste pendant les chaudes journées de l'été. La superficie totale du bois doit être voisine de 1000 mètres carrés, et le propriétaire espère l'agrandir encore.

» Le fait m'a surpris ; car il n'y a pas d'eau dans le voisinage, et les nuits d'hiver sont assez froides sur la hauteur, moins froides cependant que ne le ferait supposer l'altitude de la station, car les nuits y sont rarement sereines. Le ciel y est généralement voilé par les brouillards qui s'élèvent de la mer, située à 7 kilomètres seulement vers le nord.

» C'est à la présence de ces brouillards que j'attribue la splendeur des Eucalyptus de M. Cély.

» La plupart du temps, ces brouillards, permanents ou passagers, se résolvent en gouttelettes d'eau que les arbres absorbent par les feuilles en grande quantité. Cela me paraît équivaloir à un arrosage en grand qui produit des effets merveilleux : ces arbres qui paraissaient désolés, reprennent leur verdure éclatante, se redressent et on dirait vraiment qu'ils acquièrent des forces pour plusieurs jours.

» Le petit bouquet exceptionnel d'Eucalyptus est situé, j'oubliais de vous le dire, non loin de la ferme que possède l'évêque d'Oran, à M'silah, sur un terrain autrefois boisé entre la mer et la Sebka d'Oran. »

Notre confrère appelle ensuite l'attention de la Société sur les qualités spéciales de quelques espèces d'Eucalyptus. L'*E. amygdalina*, signalé par certaines personnes comme ayant une croissance très rapide, serait loin cependant d'égaler sous ce rapport l'*E. globulus*. L'*E. rostrata* produit un bois excellent, mais celui de l'*E. marginata* a plus de valeur encore et vient en première ligne; malheureusement cette précieuse espèce, qui a été exploitée inconsidérément en Australie, y est devenue très rare.

M. Ramel ajoute qu'il tient de M. Pierre, botaniste du gouvernement en Cochinchine, que l'*E. rostrata* réussit parfaitement dans cette colonie, dans les endroits humides, sur le bord des *arroyos*, où les autres espèces d'Eucalyptus avaient été essayées sans succès. D'autre part, des renseignements que notre confrère tient de M. le général Faidherbe, présentent l'Eucalyptus comme donnant au Sénégal des résultats prodigieux comme rapidité de croissance : des sujets d'un an atteignent une hauteur de 10 mètres.

— A l'occasion des renseignements donnés dans la correspondance par M. Fallou sur la résistance des Insectes au froid, M. le Président fait observer que les Insectes savent fort bien s'abriter contre la rigueur des saisons, et peuvent ainsi résister à des écarts considérables de température. Le froid paraît, du reste, agir d'une manière plutôt favorable que sensible sur certaines espèces; il ressort notamment des observations de M. Duclos, élève de M. Pasteur, que la graine de Ver à soie qui a été soumise à une réfrigération naturelle ou artificielle donne naissance à des individus particulièrement rustiques. Il est parfaitement avéré que les hivers rigoureux ne font nullement périr les Insectes, et qu'ils ne rendent sous ce rapport aucun service à l'agriculture.

— M. Vavin dépose sur le bureau des échantillons de Maïs provenant de Chicago (Etats-Unis). — Les graines en sont partagées entre les membres présents.

— M. le Secrétaire général donne lecture de la lettre suivante, qui lui est adressée par M. Godefroy-Lebœuf, horticulteur à Argenteuil : « J'ai l'honneur de vous expédier dix litres de graines d'*Elæococca vernicia*, graines que je vous prie de répandre en offrant en mon nom deux cents francs (200 fr.) pour le premier double décalitre de graines récoltées sur des plantes cultivées à l'air libre, sans autres abris que les rangées d'arbres nécessaires à leur protection dans le jeune âge (comme au Se-tchuen), en France ou en Algérie. J'en ai encore une certaine quantité à votre disposition.

» J'ajoute quelques graines de Melon d'Ispahan, variété chantée par les poètes persans. »

Sur la proposition de M. le Président, l'assemblée vote des remerciements à M. Godefroy-Lebœuf pour ses généreuses dispositions et pour le concours précieux qu'il veut bien prêter à la Société en contribuant à la propagation de l'*Elæococca vernicia*, plante chinoise produisant des huiles et vernis bien connus.

— M. Geoffroy Saint-Hilaire fait passer sous les yeux de l'assemblée deux photographies offertes par M. E.-G. Loder, membre de la Société résidant à Weedon (Angleterre); ces photographies représentent un parc et un enrochement artificiel établi par M. Loder pour loger les animaux qu'il entretient dans sa propriété.

— M. le Secrétaire général donne ensuite lecture de la lettre suivante qui lui est adressée, à la date du 15 avril, par M. Jules Oudot, ingénieur civil à Mustapha-Alger : « Je suis heureux de pouvoir vous faire connaître que, poursuivant mes informations sur l'incubation artificielle des œufs d'Autruche, je viens d'obtenir un nouveau succès en amenant à terme, et dans les meilleures conditions possibles de vitalité, un poussin fort et vigoureux, comme le procès verbal ci-après en fait foi.

» J'ai en ce moment vingt œufs soumis à l'action de mes appareils incubateurs, dont vous avez bien voulu publier, dans votre *Bulletin* mensuel du mois d'août dernier, une description avec plans à l'appui.

» Ce nouveau succès, en venant contrôler mon travail de l'année dernière, m'a permis de consigner des faits intéressants et de fixer des bases positives sur l'opération de l'incubation, notamment sur le moment opportun où l'opérateur doit intervenir pour aider le poussin à sortir de la coquille.

» Aussitôt après avoir terminé ma campagne expérimentale qui, cette année, aura pris un caractère complètement pratique, je m'empresserai de mettre en ordre toutes les observations que j'ai recueillies pour vous les faire parvenir, afin de leur donner la publicité qu'il vous conviendra, si vous le jugez utile.

» J'estime, contrairement à l'opinion de M. le capitaine Créput, qu'on ne saurait céler au public les observations que chacun peut faire dans cette question si intéressante de la domestication et de la reproduction des Autruches, et que c'est faire œuvre utile pour la science et pour son pays que de vulgariser ces observations quand elles sont faites sérieusement et consciencieusement.

» Veuillez agréer, etc. »

« Procès-verbal sur le résultat obtenu le 12 avril 1880 par M. Jules Oudot, ingénieur civil à Alger, dans l'incubation artificielle des œufs d'Autruche.

» Nous soussignés, invités à assister à l'éclosion d'œufs d'Autruche provenant du Jardin d'essai d'Alger, amenés à terme par l'incubation artificielle, certifions :

» 1° Que sur un certain nombre d'œufs d'Autruche actuellement soumis à l'incubation artificielle pour éclore à des époques ultérieures différentes, M. Oudot nous a présenté un œuf qu'il croyait, disait-il, arrivé à sa dernière limite d'incubation ;

» 2° Qu'effectivement, procédant, sur ses indications, à la délivrance du poussin, nous avons retiré de la coquille un Autruchon vivace et bien portant, offrant tous les caractères voulus d'une parfaite vitabilité ;

» 3° Que cette incubation a été véritablement faite par les moyens artificiels dans un des appareils incubateurs de l'invention brevetée de M. Oudot, tels qu'ils ont été fidèlement décrits dans son ouvrage *Sur le fermage des Autruches et Incubation artificielle* (Challamel ; Paris, 1880) et dans le *Bulletin de la Société d'acclimatation* de Paris (juill. 1879).

» En foi de quoi nous avons signé. A Alger, le 12 avril 1880.

» (Ont signé) :

« MM. Charles Rivière, directeur du Jardin d'essai d'Alger, vice-président de la Société d'agriculture d'Alger ;

Tixier, vétérinaire principal de l'état-major ;

Arthur de Fonvielle, rédacteur en chef du journal l'*Akhbar*. »

M. Geoffroy Saint-Hilaire fait remarquer à l'occasion de cette lettre, qu'il est à désirer, sans doute, que M. Créput veuille bien faire connaître les procédés qui lui ont réussi ; mais qu'il y a tout lieu de croire que, s'il a gardé ses procédés secrets jusqu'à ce jour, c'est qu'il a voulu attendre qu'ils eussent reçu la consécration de succès obtenus plusieurs années de suite.

— M. le Secrétaire général appelle ensuite l'attention de l'Assemblée sur la note suivante de M. Frechon insérée dans le journal de M. Deyrolle « *l'Acclimatation* », n° 49, 6e année, du 7 décembre 1879 :

« Dix années d'élevage avec le même stock de Perruches ondulées, auquel quelques rares éléments étrangers ont été parfois ajoutés, m'ont permis d'établir les faits suivants :

» 1° Acclimatation de la Perruche ; c'est-à-dire que la reproduction correspond à la saison chaude et cesse entièrement du 15 novembre au 1er février. Les Perruches importées reproduisent en toute saison ;

» La ponte cessant l'hiver, disparition complète de cette atonie de l'ovaire si fréquente et si fatale, qui met les femelles dans l'impossibilité de pondre ;

» 3° Maintien de la fécondité, comme moyenne ; augmentation chez quelques couples ;

» 4° Prédominance des produits femelles sur les produits mâles ; le contraire a lieu avec les oiseaux importés ;

» 5° Mortalité presque nulle sur les oiseaux adultes, apoplexie, congestion pulmonaire par suite de refroidissement complètement inconnues ; les oiseaux sont laissés en plein air, quelle que soit la température ;

» 6° Aucune tendance à changer de couleur ou même de nuance n'a été constatée sur les nombreux produits élevés chaque année. L'espèce s'est maintenue parfaitement fixe. La Perruche jaune, tant cherchée en Belgique, ne s'est montrée nulle part. »

M. Geoffroy Saint-Hilaire rappelle à cette occasion que chez les animaux les modifications dans la couleur du poil ou des plumes sont généralement un signe de domestication. Les modifications sont parfois très profondes. Dans la classe des oiseaux, un des exemples les plus remarquables nous est fourni par le serin qui, sous l'influence de la domesticité, a perdu sa couleur grise primitive et subi cette sorte de dégénérescence que les naturalistes désignent sous le nom de *flavisme*. La même dégénérescence commence à se manifester chez la Perruche ondulée, dont quelques éleveurs possèdent des individus presque entièrement jaunes, et le fait est d'autant plus remarquable que les premiers essais d'élevage de cet oiseau en captivité ne remontent qu'à une époque peu éloignée.

Des spécimens de Perruche ondulée présentant des exemples d'un flavisme très accentué sont placés par M. Geoffroy Saint-Hilaire sous les yeux de l'assemblée, qui donne lecture de la lettre suivante :

« Roubaix, le 9 décembre 1879.

» J'eus le plaisir de vous faire part, il y a quelques années, de l'apparition dans mes volières de Perruches ondulées jaunes. Vous m'avez répondu que le fait était intéressant, mais probablement tout accidentel.

» Ce fait, d'albinisme je crois, n'était en effet alors qu'un jeu, mais depuis je suis arrivé, je l'espère, à fixer cette variété, car j'ai obtenu, cette année, dans une même volière, une vingtaine de jeunes, tous jaunes, sans qu'un seul soit retourné au type vert d'où étaient sortis les premiers. J'ai trouvé deux de ces oiseaux morts, et comme j'ai cru qu'il aurait pu vous être agréable de posséder des spécimens de cette variété peu connue, je vous les ai adressés par la poste, en paquet recommandé.

» La plus vieille doit être de troisième génération, elle est d'un jaune plus sale que la plus jeune, qui est de quatrième génération, parce que j'ai autour de chez moi les établissements les plus importants de Roubaix, qui vomissent des masses de fumée qui salissent les treillis de mes volières. »

— M. Berthoule donne l'analyse d'un projet de loi sur la pêche fluviale qui a été soumis à la Société par une association de pêcheurs du département du Pas-de-Calais ; ce projet, qui tend surtout à l'unification de la législation sur la pêche, paraît, à notre confrère, présenter malgré certaines lacunes, un ensemble de dispositions susceptibles de donner les meilleurs résultats.

— M. Grisard donne lecture d'une note adressée par M. l'abbé Hénon sur ses éducations du Ver à soie du chêne du Japon dans le département des Ardennes.

— M. Berthoule fait une communication sur les essais de culture de divers coquillages comestibles (Praires, Vénus, etc.) entrepris avec succès par M. Gasquet, à la presqu'île de Gien près Marseille.

— M. le Président signale le développement donné depuis quelque temps en Espagne à l'élevage des deux Vers à soie du chêne (*Attacus Yama-maï* et *Pernyi*), particulièrement dans l'Estramadure et le Guipuzcoa, grâce surtout aux efforts de notre honorable confrère M. le marquis de Riscal, et de M. Perez de Nueros. Plusieurs manufactures viennent d'être créées pour l'exploitation des produits de ces deux espèces séricigènes. C'est par centaines de sacs de cocons que l'on compte actuellement ces produits, lesquels sont filés en soie grège et servent à tisser des étoffes.

M. le Président fait remarquer que ces résultats réduisent à néant les assertions de certains industriels qui déclarent impossibles le dévidage et l'utilisation économique de la soie des *Attacus Yama-maï* et *Pernyi*. Les avis défavorables portés contre cette soie paraissent tenir uniquement à ce qu'on n'a pas su, ou voulu sérieusement, en tirer parti. D'ailleurs, ajoute M. le Président, nous savons qu'en Belgique M. Simon a, de son côté, parfaitement réussi à dévider les cocons de *l'Attacus Pernyi*, non pas par un décreusage à la potasse, ou tout autre alcali, qui altérerait la soie (c'est l'objection que font nos filateurs), mais en les maintenant simplement dans l'eau bouillante pendant un temps plus long qu'il n'est nécessaire pour les cocons du Ver à soie du Mûrier. De tels résultats doivent nous encourager à persévérer dans nos efforts pour l'acclimatation définitive de ces nouvelles espèces séricigènes, et nous donnent toute confiance au sujet de leur utilisation industrielle.

— Il est offert à la Société :

1° *Estudios y viages agricolas en Francia, Italia y Suiza*, par Eduardo Olivera, t. II. Buenos-Aires, 1879, in-8°. — Offert par M. Balcarce.

2° *Etude sur le matériel horticole*, par Charles Joly. Paris, 1880, in-8°. — Offert par l'auteur.

3° *Notes relatives aux Kakis cultivés japonais*, par E. Dupont. Toulon, 1880, in-8°. — Offert par l'auteur. (Extrait du *Bull. de la Soc. d'hort. et d'acclimat. du Var*).

4° *On silk-producing Bombyces and other Lepidoptera*, by Alfred Wailly. London, 1880, in-8°. — Offert par l'auteur. (Extrait du *Journal of the Society of arts.*)

5° *Notice sur la cause du verdissement des huîtres*, par M. Puységur. Paris, 1880, in-8°, 1 pl. (Extrait de la *Revue marit. et coloniale*). — Offert par les auteurs.

6° *La Vigne en Australie*, par M. Prosper Ramel. Paris, 1880, in-8°. — Offert par l'auteur.

7° *Commission supérieure du Phylloxera*. Paris, 1880, grand in-8°, avec carte. — Offert par le ministre de l'agriculture et du commerce.

8° *Pathologie des Poissons*. Traité des maladies, des monstruosités et des anomalies des œufs et des embryons, par Michel Girdwoyn. Grand in-4°, avec 11 planches lithographiées. Paris, 1880. — Offert par l'auteur.

Le Secrétaire des Séances,
C. Raveret-Wattel.

IV. EXTRAITS DES PROCÈS-VERBAUX DES SÉANCES DES SECTIONS

CINQUIÈME SECTION.

SÉANCE DU 24 FÉVRIER 1880.

Présidence de M. Eug. VAVIN

M. Paillieux donne lecture d'une première note sur les plantes alimentaires étrangères qu'il conviendrait d'introduire en France.

La section examine ensuite s'il n'y aurait pas lieu de fonder quelques prix nouveaux dans la section des végétaux.

A propos du prix pour les introductions nouvelles, M. Vavin fait remarquer que c'est à son initiative que l'on doit en France la propagation du fenouil d'Italie et de la pomme de terre Early rose.

M. de Barrau de Muratel dit que le fenouil, qui atteint à Naples des dimensions relativement considérables, est à l'état frais une plante rafraîchissante très agréable, mais d'un goût moins fin étant cuite. Il regrette qu'on ne puisse en faire usage chez nous en hiver.

M. Paillieux répond qu'en Italie on a du fenouil toute l'année, mais sous le climat de Paris il faut faire des semis tardifs pour pouvoir le récolter à l'entrée de l'hiver; on peut fort bien alors en conserver jusqu'au milieu de décembre.

M. Vavin, qui a reçu des graines de Rome et de Naples, préfère celles récoltées dans cette dernière localité.

M. de Barrau de Muratel fait à la section une communication fort intéressante sur l'emploi de la tannée dans les semis de Chênes.

M. Paillieux signale le bon exemple donné par la Société d'horticulture de Marseille, qui a fait venir directement du pays d'origine des graines de Soja, les a fait semer et récolter et a utilisé le produit à la confection de fromages qui, dégustés par un grand nombre de personnes, ont été trouvés bons.

Le Secrétaire,
JULES GRISARD.

V· FAITS DIVERS ET EXTRAITS DE CORRESPONDANCE

Acclimatation à la Nouvelle-Zélande

Un mémoire récemment lu devant la Société Linnéenne de Londres, par M. H.-M. Brewer, secrétaire de la Société d'acclimatation de Wanganni, à la Nouvelle-Zélande, renferme d'intéressants renseignements sur l'acclimatation dans la colonie de différentes espèces animales; merle, grive, étourneau, pinson, chardonneret, moineau, friquet, geai, pluvier doré, pies d'Australie et de Tasmanie, canard musqué, cygnes blanc et noir, colin de Californie, perdrix, phasianidés divers, etc.

Les faisans sont maintenant nombreux; la chasse commence à en être permise. Le Faisan de la Chine est le plus répandu. Un fait assez remarquable, c'est que les mâles font entendre un cri particulier de frayeur lorsque des secousses de tremblement de terre se font sentir.

Dans la partie nord de l'île, la Perdrix grise réussit moins bien que dans la région sud, où les cultures de céréales lui offrent sans doute une nourriture plus facile. La Perdrix rouge est très abondante dans le district de Rangitikei, province de Wellington.

Les principaux mammifères introduits par la Société sont le Cerf commun, le Daim, le Cerf d'Aristote, la Chèvre d'Angora, le Lièvre, plusieurs Kanguroos, etc. Sur les collines des environs de Nelson, de nombreuses hordes sauvages de Cerf commun ont fait élection de domicile.

Le Lièvre s'est aussi multiplié rapidement et, chose remarquable, la fécondité de l'espèce s'est augmentée : les portées de la femelle sont généralement de 6 ou 7 petits, au lieu de 2 ou 3 comme en Europe.

R.-W.

Emploi de la Tannée pour les semis de Chênes

C'est à l'Exposition de 1878 que j'ai trouvé l'indication de cette méthode simple et pratique. Je l'ai expérimenté avec soin et il m'a paru intéressant de faire connaître le succès complet de mon expérience.

Les plants que je soumets à la Société sont des plants de Chêne (*Quercus pedunculata*) provenant d'un semis fait dans l'hiver de 1878 à 1879, ils ont donc un an seulement. A la simple inspection de ces plants, il est facile de se rendre compte de la différence existant entre ceux qui ont reçu de la tannée et ceux qui ont été semés dans la terre seule. Les premiers sont deux fois plus vigoureux que les seconds, leur tronc lisse, épais et élevé, dénote une grande activité de végétation, mais la différence capitale se manifeste surtout sur les racines. En effet, les plants dont les glands ont été recouverts de tannée ont un pal gros et relativement court, pourvu d'un chevelu abondant, double circonstance très favorable pour la transplantation; les autres, au contraire, ont un pal long et mince, accompagné d'un chevelu rare et délicat. La différence est encore plus sensible quand les jeunes Chênes sont revêtus de leur feuillage; tandis que les premiers présentent des feuilles nombreuses, larges et d'un vert foncé, les seconds n'ont que des feuilles clair-semées, étroites et d'un vert jaunâtre. — Je tâcherai d'apporter, l'année prochaine, des exemplaires non garnis de leurs feuilles, et je suis assuré, d'après l'inspection des racines, que la différence de végétation s'accentuera bien davantage la seconde année, car les plants munis d'un abondant chevelu sont évidemment bien mieux armés pour lutter.

Voici d'ailleurs comment j'ai disposé mon expérience pour bien me rendre compte de l'effet produit par la tannée. — J'ai divisé en deux portions égales une planche de mon potager, dans la première j'ai semé des glands en les recouvrant d'environ un centimètre de terre et de cinq centimètres de tannée (tan épuisé) que j'achète dans les tanneries au prix de 50 centimes l'hectolitre[1]. Dans la seconde partie j'ai semé des glands en les recouvrant de 4 à 5 centimètres de terre. Peu de jours après le semis les mulots ont envahi la planche non couverte de tannée, y ont creusé de nombreuses galeries et ont détruit les trois quarts des glands, tandis que pas un de ces funestes rongeurs n'a pénétré dans la tannée où tous les glands ont germé. — Voilà un des grands avantages de la tannée, car tous les semeurs savent combien il est difficile de garantir les semis de glands contre les ravages des rats qui pullulent dans les bois et dans les pépinières. — De ce fait j'ai tiré un enseignement que j'ai aussitôt mis en pratique. Tous les ans je fais semer dans les clairières de mes bois des quantités considérables de glands, que jusqu'ici je m'étais borné à enfouir à 4 ou 5 centimètres de profondeur, à l'aide d'un plantoir, et tous les ans je constatais dans mes semis un déficit énorme causé par la dent des rongeurs. Maintenant je fais jeter le gland dans le trou fait par le plantoir et recouvrir avec une petite poignée de tannée, sous laquelle le gland germe à merveille, à l'abri de tout danger. L'opération se fait vite, les frais en sont insignifiants et sont amplement compensés par la qualité et la quantité des produits.

Il me paraît donc parfaitement démontré que l'emploi de la tannée dans les semis de Chênes offre des avantages très précieux, celui de provoquer une vigoureuse végétation et celui de préserver les glands des attaques des rongeurs qui en sont si avides. Le même procédé peut être employé avec le même succès pour les semis de châtaigniers.

DE BARRAU DE MURATEL.

(1) Un hectolitre de tannée suffit pour couvrir deux mètres. — Avec un mètre cube coûtant 5 fr. on peut donc recouvrir une planche de 10 mètres de long sur 2 mètres de large.

VI. BIBLIOGRAPHIE

I

Le reboisement par les Essences résineuses; mise en valeur des sols pauvres, par Alph. Fillon, sous-inspecteur des forêts. Un vol. in-18, 300 p. J. Rothschild, 13, rue des Saints-Pères. 2e édition.

Démontrer que l'on peut obtenir des produits très rémunérateurs en consacrant aux essences forestières les terrains médiocres, pauvres ou appauvris, les grandes surfaces de terres incultes, ou les sols en pente sur lesquels la charrue ne peut faire son œuvre d'une manière avantageuse; établir que ce sont les bois résineux qui permettent la culture la plus profitable, et qui peuvent le mieux servir à la restauration des terrains actuellement boisés, mais dont le rendement est à peu près nul; — tel est le but de ce traité.

L'auteur expose que les résineux sont la providence de ces terres déshéritées, et qu'ils en sont peut-être l'unique. Il examine successivement tout ce qui se rattache au reboisement des sols improductifs, dans les situations diverses où l'on peut se trouver : terrains non accidentés, complètement dénudés, — terrains en plaine ou en pente douce, dont la surface est envahie par les graminées, les bruyères, les ajoncs, etc. ; — terrains en montagne, — très humides ou marécageux, — tourbeux, — boisés et clairiérés. Il suit pas à pas l'opération depuis les travaux préparatoires, sur l'importance desquels il insiste, jusqu'au choix des essences à adopter.

Comme il ne s'agit que de la culture de terrains *infertiles*, M. Fillon ne recommande que les espèces bien connues, celles qui ont fait leurs preuves et dont il est le plus facile de se procurer les graines. Il donne des indications complètes sur leurs qualités, leurs défauts et leurs exigences :

Pin sylvestre ou d'Écosse (*Pinus sylvestris*) ;
Pin maritime, de Bordeaux ou des Landes (*Pinus pinaster*);
Pin noir ou d'Autriche (*Pinus Austriaca*);
Pin laricio ou de Corse (*Pinus laricio*);
Sapin commun (*Abies taxifolia* vel *pectinata*) ;
Epicea (*Abies picea*);
Mélèze (*Larix europœa*) ;
et Pin strobe ou du Lord (*Pinus strobus*).

Le travail de M. Fillon a été apprécié à toute sa valeur par la Société centrale d'agriculture, qui lui a décerné une médaille d'or.

AIMÉ DUFORT.

II. — Journaux et Revues.

(Analyse des principaux articles se rattachant aux travaux de la Société.)

Bulletin de la Société de géographie (Delagrave, 15, rue Soufflot).

Janvier 1880. — *Conservation des insectes; Renseignements pour les voyageurs désireux de s'occuper d'histoire naturelle.*

Dans le récit du voyage du lieutenant Cameron, de l'est à l'ouest de l'Afrique, on peut lire qu'une collection de 1500 insectes, *piqués dans des boîtes*, a été perdue par suite de l'humidité et des chocs de la route.

Voici des moyens de récolte et de conservation qui exigent très peu de place dans les bagages et peu de matériel.

1° *Coléoptères, hémiptères, hyménoptères, arachnides, orthoptères.*

Il ne faut jamais prendre la peine de les *piquer*. Ils occupent ainsi beaucoup de place et deviennent très cassants quand ils sont secs. Il faut simplement les loger pêle-mêle dans un flacon rempli d'alcool, ou mieux dans un flacon en fer-blanc à moitié plein de sciure de bois non résineux, aromatisée de benzine ou de chloroforme. La chasse faite, videz le contenu du flacon, et séparez les insectes de la sciure, qui est remise dans le flacon pour servir à nouveau. Les insectes sont séchés à l'air et tassés ensuite dans de petites boîtes en bois ou en carton, dans de la sciure de bois sèche, qui sert à boucher tous les espaces vides et à faire le plein parfait. On saupoudre d'un peu de naphtaline bisublimée le dessus de la sciure de bois; on ferme et on colle une petite bande de papier pour empêcher l'introduction de tout insecte destructeur. Éviter de rentrer les insectes dans les boîtes, avant qu'ils soient secs, pour ne pas avoir de fermentation.

2° *Lépidoptères, diptères, névroptères.*

Ces insectes se prennent au filet. Une fois dans le filet, on les tue, soit en les serrant au-dessous du thorax avec les doigts, soit, ce qui vaut mieux, en les faisant entrer dans un flacon dont le bouchon contient un tampon de coton humecté de chloroforme, ou dont le fond est tapissé de coton contenant du cyanure de potassium. On les enferme ensuite dans de petits triangles de papier pliés, qu'on empile dans des boîtes en bois ou en fer-blanc, dans lesquelles on saupoudre un peu de naphtaline. Quand on veut préparer les insectes ainsi récoltés, il suffit de les déposer dans un vase clos sur du sable mouillé pour leur voir reprendre leur flexibilité primitive.

Il est essentiel d'écrire sur les triangles en papier et sur les boîtes la date de la capture et la localité exacte. Au point où en est rendue la science entomologique, un insecte sans ces renseignements est absolument sans valeur. Charles Oberthur. A. D.

Le Gérant : Jules Grisard.

PARIS. — IMPRIMERIE E. MARTINET, RUE MIGNON, 2.

I. TRAVAUX DES MEMBRES DE LA SOCIÉTÉ

ÉLEVAGE DE DIVERSES ESPÈCES DE PERRUCHES DANS LA VENDÉE

Extrait d'une lettre adressée à M. le Secrétaire général de la Société d'Acclimatation

Par M. Alfred ROUSSE.

J'ai l'honneur de vous adresser quelques notes sur mes élevages de Perruches, et particulièrement sur l'heureux résultat que j'ai obtenu cette année avec mes Perruches de Pennant.

J'y joins quelques mots sur mes installations.

Mes volières, au nombre de dix, sont toutes exposées au levant, mais ne sont pas construites sur le même modèle; trois sont ainsi composées :

1° Un abri complet vitré sur la moitié de la façade (l'autre moitié se ferme avec un paillasson pendant les grands froids), et mesurant 2 mètres de profondeur sur 3 mètres de largeur et 3^{m},25 de hauteur à la partie la plus élevée;

2° La partie à air libre complètement grillagée, gazonnée et plantée d'arbustes et de salades; elle a 3 mètres de profondeur sur 3 mètres de largeur et 2 mètres de hauteur.

Le service est fait par un petit corridor de dégagement placé derrière les abris.

Six autres sont établies de la manière suivante :

1° Abri complet, façade pleine, éclairée par un vitrage de 2 mètres de longueur sur 40 centimètres de hauteur, avec deux petites ouvertures placées sur les côtés et servant d'accès aux Perruches;

2° Un compartiment clos en-dessus et par côtés, ouvert entièrement par devant;

3° La partie grillagée à air libre. Des portes sont établies dans chaque façade des abris. D'autres, placées dans les cloisons des hangars, permettent de passer d'une volière dans l'autre.

Ces six volières ont chacune 3^m,50 de profondeur sur 2 mètres de largeur (1 mètre pour l'abri, 1 mètre pour le hangar, et 1^m,50 pour la partie grillagée). Elles sont de la même hauteur que les premières. Les bûches creuses et boîtes servant de nids sont placées dans les abris et les hangars.

La dernière volière, beaucoup plus grande que les autres, a son abri dans la moitié d'une ancienne orangerie; l'autre moitié est réservée aux Perroquets, Aras et Cacatoës. Au moyen d'une petite ouverture pratiquée dans le mur, les Perruches peuvent passer dans un compartiment tout à fait à air libre. Je les nourris d'Alpiste, Chènevis, Blé, Maïs, Mil en grains et en épis.

Indépendamment du gazon, dans toutes mes volières sont plantées des salades toutes venues et de différentes variétés; les oiseaux ont par ce moyen de la verdure toujours fraîche. Je fais aussi semer du froment, que je leur distribue dès qu'il commence à épier; je leur donne tout ensemble racines, épis quand il est possible et tuyaux, que mes Perruches préfèrent surtout. Elles sont avides de pissenlits, dont elles mangent les boutons; elles reçoivent aussi des fruits divers, frais et secs, des légumes cuits tels que Pommes de terre et Carottes.

Une nourriture fraîche aussi variée et abondante que possible est indispensable pour les maintenir en bonne santé, et je crois que des aliments mal choisis sont, aussi bien que les intempéries de notre climat, une cause de mortalité chez les Perruches que nous gardons en volière. Il faut chercher autant que possible à remplacer les fruits de toutes sortes qu'elles trouvent dans leur pays.

Les espèces que je possède ou ai possédées sont : Omnicolores, Palliceps, Pennant, Nouvelle-Zélande, Calopsittes à croupion rouge, Edwards, Swainson, Barraband, Caroline du Sud et Ondulées.

Excepté les Ondulées, chaque couple occupe une volière séparée.

Les Caroline et les Barraband, malgré de fréquents accouplements, ne se sont pas reproduites chez moi.

Les Swainson, quoique nées en 1877, vont, je pense, faire leur première couvée; elles sont accouplées et fréquentent une bûche creuse.

Je ne puis rien dire des Palliceps, les ayant depuis peu. Je me suis défait du premier couple que j'avais et qui n'avait pas reproduit.

Les Nouvelle-Zélande ont pondu et amené à bien leurs couvées.

Les Edwards ont eu plusieurs couvées d'œufs clairs.

Les Calopsittes et les Ondulées reproduisent régulièrement, les premières n'interrompant même pas l'hiver.

Deux paires d'Omnicolores m'ont fait cette année chacune une couvée. Une paire a couvé trois œufs clairs; une autre, importée cet hiver, m'a donné trois beaux Perruchons. Je citerai à cette occasion un fait rare.

Ces oiseaux, qui avaient pour nicher plusieurs bûches creuses et boîtes, ont pondu et couvé à découvert sur une planche dans l'angle de leur volière. Ils avaient eu soin de se préparer un nid composé de petites brindilles de bois et de débris d'écorce enlevés à leurs bûches creuses. Néanmoins la couvée est arrivée à bien.

Mes Pennant ont pondu cinq œufs et m'ont donné cinq beaux Perruchons.

Je possédais depuis quelques années une paire de Pennant, qui tous les ans au printemps pondait, mais invariablement mangeait ses œufs au fur et à mesure de la ponte. Je voulais essayer de faire couver les œufs par des Calopsittes; mais je n'ai jamais pu sauver qu'un seul œuf qui s'est trouvé clair.

L'an dernier, je me suis débarrassé de ce couple, et fis l'acquisition d'un mâle importé depuis deux ans, que j'accouplai avec une femelle d'importation récente et plus jeune que lui. Je les installai en novembre dans une de mes volières à trois compartiments.

Vers le 10 avril, m'apercevant que la femelle battait le mâle, je les observai attentivement tous les jours, et je les vis s'accoupler pour la première fois le 20, et cela se répéta plusieurs jours de suite.

Le premier œuf fut pondu dans une bûche creuse placée sous le hangar, le 3 mai ; le second, le 5, et un autre tous les deux jours jusqu'au nombre de cinq. La femelle se mit à couver le jour de la ponte du dernier œuf; tout le temps de l'incubation elle ne quitta ses œufs que deux fois par jour pour aller manger. Le mâle jusque-là bornait ses fonctions à rester perché toute la journée près du nid de sa femelle. Mes Perruches étant très farouches, j'ai attendu, pour regarder aux œufs, le 31 mai, jour que je pensais bien être celui de l'éclosion; je fus bien agréablement surpris en voyant nés cinq Perruchons tous recouverts alors d'un duvet jaune.

A mesure que les jeunes grandissaient, j'ai multiplié mes visites au nid, et à quinze jours je vis apparaître les premières plumes aux ailes. Le 25 juin, mes oiseaux étaient entièrement couverts de plumes vertes, sauf celles du front et quelques-unes à la gorge, et les tectrices subcaudales qui étaient rouges.

Quoique les Perruchons fussent éclos le même jour, ils sortirent du nid les uns après les autres, et pour y rentrer parfois souvent pendant vingt-quatre heures; le premier prit sa volée le 24 juin, le deuxième le 1er juillet, le troisième et le quatrième, le 3, et le cinquième, le 4.

Ils étaient aux deux tiers de la grosseur naturelle, avec le bec blanc légèrement teinté de rose.

Le dessus de la tête, la gorge et une partie de la poitrine d'un rouge plus étendu chez les uns que chez les autres.

Moustaches bleues, tectrices subcaudales rouges. Ventre parsemé de taches rouges. Queue d'un vert cuivré par-dessus, d'un bleu clair en dessous et à moitié de sa longueur. Couverture des ailes verte et chez quelques-uns bordée de noir; tout le reste du corps vert. Le père et la mère, dédaignant le pain trempé de lait que je leur donnais, ont nourri leurs petits uniquement avec du Chènevis et du Séneçon, que fort heureusement j'ai toujours pu me procurer. Dès que les jeunes ont mangé seuls, ils ont pris la même nourriture que les parents, tout en consommant beaucoup de verdure.

Ils sont maintenant âgés de deux mois et arrivés à toute leur grosseur; la queue est tout à fait poussée, et le bec entièrement blanc; les plumes bleues aux ailes commencent à paraître. Le rouge du ventre et de la poitrine s'étend sensiblement. Ils sont tous magnifiques de force et de plumage. Les parents sont en mue en ce moment, et je vais retirer d'avec eux les jeunes dans l'espoir d'une seconde couvée.

J'ose espérer, Monsieur le Président, que peut-être la Société d'Acclimatation prendra cet heureux résultat en considération, et jugera dignes d'être récompensés les efforts que je fais tous les jours dans le but d'acclimater et de faire reproduire les Perruches.

Je demande instamment que la Société daigne faire constater le plus tôt possible, par ses délégués, les faits contenus dans ma lettre. Si cela se pouvait, je désirerais en être averti afin de pouvoir envoyer un certificat légalisé.

SUR LA PONTE ET LE DÉVELOPPEMENT

DU PLEURODELES WALTLII, Mich.

Observés à la Ménagerie des reptiles du Muséum d'histoire naturelle

Par M. Léon VAILLANT

La Ménagerie des Reptiles du Muséum d'histoire naturelle possède depuis assez longtemps, grâce surtout à l'obligeance de M. Graells, de Madrid, un assez bon nombre d'individus d'une espèce bien connue de batracien urodèle, le *Pleurodeles Waltlii* Mich. Mais si, au point de vue zoologique et même anatomique, cet animal peut passer pour bien connu, il n'en est pas de même pour ce qui concerne ses mœurs ; aussi ai-je été fort heureux de pouvoir en observer dans nos aquariums l'accouplement et la ponte.

Au début de l'installation du nouveau bâtiment, les Pleurodèles, que leur forme rapproche beaucoup des Salamandres proprement dites, bien que leur queue soit plus aplatie, avaient été placés dans un grand aquarium avec une faible hauteur d'eau, 15 à 20 centimètres, et un terre-plein qui leur permettait de se loger hors du liquide, sous des pierres, dans des briques creuses, etc., où ils se tenaient habituellement ; on les voyait même grimper entre les tiges de plantes aquatiques mises dans l'aquarium. Au commencement de l'année dernière on dut, pour les nécessités d'un aquarium voisin communiquant avec celui qui renfermait les Pleurodèles, augmenter le niveau de l'eau, qui fut porté à environ 40 centimètres. La possibilité de se tenir à terre fut toutefois laissée à ces animaux au moyen de vases à fleurs et de briques creuses, posés sur une dalle d'ardoise supportée par des meulières.

Vers le milieu du mois de mai 1879, M. Desguez, commis de la ménagerie, me fit remarquer que la queue de ces batraciens, surtout chez les mâles, se modifiait sensiblement par suite du développement des crêtes membraneuses supérieure et inférieure, comme cela a lieu chez un grand nombre d'Urodèles à l'époque des amours ; de plus, tous se tenaient dans l'eau, sans remonter à terre. Quelques jours plus tard, il observait et me fit voir l'accouplement de ces animaux.

La manière dont les Pleurodèles effectuent cet acte est des plus singulières, et constitue, je crois, un mode nouveau d'accouplement pour les Batraciens urodèles. La femelle se laissant flotter inerte dans le liquide, le mâle se place au-dessous d'elle, la saisit en entourant les membres antérieurs au moyen des siens propres, les pattes d'un même côté se correspondant pour chacun des individus. La patte du mâle, placée contre l'aisselle de la femelle, passe derrière le bras, puis successivement en dehors, en avant; enfin les doigts complètent l'enlacement et s'appliquent sur le côté interne ; l'union est si intime que si la femelle plie l'avant-bras, celui-ci semble être la continuation du membre du mâle, et la couleur de la peau aidant à la confusion, il faut y regarder d'assez près pour reconnaître la disposition réelle des parties. Dans cet état, les deux individus sont placés de telle sorte que la partie dorsale du mâle répond à la partie ventrale de la femelle, laquelle est entraînée par le premier, nageant çà et là dans le liquide au moyen de sa rame caudale.

De temps à autre le couple se laisse couler à fond sur le sol de l'aquarium, le mâle lâche une des pattes de la femelle, celle de droite d'après nos observations, et fait une demi-révolution autour de la patte gauche, qu'il tient toujours solidement embrassée. Dans ce mouvement, son museau vient d'abord se placer en face de celui de la femelle, puis le côté droit de la tête et du corps le long du côté gauche de celle-ci; on voit alors, à certains moments, la queue du mâle s'agiter par des ondulations précipitées, ce qui rappelle des manœuvres analogues des Tritons, et l'animal paraît chercher à rapprocher son cloaque de celui de la femelle. Suivant toutes probabilités, c'est de cette manière qu'a lieu la fécondation; mais il ne nous a pas été donné d'en être témoin.

Cette année, à la fin de février, des accouplements furent de nouveau observés ; mais, comme la première fois ils n'avaient pas été suivis de résultats, on n'y fit qu'une médiocre attention, lorsque, le 29 de ce mois, on trouva sur des meulières, au fond de l'aquarium, des œufs pondus bien évidemment par les Pleurodèles. Ces œufs sont irrégulièrement groupés, libres cependant, et rappellent assez, par leur aspect, ceux des Axolotls; le diamètre de la sphère albumineuse est d'environ 8 à 10 millimètres, l'œuf lui-même en mesurant 2. Il présente dans l'état le moins avancé une demi-sphère blanchâtre, l'autre moitié étant noire avec un point central blanc jaunâtre. Au bout de quelques jours, toute sa masse perd cette dernière teinte.

Les œufs trouvés dans l'aquarium étaient déposés depuis un temps qu'on ne peut déterminer exactement; mais la ponte s'étant continuée pendant quelques semaines, car on a pu recueillir plusieurs centaines d'œufs, nous avons eu l'occasion d'en avoir de date certaine, et sur ceux-ci, dans les conditions atmosphériques où ils se trouvaient, le développement s'est effectué de la manière suivante : Le vitellus est redevenu blanc vers le troisième ou quatrième jour, montrant dès cette époque cette sorte de boucle indice de la gouttière primitive. Au septième jour, l'embryon a la forme d'une sorte de nacelle, de cupule deux fois aussi large que longue. Vers le neuvième jour il est allongé, aplati, montrant l'apparence du Têtard pisciforme; ou distingue sur les côtés du cou les saillies branchiales, et déjà les yeux sont nettement distincts. Dès cette époque, l'embryon s'agite dans l'œuf; ce n'est cependant que du quinzième au vingtième jour qu'il rompt ses enveloppes pour nager librement; il est alors long de 12 à 15 millimètres environ.

Le développement ultérieur, sur lequel je ne crois pas devoir insister ici, rappelle d'ailleurs ce qu'on connaît chez d'autres batraciens anoures. L'animal est pourvu d'organes d'adhérence qu'il conserve jusqu'à l'apparition des membres antérieurs et postérieurs. Nous avons aujourd'hui des individus qui, placés dans les meilleures conditions de chaleur et de nourriture, peuvent être regardés comme sur le point de se transformer, vu l'état atrophique de leurs houppes branchiales et de la nageoire caudale dont la crête inférieure a disparu; ils sont âgés d'à peu près quatre-vingts à quatre-vingt-sept jours.

NOUVEAU PROCÉDÉ D'ÉJOINTAGE

Par M. le docteur PIERRON.

Le procédé indiqué par le Jardin d'acclimatation pour priver les oiseaux par la mutilation des ailes est susceptible d'un grand perfectionnement. On sait que ce procédé consiste dans l'amputation d'une main des oiseaux. Or, le mode opératoire indiqué donne lieu à des hémorrhagies consécutives à la chute de l'eschare produite par la cautérisation à l'azotate d'argent, et très souvent à la mort de l'oiseau. Cette mort pourrait aussi, peut-être, être due à des inflammations résultant de l'emploi des caustiques sur la moelle des os.

Le nouveau procédé que je soumets à l'expérience de tous les éleveurs d'oiseaux n'a aucun de ces inconvénients.

Tout le monde sait que pour détruire les verrues, poireaux, etc., on emploie une anse de fil qui les sectionne. De Graffe inventa le serre-nœud; Chassagnac inventa l'écraseur linéaire qu'on a voulu utiliser dans les amputations.

Un de mes amis, grand amateur d'oiseaux, s'est plaint à moi de la défectuosité du procédé qui lui avait été conseillé; il m'invita à lui donner mon avis sur sa méthode, en m'engageant à faire usage de mes connaissances médicales pour en trouver un autre.

Aussitôt l'idée d'employer les sections mousses m'est venue à l'esprit, et je pensai de suite à en faire l'essai sur une Poule d'eau adulte qui fut opérée avec le résultat le plus encourageant. J'ai tenté l'expérience sur douze ou quinze jeunes Perdrix âgées de dix jours; l'opération ayant pleinement réussi, le procédé était tout trouvé.

Il faudrait rappeler brièvement l'anatomie de l'aile de l'oiseau. C'est le membre antérieur de l'homme, composé comme chez lui de trois parties, bras, avant-bras et main sur laquelle s'insèrent les grandes plumes ou rémiges.

Il ne faudrait pas pratiquer l'éjointage dans les articulations, car toutes les plaies articulaires sont plus dangereuses que celles qui sont faites dans le corps du membre.

Voici comment on procédera. Un aide tient l'oiseau et étend l'aile à amputer. L'opérateur passe, à travers les grandes plumes en serrant toute la main, une anse de fil, de cordonnet de soie moyen ciré, au niveau de son quart supérieur. (Le quart supérieur d'un membre est celui qui, partant de l'extrémité de la main, est le quart le plus rapproché du corps de l'animal). Il fait un nœud simple en serrant lentement mais assez fortement.

On pourrait aussi tenter d'employer, ce qui est très rationnel, un fil de caoutchouc, en faisant alors plusieurs tours en tendant ce fil. Ce moyen que je n'ai pas essayé dans ce cas, a l'avantage d'opérer toujours une constriction égale.

C'est de cette constriction que dépend le succès de l'opération : car il y a, non plus rupture de la peau, mais rupture des tissus sous-jacents, des muscles, des artères, qui s'oblitèrent par rétraction de leurs tuniques. Quand la constriction est opérée, on fait un second nœud simple pour fixer et on coupe avec des ciseaux forts et bien aiguisés, à deux ou trois millimètres en dehors du fil, la portion de main privée de tout élément vital.

Cette description est nécessitée par l'opération à faire sur des oiseaux adultes; pour les jeunes il suffit de tirer l'aile et de passer l'anse de fil autour des grandes plumes naissantes.

L'avantage de ce procédé est de prévenir les hémorrhagies fréquentes à cause de la vitalité des tissus gorgés de sang pour faire pousser les rémiges, et d'empêcher les ulcères articulaires qui peuvent se produire par le contact de l'air ou des caustiques. Ensuite on obtient un beau moignon consécutif; car les parties comprises entre le fil et la section se détachent ainsi que les os.

C'est une méthode fondée sur la chirurgie, qui théoriquement est bonne et qui a pour elle la sanction de l'expérience; les résultats que j'ai obtenus m'engagent à la continuer et à la faire connaître, car je n'ai eu à déplorer aucun accident.

III. EXTRAITS DES PROCÈS-VERBAUX DES SÉANCES DE LA SOCIÉTÉ.

SÉANCE GÉNÉRALE DU 14 MAI 1880

Présidence de M. Henri BOULEY, vice-président.

Le procès-verbal de la séance précédente est lu et adopté.

— M. le Président fait connaître les noms des membres nouvellement admis par le Conseil, savoir :

MM.	PRÉSENTATEURS.
S. A. R. Mgr le prince Ferdinand de Saxe-Cobourg-Gotha, duc de Saxe, à Vienne (Autriche).	A. Geoffroy Saint-Hilaire. P. A. Pichot. Marquis de Selve.
AUGY (Guillaume d'), 45, rue de l'Arquebuse, à Châlons-sur-Marne (Marne).	A. Geoffroy Saint-Hilaire. Jules Grisard. Ponsard.
DAVID (Émile), au Tlélat, province d'Oran (Algérie).	Jules Grisard. Ch. Nicolas. P. A. Pichot.
DORTAN (comte de), 16, rue Martignac, à Paris.	Vicomte d'Esterno. P. A. Pichot. P. de Sainte-Croix.
LAOUR (E.), propriétaire, 18, rue Soufflot, à Paris.	Jules Grisard. Lefort. P. A. Pichot.
LECLERC (Pierre-Léon), propriétaire, avenue de Neuilly, 182, à Neuilly (Seine).	Dumont. P. Millereau. Morin.
LEROY (Henri-Abel), 74, rue d'Amsterdam, à Paris.	A. Geoffroy Saint-Hilaire. Marquis de Selve. A. Simon.
LEVY (Léopold), 83, boulevard Magenta, à Paris.	Eug. Aron. M. Aron. Marquis de Selve.
MEFFRAY (comte de), 32, rue de la Ville-l'Évêque, à Paris.	Vicomte d'Esterno. Marquis de Selve. Paul de Sainte-Croix.
MESTAYER (Gaston), propriétaire, 52, rue de Grenelle, à Paris.	A. Geoffroy Saint-Hilaire. P. A. Pichot. Marquis de Selve.
MION (Georges), 11, rue Rondelet, à Montpellier (Hérault).	Jules Grisard. P. A. Pichot. Marquis de Selve.

MM.	PRÉSENTATEURS.
RAINNEVILLE (le vicomte J. de), sénateur, 32, rue de la Ville-l'Évêque, à Paris.	A. Geoffroy Saint-Hilaire. P. A. Pichot. Marquis de Selve.
ROCHEBROCHARD (Louis de la), à Niort (Deux-Sèvres).	Comte de Chabot. P. A. Pichot. Marquis de Selve.
VAN DER LAAN (le docteur), à Lisbonne (Portugal).	Jules Grisard. Barbosa du Bocage. P. A. Pichot.

— La Société protectrice des animaux adresse une lettre d'invitation spéciale pour sa vingt-huitième séance publique annuelle, qui doit avoir lieu le 17 mai.

(MM. de Ginestous, père et fils, sont désignés par le conseil pour représenter la Société à cette solennité.)

— MM. Mion et Dieterlen font parvenir des remerciements au sujet de leur récente admission dans la Société.

— M. Antonio Piot écrit de Cachi (République Argentine), à M. le Président :

« J'ai l'honneur de vous écrire pour attirer votre attention sur la possibilité d'acclimater en Europe les genres Vigogne, Guanaco et Alpaca, qui appartiennent à l'espèce Lama, laquelle est, je crois, déjà naturalisée en France, mais peut-être sans but d'utilité.

» Je propose, de concert avec plusieurs grands propriétaires des vallées Calchaquies (dans la Cordillère des Andes), avec lesquels je me suis entendu pour les suites du projet, de réunir les animaux et de les amener aux conditions requises pour leur envoi en Europe, c'est-à-dire apprivoisés et accoutumés à la nourriture domestique.

» Dans ce but, je prends la liberté, Monsieur, de soumettre à votre appréciation les quelques notes qui suivent et qui n'ont pas d'autre importance que celle d'être rédigées en connaissance de cause, et d'être ainsi le prélude d'informations plus précises, si vous prenez en considération le projet qui vous est soumis.

» La Vigogne et le Guanaco sont sauvages et vivent en troupes souvent mêlées, depuis le troisième gradin de la Cordillère, qui commence à 3000 mètres d'altitude. Le Lama et l'Alpaca descendent plus bas et sont domestiques. Ce qui distingue surtout la Vigogne de l'Alpaca et du Guanaco, c'est la finesse remarquable de sa laine, qui est l'objet d'un grand commerce. On fabrique ici des tissus très appréciés et très chers, dont on confectionne une espèce de manteau appelé Poncho. Il y a tels de ces Ponchos qui se payent 1000 francs et plus; le prix des ordinaires, trame de fil, est de 200 francs. Mais, pour se procurer cette laine, il faut tuer l'animal, et l'espèce diminue d'une manière sensible, comme cela a eu lieu pour le Chinchilla. Les gens du pays ne pensent pas à former des troupeaux de Vigognes, et c'est sans aucune idée de profit que quelques petits, conservés par les chasseurs, sont élevés dans les haciendas où ils vivent dans les cours des maisons, devenant là tout à fait familiers. Les Vigognes, qui se nourrissent dans la montagne d'une espèce d'herbe particulière, s'accoutument à la luzerne (la même qu'en Europe) et autres fourrages; on peut dire même qu'elles mangent de tout. Au moment où j'écris ces lignes, j'ai près de moi un jeune Guanaco élevé dans la maison; il a la tête appuyée sur les genoux d'une petite fille qui lui fait manger des Tunas (figues du Cactus). On ne peut rencontrer des animaux plus familiers; ils en sont quelquefois gênants. Le difficile est de les faire passer de l'état sauvage à la domesticité et au changement de nourriture. C'est ce que nous croyons obtenir sûrement, et pour cette raison nous n'hésiterons pas à nous charger de mener les choses à bonne fin. Les Vigognes, les Guanacos et les Alpacas, de même que les Lamas, se nationaliseraient aisément dans les départements montagneux de la France et dans la chaîne de l'Atlas, en Algérie. Avec des soins convenables, ils vivraient à des hauteurs moindres, où ils pourraient faire l'ornement des parcs et grandes propriétés par leur beauté, leur allure gracieuse et leur familiarité. La position des vallées Calchaquies que nous habitons est très favorable à la domestication des espèces dont nous nous occupons, surtout pour les accoutumer au changement de climat. En deux jours on passe de la région des neiges à celle où croissent la canne à sucre, l'oranger, la vigne et toutes les céréales. A quatre ou cinq lieues au nord de Payogasta, on commence à rencontrer des troupes de Guanacos qui descendent souvent des plateaux plus élevés ; plus bas il existe un troupeau d'Alpacas domestiques. L'Alpaca est le produit d'un croisement du Lama et de la Vigogne ; ce métis reproduit, contrairement à ce qu'on observe dans le mulet, métis de l'âne et de la jument.

» Il y a longtemps que je pense au projet d'introduire en France ces animaux si utiles, dont la race sera perdue dans un temps qui n'est pas éloigné, et dont la naturalisation serait une véritable conquête pour notre pays. Plusieurs difficultés s'opposaient à la réalisation de ce projet, entre autres celle des moyens de transport faciles : car il ne faut pas que les animaux soient obligés de séjourner longtemps dans des endroits qui ne conviendraient pas à leurs habitudes ; il est, je crois, nécessaire qu'ils passent le plus vite possible dans le lieu où ils doivent habiter définitivement. A présent nous ne sommes plus qu'à quinze jours au plus du port de Buenos-Ayres, qui n'est qu'à vingt-cinq ou trente jours de France. Le chemin de fer vient jusqu'à Tucuman, qui est à six jours de marche d'ici.

» Enfin, Monsieur le Président, l'entreprise mérite d'être tentée, et je ne doute pas un seul instant qu'une fois rendus en France, les animaux se naturalisent facilement par les mesures que votre Société saurait prendre, avec le concours des savants qui lui sont attachés.

» Si vous admettez en principe notre proposition, veuillez, Monsieur, nous le faire connaître le plus tôt possible, afin qu'il y ait le moins de temps de perdu dans le cours des actes qui doivent suivre. Pour l'exécution de notre part du contrat à intervenir, nous présenterons toutes les garanties morales et financières que vous pourrez désirer.

» J'ai encore à vous soumettre, avant de terminer, un autre projet digne aussi d'être médité : c'est celui de vous envoyer des graines de Quinquina, et même, s'il se peut, de jeunes plants, en choisissant l'espèce la plus riche en quinine, pour introduire la culture de cet arbre précieux en Algérie et dans nos colonies dont le climat s'y prêterait.

» Ce qui explique pourquoi nous pourrions nous charger de cet envoi, malgré la distance qui nous sépare des vallées Yungas, et malgré les difficultés opposées à l'exportation de la graine, c'est que nous sommes sur le chemin que suivent les convois de mules qui vont en Bolivie et au Pérou ; beaucoup de nos voisins sont des arrieros qui font les voyages de la Paz, de Chuquisaca, Arica, etc. Les gens des Yungas descendent fréquemment et passent par ici se dirigeant sur Buenos-Ayres, en vendant des plantes médicinales dont leurs vallées sont si riches ; on doit s'étonner à bon droit qu'il y ait eu si peu de savants voyageurs européens à visiter ce jardin botanique de l'Amérique du Sud. Dans nos vallées, même si riches en métaux, il y a plus de vingt ans qu'il n'a passé de voyageur désireux d'étudier ces terrains si remarquables de la Cordillère. »

— M. de Confévron écrit de Châteaulin : « Mes observations me portent à croire que les alliances consanguines ne sont point nuisibles.

» Je sais bien qu'en ce qui est de la race humaine, on regarde les mariages en famille comme une cause de dégénérescence. A l'appui de cette théorie, on a cité des pays où les alliances se faisant le plus souvent entre parents, on remarque plus de rachitisme que dans d'autres. Je pense qu'on peut trouver d'autres causes à ce résultat, telles que la misère, les logements mal aérés, insalubres, la nourriture mauvaise et insuffisante, les travaux excessifs en terrain montueux avec de lourds fardeaux sur la tête, comme cela se pratique dans les Alpes. En cherchant bien, on trouverait des pays où les mariages ne se contractent pas moins en famille et où la population est saine et vigouruese.

» Mais cette thèse m'entraînerait trop loin et dans un ordre d'idées dépassant la sphère de ma capacité et de mes connaissances.

» Je ne veux aujourd'hui m'occuper que des animaux, à propos de cette question à l'ordre du jour.

» Non seulement je ne crois pas que pour les animaux les

alliances consanguines aient des conséquences fâcheuses; mais encore je pense que c'est un bon moyen pour conserver aux races leur pureté, leurs formes propres, leurs caractères distinctifs, leurs qualités particulières. Toutes ces choses se perdent par les croisements, surtout s'ils ne sont pas judicieux, si les sélections ne sont pas faites avec soin et avec toutes les connaissances nécessaires. C'est alors qu'on arrive à de monstrueux produits, à des animaux difformes à l'abâtardissement.

» Il est rare qu'on parvienne à donner à une race, en plus de ses qualités propres, celles de la race à laquelle on la mélange. C'est généralement le contraire qui a lieu, c'est-à-dire que les défauts des deux races (il n'y en a pas de parfaite) se réunissent dans les produits, qui ne conservent les qualités complètes d'aucune d'elles. C'est là qu'aboutit le désir, poussé parfois jusqu'à la manie, de vouloir modifier les animaux, changer en quelque sorte leur nature.

» Peu de temps après l'apparition des Poules russes, les premières de race étrangère qui aient été introduites en France, il y a quarante ans environ, nous voyons apparaître par leur croisement avec nos bonnes espèces du pays, des oiseaux dégingandés, longs, difformes, au plumage sans harmonie, à la chaire longue, dure, sans saveur; des volailles rebelles à l'engraissement, mauvaises pondeuses, mères maladroites. Les races Cochinchinoise et de Brahmapoutra, qui cependant sont de beaux oiseaux, possédant des qualités, n'ont fait qu'accroître ces défauts par leur mélange avec nos petites poules grises dites communes, qui ont presque disparu et dont l'espèce méritait cependant d'être conservée intacte, par sa grande aptitude à l'engraissement, sa rusticité, l'abondance de ses pontes, et se faisait surtout remarquer comme conductrice des poussins.

» Quant à nos bonnes races de chevaux, — la chose prend ici plus d'importance, — grâce aux croisements, les unes, comme la Limousine, ont entièrement disparu, et c'est en vain qu'on cherche à les retrouver; les autres ont été modifiées et les individus purs sont rares à rencontrer. Dans le nombre, je citerais les races du Morvan, de la Camargue, des Pyrénées, les excellents bidets bretons, sobres, durs à la fatigue et que, dans le pays même, on ne se procure qu'avec grande peine et à grand prix. Cela vient du désir qu'on a eu de grandir ces petites races, de donner du corps aux plus grandes, de l'élégance à celles qui en manquaient. Somme toute, le plus souvent on est arrivé à diminuer le fond et l'énergie sans donner ni force ni vitesse.

« Chez le Chien, c'est bien pis encore; la promiscuité est grande et les accouplements ont donné lieu aux naissances les plus bizarres, sans agréments physiques ni moraux, tandis qu'on ne trouve que difficilement nos anciens braques français, réunissant à un si haut degré toutes les qualités du chien d'arrêt, savoir : la docilité, le nez, la fermeté à l'arrêt et la facilité au dressage.

« L'observation de la race bovine conduit aux mêmes réflexions. Pour ne parler que de ce qui se passe sous mes yeux, dans la Bretagne que j'habite en ce moment, je vois de charmantes petites vaches, gracieuses, fines, aux grandes taches noires et blanches, à l'air éveillé, avec leurs jolies cornes noires, pointues et relevées. Ce sont d'excellentes laitières, faciles à nourrir, ayant des pieds de chèvre et broutant dans les maigres ajoncs. On ne se contente pas de ces qualités, on cherche à les grandir, à les rendre propres à l'engraissement et à la boucherie. On obtient la taille, mais au détriment de la forme.

» Déjà le type pur devient plus rare, et on ne le rencontre que dans quelques arrondissements. Il est à craindre qu'on n'enlève à cette race une partie de ses mérites, dont la petitesse, sans jamais lui donner celles propres à la race Durham. A chacun son mérite.

» Maintenant, je m'empresse de dire que je ne prétends pas qu'il faille renoncer soit à introduire de bonnes races d'animaux, soit à améliorer celles du pays. Loin de moi cette idée; mais j'émets simplement cette pensée, qu'il y aurait intérêt à conserver pures les bonnes races indigènes, en les élevant et les circonscrivant jusqu'à un certain point dans leur pays d'origine, et en ne mélangeant pas des races qui n'ont entre elles aucune affinité.

» Le problème n'est pas facile à résoudre, je le sais, c'est pour cela que je le soumets à la Société d'acclimatation.

» On arriverait, je crois, à de bons résultats par des conseils aux éleveurs, aux agriculteurs, en leur faisant bien comprendre leurs intérêts et les dangers que je signale. »

— M. Barrachin écrit à M. le Secrétaire général : « Ainsi que j'ai eu l'honneur de vous en informer précédemment, j'ai élevé en 1878 un Casoar d'Australie et cinq en 1879. Tous les six ont plus d'un an et sont actuellement chez moi.

» Je viens vous rendre compte de l'élevage que je commence en ce moment.

» Comme l'année précédente, j'enfermai la paire de casoars dans un enclos de quelques ares, à la fin de novembre 1879, pour ne pas être exposé à perdre les œufs. La ponte commença le 21 décembre. On enlevait les œufs aussitôt qu'on les trouvait, ne laissant qu'une coquille pleine de sable dans un nid préparé dans un coin avec une litière de paille et abrité par un petit toit.

» Le 16 février je mis douze œufs sous le mâle, qui commençait à couver. Environ deux jours après la femelle pondit un treizième œuf dans le nid; je le laissai, mais je la fis sortir pour éviter d'avoir sous le mâle des œufs en trop grande quantité et d'incubation inégale. Le total des œufs trouvés a été de seize, dont un fendu par la gelée.

» Le mâle couva avec une assiduité extrême, ne mangeant presque pas; on lui mettait du pain près de lui, mais je ne l'ai vu manger qu'un peu de verdure et de cœur de bœuf.

» Le 14 avril, dans l'après-midi, après cinquante-huit jours d'incubation, il y avait deux jeunes d'éclos; le 15, trois autres; le 16, cinq autres; total dix jeunes et trois œufs clairs.

» Je laisse le mâle élever sa couvée dans le même endroit, où j'avais fait semer du blé, de la laitue et de la moutarde blanche. On lui porte du cresson, de la laitue et du pain qu'il mélange et émiette pour ses petits.

» Quand les jeunes furent éclos, voyant que la femelle

cherchait à s'en rapprocher, je pensai qu'elle était poussée par l'amour maternel et qu'elle pouvait aider le mâle dans l'élevage ; je la fis entrer. Mais le mâle, quittant ses petits, se précipita sur elle et la battit très vivement. La femelle, quoique beaucoup plus forte, ne se défendit pas et se coucha.

» Voyant que ce n'était pas l'amour maternel, mais l'amour sans épithète qui la poussait, je m'empressai de la faire sortir. Mais elle chercha constamment à se rapprocher, et le mâle se précipita vers elle pour la frapper avec tant de fureur qu'il a plusieurs fois brisé la clôture.

» J'en conclus que la femelle qui se contente de pondre, sans couver ni élever, pouvait peut-être faire une deuxième ponte au printemps.

» Les deux années précédentes, j'ai eu l'honneur de vous dire que l'élevage des Casoars sans le concours des parents était très facile. Cette année j'essaye de les laisser élever par le père, ce qui serait beaucoup plus commode ; mais j'en ai perdu un hier (30 avril), ce que j'attribue au froid qui est survenu ces jours-ci. »

— M. Spencer F. Baird, commissaire général des pêcheries des États-Unis, fait connaître que, s'occupant activement d'introduire dans les eaux américaines les différentes variétés de Carpes cultivées en Europe, il serait heureux d'obtenir, pour cette entreprise, le concours de notre Société, laquelle pourrait lui signaler celles de ces variétés qui présentent le plus d'intérêt.

M. Baird ajoute qu'il attacherait également une très grande importance à l'acclimatation du Gourami dans les parties chaudes tempérées des États-Unis, et que, dans un essai fait en vue de cette acclimatation, la question de dépense ne serait que secondaire à ses yeux. En conséquence, s'il était possible qu'on lui fît un envoi de quelques Gouramis mâles et femelles, il demanderait qu'on désignât, pour surveiller cet envoi en cours de route, une personne expérimentée, dont il prendrait à sa charge tous les frais de voyage de Paris à Washington, quel que puisse être, d'ailleurs, le résultat final de la tentative.

— M. l'ingénieur en chef des ponts et chaussées du département de l'Ain écrit à M. l'Agent général : « En réponse à votre lettre du 2 mars 1880, adressée à M. l'ingénieur en chef de Lafosse, j'ai l'honneur de vous faire connaître que jusqu'à présent les essais d'acclimatation dans les eaux de l'Ain de saumons d'Amérique ne semblent pas avoir réussi. Ce résultat paraît devoir être attribué, en partie, au mauvais état dans lequel se trouvaient les alevins à leur arrivée : beaucoup étaient morts avant d'être mis en rivière. Je suis porté à croire en outre que les eaux de l'Ain ne sont pas favorables à cette espèce. Il se pourrait que ces poissons fussent actuellement confondus avec la truite. Nous serons mieux fixés à ce sujet dans quelque temps, et s'il se produisait des faits de nature à intéresser la Société, je m'empresserais de les lui faire parvenir. »

— M. de Confévron écrit de Châteaulin : « Je trouve cette insertion dans le *Journal officiel :*

« On lit dans le journal de Genève : « Les personnes qui » ont visité Lucerne ont pu constater la présence sur le lac » d'une quantité de petites Sarcelles, qui semblent absolu- » ment domestiques. C'est à leur tolérance que les Lucernois » doivent ces palmipèdes. Malheureusement, le conseil com- » munal, appuyé par des constatations statistiques, demande » l'extermination de ces hôtes, se fondant sur ce fait qu'ils » détruisent le poisson. Ils sont une quarantaine détruisant » pendant une saison quelque chose comme 2 à 3000 pois- » sons par jour. Le gouvernement lucernois a donc autorisé » l'exécution. »

» Je ne crois pas que les Sarcelles mangent autant de poisson qu'on veut bien le dire ; elles se nourrissent surtout d'herbes, de larves, de petites grenouilles, d'insectes, etc. La preuve, c'est que les propriétaires de pièces d'eau où ils tiennent à voir se multiplier le poisson, ne craignent pas d'élever sur leurs réservoirs des oiseaux d'eau.

» Les lacs écartés et non exploités sur lesquels il y a beaucoup de canards, de poules d'eau, etc., fourmillent aussi de poissons.

» Donc, si le poisson diminue dans le lac de Lucerne, les Lucernois doivent s'en prendre aux pêcheurs et non aux Sarcelles, qu'ils feraient bien de laisser vivre.

» Il y a vingt ans, à Châteaulin, en prenant un domestique, de même qu'en Écosse, on convenait avec lui qu'il ne mangerait de saumon que trois ou quatre fois par semaine, tant ce poisson était commun. Aujourd'hui, grâce à la pêche immodérée et à l'exportation qu'on en fait, il devient rare, et les habitants du pays s'en procurent assez difficilement. Le fleuve d'Aulne ne nourrit cependant pas le moindre canard. »

M. de Confévron joint à cette lettre des renseignements sur les facilités qu'offre pour la culture de certains végétaux exotiques la douceur du climat de la Bretagne qu'il habite actuellement.

— MM. Hébert, Perrio, Indre, J. Cloquet, de Laleu, A. Leclerc, Mallet, Delorme, Pestalozzi, Gorry-Bouteau, J. Bignault, L. Lerond, Dufour, l'abbé Perny, Hafemister, J. Ladouce, P. Toussaint, Delabriche-Belhomme, Paequez, L. de Maumy, Triboulet, Leffroy, R. Mayeux, Bonnesœur, Bellières, L. Gros, Fortepoule, Simonnot, baron Decazes, L. Thomas, Faulcon, Stulz, L. Walter, R. Silvaigne, Rudault, V. de Mars, Fleutelot, Lecoconnier, H. Delhan, F. Bertrand, Laupains, E. Frémy, Bazin, A. Rousseau, M. Etoffer et Picro-Robert; Mlle Pothuau et MM[mes] la baronne de Ferga, veuve de Clergnot, Colas Silvaigne, veuve Van Merris, veuve Rougé demandent à prendre part à la distribution d'œufs d'*Attacus Pernyi* annoncée dans la *Chronique*.

— MM. J.-B. Blaise et Lucien Huart accusent réception et remercient de l'envoi d'œufs d'*Attacus Pernyi*, qui leur a été fait; ils promettent en même temps de rendre compte des résultats de l'éducation.

— En accusant également réception des œufs d'*Attacus Pernyi* qui lui ont été adressés, M. A. Simon écrit de Bruxelles : « La saison semble devoir se montrer favorable et j'espère obtenir un meilleur résultat que l'année passée, ce dont j'aurai l'honneur de vous informer. J'ai mis à éclosion 400 grammes de graine d'*Yama-Maï*, et je dispose d'un millier de cocons de *Pernyi* univoltins ; je suppose que ceux que vous avez bien voulu me faire parvenir seront univoltins ; je vais donc hâter l'éclosion. »

— M. Almire Derré, de Sablé-sur-Sarthe, demande à recevoir en cheptel un couple de Faisans de Lady Amherst et un couple de Faisans vénérés, auxquels il se trouve en situation de donner tous les soins désirables. Notre confrère adresse en même temps les renseignements ci-après sur les végétaux qu'il tient de la Société. « Il y a trois ans, j'ai reçu des Bambous ; ils avaient très bien prospéré jusqu'en décembre 1879, mais l'hiver dernier les a tous endommagés, il a fallu les couper par le pied ; aujourd'hui on voit paraître de nouvelles pousses.

» Cette année seulement les noyaux de pêches qui m'avaient été adressés, il y a deux ans, ont donné des résultats : le germe a paru et la tige est sortie de terre ; il y en a neuf pieds que j'ai aussitôt transplantés.

« Les *Elæagnus* n'ont pas réussi ; un seul pied, rabougri et sans vigueur, s'est élevé de terre, les autres sont morts.

— M. Louis Millo, employé à la Bibliothèque nationale de Turin, fait l'envoi d'un échantillon de papier dit *anti-atrophique*, dont il préconise l'emploi dans les magnaneries en vue de prévenir ou de combattre les maladies des vers à soie.

— M. le Préfet de l'Ardèche annonce qu'il a communiqué à M. l'Inspecteur des forêts du département, la lettre par laquelle la Société s'informait des résultats donnés par les essais de reboisement des terrains en pente exécutés au moyen de l'Ailante.

— M. le marquis d'Hervey de Saint-Denys adresse une collection de graines diverses qu'il vient de recevoir de l'intérieur du Japon. — Remerciements.

— M. Alfred Rousse remercie de l'envoi qui lui a été fait de semences de Chou de Chaves et de Melon de la Louisiane.

— M. le docteur A. Lecler, en accusant réception des Fuchsias et des Pelargoniums qui lui ont été adressés, fait connaître le résultat de son semis de Cerfeuil bulbeux et la situation très satisfaisante de ses Bambusa Quilioi.

Cheptels. — Des rapports sont adressés par plusieurs de nos confrères, savoir :

— M. Bourjugè. — *Lapins Angoras :* Vient d'obtenir une portée de huit petits, tous très bien portants.

— M. Thomas Duris. — *Agoutis :* Rend compte de l'état de santé inquiétant d'un des deux animaux qui viennent de lui être adressés.

Céréopses : Les deux oiseaux ne manifestent cette année encore aucune disposition à se reproduire. Ils sont très doux ; l'un d'eux est complètement apprivoisé et caressant.

— M. Guibert. — *Poule de Campine :* Annonce le renvoi de son cheptel et des produits obtenus.

Poules de Bentam : La situation des oiseaux est satisfaisante.

Faisans argentés : Le mâle est magnifique ; la femelle a déjà pondu 20 œufs.

— M. Almire Derré. — *Canards du Labrador :* La femelle a déjà pondu une quinzaine d'œufs ; elle ne songe pas encore à couver.

Canards Mandarins : La femelle couve depuis huit jours. L'année dernière elle a élevé 8 jeunes, dont 3 ont été adressés à la Société.

— M. E. Marquet. — *Pigeons Bouvreuils :* Annonce le prochain renvoi de son cheptel et des produits obtenus. La femelle vient de mourir subitement.

— M. Raveret-Wattel, qui a eu l'avantage de voir récemment M. Jacquemart, de Reims, fait connaître que notre confrère est de plus en plus satisfait du développement de ses jeunes Saumons de Californie, dont il constate chaque jour davantage la vigueur et la rusticité. Des alevins de Truite des lacs, de même âge, placés dans des conditions absolument identiques, et venant, d'ailleurs, parfaitement bien, sont très loin toutefois de présenter une croissance qui puisse être comparée à celle des jeunes saumons. M. Jacquemart se propose de faire sur ces poissons, notamment en ce qui concerne leur degré de résistance à la chaleur, le genre de nourriture qui leur convient le mieux, etc., des expériences très intéressantes, dont il portera les résultats à la connaissance de la Société.

— M. le Président soumet à l'assemblée la proposition faite par le Conseil de décerner le titre de Membre honoraire à M. le Professeur Spencer F. Baird, commissaire général des pêcheries des États-Unis, à Washington, dont les éminents travaux ont puissamment contribué aux progrès de l'ichthyologie, comme de la pisciculture et de l'acclimatation, et qui s'est acquis depuis longtemps les titres les plus sérieux à la reconnaissance de notre Société par de généreux et importants envois d'œufs de divers salmonides américains.

Cette proposition est accueillie avec les marques de la plus vive approbation, et M. Spencer F. Baird est élu, par acclamation, Membre honoraire de la Société.

— M. Raveret-Wattel signale différentes observations récemment faites en Angleterre concernant le degré remarquable de résistance au froid que présentent les insectes. Pendant les froids rigoureux de l'hiver dernier, on a vu des insectes, à l'état de larve, de nymphe, ou même d'insecte parfait, qui, pris dans la terre fortement gelée à une très grande profondeur, avaient, dans un état d'engourdissement plus ou moins complet, résisté fort bien à l'abaissement de la température. Il a été constaté, en outre, que la couche épaisse de neige qui a recouvert le sol pendant fort longtemps, a protégé beaucoup d'insectes contre les attaques des oiseaux insectivores. Enfin, le froid qui a détruit ou éloigné beaucoup de ces mêmes oiseaux, a encore contribué par là à restreindre la destruction des insectes. Il en résulte que, contrairement à l'opinion généralement répandue, les hivers rigoureux, loin d'être favorables aux cultures en détruisant les insectes nuisibles, contribuent au contraire à la conservation de ces derniers.

— M. Decroix rapporte qu'un de ses amis possédait une Tortue terrestre qu'on laissait vaguer en liberté dans un jardin. L'hiver dernier, cette Tortue disparut ; on la croyait gelée et morte ; mais elle s'est montrée de nouveau dans les derniers jours d'avril, après être restée cachée, pendant toute la mauvaise saison, sous terre, où elle a pu résister à la rigueur du froid.

— M. le Secrétaire général dépose sur le bureau une note dans laquelle M. Liénard, d'Etrépagny, fait connaître les résultats de ses essais de pisciculture dans le département de l'Eure. Ayant déjà contribué, dans une certaine mesure, au repeuplement de plusieurs cours d'eau de ce département, M. Liénard projette la création d'un établissement piscicole, pour lequel il sollicite le patronage de la Société, en vue d'obtenir plus facilement l'appui de l'administration. — Renvoi au Conseil.

M. A. Geoffroy Saint-Hilaire saisit cette occasion pour appeler l'attention de l'assemblée sur l'importance des services qu'on est en droit d'attendre de la pisciculture, industrie qui, née en France, n'a donné chez nous, jusqu'à ce jour, aucun résultat pratique, alors qu'on sait en tirer des profits très sérieux à l'étranger, particulièrement en Suisse et en Allemagne.

En insistant, par suite, sur l'urgente nécessité de mesures générales comme d'efforts particuliers propres à faire entrer enfin dans la pratique l'industrie de la pisciculture, qui en est encore en France aux expériences de laboratoire, M. le Secrétaire général fait remarquer que la situation est absolument la même en ce qui concerne une autre branche importante des sciences naturelles appliquées : celle de la culture des différents Bombyciens séricigènes autres que le Ver à soie du Mûrier. C'est à la France qu'on doit l'introduction en Europe des deux Vers à soie du Chêne (*Attacus Pernyi* et *Yama-Maï*) ; on a fait chez nous une multitude d'essais ; on a mené à bien de nombreuses éducations plus ou moins importantes ; mais le résultat pratique, c'est-à-dire la production industrielle, est encore à obtenir. Au contraire, dans un pays voisin, en Espagne, où l'on ne s'occupe de ces Vers à soie que depuis peu de temps, on en est arrivé aujourd'hui à les exploiter industriellement. C'est ainsi qu'une société importante, dirigée par M. Perez de Nueros, vient de se fonder pour le dévidage et la filature des cocons de l'*Attacus Pernyi*.

Il est à remarquer que les filateurs espagnols opèrent très facilement le dévidage des cocons, sans l'emploi d'aucune lessive particulière pour le décreusage : le liquide fourni par les chrysalides écrasées suffit pour dissoudre la gomme des cocons.

— M. Christian Le Doux fait connaître que la Société séricicole d'Espagne, mentionnée par M. le Secrétaire général, est protégée par une loi spéciale votée récemment par les Cortès. Il a été accordé à la Société un privilége de quarante-cinq ans pour l'exploitation de son industrie, une concession de 300 hectares de terrain, et l'exemption de toute contribution pendant dix ans, non seulement sur les produits, mais encore sur les établissements qui vont être créés pour le dévidage et la filature des cocons, ainsi que pour le cardage des déchets. M. Le Doux estime que si de semblables avantages étaient accordés, en France, aux industriels qui voudraient s'occuper de l'exploitation des nouvelles espèces séricigènes, cette industrie ne tarderait pas à prendre, chez nous, un rapide essor.

— A propos de la lettre par laquelle M. Antoine Piot offre ses services pour l'introduction, en France, de Lamas, d'Alpacas et de Guanacos, M. Geoffroy Saint-Hilaire rappelle les tentatives déjà faites à différentes reprises en vue de l'acclimatation des mêmes animaux, ainsi que les causes qui ont amené l'insuccès de ces tentatives.

M. le Secrétaire général profite de cette occasion pour insister sur la nécessité qui s'impose à notre Société d'achever, par des expériences définitives et concluantes, la solution de certaines questions d'acclimatation, sur lesquelles on n'est pas encore fixé au point de vue pratique et industriel. Ainsi, par exemple, de nombreux essais ont démontré la possibilité d'introduire la Chèvre d'Angora dans différentes régions et de l'y conserver sans aucune dégénérescence ; mais il reste encore à établir les avantages économiques de cette introduction, et ce point de la question est assurément le plus important à résoudre. Ce n'est, ajoute M. le Secrétaire général, que par des essais entrepris sur une large échelle, dans des conditions réellement agricoles, qu'il sera possible d'y parvenir.

— M. Maurice Girard fait connaître, à ce sujet, qu'il existait, il y a quarante-cinq ans à peu près, dans les environs de Reims, un troupeau d'environ 40 têtes de chèvres d'Angora qui étaient en parfait état. Depuis, ce troupeau a disparu par suite de circonstances tout à fait étrangères à l'acclimatation.

— M. Geoffroy Saint-Hilaire fait remarquer que les Chèvres mentionnées par M. Maurice Girard, devaient appartenir non pas à la race d'Angora, mais à celle de Cachemire; ce sont des animaux d'une nature absolument différente; elles provenaient sans doute d'une importation faite en 1829. A cet époque, en effet, MM. Ternaux et Polonceaux, qui employaient, dans leur manufacture de châles, des quantités importantes de laine cachemire, avaient, à grands frais, introduit en France un troupeau de Chèvres de Cachemire; mais, sous notre climat tempéré et très différent de celui des montagnes qu'elles habitaient, ces Chèvres perdirent promptement leur duvet laineux pour ne conserver que leur long poil, qui est sans valeur.

Le même fait s'est produit au Jardin d'acclimatation sur des Chèvres provenant directement de Cachemire, aussi bien, d'ailleurs, que sur les Yaks, lesquels, dans les hautes régions du Thibet où l'espèce existe, fournissent un duvet très doux que l'industrie mêle au duvet de cachemire pour la fabrication des châles de prix, mais qui, transportés dans des régions moins froides, perdent presque absolument ce fin duvet en l'espace de peu d'années.

L'expérience inverse se fait sur les Moutons importés des régions équatoriales. Ces animaux, qui nous arrivent avec un poil sec comme celui du Chien, subissent rapidement l'influence modificatrice du climat : après deux ou trois ans de séjour en France, ils se couvrent chaque hiver d'une légère toison de duvet, lequel se transforme en une laine véritable qui persiste l'année entière, et devient une toison définitive.

— M. Jules Grisard donne lecture du procès-verbal de la séance du 6 avril de la 5e section.

A cette occasion M. l'Agent général met sous les yeux de l'assemblée des échantillons de fil ainsi que de filasse peignée et non peignée, extraits par M. Chauvin, vice-président de la Société d'horticulture de la Côte-d'Or :

1° De l'*Asclépias syriaca*. La plante textile dont il s'agit est originaire de l'Amérique du Nord, très rustique : elle végète pour ainsi dire dans tous les terrains, sans soins, sans culture et à toutes les expositions ;

2° Du Mélilot de Sibérie. Cette plante se cultive ordinairement comme plante fourragère ou pour enfouir en vert. Peu délicate sur le choix du sol, elle réussit même dans les terrains secs et médiocres.

— M. Paillieux fait passer sous les yeux de l'assemblée un modèle réduit d'un appareil employé en Chine pour broyer les graines de *Soja hispida*, lesquelles servent à la fabrication du fromage connu sous le nom de *Teou-fou*. Ce produit alimentaire, dont la consommation est considérable en Chine comme au Japon, se mange soit à l'état frais, soit raffiné. La fabrication en est simple. On fait gonfler les graines dans l'eau pendant vingt-quatre heures; puis, en les broyant à l'aide d'un moulin quelconque (un moulin à café peut suffire), on obtient une sorte de pâte qui, délayée dans l'eau en proportion convenable, donne un liquide laiteux. On précipite ensuite la caséine soit avec un acide quelconque, soit avec un peu de chlorure de chaux ou de magnésium. M. Paillieux a constaté que la fabrication du fromage frais ne présente aucune difficulté ; le fromage raffiné semble moins facile à préparer. Un très habile fabricant de fromage de Brie, que notre confrère avait chargé de quelques essais, a obtenu un produit qui, s'il était satisfaisant comme aspect, répandait une odeur ammoniacale des plus fortes. Le Soja paraît être d'une culture facile et se contenter à peu près de tous les terrains ; les variétés hâtives supportent parfaitement notre climat. Somme toute, il y aurait sans doute intérêt à s'occuper de cette plante qui, utilisable pour la nourriture du bétail, offrirait peut-être une nouvelle ressource pour l'alimentation de l'homme.

— M. Jules Grisard rappelle qu'il a été publié dans les

premiers volumes du *Bulletin*, et notamment pendant les années 1855 et 1856, de nombreux renseignements sur le Soja, plante qui était alors généralement désignée sous le nom de Pois oléagineux. On doit en outre à M. Paul Champion un article intéressant sur la fabrication du fromage. (*Bulletin*, 1866, p. 562.)

SÉANCE GÉNÉRALE DU 28 MAI 1880

Présidence de M. de QUATREFAGES, membre de l'Institut, vice-Président de la Société.

Le procès-verbal de la séance précédente est lu et adopté, après quelques observations de MM. Maurice Girard et A. Geoffroy Saint-Hilaire.

— M. le Président proclame les noms des membres récemment admis par le conseil, savoir :

MM.	PRÉSENTATEURS.
CHEVIGNÉ (Comte de), 1, avenue Percier, à Paris.	Drouyn de Lhuys. Edgar Roger. Marquis de Sinéty.
GUIGNEZ (Paul), 170, avenue de Neuilly, à Neuilly (Seine).	Drouyn de Lhuys. Gaudinot. Jouenne.
JOFFRION (Ludovic), propriétaire, 12, rue Saint-François, à Niort (Deux-Sèvres).	Drouyn de Lhuys. Ch. Paquetau. Alfred Rousse.
RIUGEL (Émile), station Schtschurowo, chemin de fer de Rzaran (Russie).	A. Geoffroy-Saint-Hilaire. Saint-Yves Ménard. P. A. Pichot.
TERTRAIS (Victor), maire de Vertous, près Nantes (Loire-Inférieure).	Drouyn de Lhuys. Julien. E. Péneau.

— M. le Ministre de l'Agriculture et du Commerce annonce que, comme les années précédentes, il a accordé à la Société d'Acclimatation une médaille d'or pour être décernée à la suite de son prochain concours. — Remerciements.

— MM. le docteur Basset, Laour et Louis de la Rochebrochard adressent des remerciements au sujet de leur récente admission.

— Des demandes de graines, annoncées dans la *Chronique*, sont adressées par MM. Charles Nicolas, Lesbaupin, docteur Lecler, A. Derré, comte Grotanelli, etc., et l'Institut national genevois.

— Des renseignements sur les brouillards de mars et les gelées de mai sont envoyés par MM. le docteur Merland, René de Semallé, E. Chapin, Chalois, Mignon et le docteur J.-J. Lafon. — Remerciements.

— MM. Gorry-Bouteau, le baron Decazes, J. Bignault et R. Sudre adressent des remerciements au sujet des œufs d'*Attacus Pernyi* qu'ils ont reçus.

— MM. le comte A. de Montlezun et A. Derré remercient également des lots de plantes qui leur ont été adressés.

— M. le docteur Funck, directeur du Jardin zoologique de Cologne, écrit à M. A. Geoffroy Saint-Hilaire :

« Je lis dans le dernier *Bulletin* mensuel de votre Société que « dans les établissements zoologiques où l'on a possédé » des tapirs mâles et des tapirs femelles, il n'a jamais été ob- » servé d'accouplements. »

» Je me hâte donc de vous faire savoir que l'année dernière cet accouplement s'est fait chez nous entre un jeune mâle reçu de M. Hagenbeck et une femelle reçue de vous, il y a trois ou quatre ans. Le mâle est mort, saisi par le froid rigoureux du dernier hiver. La femelle ayant résisté, dans un local non chauffé, à une température de 6 degrés Réaumur au-dessous de zéro, a été transportée de là dans un local plus chaud, où elle a mis bas. Malheureusement le jeune, parfaitement constitué, a dû être extrait par force et a fini par mourir avant la fin de l'opération.

» Je profite de cette occasion pour vous dire que, pendant mes voyages à travers l'Amérique du Sud et le Mexique, j'ai eu l'occasion d'observer bien souvent les tapirs. En général, ils vivent par petits troupeaux de cinq à six dans l'intérieur des forêts montagneuses, et se plaisent surtout à passer leurs nuits à des hauteurs de 7 à 8000 pieds, dans la région subalpine des *Vaccinium*, *Gaultheria*, *Weinmannia*, etc., etc., d'où ils descendent vers les rivières ou ruisseaux pour se désaltérer et s'y vautrer. Lorsque les tapirs sont poursuivis, ils cherchent un refuge dans les eaux les plus à proximité et s'y défendent avec acharnement. Élevés à l'état de domesticité ils deviennent très familiers.

» Ici nos tapirs ont constamment un parc avec de l'eau qu'ils aiment beaucoup, et j'ai même lieu de croire, sans cependant pouvoir l'assurer, que l'accouplement a lieu dans l'eau. »

— M. l'abbé Furet, curé de Notre-Dame, à Laval, adresse les observations suivantes :

« A la question posée par M. de Confévron sur le lieu où nichaient les hirondelles, avant que les maisons et les édifices de notre pays eussent affecté la forme et les dimensions actuelles, je peux citer un fait qui pourrait un peu éclairer la question. C'est qu'au Japon, à Nagasaki, au milieu de la rue la plus fréquentée, les hirondelles nichent *dans les magasins*, qui ne sont autre chose que les maisons basses du pays. Bien des fois, en parcourant cette rue, j'avais vu des hirondelles pénétrant dans les magasins en rasant la tête de ceux qui y entraient pour acheter quelque chose. Je les trouvais bien hardies de poursuivre les mouches jusque dans les maisons, au milieu des acheteurs; voilà quelle était ma pensée. Cependant, un jour, je trouvais que l'hirondelle était longtemps dans un magasin de nouveautés où je l'avais vue entrer. La curiosité me fit entrer dans le magasin, et je vis mon hirondelle sur le bord de son nid distribuant la nourriture à ses petits. Ce nid était placé contre un des petits soliveaux du plancher, à 40 centimètres à peine au-dessus de la tête des acheteurs. Les habitants de la maison, pour n'avoir point à se préoccuper des inconvénients de la fiente de leurs hôtes, avaient placé une petite planchette au-dessous du nid. J'ai pu constater ensuite que ce nid n'était pas une exception, mais que souvent des hirondelles vivaient ainsi en famille dans l'intérieur des maisons.

» Or, comme je suppose que nos ancêtres étaient bien

aussi hospitaliers que les Japonais, ils auront dû permettre aux hirondelles de s'installer dans quelque petit angle de la hutte pour vivre en famille. »

— M. le vicomte d'Esterno écrit : « Permettez-moi de vous mettre brièvement au courant du perfectionnement qui vient d'être introduit dans la construction des incubateurs artificiels, par MM. Lagrange et Barillot, à Autun (Saône-et-Loire).

» Ce perfectionnement constitue un incontestable progrès et sera, je crois, fort apprécié des opérateurs, dont il simplifie et facilite le travail.

» Dans l'incubateur modifié par MM. Lagrange et Barillot, le tiroir contenant les œufs, au lieu d'être maintenu par les rainures qui le guident et ne lui permettent que des mouvements dans le sens horizontal, repose sur un plateau placé sur une vis s'actionnant en dehors de l'appareil.

» Sans qu'il soit besoin d'insister, et sans avoir une grande connaissance de la conduite des incubateurs artificiels, il est facile de saisir tout le parti qu'on peut tirer d'une semblable disposition et tous les services qu'elle peut rendre.

» En montant ou en abaissant le plateau qui supporte le tiroir, vous rapprochez ou vous éloignez les œufs du fond de la chaudière, c'est-à-dire du foyer de chaleur.

» Lorsque, par suite d'une augmentation subite et considérable de la température intérieure, vous avez lieu de craindre une augmentation exagérée de la température du tiroir, vous éloignez le tiroir du foyer de chaleur, en abaissant le plateau qui le supporte. Vous le montez, au contraire, dans le cas d'un abaissement subit de la température extérieure, vous faisant craindre une fâcheuse diminution de la température du tiroir.

» On peut donc regarder ce mouvement vertical donné au tiroir comme un correctif d'une haute importance, pouvant, dans de nombreux cas, réparer les accidents causés par l'inexpérience de l'opérateur, et aussi éviter ceux qui proviennent de causes indépendantes de lui, c'est-à-dire, augmenter beaucoup les chances de réussite de l'opération.

» C'est pour ainsi dire la soupape de sûreté qui, dans les

machines à vapeur, prévient dans certains cas la destruction de la chaudière.

» Nul doute que ce perfectionnement ne soit très goûté du public, tous les jours de plus en plus nombreux, s'intéressant à l'élevage artificiel et se servant des incubateurs pour l'élevage, soit des Perdreaux, soit des oiseaux de basse-cour. »

— M. le Directeur du Jardin d'Acclimatation communique la lettre suivante, qui lui est adressée de Reims, par M. Coutelier : « Après avoir trouvé le moyen de faire couver par la Faisane dorée ses propres œufs et de lui laisser l'éducation de sa jeune famille, qu'on avait cru à tort devoir confier à une mère étrangère, je me suis occupé de trouver une nourriture artificielle, pouvant remplacer, à un prix très modéré, les œufs de fourmis (nymphes et larves) pour l'élevage des Perdrix et des Faisans.

» Déjà en 1877 (*Bulletin* de septembre, p. 513) je vous faisais connaître que j'avais supprimé absolument les œufs de fourmis pour les remplacer par des vers de viande ou asticots. Pour obtenir ces vers, j'avais établi dans un coin de mon jardin une verminière très simple, n'occasionnant aucune mauvaise odeur, et composée de trois grands pots à fleurs. Le premier, dont je bouchais le trou, était posé à terre; j'y jetais trois poignées de gros son, destinées à recevoir les vers qui tomberaient du second pot placé au-dessus du premier, et dans le fond duquel je plaçais, à 4 ou 5 centimètres du trou, un petit grillage supportant la viande, productrice des vers; ceux-ci, tombant dans le son, se dégorgeaient et devenaient d'un assez beau blanc. Le troisième pot servait à couvrir les deux premiers. Chaque matin, je recueillais dans un vase les vers qui avaient été produits, et je les distribuais, dans la journée, en trois ou quatre fois, à mes petits élèves; malheureusement ce que j'obtenais ne me suffisait pas, et la nécessité me suggéra un autre moyen.

» J'avais entendu dire bien souvent que pour nourrir les Rossignols et autres oiseaux de même nature, le cœur de bœuf était excellent, parce qu'il contient tous les principes d'une nourriture très fortifiante. Frappé de cette idée, je pris chez le boucher 500 grammes de cœur de bœuf frais, que je coupai en tranches; puis je jetai ces morceaux dans l'eau bouillante et les y laissai pendant 10 à 15 minutes, afin de les débarrasser du sang, qui contient en germe le tænia, bien plus encore pour les oiseaux que pour les enfants et même pour les grandes personnes. Au moyen du lavage à l'eau bouillante, l'inconvénient disparaît. Après cette opération, je hache les morceaux et les pile convenablement dans un mortier en marbre; cela me donne une espèce de bouillie que je verse sur une table en bois blanc, que j'ai préalablement saupoudrée de farine de froment. J'y étends ma bouillie, sur laquelle je jette 150 ou 160 grammes de farine. A l'aide d'un rouleau que je passe dessus, je forme une pâte aussi fine que je le désire. Alors, avec une lame bien aiguisée, je coupe des tranches à ma convenance, pour arriver à faire des boulettes dont la grosseur soit en rapport avec l'âge de mes faisandeaux; puis, au moyen d'une planchette, que je passe dessus, je donne à ces boulettes la forme d'un œuf de fourmi ou d'un ver de viande. Mes petits élèves s'en régalèrent parfaitement, et je les vis grossir à vue d'œil. L'avantage de ce nouveau genre de nourriture, c'est qu'elle sera pour beaucoup de personnes moins répugnante à manier que les vers de viande, et qu'ensuite on peut, à l'avance, préparer en quelques heures une livre ou deux de ces boulettes, qui se conservent facilement pendant huit à dix jours, si l'on a soin de les placer au frais dans une boîte fermée; cela tient sans doute à la couche de farine dont le cœur de bœuf est entouré. L'an dernier j'avais oublié une boîte dans laquelle se trouvaient de ces boulettes; je l'ai retrouvée vingt jours après la fabrication; le contenu était un peu faisandé; mais l'ayant de nouveau saupoudré de farine, je l'ai servi à mes Faisans, qui ont tout absorbé d'un grand appétit, et qui ne s'en sont pas trouvés plus mal : j'en ai conclu qu'en couvrant cette nourriture artificielle d'un ou deux centimètres de farine, la viande ainsi privée d'air peut se conserver quinze jours ou même trois semaines.

» Il y a deux ou trois ans, un de mes amis, docteur en médecine, étant venu admirer mes faisandeaux, me conseilla de joindre à mon hachis de cœur de bœuf 12 à 15 grammes de phosphate de chaux par livre, afin, me dit-il, de donner à mes élèves plus de force dans les os et dans les membres ; j'ai suivi son conseil, quoique jusqu'à ce moment je n'eusse eu aucun sujet atteint de crampes dans les jambes ; mais j'avoue que cette addition de phosphate m'a semblé leur avoir donné plus de force et de solidité.

» La maladie dans les membres des faisandeaux tout jeunes, peut provenir de mouvements brusques imprimés aux œufs avant l'incubation. Un de mes amis recueillait tous les deux jours un œuf de faisane dorée ; il le plaçait dans un petit panier qu'il déposait précieusement sur un meuble de la salle à manger. Chaque jour, la bonne de la maison, en époussetant, changeait plusieurs fois de place le panier aux œufs ; il en est résulté que de quatre œufs fécondés, mis en incubation sous une Poule, sont sortis quatre petits dont trois avaient les pattes contournées et sont morts quelques jours après leur naissance.

» En employant les moyens simples et faciles que j'ai indiqués pour faire couver les œufs par la faisane elle-même, les œufs ne sont jamais dérangés, puisqu'ils reposent sur le foin dans la boîte à couver, jusqu'au moment où la mère, ayant terminé sa ponte, prend le nid pour couver.

» Dans les treize jeunes faisandeaux que j'ai obtenus l'an dernier, il s'est trouvé six mâles et sept femelles. Des demandes m'ayant été faites par des amateurs, j'en ai cédé quatre paires et une femelle ; j'en ai conservé deux paires que je me propose de faire travailler l'an prochain. Ils sont tous très forts et bien portants, et surpasseront, je crois, en beauté, leurs pères et mères.

» Je dois ajouter ici que cette nourriture artificielle, don j'ai parlé plus haut, et qui est la plus importante pour ces intéressants oiseaux, ne change en rien celle que j'ai indiquée dans mes lettres des 7 et 23 juin 1879, pour les dix ou douze premiers jours, sauf les vers de viande qui, pendant cette période, sont remplacés par mes boulettes artificielles.

» Aucun éleveur de Faisandeaux et de Perdreaux, si habile qu'il soit, ne pourra jamais faire arriver ses élèves à quarante jours, sans leur donner une certaine quantité de nourriture animale. Pour soutenir cette assertion, je me base sur ce que la mère, en liberté, aussitôt après la naissance de ses petits, cherche les endroits propices où elle pourra remuer la terre de son pied et de son bec pour découvrir des œufs ou larves de fourmis; car à cette époque de l'année il n'y a sur la terre que de la verdure naissante.

» Je crois donc avoir résolu le problème proposé par la Société aux éleveurs de Faisans et de Perdrix, problème dont la solution doit être publiée avant le 1er décembre 1880. Les moyens que j'ai indiqués ne sont pas seulement de la théorie, mais bien de la pratique; ils résultent, en effet, de recherches approfondies pendant les années 1877, 1878 et surtout pendant l'année 1879. Les résultats que j'ai obtenus cette dernière année ont dû paraître bien extraordinaires à beaucoup de personnes qui, ayant suivi mon élevage, n'ont remarqué aucune mortalité sur mes sujets, jusqu'à ce qu'ils fussent arrivés à l'âge où il n'y a plus aucun danger. »

— Mme veuve C. de Saint-Quentin fait hommage à la Société d'une certaine quantité de graines de *Sericaria mori* à cocons blancs. — Remerciements.

— Des notes sur leurs cultures de végétaux sont adressées par MM. E. Chapin, l'abbé Furet et Émile Boigues.

— M. Émile Blavet, président de la Société d'horticulture d'Étampes, offre un petit sac de graines de *Soja hispida*.

A ce sujet M. Blavet cite un passage curieux du *Bulletin de la Société d'agriculture de l'arrondissement d'Étampes*, qui démontre que dès 1822 le *Soja* fructifiait dans ce pays.

— La lettre suivante est adressée à M. le Président par MM. Vilmorin Andrieux et Cie : « Nous pensons vous être agréable en vous faisant remettre un échantillon des deux variétés d'un bien intéressant Maïs, le Maïs Cuzco, dont depuis quinze ans nous n'avions pas réussi à nous procurer et dont il vient de nous arriver une certaine provision. C'est une espèce remarquable à tous égards; non seulement par son grain qui n'est pour ainsi dire formé que d'une masse de fécule d'une blancheur parfaite, renfermée sous une mince pellicule, mais encore et surtout par la vigueur de sa végétation. C'est en effet le Maïs qui atteint le développement le plus considérable. Il n'est pas rare de voir des plantes atteignant dans des conditions favorables une taille de 4 et 5 mètres, avec des tiges de la grosseur du bras ; le jus qu'elles renferment est, de plus, remarquablement sucré. Aujourd'hui que l'agriculture s'est définitivement emparée des Maïs à grand développement comme plantes fourragères, ce serait une espèce précieuse si on pouvait l'obtenir régulièrement et en quantité suffisante. Malheureusement sa production paraît limitée à quelques vallées chaudes du Pérou, d'où on ne l'exporte que très irrégulièrement, et il s'est montré rebelle à tous les essais de cultures à graines que nous en avons tenté à diverses reprises. Dès 1856 et 1857, le savant professeur Tenore, à Naples, M. Hardy à Alger, divers agriculteurs à Constantine, à Saint-Denis du Sig, à Bordeaux, à Hyères, avaient constaté l'extrême difficulté de l'amener à graine. En 1864, nous le fîmes expérimenter de nouveau en étendant nos essais aux Canaries et à l'Égypte ; le développement herbacé fut comme toujours admirable, mais le résultat ne fut pas plus satisfaisant. Cependant, d'après une note de M. Guichard, qui habitait alors le domaine de l'Ouady, en Egypte, et qui a dû être insérée dans le *Bulletin de la Société d'acclimatation*, on aurait pu espérer une solution moins défavorable. Comme l'inconvénient grave que présente le Maïs Cuzco pour la production de graine résulte de ce que les fleurs femelles s'épanouissent tardivement, à un moment où les fleurs mâles sont déjà desséchées, nous avions conseillé à M. Guichard des semis successifs, espacés de telle façon que les inflorescences femelles des premiers semis, lorsqu'elles apparaîtraient, trouveraient encore des fleurs mâles provenant des semis les plus tardifs ; grâce à cette précaution il avait obtenu, disait-il, un rendement, qu'il évaluait à 65 pour 1. Il ne semble pas d'ailleurs que l'expérience ait été poursuivie davantage. »

— M. P. Leroux, supérieur de Notre-Dame des Neiges, près Saint-Laurent-les-Bains (Ardèche), écrit à M. l'Agent général, en réponse à la demande qui lui a été faite : « En 1861, M. Marthoud a fait planter 80 000 *Ailantus Japonica ;* tous les pieds ont pris et donné des pousses d'un mètre environ. L'hiver de 1861-1862 a tout fait périr, si bien qu'aujourd'hui il n'en existe pas un seul pied dans toute la propriété. Après cet échec M. Marthoud s'est tourné vers les Mélèzes, les Épicéas, le Pin silvestre et le Pin noir d'Autriche. Les seules essences que j'emploie aujourd'hui sont le Mélèze, l'Épicéa et le Pin noir d'Autriche. Le Pin Silvestre souffre beaucoup de la neige, qui casse l'extrémité des branches latérales; le Pin noir d'Autriche résiste mieux. Quant aux Mélèzes et aux Épicéas, leur venue est magnifique.

» Je me mets entièrement à votre disposition pour tout renseignement sur ce sujet qui pourrait vous être utile. »

— M. le marquis de Selve écrit à M. le Président : « J'ai l'honneur de vous envoyer une caisse contenant une grande variété des plus belles plantes cultivées dans le jardin du gouvernement de l'île de la Réunion. Le choix a été fait avec soin par M. le Directeur de ce jardin, qui l'a offert à M. le baron Servatius, ancien Préfet, qui a bien voulu les donner à la Société d'Acclimatation, sur ma demande. » — Remerciements.

— M. Emile Harel fait don à la Société de graines de *Michelia champaca* (Champac) et de *Persea gratissima* (Avocat).

« Le Champac est un arbre superbe donnant des fleurs odorantes qui sont employées dans la parfumerie; son écorce a été utilisée en infusion contre les fièvres intermittentes.

» Cet arbre pourra très bien s'acclimater en Europe, il perd ses feuilles pendant l'hiver et ne repousse qu'à l'époque des chaleurs.

» Le *Persea gratissima* donne un fruit délicieux. »

Cheptels. — Les comptes rendus suivants sont adressés par plusieurs de nos confrères.

— M. H. de Baillet : — *Cochons d'Essex.* — « La femelle du couple de Cochons Essex qui m'a été confié en cheptel a mis bas le 1er mai. Les Porcelets, qui sont de petite taille, vont bien; il y a cinq mâles et une femelle. Par suite de l'imprévoyance de la servante qui les soigne et les a placés sur une litière de paille pas suffisamment broyée, ces petits animaux ont perdu la queue, comme était la mère lorsque je l'ai reçue.

» Cette espèce de Cochons, d'une venue ordinaire, s'accommode de toute nourriture, elle est d'un élevage peu dispendieux, la reproduction se fait très bien dans la localité. Il ne me sera possible d'être fixé sous le rapport de l'engraissement que l'année prochaine.

» Ainsi que vous m'y avez autorisé, je vais les exposer au concours régional de Périgueux. Je suis à la disposition de la Société pour le partage des animaux ou du produit de la vente. J'en garderai deux jeunes pour l'engraissement. »

— M. Thomas-Duris : — *Agoutis.* — « L'un des Agoutis que la Société a bien voulu me confier était atteint d'un cancer aux deux oreilles; ce terrible mal prenait de l'extension tous les jours, surtout du côté gauche. J'ai le regret de vous annoncer que la femelle a succombé à la suite de cette infirmité, cette nuit, 24 au 25 mai. Depuis que je posssède ces deux intéressants animaux, je n'ai observé aucun rapprochement entre eux. Le mâle est dans un état de santé florissant. — *Céréopses.* — Il y aura bientôt deux ans que j'ai reçu un couple de Céréopses, et jusqu'à présent rien ne fait supposer le moindre espoir de reproduction; ils sont tellement ressemblants que je serais tenté de croire qu'ils sont du même sexe. »

M. G. Mantrant : — *Léporides.* — « La femelle a mis bas, le 18 avril dernier, sept petits, qui sont très vigoureux. Elle avait eu grand mal à un œil, mais elle a recouvré la vue à la naissance de ses petits. »

— M. C. de Cadaran de Saint-Mars : — *Cygnes noirs.* — « Mes Cygnes sont en bon état; mais ne semblent point vouloir reproduire. Je ne me décourage point, ce sera pour plus tard ou pour l'an prochain. »

— M. Marquet : — *Pigeons bouvreuils.* — « J'expédie aujourd'hui à M. le Directeur du Jardin d'Acclimatation le mâle de Pigeon bouvreuil qui reste du cheptel, et quatre jeunes, part de la Société dans les sept qui restaient en partage. Je trouve trop juste d'attribuer à la Société le Pigeon qui ne peut se partager, puisqu'elle a subi la perte de la mère. »

M. Sénéquier : — *Perruches omnicolores*. — « J'ai le regret de vous annoncer que cette nuit un rat s'est introduit dans la volière et qu'il m'a mangé une Perruche omnicolore du couple que je tenais en cheptel.

» Ne connaissant pas à quel sexe appartient celle qui a été dévorée, je ne puis la remplacer à mes frais. Je vous retourne l'oiseau survivant. Je regrette vivement la perte de ce cheptel, qui était sur le point de reproduire.

— M. le Président dépose sur le bureau un numéro de la *Revue scientifique* renfermant un article sur deux plantes nouvelles qui paraissent présenter un réel intérêt : la *Dochugura* et le *Lallementica iberica*. (Voy. au *Bulletin*.)

— M. Maurice Girard présente un cadre de Lépidoptères élevés à Arras par notre confrère, M. Bureau.

Il comprend deux espèces : l'*Attacus Io*, ainsi appelé des yeux qui ornent ses ailes, et qui ressemblent à des yeux de paon, et l'*Attacus Prometheus*, dont le cocon soyeux pourra être utilisé par l'industrie.

— M. Léon Vaillant, professeur au Muséum d'histoire naturelle, donne des détails fort intéressants sur la reproduction des Pleurodèles à la ménagerie de cet établissement, et fait en même temps passer sous les yeux de l'assemblée des dessins de ce batracien à divers états de développement. (Voy. au *Bulletin*.)

— A propos de la lettre de M. l'abbé Furet, M. Maurice Girard constate que le fait des hirondelles établissant leur nid soit dans l'intérieur des chambres, soit dans des greniers, n'est pas rare.

Notre confrère cite même ce cas curieux d'hirondelles nichant dans l'intérieur d'une église, et en si grande quantité que souvent elles dérangeaient les offices.

— M. Raveret-Wattel a vu, dans le département de l'Oise, un nid d'hirondelles installé dans la pièce d'entrée d'une maison ; le propriétaire avait la complaisance de se lever de grand matin pour ouvrir la porte à ses hôtes, afin de leur permettre de pourvoir aux besoins de la nichée ; les oiseaux allaient et venaient librement par la porte maintenue ouverte.

— M. le Secrétaire général fait remarquer que les hirondelles ne sont pas les seuls oiseaux susceptibles de se familiariser ainsi à l'époque de la reproduction. Notre collègue se trouvait récemment à Berlin; on lui montra un couple de Pinsons qui avait établi son nid sous la lanterne extérieure d'un café. Les oiseaux n'étaient nullement effrayés du bruit fait par les consommateurs, et la couvée réussit parfaitement.

— M. Decroix donne lecture d'un mémoire sur l'influence de l'alimentation sur les produits animaux. (Voy. au *Bulletin*.)

— M. le Président, à propos de cette communication, cite le fait d'un de ses parents qui nourrissait des truites avec des chrysalides de vers à soie; les poissons grandirent rapidement, mais prirent un goût exécrable. On renonça à ce mode d'alimentation, et au bout de quelque temps ils avaient perdu tout mauvais goût.

Le même effet doit se produire sur les sarcelles, qui ont quelquefois un goût de rance détestable, et qui peuvent perdre ce goût par un changement de régime.

— M. A. Geoffroy Saint-Hilaire dit que la question traitée par M. Decroix présente un intérêt d'autant plus grand que l'ignorance sur ce sujet est plus profonde. Les gens pratiques les plus éclairés ignorent en effet la ration précise qu'il convient de distribuer à l'animal, soit au repos, soit au travail et dans les divers climats.

Quelques expériences ont bien été faites, mais on ne possède aucun document exact sur lequel on puisse s'appuyer dans une discussion.

Dans ces derniers temps une première tentative très intéressante a été faite par M. Moreau, et des essais sérieux ont été entrepris par la Compagnie générale des omnibus. Nous serions heureux d'en connaître les résultats.

Chacun de nous sait que les animaux domestiques sont susceptibles de consommer une très grande variété de nourriture. Mais quelle faculté de résistance donne chacun de ces aliments ? Ce sont là des chiffres à fixer par une suite d'expériences continues et qui demandent un soin minutieux.

Il est évident qu'on peut modifier la qualité de la chair des animaux par une alimentation appropriée, ainsi que l'a démontré M. Decroix.

— M. Decroix, répondant à M. Geoffroy Saint-Hilaire, dit que M. le général Lefort, lorsqu'il était président de la commission d'hygiène, avait conçu le projet de faire des expériences analogues à celles demandées par notre Secrétaire général. Mais on vit la chose par son petit côté, et on recula devant une dépense minime, qui était cependant d'un intérêt général.

— M. Le Doux, en ce qui concerne les vers à soie, ne croit pas que l'on puisse élever avec succès le *Sericaria mori* avec une autre feuille que celle du mûrier. On a dit qu'en Italie on le nourrissait avec le Salsifis sauvage ; notre confrère en a fait l'expérience : à la troisième mue tous les vers ont succombé.

— M. Clément fait observer que toutes les espèces séricigènes non polyphages, quand elles ont goûté à une plante, ne veulent plus accepter d'autre nourriture. On ne peut donc espérer les voir s'acclimater avec la feuille de vigne, si l'éducation a été commencée avec celle du mûrier.

— M. Fallou dit que ce n'est que poussés par la faim que les Vers acceptent une nourriture autre que celle qui leur est habituelle. C'est ainsi que, dernièrement, notre confrère a vu, dans son appartement, une chenille du cerisier manger la mousseline des rideaux de sa fenêtre. Mais avant d'arriver à un développement complet, cette chenille s'est chrysalidée.

— M. le Secrétaire général fait en effet observer que les cocons envoyés par M. Delidon, étaient très petits et peu fournis en soie.

— M. le Président rappelle que cette séance est la dernière de la session ; il remercie les membres de la Société de leur bon concours, et les invite à redoubler de zèle et d'ardeur dans la poursuite de l'œuvre commune.

Il est offert par l'auteur, M. W.-J. Hoffman :

1° *On the mineralogy of Nevada* (extracted from the *Bulletin of the Survey*, vol. IV, n° 3). Washington, 1878, in-8°.

2° *The distribution of vegetation in portions of Nevada and Arizona*, in-8°.

3° *The Discovery of « Turtle-Back » Celts, in the district of Columbia* (from the *American Naturalist*, February, 1879), in-8°.

4° *Notes on the Nesting habits of the English Sparrow*, in-8°.

5° *Molting of the Horned Toad* (from the *American naturalist*), in-8°.

6° *List of Mammals found in the Vicinity of Grand River*. D. T., in-8° (from the *Proceedings of the Boston Society of Natural history*, vol. XIX, March. 7, 1877).

7° *Report on the Chaco cranium* (extracted from the *Tenth annual report of the Survey for the year* 1876). Washington, 1879, in-8°, figures.

8° *Remarks upon Albinism in several our birds*, in-8°.

Il est également offert par diverses personnes :

1° *Élevage des animaux de basse-cour*, par E. Lemoine. Paris, 1880, in-18, gravures. — Offert par l'auteur.

2° *L'huître est androgyne et non hermaphrodite*, par le docteur Gressy, de Carnac. — Offert par l'auteur.

3° *Expériences sur une éducation du Ver à soie de l'Ailante au jardin de l'Exposition de Nantes*, par M. O. de Laleu. — Offert par l'auteur.

4° *Le Secret de la santé*, par le docteur Sicard. — Offert par l'auteur.

5° *Classification des oiseaux de la vallée de la Marne*, par M. F. Lescuyer. — Offert par l'auteur.

6° *Traité théorique et pratique d'apiculture mobiliste*, par T. Sourbé. Paris 1880, in-8°, figures. — Offert par l'auteur.

7° *Le fermage des Autruches en Algérie. — Incubation artificielle*, par Jules Oudot, ingénieur civil. Paris, 1880, in-8° avec planches. — Offert par l'auteur.

8° *L'Art du vétérinaire mis en pratique*, par F. de La Bruyère. Paris, in-8°, nomb. fig. et planches en couleur. — Offert par l'auteur.

Le Secrétaire des séances,
RAVERET-WATTEL.

DEUXIÈME SECTION

SÉANCE DU 9 MARS 1880.

Présidence de M. MASSON.

M. le vicomte d'Esterno indique aux éleveurs de Faisandeaux et de Perdreaux un moyen très simple de recueillir en quantité considérable les œufs de fourmis au fur et à mesure de leurs besoins, et cela, sans causer aucun dommage à la fourmilière.

M. Masson donne des détails très intéressants sur les Faisans, leur élevage et leur éducation. Son expérience en pareille matière lui a permis d'observer des faits curieux, notamment celui-ci : deux poules faisanes couvant le même nid et sans l'aide d'un mâle. M. Masson regarde comme certain qu'on augmente la ponte d'une Faisane en enlevant ses œufs au fur et à mesure qu'elle les pond. Il recommande d'une manière toute spéciale pour les oiseaux de basse-cour, tels que Dindons, Pintades, etc., les Oignons blancs et les queues de Poireaux.

M. Masson a subi dans son élevage de grandes pertes occasionnées par la vermine. Les précautions ordinaires ne sont pas suffisantes quand un poulailler est envahi. Par les temps d'orage, les insectes, en nombre considérable, forment comme une couronne autour du cou de l'oiseau et l'étouffent.

Un excellent moyen pour éviter ces accidents est de frotter vigoureusement de pétrole les murs et les perchoirs des poulaillers ; il n'y a même aucun inconvénient à en frotter les volailles.

— M. Millet annonce l'arrivée des Vanneaux ; ils ont fait leur apparition le 29 février dans l'Oise, Seine, Seine-et-Marne. Ils nichent même dans ce dernier département, commune de Saint-Léger. Les Corbeaux freux ont commencé à faire leurs nids ; le moment est donc favorable pour l'installation des nichoirs artificiels.

— M. Masson rappelle les formes ingénieuses des nids artificiels qu'il a observées à l'Union des éleveurs et qui paraissent si commodes aux oiseaux, que ceux-là mêmes s'y installent qui n'ont pas l'habitude de nicher dans des trous. M. Masson a obtenu de cette façon des couvées d'alouettes.

A propos de la polygamie chez certaines espèces d'oiseaux, dont il avait été parlé en séance générale, M. Millet cite ce fait : il a vu, rue de Charonne, chez un M. Verdier, qui possède des centaines de nichoirs artificiels, un moineau franc avoir deux femelles, deux domiciles. Dans un autre cas, deux femelles ont pondu dans le même nichoir artificiel.

La bigamie du moineau franc ne serait pas, d'après M. Millet, un fait nouveau remarqué en Australie. M. Millet cite encore un fait de plumage très bizarre ; il a vu toute une couvée de Martins-Pêcheurs entièrement blancs.

Le Secrétaire, Vicomte D'ESTERNO.

TROISIÈME SECTION

SÉANCE DU 16 MARS 1880

Présidence de M. **Millet**.

M. le Président invite les membres de la section à préparer, pour la prochaine réunion du 27 avril, les éléments nécessaires pour compléter le catalogue des poissons étrangers qu'il y aurait lieu d'acclimater en France et de les signaler à l'attention des voyageurs.

Il invite également ses collègues à soumettre à la troisième section leurs observations sur les prix à décerner et à instituer.

M. L. Vidal exprime le vœu que la Société transmette au Ministre de la marine, et par son intermédiaire aux préfets maritimes, qui les feraient connaître dans les quartiers maritimes, les programmes de ses prix.

A l'unanimité, la section s'associe à ce vœu.

La section, sur la proposition de M. Vidal, demande que des prix soient créés pour l'organisation de réserves de crustacés sur le littoral de nos mers.

— M. Millet donne lecture d'une lettre de M. Jæger sur les maladies des écrevisses; habitant de Versoix, il a pu constater qu'elles sont atteintes dans le lac Léman.

— M. Renard constate que la plupart des écrevisses vendues sur nos marchés viennent de l'étranger, principalement de Berlin. Celles qui peuplent la Meuse sont atteintes de maladie.

— M. Maurice Girard a constaté la même situation dans les Ardennes; d'après ses renseignements, celles qui nous arrivent par la voie de Berlin et alimentent le marché de Paris viennent de la Silésie polonaise et de la Gallicie : il a déjà consigné ces observations dans le *Bulletin de la Société entomologique de France*.

— M. Barrau de Muratel rend compte à la section de l'éclosion des saumons de Californie, que lui avait confiés la Société d'Acclimatation; ils ont parfaitement réussi jusqu'au moment de la résorption de la vésicule; mais, à partir de ce moment, ils ont commencé à périr en grande quantité, et l'honorable membre a dû les extraire des auges pour les lâcher dans des bassins.

— M. Renard constate les résultats négatifs qu'il a obtenus en plaçant ses œufs dans un cours d'eau et dans une source; il les avait cependant abrités dans une boîte recouverte de toile métallique.

— M. Millet attribue cet insuccès au peu d'aération de la source et au limon du cours d'eau. Il fait connaître que M. le marquis de Pomereu, ayant placé ses œufs de saumons dans les bassins de son jardin, rue de Lille, les eaux de la Vanne vinrent à manquer : on dut y suppléer par les eaux de l'Ourcq; néanmoins les pertes ne se sont guère élevées à plus de 4 à 5 pour 100. Ceux de ces Saumons que l'honorable président a lâchés dans divers cours d'eau de la Seine-Inférieure, de l'Aisne et des Ardennes ont parfaitement réussi.

— M. Millet rend compte à la section de la tentative faite par M. Carbonnier pour lâcher près du pont des Arts de jeunes Saumons dans la Seine. Autant que possible il a cherché à se rendre compte de ce qu'ils devenaient, et il a constaté avec peine qu'ils avaient dû devenir la proie des autres poissons; en effet, à peine avaient-ils été lâchés que des épinoches se sont mises à les poursuivre. Il est regrettable que les expériences aient eu lieu dans ces conditions.

L'honorable membre attire l'attention de ses collègues sur l'emploi du Chabot mort ou à demi cuit pour prendre la Truite.

Il recommande aussi l'introduction dans les potagers des Crapauds pour y détruire les insectes nuisibles; c'est par milliers que l'Angleterre nous en achète dans ce but.

M. Millet rappelle que, dès 1867, il a inséré au bulletin de la Société des observations consignées dans un travail lu en séance publique sur la viridité des huîtres, et sur les observations faites à ce sujet à Marennes, par M. Puységur. Ces observations, dues au docteur Launet, ont été consignées également dans son livre sur la culture des eaux.

Cet incident amène des observations intéressantes de MM. Vidal, Renard et Girard sur les algues marines et les zostères, qui diffèrent les unes des autres; les algues marines venues probablement des tropiques sont flottantes, tandis que les zostères ont de profondes racines.

— M. Vidal fait remarquer que les Moules du littoral méditerranéen verdissent au moment de la floraison des zostères.

C'est d'elles que l'on tire du côté de Granville du crin végétal soumis à une taxe par le fisc; M. Girard attire l'attention de la Section sur ce point.

Le Secrétaire, Comte R. DE GINESTOUS.

QUATRIÈME SECTION.

SÉANCE DU 23 MARS 1880.

Présidence de M. le marquis de GINESTOUS.

Le procès-verbal de la séance du 17 février 1880 est lu et adopté.

A l'occasion de l'envoi de cocons d'*Attacus aurota*, fait par M. Michely, et consigné au procès-verbal de la séance du 17 février dernier, M. Christian Le Doux rappelle qu'il avait proposé de faire faire un essai d'acclimatation de cet *Attacus* sur des terrains aux environs de Bône (Algérie), où le ricin commun végète toute l'année, que M. de Froment offrait de mettre à la disposition de la Société pour cet essai d'acclimatation.

— M. Maurice Girard croit que ce lépidoptère, originaire du Brésil et par conséquent d'un habitat très chaud, pourrait être détruit par les gelées qui se produisent de temps en temps en Algérie. Il pense de plus qu'il faut se restreindre pour les acclimatations de mêmes races, et que la Société s'occupant sérieusement depuis une dizaine d'années de l'acclimatation des vers à soie du chêne *Attacus Yama-mai* et *Pernyi*, on doit concentrer tous les efforts sur ces deux espèces. M. Maurice Girard ajoute qu'il serait à désirer qu'on les introduisît en Algérie, où sans doute elles réussiraient comme en Espagne.

— M. Christian Le Doux demande si l'on a essayé de nourrir les vers du chêne du Japon et de la Chine avec la feuille du chêne-liège, dont il existe de vastes forêts en Algérie. Si cette feuille convenait aux *Yama-maï* et aux *Pernyi*, nul doute que leur acclimatation serait facile, peut-être même parviendrait-on à naturaliser ces espèces dans notre colonie comme on a obtenu la naturalisation de l'*Attacus cynthia vera* en France.

— M. J. Fallou présente une note intitulée : *Influence de la température froide sur les plantes et les insectes.*

Il résulte de cette note que dans un pavillon situé à Champrosay (Seine-et-Oise), resté sans être chauffé pendant l'hiver de 1879-80, toutes les plantes, telles que Lauriers, Fuchsias, Anthémis, Géraniums, Cactus, ont été gelées, tandis que des insectes placés à côté de ces plantes ont résisté aux plus grands froids (26 degrés au-dessous de zéro). Des Hesperia, Chelonia, Bombicis, Noctuæ de nos environs ne paraissent pas avoir souffert. Des Fourmis, restées sous des feuilles de zinc que la gelée a fait éclater, sont vivantes. Mais une remarque plus curieuse à faire, c'est que des chenilles d'une espèce méridionale, la *Chelonia fasciata*, que M. Fallou avait reçues de Provence au mois d'octobre 1879, placées dans le même local ont aussi résisté au froid de cet hiver si rigoureux.

Le 12 mars, M. Fallou, en examinant les dégâts occasionnés par la gelée sur les arbres fruitiers de son jardin, remarqua autour d'une jeune branche de pêcher une ponte de *Bombyx neustria* (la Livrée de Réaumur). Il coupa la branche sur laquelle étaient attachés ces œufs : ainsi que les branches voisines, elle n'avait pu résister à ce froid de 26 degrés au-dessous de zéro; mais les œufs n'avait pas souffert de cette excessive température, car le 22 mars les petites chenilles commencèrent à éclore et continuèrent les jours suivants.

Enfin, le 18 mars dernier, M. Fallou, voyant que des tiges d'absinthe, dont les racines sont souvent habitées par les chenilles d'un petit lépidoptère de la famille des *Pyralididæ*, du genre *Euzophera* (Zeller) *Artemisiella* (Stainton), n'avaient pu résister aux fortes gelées de l'hiver, les arracha, et constata que les racines étaient également gelées, mais que les petites chenilles n'avaient pas quitté les loges qu'elles se pratiquent dans le canal médullaire des plus grosses de ces racines, et y vivaient encore. A l'appui de cette communication M. Fallou présente de ces petites chenilles toujours vivantes.

— L'ordre du jour appelle l'attention de la quatrième section sur les instructions à donner aux voyageurs relativement aux insectes utiles qu'ils jugeraient de nature à être acclimatés en France, sur leur mode d'envoi, etc.

M. le Président pense qu'il conviendrait de nommer une commission de trois membres pour rédiger le formulaire à remettre aux voyageurs. La quatrième section, adoptant cette proposition, nomme commissaires M. le Président, M. Maurice Girard et M. Raimond de Ginestous.

— Après examen du programme des prix offerts par la Société d'Acclimatation, la section décide qu'il n'y a pas lieu de proposer cette année la création de nouveaux prix.

— Après cette délibération, M. Maurice Girard demande la parole pour donner connaissance aux membres de la section de trois faits qui viennent de lui être signalés.

1° M. Fortepaule, instituteur à Bray (Loiret), a rencontré en abondance dans le cimetière de la commune, en octobre dernier (1879), l'adimonie de la Tanaisie (*Adimonia tanaceti*, Linn.), chrysoméliens non nuisibles. Il existe des espèces voisines nuisibles aux Saules et aux Aunes.

2° M. Auguste Gillard, horticulteur à Boulogne-sur-Seine, signale la présence des *Tétranyques tisserands*, acariens à toile détruisant les jeunes semis des jardins maraîchers. C'est cet insecte qui produit la maladie que les jardiniers appellent *la grise*, pour laquelle le seul remède est de détruire les toiles afin de donner accès aux insecticides.

3° M. Maurice Girard a reçu de la Guadeloupe un *Distome* ou *Douve* conservé dans un flacon d'alcool, helminthe d'espèce nouvelle et même de genre nouveau, trouvé dans le tube digestif d'un mulet qui serait mort, croit-on, par suite de l'invasion de ces parasites. M. Maurice Girard fait observer que l'on constate souvent la présence d'helminthes de ce groupe en quantités considérables dans les poumons et surtout dans le foie des moutons, mais pas dans le tube digestif. Ce serait donc un cas nouveau, un fait exceptionnel.

Le Secrétaire,
CHRISTIAN LE DOUX.

Le Gérant : JULES GRISARD.

PARIS. — IMPRIMERIE DE E. MARTINET, RUE MIGNON, 2.

I. TRAVAUX DES MEMBRES DE LA SOCIÉTÉ

DES PRÉTENDUS EFFETS NÉFASTES DES ALLIANCES CONSANGUINES

Par V. LA PERRE DE ROO

(*Suite.*)

ENQUÊTE SUR LA SURDI-MUTITÉ ET CONCLUSIONS DE DIVERS MÉDECINS.

Quoique l'innocuité de la consanguinité dans le mariage ait été déjà suffisamment démontrée, j'ai tenu, pour donner plus d'autorité à mes conclusions, à faire suivre mes observations de nombreux renseignements recueillis dans les principaux instituts de sourds-muets de l'Europe, ainsi que d'un grand nombre de faits observés et cités par les docteurs Alfred Bourgeois, Périer, Mitchell, Voisin, Broca, Chervin, Séguin, Gilbert Child, Perrier, Chapuis de Verviers, Dally, président de la Société d'anthropologie de Paris, Bonnafond, Gallard, Calvet, Rascol de Murat, Lacassagne, etc., par M. André Sanson, professeur de zootechnie et de zoologie à l'École nationale de Grignon et à l'Institut national agronomique, par M. Huzard, membre de l'Académie de médecine, et par M. Darwin, qui s'est livré à une enquête considérable sur la population anglaise, dont l'importance ne saurait être méconnue.

Or, la vérité qui se dégage de ces recherches particulières, c'est la complète innocuité des alliances entre consanguins. D'ailleurs, si la consanguinité était réellement préjudiciable, faudrait-il d'aussi douloureux efforts, tant d'interminables discussions, pour démontrer ses prétendus effets néfastes.

Le docteur Devay a publié tout un volume, assez fastidieux,

il est vrai, contre la consanguinité. Si l'on pouvait y glaner quelques données exactes, ce ne serait pas toute peine perdue que de le parcourir; je me suis jeté avec avidité sur cet ouvrage. Eh bien! je n'y ai rencontré que des conclusions hasardées, fondées sur des statistiques aventureuses, *que j'ai trouvées exagérées et inexactes chaque fois qu'il m'a été possible de les vérifier.*

Ces statistiques, évidemment *inventées pour les besoins de la cause,* et les déductions terrifiantes que le docteur Devay en tire complaisamment, ressemblent à ces théories ridicules de la liquidation sociale qui, nées d'idées fausses et proclamées avec bruit dans les congrès socialistes par les utopistes de la communauté universelle, n'inspirent plus aujourd'hui qu'une curiosité insouciante à la société française.

De la surdi-mutité.

Selon le docteur Devay, la surdi-mutité est une des manifestations les plus fréquentes de la consanguinité.

Nous voici donc en présence d'un fait qu'il est facile de contrôler; il ne s'agit plus ici de *dispositions* à la cachexie ganglionnaire et tuberculeuse aux hydatides du foie chez les mammifères issus de parents consanguins; ni d'albinisme chez les rats et les souris que nous montrent sur les places publiques les jongleurs et les charlatans; ni de détérioration physique et morale qui s'observe dans les grands centres industriels, et qui forme des races à part au sein même de l'unité sociale; ni de la décadence de l'aristocratie française et des aristocraties en général; ni de stérilité; ni d'avortement; ni d'anomalie de l'organisation dans la structure; ni de sexdigitisme, de monstruosités, de crétinisme, d'idiotisme et de toute la kyrielle d'accidents imputés à la consanguinité, et que les nébulosités de la statistique ne nous permettent pas de vérifier.

Non, il s'agit ici d'*un fait précisé :* de la surdi-mutité dont, selon les anti-consanguinistes, la cause la plus puissante réside dans la consanguinité. M. le docteur Devay prétend avoir constaté le fait aux instituts des sourds-muets de Paris, de Lyon, de Bordeaux, etc. Il affirme que, dans ces établissements, le nombre de cas imputables à la consanguinité grossit chaque jour!

Or, il résulte de mes contre-enquêtes que les statistiques invoquées par le docteur Devay sont absolument fantaisistes, et que les faits terrifiants qu'il raconte avec un singulier mélange de reportage et de conviction, ne se sont jamais produits que dans son imagination.

L'acharnement des anti-consanguinistes à représenter les alliances entre consanguins comme une source intarissable de malheurs et d'accidents, devait nécessairement conduire des hommes de la valeur de Darwin, Mitchell, Périer, Dally, Lacassagne, Sanson et Huzard à regarder au fond d'une situation qui était sensée recéler de si terribles conséquences, et à pratiquer des enquêtes dont nous allons examiner les résultats.

Comme je l'ai déjà dit plus haut, il ne s'agit pas de savoir si, exceptionnellement, ces sortes d'unions sont suivies d'immunité ou si elles sont réellement à craindre; il faut savoir si, en réalité, et prises dans leur ensemble, elles conduisent à des résultats funestes. Leur influence est-elle inappréciable en général ou, au contraire, faut-il compter avec elles?

Le problème, tel que nous l'avons posé, se réduit donc à ces deux termes essentiels : 1° Rechercher le rapport qui existe entre les mariages consanguins et les mariages en général; 2° savoir, d'autre part, quelle est, dans les asiles d'aliénés, de sourds-muets, d'aveugles, la proportion de pensionnaires issus de consanguins à la population totale des asiles.

Enquête faite par Darwin sur la population anglaise.

Il n'est pas facile de savoir le nombre relatif des mariages contractés entre proches parents. M. Darwin a eu recours à un mode d'investigation qui n'est certes pas à l'abri de la critique; mais, comme il comporte plusieurs procédés qui l'ont conduit à des résultats équivalents, il est permis d'accorder à ses conclusions une certaine confiance.

Bref, en tenant compte de différents rapports, l'auteur a fini par trouver qu'en Angleterre la proportion des mariages entre cousins germains est d'environ 2 à 3 pour 100.

Ce résultat général fut encore contrôlé par des relevés plus limités faits sur l'*Armorial anglais* et le livre de généalogie, le *Burke's Landed Gentry*. La proportion des mariages entre cousins descend à Londres à 1 1/2 pour 100; dans la campagne, elle monte à 2 1/2; dans la population riche à 3 1/2; et, dans l'aristocratie, elle atteint 4 1/2.

Tel doit être, à très peu près, en définitive, le rapport des mariages consanguins aux autres mariages.

Maintenant, il fallait obtenir le rapport de la population infirme des asiles à leur population totale. Les directeurs de ces maisons ont très peu de renseignements sur leurs pensionnaires. Néanmoins, l'enquête a pu porter sur un nombre considérable, que l'on n'avait jamais atteint encore : sur les familles de 4,822 aliénés. Sur cette quantité, 170 seulement étaient issus de cousins germains, soit 3 1/2 pour 100.

Dans les institutions de sourds-muets, M. Darwin n'a pu réunir qu'un nombre restreint d'observations. Sur 366 sourds-muets de naissance, dont on connaissait les antécédents, 8 seulement étaient issus de cousins germains, soit 2 pour 100.

Ces rapports ne s'écartent guère, comme on voit, du rapport relevé entre les mariages consanguins et les mariages en général. Ils sont bien loin, par conséquent, de démontrer l'influence des unions consanguines.

Enquête faite sur la population écossaise, par le docteur Mitchell.

Le docteur Mitchell, avant de procéder à son enquête, partageait l'opinion générale qui attribue à la consanguinité toutes sortes d'infirmités, et notamment la surdi-mutité.

Le docteur Mitchell a voulu élucider cette question et s'est livré à une enquête sérieuse sur la population écossaise, dont voici les résultats : Comme Darwin, M. Mitchell n'a pu se procurer qu'un nombre restreint de renseignements sur les enfants sourds-muets qu'il a trouvés dans les divers asiles en Écosse. Néanmoins, il est parvenu à recueillir des renseignements exacts sur l'origine et les antécédents de 408 sourds-muets, parmi lesquels il n'a trouvé qu'*un seul individu qui etait issu de cousins germains.*

Le savant docteur, poursuivant ses recherches, a étudié ensuite quelques petites localités où les mariages consanguins sont très-fréquents. C'est ainsi qu'à Balnabruiach et Portmaholmak, il a trouvé 355 ménages formant ensemble une population de 1550 habitants. Sur ce nombre, il y a 82 mariages entre cousins, dont 62 entre cousins germains. Ceux-ci sont donc aux mariages ordinaires dans la proportion de 17 pour 100.

Ces 82 mariages entre consanguins ont fourni 340 enfants, parmi lesquels il n'y a *aucun sourd-muet;* il y a 2 imbéciles, 1 idiot et 2 estropiés ; tandis que les 273 mariages ordinaires ont fourni le double d'infirmes.

« Voilà des résultats, dit le docteur Mitchell, qui ne sont pas en rapport avec l'idée que l'on se fait communément des conséquences de ces unions. »

Enquête faite à l'Institut des sourds-muets d'Anvers.

En réponse à un questionnaire que j'ai eu l'honneur d'adresser au directeur de l'Institut des sourds-muets d'Anvers, en Belgique, j'ai reçu la réponse suivante :

Anvers, le 3 septembre 1878.

« MONSIEUR,

» Je m'empresse de vous transmettre les renseignements que vous m'avez fait l'honneur de me demander par votre lettre du 26 août dernier :

» Nous avons actuellement 42 élèves sourds-muets, tous garçons.

» Sur ce nombre, 18 à 20 seulement sont sourds-muets de naissance, *dont aucun n'est issu de mariages entre cousins germains.*

» Les autres sont devenus sourds-muets à l'âge de 10 mois, 15 mois, 2 ans, 3 ans, etc.

» Parmi les enfants qui ne sont pas sourds-muets de naissance, un seul est issu de cousins-germains; d'après les affirmations des parents, il a contracté cette infirmité à l'âge de trois mois.

» Veuillez agréer, etc.

» J. DE MEYER, *directeur.* »

Enquête faite à l'Institut des sourds-muets de Liége.

Réponse à mon questionnaire du directeur de l'Institut des sourds-muets, de Liège (Belgique).

Liège, le 5 septembre 1879.

« MONSIEUR,

» J'ai l'honneur de vous adresser les renseignements que vous m'avez demandés par votre lettre du 28 août dernier :

» Nous comptons actuellement à l'établissement 87 élèves sourds-muets, dont 49 garçons et 38 filles, qui se répartissent comme suit :

» 30 garçons sont sourds-muets de naissance;

» 17 garçons sont sourds-muets par suite de maladie;

» 2 garçons sont sourds-muets et issus de mariages consanguins;

» 19 filles sont sourdes-muettes de naissance;

» 16 filles sont sourdes-muettes par suite de maladie;

» 3 filles sont sourdes-muettes et issues de mariages consanguins.

» Veuillez agréer, etc.

» EHAIN, *directeur.* »

Enquête faite à l'Institut des sourds-muets de Berlin.

Les adversaires de la consanguinité invoquent à chaque instant des statistiques exotiques terrifiantes à l'appui de la thèse qu'ils soutiennent, et, notamment, les résultats fournis par la statistique des sourds-muets de l'Allemagne et des États-Unis.

Heureusement pour l'humanité, ces statistiques fantaisistes ne sont effrayantes qu'à distance ; et, lorsqu'on s'en approche pour les vérifier, elles se réduisent d'abord graduellement à leur plus simple expression, pour disparaître ensuite complétement au contact du contrôle, exactement comme les buées semi-transparentes, qui voilent souvent l'atmosphère le matin, se dissipent avec l'apparition du soleil.

S'il fallait une nouvelle preuve, ou une nouvelle réfutation écrasante, de l'exagération de ces statistiques exotiques invoquées en faveur de la doctrine qui pose comme dangereuse la consanguinité dans les familles, on la trouverait évidente et palpable dans la lettre suivante que le directeur de l'Institut des sourds-muets de Berlin m'a fait l'honneur de m'écrire :

Berlin, le 20 mai 1878.

« MONSIEUR,

» En faisant une enquête dans notre Institut des sourds-muets, qui comprend quatre-vingt-douze élèves, je n'en ai trouvé qu'*un seul* qui est issu de cousins germains.

» Veuillez agréer, etc.

» Dr THEOL. FREIBEL, *directeur*. »

Enquête faite à l'Institut des sourds-muets de Munich.

M. J. Gunkel, inspecteur de l'Institut royal des sourds-muets de Munich, a bien voulu me fournir les renseignements suivants sur les élèves de cet établissement.

Munich, le 12 septembre 1878.

« MONSIEUR,

» En réponse à la lettre que vous m'avez fait l'honneur de m'écrire, je m'empresse de vous dire que depuis quinze ans que je dirige l'Institut des sourds-muets de cette ville, il y a été reçu 235 élèves et écoliers de la ville. Sur ce nombre, il y en a à peu près 80 qui sont sourds et muets de naissance. Je me hâte d'ajouter que ce chiffre ne saurait avoir aucune prétention à une rigoureuse exactitude, car, dans bien des cas, les parents ne s'aperçoivent pas de l'infirmité de leurs enfants dans les premières semaines de leur existence, et aiment assez à l'attribuer à un accident quelconque survenu après la naissance des enfants.

» Mais cela ne change rien à la question qui nous occupe en ce moment, parce que, dans aucun de ces cas, il ne saurait être prouvé une seule fois que les parents de ces enfants étaient cousins germains.

» Du reste, les mariages entre parents n'ont lieu en Bavière que depuis l'introduction du mariage civil, et si par la suite j'avais occasion de faire des observations différentes, je me tiens entièrement à votre disposition.

» Veuillez agréer, etc.

» J. GUNKEL,

» *Inspecteur de l'Institut royal des sourds-muets de Munich.* »

Ainsi, à Munich, il n'y a pas de sourds-muets issus de parents consanguins; mais il y en a été reçu 235 depuis quinze ans, à l'institut de ces infirmes, *qui étaient issus de mariages non consanguins*.

Enquête faite à l'Institut des sourds-muets de Milan.

M. le chevalier J. B. Sella a bien voulu se charger de faire une enquête à l'Institut royal des sourds-muets de Milan, et m' fait l'honneur de me communiquer la lettre suivante qu'il a reçue du directeur de cette institution :

Milan, le 27 octobre 1878.

» MONSIEUR LE CHEVALIER,

» Nous avons en ce moment 56 sourds-muets de naissance, 35 garçons et 21 filles, à l'Institut des sourds-muets de cette ville, dont j'ai l'honneur d'être le directeur.

» Informations prises, il n'a été constaté parmi les parents de ces infirmes qu'un seul cas de mariage entre cousins-germains.

» Veuillez agréer, etc.

» G. GLONDY, *directeur.* »

Enquête faite à l'Institut des sourds-muets de Paris

M. le docteur Lacassagne a voulu vérifier les statistiques qui ont été données de la population des sourds-muets de Paris, et il a constaté que, de 1867 jusqu'à ce jour, il est entré dans cet établissement 197 enfants, dont 107 ont été déclarés sourds de naissance. « Mais un certain nombre d'entre eux portent des traces d'affection des oreilles qui pourraient s'être produites dans les premiers mois de la vie. »

Sur ce nombre, après avoir éliminé les cas douteux et accidentels, M. Ladreit de la Charrière, médecin en chef, n'en reconnut que trois dans lesquels on peut accuser, selon lui, l'influence de la consanguinité.

3 sur 197, ou 1 1/2 pour 100. Ces chiffres sont donc presque rigoureusement parallèles avec les précédents, et le docteur Dally en conclut que l'on peut affirmer, grâce à M. Darwin, et ainsi qu'on l'a vu, à MM. Ladreit de la Charrière et Lacassagne, qui ont trouvé à peu près les mêmes proportions, que le nombre des infirmes issus de consanguins reste normal.

Enquête faite à l'Institut des sourds-muets de Rouen.

La surdi-mutité ayant été signalée avec persistance comme une des manifestations les plus fréquentes de la consanguinité dans le mariage, on comprendra que je me suis attaché particulièrement à m'enquérir des causes de cette infirmité et à m'assurer, par des enquêtes dans les institutions principales de sourds-muets, si réellement elle était imputable à cette cause, ou si elle devait être attribuée à d'autres influences.

Or, il résulte de mes recherches, que les directeurs de ces institutions ne sont pas mieux renseignés en France qu'à l'étranger sur l'origine de leurs pensionnaires; et lorsque, sur ma demande, ils ont bien voulu se donner la peine de se mettre en rapport avec les familles des malheureux dont on voulait connaître l'histoire et de procéder à des enquêtes, ils ont trouvé, *dans la généralité des cas*, que la proportion des sourds-muets issus de proches parents à la population totale des asiles ne s'écartait point du rapport relevé entre les mariages consanguins et les mariages ordinaires. Ou, pour m'expliquer plus clairement, informations prises, les enquêtes ont établi que la cause de la surdi-mutité ne résidait point dans la consanguinité des parents de leurs élèves.

A l'appui de mes allégations, je citerai, comme nouvelle preuve, le témoignage du directeur de l'Institut des sourds-muets de Rouen, qui, en réponse à un questionnaire que je lui avais adressé, m'a écrit ce qui suit :

Rouen, le 13 mai 1878.

« MONSIEUR,

» Il y a quatre-vingts sourds-muets dans notre école (garçons et filles), sur ce nombre beaucoup ne le sont pas de naissance, et il n'y en a que deux qui sont issus de cousins germains.

» Daignez agréer, Monsieur, etc.

» S. LEFEBVRE. »

Ainsi, sur quatre-vingts élèves qui fréquentent l'école des sourds-muets de Rouen, il n'y en a que deux qui sont issus de proches parents, soit 2 1/2 pour 100 !

Si nous recherchons maintenant le nombre relatif des mariages contractés entre proches parents, nous trouvons qu'il est également d'environ 2 à 3 pour 100. Le docteur Devay prétend même qu'il est d'un vingtième des mariages en général, ou de 5 pour 100, mais ce chiffre me paraît exagéré (1).

Comme on le voit, ces renseignements, loin de prouver que les unions entre consanguins exercent de l'influence sur le développement de la surdi-mutité, démontrent, au contraire, leur parfaite innocuité.

Dans l'antiquité, on attribuait la surdi-mutité et l'idiotie à l'état d'ivresse des parents au moment de la procréation. « Jeune homme, disait Diogène à un enfant stupide, ton père était bien ivre quand ta mère t'a conçu. » Les Grecs, en faisant naître Vulcain laid et difforme de Junon et de Jupiter *enivré de nectar*, ont voulu démontrer l'infériorité des êtres conçus dans l'ivresse.

Des observations modernes ont, paraît-il, constaté les mêmes effets fâcheux de l'alcoolisme et ont démontré que les enfants procréés dans l'ivresse des parents peuvent naître avec une obtusion générale des sens et être atteints d'idiotie.

Enquête faite à l'institut des sourds-muets de Lyon.

Dans le même ouvrage, intitulé : *Du Danger des mariages consanguins*, par le docteur Devay, professeur titulaire de clinique interne à l'École de médecine de Lyon, on lit ce qui suit :

« Notre savant et respectable confrère, M. Th. Perrin, a constaté que dans l'établissement des sourds-muets de Lyon, *dont il est le médecin*, le quart au moins de ces infortunés est le fruit de mariages consanguins, et il en est de même dans la

(1) *Du danger des mariages consanguins*, p. 124.

maison des incurables d'Ainay, dont le quart à peu près présente une semblable origine. Ce sont là des faits étonnants, surtout lorsqu'on calcule que le nombre de ces mariages ne peut guère être évalué à plus d'un vingtième des mariages ordinaires.

» A ceux qui trouveraient *exagérée* l'importance que nous donnons à la consanguinité dans l'étiologie de la surdi-mutité congénitale, ajoute le docteur Devay, nous répondrons par un fait qui lèvera leurs moindres doutes et leur fournira la preuve irrécusable que *nos chiffres sont peut-être au-dessous de la vérité*. Nous le leur livrons sans commentaires. En Chine, etc. »

N'allons pas en Chine, c'est trop loin ; mais rendons-nous à l'Institut des sourds-muets de Lyon où, s'il fallait en croire le docteur Devay, le quart ou *vingt-cinq pour cent* de ces infortunés sont issus de mariages consanguins ; procédons-y à la vérification de ces chiffres terrifiants et laissons la parole au directeur de l'établissement, qui leur oppose un démenti formel dans les termes suivants :

Institution des sourds-muets de Lyon, le 30 mai 1878.

« MONSIEUR,

» En réponse à la lettre que vous m'avez fait l'honneur de m'écrire le 16 courant, je m'empresse de vous faire savoir que parmi quatre-vingt-six élèves des deux sexes qui se trouvent dans notre institution, il y en a quatre seulement qui sont issus de cousins germains,

» Veuillez agréer, etc.

» CLAUDIUS TOUESTIER. »

Quatre sur quatre-vingt-six, ou quatre et demi pour cent, au lieu de vingt-cinq pour cent comme l'affirme le docteur Devay ! (1)

Ces chiffres rectifiés démontrent une fois de plus que le nombre des sourds-muets issus de mariages consanguins est

(1) *Du danger des mariages consanguins*, p. 123 et 124.

resté normal partout où il a été possible de vérifier les statistiques fantaisistes qui ont été publiées par le docteur Devay.

Enquête faite à l'Institution des sourds-muets de Bordeaux.

Nous avons déjà dit qu'il résulte d'une enquête que nous avons pratiquée à l'Institut des sourds-muets de Lyon que, parmi les 86 élèves qu'il y a dans cet établissement, 4 seulement sont issus de proches parents, contrairement aux allégations du docteur Devay qui, dans son ouvrage intitulé *Du danger des mariages consanguins*, chapitre VII, page 123, affirme que son collègue, le docteur Perrin, a constaté dans cette institution, dont il est le médecin, que le quart, au moins, de ces infortunés est le fruit des mariages consanguins !

Il en est de même, dit le docteur Devay, dans l'institution des sourds-muets de Bordeaux ; et pour démontrer que dans la consanguinité pure, isolée de toutes les circonstances d'hérédité, réside, *ipso facto*, un principe de viciation organique, le docteur Devay raconte ce qui suit :

« Un jeune médecin de Bordeaux, M. le docteur Chazarin, dans une thèse soutenue, il y a quelque mois, devant la Faculté de médecine de Montpellier, nous fournit de nombreuses observations touchant l'influence de la consanguinité sur la surdi-mutité. Cette thèse, intitulée : *Du mariage entre consanguins considéré comme une cause de dégénérescence organique, et plus particulièrement de surdi-mutité congénitale*, est divisée en deux parties, dont la première reproduit intégralement nos travaux. La seconde partie renferme des recherches originales et nouvelles sur l'étiologie du surdi-mutisme, tirant de l'importance de la position de l'auteur qui a pu, pendant plusieurs années, en qualité de membre du corps enseignant, observer la population si intéressante qu'abrite l'Institut des sourds-muets de Bordeaux, *un des plus considérables de France*.

» Sur 39 garçons, sourds-muets de naissance, entrés à l'institution, le docteur Chazarin, s'il faut en croire le docteur

Devay, affirme que 6 étaient issus de consanguins, parmi lesquels 2 avaient ensemble 5 frères sourds-muets, ce qui forme un total de 11. »

Je dois faire remarquer ici que tout ce qui est aligné par le docteur Devay ne repose que sur des assertions qui sont complétement en désaccord avec celles venues du directeur de l'Institution des sourds-muets de Bordeaux. Laissons néanmoins le docteur Devay défiler son chapelet jusqu'au bout, car il a encore à nous fournir sur les pensionnaires de cet établissement d'autres renseignements puisés à la même source, et à faire d'autres frais d'échafaudage que nous renverserons ensuite d'un mot.

Voici ce qu'ajoute le docteur Devay : « Des 27 sourdes-muettes de naissance que le docteur Chazarin a trouvées dans l'institution de Bordeaux, 9 étaient issues de consanguins ; sur ce nombre, 6 avaient entre elles 7 frères ou sœurs atteints de la même infirmité, soit un total de 16 ! On le voit tout de suite, le chiffre des individus appartenant à la catégorie des mariages consanguins augmente de moitié, si l'on tient compte des frères et sœurs porteurs de la maladie, tandis que parmi ceux dont le père et la mère ne sont pas issus d'une même origine, on en trouve à peine un sixième à ajouter. M. Chazarin donne des détails sur dix-neuf pensionnaires de l'établissement et, quoique sommaires, ces observations ne permettent pas de douter, selon lui, qu'aucune circonstance autre que la consanguinité a pu vicier ainsi les produits de ces mariages, car toutes celles qu'on invoque trop souvent comme capables de produire un pareil résultat, telles que la misère, le séjour dans un lieu bas et humide, l'hérédité, une certaine infériorité de l'âge du père, font ici presque entièrement défaut. Et puis, d'ailleurs, comment s'expliquer, sans l'intervention de la consanguinité, que dans une famille, comme nous en avons vu, exempte de toute infirmité, de toute influence héréditaire, dont les membres sont entourés de soins intelligents, comment expliquer, disons-nous, la naissance dans un semblable milieu de trois, quatre, cinq sourds-muets ? »

Pour démontrer combien ces faits manquent de fondement, sans qu'il soit permis de suspecter la loyauté scientifique du docteur Devay, ni de son honorable collègue le docteur Chazarin, il suffira de soumettre au contrôle les chiffres avancés par ces savants praticiens.

Sur 39 garçons, sourds-muets de naissance, entrés à l'institution de Bordeaux, 6 étaient issus de consanguins, et des 27 sourdes-muettes de naissance, 9 étaient issues de consanguins, ce qui nous fournit un total de 15 sourds-muets, garçons et filles, sur 66 ! Voilà ce que dit le docteur Devay, dans son ouvrage intitulé *Du Danger des mariages consanguins*, chapitre VII, pages 122 et 123.

Résolu de dégager la vérité de ce fouillis de choses étranges qu'on a bâties sur le compte de la consanguinité, j'ai soumis au contrôle du directeur de l'Institut des sourds-muets de Bordeaux les chiffres avancés par le docteur Chazarin, et voici, *in extenso*, la lettre qu'il m'a fait l'honneur de m'écrire :

Bordeaux, le 2 juillet 1878.

« Monsieur,

» Il résulte des renseignements contenus dans les états matricules de l'Institution nationale que sur 173 élèves présents il y en a 6 issus de mariages consanguins.

» Je n'ai aucun motif de tenir ces renseignements secrets, vous pouvez donc en faire l'usage qui vous paraîtra convenable.

» Veuillez agréer, Monsieur, l'expression de ma considération distinguée.

» *Le Directeur*,

« Comte de X***. »

Voilà donc tout ce formidable échafaudage de faits et de chiffres dressé par le docteur Devay contre les mariages consanguins, s'écroulant de nouveau comme un château de cartes au contact de la vérité et du contrôle qui établit qu'il n'y a à l'Institut des sourdes-muettes de Bordeaux que 6 enfants issus de cousins germains sur 173, au lieu de 15 sur 66, comme l'affirme le docteur Devay !

Que penser ensuite des observations rapportées par le même antagoniste, lorsqu'elles ne reposent que sur des observations vagues qui manquent de précision et qu'on ne peut vérifier ?

Résumé des enquêtes sur la surdi-mudité.

En groupant les résultats des enquêtes pratiquées par Darwin, Mitchell, Lacassagne et d'autres savants avec les chiffres qui m'ont été fournis par les directeurs des instituts des sourds-muets de Paris, Bordeaux, Lyon, Berlin, etc., j'arrive à un total de 1822 sourds-muets, dont *trente-trois* seulement sont issus de *cousins germains*.

Ces chiffres n'exigent pas de commentaires.

Enquête faite à l'Institut des bègues de Paris.

Voici les renseignements que M. Chervin, directeur de l'*Institut des bègues* de Paris, a bien voulu me fournir sur ses élèves :

Paris, le 2 mars 1878.

« MONSIEUR,

» Vous avez bien voulu me demander si les mariages consanguins ont une influence marquée sur la production du bégaiement.

» Je suis heureux de vous dire que je n'ai jamais rencontré, parmi les nombreux bègues que j'ai eu l'occasion d'étudier, un seul cas où la consanguinité pût être invoquée comme cause de production du bégaiement.

» La science, sur cette question comme sur bien d'autres, a montré ce qu'il fallait penser des prétendues influences néfastes des mariages consanguins ; et je vous félicite, Monsieur, d'y avoir contribué pour une bonne part, grâce à vos patientes et laborieuses expériences sur les animaux.

» Veuillez agréer, etc.

» A. CHERVIN. »

Conclusions du docteur Séguin.

« A l'*Académie des sciences*, M. Séguin fit le tableau de dix alliances de sa propre famille avec celle des Montgolfier. « Je n'ai jamais appris, dit-il, qu'il y eût parmi tous les enfants provenant de ces mariages aucun cas de surdi-mutité, d'hydrocéphalie, de bégaiement, ou de six doigts à la main. »

Conclusions de M. Eug. Gayot.

« La consanguinité, dit M. Eug. Gayot, c'est *la loi d'hérédité* agissant à puissances cumulées, ainsi que deux forces parallèles appliquées dans le même sens. »

Conclusions du docteur Alfred Bourgeois.

Dans sa thèse inaugurale, le docteur Alfred Bourgeois raconte l'histoire de sa propre famille, composée de 416 membres, issus d'un couple de cousins germains, dont l'alliance remonte à cent trente ans. Ces 416 membres sont les produits de 91 unions fécondes, dont 68 consanguines, parmi lesquelles 16 sont surchargées de consanguinité superposée dans l'espace de cent soixante ans.

Cependant le docteur Bourgeois n'a pas constaté dans cette famille les avortements, les retards de conception, etc., dont a parlé M. Rilliet; la santé des produits n'a rien laissé à désirer. C'est à peine si, dans une longue succession de générations, on trouve quelques cas d'épilepsie, d'imbécillité, de scrofule. On n'observe ni monstruosité, ni idiotie, ni surdi-mutité, ni paralysie. Les morts précoces furent moins fréquentes qu'ailleurs, toute proportion gardée; plusieurs membres vécurent au-delà de quatre-vingts ans; la durée moyenne de cette famille fut de trente-neuf ans et quatre mois.

« Je puis relever soixante-huit unions consanguines dans

ma famille, dit le docteur Bourgeois, et tous mes parents sont robustes et bien constitués. »

M. Bourgeois a, du reste, fait suivre l'histoire de sa famille d'un tableau généalogique où est indiqué avec soin le signalement de chacun des membres de sa famille, et qui établit que la consanguinité n'a exercé aucune influence fâcheuse sur la fécondité et les caractères constitutionnels de chacun d'eux, mais a entretenu, au contraire, cette nombreuse famille dans un parfait état de prospérité.

Pour qu'on ne lui puisse objecter qu'il s'agissait là d'un fait exceptionnel, dont la valeur cependant eût été énorme, le docteur Bourgeois rapporte en même temps l'histoire plus succincte de vingt-quatre autres exemples d'unions consanguines, qui ont donné de très bons résultats.

Conclusions du docteur Gilbert Child.

Le docteur Gilbert Child, dans un mémoire qui a été publié en Angleterre, arrive aux mêmes conclusions et dit : Les mariages consanguins n'ont aucune tendance, *per se*, à amener la dégradation de la race. Si celle-ci s'altère quelquefois, après ces unions, c'est qu'ils confirment et développent dans les produits les caractères individuels, physiques ou intellectuels, morbides ou autres des ascendants. Pour la santé des enfants à naître, il serait même parfois préférable d'épouser sa parente qu'une étrangère *sur la famille de laquelle* on n'a aucun renseignement médical.

Conclusions du docteur Périer.

Le docteur Périer est comme le docteur Bourgeois partisan des alliances entre consanguins. Ayant eu à apprécier les faits cités par son collègue, au point de vue de leur authenticité et de leur valeur, il a déclaré que leur authenticité était incontestable et leur valeur très importante.

Il a fait ressortir du tableau généalogique donné par M. le docteur Bourgeois des observations pleines de logique, a démontré de la façon la plus péremptoire que les croisements ne donnent aucun résultat heureux, et que les races ne peuvent que gagner en restant pures. « Ne voit-on pas, du reste, dit le savant ethnologiste, la race pure forcée pendant des siècles de se perpétuer par elle-même, se conserver saine, forte et vigoureuse, malgré les nombreuses alliances consanguines qu'elle a dû contracter (1). »

M. Périer qui, comme nous l'avons déjà dit, a eu à examiner le tableau généalogique de la famille du docteur Bourgeois, dit que l'examen attentif de ce tableau permet de constater que « si les couples bruns ou blonds entre eux ont produit presque constamment des bruns ou des blonds, les unions des bruns avec les blondes, ou réciproquement, paraissent avoir donné lieu à des rejetons semblables à l'un ou à l'autre des père et mère, bien plutôt que d'un type de coloration intermédiaire à tous deux (2). M. Périer ajoute que, contrairement à l'opinion des auteurs qui prétendent que l'opposition des caractères du type est favorable à la propagation, la plus grande fécondité, dans la famille de M. Alfred Bourgeois, s'est rencontrée dans les mariages où les deux époux étaient blonds l'un et l'autre. »

Conclusions du docteur Chapuis, de Verviers, docteur en médecine et en sciences naturelles, membre de l'Académie royale de Belgique, chevalier de l'ordre royal de Léopold, etc., etc.

C'est au travail de dégénérescence par défaut de renouvellement du sang, dit le docteur Chapuis, que plusieurs auteurs ont attribué l'extinction de certaines grandes familles et la dégradation physique et morale qui frappe diverses populations, telles que les Crétins de la Suisse, les Cagots des Pyré-

(1) *Bulletin de la Société d'anthropologie de Paris*, t. I, p. 153.

(2) M. Isidore Geoffroy Saint-Hilaire avait avancé le même fait, dès 1820, dans l'article MAMMIFÈRES du *Dictionnaire classique d'histoire naturelle*.

nées, les Taqueros des Asturies, les Colliberts du Poitou.

Cependant, chez les peuples de l'antiquité, les lois autorisaient les mariages entre consanguins, même au degré le plus rapproché, et il s'est trouvé chez les habitants des Antilles des pères qui ont épousé leurs propres filles et des mères qui se sont mariées avec leurs fils. C'est une chose assez commune que de voir à un même homme les deux sœurs et même la mère et la fille.

« Tous ces faits constituent une sérieuse difficulté, car on n'a pas de trace que les divers peuples que nous venons d'énumérer et qui ont pratiqué l'inceste lui aient attribué des effets d'abâtardissement de l'espèce.

» En présence de ces faits, notre esprit reste en suspens et cherche une solution plus satisfaisante. Elle nous paraît se trouver dans l'examen de l'état physique et moral des progéniteurs, dans leurs habitudes et dans les conditions de milieu où ils vivent.

» Remarquons d'abord, continue M. le docteur Chapuis, que tous les accidents morbides attribués à la consanguinité par M. Rilliet, *se montrent également chez les produits de mariages entre familles étrangères.*

» Enfin, en bonne logique, est-il bien permis d'admettre qu'une seule et même cause, la consanguinité, puisse produire des effets aussi variés; que cette cause soit tantôt active, désastreuse ou inoffensive.

» Ces objections ne sont pas sans importance.

» Quant au fait éminemment remarquable exposé par M. Bourgeois, quoique prévu par M. Rilliet, il n'en conserve pas moins sa valeur ; mais, la seule conséquence que l'on puisse en déduire, c'est que la consanguinité n'est pas fatalement suivie de conséquences fâcheuses. Cependant, si de ce fait nous rapprochons tous ceux que nous révèle l'histoire de l'humanité, c'est-à-dire de tous ces peuples chez lesquels les mariages consanguins étaient très communs, sans que chez eux se soit élevé le soupçon que cette pratique pût être une cause de dégénérescence, on en viendra à se demander si réellement la consanguinité peut être mise en accusation ?

» Nous répondrons, dit M. le docteur Chapuis, *par la négative.*

» Le dernier fait que nous avons à examiner, celui de l'existence de ces malheureuses populations que l'on a désignées sous le nom de Crétins, de Cagots, de Colliberts, etc., ce fait, disons-nous, est de nature à bien mettre en lumière notre manière de voir.

» Chez ces populations isolées, restreintes, frappées en quelque sorte de réprobation, les mariages consanguins sont très fréquents; il serait difficile d'admettre qu'il en fût autrement. Mais est-ce bien la consanguinité qui les a mises dans l'état où elles se trouvent ? Et si même, chez elles, les mariages avaient lieu entre familles étrangères, comme cela se pratique dans nos villes, serait-il possible d'espérer qu'elles vont se régénérer ?

» Nullement. Cette dégénérescence résulte des conditions de milieu dans lesquelles elles vivent, et les mariages de deux Crétins, de deux Cagots, qu'ils soient parents ou non, transmettent fatalement à leurs produits les prescriptions morbides dont ils sont imprégnés. Qu'une famille de sujets vigoureux et bien faits viennent s'établir au milieu d'eux, au bout d'un certain nombre d'années, ils seront atteints de la même dégénérescence. Qu'ils s'allient aux populations aborigènes, et le chemin qu'ils auront à parcourir sera bien raccourci.

» Au contraire, cette nombreuse famille citée par le docteur Bourgeois, ces peuples de l'antiquité que nous avons signalés, se trouvaient dans des conditions heureuses, favorables au physique et au moral, et les mariages consanguins n'ont pu en amener l'abâtardissement. »

(A suivre.)

REMARQUES

SUR LA VENTILATION DES ABEILLES

A L'ENTRÉE DES RUCHES

Par M. Georges de LAYENS

Pendant la saison du travail, on voit souvent à la porte des ruches un nombre d'Abeilles plus ou moins grand battre des ailes avec rapidité. Ces Abeilles disposées généralement en files parallèles, laissent entre leur rang un espace suffisant pour la libre circulation des ouvrières, qui sortent et rentrent continuellement.

On a dit souvent dans les traités d'apiculture qu'à l'époque des grandes chaleurs, les Abeilles ventilaient dans le but de renouveler l'air de leur ruche. S'il en était ainsi, à température égale, le nombre des ventileuses devrait être le même; il en est cependant tout autrement.

TABLEAU 1

TEMPÉRATURE DU MATIN AU MOMENT DES DEUX OBSERVATIONS	DATE.	NOMBRE de ventileuses.	DATE.	NOMBRE de ventileuses.
18 degrés centigrades.	7 juillet	4 3 4 1 0 3 7 4 6	22 juillet	13 19 26 22 26 29 36 36 30

On voit en effet, dans le tableau précédent, que par une température égale (18 degrés à 5 heures du matin, moment de l'observation), le nombre des ventileuses était, dans les mêmes colonies, bien plus considérable le 22 juillet que le 7.

On sait que le couvain exige pour son éducation et son éclosion une température de 36 degrés. La température extérieure étant rarement aussi élevée, surtout la nuit, cette différence établit d'elle-même un courant d'air dans la colonie sans le secours des ventileuses.

Le miel nouveau déposé dans les cellules par les Abeilles contient une quantité d'eau plus ou moins grande, mais toujours considérable.

TABLEAU 2

DATE. — Juillet.	POIDS DU MIEL RÉCOLTÉ chaque jour pendant une période de grande miellée.	POIDS DE L'EAU ÉVAPORÉE chaque nuit pendant la même période.
16	0kil,790	0kil,290
17	0 510	0 350
18	0 970	0 350
19	2 390	0 690
20	1 360	0 870
21	0 900	0 400
22	1 970	0 990
23	1 080	0 580
24	0 230	0 600
25	0 130	0 540
26	0 220	0 340
27	1 180	0 380
28	0 620	0 560
29	0 440	0 440
30	0 100	0 400
Total...	12 890	7 780

On voit en effet, dans le tableau 2, que pour une récolte effective de 12 kilogrammes 890 grammes pendant quinze jours, les Abeilles ont évaporé 7 kilogrammes 780 grammes d'eau.

Pour dresser le tableau précédent, une forte colonie, placée sur une balance bascule, a été pesée soir et matin.

Les butineuses revenant des champs déposent le miel en petite quantité dans les cellules afin d'obtenir ainsi la plus grande surface possible d'évaporation. Par suite de la température élevée de la ruche, l'eau contenue dans le miel s'évapore, et bientôt l'air se trouve saturé d'humidité. Afin de chasser cette humidité surabondante, les Abeilles sont alors obligées d'opérer, à l'entrée de leur habitation, une ventilation d'autant plus active que la récolte a été plus abondante.

On voit en effet en comparant (tableau 3) deux périodes, l'une de faible miellée (du 4 au 15 juillet), l'autre de forte miellée (du 16 au 27 juillet) une grande différence dans le nombre des ventileuses.

TABLEAU 3

DATE. — Juillet.	PÉRIODE DE FAIBLE MIELLÉE. — NOMBRE des ventileuses.	DATE. — Juillet.	PÉRIODE DE FORTE MIELLÉE. — NOMBRE des ventileuses.
4	0	16	8
5	1	17	8
6	5	18	14
7	9	19	19
8	5	20	36
9	5	21	33
10	5	22	25
11	0	23	42
12	6	24	27
13	0	25	20
14	3	26	10
15	1	27	12
	40		254

Pendant la première période (faible miellée), une colonie placée sur une balance a accusé 450 grammes d'augmentation correspondant à un total de 40 ventileuses ; pendant la seconde période (forte miellée), la même colonie a accusé 10 kilogrammes 630 grammes d'augmentation, correspondant à un total de 254 ventileuses.

Il me paraît donc démontré par les expériences précédentes que la ventilation a pour but de chasser la vapeur d'eau surabondante de la ruche.

On voit donc, d'après ce qui précède, qu'il existe une proportion constante entre le nombre de ventileuses et le poids du miel récolté ; on peut donc, en suivant jour par jour la marche de la ventilation de tout le rucher, en déduire facilement la marche isolée de chaque colonie, et la valeur relative de ces colonies entre elles. C'est ce que nous avons fait. Nous avons compté chaque matin, pendant environ deux mois, le nombre de ventileuses qui se trouvaient à la porte de trente-neuf colonies, de différentes forces. Cette observation ne peut se faire que de grand matin avant la sortie des Abeilles, car à partir du moment où les ouvrières sortent en grand nombre pour aller à la récolte, il n'est plus possible de compter exactement. Pendant les deux mois d'observation le temps a été des plus variables et la miellée des plus capricieuses. Enfin, les températures maxima et minima ont été notées chaque jour comme terme de comparaison.

La marche de la ventilation se liant exactement avec celle de la récolte, il nous a paru intéressant de représenter graphiquement la ventilation journalière de trois colonies de forces différentes choisies parmi les trente-neuf ruches observées. Une suite de lignes a été tracée parallèlement, chacune d'elle est d'une longueur proportionnelle au nombre d'Abeilles ventileuses observées chaque jour. Les sommets de ces parallèles ont été réunis par une ligne indiquant ainsi la marche de la ventilation journalière (fig. 1, 2, 3). Comme terme de comparaison entre la ventilation et la récolte, on a représenté par le même procédé (fig. 4) la variation de récolte journalière d'une colonie déplacée le 26 mai, et mise sur balance bascule. Cette ruche a été pesée chaque soir après la rentrée des Abeilles.

FIGURES.

La première période de forte miellée a commencé le 29 mai (1878) et s'est terminée, par suite de pluies continues, le 9 juin. Pendant cette période, cinq jours de pluies ont alternativement arrêté plus ou moins la récolte. Il est intéressant de remarquer que plus les colonies sont fortes plus elles profitent longtemps de la récolte.

On voit en effet aux figures 1, 2, 3 que la décroissance des courbes n'a pas eu lieu aux mêmes dates. Le nombre des ventileuses a commencé à décroître dans la colonie faible (fig. 3) le 4 juin, tandis qu'il n'a commencé à décroître dans la forte colonie (fig. 1), que le 9, avantage considérable au point de vue de la récolte.

Le même phénomène s'est produit dans les deux autres périodes de miellée. Comme terme de comparaison, on voit (fig. 4) que pendant cette première période, la colonie pesée chaque soir a augmenté de 1 kilogramme 800 grammes. Cette faible augmentation de poids tient à ce qu'une colonie déplacée perd la plus grande partie de ses butineuses au profit d'une ruche faible mise à sa place. Cette colonie avait été déplacée le 26 mai et n'a commencé à reprendre une activité progressive qu'à partir du 3 juin.

Du 9 au 21 juin, les colonies ont, par suite du mauvais temps, dépensé plus de miel qu'elles n'en ont récolté ; la colonie placée sur la balance a, en effet, perdu 950 grammes. On voit que pendant cette période peu mellifère (fig. 1, 2, 3), le nombre des ventileuses a cependant été beaucoup plus considérable dans les fortes que dans les faibles colonies.

Forte colonie.	Fig. 1.	Total de ventileuses observées du 9 au 21 juin...	30
Moyenne —	Fig. 2.	— — — —	11
Faible —	Fig. 3.	— — — —	2

Pendant cette période peu mellifère, l'avantage des fortes colonies sur les faibles est remarquable, les faibles n'ont rien récolté pendant que les fortes profitaient de quelques beaux jours pour amasser un peu de miel.

Du 21 au 27 juin, les Abeilles ont récolté un peu de miel principalement sur la fleur de Tilleul. Pendant cette période, la colonie pesée chaque soir a regagné au delà de ce qu'elle avait dépensé pendant la période précédente de décroissance. Le 9 juin, elle pesait 40 kilogrammes 150 grammes; le 27 juin elle pesait 41 kilogrammes 200 grammes, différence en plus 1 kilogramme 50 grammes.

Pendant cette période de faible miellée, le nombre des ventileuses a été le suivant :

Forte colonie.	Fig. 1.	Total de ventileuses observées du 21 au 27 juin.	59
Moyenne —	Fig. 2.	— — — —	33
Faible —	Fig. 3.	— — — —	18

Du 27 juin au 16 juillet, la miellée a toujours été plus ou moins faible, les prairies étaient fauchées, et les Abeilles ne récoltaient un peu de nectar que sur quelques fleurs sauvages fort éloignées de leur habitation.

Pendant cette quatrième période, les Abeilles ont plus dépensé qu'elles n'ont récolté; la colonie placée sur la balance indique en effet : 27 juillet, 41 kilogrammes 200 grammes; 16 juillet 39 kilogrammes, différence en moins 2 kilogrammes 200 grammes. Pendant cette période, le nombre des ventileuses a toujours été comme précédemment proportionnel à la récolte.

Du 16 au 24 juillet, la miellée a été très forte sur les secondes coupes de Sainfoin en pleine floraison. Pendant cette cinquième période, la colonie pesée chaque soir a accusé une augmentation totale de 13 kilogrammes.

Le nombre des ventileuses a naturellement augmenté dans une proportion considérable.

Forte colonie.	Fig. 1.	Total des ventileuses observées du 16 au 24 juillet.	212
Moyenne —	Fig. 2.	— — — —	134
Faible —	Fig. 3.	— — — —	74

Enfin, du 24 au 31 juillet, la récolte a toujours été en déclinant ainsi que le nombre des ventileuses. En comparant la récolte obtenue sur chacune des trois colonies au nombre total de ventileuses observées depuis le 2 juin jusqu'au 31 juillet, on trouve les chiffres suivants :

Forte colonie.	Fig. 1.	Total de ventileuses	622.	Récolté environ	50 livres.
Moyenne —	Fig. 2.	— —	297	— —	15 —
Faible —	Fig. 3.	— —	118	— —	0 —

La faible colonie n'a même pas récolté sa provision d'hiver.

Nous avons constaté, en général, qu'une colonie peut être considérée comme bonne, si le nombre des ventileuses observées le matin avant la sortie des Abeilles dépasse le chiffre de 20. Le plus grand nombre de ventileuses a été exceptionnellement de 70 sur une seule colonie parmi les 39 observées.

Nous venons de voir que la force d'une colonie, ou la récolte de cette colonie, est assez exactement représentée par le nombre total des ventileuses; on peut donc, à l'aide de cette donnée, comparer certains procédés de culture et en déterminer la valeur.

Le 5 juin 1878, un essaim naturel pesant 2 kilogrammes 500 grammes sortait d'une ruche ; à la fin de juillet le travail de l'essaim était représenté par 98, nombre de ventileuses comptées jour par jour depuis l'époque de son départ. Pendant cette même période le travail de la colonie, mère de l'essaim, était représenté par 101 ventileuses. La somme de travail de ces deux colonies réunies était donc égale à 98 + 101 = 199. Comme terme de comparaison, prenons une colonie de force moyenne qui n'a pas essaimé, celle, par exemple dont le travail est représenté (fig. 2) par 297 ventileuses. Nous voyons que le travail de cette dernière est bien supérieur à celui de la mère et de son essaim. Donc, au point de vue de la récolte et de la pratique apicoles, une ruche qui n'essaime pas, rapportera, en général, plus qu'une autre qui aura essaimé, en y comprenant même le travail de l'essaim.

Le 10 mai 1878, nous avons fait quelques essaims artificiels, par un des meilleurs procédés connus. L'essaim fut mis à la place de la mère, la mère à la place d'une forte colonie; cette

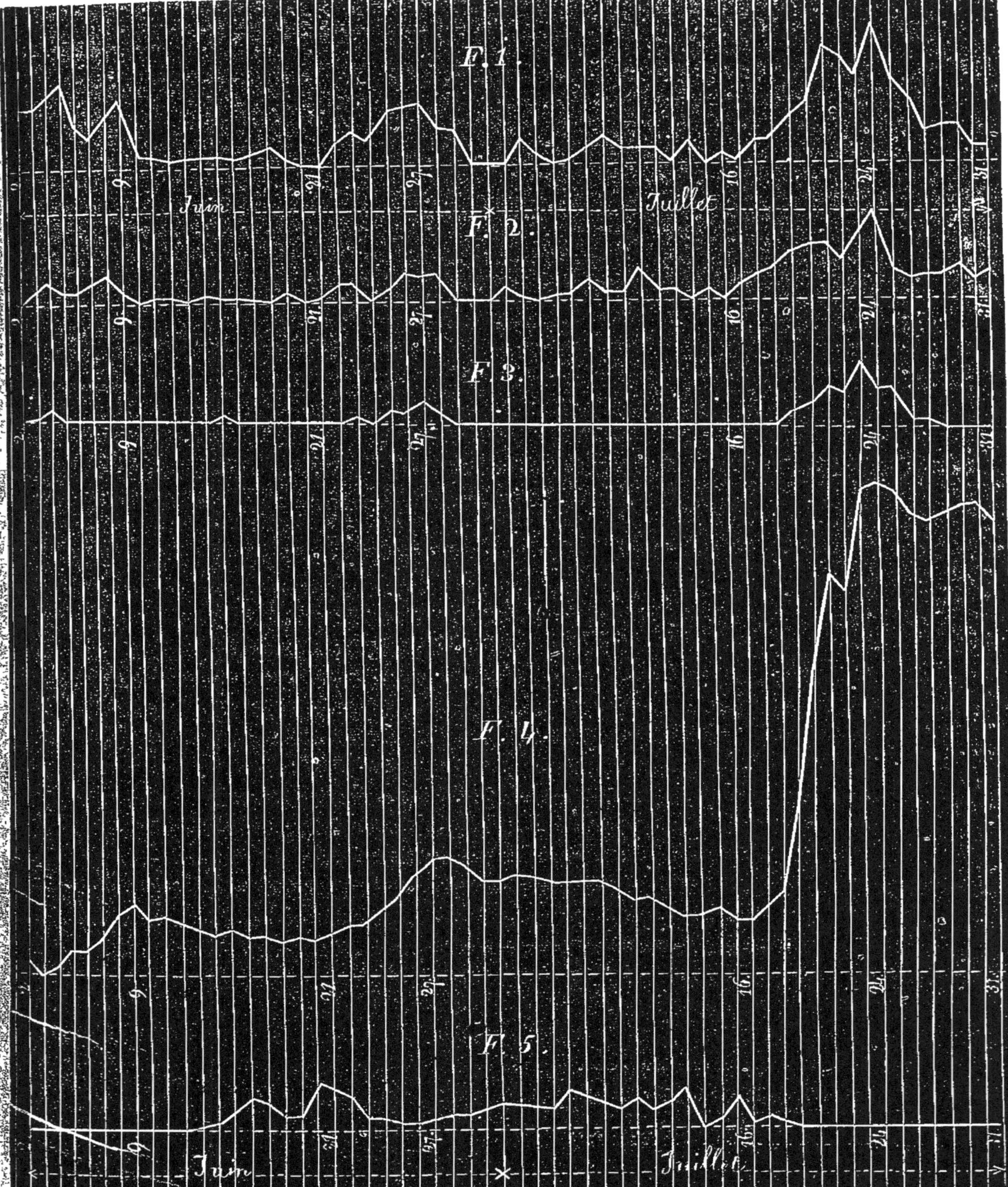

F. 1.
9
21
27
16
24
31
Juin
Juillet
F. 2.
9
21
27
16
24
31
F. 3.
9
21
27
16
24
31
F. 4.
9
21
27
16
24
31
F. 5.
9
21
27
16
24
31
Juin
Juillet

dernière fut simplement déplacée. A la fin de juillet, le travail des trois colonies était représenté par les chiffres suivants :

Travail de l'essaim..........	327	ventileuses.
— de la mère..........	169	—
— de la colonie déplacée.	338	—

La valeur moyenne de ces colonies était donc de

$$\frac{327+169+338}{3}=278$$

représentée par 278 ventileuses, nombre à peu près égal à celui d'une colonie de moyenne force. Nous avons pu, en effet, faire sur l'essaim et la ruche déplacée une petite récolte.

Dans la pratique apicole, il résulte des calculs précédents, que les essaims artificiels, formés tôt dans la saison et par une bonne méthode, sont très supérieurs aux essaims naturels.

REMARQUES SUR L'EAU RECUEILLIE PAR LES ABEILLES

L'eau est aussi indispensable aux Abeilles que le miel et le pollen; on sait en effet que la bouillie nécessaire à l'alimentation des larves est composée de pollen, de miel et d'eau en forte proportion. Lorsque le miel cristallise dans les cellules, soit parce qu'il est trop ancien, soit parce qu'il provient de plantes dont le nectar cristallise rapidement comme celui de colza, les Abeilles ont encore besoin d'eau pour dissoudre ce miel cristallisé. Pendant l'hiver les Abeilles des fortes colonies élèvent quelque peu de couvain; ne pouvant sortir à cause du froid, elles trouvent l'eau nécessaire dans leur propre transpiration. Cette transpiration est facile à constater, surtout au printemps, lorsque, après quelques jours de chaleur, une nuit froide survient tout à coup. On voit alors le matin une grande humidité à l'entrée de certaines ruches. On distingue à ce signe les fortes colonies d'avec les faibles.

A propos de miel cristallisé dans les cellules, des apiculteurs ont prétendu que des Abeilles ne pouvaient le dissoudre et conséquemment l'utiliser. On voit en effet quelquefois les Abeilles mortes à côté de cellules pleines de miel cristallisé. Ce fait provient de ce que les Abeilles, ne pouvant sortir à cause du froid, n'ont pu dans leur propre transpiration trouver une suffisante quantité d'eau.

Non seulement les Abeilles peuvent, lorsqu'elles ont de l'eau à leur disposition, dissoudre le miel cristallisé dans les cellules, mais on peut même les amener à dissoudre du sucre blanc sec en dehors de la ruche, fait nié par beaucoup d'apiculteurs.

Au mois de mai 1878, je mis un morceau de sucre blanc sec dans une soucoupe placée au bord d'un réservoir, où un grand nombre d'Abeilles venaient chercher l'eau ; les Abeilles ne touchèrent pas au sucre. Le sucre fut alors imbibé d'eau et recouvert de miel, les Abeilles, attirées par l'odeur du miel, vinrent en grand nombre et absorbèrent en grande partie le sucre imbibé d'eau. L'expérience fut continuée les jours suivants, et lorsque les Abeilles furent accoutumées à venir à la soucoupe, je diminuai progressivement la quantité d'eau qui imbibait le sucre, jusqu'au moment où je ne leur donnai plus que du sucre sec. Les Abeilles ayant de l'eau à proximité allèrent en chercher et surent dissoudre elles-mêmes le sucre sec, qui fut absorbé, sauf la croûte trop difficile à dissoudre.

On voit donc que les Abeilles peuvent dissoudre le sucre cristallisé sec, et ce qui est surtout intéressant à constater, c'est qu'il est possible, dans une certaine mesure, de faire varier leurs habitudes naturelles.

Excepté pendant les jours peu nombreux de grande miellée, les Abeilles récoltent une très grande quantité d'eau, surtout au printemps, elles sont donc obligées, dans les régions arides, d'aller chercher fort loin l'eau qui leur est nécessaire.

Fort souvent saisies par le froid, battues par le vent, un grand nombre d'Abeilles meurent ainsi avant d'avoir pu regagner leur habitation. J'ai constaté plusieurs fois, à l'aide de balances, la quantité d'abeilles perdues par suite de fortes averses survenues tout à coup. Des colonies très populeuses ont ainsi perdu 300 à 350 grammes d'Abeilles en une journée, poids qui correspond à environ 3000 à 3500 abeilles.

Il m'a paru intéressant de rechercher au premier printemps, époque où les Abeilles récoltent une grande quantité d'eau, quelle est la proportion qui existe entre le nombre d'Abeilles qui sortent et rentrent continuellement, et le nombre d'Abeilles contenues dans les ruches.

Le tableau suivant a été dressé le 4 mai, par un temps très peu mellifère, et le thermomètre accusait 17 degrés.

TABLEAU 4

POIDS APPROXIMATIF DES ABEILLES contenues dans les colonies.	NOMBRE MOYEN D'ABEILLES SORTANT en 1 minute des colonies.
0kil 800	10
1 »	16
1 500	19
2 »	17
2 250	54
2 600	66

Il suffit de jeter un coup d'œil sur le tableau précédent pour voir que le nombre de butineuses de pollen et d'eau n'est pas proportionnel au nombre d'Abeilles contenues dans les colonies, et lorsque le nombre d'Abeilles dépasse 2 kilogrammes, l'activité devient proportionnellement beaucoup plus considérable.

Nous avons vu combien il était nécessaire d'éviter aux Abeilles les courses lointaines. Il est donc fort utile d'établir près des ruches un réservoir d'eau dans un endroit bien abrité des vents. Voici comment j'ai établi celui qui m'a servi à faire différentes expériences dont je parlerai plus loin. Une cuve en bois d'environ 35 centimètres de large, 35 centimètres de long et 40 centimètres de haut, garnie de zinc à l'intérieur, suffit pour une ruche de 50 colonies. A la surface de l'eau on place un flotteur composé d'un cadre en bois léger recouvert d'une étoffe quelconque. On cloue sous les lattes une feuille de liège afin que le flotteur surnage facilement. Ce flotteur est indispensable afin d'empêcher les Abeilles de se noyer. Au centre du flotteur est fixée une tige de cuivre divisée en millimètres. Cette tige passe à travers un tube fixé au réservoir. On peut ainsi calculer facilement la quantité d'eau prise par les Abeilles. Pour amorcer les Abeilles au réservoir, il suffit de placer sur le flotteur un rayon de cire recouvert d'un peu de miel. Le nombre d'abeilles que l'on voit au réservoir est entièrement variable. Par les temps de forte miellée on n'en voit pas une seule. Au contraire, par les temps peu mellifères, le réservoir en est couvert. Cette différence s'explique facilement : le miel, au moment où il vient d'être récolté, contient beaucoup d'eau, elles trouvent donc dans le miel l'eau qui leur est nécessaire.

Il résulte naturellement de ce qui précède que plus il y aura d'Abeilles au réservoir, moins la récolte de miel sera considérable. Il suffit donc, pour avoir une idée approximative de la récolte journalière, de noter chaque jour la quantité d'eau consommée.

Afin de mieux faire saisir la relation qui existe entre la quantité d'eau recueillie au réservoir et la récolte, nous avons représenté fig. 5, par une courbe l'eau dépensée jour par jour depuis le 2 juin jusqu'au 31 juillet. En comparant cette courbe avec celle placée au dessus, fig. 1, et qui représente, comme nous l'avons déjà vu, la marche de la ventilation ou la récolte journalière d'une colonie de premier ordre, on voit que les périodes de fortes miellées correspondent à celles où les Abeilles n'ont pas récolté d'eau, et que les variations dans la quantité d'eau récoltée suivent exactement une marche inverse de celles du miel recueilli.

Ayant noté chaque jour la quantité d'eau récoltée au réservoir depuis le 10 avril jusqu'au 31 juillet, nous avons pu constater qu'une grande miellée n'arrive pas brusquement, mais est annoncée plusieurs jours d'avance au réservoir par une diminution progressive de récolte d'eau, comme il est facile de le constater dans les tableaux 5 et 6.

Pendant les fortes miellées les Abeilles n'ont pas le temps, du soir au matin, d'évaporer complètement l'eau de surplus du miel récolté dans la journée; lorsque la miellée s'arrête, la ventilation continue donc encore pendant plusieurs jours en diminuant progressivement. Pendant ce temps, les abeilles, ayant encore à leur disposition un surplus d'eau, ne vont pas au réservoir.

TABLEAU 5

DATE.	QUANTITÉ D'EAU recueillie au réservoir.	
Mai 22	3lit,00	
23	1 »	
24	0 50	
25	0 50	
26	0 20	
27	0	miellée
28	0	—
29	0	—
30	0	—
Juin 1	0	—
2	0	—
3	0	—
4	0	—
5	0	—

On voit donc, dans la pratique apicole, que vers l'époque des grandes miellées, et lorsque les Abeilles ne vont plus au réservoir, il est nécessaire d'agrandir considérablement les ruches, afin que les Abeilles ne manquent pas de place pour déposer leur miel.

La quantité d'eau totale recueillie au réservoir par 40 colonies depuis le 10 avril jusqu'au 31 juillet a été de 187 litres. La plus grande quantité d'eau absorbée en une journée a été de 7 litres.

On admet généralement que les Abeilles, suivant leur âge, sont aptes successivement aux différents travaux de la ruche. Il était intéressant de rechercher quel pouvait être l'âge des Abeilles destinées à la récolte d'eau.

TABLEAU 6

DATE.	QUANTITÉ D'EAU recueillie au réservoir.	POIDS DU MIEL RÉCOLTÉ par une forte colonie.
Juillet 15	5^{lit},00	0^{kil} 120
16	1 50	0 790
17	1 50	0 504
18	0 50	0 970
19	0 miellée	1 390
20	0 —	1 400
21	0 —	0 880
22	0 —	1 970
23	0 —	1 080
24	0 —	0 230
25	0 —	0 130
26	0 —	0 230
27	0 —	1 080
28	0 —	0 720

On sait que les Abeilles qui reviennent de la récolte de pollen en sont souvent couvertes, elles sont teintées de différentes couleurs. Le pollen dont leur poil est imprégné se sépare difficilement, et lorsqu'elles ressortent de leur ruche pour aller de nouveau à la récolte, elles sont encore de la couleur du pollen. Cette teinte persiste et ne disparaît qu'au bout d'un temps assez long. Or, je n'ai jamais vu à l'abreuvoir une seule Abeille qui ait montré la moindre trace de pollen, ni une seule Abeille aux ailes frangées, signe de leur âge plus ou moins avancé. Toutes celles que j'y ai vues étaient exactement semblables sous tous les rapports. On sait que ce sont les plus jeunes Abeilles qui rapportent le pollen, donc, avant de s'occuper de cette récolte, elles sont chargées de la récolte de l'eau, fait qui n'avait pas encore été constaté.

NOTA. — Les expériences rapportées dans ces deux mémoires de M. G. de Layens ont été faites dans l'été de 1878, à son rucher, à Louye (Eure), près Dreux.

II. EXTRAITS DES PROCÈS-VERBAUX DES SÉANCES DE LA SOCIÉTÉ.

SÉANCE DU CONSEIL DU 25 JUIN 1880

Présidence de M. le docteur H. LABARRAQUE, membre du Conseil.

Le procès-verbal de la séance précédente est lu et adopté.

— M. le Président proclame les noms des nouveaux membres.

MM.	PRÉSENTATEURS.
BOURGOUIN (Ernest), propriétaire, à Soisy-sous-Étiolles (Seine-et-Oise).	Dupin. A. Geoffroy-Saint-Hilaire. Recordon.
BRASSEUR (Prosper), propriétaire, à Courbevoie (Seine et-Oise).	Dupin. A. Geoffroy-Saint-Hilaire. A. Loyer.
BUSENVAL (Comte Ch. Adrien de), 34, rue de Miromesnil, à Paris.	Drouyn de Lhuys. Dupin. A. Geoffroy-Saint-Hilaire.
DAUX (Ferdinand), 5, rue Montrosier, à Neuilly (Seine).	Laisnel de la Salle. Saint-Yves Ménard. L. Wuirion.
HARCOURT (Comte d'), 142, rue de Grenelle, à Paris.	Vicomte d'Esterno. A. Geoffroy-Saint-Hilaire. P. de Sainte-Croix.

— MM. les Ministres de l'Agriculture et du Commerce, des Finances, de la Guerre, des Travaux publics et de la Marine et des Colonies s'excusent de ne pouvoir assister à la séance publique annuelle de distribution des récompenses.

— Des remerciements pour les récompenses qui leur ont été décernées sont adressés par :

MM. de Montaugé frères, Dr H. Pierron, Jules Fallou, Dr E. Mène, Focet, Clément, Daviau, Barrachin, Paillieux, A. Boudard, A. Wailly, Puységur, Sourbé, Vendredy, H. Leroux, Gallais, de Puydt, A. Roussin, Huin, Oudot, de Geofroy, Plateau, Eugène Vavin, Dr Gressy, Delaurier aîné, Créput, Simon fils, O. des Murs, Hénon, Chauvin, Courtois, Coutelier, Fontaine et Bornet, Mmes Eugénie Delaître et Simon, mère.

— MM. le comte d'Harcourt et Ludovic Joffrion adressent des remerciements au sujet de leur récente admission dans la Société.

— M. Alfred Rousse écrit de Fontenay-le-Comte (Vendée) à M. le Président de la Société :

« Je viens vous donner quelques détails sur mon élevage de Perruches à scapulaire (*Aprosmictus scapulatus*).

» M. Jourdan, de Voiron, m'a cédé mes reproducteurs en novembre 1878. Dès leur arrivée, je les installai seuls dans une de mes grandes volières. L'année suivante, la femelle fit successivement trois couvées de un œuf chacune. Elle couva très assidûment, mais vers la fin de l'incubation, elle cassa ses deux premiers œufs qui, cependant, étaient fécondés. La troisième couvée n'eut aucun résultat, le seul œuf pondu encore l'ayant été sur le gazon de la volière. La femelle l'y couva pendant vingt et un jours, malgré la pluie et le mauvais temps.

» Cette année, vers la fin d'avril, elle pondit, dans une grande boîte carrée, trois œufs. Au bout de vingt et un jours, j'eus la satisfaction de voir trois petits éclos ; mais, peu après, l'un d'eux périt et fut rejeté du nid par les parents. Les deux autres, qui venaient à merveille, ne tardèrent pas à se remuer beaucoup et à aller et venir dans leur boîte ; l'entrée et le fond du nid se trouvant de niveau, je pensai qu'ils pourraient tomber et se tuer. J'établis alors sur le sol de la volière une épaisse litière de foin, et cela bien à propos, car ces sots oiseaux tombèrent plusieurs fois de suite, mais sans se faire de mal, grâce au foin. Je pris donc le parti de fermer l'entrée du nid existant pour la refaire à 15 centimètres plus haut. Par ce moyen les perruchons furent prisonniers jusqu'au moment où ils prirent leur volée, le 22 juin. Ils étaient restés au nid pendant quarante jours. Ils sont à peu près semblables à la femelle, et presque de la grosseur des parents. Les parties supérieures sont vertes. La gorge et la poitrine, d'un gris verdâtre, teinté de rose. Le ventre est rouge. Les tectrices subcaudales qui, il y a quelques jours, me semblaient entièrement rouges, paraissent se franger de vert, surtout chez l'un de ces oiseaux (celui que je crois être le mâle). La queue verte en dessus, noire en dessous, a l'extrémité de chaque plume marquée d'une petite tache rouge. L'œil est noir, et le bec grisâtre, teinté de rose. Je crois avoir mâle et femelle, l'une de ces Perruches ayant le rouge des parties inférieures plus étendu, et le bec plus rouge.

» Les parents ont pris grand soin de leurs petits. La femelle seule a couvé, sortant régulièrement du nid matin et soir pour prendre la nourriture; mais les jeunes sont nourris indifféremment par le père et la mère. Comme nourriture sèche, ils ont à leur disposition : alpiste, millet, gruau, maïs, froment; ils reçoivent en plus, chaque matin, du pain trempé de lait, puis une ample provision de verdure et de fruits de toute espèce. Avant la naissance des jeunes, ils consommaient beaucoup de froment; mais sitôt l'éclosion faite, ils ne touchèrent plus à cette dernière graine jusqu'au moment où les jeunes sortirent du nid. Ils ont nourri leurs petits de chènevis (que je donne à toutes mes Perruches, seulement quand il y a des petits au nid, pour l'enlever ensuite peu à peu, quand ces derniers ont pris la volée), d'alpiste et de pain au lait. Ils n'avaient jamais assez de laiteron en boutons et de salades montées à graines. Mes jeunes Perruches à scapulaire sont magnifiques, et je compte bien les voir devenir adultes sans accidents fâcheux, car elles n'ont pas l'air plus délicates que les Perruches de Pennant, dont j'obtiens des produits régulièrement depuis trois ans, et qui s'élèvent à merveille. Tels sont les détails que je puis vous donner jusqu'à présent, et, puisque cela vous intéresse, je vous ferai part des observations que je pourrai faire sur ces jolis oiseaux. »

— M. Florin écrit de Roubaix à M. le Directeur du Jardin d'Acclimatation :

« Mes Perruches ondulées jaunes, comme les animaux et les plantes qui s'éloignent du type par l'albinisme ou le flavisme (effets probables de dégénérescence), me paraissent moins robustes que l'Ondulée verte. Au lieu de leur donner des bûches, au commencement d'avril, comme à celle-ci, j'ai attendu trois semaines, de peur d'en perdre à la ponte, qui est assez pénible parfois, par le temps aride et froid que nous subissons dans nos contrées bien moins favorisées que Paris. J'ai dix œufs, probablement même des jeunes, mais il n'en est pas encore sorti des bûches. Si quelques-uns retournaient au type, je serais moins heureux que l'année dernière, car je n'ai eu que des jaunes plus ou moins purs, mais franchement jaunes dans cette volière spéciale.

» Aussitôt que je serai fixé, c'est-à-dire dans quelques semaines, j'aurai l'honneur de vous en aviser. »

— Mme Eugénie Delaître écrit à M. le Directeur du Jardin d'Acclimatation, au sujet de la reproduction du Cacatoës à huppe jaune :

« Je vous annonce cette fois une réussite plus complète encore; car, cette année, au lieu d'un, c'est deux Cacatoës qui me sont nés (toujours du même couple). Un de ces petits est du 17 et l'autre du 21 mai 1880. Tous deux sont en bonne voie, quoique de grosseur bien différente; ce que j'attribue aux cinq jours d'intervalle entre les naissances : le père et la mère ayant couvé dès la ponte du premier œuf.

» Le couple de gros Cacatoës à huppe rose, que je ne possède que depuis le mois de juin 1879, me donne espoir pour l'année prochaine, vu les heureuses dispositions que j'ai pu remarquer en eux dès ce printemps.

» Cependant et malgré tous mes soins, le mâle est resté légèrement sauvage, et la femelle, en revanche, beaucoup trop apprivoisée pour que j'aie pu avoir un seul instant l'espoir de les voir reproduire cette année. Il faut à ces animaux un calme très grand et une complète assurance de l'inviolabilité de leur retraite, ce qu'ils ne peuvent acquérir qu'avec le temps. Moi seule soigne tout ce petit monde, dont les individus, il faut bien l'avouer, m'aiment à des degrés bien différents. »

— M. Coutelier écrit de Reims à M. le Secrétaire général :

« J'ai, dans ce moment, deux Faisanes dorées, couvant chacune séparément dans leur boîte ; la première depuis vingt et un jours, la deuxième depuis dix jours, sans avoir quitté leurs œufs.

» Voulant renouveler l'expérience que j'avais déjà faite, et m'assurer d'une façon absolue que la Faisane dorée restait à jeun pendant toute la période de l'incubation, je ne me suis pas contenté de sabler le fond de la volière, j'ai enlevé le manger et le boire, le jour où chaque femelle a pris le nid pour couver (ceci pour les incrédules). Je les visite chaque matin en levant ma petite trappe, qui se trouve au-dessus de leur boîte, et les vois bien portantes, avec les yeux vifs, me regardant fixement, ayant l'air de dire qu'elle occupe une position toute naturelle.

» J'ai également une Faisane argentée, qui a parfaitement couvé ses œufs, et qui depuis deux jours a des enfants. »

— M. A. Delaurier aîné, d'Angoulême (Charente), écrit à M. le Secrétaire général :

« De ma première couvée de Lophophores, j'ai eu neuf jeunes sur dix œufs. Deux sont morts les premiers jours, les sept autres viennent bien. Ces jeunes oiseaux exigent encore moins d'œufs de fourmis que les Tragopans, ils mangent beaucoup de pâtée et à part la mortalité des premiers jours, ils paraissent jusqu'ici vigoureux et bien venants. »

— M. l'abbé Daviau adresse à M. le Président la recette suivante d'une patée pour l'élevage de toute espèce de Faisans et autres Gallinacés, remplaçant très avantageusement, dit notre confrère, les asticots et les larves de fourmis :

1° Farine de blé noir, riz, alpiste et chénevis, broyés dans un moulin à café ;

2° Œufs durs ;

3° Laitue, mouron blanc ou chicorées, le tout bien haché ;

4° Pour dix à douze poussins, mêler aux substances sus-indiquées, une cuillère à café de phosphate de chaux : servir par petites portions de trois heures en trois heures.

Nota. — Ne mêler à la pâtée ni *sel* ni *poivre*, les oiseaux n'en mangeraient pas. Ne donner jamais ni asticots, ni œufs de fourmis. Ne pas négliger le phosphate, il sert à fortifier les os.

— M. Coche, écrit de la ferme-école de La Batie, à Saint-Ismier (Isère), à M. le Directeur du Jardin d'Acclimatation :

« ..... J'ai la race de Houdan depuis plus de dix ans. Elle n'a pas diminué de volume chez moi, et elle est restée bonne pondeuse. Nous nourrissons bien.

» Par la vente des œufs, elle s'est répandue peu à pëu dans le voisinage, chez les simples cultivateurs, mais en mélange avec les poules du pays.

» Je ne connais, dans nos localités, qu'une personne qui élève exclusivement cette race pure, et bien avant nous, puisque nous la tirons de chez elle ; c'est M. Paul de Mortillet, de Meylan ; elle s'y est conservée assez bien et on en tire parti pour la vente. La taille a un peu diminué. »

— M. Raveret-Wattel dépose sur le bureau, de la part de M. le Dr Lucius, ministre de l'agriculture, des domaines et des forêts de l'empire d'Allemagne, qui vient de lui en faire l'envoi, une collection de catalogues spéciaux et autres documents relatifs à l'Exposition de pêche et de pisciculture de Berlin. — Remerciements.

— M. le Secrétaire des séances communique ensuite une lettre qui lui est adressée par M. le baron G. von Bunsen, membre du Reichstag et vice-président de l'Exposition de pêche et de pisciculture de Berlin, pour mettre à la disposition de la Société d'Acclimatation un exemplaire de la collection complète des circulaires de l'Association des pisciculteurs allemands. — Remerciements.

M. le Préfet de la Haute-Loire écrit à M. le Secrétaire en réponse à une demande de renseignements qui lui avait été adressée :

« Le projet d'un établissement de pisciculture au Bouchet remonte à 1860 ; mais le département n'étant devenu propriétaire définitif du lac qu'en 1862, ce n'est qu'à partir de cette époque que le Conseil général de la Haute-Loire s'est occupé d'y construire un établissement de pisciculture.

» Cette construction, commencée en 1864, a été terminée en 1865 et en 1866, l'empoissonnement a eu lieu. Au mois de février 1866, 2000 individus, Barbeaux, Carpes, Brêmes, Blancs et Goujons ont été mis au lac. Pendant les hivers 1866 et 1867, 1500 poissons des mêmes espèces y ont été jetés, pendant que 120 000 œufs de Truites saumonées et d'Ombres étaient soumis à l'éclosion.

» En 1868, l'un de mes prédécesseurs, dans son rapport au Conseil général, constatait que cet établissement fonctionnait à la satisfaction générale.

» Jusqu'en 1873, le Conseil général vota annuellement une somme destinée à l'empoissonnement du lac. En 1874, sur la proposition de l'un de ses membres, il fut décidé que l'on chercherait à tirer parti de cette propriété en l'affermant, et, depuis lors, l'établissement de pisciculture a cessé de fonctionner.

» Le droit de pêche a été adjugé, à partir du 1er janvier 1876, pour une période de 3, 6, 9 ou 12 ans, à M. Auguste Hedde, banquier au Puy, au prix de 210 francs par an.

» Cette mise en ferme, qui a eu lieu expressément pour l'amélioration de l'empoissonnement du lac du Bouchet et son exploitation, est réglée par un cahier des charges qui porte, dans son article 9, que le fermier devra mettre chaque année dans le lac 4000 alevins de Truites, en présence d'un délégué de l'Administration.

» De divers renseignements que j'ai recueillis, il résulte que, faute de gravier et de sable, la plupart des poissons de ce lac ne frayent pas, mais qu'ils vivent très bien dans ses eaux et s'y développent parfaitement.

» L'Administration n'a jamais cherché à introduire le Saumon dans le lac du Bouchet Saint-Nicolas; quant à la Truite, elle y est en assez grande abondance.

» Peut-être que cet essai pourrait être tenté, si la Société d'acclimatation consentait à se mettre en rapport avec le fermier actuel. »

— M. Brierre, de Saint-Hilaire-de-Riez (Vendée), adresse le plan de sa transformation des marais salants de la Grande-Marchaussée en prairie, douves à poissons, etc. — Notre confrère transmet en même temps ses observations sur les brouillards de mars et les gelées de mai.

— M. Simon fils, écrit de Bruxelles à M. le Secrétaire général :

« L'*Attacus Pernyi* me paraît assez robuste pour réussir parfaitement en plein air, dans le Nord surtout où il n'y a pas à craindre de seconde éducation qui ne pourrait être profitable que dans l'extrême Midi, peut-être même en Espagne seulement. A mon humble avis, le *Pernyi univoltin* serait le seul ver-à-soie susceptible de fournir *quant à présent* des résultats *industriels* concurremment avec le *Mori;* en effet la soie de l'ailante est inférieure et le cocon ne se dévide pas d'après les procédés ordinaires; d'un autre côté l'Yama-maï est beaucoup plus difficile à bien conduire et exige de grands soins dans les premiers âges à l'effet de le garantir des derniers froids; l'Yama-maï graine en septembre, saison déjà froide, tandis que le Pernyi graine au milieu de juin, saison favorable à la ponte des papillons et à l'incubation des œufs; de grandes et fortes chrysalides sont bien plus aptes à résister aux intempéries des hivers rigoureux que de tous petits vers; nos climats ont bien plus d'analogie avec le nord de la Chine qu'avec le Japon, où, si j'ai bien lu, il n'y a que trois mois d'hiver et où il règne une humidité chaude difficile à reproduire; cependant un climat *doux* et humide comme celui de la Touraine ou de la Mayenne, serait préférable au nôtre incontestablement. Quant à la qualité de la soie, je n'hésite pas à donner la préférence au Pernyi comme pureté du fil en lui-même; les cocons d'*Yama-maï* que j'ai dévidés, et ils étaient d'assez bonne qualité, étaient sujets à donner des bourillons et des pluches qui déparaient le fil; cependant le brillant de l'Yama-maï est plus beau, et, dans le cas où le Pernyi ne se teindrait pas au moins en couleurs sombres, la soie d'Yama-maï resterait malgré tout préférable, bien qu'ayant une valeur intrinsèque moindre comme fil. L'altération du fil de l'Yama-maï pourrait provenir de l'altération du type primitif qui a la tête brune, tandis que le Pernyi que je sache a conservé son type originel. Le fil serait peut-être meilleur avec l'éducation sur des *Quercus serrata.* »

— M. Fabre-Firmin, rend compte de ses cultures de divers végétaux et demande à recevoir des graines d'*Elæococca.*

— En remerciant de la récompense qui lui a été attribuée,

M. Fontaine fait connaître que « malgré la dépréciation jetée sur la valeur de l'*Eucalyptus* par quelques personnes, les plantations dans la région de Blidah ont continué comme les années précédentes ».

— M. le prince Pierre Troubetzkoï écrit d'Intra (lac Majeur) à M. le Secrétaire général :

« J'ai lu avec beaucoup d'intérêt dans le numéro 3 du *Bulletin* mensuel de notre Société, séance du 5 mars, vos appréciations si justes, énoncées à propos de l'utilité et de la culture des *Eucalyptus*. Je viens vous donner quelques renseignements, qui viennent à l'appui de ce que vous avez avancé et qui pourront, je suppose, vous intéresser, ainsi que tous ceux qui attachent de l'importance à la culture de cet arbre merveilleux.

« Nous avons eu au lac Majeur, cette année une température de — 9,05 centigr., ce qui n'était pas arrivé depuis *quatorze* ans que je m'occupe d'acclimatation dans ce pays. Ce froid a duré les nuits pendant *trois semaines*. Sur *vingt-cinq des meilleures* variétés d'Eucalyptus que je cultivais, et qui n'avaient pas succombé les années précédentes à — 7 degrés centigrades, mes grands *Euc. amygdalina* seuls ont résisté ; les graines m'avaient été envoyées directement d'Australie. Le plus élevé a 20 mètres de hauteur et 1^{m},60 de circonférence à 1 mètre du sol (*croissance* de *dix* années *seulement*). Il pousse droit comme une flèche, ce qui est très important et inappréciable pour la construction; il est couvert de fruits et de fleurs. J'ai dans ce moment plus de cinq mille plantes en pots de 30 centimètres provenant des graines de cet arbre.

» Tout en regrettant la perte de ma collection, je me console d'avoir pu introduire l'espèce véritable de l'*Euc. amygdalina*, que j'ai toujours chaleureusement recommandée et qui réunit la rusticité à l'hygiène, car ses feuilles contiennent quatre fois plus d'huile volatile que le *Globulus*, et sa croissance est plus rapide.

» C'est donc l'arbre par excellence, non seulement pour la région de l'oranger, mais encore pour toutes celles où la température ne descend pas au-dessous de — 9 degrés et même plus bas, car M. de Lunaret, vice-président de la Société centrale d'horticulture et botanique de l'Hérault, m'écrit de Montpellier, que des petites plantes que je lui avais envoyées de l'*Euc. amygdalina*, ont résisté à —11 degrés centigrades.

» Ce qui vous étonnera aussi c'est que deux *Euc. globulus*, de l'âge de dix ans, dont les feuilles étaient complètement brûlées par la gelée, ayant été taillés à la hauteur de quinze mètres, repoussent avec vigueur en faisant une masse de nouvelles branches. Les troncs de cette même espèce, à des endroits plus exposés et du même âge, ont été fendus par le froid, et ceux de cinq à six ans ont péri.

Les *Euc. resinifera*, *coriacea*, *viminalis*, qu'on disait être si rustiques, sont tous morts. Les *Euc. Gunnii* et *cocoifera* ont résisté, mais le premier vient en buisson et le deuxième est d'une croissance très lente, peu régulière et ses feuilles n'ont pas d'odeur. Je soutiens donc plus que jamais que l'*Euc. amygdalina vera* (surtout après l'épreuve de cet hiver), est la seule espèce qu'il convient de cultiver sur une *grande échelle*. Mon plus grand arbre a été estimé par des entrepreneurs de bâtisses à 70 francs, comme poutre (sans compter les branches). Il est facile à calculer ce que rendrait l'hectare en dix ans (âge de ma plante), en y plantant mille arbres par hectare.

Voici quelques plantes qui ont résisté à une température de — 9,05 centigrades cet hiver :

Latania borbonica (*Livistona sinensis*) ; *Pritchardia filifera* (recouverts seulement d'un chapeau de paille) ; les *Chamærops : excelsa*, *Fortunei*, et les variétés *humilis*, *Martiana*, *hystrix* ; *Embothrium coccineum*. Le *Phœnix dactilifera* depuis dix ans en pleine terre a souffert, mais repousse du cœur. Tous les Azalea des Indes, Camélias, Oléandres, *Pittosporum*, *Andromeda*, *Sciadopitys verticillata* de cinq mètres de hauteur.

Sont morts : *Phœnix tenuis*, *Brahea dulcis*, *Cocos australis* (*Brownei*), *Dammara*, *Casuarina tenuissima*, *Araucaria excelsa*, *Rulei*, *Bidwillii*, qui avaient résisté les années précédentes à — 7 degrés centigrades.

— M. Jules Decroix fait part de son insuccès dans l'éducation des *Attacus Pernyi*, qu'il avait reçus de la Société.

— M. Alfred Wailly, de Londres, annonce l'envoi d'une petite quantité de cocons vivants d'*Attacus Aurota*, don de M. Michély, de Cayenne. — Remerciements.

— M. Ch. Bureau exprime le désir de recevoir des cocons du Ver à soie du ricin.

— Des comptes rendus de leurs cultures sont adressés par MM. Piton du Gault, Bourjuge, Cambon et Gourraud.

— M. Ch. Naudin (de l'Institut) écrit de la villa Thuret d'Antibes à M. l'Agent général.

« Selon moi, M. Christian Le Doux a fait deux importantes découvertes : le dévidage des cocons du *Bombyx Cynthia* et le moyen de nourrir ce ver avec les feuilles du lilas. Ce sera décisif pour l'avenir de cette nouvelle industrie séricicole. Le lilas vient partout, et je me rappelle en avoir vu de grands massifs à l'état sauvage, dans de mauvais terrains rocailleux en Bourgogne, où rien autre chose que des broussailles n'aurait pu venir. Un autre avantage du lilas sur l'ailante, c'est qu'il reste à l'état de grand buisson et ne devient jamais un arbre de haute taille, ce qui permettra de le cultiver en haies autour des champs et d'y élever le *B. Cynthia* en plein air et de simplifier l'opération. Je pense donc que c'est de ce côté que doivent dorénavant se tourner ceux qui s'intéressent à l'éducation industrielle de ce séricigène. D'un autre côté il est fort probable que le B. cynthia vivrait également sur les troënes (*Ligustrum*), proches parents des lilas, à commencer par notre troëne indigène, comme partout, dans les haies.

« A propos du *Sphinx atropos*, il ne se nourrit pas seulement des feuilles de la pomme de terre, mais de celles de toutes les *Solanum*. Je l'ai trouvé à Collioure et à Antibes, sur plusieurs autres espèces de ce genre (*S. bonariense*, *S. neriifolium*, etc.), et ce qui est plus étonnant, sur des Mesembrianthèmes. C'est une chenille un peu polyphage.

Eucalyptus. — Nous en avons une cinquantaine au moins à la villa Thuret, et la plupart mal déterminés. C'est un genre difficile à débrouiller, tant à cause du nombre des espèces qu'à cause de leur variabilité qui paraît excessive. On a longtemps cru que l'*E. globulus* était le plus important du genre, par sa haute taille et la rapidité de sa croissance, mais c'est une royauté qui, comme beaucoup d'autres, est menacée de déchoir. L'*E. amygdalina* l'emporte sur lui par ses proportions plus que gigantesques (on en a vu de plus de 140 mètres de hauteur), et par sa rusticité, qui permet de résister à des 12 ou 14 degrés de froid, pourvu que cette basse température ne soit pas de longue durée. Il l'emporte surtout par sa richesse en huiles essentielles *cinq fois* plus considérable que celle du *Globulus*, ce qui fait de lui l'arbre purificateur par excellence des pays malsains. Plus qu'aucun autre ce sera l'arbre hygiénique, l'arbre guérisseur de la phthisie au premier degré, d'après le grand eucalyptologue Ferdinand Mueller. Si donc il y a une espèce à multiplier aujourd'hui, c'est celle-là avant toute autre. Il varie assez notablement de port, d'aspect et de taille pour que les botanistes en aient fait plusieurs espèces sous les noms de *E. longifolia* Lindley, *F. Lindleyana* et *E. ambigua* DC., *E. linearis* Denhart, *E. Risdoni* Hook. Il est probable même que les *E. dives* Schauer, *nitida*, *Stuartiana*, *crebra*, *cinerea*, *melanophlœa* et *Risdoni* Hook., ne sont que des formes (c'est-à-dire des variétés) de l'*E. amygdalina*.

— M. le Directeur du Jardin zoologique d'acclimatation désireux de faire essayer le bois des *Eucalyptus* coupé à diverses époques au Jardin d'acclimation d'Hyères (Var), a fait envoyer un wagon de troncs âgés de onze ans environ, à notre collègue M. Bouchrereaux, de Choisy-le-Roi (Seine-et-Oise), qui lui a adressé la lettre suivante :

« J'ai fait ouvrir les *Eucalyptus* de votre dernier envoi; tous ces arbres sont bien sains, le grain en est beau, sans défaut, assez semblable à celui du charme, peut-être un peu plus creux, mais très peu; plus vieux du double d'années, ce serait, je crois, un très joli bois; maintenant il est un peu blanc, pourtant à l'air il prend une teinte rosée.

» Les sujets abattus plus anciennement (je parle de ceux venant d'Hyères) sont restés trop longtemps sur terre, privés d'air en dessous et exposés sans doute à la pluie et au soleil, ils se sont échauffés. A l'intérieur il n'y a aucune fente, le grain du bois est devenu comme celui du hêtre; ces troncs, restés à l'humidité, ne sont plus bons pour aucun travail. Je suis convaincu qu'il ne faut pas laisser ces arbres plus de un ou de deux mois une fois abattus, sans ouvrir le cœur et enlever l'écorce. C'est ce que j'ai fait à plusieurs d'entre eux, j'en ai aussi fait ouvrir en plateau que j'ai mis sécher, comme je vous en avais parlé mi-partie dans le grenier, mi-partie dans la cour et bien empilé de manière que l'air pénètre partout. Je n'en ai placé qu'un morceau à l'eau, persuadé que cette façon de faire écouler la sève ne réussira pas, mais enfin il faut essayer un peu de tout. Voici à peu près les premiers renseignements que je puis vous donner au sujet de ces arbres dont le bois est très dur, quoique poussant très vite, et qui feront, j'en suis assuré, un bois d'industrie assez recherché.

» J'ai donné aussi à un tanneur de mes amis des écorces de ces arbres pour qu'il essaye si elles ne pourraient pas remplacer avec avantage celle de chêne pour la préparation des peaux, il me semble qu'elles doivent contenir beaucoup de tannin. »

— M. Grosjean, conservateur des forêts, écrit à M. l'Agent général : « Vous avez bien voulu me demander des renseignements sur les travaux du reboisement des montagnes poursuivis dans la conservation de Nîmes, et me communiquer avec l'extrait des statuts et règlements de la Société d'Acclimatation, le programme des prix fondés par la Société qui doivent être ultérieurement décernés.

» J'ai l'honneur de vous informer que depuis la loi du 28 juillet 1860, des opérations importantes de reboisement ont en effet été entreprises dans les départements de l'Ardèche, du Gard, de l'Hérault et de la Lozère, principalement par les soins des agents forestiers et au compte de l'État, en outre, les conseils généraux ont voté des subventions annuelles pour encourager les communes à reboiser des terrains improductifs et un certain nombre de particuliers ont aussi effectué des semis et plantations en montagne.

» J'ai porté à la connaissance de MM. les inspecteurs des forêts, les prix que la Société d'Acclimatation a réservés pour la propagation de certains végétaux, et notamment pour le reboisement des terrains en pente par l'*ailante*, et j'ai prié mes collaborateurs de divulguer autour d'eux les encouragements dont il s'agit; l'un d'eux m'a même demandé de transmettre à votre Société son désir de recevoir à titre d'essais de culture, des graines ou plants de *Quercus serrata* et autres; c'est M. Fabre, sous-inspecteur des forêts à Alais (Gard).

» La Société apprendra peut-être avec intérêt que les essais de culture de l'*ailante*, dans le département de l'Hérault, entrepris par le service forestier, dans des conditions très variées d'altitude et d'exposition, ont prouvé que cette essence ne saurait s'accommoder des terrains de médiocre qualité et compacte, où elle dépérit et meurt rapidement; l'ailante recherche les terrains fertiles, profonds, frais ou un peu humides et surtout les sols remués, conditions qui se trouvent rarement réunies dans les régions à reboisement des montagnes des Cévennes. Enfin l'ailante est très sensible à la gelée. »

— Des comptes rendus de leurs cheptels sont adressés par plusieurs de nos confrères :

M. L. Meunier. — *Cerfs-cochons*, la jeune mère, née en 1877, a mis bas un petit qui semble venu avant terme et n'a vécu que deux jours. Le jeune, né en mars, de la mère du cheptel, vient très bien.

M. L. Lartigue. — *Perruches de Paradis*, annonce la mort de la femelle.

M. Kaltenmeyer. — *Poules de Yokohama*, demande à échanger le Coq arrivé malade et qui ne semble pas propre à la reproduction.

M. A. Cambon. — *Poules de Bréda*, ont donné une forte proportion d'œufs clairs, annonce le renvoi prochain du cheptel.

— M. J. Hardy. — *Oies de Guinée*. Après une ponte de onze œufs faite en vingt-deux jours, ont amené une couvée de sept jeunes, qui sont tous forts et vigoureux et viennent à merveille. J'en expédierai la moitié au commencement d'octobre à la Société.

Cygnes noirs. — Sont aussi bien portants que possible, parfaitement apprivoisés, vivent en parfaite intelligence, mais sans la moindre velléité d'amour. Donc aucun produit à attendre d'eux.

— M. E. Péneau. — *Lophophores.* « Je n'ai encore obtenu aucune reproduction ; les oiseaux sont sans doute trop jeunes.

» Depuis quelques jours le mâle s'est mis à boiter. Je ne sais à quoi attribuer cet accident, car ils sont placés dans un vaste compartiment en plein midi, avec bassin desservi par la Compagnie des eaux, parquet bien sablé, très sec, nourris de verdure, de pain et de graines ».

Il est fait don à la bibliothèque de la Société :

1° *Histoire des Coléoptères de France*, par le docteur Sériziat, précédée d'une introduction à l'étude de l'entomologie, par M. Ch. Naudin. Paris, 1880, in-18, nombr. fig. — Offert par l'auteur.

2° *Expériences sur une éducation de Ver à soie de l'ailante*, au Jardin de l'exposition de Nantes. Rapport au comité d'action, par M. O. de Laleu. Nantes, 1861, in-8. — Offert par l'auteur.

3° *Catalogue of the library of the zoological Society of London.* Londres, 1880, in-8.

4° *Le secret de la santé.* Lecture faite à la séance publique de la Société nationale de médecine de Marseille, le 14 décembre 1879, par le docteur Adrien Picard. Marseille, 1880, in-8. — Offert par l'auteur.

5° *Classification des oiseaux de la vallée de la Marne*, par M. F. Lescuyer. Châlons-sur-Marne, 1880, in-8. — Offert par l'auteur.

6° *Select extra-tropical plants*, readily eligible for industrial culture or naturalisation, with indications of their native countries and some of their uses by baron Ferd. Von Mueller. Calcutta, 1880, in-8. — Offert par l'auteur.

Remerciements aux donateurs.

Pour le Secrétaire du Conseil,
L'Agent général,
JULES GRISARD.

III. EXTRAITS DES PROCÈS-VERBAUX DES SÉANCES DES SECTIONS

CINQUIÈME SECTION

SÉANCE DU 6 AVRIL 1880.

Présidence de M. EUG. VAVIN.

Le procès-verbal de la séance précédente est lu et adopté.

— M. le Président insiste sur l'intérêt très grand que présente le *Soja hispida* cultivé comme légume, mais il ne croit pas que la fabrication du fromage soit d'un bien grand intérêt, chez nous du moins. M. Vavin est convaincu que ce légume sera très répandu dans quelques années, non seulement à cause de son goût fin, qui le fera rechercher pour la table, mais encore parce qu'il possède l'avantage précieux de n'être pas attaqué par la bruche.

M. Paillieux fait observer que cette plante peut encore entrer dans le régime alimentaire du bétail ; il rejette son emploi comme sauce, mais notre collègue croit qu'il peut être avantageusement employé dans la confection des fromages, car il contient une forte proportion de caséine, 35 pour 100.

Notre confrère donne ensuite lecture de la suite des notes qu'il recueille pour les instructions à donner aux correspondants de la Société.

Ce travail donne lieu à quelques observations de la part de MM. le baron d'Avesne, Chappellier, Jules Grisard, Le Doux et Vavin.

— M. Vavin fait connaître que l'Ailante a été signalé comme éloignant le ver blanc des cultures.

A ce propos, M. le baron d'Avesne fait part à la section d'un fait bon à constater ; ce végétal, qui paraît réussir dans tous les terrains, est resté stationnaire dans une plantation d'environ deux hectares faite par la compagnie des chemins de fer de l'Est, près de Lagny.

Le Secrétaire,
JULES GRISARD.

QUATRIÈME SECTION

SÉANCE DU 4 MAI 1880

Présidence de M. le marquis de GINESTOUS.

Après la lecture du procès-verbal de la séance du 23 mars 1880, qui est adopté, M. Christian Le Doux fait observer que dans le procès-verbal de la séance du 6 janvier inséré au bulletin un alinéa, par erreur typographique, a été tronqué, et dès lors n'a plus de sens : il demande que par un *erratum* ledit alinéa soit reproduit en entier. La réclamation étant admise, la rectification sera faite à la suite du procès-verbal de ce jour.

Sur la proposition de M. l'Agent général, M. le président fait inviter M. Cosme de Palacio, représentant de M. Federico-Perez de Nueros, à assister à la séance. M. de Palacio avait été chargé par M. de Nueros d'apporter à la Société d'Acclimatation 500 grammes de graines d'*Attacus Pernyi*, offerts par la Société de la *Granja sericicosa de Yrisasi*, près Sébastien (Espagne).

Avec une complaisance parfaite, M. de Palacio s'est mis à la disposition des membres présents pour répondre aux questions qui pourraient lui être adressées au sujet des travaux séricicoles de M. Federico Perez de Nueros, et spécialement sur l'établissement qu'il vient de créer en Biscaye, près Saint-Sébastien. Il en est résulté une sorte de conférence à laquelle toutes les personnes qui assistaient à la séance ont pris part avec le plus vif intérêt, et l'on peut regretter que le sténographe de la Société ne s'y soit pas trouvé pour tenir note de tout ce dont M. de Palacio a entretenu ses auditeurs.

Un point important est d'abord à signaler. M. Perez de Nueros est protégé dans son exploitation par une loi spéciale, qui tout en lui assurant des avantages à l'effet de seconder ses efforts pour doter l'Espagne d'une industrie nouvelle, lui impose des conditions dans l'intérêt du pays en général. Ainsi, par exemple, il ne peut pas vendre sa graine d'*Attacus Pernyi* plus de 50 centimes le gramme. Il n'a pas le monopole des éducations; à vrai dire il ne l'a pas demandé, bien au contraire, car il pense que la filature qu'il monte en ce moment sera non-seulement utilisée pour le dévidage des soies produites sur la concession de 300 hectares qui lui a été faite pour quarante-cinq ans dans les environs de Saint-Sébastien; mais encore dans un avenir plus ou moins éloigné par les cocons que produiront les petits éducateurs des environs, et même de toute l'Espagne. En attendant ces approvisionnements on dévidera des cocons exotiques que la Société se procurera. A ce premier atelier de dévidage on va joindre une filature pour utiliser les bourres et les déchets des bassines.

M. de Nueros avait évalué à 100 000 francs la dépense à faire pour monter l'établissement et soutenir l'exploitation pendant la période toujours improductive des premiers temps pour toute création nouvelle; mais par suite de l'aptitude, de l'assiduité des ouvriers qui travaillent en conscience sans qu'il soit indispensable, nécessaire même, d'avoir recours à des inspecteurs, il estime que 50 000 francs lui suffiront pour atteindre le résultat annoncé, et cependant il a augmenté le prix du travail en portant la journée à 2 francs au lieu de 1 fr. 50 cent. que gagne généralement l'ouvrier dans la localité qui a été concédée par le gouvernement. Cette mesure, qu'il est difficile de ne pas prendre lorsque l'on veut introduire quelque part une industrie nouvelle, n'a pas été vue d'un bon œil par les propriétaires des environs, qui ont pressenti que cela les amènerait à payer plus cher les ouvriers du pays.

D'après M. Cosme de Palacio, les cocons d'*Attacus Pernyi* obtenus sur la concession, près Saint-Sébastien, sont plus fournis de soie que ceux qui ont été récoltés précédemment par M. de Nueros en Catalogne. Il évalue à mille le nombre des cocons nécessaire pour obtenir une livre de soie grège.

Les chênes sur lesquels on élève les vers en Biscaye sont le chêne noir et le chêne blanc (*Quercus robur* ou *sessiliflora* et *Quercus pedunculata* ou *racemosa*), sans doute, dit M. Millet.

On a remarqué que l'*Attacus Pernyi* se développe plus rapidement sur le chêne blanc (*Q. pedunculata*) que sur le *robur*, et qu'il y a moins de vers dans la partie nord-est de la montagne que dans les autres; qu'enfin ils se portent d'abord sur les branches les plus élevées, ne descendant sur les inférieures qu'au fur et à mesure que les feuilles du sommet des arbres sont consommées.

Jusqu'à présent les éducations se sont faites sur les chênes à haute tige de la concession ; mais on va établir des taillis pour rendre plus facile le travail, tant de surveillance que de récolte. C'est précisément, d'après un des membres présents, ce qui s'est fait en France pour les éducations d'*Attacus cynthia* sur ailantes, notamment chez M. de Milly, dans les Landes, chez M. Usèbe, dans le département de Seine-et-Oise.

M. de Nueros a fait un essai d'éducation d'*Attacus Polyphemus*, mais quoi qu'il ait obtenu deux cents cocons, et qu'il soit ainsi démontré que cet élevage peut se faire en Espagne, il ne paraît pas disposé à poursuivre cette acclimatation, du moins pour l'exploiter industriellement. Il croit le *Pernyi* plus avantageux sous le rapport de la quantité de soie que le *Polyphemus*. Il s'occupe aussi d'étudier un ver à soie de la faune espagnole que l'on trouve aux environs d'Alicante, la *Saturnia Isabellæ* (Graells), qui se rencontre aussi, suivant M. J. Fallou, près de l'Escurial.

Pour la protection des vers contre leurs ennemis bien connus, les oiseaux et les insectes, on a recours, pour les premiers, aux moyens employés partout : les épouvantails et les coups de fusil. La chasse n'étant pas permise à l'époque des éducations de vers à soie, on fait manger sur place, par les gardes qui les ont tués, les oiseaux que l'on ne pourrait transporter sans encourir une amende.

Pour détruire les Fourmis, les Araignées, etc., on emploie une eau saturée de savon noir.

Lorsque les vers ont acquis un certain développement, les becfins qui ne peuvent plus les avaler, se bornent à les piquer; mais ces blessures suffisent pour amener la perte des chenilles qui se laissent tomber au pied du chêne sur lequel elles vivaient, ce qui a donné lieu à une observation très singulière. Le soir ou dans la nuit des taupes sorties de terre viennent faire leur pâture de ces blessés par les oiseaux. Ce fait, très curieux, a été constaté par un taupier à la chasse de ces petits mammifères dont il prépare les peaux pour faire des nappes de fourrure.

Au nombre des avantages qu'accorde la loi à la Société de la Granja sericicola de Yrisasi, il faut signaler une exemption de toutes contributions pendant les dix premières années de la concession; d'où résulte, naturellement la hâte avec laquelle M. Federico Perez de Nueros s'empresse de monter les ateliers de dévidage et de filature dont il vient d'être question, et qu'il compte faire fonctionner l'année prochaine.

M. le Président ayant demandé quelques renseignements sur le dévidage des cocons de *Pernyï*, en Espagne, M. de Palacio a répondu que l'on désagrége la soie des cocons avec le jus des chrysalides (*sic*), et que la température de l'eau est de 80 degrés centigrades environ.

M. le Président, après avoir, au nom des membres de la quatrième section, adressé à M. Cosme de Palacio les plus vifs remerciements pou ses communications si intéressantes, lui exprime le regret qu'un départ trop rapproché ne lui permette pas d'assister à la séance générale qui aura lieu le 14 mai, pendant laquelle les nombreux membres présents auraient été heureux de l'entendre.

M. de Palacio, appelé par un rendez-vous, quitte la séance après avoir renouvelé l'assurance que pendant le restant de son séjour à Paris il se tiendrait à la disposition de la Société d'Acclimatation pour répondre à toutes les questions qui lui seraient adressées.

M. Christian Le Doux donne communication d'une lettre de M. Albin Marcy, éminent graineur du département des Alpes-Maritimes, dont l'opinion est que « les cocons étouffés ne se vendant à Marseille qu'à raison » de 15 fr. 50 et même 15 francs le kilo pour 4, ce qui met le kilo de » cocons frais à moins de 4 francs les éducations de vers à soie deviennent » impossibles en France; qu'il faut laisser ce soin aux Chinois, ou baisser » d'un tiers le prix de la main-d'œuvre chez nous ». Or, M. Christian Le Doux fait observer que bien loin de consentir à une diminution, les ouvrières demandent une augmentation de salaire. Les fileuses, à Ganges, dans le département de l'Hérault, viennent de se mettre en grève, exigeant des patrons que le prix de la journée soit porté à 1 fr. 50. M. Christian Le Doux, dans son rapport sur la sériciculture à l'Exposition universelle de 1878, avait déjà posé en principe que l'élevage en grand du Ver à soie du Mûrier n'était plus possible en France avec la concurrence sans protection de la Chine et du Japon.

M. J. Fallou, continuant ses observations pour démontrer combien est erronée l'opinion assez répandue qu'à la suite des hivers rigoureux le nombre des insectes nuisibles est sensiblement diminué, cite parmi les coléoptères le *Valgus hemipterus* (Fabricius), dont la larve qui ronge le bois a parfaitement supporté le rude hiver de 1879-80.

Le Criocère du lis est tout aussi nombreux cette année que dans celles qui ont été précédées d'hivers très doux; il en est de même pour les lépidoptères; la *Penthina Ochroleucana* (Hubner), dont la Chenille attache les feuilles de Rosier et ronge les boutons; la *Penthina variegana* (Hubner), qui ronge aussi les feuilles et les boutons des Rosiers; les *Penthina gentiana* et *sellana*, espèces vivant dans les tiges des fleurs du chardon à foulon, dont les Chenilles ont supporté les grands froids de cet hiver et sont aujourd'hui bien vivantes.

M. Millet, parlant dans le même sens, annonce que les œufs du Bombyx neustrien ont très bien résisté dans le Vexin à une température de 26 degrés au-dessous de zéro. Dans toutes les bourses du Liparis, cul-doré, récoltées, les éclosions ont été parfaites.

M. Millet présente un flacon renferment une larve vivante de Dyptique. Cette larve, qui se trouve souvent dans les ruisseaux, est très carnassière, détruit une grande quantité d'œufs de Truites et de Saumon, et surtout le jeune alvin de ces poissons, au point de compromettre les éducations de ces Salmonides. Par contre les Truites, les jeunes Saumons sont très friands de cette larve, et lui font une guerre acharnée.

Il avait été déposé sur le bureau des échantillons d'un papier dit *anti-atrophique*, fabriqué en Italie, par M. Louis Millo, pour prévenir et combattre les maladies des Vers à soie. L'heure avancée n'a pas permis la lecture du mémoire qui les accompagnait.

La séance est levée à cinq heures.

Le Secrétaire,
CHRISTIAN LE DOUX.

ERRATUM. — Pendant qu'en France on ne voit généralement de salut pour la sériculture que dans les graines préparées d'après la méthode de M. Pasteur, en Syrie ces graines sélectées n'ont joué qu'un rôle insignifiant, représentant à peine la cent vingtième partie de la graine employée. L'immense majorité des éducations a été faite avec des graines provenant de cartons japonais reproduits en Syrie. (*Procès-verbal de la séance de la quatrième section du* 6 *janvier* 1880.)

IV· FAITS DIVERS ET EXTRAITS DE CORRESPONDANCE

La Dschugara et le Lallementia.

Nous trouvons dans l'*Indépendance belge* les renseignements qui suivent sur deux nouvelles plantes de culture citées dans le recueil de *Fühling*, la *Dschugara* et le *Lallementia :*

La Dschugara (dont le nom botanique n'est pas donné) est originaire de l'Asie centrale, c'est-à-dire du Turkestan, où elle est cultivée en grand. Les essais entrepris en Pologne ont donné le résultat suivant : 100 livres semées sur un arpent de kulm rendent 2800 livres de grain et une énorme quantité de paille que le bétail, bœufs et moutons, consomme avec avidité. La graine se réduit en poudre et peut s'utiliser comme la farine du grain ordinaire. Les Turcomans s'en servent pour leur nourriture et pour celle de leurs chevaux. La dschugara atteint une très grande hauteur de tige; on peut la couper à l'état vert; dans ce dernier cas, on la fauche quand elle a atteint à peu près le tiers de sa hauteur normale; ensuite, on la coupe au hache-paille, et, dans cet état, le produit du tiers d'un arpent polonais donne une masse fourragère capable de nourrir 12 bœufs pendant un mois. Une variété de ce végétal peut mûrir trois mois après avoir été semée. Sous le climat d'Odessa, elle arrive à maturité presque aussi bien que dans son pays d'origine. A l'analyse, la graine a donné : 11,6 d'eau, 2,8 de matière grasse, 53,5 d'amidon, 10,8 de dextrine et de sucre, 9,4 de fibrine, 10,1 de combinaisons protéiques, 1,9 de cendre.

On voit par cette composition qu'elle se rapproche de l'avoine et de l'orge, ce qui la rend plutôt utile pour l'alimentation des animaux que pour celle de l'homme.

Le *Lallementia iberica* a été acclimaté à l'école d'agriculture de Cherson. C'est un oléagineux appartenant à la famille des Labiées; il a quelques rapports avec le *Dracocephalum.* Ce végétal herbacé atteint une hauteur de 1/2 à 2 pieds 1/2 et produit jusqu'à 2500 graines dont on extrait une huile susceptible de servir d'huile comestible. Ses graines ont été vues à l'Exposition universelle de Vienne, où elle a été distinguée par le professeur Haberlandt. On jugera de la fécondité du *Lallementia* en la comparant à celle du lin : pendant que cette dernière ne donne que 120 à 150 graines, l'autre arrive à en fournir, comme l'a dit plus haut, jusqu'à 2500.

V. BIBLIOGRAPHIE

I

Nouveaux légumes d'hiver; Expériences d'étiolement pratiquées en chambre obscure sur cent plantes bisannuelles ou vivaces, spontanées ou cultivées, par A. Paillieux et D. Bois. 1 vol. in-18. Libr. agricole de de la Maison rustique, 26, rue Jacob. 1879.

On sait combien certains de nos légumes à tiges ou à feuilles comestibles, parmi ceux qui sont destinés à être mangés en salade, gagnent à être soustraits à l'action de la lumière. En même temps que la couleur verte s'efface, les principes d'âcreté ou d'amertume disparaissent, et la plante devient plus agréable au goût. Parfois même, elle arrive à être si insipide, qu'il est nécessaire de la relever au moyen de condiments ou d'herbes à saveur accentuée, telles que le persil, le cerfeuil ou l'estragon.

Les légumes dont nous parlons sont mis de plusieurs manières à l'abri des rayons du soleil : par la ligature, comme pour les Romaines et les Cardons; par l'ensablement, comme pour le Céleri; par l'étouffement sous des vases renversés, ainsi que cela se pratique pour le Crambé.

C'est en partant de cette donnée que, dans un article publié en 1851, M. H. Lecoq, alors professeur d'histoire naturelle à Clermont, émettait l'idée qu'il serait bon d'appliquer ce procédé à un grand nombre d'autres plantes, afin d'obtenir des légumes nouveaux (1).

« La méthode que je préfère, disait-il, est celle de l'étouffement, celle qui consiste à placer sur chaque touffe de racines, des pots à fleurs plus ou moins grands, qui forment une petite atmosphère ténébreuse dans laquelle la plante se développe et s'étiole. L'on pourrait presque dire que toutes les crucifères, toutes les ombellifères et toutes les synanthérées peuvent devenir alimentaires par ce procédé. Il a un avantage sur les autres : c'est qu'en entourant ces pots de réchauds de fumier, comme on a coutume de le faire pour le Crambé, on active la végétation, et l'on se procure en hiver des jeunes pousses très tendres et succulentes. J'ai pu par ce moyen obtenir un excellent résultat de la berce ou *heracleum sphondylium*, si commun dans nos prairies. Les *heracleum sibiricum*, *pyrenaïcum*, se comportent de la même manière, et se transforment, par simple étiolement, en légumes savoureux. Je citerai aussi les *eringium* ou panicauts, qui, par ce procédé ou par l'ensablement, donnent des pousses très tendres, d'une saveur agréable. J'ai converti en plantes alimentaires presque tous nos Chardons, et surtout les plus grandes espèces :

(1) Note sur deux cents légumes nouveaux. *Annales scientifiques, littéraires et industrielles de l'Auvergne*, t. XXIV, p. 263, 1851.

les Onopordes, le Chardon-Marie, le *Circium eriophorum*, etc... J'ai pu encore, par le même moyen, tirer parti de vieilles racines, comme des Carottes, des Raves, des Navets, des Betteraves, qui étaient devenues, à la fin de l'hiver, dures et filandreuses, et qui, placées en terre à l'obscurité et modérément chauffées sous des vases renversés, ont donné des pousses d'une délicatesse extrême, d'une saveur agréable et d'une couleur tout à fait attrayante. »

Notre dévoué confrère, M. Pailleux, ainsi que M. Bois, préparateur au Muséum, s'occupaient depuis longtemps d'études sur l'étiolement, à l'effet d'utiliser les vieilles racines des plantes potagères, lorsqu'ils ont songé, en 1877, à recommencer les expériences indiquées par H. Lecoq. Ils se sont fait un honneur et un devoir de faire remonter à ce dernier le mérite de leurs recherches, et nous les félicitons sincèrement de cette bonne pensée. Ils ne se sont pas demandé si la note de H. Lecoq n'était pas à peu près absolument inconnue de tous, et si l'idée qu'il avait émise n'était pas tombée dans le patrimoine commun, alors que lui-même ne paraît pas s'en être occupé pendant les vingt années qui se sont écoulées depuis 1851 jusqu'à sa mort. Durant cette période, d'ailleurs, la pratique de l'étiolement avait fait chez nous des progrès bien considérables, en ce qui concerne la production de la *Barbe de Capucin;* il en était de même en Belgique pour celle du Witloof (chicorée sauvage à grosse racine de Bruxelles), et en Angleterre, pour le Crambé ou Chou marin. MM. Pailleux et Bois auraient pu, dès lors, se considérer comme absolument dégagés vis-à-vis de la mémoire de H. Lecoq. Ils ont été mieux inspirés, en rendant à leur devancier le témoignage qui était dû à son initiative : Dans l'édifice si vaste qu'élève constamment la Science, chacun apporte sa pierre tour à tour, et il est d'un bon exemple de reconnaître sa part dans l'œuvre commune.

Ces Messieurs ont fait leurs expériences dans une chambre de rez-de-chaussée dont ils ont aveuglé les jours. Ils y ont placé un calorifère et ils ont planté les racines dans des caisses pleines de sable. Les résultats qu'ils ont obtenus sont intéressants. Parmi les plantes qui croissent partout en France et qui ne sont point utilisées pour l'alimentation, un certain nombre peut, au moyen de l'étiolement, offrir à l'industrie horticole une branche supplémentaire, et accroître, en salades principalement, les ressources de la table.

Comme rien n'empêche de juxtaposer les racines dans les caisses, l'opération de l'étiolement n'exige qu'un très petit espace. Une température tiède, un ou deux mètres de sable léger ou de terrain épuisé, un peu d'eau et une obscurité absolue, telles sont les conditions faciles du succès. On peut y arriver sans frais dans tous les réduits voisins d'un calorifère, d'une machine à vapeur, d'un four ou d'un séchoir, et à la condition de ne pas chauffer au-delà de 25 degrés maximum.

Les auteurs ont divisé en trois séries le compte-rendu de leurs essais.

La première comprend les plantes qui leur ont donné de bons résultats. Nous allons en faire connaître la majeure partie :

Artichaut (*Cynara scolymus*). — On liait autrefois cette plante pour la faire blanchir; aujourd'hui, huit ou dix millions de vieilles racines sont, chaque année, enfouies non sans peine dans le sol, jetées au fumier ou employées comme combustible, sans qu'on en ait d'abord extrait les cardes qui peuvent être utilisées pour l'alimentation. Or, l'étiolat de ces tiges donnerait facilement et promptement un excellent légume.

Bardane (bouillon noir, *Lappa major*). — Pousses tendres, très légèrement amères, fournissant une assez bonne salade.

Camomille (*Anthemis nobilis*). — Saveur très agréable. Étiolat destiné à occuper un bon rang parmi les salades d'hiver.

Carvi (Cumin des prés, *Carum carvi*). — Pousses menues, longues, formant une jolie salade; cependant, saveur aromatique assez forte pour qu'il convienne d'associer cet étiolat à un autre de saveur nulle.

Cerfeuil musqué (*Myrrhis odorata*). Bonne salade d'une saveur d'anis très sensible.

Chardon oléracé (*Cirsium oleraceum*). — Bonne salade, ferme sans être dure, d'une saveur faible.

Chervis (*Sium sisarum*).— Saveur aromatique; acquisition intéressante.

Menthe pubescente (*Mentha pubescens*). — Bonne salade, d'une saveur aromatique bien prononcée et fort agréable. (Les autres espèces de menthe n'ont pas donné de bons résultats.)

Millefeuille commune (*Achillea millefolium*). — Jolie salade, tendre, un peu trop menue.

Radis rose d'hiver de Chine. — Résultat remarquable; salade parfaite; pousses tendres, rosées, légèrement piquantes.

Scolyme d'Espagne (Cardouilles, *Scolymus hispanicus*). — Jolie salade, tendre, succulente, d'une très faible saveur, qu'on peut relever avec les étiolats de Carvi, de Menthe, de Cerfeuil musqué, ou de toute autre plante aromatique.

La deuxième série de ce compte-rendu comprend les plantes qui n'ont donné que des résultats médiocrement satisfaisants; toutefois les auteurs pensent que des tentatives nouvelles pourraient en faire juger autrement. La troisième série se compose des plantes dont les étiolats ont été insignifiants ou mauvais.

Nous ne voulons ni exagérer ni diminuer l'importance des recherches faites par MM. Paillieux et Bois; mais, ainsi qu'ils le reconnaissent eux-mêmes, leurs études ne sont pas définitives et elles ont besoin d'être renouvelées. Nous ferons même remarquer, en passant, que les végétaux indiqués par H. Lecoq, comme lui ayant donné des produits savoureux (*Heracleum sphondylium, eringium*), n'ont présenté que des résultats négatifs pour les nouveaux expérimentateurs. « Si la moitié des plantes de la première série, disent ces Messieurs, venait, grâce à l'étiolement, grossir nos ressources en légumes d'hiver, nous estimerions que notre temps n'a pas été perdu. » Nous serons moins exigeant, et si un ou deux des étiolats proposés était adopté par la culture maraîchère et par le public, les essais que nous venons de signaler à nos lecteurs auraient, à notre avis, rendu un véritable service.

Quoi qu'il en soit, la voie est ouverte : et quand bien même les plantes de notre pays ne pourraient nous donner aucun légume nouveau, soit à cause de l'esprit de routine des horticulteurs, soit parce que le produit obtenu ne serait pas suffisamment demandé sur le marché, est-ce à dire pour cela que tel ou tel végétal de la flore tropicale, inutilisée jusqu'à ce jour pour l'alimentation de l'homme, ne sera pas susceptible d'entrer dans la consommation, si on le soumet à l'étiolement ?

AIMÉ DUFORT.

II. — JOURNAUX ET REVUES.

(Analyse des principaux articles se rattachant aux travaux de la Société.)

Comptes rendus des séances de l'Académie des sciences. (Gauthies-Villars, 55, quai des Augustins.)

17 mai 1880. — *De l'influence de l'engraissement des animaux sur la constitution des graisses formées dans leurs tissus.*

La constitution des graisses contenues dans les tissus des animaux varie d'une espèce à l'autre, et dans la même espèce, avec l'âge et les conditions individuelles; elle varie aussi suivant les organes dans lesquels les graisses se sont accumulées. Spécialement, les tissus graisseux des animaux dont l'engraissement a été poussé très loin, présentent moins de consistance que chez les animaux plus maigres; ils contiennent une plus grande proportion d'acides gras liquides, et l'on sait que la valeur vénale des produits riches en graisses concrètes est notablement plus élevée que celles des produits dans lesquels dominent les graisses liquides. Des expériences récentes ont confirmé ces données; elles ont établi que, chez les animaux soumis à l'engraissement, la graisse est toujours plus pauvre en corps gras solides, et que cet effet se produit d'une manière constante.

Au point de vue des applications industrielles, il y a donc lieu d'attribuer, d'une manière générale, une valeur moins grande aux graisses d'animaux, dont l'engraissement a été poussé très loin. (A. Muntz.)

31 mai. — *Fonctions de la vessie natatoire des Poissons.*

1° La vessie natatoire est l'organe qui règle l'émigration des Poissons; ceux qui vivent toujours au fond de la mer sont privés de vessie, et n'émigrent pas, parce qu'ils sont toujours dans des eaux peu profondes et par suite tièdes (Raies, Turbots, Soles). Au contraire, les Poissons qui émigrent (Thons, Esturgeons, Morues, Harengs) ont tous une vessie natatoire. Ils vivent dans des eaux profondes et froides, et émigrent pour aller à la surface déposer leurs œufs dans des eaux plus chaudes.

2° La vessie natatoire des Poissons de mer est parfaitement close. La proportion d'oxygène qui s'y développe augmente avec la profondeur. Les Poissons ne s'élèvent pas comme des ludions, et ils ont à lutter, à l'aide de leurs nageoires, contre l'influence de leur vessie natatoire. Ils combattent, par des mouvements continus, les influences passives dues à la pression hydrostatique, dont ils ont tout à craindre, puisque ceux qui sont pêchés à de grandes profondeurs et amenés rapidement à la surface y arrivent avec la vessie déchirée.

3° La vessie natatoire produit chez les Poissons une double instabilité, l'une de niveau, l'autre de position. En effet, la vessie étant placée dans la région ventrale, le centre de gravité est au-dessus du centre de pression, et les Poissons sont toujours menacés d'être retournés sens dessus dessous. Aussi prennent-ils cette position quand ils sont morts ou moribonds. Cette gymnastique continuelle contribue sans doute à les rendre forts et agiles. (C. Marangoni.)

14 juin. — *Nouvelles expériences sur la résistance des moutons algériens au sang de rate.*

De premières études sur le sang de rate avaient établi que neuf moutons, de provenance algérienne, s'étaient montrés réfractaires à l'infection charbonneuse (1). De nouvelles expériences, faites sur quarante-sept autres moutons algériens, démontrent que cette résistance peut être considérée comme un caractère très général, et que cette précieuse qualité peut, en toute sûreté, être exploitée dans l'intérêt des opérations zootechniques. (A. Chauveau.)

28 juin. — *Sur la transmissibilité de la tuberculose par le lait.*

M. Peuch, ayant fait l'essai de nourrir trois Porcelets et deux Lapins avec le lait d'une Vache atteinte de phthisie, a pu constater récemment d'une manière certaine que cette maladie leur a été communiquée par le lait.

Ces faits, dit à ce propos M. Bouley, ne doivent pas demeurer cachés, et il est bon que le public sache que la tuberculose de la Vache peut se transmettre par l'usage alimentaire du lait *non bouilli*. Par suite, l'inspection doit se montrer rigoureuse, dans les abattoirs, à l'endroit des

(1) Académie des science, séances du 23 juillet 1879; compte rendu du 8 septembre suivant. *Bulletin de la Société d'Acclimatation*, Bibliographie; 1879, page 606.

Vaches phthisiques, et il est prudent de ne faire usage que de lait *bouilli*, surtout pour l'alimentation des jeunes enfants, *quand on n'est pas sûr de la source d'où il provient*. La maladie peut se transmettre encore par l'inoculation du jus de viande *crue;* mais la cuisson, qui éteint la vie cellulaire comme celle des parasites, détruit nécessairement dans la viande toute propriété nocive, au point de vue de la contagion (H. Bouley.)

Bulletin de la Société des sciences d'Alger.

1879. 3e et 4e trim. — *Le Lichen esculentus.*

Cette plante, que les Arabes appellent ***Kherat el Ard*** (excrément de la terre) existe en amas considérables dans le sud de la province d'Alger, où, vers 1845, une colonne expéditionnaire la rencontra, en s'approchant d'Aïn Taguin. Bien que très recherchée des Chevaux, des Chameaux et des Gazelles, ce produit, appliqué à la nourriture de l'homme, soit pur, soit mélangé à de la farine, n'a pas tenu les promesses qu'il avait fait concevoir dès le début. (Séance du 30 décembre 1879; Dr Bertherand.)

Le vin de Palmier récolté à Laghouat.

Les Palmiers, cultivés dans les oasis de Laghouat, ont une hauteur moyenne de 10 à 15 mètres; les plus grands atteignent 25 mètres. Ils peuvent vivre plus de cent ans; ils donnent 10 à 12 régimes par an; le régime à maturité pèse 3 4 à kilogrammes. Les Dattes de Laghouat même sont de qualité inférieure et sont consommées sur place; celles qui sont exportées viennent des Oasis du M'zab et d'Ouargla (1).

Le vin de Palmier (*Lagmi* des Arabes) est fourni par la sève de l'arbre, qui doit avoir au moins quarante ans, c'est-à-dire son maximum de vigueur. Lorsque le Palmier est très vieux et sur le point d'être sacrifié, on coupe le bouquet terminal en ménageant les palmes implantées au-dessous; mais si l'arbre doit être conservé, comme c'est le cas général, on creuse une incision circulaire au-dessous du bouquet terminal, qui est soigneusement respecté. Le liquide est amené, à l'aide d'un roseau, dans un pot en terre fixé au sommet du Palmier. On recueille ainsi, au début, de 7 à 8 litres de vin par jour; au bout d'un mois (et l'on dépasse rarement ce terme pour ne pas trop affaiblir le Palmier) on n'obtient guère que 3 à 4 litres. La récolte terminée, on recouvre avec soin l'incision avec de la terre. Le Palmier, ainsi traité et suffisamment arrosé, peut donner des dattes deux ans après et même plus tôt.

Les Arabes du Sud font grand cas du vin de Palmier, qu'ils recueillent chaque jour pour le consommer de suite. Ce vin est enfermé dans des

(1) Le cercle de Laghouat contient 675000 Palmiers ainsi répartis : Oasis d'Ouargha, 450000; Oasis de la Confédération du M'zab, 200000; Oasis de Laghouat, 25000. On compte environ 100 Palmiers mâles pour 5000 palmiers femelles. (*Note de M. Flatters, commandant supérieur de Laghouat.*)

bouteilles de verre très épais; dès que les ficelles retenant les bouchons sont enlevées, ceux-ci partent et le vin pétille à la façon du Champagne. Sa couleur est opaline, un peu lactescente, et son odeur légèrement excitante. Sa saveur est, au premier abord, très agréable et elle rappelle le cidre mousseux; mais lorsque le vin a perdu son acide carbonique, elle paraît fade. Au toucher il est gluant.

Sa composition, après la fermentation alcoolique, peut être représentée ainsi :

Eau	83 gr.	80
Alcool	4	38
Acide carbonique	0	22
Acide malique	0	54
Glycérine	1	64
Mannite	5	60
Sucre (exempt de sucre de canne)	0	20
Gomme	3	30
Substances minérales	0	32
Total	100 gr.	»

(M. Balland.)

III. — Publications nouvelles.

Etude du cheval de service et de guerre, d'après les principes élémentaires des sciences naturelles appliqués à l'agriculture; suivi du rapport présenté en 1849 à l'Assemblée nationale constituante au nom de ses comités de l'agriculture et de la guerre réunis pour étudier la question des haras et des remontes militaires; par A. Richard (du Cantal), cultivateur. 6e *édition*. Paris, librairie agricole de la Maison rustique. 5 fr. 50.

Maison rustique du XIXe siècle, rédigée par une réunion d'agronomes et de praticiens, sous la direction de M. Billy, Bixio et Malepeyre. T. II. Cultures industrielles; Animaux domestiques. In-8° à 2 col., VIII-568 p. avec vign. Saint-Ouen, imp. Boyer; Paris, librairie agricole de la Maison rustique.

Le Léporide et le Lapin de Saint-Pierre; par Eugène Gayot, de la Société nationale d'agriculture de France. In-8° à 2 col., 73 pages. Paris, imp. Schmidt.

Véritables causes de l'épidémie séricicole et moyens offerts aux sériculteurs pour obtenir une semence saine et aux mêmes conditions qu'avant l'apparition de la maladie ; par Pomaret et fils. In-8°, 7 p. Lyon, imp. Pitrat aîné.

Le Gérant : Jules Grisard.

PARIS. — IMPRIMERIE E. MARTINET, RUE MIGNON, 2.

I. TRAVAUX DES MEMBRES DE LA SOCIÉTÉ

NOTE RELATIVE

A

L'ÉDUCATION DES PIGEONS ROMAINS

Par le docteur J. JEANNEL

Ayant reçu en cheptel une paire de Pigeons romains au printemps de l'année 1877, j'ai fait, au sujet de l'éducation de cette belle race, quelques observations d'un certain intérêt.

Les produits des Pigeons romains comme ceux de toutes les races obtenues par sélection sont très inégaux, et, si l'on veut éviter la détérioration de la descendance, il faut, de toute nécessité, éliminer les sujets mal venus qui paraissent s'éloigner du type que l'on veut conserver.

Des conditions très diverses influent sur les qualités des produits ; les unes sont facilement appréciables, ce sont : l'âge des reproducteurs, l'alimentation, la saison, l'habitation ; les autres échappent à notre jugement et à notre influence, ce sont : le climat et la tendance à représenter la constitution des ancêtres après un certain nombre de générations qu'on nomme l'atavisme.

Quant aux progrès du développement des jeunes, la constatation du poids dont on connaît l'heureuse application à l'hygiène des enfants du premier âge, m'a paru de nature à fournir d'utiles indications pour l'élevage des Animaux domestiques en général et des Pigeons de forte race en particulier.

Je me propose de rapporter les observations que j'ai faites à ce sujet sur quelques Pigeons romains.

J'espère mettre en lumière des faits nouveaux dont on

pourra tirer parti. En tout cas, je suis persuadé que j'ouvre une mine féconde et que la pratique du pesage des jeunes animaux de diverses espèces se répandra parmi les éleveurs, car il est de toute évidence qu'un animal de race nettement caractérisée, doit, à un âge déterminé, avoir atteint un certain poids au-dessous ou bien au-dessus duquel il doit être rejeté comme s'éloignant du type de cette race.

Il m'a semblé nécessaire de simplifier la pratique du pesage.

La Balance métrique, sorte de romaine qui réduit l'opération du pesage à faire avancer ou reculer sur une règle graduée un poids unique, me semble plus commode que les balances ordinaires, en même temps qu'elle est d'un prix beaucoup moins élevé. En voici la description et la figure :

C'est une romaine réduite à une règle plate, inflexible en bois (BA) ; la courte branche (CB) supporte un panier ou berceau (S) destiné à contenir le sujet ; la longue branche est creusée d'une rainure (R) dans laquelle glisse un poids quadrangulaire (PP'). On pose la règle sur une table quelconque (T) la courte branche faisant saillie et soutenant le berceau suspendu à quelques centimètres du sol. Sur les bords de la longue branche sont gravées des graduations et des calculs faits indiquant le poids du colis, selon le point où le poids mobile arrive à lui faire équilibre.

FIGURE DE LA BALANCE MÉTRIQUE PROPOSÉE POUR LE PESAGE DES JEUNES ANIMAUX.

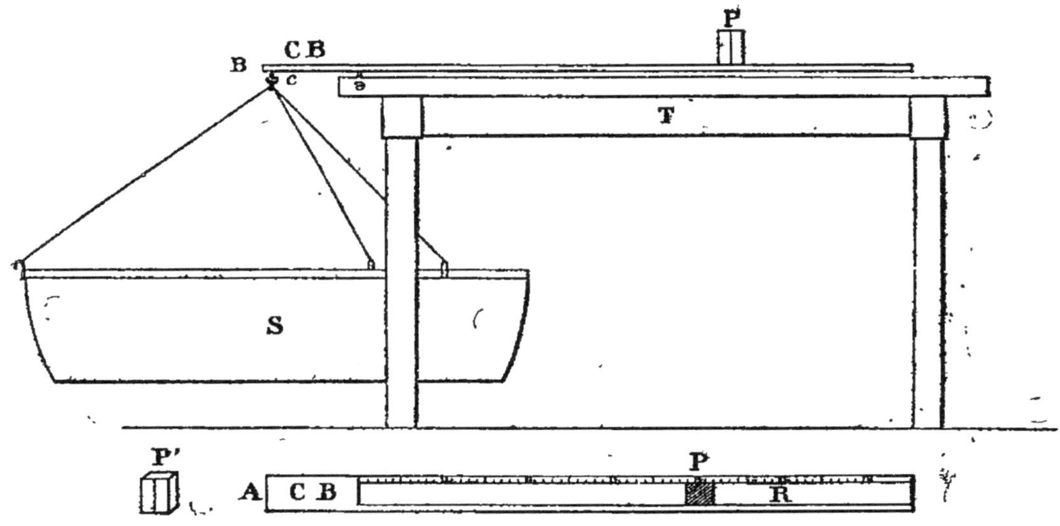

LÉGENDE.

A, balance métrique, vue de face.
B, — vue de côté.
C B, courte branche qui doit faire saillie au bord d'une table.
T, table. (On se sert d'une table quelconque.)
P P', poids rectangulaire mobile dans la rainure dont se trouve creusée la longue branche.
R, rainure dont la longue branche est creusée.
c, crochet auquel doit être suspendu le berceau.
d, point d'appui sur le bord de la table; il est formé de deux clous à tête ronde.
S, berceau suspendu au crochet c (1).

— *Poids des Pigeons romains noirs adultes provenant du jardin d'Acclimatation.*

Il faut d'abord constater le poids des Animaux adultes qui représentent la race dans sa perfection (2).

Mâles :

	Kilogr.
1 mâle de 2 ans, très vigoureux..............	0,755
1 — âgé de 18 mois....................	0,735
1 — —	0,725

(1) La balance métrique se trouve chez Collin, fabricant d'instruments de chirurgie, 6, rue de l'École-de-Médecine, Paris.

(2) Pour peser les Pigeons adultes je les introduis dans un sac dont le poids connu est soustrait du poids total que j'ai trouvé.

Le poids moyen des mâles serait donc de 738 grammes.

Femelles :

	Kilogr.
1 femelle de 2 ans........................	0,675
1 — de 18 mois........................	0,625
1 — —	8,615

Le poids moyen des femelles serait donc de 638 grammes.

Leur poids serait donc moindre que celui des mâles dans le rapport de 738 à 638 grammes ou de 100 à 86,4.

Par conséquent, quant à la race que je possède, on pourrait affirmer qu'un Pigeon dont le poids dépasse 700 grammes est un mâle.

D'ailleurs les mâles se distinguent encore, quoique moins nettement, par la largeur plus grande de la mandibule supérieure à son insertion, et par la plus grande abondance des rugosités caronculaires qui couvrent les narines.

— *Poids de l'œuf* (1).

L'œuf récemment pondu pèse de 20 à 24^{gr},3.

L'œuf près d'éclore pèse de 18 à 21^{gr},7.

— *Poids des Pigeonneaux*.

Les petits nouvellement éclos, et avant d'avoir été gavés pèsent 15 à 18 grammes. Les tableaux graphiques ci-joints font comprendre la marche de leur accroissement.

— *Remarques au sujet du tableau n° 1*.

Le Pigeonneau le plus fort parvenu le 33e jour au poids de 640 grammes, perd à partir de ce moment pendant qu'il s'emplume.

Il mange seul vers le 45e jour; il perd encore un peu de son poids.

Sa constitution se consolide et son poids augmente à dater du 55e jour.

Il paraît adulte vers le 60e jour.

Le Pigeonneau le plus faible parvenu le 31e jour à 530 gram-

(1) La balance métrique ci-dessus décrite ne peut pas servir pour les objets pesant moins de 100 grammes. Elle est commode pour peser les animaux dont le poids est de 100 à 1000 grammes environ; on emploie alors comme poids mobile un poids ordinaire en fonte de 200 grammes.

N° 1. — TABLEAU INDIQUANT L'ACCROISSEMENT DE DEUX PIGEONNEAUX ROMAINS, NÉS LE 22 ET LE 23 JANVIER 1880 (1).

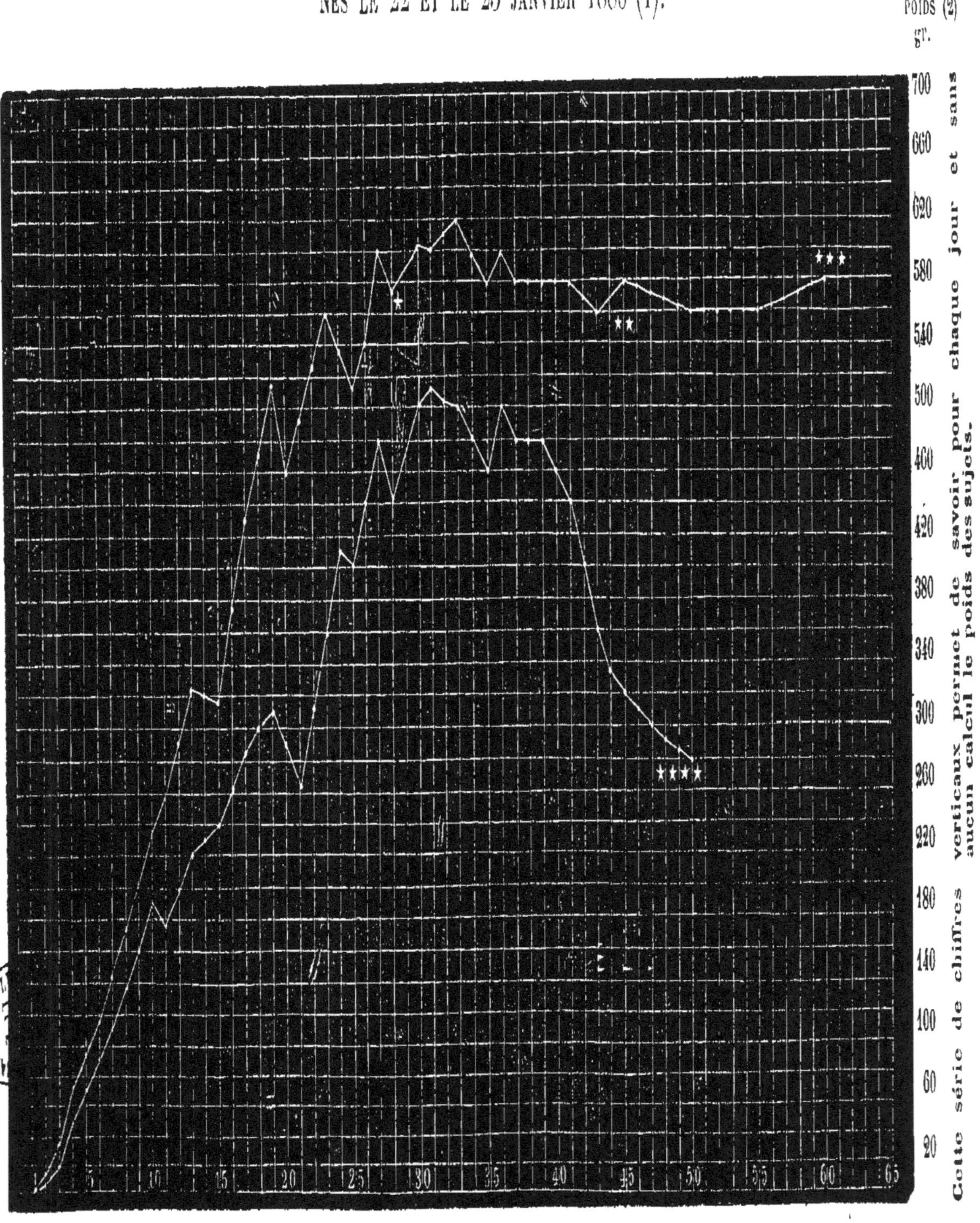

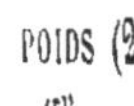

700 660 620 580 540 500 460 420 380 340 300 260 220 180 140 100 60 20

1 5 10 15 20 25 30 35 40 45 50 55 60 65

* ** *** ****

Cette série de chiffres verticaux permet de savoir pour chaque jour et sans aucun calcul le poids des sujets.

(1) La ligne horizontale portant les chiffres de 1 à 65 indique les jours écoulés depuis l'éclosion. On s'est borné à inscrire les chiffres de cinq en cinq jours afin d'éviter la confusion ; chaque intervalle indiqué par les lignes verticales du quadrille permet de compter les jours intermédiaires.

(2) La ligne verticale portant les chiffres de 20 à 700 indique les poids successivement croissant de 20 à 700 grammes. La rencontre des lignes verticales correspondant aux jours écoulés et des lignes horizontales correspondant aux poids fait connaître le poids du sujet chaque jour.

* Il mange seul.

** Les petits sont hors du nid sur le sol. La femelle a pondu le vingt-sixième ou le vingt-septième jour après l'éclosion.

*** Il est adulte.

**** Mort d'inanition.

N° 2. — TABLEAU INDIQUANT L'ACCROISSEMENT DE DEUX PIGEONNEAUX ROMAINS, NÉS LE 22 ET LE 23 JANVIER 1880 (1).

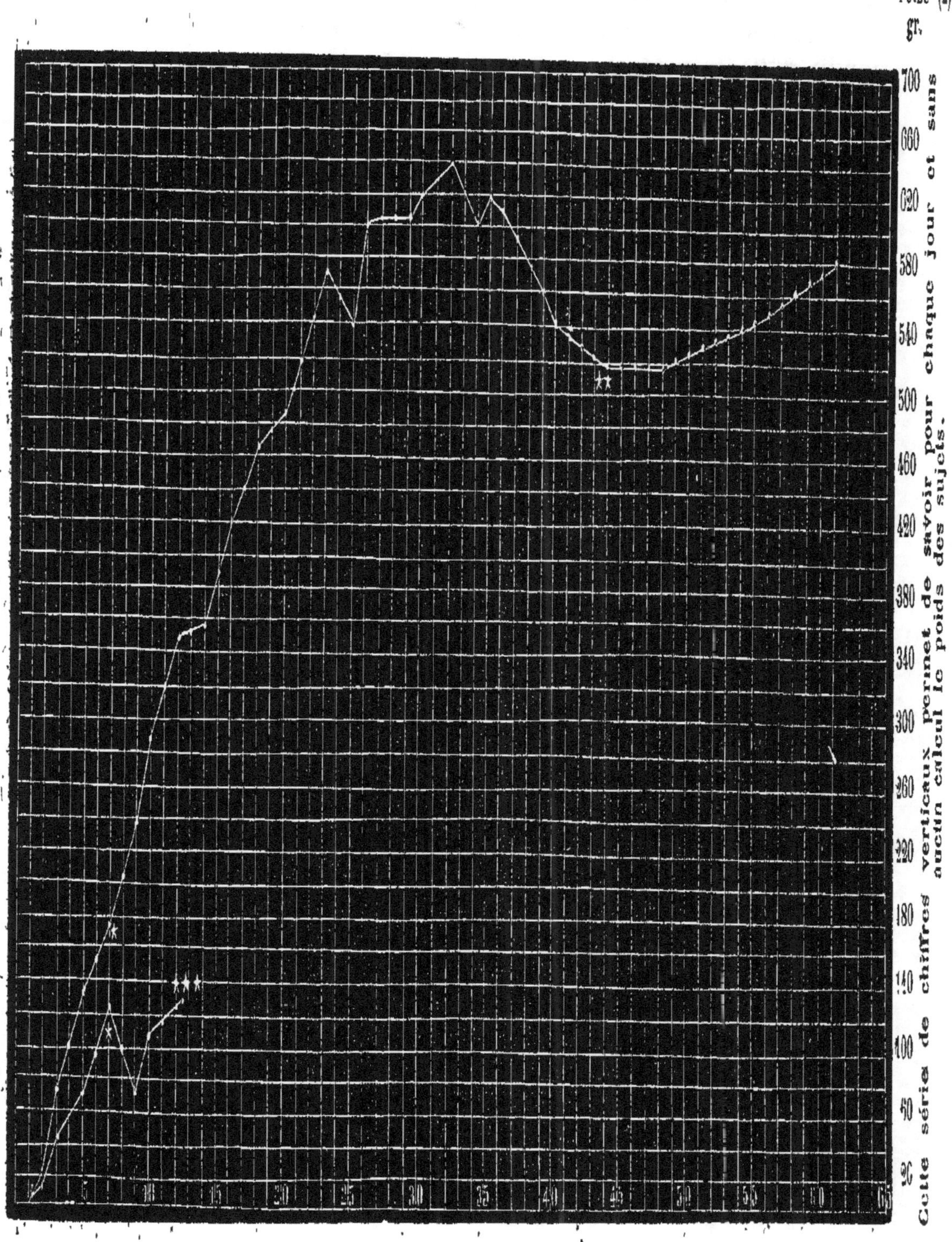

(1) La ligne horizontale portant les chiffres de 1 à 65 indique les jours écoulés depuis l'éclosion. On s'est borné à inscrire les chiffres de cinq en cinq jours afin d'éviter la confusion; chaque intervalle indiqué par les lignes verticales du quadrille permet de compter les jours intermédiaires.

(2) La ligne verticale portant les chiffres de 20 à 700 indique les poids successivement croissant de 20 à 700 grammes. La rencontre des lignes verticales correspondant aux jours écoulés et des lignes horizontales correspondant aux poids fait connaître le poids du sujet chaque jour.

* La femelle a disparu le huitième jour après la naissance des petits. Le mâle n'en a nourri qu'un.

** Il mange seul.

*** Mort d'inanition.

mes, incomplètement nourri par ses parents occupés d'une nouvelle couvée, se soutient jusqu'au 39e jour, puis il décline rapidement et meurt d'inanition le 50e jour, après avoir perdu 230 grammes, soit près de la moitié du poids qu'il avait le 31e jour.

— *Remarques au sujet du tableau n° 2.*

C'est un exemple de ce qui arrive lorsque le mâle reste seul chargé de l'éducation des petits, la femelle ayant disparu quelques jours après l'éclosion.

La femelle a disparu le 7e jour; le Pigeonneau le plus fort pesait alors 180 grammes, et le plus faible 145 grammes. Ce dernier retombe en deux jours à 90 grammes; il se relève un peu les trois jours suivants et atteint 150 grammes, cependant il meurt de froid et d'inanition.

Le plus fort continue son développement presque régulier gagnant de 30 à 40 grammes par jour; il atteint 660 grammes le 32e jour; puis il décline jusqu'à 540 grammes le 43e jour. Alors il mange seul, remonte peu à peu et atteint 600 grammes le 61e jour.

— *Remarques au sujet du tableau n° 3.*

Exemple de couvée d'un seul œuf.

L'accroissement a été de 15 grammes par jour le 2e et le 3e jour, de 30 grammes le 4e, de 50 grammes le 5e et encore le 6e, puis de 40 grammes le 7e et le 8e; en somme, l'accroissement moyen journalier des huit premiers jours a été de 30 grammes.

Un temps d'arrêt, probablement accidentel, se manifeste à dater du 8e jusqu'au 12e jour, puis l'élève gagne 140 grammes en un seul jour et arrive à 620 grammes le 24e jour, l'accroissement moyen journalier depuis l'éclosion ayant été de 30 grammes.

Mais à dater du 24e jour il décroît. Le 30e jour, lors de la nouvelle ponte de sa mère, il ne pèse plus que 580 grammes. Après avoir regagné 20 grammes, il décroît encore à dater du 35e jour.

Le 53e jour il mange seul, mais il a perdu 90 grammes; il perd encore 15 grammes jusqu'au 55e jour, mais alors il a

N° 3. — TABLEAU INDIQUANT L'ACCROISSEMENT D'UN PIGEONNEAU ROMAIN, NÉ LE 25 FÉVRIER 1880. COUVÉE D'UN SEUL ŒUF (1).

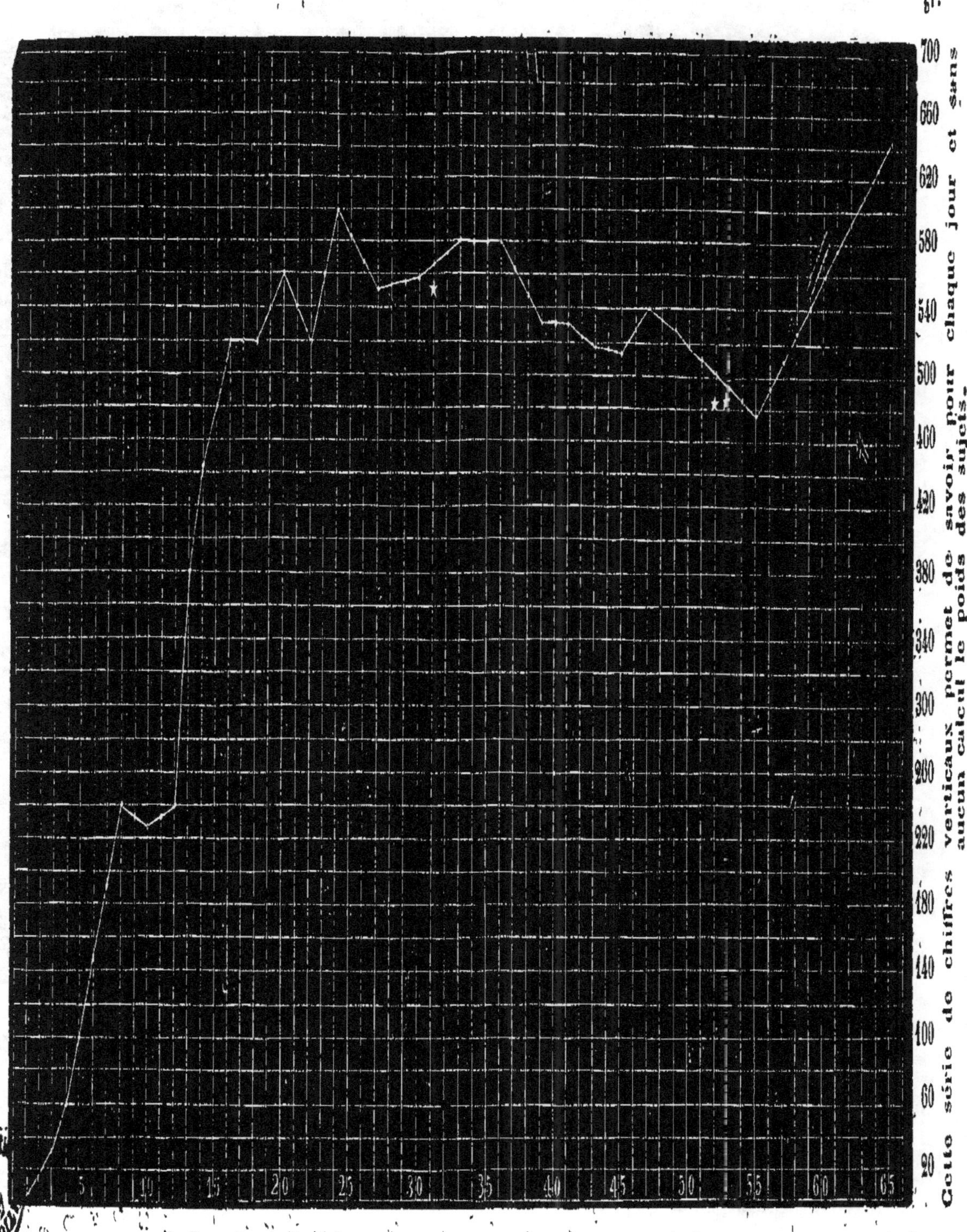

(1) La ligne horizontale portant les chiffres de 1 à 65 indique les jours écoulés depuis l'éclosion. On s'est borné à inscrire les chiffres de cinq en cinq jours afin d'éviter la confusion ; chaque intervalle indiqué par les lignes verticales du quadrille permet de compter les jours intermédiaires.

(2) La ligne verticale portant les chiffres de 20 à 700 indique les poids successivement croissant de 20 à 700 grammes. La rencontre des lignes verticales correspondant aux jours écoulés et des lignes horizontales correspondant aux poids fait connaître le poids du sujet chaque jour.

* La femelle a pondu le trentième jour après l'éclosion.

** Il mange seul et sort du pigeonnier.

N° 4. — TABLEAU INDIQUANT L'ACCROISSEMENT DE DEUX PIGEONNEAUX ROM I S, NÉS LES 18 ET 19 AVRIL, 1880.

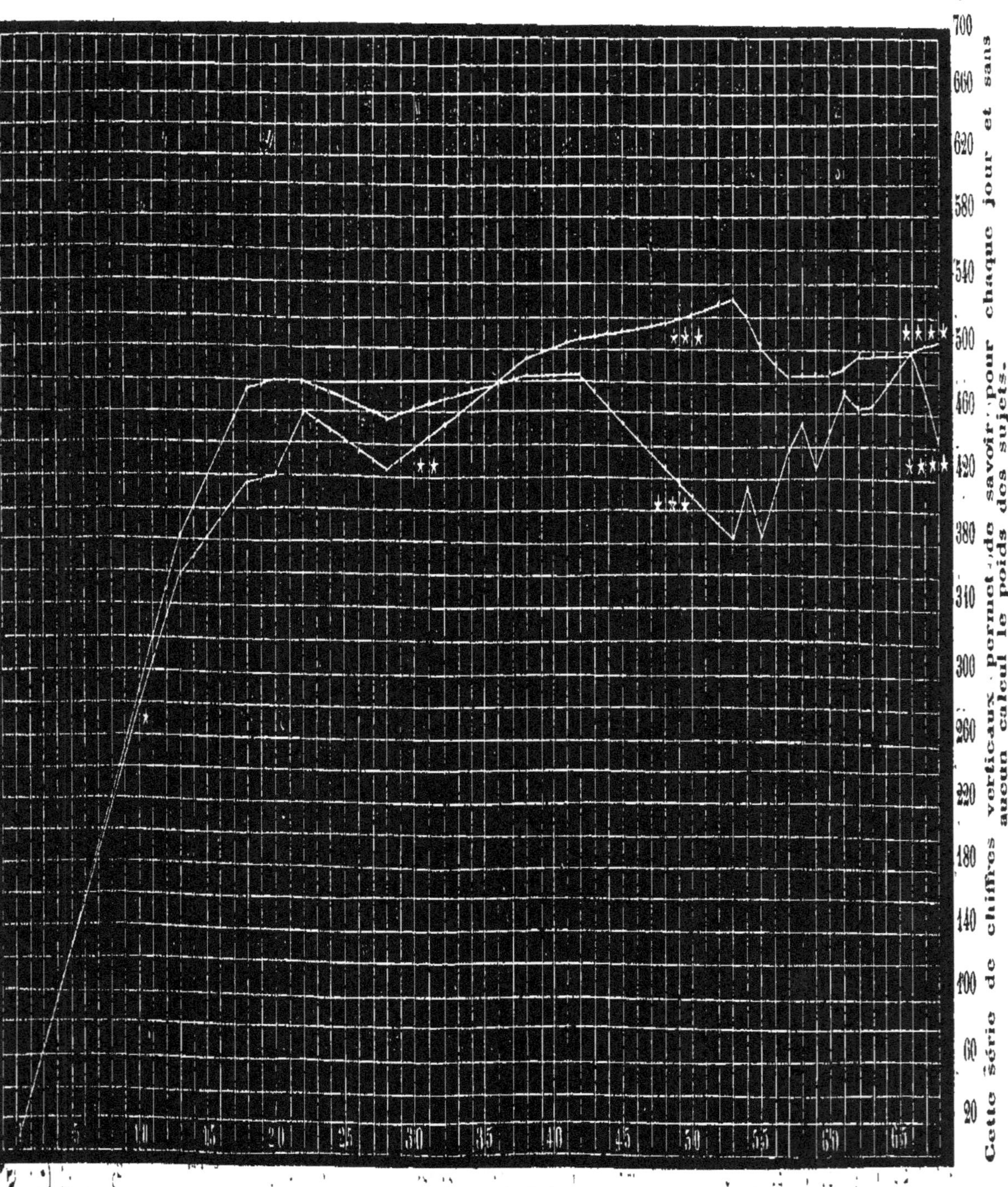

(1) La ligne horizontale portant les lignes de 1 à 65 indique les jours écoulés depuis l'éclosion. On s'est borné à inscrire les chiffres de cinq en cinq jours afin d'éviter la confusion ; chaque intervalle indiqué par les lignes verticales du quadrille permet de compter les jours intermédiaires.

(2) La ligne verticale portant les chiffres de 20 à 700 indique les poids successivement croissant de 20 à 700 grammes. La rencontre des lignes verticales correspondant aux jours écoulés et des lignes horizontales correspondant aux poids fait connaître le poids du sujet chaque jour.

* Les pesées journalières ont commencé le dixième jour.

** La femelle a pondu le trentième jour après l'éclosion des petits.

*** Ils mangent seuls.

**** Le 19 juillet, à l'âge de trois mois, le plus fort pèse 600 grammes et le plus faible 535.

pris son essor, il pourvoit lui-même à ses besoins et dans les dix jours suivants, regagnant 170 grammes, il atteint 665 grammes.

— *Remarques au sujet du tableau n° 4.*

Exemple de couvée médiocre.

Jusqu'au 20e jour l'accroissement a été à peu près normal, le poids du plus fort atteignait 500 grammes; mais à dater du 20e jusqu'au 30e jour (jour de la ponte nouvelle), l'accroissement étant arrêté, ils ne pesaient plus que 480 et 460 grammes. Le plus fort a atteint 560 grammes le 53e jour pour redescendre peu à peu à 500.

Le 68e jour ils n'étaient pas encore sortis; l'un pesait 525 et l'autre 465 grammes.

A l'âge de trois mois, le plus fort pesait 600 grammes et le plus faible 535. Je juge que ce sont des élèves à réformer.

— *Remarques au sujet du tableau n° 5.*

Exemple de couvée très médiocre.

L'observation journalière n'a été faite qu'à dater du 37e jour après l'éclosion.

Deux Pigeonneaux abandonnés par leurs parents le 37e jour. Ils mangent seuls longtemps avant d'être emplumés.

Le 58e jour il ne pesaient l'un et l'autre que 400 grammes. Ils sont éliminés comme insuffisants.

Observations diverses.

On sait que les Pigeons de toute race couvent 21 jours. Les romains adultes pondent 30 à 35 jours après l'éclosion des petits.

A l'âge de 25 à 30 jours, c'est-à-dire vers l'époque de la nouvelle ponte de leur mère, les petits doivent avoir atteint le poids minimum de 600 grammes. Ceux qui à 35 jours n'auront pas atteint le poids de 600 grammes devront être éliminés comme impropres à perpétuer la race.

Depuis l'âge de 30 à 35 jours jusqu'à celui de 50 jours environ ils perdent 1/5 de leur poids; c'est l'époque qu'on pourrait appeler la crise du sevrage; alors ils achèvent de s'emplumer et deviennent adultes.

N° 5. — TABLEAU INDIQUANT L'ACCROISSEMENT DE DEUX PIGEONNEAUX ROMAINS, NÉS LE 2 MAI 1880 (1).

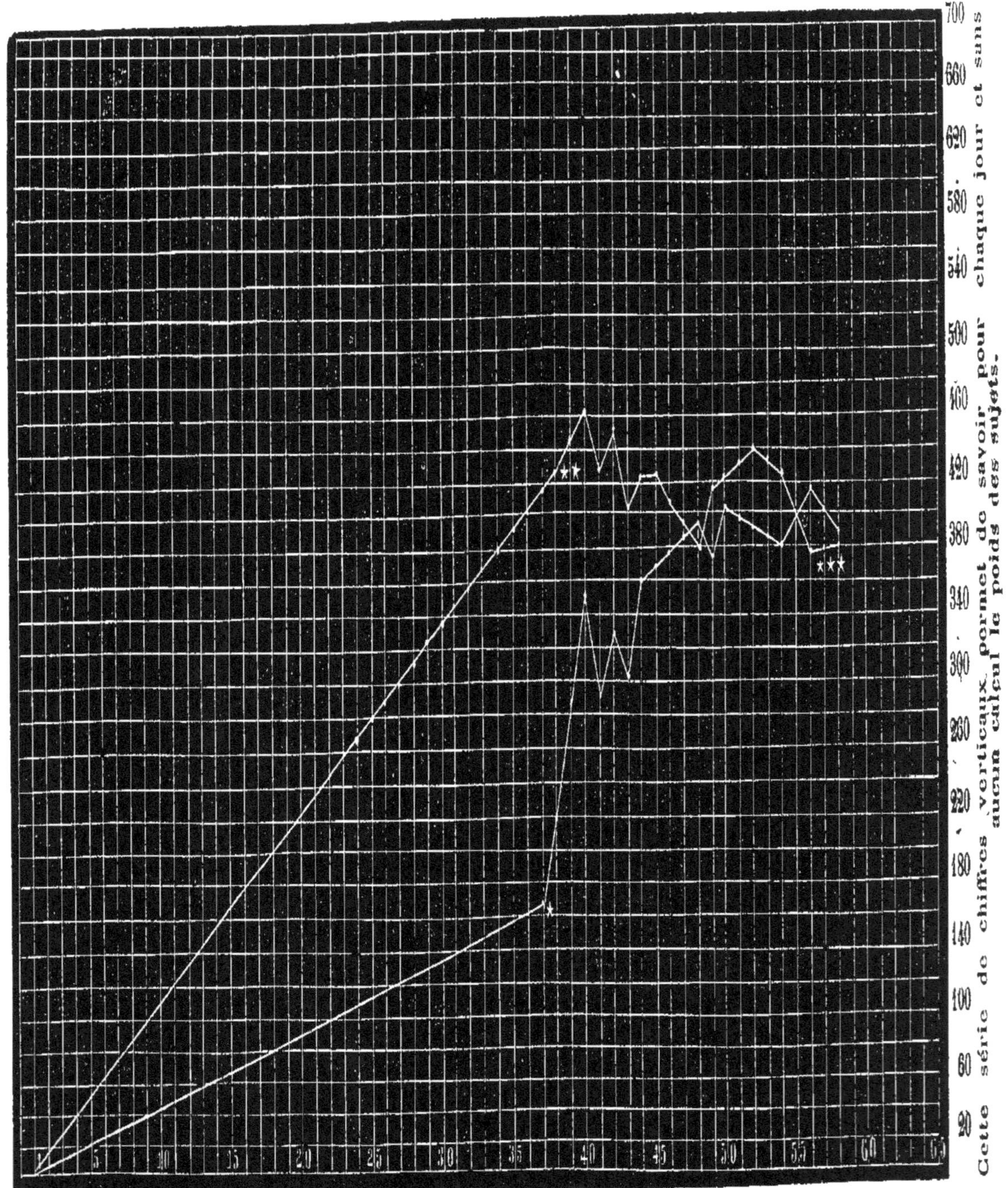

(1) La ligne horizontale portant les chiffres de 1 à 65, indique les jours écoulés depuis l'éclosion. On s'est borné à inscrire les chiffres de cinq en cinq ours afin d'éviter la confusion; chaque intervalle indiqué par les lignes verticales du quadrille permet de compter les jours intermédiaires.

(2) La ligne verticale portant les chiffres de 20 à 700 indique les poids successivement croissant de 20 à 700 grammes. La rencontre des lignes verticales correspondant aux jours écoulés et des lignes horizontales correspondant aux poids fait connaître le poids du sujet chaque jour.

* L'observation journalière a été prise à dater du trente-deuxième jour après l'éclosion.(La femelle avait pondu le trente-deuxième jour.)

** Ils mangent seuls.

*** Sacrifiés comme trop faibles.

Les Pigeonneaux qu'on ne veut pas conserver pour la reproduction, devront être livrés à la consommation vers l'âge de 30 jours. C'est alors qu'ils ont obtenu le maximum de poids pour la moindre dépense d'aliments.

D'après mon observation, 4 paires de Pigeons romains peuvent prospérer dans un espace de 8 mètres cubes, largement aéré.

Ils se nourrissent très bien de maïs et d'orge. Ils mangent environ 3/4 de maïs et 1/4 d'orge, ayant l'un et l'autre grain à discrétion.

Souvent les petits abandonnés par les parents mangent seuls longtemps avant d'être en état de sortir. C'est pourquoi il est nécessaire de fournir le grain à discrétion avec l'abreuvoir dans le pigeonnier.

Cependant il convient de donner aussi du grain sur le sol à quelque distance du pigeonnier ; ils sont ainsi engagés à voler et à séjourner au grand air, et deviennent alertes et vigoureux.

Les Pigeons romains sont avides de pain émietté et de débris de viande, de poisson et de graisse. Ils aiment le beurre par-dessus tout; bien qu'ils aient du grain en abondance, une fois qu'ils ont trouvé le chemin de la cuisine on a de la peine à les éloigner; ils pénètrent par les portes ou par les fenêtres dès que la ménagère s'absente un moment.

Ils recherchent les jeunes feuilles de quelques végétaux, surtout celles du *Saxifraga hirsuta*, du *Sedum telephium* et du *Dielytra spectabilis*. Ces plantes, cultivées à leur portée, contribuent pour une part très appréciable à leur alimentation.

Un Pigeon romain, âgé de 40 jours et pesant 500 grammes, privé de nourriture et de boisson pendant vingt-quatre heures, la température extérieure étant de + 25 degrés, perd 75 grammes de son poids. En une heure il prend alors 70 grammes d'aliments.

ÉDUCATIONS D'ATTACUS PROMETHEUS

(Vers à soie de l'Amérique du Nord)

FAITES A ARRAS

Par Charles BUREAU.

Depuis plusieurs années je m'occupe avec succès de l'élevage en chambre de l'*Attacus Prometheus*. Cette année j'ai dû chauffer le local où se trouvaient mes chenilles, la température de l'été ayant été constamment froide; ce fait n'est que passager, car ce ver, très rustique, peut vivre parfaitement à l'air libre en temps ordinaire.

Afin de pouvoir suivre cette éducation, j'ai résolu de traiter ce petit travail par gradation; je vais donc débuter par la description de l'œuf et la nourriture des vers; je continuerai par la description de la chenille aux différents âges, terminant par les descriptions du cocon et des papillons.

Œuf. — L'œuf est rond, légèrement déprimé, il est blanc, veiné d'une substance gommeuse rouge ocracée.

Quinze à dix-huit jours après la ponte, l'éclosion se produit.

Nourriture de la chenille.— La nourriture de ce séricigène est très facile à se procurer, il mange toutes les espèces de lilas et de cerisiers; comme pour toutes les éducations, sauf pourtant pour le Ver à soie du mûrier, on l'élève sur des branches coupées trempant dans un vase dont on renouvelle l'eau tous les jours.

1er *âge.* — A sa sortie de l'œuf, le 1er juillet, le ver est jaune pâle, la tête est noire, brillante, ornée d'une ligne horizontale jaune, les pattes membraneuses sont de la couleur du corps, les écailleuses sont noires luisantes; chaque anneau est traversé sur la largeur par deux lignes noires entre lesquelles on voit des tubercules de même couleur au nombre de 6 sur les dix premiers segments rangés les uns devant les autres, ces tubercules sont surmontés de petits poils noirs, les deux rangées de la région dorsale sont plus voyantes que les autres.

A cet âge, comme aux deux suivants, ces chenilles vivent en famille sous la feuille qui les nourrit.

Après dix jours de nourriture et quarante-huit heures de sommeil, le 12 juillet, elle opère sa première mue.

2me *âge.* — A cet âge, cette chenille n'est guère modifiée, les tubercules sont jaunes de la couleur du fond; ceux des premiers et derniers anneaux de la région dorsale sont restés noirs.

3me *âge.* — Le 22 juillet, la chenille prend alors un autre aspect, elle se couvre d'une poussière d'un blanc opaque qui reste sur les doigts lorsqu'on la touche; cette poussière persiste aux âges suivants. Les tubercules sont tantôt jaunes, tantôt noirs; ceux des deuxième, troisième et onzième segments sont plus proéminents que les autres.

Cet âge dure quatorze jours, dont trois jours de sommeil.

4me *âge.* — A leur nouvelle mue, le 5 août, les tubercules sont pour ainsi dire remplacés par de larges taches noires, ce qui fait ressortir davantage ceux des deuxième, troisième et onzième segments; celui du onzième anneau est jaune, ceux des deuxième et troisième anneaux sont vermillon et quelquefois jaune orange; ils ont tous un cercle noirâtre à la base. Les lignes transversales noires qui bordaient les tubercules ont disparu. La tête est vert jaunâtre ainsi que les pattes écailleuses; les pattes membraneuses sont de même couleur, avec quelques petits points noirs.

Cet âge dure dix-sept jours, dont deux jours de sommeil.

5me *âge.* — Le 22 août, cette chenille prend la dernière livrée; elle devient alors très tendue et presque transparente, les tubercules rouges sont très développés, celui du onzième segment est quelquefois noir avec l'extrémité jaune ; tous les autres ont pour ainsi dire disparu ; ils sont remplacés par une tache noirâtre s'éclaircissant sur les bords qui sont bleu pâle.

Vingt jours après, la chenille cherche un endroit propice pour la confection de sa coque.

Cocon. — Le 10 septembre, ayant acquis toute sa taille, environ 0m 60 millimètres, le ver se met à filer, il procède de la même manière que le Cynthia. Après avoir fixé à la branche le pétiole de la feuille qu'il a choisi, il contourne celle-ci de façon à recouvrir presque entièrement sa demeure.

La soie est blanche au début, mais aussitôt le cocon terminé, la chenille rejette un liquide qui change tout à fait la teinte première, il devient alors de la couleur de celui de lA'ilante, un peu plus rougeâtre pourtant.

Papillons.— La chrysalide, après avoir passé l'hiver, donne généralement son papillon dans le courant de juin.

Le mâle diffère beaucoup de la femelle, tant par la coupe des ailes que par la couleur ; il a les ailes supérieures plus allongées et falquées au bord externe. Les quatre ailes sont noir-suie tranchées au centre par une ligne fine sinuée, d'un gris verdâtre ; l'espace terminal est grisâtre lavé de violet à l'angle apica , des taches noirâtres irrégulières ornent les bords des inférieures. La ligne terminale est noire, très découpée ; l'angle apical noir, bordé intérieurement d'un léger filet bleuté, est surmonté d'une tache carminée sinuée d'une petite ligne blanche. Le dessous possède les mêmes dessins, mais le noir est lavé de rouge et ne s'étend que jusque vers le milieu des ailes, le reste est pointillé de carmin foncé. Vers le milieu de chaque aile on aperçoit une tache triangulaire blanche, souvent peu apparente. Les antennes sont noires pectinées, les pattes et l'extrémité de l'abdomen sont d'un brun carminé foncé.

L'envergure de ce papillon est d'environ 10 centimètres.

La femelle, légèrement plus grande que le mâle, a les ailes

plus arrondies ; tous les dessins du mâle se rencontrent chez elle, les quatre ailes sont tantôt d'un rouge brique plus ou moins foncé, tantôt d'une couleur carminée assez vive ; l'espace terminal est de la même couleur que dans le mâle, mais un peu plus claire ; la ligne sinueuse qui tranche les ailes est très anguleuse, elle est noire, bordée de blanc. La série des taches des ailes inférieures est rouge vineux ; enfin, les quatre ailes sont ornées dans leur milieu d'une tache blanche triangulaire irrégulière ; chez certains types, la tache des supérieures est beaucoup moins visible, et même quelquefois totalement éclipsée.

Le dessous est d'un rouge grenat jusqu'à la ligne médiane, tout le corps possède sur les côtés des lunules blanches et participe de la couleur générale ; les antennes sont également rouges, elles sont moins larges et moins pectinées que chez le mâle.

Les accouplements de cette espèce sont très difficiles, il faut un grand nombre de sujets placés dans un emplacement très vaste, et une température assez élevée.

DES PRODUCTIONS VÉGÉTALES DU JAPON

A L'EXPOSITION UNIVERSELLE DE 1878

Par le docteur Édouard MÈNE

Chargé par la Société d'Acclimatation de faire un rapport sur les productions végétales du Japon, qui ont figuré à l'Exposition universelle de Paris en 1878, j'ai cru devoir diviser ce travail en deux parties :

1° Ferme japonaise du Trocadéro ;

2° Produits végétaux exposés dans le palais du Champ de Mars.

On peut affirmer l'importance considérable de l'exposition du Japon, sous tous les rapports, aussi bien au point de vue de la production et de l'industrie, qu'au point de vue de l'art et de l'instruction publique. Depuis l'année 1868, ce pays a fait d'immenses progrès qui augmentent chaque jour.

C'est en 1878, que, pour la première fois, le Japon a véritablement fait, à Paris, une exposition de ses produits et a envoyé des spécimens remarquables, qui ont montré, non seulement l'intelligence de ce peuple, mais encore ont prouvé tout le parti qu'il sait tirer de la nature, et nous ont éclairés sur bien des productions peu connues de ces contrées.

Qui n'a admiré les bronzes merveilleux incrustés d'or et d'argent, les porcelaines, les faïences, les laques d'or admirables, les ivoires, les émaux cloisonnés de toute espèce, qui faisaient de l'exposition du Japon une merveille de goût, d'art et de fini de travail !

Mais les deux parties les plus importantes de cette exposition, qui ont pu passer inaperçues à bien des yeux, étaient la ferme japonaise du Trocadéro et la collection des produits végétaux exposés dans les galeries du Champ de Mars.

La ferme japonaise, ou, pour parler plus vrai, le jardin où

la Commission japonaise avait réuni une grande quantité des plantes les plus utiles, soit semées, soit transportées, avec beaucoup de difficulté et de peine, du Japon sur les pentes incultes et non ombragées du Trocadéro, avec 10 centimètres, au plus, de terre végétale et où l'on remarquait une collection très curieuse des principales plantes nanisées, qui sont très recherchées par les Japonais;

L'exposition des produits végétaux du Champ de Mars, qui occupait les salles du fond de la section japonaise, remarquable par l'ordre, le sens pratique et l'organisation qui faisaient ressortir l'importance réelle de chaque produit.

C'était une réunion très complète, très instructive, des productions végétales indigènes de toute espèce, servant à l'alimentation et à l'industrie, augmentée des spécimens artificiels de fruits et de légumes.

Cette exposition comprenait des séries de tableaux exposés par les ministères de l'Instruction publique, de l'Intérieur et des Finances, représentant les feuilles, les fleurs, les fruits, les tiges des végétaux les plus usuels, tableaux destinés à propager dans les écoles les notions de la botanique pratique.

D'autres tableaux indiquaient la culture, la récolte et l'industrie de certains produits végétaux les plus importants (Riz, Thé, Kaki, etc.).

Des aquarelles très remarquables exposées par le ministère de l'Agriculture de Tokio, faisaient ressortir les céréales et les légumes les plus usités, avec des échantillons de graines.

Des dessins en grand nombre et des photographies complétaient cette exposition.

La Commission japonaise avait publié une sorte de catalogue, en deux volumes, qui renfermait des détails intéressants (1) sur les bois, les laques, les boissons fermentées, les plantes marines, les céréales, les légumes, les fruits, les champignons, les huiles et cires, les matières tinctoriales, le tabac, les plantes fibreuses, le thé et la culture du mûrier.

Ce qui frappe dans l'étude des produits végétaux du Japon,

(1) En suivant l'ordre du Catalogue.

c'est la difficulté de leur attribuer un nom certain : en consultant les livres *Kwa-wi* (Choix de Plantes), 1759 ; le livre *Phonzo-Zoufou* (Traité de Botanique avec planches), par Iwasaki Tsounemassa d'Yédo (1828); le livre *Sô Mokou Zoussetz* (Traité de Botanique avec planches), par Yonan-Si et Razan ono Kiakou Ibou (1856); en suivant les indications du botaniste japonais Tanaka et de l'éminent naturaliste japonais Itoo-Keiske ; en étudiant le remarquable ouvrage de MM. Franchet et Savatier (*EnumeratioPlantarum in Japonia,*... 1875); en lisant les travaux du docteur Vidal sur les animaux et plantes utiles du Japon (*Bulletin de la Société d'Acclimatation*, 1875); en notant les dénominations indiquées sur les produits exposés et dans le catalogue de la Commission japonaise, on arrive, tantôt, à plusieurs noms différents pour la même plante et la même variété, tantôt à un seul nom générique pour désigner des espèces et des variétés différentes. Quant à la manière d'écrire les noms japonais, elle est souvent modifiée suivant les différents auteurs, et il est difficile de déterminer quelle est la véritable orthographe. J'ai surtout cherché à connaître les usages japonais des différentes plantes qui garnissaient le jardin du Trocadéro et des produits végétaux renfermés dans les vitrines de l'exposition du Champ de Mars; je les ai succinctement indiqués dans ce rapport, en m'attachant à éviter, autant que possible, les erreurs très faciles à commettre, et je me suis efforcé de faire ressortir l'importance de tout ce qui pouvait être utilisé pour l'acclimatation.

FERME JAPONAISE DU TROCADÉRO

En arrivant au Trocadéro par le pont du Champ de Mars, on trouvait, à mi-hauteur, en montant sur la gauche, un jardin entouré d'une clôture de gros bambous jaunes, de deux mètres de hauteur, espacés à distance d'un mètre et soutenant un véritable treillage de bambous plus petits, placés les uns horizontalement, les autres verticalement, et assemblés par des liens en bambou. Le long de ce treillage, grimpaient entrelacés des pois, des haricots à fleurs soit blanches, soit lilas, des concombres cultivés, attachant leurs longues vrilles aux tiges de bambou et mêlant leurs larges corolles jaunes à leurs longs fruits verdâtres. Le pavillon blanc au disque rouge de l'empire du Soleil Levant flottait au haut d'un mât et l'on pouvait, en entrant, se croire transporté dans un coin du Japon.

En avant et de chaque côté de la porte d'entrée se dressait, sur un gros galet, une jolie jardinière en porcelaine blanche d'Owari, à décor bleu, représentant des oiseaux voltigeant sur des branches de pêcher en fleur et contenant une touffe de petits bambous à tige jaune, à nœuds verdâtres, au feuillage élégant.

En arrière de la jardinière et de chaque côté de la porte, une véritable palissade en bambou, formée de tiges de petits bambous jaunes, posées verticalement, serrées les unes contre les autres et assemblées par des morceaux de bambous plus gros coupés dans leur moitié et placés horizontalement.

On ne pouvait franchir la porte sans s'arrêter, malgré soi, un instant à la contempler et à l'admirer.

Deux montants de bois arrondis, sculptés en relief, représentant des branches de pivoines en fleur et des iris (Chaga) en formaient les soutiens. Sur des panneaux sculptés à jour, en plein bois, délicieux de dessin et d'exécution, des branches de lis avec leurs feuilles, leurs boutons et leurs fleurs, des branches de buis, des épis de blé, des Liserons s'entremêlant avec des Chrysanthèmes (Kiku) (1), et tranchant sur le tout, des panneaux en bois gris noirâtre de Diospyros-Kaki. Au-dessus de la porte un coq et une poule merveilleusement sculptés : la poule picore pendant que le coq se dresse fièrement auprès d'elle.

A peine entré, un sentiment de curiosité faisait examiner avec soin ce jardin formé de plates-bandes ovales ou allongées, entourées les unes de tiges de bambou coupées dans leur moitié et affleurant la terre; les autres bordées de longues tuiles vernissées, de couleur blanche, jaune, verte ou rougeâtre, et remplies de plantes et d'arbres inconnus ou peu connus, et que la Commission japonaise avait très intelligemment choisis parmi les plus utiles du Japon.

En parcourant les allées, on trouvait, de distance en distance, des espèces de dressoirs en bois de sapin, soutenus par six gros bambous, s'élevant à plusieurs mètres et maintenant une toile destinée, soit à tempérer l'action des rayons solaires et à garantir les plantes placées dans des pots rouges ou grisâtres, et rangées sur les planches des dressoirs, soit à préserver de la pluie des graines en train de sécher.

Sous d'autres dressoirs, on remarquait des flacons de graines de millet, de blé, de chènevis, de sarrasin, de piment, de potiron, de melon, de fèves, de haricots, de pois de différentes espèces.

On s'arrêtait devant une petite maison japonaise, occupant le centre du jardin, formée presque entièrement de bambou et de sapin, avec un toit en gros bambous, des gouttières en bambou, une palissade en gros bambous jaunes aplatis, et un auvent en bambou destiné à abriter des rangées d'arbustes et de plantes rares.

Ouverte complètement sur un de ses côtés, par l'écartement de cloisons mobiles, glissant dans des rainures, cloisons qui

(1) Le *Kiku* (Chrysanthème), dont la fleur orne l'écusson impérial du Japon, est cultivé avec beaucoup de soin par les Japonais. Il offre un grand nombre de variétés remarquables par la beauté, la grandeur et la diversité de nuances des fleurs. Une des variétés à fleurs jaunes se mange et, dans l'Exposition du Champ de Mars, se trouvaient plusieurs bocaux remplis de fleurs de Chrysanthème conservées au vinaigre de prunes.

sont garnies de papier et qui, au Japon, constituent les murs et forment les séparations des pièces, la petite maison étalait un mélange de simplicité et de bon goût : de charmants bibelots de toute espèce, une jolie étagère laquée d'or, des bronzes, des émaux cloisonnés en garnissaient l'intérieur. Dans un beau vase, un liseron d'une espèce particulière, inconnue en France, à feuilles étroites et longues, grimpait le long d'un petit tuteur en bambou et étalait ses fleurs d'un beau rouge velouté et violacé d'un très joli effet. Dans le fond de la pièce se tenait gravement un Japonais, au teint bronzé, vêtu d'une jupe d'un vert foncé et d'un corsage bleu, fumant silencieusement et donnant au jardin un cachet spécial.

Devant la maison, près d'une grosse borne en granit, terminée par un petit clocheton destiné à loger une lanterne de jardin, s'élevait une estrade, formée d'une seule planche, de 2 mètres de diamètre, provenant d'un *Pinus massoniana*, et une seconde estrade, presque aussi large, constituée par une planche de *Pinus densiflora*. Elles supportaient un certain nombre de plantes, presque toutes nanisées, c'est-à-dire réduites à des dimensions très petites, par des procédés dans lesquels les Japonais excellent et dont ils ont fait, tout comme les Chinois, un art. Aussi trouve-t-on souvent chez eux, dans des pots très petits, des plantes de quinze, vingt, cinquante et même cent ans, qui, d'habitude, sont des arbres atteignant des dimensions colossales (1).

Les principales plantes nanisées exposées étaient des *Kakis*,

(1) Comme l'a très bien fait remarquer M. Carrière, les Japonais ont deux façons de naniser les plantes :

1° En les maintenant dans des dimensions très petites, tout en conservant leur forme ;

2° En les rapetissant et en changeant leur aspect.

Ils choisissent des essences qui se prêtent à cette nanisation. Ce sont surtout les Conifères qui sont les plus employés à cet usage, principalement les Pins, souvent aussi des *Chamæcyparis*, des *Podocarpus macrophylla* ou *nageia*. Très fréquemment ils nanisent aussi les Orangers et les Citronniers; on voit dans les appartements des *Cycas revoluta* des îles Liu-kiu (Sotesou) qui garnissent les vases placés sur les meubles et les étagères, dans ce même état de nanisation.

Ils contournent les branches, les attachent et les rabattent, pour leur faire prendre une forme déterminée. Ils agissent aussi sur les racines, qu'ils traitent de la même façon, et quand on dépote ces plantes, on trouve souvent des racines contournées de $1^{m},50$ de longueur et même de 2 mètres. Ils les privent proba-

dont on avait contourné les branches et dont plusieurs ont donné de beaux fruits qui ont mûri; un *Pinus densiflora* (*Shiba*) de dix ans, de 40 centimètres de hauteur, à petite tige contournée, rachitique, grêle et à feuilles rares; un *Pinus densiflora* de dix-huit ans (*Shiba*), à racines aériennes, se confondant avec la tige de 4 centimètres de diamètre; un *Pinus densiflora* (*Neagari*, variété de *Shiba*), de quarante ans, ayant 70 centimètres de hauteur, à racines aériennes, très grêles, contournées, remontant et redescendant plusieurs fois, pour se confondre avec une tige très mince, garnie de quelques bouquets de petites feuilles; un *Pinus densiflora*, variété *albifolia* (*Shiraga m'ats'u*), dont la tige occupait toute la largeur du pot et montait comme un gros cône de 80 centimètres de haut, d'où sortaient quelques petites branches maigres et contournées, garnies de quelques feuilles; un *Rhynchospermum Japonicum* de trente-cinq ans, rendu monstrueux, haut de 60 centimètres, à tige et à branches contournées, rabougries, renfermé dans un pot façonné dans un morceau de bois creux; plusieurs *Podocarpus macrophylla*, à feuilles longues, étroites, vertes et à folioles blanches, occupant le milieu des bouquets de feuilles et ressemblant à un arbre garni de fleurs blanches; plusieurs *Podocarpus nageia ovata*, renfermés dans des pots, dont certains contenaient deux pieds, à branches rabattues, à feuillage peu fourni, à feuilles presque ovales, d'un beau vert luisant. Il y avait, en outre,

blement de nourriture et se bornent à leur donner celle qui est strictement nécessaire à leur vie.

Souvent la tige et les racines semblent se confondre; ces racines aériennes sont extrêmement minces, contournées, recourbées sur elles-mêmes, soutenues par des petits tuteurs, unies, sans transition presque appréciable, à la tige qui est garnie de quelques branches minces et de feuilles maigres, peu nombreuses et rachitiques, comme on le remarquait sur une des estrades, dans un *Pinus densiflora* de dix-huit ans, ayant 40 centimètres de hauteur, et dans un *Pinus densiflora* de quarante ans, ayant 70 centimètres de hauteur.

D'autres fois la tige occupe toute la largeur du pot; elle est très grosse relativement aux branches, qui sont extrêmement maigres et courtes; elle offre l'aspect d'un cône qui s'élève hors du pot de 40 à 55 centimètres de hauteur et d'où s'échappent quelques filaments de branches garnies de feuilles rares, comme dans un *Shiraga m'ats'u* (*Pinus densiflora*, var. *albifolia*). Dans d'autres cas, i plantent deux plantes dans le même pot, en rabattant les branches, comme on l'observait dans un *Podocarpus nageia ovata*.

parmi les plantes nanisées, plusieurs petits Orangers *Kin-Kan* (*Citrus Japonica*), et plusieurs petits Citronniers *Yudzu*.

Les autres plantes qui garnissaient les estrades étaient : des Grenadiers ordinaires, à fleurs simples comme les nôtres; des petits Bambous noirs, à tige grêle; plusieurs Orangers (*Kokits*) portant de petits fruits verdâtres; des Fougères; des pieds de *Nandina domestica;* des *Carex* de plusieurs variétés.

En suivant les allées du jardin, on trouvait un petit enclos divisé en compartiments par des treillages de bambou, et renfermant des canards mâles et femelles, semblables aux nôtres, un peu plus gros, qui prenaient leurs ébats non loin de poules et de coqs japonais, bas sur pattes, de la même race que ceux qui étaient sculptés au-dessus de la porte d'entrée.

On arrivait à un bassin dont la moitié était occupée par une plantation de riz, espacée par touffes régulières et dont un grand nombre de pieds ont fleuri vers le 15 septembre. Le reste du bassin était garni de plantes aquatiques : de Nénufars et de Roseaux, et, sur un rocher situé au milieu de ce bassin, était placé un vase contenant un Palmier (*Chamærops excelsa*), *Shiro*.

De distance en distance, dans les allées, des touffes de huit à dix pieds de Bambous d'espèces différentes, à tige assez grosse, s'élevaient à 6 ou 7 mètres de hauteur et balançaient, au gré du vent, leur feuillage élégant.

Une des touffes à tige brune, rougeâtre, tachetée de plaques noires, d'autres à larges veines de couleur acajou, d'autres à moyenne tige noirâtre.

Tous ces Bambous ont été très vigoureux, sauf quelques pieds qui, vers le milieu d'octobre, ont commencé à ressentir les effets de la mauvaise saison et ont dépéri.

De distance en distance, des bancs formés de morceaux de tiges de bambous accolés; l'un d'eux surtout, placé au milieu d'une plate-bande, dominait le jardin, et le large parasol de bambou qui le recouvrait était couvert par deux pieds d'une variété de *Cucumis* (*Vuri*) qui, grimpant le long de deux tuteurs en bambou étalaient, au-dessus de la tête, leurs larges feuilles verdâtres et leurs fruits, de 40 à 50 centimètres de long, ressemblant à de longs Concombres qui pendaient de tous côtés et donnaient à cet endroit un aspect des plus pittoresques.

De ce banc, abrité des rayons du soleil par ce parasol original, on dominait le jardin divisé en plates-bandes, garnies, les unes de *plantes alimentaires*, les autres de *plantes industrielles, médicinales et ornementales.*

PLANTES ALIMENTAIRES

AURANTIACÉES.

Oranger, Citronnier. — De la famille des Aurantiacées, on trouvait dans le jardin, soit sur les estrades placées devant la petite maison, soit dans des pots espacés le long des allées, un certain nombre de pieds de différentes espèces d'Orangers, entre autres, plusieurs *Kokits*, variété connue en France, et de Citronniers ayant fleuri et dont plusieurs ont donné de petits fruits, les uns gros comme une petite cerise et les autres comme une prune, de couleur jaune verdâtre (1).

(1) Dans les vitrines de l'exposition japonaise du Champ de Mars, parmi la collection des fruits artificiels, on remarquait un certain nombre d'espèces d'oranges et de citrons variant de grosseur, depuis celle d'une grosse pomme, d'une prune, d'une cerise, jusqu'à celle d'un pois, de couleur jaune foncé, jaune clair ou rougeâtre; un certain nombre de petits citrons de la grosseur et de la forme d'une olive.

Non loin de là étaient rangés des bocaux contenant :

Des *Kunembo*, oranges de couleur jaune pâle et de grosseur ordinaire;

Des *Mikan*, oranges ressemblant au *Kunembo;*

Des oranges ordinaires conservées dans du miel;

Des *Dai-Dai* (*Sato-Duke*) conservées au sucre et coupées en tranches;

Des *Dai-Dai* entières, oranges amères, de grosseur ordinaire, à peau lisse, de couleur jaune pâle;

Des mandarines ordinaires;

Des *Yudzu*, citrons ronds, verdâtres, de la grosseur d'une forte prune;

Des *Citrus japonica*, petits citrons ovales, de la grosseur et de la forme d'une grosse olive, à peau lisse, de couleur jaune pâle;

Des *Shirigasira-uzu*, variété de citron rond, à peau grenue, jaune pâle, gros comme une grosse orange;

Des *Zabon* (*Citrus decumana*), espèce de citron ressemblant au *Shirigasira-uzu*. de même grosseur, de même couleur, mais à peau lisse;

Une autre variété de *Yudzu*, citron rond, de la grosseur d'une orange et de couleur jaune pâle.

Les principales espèces d'Orangers et de Citronniers cultivés au Japon, sont :

1° Le *Mikan* (*Citrus margarita*) ou Oranger, dont le fruit est une mandarine de grosseur ordinaire, mais de qualité inférieure, analogue à celle du *Fokien* (Chine). Le *Mikan*, qu'on ne cultive pas dans les provinces du Nord, à cause du froid, est abondant dans les provinces du Sud, telles que Toza, Higo, Kii et Suruga. Une de ses variétés, le *Unshu Mikan*, donne de gros fruits sans pépins ; on fait sécher la peau qui, sous le nom de *Chimpi*, s'emploie comme épice ;

2° Le *Kunembo* qui produit les meilleures oranges ;

3° Le *Koji* (*Citrus nobilis*, var.) et le *Tachibana* (*Citrus trifoliata*), Oranger à trois feuilles, espèce épineuse très rustique, qui donne des oranges de qualité inférieure, souvent amères, communes dans le Nippon central ;

4° Le *Dai-Dai* (*Citrus bigaradia*) dont les fruits amers ne peuvent se manger crus, mais dont le jus sert comme celui du citron : les feuilles et la peau s'emploient en médecine ;

5° Le *Zabon* (*Citrus Decumana*) et le *Buntan* ne viennent que dans les provinces du Sud, principalement dans celle de Satsuma : leurs fruits sont bons à manger ;

6° Le *Bushin-Kan* (*Citrus medica*) et le *Marubushin-Kan* (*Citrus medica*, var. *chirocarpus*) qui produisent des fruits qu'on mange en compotes ;

7° Le *Kin-Kan* (*Citrus Japonica*) qui comprend deux variétés : l'une à fruits ronds et l'autre à fruits ovales.

Suivant M. Lavallée, l'espèce nommée *Kum-Kouat* semble pouvoir s'accommoder de la région propre à la culture de la Vigne. Ses petits fruits se mangent confits au sucre.

8° Le *Yudzu* ou Citronnier, dont le fruit arrondi, un peu plat, a une saveur aigrelette, peu aromatique. Les Japonais le mangent cru, ou s'en servent comme épices, ainsi que de ses fleurs. Ce Citronnier supporte mieux le froid que les autres arbres de cette famille, aussi le rencontre-t-on dans un plus grand nombre de provinces.

CHÉNOPODÉES.

Épinard. — Dans les plates-bandes consacrées aux légumes, on trouvait plusieurs pieds d'Épinard, à graine ronde (*Spinacea inermis*), *Horenso*, qui, au Japon, se mange cuit et assaisonné de différentes manières. Dans les aquarelles si bien peintes de l'exposition japonaise du Champ de Mars, se trouvait figurée cette variété d'Épinard.

COMPOSÉES.

Laitue, Salsifis (1). — De cette famille, il y avait au jardin plusieurs pieds de *Tissa* ou *Dzissa* et *Kikou Dzissa*, Laitue cultivée (*Lactuca sativa*) et plusieurs rangées de Salsifis (*Tragopogon porrifolium*) à grandes feuilles. Ces légumes sont usités dans la cuisine japonaise et se mangent crus ou cuits, bouillis ou salés. La Laitue est très commune dans les jardins.

CONIFÈRES.

Parmi les plantes de cette famille, on remarquait un grand nombre de pieds de *Icho* (*Salisburia adiantifolia*), *Ginkgo biloba*, de 30 à 40 centimètres de hauteur, à feuilles irrégulières et de couleur vert-de-gris. Ces pieds d'*Icho* étaient rangés dans une plate-bande, de chaque côté d'un petit chemin conduisant au parasol ombragé de fleurs et de fruits de Vuri.

L'*Itsjo* ou l'*Icho*, dont on trouvait des spécimens de fleurs et de fruits au Champ de Mars, dans une vitrine, n° 71, d'un tableau indiquant les principales productions végétales du Japon, est un arbre dioïque à feuilles caduques. Il donne des petits fruits jaunâtres, ou *Noix de Ginkgo*, venant par bouquets et ressemblant aux merises. La pulpe est désagréable au goût. On mange l'amande contenue dans le noyau nommé *Ginan*, soit crue, soit rôtie. Son goût rappelle celui de la châtaigne.

Quant au *Torreya nucifera* (*Kaya*) dont il y avait quelques pieds dans le jardin, c'est un arbre en général dioïque, mais qui, cependant, peut porter des fleurs mâles et des fleurs fe-

(1) La Laitue et les Salsifis sont des légumes d'importation européenne, et qui ont été acclimatés au Japon.

melles sur le même pied. Il devient très gros, mais peu élevé. Il est commun sur les montagnes, dans les provinces de Mutsu, de Kii, de Mikawa et de Yamato, surtout près de Nangasaki, de Yokohama, dans l'île de Nippon. Il comprend plusieurs variétés, entre autres le *Hidari-Maki* et le *Shilunashi*.

Ses fruits, qui contiennent des noyaux, ressemblant à des coques de cacao, de couleur brun rougeâtre, se mangent comme les noisettes. Réduits en farine, on en fait des gâteaux. On en retire une huile jaune clair nommée *Kajano-Abra*, employée pour la cuisine.

Une espèce voisine du *Torreya nucifera*, l'*Inugaya* ou *Iraga boku* (*Cephalotaxus drupacea*), produit également des fruits dont on extrait une huile roussâtre appelée *Hiobi-Abra*. Toutefois ses fruits sont toxiques. L'*Inugaya* se trouve dans les régions montagneuses de Kamagona, dans l'île de Nippon et dans la province de Nambu.

Dans la collection des graines et des produits végétaux, on trouvait plusieurs bocaux de fruits des différentes variétés de *Torreya nucifera*, ainsi que des flacons d'huiles nommées *Kajano-Abra* et *Hiobi-Abra*.

CRUCIFÈRES.

Radis. — Une des plates-bandes contenait plusieurs rangées de *Dai-Kon* (*Raphanus sativus*), gros radis de 30 centimètres de long sur 5 à 6 centimètres de diamètre, de couleur verdâtre dans la moitié supérieure, blanchâtre dans la moitié inférieure, sortant à demi de terre et ressemblant plutôt à un gros et long navet qu'à un radis, tantôt droit, tantôt courbe ou irrégulier. Au Japon, on cultive plusieurs variétés de ces radis, entre autres (1) :

Des radis de printemps, des radis d'été, des radis précoces d'automne, des radis d'automne, de 20 à 30 centimètres de

(1) D'après MM. Franchet et Savatier, on cultive aussi le *Kouro-Daikon*, le *Mousaraki-Daikon*, l'*Aka-Daikon*, l'*Agani-Daikon*, le *Karami-Daikon*, le *Mouri-koutsi-Daikon* et le *R. Raphanistrum innocuum*, qu'on rencontre dans les champs, surtout dans l'île Nakisino, dans le Nippon central, aux environs de Yokoska.

long, ressemblant à de gros navets blancs, sur 10 centimètres de largeur ;

Des radis bisannuels, de 20 à 25 centimètres de long ;

Des radis précoces de *Sakousa-Shima*, de même couleur, de même longueur et de même grosseur que les précédents.

Les autres espèces et variétés les plus connues sont :

Le *Miyasigué-Daikon*, très renommé dans la province d'Owari ;

Le *Sanguwatsu-Daikon*, le *Natsu-Daikon*, le *Kunichi-Daikon*, le *Nagata-Kuwan-Daikon*, variétés de radis blancs, mesurant de 30 à 40 centimètres de long, sur 8 à 12 centimètres de large ;

Le *Hosonc-Daikon*, radis blanc, très étroit, de 25 centimètres de long sur 3 centimètres de diamètre ;

Le *Kamuro-Daikon*, analogue au précédent ;

Le *Tokkuri-Daikon*, gros et long radis, renflé dans sa partie inférieure ;

Le *Otafuku-Daikon*, petit radis blanc, allongé, ressemblant à la rave ordinaire ;

Le *Hinode-Daikon*, radis de jolie couleur carmin, de la grosseur d'une petite carotte.

Le radis est très répandu au Japon, où il forme de grandes cultures. On en fait sécher pour consommer pendant l'année ; on le mange cru, cuit ou salé. Il se sert avec le poisson ou la viande. Dans certains cas on le râpe, et il s'emploie comme condiment. On mange aussi ses feuilles, qu'on prépare de la même façon que la racine.

NAVET (*Brassica napus*). — On en remarquait un certain nombre, ressemblant beaucoup à nos navets d'Europe.

Les principaux navets du Japon sont :

Des gros navets blancs, longs, de même forme, de même grosseur et de même longueur que les nôtres ;

Des navets ronds, de moyenne et de petite grosseur ;

Les navets de *Tou-nô-dji*, navets blancs, ronds, de moyenne grosseur ;

Les navets d'*Aumi*, gros navets larges et courts ;

Le *Katabutchi-kabu*, espèce de grosseur moyenne, ronde,

violette dans sa moitié supérieure, blanche à son extrémité, à feuilles ayant une nervure médiane de couleur violette ;

Le *Kourabi-nô-kabu*, petit navet blanc, nuancé de violet dans sa partie supérieure ;

Le *Tsütchina-kabu*, variété de petit navet blanchâtre.

Chou (*Brassica oleracea*) (1). — Il y avait dans le jardin une rangée de *Pê-tsaï* ou Chou de la Chine (*Brassica Sinensis*) à feuilles étroites, de couleur vert clair : ce chou se mange cuit ou salé ;

Quelques pieds de *Mizuma*, petit chou à feuilles étroites, de couleur vert clair à leur partie inférieure et foncées en dessus ;

Plusieurs pieds de *Kappa-na*, sorte de chou qui a de l'analogie avec le *Pet-Saï* ; les côtes sont plus nombreuses, dressées, de couleur vert clair et sont surmontées d'un limbe très lisse, épais, uni et relativement petit. Il ne paraît pas avoir tendance à pommer. Son goût est peu prononcé, sa saveur rappelle celle des choux ordinaires. Il est très bon à manger.

Les autres espèces et variétés de Choux cultivées au Japon sont :

Le *Brassica rapa* de Kayoshima, chou à feuilles de couleur vert jaune ;

Le chou d'hiver, à petites feuilles ;

Le *Hôto-ji-na*, variété de chou, à feuilles étroites, vert foncé en dessus et vert clair en dessous, et ressemblant à un pied de céleri ;

Le *Mibuna*, chou à petites feuilles étroites, longues, de couleur vert clair ;

Le *Kensa-Kina*, à petite racine blanche, comme la Réponse, et à feuilles moyennes de couleur vert clair.

Colza. — De la famille des Crucifères on trouvait aussi plusieurs pieds de Colza (*Brassica campestris oleifera*), *Aburana* ou *Naga-Kabu*. Au Japon, on en mange les racines et l'on extrait des graines une huile employée pour l'éclairage : c'est une des cultures les plus importantes du pays.

(1) Les différentes variétés de choux sont usitées, non seulement au point de vue alimentaire, mais aussi pour l'ornementation des jardins.

CUCURBITACÉES.

Une des familles les plus importantes pour la cuisine japonaise et le plus largement représentée dans le jardin était celle des Cucurbitacées, qui ont très bien réussi et mûri.

Melons. — On remarquait plusieurs espèces de melons, entre autres.

Une rangée de *Sui-Kuwa* (*Citrullus edulis*, Spach), melon vert, magnifique de venue, ressemblant au pastèque, gros, de forme ovale, lisse, de couleur vert clair à l'extérieur, rose à l'intérieur et très bon, dit-on, à manger : il se mange cru;

Une rangée de *Kiri-Sui-Kuwa*, melon de forme ovale à lisérés jaunes et verts, jaunâtre à l'intérieur, un peu moins gros que le précédent et bon à manger cru ;

Une rangée de *Naga-Sui-Kuwa*, de forme ovale, plus petit que le précédent, de couleur vert clair à l'extérieur, rose à l'intérieur, se mangeant cru ;

Des *Makuwa-uri* (*Cucumis melo* L.), melon dont l'espèce a été introduite du Japon, en 1877, par M. Jean Sisley, et que plusieurs personnes, entre autres M. de Lunaret, à Montpellier, et M. Escoube, à Montjoire, ont cultivé et qui est, disent ces expérimentateurs, inférieur comme goût à nos melons. Ce melon rentre dans la catégorie des melons dits à rames. Suivant M. Carrière (*Revue horticole*, année 1878, n° 2, 16 janvier), les graines semées ont produit deux formes : la première, très rameuse, à ramifications grêles, à fleurs petites, d'un jaune pâle, à feuilles rappelant celles des concombres ; le fruit, subovale, rétréci dans son milieu, arrondi aux deux bouts, est long d'environ 15 centimètres et large de 7 centimètres ; son écorce est mince, rugueuse, fendillée, grisâtre ; la chair est fine, fondante, d'un vert jaunâtre et sucrée. La seconde forme est plus vigoureuse, les feuilles plus grandes, elle paraît être plus tardive. Les fruits sont plus courts, la peau, d'un vert foncé, à bandes blanchâtres ; la chair verdâtre est ferme, fondante ; les graines sont très petites et très nombreuses. Le fruit se conserve longtemps après avoir été cueilli. Les graines ayant été semées tardivement, il faut encore expérimenter avant de se prononcer sur le *Makuwa-uri*, qui se mange cru.

Des *Kiuri* (*Cucumis sativus*), concombre cultivé comme les nôtres et qui, au Japon, se mange salé ;

Des rangées de *Kabotcha* et de *Bôboura* (*Cucurbita pepo*) (Potiron, Citrouille), de même forme, de même grosseur et de même couleur que les nôtres et qui se mangent cuits;

Des rangées de *Vuri* et de *Naga-Vuri*, sortes de *Cucumis*, qui ressemblent à de gros et longs concombres, ayant jusqu'à 50 et 60 centimètres de long sur 8 centimètres de diamètre, de couleur verdâtre quand le fruit n'est pas mûr, jaunes à l'extérieur au moment de la maturité, blanchâtres à l'intérieur, excellents pour les soupes et très usités dans la cuisine japonaise.

Le long des palissades du jardin, un certain nombre de ces pieds de *Vuri* et de *Naga-Vuri* grimpaient en entremêlant leurs larges feuilles vertes, leurs vrilles, leurs fleurs blanches et leurs nombreux fruits vert jaunâtre, avec des haricots à fleurs lilas.

Parmi les autres plantes appartenant à la famille des Cucurbitacées et cultivées au Japon sont :

Parmi les Courges et les Potirons, le *Fô-Gua* ou *Kamo-uri* (*Lagenaria Dasistemon*), énorme Cucurbitacée, sorte de courge de couleur vert foncé, pointillée de grains vert clair, à graines jaunâtres, dont les fleurs, d'un jaune foncé, veinées de bandes vertes, sont facilement reconnaissables : le *Fô-Gua* est commun dans presque toutes les provinces, surtout dans celles de l'île de Kiusiu, aux environs du mont Homan (on en voyait un spécimen artificiel à l'Exposition du Champ de Mars);

Le potiron nommé *Cucurbita verrucosa*, très gros, de couleur vert clair, ayant la forme d'une énorme poire (il y en avait aussi un spécimen à l'Exposition du Champ de Mars);

Le *Tonassu*, espèce de potiron de couleur jaune rouge, à côtes, se mange cuit;

Le potiron crépu, rosé à l'extérieur, à côtes et bosselures, jaune à l'intérieur, à graines blanches, ovales, allongées;

Le *Kintoguwa*, variété de joli potiron, de couleur orangée, ressemblant à une grosse poire, à liséré jaune verdâtre, à chair jaunâtre, à graines blanches et ovales, à belles et longues fleurs jaunes, se mangeant cuit;

Le *Toguwa*, variété analogue à la précédente, se mange cuit ;

Le *Yugao*, qui se mange cuit : quand on le fend dans sa longueur et qu'on le fait sécher, il prend le nom de *Kampio ;*

Le *Hétuma*, qui se mange cuit. D'autres fois on le laisse dans l'eau jusqu'à ce que la chair décomposée se détache et laisse à nu les fibres, qui ont l'apparence d'un filet, dont on se sert en guise d'éponge.

Parmi les Melons : Le melon d'eau, sorte de pastèque à peau lisse, verdâtre, de couleur rose carmin à l'intérieur, à graines noires ;

Un petit melon ovale, de forme et de grosseur d'une forte poire, à peau lisse, avec des petites élevures de couleur blanc jaunâtre ;

Le melon de Naruto, petit melon à côtes jaunes lisérées de vert ;

Le *Tsuru-reishi*, autre variété (*Momordica charantia*) qui, d'après le livre *Phonzo Zoufou*, se nomme aussi *Nanga re issi* et *Nigua ouri*. Cette plante habite les endroits humides, elle est commune dans l'île de Kiusiu, au pied des monts Kawara-Yama, dans le Nippon central, autour de Yokoska, et dans plusieurs autres provinces, suivant Siebold.

Parmi les Concombres : Un petit *Cucumis commun*, à fruit allongé, vert et à lisérés verts et blancs ;

Un concombre, gros comme un gros cornichon, de couleur blanc verdâtre, liséré de blanc jaunâtre et tacheté de points blancs, à fleurs jaunes.

Un concombre tardif, allongé, de 20 centimètres de long, étroit, de couleur vert jaunâtre, à très petites feuilles jaunes ;

Un concombre blanc, à lisérés verdâtres, de la longueur et de la grosseur du concombre ordinaire ;

Un autre concombre, *Cucumis flexuosus* (*Awo-uri*), allongé, de couleur jaune verdâtre ; puis le *Cucumis Conomon* (*Thunb*), *Assa-uri ;*

Le *Hitsina* ou *Hechima* (*Luffa petola*) (1), ressemblant à un gros concombre allongé, de couleur vert foncé ;

(1) Linné a réuni le genre *Luffa* au genre *Momordica*. Plus tard, Cavanilles a

Une autre variété renflée à son extrémité, de couleur verdâtre, avec des taches blanches et des lignes bleuâtres, à graines noires et à jolies fleurs jaunes;

Le *Marudzuke-uri* et le *Shiuri*, sortes de concombres qui se mangent salés.

Toutes ces espèces et variétés étaient représentées dans les aquarelles du laboratoire du bureau de l'agriculture de Tokio, exposées au Champ de Mars.

CYCADÉES.

Devant la petite maison et sur une estrade on trouvait plusieurs beaux pieds de *Cycas revoluta* (*Sotesou*). On extrait des tiges le produit appelé *sagou* du Japon, fécule blanchâtre nommée *Sotetsuno-mi*, dont on voyait au Champ de Mars plusieurs bocaux. Il y avait en même temps des bocaux de fruits de *Cycas* nommés *Sotetsuno*, arrondis, rougeâtres et de la grosseur d'une châtaigne ordinaire.

Le *Cycas revoluta* croît spontanément dans les provinces méridionales, dans les vallées du mont Homan Dake, dans l'île de Kiusiu, et dans les îles Liu Kiu.

ÉBÉNACÉES.

Dans le jardin trois plates-bandes étaient exclusivement consacrées à la culture du *Plaqueminier-Kaki* (*Diospyros-Kaki*), *Kaki*, l'arbre fruitier par excellence du Japon, dont les fruits sont très recherchés par la population japonaise, qui en consomme considérablement à l'état frais, mais dont on fait sécher la plus grande partie, et qui rendent, en outre, de grands services à l'industrie. Plusieurs espèces de *Kakis* ont été introduites et cultivées dans le midi de la France depuis un certain nombre d'années, principalement le *Schitse* (*Diospyros Schitse*, Bunge), espèce propre aux contrées septentrionales, qui paraît devoir se propager facilement en France, et dont les fruits sont désignés, ainsi que ceux de l'espèce précédente,

fait du genre *Luffa* un genre particulier. L'*Hitsima* offre deux variétés : une à fruits très allongés, nommée *Nanga no itsima*, et l'autre appelée *Marouba no itsima*. On les trouve dans les endroits incultes; on les cultive dans les îles de Kiusiu et de Nippon.

sous le nom de figues *Kakes*. La culture a produit un grand nombre de variétés (1).

Les arbres du jardin du Trocadéro étaient très petits, de 0m,40 à 0m,50 de hauteur, excepté deux ou trois pieds qui mesuraient environ un mètre de hauteur. Ils avaient quitté la ville de Tokio, au Japon, dans le courant de 1877, avaient passé l'hiver, de novembre 1877 à avril 1878, dans les serres de la ville de Paris, à la Muette, et avaient été plantés au Trocadéro dans le courant d'avril 1878. Ils avaient parfaitement prospéré et avaient donné un assez grand nombre de fruits : plusieurs pieds portaient jusqu'à dix fruits de belle venue.

On pouvait compter quatre variétés principales :

La première, à fruit rond, gros comme une pomme moyenne ;

La deuxième, à fruit rond, mais de grosseur moitié moindre que la précédente ;

La troisième, à fruit ovale, gros comme un gros abricot ;

Et la quatrième, à fruit ovale, petit et allongé comme un fort gland de Chêne.

Ces fruits, remarquables par la persistance des quatre sépales de couleur jaune verdâtre du calice, leur donnant un aspect particulier, restèrent verts jusqu'au milieu de septembre, puis passèrent au vert jaunâtre à la fin de septembre, et devinrent ensuite d'un beau jaune brillant, comme les coings, au milieu d'octobre.

Dans la plus petite variété ovale, allongée, la moitié inférieure était d'un beau jaune, tandis que la partie moyenne se couvrit au moment de la maturité d'une large tache noire.

Certaines variétés de *Kakis* prennent en mûrissant une belle couleur d'un rouge écarlate, tenant le milieu entre la tomate et la mandarine.

Les *Kakis* provenant du jardin de M. Mazel, à Montsauve près d'Anduze (Gard) et présentés à la Société d'acclimatation dans sa première séance du mois de décembre 1878, étaient ronds ; ils offraient cette couleur et ressemblaient à des man-

(1) Suivant M. Decaisne, le *D. costata* de Carrière serait un synonyme du *D. schiste* de Bunge.

darines. Ils étaient très beaux, avaient 4 centimètres 1/2 de hauteur sur 5 centimètres de diamètre dans leur plus grande largeur. A ce moment ils étaient durs, consistants et très âpres; ils n'ont bletti et n'ont été bons à manger que vers le 25 janvier suivant. Un de ces fruits était vraiment magnifique et avait la grosseur d'une belle pomme de calville. A l'état sauvage le diamètre du fruit est de 2 à 3 centimètres.

La peau des *Kakis* est lisse, tendre, mais à mesure que le fruit devient blet elle se plisse et la couleur devient jaune brunâtre, ou brun rougeâtre, ou brun chocolat, suivant les variétés.

Les *Kakis* provenant du jardin de la Société d'acclimatation, à Hyères, et présentés à la Société en décembre 1878, étaient ovales, ils ressemblaient à de véritables nèfles arrivées à maturité et de couleur brun chocolat.

Le *Kaki* est sans odeur. Il est tendu, arrondi ou ovale; certaines espèces offrent cependant huit petites côtes très peu prononcées, correspondant à huit divisions intérieures régulièrement disposées en étoiles, mais s'arrêtant à un centimètre et demi de la périphérie.

Coupé horizontalement, le fruit présente une peau très mince, s'enlevant assez facilement quand le fruit devient blet. La pulpe est consistante, de couleur jaune orangé avant que le fruit soit blet, car plus tard cette pulpe devient rougeâtre, plus molle et se transforme en une sorte de gelée ressemblant à de la marmelade d'abricots; elle est parsemée de petits points et de taches noirâtres, irrégulièrement disséminés, mais moins nombreux au centre que vers la peau. Ces taches et ces petits points noirâtres diminuent quand le fruit est blet. Le milieu du fruit est occupé par huit séparations d'un jaune plus foncé, placées et séparées régulièrement en face les unes des autres et s'arrêtant à 1 centimètre 1/2 de la peau. Quand le fruit est blet, les séparations deviennent moins profondes, par suite du gonflement du tissu qui les compose. Quant aux graines, elles sont très petites, très plates, ovales, de couleur brun roux, fortement adhérentes et placées très bas dans le fruit.

Le goût du *Kaki*, quand le fruit est blet, est assez fade, rappelle un peu celui de la grenade, mais si la pulpe n'est pas complètement ramollie et n'est pas devenue brunâtre, il reste dans la bouche et sur les dents une saveur astringente très prononcée et un sentiment d'âpreté extrême. Cela n'a lieu que pour les *Kakis* âpres, car les *Kakis* doux se mangent mûrs, sans être blets, au couteau, comme les pommes.

Les principales variétés du jardin du Trocadéro étaient :

Le *Hachi-Ya-Gaki* (*Kaki* du village des Ruches), grosse variété ovale ;

Le *Zenzi* (excellent) et le *O-Zenzi* (petit excellent), variétés petites, ovales, à taches noires quand le fruit mûrit ;

Le *Kuro-Kuma* (Ours noir), le *Go-Sho* (Palais de l'Empereur), et le *Yora-Ku*, variété de *Kakis* de deuxième qualité.

Suivant M. de Castillon (1), les Japonais classent les *Kakis*, non pas suivant les variétés, qui sont très nombreuses, mais suivant leur douceur ou leur âpreté. Ils les divisent en *Ama-gaki* ou *Kakis* à fruits doux, et en *Sibu-gaki* ou *Kakis* à fruits âpres.

Les *Ama-gaki* se mangent à l'état frais, au couteau, comme les pommes. On n'attend pas qu'ils blettissent et on les mange dès qu'ils ont une teinte jaunâtre. Ils sont sucrés, ont un goût frais assez agréable, mais ils perdent de leur saveur si la maturité est complète. Les principales variétés des *Kakis* doux sont :

Le *Hachi-Ya-Gaki* (*Kaki* du village des Ruches, province de Mino (Nippon central). Cette variété est ovale, très volumineuse. Les fruits pèsent jusqu'à 350 grammes. C'est le meilleur *Kaki* et le seul des *Kakis* doux qu'on mange, non seulement à l'état frais, mais encore à l'état sec. Il se cueille en octobre, avant sa maturité, qui s'achève sur la paille. La dessiccation de cette variété constitue une industrie considérable pour le village dont elle porte le nom.

Le *Zenzi* (excellent) est une variété de *Kaki* ovale, mais de grosseur moitié moindre que le *Hachi-Ya-Gaki*.

(1) Les *Kakis*, d'après les documents japonais (*le Sud-Est*, journal agricole et horticole, décembre 1878, n° 12).

Il en est de même du *O-Zenzi* (petit *Zenzi*) qui est une variété plus petite que le *Zenzi* de forme ovale. Ces deux variétés sont très bonnes. On cueille les fruits au fur et à mesure qu'ils mûrissent, ce qu'on reconnaît à la couleur noire que prend le sommet du fruit, en octobre et en novembre.

Le *Go-Sho* (Palais de l'Empereur), le *Kuro-Kuma* (Ours noir) et le *Yoraku* sont des variétés de *Kakis* doux, de qualité inférieure.

Les *Sibu-Gaki* ou *Kakis* à fruits âpres ne se mangent que blets, et quand on leur a fait perdre leur âpreté par certains moyens; on les consomme aussi à l'état sec. Pour leur enlever leur âpreté, on a recours à différents procédés. Tantôt on les place au centre d'une épaisse couche de paille, où ils achèvent leur maturité; d'autres fois on les laisse, pendant un certain temps, dans des tonneaux ayant contenu du *Sake* (vin de riz).

Dans d'autres cas, on les place dans des tonneaux neufs et on verse dessus de l'eau chaude aromatisée avec des feuilles de *Tade*. On peut aussi arriver au même résultat en les renfermant dans des vases clos, quand le changement de couleur des fruits est bien prononcé.

Les *Sibu-Gaki* se mangent rarement blets, mais presque toujours secs, et ainsi desséchés les *Kakis* entrent pour une grande partie dans l'alimentation japonaise.

De tous les *Kakis* doux, le *Hachi-Ya-Gaki* est le seul qu'on soumette à la dessiccation, tandis que tous les *Sibu-Gaki*, immangeables à l'état frais, se conservent beaucoup mieux à l'état sec, probablement à cause du principe astringent qu'ils renferment en quantité plus grande que les *Ama-Gaki*.

Procédés de dessiccation.—On cueille les *Kakis* avant leur maturité, qu'on fait achever en quatre à cinq jours, en les plaçant sur une couche de paille. On les pèle, puis on les attache par deux, et on les suspend à des perches horizontales placées sous un hangard ; on les laisse ainsi suspendus pendant vingt-quatre ou vingt-cinq jours, puis on les retourne et on les laisse de nouveau suspendus pendant trois jours. Ils portent alors le nom de *Ama-bosi-Gaki*, et sont très recherchés à ce point de demi-dessiccation.

Pour rendre cette dessiccation complète, on les suspend de nouveau pendant vingt-cinq jours, ayant soin de fermer avec des nattes le côté sud du hangard. On prive les *Kakis* de lumière pendant trois jours, puis on les enlève, et pendant trois semaines on les expose à l'air, sur des planches, toutes les fois que le temps est beau, et pendant la nuit on les enferme dans des caisses. Alors les *Kakis* se couvrent d'une sorte de poussière blanche et prennent le nom de *Ha-Ku-Si* (*Kakis blancs*) et de *Si Kuwa* (*fleur de Kakis*).

Un autre procédé de dessiccation consiste à prendre les *Kakis* quand ils ont perdu leur âpreté, à les peler et à les faire sécher à la fumée : ils deviennent très noirs et se nomment *U-Shi* (*Kakis de corbeau*).

On peut aussi les embrocher à moitié secs, dans des baguettes de bambou, et on les fait alors sécher au soleil. Dans tous ces procédés, on a soin d'ôter les graines, en malaxant les fruits avec les doigts et en les pressant. A l'Exposition du Champ de Mars, classe 73, il y avait plusieurs bocaux de *Kakis* séchés, provenant du département de Yamaguchi, province de Suwo.

On fait avec les kakis une espèce de confiture nommée *Kushi-kaki*, dont il y avait un flacon à l'Exposition. Cette confiture, un peu aigrelette, d'un goût agréable, est divisée en morceaux blanchâtres renfermant des portions brun rougeâtre de kakis. Elle ressemble à une sorte de fruit confit.

Les principales variétés de kakis âpres sont :

Le *Tsuro-no-ko*, qui est le *Shibu-Gaki* le plus employé pour la dessiccation ;

Le *Shinamo-kaki*, qui est principalement employé pour la fabrication du *Shibu* (1);

L'*Aoso* et le *Ko-gaki*, qui servent aussi pour le shibu, mais beaucoup moins que le précédent.

(1) Le *shibu* est une sorte de vernis qu'on tire du *Kaki* et qu'on emploie dans l'industrie.

Parmi les autres variétés on remarque encore le *Tsutsumi-Gaki*, le *Tusube-Gaki* et le *Tsurushi-Kaki* (1).

A l'Exposition du Champ-de-Mars, dans une vitrine renfermant des spécimens artificiels, très bien imités, des principaux fruits et légumes du Japon, se trouvaient douze variétés de Kakis : les uns ronds et jaunes, de la grosseur d'une pomme d'api, les autres ronds et de double grosseur, plusieurs de forme ovale, de couleur abricot et gros comme des grosses prunes. Une variété assez grosse avait un bourrelet circulaire très proéminent; d'autres, de forme ovale, très allongés, jaunes avec des taches noires.

FOUGÈRES.

Ptéride aquiline (*Pteris aquilina*), *Warabi.* — Près de la petite maison, se trouvait, sur une estrade, avec d'autres plantes, un beau pied de Ptéride aquiline, fougère à pétioles rougeâtres dans leur moitié inférieure et d'un gris rougeâtre supérieurement, ressemblant à celle de France, à spores brunes, arrondies, finement muriquées (2).

Dans une des vitrines de l'Exposition, il y avait un certain nombre de pétioles et d'expansions foliacées sèches de *Warabi* renfermés dans une boîte recouverte d'un verre.

Dans la collection des substances comestibles était un flacon rempli de pétioles et de frondes de *Warabi* conservés dans la saumure.

Dans la classe 69 (Céréales, Produits farineux), on remarquait un flacon de *Warabi-noko*, fécule blanchâtre de *Pteris aquilina* du département d'*Iwaté*, province de Rikuchiu.

Au Japon, la fougère *Warabi* vient à l'état sauvage, dans les champs, dans les plaines, dans les bois et sur les montagnes. Elle est commune près de Nangasaki, de Kosido, sur

(1) Le *D. Kaki* vient spontanément dans les pays montagneux et boisés. Il est cultivé partout au Japon, surtout dans l'île de Kiusiu, dans la province de Higo, à Nangasaki; dans le Nippon central, près de Yokohama, à Simoda, aux environs de Yokoska.

(2) Suivant MM. Franchet et Savatier, les autres espèces de *Pteris* qu'on trouve au Japon, sont : la *P. lanuginosa*, la *P. cretica*, la *P. inæqualis*, la *P. longipinnata*, la *P. quadriaurita*, la *P. sempinnata*, la *P. serrulata* et la *P. Wallichiana*.

les monts Hakone, dans le Nippon central, aux environs d'Yokoska.

Ses jeunes pousses se mangent cuites, salées ou conservées dans la saumure.

Ses racines, qui contiennent de l'amidon, fournissent la fécule comestible nommée *Warabi-noko*, que les Japonais mangent bouillie à l'eau et salée.

GRAMINÉES.

Bambou (*Bambusa Take*). — Dans différentes allées du jardin, s'élevaient plusieurs jolies et élégantes touffes d'une douzaine de pieds de Bambou (*Take*) : les uns, à tige d'un noir rougeâtre, de 3 centimètres de diamètre et de 5 à 6 mètres de hauteur; les autres, à tige d'un vert jaunâtre, de la dimension d'une grosse canne, de 4 à 5 mètres de haut; les autres, à tige de couleur acajou, de 3 centimètres de diamètre et de 5 à 6 mètres de haut. Ces bambous, qui avaient été transplantés dans le jardin au mois de juillet, ont continué à végéter régulièrement, sauf une touffe placée dans la partie inférieure du jardin, qui, dès les premiers jours d'octobre, a commencé à dépérir.

On remarquait, en outre, dans de jolies jardinières en porcelaine blanche d'Owari, à décor bleu, des pieds de Bambou nommé par M. Carrière *B. heterocycla*, jolie espèce, robuste, très ramifiée, à tige de 2 centimètres de diamètre, d'une belle couleur jaune, remarquable par ses annellations obliques, diversement placées, et qui justifient le nom d'*heterocycla*. Ces annellations paraissent devoir se développer particulièrement à la base des fortes tiges, de telle sorte que l'on n'en rencontre plus à une certaine hauteur.

Dans des pots en terre rouge, étaient des petites touffes de Bambou, à tige noire, de la grosseur d'une plume à écrire, et d'autres à tige jaune de la même grosseur (1).

(1) Dans l'exposition du Champ de Mars on remarquait vingt-huit tiges de bambous différents :

1. Gros bambou jaune de 19 centimètres de diamètre sur 2 1/2 d'épaisseur.
2. Gros bambou grisâtre de 15 centimètres de diamètre sur 2 centimètres d'épaisseur.

Les principales espèces et variétés connues de Bambou du Japon sont :

Le *Bambusa vulgaris*, de 12 à 15 mètres de hauteur et de 8 à 10 centimètres de diamètre de tige;

Le *B. macroculmis* (Mósó), de 15 à 20 mètres de haut et 15 à 18 centimètres de diamètre de tige ;

Le *B. mitis* (*Phyllostachys mitis*, Rivière), de 8 à 12 mètres de haut et de 7 centimètres et plus de diamètre, commun aussi en Chine ;

Le *B. Quilioi* (*Pyllostachys Quilioi*, Rivière), de 8 mètres de haut, commun surtout dans le nord du Japon ; rapporté en France par M. l'amiral du Quilio ;

3. Gros bambou grisâtre, très lisse, de 12 centimètres de diamètre sur 1 centimètre 1/2 d'épaisseur.
4. Bambou verdâtre, de 12 centimètres de diamètre sur 1 cent. 1/2 d'épaisseur.
5. Bambou acajou, de 13 centimètres de diamètre.
6. Bambou de couleur ivoire, tacheté de marron, de 6 centimètres de diamètre.
7. Bambou jaune, très poli, de 8 centimètres de diamètre sur 6 millimètres d'épaisseur.
8. Bambou brun foncé, de 6 centimètres d'épaisseur.
9. Bambou de belle couleur jaune, de 6 centimètres de diamètre.
10. Bambou grisâtre, à taches blanches, de 7 centimètres de diamètre.
11. Bambou jaune verdâtre, de 5 centimètres de diamètre.
12. Bambou gris jaunâtre, à lignes longitudinales, de 5 centimètres de diamètre.
13. Bambou jaune, parsemé de larges taches roussâtres, comme si la tige avait été soumise à l'action du feu, de 3 centimètres 1/2 de diamètre.
14. Bambou jaunâtre à nœuds très espacés, de la grosseur d'une forte canne.
15. Bambou de belle couleur jaune, à nœuds très rapprochés, de la grosseur d'une canne ordinaire.
16. Bambou gris jaunâtre, de même grosseur que le précédent.
17. Bambou jaune tacheté de brun, de la grosseur d'une canne.
18. Bambou très blanc, de la grosseur d'une canne.
19. Bambou gris, de la grosseur d'une canne.
20. Bambou jaune, de la grosseur d'une canne.
21. Bambou jaune, très brillant, de la grosseur d'une canne.
22. Bambou noir, de la grosseur d'une canne.
23. Bambou jaune, marbré de taches acajou, de la grosseur d'une petite canne.
24. Bambou noir, extrêmement fin.
25. Bambou jaune, gros comme une plume à écrire.
26. Bambou carré, de couleur rosée, de la grosseur d'une forte canne.
27. Bambou carré, gris clair, de la grosseur d'une canne ordinaire.
28. Bambou très jaune, à nœuds très saillants, très rapprochés, de la grosseur d'une canne.

On remarquait, en outre, plusieurs paquets de gaînes spathiformes, de différentes grandeurs, grisâtres, jaune grisâtre, jaunes, marbrées de gris, ainsi que des branches garnies de leurs feuilles sèches.

Le *B. arundinaria Simonii*, intermédiaire comme taille entre le *B. Quilioi* et le *B. viridi glaucescens ;*

Le *B. viridi glaucescens* de Carrière (*Phyllostachys viridi glaucescens*, Rivière), de 6 mètres de haut, de 3 centimètres de diamètre, commun dans le nord du Japon et de la Chine, rapporté en 1846 par M. le vice-amiral Cécile;

Le *B. nigra* (*Phyllostachys nigra*), de 5 à 7 mètres de haut et de 2 à 3 centimètres de diamètre : comme dimension, il vient après les *B. mitis et Quilioi ;*

Le *B. aurea* (*Phyllostachys aurea*), de 3 à 4 mètres de haut, de 2 à 3 centimètres de diamètre, commun aussi en Chine ;

Le *Dendrocalamus strictus*, qui fleurit tous les ans, qu'on trouve également en Chine et dans l'Inde ;

Le *B. violascens*, très vigoureux, qui en six semaines atteint 5 à 6 mètres de haut et 3 à 4 centimètres de diamètre : c'est une des plus jolies espèces, des plus distinctes, remarquable par la couleur noire violette de ses bourgeons, qui sont recouverts d'une espèce de glaucescence ou pruine qui fait ressortir la couleur violette en produisant un charmant contraste ;

Le *B. flexuosa ;*

L'*Arundinaria japonica* (*Metake*), introduit en France par Siebold ;

Le *B. scriptoria ;*

Le *Bambou carré* qu'on trouve aussi en Chine (1).

Les espèces de Bambou usitées au Japon sous le point de vue alimentaire se nomment : *Mò-sò*, *Madake*, *Ofetchiku*, *Hatchiku*, *Metake*.

(1) Suivant MM. Franchet et Savatier, les différentes espèces de Bambou du Japon sont : le *Phyllostachys bambusoides*, Siebold, *Kusa take* et *Higama take*, dont les feuilles sont souvent bordées d'une large bande jaune et qui fleurit rarement. On le trouve sur les collines et les montagnes : à Kiusiu, sur les versants du mont Kurofige-Yama; dans les forêts, le long des rives du fleuve Usitsu Gawa, près Sin-Matsi ; dans le Nippon, autour de Yokoska.

L'*Arundinaria Japonica* (Sieb. et Zucc), *Metake*, *Honna dake*, *Shitsikou*, *Sikatake*, commun sur les collines, dans les régions submontagneuses; à Kiusiu, dans les endroits marécageux ; dans le Nippon, au milieu des forêts montagneuses, près de Susokatogi, aux environs de Yokoska. D'après Miquel, une de ses variétés est l'*Arundinaria glaucescens*.

Le *Bambusa aurea* (Siebold), qu'on rencontre dans tout le Japon et qui croît

Les Japonais appellent les jeunes pousses de Bambou *Takenoko*. Ils les mangent cuites; d'autres fois ils les conservent dans la saumure ou dans le vinaigre. A l'Exposition du Champ de Mars se trouvaient sur une étagère un certain nombre de flacons de Takenoko conservé au vinaigre. Ces jeunes pousses, les unes entières, les autres coupées dans leur moitié longitudinale, avaient 15 à 18 centimètres de long; elles ressemblaient à des asperges de moyenne grosseur, remarquables par leurs nœuds espacés de 1 à 2 centimètres.

Coupées au printemps, à la fin de mars et au commencement d'avril, les pousses de Bambou ont une couleur, tantôt verte, tantôt jaune pâle; elles sont très tendres et peu filandreuses. On a soin de les débarrasser de leurs gaînes spathiformes, qui sont dures et qui deviendraient coriaces par la cuisson. Leur goût est celui de l'asperge.

Ce n'est pas seulement au Japon, mais aussi en Chine et

spontanément aux environs d'Yokoska, espèce à tige et à rameaux cylindriques. à feuilles dépourvues de stries transversales entre les lignes longitudinales, qui sont fines et rapprochées; à gaines garnies à leur sommet de soies raides, courtes et très caduques.

Le *Bambusa Chino*, Franchet et Savatier, *Yabou Chino*, espèce cultivée et spontanée dans le Nippon central.

Le *Bambusa floribunda*, Zolling, *Tsintstake* : c'est le *B. glaucescens* de Siebold. Il se reconnaît à ses feuilles étroites et glauques et à ses rameaux arrondis. Il pousse dans les forêts montagneuses, dans le Nippon, aux environs d'Yokoska.

Le *Bambusa nana*, Roxburg.

Le *Bambusa pygmæa*, Miquel, *Gin-Meitsik*, espèce à rameaux cylindriques, avec des petites feuilles lancéolées, très nombreuses, au sommet des rameaux et disposées alternativement

Le *Bambusa Senanensis*, Franchet et Savatier, qui croît dans les montagnes Ontake, province de Shinano, et dans l'île de Nippon. Cette espèce est remarquable par ses larges feuilles plus aiguës que celles du *Phyllostachys bambusoides*. Son inflorescence est régulièrement paniculée; les étamines sont constamment au nombre de six dans chaque fleur.

Le *Bambusa Onkatensis*, Franchet et Savatier.

Le *Bambusa variegata*, Siebold, qu'on trouve dans tout le Japon, surtout près de Yokoska; à Kiousiou, dans les forêts, aux environs de Nomo-Saki.

Le *Bambusa puberula*, Miquel, *Metake Hatshiku*, commun dans tout le Japon; dans le Nippon, près les rizières à Osaka, à Yokoska. Une de ses variétés est le *B. puberula*, var. *nigra*. Le bambou noir de Chine ne paraît pas différent du *B. puberula*.

Suivant le docteur Vidal, le *Soudzoutake* est une petite espèce à tige noirâtre ou mouchetée de noir, qui paraît être semblable au *B. puberula*, var. *nigra*.

Le *Bambusa Kumasasa*, Zolling, *Kosasa* ou *Kumasasa*, qui croît souvent sur la lisière des champs; à Kiousiou, dans le Nippon, près de Yokoska.

dans l'Inde, que le Bambou est usité comme aliment. Les Chinois font cuire les jeunes pousses de Bambou, à l'eau, en y ajoutant un peu de sel; d'autres fois ils les mangent en salade, coupées en petits morceaux ressemblant aux filaments de la barbe de capucin. Ils assaisonnent souvent le poisson avec des tranches de bambou qu'ils font macérer dans la saumure.

Avec les pointes de pousses de Bambou ils font des confitures qui ont de l'analogie, comme goût, avec l'angélique.

Ils les soumettent aussi à la dessiccation et en forment des ballots qui s'expédient, par grandes quantités, dans la Mantchourie et en Mongolie : on n'a qu'à les plonger dans l'eau chaude pour les faire revenir à leur grosseur normale, sans qu'elles aient rien perdu de leur goût.

Ils font avec les feuilles un vin qu'ils nomment *Vin aux feuilles de Bambou*, dont il y avait des échantillons à l'exposition chinoise.

Dans les produits de l'exposition chinoise figuraient aussi des spécimens de pousses de Bambou séchées et d'autres salées.

Dans l'Inde, les pousses de Bambou se mangent en salade, en purées, en fritures.

On extrait des tiges, au moment de la croissance de la plante, une liqueur sucrée qui se coagule à l'air et qui sert à fabriquer différentes boissons fermentées assez agréables au goût.

Non seulement les jeunes pousses, mais aussi les graines sont employées dans l'alimentation. Souvent, pendant les famines qui ont désolé l'Inde, les graines de Bambou ont nourri et sauvé de la mort des milliers de personnes.

Suivant M. Hooker, dans le Sikkim, le *Prung* (*Arundinaria Hookeriana*) donne en abondance des graines longues et noires, qu'on fait bouillir comme du riz et dont on fait des gâteaux. On les utilise aussi pour fabriquer de la bière.

Dans beaucoup de localités, les feuilles de certains Bambous sont employées comme fourrage pour les chevaux.

Blé (*Triticum*), *Ko-Moughi*. Dans une des plates-bandes avait été semée une rangée de blé précoce du Japon, *Ko-*

Moughi, et une rangée de blé velu (*Triticum hispida*), qui sont arrivés à bonne maturité.

A l'Exposition du Champ de Mars, on remarquait, dans une vitrine, plusieurs spécimens de beaux épis des différents blés du Japon, précoce, moyen et tardif.

Dans les aquarelles du bureau de l'agriculture de *Tokio* se trouvaient aussi représentées les différentes variétés de Blé, entre autres le *Daruma-ko-Moughi* et le Blé rouge de couleur jaune roux.

Dans la classe 69 (Céréales), se trouvaient exposés des échantillons de blé, *Ko-Moughi* et *Shiro-ko-Moughi*, et de farines de blé de *Hokaido*, ainsi que des blés en grains, des farines et des pâtes alimentaires de *Tokio;* des caisses de vermicelle, du département de *Sakaï*, province de *Idsumi;* des caisses de vermicelle de *Ischikawa*, province de Kawa.

Une vitrine renfermait les différents produits fabriqués avec la farine de froment; tels que des petits gâteaux secs de différentes formes ; une espèce de macaroni, long et transparent, blanchâtre, et deux sortes de vermicelles rouge et blanc, très transparents.

Au Japon, où la culture du blé alterne souvent avec celle du riz, afin d'avoir deux récoltes, le blé sert à faire du pain, du vermicelle, du macaroni, des gâteaux et une sorte de pâte nommée *Fu*. Mélangé à de l'orge, on en fait des espèces de gâteaux et un vermicelle nommé *Oudon*. On le mélange à des haricots ou à des pois, pour servir de ferment dans la fabrication du *Shoyu* et du *Miso*.

Le *Shoyu* est un des condiments les plus usités dans la cuisine japonaise; il est formé de blé grillé et moulu, auquel on ajoute des pois ou des haricots bouillis et refroidis, qu'on transforme en levûre, qu'on additionne de sel et d'eau et qu'on laisse macérer quelquefois vingt et trente mois.

Parmi les condiments exposés dans la classe 74 se trouvaient un certain nombre de flacons de *Shoyu* de Tokio.

Maïs (*Zéa Mays*), *To-Morokoshi*. — Près du petit bassin, un certain nombre de pieds de différents Maïs *To-Morokoshi*, jaune, rouge, blanc, peu différents des nôtres, qui ont très bien réussi.

Au Japon les différents Maïs sont, ainsi qu'on pouvait le voir dans les aquarelles du bureau de l'agriculture de Tokio :

Le maïs précoce, à gros grains blancs et jaunes ;

Le maïs commun, à gros grains jaunes ;

Le maïs, *Tsou-Mokoroshi*, à grains jaunes ;

Le maïs châtain foncé d'*Iyé ;*

Le maïs rouge, *Akato-Morokoshi* ;

Le maïs acajou ;

Le maïs tardif ;

Le maïs, *Yatsubasa-to-Morokoshi* , à feuilles lisérées de bandes vertes et blanches, à grains blancs et jaunes ;

Le maïs blanc d'*Uyo*, à gros grains blancs ;

Le maïs blanc, *Suisno.*

Parmi la collection des graines il y avait plusieurs bocaux de maïs jaune, deux de maïs rouge et un certain nombre de maïs blanc, de deux grosseurs différentes.

Il se trouvait aussi un flacon de *Morokoshi-noko*, farine de maïs de couleur jaune rosée.

Au Japon, les grains de maïs se mangent souvent crus, alors qu'ils sont encore verts et lactescents ; d'autres fois on les fait griller, ou bien encore on les fait bouillir.

Quant à la farine, elle sert à faire une sorte de bouillie. Le maïs *To-Morokoshi*, qui est désigné dans le livre *Phonzo Zoufou* (1) sous le nom de *Nanban-Kibi*, est cultivé dans presque tout le Japon.

Millet (*Panicum miliaceum*), *Kibi.* — Dans la partie du jardin consacrée aux légumes existait une rangée de millet (*Panicum miliaceum*), *Kibi*, à grosses grappes, qui a parfaitement réussi et dont les Japonais ont fait sécher les graines au soleil.

Une autre variété de millet (*Panicum Italicum*), *Awa*, a donné de nombreuses grappes.

Au Champ de Mars, toutes les variétés de *Panicum* du Japon

(1) *Traité de botanique*, en 96 volumes, avec planches, par Iwasaki Tsounemassa, d'Yedo, publié la onzième année de Bounssai (1828).

se trouvaient représentées dans la collection des graines. D'après les aquarelles du bureau de l'agriculture de Tokio, les principales variétés de *Panicum* sont (1) :

Le millet précoce, *Momo-ho-awa ;*

Le millet précoce, *Wasse-ourouti-awa*, à grappes droites, non tombantes, espacées, peu fournies, à graines de couleur jaune clair ;

Le millet tardif, *Oku-ourouti-awa*, à graines gris jaunâtre ;

Le *Okuti-noti-awa*, millet tardif à graines jaune clair ;

Le *Kibi*, à grosses grappes jaunes très fournies ;

(1) MM. Franchet et Savatier (*Enumeratio plantarum in Japonia, etc.*) indiquent :

Le *Panicum italicum*, avec la variété *Germanicum*, de provenance japonaise, croissant spontanément, et souvent cultivé dans l'île de Nippon, autour de Yokoska, dans l'île de Kiusiu, sur les parties montagneuses de Jefinowotoge sur les parties déclives du mont Sata-Toge, dans les environs de Kifura ;

Le *P. miliaceum*, qu'on trouve un peu partout, dans les champs, à l'état sauvage, cultivé surtout autour de Nangasaki et de Yokoska ;

Le *P. indicum*, avec une variété *contracta :* commun dans les rizières et les lieux humides incultes, près de Nangasaki, de Yokoska et de Ywayagama ;

Le *P. sanguinale*, avec une variété *ciliaris*, qu'on rencontre dans les lieux incultes : île de Nippon, aux environs d'Yedo et de Yokoska ;

Le *P. commutatum* ;

Le *P. acroanthum*, qui pousse dans les lieux humides, le long des chemins ; dans l'île de Kiusiu, le long des bords du fleuve Sata-gawa ; dans l'île de Nippon, près de la ville de Miako ;

Le *P. Pachystachys*, commun dans les endroits humides et submontagneux de l'île de Nippon ;

Le *P. viride*, avec une variété *gigantea*, très fréquent dans l'île de Nippon ;

Le *P. glaucum*, îles de Kiusiu, de Nippon, près des villes d'Osaka, de Yokoska, de Yokohama ;

Le *P. excurrens ;*

Le *P. setosum ;*

Le *P. frumentaceum*, qui vient le long des chemins, dans l'île de Nippon, sur les monts Hakone ;

Le *P. hispidulum*, qui croît dans les lieux humides autour de Sagami et de Yokoska ;

Le *P. colonum*, lieux incultes : suivant MM. Cosson et Durieu, ce n'est qu'une variété du *Panicum crus galli ;*

Le *P. crus galli*, avec une variété *hispidulum*, dans les fossés, le long des routes, dans l'île de Kiusiu, dans la vallée du mont Homan-Dake, dans l'île de Nippon.

Le *P. Burmanii*, lieux humides.

Le *Milium effuscum*, île de Yeso, sur la côte occidentale. autour de Hakodate ;

Le *Paspalum villosum*, ou *Eriochloa villosa*, lieux cultivés humides, aux environs de Nangasaki, Yokohama, Yokoska.

Les *Paspalum Thunbergii*, filiforme, bréviculme et filiculme.

L'*Isachne Australis*, qu'on trouve dans les lieux humides, dans les marais, dans les rizières, îles de Kiusiu et de Nippon.

Le *Shiro-Kibi*, à longues grappes, peu fournies et à graines blanches ;

Le *Mothi-Kibi*, à grosses graines blanches ;

Le *Uzura-Kibi*, à grappes pendantes, espacées, très peu fournies, à graines blanches, tachetées de brun ;

Le *Founa-Kibi-Awa*, sorte de millet commun ;

Le *Thia-Kibi*, à grappes peu fournies et à graines rouges ;

Le *Hiye* (*Panicum crus galli*), espèce de millet à petites graines irrégulières ;

Le *Kiro-Kibi*, à grosses graines, d'un rouge noirâtre, brillantes ;

L'*Awa ;* le *Kuro-Awa ;* l'*Araï-Awa ;* le *Shiro-Awa ;*

Le *Nekote-Awa*, à grosses grappes serrées ;

Le *Hayaho-Kakoure-Awa*, à grappes tombantes, très grenues, d'un joli jaune ;

Le *Mongodamaschii-awa*, millet commun, à grappes vert jaunâtre, à très petites graines ;

Le *Nerikin-awa ;*

Le *Nakade-koussamothi-awa ;*

Le *Mukodora-awa ;*

Le *Sarashi-awa ;*

Le *Nankin-ko-awa*, à feuilles rougeâtres et à grosses grappes rougeâtres ;

Le *Thiouswgouse-awa*, à longues grappes ;

Le *Nazumi-awa*, à graines grises ;

Le *Zanzara-awa*, millet blanc, à grosses grappes allongées, très fournies ;

Le *Huyo ;*

Le millet noir, à grappes allongées ;

Le *Mochi-awa*, millet glutineux, blanc ;

Le millet glutineux blanc tardif, à longues grappes et à petites graines blanches.

Le millet est beaucoup plus cultivé au Japon que le maïs. Il sert à la nourriture des gens de la campagne.

Le *Mochi-awa* ou millet glutineux, mélangé avec le *Mochi-gome* (riz glutineux), sert à faire des *Mochï*, espèces de petits gâteaux secs, ressemblant à nos petits fours et dont on voyait, au Champ de Mars, un assez grand nombre de spécimens.

En Chine, dans les provinces du Nord, le millet est beaucoup plus cultivé que le blé, et est d'une grande ressource pour l'alimentation. Les Chinois préparent avec le millet une bière, dont on remarquait à l'Exposition des échantillons dans la classe 75 (Boissons fermentées). La bière de Newchwang est surtout célèbre. Il y avait aussi à l'exposition chinoise des échantillons de vin jaune de millet de Chefoo.

ORGE (*Hordeum*), *O-Moughi*. — Dans le jardin avait été semée une rangée d'orge (*Hordeum vulgare*), *O-Moughi*, qui, arrivée à maturité, avait été coupée et séchée au soleil.

Les principales espèces d'orge qu'on trouve au Japon, sont : l'orge verte, l'orge blanche et l'orge violette.

Il y en a de hâtives, de moyennes et de tardives ; une des plus connues se nomme *Harina-Yakko-Hadaku*.

Dans la collection des graines japonaises, se trouvaient plusieurs flacons de grains d'orge, *Rokkaku-o-moughi*.

Dans les tableaux des productions utiles, on remarquait aussi des épis avec des grains séparés.

Dans les aquarelles du bureau de l'agriculture, il y avait plusieurs variétés, entre autres l'orge *Harina-Yakko-Yadaku*.

Au Japon, cette graminée est presque toujours cultivée dans les rizières, où elle alterne avec le riz, de telle sorte qu'on puisse avoir deux récoltes par an. Au commencement de l'hiver, dès que le riz a été enlevé, on travaille le sol à la main ; on creuse des sillons dans lesquels on sème l'orge, non à la volée, mais par rangées parallèles ; on recouvre d'une légère couche de terre, puis, en mars, on chausse les rangées, en creusant entre elles une petite rigole. La récolte se fait en mai ou au commencement de juin ; puis on transforme le champ d'orge en rizière.

L'orge est employée en bouillies ; on la mélange avec le blé pour en confectionner un vermicelle nommé *Oudon ;* on en fait aussi des gâteaux de différentes espèces ; on la grille et on la mélange à du sucre, pour la transformer en sucreries nommées *Amé* et *Mizuamé*.

RIZ (*Oryza*), *Urushi*. — La partie antérieure du bassin,

qui se trouvait près de la petite maison japonaise, était garnie de plusieurs rangées de riz, *Urushi*, dont un certain nombre de pieds ont fleuri, sans mûrir.

Près de la porte d'entrée, dans une plate-bande entourée de tuiles vernissées, de différentes couleurs, étaient aussi un certain nombre de pieds de riz sec de montagne (*Obake*), qui n'a pas fleuri, étant trop à l'ombre. Au bas du jardin, contre le mur de bois d'un petit hangard, il y avait plusieurs pots en terre, contenant des pieds de ce même riz sec de montagne. Ce riz, bien exposé au midi, a fleuri et les épis ont mûri.

Les principales espèces de riz, au Japon, se divisent en hâtives, moyennes et tardives.

Il y a au Japon deux sortes de riz, le riz ordinaire, *Urushi*, et le riz glutineux, *Mochi-Gome*.

On compte un grand nombre de variétés de riz, dont les principales sont :

Les riz précoces : *Hayama*, *Ni-itchi-homé*, *Kihada-bozu*, *Onematsou*, *Aokogou-bozu*;

Les riz communs : *Ataré*, *Issé*, *Takatsouki*, *Araki*;

Les riz tardifs : *Ippon*, *Miho*, *Miyabo-dzou*, *Nagashima* ;

Le riz *Owasé-taitò-mai;*

Le riz sec *Obake;*

Le riz précoce *Mourasaki;*

Le riz glutineux *Mochi-gome;*

Le riz glutineux commun sans barbe, *Muké-mothi-iné*;

Le riz glutineux commun, *Shinobi;*

Le riz sec tardif, *Nagani;*

Le riz glutineux tardif, *Shino-Kabouri*.

Toutes ces variétés étaient indiquées dans les aquarelles du bureau de l'agriculture de Tokio.

Suivant le docteur Vidal, le riz est cultivé au Japon partout où la nature du sol le permet, et l'on rencontre même des rizières dans les montagnes, toutes les fois qu'il s'y trouve assez d'eau pour avoir un arrosage suffisant. Quant au riz sec, qu'on nomme aussi riz de montagne, il se cultive aussi dans les champs et prend alors le nom d'*Obake*. On s'en sert surtout pour la fabrication du *Sake* (vin de riz) qui, dans ce cas, contient moins de lie que s'il est fabriqué avec les autres variétés de riz.

Le riz du Japon est très estimé et supérieur à celui de l'Indo-Chine et à celui des Philippines. Il est cultivé dans le Japon méridional, surtout dans les îles de Kiusiu et de Nippon.

Les procédés de culture diffèrent peu de ceux qui sont usités en Chine. Le terrain est préparé dès le printemps et l'on fait les semis. Ce n'est qu'à la fin de mai et en juin que le riz est repiqué, par petites touffes, dans les rizières qui sont submergées. De temps en temps, pendant l'été, on dépose dans les rizières de l'engrais humain liquide. Lorsque l'épi est bien formé, vers le mois de septembre, on ne laisse plus d'eau. A partir de ce moment, les chaumes commencent à jaunir et à sécher; le grain prend de la consistance et la récolte se fait en octobre et en novembre.

Dans une des salles de l'Exposition du Champ de Mars, se trouvaient une série de tableaux représentant la culture et la récolte du riz dans tous leurs détails.

C'est le riz qui forme la base de la nourriture japonaise, et son emploi dépasse de beaucoup celui des autres céréales. Très peu de viande, du poisson frais ou salé, des œufs, des légumes frais, salés ou fermentés, des fruits, du riz, des gâteaux préparés avec la farine de blé, de millet ou de sarrasin, voilà les mets les plus usités dans toutes les classes de la population.

Le riz ordinaire est réduit en farine et s'emploie alors sous forme de bouillies; souvent il est cuit dans l'eau, puis salé et mélangé à la viande et au poisson.

Le riz glutineux est employé à confectionner de petits gâteaux secs nommés *Mochi*. La farine de riz glutineux sert à faire du *Kangarashi* et différentes pâtes alimentaires.

A l'Exposition du Champ de Mars, on remarquait dans la collection des graines :

Le riz ordinaire, *Momi-Homé ;*

Le riz précoce, *Wasé-Homé ;*

Le riz précoce, *Shiro-higne-momi*, muni de barbes blanches ;

Le riz précoce, *Komi*, muni de pellicules;

Le riz tardif, *Wohouté-Issé* , garni de pellicules, ainsi que le riz tardif, *Momé ;*

Le riz sec tardif, *Okute-kuro-higné-obako ;*

Le riz tardif, *Okute-momi-gennaï*, débarrassé de ses pellicules ;

Le riz glutineux précoce, *Momi*, garni de pellicules ;

Le riz glutineux précoce, *Mothi-makadé ;*

Le riz glutineux précoce, *Mothi-wassé-issé*, débarrassé de ses pellicules ;

Le riz glutineux tardif, *Mothi-ankouté-gennaï*, débarrassé de ses pellicules ;

Le riz sec glutineux, *Kenashi-wassé-mothi*, sans barbes;

Le riz glutineux sec mondé, *Obaku-shiro-mothi ;*

Le riz mondé, *Khabu-maï ;*

Plusieurs bocaux renfermant de la farine de riz (*Kansarashi-Ro*) ;

Des bocaux de *Kaki-mothi*, pâte sèche préparée avec du riz glutineux et divisé en larges morceaux et en tablettes blanches ;

Des bocaux de *Mothi-komi-kosi*, semoule fine blanchâtre et brillante de riz glutineux cuit ;

Des bocaux de *Hoshi* de Izoumio (province de Idsumi), riz cuit et séché au soleil, qui a la propriété de se conserver longtemps et de ne pas être attaqué par les vers ;

Des bouteilles de *Shôtsiu*, espèce d'eau-de-vie de riz ; des boîtes d'huîtres conservées dans le *Shôtsiu ;*

Des bouteilles de *Sake* (vin de riz) et de *Mirin* (vin de riz sucré).

Le vin de riz, ou *Sake*, se fabrique dans toutes les provinces du Japon. Les plus réputés sont celui d'Ikeda et celui d'Itami.

On prend du riz de première qualité, bien décortiqué ; on le lave plusieurs fois, à grande eau, et on le laisse séjourner à plusieurs reprises, pendant six heures, dans des vases remplis d'eau ; puis on le soumet à l'action de la vapeur d'eau et on l'étend ensuite sur des nattes, qui restent, pendant vingt-quatre heures, dans une cave, où le riz est mélangé à du riz moisi.

On ajoute ensuite le riz ainsi préparé à de l'eau et à de la levûre et on laisse le mélange, pendant quatre ou cinq jours, dans un tonneau, où on l'agite avec de grandes cuillers de bois, puis on le laisse fermenter pendant dix jours quand il fait chaud, ou pendant vingt jours s'il fait froid.

Après cette première fermentation, le liquide doit en subir une seconde, qu'on obtient en mélangeant du moût, du riz préparé à la vapeur, de la levûre et de l'eau, et en agitant souvent avec des cuillers de bois. Au bout de cinq à six jours le liquide a déjà l'odeur du *Sake*. On laisse reposer, pendant dix à douze jours, et on a alors le *Sake*, qu'on filtre à travers des sacs en coton ; on laisse la lie se déposer ; on décante ; on fait bouillir dans une grande chaudière et l'on verse alors le *Sake* dans des tonneaux qu'on ferme hermétiquement.

Quant au *Mirin* ou *Sake* sucré, il se fabrique à peu près de la même manière, mais avec du riz glutineux (*Mochigomé*). Le plus estimé est celui de Nagaré-Yama, province de Shimosa.

On donne souvent au *Mirin* une belle couleur jaune rougeâtre en y ajoutant du *kumenshu* (*Mirin* qu'on a fait réduire par l'ébullition).

Mêlé à des substances aromatiques, le *Mirin* forme différentes liqueurs nommées : le *Yozo-Shu*, qui se fabrique à Takata-Machi (province de Mino), et l'*Homeishu*, qui vient de Tomœdzu (province de Bungo).

On fait aussi souvent du vinaigre de riz.

En Chine, le vin de riz est souvent coloré avec des pois verts ou avec des pois noirs ; au Champ de Mars se trouvaient des échantillons de vin de riz de Foochow, coloré de ces deux façons.

L'eau-de-vie de riz chinoise se nomme *Samshu*. La plus célèbre est celle qui se fabrique à Shaohing-fu, dans la province de Chêhkiang ; elle était aussi exposée au Champ de Mars.

Le vinaigre de riz chinois le plus réputé se fabrique à Ningpo.

(*A suivre.*)

II. FAITS DIVERS ET EXTRAITS DE CORRESPONDANCE

Notes relatives aux Kakis cultivés japonais.

Les Kakis japonais (*Diospyros Kaki*), sont de grands arbres fruitiers. Ils recherchent les expositions chaudes ainsi que les terres profondes, humides et légères; ils se contentent des argiles pourvu que celles-ci ne soient pas trop compactes. Ils rappellent, par leur port et par leurs dimensions, les pommiers de la Normandie, mais leurs feuilles sont plus larges, plus nombreuses, plus foncées ; elles donnent plus de relief à l'ensemble. Leurs branches inférieures s'étalent parfois jusqu'à toucher le sol; ils apparaissent dans ce cas au milieu des champs comme des demi-sphères si régulières, qu'on les croirait taillés par la main de l'homme. Leurs feuilles tombent au début de l'automne et mettent à découvert une quantité considérable de fruits dont la couleur varie suivant les espèces, depuis la nuance jaune or de la mandarine jusqu'à celle rouge sombre de la tomate, et donne à ces arbres un aspect assez étrange ; souvent ces fruits sont assez nombreux pour cacher les branches.

Leur bois est assez fin, mais il s'échauffe promptement, sa cassure est très grasse ; on ne l'emploie que pour la fabrication de quelques menus meubles. Le plus souvent, les billes qu'on débite sont traversées par des flammes ou taches d'un noir d'ébène irrégulièrement disséminées dans la masse, lesquelles paraissent être dues à la réaction des sels ferrugineux aspirés par les racines sur le tannin qui abonde dans la sève. Ces taches forment alors des veines noires que les Japonais recherchent pour l'ébénisterie, ils appellent ces bois des *Kourokaki*, littéralement Kakis noirs.

Tous ces fruits, à quelque variété qu'ils appartiennent, sont très riches en tannin, et par suite astringents, quand ils sont encore verts. On les pile et on laisse digérer dans de l'eau, on obtient ainsi un liquide nommé *Chiboukaki*, qu'on emploie comme mordant dans la fabrication des laques, dans la teinture et dans la tannerie. Les pêcheurs l'emploient pour tanner leurs filets. Les Japonais n'emploient pas la peinture à l'huile, ils recouvrent leurs clôtures et les façades de leurs maisons en bois avec une peinture noire formée avec du noir de fumée délayé dans le Chiboukaki; elle a le défaut grave de rester adhérente aux mains de ceux qui la touchent en temps de pluie, mais elle prolonge la durée des bois exposés aux pluies, si l'on a la précaution de la renouveler tous les deux ou au plus tard tous les trois ans.

Ce tannin disparaît au fur et à mesure que le fruit poursuit son développement, les couches extérieures sont celles qui en conservent les dernières traces. Cette amertume est plus prononcée sur les Kakis d'hiver que sur ceux d'été. Les Japonais hâtent souvent la maturité de ces fruits et en font disparaître l'amertume à l'aide des divers artifices suivants : ils récoltent ces fruits dès que ceux-ci sont arrivés à leur grosseur normale, sans attendre qu'ils aient pris leur couleur définitive, puis ils les arriment dans des tonneaux par couches séparées par de la menue paille de riz, de façon que chaque fruit soit parfaitement isolé de ceux qui l'entourent, et ils les conservent ainsi enfermés jusqu'à ce que ces Kakis aient pris leur couleur et qu'ils aient atteint leur maturité.

D'autres Japonais remplacent la menue paille de riz par l'eau-de-vie de riz. Ceux qui sont plus pressés arriment leurs fruits encore verts dans un tonneau enveloppé de matières isolantes, puis ils y versent de l'eau chaude qu'ils laissent refroidir le plus lentement possible.

Ces fruits sont blets quand ils sont arrivés à maturité parfaite (naturellement ou artificiellement). Les Kakis d'hiver sont relativement plus fermes, plus sucrés et moins juteux ; les Kakis d'été sont, au contraire, plus fondants ; il y en a qu'on mange en enlevant leur pédoncule et en puisant avec une cuiller dans la cavité ainsi formée.

Tous ces fruits sont comestibles, ils constituent une des principales ressources alimentaires du pays. Ceux qui ne sont pas consommés à maturité sont pelés, suspendus par la queue, exposés un mois au soleil, puis aplatis et arrimés en caisses ; ces Kakis secs, quand ils sont bien soignés, sont des fruits excellents, qui plaisent à tous les Européens, même aux rares personnes qui ont de la répugnance pour les Kakis frais les plus fins et les plus délicieux. Les meilleurs Kakis secs s'obtiennent en faisant sécher des *Kochioumarou* ; dans la province de Kaï on les vend à Tokio sous le nom de *Korognaki*.

Les Kakis qu'on trouve en forêt sont petits, presque sphériques et très amers, leur diamètre ne dépasse guère 2 centimètres, ils rappellent les fruits qu'on obtient en Provence depuis nombreuses années ; on les nomme *Yamakaki*,, *Sakourakaki* ou *Mamékaki*. Il y a, en outre, beaucoup d'espèces cultivées. Le tableau ci-dessous indique les plus remarquables ; il peut y avoir quelques doubles emplois parce que les diverses provinces donnent un nom particulier aux principales variétés qu'elles cultivent, de telle sorte que certaines variétés portent des noms différents.

GROUPES.	NOMS.	DIAMÈTRE.	LONGUEUR.	FORME.	ÉPOQUE de MATURITÉ.	LOCALITÉS.
Kakis sauvages.	Yamakaki			Sphériques unis.	Fin oct. à déc.	Tout le Japon.
	Sakourakaki	2cm				
	Mamékaki					
	Amankaki	3 à 4			Octob. nov.	Tokio.
	Kinérikaki	3 à 4			Id.	Kioto.
	Zendji	5			Id.	Tokio.
	Kiarakaki	6		A peu près sphériques ou légèrement aplatis.	Id.	Id.
	Yakoumi	6			Id.	Id.
	Tsouroumarou	6			Id.	Id.
	Sochimarou	6			Id.	Id.
	Kizawachi	6			Septemb. oct.	Id.
	Kourocouma	7			Id.	Id.
Kakis sucres.	Tiodémon ou Tiomatsou	8			Id.	Id.
	Foudékaki	1	4cm	.	Octob. nov.	Kaï.
	Wassenkaki	2	5		août	Tokio.
	Chinanokaki					
	Chinomarou	3 à 4	6		Octob. nov.	Chinano et Tokio
	Daïchaudji			Allongés ou pointus.		
	Fouchimarou					
	Torokoukaki	3 à 4	6		Id.	Tokio.
	Tsouroukaki ou Tsourounoko	4 à 5	7		Id.	Tokio et Kaï.
	Guibochi	6	7		Id.	Tokio.
	Hatchiya	6 à 7	8 à 9		Id.	Id.
	Toyama	5	9	Allongés.	Fin oct. à déc.	Tokio.
	Kochioumarou	5	9		Id.	Kaï.
	Ochirakaki	6	4		Id.	Tokio.
	Sakoumiotan	6	4 1/2	Aplatis.	Id.	Id.
Kakis amers.	Nachimiotan	8	6		Id.	Id.
	Okaki	6	10	Allongés.	Id.	Mino.
	Miotan	9	6		Id.	Tokio.
	Enzakaki	9	6	Aplatis.	Id.	Aki.
	Gochonkaki	9	6		Id.	Kioto.
	Dennai	12	8		Id.	Tokio.

Les *Wassenkaki* sont les Kakis d'été les plus précoces, ce sont par contre les moins sucrés et les moins recherchés.

Les *Kourocouma,* les *Tsouroukaki* et les *Hatchiya* sont assez mous pour pouvoir être mangés à la cuiller. Les premiers sont les meilleurs, leur chair est très rouge, leur peau est fine, non adhérente et d'un rouge foncé; ils sont extrêmement juteux; ils mûrissent au commencement d'octobre. Les Tsouroukaki ont à peu près les mêmes qualités. Les Hatchiya sont plus gros et plus répandus, ce sont encore des fruits excellents et juteux, mais ils ont une consistance plus mielleuse que les précédents; on en consomme des quantités considérables pendant tout le mois de novembre. Ces trois variétés ne sont pas soumises d'ordinaire à un procédé artificiel de maturation.

Les Kakis suivants ne sont plus assez mous pour être mangés à la cuiller, ils ont la consistance des poires fondantes d'été. Les meilleurs sont les *Guibochi*, ils sont très sucrés, leur goût exquis les place au premier rang parmi tous les Kakis, ils mûrissent à la fin du mois d'octobre. A côté viennent les *Zendji*, qui sont plus sucrés et plus juteux que les meilleures poires de beurré d'hiver; ils mûrissent vers le 1er novembre.

Les *Sochimarou* mûrissent un peu plus tard, vers le 15 novembre : ce sont des fruits très sucrés et de grand goût. Le *Tsouroumarou* est encore une variété de premier choix, son fruit est rouge très foncé, il est plus fondant et plus sucré que la meilleure poire. Il en est de même du *Tsourounokko* qu'on récolte vers le 10 octobre et qui est mûr trois semaines après.

Dans la catégorie des Kakis sucrés ayant plus de fermeté, nous trouvons en première ligne le *Yakoumi*, excellentissime fruit qui n'arrive à maturité que vers le 8 novembre, puis le *Chinanokaki*, et surtout ses variétés ou ses similaires, qui sont les *Daichaudji*, les *Chinomarou* et les *Fouchimarou*.

Les *Kizawachi* et les *Amankaki* sont également fort estimés. Les *Tiodémon* ou *Tiomatsou* sont beaucoup plus communs : ces derniers mûrissent du 1er octobre au 15 novembre; on les améliore en les laissant séjourner pendant dix jours dans un tonneau.

Les Kakis amers pourraient être appelés les Kakis d'hiver parce qu'ils ne se ramollissent, et ils ne perdent leur amertume que longtemps après la cueillette : on les laisse d'ordinaire un mois entier dans le tonneau. Au premier rang parmi eux, on doit placer le *Nachimiotan*, qui est un fort beau fruit de couleur pâle, tendre et sucré, quand sa maturité est complète, et ses similaires le *Sakoumiotan* et le *Miotan*. Les habitants de Kioto vantent beaucoup le *Gochonkaki*, auquel ils ont donné le nom d'un des palais du Mikado.

La culture des Kakis n'offre aucune difficulté. Les Japonais prétendent qu'en semant des noyaux d'une quelconque de ces diverses variétés on obtient, huit ans après, des fruits de même espèce, mais de qualité un peu inférieure, toujours plus amers que le fruit primitif, et que les fruits gagnent en grosseur, en finesse et en suc quand on les greffe sur des sujets provenant eux-mêmes de graines de bonnes espèces. C'est, par suite, un usage général au Japon de greffer tous les Kakis.

On y pratique le plus souvent la greffe dite à la fente : l'opération se fait au printemps avec des greffons gros comme des crayons; on enveloppe la greffe, quand elle est terminée, avec de la paille et de la terre amarrées avec de la ficelle, et sur cette terre on sème de petites herbes de façon à entretenir la fraîcheur de la greffe. On laisse les choses en cet état pendant une année entière; la greffe se développe au milieu de cette terre protectrice à travers laquelle elle se fait jour. L'arbre produit des fruits deux ou trois ans après.

Les Japonais sont très habiles dans l'art de greffer. Parfois, ils se bornent à faire un trou dans le tronc du porte-greffe et à planter dans cette cavité un bourgeon du sujet à reproduire.

Les Japonais cherchent parfois à avoir pour l'ornement de leurs salons de très petits Kakis portant des fruits; ils opèrent alors de la façon suivante : ils sèment en pleine terre, et au mois de février, des graines des plus belles espèces, ils arrachent chaque sujet au mois de mars de l'année suivante, ils en coupent le pivot, et ils replantent chaque sujet ainsi tronqué en jauge inclinée à 30 degrés ; ils le laissent une année entière dans cette position : au printemps suivant ils le replantent verticalement, ils fument fortement, ils greffent en mars de l'année suivante ; à la fin de la même année ils mettent en pots et ils poussent activement sa végétation pour qu'il fructifie l'année suivante.

Il convient d'ajouter que le Kaki du Japon est très rustique ; c'est un arbre de plein champ qui supporte vaillamment les froids du Japon et dont l'acclimatation promet d'être facile et fructueuse. On peut recommander à nos horticulteurs de le greffer sur le Kaki d'Italie.

Les Kakis de la Chine sont bien inférieurs à ceux du Japon. Les Chinois ont remarqué que le nombre de graines contenu dans certaines espèces est très variable, et comme tout leur est prétexte pour jouer, ils prennent souvent un Kaki, ils l'examinent avec soin et ils font des paris au sujet du nombre de ses graines : c'est un de leurs jeux favoris. On ne saurait croire combien ils y mettent de passion. — Il est permis de supposer que l'une des causes pour lesquelles ils l'affectionnent est la certitude qu'ils ont de ne pas être exposés à des tricheries.

E. DUPONT.

(*Bulletin de la Société d'horticulture et d'acclimatation du Var.*)

III. BIBLIOGRAPHIE

I

Traité pratique de chimie et de géologie agricoles. Traduction libre de la onzième édition des *Elements of agricultural chemistry and geology* des professeurs Johnston et Cameron, par Stanislas Meunier, docteur ès sciences, aide-naturaliste de géologie au Muséum, lauréat de l'Institut. — 1 vol. in-18, 356 p. avec 200 vignettes. J. Rothschild, 13, rue des Saints-Pères, 1880.

La Chimie est sans contredit une des sciences naturelles qui répond le plus au désir inné chez l'homme, de connaître les richesses du monde extérieur et de les approprier à son usage. C'est elle qui nous donne les moyens d'emprunter au sol, aux végétaux, et même aux substances animales, une foule de matières indispensables à nos besoins de chaque jour; c'est elle qui crée les éléments principaux de toute industrie. C'est, par excellence, une science féconde en applications, et, selon l'expression de Berthollet, il n'est aucune occupation humaine qu'elle n'éclaire de son flambeau.

Aussi, bien que la Chimie ne soit née pour ainsi dire qu'avec Lavoisier, à la fin du dix-huitième siècle, elle a fait vite des pas de géant, et elle a vu se créer dans son sein plusieurs branches, parmi lesquelles brille au premier rang la Chimie agricole.

Que de secrets à surprendre, en effet, dans le vaste laboratoire de la nature, depuis la production et la nutrition des végétaux, depuis l'amélioration ou l'appauvrissement du sol, jusqu'au meilleur mode d'alimentation de nos animaux domestiques ! Seule, la chimie peut nous permettre d'épeler quelques lignes dans le livre mystérieux de la vie ! Et encore a-t-elle besoin d'emprunter le concours des autres sciences.

Certes, le problème qui se pose devant l'agriculteur est singulièrement complexe : d'une part, tirer de la terre, malgré les variations de la température, la plus grande somme de produits et de la meilleure qualité possible, au moindre prix de revient et dans le délai le plus court; obtenir, d'autre part, dans les mêmes conditions, le plus de travail et de produits des animaux de la ferme.

Or, tous les êtres vivants sont composés d'un certain nombre d'éléments constitutifs que la chimie apprend à reconnaître et à isoler les uns des autres, éléments toujours les mêmes, se retrouvant presque tous dans les plantes comme dans les animaux, et qui semblent, dès lors, indispensables à leur existence. Mais parmi eux, quatre surtout, l'azote, le phosphore, le calcium et la potasse, intéressent plus spécialement l'agriculture, parce que les récoltes en font une consommation considérable et qu'il importe de les restituer au sol pour la nutrition des plantes à venir. Le même intérêt s'attache à l'examen des fonctions de ces corps chez les animaux, et des transformations suivant lesquelles la nourriture (dont ils constituent l'essence) se convertit en substance organique. Cela amène à étudier la classification des aliments, les meilleures rations alimentaires, et la valeur comparative des diverses espèces de nourriture. C'est donc contribuer utilement au progrès général que de propager la connaissance des substances organisées, organiques ou minérales, qui entrent dans la composition du sol, des végétaux et des animaux, et de la manière dont se produit leur assimilation.

Le traité élémentaire que M. Stanislas Meunier vient de publier, d'après les travaux des savants professeurs anglais Johnston et Cameron, entre immédiatement en matière. Il se compose de chapitres courts et substantiels, qui passent rapidement en revue tous les problèmes dont la science agricole cherche la solution. Après avoir donné quelques notions générales sur la nomenclature et les notations chimiques, il examine successivement les objets suivants :

Éléments constitutifs des plantes et des animaux. — Éléments constituants des cendres de plantes. — Structure et développement des plantes. — Principes immédiats des plantes. — Composition, origine et classification des sols. — Les terrains et leurs subdivisions. — Propriétés physiques des sols; sols fertiles et sols stériles. — Relation des plantes avec les sols sur lesquels elles croissent et avec les engrais qui leur sont donnés. — Amélioration des sols par le drainage, le labour, le mélange, l'effet de la végétation, la chaux, l'écobuage, l'irrigation. — Épuisement des sols. — Germination des graines. — Assimilation par les plantes du carbone, de l'oxygène, de l'hydrogène, de l'azote. — Les engrais. — Les fourrages. — Les grains, les graines, les racines et tubercules; le lait, le beurre, le fromage. — Nutrition animale; classification des aliments et rations.

Ces diverses questions sont exposées d'une manière claire et précise; les notations chimiques sont présentées comme une chose si simple, qu'on ne s'aperçoit qu'à demi de leur aridité. Ce petit traité est donc un bon ouvrage de vulgarisation.

Aimé Dufort.

II. — Journaux et Revues.

(Analyse des principaux articles se rattachant aux travaux de la Société.)

Revue des eaux et forêts (13, rue Fontaine-au-Roi).

Juillet 1880. — *Chasse; animaux nuisibles, Pigeons ramiers.*

Le fait d'avoir été surpris *la nuit* prêt à tirer sur des Pigeons ramiers ne constitue pas un délit de chasse, si la destruction de ces oiseaux a été autorisée *en tout temps*, par un arrêté préfectoral. — Ainsi jugé par un arrêt de la Cour de cassation, chambre criminelle, du 9 août 1877. Il n'existait en ce sens qu'un arrêt de Metz, du 28 novembre 1867 ; mais la doctrine est unanime à reconnaître que, du moment qu'il s'agit de destruction d'animaux nuisibles, déclarés tels par un arrêté préfectoral, on peut y procéder, en temps défendu, en temps de neige et même la nuit (1). (E. MEAUME.)

Revue horticole. (Librairie de la maison Rustique, 26, rue Jacob.)

16 mai 1880. — *Les boîtes à cigares.*

En réponse à la question qui lui avait été posée à ce sujet, M. J. Lachaume écrit de la Havane que ces boîtes sont confectionnées avec le *Cedrela odorata* (Méliacées). C'est un arbre gigantesque, dont le bois est brun rouge et très odorant; il croît dans toutes les Antilles; il est importé aux États-Unis sous le nom de Cèdre de la Jamaïque.

Bulletin de la Société nationale d'Agriculture de France. (V. Bouchard-Huzard, 5, rue de l'Éperon.)

Avril 1880. — *Sur une nouvelle Vigne du Paraguay.*

M. Sacc envoie une gousse du fruit et une feuille d'une nouvelle Vigne qu'il a découverte au nord du Paraguay, sur les rives du Rio-Apa, où elle couvre les plus grands arbres des forêts vierges, sur les frontières du Brésil. Cette espèce diffère de toutes celles qui sont connues, par ses feuilles vert foncé et lisses, ses fruits sessiles, et sa graine unique et aplatie comme celle des courges. Les sarments sont couverts d'une écorce

(1) Le *droit de chasse* consiste dans la faculté qui appartient à tout propriétaire de détruire, ou de faire détruire, sur ses terres, *toute espece de gibier*. C'est un droit consacré par le décret du 29 août 1789 et actuellement régi par la loi du 3 mai 1844. Toutefois, l'exercice de ce droit est soumis à certaines conditions, dont la première est la possession d'un permis régulier; en outre, la chasse ne peut avoir lieu que de jour, et comme ce droit est un droit réel immobilier, inhérent à la qualité de propriétaire, on ne peut chasser que sur ses propres terres, — ou sur les terres d'autrui, avec le consentement de celui à qui le droit de chasse appartient.

Du reste, l'exercice de la chasse (envisagé, soit comme un plaisir, soit comme la recherche d'un produit alimentaire) est complètement indépendant du *droit de destruction* des animaux nuisibles. Ce dernier droit se présente sous un double aspect :

Il y a d'abord le droit naturel de repousser les atteintes des animaux qui occasionnent un préjudice actuel aux récoltes, ou dont la présence constitue un péril imminent. — « Une bête fauve porte-t-elle actuellement un dommage à ma propriété ? J'ai le droit de la repousser et de la détruire, même avec des armes à feu, et cela sans avoir à justifier d'aucun permis ni d'aucune autorisation résultant d'un arrêté administratif. C'est à proprement parler l'exercice du droit de légitime défense. » (Cass., 23 juillet 1858, 9 août 1877. Rapport de M le conseiller Barbier).

Mais la propriété a besoin d'être protégée, presque constamment, contre les

brune, le bois est blanc, spongieux, et entouré d'une couronne de vaisseaux noir bleu ; les racines sont fortes et renflées de distance en distance.

Les baies sont disposées en spirales autour de l'axe. Les grains sont gros comme des noisettes ; la chair en est ferme, incolore, avec une légère teinte verdâtre, et leur goût rappelle celui du meilleur chasselas. Leur couleur est rose violacé, comme celle du Tokaï. La plante est vigoureuse et donne deux *énormes* récoltes par an, une au printemps et l'autre en automne.

M. Sacc en a envoyé des graines à MM. Ch. Huber et Cie, à Hyères. Il ignore si cette Vigne réussira en France ; mais elle sera, à coup sûr, une bonne acquisition pour les horticulteurs qui ont des serres à forcer, à cause de l'abondance de son *double* produit chaque année.

III. — PUBLICATIONS NOUVELLES.

Chasse à tir; moyens, pratique et but. Traduit de l'anglais, d'après James-Dalziel Dougall, par le vicomte de Hédouville. In-18 jésus, XIX-232 p. avec fig. Paris, imp. et libr. Plon et Ce.

Des phosphates et des produits chimiques propres à l'agriculture; mémoire par M. Jules Brunfaut, ingénieur. In-8, 102 p. Paris, libr. Baudry.

Essai sur la destruction de l'œuf d'hiver du Phylloxera de la Vigne, par M. Prosper de Lafitte, président du Comité central d'études et de vigilance de Lot-et-Garonne. In-8, 68 p. Agen, imp. Lenthéric.

Le Petit Cultivateur au XIXe siècle, par Joseph Mittet, inspecteur primaire. 5e édition. In-12, VIII-173 p. figures. Paris, libr. Belin.

bêtes sauvages et les oiseaux ravageurs, sans qu'il y ait pour cela un fait *actuel* de déprédation. Aussi, la loi de 1844 porte-t-elle, dans son article 9, § 3, que les préfets prendront des arrêtés pour déterminer..... les espèces d'animaux malfaisants ou nuisibles que le propriétaire, possesseur ou fermier, pourra, *en tout temps*, détruire sur ses terres, ainsi que les conditions de l'exercice de ce droit. Il suit de là que lorsque le propriétaire ou fermier tue, sur ses terres, un animal qualifié de malfaisant ou de nuisible par un arrêté préfectoral, et qu'il se conforme aux conditions particulières contenues dans cet arrêté, il accomplit, non point *un fait de chasse*, mais bien *un acte de destruction* légitime pour la défense de sa propriété ; dès lors il n'a pas besoin de permis, par cela seul qu'il n'accomplit pas un acte de chasse.

Ce droit de destruction peut donc être exercé — la nuit — en temps de neige — pendant que la chasse est fermée, sauf les restrictions que pourrait avoir apporté sur ces points l'arrêté préfectoral. Nous devons dire cependant que la question est controversée de savoir si les préfets ont la faculté d'interdire *pendant la nuit*, la destruction des animaux malfaisants. Tous les auteurs se prononcent pour la négative (Villequez, *Du droit de destruction des animaux nuisibles*, n° 50 ; Championnière, *Manuel du chasseur*, p. 64 ; de Neyremand, *Questions sur la chasse*, n°s 5 et 58) ; mais un arrêt de la Cour de cassation du 30 juillet 1852 a admis le contraire (*Bull. Annales forest.*, t. VI, p. 47). A. D.

Nouvelle méthode de culture de la Vigne en présence du Phylloxera. Lettre adressée à M. le ministre de l'agriculture et du commerce, ainsi qu'à l'Académie des sciences, etc., par M. H. Bonnarme, pharmacien au Blanc. In-8, 20 p. Le Blanc, imp. et libr. de Saint-Thibault.

Les Populations agricoles de la France. La Normandie (passé et présent). Enquête faite au nom de l'Académie des sciences morales et politiques, par M. H. Baudrillart, de l'Institut. In-8, XII-428 p. Paris, imp. Lahure; libr. Hachette et Ce. 6 fr.

Etude sur la législation des sucres dans les divers pays de l'Europe et aux États-Unis. Notes sur la question des sucres; production, exportation et consommation de tous les pays; par Charles Bivort, de la Société de statistique de Paris, directeur du *Bulletin des Halles*. Paris, imp. Wattier.

Le Jardinier pratique, ou Guide des amateurs dans la culture des plantes utiles et agréables, contenant les Jardins fruitiers, potagers et d'agrément, augmenté de la Composition des jardins et de la Culture des plantes de serres et d'appartement; par M. H. Rousselon, avec la collaboration de MM. Jacquin, Hocquart, Noisette et Vibert. In-12, 540 p. avec 200 fig. Paris, libr. Lefèvre.

Traité de l'inspection des viandes de boucherie considérée dans ses rapports avec la zootechnie, la médecine vétérinaire et l'hygiène publique, par L. Baillet, vétérinaire de la ville de Bordeaux, inspecteur général du service des viandes. 2e édition, revue, corrigée et augmentée. In-8, XVII-700 p. avec 58 fig. Paris, libr. Asselin et Ce.

De la détresse de l'agriculture du Nord et de quelques-unes de ses causes, par Frédéric Jacquemart, ancien cultivateur. In-8, 18 p. Paris, imp. Chaix et Ce.

Du Phylloxera, de l'Oïdium et de la plupart des maladies des végétaux, fruits et légumes, par un vieux campagnard (William-Alfred Bass), propriétaire. Bordeaux, imp. Ve Pechade.

Le Cheval du laboureur et du soldat, ou le Cheval de service en France, par Prosper Bouniceau, de la Société d'agriculture de la Charente. In-8, 59 p. Angoulême, imprimerie Lugeol et Ce.

Les Champignons comestibles et vénéneux, Guide pour les reconnaître; par Arthur Eloffe. In-16, 158 p. et 12 pl. Paris, libr. Goin. 60 c.

Le Gérant : JULES GRISARD.

PARIS. — IMPRIMERIE E. MARTINET, RUE MIGNON, 2.

CHEPTELS DE LA SOCIÉTÉ D'ACCLIMATATION

RÈGLEMENT ET LISTE DES ANIMAUX ET DES PLANTES
QUI POURRONT ÊTRE DONNÉS EN CHEPTEL AUX MEMBRES DE LA SOCIÉTÉ EN 1881

RÈGLEMENT

Le Conseil de la Société, désireux de multiplier les expériences d'acclimatement qui se poursuivent en France, confie aux sociétaires des animaux et des plantes.

Pour assurer le succès de ces expériences, un inspecteur spécial sera chargé, s'il y a lieu, de les suivre et d'en rendre compte à la Société.

C'est en multipliant les essais dans les différentes zones de notre pays que nous pourrons hâter les conquêtes que nous poursuivons, et la vulgarisation des espèces déjà conquises que nous voulons répandre.

Pour obtenir des cheptels, il faut :

1° Être membre de la Société;

2° Justifier qu'on est en mesure de loger et de soigner convenablement les animaux, et de cultiver les plantes avec discernement.

Les membres auront soin d'indiquer les conditions favorables et les avantages particuliers qui les mettent en mesure de contribuer utilement à l'acclimatation et à la propagation des espèces dont ils demandent le dépôt.

Les demandes qui ne seraient pas accompagnées de renseignements suffisants ne pourraient être prises en considération par la commission.

3° S'engager à rendre compte, deux fois par an, au moins, des résultats *bons* ou *mauvais* obtenus.

On devra donner tous les détails pouvant servir à l'éducation et à la multiplication des animaux à l'état domestique ou sauvage (mœurs, nourriture, reproduction, soins donnés aux jeunes, etc.; pour les oiseaux : époque de la ponte et de l'éclosion, durée de l'incubation, etc.).

4° S'engager à partager avec la Société les produits obtenus.

Les conditions du partage et la durée des baux à cheptel ne sauraient être les mêmes pour toutes les espèces d'animaux et de plantes. Aussi chacun des engagements passés avec les chepteliers stipulera-t-il quelle sera la part de la Société dans les produits et la durée des baux.

L'âge auquel les jeunes devront être renvoyés à la Société sera également indiqué dans les baux.

Le bail part du jour de la réception des animaux.

5° Si les chepteliers ne se conformaient pas aux conditions ci-dessus proposées, ou si leur négligence compromettait le succès des expériences qui leur auraient été confiées, les animaux ou les végétaux pourraient être retirés par la Société, sur la décision du Conseil.

6° Les membres de la Société qui solliciteront une remise de plantes ou d'animaux, devront adresser leur demande par lettre à M. le Président.

Ces demandes seront soumises à la commission des cheptels, qui statuera sur la suite qui pourrait y être donnée.

7° Le port des objets envoyés par la Société à ses chepteliers sera à la charge desdits chepteliers, ainsi que les frais de nourriture, de soins, de culture, etc.

Réciproquement, le port des objets expédiés par les chepteliers à la Société sera à la charge de la Société. Toutefois la remise en gare devra être faite *franco*.

Les frais d'emballage resteront à la charge de celle des parties qui fera l'expédition.

Pour le partage des produits ou le renvoi des jeunes, les frais de capture des animaux seront à la charge du cheptelier.

8° La Société se réserve le droit de faire visiter, chez les chepteliers, les animaux et les plantes remis en cheptel.

9° Les chepteliers ne pourront disposer des étalons à eux

confiés ou faire des croisements sans en avoir obtenu préalablement l'autorisation du Conseil.

10° Le Conseil pourra également autoriser les chepteliers à exposer les animaux de la Société dans les concours régionaux ou autres, à leurs risques et périls; mais leur provenance devra toujours être indiquée.

11° Le cheptelier devra employer tous les moyens en son pouvoir et prendre toutes les précautions nécessaires pour éviter les croisements et assurer ainsi la pureté de la race des animaux qui lui sont confiés, la Société ne pouvant accepter comme produit que des espèces absolument pures.

12° Un même cheptelier ne pourra être détenteur de plus de deux espèces d'animaux en même temps.

13° Pour éviter les difficultés de partage, il ne sera pas confié à un sociétaire des animaux qu'il posséderait déjà.

14° Les chepteliers pourront recevoir, en même temps que les animaux qui leur seront confiés, un programme d'observations à faire qu'ils seront tenus de remplir et d'annexer à leur compte rendu semestriel.

15° En cas de mort d'un animal confié à un membre, ce membre en informe sur-le-champ le Conseil en donnant, autant que possible, les détails sur les causes qui ont amené la mort.

16° Le Conseil décide, s'il y a lieu, de la destination à donner aux restes des animaux morts appartenant à la Société.

17° Tout cheptel décomplété devra être restitué.

Le cheptelier ne sera déclaré non responsable en cas de perte des animaux à lui confiés que s'il y a eu maladie constatée ou cas de force majeure.

Nota. Les Sociétaires qui auraient des raisons particulières pour s'occuper de l'acclimatation de certaines espèces non portées sur la liste insérée chaque année au *Bulletin*, pourront faire connaître leurs *desiderata*, en les appuyant des motifs qui les engagent à persévérer dans leurs essais.

ANIMAUX ET VÉGÉTAUX

QUI POURRONT ÊTRE DONNÉS EN CHEPTEL

EN 1881

1re SECTION. — MAMMIFÈRES.

Agoutis.

1 couple Agoutis du Brésil (*Cavia aguti*).

Cerfs.

1 mâle et 2 femelles Cerfs-cochons (*Cervus porcinus*), à naître en 1881

Chèvres et Boucs.

1 mâle et 2 femelles Chèvres d'Angora (*Capra Angorensis*).
1 — 2 — — naines du Sénégal (*Capra depressa*).

Cochons.

2 couples Cochons d'Essex, jeunes.

Kangurous.

1 mâle et 2 femelles. Kangurous de Bennett (*Halmaturus Bennettii*).

Lapins.

5 couples Lapins angoras, blancs.
5 — — argentés.
5 — — à fourrure.
5 — — de Sibérie.

Léporides.

5 couples Léporides.

2e SECTION. — OISEAUX.

Bernaches.

1 couple Bernache des îles Sandwich (*Bernicla Sandwicensis*).
1 — — de Magellan (*Chloëphaga Magellanica*).

Canards.

5 couples Canards d'Aylesbury (domestiques).
1 — — de Bahama (*Dafila Bahamensis*).
1 — — bec de lait (*Anas pœcilhoryncha*).
5 — — de la Caroline (*Aix sponsa*).
4 — — Casarkas ordinaires (*Casarka rutila*).
5 — — du Labrador (domestiques).
3 — — mandarins (*Aix galericulata*).
4 — — de Paradis (*Casarka variegata*).
3 — — de Rouen (domestiques).
1 — — spinicaudes (*Dafila spinicauda*).

Céréopses.

1 couple Céréopses d'Australie (*Cereopsis Novæ-Hollandiæ*).

Colins.

5 couples Colins de Californie (*Callipepla Californica*).

Colombes.

2 couples Colombes Longhups (*Ocyphaps lophotes*).
1 — — poignardées (*Phlogœnas cruentata*).
2 — — turverts (*Chalcophaps indica*).

Coqs et Poules.

2 lots de 1 coq et 2 poules. Volailles de Bentam argentés.
1 — — — — de Bréda, bleus.
1 — — — — — coucous.
1 — — — — — noirs.
2 — — — — de Campine.
2 — — — — de Crèvecœur.
2 — — — — de Dorking.
2 — — — — espagnoles.
2 — — — — de Houdan.
2 — — — — de Nangasaki.
2 — — — — nègres.
2 — — — — de Yokohama.

Cygnes.

1 couple Cygnes noirs (*Cygnus atratus*), jeunes.
1 — — blancs (*nés blancs*).

Faisans.

5 couples Faisans argentés en couleur (*Phasianus nycthemerus*).
5 — — dorés — (*Thaumalea picta*).
5 — — de lady Amherst (*Thaumalea Amherstiæ*), nés en 1880.
2 — — de Mongolie (*Phasianus torquatus*).
2 — — de Swinhoë (*Euplocomus Swinhoei*), nés en 1880.
3 — — vénérés (*Phasianus Reevesii*), nés en 1880.
3 — — versicolores (*Phasianus versicolor*).
2 — Tragopans de Temminck (*Ceriornis Temminckii*), nés en 1880.

Lophophores.

1 couple Lophophores resplendissants (*Lophophorus impeyanus*), nés en 1880.

Oies.

1 couple Oies barrées de l'Inde (*Anser Indicus*).
1 — — du Canada (*Anser Canadensis*).
1 — — du Danube (domestiques).
2 — — de Guinée (*Anser cygnoides*).
2 — — de Toulouse (domestiques).

Perruches.

3 couples Perruches calopsittes (*Calopsitta Novæ-Hollandiæ*).
2 — — à croupion rouge (*Psephotus hæmatonotus*).
1 — — d'Edwards (*Euphema pulchella*).
1 — — omnicolores (*Platycercus eximius*).
5 — — ondulées (*Melopsittacus undulatus*).
1 — — Paradis (*Psephotus pulcherrimus*).
1 — — de Pennant (*Platycercus Pennanti*).

Pigeons.

1 couple boulants lillois.
1 — grands boulants.
1 — bouvreuils.
1 — brésiliens.
1 — cravatés à manteau.
1 — frisés.
1 couple hirondelles.
1 — hongrois.
1 — Montauban, blancs.
1 — — noirs.
1 — pies.
1 — queue de paon.

Pigeons (*suite*).

1 couple	romains, bleus.	1 couple	polonais.
1 —	— chamois.	1 —	russes.
—	— fauves.	1 —	sapajous.
2 —	— noirs.	1 —	satins.
1 —	— rouges.	1 —	tambours de Boukarie.

3e SECTION. — POISSONS, CRUSTACÉS, etc.

Montée d'Anguilles.	Tortues communes.
Axololts du Mexique.	Œufs et alevins de Saumons.
Grenouilles-bœufs.	— — de Truites.

4e SECTION. — INSECTES.

Vers à soie de l'Ailante.	Vers à soie du Chêne de Chine.
— du Mûrier.	— — du Japon.

5e SECTION. — VÉGÉTAUX.

Plantes alimentaires.

Betteraves, Carottes, Choux, Chicorées et Pissenlits améliorés, Fève d'*Agua dulce* à très longue cosse, Haricots, Ignames, Navets, Panais de Jersey, Pommes de terre, Vignes (Raisin de table et de fantaisie), Zapallito de tronco, etc., etc.

Plantes fourragères.

Betteraves, Carottes, Choux, Maïs, Navets, Panais de Bretagne, Pommes de terre, Téosinté, etc., etc.

Plantes industrielles.

Bambous, Betteraves à sucre, *Bœhmeria candicans, nivea* et *utilis, Eucalyptus*, Pins, *Phormium tenax* (Lin de la Nouvelle-Zélande), Vignes, etc., etc.

Plantes ornementales.

Acacias australiens, Azalées variées, Bambous, Begonias, *Bonapartea gracilis, Cephalotaxus drupacea* et *Koraiana*, *Dracœna congesta* et *indivisa*, Fuchsias, *Grevillœa robusta, Ligustrum Quihoui, Lilium longiflorum* et *tigrinum*, Pelargoniums, *Retinospora pisifera, Thuya Lobbii, Thuiopsis dolobrata* et *lœtevirens*, etc., etc.

INFLUENCE DE L'ALIMENTATION SUR LES PRODUITS ANIMAUX

Par M. DECROIX

Vétérinaire principal en retraite
Fondateur de la Société contre l'Abus du Tabac

On sait que tous les organes sont formés des substances alimentaires plus ou moins modifiées par les fonctions vitales, et que les animaux supérieurs puisent leurs éléments constitutifs principalement dans le règne végétal ; mais ce qu'il est souvent difficile de déterminer, c'est le rôle de chaque aliment dans la confection des tissus ; comment, par exemple, le sang, qui est homogène dans sa composition, constitue un tissu tendineux dans une région, un tissu musculaire dans une autre, un tissu osseux ailleurs, et cela sans erreur de lieu. On ne peut non plus dire pourquoi, chez des animaux de la même famille, nourris de la même manière, les produits pileux, notamment, sont noirs chez les uns, blancs chez les autres. Il y a là un travail mystérieux que la science constate, mais qu'elle est impuissante à expliquer d'une façon satisfaisante (1).

En donnant une ration à un animal domestique, on a ordinairement pour but d'obtenir du travail, de la chair, du lait, de la laine, du fumier. Un problème, sinon impossible, au moins fort difficile à résoudre, c'est de déterminer quelle est la ration dont on peut obtenir le plus de ces produits, eu

(1) Les hommes de science nous disent que dans un grain de blé il y a de l'oxygène, de l'hydrogène, du carbone, de l'azote, etc.; mais donnez à ces savants tous ces corps simples et dites-leur de faire rien qu'un grain de blé, et ils seront complètement impuissants. Il n'y a que le Créateur de toutes choses qui peut créer la matière et l'animer, lui donner la vie.

égard au prix de revient, de manière à réaliser les plus gros bénéfices. Nos connaissances sont encore ici souvent en défaut, témoin les essais malheureux qui sont tentés, puis abandonnés dans les grandes exploitations, notamment dans la Compagnie des Petites Voitures, dans la Compagnie des Omnibus, dans l'armée.

Il y a quelques semaines, on m'a présenté des échantillons de pain et de biscuit, provenant des magasins de l'armée ottomane, où ils ont été conservés en quantité considérable depuis la fin de la guerre turco-russe. Ce pain et ce biscuit, d'après l'analyse, seraient un aliment très riche pour les herbivores; aussi des commerçants français en ont-ils acheté des millions de kilogr. et cherchent-ils à les placer comme succédané du fourrage. Plus récemment, un de mes amis m'a présenté de la farine de tourteau de palmier et de cocotier. D'après un « tableau synoptique de la valeur nutritive de divers produits agricoles, par P. Vandervoorde », ces farines seraient à l'avoine, la première : : 174 : 107, et la seconde : : 195 : 107, c'est-à-dire presque deux fois aussi nourrissantes que l'avoine. J'ai peine à croire à une telle supériorité de ces produits; mais enfin, qu'ils soient seulement très propres à l'alimentation des bestiaux, ce serait déjà une ressource précieuse : car il paraît que les tourteaux de palmier et de cocotier sont plus abondants en certaines contrées de l'Amérique que les tourteaux de colza et d'œillette en France.

D'après les renseignements que m'a donnés M. Cimetière, chef d'escadron en retraite, les tourteaux dont il s'agit sont consommés en assez grande quantité en Belgique, où ils donnent de bons résultats. En France, certaines administrations, la Compagnie des Tramways du Sud, notamment, font des expériences avec le nouvel aliment, qui permettra de réaliser de notables économies, si l'action physiologique est d'accord avec l'analyse chimique.

Dans ces sortes d'essais, on voit souvent des expérimentateurs arriver à des résultats tout à fait différents les uns des autres, parce que les produits ne sont pas identiques, et que l'on ne tient pas toujours assez compte des altérations qu'ils peuvent subir. Je crois que dans les conditions ordinaires, ce qu'il y a de meilleur pour nos animaux de travail, c'est encore le foin, la paille et l'avoine; mais lorsqu'il arrive des années de disette fourragère, il est bon d'avoir recours à toutes les sources auxquelles on peut puiser. D'autre part, malgré l'appoint apporté depuis quelques années par la chair du cheval dans l'alimentation publique, la quantité de viande étant encore beaucoup au-dessous du chiffre nécessaire pour que chaque individu ait sa ration normale, plus nous aurons d'aliments pour les animaux, plus nous pourrons diminuer le déficit de viande.

En effet, les farines ou tourteaux dont il s'agit me paraissent plus propres à produire de la graisse qu'à produire de la chair; mieux appropriés pour les animaux de boucherie que pour les animaux de travail (qui peuvent être suppléés, dans bien des cas, par la force-vapeur); ce sont des substances carbonées ou respiratoires plutôt que des substances azotées ou plastiques. A ce point de vue, on peut dire d'une façon générale que la graisse forme la graisse et que la chair, le tissu musculaire, agent de la force, forme la chair, aussi bien chez les herbivores que chez les carnivores et les omnivores. Les expériences faites par M. Laquerrière, vétérinaire militaire, notamment au siège de Metz, pendant lequel il a nourri des chevaux avec de la chair de cheval, confirment mon assertion.

Le numéro de mai du *Vveterinary Journal*, dit que M. Dünkelberg a donné, au lieu d'avoine, à des chevaux d'un escadron de cuirassiers anglais, une sorte de biscuit dans lequel entrait une forte proportion de viande de conserve d'Amérique, et que ces chevaux ont montré, au point de vue de la force et de la vigueur, une « supériorité marquée » sur ceux des autres escadrons. Il suggère l'idée qu'il y aurait avantage à nourrir les chevaux de courses avec de la viande, plus apte à développer les muscles à l'exclusion de la graisse, que les rations ordinairement en usage. Sur sa recommandation, le ministre de la guerre a ordonné que de nouvelles expériences fussent faites avec ces « meat-meal biscuits ».

Je vois là, non seulement l'avantage de pouvoir transporter beaucoup de rations sous un petit volume et sous un poids relativement peu élevé, mais de plus, un progrès vers un but que j'ai signalé pour la première fois à notre Société en 1870, pendant le siège de Paris, à savoir, « que l'on peut faire usage » impunément de la chair cuite d'un animal mort de n'im- » porte quelle maladie connue ».

Je ne me dissimule pas que l'indifférence des uns, les préjugés et l'ignorance des autres, sont des obstacles à la réalisation de mes désirs; mais si l'idée d'employer la chair des animaux morts à l'alimentation des animaux vivants se propageait et était admise, ce serait un pas vers l'amélioration de la nourriture de l'homme, et l'on ne verrait plus pourrir sur le sol, ou enterrer d'une manière défectueuse, ou transformer en engrais de la chair parfaitement propre à l'alimentation. La cuisson sur place des animaux affectés de maladies contagieuses, serait aussi le moyen le plus sûr de détruire les agents de la virulence, agents que M. Pasteur a pu retrouver pleins de vie, dans le sol, un an après la mort et l'enfouissement de moutons charbonneux.

Voici encore quelques faits prouvant l'influence du rôle des aliments sur les produits animaux :

La chair est l'aliment susceptible de donner le plus de force et d'énergie à l'homme ; l'avoine remplit le même rôle chez le cheval. Les légumes, les pommes de terre, les betteraves rendent plutôt mous, sans énergie, les sujets qui en consomment de grandes quantités. On a remarqué que les porcs nourris presque exclusivement des produits des clos d'équarrissage grandissent vite, mais sans engraisser dans le même rapport, et leur graisse est molle, un peu huileuse. Les poules recevant la même nourriture ont le jaune de leurs œufs très pâle, presque blanc. Les tourteaux de colza donnés aux bœufs à l'engrais produisent une viande qui n'est pas bien agréable et une graisse peu consistante. En Algérie, certains troupeaux paissent une variété d'absinthe très abondante dans le pays (*Arthemisia absinthium*), laquelle donne à la chair un goût fort désagréable, rappelant le goût que prend la viande des animaux de boucherie auxquels on a administré en breuvage des huiles essentielles, l'essence de térébenthine par exemple.

En dehors des aliments, certaines substances modifient aussi les produits animaux; ainsi un de mes amis, le docteur Ch. Roucher, a constaté que l'urine des chevaux auxquels on administre cette essence, contient une matière bleu indigo, comme il en a trouvé dans l'urine des cholériques. — Roucher est mort sans que nous ayons pu terminer nos recherches. — Enfin, rappelons que les asperges donnent à l'urine une odeur désagréable; que la garance, introduite en quantité notable dans la ration des animaux, donne une coloration rouge au tissu osseux, ce qui a permis d'étudier le mode de composition et de décomposition des os.

Mais j'arrive au point que j'ai principalement en vue dans cette communication et sur lequel j'ai appelé pour la première fois l'attention de la Société, il y a une douzaine d'années. Je prie mes honorables collègues de me pardonner si je répète ce que j'ai dit alors; mais c'est un moyen d'être mieux compris. Du reste, depuis cette époque on a pu oublier mes précédentes observations.

On sait qu'il y a des cocons de Vers à soie de diverses couleurs, variant du blanc argenté au jaune orangé, témoin les deux échantillons que je vous présente; mais on n'a peut-être pas assez étudié l'influence de la nourriture sur la diversité des teintes.

Notre Bulletin d'octobre 1879, page 574, contient une note de M. Huin, de laquelle j'extrais les trois phrases suivantes : « Les cocons que j'ai obtenus sont d'un beau vert, tandis que ceux récoltés par M. Blaise sont jaune blanchâtre. Cela ne tiendrait-il pas à la couleur générale du lieu dans lequel ils vivent ? Les tentures de la Société sont vertes, chez M. Blaise elles sont blanches. » Quoi qu'il en soit, voici, en ce qui me concerne, comment j'ai été amené à m'occuper de ce sujet :

En 1868, plusieurs personnes dignes de foi m'ont affirmé qu'en nourrissant des Vers à soie avec des feuilles de Vigne à raisin noir, on obtient des cocons à *soie rouge.* J'ai eu l'honneur de porter ces assertions à la connaissance de la Société; mais j'ai été étonné de ne rencontrer aucun approbateur ou contradicteur. — En 1872, j'ai appelé de nouveau l'attention de la Société sur ce sujet, et notre zélé secrétaire général a bien voulu se charger de tenter une expérience au Jardin d'acclimatation. Une éducation fut donc entreprise à la magnanerie; mais tous les vers nourris avec les feuilles de vigne périrent en peu de jours. Je commençais à craindre que les *personnes dignes de foi* dont j'avais parlé ne se fussent trompées et ne m'eussent induit en érreur, lorsque, en 1872, à la suite de la lecture de nos procès-verbaux, deux éducateurs, membres de la Société, ont écrit pour donner quelques explications. Je les reproduis textuellement :

1° M. Ruinet des Taillis écrit, à l'occasion de la communication faite par M. Decroix dans la séance du 12 avril 1872 :

« M. Decroix a entretenu la Société d'un fait signalé par M. Mignot, relatif à la couleur rouge des cocons de Vers à soie nourris avec la feuille de Vigne.

» Quand j'étais enfant, mes camarades et moi, nous nous amusions à faire, en Bretagne, de petites éducations de Vers à soie; la feuille de mûrier nous manquait souvent, et alors nous avions recours à tous les végétaux. Nous savions parfaitement, par de nombreuses expériences, qu'en nourrissant nos Vers de feuilles de Vigne, nous obtenions des cocons d'un rouge magnifique ; en employant la Laitue, nous avions des cocons d'un vert émeraude foncé.

» Il est juste d'ajouter que bien peu de Vers résistaient à ce régime, surtout à celui de la Vigne; mais il est probable que si nous avions employé à la reproduction les vers qui avaient survécu, la mortalité eût été moins grande à la seconde génération. »

2° M. Delidon, de Saint-Gilles (Vendée), écrit à la même occasion :

« J'affirme que chez les Vers à soie des variétés de couleurs peuvent être obtenues selon la nourriture qui leur sera donnée. Des expériences suivies fourniraient un catalogue des plantes qui, sans nuire à la santé des sujets, produiraient la variété des couleurs. Depuis longtemps je sais que les feuilles de la Laitue cultivée (*Lactuca sativa*) fournissent aux cocons une belle couleur jaune, et que les feuilles de l'Ortie blanche (*Lamium album*), ou Ortie commune, leur fournissent une belle couleur verte. Je n'ai pas publié plus tôt mes notes, parce que j'avais pensé que les résultats par moi obtenus n'avaient pas le mérite de la nouveauté.

» Afin que des expériences puissent être faites pour se convaincre des résultats que je viens de signaler, je transcris ici ma manière d'opérer :

» Tous les Vers à soie doivent être élevés avec la feuille de Mûrier (1), et la nourriture colorante ne doit leur être fournie que vingt jours environ avant la production de la soie. Il faut d'abord agir avec prudence, pendant quatre ou cinq jours, par un mélange, en petite quantité, de feuilles de Laitue ou d'Ortie, avec la feuille de Mûrier; puis on supprime cette dernière.

» Pour obtenir un bon résultat, il faut avoir soin de choisir des feuilles de Laitue et des feuilles d'Ortie très tendres (jeunes), et l'on devra, avant de les donner aux Vers à soie, les frapper à la main entre deux linges de toile blanche et sur une table. En procédant ainsi, vous enlèverez l'humidité des feuilles (principalement des feuilles de Laitue), et vous ferez disparaître le duvet piquant qui couvre les feuilles d'Ortie.

» J'ai fait ces expériences il y a vingt ans, étant alors élève au collège de Saintes (Charente-Inférieure). Depuis j'ai cessé la culture des Vers à soie, mais les résultats que j'ai obtenus sur les couleurs par la nourriture m'ont trop frappé pour que je les oublie.

» J'avais obtenu une couleur violette, pour laquelle il m'est impossible de fournir aujourd'hui des renseignements exacts, ayant oublié le nom de la plante et presque sa forme. Si je possédais quelques Vers à soie, je crois cependant que j'arriverais à retrouver ce que le temps m'a fait oublier.

» Je me mets entièrement à la disposition de la Société d'acclimatation pour renouveler mes expériences, qui, j'en suis sûr, produiraient des résultats identiques. »

En définitive, je tiens pour certain, d'après les témoignages que je viens d'invoquer, que l'on peut obtenir de la soie colorée naturellement de diverses couleurs. Je me rappelle, à ce propos, que notre collègue, M. Millet, m'a objecté qu'il n'y avait en cela rien de bien intéressant, rien de bien utile. En effet, comme question de *couleur*, nous savons que l'art du teinturier est assez perfectionné pour donner les teintes les plus variées et les plus solides à toutes les soies; mais il y a ici une question plus élevée à considérer : la découverte d'une propriété physiologique qui paraît insignifiante, au premier abord, peut conduire à une autre découverte très importante au point de vue de l'alimentation.

(1) Je n'ai élevé que le Ver à soie du Mûrier.

Citons encore un fait à l'appui de notre thèse :

Le docteur Chevreuse, de Charmes (Vosges), a obtenu des hannetons de couleurs variées, en les nourrissant avec des feuilles de différents arbres; ainsi, voici une couleur jaune obtenue avec des feuilles de pommier ; une couleur verdâtre obtenue avec des feuilles d'érable ; une couleur noirâtre, obtenue par les feuilles de prunier noir, etc.

Enfin, Messieurs, sans m'étendre davantage, je crois qu'il serait intéressant pour la Société d'avoir toutes les variétés de couleurs naturelles que peut donner le Ver à soie. Et, si le Conseil d'administration veut bien l'accepter, je mettrai à sa disposition une médaille de vermeil à décerner à l'éducateur qui nous offrira la plus nombreuse et la plus belle collection de cocons colorés naturellement. La saison étant trop avancée pour que notre *Bulletin* puisse porter ce concours à la connaissance des éducateurs pour cette année, on pourrait clore le concours l'année prochaine seulement. (Cette proposition a été renvoyée à l'examen du Conseil d'administration, qui l'a adoptée en principe.)

UNE ÉDUCATION

DE L'HYPERCHIRIA IO, EN 1879

Par M. Charles BUREAU

Le 28 juillet, je reçus de M. Alfred Wailly (de Londres) 25 œufs de l'*Hyperchiria Io*, bombyx de l'Amérique du Nord. Ces graines furent laissées à la température ordinaire, et le 16 août, toutes me donnèrent leur chenille le même matin.

M. Wailly m'avait dit que ces vers étaient polyphages, mais qu'ils préféraient le saule, le prunier et le chêne. Je les nourris sur les branches coupées et conservées dans l'eau de la mirabelle sauvage, arbuste qui m'était le plus facile à me procurer. Je ne laissai pas mes chenilles à l'air libre, mais je les élevai dans une chambre chauffée à la température moyenne et constante de 22 à 26 degrés centigrades; bien m'en prit : la saison n'ayant pas été favorable, j'aurais certainement perdu tous mes élèves.

Je serai bref dans cet opuscule, ne voulant traiter que les points essentiels de cette éducation.

L'œuf est blanc ovoïde, avec une petite tache noire à l'une des extrémités, destinée à laisser sortir la chenille; ce point, à l'approche de l'éclosion, devient de plus en plus foncé, et la teinte blanche de l'œuf prend une couleur blanche, opale, laissant presque voir le ver sous l'écaille. Vingt jours après la réception des graines, l'éclosion eut lieu ; la chenille à sa sortie est jaune ocre foncé, parsemée de petits poils noirs; la tête est noire, luisante. Cet âge dura neuf jours, c'est-à-dire jusqu'au 24 août ; le troisième âge commença le 3 septembre ; le quatrième, le 15, et le cinquième, le 25 du même mois.

A la dernière mue, le ver, après avoir passé dans les âges précédents sous diverses teintes, allant du jaune ocre au gris noirâtre, devint alors d'une couleur vert pomme, avec le fond des anneaux vert blanchâtre; chaque anneau est surmonté de quatre petits bouquets de poils raides; la tête est verte avec une petite tache noire; au troisième anneau commence, au-dessus des pattes, une ligne brun rougeâtre, bordée de blanc à sa partie inférieure; les pattes écailleuses sont brun rouge.

Sous tous les âges, huit chenilles vivent en famille sous les feuilles qu'elles mangent toutes ensemble; à la dernière livrée pourtant, elles voyagent davantage; à ce moment elles ressemblent assez, en doublant les proportions, et ne tenant pas compte de la couleur, à la chenille du vulgaire *Arctia lubricipeda*.

Une singularité de cette espèce, c'est que ses poils piquent comme des orties. Aux premier, deuxième, troisième âges, la piqûre n'est guère appréciable; mais, au dernier âge surtout, j'ai vu quelques personnes conserver pendant plusieurs jours leurs ampoules douloureuses.

Au moment de faire son cocon, le 12 octobre, la chenille descend des branches feuillues qui lui ont servi de nourriture, et cherche sur la terre un endroit propice à la confection de sa coque; elle rassemble quelques feuilles sèches et quelques brindilles de mousse pour faire sa demeure.

Je ne sais si la chose se passe ainsi à l'état sauvage; mais, chez moi, toutes se sont métamorphosées l'une contre l'autre, conservant encore la tradition de leur ancienne existence.

La soie n'est guère utilisable selon moi; outre qu'elle est en petite quantité, elle se trouve ternie par les feuilles et la terre qui l'entourent; le cocon est fermé, de couleur blanc grisâtre; le papillon, à en juger par la *chrysalide*, ne doit guère être plus gros que celui de la *Saturnia Carpini* de nos pays.

Je ne puis vous faire la description de ce lépidoptère que je ne connais pas; à leur venue, qui, je crois, aura lieu en mai ou en juin 1880, je me ferai un plaisir de vous adresser un dessin de ce papillon, et, si vous le désirez, du mâle et de la femelle de cette espèce, qui n'a, je ne crois pas, encore été élevée en France. La réussite a été complète : 25 œufs, 25 chenilles, 25 cocons; attendons les 25 papillons!

LE SOYA

SA COMPOSITION CHIMIQUE, SES VARIÉTÉS SA CULTURE ET SES USAGES

Par M. A. PAILLIEUX

Membre de la Société d'Acclimatation

INTRODUCTION

I

Au moment où, selon toute apparence, une plante précieuse va prendre dans nos cultures la place à laquelle elle a droit, nous considérons comme un devoir de remettre en lumière les efforts persévérants de la Société d'acclimatation, tendant à l'introduire et à la propager en France. Nous publions donc textuellement ou par extraits tout ce qui se rapporte au Soya, dans les comptes rendus, articles et notes insérés depuis vingt-cinq ans dans les bulletins de la Société.

Notre étude ne pouvait, ce nous semble, être précédée d'une introduction plus intéressante. Depuis 1855 jusqu'à ce jour, la Société n'a pas cessé de recevoir et de distribuer les semences du Soya. Elle en a fait connaître la culture et les usages. Elle a récompensé les essais heureux qui ont été faits; enfin, elle a décrit les procédés de fabrication des industries qui emploient les graines du Soya.

Nous pouvions être tenté de renvoyer le lecteur aux bulletins de la Société et abréger ainsi notre publication ; mais la collection de ces bulletins n'est pas dans toutes les mains, et, d'ailleurs, la recherche des articles relatifs au Soya exige du temps et du soin. Ces motifs nous ont décidé.

La question du Soya a longtemps sommeillé. Réveillée aujourd'hui par la culture expérimentale, qui a été suivie pendant sept ans, à Étampes, avec des graines données par la

Société d'acclimatation; par les essais de fabrication du *Teou-fou*, qui ont été faits à Marseille; éclairée enfin d'une vive lumière par l'introduction de la plante en Autriche-Hongrie, en Bavière, en Italie, etc., elle est mûre pour une solution.

Nous ne savons pas, quel que soit notre espoir, ce que l'avenir réserve au Soya, mais, si sa culture doit rendre un jour de grands services au pays, tout l'honneur en appartiendra à la Société qui, durant un quart de siècle, n'a pas cessé de la faciliter et de l'encourager.

II

Après avoir placé au premier rang, à titre d'introduction, les extraits des bulletins de la Société d'acclimatation, nous avons distribué en six chapitres distincts ce que nous avions à dire de la culture et des usages du Soya au Japon, en Chine, en Autriche-Hongrie, etc.

Ce plan rendait inévitable quelques répétitions, que l'on nous pardonnera, nous l'espérons. Pour ne pas les multiplier nous avons relégué, non sans regret, dans un appendice, des notes et des recettes que nous croyons utiles et que nous recommandons à l'attention du lecteur.

III

LE SOYA A LA SOCIÉTÉ D'ACCLIMATATION

Extraits des Bulletins de la Société

1855. T. II, p. 16. — M. le baron de Montgaudry chargé par la Société de distribuer des graines de cinq espèces rapportées de Chine par M. de Montigny, rend compte en ces termes de l'exécution du mandat qu'il avait reçu :

Les deux variétés de pois oléagineux sont complètement dissemblables : l'une a des grains petits et verts; l'autre, des grains assez gros et jaunes...

Ce pois prospère sur tous les terrains; dans les vallées, il croît à merveille, et sur les montagnes il donne de bonnes récoltes.

Les pois oléagineux rapportés par M. de Montigny se cultivent en grand dans les campagnes du nord de la Chine.

C'est principalement dans les provinces de Honan, de Chang-tong et de Chan-nsi que se rencontrent de vastes étendues couvertes de ces pois. Le climat de ces provinces est à peu près similaire à celui de nos provinces dites froides. Il se fait en Chine un commerce très considérable qui a pour base les produits obtenus de ces pois. L'huile entre dans tous les usages ; elle est préférable aux huiles de colza et de navette ; seulement elle a une saveur de légume sec ; elle laisse un goût de haricot ou de pois, mais qui n'a rien de désagréable comme l'âcreté de l'huile de colza ou de navette. Avec l'adjonction d'une petite proportion d'huile de porc, elle devient semblable aux huiles vendues par le commerce pour huile d'olive de seconde qualité. Les résidus de la fabrication de l'huile de pois font des tourteaux, dont les Chinois se servent pour engraisser le bétail et amender les terres. Ces tourteaux sont un puissant amendement pour les campagnes...

Les pois oléagineux se transforment, en Chine, en un aliment pour le pauvre et un assaisonnement très apprécié pour le riche. Pour le pauvre on prépare, avec la farine de ces pois, une pâte semblable à celle du fromage blanc, nommé en France *fromage à la pie*, qui se vend sur les places publiques, par portion de quelques centimes, taillées dans la masse au moyen d'un fil d'archal, selon la demande de l'acheteur. Le plus ordinairement, les Chinois font frire cette pâte ou fromage dans l'huile même qui provient du pois ; ils estiment beaucoup cette friture.

Pour le riche, l'assaisonnement se prépare avec plus de soin et de talent culinaire. La pâte de pois est soumise à fermentation, après y avoir ajouté du poivre, du sel, de la poudre de feuilles de laurier, de la poudre de thym et autres aromates. Pendant la fermentation, le préparateur arrose la pâte avec de l'huile de pois. Après peu de jours de fermentation, cette préparation arrive au point voulu. Cette pâte ou fromage devient un très puissant digestif et un apéritif dont aucun estomac ne peut se défendre. A Calfong en Honan, à Tsi-nan en Chang-ton, à Tay-yeun en Chan-nsi, l'huile et les pâtes de pois oléagineux se fabriquent dans d'énormes proportions et se consomment dans ces provinces ; mais la ville de Ning-po, capitale du Che-kiang, est la place de centralisation, de fabrication et d'expédition des divers produits préparés avec les pois oléagineux. Le port de Ning-po est de difficile accès pour les gros vaisseaux, mais ils peuvent s'arrêter à l'île de Tcheou-chan, où il se trouve un très bon port. Des milliers de jonques chinoises partent de Ning-po, longent les côtes de la Chine, sans autre chargement que les produits du pois oléagineux, qu'elles portent dans toutes les parties du Céleste Empire, au Japon, et dans toutes les contrées qui les connaissent.

Les pois oléagineux ont porté graine en France, en 1854. Leur acclimatation est assurée. Malheureusement il n'en restait qu'une si petite quantité que les expériences n'ont produit que bien peu de graine ; mais, M de Montigny, qui doit retourner en Chine, enverra à la Société une provision assez grande pour que cette précieuse semence soit en peu de temps répandue sur tous les points de la France. Ce sera un service éminent rendu au Pays...

1855. T. II, p. 225. — Lettre adressée à M. le président de la Société zoologique d'acclimatation par M. Stanislas Julien, membre de l'Institut, sur le pois oléagineux de Chine.

« Monsieur et cher confrère,

» J'ai l'honneur de vous offrir, à la demande de mon ami, M. Émile Tastet, quelques renseignements que je trouve dans les livres chinois au sujet des pois oléagineux (*yeou-teou*).

» On lit dans l'*Encyclopédie impériale d'agriculture* :

» ..... Ses gros pois (*ta-teou*) se distinguent par les couleurs suivantes : il y en a de noirs (*he-taou*), de blancs (*pe-teou*), de jaunes (*hoang-teou*), de gris (*ho-teou*) ; il y en a aussi qui sont tachetés de bleu (*thsing-pan-teou*). Les noirs s'appellent ordinairement *ou-teou* (ici le mot *ou* a le même sens que *he*, noir). Ils peuvent être employés en médecine, être mangés et entrer dans le condiment appelé *chi* (qui se compose de pois, de gingembre et de sel).

» Les jaunes peuvent servir à faire du *teou-fou* (sorte de pâte de pois fermentés dont le bas peuple se nourrit habituellement) ; *on en a tiré de l'huile en les mettant sous le pressoir ;* on en fait aussi du *tsiang* (sorte de sauce qui sert d'assaisonnement). Les autres espèces de gros pois ne sont bonnes qu'à faire du *teou-fou* (pâte de pois fermentés), ou à être mangés après avoir été grillés. Toutes les espèces de gros pois ci-dessus se sèment après et avant le solstice d'été (21 juin). La tige atteint la hauteur de trois à quatre pieds. En automne, la plante donne de petites fleurs blanches, qui sont ramassées ensemble ; puis, il se forme des gousses longues d'environ un pouce, qui se dessèchent après la gelée.

» On lit dans le *Traité d'agriculture de Fan-ching* :

» Au solstice d'été on sème les *teou* (les pois) ; il ne faut pas un profond labour. Les fleurs des *teou* (pois) n'aiment pas à voir le soleil ; autrement, elles jaunissent et la racine noircit.

» Je regrette, Monsieur, de ne point trouver pour le moment des détails plus étendus sur les *pois oléagineux* (*yeou-teou*) ; cependant, l'extrait qui précède suffit grandement pour constater l'utilité remarquable, et jusqu'ici inconnue en Europe, des *pois oléagineux* qu'a rapportés M. de Montigny.

» Veuillez agréer, etc. *Signé* : STANISLAS JULIEN. »

1855. T. II, p. 239. — M. le président informe la Société que M. de Montigny vient de faire don de quatre bouteilles contenant des huiles obtenues des pois oléagineux, du coton, du thé et du chou.

..... M. de Montigny a également fait don d'un pot de *teou-fou*, fromage chinois fait avec le pois oléagineux et qui constitue l'un des éléments principaux de l'alimentation en Chine.

1855. T. II, p. 344. — M. le baron de Montgaudry informe la Société que les semences du pois oléagineux importé par M. de Montigny, étant trop anciennes, n'ont germé que chez un petit nombre de personnes; que, néanmoins, ce qui sera récolté cette année peut assurer la possession de ce pois à la France, puisque la récolte prochaine produira plusieurs hectolitres.

1855. T. II, p. 388. — *Extrait d'une lettre adressée à M. le Président de la Société impériale d'acclimatation :*

» L'huile de pois oléagineux présente une grande analogie avec nos huiles comestibles; son odeur et sa saveur sont agréables; elle convient également à la combustion. Exposée à un froid de 0°, elle devient pâteuse; l'oxygène atmosphérique la résinifie rapidement. Elle appartient donc à la classe des huiles siccatives et pourrait, sous ce rapport, remplacer l'huile de lin dans quelques-unes de ses applications.

» Je savais que les Chinois retirent de leurs pois oléagineux jaunes 17 0/0 d'huile; il était intéressant d'apprécier par une analyse, la proportion exacte d'huile qui existe dans ces pois.

» Il résulte de mes analyses que les pois oléagineux rapportés de Chine, par M. de Montigny, contiennent 18 0/0 d'huile.

» Si ces pois sont identiques avec ceux qui sont exploités en Chine, vous voyez, Monsieur le président, que les Chinois sont d'habiles industriels, car ils ne perdent qu'un centième d'huile.

» En résumé, le pois oléagineux, dont vous avez déjà apprécié l'importance, doit, par sa richesse en corps gras et par la qualité de l'huile qu'il fournit, donner à la consommation un aliment nouveau et aux arts industriels un produit utile.

» Veuillez agréer, etc. E. Fremy. »

1856. T. III, p. 184. — Extrait d'une lettre adressée par M. l'abbé Guierry, procureur général des Lazaristes, en Chine, à M. Tastet, membre du Conseil d'administration de la Société (1) :

Les *ouang-teou* ou *man-teou*, haricots jaunes à poil, dont on se sert pour faire de l'huile. Pour toute espèce de légumes, les Chinois cultivent très légèrement la terre, mais pour celui-ci encore moins que pour les autres; ils prétendent même que c'est nécessaire : aussi j'ai toujours vu les *ouang-teou* dans une terre presque inculte, ainsi que la fève. Voici leur manière de planter. Ils font un trou avec une pierre taillée en cône renversé et ayant une main qui se termine en béquille, déposent es graines dans ce trou, les recouvrent, lorsqu'ils le peuvent, avec des cendres ou de la terre passée, et ensuite les arrosent avec de la pou-

(1) Les graines ont été adressées pour la Société, à M. Tastet, par M. l'abbé Libois, procureur général des missions étrangères, en Chine.

drette allongée d'urine. Plus tard, ils réitèrent cet arrosage deux ou trois fois, à un mois d'intervalle.

1856. T. III, p.674. — Lecture d'une lettre de M. Flury-Hérard relative à un envoi qui lui est fait par M. de Montigny, d'une caisse contenant des pois oléagineux du nord de la Chine.

1857. T. IV, p. 59. — La Société a reçu de Chang-haï (Chine), par les soins de M. de Montigny, un envoi considérable de graines de sorgho, de pois oléagineux et de riz sec. Conformément aux intentions exprimées par M. de Montigny, le conseil a décidé que les pois oléagineux (1) seraient distribués, moyennant le simple remboursement d'une partie des frais de port (1 fr. par litre), aux membres de la Société et aux Sociétés affiliées et agrégées qui désireraient essayer la culture de cette plante et en feraient la demande avant le 20 février.

Passé cette époque, ce qui resterait serait distribué aux personnes étrangères à la Société, qui lui ont adressé ou lui adresseraient des demandes pour entrer en participation de cet envoi.

1857. T. IV, p. 597. — M. Sacc, en transmettant des détails sur les succès obtenus à Vitry-sur-Seine, par M. Lachaume, dans la culture des pois oléagineux, émet le vœu que des essais soient entrepris en grand dans nos possessions algériennes.

1858. T. V, p. 99. — Une médaille de seconde classe est décernée à M. Lachaume, qui a fait réussir aux environs de Paris le pois oléagineux, envoyé à la Société par M. de Montigny.

1858. T. V, p. 131. — *Note sur le pois oléagineux de la Chine*, par M. Lachaume, professeur d'arboriculture et horticulteur, à Vitry-sur-Seine.

Le pois oléagineux de la Chine a été importé en France par M. de Montigny, notre consul à Chang-haï. Ayant reçu vingt grains de cette légumineuse lors de la distribution qui en fut faite par l'honorable Société zoologique d'acclimatation, je les semai, le 10 mai 1856, en terre argilo-calcaire, préalablement labourée à la bêche, avec demi-fumure, à l'exposition du midi. Sur les vingt grains, dix-huit étaient levés le 20 mai; au mois de juin, j'en levai six pieds que je plantai dans des pots de 16 centimètres, lesquels furent présentés au concours universel. Les douze autres pieds restèrent en pépinière, espacés entre eux de 9 centimètres.

Le 1er août, les petites fleurs blanches commencèrent à se montrer dans l'aisselle des feuilles et se succédèrent jusqu'en septembre ; la récolte eut lieu au 25 octobre. Sur la quantité des cosses, quelques-unes n'étaient pas arrivées à parfaite maturité.

Pour essayer le degré de rusticité de ces pois, j'en sacrifiai trois pieds que je laissai en place. A 3 degrés au-dessous de zéro les plantes ne

(1) Même décision pour les autres graines.

fatiguèrent pas ; à 4 degrés, les feuilles furent gelées et les cosses légèrement atteintes. Si l'on considère que les haricots gèlent à zéro, on pourra regarder le pois de la Chine comme propre à être cultivé sous notre climat.

Après la récolte je fis analyser quelques grains afin de m'assurer s'ils contenaient de l'huile ; les résultats ont été affirmatifs.

Désirant poursuivre mes expériences sur une plus grande échelle, afin de déterminer d'une manière positive la valeur de cette nouvelle plante, je semai de nouveau, le 4 avril 1857, la moitié des graines de la récolte de 1856. Le semis fut pratiqué en rayons dans la même terre. En cinq jours, les cotylédons étaient sortis ; les froids survenus à cette époque (en avril) retardèrent la croissance des pieds et en firent périr quelques-uns, ce qui m'obligea à semer l'autre moitié de mes graines, en rayon, le 12 mai, pour repiquer ensuite le plant. A cette époque, la température étant plus favorable, la germination s'effectua en cinq jours, en sorte que les plants avaient assez de force pour être repiqués le 10 juin suivant, au nombre de 100 pieds que je plantai en lignes espacées de $0^m,50$. La plante ne souffrit pas de cette transplantation et la croissance fut très rapide. Le 25 juillet, elle avait atteint la hauteur de $0^m,60$ et les premières fleurs commençaient à paraître. Ces plants ne furent arrosés que deux fois en juillet, afin de m'assurer du degré de sécheresse qu'ils pourraient supporter. Ils ont continué leur végétation. Je pense même que la trop grande végétation des plants, en 1857, a retardé la fructification et la maturité des graines. Je fus obligé, le 10 août, de pincer tous les sommets des bourgeons pour favoriser la croissance des gousses. Enfin, le 10 septembre, les plants avaient la hauteur de $0^m,80$ à 0^m90, et portaient, en moyenne, de 80 à 100 gousses, renfermant chacune de deux à quatre grains. (Suit une description de la plante.)

Nous avons expérimenté, poursuit M. Lachaume, diverses variétés de Doliques qui, la plupart, ont besoin d'être ramés, et sont d'une maturité difficile sous notre climat. Cette dernière espèce a beaucoup mieux réussi. Nous espérons qu'elle pourra rendre d'importants services à l'agriculture par ses produits oléagineux et par ses larges feuilles, qui constituent un bon fourrage ; enfin, on peut l'employer, comme les lupins, à l'état d'engrais végétal, en l'enfouissant en vert. Elle est très rustique, vient parfaitement sur les terres médiocres, sablonneuses ou calcaires. Le rendement en grains est assez considérable : les pieds ont produit en moyenne, 183 grains, qui, frais écossés, font un dixième de litre et pèsent 58 grammes. Le litre de pois oléagineux contient 4800 grains et pèse 750 grammes.

Enfin, indépendamment de ses qualités oléagineuses, le pois de la Chine peut être utilisé au point de vue culinaire, et forme un légume délicieux et d'un goût très fin. La cuisson en est très facile : on jette le grain, à l'état frais, dans de l'eau bouillante ; la pellicule se détache de chaque grain et surnage à la surface, on l'enlève. En trente minutes, la cuisson est effectuée et fournit un mets délicat, rappelant le pois, moins le principe sucré.

1858. T. V, p. 156. — *Rapport sur la fondation d'un jardin d'acclimatation.*

« Nous devons encore aux missionnaires :

» 1°

» 2°

» 3° Le pois oléagineux, nourriture excellente et dont on extrait une huile abondante. Son acclimatation est complète. »

1859. T. VI, p. 106. — M. Vilmorin présente un rapport sur les résultats que lui a fournis la culture de diverses plantes chinoises, rapportées par Mgr Perny. Il entre dans quelques détails sur ses essais de fabrication avec les pois oléagineux, du fromage chinois, nommé *teou-fou*. M. le baron Séguier fournit des renseignements complémentaires sur cette fabrication.

1859. T. VI, p. 520. — Compte rendu des essais de culture sur les plantes de la Chine rapportées par Mgr Perny, par M. L. Vilmorin.

He-teou. Petit haricot à huile, ou Soya à grain noir. Paraît une plante délicate ; nous n'en avons obtenu que trois plantes maladives ; une seule a mûri quelques graines. Haricot dont on fait le *caseum* chinois appelé *teou-fou*, qu'il serait utile d'introduire chez nous. Ce serait, dans les villes surtout, une vraie ressource pour les pauvres.

Ta-pe-chouy-teou, était encore, d'après son grain, une plante du même genre ; les graines n'ont pas levé.

Ta-lou-teou s'est trouvé encore un haricot à huile ou Soya, comme l'indique la désinence *teou*, commune à toutes les plantes de ce genre. De celle-ci nous n'avons vu que l'herbe. C'est une petite plante presque naine, mais formant un buisson épais et d'une végétation vigoureuse. Nous en attendions un produit intéressant, d'autant que le grain semé était d'une jolie apparence ; mais la plante a été si tardive que les premières gelées l'ont détruite au moment où elle montrait ses premières fleurs.

Tsing-py-teou, autre plante du même genre, à gros grain, d'un vert brillant. Ses graines n'ont pas germé.

Hoang-teou. C'est un haricot à huile (Soja), à gros grain lisse, plus jaune qu'à l'ordinaire. La plante s'est montrée un peu naine. Elle a fleuri et noué, mais n'a pas mûri.

(Beaucoup des plantes de la collection ont réussi ailleurs, même dans le voisinage de Paris).

1859. 4 novembre. — M. le docteur Sacc adresse, de Wesserling, une boîte contenant une certaine quantité de pois oléagineux de la Chine.

(Soja hispida), qu'il a reçus de Toulon, où ils ont été récoltés par M. le docteur Turrel.

M. Sacc attire l'attention de la Société sur l'utilité qu'il y aurait d'introduire ce précieux végétal dans notre colonie de la Guyane, où il pense que sa culture réussirait parfaitement, et présenterait des avantages inappréciables, comme plante oléagineuse.

1862. T. IX, p. 328. — Graines offertes par Mgr Guillemin.

Hoang-Teou. Pois jaunes, dont les Chinois font le fromage appelé *teou-fou.* C'est le pois oléagineux par excellence.

Ou-mi-teou. Pois à Soja, servant à la confection des pâtes, vermicelles, connu sous le nom de *Pe-teou-sze.*

1862. T. IX, p. 325. — Graines offertes par M. Dabry.

Houang-teou (Dolichos Soja); deux espèces : *Houang-teou, He-teou.*

1862. T. IX, p. 690. — *Extrait d'une lettre adressée* par M. Eugène Simon à M. le secrétaire général de la Société impériale d'acclimatation.

SUR LA FABRICATION DU SOJA

Le Soja est un condiment dont on fait, au Japon, une consommation considérable et qui, il y a quelques années, eut en Amérique, en Angleterre et en Hollande, comme aux Indes, où il avait été d'abord introduit, un succès marqué. Aujourd'hui, la vogue ne lui est plus guère restée qu'en Amérique ; l'exportation en est faible pour les Indes, où on le remplace par un autre produit, et à peu près nulle pour l'Europe, qui y a renoncé, à cause de la difficulté de lui faire franchir, sans qu'il se corrompe, les chaudes latitudes du tropique.

Ce n'en est pas moins un produit excellent, et qui offrirait à l'art culinaire des ressources de plus d'un genre, si l'on pouvait l'obtenir aussi bon qu'il l'est dans le pays d'où il vient. Or, rien n'est plus facile ; il n'y a pour cela qu'à le fabriquer sur place.

C'est au Japon une industrie très importante ; on en compte plus de dix usines dans la ville de Nangasaki, qui occupent chacune, en moyenne, une superficie de 700 à 800 mètres carrés, et qui en livrent chaque année, à la consommation, plus de 1,200,000 kilogrammes.

Deux sortes de grains sont nécessaires à la fabrication du Soja : l'un est un haricot spécial qui a reçu le nom de haricot Soja, et dont une quinzaine de kilogrammes se trouvent compris sous le n° 5 dans l'envoi que je viens de faire en France ; l'autre est l'orge ordinaire.

On fait deux parts égales de haricots et d'orge : on fait cuire les premiers dans un même volume d'eau et l'on fait griller l'autre ; puis, on les réunit dans de grands baquets dans lesquels on les verse peu à peu en les mélangeant le plus possible à l'aide de grandes spatules de bois.

Lorsque le tout présente la consistance d'une pâte assez épaisse, on la place dans des moules de bois 1 pouce 1/2 de hauteur, 18 pouces de longueur et 8 pouces de largeur en œuvre. En arrangeant ce pain ou cette brique dans le moule, on doit faire en sorte que la face supérieure soit légèrement concave.

On transporte ensuite ces pains dans des chambres hermétiquement closes, où ils doivent fermenter sur des étagères disposées autour et au centre de la chambre. Tous les murs et les ouvertures, à l'exception de deux vitres placées à hauteur d'homme, pour que de l'extérieur on puisse surveiller la fermentation, doivent être soigneusement matelassés de paille, fixée au moyen de lattes de bambou ou d'autres bois.

La fermentation se produit au bout de très peu d'heures; mais si la température de la chambre était trop faible pour la décider, on pourrait la provoquer en y plaçant un petit brasier.

Cependant on ne doit qu'à la dernière extrémité recourir à ce moyen, dont l'effet ordinaire est de faire brunir les pains. La fermentation dure environ sept jours, pendant lesquels on a pu entrer une ou deux fois dans la chambre, afin de s'assurer qu'elle se faisait dans de bonnes conditions.

Lorsqu'elle a été bien faite, les pains doivent avoir une teinte jaune doré uniforme.

On les retire alors et on les jette dans de grandes cuves de 6 pieds de hauteur et de 4 pieds 1/2 de largeur. On y ajoute de l'eau saturée de sel à chaux, dans la proportion de 2 kilogrammes pour 1 kilogramme de pain. On agite et l'on mélange au fur et à mesure que les cuves se remplissent.

On doit alors laisser les cuves en repos pendant un an au moins mais lorsqu'on veut avoir des qualités de Soja extra-fines, ce repos se prolonge pendant trois ans. Quelle que soit la durée, on retire enfin la pâte des cuves ; on la met dans des sacs faits de chanvre, ou mieux de filasse de palmier, et on la porte sous la presse.

Le Soja qui s'écoule pendant les premiers tours de la presse est de première qualité ; mais à cause du prix qu'il faudrait en demander, on n'en trouverait pas le débit assuré; on renonce à cette qualité, excepté dans les fabriques des deux capitales de Yeddo et Miaco, où habitent un grand nombre de princes et de personnages riches qui peuvent la rémunérer convenablement.

Le plus généralement on ne fait que deux qualités : la première provenant de tout le jus qu'on a pu extraire par la presse, et qui est alors d'une bonne qualité moyenne, et la seconde qu'on obtient en faisant un second mélange de résidu de presse avec de l'eau salée qu'on laisse reposer pendant six mois ; celle-ci ne se vend qu'aux pauvres.

La jarre de Soja pesant 214 kil. 500 grammes, se vend au Japon 16 à 17 francs.

Le Soja ordinaire de première qualité est une liqueur de consistance sirupeuse et de couleur brun foncé. C'est presque l'unique sauce de tous les mets japonais, riches ou pauvres. Elle accompagne parfaitement surtout le poisson.

Les Européens de Chine et du Japon, qui en font plus ou moins usage, l'ajoutent au bœuf et au bouillon de bœuf, auquel elle communique une couleur et une saveur des plus agréables.

La caisse n° 10 de produits divers, qui fera partie de mon envoi, en contient trois qualités sous les n°s 18, 19 et 20. Le n° 18 vient de Miaco, mais il est possible que le voyage l'altère un peu.

1862. T. IX, p. 815. — *Extrait de correspondance.* Lettre de M. le ministre de la marine et des colonies annonçant l'envoi à la Société de pois Soja.

1862. T. IX, p. 974. — M. Quihou dit que le pois oléagineux (Soja hispida) de Chine, est un fruit oléagineux très productif en Chine, mais presque nul ici. Les pays plus méridionaux pourront en tirer un bon produit.

1862. T. IX, p. 1064. — M. Jules Cloquet (de l'Institut), dans un rapport, cite, parmi les végétaux dont l'acclimatation a réussi, le pois oléagineux de la Chine et du Japon (Soja hispida).

1863. T. X, p. 123. — Mme Delisse adresse à la Société des pois oléagineux cultivés et récoltés près de Bordeaux.

1865, 2me série. T. II, p. 489. — *Rapport de M. Quihou sur les cultures faites au Jardin d'acclimatation en* 1865.

Sous la fausse dénomination de pois, M. Renard nous a donné plusieurs variétés de Soja hispida, légume japonais dont la culture a été déjà plusieurs fois essayée sans succès sous notre climat. Nous n'avons pas été plus heureux que précédemment.

1866. 2e serie, T. III, p. 562. — Sur la fabrication du fromage de pois, en Chine et au japon, par M. Paul Champion.

Le *bulletin* contient une description complète du procédé de fabrication du fromage de pois. Mais l'auteur de cette description ayant publié un livre intitulé : *Industrie ancienne et moderne de l'empire chinois*, etc., nous avons comparé le texte du *bulletin* et du livre, et nous avons reconnu qu'il s'y trouvait des variantes. Le *bulletin*, d'ailleurs, ne contient pas les analyses que l'on trouve dans le livre ; c'est dans celui-ci que nous prenons la description et les analyses qui suivent :

Le fromage de pois, qui est considéré en Chine et au Japon comme un aliment très important, présente un aspect analogue à celui du fromage à la pie ; il se fabrique avec une espèce particulière de pois oléagineux, qui se consomment aussi directement et qui peuvent servir en outre à produire une huile de très bonne qualité et d'un prix assez élevé.

La fabrication du fromage de pois est simple, mais elle exige beaucoup de soins. On commence par faire gonfler les pois dans de l'eau pendant vingt-quatre heures environ, et on les laisse égoutter dans un panier d'osier. Ensuite on les broie à la meule, en les mélangeant avec l'eau qui a servi à la macération, et qui a été mise à part. La meule employée à cet usage est formée de disques horizontaux en pierre dure. Celui qui est placé à la partie supérieure est percé d'un trou conique; l'appareil est mis en mouvement à l'aide d'une bielle articulée qu'un ouvrier fait mouvoir d'une main, tandis que de l'autre il jette des pois avec une cuiller dans la cavité de la meule supérieure.

A chaque addition de pois, on ajoute une certaine quantité de l'eau de macération. Les pois, broyés par l'action de la meule, se transforment en une bouillie liquide qui s'écoule entre les meules, tombe dans une rigole circulaire et s'accumule dans un baquet. On verse cette bouillie sur un filtre formé d'une toile fixée à un châssis, et quand la filtration est trop lente, on agite la matière; pour que cette opération s'effectue facilement, on suspend le châssis au plafond à hauteur d'homme.

Le liquide filtré, brassé à la main, est recueilli dans un bac en bois, et versé dans une chaudière où il est soumis à une lente cuisson. Cette chaudière est formée d'une bassine en fonte, entourée d'une espèce de baquet de bois; la surface métallique présentant une faible étendue, permet de chauffer le liquide sans crainte de développer une brusque élévation de température, qui pourrait altérer la matière. Cet appareil est presque toujours employé par les Chinois pour la cuisson des matières organiques. Une seconde chaudière est disposée à côté de la première dans un même fourneau, en forme de parallélipipède, et reçoit l'action directe du foyer. Le liquide qui s'est écoulé de la meule, commence à se couvrir d'une mousse abondante vers la température de 100 degrés centésimaux; on le maintient à l'ébullition pendant 10 minutes environ et on le transvase ensuite dans la deuxième chaudière, qui est soumise à une température moins élevée, par suite de la disposition du fourneau. La première chaudière, une fois vide, on la remplit immédiatement d'une nouvelle quantité de la liqueur filtrée; la pulpe égouttée sur le filtre de toile est lavée à l'eau, et le liquide qui s'écoule est employé à humecter les pois qui sont soumis au broyage; cette eau de lavage entraîne encore une quantité notable de matière utile.

Quand la liqueur a été chauffée quelques instants dans la seconde chaudière, on la verse dans de grands baquets, où elle se refroidit. On a soin de l'agiter à l'aide de la main, et de lui imprimer un mouvement de rotation; la mousse qui se forme se réunit au milieu de la surface, et on l'enlève au moyen d'une cuiller en cuivre. Après quelques minutes de repos, le liquide se couvre d'une pellicule épaisse, que l'on enlève sans la déchirer avec une baguette et que l'on fait sécher en fichant la baguette dans un mur. Il se forme quelquefois une deuxième pellicule que l'on traite de la même manière. La matière ainsi solidifiée à la surface du liquide est employée dans l'alimentation; on la mange, soit fraîche, soit sèche, et son goût n'est pas désagréable.

Le liquide qui reste dans le bac est destiné à produire le fromage de pois; on l'additionne d'abord d'une petite quantité d'eau, mélangée de plâtre, qui a été préalablement cuit dans le fourneau qui sert à l'opération; on y verse enfin quelques gouttes d'une solution concentrée d'un sel provenant des marais salants (d'après nos analyses, ce sel n'est autre que du chlorure de magnésium). On brasse légèrement le liquide pour former une masse bien homogène qui bientôt se coagule et prend l'état solide. Le plâtre ajouté a certainement pour effet de coaguler la caséine des pois. Quant au chlorure de magnésium, il est assez difficile de définir le rôle qu'il doit jouer; on ne l'emploie, du reste, que dans certaines villes de la Chine.

Le fromage de pois formé est versé, encore chaud, dans des châssis de bois carrés, de 7^{m},40 de côté et de 0^{m}05 de hauteur. Ces châssis, superposés deux à deux, sont placés à côté les uns des autres sur une grande table de pierre dont les bords longitudinaux sont creusés en rigoles; les châssis placés sur la table sont fermés, à leur partie inférieure, par un linge fin, à travers lequel l'eau que renferme le fromage peut s'écouler. Quand le fromage de pois est suffisamment égoutté, on le comprime dans les châssis où il est emprisonné, en posant à la partie supérieure une planche chargée de poids; quand le volume de la matière est réduit de moitié, on enlève les châssis et le fromage qu'ils renferment s'expédie quelquefois à de grandes distances. Il suffit, pour le transport, de fermer les châssis avec des planches clouées à l'aide de chevilles en bambou. Arrivé à destination, le fromage de pois se débite en petits fragments au moyen d'un large couteau de métal.

Le fromage de pois est généralement d'un blanc grisâtre et offre l'aspect d'une gelée; il ne se conserve pas plus d'une journée à l'époque des grandes chaleurs, et, pour le préserver d'une altération si rapide, on le mélange généralement avec du sel ou des sauces de diverse nature. Il peut alors se garder plusieurs années.

Un morceau de fromage de pois gros comme le poing se vend deux sapèques, c'est-à-dire un centime. Les marchands de fromage de pois livrent aussi à la consommation le liquide chaud, non coagulé, dont nous avons précédemment parlé; les Chinois pauvres se nourrissent de cette substance, d'un goût fade, mais nullement désagréable. Les boutiques où l'on vend ce fromage présentent, à certains moments de la journée, un curieux aspect; des ouvriers chinois viennent en grand nombre acheter une portion de fromage liquide qu'ils emportent dans de petites tasses; d'autres absorbent sur place le fromage coagulé. Pour bien des gens de la classe pauvre, le repas du matin consiste uniquement en une tasse de fromage de pois liquide, dans lequel ils font tremper quelques gâteaux frits à l'huile (1). La fabrication du fromage de pois

(1) Ces gâteaux ne sont probablement autre chose que des tranches de fromage frites dans l'huile de pois oléagineux. P.

s'exécute sur une grande échelle dans la plupart des ports de la Chine que nous avons parcourus, depuis le sud jusqu'à Pékin, et dans quelques villes du Japon que nous avons pu visiter.

Le fromage de pois est assez agréable au goût ; il pourrait rendre de grands services à l'alimentation des Européens, si on arrivait à cultiver les graines qui sont la base de sa préparation. Le fromage de pois, frit dans la graisse comme les pommes de terre, forme un mets très délicat.

Les graines qui servent à préparer ce fromage renferment souvent 17 0/0 d'une huile limpide dont la saveur n'est pas désagréable.

Nous ajoutons aux renseignements qui précèdent quelques résultats analytiques que notre collègue, M. Lhôte, et nous, avons obtenus sur les pois oléagineux et le fromage :

POIS DE CHINE
(pour 100).

	A l'état normal.	A l'état sec.
Eau	15,07	
Cendres	4,63	5,45
Matières grasses	12,98	15,28
Azote	5,79	6,81

FROMAGE DE POIS
(pour 100).

	A l'état normal.	A l'état sec.
Eau	90,37	
Cendres	0,76	7,89
Matières grasses	2,36	24,50
Azote	0,78	8,09

MATIÈRE COAGULÉE PENDANT LA PRÉPARATION DU FROMAGE
(pour 100).

	A l'état normal.	A l'état sec.
Eau	9,36	
Cendres	4,01	4,42
Azote	9,70	10,71

Cette matière coagulée renferme 11,19 0/0 d'azote, déduction faite de l'eau et des cendres.

PRÉPARATION DU FROMAGE

Pois employés	120 gr. à l'état normal.
Fromage obtenu	184 gr.

ou bien :

Pois secs employés............	101 gr. =	Azote 6,94
Fromage sec obtenu.......... .	17,71 =	Azote 1,43
Matière coagulée normale......	1,085 =	Azote 0,105
		1,535

1869, 2me série. T. VI, p. 134. — *Rapport sur les cultures faites au Jardin d'acclimatation*, par M. Quihou. Dolic Soja (*Dolichos Soja*) Légumineuses (Japon).

Les fruits arrivent trop tard à maturité sous le climat de Paris, pour que l'on puisse en recommander la culture (1).

1876. 3me série. T. III, p. 226. — *Correspondance des membres cheptеliers.*

Lettre de M. le secrétaire de la Société d'horticulture de l'arrondissement d'Étampes (Seine-et-Oise).

Soja hispida. Semé le 5 mars, a germé lentement et a fini par pourrir, résultat de la température excessivement basse de ce printemps. Semé le 12 avril dans un terrain silico-tourbeux, il s'est élevé assez haut, malgré la sécheresse, et a donné ses premières gousses le 27 juillet; il aurait besoin de soutien dans ce sol.

Semé le 3 avril dans un champ un peu siliceux, il est entré en fleurs le 3 août. La plante se tenait bien, 30 centimètres de hauteur. Cette drenière culture lui convient mieux si l'on a en vue la récolte de la graine. Dans les marais, la maturité des graines ne se fait qu'à la mioctobre. Une chose à considérer, c'est que cette plante occupe le terraintoute la saison.

Quelques graines ont été semées en pots, sous châssis, et repiquées en pleine terre. La plante est restée plus petite ; les gousses ont été plus nombreuses, mais ont mûri cinq ou six semaines plus tôt.

1876. 3me série. T. III, p. 457. — *Correspondance des membres cheptеliers.*

Lettre de M. le secrétaire de la Société d'horticulture de l'arrondissement d'Étampes.

Ainsi que le relatait notre dernier rapport, nous n'avions pas pu nous prononcer encore sur le Soja hispida.

Cette graine ne laisse rien à désirer. Comme qualité, elle est parfaite. Afin d'en bien juger, nous l'avons fait cuire à l'état sec, uniquement à l'eau et dégustée sans autre addition qu'un peu de sel. Ainsi préparée, elle procède à la fois, comme goût, du haricot, de la lentille et du pois. Elle est fort tendre et double exactement de volume en cuisant à grande eau. La digestion en est facile. Bien que ce légume cuit soit excessivement tendre, les ménagères devront prolonger assez longtemps l'ébullition.

(1) Il s'agit certainement d'une espèce japonaise. Nous n'en possédons pas encore qui mûrisse sous le climat de Paris, mais nous sommes loin d'avoir expérimenté toutes les variétés hâtives du Japon. P.

Nous avons fait trier avec soin les gousses renfermant le maximum de grains, c'est-à-dire trois (une seule en contenait quatre), afin de voir si par une culture soignée, il serait possible d'avoir un rendement plus considérable ; mais, quoi qu'il puisse résulter des bons soins donnés à la culture, ce produit, tel qu'il est, est digne de figurer, par sa qualité, au premier rang parmi les bons ; aussi est-il l'objet de toute notre attention.

1878, 3me série. T. V, p. 90. — *Sur les vins et eaux-de-vie fabriqués en Chine,* par M. P. Dabry de Thiersant.

A Canton, on fait le *Kiu-tsee* (1) d'une autre manière :

On prend 75 livres de bon riz de la récolte d'été (le riz rouge, *hong-my*, est employé de préférence), 27 livres de Dolichos Soja, 4 onces de vieux Kiu-tsee et 14 livres de feuilles de Chan-Kiue (Glycosmis citrifolia) pulvérisées.

On fait d'abord sécher à l'air ces feuilles de Glycosmis et on achève la dessication au moyen de la chaleur d'une étuve, en ayant soin de les recouvrir d'un drap pour que leur huile essentielle ne s'évapore pas. Le Glycosmis citrifolia est un arbre qui croît principalement dans la province de Kouang-tong. Les fabricants de Kiu-tsee prétendent que sans ses feuilles, il est impossible d'obtenir de bon ferment. Aussi le Kiu-tsee de Canton est-il recherché dans tout l'empire. Le Glycosmis citrifolia existe-t-il en France ? Dans le doute, j'ai l'honneur de vous adresser quelques plants de cet arbre précieux, dont l'acclimatation pourra être de quelque utilité pour notre pays (2). Mais revenons à notre sujet.

Les Dolichos Soja sont cuits à l'eau douce pendant vingt-quatre heures dans une marmite en fonte. Le riz se cuit également dans une grande marmite en fonte. Lorsque l'eau bout, on y jette le grain que l'on retire après dix ou douze minutes. Le feu doit être poussé rapidement et l'eau ne doit pas être trop abondante, pour que le grain soit mieux saisi. On étend ensuite le riz sur une table en bois, où deux hommes le remuent avec des pelles en bois. Quand il est refroidi, on répand sur sa surface les pois, la farine de feuilles de Glycosmis et le ferment pulvérisé. On brasse et on pétrit toutes ces matières pour qu'elles s'incorporent ensemble, et on les met dans une auge, où elles sont foulées avec les pieds pendant quinze minutes. Quand la masse a pris la consistance d'une pâte, on forme avec elle, au moyen de moules, des briques ou pains rectangulaires de six pouces de longueur sur un

(1) Le *Kiu-tsee* est un ferment employé par les Chinois pour fabriquer un vin factice et leur eau-de-vie. P.

(2) Ces plants ont été remis au Jardin d'acclimatation. Le *G. citrifolia* n'existe pas chez nous, il est originaire des parties chaudes de la Chine.

C'est une belle plante dont les fruits, de la grosseur d'une noisette, sont doux et juteux et mûrissent dans nos serres.

pouce et demi d'épaisseur, et dont le poids s'élève à une livre. Ces pains, sortis du moule, sont rangés verticalement sur une planche qui recouvre le sol. Sur la planche est un lit de grains de riz secs sur lequel sont dressés les pains qui se touchent tous. Avant de les dresser, on applique les deux faces sur la couche de grains de riz. Après huit ou dix heures en été et dix-huit ou vingt heures en hiver, on enlève le drap et on voit si la fermentation s'est opérée dans de bonnes conditions. Si la couleur de la pâte est devenue grisâtre et si des boursoufflures apparaissent à la surface des pains, on les sépare de suite et on les dispose de nouveau verticalement en formant des carrés vides. Quand après quatre ou cinq jours, la fermentation est terminée, ce que l'on reconnaît facilement à la teinte blanchâtre que revêt chaque pain, on les transporte sur des espèces de filets, tendus en forme d'étagères, dans une chambre bien close, où on les laisse sécher sept ou huit jours pendant l'été et quatre ou cinq jours pendant l'hiver. On les expose ensuite au soleil pendant deux ou trois jours, sur des claies inclinées; enfin, on les met pendant vingt-quatre heures dans une étuve, recouverts d'un drap. La dessication est alors complète, et on peut les conserver pendant deux ou trois ans.

1879, 3me série. T. VI, p. 668. — Cette note est un résumé de tout ce qui a été publié jusqu'à ce jour sur le Soja. Nous ne la reproduisons pas pour éviter les répétitions.

1880, 3me série. T. VII, p. 248. — M. Paillieux fait passer sous les yeux de l'assemblée un modèle réduit d'un appareil employé en Chine pour broyer les graines du Soja hispida, lesquelles servent à la fabrication du fromage connu sous le nom de *teou-fou*. Suit la description du procédé de fabrication de ce fromage.

CHAPITRE PREMIER

LE SOYA EN BOTANIQUE

La plante qui nous occupe reçut de Linné le nom de *Dolichos Soja* (*Species plantarum*, 1621). Jacquin la figura plus tard dans ses *Icones plantarum rariorum*, p. 143.

Mœnch l'étudia ensuite. Ne lui trouvant pas les caractères des véritables *Dolichos*; ne pouvant, d'un autre côté, la rattacher au genre *Phaseolus*, il crut devoir en faire un genre spécial et lui donna le nom de *Soja hispida* (*Method. plant. hort. bot. et agri Marburgensis*, 1794, p. 153).

MM. Bentham et Hooker n'ont pas admis ce genre ; pour eux, cette plante n'est autre qu'une véritable Glycine. C'est aussi l'opinion de presque tous les botanistes modernes. Miquel affirme qu'il existe deux espèces de *Soja* au Japon, *Prolusio floræ Japonicæ* (1).

Le *Glycine hispida* (*Soja hispida*, Mœnch).

Le *G. Soja*, Sieb. et Zucc.

D'après lui, les légumes du *G. Soja* sont continus intérieurement, c'est-à-dire qu'ils n'offrent pas les étranglements et les cloisons celluleuses qui existe dans le *G. hispida*.

Ces espèces paraissent très voisines à MM. Franchet et Savatier (*Enumeratio plantarum in Japonia crescentium*).

CHAPITRE II

LE SOYA AU JAPON (2)

Le célèbre voyageur et naturaliste Kæmpfer, l'un des premiers, sinon le premier, a fait connaître la plante qui nous occupe (3). Nous ne résistons pas au désir de raconter le voyage durant lequel il vit le Daïzu, et s'en fit enseigner les usages.

Kæmpfer arriva, en septembre 1689, à Batavia, qu'il quitta le mois de mai suivant, et s'embarqua en qualité de médecin de l'ambassade que la Compagnie hollandaise envoyait tous les ans au Japon.

Il obtint la permission d'aller à bord du vaisseau qui devait toucher à Siam, et enfin, le 25 septembre, il descendit à terre dans la petite île de Desima, près de Nangasaki. Par les services qu'il rendit aux Japonais, par sa complaisance, par sa libéralité, il s'insinua dans l'amitié et la familiarité des inter-

(1) Il en indique plusieurs autres dans sa *Flora indicæ Batavæ*.

(2) Nous devons à l'inépuisable obligeance de M. le docteur H. toutes les notions que nous avons acquises sur le Japon.

(3) Kæmpfer, Engelbert, médecin et voyageur célèbre, né le 16 septembre 1651, à Lemgo, dans le comté de Lippe, en Westphalie, mort le 2 novembre 1716.

P.

prètes et des officiers, et les gagna si bien qu'ils ne refusèrent de répondre à aucune de ses questions et que, lorsqu'il se trouvait seul avec eux, ils lui révélaient même les choses sur lesquelles ils sont obligés à un secret inviolable.

Un jeune homme, qu'on lui avait donné pour le service, et en même temps pour étudier sous lui la médecine et la chirurgie, ayant traité avec succès, sous sa direction, le principal officier de Desima, reçut la permission de ne plus quitter Kæmpfer.

Celui-ci enseigna le hollandais à son élève, qui, par reconnaissance, lui apportait tous les livres qu'il pouvait souhaiter. Ainsi, malgré la jalousie et la défiance du gouvernement japonais, Kæmpfer fut à même de satisfaire sa curiosité sur la plupart des points qu'il désirait connaître. Quand le directeur du commerce hollandais partit pour Yédo, le 10 février 1691, Kæmpfer l'accompagna et eut ainsi l'occasion de voir l'intérieur de l'empire. L'année suivante, il fit le même voyage avec un autre directeur.

Il quitta Nangasaki le 31 octobre (1).

Le cinquième livre de son principal ouvrage : *Amœnitatum exoticarum politico-physico-medicarum fasciculi quinque*, Lemgoviæ, 1712, in-4°, figures, conitent la description des plantes du Japon, que l'auteur a rencontrées durant ses voyages dans ce pays.

Kæmpfer cite et décrit le *Soja hispida* » *Daidsu* (2), nom scientifique et vulgaire, surnommé *Mame*, c'est-à-dire graine alimentaire par excellence. Haricot dressé, à gousses de Lupin, à graines blanches du gros Pois ; haut de quatre pieds et peu développé.

» Il s'élève sur une tige rameuse inégalement ronde, velue.

» Ses feuilles sont celles du Haricot des jardins, à poils plus rudes sur leur face inférieure. Il épanouit au mois d'août, à l'aisselle des feuilles, des fleurs réunies sur un pédoncule

(1) Eyriès.

(2) *a* se prononce comme dans papa, *u* comme ou, *e* toujours comme s'il était surmonté d'un accent aigu. P.

commun, d'un blanc bleu, très petites, semblables à celles de la Lentille, avec l'étendard et les pétales droits, à peine étalés, auxquelles succèdent des gousses nombreuses, longues de deux pouces à peine, à poil rude et long, semblables aux gousses de Lupin à fleurs jaunes, contenant deux graines, rarement trois, pareilles de forme, de volume et de saveur au pois des jardins, un peu comprimées cependant, à ombilic brun. »

LE MISO, D'APRÈS KÆMPFER

« Pour obtenir le *Miso*, on prend une mesure de Mame ou Haricots Daeds que l'on fait cuire très longtemps dans l'eau, jusqu'à ramollissement complet et que l'on réduit en pulpe molle en les écrasant. On continue ce mode de broiement pour mélanger à la pulpe quatre mesures de sel en été, nombre qui est réduit à trois en hiver; car le produit est de qualité d'autant plus irréprochable que la quantité de sel est moindre; j'ajoute, toutefois, qu'il se conserve moins longtemps.

» On ajoute ensuite, et on mêle, une mesure (de volume égal à celui des Haricots) de *Koos* ou riz décortiqué, un peu cuit à la vapeur d'eau douce; puis on dépose, après refroidissement, dans un cellier chaud, pendant vingt-quatre ou quarante-huit heures, jusqu'à refroidissement et contraction. Cette mixture, de consistance de bouillie (de pulpe ou de cataplasme), est introduite dans un vase en bois qui a contenu de la bière appelée vulgairement *Sacki*. Avant d'en faire usage, on garde ce produit un ou deux mois.

» Le Koos donne à la pulpe une saveur douce, et sa fabrication demande, comme la polenta des Allemands, la main habile d'un maître. Aussi en est-il qui s'occupent uniquement de sa préparation; puis on purifie le produit obtenu. »

LE SOOJU (SHOYU)

« Pour fabriquer le *Sooju* on prend des Haricots Daeds cuits au même point et une quantité égale de *Muggi* ou Froment et autant d'Orge ou de Seigle grossièrement pulvérisé; cette dernière semence donne un produit plus noir. En résumé, on emploie une mesure de chaque substance. On mêle les Haricots avec le Froment broyé; on couvre d'un linge et on laisse reposer cette mixture pendant vingt-quatre heures pour la faire fermenter. On couvre alors du sel prescrit la masse introduite dans un pot d'argile, en délayant deux mesures d'eau commune avec la moitié de la dose; ceci fait, le lendemain on agite la masse avec une spatule; on recouvre, et on continue d'agiter plusieurs jours de suite, une fois au moins, et de préférence deux ou trois fois.

» Après trois mois de préparation on filtre la masse et l'on exprime la liqueur que l'on conserve dans des vases en bois; la limpidité et la qualité de cette liqueur sont en rapport avec son âge. »

Kæmpfer cite ensuite deux variétés de *Soja* :

» *Siuku*, *vulgô*, *Kuro mame*, c'est-à-dire Haricot noir, espèce ou variété à graines noires du Haricot Daidsu. *Siuku*, variété naine, médicinale, à graines noirâtres, dont trois ou quatre réduites en poudre sont administrées en potions aux asthmatiques. »

Rien n'est changé depuis deux cents ans dans les procédés de fabrication du *Miso* et du *Shoyu* et la consommation n'en a pas diminué. Ces produits sont encore au Japon d'absolue nécessité. Les renseignements que nous recevons de ceux de nos nationaux qui visitent ou habitent le Japon, ne diffèrent pas sensiblement de ceux que recueillit Kæmpfer en 1689; mais le savant voyageur n'a rien dit du *To-fu*, fromage fabriqué avec les graines du Soya; nous avons à combler cette lacune. Il s'est particulièrement occupé de l'espèce qui sert à fabriquer le *Miso* et le *Shoyu*, et n'a cité que trois ou quatre variétés, tandis qu'il en existe probablement une trentaine. Il serait d'une extrême importance de se procurer et de cultiver comparativement toutes ces variétés de Soya.

Les unes sont hâtives, les autres tardives. Ces dernières ne peuvent être utilement introduites. Les unes sont employées comme légume à l'alimentation directe de l'homme, comme les Haricots, les Fèves, les Pois, les Lentilles, etc. ; les autres reçoivent des préparations plus ou moins compliquées, qui en font de véritables plantes industrielles. Le choix à faire parmi ces variétés est impraticable de loin. Il faut les recevoir toutes, les cultiver toutes, les déguster toutes, et ne rejeter qu'après expérience complète celles qui ne devront pas être conservées. Pour aider à l'introduction de ces variétés, nous donnons la liste de celles dont nous possédons les noms.

1	*Go-guwatu no mame* (1).	Haricot	du cinquième mois.
2	*Use mame*	—	précoce.
3	*Nakate mame*	—	de demi-saison.
3 (bis)	*Okute mame*	—	tardif.
4	*Maru mame*	—	rond.
5	*Siro teppô mame*	—	blanc, en balle de pistolet.
6	*Kuro mame*	—	noir.
7	*Kuro teppô mame*	—	noir, en balle de pistolet.
8	*Ko isi mame*	—	petite pierre (*Ko* ou *Go*).
9	*Awo mame*	—	vert.
10	*Kage mame*	—	à pointe.
11	*Aka mame*	—	rouge.
12	—	—	même espèce.
13	—	—	autre espèce.
14	—	—	autre espèce.
15	—	—	autre espèce.
16	*Tsya mame*	—	Thé (*Tcha*).
17	—	—	même espèce.
18	—	—	autre espèce.
19	*Kuro-Kura-Kake mame*	—	à selle noire.
20	*Aka-Kura-Kake mame*	—	à selle rouge.
21	*Fu isi mame*	—	panaché (*Udura mame* H. de caille).
22	—	—	même espèce.
23	—	—	même espèce.

(1) Prononcer *go-gats no mame*.

Cette nomenclature est extraite d'un ouvrage japonais intitulé : Explication, avec figures, des arbres et des plantes nouvellement déterminés.

24 *Ki mame*	—	Mame jaune.
25 *Konrinza*	—	—
26 *Ichia mame*	—	Mame thé.

Ces trois derniers noms sont extraits d'un ouvrage intitulé : *Le Japon à l'Exposition universelle de* 1878, écrit en français par un Japonais.

Extrait d'une lettre qui se rapporte à l'un des Mame de la liste ci-dessus, et qui nous est adressée par un orientaliste : « Il s'agit du *Nakate-Mame.* Je traduis littéralement : La graine qui se trouve au milieu (de la cosse) est d'une couleur blanc jaunâtre. En général, sa forme et sa couleur sont semblables à celles du précédent *Mame.* Il est cependant plus grand et plus délié que cette autre espèce. Bien que, suivant que la graine vient de bonne heure ou tard, la forme et la couleur diffèrent (1), cependant ce n'est rien autre chose que ce qui est figuré ci-dessus (2). Ce *Mame* est cultivé sur une grande échelle dans toutes les provinces. Il sert à faire du *Miso ;* de là vient qu'on l'appelle aussi *Miso-Mame.* »

Le *Mame* n° 9 de notre liste n'est pas sans mérite :

« Les *Soja* ordinaires, nous écrit-on, du moins la variété blanc jaunâtre, la plus employée pour faire le *Shoyu*, le *To-fu* et le *Miso*, ne sont pas habituellement mangés en nature. Les Soja noirs et verts sont quelquefois mangés comme nous mangeons les Haricots secs. Une variété à gros grains verts se mange assez souvent au Japon après l'avoir grillée, moulue et mêlée avec du sucre. Les enfants aiment cette espèce de *Racahout* ou de Révalescière, et la mangent à pleine poignée. On ne fait, à ma connaissance, aucune pâte ni aucun gâteau avec les *Soja.* »

Le *Mame thé* se mange aussi en nature. Il est probable que plusieurs autres variétés se mangent de même, mais nous

(1) Observation intéressante.
(2) Nous avons dit que notre liste était extraite d'un ouvrage avec figures.

l'ignorons. Ce que nous pouvons dire, c'est que tous les *Mame* peuvent servir à faire du *Miso*, du *Shoyu* et du *To-fu*.

Notre obligeant correspondant, le docteur H. a apporté un gros *Mame*, blanc jaunâtre, le plus cultivé pour la fabrication du *Miso*, du *Shoyu* et du *To-fu* (1), mais malheureusement trop tardif pour notre pays, où l'été est trop court, et il a dû s'en tenir, dans sa culture, au petit *Mame* de Chine, à grains ronds jaunâtres. Ce dernier est beaucoup moins beau, mais mûrit parfaitement. C'est celui que l'on cultive à Étampes et à Marseille et que nous cultivons nous-même. On le reçoit à Genève directement de Chine. Nous avons le regret d'ajouter que toutes les variétés que le docteur H. a vues au Japon lui paraissent être trop tardives pour la France.

La culture des *Mame* au Japon est celle des Haricots ; mais les plantes demandent à être beaucoup plus espacées et résistent mieux aux petites gelées d'automne.

Les Japonais ne font pas d'huile de Soja. Ils n'emploient que l'huile de Sésame pour la cuisine et l'huile de Colza pour l'éclairage. Ils emploient d'autres huiles, extraites des fruits des différents arbres, à des usages industriels.

Dans la partie du Japon que notre correspondant habitait, on donnait la paille du Soya aux animaux. A Satsouma, dans l'extrême Sud, on donnait aux Chevaux fins des rations de graines de *Daïzu*, et l'on prétendait que c'était une nourriture bien meilleure, mais plus chère que l'Orge nue. Les Chevaux mangent très bien le *Daïzu*, tant cru que cuit.

Voici ce que dit du *Mame* l'ouvrage intitulé : *Le Japon à l'Exposition universelle de* 1878.

« Le *Mame* sert à de nombreux usages, car on peut non seulement le manger cuit et réduit en farine, mais encore l'employer pour la fabrication du *Shoyu*, du *Miso* et du *To-fu*. Le *Mame*, son enveloppe, ses feuilles et sa tige servent à nourrir les Chevaux ; on s'en est également servi tout dernièrement, à titre d'essai, pour nourrir les moutons, et les résultats obtenus ont prouvé que c'était la meilleure nourriture qu'on pût leur donner.

(1) Probablement le *Nakate*. P.

» Le *To-fu* se fait avec deux espèces de *Mame* bouillis (1), savoir : le *Shiro-Mame* et le *Ki-Mame;* il peut, une fois pressé et durci, se conserver longtemps. Le *Yuba* est une pâte analogue (2) faite avec les mêmes ingrédients. »

Notre correspondant professe un parfait mépris pour le *Miso*. Il nous donne cependant, pour sa préparation, une recette que nous reproduisons parce qu'elle est très simple et ne prescrit pas, comme celle de Kæmpfer, l'emploi de Koos, ou riz décortiqué mêlé au *Daïzu*. « Le *Miso*, nous dit-il, est une pâte plus ou moins fermentée faite avec des *Daïzu* (Soya). Cela s'emploie à faire une espèce de soupe qui est le déjeuner de presque tous les Japonais. C'est très mauvais, j'en ai mangé quelquefois en voyage, n'ayant pas autre chose sous la main, mais ce n'est nullement une acquisition désirable. Quant à fabriquer du *Miso*, c'est très simple. On fait bouillir, ou plutôt cuire à la vapeur, les *Daïzu*, puis on les pile en y ajoutant un peu de sel. On tasse cette pâte dans un tonneau, et au bout de deux mois elle est à point.

« Le *Miso* a un goût d'aigre et de demi-gâté aussi peu engageant que possible. La seule difficulté qu'il y ait ici (en France) pour toutes les préparations de *Daïzu*, c'est de se procurer de l'eau non calcaire. Il faut recueillir de l'eau de pluie ou employer de l'eau distillée, tandis qu'au Japon, du moins dans la partie que j'habitais, l'eau des ruisseaux, des puits et des rivières ne contient *pas trace* de chaux. »

Nous avons indiqué plus haut, d'après Kæmpfer, les procédés usités, de son temps, pour la fabrication du Shoyu. Les *Bulletins de la Société d'acclimatation*, reproduits dans l'introduction, ont décrit les procédés employés aujourd'hui par l'industrie.

L'importance de ce produit est telle, que nous devons indiquer encore deux recettes : l'une, parce qu'elle est infiniment plus simple que celle des fabricants spéciaux et que notre correspondant l'emploie pour faire du Shoyu, à l'usage de sa maison ; l'autre, parce qu'elle prescrit une préparation parti-

(1) C'est le lait du *Mame* que l'on fait bouillir. P.

(2) Nous n'avons pas réussi à apprendre ce que peut être le *Yuba*. P.

culière du sel destiné à la fabrication du Shoyu, prescription que ne présentent pas les autres recettes.

Le Japon à l'Exposition universelle de 1878.

« Le Shoyu, qui est un des condiments indispensables à la nourriture japonaise, se prépare de la manière suivante : on commence par séparer le froment décortiqué des grains qui sont mal mûris ou avariés et l'on enlève les petits cailloux ou autres corps étrangers qui s'y trouvent mêlés. Ce grain est ensuite grillé, puis moulu grossièrement et l'on y ajoute alors une certaine quantité de pois (Soja) bouillis et refroidis. Le tout, laissé dans une chambre chaude, se transforme en levûre au bout de trois ou quatre jours, et l'on y ajoute du sel.

» Ces trois matières entrent dans le mélange en proportions égales. D'après les anciens procédés, on mélangeait un to d'orge, trois sho de froment et un to de pois, ou bien encore un to de pois, trois sho d'orge et sept sho de froment. Dans l'un et l'autre cas, le mélange était grillé et délayé avec deux to d'eau et un to de sel.

» Le meilleur sel est celui Dako, dans la province de Havima. Le sel, pour être propre à la fabrication du Shoyu, est traité de la manière suivante : on prend le meilleur sel possible et on le met dans une boîte où on le laisse séjourner pendant cinq à sept mois. Il se forme alors, au fond de la boîte, une sorte de saumure qu'on laisse de côté ; on enlève ensuite la couche supérieure du sel que l'on fait bouillir dans une chaudière, puis on transvase le liquide et on le laisse reposer. Quand toutes les impuretés se sont déposées au fond, on décante le liquide et l'on y ajoute la levûre décrite plus haut. Le tout est agité deux ou trois fois par jour, depuis juin jusqu'à septembre.

» Après un certain laps de temps, le mélange devient pâteux ; on continue pourtant à l'agiter, et, au bout de quinze, vingt et même quelquefois de trente mois, on obtient le *Shoyu*.

» Le mélange est alors versé dans des sacs en coton, puis pressé, ce qui termine l'opération.

» Le Shoyu, une fois filtré, est bouilli, puis refroidi ; on enlève alors ce qui peut y rester de lie, puis on le conserve dans de petits barils.

» Le résidu du pressurage du Shoyu de première qualité est employé ainsi qu'il suit : on prend cinq to de ce résidu, on y ajoute un to d'eau, puis on l'agite, on le presse, on le fait bouillir, on y ajoute deux to de sel, on le fait reposer et on le décante. Ce nouveau mélange est alors ajouté en plus ou moins grande quantité aux différentes qualités de Shoyu. »

Recette pratiquée en France par notre correspondant.

« Je fabrique, nous dit-il, d'assez bon Shoyu en remplaçant, au besoin, comme du reste on le fait souvent au Japon, les *Daïzu* par des pois. Les Japonais lui substituent même souvent des fèves, mais elles donnent un produit inférieur.

» Voici la recette de la sauce telle que je l'ai apprise au Japon : on prend en volume deux parties d'orge nue ou de blé et trois parties de *Daïzu*. On fait macérer pendant un jour et une nuit dans de l'eau non calcaire ; puis on fait cuire à la vapeur jusqu'à cuisson complète. Il ne faut pas que les grains se défassent, mais qu'ils soient tendres. On mélange les deux grains, puis on les étend en couches de 2 à 3 centimètres d'épaisseur dans des caisses qu'on tient dans un endroit un peu chaud, ni trop sec, ni trop humide. Les grains moisissent en douze ou quinze jours, suivant la saison. Le meilleur temps est le printemps ou l'automne. Il faut que la moisissure soit d'un bleu verdâtre, épaisse et ressemblant à du velours.

» Les grandes moisissures blanches ou noires ne valent rien, et il faut les enlever dès qu'on s'aperçoit de leur apparition. Quand les grains sont complètement couverts de moisissures et forment une seule masse, on les expose au soleil. Quand ils sont secs, on les frotte entre les mains, puis on les vanne pour les débarrasser de la poussière produite par les débris des moisissures. A ce moment, on prend, toujours en volume, deux parties de sel pour trois parties de grains moisis ; on les met dans des tonneaux ou des vases de terre avec une quantité d'eau suffisante pour recouvrir le tout de trois ou quatre doigts de liquide. On n'a plus qu'à remuer de temps en temps le mélange et à attendre de trois à six mois, après lesquels on n'a plus qu'à écouler la sauce en la passant à travers un tamis. Elle peut se conserver en tonneaux ou en bouteilles pendant plusieurs années et, à mon goût, remplace assez bien, dans les apprêts, le bouillon ou le jus de viande rôtie.

» J'ignore, ajoute notre correspondant, quelle est l'exportation du *Shoyu* et je ne sais aucun chiffre relatif à la consommation intérieure ; mais, c'est le fond de la cuisine japonaise. Cela y remplace le beurre, l'huile, la graisse et le jus de viande. Tout, légumes, poissons, pâtes, est accommodé ordinairement avec le Shoyu. Il n'y a pas de village, si petit qu'il soit, qui n'en ait des fabricants ; il s'en fait, en outre, beaucoup dans les maisons particulières.

» Pendant mon séjour au Japon, le prix du Shoyu variait, suivant sa qualité, de 8 à 12 sen, 40 à 60 centimes le mas, c'est-à-dire 1lit,80.

» Ne prenez, je vous prie, mes renseignements que comme relatifs à la partie du Japon comprise entre *To-Kio* (*Yédo*) et l'extrémité sud-ouest de la grande île, que les Européens s'obstinent à appeler *Nippon*. C'est dans cette partie, et surtout dans les divisions appelées *San yo do* et *San yu do*, que j'ai pu voir les choses par moi-même. Quand, par hasard, je vous parle du Nord et de l'extrême Sud, c'est d'après des renseignements et non pas *de visu* ».

FROMAGE DE DAIZU (TO-FU).

On fait tremper les *Daïzu* pendant vingt-quatre heures dans de l'eau dépourvue de calcaire. Nous n'avons guère que l'eau de pluie ou l'eau distillée qui puisse convenir (1). Au Japon, l'eau des rivières ne contient pas trace de chaux. Les grains ramollis sont broyés dans un petit moulin à main, en pierre dure, ressemblant beaucoup, en plus petit, au moulin de nos Arabes d'Algérie. On obtient ainsi une pâte grossière, qu'on

(1) Nous faisons usage de l'eau de condensation d'une machine à vapeur.
P.

délaye dans de l'eau non calcaire à laquelle elle donne une apparence laiteuse. Ce mélange est passé à travers un linge qui retient les parties insolubles. Le résidu est utilisé pour la nourriture des animaux domestiques qui tous, depuis le bœuf jusqu'au lapin, en sont très avides.

Le liquide albumineux, et contenant la plus grande partie du corps gras émulsionné, est mis sur le feu. Quand il est un peu plus qu'attiédi on y ajoute, pour déterminer la coagulation, quelques cuillerées de l'eau mère qui s'écoule des tas de sel marin. Cette eau mère agit probablement par les chlorures calcaires et magnésiens qu'elle renferme et qui la rendent fort amère (1). Ce qu'il y a de certain, c'est qu'elle détermine la séparation du caillé, comme la présure le fait pour le lait. Elle a aussi les mêmes inconvénients ; si l'on en ajoute trop, le caillé devient dur et sec. Il s'égoutte dans des moules où il prend la forme voulue, puis on le place dans le bassin d'eau courante dont chaque maison japonaise est pourvue.

Le *To-fu* se mange habituellement frais ; très fréquemment cuit avec du *Shoyu* et du poisson sec, quelquefois frit, plus souvent grillé. Quelquefois enfin, pendant l'hiver, on le fait geler, puis sécher, ce qui lui donne une consistance spongieuse. En cet état, il se conserve très longtemps et s'apprête de différentes manières. A l'état frais, le fromage végétal a une consistance très délicate, mais conserve un certain goût de haricot cru qui n'est pas agréable.

CHAPITRE III

LE SOYA EN COCHINCHINE

La plante est cultivée en Cochinchine. Quelle est l'importance de cette culture? Quelles sont les variétés préférées? Les graines du Soya ont-elles dans le pays quelque autre emploi que celui qu'on en fait au Japon, en Chine, etc.? Nous

(1) Chlorure de magnésium, selon MM. Champion et L'Hôte. P.

l'ignorons; mais nous rencontrons dans le *Bulletin* que publie le Comité agricole et industriel de notre colonie un article des plus intéressants, et, fidèle à notre plan, qui consiste à mettre sous les yeux du lecteur toutes les pièces relatives à la question qui nous occupe, nous copions dans cet article ce qui se rapporte au Soya.

Bulletin du Comité agricole et industriel de la Cochinchine, 2e série, tome Ier, page 456.

POIS NOIRS (GLYCINE SOJA)

Nous avons rapporté de Mandchourie, en même temps que le *Sorgho*, 3000 kilos de pois noirs qui servent généralement à la nourriture des animaux dans le nord de la Chine, mais ne peuvent être donnés que comme supplément de rations; l'huile essentielle qu'ils contiennent servirait de stimulant aux organes digestifs; l'action réparatrice de ces grains serait souveraine sur les animaux amaigris à la suite de pénibles travaux, de longues marches! Nous avons donné, du 25 novembre au 7 avril, 250 grammes de ces pois, par jour, à chaque animal, et nous devons déclarer que, si par moment les animaux les recherchaient avec avidité, il arrivait souvent, au contraire, qu'ils les laissaient au fond de la mangeoire, malgré la précaution qu'on prenait de les mélanger aussi exactement que possible avec le *Sorgho* et le *Paddy* (1). Nous n'avons pas constaté non plus qu'ils provoquaient, chez les animaux fatigués, cette espèce de résurrection des forces épuisées que leur attribuent les Chinois et les Mandchoux.

En outre, ces grains sont très amers lorsqu'on les administre secs; il faut donc leur faire subir un commencement de cuisson pour les débarrasser du principe amer que renferme l'épisperme. Il en résulte de grandes difficultés pour l'administration de la ration, difficultés qui ne nous semblent pas

(1) Riz non décortiqué.

compensées par les vertus problématiques qu'on nous avait vantées. Nous croyons donc qu'il n'y a pas lieu de renouveler l'essai (1).

Néanmoins, comme cette plante peut être utilisée pour la nourriture de l'homme et pour l'industrie, nous en avons soumis un échantillon au Comité agricole et industriel de Cochinchine, qui a chargé M. Pierre, directeur du jardin botanique et de la ferme des Mares, de l'examiner et de donner son appréciation sur cette légumineuse.

Voici le résultat des observations de M. Pierre :

« J'ai semé les graines apportées de Chine par M. Corroy. J'ai sous les yeux, en ce moment, plusieurs plantes venant de ce semis, les unes en fleurs, les autres en fruits ; les graines appartiennent au *Glycine Soja* (Siebold et Zuccarini), et j'établis à dessein, m'aidant de Bentham, la synonymie, pour montrer les formes diverses qu'affecte cette espèce, suivant les climats où elle est cultivée (2).

» Il existe une différence sensible entre la variété à graine noire et celle à graine blanche, mais, quand on compare la plante provenant des graines de M. Corroy et de la variété cultivée en Cochinchine, dans l'Inde et à Java, on comprend que Miquel ait pu en faire une espèce distincte sous le nom de *Soja angustifolia*.

» En effet, le caractère hispide de l'espèce est à peine accentué dans les plantes provenant de mon semis, les folioles sont ovales et, dans la majorité des cas, on en trouve à peine quelques-unes ayant la forme acuminée. Les fleurs sont bleues et non rougeâtres, comme Baker les décrit; elles sont exactement celles de la description de Loureiro. Les fruits sont moins longs que dans l'espèce cultivée près de Saïgon, plus larges, plus aplatis et un peu falciformes.

» Tous ces caractères ont été, suivant les variétés, décrits par plusieurs auteurs. On peut admettre jusqu'ici les races suivantes :

(1) Les conclusions de M. Corroy ne nous semblent nullement fondées. P.

(2) Le *Bulletin* ne contient pas cette synonymie. P.

A. Race à fleurs blanches.
B. — — bleues.
C. — — pourpres.
D. — à folioles ovales lancéolées, très hispide.
E. — — arrondies, à peine hispide.
F. — à fruits ronds, allongés et à plusieurs graines (5 à 6).
G. — — aplatis à une ou deux graines.
H. — à graines noires.
I. — — blanches.

» Ces différences dans une plante, une des plus anciennement cultivées par l'homme, et dans une famille où les espèces cultivées ont acquis les formes les plus variables, ne doivent pas étonner; elles sont beaucoup plus considérables dans le *Vigna catiang*, par exemple, par le caractère de tiges droites ou celui de tiges grimpantes, et par la forme multiple des fruits et des graines.

» Le Glycine Soja est cultivé en Chine, au Japon, dans l'Inde, depuis l'Himalaya jusqu'à Ceylan, dans la presqu'île de Malacca, au Tonkin, en Basse-Cochinchine et à Siam. On le rencontre également à l'état de culture aux Philippines, à Bornéo, à Java, etc. Les graines, bouillies légèrement ou torréfiées, sont consommées par l'homme, comme celles des Vigna, des Dolichos et des Phaseolus. Mais elles servent souvent à la confection d'une saumure très usitée au Japon, en Chine et en Cochinchine, qui se mêle à tous les mets pour en relever le goût. On en fait aussi une bouillie insipide, considérée néanmoins, après avoir reçu quelques condiments, comme un plat très agréable.

» Les graines du Soja servent aussi, comme les Fèves, les Haricots, les Dolics, les Pois, les Embrevades, les Lentilles, le Grahm ou Pois chiche, à la nourriture des bêtes de trait et des bêtes à cornes. Son fourrage vert ou sec est aussi très recherché des animaux.

» Cette plante peut être cultivée en Basse-Cochinchine avec avantage de mai à octobre, et entre dans nombre d'assolements. Elle prépare bien le sol pour la culture du Tabac, de l'Indigo et du Coton, mais il convient qu'elle profite d'abord de fumures ou que sa culture précède celle de ces plantes. »

Loureiro, dans sa Flore de Cochinchine, p. 441, considère le Cadelium de Rumpf, Daú nanh, Hoam teu, comme n'étant autre que le Dolichos Soia. Il convient, dit-il, de noter ici que cette plante, de l'herbier d'Amboine, est citée par Linné comme étant le Phaseolus maximus, tandis que sa description, sa figure et ses usages appartiennent absolument au Dolichos Soia; la couleur de la fleur, qui varie selon les lieux, étant de moindre importance. Les graines, bouillies ou légèrement torréfiées, sont agréables au goût ou à l'estomac. On en tire cette célèbre saumure du Japon, nommée Soia, dont les Chinois et les Cochinchinois font un fréquent usage pour relever la saveur des mets et exciter l'appétit.

On en fait encore une pâte blanche, semblable à du lait coagulé, nommée par les Chinois Teu hu ou Tau hu, qui est pour eux un aliment plus habituel qu'aucun autre et qui, bien qu'insipide par lui-même, devient, par l'addition de condiments appropriés, un mets agréable et sain.

CHAPITRE IV

LE SOYA EN CHINE

Nous retrouvons en Chine les plantes alimentaires et les usages culinaires du Japon. Le Soya y occupe donc une place considérable. Son nom générique est Yeou-Teou.

Il ne nous a pas été possible de nous procurer une nomenclature des variétés, encore moins les noms des plus hâtives. Il est probable qu'elles ne sont pas moins nombreuses qu'au Japon, où l'on en compte une trentaine.

Toutes les légumineuses à gousses et à graines alimentaires portent en Chine le nom de Teou. Qu'il s'agisse de Haricots ou de Doliques, de Pois ou de Fèves, de Pois chiches ou de Cajans, de Lentilles ou de Soya, le nom est le même et le qualificatif qu'on y joint indique seulement leur couleur, leur forme ou leur usage, sans nous permettre de distinguer le *genre*. Il en résulte que les envois de graines et les notes de

Mgr Guillemin, de M. l'abbé Perny, de MM. de Montigny, Dabry, Eugène Simon, etc., ne pouvaient pas nous fournir les éléments d'une nomenclature satisfaisante. Nous ne pouvons donc présenter avec certitude qu'un très petit nombre d'Yeou-Teou.

Houang-teou	Soya jaune.
Houang-ta-teou	Grand Soya jaune.
He-teou	Soya blanc.
Pe-teou	Soya noir.
Ho-teou	Soya gris.
Thsing-pan-teou	Soya tacheté de blanc.

Cependant, à l'Exposition universelle de Vienne, en 1873, figuraient 13 variétés : 5 jaunes, 3 noires, 3 vertes, 2 brunes, et parmi elles deux hâtives, une jaune et une brune. Nous n'en connaissons pas les noms chinois.

On cultive le Soya comme le Haricot.

La grande culture n'existe pour ainsi dire pas en Chine. Le morcellement de la terre est tel qu'on ne rencontre guère de champ dont l'étendue excède 1 hectare (1).

C'est donc la culture jardinière qui est universellement appliquée au Soya. On trouvera dans l'introduction quelques indications sur cette culture, fournies par M. l'abbé Guierry. Nos recherches ne nous ont rien appris de plus.

Toutes les variétés de Soya servent à l'alimentation directe de l'homme comme les autres légumineuses comestibles. Nous excepterions seulement la noire, qui est peu en usage pour la table, si nous ne savions qu'en temps de famine il suffit par jour d'une poignée de ses graines pour soutenir la vie d'un malheureux affamé. Leur composition chimique en fait foi.

Les Yeou-teou se mangent accommodés avec de la graisse ou de la chair de porc, ou simplement grillés.

Le Soya noir est la nourriture principale des animaux dans toute la Chine septentrionale et dans toute la Mandchourie.

(1) Voir à l'appendice une note sur l'état de la propriété en Chine.

Les Chevaux, les Mulets qui sont très nombreux, le reçoivent entier ou concassé, en mélange avec de la paille de millet hachée et un peu d'eau. On n'en voit jamais de maigres ni de malades. C'est la plus précieuse et la plus fortifiante des provendes.

On en donne aussi aux Moutons. Un Soya vert a quelquefois le même emploi.

Dans les provinces du Sud, le bétail ne reçoit pas de graines de Soya, mais on le nourrit avec les tourteaux produits par l'extraction de l'huile et dont une partie est également employée comme engrais. Le commerce de ces tourteaux est très considérable. Ils forment dans plusieurs ports le chargement de jonques nombreuses et donnent la mesure de la place que la plante occupe dans les cultures. Le Pe-teou ou Soya blanc est employé plus particulièrement à la fabrication de l'huile. Le rendement de cette variété est remarquable. On l'estime à 40 hectolitres par hectare.

Nous ferons ici une observation que nous répéterons peut-être, c'est que tous les Yeou-teou sont propres à tous les usages. Assurément les Chinois n'ont pas sans motifs choisi telles variétés pour la table, telles autres pour nourrir le bétail, d'autres encore pour les emplois industriels, extraction de l'huile, fabrication du Teou-fou, du Tsiang-yeou, du ferment des spiritueux et des vins factices, du Teou-che, etc. ; mais nous sommes fondé à croire que la composition chimique de tous les Soya est à peu près identique et qu'ils peuvent être utilisés de toutes façons.

Il est sans doute regrettable que l'espèce noire soit tardive et exige plus de chaleur que ne lui en offre notre climat ; mais cette considération ne doit pas arrêter nos agriculteurs. A défaut de Soya noir ils cultiveront les variétés jaune et brune et leur bétail s'en trouvera bien.

HUILE DE SOYA

Cette huile est l'aliment d'un énorme trafic. Elle est au premier rang parmi les quinze ou vingt sortes d'huile que possèdent les Chinois. Les Européens lui reprochent un arrière-goût de haricot cru qui ne leur est pas agréable. Ce point excepté, elle est d'excellente qualité. La Société d'acclimatation en a reçu plusieurs fois.

On a lu dans l'introduction que M. Frémy avait analysé les graines de Soya et y avait trouvé 18 pour 100 d'huile.

Trois échantillons analysés par le chimiste allemand Senff ont présenté une moyenne de 18,71 pour 100 de matières grasses.

Les analyses de M. Pellet, qui ont porté sur trois échantillons de Soya jaune, originaires de Chine, de Hongrie et d'Étampes, que nous lui avons fournis, ont donné à peu près les mêmes résultats.

M. Frémy estime que par la quantité de l'huile qu'il produit, le Soya peut offrir à la consommation un aliment nouveau, et aux arts industriels un produit utile.

LE FROMAGE DE SOYA, TEOU-FOU

Les Tartares seuls, épars dans tout l'empire, ont conservé l'usage du lait. Les Chinois n'en consomment pas.

Le Soya leur en tient lieu. Sa graine est du lait solide. Aucune Légumineuse ne contient autant de caséine (légumine) ; aucune, à beaucoup près, n'est aussi riche en matière grasse. Il suffit d'écraser la graine du Soya, de l'étendre d'eau et de passer le liquide au tamis pour avoir du lait, du vrai lait, utilisable, comme le lait de vache, de chèvre, de brebis.

Nous disons dans le chapitre intitulé : le Soya en France, à quels essais nous nous sommes personnellement livré et ce qui a été tenté à même fin par la Société d'horticulture de Marseille. Nons n'avons à mentionner ici que l'immense consommation du lait de Soya en nature ou sous forme de fromage.

A l'égard de la fabrication du fromage et des services que ce produit rend au peuple chinois, nous rappelons que l'introduction contient un rapport de M. le baron de Montgaudry et une note de M. Champion, qui ne nous laissent rien à dire.

Nous nous bornerons à reproduire un passage d'un rapport fait à la Société d'horticulture de Marseille sur deux sortes de fromages chinois et sur leur fabrication. Nous supprimons la recette de préparation du caillé qui exigerait des rectifications.

« Au bout de ce laps de temps on trouve une masse solide que l'on coupe en petits morceaux. Ceux-ci sont placés dans une jarre ou dans un bocal dans lesquels on jette du sel. On arrose ensuite le tout avec du San-Cho (eau-de-vie de riz) et on referme hermétiquement la jarre ou le bocal. Il faut alors laisser reposer cette composition pendant trois semaines au moins. Le fromage est fait. L'eau-de-vie peut être remplacée par toute autre substance équivalente.

» Il est utile de constater l'état des fromages que nous mettons sous vos yeux afin de les comparer plus tard à ceux que nous pourrions confectionner.

» Nous avons deux terrines en grès recouvertes d'un émail brunâtre, contenant l'une le fromage blanc, l'autre le rouge.

» *Fromage blanc.* — Cet aliment se présente sous la forme de petits morceaux coupés inégalement et d'une épaisseur de 3 centimètres sur 2 centimètres. L'on voit sur la croûte une espèce de moisissure blanche. A l'intérieur ce fromage est gras, d'une couleur gris jaunâtre, la pâte est grossière, quoique assez bien fondue; observons que cette terrine avait été ouverte avant la réception; quelques-uns comparent le goût de ce fromage à ceux de Maroilles un peu avancés.

» Nous avons fait goûter ce fromage à un grand nombre de personnes, sans leur dire la provenance; le plus grand nombre l'a trouvé bon et n'hésite pas à penser qu'il serait accepté par le public.

» *Fromage rouge.* — Cette terrine était parfaitement close; en l'ouvrant, il s'en exhale une odeur spéciale ayant quelque similitude avec celle de la fraise à l'eau-de-vie. Chaque morceau a 4 centimètres dans un sens et 2 centimètres dans l'autre. Il est recouvert d'une teinture rouge, légèrement carminée.

» En ouvrant les morceaux de fromage on les trouve colorés en rouge dans l'épaisseur de 1 millimètre, le centre est de couleur jaune, la pâte est très fine et tout à fait dissemblable de celle du fromage blanc. Quant au goût, il est différent, plus salé et sans similaires connus.

» Les avis sont partagés sur la préférence qu'on doit leur accorder ; quelques-uns préfèrent le blanc au rouge qui a, au premier abord, un goût d'eau-de-vie. En fait, les deux fromages sont de qualité et de goût qui ne peuvent se comparer.

» Il résulte des expériences faites par plus de cent personnes de tout âge et de toute condition que ces fromages prendront droit de cité en France lorsqu'on pourra le faire sur les lieux. »

TSIANG-YEOU

On fabrique en Chine sous le nom de Tsiang-yeou une sauce d'un usage général qui remplace le Shoyu des Japonais, mais sa qualité est très inférieure.

Elle figure dans le tarif des droits à l'exportation de Chine sous le nom de *Soy* et probablement est celle que l'on vend en Angleterre sous la dénomination de *India Soy*. Cette sauce est noire comme du cirage et n'a pas le don de nous plaire (1). Nous croyons que sa recette est commune à la Chine et à Java et nous la donnons dans l'appendice.

On prépare encore avec le Soya un condiment nommé Chi ou Teou-che, composé de ses graines, de gingembre et de sel.

Enfin les Yeou-teou entrent dans la préparation d'un ferment destiné à la fabrication des spiritueux et des vins factices. On a lu dans l'introduction une note sur ce sujet.

Nous croyons que le Soya entre encore dans quelques autres préparations alimentaires, mais nous n'avons sur elles que des notions très vagues, et nous devons nous abstenir d'en parler.

(1) On la trouve à Londres, chez MM. Cross et Blackwell, Soho-Square.

CHAPITRE V

LE SOYA EN AUTRICHE-HONGRIE

En 1873, une Exposition universelle s'ouvre à Vienne et l'Orient y est largement représenté. Le Japon, la Chine, la Mongolie, y apportent des échantillons de vingt variétés de Soya. Les Austro-Hongrois en font l'acquisition.

En 1875, le professeur F. Haberlandt en expérimente la culture. En 1878, il rend compte de ses essais dans une étude : *Le Soja, Vienne, Carl Gerold's Sohn, imprimeur-éditeur*, 1878, qui est accueillie avec une faveur extraordinaire, et accélère le mouvement qui se dessinait déjà dans tout l'empire.

C'est ce livre qui nous occupera d'abord et dont nous laisserons parler l'auteur :

Préface. — Je ne connais, dit-il, dans l'histoire de la culture aucun exemple de plante qui ait, en si peu d'années et à un aussi haut degré, excité l'intérêt général.

En 1875, les premiers *Soja* furent semés en Autriche-Hongrie dans le jardin d'essai de l'École impériale et royale d'agriculture, à Vienne.

En 1876, le nombre des expérimentateurs ne dépassa pas sept. En 1877, il s'élevait déjà à cent soixante et le stock de semence disponible était déjà si considérable que des milliers de cultivateurs pouvaient continuer les essais.

Comment cette plante étrangère, à peine connue de nom, a-t-elle pu acquérir, en si peu de temps, une telle importance? Comment peut-on, dès aujourd'hui, motiver cette opinion qu'un grand avenir s'ouvre pour elle dans l'Europe centrale, spécialement dans la plus grande partie de l'Autriche-Hongrie ?

C'est d'abord ce fait, constaté d'une manière certaine, que sa culture peut s'étendre au Nord bien au delà de celle du Maïs.

C'est encore sa grande valeur nutritive, surtout celle de sa graine, qui dépasse de beaucoup la valeur de tous les autres grains et fruits que nous pouvons cultiver.

C'est enfin son bon goût et, là où elle peut mûrir ses graines, son étonnante fécondité qui ne se dément jamais ; sa résistance à de légères gelées et à de longues et fortes sécheresses ; sa complète immunité d'insectes parasites et son extraordinaire adaptation à tous les terrains et à tous les climats...

CHAPITRE I. — Sommaire. — *Possibilité d'une augmentation du nombre de nos plantes cultivées de la famille des Papilionacées. — Perspectives qui s'ouvrent pour nous par la culture du* Soja. — *Essais de culture faits jusqu'à ce jour à Hohenheim, Bamberg, Hainsberg-Deuben, Coswig, près de Meissen, en Allemagne. — Acclimatation du* Soja *en France. — Cas isolés et non remarqués jusqu'ici de culture du* Soja *dans le sud du Tyrol, en Istrie, en Dalmatie, en Italie. — Collection des* Soja *acquis à l'Exposition universelle de Vienne et employés pour les essais de culture. — Liste des auteurs qui jusqu'ici ont parlé du* Soja *sous différents noms et qui ont songé à sa propagation. — Caractères du* Soja ; *description de sa semence et de sa structure anatomique. — Grande valeur nutritive du* Soja *comparée à celle des Légumineuses usuelles. — Son emploi au Japon d'après Kæmpfer. — Huile et tourteaux de* Soja.

Après les Céréales, ce sont les Légumineuses qui, sans aucun doute, occupent la première place selon leur valeur et leur expansion. Aux Haricots, Pois, Lentilles, Pois chiches, Gesses, Féveroles et Lupins dans les contrées les plus froides et les plus chaudes de la zone tempérée, se rattachent, dans le Sud, un grand nombre d'autres espèces : les Doliques, les *Soja*, le Cajan, l'Arachide, les Vigna et d'autres encore qui, pour les habitants des pays chauds jouent le rôle des premières dans notre patrie.....

Presque toutes les Légumineuses, que nous considérons maintenant comme nôtres, sont des plantes étrangères acclimatées ; d'où il suit qu'on est autorisé à se demander si les emprunts que nous pouvons faire pour notre culture aux nombreuses papilionacées qui, dans des zones étrangères, fournissent des semences mangeables, sont terminés et si de nouveaux essais peuvent de prime abord être déclarés sans espoir.

Si je suis d'avis que, pour les cultivateurs de notre patrie, les perspectives de nouvelles acquisitions ne sont pas aussi désespérées que le font paraître les nombreuses expériences négatives faites jusqu'ici, je dois expliquer cette opinion dans une certaine mesure.

Sans doute il est improbable qu'on puisse, sur un point habité quelconque de notre globe, trouver de nouvelles plantes comestibles parmi celles qui croissent spontanément ; car les peuplades sauvages ont, pour ce qui flatte le goût dans le règne végétal, un instinct très développé, aiguisé sans cesse par le retour des famines et qui s'est appliqué certainement tour à tour à toutes les plantes.

Mais il peut être question de l'introduction de nouvelles plantes, si l'on veut dire qu'elles sont nouvelles pour les pays dans lesquels elles doivent être introduites par voie d'essai.

C'est pourquoi il s'agira de savoir si la plante en question a, dans sa patrie, un grand nombre de variétés, les unes hâtives, les autres tardives, dont les premières ont la perspective de franchir tôt ou tard les bornes de leur extension actuelle.

Parmi les Légumineuses des contrées les plus chaudes de l'Asie, principalement de l'Asie centrale, de la Chine et du Japon, le Soja hirsute (Soja hispida, Mœnch) possède incontestablement une importance prédominante. Abstraction faite de la grande extension de sa culture, il surpasse toutes les autres Légumineuses par son extraordinaire valeur nutritive et par ses emplois multiples.

D'autres Légumineuses également estimées, comme les Haricots, Pois, Lentilles, etc., ont devancé le Soja comme expansion ; mais on peut déjà, par les expériences qu'on a faites depuis trois ans, de la culture du Soja dans l'Europe centrale, avancer en toute sécurité que de longtemps encore sa culture n'atteindra pas ses limites et que c'est à tort, comme on le prouvera par ce qui suit, que les cultivateurs européens l'ont jusqu'ici négligé.

Le Soja, comme le Haricot, est une plante cultivée très anciennement. C'est à cette cause et à l'extension de sa culture dans le nord et dans le sud de sa patrie qu'on doit rapporter le grand nombre de variétés qu'il a produites dans les conditions extérieures les plus différentes, variétés qui se distinguent notamment par une durée de végétation relativement courte, ou par une maturité extraordinairement tardive. Sous ce rapport, les variétés du Soja montrent des extrêmes encore plus grands que ceux que l'on sait exister chez le Maïs et chez le Sorgho.

On pourra, au moins, étendre la culture des sortes hâtives jusque-là où le Haricot commun parvient encore à maturité, et où le Maïs hâtif peut être cultivé avec quelque apparence de succès.....

Il est vrai que le Soja a souvent déjà trouvé le chemin de l'Europe ; mais les essais de culture ont, la plupart du temps, complètement échoué, parce que, pour ces premiers essais, on s'est servi de semences du Japon ou des parties sud de la Chine et de l'Inde et, par conséquent, de semences de variétés tardives.

C'est ainsi qu'il y a bien des années des essais de culture du Soja hispida furent faits à Hohenheim et que, cependant, les pieds purent à peine arriver jusqu'à la floraison. On fit aussi en d'autres endroits la même expérience. Le docteur Rauch, de Bamberg, a reçu plusieurs fois de son vieil ami, le regretté colonel de Siebold, des semences de différentes variétés de Soja du Japon, mais a échoué chaque fois dans ses essais. Les plantes levèrent, il est vrai, quelques-unes arrivèrent même à fleur, mais si tard (seulement en septembre) qu'il n'y avait pas à penser à la maturité de la graine.

M. Charles Berndt, fabricant de velours à Hainsberg-Deuben, en Saxe, fut aussi un des premiers qui, en Allemagne, entreprirent, sans succès, la culture du Soja. Il m'écrivit à ce sujet : « Des huit pikuls de ces haricots, sorte verte et jaune, que j'ai reçus de notre consul de Shang-Haï, sur l'ordre officiel du ministre président, le docteur Weinlich, j'ai envoyé des échantillons dans toutes les directions avec prière de m'informer du résultat ; mais, hélas, j'attendis en vain les réponses et je soupçonne que les résultats ont été aussi défavorables que les miens et ceux de mes voisins. J'ai, il est vrai, ainsi que quelques jardiniers, obtenu quelques pieds isolés et quelques graines, mais elles ont pourri dans la culture suivante et par conséquent, ne germèrent point..... »

Dans le sud de l'Autriche le Soja est répandu çà et là sans que ce soit connu. Ainsi, le directeur de l'Institut agricole du Tyrol méridional, M. le docteur E. Mach, m'envoya, l'été dernier, un échantillon d'une plante qui doit y être connue depuis longtemps et qui n'était autre qu'un Soja. On l'appelle, dans le pays, fève de café, et on l'emploie pour la fabrication d'un équivalent du café.

M. Joseph Kristan, professeur en titre à Capo-d'Istria, en Istrie, me fit savoir qu'il avait fait la découverte que le Soja existait en Istrie, et que sa graine y est employée comme un succédané du café. Un ami lui a assuré qu'il n'y avait aucune différence entre la graine de Soja et le café. Il en reçut aussi quelques graines d'Albona, où l'on cultive la plante çà et là dans les jardins, sans en connaître l'importance. Quelques personnes de sa connaissance prétendent l'avoir vue en Dalmatie et dans le sud de l'Italie.....

Les Soja qui, en 1875, servirent à mes premiers essais, furent acquis à l'Exposition universelle de Vienne en 1873, et venaient en partie du Japon et de la Chine, en partie de la Mongolie, de la Transcaucasie et de Tunis. Il n'y avait pas moins de vingt sortes en tout.

5 jaunes de la Chine.
3 noires —
3 vertes —
2 brunes —
1 jaune du Japon.
3 noires —
1 noire de la Transcaucasie.
1 verte de Tunis (1).

(1) L'auteur n'en nomme que 19 après en avoir annoncé 20. Il semble qu'il oublie une variété jaune de Mongolie. P

On reconnut, dès la première année (1875), que, parmi ces variétés, quelques-unes, à cause de leur hâtiveté, se recommandaient particulièrement pour les essais de culture, entre autres, une sorte jaune, de la Mongolie, une également jaune de la Chine et une variété, rouge brun, du même pays.

Les variétés noires de la Chine, du Japon et de la Transcaucasie ne mûrirent qu'avec peine. Les autres sortes n'arrivèrent pas même à fleur, ou ne commencèrent à fleurir qu'à la fin de l'automne; d'autres sortes ne formèrent qu'un petit nombre de cosses à peine mûres et des graines avortées, incapables de germer.....

De Candolle dit que les semences du Soja sont *ovata compressa*. Cependant elles ne sont réniformes que dans certaines variétés, par exemple dans celles à graines noires (1); chez d'autres variétés, au contraire, elles sont en forme de boule, elliptiques ou se rapprochant des Pois.

Relativement à la couleur de la semence, on distingue une variété jaune clair avec un hile ovale entouré de brun ; une variété rouge brun,une noir brun, une noire et une vert clair.

Cette dernière est, comme la noire, ordinairement réniforme et aplatie.

Pour la forme les différences sont plus grandes que pour la couleur; celle-ci est toujours simple; il n'y a pas de Soja panachés (2).....

Le grand mérite du Soja est dans sa richesse en principes nutritifs.

La première analyse sur la composition de ses graines, qui ait été connue en Allemagne, fut faite par Senff, avec une partie des semences que M. Berndt avait tirées directement du Japon.

Cette analyse donnait pour 100 parties de substance séchée à l'air, la composition suivante (3) :

(1) Nous avons semé, cette année, des graines de Soya noir de Java, rondes comme des Pois. P.

(2) Le Soya panaché existe au Japon et en Chine. P.

(3) Chemisher Ackersmann, 1872, p. 123.

	Premier échantillon.	Deuxième échantillon.	Moyenne.
Eau	6,69	7,14	6,91
Protéine	38,54	38,04	38,29
Graisse	20,53	16,88	18,71
Matières organiques non azotées	24,61	27,79	26,20
Cellulose	5,13	5,53	5,33
Cendres	4,50	4,62	4,36

On est frappé tout d'abord de la grande quantité de matières grasses, qui dépasse de beaucoup celle de toutes les autres légumineuses (1). Chez celles-ci le maximum de graisse dépasse à peine 3 pour 100, et seulement chez le *lupin* il atteint 6 à 7 pour 100. La proportion de protéine des pois et des lentilles ne s'élève guère, au maximum, au-dessus de 26 pour 100. Chez le lupin seulement elle approche du maximum trouvé chez le Soja. La proportion de cellulose, chez le Soja, est beaucoup moindre que chez les autres légumineuses, ce qui milite encore en sa faveur.

Suit un tableau comparatif de la composition du Soja et de diverses légumineuses. (Voy. chap. VI.).....

Il ressort de la composition des tourteaux de Soja qu'ils fournissent une pâture excellente pour nos animaux domestiques, car, d'après Wœlker, ils contiennent pour 100 parties de substance séchée à l'air (2) :

Eau	12,82
Protéine	45,93
Graisse	5,32
Matières non azotées et extractives	24,52
Cellulose	5,71
Cendre	5,70
	100,00

Lorsqu'il arrive que la proportion d'huile des *Soja* n'atteint pas celle de nos graines oléagineuses, il faut ad-

(1) L'analyse est faite sur des graines du Japon. Le *ô Mame* ou *Miso Mame* du Japon est considéré comme très supérieur aux variétés chinoises, mais on ne pourrait le cultiver que dans le midi de la France. P.

(2) Chemischer Ackersmann, 1872, p. 126.

mettre tout d'abord que l'extraction a été imparfaite. Ceci ressort d'un essai que M. Charles Berndt fit faire avec le reste des *Soja* qui n'avaient pas été employés en essais de culture. Il eut la bonté de me communiquer ce qui suit :

« Quoique je dusse supposer qu'en faisant de l'huile avec une petite quantité de graines on ne pouvait obtenir le rendement réel, cependant je fus étonné qu'on n'obtînt pas plus de 6 pour 100 tandis que l'analyse donnait 16 et jusqu'à 18 pour 100, et que conséquemment on devait croire que la machine rendrait de 10 à 12 pour 100 (1).

» Il était en somme difficile de trouver un fabricant d'huile qui nettoyât ses appareils au point d'obtenir une huile sans mélange ; en outre, on ne procéda pas avec l'intérêt et le soin que la circonstance exigeait, et je trouvai encore une grande quantité d'huile dans les tourteaux. La pression a donc été incomplète. Quant à la qualité, je fus plus satisfait que je ne m'y attendais. Je fis faire une friture à laquelle l'huile convenait et je ne lui trouvai pas le moindre arrière-goût. Comme contre-épreuve on me fit une autre partie de la friture avec de l'huile de Provence et je ne pus trouver aucune différence entre ces deux fritures. »

On ne pourra établir jusqu'à quel point l'huile de *Soja* se prêterait à des emplois industriels que lorsqu'une quantité d'huile suffisante sera disponible.

Chapitre II. Sommaire. — *Essais de culture en* 1875 *et* 1876. — *Pays d'origine des diverses variétés de Soja employées pour les essais. — Jardin d'expérience de la haute École d'agriculture. — Essais de culture en* 1875. — *Résultats des essais de culture entrepris en* 1876, *à Altembourg (Hongrie), à Gross-Becskerek (Hongrie), à Saint-Pierre près de Graetz en Styrie, à Napagedl en Moravie, à Sichrow, Swijan, Darenic, Tetschen-Liebwerd (en Bohême), dans la Bukowine, à Proskau, dans la Silésie prussienne, et dans le Jardin d'expériences de la haute École d'agriculture. — Comparaison entre les se-*

(1) Les Chinois, paraît-il, obtiennent 17 pour 100, et M. Frémy y voit la preuve de leur habileté. P.

mences primitives et les semences reproduites. — Analyse chimique des semences et des déchets. — Degrés de chaleur dont les Soja purent profiter pour leur développement à Vienne, à Saint-Pierre, à Tetschen-Liebwerd et à Proskau (1).

La qualité et la valeur des graines résultent surtout de leur richesse en matières nutritives.

Si les Soja surpassent toutes les autres légumineuses en éléments huileux, et surpassent aussi de beaucoup la plupart d'entre elles sous le rapport des matières azotées, il y aura un intérêt particulier à savoir que les *Soja* reproduits, comparés aux Soja originaires, ne leur cèdent en rien en fait de qualités précieuses, mais qu'au contraire la reproduction les a encore améliorés. Ceci ressort de la comparaison des analyses faites dans le laboratoire de la chaire de technologie chimique, à la haute École I. et R. d'agriculture avec des graines d'origine et des graines reproduites pendant les deux années d'essais (2).

Le tableau suivant donne les proportions d'eau, de protéine, graisse, matières organiques non azotées, cellulose et cendres que renferment ces graines.

Dans 100 parties de substance séchée à l'air on trouve :

Variété jaune de Mongolie.

	Semence d'origine.	Premièr reproduction.
Eau	7,84	9,36
Protéine	32,15	32,07
Graisse	17,10	17,59
Matières organiques non azotées	32,91	31,59
Cellulose	4,58	4,48
Cendres	5,42	4,91

(1) Les essais du professeur Haberlandt, dans le jardin de la haute École impériale d'agriculture, ayant été faits sur des parcelles insignifiantes et ayant été suivis d'expériences sérieuses et décisives sur plusieurs points du territoire austro-hongrois, nous n'empruntons au chapitre II qu'une très faible partie de son contenu. P.

(2) L'analyse des graines de deuxième reproduction ne diffère pas des deux autres, et nous ne la reproduisons pas. P.

Variété jaune de Chine.

Eau	7,96	8,62
Protéine	31,26	34,81
Graisse	16,21	18,53
Matières organiques non azotées	34,59	28,84
Cellulose	4,57	4,37
Cendres	5,23	4,83

Variété rouge brun de Chine.

Eau	7,46	9,78
Protéine	32,26	33,17
Graisse	17,45	18,42
Matières organiques non azotées	31,78	27,62
Cellulose	5,31	4,02
Cendres	4,46	4,99

J'ai reçu aussi de M. le régisseur agricole de Tomaszek la proportion d'huile et de protéine que contenaient des graines récoltées à Napagedl en Moravie. Il m'écrivit que, d'après les recherches du chimiste d'une fabrique de sucre, on trouva une proportion si extraordinaire de graisse et de matières azotées que celui-ci douta lui-même de l'exactitude de ses analyses. Comme il lui fut impossible de refaire l'estimation des matières azotées et de la graisse, l'analyse suivante fut faite dans le laboratoire de technologie chimique à la haute École technique de Brünn, par M. le professeur Zulkovski, qui obtint également des proportions presque aussi surprenantes.

D'après lui, la semence séchée à l'air contenait :

	Variété jaune de Chine.	Variété rouge brun de Montgolie.
Graisse	16,90	16,68
Protéine	40,19	44,93
Azote	6,43	7,19

Suivent les analyses des cendres du Soja et de ses déchets, tiges et feuilles.

La proportion de protéine des tiges du Soja égale, d'après ces analyses, le maximum de protéine des tiges de pois et de vesce, et elle est presque double du maximum du lupin.

La proportion de graisse des tiges du Soja dépasse le maximum des tiges de pois, de haricots, de vesce et de lupin. Il en est de même de la proportion des matières organiques non azotées. La proportion très inférieure de cellulose dans les tiges de Soja est également à l'avantage de la proportion des principes nutritifs.

Les résultats des essais qui précèdent mettent en évidence non seulement la fécondité extraordinaire du Soja et la haute valeur de la totalité de ses produits, mais ils prouvent également qu'il mûrit, même dans des conditions où les variétés de maïs les plus hâtives n'arrivent pas à leur développement complet.

Suivent deux tableaux : l'un qui fait connaître la somme de degrés de chaleur dont le Soja a joui dans le jardin d'essai, en 1876; *l'autre, qui donne, d'après Celsius, la moyenne mensuelle de chaleur d'autres lieux où des cultures ont été faites, moyenne qui résulte d'observations suivies pendant des années.*

Comme nous avons appris que dans les localités susdites, les variétés les plus hâtives de Soja sont arrivées à une complète maturité; comme il est, en outre, permis de supposer que, pendant l'année de végétation 1876, la moyenne de chaleur dans ces localités n'a pas été atteinte, nous pouvons, sans scrupule, considérer comme suffisante, pour rendre possible la culture du Soja, la chaleur qui, d'après la moyenne mensuelle, y a régné depuis le commencement de mai jusqu'à la fin de septembre.

Le minimum exigible résulte du calcul fait pour Proskau. Il s'élève, en degrés, d'après Celsius, à 2446.9°. La même somme de chaleur est exigée aussi par les haricots à rames, les concombres, le maïs hâtif, etc., d'où il suit que la culture du Soja pourra s'étendre jusqu'à la limite septentrionale de ces plantes.

Là où il s'agira seulement d'obtenir des tiges feuillues et

rameuses pour fourrage, cette limite, comme pour le maïs vert, pourra s'étendre encore plus loin au Nord.

CHAPITRE III. — Sommaire. — *Essais de culture en 1877. — Compte rendu des essais de culture du Soja, exécutés en Autriche-Hongrie, Allemagne, etc. — Extraits de 14 rapports de divers lieux d'essai de la Basse-Autriche; 11 de la Moravie; extraits de 19 rapports venus de Bohême, 10 de la Silésie autrichienne, de la Gallicie, de la Bukowine et de la Russie polonaise. — Extraits de 6 rapports de la Haute-Autriche et du Tyrol, 11 de la Styrie, de la Carniole et de la Carinthie; 12 de la Dalmatie et du comté de Goritz. — Extraits de 40 rapports de Hongrie, 23 d'Allemagne, 1 de Suisse et 1 de Hollande.*

Comme en 1876, dans le jardin de l'École supérieure d'agriculture, sur 526 mètres carrés, j'avais déjà récolté plus de 12 kil. de Soja, je pus déjà, en 1877, fournir de petits échantillons de semence à un grand nombre d'expérimentateurs. Par les communications faites à plusieurs feuilles agricoles, entre autres au journal agricole de Vienne et à la feuille hebdomadaire d'Autriche, les résultats des essais d'acclimatation du Soja avaient pénétré, en Autriche, dans les cercles agricoles les plus éloignés et, peu à peu, se produisit une demande de semences qui, bien qu'il ne fût livré à chaque expérimentateur qu'un petit échantilllon d'une centaine de graines, épuisa cependant complètement ma provision particulière jusqu'au printemps 1877. Tout d'abord, quelques collaborateurs seulement, que je connaissais personnellement, et desquels j'attendais les plus grands soins pour leurs essais, ont été pourvus de 100 grammes de semence; mais j'ai cru que je devais pourvoir de semence plus libéralement les lieux d'essai situés le plus loin dans le Sud.

Le nombre des propriétaires de domaines ou de jardins, ou de cultivateurs et de jardiniers participants, ne s'éleva pas à moins de 148 (voyez le sommaire).

Suivent 144 rapports.

Presque tous ont rempli fidèlement les conditions auxquelles se faisait l'envoi de graines.

J'avais, dans la courte instruction sur la manière de semer et de cultiver, accompagnant l'envoi de la semence, recommandé à mes collaborateurs un ensemencement trop rapproché, 15 à 20 grains par mètre carré, dans la supposition que 30 à 40 pour 100 des germes périraient; mais comme la semence leva entièrement, et que le tant pour pour cent des pieds détruits fut, en moyenne, presque partout, très peu considérable, et comme plusieurs expérimentateurs semèrent encore plus dru que je n'avais cru pouvoir le recommander, le vice d'un ensemencement trop serré fut presque général, et d'autant plus à regretter, que les fortes tiges et le feuillage épais des Soja, lorsqu'a lieu la formation des fleurs et des fruits, le supportent moins.

Chapitre IV. — Sommaire. — *Valeur comparée des trois sortes de Soja, de couleur différente, employées pour les essais de culture. — Epoque des semailles. — Résistance à la gelée de la semence trempée. — Espacement des pieds. — Constitution du sol et soins à donner. — Besoin de lumière et de chaleur du Soja. — Époque de la récolte et remarques générales sur l'état de l'atmosphère pendant l'année d'essai 1877. — Quantité des graines semées et récoltées en 1877 et élévation du rendement. — Bêtes et parasites nuisibles au Soja. — Composition chimique du Soja. — Essai d'affouragement avec les déchets et préparation de la graine pour l'alimentation de l'homme. — Coup d'œil rétrospectif et conclusion.*

Nous pouvons maintenant réunir sommairement dans ce chapitre les observations et les expériences faites par un si grand nombre de collaborateurs, en notant cependant que les variétés jaunes de la Mongolie et de la Chine, qui ont été primitivement cultivées séparément pour faciliter la vue d'ensemble, seront confondues dans la suite, parce que, sous le rapport de la durée de leur végétation et de tous leurs caractères, elles s'assimilent parfaitement. La variété jaune, à cause de sa belle couleur et de sa forme, à cause de son développement hâtif et de sa grande fécondité, a été préférée à toutes les autres par à peu près tous les expérimentateurs, préférence qu'elle justifie complètement.

La sorte rouge brun approche aussi comme mérite de la sorte jaune, mais elle est moins droite et mûrit un peu plus tard.....

La variété noire, à cause de sa maturité tardive, ne pourra être cultivée que dans les contrées méridionales où la sécheresse n'est pas continuelle en été. Elle a en sa faveur sa fécondité extraordinaire, qui surpasse celles de toutes les autres sortes; tandis que ses tiges, fortes, longues et torses, paraissent lui nuire. A Capo-d'Istria, des pieds de Soja noir atteignirent une hauteur de 1, 2 et jusqu'à 3 mètres et portaient 200 à 300 gousses pleines et 100 à 400 vides. La couleur sombre, qui en cuisant est produite par la peau des graines, n'est pas précisément un défaut, cette couleur étant absolument semblable à celle du chocolat (1).

Époque des semailles.....

D'après les expériences faites en 1877, dans le jardin d'essai de l'École supérieure I. et R., les semailles doivent toujours être faites dans les premiers jours de mai, et, dans beaucoup de cas, elles doivent être indiquées, pour la seconde quinzaine d'avril, dans l'Europe centrale. Les jeunes pousses, en effet, sont peu sensibles aux gelées légères.....

Si l'on fait tremper des haricots et qu'on les expose à la gelée, ils sont infailliblement détruits, et il suffit pour cela de quelques degrés au-dessous de zéro. C'est pour cela qu'on ne verra jamais germer spontanément les graines tombées dans le jardin ou dans les champs en faisant la récolte. Ils périssent toujours pendant l'hiver.

Il en est tout autrement des Soja, qu'on a déjà vus deux fois germer spontanément au printemps dans les planches du jardin de l'École supérieure, où l'année précédente on avait cultivé du Soja. Le fait est confirmé par des essais faits en jan-

(1) En Chine, le Soja noir n'est guère employé qu'à la nourriture des animaux. P.

vier 1878 avec divers échantillons de Soja, qu'on laissa tremper pendant vingt-quatre heures et qu'on exposa ensuite à la gelée pendant plus ou moins longtemps.....

. . . .

Un échantillon de 50 graines de Soja trempées fut porté, le soir à six heures, à l'air libre, et y fut laissé jusqu'au lendemain matin. Le soir, le thermomètre marquait — 4 degrés c.; le matin — 6 degrés c. Il y eut 76 0/0 de ces graines, qui germèrent rapidement.

On n'a donc aucun motif pour retarder les semailles chez nous; en tous cas, dans le sud de la monarchie autrichienne, on peut les faire dès la première moitié d'avril, et en Dalmatie même au commencement de mars.

Suivent des observations sur le danger des semis trop serrés; sur la facilité avec laquelle peut se repiquer le Soja pour combler les vides; sur la quantité de semence nécessaire selon la fertilité du sol.

C'est dans l'essai de culture de M. Stanislas de Trebiczki, à Burovice (Russie polonaise), que l'inconvénient d'une culture trop rapprochée paraît le plus frappant. Dans cette culture, pas un pied ne parvint à maturité, tandis que sur deux pieds, qui se trouvaient seuls à l'aise dans une planche, il récolta 335 graines complètement mûres.

Suivent des considérations sur la constitution du sol; des instructions pour les travaux de culture et pour la récolte : le Soja ombrage bien le sol et ne laisse lever aucune mauvaise herbe. A la récolte ses gousses ne s'ouvrent pas spontanément. Le battage s'opère facilement avec le fléau ou la batteuse. Besoin de lumière et de chaleur du Soja. L'ombre portée par des bâtiments, des arbres, des buissons, des plantes hautes lui nuisent, non seulement lorsque son développement est avancé, mais dès la première jeunesse.

Quant au besoin de chaleur de la sorte jaune, la plus hâtive du genre, d'après des constatations nombreuses, il n'est pas plus grand que celui des sortes les plus hâtives de maïs, peut-être même est-il moindre. Ceci acquiert un haut degré de vraisemblance, si l'on considère que le Soja, à Friesach (Carinthie), a mûri à une hauteur de plus de 460 mètres au-dessus du niveau de la mer.....

. . . .

Besoin d'humidité du Soja.....

L'*Univers agricole* de Raguse en Dalmatie rend le meilleur témoignage de la résistance du Soja à une sécheresse continuelle pendant l'été, en faisant, à la fin de son rapport, la remarque suivante : « Un fait qui a été confirmé partout, c'est que, dans quelque sol que fût cultivé le Soja, il a subi avec succès l'épreuve qu'on a faite de sa résistance à une sécheresse non interrompue ».....

Suit un tableau qui indique, en millimètres, la quantité de pluie tombée dans quelques-uns des lieux d'essai pendant la période de végétation du Soja en 1877.

Époque des récoltes et remarques générales sur l'état de l'atmosphère pendant l'année d'essai 1877.

Tandis que la récolte du Soja pouvait déjà se faire en Dalmatie à la fin de juillet; en Istrie dans la première quinzaine d'août; dans le comté de Gœrtz à la fin d'août; dans le sud de la Hongrie et de la Croatie, dans le sud de la Styrie, etc., dans la première quinzaine de septembre, elle n'eut lieu, la plupart du temps, à la limite de culture du maïs et de la vigne, qu'entre le 15 et le 30 septembre.

Dans beaucoup d'endroits, on laissa les Soja sur les tiges encore plus longtemps, comme on le fit aussi au delà des limites septentrionales du maïs. On le fit à cause de la maturité tardive du Soja, qui semble ne pas s'interrompre lorsque les feuilles du sommet sont brûlées par la gelée.....

. . . .

Mais l'arrière-maturation se fait parfaitement lorsque les pieds arrachés ou coupés sont liés en paquets et laissés sur le sol en *poupées*, ou lorsqu'on les fait sécher sur des fanoirs à trèfle.....

. . . .

Malgré une saison très-défavorable, sur 144 essais dont les résultats m'ont été communiqués, 12 seulement ont échoué, faute de chaleur suffisante.....

Quantité des graines semées et récoltées en 1877 et importance du rendement.

Le dépouillement des rapports que j'ai sous les yeux montre qu'en tout 5^kil^,873 de graines ont été semés et que 400^kil^,360 ont été récoltés par les collaborateurs nommés dans le troisième chapitre.

. . . .

. . . .

On voit dans le troisième chapitre, par les renseignements donnés sur le rendement du Soja, la fécondité extraordinaire et incomparable de cette plante. Je citerai seulement trois exemples :

A Schlang, près de Breslau, 4 graines produisirent 680 fois la semence. A Munchendorf, 17 pieds rapportèrent 670 fois la semence. A Rabensbourg (Moravie), un semis de 700 graines en donna 450 par pied. Ce rendement, dont n'approche aucune autre légumineuse, égale celui du maïs, s'il ne le dépasse pas.

Les récoltes des déchets se sont presque toujours montrées doubles de celles des graines; cependant il arrive aussi que, lorsque la récolte de grain est considérable, le poids de celle des déchets est inférieur. Là, au contraire, ou la récolte tarde et où un ensemencement tardif et un été humide produisent un vigoureux développement des organes de la végétation, la récolte des déchets est plusieurs fois plus forte que celle des graines. Dans le domaine du prince de Schwartzenberg, à Zittolieb, la récolte de graines, sur 100 mètres carrés, ne s'éleva qu'à 1^kil^,32, tandis que la récolte des déchets fut de 81^kil^,4. Cela signifierait que dans la culture du Soja on doit compter, non seulement sur une récolte de graines considérable, mais aussi sur une récolte considérable de déchets, et que cette culture peut acquérir une grande importance comme fourrage vert, car certainement aucune autre plante, sans en excepter le trèfle incarnat et la luzerne, ne peut se mesurer avec le Soja, à l'état vert, au point de vue de la valeur nutritive.

Suit l'énumération des animaux et des parasites nuisibles au Soja.

Le ver de fil de fer, larve de l'*Agriotes segetis.*

Petits vers blancs non dénommés.

La cétoine dorée, *Cetonia aurata.*

Le perce-oreilles.

La larve de la taupe-grillon.

Le ciron tisserand.

Les limaces.

Les lièvres.

Mais il est certain que la semence n'est pas détruite par la bruche des pois (*Bruchus pisi*) et par les insectes de la même famille.

Les graines mûres sont menacées dans les champs par les mulots et par les hamsters; sur le champ et dans la grange par les souris.

. . . .

Un grand avantage que présente le Soja est mis en évidence depuis trois ans, c'est qu'il n'est pas exposé aux atteintes des derméens (entophytes), qui nuisent à un si haut degré aux autres Légumineuses (Uredo, Urédinées, Nielle, Rouille), et anéantissent fréquemment les plus belles cultures.....

. . . .

Composition chimique du Soja. Essais d'affouragement avec les déchets et préparation de la graine pour la nourriture de l'homme.

On ajouta, pendant l'année d'essai 1877, plusieurs analyses nouvelles aux analyses déjà connues du Soja.

Analyse par M. Schrœder, chimiste à la fabrique de sucre de Napagedl.

	Soya rouge brun.	Soya jaune.
Protéine	36,12	35,87
Matières azotées............	5,78	5,74
Graisse	17,50	18,25

M. le directeur, docteur Mach, fit examiner, par son assistant, dans le laboratoire de l'Institut agricole, trois sortes différentes qu'il avait reçues de moi et multipliées à Saint-Michel, et une quatrième rouge brun, cultivée comme café dans le sud du Tyrol, acclimatée déjà depuis longtemps et jusqu'ici complètement inconnue et passée inaperçue.

	SEMENCES REÇUES DE VIENNE.			SEMENCE DU TYROL.
	Jaune.	Rouge brun.	Noire.	Rouge brun.
Eau	8,1	9,4	9,9	10,1
Cendre	5,4	5,1	4,8	5,2
Protéine	36,8	31,5	31,2	38,1
Graisse	17,6	17,4	18,1	17,8
Cellulose	4,8	4,3	4,2	?

. . . .

. . . .

Analyses de semences, cosses et feuilles, par C. Caplan, assistant à la station de chimie agricole de Vienne.

	Semence.	Cosses.	Feuilles et tiges
Eau	14,0	14.0	14,0
Protéine	32,22	4,64	6,08
Graisse	16,76	1,29	2,03
Matières organiques, non azotées.	26,56	41,87	37,12
Cellulose	5,57	30,45	22,79
Cendre	4,76	7,79	9,31
Sable	0,03	0,05	8,67

. . . .

. . . .

Le Soja n'a rien perdu en protéine et en graisse par suite de sa culture en Europe. Il n'a rien perdu non plus quant à son poids absolu, à sa grosseur et à son apparence extérieure. Il est, au contraire, devenu de plus en plus lourd. 1000 graines de la semence d'origine pesaient de 81,5 à 105 grammes. Ceux de la reproduction de Vienne pesaient :

1000 graines de la première reproduction.	110,5 à 154,5
— deuxième —	141,8 à 163,6
— troisième —	116,0 à 151,0

. . . .

Suivent les appréciations favorables de plusieurs correspondants de l'auteur sur le Soja considéré comme légume.

Je pense que les graines de Soja sont un aliment trop concentré pour être préparé seul, et que, par conséquent, il vaut mieux les mélanger avec d'autres aliments moins concentrés et surtout contenant de la fécule.....

. . . .

La cuisson exigeant un temps très long, soit une dépense de temps et d'argent, je trouve que ce qu'il y aurait de plus simple serait d'employer pour la cuisine le Soja finement concassé.....

. . . .

Il peut fournir aux armées des vivres de peu de volume et entrer, à bon droit, comme le meilleur équivalent dans les saucissons aux pois.

Suivent des considérations sur le Soya appliqué à l'alimentation du bétail. L'ouvrage est clos par un résumé du contenu de chacun de ses chapitres.

(*A suivre.*)

II. TRAVAUX ADRESSÉS ET COMMUNICATIONS FAITES A LA SOCIÉTÉ

SUR

L'INCUBATION ARTIFICIELLE

DES ŒUFS D'AUTRUCHE

Par M. LUCIEN MERLATO

Sous-directeur de la Société anonyme pour l'élevage de l'autruche en Égypte

LETTRE ADRESSÉE PAR M. L. MERLATO A M. LE SECRÉTAIRE GÉNÉRAL

Caire (Parc de Matarieh), le 20 septembre 1880.

MONSIEUR LE SECRÉTAIRE GÉNÉRAL,

J'ai reçu votre lettre du 5 septembre, et vous remercie des encouragements que vous me donnez.

Je vais faire une description exacte de tout le matériel employé dans l'exploitation de la Société pour l'élevage de l'autruche en Égypte, avec dessins à l'appui et indication des raisons qui m'ont fait adopter tel appareil de préférence à tel autre.

Je me suis servi du système de couveuse artificielle le plus simple, celui d'un incubateur à grand réservoir d'eau, sans foyer, sans régulateur. Ce n'est pas dans la complication de l'incubateur que réside la chance de réussite. Tout appareil, pourvu qu'il réponde à quelques conditions générales, est bon à l'usage. Je pense que, si plusieurs expérimentateurs dans l'Afrique du Sud ne sont pas parvenus à des résultats et s'ils m'ont laissé le temps d'être le premier à résoudre le problème, c'est précisément parce qu'ils n'ont considéré que l'incubateur ; ils y ont consacré tout leur travail et leur savoir, et, à force de chercher les demi-degrés dans les tiroirs, ils ont dénaturé la question, en faisant une affaire de pure calorimétrie, d'une opération très complexe en somme. Ne s'occupant des œufs que pendant les quarante jours qu'ils demeurent dans l'incubateur, ils ne se sont probablement pas aperçus que bien souvent le germe avait déjà été tué ou dénaturé bien avant la mise dans l'appareil.

Le processus de l'incubation n'est pas un fait isolé, il est forcément connexe à la période précédente comme à la suivante.

Si les phénomènes vitaux de l'œuf pendant la première période, c'est-à-dire entre la ponte et la mise en incubation, sont de nature à échapper en partie à nos recherches, ils ne cessent pas pour cela d'exister, et des conditions spéciales sont nécessaires à leur conservation. Il est inutile de prodiguer un excès de soins aux œufs pendant l'incubation, s'ils n'ont pas été également soignés dans la période précédente.

Ce n'est donc pas aux incubateurs exclusivement qu'il faut s'en prendre en cas d'insuccès, c'est au *traitement* de l'œuf pendant toute son existence.

Persuadé de cela par l'observation de ce qui se passe dans l'incubation naturelle de l'Autruche, j'ai suivi tous les œufs de bien près. Aussitôt pondu (pendant la ponte et l'incubation, je ne quitte pas une heure le parc) chaque œuf est pesé, mesuré sur ses deux diamètres, enregistré et numéroté lui-même aux deux bouts à l'encre. Chaque œuf est repesé tous les dix jours, qu'il soit ou non en incubation, et chaque jour son historique est enregistré, savoir : températures auxquelles il a été exposé et pendant combien de temps à chaque fois; soleil, ombre, secousses ou transports qu'il a subis, changements survenus dans sa couleur extérieure, etc.

C'est par ce moyen, et me rendant compte des résultats donnés par chaque œuf, que j'ai pu tracer la voie pratique à suivre. Les œufs d'Autruche sont ici encore trop rares et ont une valeur trop importante pour permettre d'en sacrifier pour des études plus exactes.

En tous cas les résultats ont été bons, et, si je n'ai pas trouvé la vérité absolue, je ne pense pas en être bien loin.

Il s'agit d'empêcher que l'œuf subisse, pendant la première période, une rétrogradation de chaleur dépassant une durée de 48 heures.

Ceci demande une explication. Dans le cours de chaque 24 heures l'œuf est soumis aux variations de la température extérieure. Dans un nid en plein air il peut facilement passer de + 6° la nuit à + 32° le jour, et il sera exposé pendant un temps déterminé à la température maxima aussi bien qu'à la minima. Or, tant que ces mêmes conditions restent les mêmes sous les deux rapports de temps et de température, où tant qu'elles changent progressivement dans le sens d'augmentation de température et prolongement du temps d'exposition à la température plus haute, il y a bonne conservation de la vitalité du germe. Mais si le temps d'exposition à la température plus haute diminue, où si les températures diminuent et si cette rétrogradation se continue au delà de deux jours, la vitalité du germe en souffre si bien que l'œuf se comporte dans l'incubateur comme s'il était clair. En conséquence, un œuf qui a été soumis à des variations de température ne peut pas être transporté et laissé dans un local à température plus constante, il faudra continuer à le traiter comme il l'a été, et mieux encore progressivement.

Quant au temps absolu de conservation d'un œuf, le maximum que j'ai eu lieu d'observer a été de 25 jours révolus entre la ponte et la mise en incubation. Le poussin qui en est sorti est en pleine vie et compte 136 jours d'âge. Mais en général je ne dépasse pas 20 jours et je me suis imposé ce délai comme maximum à atteindre.

Ci-inclus le certificat des résultats obtenus. Il m'est agréable d'ajouter que les 18 poussins sont tous vivants et tous sains, sauf un qui souffre d'une jambe.

Veuillez bien agréer, Monsieur le Secrétaire général, l'assurance, etc. L. MERLATO.

CERTIFICAT

El infraterito Consul general de España en Egipto.

Certifico que el escrito que precede et copia literal y conforme a su original que me ha sido exhibido y congo tenor et el siguiente :

« Consulado general de España en Egipto, nº 8. »

Nous, soussigné, consul général d'Espagne en Égypte, etc., etc. Sur la demande de M. Lucien Merlato, sujet espagnol, sous-directeur de la

Société anonyme pour l'élevage de l'Autruche en Égypte et chargé spécialement de la conduite de l'incubation artificielle des œufs d'Autruche, et après plusieurs constatations successivement faites sur les lieux et spécialement dans le couvoir de ladite Société sis dans son parc de Matarieh (près du Caire).

Nous déclarons que, sur vingt œufs fécondés soumis à l'incubation artificielle, il en est éclos dix-huit poussins ; que ces dix-huit Autruchons tous vivants et bien portants à ce jour ont, suivant leur âge, de 70 centimètres à $1^{m},30$ de hauteur environ, et que d'après le livre des naissances ils résultent être huit de quatre-vingt trois-jours d'âge, un de soixante-huit jours, cinq de trente-six jours, quatre de vingt-cinq jours. Nous déclarons, en outre, que l'année dernière, 1879, nous avons eu lieu de constater, dans nos visites au couvoir provisoire de ladite Société, à Boulaq (Caire), l'éclosion artificielle, également conduite par M. Merlato, de sept Autruchons au mois de mars et de cinq autres au mois de juin de ladite année 1879. En foi de quoi, et pour le constater, avons délivré le présent dûment enregistré.

Au Caire, ce 30 juillet 1880.

Signé . C. DE ORTEGA MOREJON.

Il y a un cachet officiel à encre bleue. Art. 142 (Tarifa).

Idrechos frs. 5,50.

Y para que courte espido la presente fermiada y tellada con el tella de oficio de este consulado general, en el Cairo a 20 de Setiembre 1880.

(Cachet du Consulat général d'Espagne.)

Por el Consul general de España,
El Vice Consul,
J. DE SATORRES.

Vu, pour légalisation de la signature de M. J. de Satorres, Vice-Consul d'Espagne au Caire.

Cachet du Consulat de France.)

Caire, le 20 septembre 1880.
Le Gérant du Consulat de France,
A. C. GUILLON.

LE MATÉRIEL D'INCUBATION ARTIFICIELLE ADOPTÉ PAR LA SOCIÉTÉ POUR L'ÉLEVAGE DE L'AUTRUCHE EN ÉGYPTE

I. — *Le couvoir ou salle d'incubation*

S'il est vrai que rien n'empêche d'obtenir de bons résultats n'importe dans quel local tant qu'il s'agit d'une simple expérience, il n'est pourtant pas possible de songer à une exploitation sérieuse si l'on ne dispose pas d'une pièce spécialement adaptée à recevoir les incubateurs et construite d'après des principes fixes et rationnels.

Les conditions principales auxquelles doit répondre un couvoir sont :

1° De contenir un air toujours pur et de présenter toutes facilités pour le renouveler sans que la température du local ait à en souffrir;

2° De pouvoir, à volonté, hausser l'état hygrométrique de cet air;

3° D'être le moins possible sensible aux variations diverses de la température extérieure. Je considère ce but comme atteint lorsque, par des variations extérieures de 30 degrés centigrades entre le matin et l'après-midi, les thermomètres du couvoir n'accusent que des différences de plus de 3 ou 4 degrés;

4° De ne pas transmettre aux incubateurs les trépidations qui pourraient occasionnellement se produire dans le voisinage par des chocs, ou dans le couvoir même par les pas des personnes de service ou la chute de quelque objet;

5° De présenter toutes les facilités pour le service des incubateurs et, en conséquence, de pouvoir faire écouler l'eau qui en sort, en puiser de la chaude pour la remplacer, mirer les œufs, etc., sans être obligé de sortir du couvoir;

6° D'être disposé de manière à ce que, pendant le service ordinaire, personne ne puisse entrer dans le local sans que le couveur en soit prévenu.

Voici comment ces conditions ont été remplies dans le couvoir de la Société dont je joins, pour plus d'intelligence, un plan.

Le couvoir (fig. 1, A), destiné à contenir des incubateurs pouvant contenir 250 œufs, mesure 20 mètres de long sur 6 mètres de large. La toiture est à une pente et la hauteur maxima est de 5 mètres. Les murs sont en briques crues, très mauvaises conductrices de la chaleur, et ont 55 centimètres d'épaisseur. Les deux grands côtés sont exposés l'un à l'Est, l'autre à l'Ouest. C'est à l'Ouest que la toiture a la plus grande hauteur et sa pente descend vers l'est. Par cette disposition les rayons solaires ne la frappent en plein que dans les heures matinales, lorsqu'ils n'ont pas encore toute leur vigueur et

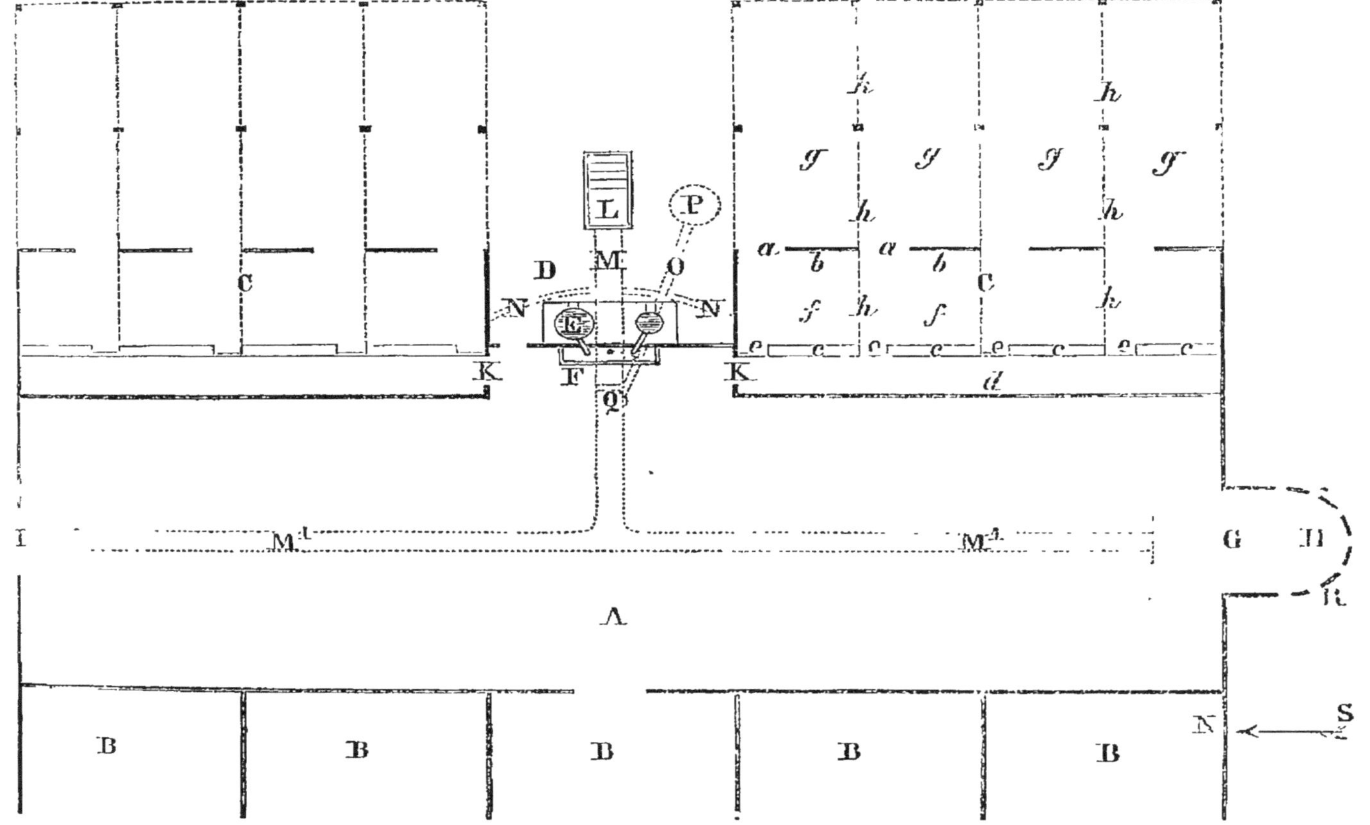

Plan du couvoir.

que la toiture elle-même est lente à chauffer à cause de la fraîcheur de la nuit qui vient de la refroidir. Plus les heures chaudes avancent, plus les rayons solaires tombent obliques et leur action diminue.

La toiture, en allant de bas en haut, se compose : du solivage, d'un plancher en bois, d'une couche de nattes, d'une couche de 10 centimètres de terre, d'une couche de 5 centimètres de gros mortier, et enfin d'un enduit bien uni. Cet ensemble permet de se passer de toute espèce de plafond comme moyen isolateur.

Contre la façade ouest, qui est la plus haute, est adossée

une suite de cinq chambres (B), dont le principal but est de l'abriter contre le soleil et le froid. Seule, la chambre du milieu communique avec le couvoir, et le service de ce dernier ne peut se faire qu'en traversant cette pièce qui sert de bureau au couveur.

Contre la façade est, et également pour le garantir, se trouvent adossées les chambres d'élevage C et la chambre de chauffe D qui contient les chaudières et les fourneaux E. Cette dernière chambre occupe le milieu de la façade, et les robinets des chaudières, qui traversent le mur, viennent aboutir dans le couvoir à 1^{m},40 du sol. Un évier, F, de 0^{m},90 de hauteur, qui se trouve sous les robinets, facilite le remplissage des seaux d'eau chaude.

Les chambres d'élevage occupent le restant de la façade, à droite et à gauche des chaudières. Nous y reviendrons bientôt.

Seuls les deux petits côtés du couvoir ne sont pas garantis. Tous les deux ont en haut, à 3 mètres du sol, une fenêtre vitrée, destinée à déterminer au besoin un courant d'air. Ce sont les seules fenêtres du couvoir.

Sous la fenêtre sud, une ouverture, ou pour mieux dire une porte G, communique directement avec l'ovoscope H dont nous donnerons les détails plus loin et qui forme partie intégrante de la bâtisse.

Une grande porte I est ménagée sous la fenêtre nord. Elle ne s'ouvre que pour les besoins des réparations ou pour entrer et sortir les incubateurs.

A droite et à gauche de l'évier, deux petites portes demi-vitrées K conduisent dans les chambres d'élevage et permettent de voir ce qui s'y passe, sans les ouvrir chaque fois.

Des cheminées d'appel, pouvant se fermer à volonté, complètent la partie en élévation du couvoir.

Il n'y a pas de dallage, une couche d'un demi-mètre de sable grossier le remplace. L'inconvénient de marcher dans ce sable presque mouvant est largement compensé par la résistance qu'il offre à la transmission de toute trépidation.

Pour l'expérimenter, je mis 30 œufs de poule dans un tiroir, et au dixième jour, après avoir retiré les œufs clairs, je fis frapper, pendant une demi-journée, des coups répétés avec un gros marteau à frapper, devant, sur un bloc de bois, mis à 1 mètre à peine de l'incubateur. Les œufs vinrent tous à bonne fin et fournirent des poussins aussi vifs que bien développés, et trois seulement périrent (un de maladie et deux d'accident) pendant l'élevage.

Il reste à décrire les ouvrages en sous-sol.

En contre-bas des chaudières est installé le calorifère L. Un gros conduit en maçonnerie cimentée M amène l'air chaud jusqu'au centre du couvoir, où il se divise en deux branches M' qui se continuent jusqu'aux deux extrémités nord et sud. Des bouches sont disposées le long de ces conduits. Deux embranchements secondaires N, qui prennent naissance dans le conduit principal, peuvent amener l'air chaud dans les chambres d'élevage.

Le niveau des conduits qui se trouvent dans le couvoir est en pente douce jusqu'à la moitié du grand conduit. En conséquence, l'eau qui est versée dans ces conduits s'écoule lentement jusqu'au point où elle rencontre un trop-plein qui la déverse dans un canal O, aboutissant à un puits perdu P. Le trop-plein Q est ménagé de manière à laisser toujours une couche de quelques centimètres d'eau au fond des conduits.

Cette eau provient des incubateurs. Leur robinet de vidange communique par un tuyau en caoutchouc avec le conduit M', et deux fois par jour, à chaque réglage des appareils, l'eau, en excès dans ceux-ci, tombe par les conduits.

Il s'ensuit que l'air sec du calorifère arrive tel quel aux chambres d'élevage, mais est obligé de se charger d'humidité en passant sur la couche d'eau pour arriver jusqu'au couvoir, action qui est favorisée par la haute température que l'eau possède en sortant des incubateurs.

Les incubateurs sont rangés au milieu, au-dessus du conduit. Le long des murs se trouvent, d'un côté, les boîtes sécheuses, de l'autre des étagères à œufs et à outils et la table de travail.

L'ovoscope est construit afin d'utiliser la lumière solaire au mirage des œufs. C'est la seule source lumineuse qui permette de trier les œufs d'autruche avant le dixième jour d'incubation, à moins de recourir à des sources lumineuses trop coûteuses et d'une installation trop compliquée.

Nous avons vu que l'ovoscope était installé sur la façade sud du couvoir. C'est un petit avant-corps, de 2 mètres de large, en briques à plat se terminant en demi-cercle. L'entrée, qui est à l'intérieur du couvoir, est fermée par un rideau. Tout l'intérieur est peint en noir. A 1^{m},50 du sol, et tout autour, sont disposées des petites fenêtres R, dont une au moins, en conséquence de la forme de l'ovoscope, est toujours frappée par les rayons solaires.

Ces fenêtres sont fermées par des volets pleins, qui s'ouvrent en dedans et tournent sur leur côté inférieur. Les cadres des volets étant fixés du côté extérieur du mur, il s'ensuit que le volet, en s'ouvrant, vient s'appuyer sur l'épaisseur du mur, qui le retient dans une position horizontale. Le volet sert alors de table provisoire, sur laquelle l'opérateur peut prendre ses notes ou déposer l'œuf en l'appuyant dans une excavation expressément ménagée sur la face extérieure (devenue la face supérieure) des volets.

Plusieurs diaphragmes, avec des ouvertures plus ou moins grandes, sont accrochés au mur, sous les fenêtres. Le côté du diaphragme qui restera en dedans est doublé en drap noir, dépassant tous les bords de 2 à 3 millimètres. Le côté opposé est peint en blanc, et c'est le côté qui reste visible lorsqu'ils sont accrochés. Le blanc, tranchant sur le noir du mur, permet de choisir à coup d'œil le diaphragme le plus adapté à l'œuf qu'on va examiner.

Les dimensions des diaphragmes sont égales à celles des volets, et tous peuvent s'adapter indifféremment et à frottement dans la feuillure que ces derniers laissent libres lorsqu'ils sont ouverts.

Pour observer ou mirer un œuf, on n'a donc qu'à ouvrir le volet exposé au soleil, placer le diaphragme et boucher son ouverture avec l'œuf.

II. — *Les incubateurs ou couveuses.*

On s'est généralement exagéré l'importance des incubateurs. A force de vouloir arriver à une régularité mathématique de température, ce qui n'est pas nécessaire, on a tellement changé, ajouté, compliqué, qu'on en a fait des appareils très jolis, mais inadmissibles dans la pratique industrielle du fermage.

Dans tous les incubateurs l'eau chaude a été prise comme masse calorifique. Ces appareils, comme on les construit aujourd'hui, peuvent être divisés en deux chefs, savoir : incubateurs communiquant la chaleur aux œufs d'en bas et incubateurs la communiquant d'en haut.

Je n'ai jamais essayé les premiers. Il y a déjà assez de difficultés à vaincre, sans chercher à les augmenter par un système qui est tout à fait l'opposé de ce que la nature nous apprend.

Ne considérant donc que la seconde classe d'appareils, elle peut à son tour être subdivisée, suivant le système de chauffage adopté, en incubateurs avec fourneau et en incubateurs à fourneau indépendant. Tous les deux peuvent être également bons, mais les premiers ont l'inconvénient d'être très compliqués, d'exiger une surveillance trop assidue et d'être d'une réparation difficile lorsqu'ils se dérangent, point très important pour une industrie qui se trouve généralement établie dans des pays dépourvus de ressources mécaniques.

Je n'ai employé comme incubateurs réellement pratiques que ceux à grand réservoir, et qui se règlent deux fois par jour en soutirant une certaine quantité d'eau, qu'on remplace par de l'eau bouillante, puisée dans une chaudière indépendante.

A cet usage on emploie les chaudières dont il est parlé dans le paragraphe I.

Les modèles de couveuses à plusieurs tiroirs ou à grands tiroirs ne conviennent pas, car il est difficile de disposer au même moment d'un nombre suffisant d'œufs ; et si pour remplir l'appareil on échelonne l'introduction des œufs, on se crée des difficultés très graves pour la suite. Je préfère les appareils à un tiroir pouvant contenir 12 œufs; après l'élimination des œufs clairs il en reste 9 ou 10. C'est dans ces conditions que les meilleurs résultats ont été obtenus.

Dans ce cas l'incubateur doit être construit de manière à avoir un réservoir d'au moins 125 litres, et l'espace libre dans lequel se loge le tiroir aura à peu près la même capacité. La régularité de la marche de la chaleur exige ces dimensions, et cet espace est nécessaire pour la respiration des œufs, malgré les trous d'air qui existent sur les côtés, au nombre de 12. J'ai été porté à assigner cette dernière dimension par l'analyse de l'air recueilli dans les tiroirs. Dans les incubateurs où le tiroir ne laisse pas d'espace libre, et à partir du dix-huitième jour (ou à peu près) d'incubation, l'air se trouve appauvri du tiers de son oxygène deux heures après que le tiroir a été fermé.

Pour la facilité du travail, les incubateurs sont placés sur un chantier à $0^{m},70$ du sol. Le chantier se prolonge sur le côté du tiroir de $0^{m},50$, formant continuation des rainures intérieures sur lesquelles il glisse. On peut, de cette manière, le sortir complètement sans risquer la moindre secousse. Les portes sont à guillotine, s'ouvrant de bas en haut, ce qui présente de grands avantages sur les portes volantes. D'abord elles ferment mieux, le bois étant assujetti dans les rainures ne se tourmente pas, et on a une grande facilité pour ouvrir et fermer.

La hauteur du chantier entraîne une élévation trop forte du tuyau de remplissage. Pour y remédier, les incubateurs sont accouplés, ayant les robinets en regard et un espace de $1^{m},20$ entre les deux. Un plancher, n'ayant que $1^{m},10$ de large et la longueur de l'appareil, est installé entre chaque paire à la hauteur du fond des appareils. On y arrive par trois marches. Plancher et marches sont indépendantes des incubateurs, afin d'éviter la transmission de la trépidation résultant des pas.

Les pieds des chantiers des incubateurs reposent dans des boîtes en métal contenant une dissolution phéniquée. Cette précaution empêche les insectes de monter et d'aller tourmenter les poussins en train d'éclore.

Voici une coupe (fig. 2) de l'incubateur :

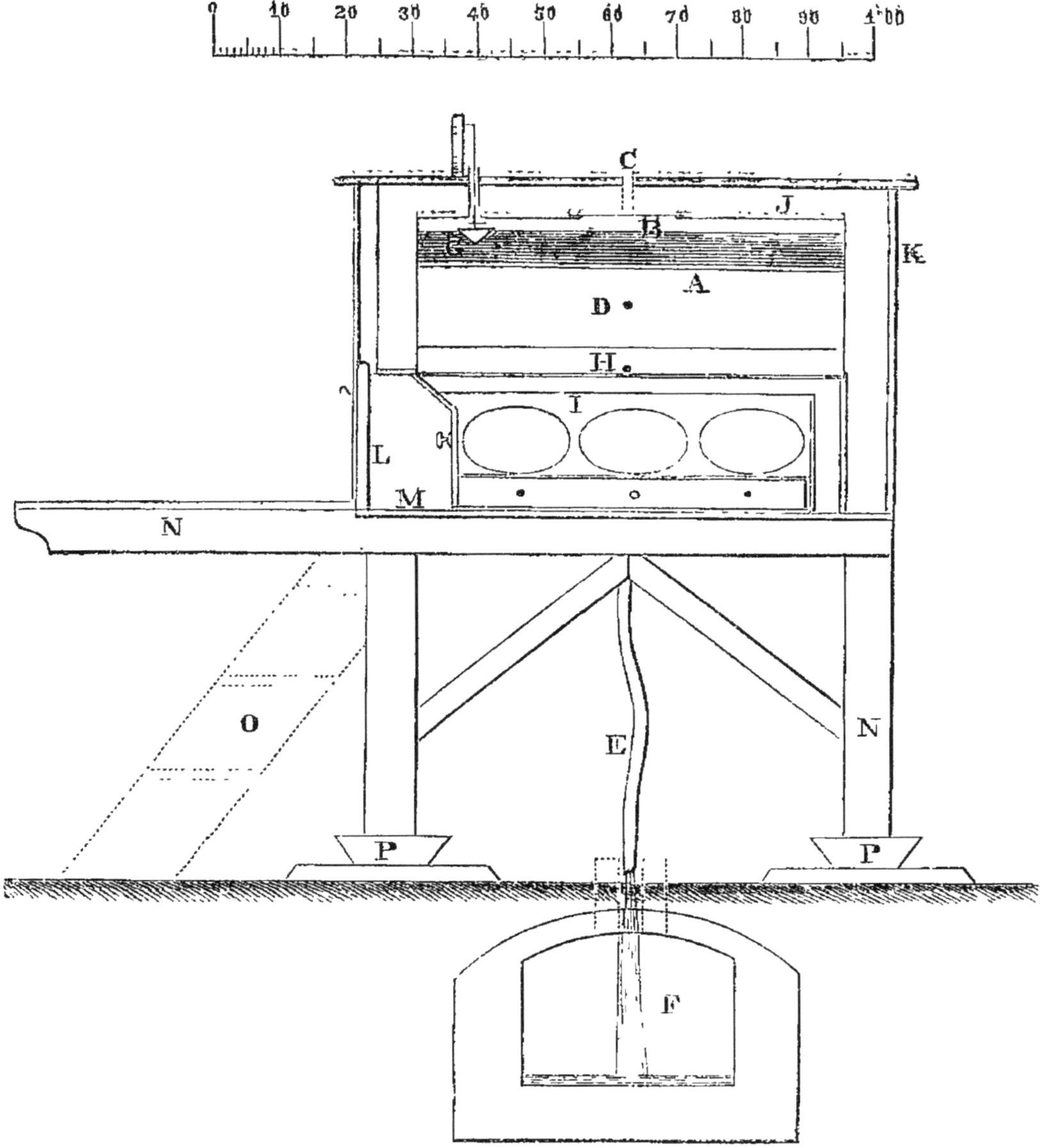

A. Réservoir de 120 litres de capacité.
B. Trous d'homme permettant de passer le bras pour nettoyer le fond.
C. Tuyau d'introduction de l'eau.
D. Robinet de soutirage journalier communiquant par le tuyau E avec le conduit F (voir § I).
G. Flotteur permettant à la personne qui verse l'eau de lire en même temps la quantité introduite. La tige passe par le tuyau d'échappement de la vapeur.
H. Robinet de vidange. — I. Tiroir. — J. Matière isolante.
K. Chemise extérieure en bois. — L. Porte à guillotine. — M. Fond de l'appareil.
NN. Chantier. — O. Marches amenant au plancher.
P. Boites contenant la dissolution phéniquée.

III. — *Les boîtes sécheuses.*

Une boîte sécheuse doit remplir les conditions suivantes :

1° Pouvoir être facilement nettoyée à fond ;

2° N'avoir aucune espèce de draperie fixe, afin de pouvoir les changer et laver tous les jours s'il le faut ;

3° Permettre au poussin, en changeant de place, d'avoir plus ou moins de chaleur, plus ou moins d'air.

Après plusieurs essais, j'ai été conduit au modèle figuré ci-après :

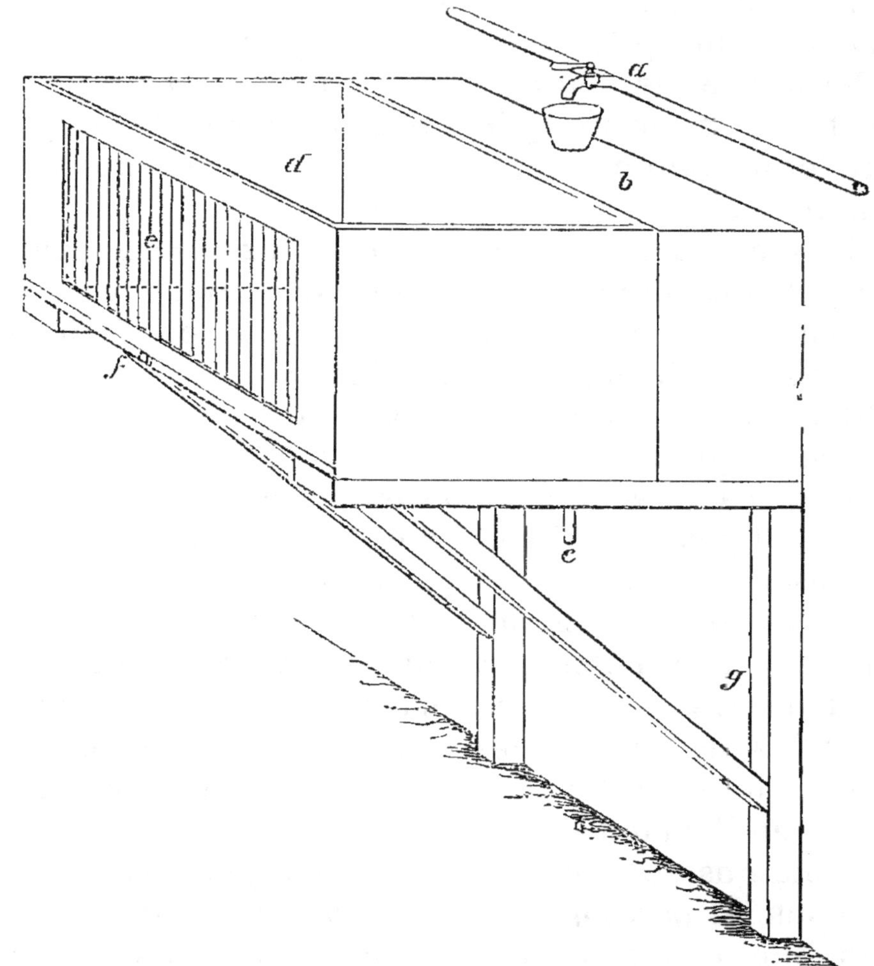

a) Tuyau de prise d'eau chaude. — *b)* Réservoir en métal doublé en bois.
c) Tuyau de vidange de la même.
d) Espace dans lequel on loge les poussins ; il mesure 0m,60 de long, 0m,40 de large et 0m,35 de hauteur.
e) Grillage en fil de fer. — *f)* Fond mobile. — *g)* Supports.

Une couverture mobile, coupée de mesure, sert de matelas; une autre plus grande est posée par-dessus les poussins. Ceux-ci s'éloignent ou s'approchent du réservoir, suivant leurs besoins. Le fond mobile permet un nettoyage facile après chaque couvée. Les supports sont destinés à maintenir la boîte à une hauteur commode pour l'opérateur.

IV. — *Les chambres d'élevage.*

Au sortir des boîtes sécheuses les poussins passent dans ces chambres, qui les abritent jusqu'à deux mois d'âge.

Les conditions qu'elles doivent remplir sont :

1° Permettre de tenir chaque couvée à part;

2° Offrir des locaux qu'on puisse ouvrir, fermer, ventiler et chauffer à volonté, et qui reçoivent toujours une grande et vive lumière;

3° Offrir des petits parcs où les poussins puissent courir sans crainte des animaux de rapine, des chiens, etc.;

4° Permettre que le nettoyage et le service d'alimentation se fassent sans déranger les poussins;

5° Être disposées de manière à ce que personne n'y puisse accéder sans que le couveur en soit prévenu.

La figure 1 représente en C et en place ces chambres, calculées pour 60 poussins. Trois côtés sont fermés par les murs. Du côté est sont ménagés des portes *a* demi-vitrées. Les panneaux *b* ne sont placés que jusqu'à 1 mètre de hauteur; le restant est vitré à châssis ouvrants. Les mangeoires *c*, qui contiennent aussi les abreuvoirs, forment un corridor *d*, par lequel on peut les nettoyer et les remplir. Entre les mangeoires, une petite barrière fixe *e* permet de passer du corridor aux chambres en l'enjambant.

Les poussins se tiennent en *f* et peuvent par les portes *a* passer dans les parcs *g*. Chaque partie est munie d'une barrière mobile pour empêcher les petits d'entrer ou sortir, tout en tenant la porte ouverte. Le parc *g* est une grande loge en charpente, fermée de tous côtés en grillages de liteaux; *h*, *h* sont des barrières de $0^{m},70$ en liteaux blanchis et assemblés, et sont toutes mobiles. Elles permettent à volonté de diviser chambre et parc en deux, trois ou quatre compartiments, suivant les besoins, et de refouler les poussins dans un compartiment libre pendant qu'on nettoie et change le sable dans celui qu'ils occupaient. Ce service se fait par une porte extérieure dont le couveur garde la clef. Les fortes cheminées d'appel ménagées sur la toiture des chambres complètent cette partie du matériel. Par terre et partout, rien que du sable renouvelé tous les deux jours dans l'intérieur et tous les huit jours dans les parcs.

V. — *Les mères chaudes.*

Les mères chaudes sont un meuble complémentaire des chambres d'élevage pendant la saison hivernale, et en général toutes les fois que la température de ces dernières descend au-dessous de 25 degrés centigrades.

Quoique celles qu'on construit généralement soient très ingénieuses, je ne les ai pas trouvées bien pratiques, pour les Autruches du moins, et voilà pourquoi :

1° Parce que le plafond et les rideaux en laine sont fixes : la haute température, le manque de courant d'air et les déjections des poussins font qu'elles sont vite infectées et remplies d'insectes ;

2° Parce que ces appareils en fonction sont très lourds, presque impossibles à déplacer, et dès lors le nettoyage du sol en dessous devient impraticable ;

3° Parce que le poussin n'y trouve pas de température intermédiaire et est obligé de supporter ou toute la chaleur de l'appareil ou tout le froid extérieur.

J'ai trouvé avantage à les remplacer par des boîtes en zinc doublées en voliges de 25 centimètres de côté sur 45 de hauteur, qu'on remplit d'eau chaude à la fontaine, et on les porte toutes pleines en place. Suivant le nombre des poussins, on en met une, deux, trois ou plus, et on jette par-dessus une grande couverture qui forme pour ainsi dire tente en laissant un côté relevé pour l'entrée. Les poussins y trouvent plus ou moins de chaleur, suivant leurs besoins. Deux fois par jour on change la couverture et on met à l'air celle qui a servi. Ces boîtes occupent peu de place et sont vite enlevées lorsqu'elles ne servent pas.

VI. — *Les mangeoires.*

On se rappelle que les mangeoires forment division entre l'espace occupé par les poussins et le corridor des chambres d'éclairage.

Après un an de tâtonnements, le modèle représenté par la figure 4 a été définitivement arrêté dans les dimensions indiquées.

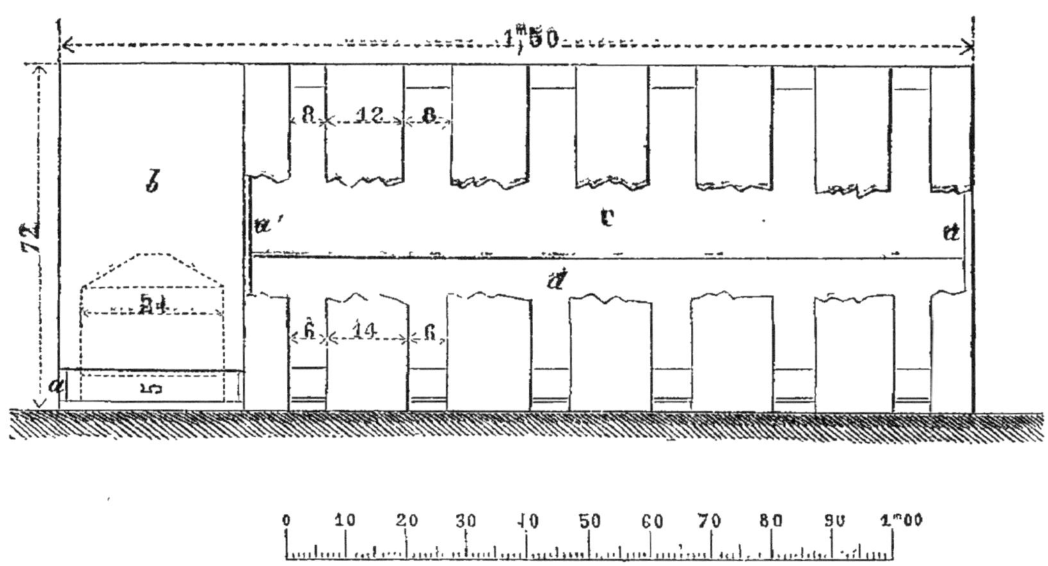

a. Cadre en forte planche de 22 centimètres de large, arrêté au sol par des piquets. Il est divisé en deux par le montant *a'*.

La partie *b* est fermée du côté des poussins par une planche pleine laissant en bas un vide pour laisser passer en saillie le bassin de l'abreuvoir siphoïde, qui, en conséquence, peut être enlevé et changé par le corridor.

Dans la partie *c* du cadre et du côté des poussins, vient s'appuyer le râtelier, construit en voliges, à angles arrondis et assemblées par deux traverses. Ce râtelier est mobile et il y en a deux pour chaque mangeoire : l'un avec des vides de 6 et des pleins de 14 centimètres, pour le premier âge ; l'autre avec des vides de 8 et des pleins 12 centimètres, pour l'âge plus avancé.

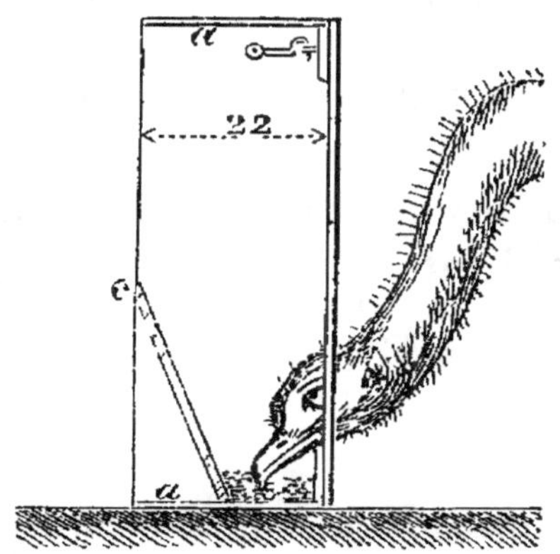

Du côté du corridor, une rainure *c* ménagée de chaque côté du cadre permet de mettre ou enlever une volige *d* formant fond de derrière. Elle est inclinée pour ramener sous le râtelier la nourriture que les poussins jettent en l'air en mangeant. Elle est mobile pour permettre un nettoyage facile par le corridor.

III EXTRAITS DES PROCÈS-VERBAUX DES SÉANCES DE LA SOCIÉTÉ

SÉANCE DU CONSEIL DU 3 SEPTEMBRE 1880

Présidence de M. le docteur H. LABARRAQUE, membre du conseil.

Le procès-verbal de la séance précédente est lu et adopté.

— M. le Président proclame les noms des nouveaux membres :

MM.	PRÉSENTATEURS.
BRETON (Camille), fabricant de papier, au Pont-de-Claix (Isère).	Dupin. A. Geoffroy-Saint-Hilaire. Maurice Girard.
DONNADIEU (Joseph), propriétaire, 30, Grande-Rue, à Montpellier (Hérault).	O. Leroy. A. Roche. Saint-Yves Ménard.
FOULON (Léopold), propriétaire, à Hersin-Coupigny, canton d'Houdain (Pas-de-Calais).	Bureau. A. Dufort. J. Grisard.
INNES (Walter), au Caire (Égypte).	Drouyn de Lhuys. Nubar-Pacha. A. Geoffroy-Saint-Hilaire.
LAVERNE (Albert), notaire, 13, rue Taitbout, à Paris.	Eugène Berson. Dupin. A. Geoffroy-Saint-Hilaire.
MONTAUGÉ (Pierre de), ostréiculteur, à Arcachon (Gironde).	Cornillon. Drouyn de Lhuys. A. Geoffroy-Saint-Hilaire.
MONTAUGÉ (Paul de), ostréiculteur, à Arcachon (Gironde).	Cornillon. Drouyn de Lhuys. A. Geoffroy-Saint-Hilaire.
THOMEGUEX (Albert), 158, avenue d'Eylau, à Paris.	Dupin. A. Geoffroy-Saint-Hilaire. Klipsch.

— MM. Innes et Donnadieu adressent des remerciements au sujet de leur récente admission.

— M. Spencer F. Baird exprime sa gratitude pour le titre de

membre honoraire qui lui a été décerné ; notre collègue s'efforcera, dit-il, de justifier cette distinction par son zèle pour la Société.

— MM. Ditten, Bornet, Seth Green et Roosevelt adressent des remerciements au sujet des récompenses qui leur ont été attribuées.

— M. F. Albuquerque remercie également de la médaille qui lui a été décernée, et ajoute :

« Je viens de fixer ma résidence à la ville de São Paulo, située sur les montagnes, à trois heures de chemin de fer du fort de Santos, sur le littoral : le climat très tempéré de cette ville me promet un bon résultat pour l'œuvre que je viens d'entreprendre, et dont je vous ai déjà parlé dans une lettre antérieure, savoir : la création d'un jardin zoologique, auquel je travaille avec ardeur, et où j'ai déjà réuni quelques centaines des meilleurs fruits d'Europe, telles que pêches, poires, pommes, prunes, cerises, abricots, avelines, noix, groseilles et framboises, qui presque tous promettent d'y prospérer, quoique tous soient à peu près inconnus, à l'exception de la pêche, qui n'est ici représentée que par deux ou trois variétés seulement, qui se propagent en graines.

» Comme par le passé, je donne des soins tout spéciaux à la vigne, dont je possède déjà une collection d'à peu près 150 variétés, toutes tirées d'Europe, comme les autres plantes, quoiqu'il n'y ait encore que quatre mois que je sois à São Paulo.

» Pour l'augmentation de cette collection, je compte surtout sur le concours de notre Société, car je suis plus que jamais persuadé que dans un avenir plus ou moins rapproché la vigne sera la plus grande richesse du Brésil.

» J'ai déjà aussi quelques espèces animales, tirées aussi d'Europe, telles que poules de Crèvecœur, Houdan, Padoue, Campine, Hambourg, Hollandaises à tête blanche, Dorking, Cochinchinoises coucou, Malaises blanches, Brahma-pootra, et Nègres soie ; ainsi que des Faisans argentés et à collier.

» Parmi les quadrupèdes, je n'ai encore introduit que des cochons de la race Bershire ; mais j'espère bientôt pouvoir faire venir ceux de la race Forkshire, et surtout les vaches de race bretonne, qui me semblent tout indiquées pour les mauvais pacages qui environnent cette ville.

» Tout en m'occupant d'acclimatation, je prétends m'occuper sérieusement de domestication, et je donnerai mes meilleurs soins à nos diverses espèces de Tinamous et de Pénélopes, et surtout à l'Agouti et au Paca.

Ayant commencé mes essais il n'y a encore que quatre mois, je ne puis encore vous rendre compte d'aucun résultat obtenu, bon ou mauvais. Plus tard, je n'oublierai pas que c'est un des devoirs que nos statuts nous imposent. »

— Des demandes de graines sont faites par MM. Berthault, Salvador Bussy, Dumezil et de Bénévent.

— MM. A. de Lominière, Maisonneuve, Guy et Piton du Gault adressent des demandes de cheptels.

— M. de Marigny remercie des graines qui lui ont été adressées.

— M. Chevallier, au château de Notre-Dame-Guillotière (Indre-et-Loire), adresse à M. le directeur du Jardin d'Acclimatation les renseignements suivants sur l'installation qu'il a fait faire pour un singe qu'il possède, et grâce à laquelle il a conservé l'animal en bonne santé :

« J'ai choisi un bâtiment isolé qui servait d'écurie.

» Ce bâtiment a 11 mètres de longueur sur 4 mètres de large et est orienté, dans la longueur, de l'est à l'ouest.

» A 2^{m},50 de l'extrémité est, j'ai fait faire un mur.

» J'ai pris 4 mètres, en suivant, pour la loge de mon singe, qui se trouve séparée de ce qui reste pour écurie par une clôture en barreaux de fer rond ; une porte vitrée au midi donne accès à la loge, que j'ai fait carreler.

» J'avais fait couper un arbre assez fort à 1 mètre audessous des branches, et dont j'avais réservé trois des plus grosses branches. Je l'ai planté solidement au milieu de cette loge, pour que l'animal pût y prendre ses ébats.

» J'ai soin qu'il y ait toujours 10 à 15 centimètres d'épaisseur de balles de blé ou d'avoine pour litière, afin que ses pattes ne se refroidissent pas au contact des carreaux, ni ne s'appuient sur ses excréments, qui ne passeraient pas au travers de la paille.

» Le surplus de l'écurie me sert à mettre une vache.

» Dans le petit cabinet, j'ai fait poser un poêle en fonte qui se trouve dans le mur de séparation, saillant dans la loge, où passe le tuyau, qui est protégé par un grillage en fil de fer galvanisé, pour que l'animal ne vienne pas s'y brûler ou satisfaire des goûts de démolition inhérents à cette espèce.

» Par les grands froids, on entretient ce feu, le soir surtout ; avant de se coucher, un domestique va le charger de charbon de terre, qui dure plus longtemps que le bois.

» La partie du mur de la loge qui est exposée *directement* à l'air et à la pluie est garantie extérieurement par des fagots de bruyère superposés et maintenus sur le mur par des madriers.

» La petite porte vitrée qui donne accès à la loge ne doit rester ouverte que lorsque l'air est doux ou qu'il fait du soleil.

» Si le temps se refroidit, ou que le soleil se cache, elle doit être promptement refermée.

» L'hiver, je fais mettre deux vaches au lieu d'une, pour entretenir une chaleur humide.

» Le matin, à midi, et le soir, je donne à mon singe du pain sec et un demi-litre de lait pur ; on y ajoute toujours de l'eau bouillante pour que le lait soit tiède.

» Dans l'intervalle de ces distributions, on peut ajouter des légumes frais ; ceux qu'il préfère sont : carottes, trognons de choux ; une poignée d'oseille une fois par semaine ; des fruits avariés tombés des arbres, de ceux qu'on ne servirait pas sur la table. L'hiver : fruits secs avariés, pruneaux secs, figues, raisins secs.

» Le vin, les alcools, les bonbons, doivent être sévèrement proscrits.

» J'ai la conviction que si l'on maintenait *constamment* les singes, gorilles, etc., à la même température que celle où ils sont nés et où la nature les a placés, et aussi si on les nourrissait des mêmes choses — ou identiques à celles qu'ils mangent, — on n'en perdrait pas un ; ils mourraient de vieillesse ou par accident..., comme ils meurent dans leur pays.

» Mon singe est gros et gras, il est resplendissant de santé; il est loin d'avoir cet air chétif et malingre d'animaux de son espèce, que j'ai vus dans plusieurs établissements. »

— M. Courtois écrit à M. le Directeur du Jardin d'Acclimatation :

« Je viens vous donner quelques détails sur les Bernaches Jubata que vous m'avez cédées en juin 1879.

» Ces oiseaux, un peu querelleurs à leur arrivée, se sont vite habitués avec les Mandarins, Maréca et autres oiseaux. Ils ont, ainsi que mes Maréca, supporté l'hiver sans accident. Ils ont été rentrés le soir pendant cinq semaines, mais, par les plus grands froids, ils sont restés dehors toute la journée.

» Ils ont un espace assez grand, où ils peuvent aller à volonté paître ou se baigner dans une eau courante, ainsi que mes autres espèces.

» Dans un petit coin de l'endroit réservé pour la promenade de mes Canards, j'ai fait semer, avant l'hiver, de la chicorée sauvage; cet endroit a été entouré. Au 15 avril, on retirait la barrière, et Bernaches et Canards ont dévoré ma chicorée avec une avidité extraordinaire.

» Vers le 1er mai, j'étais persuadé que ma Bernache pondrait. Le mâle et la femelle allaient de tous côtés, rentrant dans les parquets, cherchant sous de petits abris où il y avait de la paille, allant dans des niches au-dessus de l'eau, dans lesquelles Mandarins et Maréca avaient déjà pondu.

» Le 20 mai, la femelle s'est installée d'une façon définitive dans une boîte. au-dessus de l'eau, et a pondu son premier œuf. Le 8 juin, 11 œufs étaient pondus et la cane gardait le nid.

» Le 11 au soir, ma femme, en faisant sa petite ronde, ne vit pas la couveuse dans sa boîte; elle supposa qu'elle avait été effarouchée. On la chercha; impossible de la rencontrer. Grande émotion dans la maison. La nuit arrive, il fallait renoncer à trouver la Bernache.

» Ma femme alors n'hésita pas; elle prit les œufs, les porta sous une poule pour tâcher de les sauver s'il en était encore temps. Le lendemain, à trois heures, notre jardinier était debout, et, après avoir cherché dans les herbes, de tous côtés, il sortit de la propriété, et, à son grand étonnement, aperçut notre fugitive, perchée sur le parapet d'un petit pont.

» Ces oiseaux sont très familiers ; il fut facile de faire rentrer notre échappée.

» Comment et pourquoi s'était-t-elle en allée ? Voilà ce que nous n'avons pas encore pu nous expliquer.

» Comme vous le pensez bien, on ne lui redonna pas ses œufs.

» Pour diviser les chances, ma femme laissa cinq œufs à sa poule, et, profitant du moment où une cane Maréca qui couvait était levée, elle retira six œufs à celle-ci et les remplaça par six œufs de Bernache. La Maréca ne s'aperçut pas du changement, grâce à ce que les œufs qu'on lui mit sortaient de dessous la poule, et qu'ils étaient chauds.

» Nos deux couveuses ont mené à bien leur couvée ; j'ai onze jeunes ; la poule est arrivée première, devançant sa compagne de vingt-quatre heures. Seulement, les sujets de la cane étaient plus gros. Nous sommes au 15 juillet, mes Bernaches sont jolies au possible, et vigoureuses comme je n'ai jamais eu d'oiseaux. Le premier jour, la cane a été supprimée, et la poule qui en a éclos cinq mène les onze.

» Cet oiseau laisse bien loin derrière lui les canards ; plus familier que ces derniers, je ne connais rien de si coquet. Avec les sujets qui sortiront de chez moi, je pense que la reproduction est assurée, et je crois au grand succès de ces oiseaux.

» Nous avons aussi 6 jeunes Formoses sur 8 œufs. La cane qui les a couvés les élève. Dans ces conditions, les accidents sont bien à craindre.

» Nous avons actuellement 30 Canards Mandarins, 20 Maréca, 10 Variegata, 5 Casarka, 3 Bernaches de Magellan, 11 Jubata, 6 Formoses.

» Il reste encore quelques œufs qui ne sont pas éclos ; je ne les compte pas. »

— M. Rousse adresse à M. le Secrétaire général les renseignements suivants :

« Comme je vous l'ai promis, je viens vous entretenir à nouveau de mes Perruches à scapulaire.

» Ces beaux oiseaux viennent de faire leur seconde couvée.

» La femelle couvait deux œufs ; un seul fécondé a donné naissance à un Perruchon, qui est magnifique et prêt à sortir du nid.

» Les deux jeunes de la première couvée viennent aussi bien que possible ; j'ai presque la certitude d'avoir le couple. Quelques plumes rouges commencent à paraître à la gorge de l'un d'eux ; ce même oiseau a le bec maintenant d'un jaune approchant du rose, tandis que l'autre a le bec presque noir. »

— M. Jourdan, de Voiron (Isère), écrit à M. le Directeur du Jardin zoologique d'Acclimatation, qu'il possède trois Tirotéros (Vanneaux armés, *Vanellus Cayennensis*), qui ont couvé chez lui, avec une assiduité toute particulière, cinq œufs pondus par eux. Le lot comprenait un mâle et deux femelles. Ces femelles couvaient l'une le jour, l'autre pendant la nuit, et le mâle veillait constamment à leur côté et ne laissait approcher aucun oiseau.

— M. de Confévron, à Orange (Vaucluse), revenant sur la question soulevée au sujet de la nidification des Hirondelles, se demande s'il ne serait pas intéressant de rechercher si ces oiseaux vivent jusque dans nos demeures par goût et par attrait pour le voisinage de l'homme, ou si c'est tout simplement parce qu'ils ont besoin de ses édifices, grands ou petits, pour y suspendre leurs nids.

En même temps, notre confrère nous dit qu'il avait pu constater que le système qu'il a préconisé, pour repeupler les montagnes de gibier, avait été mis en pratique dans l'Oberland bernois, et qu'il donnait les résultats les plus satisfaisants.

— M. le professeur Spencer F. Baird, commissaire généra des Pêcheries des États-Unis, écrit de Newport, à la date du 26 juillet, à M. le Secrétaire des séances :

« Je reçois à l'instant votre lettre m'annonçant que la Société d'Acclimatation ne peut donner suite, cette année, à son projet d'offrir à notre Commission des Pêcheries une certaine quantité d'alevins de Carpe jaune.

» Je regrette naturellement la non-réussite de ce projet, qui pourrait nous mettre en possession d'une si bonne variété de poisson; mais on doit en toute chose faire la part des circonstances, et dans le cas présent il ne faut voir qu'un de ces contre-temps si fréquents dans les travaux de propagation de poissons. Si, une autre année, il vous était possible de songer de nouveau à ce projet, je serais très heureux de m'en occuper avec vous.

» Nous avons un très grand nombre de localités qui, sous e rapport de la température, conviendraient parfaitement au Gourami. On peut citer particulièrement la Californie méridionale et le territoire d'Arizona. Dans ces régions, il ne gèle jamais, ou du moins la glace ne forme qu'une mince couche qui ne dure que quelques instants. Dans la Floride, et le long des côtes du golfe du Mexique, ce poisson pourrait, sans doute, également réussir. Si donc vous pouviez m'indiquer une localité où il serait possible de se procurer des Gouramis, je n'hésiterais pas à envoyer quelqu'un en chercher, dans le cas où les moyens de transport seraient assez directs. Ne pourrait-on pas en trouver quelque part dans l'Amérique du Sud, ou aux Indes occidentales?

» Mille remerciements pour vos bienveillantes dispositions à l'égard de la Commission des Pêcheries; je ne manquerai pas, à l'occasion, de faire appel à vos bons offices.

» Un nouvel envoi d'œufs de Saumon de Californie vous serait-il agréable? Je pourrais probablement vous en envoyer 100 000, emballés dans des boîtes du système Mather, offrant les meilleures garanties.

» Je m'occupe en ce moment d'organiser une distribution d'œufs de Truite de Californie (*Salmo iridea*), espèce supérieure, sous quelques rapports, au *Salmo fontinalis*. Ce poisson commence à frayer dès l'âge de deux ans, et peut alors peser d'une à trois livres. Il est très rustique, et se montre moins exigeant que le *Salmo fontinalis*, quant à la fraîcheur de l'eau. Les œufs sont bons à distribuer en mars ou avril, la fraye ayant lieu, je crois, en février et mars. »

— M. Raveret-Wattel donne communication :

1° De l'extrait suivant d'une lettre qui lui est adressée par M. le professeur Spencer F. Baird : « ... Soyez persuadé que l'Institution Smithsonienne et la Commission des Pêcheries des États-Unis se feront toujours un véritable plaisir de seconder la Société d'Acclimatation dans ses efforts pour la propagation d'espèces utiles ; n'hésitez donc pas à recourir à nous, toutes les fois que nous pourrons vous être utiles.

» Je serai très heureux de pouvoir vous expédier de nouveaux envois d'œufs de Saumon de Californie, de Truite de Californie, et de Corégones, comme de telles autres espèces que vous me désigneriez. Je pense que nous avons acquis maintenant suffisamment d'expérience dans ces sortes d'envois pour pouvoir les faire avec toutes chances de succès. »

2° D'une lettre par laquelle M. le baron Max Van dem Borne-Berneuchen, membre du *Deutsche Fisherei Verein*, lui annonce l'envoi de diverses notices sur la construction et le fonctionnement des appareils de pisciculture dont il est l'inventeur.

Dans une lettre postérieure, M. Van dem Borne annonce l'envoi de plusieurs modèles de ses appareils.

3° D'une lettre de M. Haack, directeur de l'établissement de pisciculture d'Huningue, qui, en adressant des renseignements sur les appareils en usage dans cet établissement, veut bien se mettre à la disposition de la Société pour le cas où celle-ci désirerait se procurer des appareils semblables. — Remerciements.

— M. le baron de Berh de Schmoldow, président du *Deutsche Fisherei Verein*, écrit à M. le Secrétaire des séances qu'il compte faire venir des États-Unis, au mois de décembre prochain, environ 100 000 œufs de *Salmo fontinalis ;* il propose à la Société d'Acclimatation de profiter de cette occasion pour se procurer également une certaine quantité d'œufs de Truite américaine ; il signale les précautions à prendre pour le transport des œufs.

— M. Seth Green, surintendant des Pêcheries de l'État de New-York, offre de faire parvenir à la Société des modèles de ceux des appareils de pisciculture de son invention qui seraient de nature à intéresser les pisciculteurs français. Il adresse en outre des renseignements sur le mode de vernissage qu'il emploie pour ses appareils, et sur la composition du liquide dont il se sert pour la conservation des échantillons d'œufs de poissons. — Remerciements.

— M. de Confévron fait remarquer que les Crevettes, les Langoustes et les Homards pêchés sur nos côtes en juillet portent des œufs en quantité. De là, une destruction considérable en pure perte, et qui suffit à expliquer la diminution très sensible de ces crustacés, qui deviendront, dans un temps prochain, très rares, si cet état de choses continue. Il serait à désirer, ajoute-t-il, que la pêche des crustacés de mer fût réglementée et interdite en temps opportun.

— M. Focet, de Bernay (Eure), écrit à M. le Secrétaire des séances :

« Depuis deux ans que je cultive le *Salmo quinnat*, j'ai été assez heureux, malgré des hivers rigoureux, pour élever la presque totalité des œufs que notre Société m'avait si libéralement confiés; mais, par suite de la voracité des alevins, j'ai dû les mettre en liberté dans le cours d'eau que j'ai entrepris de repeupler, et j'ai la certitude qu'une grande partie y prospère, et paraît devoir s'y fixer.

» Pensant comme vous qu'il était utile de faire une petite réserve pour étudier mes jeunes poissons, j'ai fait construire un bassin clos alimenté par la rivière, d'où j'ai pu suivre l'éducation de mes élèves pendant près d'une année. Je les nourrissais avec du sang, de la viande et du poisson frais haché.

» Tout a été pour le mieux jusqu'au printemps, époque à laquelle je me suis aperçu que si quelques sujets grossissaient à vue d'œil, le nombre des autres diminuait considérablement. En examinant de plus près, j'ai constaté que les plus vigoureux dévoraient les plus faibles ; la nageoire caudale n'existait déjà plus sur un certain nombre, ce qui m'a déterminé à transporter dans un ruisseau plus vaste les survivants. Ils pesaient de 100 à 150 grammes.

» Pour me résumer, je pense comme vous qu'il est de toute nécessité, si l'on veut étudier complètement l'espèce qui nous occupe, de les mettre en liberté dans des réservoirs vastes, traversés et alimentés par la rivière même. Mon intention est, aussitôt rentré chez moi, de m'en occuper sérieusement; mais alors nous aurons à lutter contre d'autres ennemis, tels que les rats d'eau, les loutres et les débordements de rivière. Mon petit réservoir actuel était fermé par des treillages, ce qui sera fort difficile à appliquer sur un grand réservoir situé près même du cours d'eau.

» J'ai des Truites des grands lacs qui nous ont donné de très beaux résultats, élevées dans de petits cours d'eau fermés; nous en avons pêché cette année qui pesaient jusqu'à un kilo. Elles avaient deux ans et demi.

» Dans les cours d'eau que je repeuple, on me signale de tous côtés une grande augmentation de poissons, surtout en Truites et en Anguilles. J'ai, du reste, fait distribuer cette année 20 000 alevins de Truite ordinaire. »

— M. Gailly écrit du domaine de Chantilly : « Depuis quelques années nous nous occupons de pisciculture. Nos résultats ont été assez satisfaisants; seulement nos eaux, qui seraient excellentes quant à la température, qui ne s'élève pas au-dessus de 15 à 20 degrés, n'ont point un courant assez rapide et reposent sur un fond vaseux et tourbeux.

» Malgré ces grands inconvénients, nous sommes parvenus à élever des Truites assez belles pouvant peser de 2 à 3 kilogr. C'est la grande Truite des lacs qui a le mieux prospéré.

» Nous avons essayé, les premières années que nous nous occupions de pisciculture, de faire des Saumons. Nous avons été obligés, au moment de l'invasion prussienne, de lâcher nos alevins qui étaient encore dans les boîtes d'éclosion et avaient déjà de 8 à 12 centimètres de longueur. Je n'en ai jamais retrouvé.

» Depuis nous n'avons plus élevé que des Truites, et tous les ans nous faisons venir d'Autriche des œufs fécondés. »

— M. Raveret-Wattel communique l'extrait suivant d'une lettre qui lui est adressée par M. Gauckler, ingénieur en chef du département des Vosges : « Votre lettre est arrivée à point pour m'appuyer auprès du ministre des travaux publics dans ma demande de l'exécution immédiate des travaux de l'établissement de Bougey, qui dépendra du cana de l'Est. La chose a été décidée sur plan hier, avec M. Varroy et M. le directeur du canal, qui penchait vers l'ajournement.

» Comme nous disposerons d'une série de bassins, il me sera facile d'en réserver un pour y élever des reproducteurs du *Salmo quinnat*, dont les Allemands ont peuplé la Haute-Moselle.

» Mes installations seront à la fois plus pratiques et plus scientifiques que celles de Memingen, et coûteront beaucoup moins cher. J'espère d'ailleurs qu'il s'établira des relations étroites avec la Société d'Acclimatation. »

— M. Jacquemart écrit de Reims : « Je suis toujours très satisfait de la croissance de mes jeunes Saumons de Californie et aussi de leur familiarité, car ils viennent manger dans la main comme de véritables poulets, et je vous assure qu'il ne leur faut pas de petits morceaux ; ils sont d'une voracité inouïe ; bientôt il ne sera plus possible de leur donner à la main, car on sent maintenant leurs petites dents pointues, et ces jours-ci il y en a un qui m'a fait saigner.

» Ce sont des animaux éminemment sauteurs ; et rien n'est plus divertissant que de les voir chaque soir s'élancer après les moucherons jusqu'à 50 centimètres de hauteur, et quelquefois retomber sur de larges feuilles de Nymphea où ils se trouvent pris pendant quelques instants, ce qui, dans les commencements, a même occasionné le mort d'une trentaine d'entre eux, lorsqu'ils étaient plus petits.

» Les voilà aujourd'hui âgés de près de neuf mois, et leur taille moyenne est d'environ 12 centimètres, ce que je trouve fort joli, en les comparant surtout aux Truites des lacs du même âge, qui n'ont pas plus de 7 centimètres.

» J'ai été voir, il y a huit jours, la personne à laquelle j'en ai donné 50 : je les ai revus : ils sont aussi beaux que les miens, quoique dans une eau plus chaude. »

— M. Michély écrit de Cayenne à M. le Secrétaire général : « C'est avec satisfaction que j'ai appris l'arrivée en bon état du spécimen d'Igname, dont la propagation serait précieuse pour la Société d'Acclimatation, qui désire l'introduction d'une variété d'un arrachage facile. Cette espèce, qui a la partie charnue de la couleur de celle de la pomme de terre et aussi consistante, vit et acquiert un gros volume à la surface du terrain, et ne s'y enfonce que quand on ne la plante pas sur une motte. On forme cette motte en raclant la surface du terrain, et à chaque sarclage on butte, car l'Igname tend à s'élever; aussi l'arrachage en est d'autant plus facile; un enfant de huit à dix ans peut le faire, en tenant la plante au collet et en l'agitant en sens divers.

» Cette variété, mieux que toutes les autres, se conserve à l'air libre, quand le rhizome n'a pas été blessé et que la tête est conservée intacte.

» A mon grand regret, quelques jours après le départ du courrier, on est venu me présenter un autre rhizome bien plus volumineux que le premier; mais je me suis empressé d'en faire de nouveaux plants à l'intention de la Société, car cette variété d'Igname est peu connue à Cayenne. Je ne l'ai trouvée que sur une seule propriété, à 75 kilomètres de Cayenne.

» Je ne sais pas comment l'on procède en France pour conserver les Ignames, qui produisent ici des rhizomes d'autant plus gros qu'elles sont plus anciennes ; on conserve leur force végétative en les remettant immédiatement en terre, vu que la récolte se fait pendant la saison sèche. Celles qui couronnent les rhizomes que l'on conserve, sont enlevées au moment des pluies, en y laissant toujours l'épaisseur d'un doigt, de la partie charnue, que l'on poudre de cendre pour les planter le surlendemain.

» En général, lorsque nous coupons en morceaux une Igname quelconque, pour multiplier les plantes, on n'a pas en vue la production, qui est peu de chose la première année, mais bien la possession d'un bon nombre de têtes qui entrent dans la grande production après la première année. Ainsi, pour éviter un entretien dispendieux, la formation des têtes pour la première année se fait en pépinière ; il en est de même pour les têtes supprimées, que l'on conserve au contraire pêle-mêle dans des mottes de terre sèche, afin que la végétation ne soit pas provoquée avant la saison des pluies.

» Cependant, lorsque l'on a assez de morceaux pour une grande plantation, on l'exécute en plein champ, en rapprochant les mottes que l'on butte à chaque sarclage : par ce moyen, les espèces d'ignames d'Afrique et de Chine, qui ont la tendance de s'enfoncer, se modifient en s'élargissant. »

— Des comptes rendus sur leurs éducations des Vers à soie du chêne (*Attacus Pernyi* et *Yama-maï*) sont adressés par MM. J. Bignault, Hénon, Bazin, Feuillade, Lucien Huard et Simon.

— M. A.-L. Clément fait connaître que les cocons d'*Attacus Selene* provenant de l'éducation qui lui a valu une médaille de 1re classe de la Société, lui ont donné des papillons superbes comme taille et comme vigueur ; mais malheureusement, les éclosions s'étant produites à plusieurs jours d'intervalle, il n'a pu obtenir d'accouplement.

— M. Wailly, de Londres, nous annonce l'envoi de quelques œufs de *Samia Promethea*, et il exprime le regret de n'avoir pu y joindre des *Samia Ceanothi*, dont l'éclosion venait d'avoir lieu. La *S. Promethea* vit sur le cerisier et le lilas. — Remerciements.

— M. Trouette, de la Réunion, écrit à M. le Président : « Depuis quelques années nous perdons à la Réunion tous nos orangers et nos citronniers, qu'une gale-insecte épuise et qu'une chenille achève. Cependant on m'écrit de Saint-Pierre que les orangers plantés au milieu d'Eucalyptus sont préservés des chenilles, et, dans ce moment, je maintiens en bon état deux jeunes citronniers, en les arrosant tous les quinze ou vingt jours d'eau dans laquelle j'ai écrasé une poignée de feuilles d'Eucalyptus. Ce moyen m'a été indiqué après un succès. Réussirait-il contre le phylloxera ? Il me semble peu pratique sur de grandes surfaces ; mais ne pourrait-on pas essayer des haies, des plantations dans le voisinage ? C'est une idée que je livre à l'expérimentation. »

— MM. de Bénévent, Berthauld, Th. Pavie, Fabre-Firmin, Piton du Gault, E. Duval et Léo d'Ounous adressent des rapports sur la culture des végétaux qu'ils ont reçus de la Société.

— M. F. Menant rend compte de son cheptel de Faisans de Lady Amherst, et ajoute :

« Je profite de l'occasion pour vous faire part d'un résultat identique, cette année, à celui que je vous annonçais l'an dernier avec mes Faisans dorés.

» Cette fois ma Faisane a sous elle 8 œufs qu'elle couve avec une ardeur étonnante ; et ne comptant pas sur la nature, comme M. Liénard, je la lève deux fois par jour pour la faire boire et manger ; elle boit beaucoup, mange très peu et ne se poudre pas.

» Je n'ai pas eu, comme notre collègue, la patience de monter la garde de une heure à trois heures du matin pour veiller si elle mangeait des vers : je suis incrédule jusqu'à preuve renouvelée par plusieurs amateurs, et voici pourquoi :

» Quel est l'éleveur qui n'a pas remarqué les difficultés qu'éprouve le Faisan à s'orienter la nuit ? Son œil, comme le nôtre, n'est nullement constitué pour voir dans l'obscurité, et j'ai vu, plusieurs fois, qu'après des luttes sur le perchoir, des jeunes Faisans obligés de mettre pied à terre, et surpris par la nuit, ne pouvaient plus parvenir, malgré leurs efforts, à retrouver leur lit suspendu, et demeuraient blottis sur le sol, où ils s'installaient en aveugles jusqu'au lendemain.

» Avec une vue pareille, comment veut-on qu'ils puissent se livrer à la chasse de vers qui, dans quelques volières, sont excessivement rares ?

» J'ai même vu chez un éleveur voisin une volière formée d'une ancienne chambre, grillagée sur le devant, et dont le sol carrelé a été recouvert d'une couche de gravier sec de rivière, où certainement aucun vers ne peut pénétrer, et cependant chaque année une famille de Faisans argentés y couve et élève ses petits dans les mêmes conditions que ma Faisane dorée. »

Des comptes rendus de leurs cheptels sont adressés par plusieurs de nos confrères : MM. J. Bouguet, Bouchez, Roy, H. Delamain, docteur Jeannel, Boby de la Chapelle, Goubie, Gorry-Bouteau, Fischer, Guillon, Guibert, de Vauquelin, Babert de Juillé, Ribeaud, Delgrange, Peneau, Martel-Houzet, Dubord, comte de Montlezun, Lupel, Hardy, Siffait, Ponté, Lefort, Sabatier-Mandoul, Sénéquier, Le Guay, de Bénevent, Lartigue, Laval, Mantrant, baron de Langlade, Bourjuge, Collard et Burky.

Il est offert à la bibliothèque de la Société les ouvrages suivants :

1° *Compte rendu analytique des séances du Congrès viticole* tenu à Nîmes les 21, 22 et 23 septembre 1879. Nîmes 1880, in-8°.

2° L'*A B C du chauffage des serres*, par Charles de Vendeuvre, ingénieur constructeur à Asnières (Seine). Asnières 1880, in-8°. — Offert par l'auteur.

3° *L'Agriculture et les traités de commerce*, lettres à M. le Sénateur Président de la Chambre de commerce de Reims, par M. César Poulain. Reims, 1879, in-8°.

4° *Guide to the British section of the Berlin international fishery*. Exhibition of 1880. Berlin, 1880, in-8°.

5° *Internationale Fischerei-Ausstellung zu Berlin*, 1880. Schweiz. — I. Katalog der Schweizerischen Betheiligung. — II. Ichthyologiche Mittheilungen aus der Schweiz. Leipzig, in-8°.

6° *Esposizione internationale di Pesca in Berlino*, 1880. Sezione italiano. Catalogo degli espositori e delle cose esposte. Firenze, 1880, in-8°.

Pour le Secrétaire du Conseil,
L'Agent général,
JULES GRISARD.

IV. BIBLIOGRAPHIE

I

Études et voyages agricoles en France, en Allemagne, en Hollande, en Italie et en Suisse, par Eduardo Olivera (1).

Ces études et voyages ont un intérêt considérable. Né et élevé, comme il le dit lui-même, dans les champs, au milieu de scènes tranquilles et agrestes, loin de l'ébullition des grandes cités, l'auteur fit, en 1853, un premier voyage en Europe, et, à force de persévérance, devint l'un des élèves les plus distingués de l'école modèle de Grignon.

Revenu à Buénos-Ayres, où sa famille possède une grande propriété agronomique, il y mit en application plusieurs des observations recueillies pendant son laborieux séjour dans l'ancien monde. Comprenant l'immense importance pour la Confédération Argentine de populariser, sur un terrain d'exploitation préparé merveilleusement par la nature, les bonnes pratiques agricoles qu'a introduites la science dans le système économique des principales nations d'Europe, il fonda, en 1866, avec M. Martinez de Hoz, la *Société rurale Argentine*, dont il est resté président honoraire, quoiqu'il ait été chargé, depuis six années, dans son pays, de la direction générale des postes et télégraphes.

Quels qu'aient été, en effet, les soins assidus de l'administrateur, l'agronome n'a point abdiqué, et M. Olivera expose aujourd'hui, dans une édition remarquable, et avec la plus consciencieuse rectitude, l'état des situations agricoles en France, en Allemagne, en Hollande, en Belgique, en Italie et en Suisse, sources fécondes de comparaisons, d'assimilations et d'exemples.

Pour la Confédération Argentine, le livre de M. Olivera est d'une incontestable utilité.

Il y a peu d'années encore, ces belles contrées semblaient vouées exclusivement aux industries pastorales : aujourd'hui, en présence des premières réalisations obtenues, il est devenu manifeste pour tous que les plaines inutilisées de la Pampa sont appelées à devenir l'un des plus riches greniers du monde. Déjà de hauts chiffres sont atteints par les exportations de céréales.

M. Olivera montre, par des rapprochements aussi variés qu'instructifs, ce que l'agriculture a fait pour la prospérité générale des pays européens, et il conclut, comme Belgranodo, l'un des fondateurs de la nationalité argentine, l'avait fait lui-même dans un mémoire resté célèbre, « que l'importance des nations ne doit jamais se mesurer à l'or qu'elles accumulent

(1) *Estudios y viages agricolas en Francia, Alemania, Holanda, Belgica, Italia y Suiza*, par Eduardo Olivera. Buenos Ayres, 1879, 2 vol. in-8°.

dans leurs caisses, mais aux hectares de terre cultivée qu'elles possèdent».

En résumé, cet ouvrage, où d'ailleurs le côté sérieux et technique est pour ainsi dire contrebalancé par l'attrait pittoresque, et qui, des mains de l'agronome et de l'homme de science, peut passer sans déchoir dans celles de l'artiste et de l'homme du monde, rend, en quelque sorte, palpable la corrélation qui existe sur tous les points du globe entre les progrès agricoles d'un peuple et sa grandeur. B.

Le trésor de la ferme; livre d'or des travaux, pour chaque mois de l'année, du fermier, cultivateur, laboureur et jardinier. Grande feuille, en carte, pliée et cartonnée, etc. Paris, Le Bailly, 6, rue Cardinale.

Ce tableau présente 12 vignettes imprimées en rouge et figurant les principaux travaux agricoles de chaque mois de l'année, autour desquelles se trouvent indiquées les diverses occupations de chacun. Ces notions sont divisées en deux parties : *le sol*, fermier, attelages, main-d'œuvre, prairies, vignes, mûriers, jardin ; *le bétail*, fermier, charretier, bouvier, berger, porcher, coquetière, abeilles. Il contient en outre les trois cadres suivants : équivalents des principales substances alimentaires ; plantes fourragères des prairies naturelles et artificielles ; équivalents des principaux engrais organiques.

Nous verrions avec plaisir cette carte affichée dans les fermes.

AIMÉ DUFORT.

II. — JOURNAUX ET REVUES.

(Analyse des principaux articles se rattachant aux travaux de la Société.)

Comptes rendus des séances de l'Académie des sciences (Gauthier-Villars, 55, quai des Augustins).

12 juillet 1880. — *Sur l'étiologie du charbon* (1).

Une des maladies les plus meurtrières du bétail est l'affection que l'on désigne vulgairement sous le nom de *charbon*. La plupart de nos départements ont à en souffrir, les uns peu, les autres beaucoup. Il en est où les pertes se comptent annuellement par millions : tel est le département d'Eure-et-Loir. Ce fléau est parfois si désastreux en Russie, qu'on l'y nomme la *peste de Sibérie*.

D'où vient ce mal ? Comment se propage-t-il ?

Longtemps on a cru que le charbon naissait spontanément, sous l'influence de causes occasionnelles diverses : nature des terrains, des eaux, des fourrages ; mode d'élevage et d'engraissement. Mais, depuis

(1) Le mémoire que nous allons analyser a été transmis officiellement par l'Académie des sciences au Ministre de l'Agriculture.

que des recherches rigoureuses ont combattu la doctrine de la génération spontanée des êtres microscopiques, on s'est habitué, peu à peu, à l'idée que les animaux atteints du charbon peuvent prendre les germes du mal, c'est-à-dire les germes du parasite, dans le monde extérieur, sans qu'il y ait jamais naissance spontanée proprement dite de cette affection.

Nos premières expériences, commencées dans les premiers jours d'août 1818, ont consisté à nourrir des moutons avec de la luzerne, arrosée de cultures artificielles de bactéridies charbonneuses, et chargées du parasite et de ses germes. Beaucoup de ces animaux ont été malades; quelques-uns sont morts, et l'autopsie a montré chez eux des lésions pareilles à celles qu'on observe chez les animaux morts spontanément dans les étables, ou dans les troupeaux parqués en plein air. Le début du mal est dans la bouche ou dans l'arrière-gorge.

La cause ne serait-elle pas dans les animaux morts de cette affection, et enfouis dans la terre? Non, répondent certaines personnes, car il résulte d'expériences du docteur Davaine que l'animal charbonneux, après *sa putréfaction*, ne peut plus communiquer le charbon.

Cette assertion est exacte, et c'est ainsi que les équarrisseurs disent que tout danger a disparu quand l'animal est *avancé*, et qu'il faut n'avoir de craintes que s'il est encore chaud. En effet, dès que la bactéridie, sous son état filiforme, est privée du contact de l'air ou qu'elle est plongée dans le gaz acide carbonique, elle tend à se résorber en granulations très ténues, mortes et inoffensives. La putréfaction la place précisément dans ces conditions de désagrégation; et comme l'animal, au moment de sa mort, ne contient que le parasite à l'état filiforme, il est certain que la putréfaction l'y détruit dans toute sa masse.

Mais, au moment de l'enfouissement d'un animal mort du charbon, alors même qu'il ne serait pas dépecé, se peut-il que du sang ne se répande pas hors du corps, en plus ou moins grande abondance, par la bouche ou par les narines? C'est même un des caractères habituels de la maladie. Le sang, ainsi mêlé à la terre *aérée* environnante, n'est plus dans les conditions de la putréfaction; il est bien plutôt dans celles d'un milieu de culture propre à la formation des germes de la bactéridie.

Et, en effet, dix mois, puis quatorze mois après l'enfouissement d'un mouton mort du charbon, nous avons recueilli de la terre de la fosse, et il nous a été facile d'y constater la présence des corpuscules-germes du charbon, et, par l'inoculation, de provoquer sur des cochons d'Inde la maladie charbonneuse et la mort. Les germes se retrouvent malgré toutes les opérations de la culture et des moissons; tandis que, sur des points éloignés des fosses, la terre ne donne pas de charbon.

Mais comment ces germes peuvent-ils remonter à la surface et en sens inverse de l'écoulement des eaux de pluie? L'on sera bien surpris d'entendre l'explication de l'énigme: ce sont les vers de terre qui sont les messagers des germes, et qui, des profondeurs de l'enfouissement, ramènent à la surface du sol le terrible parasite. C'est dans les petits cylindres de terre que les vers rendent et déposent à la surface du sol, après les rosées du matin ou après la pluie, que se trouvent, outre une foule d'autres germes, les germes du charbon! Il est facile d'en faire l'expérience directe sur des vers que l'on fera vivre dans de la terre à laquelle on aura mêlé des spores de bactéridies : dans les cylindres terreux qui rempliront leur canal intestinal, on retrouvera, en grand nombre, les spores charbonneux. Or, la poussière de ces petits cylindres se répand sur les plantes, et c'est ainsi que les animaux prennent les germes du parasite.

On devra donc s'efforcer de ne jamais enfouir les animaux dans les champs destinés soit à des récoltes de fourrages, soit au parcage des moutons. L'on choisira des terrains sablonneux ou des terrains calcaires, mais très maigres, peu humides, peu propres, en un mot, à la vie des vers.

Mais, dans les résultats de ces premières expériences, que d'ouvertures pour l'esprit sur le danger possible des terres des cimetières et sur l'utilité de la crémation!

Quoiqu'il en soit, que les cultivateurs le veuillent, et l'affection charbonneuse ne sera bientôt plus qu'un souvenir; car si, dans une localité quelconque, on n'entretient pas les causes qui conser- vent le charbon, il disparaît en quelques années.

(M. Pasteur, avec la collaboration de MM. Chamberland et Roux.) A. D.

III. — Publications nouvelles.

Culture des vignes américaines et moyens pratiques de reconstituer promptement les vignobles; par Félix Bounaud, de la Société d'agriculture du Var. In-8, 17 p. Draguignan, imp Latil.

Du reboisement des montagnes et de la culture forestière dans le département du Rhône; par le comte du Sablon, du conseil général du Rhône. In-8, 51 p. Lyon, imp. Storck; librairie Georg.

Culture raisonnée, facile et économique des mouches à miel; par M. de Lasalle. In-16, IX-218 p. Bourges, imp. Pignelet; l'auteur, 5, rue Joyeuse.

Le Gérant : Jules Grisard.

PARIS. — IMPRIMERIE E. MARTINET, RUE MIGNON, 2.

DES PRÉTENDUS EFFETS NÉFASTES
DES ALLIANCES CONSANGUINES

Par V. LA PERRE DE ROO

(*Fin.*)

Conclusions du docteur A. Sanson, membre de la Société d'Anthropologie, professeur de zootechnie et de zoologie à l'École nationale de Grignon et à l'Institut national agronomique.

M. A. Sanson, qui a traité cette question à fond, démontre avec beaucoup de logique les avantages de la consanguinité dans les alliances, et dit :

« Le mot *sélection* signifie proprement : choix entre divers objets. Dans son acception zootechnique, il a une signification plus précise et plus déterminée; il sert pour désigner tout un système d'amélioration des animaux, qui consiste à étendre et à fixer dans une race les qualités et les aptitudes qui s'y produisent, *par l'accouplement des sujets qui présentent ces qualités et ces aptitudes au plus haut degré*. C'est ce qu'on appelle *propagation dans la race* (in and in des Anglais), et dont la *consanguinité* n'est qu'un cas particulier.

» Que les accouplements aient lieu de famille à famille, dans la race, ou entre parents dans la famille même, on fait toujours de la sélection, à la seule condition que les reproducteurs soient choisis en vue du résultat proposé.

» La sélection est donc, dans sa signification la plus simple, *une application complète de la loi d'hérédité* et le moyen le plus certain d'arriver à la réalisation de cette loi. S'il est vrai que les reproducteurs transmettent à leurs descendants les formes et les aptitudes qui les caractérisent, *cette transmission doit être d'autant plus efficace et plus sûre, que lesdites formes et aptitudes existeront à un égal degré chez les deux individus accouplés*. La loi d'hérédité agissant *de part et d'autre dans le même sens*, il n'y a pas de raison pour que e produit ne soit pas en tout semblable à ses procréateurs, c'est-à-dire conforme à leur type, à moins que le défaut de constance dans ce type ne donne prise à l'influence de l'atavisme, dont nous avons formulé la définition.

» C'est précisément cette influence qui rend les opérations de sélection difficiles et lentes dans leurs résultats. Si les améliorations une fois produites chez les individus se transmettaient ensuite infailliblement par la génération, on conçoit que le perfectionnement dans le bétail serait sinon chose facile, du moins très rapide. Mais, ainsi que nous l'avons vu, cette transmission sûre a pour première condition *la constance de la race*, et c'est pour communiquer aux améliorations ce caractère de fixité dont elle répond, c'est pour en faire un attribut de race, qu'on cherche à les obtenir par sélection. Chaque transmission héréditaire, lorsqu'elle se produit, les fixe davantage et les rend plus propres à une transmission ultérieure; et cela d'autant mieux que l'hérédité, dans ce cas, a pour puissant auxiliaire *le concours des circonstances hygiéniques sous l'influence desquelles ces améliorations se sont développées primitivement* chez les animaux accouplés pour leur reproduction.

» L'atavisme, en effet, n'a point de correctif plus puissant que ces *circonstances hygiéniques*, dont l'action s'exerce sur les produits de la conception, par l'intermédiaire de la mère, en sens inverse de sa tendance; de même qu'il n'a pas non plus, pour se produire, des conditions meilleures que la sollicitation, pour ainsi dire, d'un milieu favorable à son action. Ce qui s'observe chaque jour dans les opérations de croisement, entreprises chez nous d'une façon si peu judicieuse, fournit la preuve bien palpable de cette vérité. Il n'y a, pour s'en assurer, qu'à comparer les résultats obtenus, dans les localités où la culture est avancée, *avec ceux qui se produisent au milieu des contrées stationnaires où l'hygiène n'a subi aucune amélioration*. Là où la culture est avancée, les produits tiennent ordinairement plus ou moins du père, qui est l'agent du perfectionnement cherché; ici, au contraire, où la culture est restée stationnaire, le métissage ramène infailliblement et promptement les produits à ceux de la mère, quelque soin que l'on mette aux accouplements. Il n'y a pas à se méprendre sur la signification de ces faits incontestables. Les principaux caractères de la famille ovine créée à Charmoise par Malingée *se transmettent et se maintiennent lorsque ses membres sont transportés dans les fermes de la région du Nord, où ils sont abondamment nourris, comme dans le lieu même de la création;* mais dès qu'ils se reproduisent au Centre ou au Midi, dans les conditions ordinaires de la culture de ces pays, le Berrichon ou le Solognot prend le dessus, et il ne reste plus rien du type New-Kent. Celui-ci disparaît d'autant plus tôt que la disproportion est plus grande entre ses aptitudes propres et *les moyens de les satisfaire*, c'est-à-dire entre sa puissance d'assimilation et *les ressources fourragères du pays*. Autant en peut-on dire des sujets anglo-mérinos.

Nous ne suivrons pas M. Samson dans ses intéressantes observations sur l'influence du mâle sur les produits, qui nous entraîneraient trop loin, et nous passerons à ses conclusions.

« Ainsi donc, dit M. Sanson, il résulte bien clairement des considérations qui viennent d'être développées, que la conformation et les aptitudes des animaux ont pour condition première, pour point de départ principal, les circonstances hygiéques au milieu desquelles ils se développent.

» Il s'agit maintenant d'examiner une question fort importante.

» Dans quelle limite la sélection peut-elle utilement s'exercer, et que faut-il penser des idées généralement répandues sur l'influence de la *consanguinité ?* Y a-t-il des inconvénients à opérer la sélection dans la famille, et même en proche parenté ; ou bien y aurait-il au contraire des avantages ?

» On compterait facilement les zootechniciens et les éleveurs qui ne partagent pas, au sujet de la consanguinité, ou accouplement des proches parents entre eux, le préjugé commun. Sans que personne ne se soit jamais donné la peine de le prouver, on croit, en général, que les mariages consanguins sont une cause nécessaire d'affaiblissement et de dégénérescence pour les familles et pour les races. Le seul fait de l'union, dans l'acte générateur, de deux individus appartenant à ce que l'on appelle le même sang, suffirait pour donner naissance à un vice constitutionnel, dont l'intensité s'accroîtrait comme les générations consanguines. Les *lois morales* des peuples ont beaucoup contribué à fortifier ce préjugé.

» Il faut dire, cependant, que l'examen sérieux de la question démontre qu'il n'y a absolument rien de fondé dans tout cela. *La consanguinité, en temps qu'union d'un même sang, ne saurait avoir aucune influence fâcheuse.* La physiologie commande de le considérer ainsi, et les faits, quels qu'ils soient d'ailleurs, en viennent donner la preuve incontestable.

» Il est bon, d'abord, de faire remarquer que dans les observations invoquées à l'appui de l'influence pernicieuse de la consanguinité, on a toujours négligé de distinguer entre cette influence et celle de l'*hérédité morbide*, tout aussi constante, nécessairement, que l'hérédité normale, sur laquelle nous avons tant insisté. On a, par conséquent, attribué à la consanguinité *ce qui était le fait de l'hérédité morbide*, ou tout au moins pourrait l'être. Cela suffit, en tout cas, pour ôter toute valeur probante aux observations invoquées. On comprend facilement que, dans les accouplements consanguins, les inconvénients de cette transmission des vices continuels s'accroissent comme les avantages de la fixation des améliorations; car, ainsi que l'a dit avec raison M. Eug. Gayot, la consanguinité, c'est *la loi d'hérédité* agissant à puissances cumulées, ainsi que deux forces parallèles appliquées dans le même sens.

» Ces trois dernières lignes expriment exactement et clairement quel doit être le rôle de la consanguinité dans la sélection. Il est certain, d'après cela, qu'elle est le moyen le plus certain de fixer les améliorations et d'arriver en peu de générations au but du perfectionnement. L'expérience l'avait démontré aux grands éleveurs anglais; ce doit être maintenant une des vérités les mieux acquises à la zootechnie. *L'influence malfaisante de la consanguinité est une fable;* comme tant d'autres opinions reçues et que l'on respecte en raison de leur ancienneté, c'est une simple création de l'esprit en faveur de laquelle aucun fait n'est venu déposer. Ceux que l'on invoque sont des faits complexes dans lesquels il est absolument impossible de faire aucune part à *l'influence abstraite* de la consanguinité, puisque jamais l'état constitutionnel des procréateurs n'a été constaté. Comment distinguer, dans ces cas, cette *influence abstraite* de celle *bien démontrée de l'hérédité morbide ?* Les observations en sens inverse ont, par contre, une valeur absolue, et elles sont nombreuses.

» On ne trouverait à l'appui de l'opinion reçue sur l'influence malfaisante de la consanguinité aucune observation *authentique et bien recueillie*, qui pût contrebalancer la valeur de l'histoire détaillée de la famille du docteur Bourgeois, tracée par lui-même, non plus que des autres passées à dessein sous silence. Les faits rigoureusement constatés font voir que les accouplements consanguins pratiqués entre individus sains et bien constitués réunissent précisément toutes les conditions physiologiques capables de donner lieu plus sûrement que les autres à un produit réunissant au plus haut degré possible les mérites de ses ascendants. Mais il faut ajouter que, de toute nécessité, cela est également vrai pour les défauts ou pour les vices. D'où il suit tout simplement que la sélection attentive doit s'exercer dans le cas de la consanguinité comme dans les autres, et même encore avec plus de soin, si l'on veut; mais on concevra sans peine que cette nécessité est tout à fait indépendante de la *consanguinité, parfaitement innocente des reproches qu'on lui adresse, et qui n'ont de fondement que dans le préjugé.*

» Il importe à la zootechnie de renoncer à ce préjugé et de se débarrasser de la préoccupation fautive qu'il lui cause. On peut, sans crainte de sortir des limites assignées aux vérités démontrées, poser en principe absolu que dans la conservation et l'amélioration des races par voie de sélection, celle-ci-peut s'exercer en toute liberté dans la race, sans s'arrêter à la considération des liens de parenté; on peut même ajouter que la sélection est d'autant plus efficace qu'elle exerce son action dans la famille même et entre proches parents. C'est le meilleur moyen d'obtenir *de la loi d'hérédité* tout ce qu'elle est capable de donner, en bien comme en mal ; *mais*, encore une fois, la consanguinité ne peut avoir d'influence qu'en ce sens : elle ne produit pas les défauts ou les vices ; elle ne fait que les transmettre à peu près à coup sûr, *quand ils existent*. Or, l'objet même de la sélection est d'écarter ces défauts et ces vices, pour rechercher, au contraire, les qualités utiles et les développer. »

Conclusions du docteur Gallard.

Le docteur Gallard, après avoir examiné successivement les opinions qui ont été énoncées par Joseph de Maistre, Rilliet, Boudin, Devay, Dally, Mitchell, Bourgeois, Seguin, Voisin et d'autres, arrive aux conclusions suivantes :

I. Les unions consanguines, à quelque degré de parenté qu'elles soient contractées, n'ont aucune influence fâcheuse sur la santé des enfants, si les époux sont parfaitement sains, si leur famille ne présente aucun vice héréditaire apparent ou caché, et s'ils sont d'âge convenablement assorti.

II. Ces unions donnent, au contraire, des résultats fâcheux, pour peu que l'état sanitaire de la famille laisse à désirer. Ces effets se produisent alors même que les deux époux seraient, *en apparence*, parfaitement sains, et ne présenteraient aucune trace d'un des vices héréditaires qui existeraient dans la famille. Dans ce cas, les résultats de l'union de deux époux consanguins seraient infiniment plus déplorables que ceux de l'union de deux époux étrangers, alors même que chacun de ces derniers serait plus gravement affecté du même principe morbide que les époux consanguins.

Mais ce sont là *des conclusions purement théoriques*. Si nous voulons en déduire des conséquences pratiques, nous proclamerons tout d'abord la nécessité de s'abstenir de toute réclamation auprès des pouvoirs publics dans le but de leur demander de modifier, d'une manière quelconque, les prohibitions légales imposées aux mariages entre proches, puisqu'il est démontré que la *question médicale n'a pesé d'aucun poids dans les premières décisions du législateur*. Il serait, en effet, exorbitant que la loi, qui laisse un phthisique, un cancéreux, un épileptique, parfaitement libres de contracter mariage, s'inspirât des dangers que peut faire courir la consanguinité pour prohiber les mariages entre parents, à un degré quelconque. Ce n'est pas à elle de s'occuper de ces questions de santé individuelle; c'est un soin qui incombe exclusivement aux familles.

Mais les familles, dans leur sollicitude, peuvent interroger leur médecin, et il convient maintenant d'indiquer dans quel sens il devra les diriger. Rien n'est plus facile. Lorsque le médecin sera depuis longtemps en relation avec une famille, lorsqu'il en connaîtra bien tous les membres, lorsqu'il aura pu étudier minutieusement, et même à leur insu, les aptitudes maladives de chacun d'eux, il pourra donner un conseil utile.

Si cette famille est parfaitement saine; si les accidents, en remontant jusqu'à l'auteur commun d'où procèdent les deux cousins qui veulent constituer mariage, ont toujours joui d'une parfaite santé; s'il n'y a chez eux aucune de ces maladies chroniques ou de ces prédispositions morbides qui peuvent se transmettre *héréditairement*, ou qui, en se modifiant, peuvent imprimer un cachet maladif sur la descendance, alors il pourra non seulement autoriser le mariage entre proches, *mais il devra même le conseiller, l'encourager, avec la certitude qu'il donnera des résultats excellents*.

Si, au contraire, le médecin connaît dans la famille commune un vice héréditaire de quelque nature qu'il soit, il sera de son devoir de s'opposer par tous les moyens de persuasion dont il pourra disposer à l'accomplissement de l'union projetée.

(*Nouveau Dictionnaire de médecine et de chirurgie*, du docteur Jaccoud, t. IX, p. 93).

Conclusions du docteur Bonnafond.

M. le docteur Bonnafond est de l'avis de M. Dally, que la consanguinité rentre purement et simplement sous l'empire des lois de l'hérédité. Car, ajoute le savant docteur, d'après le résultat des documents que j'ai recueillis pendant un grand nombre d'années sur la surdi-mutité, j'ai constaté que les surdi-mutités consanguines étaient moins nombreuses que les surdi-mutités provenant des mariages normaux. C'est ce fait que j'ai consigné dans mon traité des *Maladies des oreilles.*

Conclusions de M. Huzard, ancien vétérinaire, membre de l'Académie de médecine, officier de la Légion d'honneur.

« Dans les accouplements entre consanguins, où l'on allie l'être d'une mauvaise constitution avec un consanguin bien constitué, où l'on allie entre elles deux mauvaises constitutions, on accusera, si l'on veut, la consanguinité d'être la cause des mauvais produits. Quant à moi, dit M. Huzard, qui vois que *le même résultat se montre dans les accouplements d'animaux de familles différentes dans la même race*, j'attribue ce résultat à la loi de l'hérédité, à cette loi si notoirement reconnue, qui veut que l'enfant ressemble aux père et mère.

» En conséquence, selon moi, dans une race bien établie, si on n'emploie à la reproduction, sous le régime et sous les influences qui ont formé cette race, que les animaux qui ont une solide constitution, et si on éloigne avec soin tous ceux qui pèchent sous ce rapport, on conservera la famille intacte, bien constituée, avec le système de la consanguinité la plus rapprochée. Les faits les plus probants ne laissent aucun doute à cet égard. Comme aussi, si on oublie que dans cette race, dans cette famille, il se produit des exceptions mal constituées, et si on n'éloigne pas celles-ci de la reproduction, alors la famille pourra s'abâtardir, *sans que la consanguinité en soit la cause.*

» Le mot consanguinité, dit M. Huzard, signifie relation. Ce mot, appliqué pour désigner une maladie ou un résultat matériel, devient un mensonge de l'imagination :

» En ce que cette maladie n'a aucun signe, *aucun symptôme propre ;*

» En ce qu'en faisant signifier au mot un *fait matériel*, et en rendant ce fait matériel générateur de toutes les diathèses maladives, c'est, pour le physiologiste et même pour le pathologiste, démontrer que le fait n'existe pas ;

» En ce que, dans l'élevage des espèces d'animaux domestiques (les espèces et les races de boucherie exceptées, bien entendu), *les alliances entre consanguins sont le meilleur moyen de reproduire les qualités recherchées, et, même sous une bonne hygiène, d'améliorer la constitution.* »

Conclusions. — 1° Si les alliances entre consanguins devaient avoir pour résultat l'abâtardissement des individus et des races, ce résultat serait l'effet d'une loi.

2° Une pareille loi ne se déduit que de faits bien établis, se reproduisant d'une manière constante.

3° Aucun fait bien établi se reproduisant d'une manière constante, aucune expérience directe, ne viennent donner lieu à la probabilité de l'existence de cette loi.

4° Les expériences indirectes de chaque jour, faites dans un but d'économie agricole, montrent, au contraire, que *le meilleur moyen de créer et de conserver de bonnes races est*, sous un régime approprié et au moyen d'un bon choix, *le système des alliances entre consanguins.*

Comme aussi les faits agricoles prouvent que les défauts héréditaires, accidentels, ou provenant d'un mauvais régime, se reproduisent, s'aggravent même par les alliances entre consanguins.

5° Enfin la saine critique des faits avancés à l'appui de l'idée du mauvais effet de la consanguinité dans les alliances fait voir que ces mauvais effets sont ceux du climat, d'un mauvais régime, de l'hérédité, et qu'ils deviennent d'autant plus constants, d'autant plus difficiles à faire disparaître, que l'hérédité date de plusieurs générations, que l'atavisme est plus ancien, et que l'influence de la localité et du mauvais régime ne cesse pas.

Enquête sur la population de Batz, par le docteur Voisin.

Comme c'est dans les petites localités qu'il est le plus facile de faire des observations, je citerai encore le résultat d'une enquête faite dans la commune de Batz, dans la Loire-Inférieure, par le docteur Voisin.

« Depuis longtemps, dit le docteur Voisin, les habitants du bourg se marient entre eux, sauf de très rares exceptions. C'est dans le pays un titre de noblesse que d'être du bourg de Batz, et il est rare de voir des unions avec les gens du Croisic et du Pouliguen. Les habitants de Batz sont ou sauniers ou paludiers, et passent leur existence en plein air, près de la mer, dans des marais salins; leur industrie est la préparation du sel ; femmes et hommes sont *très robustes*, de *haute taille* et *d'une belle santé*. Leurs conditions hygiéniques sont du reste admirables, et la misère est inconnue dans ce pays.... Il est fort peu d'habitants qui soient parents au delà du sixième degré ; pour la plupart d'entre eux la parenté est du troisième au cinquième degré; les enfants sont nombreux, de 2 à 8 par mariage. »

Enquête faite sur la population de Batz, par l'Association scientifique de Nantes.

M. le docteur Dally, dans un rapport adressé à la Société d'Anthropologie, raconte qu'une occasion exceptionnelle d'étudier la question s'était présentée aux anthropologistes, lors de la réunion de l'Association scientifique à Nantes, en 1875. On avait fréquemment cité la commune de Batz pour ses nombreux mariages consanguins, et, désirant vérifier les allégations du docteur Voisin, les membres de l'Association scientifique firent une excursion jusqu'au bourg, dont la population s'élève à 3000 habitants, tous cousins ou tout au moins descendant d'une dizaine de familles, dont les noms cantonnés à Batz ne se retrouvent même plus dans les communes voisines de Pouliguen ou du Croisic.

Tous les habitants, comme l'a constaté le docteur Voisin, qui est originaire de cette région, étant proches parents, on conçoit que c'est surtout ici que, depuis des siècles, la consanguinité aurait dû exercer ses ravages, car une cause nuisible par elle-même l'est en toutes circonstances, si elle touche les éléments sur lesquels elle agit. On pouvait donc s'attendre à rencontrer à Batz une effroyable accumulation de sourds-muets, becs-de-lièvre, rétinites pigmentaires, sexdigitaires, bossus et idiots. Or, il n'en a rien été, et c'est à ce point que M. le professeur Bureau, qui connaît à fond toute la population de cette commune, n'a pu signaler avec l'instituteur primaire que deux infirmes, un jeune garçon et une vieille femme, sur 2733 habitants, si bien consanguins qu'ils se répartissent en une quinzaine de familles.

Conclusions du docteur Broca.

La population de Batz (où depuis longtemps les habitants se marient entre eux, sauf de rares exceptions) est remarquable entre toutes, dit le docteur Broca, par la vigueur de la constitution et l'état florissant de la santé. Cette preuve à l'appui de la doctrine soutenue par les docteurs Dally et Terrier est péremptoire.

Il y a donc, aujourd'hui plus que jamais, lieu de conclure que par elles-mêmes les alliances entre consanguins ne comportent aucune influence favorable ou défavorable sur la postérité de la race. (Compte rendu de la session de Nantes, de l'Association scientifique, 1875, p. 899.)

Enquête faite à Pauliac, par le docteur Ferrier.

Le docteur Ferrier cite un autre exemple et dit : « Pauliac compte 1700 habitants ; la plupart sont des marins robustes, vigoureux et bien constitués ; les femmes sont renommées pour la beauté et la fraîcheur de leur teint, il n'y a peut-être pas de localités en France où les mariages entre consanguins soient plus fréquents, et où les cas d'exemptions militaires soient plus rares. » Ce qui prouve que les hommes issus de ces unions sont tous vigoureux et bien portants.

Conclusions du docteur Dally, chevalier de la Légion d'honneur, président de la Société d'Anthropologie.

Le docteur Dally, président de la Société d'anthropologie, attaque avec vivacité les résultats fantaisistes publiés par Devay et Boudin ; sa critique sévère épure tous les documents, démontre le peu d'importance qu'il faut attacher à des statistiques aventureuses ou à des opinions exagérées.

Le docteur Dally cite une famille dans laquelle, depuis cent cinquante ans, cinq générations se sont mariées entre consanguins (cousins germains, des filles de cousins germains ont épousé leurs oncles) : chaque mariage a eu en moyenne de 3 à 4 enfants, soit un total de 120 à 180 rejetons. *Pas d'infirmités.* Il faut cependant reconnaître que c'est surtout dans ces cas de consanguinité superposée que celle-ci devrait concentrer ses prétendus funestes effets dans toute sa puissance.

Le docteur Dally a fait une enquête à l'établissement des sourds-muets de Paris et arrive aux conclusions suivantes : « Sans doute, on a pu recueillir en France des observations de mariages entre consanguins, dont les enfants ont été atteints d'infirmités. Mais on ne voit pas pourquoi les enfants issus de consanguins échapperaient aux accidents qui peuvent atteindre tous les enfants. Pour *six sourds-muets* de la première catégorie, qui sont ou ont été pensionnaires à l'institution de Paris, on en compte 315 qui proviennent de mariages entre individus sans aucun lien de parenté entre eux..., Tandis que les faits morbides portés à la charge des unions consanguines ne prouvent rien contre ces unions, parce qu'ils peuvent être dus à d'autres causes que la consanguinité, les faits de consanguinité collectifs ou isolés prouvent au moins que les dangers annoncés ne sont pas, et un seul fait de cette nature constaté pour une longue période réfute complètement l'opinion anticonsanguiniste.

» *Conclusion.* — L'opinion refuse à voir dans la consanguinité, dit le docteur Dally, un cas particulier de l'hérédité, comme l'a dit le savant président de la Société d'Anthropologie,

M. de Ranse, ou, selon les termes de M. Sanson, l'hérédité élevée à sa plus haute puissance est désormais la seule soutenue. Que les mariages consanguins produisent fréquemment des effets morbides, cela ne fait pas de doute ; *il n'y a aucun doute non plus que les mariages mixtes ne se trouvent dans le même cas*, et il y a de grandes probabilités pour que des résultats semblables aient leur cause dans les conditions communes, c'est-à-dire en dehors de la consanguinité, *dans l'hérédité*. »

« La question des mariages consanguins est donc close, pour faire place à la question plus large de l'hérédité, et le spectre menaçant de la consanguinité, *ipso facto*, s'est évanoui. »

Conclusions du docteur Calvet.

Dans une discussion scientifique sur les mariages consanguins, dans laquelle le docteur Rascol soutint l'innocuité de ces sortes d'unions et invoqua à l'appui de ses arguments des observations qu'il avait recueillies dans le canton de Murat, le docteur Calvet énonça l'opinion suivante :

« Dans les influences attribuées aux alliances consanguines, l'hérédité, dit le docteur Calvet, me paraît jouer le principal rôle. Ce que j'ai pu observer jusqu'ici ne saurait faire admettre que la consanguinité soit la cause des difformités que l'on a notées chez les enfants issus de semblables unions. Dans ma clientèle, je connais beaucoup de mariages entre cousins germains qui n'ont que des enfants forts, vigoureux et jouissant d'une excellente santé.

» Je crois que dans l'étude de cette question on a trop laissé de côté le fait d'hérédité, et c'est là l'élément qui entre comme cause dans les divers cas d'infirmités qu'on a relatés (1). »

Conclusions du docteur Lacassagne.

» La consanguinité, dit le docteur Lacassagne, n'offre aucun

(1) *Revue médicale.*

danger, bien au contraire ; dans les races pures, elle y avorise même la transmission des meilleures qualités physiques et morales. »

Conclusions du docteur Rascol, de Murat.

« Pénétré de l'importance du sujet aussi bien que de l'urgence de la solution à obtenir, dit le docteur Rascol, j'adresse à la Société de Castres le résultat de mes recherches. Si chaque membre de notre association veut bien prêter son concours, nous ne tarderons pas à être renseignés sur les dangers ou l'innocuité des alliances consanguines dans notre arrondissement. Que chaque société locale en fasse autant, et cette question, qui est aujourd'hui enveloppée d'incertitude et d'obscurité, sera bientôt définitivement résolue.

» Pour le moment, j'ai concentré mes recherches et mes observations sur les mariages entre cousins germains dans la paroisse de Murat, à partir de 1840. Parmi les dix dont il sera question, il y en a deux qui remontent à une époque reculée et sur lesquels j'ai eu des renseignements de la bouche des descendants; il y en a deux autres étrangers à la paroisse : je les ai vu contracter, et je compte ces deux familles parmi mes clients.

» A l'exemple de M. Voisin, j'ai choisi pour la désignation du degré de parenté le mode adopté par l'Église comme étant le plus simple. Voici d'abord les deux premiers exemples qu'on m'a rapportés et qui, malgré le manque de détails circonstanciés, ne me semblent pas dénués d'intérêt, puisqu'ils portent sur deux générations successives issues de deux mariages consécutifs entre germains, dans la même famille.

Le savant docteur passe ensuite en revue les dix mariages entre cousins germains qu'il a étudiés, et arrive aux conclusions suivantes :

« De l'ensemble des faits que je viens d'exposer, il m'est permis de conclure, ajoute le docteur Rascol :

» 1° *Qu'il n'existe aucune espèce de rapport, notamment de cause à effet, entre la consanguinité des époux et la surdi-mutité des enfants ;*

» 2° *Que les autres infirmités, telles que l'albinisme, la folie, l'idiotisme, etc., que M. Boudin soupçonne être le résultat de la consanguinité des auteurs des enfants qui en sont atteints, n'en sont pas plus justiciables que la surdi-mutité ;*

» 3° *Que les maladies que les enfants issus de mariages consanguins portent en venant au monde sont, le plus souvent, la manifestation de certaines diathèses ou vices héréditaires transmis par leurs auteurs, en dehors de toute influence de la consanguinité ;*

» 4° *Que ces transmissions par hérédité sont d'autant plus à craindre pour les enfants, que la diathèse dont elles sont l'expression est plus manifeste chez le père et chez la mère ;*

» 5° *Que la stérilité et les avortements ne sauraient être imputés à la consanguinité des époux.*

» Docteur RASCOL. »

DES INTERDICTIONS CIVILES ET RELIGIEUSES.

Nous avons déjà dit que le prêtre et le législateur ne s'étaient pas laissé diriger par des considérations sanitaires ou hygiéniques, mais uniquement par des principes de haute morale, en prohibant le mariage entre proches parents, alors que la famille vivait patriarcalement réunie en une seule tribu, dont l'aïeul était le chef.

Cependant, on continue à invoquer les prohibitions religieuses et légales comme une présomption de la nocuité des alliances entre consanguins. Il importe donc de faire connaître les opinions de saint Augustin, de saint Thomas et des législateurs qui ont abordé cette question et qui ont expliqué les raisons de ces interdictions.

Voici ce que dit saint Augustin, dans la *Cité de Dieu* (liv. XV, chap. XVI) : « Peu de temps après la création, les mariages entre frère et sœur ont été défendus, *par une raison très juste, celle de la charité.* C'était le plus précieux intérêt des hommes de multiplier entre eux les liens d'affection, et, loin de concentrer les alliances sur un seul, de les diviser plutôt par tête pour embrasser le plus grand nombre dans a chaîne sociale.... Qui peut douter qu'il soit plus honnête aujourd'hui de prohiber le mariage même entre cousins; et non seulement pour les raisons précédemment alléguées, *afin de multiplier les affinités dans l'intérêt de la paternité humaine* (1) au lieu de les réunir sur une seule tête, mais encore parce qu'il est un noble instinct de pudeur qui, en présence des personnes que la parenté nous ordonne de respecter, fait taire en nous ces désirs dont nous voyons rougir même la chasteté conjugale. »

Sous Charlemagne, les alliances entre parents furent interdites jusqu'au quatrième degré, et sous Philippe Ier on avait étendu ces restrictions jusqu'au septième degré.

Saint Thomas explique les motifs de ces prohibitions de la manière suivante :

« On défend de se marier ensemble à toutes les personnes qui ont coutume d'habiter dans la même famille, *parce que si elles avaient pu avoir ensemble licitemeut des relations charnelles, cette liberté aurait vivement embrasé leurs passions ;* mais sous la loi nouvelle, qui est la loi de l'esprit et de l'amour, on a défendu plusieurs degrés de consanguinité parce que le culte de Dieu se répand et se multiplie par la grâce spirtuelle et non par l'origine charnelle. Par conséquent, il faut que les hommes soient plus éloignés des choses charnelles, et que, s'attachant aux choses spirituelles, l'amour se répande en eux de plus en plus. C'est pourquoi autrefois on empêchait le mariage jnsqu'aux degrés les plus éloignés, *afin que l'amitié naturelle s'étendît à un plus grand nombre.* On l'avait étendu avec raison jusqu'au septième degré; mais ensuite l'Église l'a restreint jusqu'au quatrième, parce qu'il était inutile et dangereux de défendre au delà les degrés de consanguinité. »

Dans un rapport sur les mariages, adressé au Corps législatif, le 16 ventôse an II, le conseiller d'État Portalis s'exprime comme suit :

(1) Dans le but de la propagation du christianisme.

« L'oncle tient souvent la place du père ; dès lors il doit en remplir les devoirs. La tante n'est pas toujours étrangère aux soins de la maternité. Les devoirs de l'oncle et les soins de la tante ne pourraient jamais s'accorder avec les procédés moins sérieux qui précèdent le mariage et qui le préparent.... Les raisons qui ont pu empêcher les unions entre cousins germains n'existent plus. Les motifs de pureté et de décence qui faisaient écarter l'idée du mariage de *tous ceux qui vivaient sous le même toit et sous la surveillance d'un même chef ont donc cessé.* D'autres motifs semblent nous engager, au contraire, à protéger l'esprit de famille contre l'esprit de société. »

Voici enfin comment s'exprimait le tribun Gillet, dans un autre rapport sur le mariage :

« Il est de l'intérêt de la société que l'intimité des familles *ne soit point une occasion de séductions corruptrices, d'entreprises et de rivalités*, mais qu'au contraire la pudeur y repose comme dans son asile maternel. Outre quelques idées probables sur la perfectibilité physique, il y a donc un motif moral pour que l'engagement réciproque du mariage soit impossible à ceux entre qui le sang ou l'affinité a déjà établi des rapports directs ou très prochains, *de peur que la pureté de leurs affections mutuelles ne soit troublée par les illusions d'une autre espérance.* »

Il ressort clairement de l'ensemble de ces exposés des motifs que les lois civiles et religieuses, qui interdisent les mariages entre proches parents et entre *parents par alliance*, ont eu pour but d'empêcher de regrettables rapprochements sexuels que la vie patriarcale ou la vie commune sous un même toit rendait trop faciles, et que ces prohibitions ne s'appuient nullement sur des considérations sanitaires ou hygiéniques, comme les adversaires de la consanguinité le prétendent.

DE LA CONSANGUINITÉ SAINE ET DE LA CONSANGUINITÉ MORBIDE.

Quelques médecins prétendent que les alliances entre consanguins n'offrent aucun danger si les conjoints sont exempts de tout vice *héréditaire :* c'est ce qu'ils appellent la *consanguinité saine;* mais que, d'autre part, les mariages consanguins sont nuisibles quand les conjoints sont affectés de maladies *héréditaires*, dont l'intensité s'accroît alors, non par simple addition, *mais par une sorte de progression élevée jusqu'à l'exagération la plus extrême*, au moyen de la consanguinité répétée : c'est ce qu'ils appellent la *consanguinité morbide, entachée de vices héréditaires.*

Ces entités morbides exceptionnelles d'une affection qui n'est pas symptomatique et qui n'existe que dans l'imagination ne reposent sur aucune statistique, ni sur aucun groupe de faits ou d'observations, et ne sont, conséquemment, pas plus admissibles que l'opinion qui attribue à la consanguinité, *ipso facto*, un principe de viciation organique.

La prétendue maladie consanguinité n'existant pas chez les procréateurs, ce n'est pas, comme le fait très bien remarquer le docteur Murat, par le raisonnement, mais bien par des statistiques, par un nombre considérable de faits où de grandes statistiques ont été méthodiquement relevées, qu'on peut élucider la question.

Or, où sont ces faits, ces statistiques qui établissent que les alliances consanguines sont nécessairement *plus* nuisibles que les mariages ordinaires, *quand elles ont lieu entre sujets affectés de maladies héréditaires?*

Ces exemples n'existent pas ; et, en l'absence de preuves concluantes, le simple bon sens et la raison suffisent pour démontrer toute l'absurdité de ces raisonnements.

Ainsi, d'après ce raisonnement, un individu affecté de scrofule et de tubercules pulmonaires, qui choisirait en dehors de sa famille une femme de constitution scrofuleuse comme lui, aurait des enfants moins scrofuleux que s'il épousait une cousine germaine ; un rachitique qui épouserait une femme rachitique choisie en dehors de sa famille aurait des enfants plus vigoureux que s'il épousait une cousine germaine affectée de rachitisme comme lui. L'homme-chien qui épouserait une femme velue comme lui, choisie dans la famille velue de Birmanie, par exemple, aurait la chance d'avoir des enfants moins velus que s'il épousait une cousine germaine présentant les mêmes difformités, et cela par le seul fait de la consanguinité des époux.

D'après ce raisonnement, il y aurait aux lois d'hérédité une exception pour la consanguinité morbide qui élèverait, *ipso facto*, l'hérédité à sa plus haute puissance.

A mon sentiment, une cause nuisible par elle-même exerce ses ravages en toutes circonstances, et des unions contractées entre deux sujets affectés de scrofule, de rachitisme ou d'autres vices héréditaires, doivent nécessairement produire des résultats *désastreux au plus haut degré*, par la raison bien simple que l'hérédité trouve à puiser dans la constitution scrofuleuse du *père* et de la *mère* une plus grande accumulation d'éléments qu'il ne faut pour s'exercer sur leur progéniture dans toute la plénitude de sa puissance.

Or, il faut rechercher la cause des résultats désastreux de semblables unions dans l'hérédité élevée à sa plus haute puissance par les dispositions physiologiques et pathologiques des parents atteints de vices héréditaires *des deux côtés*, et, encore une fois, la consanguinité ne joue ici absolument aucun rôle.

Du reste, cette assertion n'est que l'expression d'une opinion préconçue, qu'on a acceptée sans examen sur l'autorité de celui qui l'a émise le premier. Il serait bon, cependant, que la science n'acceptât dans la question qui nous occupe que *l'autorité des faits*. Or, ces faits n'existent pas, et je n'en connais aucun que l'on puisse citer à l'appui de l'opinion dont il s'agit.

CONCLUSION

Si j'ai abordé cette question avec une franchise et une audace qui ont étonné tout d'abord, c'est que j'étais armé de faits authentiques et irréfutables, de renseignements précis de première main qui réduisaient à néant les élucubrations fantaisistes des détracteurs de la consanguinité.

Dégagé d'idées préconçues, j'ai su amasser des faits avec

une complète indépendance, et j'ai suivi une méthode qui, essayant de constater les lois héréditaires et normales, en déduisant des conséquences rigoureuses de l'observation attentive et *suivie* des faits, des conditions hygiéniques et du milieu dans lequel *ils se reproduisent avec constance*, n'a pour idéal que la vérité telle quelle.

Imbu de ces principes, je ne me suis laissé guider que par des observations portant sur des faits ayant un caractère d'authenticité et de précision suffisant pour qu'on puisse en tirer une conclusion, sans me laisser influencer d'aucune façon par les opinions contradictoires des hommes de l'art qui contribuent plutôt à embrouiller la question qu'à l'élucider.

Or, m'appuyant sur les *cinq mille* résultats de mes expériences pratiquées et maintenues durant vingt ans sur diverses espèces d'animaux ; sur les résultats de mes enquêtes sur les principales bergeries de France ; sur la manière rapide de se multiplier des animaux abandonnés à eux-mêmes durant trois quarts de siècle, par Van Couver, dans les îles de la Polynésie, et sur les statistiques du nombre considérable d'observations méthodiquement relevées que j'ai relatées dans ce mémoire, j'arrive sans peine à la conclusion que l'opinion du vulgaire, qui attache toutes sortes de malheurs aux alliances consanguines, ne mérite pas d'être prise en considération par la science.

RAPPORT

SUR CERTAINS BOMBYCIENS SÉRICIGÈNES

Par M. Alfred WAILLY, de Londres.

Au mois de novembre 1878, je réunis quelques notes que j'avais prises sur l'éducation de huit Bombyciens élevés pendant l'année 1878. Elles furent suivies au mois de mars de nouvelles notes sur la reproduction des espèces à l'état de captivité, et la difficulté de faire accoupler certaines espèces.

Ces notes furent publiées dans *the Entomologist*, London, décembre 1878, janvier et juillet 1879; dans le *Journal of the Society of Arts*, London, 6 juin et 1er août 1879; dans l'*Isis*, de Berlin, les 10 et 17 juillet, et les 21 et 28 août 1879. Elles parurent également dans un autre journal de Londres, *the Country*, et dans le *Scientific American*, New-York, le 19 juillet 1879.

Trois des espèces de Bombyciens séricigènes mentionnées dans mes notes : *Yama-maï*, *Pernyi* et *Cynthia*, sont déjà depuis longtemps connues en France; les autres l'étaient moins, et leur éducation n'avait pas encore été tentée, du moins d'une manière générale.

L'immense quantité de cocons vivants que je reçus en décembre 1877 et janvier 1878, des États-Unis de l'Amérique du Nord, et un peu plus tard des Indes orientales, permit en 1878 l'éducation des *Attacus Polyphemus*, *Cecropia*, *Promethus*, *Atlas*, et de l'*Actias Selene*, en France, en Angleterre, en Belgique, en Allemagne, en Autriche et autres pays.

Par suite d'un voyage que je fis à Paris en 1878, il me fut impossible de faire l'éducation d'aucune des espèces que j'avais; cependant, à mon retour à Londres, au commencement de septembre, je trouvai sur quelques petits arbres de mon jardin de beaux cocons formés par les quelques chenilles de Polyphème que j'y avais laissées, fait qui prouve la rusticité de cette espèce.

Le nombre de cocons d'*Attacus Cecropia* que je reçus ayant été fort considérable (5500), je les distribuai largement, et j'en envoyai d'immenses quantités dans divers pays, espérant recevoir le résultat des éducations et espérant aussi obtenir quelques cocons vivants pour l'année suivante. J'envoyai aussi plus tard à peu près 5000 œufs des diverses espèces, également dans le même but. Les deux espèces dont je désirais surtout faire l'éducation pendant l'année 1879 étaient l'*Actias Selene* et l'*Attacus Atlas*. L'éducation de l'*Actias Selene*, que j'avais conduite avec le plus grand succès jusqu'au dernier âge, fut interrompue par mon voyage à Paris; celle de l'*Atlas* ne fut jamais tentée, les papillons n'ayant commencé à éclore que vers le milieu de juillet, peu de temps avant mon départ. Les deux premiers papillons d'Atlas que j'obtins de mes cocons furent un mâle et une femelle qui s'accouplèrent parfaitement bien; l'accouplement dura à peu près vingt-quatre heures. Douze ou treize papillons que j'eus ensuite, mâles et femelles, dont trois d'une race géante, refusèrent de s'accoupler.

La femelle Atlas accouplée pondit 180 œufs, tous bien fécondés. En Angleterre, M. H. Gosse, de Sandhurst, mena l'éducation des larves jusqu'au dernier âge, mais elles périrent avant de former leur cocon. Le major Lendy, de Sunbury, eut un plein succès. Les larves élevées en serre chaude, sur l'épine-vinette, formèrent leurs cocons un mois seulement après leur éclosion. Quant aux éducations d'Atlas faites en France, je n'en ai pas entendu parler.

L'accouplement de l'*Actias Selene* est facile à obtenir; il a lieu entre deux et trois heures du matin et dure souvent jusque dans la soirée du même jour. L'éducation de la chenille est facile, et dure cinq semaines à peu près à la température ordinaire. Du 1er juin au 5 juillet (1878), avec quatre accouplements de *Selene*, j'obtins plus de 1200 œufs; la première femelle en pondit 350. Le papillon de cette magnifique espèce ressemble à un grand *Papilio Podalirius* aux ailes d'un vert plus ou moins pur. Le cocon fermé de l'*Actias Selene* est peu soyeux.

L'éducation de l'*Actias Selene* n'ayant, je crois, jamais été faite en Europe avant l'été 1878, époque à laquelle je l'ai fait connaître pour la première fois, les nombreux éducateurs de cette espèce n'avaient pu conserver que quelques cocons vivants pour l'éducation de 1879. Cette espèce étant polyvoltine dans les pays tropicaux et bivoltine dans les pays tempérés, les papillons éclosent en septembre ou en octobre, si les cocons ne sont pas maintenus à l'air libre et au frais.

C'est avec beaucoup de peine que je pus obtenir cinq cocons d'*Actias Selene* de trois éducateurs de France et d'Angleterre. Malgré ce petit nombre, réduit à quatre par la mort de la chrysalide d'un des cocons, je réussis à obtenir un accouplement avec une femelle fraîche et un mâle qui avait déjà près de huit jours d'existence. Le mâle avait été placé dans un endroit très frais et à l'air libre, afin de le maintenir dans le plus grand calme possible. J'ai appris avec le plus grand plaisir que M. A. L. Clément, avec quelques œufs de cette ponte unique, avait réussi sa petite éducation d'*A. Selene*. Un de mes correspondants du Hanovre, Herr L. Huesmann, a aussi obtenu de magnifiques cocons avec des œufs de la même ponte, ce qui prouve, malgré les circonstances exceptionnelles dans lesquelles les œufs avaient été obtenus, que la race n'avait pas dégénéré.

Comme on le sait déjà, les chrysalides ont souffert plus ou moins de la longueur et de la rigueur de l'hiver pendant l'année 1879. L'éclosion des papillons ayant été retardée, et la chaleur étant insuffisante, les œufs des femelles bien accouplées ont été mauvais en partie ; il y a même eu des pontes totalement mauvaises.

Certaines espèces de sphingides ont péri, une fois l'époque passée pour l'éclosion naturelle des papillons. Un certain nombre de Bombyciens susceptibles d'hiverner une seconde fois, tels que *Piri*, *Spini*, *Carpini*, et autres, sont restés à l'état de nymphe et écloront probablement en 1880.

A l'air libre, dans mon jardin, les premiers vers du Bombyx de l'Ailante seuls ont pu former un certain nombre de cocons, plus petits que ceux des années précédentes. Les vers des éclosions suivantes n'ont pu que former de légères coques; d'autres se sont chrysalidés sans former de coque; enfin, les derniers ont péri.

L'éclosion des œufs de l'*Attacus Yama-maï* n'a eu lieu que vers le commencement de juin, et l'éducation de cette espèce a été impossible. Le 8 septembre, alors que le Yama-maï devrait être à l'état parfait, j'avais encore trois misérables chenilles dans mon jardin, qui, malgré tous leurs efforts, ne purent réussir à coconner et périrent.

Avec une immense quantité de cocons d'*Attacus Pernyi* que j'avais malheureusement mis à l'aïr libre au commencement d'avril, afin d'en retarder l'éclosion et de n'avoir qu'une seule éducation, je n'eus qu'une masse de papillons avortés. Quelques-uns seulement s'accouplèrent, et les œufs furent presque tous mauvais. Résultat de l'éducation : six ou sept cocons de très peu de consistance.

Les vers de *Cecropia* et de *Polyphemus*, placés sur les petits arbres de mon jardin, ont langui jusqu'au mois d'octobre, et les pluies et les gelées les firent tous périrent.

Je ne parlerai pas des autres espèces de Bombyciens : c'est une série de désastres depuis le commencement jusqu'à la fin. Du reste, le long rapport que j'ai écrit en anglais, sur les espèces élevées en 1879 et sur quelques autres sujets, se trouve dans le *Journal of the Society of Arts*, Londres, les 13 et 20 février 1880. La première partie du rapport se termine par un article sur les hybrides Yama-maï et Pernyi, et il est question aussi d'un hybride obtenu à Bombay par le croisement du Mylitta avec l'Yama-maï. La seconde partie traite de l'éducation du Mylitta, dont je vais parler.

L'*Attacus Mylitta*, répandu dans toutes les parties de l'Inde et dans l'île de Ceylan, est une espèce très polyphage, vivant sur le *Terminalia tomentosa*, le *Zizyphus jujuba*, le *Lagerstrœmia indica*, le *Ficus Benjamina*, *Carissa*, *Guidia*, et nombre d'autres arbres et arbustes. En Angleterre, où pour la première fois je l'ai introduit en 1879, ainsi qu'en France et en Allemagne, il a été élevé sur le chêne et sur le charme.

Les diverses races de l'*Attacus Mylitta* varient considérablement pour la taille, selon les localités où elles se trouvent. Le cocon fermé du Mylitta est ovale, sans bourre, d'une fermeté et d'un poids extraordinaires; il est ordinairement gris argenté ou jaunâtre. Il se trouve suspendu à une branche d'arbre à laquelle il est assujetti par une corde soyeuse qui forme anneau autour de ladite branche. Les cocons des grandes races ont jusqu'à 2 pouces et plus de longueur, sur 1 pouce et demi d'épaisseur ; ceux des petites races sont moitié moins gros.

Cette différence de grosseur qui existe entre les diverses races est probablement due à la qualité du feuillage sur lequel se nourrissent les vers. Dans les forêts de l'Himalaya et dans les autres parties de l'Inde où le feuillage est abondant et conserve longtemps sa fraîcheur, les vers atteignent une taille considérable; mais dans les localités où la température est chaude et sèche, le feuillage se desséchant en très peu de temps, les vers souffrant ainsi d'une nourriture insuffisante et de mauvaise qualité, ne peuvent former que des cocons relativement petits. Telle est, je crois, la cause de ces différences de grosseur dans les diverses races, lorsqu'elles se reproduisent naturellement; mais je n'émets cette opinion que sous réserve.

Si, au contraire, l'éducation du Mylitta est dirigée par un habile sériciculteur, ayant toujours à sa disposition une quantité suffisante d'arbustes maintenus en bon état, il est probable que les diverses races produiront toutes de gros cocons. A l'appui de cette assertion, je puis mentionner le succès obtenu pendant plusieurs années par le major G. Coussmaker, dans une localité de la présidence de Bombay, où le climat est beaucoup plus chaud que dans les montagnes de l'Himalaya. Le major Coussmaker a toujours obtenu d'énormes cocons.

La race Mylitta de l'Himalaya est univoltine et l'éclosion des papillons a lieu en fin juin ou au commencement de juillet ; les races du Sud, comme toutes les espèces des pays tropicaux, sont polyvoltines.

En fin juin 1879, je reçus de Calcutta une petite caisse contenant 55 cocons Mylitta, race de l'Himalaya, qui est une des plus grandes. Les cocons ayant été envoyés trop tard, l'éclosion de presque tous les papillons eut eu lieu pendant le voyage, mais quelques jours seulement avant leur arrivée, car plusieurs étaient encore vivants; d'autres étaient en train d'éclore. Avec les quelques cocons qui avaient survécu au voyage, 7 ou 8, j'obtins d'énormes et magnifiques papillons, et deux accouplements.

Le premier mâle et la première femelle, nés le 6 juillet, s'accouplèrent dans la nuit du 7, l'accouplement ayant duré quarante-deux heures. L'accouplement des deux autres papillons eut lieu la nuit suivante et dura quarante-huit heures. Jamais je n'avais vu d'accouplements si longs. Les couples avaient été mis séparément dans de petites cages et à l'air libre, quoique le temps fût défavorable pour la saison.

Je craignais de ne pouvoir réussir l'accouplement de cette précieuse espèce, après avoir lu une description du Mylitta, dans *the Naturalist's Library*, où l'auteur de l'article dit que le Mylitta ne peut s'accoupler à l'état de captivité.

Heureusement les papillons s'accouplèrent avec la plus grande facilité, et restèrent *in coitu* pendant un temps considérable, chose de la plus haute importance. Contrairement à ce que j'avais observé avec quelques papillons de petites races Mylitta, qui se laissent tomber aussitôt qu'on les touche, les papillons de cette grande race de l'Himalaya se laissèrent prendre avec la plus grande facilité, et s'accouplèrent sans s'abîmer les ailes. Les femelles, après la ponte, étaient presque aussi fraîches qu'après leur sortie du cocon.

Les deux femelles Mylitta pondirent à peu près 450 œufs en tout. Les œufs sont blanchâtres, légèrement comprimés et généralement entourés de deux lignes noires ; ils sont plus gros que les œufs de l'Yama-maï et du Pernyi. Il y a des œufs plus petits que les autres ; ils donnent naissance aux chenilles mâles.

L'éclosion des œufs commença chez moi le 2 août. Les plus petites chenilles, immédiatement après leur éclosion, étaient d'un brun léger; les plus grosses, d'une teinte jaunâtre et verdâtre. Au bout de quelques jours les chenilles devinrent d'une couleur plus uniforme. Autour de chaque segment de la larve il y a une ligne noire; la tête et les pattes sont noires, le corps est couvert de petits points noirs.

Le deuxième âge commença le 10 août. La larve était alors jaune vert, sans lignes autour des segments; tête et pattes comme au premier âge, noirs ou noirâtres; points noirs comme au premier âge.

Le troisième âge commença le 17 août. Larve d'un beau vert, tête et pattes comme aux âges précédents; tubercules foncés, dont la base à reflets métalliques rouge cuivre.

Le quatrième âge commença le 29 août; mais 4 larves seulement passèrent la troisième mue. Jusque-là les larves, qui, autant que j'avais pu l'observer, avaient très bien profité et dont je n'avais pas encore perdu une seule, se mirent alors à tomber des branches, et au bout de douze jours environ toutes avaient péri, 60 en tout. Elles avaient été élevées sur le chêne.

J'attribue la mort de mes larves Mylitta à plusieurs causes. Le froid me força à les élever dans une chambre où elles n'eurent probablement pas la quantité d'air pur nécessaire à leur bonne santé. Elles furent nourries avec des branches de chêne coupées sur du vieux bois, comme je le fais pour les éducations du Pernyi et de l'Yama-maï. D'après ce que j'ai appris plus tard d'un de mes correspondants, M. Huesmann, il paraîtrait qu'elles préfèrent le feuillage tendre et aqueux des feuilles larges et *succulentes*, comme il les appelle, qui proviennent de jeunes pousses de l'année. L'expérience seule nous apprendra ce qu'il y a de mieux à faire pour l'éducation de cette espèce, et cette année-ci nous saurons probablement à quoi nous en tenir à ce sujet. Ce qu'il y a de certain, c'est que Herr L. Huesmann a parfaitement bien réussi à mener ses larves Mylitta jusqu'au coconnage, et il n'avait eu que 20 œufs à sa disposition.

Le major G. Coussmaker, dans son mémoire sur le Mylitta publié en 1873, dit que la larve subit cinq mues, et que celle de la race qu'il élève depuis plusieurs années est à sa sortie de l'œuf d'un brun noirâtre; la tête est d'un noir brillant; en grossissant, la couleur du corps devient jaune. Après la première mue, la tête de la larve est d'un rouge de sang, la couleur du corps d'une teinte verdâtre; après chaque mue, la larve devient de plus en plus verte. Lorsque la larve a atteint toute sa taille, un beau sujet, dit-il, a au moins 7 pouces de longueur et 1 pouce d'épaisseur. Une chenille vivante qui me fut envoyée le 29 octobre par M. Huesmann, sans avoir ces dimensions extraordinaires, était cependant énorme, et bien plus grosse que les larves d'Atlas que j'avais vues en 1873, chez le major Lendy, à Sunbury.

L'éclosion des larves Mylitta, en 1879, eut lieu à peu près trois semaines après la ponte, et l'éducation dura à peu près trois mois; il est vrai, dans des circonstances défavorables. Aux Indes, les larves éclosent neuf jours environ après la ponte, et la formation du cocon a lieu de quatre à six semaines après la naissance de la larve.

Dans les pays du Nord, surtout si la température était aussi froide que pendant l'année 1879, il serait, je crois, impossible de réussir l'éducation du Mylitta à l'air libre, sans chaleur artificielle ; mais dans les contrées méridionales de l'Europe, en Espagne par exemple, où le Yama-maï et le Pernyi sont déjà parfaitement acclimatés et élevés sur une immense échelle, il y a tout lieu d'espérer que le Mylitta réussira égalcment bien.

Cette année-ci, j'espère pouvoir faire élever le Mylitta dans diverses parties de l'Europe, et aussi aux États-Unis de l'Amérique du Nord; mais tout dépendra de l'état dans lequel seront les cocons importés à leur arrivée à Londres. La caisse de cocons Mylitta que j'attends est sur le *Verona*, navire qui a quitté Calcuta le 21 janvier et qui doit arriver à Southampton le 26 février. J'ai donné ordre à mon agent de Londres de faire retirer la caisse aussitôt l'arrivée du navire, et de me la faire expédier par chemin de fer.

Ayant reçu il y a quelques jours un petit lot de cocons de l'*Attacus Roylei*, ver à soie du chêne de l'Himalaya, qui m'ont été envoyés, comme ceux de l'an dernier, par un correspondant du nord de l'Angleterre, je me propose de faire un nouvel essai de cette espèce, dont je n'ai pu réussir l'accouplement l'an dernier.

J'espère aussi faire connaître plusieurs espèces de Bombyciens dont j'ai actuellement un nombre suffisant de cocons, entre autres : *Actias Luna*, *Samia Ceanothi* et *Samia Gloveri*, de l'Amérique du Nord.

Actias Luna, comme *Actias Selene*, peut s'élever sur le noyer, le cerisier, et aussi, dit-on, sur le chêne et le *Box-Elder*, espèce de sureau.

Le *Samia Ceanothi*, dont le cocon vivant n'avait pas encore, que je sache, été introduit en Europe, est une belle espèce, très rare et toute nouvelle; elle provient de la Californie. Le cocon intérieur est brun et assez petit, comparé à l'enveloppe extérieure, qui a la forme d'une poire et dont la couleur est gris de fer. Le *Samia Ceanothi*, qui s'appelle aussi *S. Euryalus*, vit sur le *Ceanothus californica*. En Europe, la larve pourra s'élever sur les arbrisseaux du genre *Rhamnus*, le Nerprun, par exemple; probablement aussi sur le rosier et le saule.

Samia Gloveri. — Cette rare et magnifique espèce n'a jusqu'ici été découverte que dans l'Utah et l'Arizona. En 1879, je n'ai pu obtenir que 3 cocons vivants de cette espèce. Le papillon a à peu près 5 pouces 1/2 d'envergure; il ressemble beaucoup au *Cecropia;* la principale différence est que la bande du milieu des ailes est d'un beau blanc entouré de noir; les lunules aussi sont blanches.

Cette espèce, qui a été élevée sur le groseillier par un entomologiste américain, pourra aussi s'élever sur le saule, et probablement aussi sur d'autres espèces d'arbres et d'arbrisseaux.

Le cocon a la même forme que celui du *Cecropia;* il est plus petit et d'un tissu serré. L'enveloppe extérieure est d'un gris argenté et touche le cocon interne, qui est d'un brun très foncé.

Les cocons *Gloveri* que je viens de recevoir ont été récoltés dans des plantations de saules à petites feuilles étroites, à 40 milles au sud de *Salt Lake City*, cité du Lac-Salé, Utah, dans une localité qui n'avait pas encore été explorée.

LE SOJA

SA COMPOSITION CHIMIQUE, SES VARIÉTÉS SA CULTURE ET SES USAGES

Par M. A. PAILLIEUX

Membre de la Société d'Acclimatation.

(*Fin.*)

LE SOJA

(PAR LE COMTE HENRI ATTEMS)

On a déjà beaucoup écrit et imprimé sur le *Soja*. Cependant bien des questions se présentent de nouveau. Comment doit-on le cultiver? le manger? à quels usages est-il propre? Je renvoie à l'écrit de feu le professeur Haberlandt ceux qui veulent s'instruire à fond sur la matière; mais, à ceux qui veulent se contenter à moins, je me permets, par ce qui va suivre, de donner brièvement ce qu'il y a d'essentiel.

Culture.

Les sortes hâtives prospèrent partout où le Maïs mûrit ses graines. Le *Soja* jaune de Mongolie peut même se cultiver au delà de la région du Maïs. Pour un climat méridional (Goritz par exemple), la sorte noire de Chine est la meilleure et la plus productive. Pour les régions de la Vigne et du Maïs, les sortes brune et jaune conviennent également, et même cette dernière réussit encore dans des lieux plus élevés et plus froids, tandis que la noire ne mûrit pas.

La culture du *Soja* est en général semblable à celle du Haricot nain. Il se cultive en plein champ et sans rames. Un sol profond, composé d'humus, de sable et de limon, bien ameubli, à une exposition chaude, en deuxième ou troisième année d'assolement, est ce qui lui convient le mieux. Il ne faut pas qu'il soit trop maigre; mais surtout pas de fumier neuf.

Du reste, le *Soja* n'est pas exigeant et souffre peu lorsque les conditions du sol ne réalisent pas complètement cet idéal. Il réclame de la lumière et du soleil, et, par conséquent, ne peut être cultivé entre rangs, dans les vignes ou dans les champs de Maïs. Il ne doit pas non plus être ombragé par des cultures contiguës.

Époque des semailles.

Elle se place au commencement de mai dans le sud de l'Autriche ou même à la fin d'avril. Le *Soja* est plus rustique que beaucoup de Haricots et résiste même à une petite gelée. Il faut éviter cependant de le confier à un sol trop froid, puisqu'il est connu que tous les légumes à cosse y pourrissent.

Espacement.

L'espacement doit être calculé sur la fertilité du sol. Dans un sol riche, il doit être de 50 centimètres, 4 pieds par mètre carré; dans nn sol pauvre, de 35, 30 ou 25 centimètres; ceci seulement dans un sol maigre, car rien ne nuit plus à la maturation et au rendement qu'une disposition trop serrée. Il va de soi qu'on peut aussi éloigner les lignes, par exemple les mettre à 60 centimètres de distance, et rapprocher les pieds, par exemple les mettre à 40 ou à 30 centimètres. Il faut semer deux graines par trou et ne laisser se développer qu'un seul pied.

Quantité de semence.

Par hectare, de 20 à 50 kil.; on peut calculer sur un rendement de 70 à 200 fois la semence, mais de 100 fois en moyenne. Une humidité modérée convient au *Soja;* néanmoins il supporte assez bien la sécheresse. S'il est retardé par elle pendant la canicule, il répare bientôt le temps perdu, si la température s'abaisse et si la pluie devient plus abondante.

Récolte.

Dans le Sud, au mois d'août; dans la région du vin, au commencement de septembre; à la limite du Maïs, fin du même mois; au nord, encore plus tard. On laisse le *Soja* mûrir complètememt en terre, et si le sommet herbacé subit une légère gelée, la graine n'en souffre nullement. Puis on le porte sous un abri aéré et sec, et on le laisse achever de mûrir sur les tiges et dans les cosses. C'est un point capital pour obtenir des graines mûres, dures et aptes à germer.

Usages.

On se trompe également quand on pense que le *Soja* n'est qu'une pâture avantageuse ou lorsque l'on croit qu'il ne constitue qu'un mets délicat pour la table des riches; manière de voir qui se propage beaucoup aujourd'hui en faisant si haut son éloge.

Le *Soja* a été découvert aussi bien pour la classe nombreuse des consommateurs moins aisés, pour les paysans et les ouvriers, et, quoiqu'il soit une plante ancienne de l'Asie, les générations à venir en feront le plus grand cas et l'appelleront, sans doute, par reconnaissance, ***Haricot Haberlandt.***

Il ira bientôt de pair avec les Pommes de terre, le Maïs et la Fève des marais. Peut-être dépassera-t-il cette dernière, parce qu'il contient 30 pour 100 de plus de protéine, et 6 fois au moins autant de graisse que la Fève commune, et parce qu'il est plus rustique et plus productif qu'elle.

Préparation.

Pour la nourriture de l'homme, le *Soja* se prépare comme suit : on le cuit tout simplement, puis on l'assaisonne comme les Haricots secs, ou bien on en fait une salade. Il faut observer que les *Soja* sont durs et difficiles à attendrir; c'est pourquoi il faut d'abord les faire tremper vingt-quatre ou quarante-huit heures. Alors ils sont aussi bons que n'importe quels bons Haricots.

Différentes personnes, et notamment la Société d'Agriculture de Czernovitz, m'ont fait observer qu'on ne pouvait les attendrir par la cuisson. J'ai abandonné la solution de ce problème à ma cuisinière, et je puis assurer qu'il ne paraît sur ma table que des *Soja* tendres.

Ils se prêtent particulièrement à la préparation d'une purée semblable à la purée de Pois. D'après mes expériences, on pourrait aussi allier cette purée (miso des Japonais) (1) à d'autres ingrédients, comme conserve pour l'hiver, et la garder longtemps en tonneaux pour l'approvisionnement des navires, etc.

Ces secrets de cuisine étant une fois connus, cette conserve pourrait jouer un grand rôle dans l'alimentation des travailleurs de nos campagnes et de nos forêts, pour notre armée, notre marine, etc.

Il va sans dire qu'un grand avenir est ouvert au *Soja*, comme pâture pour les animaux, lorsqu'il aura été assez multiplié pour que la semence ne soit plus trop chère et puisse être employée à cette fin. Aucun autre légume à cosses n'est aussi productif ni aussi riche en protéine et en graisse, et n'est, par conséquent, aussi nourrissant; ni le Lupin, ni la Féverole, ni la Vesce. Les tiges sèches sont utilisables pour les moutons et comme litière. Comme fourrage vert, je ne puis en recommander l'emploi, parce que nous avons mieux; cependant on peut l'employer de cette façon.

Voici, en abrégé, ce qu'il y a d'essentiel à dire sur le Haricot Haberlandt, le célèbre *Soja*.

Puisse cette conquête précieuse se répandre de plus en plus pour le profit de l'humanité! Des nouveautés pareilles sont une bénédiction pour l'agriculture et pour les peuples.

ESSAIS DE CULTURE DU SOJA, PRATIQUÉS SUR UNE GRANDE ÉCHELLE DANS LE DOMAINE DE L'ARCHIDUC ALBERT (2).

Les premiers essais eurent lieu en 1878. Deux semis furent faits, l'un en accordant aux touffes 32 centimètres en tous sens; l'autre en laissant 50 centimètres d'intervalle entre les lignes et 15 centimètres seulement entre les touffes.

(1) Le *miso* est une pâte fermentée. P.

(2) Extrait de la brochure intitulée : *Le Soja; de sa culture, de son emploi et de sa valeur comme fourrage*, par Edmond de Blaskovics, assistant à l'Académie royale hongroise d'Altembourg, en Hongrie. Vienne, 1880.

On sema les 16 et 22 mai, à raison de deux graines par touffe, à une profondeur variant de 3 à 6 centimètres.

Favorisées par une pluie qui survint immédiatement, les premières graines semées levèrent le 21 mai et les secondes le 3 juin.

Sur 2915 graines du premier semis, 13 seulement ne germèrent pas. Toutes les graines du second semis germèrent.

Le froid ralentit la végétation. Du 13 juin au 31 juillet deux façons furent données.

La première fleur se montra le 1er juillet et la dernière le 17 août. La hauteur des plantes était alors de 63 à 73 centimètres. La grande chaleur unie à la sécheresse aida beaucoup au développement des plantes.

Le 21 août les gousses et les feuilles jaunissaient déjà, et la récolte commençait le 14 septembre pour s'achever le 20 du même mois.

5 pour 100 des graines n'arrivèrent pas à maturité, ce qui peut être attribué en partie à la trop grande abondance des feuilles et à l'espace trop restreint accordé à chaque touffe.

Le nombre des gousses sur chaque touffe variait entre 40 et 119; le nombre des graines dans chaque gousse était de 1 à 4, mais rarement 4.

Les gousses inférieures se montraient à 7 ou 8 centimètres du sol. Racines faibles.

Dans le terrain de diluvion, la récolte fut de 1702 kilogrammes par joug (1).

Dans le terrain d'alluvion, le rendement s'éleva à 1488 kilogrammes par joug ou 2588 kilogrammes par hectare.

1000 graines de la récolte pesaient 156 à 159 grammes et étaient, par conséquent, de 9 grammes plus légères que la semence.

La paille, les cosses vides et les épluchures donnèrent un poids de 2496 kilogrammes par joug, ou de 4338 kilogrammes par hectare. Ces déchets furent mangés incomplètement et sans avidité par des poulains et des moutons, mais les parties

(1) Le *joug* hongrois contient 1200 toises carrées.

les plus tendres furent fort bien reçues par de jeunes bœufs.

Les résultats obtenus concordent en moyenne avec ceux d'une culture de *Soja* faite en 1878, et publiés par M. le professeur W. Hecke dans le *Journal agricole de Vienne*, en 1879.

Les petits essais faits l'année précédente sur le domaine de l'archiduc d'Altembourg ont paru assez encourageants pour être, en 1879, renouvelés dans de plus grandes proportions.

Ils furents faits sur dix fermes. Celles d'Altembourg, Marienau et Pfaffenwiese, se trouvant sur un sol d'alluvion entre la Leithe et le Danube, et, au bord de celui-ci, les fermes de Kaiserwiese et de Sehndorf, sur un sol d'alluvion marécageuse, près de Hanysag; la ferme d'Albrechtsfeld sur le sol de diluvion de la Haide (Haideboden); la ferme de Casimir, en partie sur le même sol, en partie sur des schotts tertiaires décomposés par l'air (plateau de Parndorf), ainsi que celles de Wittmanshof et de Kleylehof. La profondeur du sol cultivable est, la plupart du temps, très faible.

Il faut remarquer que les terres de Lehndorf et d'Albrechtsfeld souffrent beaucoup de l'humidité des eaux stagnantes et que celles de Kleylehof ont reçu, d'une manière répétée, de fortes ondées.

En général, l'année 1879 a été très désavantageuse pour la culture du *Soja*, qui exige plus de chaleur que nos autres cultures, le Maïs excepté.

La température, pendant la végétation du *Soja*, a été beaucoup plus basse que pendant les périodes correspondantes des dix dernières années, plus basse même que celle de l'année 1878, qui, cependant, avait été, en moyenne, beaucoup plus basse que celle des dix dernières années.

Les pluies ont été également nuisibles, la quantité d'eau tombée en 1879 dépassant celle de l'année précédente de 95^{m},3 et celle des dix dernières années de 161^{m},3, ce qui a considérablement diminué les résultats de la récolte, puisque le *Soja*, à ce qu'il semble, exige beaucoup de sécheresse et de chaleur.

Dans les cultures de 1879, les semences ont levé entre le 17 juin et le 30 juillet. La floraison a commencé le 2 juillet et a fini au milieu d'août. La récolte a été faite du 10 septembre au 28 octobre. Elle a donné, en moyenne, 1182 kilogrammes par hectare. L'ensemencement a été fait, pour une partie, à 48 centimètres de distance en tous sens, et pour l'autre à 32 centimètres.

Quoique l'ensemencement à 48 centimètres ait rendu un peu moins que l'autre, on devra cependant le préférer pour les cultures étendues, parce que le travail est plus facile et moins coûteux.

L'immersion de la semence pendant six ou douze heures n'a pas réussi. Beaucoup de graines ont éclaté. La coloration de l'eau indiquait la décomposition de certaines parties des graines. Elles étaient moins pleines que celles qui n'avaient pas trempé.

Quand la saison est avancée et le temps chaud, la semence lève vite et régulièrement. Elle rejoint promptement celle qui a été semée plus tôt.

Elle progresse dans les mêmes proportions.

L'ensemencement tardif facilite la culture ainsi que la récolte, et empêche la croissance des mauvaises herbes.

Deux façons ont été données, et là où ce travail a paru nécessaire, on a plus tard sarclé encore une fois.

Lorsque la terre n'était pas trop dure, la récolte s'est faite en arrachant ; dans le cas contraire, on a enlevé les touffes avec le hoyau ou bien on les a coupées avec le sécateur.

La disposition des gousses ne permettait pas d'employer la faux ou la faucheuse mécanique, qui auraient égréné considérablement.

La plante, en raison de ses propriétés, supporte bien l'humidité, mais non l'entassement, et, comme ses gousses ne s'ouvrent pas facilement, là où la chose était possible, on a laissé la récolte sur le champ et on n'a récolté que ce qu'on a pu obtenir par le battage. Naturellement, dans les cultures étendues, on trouve là de grandes difficultés, ainsi que pour la conservation du grain dans les greniers, où il se gâte facilement. Dans les temps très humides, il faut l'échafauder comme on fait pour le trèfle, afin qu'il reste sec.

Le battage se fait sans difficulté avec la batteuse mécanique.

Un grand soin doit être apporté au choix de la semence, car des graines, bonnes en apparence, sont fréquemment incapables de germer.

La durée de la végétation a été au minimum de 134 jours et au maximum de 148 jours, en moyenne de 141 jours (année 1879).

Comme ennemis de la plante, on peut indiquer le lièvre, la chenille de la Belle-Dame (*Vanessa cardui*, Latr.), le ver de fil de fer (1), le ver blanc, le scolopendre. Cependant, jusqu'à présent, la plante n'a pas été gravement endommagée par les insectes.

Des expériences faites et des résultats acquis jusqu'ici, en tenant compte de la température exceptionnelle de l'année 1879, on doit conclure, selon M. de Blascovics, que tout cultivateur peut, dans des proportions restreintes, entreprendre sans risques particuliers la culture du Soja.

Quant à savoir si la plante peut être employée comme fourrage et quel profit on en peut attendre, nous nous efforcerons de répondre à cette question dans la seconde partie de cette brochure.

De l'emploi du Soja comme fourrage.

Pour déterminer, au moins approximativement, la valeur du Soja comme plante fourragère, la direction du domaine mit à la disposition de l'expérimentateur un troupeau de 28 vaches laitières et un autre de 16 bœufs. Chez les premières, on devait constater l'effet de ce fourrage sur la quantité et la qualité du lait; chez les derniers, son effet sur la production de la viande et de la graisse.

Chaque troupeau fut divisé en deux parties égales quant au nombre de têtes, et autant que possible égales en qualité, et on donna à chacune une place fermée dans la même étable.

(1) Larve du Taupin (*Agriotes segetis*), insecte de l'ordre des Coléoptères. P.

L'expérimentateur s'entendit avec M. R. Ulbricht, professeur de chimie à l'Académie royale de Hongrie, et le mode d'exécution suivant fut arrêté :

1° Peser immédiatement tous les animaux, et chacun séparément, avant le commencement des quatre périodes qui devraient diviser l'expérience, et au même moment avant l'abreuvement et le repas de midi, et renouveler ce pesage de la même manière après chaque période d'affouragement ;

2° Marquer chaque jour la production totale du lait et la production par tête ;

3° Établir deux fois par jour la qualité moyenne du lait, en constatant le tant pour 100 de crème, en opérant avec le pèse-lait au même moment pour les deux divisions ;

4° Faire la même opération pendant la seconde et la troisième période pour chaque division séparément ;

5° et 6° Indication de précautions minutieuses pour assurer l'exactitude des analyses à faire au laboratoire de chimie de l'Académie royale de Hongrie ;

7° Mêmes soins pour l'analyse des excréments solides ou liquides ;

8° Donner à toutes les bêtes la même nourriture pendant la première période de quatorze jours ;

9° Au bout de cette première période, continuer à donner la même nourriture, mais en ajoutant pour la première division un supplément de Soja et pour la seconde un supplément égal de drèche, et cela pendant quatorze jours formant la deuxième période de l'essai. Donner exactement la même quantité de protéine dans le supplément des deux fourrages à comparer ;

10° Pendant la troisième période, composée des quatorze jours qui suivent immédiatement la seconde, donner du Soja à la division qui aura reçu de la drèche et, au contraire, de la drèche à celle qui aura reçu du Soja ;

11° Pendant la quatrième et dernière période, revenir à la nourriture de la première.

Nous faisons connaître toutes ces dispositions pour montrer quel soin a été apporté aux expériences et donner aux conclusions de l'auteur toute la valeur qu'elles comportent.

Du sel gemme à lécher fut donné à discrétion.

On avait eu d'abord l'intention de donner le Soja broyé, seul, pour faire des observations plus exactes, mais il arriva que quoique les bêtes acceptassent volontiers cet aliment, il exigeait dans la bouche plus de salive qu'il n'en pouvait être sécrété.

Comme conséquence, ce qui avait été mâché se formait en boule et tombait fréquemment. Pour éviter cet inconvénient, on mélangea le Soja broyé, comme la drèche, avec des betteraves, et alors les rations furent consommées entièrement par les vaches, et pour la grande partie par les bœufs.

On a constaté récemment que les graines du Soja, non broyées, trempées pendant douze heures dans l'eau salée et mélangées au fourrage, sont mangées volontiers par les bestiaux, et que très peu de graines se perdent dans la fiente.

L'auteur rend compte de l'exécution du plan d'expérimentation indiqué plus haut.

Ses conclusions sont que le Soja est cultivable en Hongrie ou dans des conditions et des lieux analogues, et même dans les années défavorables, lorsque la plante n'arrive que tard à son développement; que pour un labour préparatoire, il sera bon de régler la machine pour un écartement des lignes de 48 centimètres et de choisir la mi-mai pour époque des semailles.

Les diverses circonstances locales décideront de ce qu'il conviendra de faire pour la récolte, le battage et l'assolement. Cependant, il pense que dans les années normales le Soja doit être considéré comme jachère.

L'utilité de la culture du Soja paraît hors de doute, partout où il est impossible d'obtenir pour le bétail un aliment riche en matières grasses ou azotées.

Comme nourriture supplémentaire pour les vaches, le Soja doit être préféré à la drèche; ses graines paraissent moins propres à l'engraissement des bœufs; la drèche réussit mieux.

La supériorité de richesse des excréments des animaux

nourris avec du Soja sur celle des animaux nourris avec de la drèche, ne peut passer inaperçue. Il faut encore remarquer que si la tige du Soja est pour ainsi dire rejetée par les bœufs, les feuilles et les cosses mélangées à la nourriture aqueuse sont consommées volontiers et entièrement.

Enfin, un fait qu'il est intéressant de connaître, c'est que la direction du domaine sur lequel ont eu lieu les expériences, non seulement continue à cultiver le Soja en 1880, mais donne à cette culture un plus grand développement.

Le *Journal agricole de Vienne*, numéro du 2 juin 1880, sous la signature de M. J. Hunsel (?), rend compte des expériences de M. de Blascovics, et conclut comme lui. Nous n'y apprenons rien de nouveau.

Le même journal, dans son numéro du 21 février 1880, sous la signature de M. Krisbovsky, administrateur de district, rend compte d'essais de culture du Soja en Syrmie.

La famille des princes Odescalchi à Illok, en Syrmie, a fait en 1879, sur ses vastes domaines en divers lieux, et dans des conditions variées, des essais de culture du Soja. Mais ces essais, qui par leurs proportions restreintes appartiennent plutôt au jardinage qu'à l'agriculture, n'ont rien de concluant. L'expérimentateur espère que la plante aura de l'avenir en Syrmie; qu'on peut d'autant plus en attendre, que le Soja offre une nourriture excellente, pourvu qu'on ajoute un peu de soude à l'eau dans laquelle on le fait cuire, attendu qu'autrement il reste dur.

La rusticité du Soja, son extrême fécondité, comparée à celle d'autres légumes dans des conditions égales de végétation, lui assurent, dit-il, l'attention générale; il ne peut qu'en recommander la culture, etc.

Le même journal, dans son numéro du 2 juin 1880, sous la signature de M. Jul. Hansel, détermine les conditions dans lesquelles le Soja peut être repiqué.

Repiquage du Soja.

L'opinion de Haberland, que le Soja se repique facilement, a été confirmée par les essais faits à l'école de viticulture de Marbourg et en d'autres endroits. Le repiquage se pratique avec le plus de facilité lorsque le plant a ses deux premières feuilles (indépendamment de ses deux cotylédons). La tige, à partir du collet, est haute alors de 10 à 12 centimètres, et la racine pivotante est à peu près de longueur égale ; elle est en outre pourvue de racines secondaires assez nombreuses, se développant de tous côtés et d'une longueur de 3 à 4 centimètres et même davantage.

L'arrachage endommagerait assez sensiblement des pieds plus vieux et rendrait la reprise plus difficile.

En général, le repiquage n'a d'intérêt que pour remplir les vides dans les rangées ou pour de très petites cultures, lorsqu'on manque de semences.

Pour la culture en grand, le procédé serait trop compliqué et sans but ; trop compliqué, parce que l'arrachage et le repiquage doivent se faire avec le déplantoir, par conséquent en motte ; car autrement les racines seraient trop gravement endommagées ; et encore parce que l'arrachage pur et simple, même en déchaussant préalablement avec la bêche, briserait les jeunes plants, qui sont extrêmement cassants au collet. Le repiquage en grand est d'ailleurs sans but, parce que la semence lève vite, et que là où l'on sème et repique en même temps, la semence lève en assez peu de temps pour rejoindre dans la croissance les plants repiqués, qui sont toujours un peu en retard.

Lorsque l'on veut économiser la semence, on arrive, en tout cas, plus sûrement et à moins de frais, en semant tout simplement les graines une à une avec le marqueur, à la distance voulue. Il n'y a donc même pas à songer, pour le Soja, à un repiquage qui se ferait comme pour les Choux ou les Betteraves avec du plant venu sur une planche spéciale ; ce serait complètement superflu. En outre, dans un sol sec et chaud, condition de la plus grande importance pour la culture du Soja, le succès du repiquage serait assez douteux, parce que, dans la plupart des cas, même avec les plus grandes précautions, les collets, qui, à cause du besoin d'humidité, doivent être, dans ce sol, assez enfoncés en terre, sont brisés dans l'arrachage, et ne peuvent s'élever à leur hauteur normale.

Alors, bien entendu, les racines secondaires, se développant en plus grand nombre et avec plus de force, ne trouvent plus, dans les couches supérieures d'un pareil sol, la quantité d'eau qui leur est nécessaire.

Pour le Soja semé en lignes, le mieux est d'éclaircir aussitôt après qu'il est levé, ce qui a lieu d'ordinaire très régulièrement. On peut prendre le plant que fournit l'éclaircissage pour repiquer immédiatement et dans les cas indiqués plus haut. Il va sans dire qu'on n'emploiera pas le plant mal venu.

Journal agricole d'Autriche, numéro du 25 janvier 1879.

M. le chevalier de Proskowetz, en Bohême, a fait des essais de culture du Soja en 1877 et en 1878.

Son objectif était plutôt la production de semences, encore fort rares dans le pays, que la démonstration immédiate de l'avantage que pouvait présenter la culture en grand du Soja. La note qui rend compte de ses essais est muette sur la nature du sol, mais complète sur les autres points.

On sème le 9 avril 1877; on couvre de paille les jeunes plantes pour les protéger contre des gelées éventuelles.

On donne des façons répétées pour les débarrasser des mauvaises herbes. A la fin de septembre la récolte n'est pas encore mûre; on coupe les pieds, et le séchage en est opéré à couvert.

En somme, le résultat est avantageux; mais M. de Proskowetz est d'avis que des Pois cultivés avec les mêmes soins ne rapporteraient pas moins.

En 1878, le 12 avril, on sème de nouveau; on récolte le 10 octobre et l'on obtient 87 fois la semence.

La plante avait reçu les mêmes soins qu'en 1877; le temps s'était montré favorable; l'espace accordé aux touffes leur permettait un libre développement. La récolte était satisfaisante; mais le Soja ne parvint que très tard à la maturité, et ne put être assez séché sur le sol pour qu'il fût possible de le conserver en tas dans la grange. Il fallut donc étendre les graines très claires sur l'aire pour y sécher, ce qui ne se fit pas bien à cause du temps qui fut pluvieux, etc.

M. de Proskowetz pense donc que la culture en grand du Soja sera toujours hasardeuse à cause de sa maturité tardive. Il poursuivra cependant les essais commencés.

Il trouve que le Soja, préparé comme les Haricots, forme un mets agréable, ayant le goût de lentille.

Même journal, même date. — QUESTION N° 20.

Qui a en magasin, pour la vente, la semence du Soja recommandé par le professeur Haberlandt ?

Peut-on en obtenir une partie?

Réponse : Comme vous pouvez le voir par l'insertion n° 25, du *Journal agricole autrichien*, année 1878, p. 612, la régie de l'Académie agricole d'Altembourg, en Hongrie, vend le Soja, tant de l'espèce de couleur claire que de l'espèce brune, 50 kreutzer le kilogramme.

Journal agricole autrichien, numéro du 8 février 1879.

Essai de culture comparée de Soja et de Haricots communs, par le professeur Leydhecker, à Tetschen-Liebwerd.

Dans la pensée de l'expérimentateur, on ne peut se contenter de démontrer que le Soja mûrit bien ici ou là, et il importe beaucoup plus de savoir s'il peut être cultivé partout avec un égal succès, et surtout là où le Haricot commun prospère bien et sûrement, car c'est avec cette plante si utile que le Soja doit tout d'abord entrer en lice.

Il sème donc en même temps, dans une partie du champ d'essai de Liebwerd, les Soja jaune et brun et les Haricots nains, noir et blanc, de telle façon que dans toute la longueur du champ, à distance égale, sont alternativement une ligne de Soja et une ligne de Haricots.

Une parcelle de terrain d'un are d'étendue, faisant suite immédiatement au champ d'essai, est employée à une culture de Soja jaune seul.

La récolte se fait sans accidents, et le Soja est battu à plate couture par les Haricots, dont le rendement est double ou triple ; tellement battu que le professeur se demande s'il ne lui a pas fait tort en accordant un mètre carré à six touffes au lieu de neuf ou dix que le même espace aurait pu contenir (1).

Il se peut, ajoute-t-il, que sous notre climat, le Soja exige un sol plus meuble, plus chaud, peut-être plus riche que celui du champ d'essai. Peut-être un procédé de culture autre que celui qui a été employé donnerait-il un résultat plus avantageux. Les prochains essais qui seront faits à Liebwerd, dit-il, en terminant sa note, devront donner de plus amples éclaircissements sur les divers points indiqués, et, en même temps, établir toujours la comparaison entre la culture du Soja et celle du Haricot commun (2).

La réponse ne s'est pas fait attendre. Nous la trouvons dans une dissertation du docteur G. Haberlandt, que nous reproduisons en substance (3).

Feuille hebdomadaire agricole autrichienne, numéro du 1er mars 1879.

L'essai de culture comparée du Soja et du Haricot n'a pas été favorable au Soja, dont la culture a été manquée. Le docteur ne croit pas devoir rechercher les causes de cet échec, qui n'est d'ailleurs qu'un fait isolé ; mais il étudie la pensée fondamentale sur laquelle est basé l'essai de culture comparée du professeur Leydhecker.

On ne doit pas comparer le Soja au Haricot sans tenir compte des exigences du premier quant au climat et au sol.

La grande chaleur que réclame le Soja indique pour son expansion des limites septentrionales tout autres que pour les autres Légumineuses, et cela seul fait paraître peu instructive la comparaison établie par le professeur Leydhecker. Il n'y a pas en Autriche beaucoup d'endroits où le Soja, à cause du climat, puisse même faire concurrence au Haricot commun. Il se peut que la culture de cette plante prenne précisément

(1) *Journal agricole autrichien*, n° du 22 février 1879.

(2) *Annonce*. Pour en finir avec les demandes de Soja, nous faisons savoir ici que nous n'avons plus de Soja à livrer.

(3) Académie agricole royale hongroise d'Altembourg, en Hongrie.

REITMANN.

un développement considérable dans les endroits où le Haricot n'a jamais été cultivé en grand.

De plus, c'est ne voir qu'un seul côté de la question et donner une appréciation erronée que de voir dans le Soja le concurrent de toute une culture déterminée. L'histoire de l'introduction de nouvelles cultures ne roule pas sur des substitutions aussi simples. Toute plante cultivée représente un ensemble de qualités propres qui la rendent précieuse pour les usages domestiques de l'homme. Plus cet ensemble est particulier et, pour employer le mot, plus il est original, et plus, naturellement, ses relations avec la vie de l'homme deviennent caractéristiques.

Une plante déterminée, avec ses qualités, ne peut pas plus s'identifier complètement à une autre, qu'elle ne peut s'identifier dans l'économie de l'homme. Une plante nouvelle qui tirerait son importance absolument ou en ligne de cette substitution à une plante, une plante pareille, à parler rigoureusement, aurait des prétentions injustes à la nouveauté : à proprement parler, la forme seule serait nouvelle; sous tous les autres rapports elle serait ancienne.

Nous voyons très clairement, par l'histoire de la culture des Pommes de terre et du Maïs, de quelle manière une plante absolument nouvelle entre en concurrence avec une autre naturalisée déjà depuis longtemps. Non seulement on ne restreignit, on n'abandonna pas la culture de deux plantes, mais la totalité des rapports des autres légumes entre eux fut déplacée, et un nouvel équilibre fut créé, au maintien duquel, abstraction faite de variations secondaires, le Maïs et les Pommes de terre participeront désormais.

Cette transformation se fit d'une certaine façon au nord de l'Europe, autrement au sud, autrement à l'est et à l'ouest.

Un nombre infini d'éléments d'une nature climatérique, physiologique, économique et nationale y contribuèrent, et créèrent un état de choses complètement différent que personne certainement ne pourra ou ne voudra ramener à une simple substitution.

Si le Soja a de l'avenir comme culture européenne, et les

résultats obtenus jusqu'ici permettent à peine d'en douter, grâce à l'ensemble de ses précieuses qualités, il prendra certainement sa place au milieu des autres cultures de la même manière que le Maïs ou la Pomme de terre. On ne songe à établir, par cette comparaison, aucun parallèle absolu. On veut dire seulement qu'il ne s'agit pas d'une substitution ou d'une concurrence, comme le professeur Leydhecker se l'imagine.

La fécondité extraordinaire du Soja; l'étonnante richesse protéique de sa graine; l'absence de la fécule, remplacée par une huile grasse; l'utilisation comme fourrage abondant en protéine; la richesse de chaque organe séparé de la plante en cendres précieuses; la longue durée de sa végétation, qui rend possible d'utiliser toute la somme de chaleur et de lumière qu'offre une année de végétation; son adaptation à un climat continental avec son été sans pluie : toutes ces qualités, dans leur ensemble, ne permettent pas de voir avant tout dans le Soja un concurrent du Haricot commun.

On ne peut, quant à présent, caractériser exactement la situation et l'importance que prendra le Soja, comme culture européenne, dans le cours des dix prochaines années; mais, ce qui est sûr, c'est qu'il remplira complètement les conditions essentielles d'un critérium d'une culture absolument nouvelle.

Feuille hebdomadaire agricole autrichienne, numéro du 19 avril 1879.

Extrait d'un article intitulé : *Contingent apporté à la culture en plein champ du Soja*, par Gustave Renner, à Buda-Pest.

On agira toujours sûrement en assignant au Soja un sol léger, car dans un sol consistant, lorsque les années sont humides, il mûrit aussi incomplètement que le Maïs. En général, le Maïs et le Soja peuvent être mis dans la même catégorie, quant à l'effet que produit sur eux une température froide et persistante. Tous deux sont retardés dans leur développement, ils se rabougrissent, et il arrive fréquemment que des semailles faites trop tôt sont dépassées par celles qui ont eu lieu plus tard. Une exposition inclinée au midi exerce surtout sur la végétation du Soja une influence proportionnelle; mais ce que l'on doit éviter autant que possible, c'est que les plantes soient longtemps à l'ombre, spécialement au milieu du jour. Un rideau d'arbres et même une plantation contiguë de Maïs exercent une influence nuisible, et il est bon de ne pas placer immédiatement auprès d'une culture de Soja celle de plantes hautes, et de laisser entre elles un petit espace occupé par n'importe quelles autre plante utile.

Dans l'assolement, le Soja peut précéder et suivre toutes les plantes, car il vient très bien après les céréales, les cultures sarclées, tous les fourrages.

Il semble, par conséquent, que le système d'assolement soit enrichi d'une plante utile, nouvelle.

Comme préparation du sol, deux labours ou un labour à l'automne et un binage au printemps suffisent parfaitement.

Les semailles se font à la même époque que pour le Maïs, dans la partie nord de la monarchie autrichienne, depuis le 20 avril jusqu'au 30, au plus tard jusqu'au 10 mai ; tandis que pour les parties les plus méridionales, la fin de mars ou le commencement d'avril peuvent être choisis. Un ensemencement tardif donne toujours un rendement inférieur, l'élévation rapide de la température faisant monter les plantes et les empêchant de se ramifier.

La graine peut être semée en sillons au moyen de la machine, ou semée à intervalles. Dans le premier cas, il faut éclaircir. Les lignes et l'espace ménagé entre les pieds doivent former des carrés de 47 centimètres de côté, cet écart offrant un espace convenable au développement régulier de la plante.

La quantité de semence, par hectare, est pour les sillons de 20 à 24 kilogr., et de 10^{kil},4 pour l'ensemencement à espace régulier.

Les soins pendant la végétation consistent en deux façons à la pioche, qui peuvent se faire aussi avec les instruments attelés, pendant le mois de mai, jusqu'au commencement de septembre ou d'octobre.

La récolte peut se faire au moyen de la faucille, de la faux, de la faucheuse mécanique, ou de l'arrachage entier des touffes. Lorsque celles-ci sont complètement sèches, on peut les battre immédiatement avec la batteuse mécanique, et dans le cas contraire il faut les faire sécher dans un lieu aéré.

On doit se mettre en garde contre l'emmagasinement dans des lieux humides et contre l'échauffement dans les granges, parce que les graines changent de couleur et perdent de leur valeur.

On ne peut attribuer aucune valeur à l'emploi des tiges de Soja, parce que, après le battage, il ne reste plus que la tige dure et nue, et que les cosses, tout au plus, peuvent être données aux moutons. Le Soja brun pourrait encore être donné en vert comme fourrage; il s'y prête bien à cause de son feuillage abondant et du volume de ses touffes; tandis que le Soja jaune, dont la naturalisation est plus assurée et le rendement en graines plus riche, est appelé seulement à servir d'aliment fortifiant.

L'auteur fait suivre ces instructions d'un tableau comparatif du rendement en protéine et graisse des Soja, Avoine, Maïs, Orge, Haricots, Pois, tourteaux de Colza, drèche et son de Froment; tableau duquel il résulte, non seulement que les plantes sus indiquées exigent le triple ou le quintuple de superficie pour produire une quantité égale de matières nutritives, mais encore le triple et le sextuple de dépenses pour obtenir 180 kilogr. de protéine et de graisse.

Même feuille, numéro du 21 juin 1879.

UN NOUVEL ENNEMI DU SOJA

La satisfaction de croire que le Soja ne comptait pas d'ennemi parmi les insectes n'a pas duré longtemps. Je lui trouvai, il y a quelques mois, un puissant ennnemi dans une pièce de terre que j'avais louée, et sur laquelle j'avais semé 6 kilogr. de Soja, partie blanc et partie brun. Les graines, semées le

13 mai dans un sol humide, germèrent en peu de temps, et le 28 mai on voyait déjà de petites gousses vertes. Cependant leur nombre ne croissait pas, de sorte que je finis par soupçonner qu'il y avait dans la semence peu de graines en état de germer, ou que quelque autre défaut s'était rencontré dans la semaille. Quel fut le résultat de mes recherches? Je trouvai qu'à peu d'exceptions près, toutes les graines germaient bien, mais que les germes ainsi que les tiges des jeunes plantes étaient attaqués par le ver de fil de fer (1). On trouva ces vers rongeant tous les pieds sans exception. L'énigme fut ainsi bientôt résolue, et la conviction acquise qu'avec le temps, malheureusement, les choses ne se passeraient pas mieux pour le Soja que pour les autres graines à cosses cultivées chez nous. Il est vrai qu'aujourd'hui ce cas est encore isolé, et il est à désirer qu'il ne se renouvelle pas ; néanmoins, c'est un mauvais signe pour l'avenir.

Pour donner une idée des dommages constatés jusqu'ici, je dirai à ce propos que 2800 graines ont été semées, et que, sur les plantes qui ont levé, il n'y en a plus que 981 qui soient saines aujourd'hui.

Les Soja cultivés sur les planches d'essai de l'École d'agriculture sont jusqu'à présent en très bon état.

Znaim.

Signé : Joseph ROTH,
Directeur de l'École d'agriculture et de viculture.

Même feuille, numéro du 27 septembre 1879.

UN NOUVEAU DESTRUCTEUR DU SOJA

Dans les essais de culture du Soja dans le champ d'expériences de l'École secondaire rurale de Prevau, j'ai trouvé des chenilles dévorant les feuilles du Soja, particulièrement les plus jeunes.

On reconnut que c'était les chenilles de la Belle-Dame

(1) Larve du Taupin. P.

(*Vanessa cardui*). On voit par là combien les cultures importées sont peu épargnées par différents ennemis.

Prevau.

Signé : ADAMÉE.

Même feuille, numéro du 14 férier 1880.

UNE CULTURE DE SOJA ET LES RÉSULTATS DE LA RÉCOLTE

Le 17 mai 1879, sur 34 *dg.*, je semai, en lignes distantes de 65 centimètres, une à une, des graines de Soja à 30 centimètres l'une de l'autre. Le sol était un limon sablonneux et profond, bien fumé pour la culture précédente (raves). La semence leva très vite. A la mi-juin, je fis donner une première façon; à la mi-juillet, une seconde; après quoi, les touffes s'étendirent jusqu'à 60 à 70 centimètres en largeur, s'élevèrent à une hauteur de 50 à 70 centimètres, et se couvrirent de gousses nombreuses. Au commencement d'octobre, je procédai à la récolte. Je fis lier les touffes en petits paquets qui furent dressés les uns contre les autres sur le champ, pendant quinze jours, pour y mûrir. Au mois de janvier, je fis battre. Le résultat fut extraordinairement avantageux, et répondit complètement aux éloges qu'a reçus cette culture.

J'obtins par le battage, sur 34 *dg.* (1), 13 kilogr. de pure semence, bonne pour la germination; c'est pourquoi j'essaye aujourd'hui cette culture au moins avec 3 ou 4 kilogr.

Kalladey.

Signé : Baron SCHELL.

Même feuille, même numéro. — QUESTION 81.

Je demande qu'on m'indique exactement une méthode de culture du Soja (*Soja hispida*), en tenant compte du rude climat de la Gallicie. Comme sol, j'ai cependant un humus fertile, avec un fond de limon.

(1) Nous ne connaissons pas la signification de l'abréviation *dg.*

Même feuille, même numéro.

Les instructions les plus détaillées que nous connaissions jusqu'ici sont données par l'article de Gustave Renner, de Buda-Pest (voir plus haut). En outre, une méthode de culture a été publiée par la Direction des cultures de graines du comte H. Attems, à Saint-Pierre, près de Graz.

Même feuille, numéro du 21 février 1880.

CULTURE DU SOJA

Réponse à la question 81, dans le numéro 7 de cette feuille. Dans la *Feuille hebdomadaire agricole autrichienne*, vous trouverez, sous le titre *Mélanges*, la description d'une culture de Soja. Quoiqu'on ait dit bien des fois que cette espèce de Haricot se contente d'un sol maigre, cependant je conseillerais de lui consacrer une terre forte, profondément labourée à l'automne, car dans une terre forte le Soja croît plus vite et plus abondamment, par conséquent arrive plus tôt à fleur et à maturité.

La durée de la végétation jusqu'à parfaite maturité est de cinq mois. Sous un climat vigoureux, les semailles sont indiquées pour la mi-mai. On doit protéger le champ de Soja par des épouvantails, contre la visite des lièvres, qui dévorent avec prédilection non seulement les gousses, mais les plantes tout entières. Il importerait d'essayer si votre pays, avec son sol d'humus fertile et son sous-sol limoneux, ne serait pas favorable à la Féverole, qui est riche en protéine. En tout cas, la Féverole donnerait une pâture plus fortifiante que le Soja (1).

Kalladey, Bohême.

Signé : Baron SCHELL.

(1) Les analyses démontrent le contraire. La Féverole contient 30 pour 100 de protéine et le Soya 35 pour 100. La Féverole contient 2 pour 100 de matières grasses et le Soya 16 pour 100. P.

Même feuille, numéro du 21 février 1880. — QUESTION 95.

Quel écart de lignes et quelle quantité de semence par joug de Hongrie ont le mieux fait leurs preuves dans la culture du Soja ?

Même feuille, même numéro.

GRAINS

Les Soya, qui peu à peu s'introduisent dans la monarchie, jouissent de demandes fort actives.

En gros, les jaunes sont cotés 28 à 32 florins ;

Les bruns, 35 à 40, selon la qualité ;

En détail, 40 ou 50 kreutzer le kilogramme.

Même feuille, numéro du 2 février 1880. — QUESTION 95.

Avec des lignes espacées de 65 centimètres et un écart de 30 centimètres entre chaque graine, les plantes poussent à tel point, par endroits, qu'elles se touchent. Je crois que cet écart des lignes et des pieds est le meilleur pour cultiver le Soja convenablement. Pour les façons, il faut qu'un homme tienne le cheval par la bride, afin qu'il ne piétine pas les jeunes plantes. Le joug hongrois, compté à 1200 toises carrées, a besoin de 5 à 6 kilogr. de semence. On peut acheter de la semence de Soja épurée pour 1 florin 25 le kilog.

Kalladey.

Signé : Baron SCHELL.

Même feuille, numéro du 28 février 1880.

INSTRUCTION POUR LA CULTURE DU SOJA

Le ministère du commerce et de l'agriculture pour le royaume de Hongrie a publié en langue hongroise une instruction pour la culture du Soja, qui est à la disposition des intéressés, sur leur demande, afin de contribuer autant que possible à l'introduction de cette plante précieuse.

LE SOJA EN FRANCE

Historique. — Buffon fut chargé de la direction du Jardin des Plantes en 1739, et, peu de temps après les Pères missionnaires de la Chine lui adressèrent les spécimens les plus intéressants de la végétatiou de ce pays. Le Soja avait nécessairement sa place dans leurs envois, et, sans pouvoir en faire la preuve, nous n'avons pas de doute à ce sujet.

Quoi qu'il en soit, nous retrouvons au Muséum le sachet qui a contenu, en 1779, des graines de Soja. Il porte les dates de récolte de 1834, 36, 37, 38, 39, 40, 41, 43, 44, 46, 47, 49, 50 à 55 inclusivement; de 1857, 58, 59; de 1862, 65, 66, 67 ; de 1870, 71 ; de 1873, 74, 77.

En fait, le Soja a été cultivé au Muséum depuis 1740 très probablement, en 1779 certainement, et plus tard de 1834 à 1880 sans interruption. La plante a toujours végété et fructifié à souhait, cultivée comme les Haricots, sans soins particuliers.

Elle a prouvé sa rusticité et le peu d'influence qu'ont sur elle les accidents atmosphériques.

Depuis 1855, les abondantes distributions de graines sans cesse renouvelées par la Société d'Acclimatation ont permis d'essayer en France, sur tous les points, la culture du Soja ; mais il est difficile, sinon impossible, de se procurer des renseignements sur les essais faits antérieurement.

M. Blavet, président de la Société d'Horticulture d'Étampes, a cependant retrouvé un document intéressant dans une brochure intitulée : *Séance publique de la Société d'Agriculture de l'arrondissement d'Étampes*, année 1832, p. 84.

Un chapitre porte ce titre : « Compte rendu par M. C. Brun des Beaumes, membre de la Société d'Agriculture d'Étampes, chevalier de Saint-Louis, docteur en la Faculté des sciences de France, de quelques essais de culture faits par lui en 1821, sur diverses espèces de céréales, dans sa propriété de Champ-Rond, près Étampes. »

Une note finale dit : « La chaleur de l'été 1821 a été si favorable aux plantes exotiques, que, cette année, j'ai vu fructifier abondamment, à Champ-Rond, près Étampes, dans mes cultures en pleine terre, le Dolichos de la Chine, le Dolichos Soja, le Dolichos Lablab. La Niouelle (?) du Sénégal y a montré pour la première fois ses longs épis, etc. »

Le devoir qui s'impose au Muséum, comme établissement d'intérêt public, de remettre des graines, en pur don ou par échange, aux personnes qui en font la demande, ne permet pas de douter que d'autres essais aient été faits sur divers points; mais nous n'en retrouvons aucune trace.

A partir de 1855, un grand nombre de participants reçoivent les graines de la Société d'Acclimatation et les expérimentent. La plupart ne rendent aucun compte de leurs essais; d'autres s'acquittent de cette dette, et, parmi eux, nous citerons MM. Vilmorin, Delisse, Lachaume, etc.; mais leurs cultures ne sont pas progressives, et le Soja ne prend pas encore pied en France.

En 1868, M. Chauvin, vice-président de la Société d'Horticulture de la Côte-d'Or, cultive plusieurs variétés de Soja et persévère jusqu'aujourd'hui.

En 1874, la Société d'Horticulture d'Étampes reçoit des graines de la Société d'Acclimatation, et les expérimente en culture jardinière jusqu'en 1880. On trouvera dans l'*Introduction* les rapports des chepteliers d'Étampes. Leurs cultures sont dirigées avec un zèle extrême par M. Blavet, président de la Société d'Horticulture de l'arrondissement.

A la même époque, M. le docteur H... apporte du Japon les meilleures variétés du Soja et les cultive. Il échoue dans cette tentative qui porte sur des sortes trop tardives. Il se borne alors à cultiver le Soja jaune de Chine. Il n'éprouve plus de difficultés et fabrique lui-même du Sho pour l'usage de sa maison.

En 1878, nous recevons des graines de deux sortes de Soja : l'une, du Japon, à fleurs blanches, à graines d'un jaune très pâle et verdâtre ; l'autre, de Chine, jaune, faisant partie de la série chinoise de Houang-téou, et que nous assimilons aux graines reçues de M. de Montigny et autres donateurs, et à celles qui ont été cultivées au Muséum, à Étampes, à Marseille, un peu partout (1).

Les graines du Japon nous donnent de belles touffes, mais les plantes ne mûrissent pas leurs fruits. L'espèce chinoise réussit chez nous comme ailleurs.

En 1879, Marseille reçoit directement de Chine des graines de Houang-téou, sème, cultive et récolte sans accidents.

En 1880, MM. Vilmorin, Andrieux et Cie introduisent dans leur catalogue une espèce cultivée en Autriche-Hongrie, et rendent ainsi très facile la propagation du Soya.

M. P. Olivier-Lecq, de Templeuve, reçoit de M. Jules Robert, président de la Société des fabricants de sucre, d'Autriche, à Séclowitz (Moravie), un lot de foin vert, composé de Maïs, de Millet, et surtout de Soya, conservé dans une ancienne glacière en un tas de 120 000 kilogr. Il fait don à l'école de Grignon de l'échantillon qu'il avait présenté au concours de Melun, et qui avait attiré au plus haut point l'attention des agronomes.

Il reçoit aussi de M. Robert 100 kilogr. de graines de Soya qu'il distribue à dix comices agricoles et à de nombreux cultivateurs.

Il fait dans son laboratoire de chimie agricole l'analyse des graines de Soya, et cette analyse concorde absolument avec celles que nous possédons déjà.

Enfin, il fait à la Société des agriculteurs du Nord un rapport intéressant dont il puise les éléments dans le livre du professeur Haberlandt, reproduit en substance dans notre cinquième chapitre.

M. Boursier, à Chevrières (Oise), expérimente pour la seconde fois la culture du Soja, et dès le 1er septembre peut présenter des touffes magnifiques, chargées de gousses dont la maturation est assurée.

De tout ce qui précède, on doit tirer cette conséquence, que

(1) Ces variétés diffèrent quelque peu extérieurement, mais leur composition chimique, leurs usages et leur culture sont les mêmes.

le Soja jaune hâtif peut être utilement cultivé en France depuis Paris jusqu'à Marseille, et que le succès est certain partout où le Maïs mûrit ses graines, partout où la Vigne mûrit ses grappes. Il ne peut y avoir de doute que sur les résultats des cultures qui seront tentées au nord de Paris, mais nous inclinons à croire qu'ils seront favorables.

Cependant, on peut dire qu'au moment où nous écrivons le Soja est *inconnu*.

Le Muséum, enfermé dans sa mission scientifique, classe et cultive les plantes de ses collections sans en faire connaître les propriétés.

Le gouvernement, qui n'est nullement tenu d'expérimenter les plantes utiles, mais qui doit, en temps opportun, venir en aide à l'initiative privée, semble ignorer ce qui se passe chez nos voisins et le concours que, dans une sage mesure, leur apporte leur ministère de l'agriculture.

Les analyses nous manquent depuis cent ans.

M. Frémy a constaté ce que le Soja contient d'huile; MM. Champion et Lhôte ont donné une analyse incomplète; mais les livres classiques de la chimie agricole, les ouvrages de nos professeurs, qni font connaître la composition chimique des graines de nos Légumineuses usuelles, omettent celle du Soja.

Si nos chimistes avaient connu la plante et constaté sa richesse dans des analyses qui auraient fait foi pour tout le monde, nous serions plus avancés que nous ne sommes.

Mais ces analyses n'auraient pas suffi. Alors même qu'elles seraient comprises par nos *bons villageois ;* alors même qu'on leur prouverait qu'une poignée de graines de Soja les nourrit autant et répare aussi bien leurs forces que deux poignées de Pois, de Fèves, de Haricots, etc., ils préféreraient pendant longtemps la quantité à la qualité.

Notre point de départ n'a pas été heureux. Le Soja a été présenté simplement comme un légume nouveau. Mais il est d'une cuisson un peu plus difficile que celle des autres Légumineuses. Sa saveur est bonne, sans supériorité. Frais, on l'écosse avec plus de peine ; sec, il exige une immersion de vingt-quatre heures dans une eau non calcaire. Dans l'ignorance où l'on était de ses propriétés nutritives, on n'a pas eu de motif déterminant pour le cultiver. On s'en est tenu aux anciens légumes.

Les Austro-Hongrois ont été plus avisés; ayant acquis la preuve, incontestable d'ailleurs, de la valeur du Soja pour l'alimentation du bétail, ils n'ont pas eu d'autre objectif. Ils semblent, tout au moins, avoir considéré comme secondaire l'usage du Soja pour la nourriture de l'homme. Il s'ensuit qu'aussitôt qu'ils ont eu assez de semence, ils ont cultivé des hectares tandis que nous ne cultivions encore que des planches de potager.

Les graines seront bientôt à bon marché dans toute l'Allemagne du Sud; le petit cultivateur en trouvera partout autour de lui, à bas prix. Il en mangera, se sentira fortifié, en sèmera à son tour (1).

Variétés. — En 1878, le Japon, la Chine, les Indes, avaient présenté à notre Exposition universelle toutes les variétés de Soja, et nous ne nous avançons pas trop en disant qu'elles emplissaient de leurs graines plus de 100 bocaux.

Si nous n'avions pas laissé ces graines se disperser; si nous avions saisi l'occasion sans pareille qui s'offrait à nous, nous aurions pu expérimenter tous les Soja et choisir ceux qui nous auraient donné les meilleurs résultats. Ce que nous n'avons pas su faire, les Austro-Hongrois l'avaient fait à l'issue de leur Exposition universelle de 1873, et c'est ainsi qu'ils ont pu nous devancer de plusieurs années.

Il faut au moins que leurs expériences nous servent.

Ne livrons rien au hasard : pas d'échecs, et par conséquent pas de causes de découragement. Ne semons que les variétés

(1) Un grand cultivateur de notre région disait dernièrement : « J'ai semé du Soja ; j'ai des touffes magnifiques, chargées de gousses, mais je récolterai peu de graines. Chacun en passant m'en prendra quelques-unes, et je laisserai faire. Tout le pays en sèmera. » Ce mode de propagation est aussi efficace que méritoire.

Nous avons distribué quelques graines autour de nous aux gens du village. Ce moyen est vain. Mais nous avons aussi semé en plein champ. On admirera la fécondité de la plante; on dépouillera quelques touffes par curiosité, et le temps fera le reste.

dont le succès est certain ; sous le climat de Paris, les variétés jaunes de Chine et de Mongolie ; au delà de la Loire, les mêmes variétés et celle de Chine, rouge brun. Laissons à la Provence, au Languedoc, à l'Algérie, l'espèce noire (1).

Nous pensons qu'il existe plus de 30 variétés de Soja. Que la Société d'Acclimatation, que MM. Vilmorin, Andrieux et Cie nous en procurent les semences, nous les sèmerons toutes et nous trouverons peut-être parmi elles quelques variétés hâtives à ajouter à celles que nous venons de désigner.

Culture. — La culture de la plante est facile et ne diffère guère de celle du Haricot nain. Nous croyons que tous les terrains lui conviennent, sinon également, du moins à un degré suffisant. L'espacement des touffes est un point capital. Lorsque les touffes sont trop rapprochées, la maturation est retardée, et c'est là précisément qu'on peut rencontrer un mécompte. Si le sol est riche, il faut plus d'espace que dans le cas contraire ; mais quel est le cultivateur qui ne saura pas équilibrer la fertilité de la terre et le développement des plantes ? C'est l'A B C du métier.

Nous dirons d'ailleurs de la culture ce que nous avons dit du choix des variétés. Nous devons profiter de l'expérience acquise en Autriche-Hongrie, et ne nous exposer à aucun échec. Nous renvoyons les cultivateurs à notre chapitre v, qui les éclairera suffisamment.

Nous communiquerons seulement quelques observations qui nous sont personnelles. Il faut, croyons-nous, que les graines lèvent très promptement ; autrement, elles pourrissent. Il convient donc de choisir, du 15 avril au 1er mai, le moment favorable pour l'ensemencement, c'est-à-dire celui où le temps n'est ni trop froid ni trop sec. Nous pensons aussi que la semence ne doit pas être trop couverte.

Nous croyons que l'on pourra sans inconvénient retarder l'ensemencement jusqu'au 15 mai, si le temps qui a précédé a été décidément contraire. La variété qui a figuré en 1880 au catalogue de MM. Vilmorin, Andrieux et Cie se prête, ce

(1) En 1880, nous avons semé des graines de Soja noir apportées de Java par M. De la Savinière. Nous n'avons pas obtenu de fleurs.

nous semble, à des semailles tardives. Nous avons semé des graines d'Étampes le 3 mai et des graines de MM. Vilmorin le 10 juin; celles-ci ont rejoint celles-là.

Emploi. — Nous tenons pour démontré que la culture du Soja est facile, que sa fécondité est grande, que sa composition chimique est supérieure (1).

Pourquoi donc ne le cultivons-nous pas depuis cent ans? Nous l'avons dit plus haut : parce que les analyses ont manqué, parce qu'on l'a préconisé, non comme plante oléagineuse et fourragère, mais comme légume, comme plante potagère, et que l'on a commencé par où il fallait finir. Si l'on persiste dans cette voie, on échouera. Le Soja retombera dans l'oubli pendant que l'Allemagne du Sud, les provinces du Danube, la Russie méridionale, l'Italie, trouveront dans sa culture une source de richesse.

Il faut, selon nous, que le Soja entre dans la grande culture, que ses gousses vides soient données aux moutons, ses tiges et ses feuilles au gros bétail, ses graines aux fabricants d'huile, et que ses tourteaux, riches de 45 pour 100 de matière azotée, engraissent nos animaux de boucherie.

Il faut encore qu'il entre dans la provende présentée aux chevaux, associé à la paille hachée, comme il est employé dans la Chine septentrionale et dans la Mantchourie.

Alors ses graines seront partout abondantes, et le Soja, qui est le plus nourrissant des légumes, sera recherché comme tel.

Ses usages accessoires viendront à leur tour. On fabriquera le Shoyu *du Japon*, qui est excellent, et qui supplée le jus de viande (2). On fera du téou-fou, fromage dont la saveur ne plaît pas aux Européens, mais que les enfants acceptent à l'état frais et mangeront encore quand ils seront des hommes.

Faire de l'huile, des tourteaux, des rations de graines pour les chevaux, tel doit être aujourd'hui l'objectif des cultivateurs.

L'homme disputera bientôt après le Soja aux animaux.

(1) Voir plus loin les analyses françaises.

(2) Nous en avons fait usage, à notre entière satisfaction.

Nous ne saurions dire combien nous sommes heureux de voir notre opinion partagée par MM. Vilmorin, Andrieux et Cie, et aussi par MM. Olivier Lecq, et Jules Robert, de Séclowitz.

M. P. Olivier Lecq nous adresse une lettre dont l'importance n'échappera à personne :

« Comme j'ai eu déja l'honneur de vous le dire, je n'ai suivi la culture du Soja qu'au point de vue de l'alimentation des animaux.

» Cultivant cette plante pour la première année, je n'ai pu me livrer encore à des essais, et je crois devoir me borner aux essais faits à Séclowitz, en Moravie.

» Voici ce que m'en dit M. Jules Robert : « Le Soja en ma-» turité m'a donné, en 1879, 1873 kilogr. de fèves par hectare, » et 400 kilogr. de paille. Une autre partie, coupée avant la ma- » turité, m'a donné par hectare 10 500 kilogr. de foin *demi-sec*, » prêt à être ensilé. (Cette récolte était relativement faible.) » Ce foin, dont je vous adresse un échantillon, a été mélangé » de Maïs et de Millet; on peut y ajouter indifféremment du » blé noir, des vesces ou des tiges de Topinambour. Le Soja » entre dans ce mélange pour un cinquième, afin d'enrichir » la masse de matières azotées. Il faut attendre pour cela que » les gousses soient bien développées.

» Toutes les plantes doivent avoir perdu au moins 50 pour 100 » de leur poids par le fanage, ce que l'on peut vérifier en pe- » sant à part, avec une petite balance à ressort, sur le champ » même, une quantité d'environ 10 kilogr. à l'état vert, puis » à l'état flétri, pour bien s'habituer à trouver le point.

» A cette condition, et avec un tassement bien fait par des » hommes et, si possible, avec des chevaux pour appuyer da- » vantage encore, lorsque le tout est recouvert de 40 centi- » mètres de terre, la masse s'échauffe, brunit et s'affaisse » encore de moitié, pour prendre l'apparence et l'odeur de » l'échantillon que vous avez.

» Il faut que l'entassement se fasse couche par couche, » celles-ci variées de plantes, et que la masse soit assez grande » pour obtenir une température plus élevée.

» Si le silo est creusé dans la terre à 1 mètre de profon-

» deur, il conviendra d'élever le tas de 1m,50 au-dessus du » sol.

» C'est à peine si la masse totale, après affaissement, » dépasse un peu le niveau pour former toit.

» La terre du silo doit être argileuse et même plastique ; il » conviendra de la rabattre avec le dos d'une bêche préalablement mouillée, s'il fait sec, afin d'en polir la surface et » d'empêcher l'action de l'air et le passage de l'eau.

» Voici quelle devra être la forme du silo :

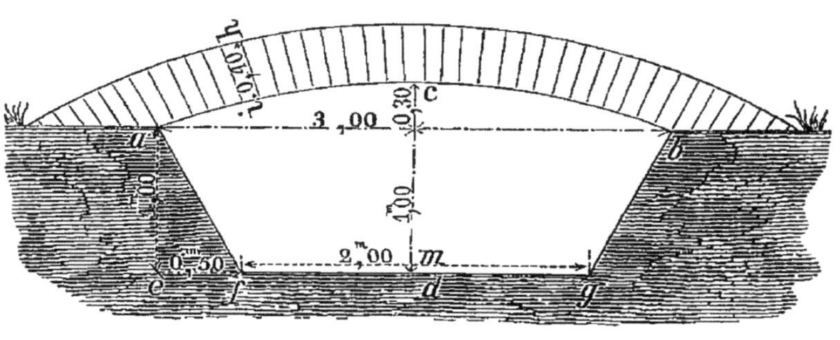

a b	3 mètres
c d	1,30 après affaissemen
f g	2 »
e f	0,50
a e	1 »
i h	0,40

» Voici la composition du fourrage :

Eau	8,6
Matières grasses	2,33
Cellulose	43,94
Substances extractives	27,56
— protéiques	8,75
Cendres	8,80
Total.	100,00

Analyse faite au laboratoire agricole du prince de Schwarzenberg, à Lobositz (Bohême).

» Je ne puis vous donner la perte en poids à la suite de la » fermentation qui s'est produite ; je déterminerai cela lors de » mes ensilages de 1880. 30 bœufs à l'engrais furent nourris

» de ce mélange et de la composition ci-contre. Ils pesaient :

En moyenne le 1er février.........	633	kilogr.
— le 1er mars..........	654	—
— le 1er avril..........	690	—

» Leur ration par tête et par jour était :

	Foin naturel.	Foin brun.	Farine de Maïs.	Cossettes de Betteraves.	Paille hachée.	Sel.
En février.	3 kil.	5 kil.	1 kil.	40 kil.	6 kil.	80 gr.
En mars...	3 —	8 —	2 —	40 —	4 —	80 —
En avril...	3 —	8 —	2 —	40 —	4 —	80 —

» Dans une lettre du 10 septembre, M. Robert me dit :

« Je reconnais de plus en plus la grande valeur nutritive des » fourrages conservés en silos dans lesquels le Soja entre pour » un cinquième environ. J'apprécie de plus l'importance de » cette plante au point de vue de l'alimentation des animaux, *en* » *attendant qu'elle serve à l'alimentation de l'homme.*

» Plus nourrissant que les foins, moins exposé à la verse et » aux attaques des insectes, le Soja à l'état vert, mais avec » gousses formées, m'a donné une coupe de 30000 kilogr. Je le » mélange avec de la luzerne verte, de l'herbe et du Maïs ; je » n'oserais donner le Soja seul ; je craindrais de surexciter les » animaux par une nourriture trop concentrée.

» Un hectare suffirait donc pour 100 bœufs pendant 30 » jours. 10 kilogr. de ce fourrage concentré ont produit le même » effet que 5 kilogr. de farine de maïs. Ces 10 kilogr. reviennent » à 25 centimes, tandis que les 5 kilogr. de farine coûtent, » pour le moins, 1 franc.

» Tels sont, Monsieur, les renseignements que je puis vous » fournir sur le Soja cultivé en vue de l'alimentation des bes- » tiaux.

» Je ne puis vous fournir encore de renseignements sur ma » récolte à moi ; je n'en ai que très peu, 3 ares environ, et la » levée a laissé à désirer ; de sorte que j'ai des plantes très » fortes et d'autres plus faibles, par suite du repiquage que » j'ai dû faire pendant la sécheresse.

» L'on peut, je crois, comparer le Soja à la Vigne pour la

» chaleur qui est nécessaire à sa maturation. Je crois même » que le Soja demande moins de chaleur encore, si j'en juge » d'après ce qui se passe chez moi.

» On ne sera pas sûr de récolter la graine chaque année » dans le Nord, mais neuf fois sur dix on le pourra.

» Cette culture est donc à encourager, car, en cas de non- » maturité, le Soja fournira toujours un fourrage abondant, » très nutritif et très bienfaisant, et laissera la terre dans » d'excellentes conditions pour la récolte suivante. »

Usages accessoires. — Le Soja sert à fabriquer : le *miso*, le *shoyu*, le *tsiang-yeou*, le *tô-fu* des Japonais, le *téou-fou* des Chinois, le *téou-che*, le *café de Soja*.

Nous avons tout dit sur le Shoyu des Japonais, qui est excellent; sur le tsiang-yeou des Chinois, qui est très inférieur, sur le ferment qui nous paraît inutile.

Nous ne nous occuperons ici que du téou-fou que nous avons nous-mêmes fabriqué; du téou-che (?) qui a été fait à Marseille; enfin, du café de Soja que nous avons préparé et présenté à la Société nationale d'Horticulture.

Depuis vingt-cinq ans, nos missionnaires et nos consuls en Chine nous invitent à fabriquer en France le fromage de Soja. Nous avons suivi leurs conseils.

Le fromage blanc, frais, est en Chine un aliment populaire, dont la consommation dépasse en importance tout ce que l'on peut imaginer.

Nous n'avons fait et voulu faire que du fromage blanc, frais, connu aux environs de Paris sous le nom de *fromage à la pie*, et du fromage moins frais, connu dans la même région sous le nom de *fromage demi-sel*.

Voici comment nous avons procédé :

Nous avons fait tremper pendant vingt-quatre heures 1 kilog. de graines de Soja jaune (Vilmorin) dans 2^{kil},500 d'eau distillée. On peut se procurer cette eau en recueillant la pluie ou l'eau de condensation d'une machine à vapeur.

Nous avons broyé la graine dans un moulin à noix, modèle des moulins à café. Nous avons versé, cuillerée à cuillerée, en broyant, l'eau de macération.

Le broyage achevé, nous avons ajouté 5 kilogr. d'eau à la bouillie obtenue.

Nous avons passé au tamis.

Nous avons délayé le résidu dans 2kil,500 d'eau et nous avons de nouveau passé le liquide au tamis.

Le résidu contenant encore du lait, nous l'avons passé dans un linge comme on le fait pour des fruits en faisant des confitures. Ce résidu, ainsi bien épuisé et pressé, a été donné aux lapins qui l'ont dévoré.

La graine avait donc reçu 10 litres d'eau.

Nous avons placé le lait dans un chaudron sur un feu doux. Aux premiers signes d'ébullition, nous y avons jeté une cuillerée ou deux de vinaigre, et nous avons laissé bouillir pendant huit ou dix minutes.

Nous avons répété cette expérience sept ou huit fois, et la recette que nous indiquons est celle à laquelle nous nous sommes arrêté après quelques tâtonnements.

Nous avons toujours obtenu le caillé sans difficulté, quelquefois le jour même, quelquefois le lendemain. Il nous est même arrivé de l'obtenir avant de retirer le lait du feu.

1 kilogr. de graine donne environ 1kil,500 de fromage frais. C'est le rendement indiqué par MM. Champion et L'Hôte.

Le lait chaud peut être consommé, comme on le fait en Chine, avant sa coagulation.

Le fromage s'obtenant aisément, l'écueil est dans le goût de pois crû que nous n'avons pas réussi à lui enlever.

Nous l'avons en vain aromatisé avec du mélilot bleu, avec du carvi : le mauvais goût persiste.

Nous l'avons annulé presque entièrement en faisant bouillir le lait pendant trois heures ; mais le résultat n'est pas assez satisfaisant pour compenser la dépense de temps et de combustible.

Le goût que nous reprochons au lait et au fromage de Soja ne répugne pas aux enfants autant qu'aux adultes, et nous en avons vu qui redemandaient le caillé qu'on venait de leur faire goûter.

Si l'agriculture s'empare du Soja, si ses graines sont partout sous la main des cultivateurs, si leur prix est infime, l'habitude viendra, peut-être, d'en faire du lait et du fromage; mais il faut encore du temps (1).

Nous avons maintenant à faire connaître les essais de fabrication qui ont eu lieu à Marseille et qui avaient pour objet, non le fromage frais ou demi-sel, mais le téou-che (?).

On a assisté, dans notre chapitre III, à l'ouverture de terrines de fromage reçues de Chine par la Société d'Horticulture de Marseille. Nous pouvons aujourd'hui, grâce à l'extrême obligeance de M. le docteur Adrien Sicard, premier vice-président de cette Société, décrire le procédé qu'il a employé pour fabriquer et perfectionner la même espèce de fromage.

Enlever les pellicules des Soja (2), faire cuire ensuite pendant deux heures environ avec 2 décigrammes de présure par 100 grammes de graines, piler en retirant du feu, faire égoutter dans un linge pendant vingt-quatre heures.

FROMAGE BLANC

Placer la pâte dans un pot de verre ou dans un bocal; saupoudrer avec 4 grammes de sel en poudre par 100 grammes de pâte; couvrir avec de l'eau-de-vie de Chine, qui marque 39 degrés.

FROMAGE ROUGE

Opérer comme pour le précédent; puis, avant de le placer dans les pots, rouler le fromage dans une poudre composée de 4 grammes de poudre de santal rouge additionnée d'un peu de cannelle et de macis. Mettre dessus l'eau-de-vie comme pour le précédent.

Avoir soin de boucher hermétiquement le bocal ou le pot de verre dans lequel on a placé le fromage.

(1) Nous avons présenté du fromage de Soja à la Société nationale d'horticulture, séance du 24 juin 1880.

(2) Nous comprenons que cette opération se fait après macération de la graine dans l'eau.

M. le docteur Adrien Sicard ajoute ce qui suit :

« Au bout de trois mois et demi, le fromage a été trouvé bon, mais pas assez avancé. Un mois plus tard, le fromage blanc fait avec les graines récoltées en France, et que j'avais eu le soin de remanier, c'est-à-dire de repétrir en mettant la croûte en dedans, comme on le fait pour divers fromages, avait des marbrures bleuâtres et un peu le goût de roquefort. Passé ce temps, il s'est décomposé et en est venu au point où je vous l'ai expédié. »

On a vu dans le chapitre III que le Soja était cultivé dans le Tyrol sous le nom de fève de café, et qu'on le rencontrait non seulement dans ce pays, où il est employé à fabriquer un succédané du café, mais encore dans l'Istrie, où il a le même emploi. On suppose qu'il en est de même en Dalmatie et dans le sud de l'Italie.

Heuzé, dans *Les plantes alimentaires*, donne au Soja le nom de dolic à café et dit qu'on le cultive sur quelques points des départements de l'Ariège et de la Haute-Garonne ; ce que nous n'avons pas pu vérifier.

Nous avons torréfié des graines de Soja et nous n'avons pas été médiocrement surpris en reconnaissant que leur parfum était exactement celui du café.

Nous l'avons pris à l'eau pour l'apprécier plus sûrement, et nous affirmons que, si nous n'avions pas connu la vérité, nous ne l'aurions pas devinée.

La graine de Soja torréfiée, préparée à l'eau, est un café inférieur, mais pour tout le monde c'est du café.

Nous avons présenté à la Société nationale d'Horticulture un flacon de graines torréfiées, et chacun a pu vérifier le fait que nous venons d'avancer (1).

Préparation du Soja pour la table.

Nous n'avons rien dit encore de la préparation culinaire du Soja ; c'est qu'il n'est pas de ménagère, de cuisinière, qui n'en sache plus long que nous sur ce point.

(1) Séance du 26 août 1880.

On fait l'éloge des graines fraîches, écossées encore vertes, comme le Haricot flageolet. Nous ne le savons pas mangées en cet état, mais un de nos amis a éprouvé que la cuisson n'en était pas plus aisée que celle des graines sèches. D'ailleurs, aucune cuisinière ne consentirait à les écosser; ce serait un trop long travail.

Nous avons fait préparer les graines sèches comme le Haricot blanc ordinaire. Quels que fussent le soin et le temps apportés à leur cuisson, elles sont restées non pas dures, mais plus fermes que le Haricot.

Leur saveur est douce et très agréable. Elles ne présentent pas les mêmes inconvénients que le Haricot. Elles sont excellentes en salade, en purée pour le potage, etc. En mélange avec des graines féculentes, elles les compléteront en apportant leur azote et leur graisse.

Il convient de faire tremper le Soja pendant vingt-quatre heures dans de l'eau distillée, c'est-à-dire de l'eau de pluie ou de condensation de machine à vapeur. On supplée à l'eau distillée en jetant le soir dans l'eau 3 grammes par litre, au maximum, de cristaux de soude. L'eau blanchit si elle est calcaire, et l'on se débarrasse du précipité en décantant le lendemain.

Selon M. Blavet, le mode de cuisson est celui-ci :

Jeter les graines dans l'eau bouillante, les y laisser pendant deux ou trois minutes, les retirer, puis les faire cuire dans une autre eau.

M. le comte Henri Attems assure qu'il ne paraît sur sa table que du Soja tendre; qu'il s'en rapporte à cet égard à sa cuisinière.

Nous avons fait cuire de la même façon la variété d'Étampes et la variété mise en vente par MM. Vilmorin, et nous n'avons reconnu aucune différence.

Nous inclinons à croire que le tourteau de Soja, après extraction de l'huile, pourra être réduit en farine et servir à la nourriture de l'homme. Il contiendrait de 40 à 45 pour 100 de matières azotées et ne contracterait pendant la fabrication aucun mauvais goût. Il servirait à faire des soupes très riches en éléments nutritifs et d'une cuisson plus facile que celle des graines entières.

CONCLUSION

LES ANALYSES FRANÇAISES

Nous touchons au terme de ce mémoire, et nous présentons, comme conclusion, les analyses françaises du Soja, accompagnées du tableau de la composition chimique de nos Légumineuses usuelles, d'après Boussingault.

Nous avons donné les analyses des tourteaux et des déchets faites en Autriche-Hongrie. Il n'en a pas été fait en France, à notre connaissance.

Il serait inutile de répéter que le Soja est d'une culture facile et très productive ; il suffit d'insister sur sa composition chimique, car, selon nous, tout est là.

Au commencement de l'année 1880 (1), M. H. Pellet, chimiste de la Compagnie de Fives-Lille, a adressé à l'Académie des sciences les analyses suivantes des graines de Soja que nous lui avons fournies.

Ces graines avaient été récoltées dans des conditions absolument différentes.

Le n° 1 des analyses, reçu directement de la Chine, nous avait été remis par M. le docteur Adrien Sicard, premier vice-président de la Société d'Horticulture de Marseille.

Le n° 2 était d'origine austro-hongroise.

Le n° 3, récolté à Étampes, avait été donné par M. Blavet, président de la Société d'Horticulture de l'arrondissement d'Étampes.

(1) Voir les *Comptes rendus* de l'Académie des sciences, cahier du 17 mai 1880.

	N° 1.	N° 2.	N° 3.	
Eau	9,000	10,160	9,740	
Matières grasses	16,400	16,600	14,120	
Matières protéiques	35,500	27,750	31,750	
Amidon, dextrine (1) et principes sucrés	3,210	3,210	3,210	(2)
Cellulose	11,650	11,650	11,650	(3)
Ammoniaque	290	274	304	(4)
Acide sulfurique	65	234	141	
— phosphorique	1,415	1,554	1,631	
Chlore	36	35	37	
Potasse	2,187	2,204	2,317	
Chaux	432	316	230	
Magnésie	397	315	435	
Substances insolubles dans les acides	52	55	61	
Traces de soude, de fer et de substances minérales non dosées	77	104	247	
Matières organiques diverses	19,289	25,539	24,127	
Total.	100,000	100,000	100,000	

Voici maintenant l'analyse des cendres :

	N° 1.	N° 2.	N° 3.
Acide carbonique	4,10	1,20	1,00
— phosphorique	29,13	31,92	31,68
— sulfurique	1,37	4,80	2,74
Chlore	75	75	75
Potasse	45,02	45,27	45,02
Chaux	8,92	6,50	4,48
Magnésie	8,19	6,48	8,47
Insolubles	1,10	1,10	1,20
Traces de soude, de fer, etc.	1,59	2,15	4,83
	100.17	100,17	100,17
A déduire oxygène pour le chlore.	17	17	17
Total.	100,00	100,00	100,00

Analyse faite dans le laboratoire de chimie agricole de M. P.-Olivier Lecq, à Templeuve (Nord).

(1) Azote coagulable, 6,25.

(2) Par suite du défaut de substance, le chiffre représente la moyenne des trois échantillons.

(3) Par suite du défaut de substance, le chiffre représente la moyenne des trois échantillons.

(4) Par suite du défaut de substance, ce chiffre du n° 1 représente la moyenne des n°s 2 et 3.

Graine de Soja récoltée en septembre 1879, chez M. Jules Robert, à Séclowitz (Moravie). Poids à l'hectolitre : 75^{kil},500.

Humidité à 100-110°	8,15
Essence volatile à 125°	3,13
Matières proétiques	37,13
Matières organiques non azotées	27,60
— grasses	19,70
Sels solubles dans l'eau	2,93
— insolubles	1,37
Total.	100,00

Composition de quelques légumineuses, d'après Boussingault :

	Légumine.	Amidon et dextrine.	Matière grasse.	Ligneux et cellulose.	Sels.	Eau.
Haricot blanc..	26,9	48,8	3,0	2,8	3,5	15,0
Pois jaune....	23,9	59,6	2,6	3,6	2,0	8,9
Lentille	25,0	55,7	2,5	2,2	2,5	12,5
Fève de marais.	24,4	51,5	1,5	3,0	3,6	16,0
Féverole......	31,9	47,7	2,0	2,9	3,0	12,5
Vesce........	27,3	48,7	3,5	3,5	3,0	14,6

Si nous étions agriculteur, nous prêcherions d'exemple en cultivant en grand le Soja.

Si nous étions chimiste, nous démontrerions scientifiquement la supériorité de ses graines et de son fourrage pour l'alimentation de l'homme et du bétail. Mais nous ne sommes ni agriculteur ni chimiste, et nous ne savons que ce que nous apprennent la pratique et la science d'autrui.

Nous ne sommes qu'un simple collecteur de documents et de renseignements ; mais ces documents, ces renseignements, et nos modestes expériences personnelles, ont formé et fortifié notre opinion.

Nous croyons au Soja.

APPENDICE

CULTURE EXPÉRIMENTALE DU SOJA PENDANT L'ANNÉE 1880 :

Lettres que nous avons reçues ou qui nous ont été communiquées.

M. Charles Coffin, jardinier en chef au château de Brunehaut, près Étampes (Seine-et-Oise). — 18 septembre 1880.

« Je dois dire qu'à Étampes et dans les environs, le Soya n'a pas encore été cultivé en grand.

» Jusqu'à présent ce légume n'a pas eu de vente. Beaucoup de personnes l'ont cultivé pour leur propre usage.

» Un seul cultivateur, à ma connaissance, l'a semé cette année pour le vendre. Je ne sais pas au juste combien d'ares il a ensemencés, mais il en a cultivé une certaine étendue.

» Il m'a dit que la levée n'avait pas été très bonne à cause de la sécheresse du printemps.

» Quant à moi, je n'en ai fait, comme d'habitude, que 8 ou 10 ares. La levée n'a pas très bien réussi, mais j'ai obtenu une fructification extraordinaire, ce qui fait que ma récolte n'est pas inférieure à celle des années précédentes. »

M. Olivier Lecq, à Templeuve (Nord). — 20 octobre 1880.

« Je puis aujourd'hui dire et affirmer que le Soya peut se cultiver pour la graine dans tout le nord de la France : mes essais le prouvent.

» J'ai semé la graine en deux fois et en deux endroits : le 10 mai, dans un potager entre une muraille assez élevée, au nord, et de grands sapins, au midi; 25 mètres séparent la muraille des sapins. Il y a beaucoup d'ombre et la terre se maintient humide. Depuis le commencement d'octobre les graines sont mûres.

» Le 28 mai, j'ai ensemencé en plaine 5 ares environ. Il

faisait très sec. La levée fut très lente et très mauvaise; quinze jours plus tard des graines levaient encore. Je dus déplanter une partie pour remplir les vides. J'ai cru longtemps que cette seconde pièce ne pourrait pas mûrir, mais voici les gousses arrivées à maturité; d'où je conclus que le Soya mûrira parfaitement ses graines dans toute la France, lorsqu'il aura été semé avant le 15 mai. »

» Je lui reconnais aussi un avantage sur les Haricots, c'est qu'il est moins sujet à la pourriture. Je ne crois pas qu'il se tache. Sous l'influence d'une petite gelée, les feuilles du Soya cultivé en plaine ont quelque peu noirci. »

M. Olivier Lecq, à Templeuve (Nord). — 30 octobre 1880.

« Oui, j'ai eu tort de semer des Soya dans mon potager, entre de grands arbres au midi et une muraille au nord. Je m'en aperçois aujourd'hui au volume de la graine, qui est d'un tiers moindre. C'est aussi, je crois, par cette raison que les plantes s'allongeaient.

» Celles de la plaine étaient plus fortes, les tiges plus raides, les cosses plus serrées et, comme je vous l'ai dit, plus grosses et plus pleines. Elles ont supporté une gelée assez forte; je regrette de ne pouvoir vous dire de combien le thermomètre est descendu. Si les pièces d'eau n'ont pas gelé, c'est à cause du vent; mais une terrine pleine d'eau qui se trouvait près d'une serre aux vignes avait une glace de 8 millimètres d'épaisseur.

» Les feuilles du Soya ont gelé accidentellement; une cosse que n'abritaient pas les feuilles a été également gelée, mais le dommage était insignifiant : une cosse peut-être par cinq plantes, ce qui ne vaut guère la peine d'en parler. Il est donc avantageux que la feuille couvre la cosse.

» Ce qui milite encore en faveur de la plante, c'est que les cosses peuvent impunément demeurer sur le sol humide. Elles n'y moisissent pas.

» Les plantes repiquées deviennent moins fortes, mais, relativement à leur poids, donnent plus de cosses.

» J'ai remarqué que les rongeurs ne dédaignaient pas le Soya. Je trouve cette plante très avantageuse, et mon intention est de me livrer en grand à sa culture. L'essai que j'ai fait cette année est très concluant. La culture en est facile, peu coûteuse ; elle permet de bien nettoyer les terres. On sème le Soya lorsque déjà toutes les semailles d'avoine sont faites. Ceci, sous toutes réserves, car il convient de semer avant le 10 mai.

» Je viens d'inventer une machine qui m'aidera beaucoup pour les semailles. »

Suit la description d'une machine dont on peut demander le dessin à l'auteur.

M. Boursier, à Chevrières (Oise). — 3 novembre 1880.

« J'ai cultivé le Soya en 1879 et 1880, sur 30 ares de terre ; ces premiers essais me donnent tout espoir sur l'acclimatation de la plante et sur le rôle qu'elle est appelée à jouer comme plante fourragère.

» Mon Soya récolté est encore dans le champ par petites moyettes. Ce n'est qu'à la rentrée à la ferme que je pourrai constater le poids total et les poids des tiges et du grain; mais je peux affirmer que la somme totale des matières nutritives et assimilables sera élevéé. »

» En 1879, par suite des pluies, je n'ai pu semer qu'au 15 juin; la plante n'eut pas beaucoup de vigueur jnsqu'au 15 août, mais à partir de cette époque la végétation marcha avec rapidité pour se continuer jusqu'en novembre. Quand vinrent les gelées, la maturité n'était pas complète ; j'arrachai alors et mis en moyettes; pendant les grandes neiges j'ai donné le fourrage aux porcs et aux bêtes à cornes, qui s'en sont montrés très friands et ont consommé tiges et graines sans faire de restes.

» En 1880 j'ai semé le 10 mai ; la levée a été chétive, mais à partir de juillet la végétation a repris vigueur, pour se continuer sans interruption jusqu'à fin septembre ; j'ai arraché au 20 octobre, alors que la plante était à peu près sèche, quoique les gousses soient encore vertes.

» La plante est bien garnie de gousses renfermant deux grains, rarement trois; le grain sèche bien, il se détachera facilement par le battage, mais je ne crois pas la maturité assez avancée pour en faire de la graine.

» L'essai des deux années s'est fait sur le même terrain; c'est un sable d'alluvions anciennes, très riche en humus, de couleur noire, bien exposé et très perméable. En 1879, j'ai planté en pochets à $0^m,50$; en 1880 j'ai semé en lignes de $0^m,35$ d'écartement. J'ai employé les deux fois 1 kilogr. à l'are; j'ai donné deux binages à la plante.

» A mon avis, le Soya sera pour nous une plante fourragère, qui se conservera bien en silos.

» Quel est le moment le meilleur pour récolter, étant donné que le grain ne mûrit pas chez nous? »

M. C. T., à Arras (Pas-de-Calais). — 12 novembre 1880.

« J'ai planté une première planche de Soya au commencement de mai, à raison de 4 à 5 grains par trous espacés de 12 pouces. C'est trop près : les plantes étaient tellement fournies et serrées qu'un sou ne serait pas tombé à terre; beaucoup de graines cependant. La seconde planche a été plantée à des intervalles de 15 pouces. Je pense que c'est la meilleure distance à observer. La plante a poussé moins forte que sur la première planche, mais a donné plus de graines.

» Enfin, à la campagne, en plein champ, mais malheureusement trop loin de ma brasserie, j'ai fait à tout hasard une troisième plantation, fin mai, sur environ 3 ares de terre n'ayant pas vu de fumier depuis dix ans, les trous à $0^m,50$ les uns des autres. Cette parcelle de terre fait partie de 10 ares de terrain où j'avais mis des Pommes de terre l'an dernier, avec 50 kilogr. de nitrate, et cette année j'ai encore mis des Pommes de terre avec 50 kilogr. de guano; rien de plus en fumure. Au moment de la floraison, c'était une véritable curiosité de voir les mauvaises herbes et les plantes entrelacées et tellement serrées qu'il eût été matériellement impossible de courir dans la récolte.

» J'ai eu 1 hectolitre 1/2 de cosses dans ces 3 ares.

» Le Soya, comme goût, se rapproche étonnamment du Haricot, mais ne le vaut pas ; il est de plus très dur à cuire, et il est bon de mettre dans l'eau destinée à servir un tout petit morceau de potasse. La cosse contient 1, 2, 3 et 4 grains au maximum, et en moyenne 2 à 3 ; et comme le grain est fort petit, c'est excessivement long pour en écosser de quoi faire un plat. J'ai compté jusqu'à 80 cosses sur un seul pied de Soja; de sorte que sur un terrain bien fumé et bien préparé il me serait impossible de dire quel en serait le produit; mais à coup sûr il serait considérable.

» Mes chevaux mangent le bois de Soya. »

M. D., à Genlis (Côte-d'Or). — 12 novembre 1880.

« Le *Soya hispida* que vous m'avez envoyé n'a pas très bien réussi ; du jour où je l'ai semé, il n'a pas tombé d'eau de l'été dans notre pays, à part une petite pluie qui est tombée pendant la moisson ; alors la vingtième partie seulement a levé, et j'en attribue la faute à la trop grande sécheresse. »

» Le champ a été biné deux fois, et ce peu qui est resté, je l'ai récolté en maturité. Je crois que si un champ en était bien ensemencé, cela produirait encore du grain, car il y avait beaucoup de cosses après les tiges. Le grain que j'en ai récolté me semble plus gros que celui que j'ai semé; je le destine à faire manger aux moutons pendant l'hiver, et j'en garderai pour essayer de nouveau l'année prochaine. »

M. J. S., à Sautin, par Péronne (Somme). — 14 novembre 1880.

« Le Soya semé tardivement a bien levé; semé avec engrais, il m'a fourni des quantités considérables de petites cosses que je suspends dans les halles, dans les greniers; mais je crains que l'espace me manque, et que je ne sois obligé d'en donner à mes animaux.

» Il a parfaitement réussi ; je compte sur 14 hectolitres sur 1 hectare 20 ares; mais à cause de la récolte tardive, il me faut le faire sécher avec soin. Il gardera une teinte plus verte que celui fourni par vous, mais sera bon pour la semence, et même pour manger. »

M. G., à Juvigné (Mayenne). — 14 novembre 1880.

« La culture du *Soya hispida* a parfaitement réussi, quoique semé un peu tard. »

M. D., à Saint-Lager (Rhône). — 14 novembre 1880.

« Le *Soya hispida* que vous m'avez envoyé a été planté vers le 15 mai, trop tard à mon avis, et la sécheresse persistante que nous avons eue pendant plus d'un mois lui a été très préjudiciable, vu qu'il était planté en pleine terre et qu'il n'a pu être arrosé.

» Ce qui a pu germer a néanmoins rapporté d'une manière satisfaisante, au moins 50 pour 1, quelques tiges ayant jusqu'à 250 grains. »

M. L., à Fresnoy, par Hesdin (Pas-de-Calais). — 15 novembre 1880.

« Les graines de Soya ont levé difficilement à cause de la sécheresse. Plus tard, la grande abondance d'eau a nui à la plantation. Cependant, j'ai réussi à récolter quelques belles bottes de Soya.

» J'ai remarqué que la plantation doit se faire de bonne heure, fin mars ou commencement d'avril, dans un terrain bien pourvu d'engrais et léger. Nous avons essayé de manger des grains verts : c'est un peu fort; mais la soupe, c'est excellent. Cette année, je dispose un petit coin de terrain pour planter de nouveau du Soya et surtout beaucoup plus tôt, et je suis sûr de mieux réussir que l'an dernier. L'année n'a pas été propice pour cette plante; nos Haricots, mis à côté du Soya, ne sont pas venus; je dirai même que le Soya a mieux réussi qu'eux, ce qui me donne à espérer pour l'an prochain.

» Ce qui a le plus manqué au Soya, c'est la maturité : d'abord à cause de la plantation trop tardive, et ensuite à cause de la saison trop pluvieuse. »

M. D., à Presles-et-Thierny, par Laon (Aisne). — 15 novembre 1880.

» J'ai planté ces Pois dans le même terrain et le même jour que des Haricots de Soissons. Ils ont parfaitement poussé et sont garnis de nombreuses gousses; mais il n'y a pas moyen de les faire sécher, et par conséquent de les battre. Ce grave inconvénient me fait penser que cette plante ne convient pas à notre région du Nord; et du moment qu'elle demande autant de soins que les Haricots, on préférera toujours, dans l'Aisne, la culture du Haricot à celle-là. »

M. H., à Montpellier (Hérault). — 15 novembre 1880.

« La culture de cette plante est des plus faciles. Je l'ai faite en plein champ, dans un bon sol, sans autres soins que les binages répétés; pas même de fumure ni d'arrosages. L'avantage que présente cette légumineuse est de n'avoir pas besoin d'être tuteurée, puisqu'elle ne file pas et qu'elle reste naine, ce qui ne l'empêche pas dans ces conditions d'être extrêmement fertile. »

M. B., à Andenas, commune d'Alluy, par Chatillon-en-Bazois (Nièvre). 16 novembre 1880.

« Le *Soya hispida* que j'ai reçu le 12 mai, je l'ai semé le même jour, un quart dans le jardin et le reste en pleine terre; il a partout bien réussi, et je constate qu'il n'est pas délicat au terrain; seulement en bonne terre il donne bien davantage; je lui trouve cependant un inconvénient, c'est de mûrir trop tard et d'être difficile à faire sécher. J'ai récolté 57 kilogr. des Pois oléagineux pour 1 que j'ai semé; je trouve le résultat assez bon pour la première année; reste à savoir s'ils me donneront assez d'huile pour que je continue la culture en grand, car, comme plante fourragère, je n'y ai pas confiance. »

M. P., à Muides, par Mer (Loir-et-Cher). — 16 novembre 1880.

« J'ai été très satisfait du *Soya hisipda*, quoiqu'il n'ait pas fait belle levée; mais je l'attribue à la tardive plantation, car, suivant votre prospectus, il doit être semé en avril et il ne l'a été qu'en juin.

» Quant à ceux qui ont levé, ils sont très beaux, bien grainés, ce qui prouve qu'il s'habituerait bien à notre climat.

» Pour la consommation, ils sont très bons. »

M. R., au château de Minillet, par Bornel (Oise). — 16 novembre 1880.

« J'ai en effet pris chez vous quelques graines de Soya que j'ai semées en mai dans le potager. Résultat : 6 belles touffes qui ont mûri inégalement, c'est-à-dire 2 touffes très tard. »

M. C., à Montgarny (Meuse). — 16 novembre 1880.

« De l'expérience que j'ai faite, de concert avec M. N..., cultivateur et adjoint à Karicourt, sur le Soya, il s'ensuit que cette plante peut être avantageusement cultivée, puisqu'elle convient bien aux chevaux et aux vaches, et, je pense, aux moutons, car une chèvre en était très friande.

» Nous avons eu deux inconvénients qui ont beaucoup amoindri la récolte : d'abord la sécheresse du printemps qui l'a empêché de lever en temps utile, et ensuite un temps pluvieux et humide au moment de la maturité.

» Nous avons l'intime conviction que cette plante trouvera une place avantageuse dans la grande culture, et qu'elle donnera autant de produit que les Pois et les Féveroles, car grain et paille pourront être aussi avantageusement employés. »

M. B., à la Chaise, par Barbezieux (Charente). — 17 novembre 1880.

« Le rendement que j'ai obtenu du Soya que vous m'avez expédié a été bien supérieur à toutes les autres récoltes. Il est excessivement difficile à cuire : c'est bien là son seul défaut, avec celui d'être amer.

» Il est vrai que les animaux lui font une fête quand il est vert. »

M. de S., à Saint-Sulpice-sur-Léze, par Noé (Haute-Garonne).
16 novembre 1880.

« Voici sur le Soya quelques renseignements incomplets :

» Terrain ensemencé : argilo-siliceux fertile et assez bien préparé.

» Surface ensemencée : 156 mètres carrés.

» Époque de l'ensemensement : probablement fin d'avril.

» Quantité de semence employée : 900 grammes.

» Espacement des lignes : 50 centimètres.

» Espacement des graines dans les lignes : environ 10 centimètres.

» Rendement : 24^{kil},400 ou 34^{lit},500.

» Ramené à l'hectare : 1748 kilogr. ou 24 hectolitres.

» Une partie du même terrain ensemencé en Haricot commun blanc, toutes conditions semblables, a donné un rendement qui, rapporté à l'hectare, égale 1498 kilogr. ou 19 hectolitres.

» Différence en faveur du Soya : 5 hectolitres.

» Le poids de l'hectolitre de Soya serait 72^{kil},835.

» Celui du Haricot : 78 kilogr.

» Quelques journées de grande chaleur et de sécheresse, qui ont nui sensiblement aux Haricots, ont été sans action sur le *Soya hispida*. »

M. B., à Saint-Riquier, par Abbeville (Somme). — 18 novembre 1880.

« Le Soya que j'ai ensemencé dans une parcelle de terrain m'a donné un résultat qui me paraît conforme aux indications formulées dans votre catalogue.

» Vous pouvez sans crainte encourager l'introduction de cette culture en France ; elle est, à mon avis, susceptible de rendre de grands services pour l'alimentation du bétail. C'est une excellente nourriture pour les animaux des races bovine et ovine; elle peut également servir à leur engraissement.

» Cette plante, semée dans de la bonne terre, vient à une hauteur de 1 mètre, et dans de la terre moyenne à $0^{m},50$; tout dépend, du reste, des conditions d'engrais dans lesquelles se trouve le terrain.

» Les cosses sont toutes petites et ne produisent guère que 3 graines, mais elles sont très nombreuses; ainsi j'ai compté jusqu'à 150 cosses sur un pied. »

M. D., à Courtivron (Côte-d'Or). — 18 novembre 1880.

« J'ai bien planté la graine de *Soya hispida* que vous m'avez envoyée. Je suis très satisfait de cette plante; elle fournit énormément en graines; seulement, il ne faut pas planter trop épais; 2 ou 3 graines par pied et suffisamment espacés; préfère une terre légère à une terre trop forte; semer aussitôt les grands froids passés, commencement de mars.

» Tout ce que j'ai planté a parfaitement réussi; cependant j'habite un pays relativement froid, dans les montagnes de la Côte-d'Or. Plusieurs personnes à qui j'ai remis de vos graines se proposent d'en semer l'année prochaine à cause de son grand rendement.

» En un mot, c'est une plante utile que l'on doit chercher à propager. »

M. P., à Merville (Haute-Garonne). — 19 novembre 1880.

« J'ai semé, cultivé et récolté le *Soya hispida* comme le Haricot.

» Cette plante m'a donné, sous le rapport de la quantité, un résultat extraordinaire de 100 pour 1 au moins. Seulement, je ne puis rien en faire; j'ai essayé le Soya comme légume: très difficile à cuire et immangeable; j'en ai donné aux animaux : aucun n'a voulu y toucher; d'où je conclus : plante inutile. »

M. le docteur Hénon, à Cornières, par Annemasse (Haute-Savoie). 18 novembre.

« Mes cultures de Soya se réduisent à la culture du Soya de Chine, à petits grains jaunâtres. Il vient très bien ici, fructifie abondamment et mûrit toutes ses graines. J'ai essayé dans le temps les belles variétés du Japon à gros grains blancs jaunâtres, verts ou noirs. Aucune n'a réussi. Les noirs n'ont pas levé, et les verts et les jaunâtres ont à peine fleuri et n'ont pas même mûri une seule gousse. Si dans vos essais vous aviez trouvé un Soya à gros grains qui mûrisse bien sous le climat de Paris, vous me ferez plaisir en m'en envoyant quelques grains. Il mûrirait sans doute aussi bien ici ; les raisins mûrissent mieux ici qu'à Paris. »

M. A. Sicard, vice-président de la Société d'horticulture de Marseille (Bouches-du-Rhône). — 19 novembre 1880.

« J'ai obtenu des graines du *Soya hispida* à graines noires ; elles mûrissent plus tard que les autres. Ce légume est à mi-rame, peu productif, et jusqu'à ce jour je le considère comme le plus infime des Soya ; l'an prochain je compte l'essayer à nouveau ; nous saurons à quoi nous en tenir.

» Les graines des divers Soya que j'ai distribuées sont bien venues partout ; je crois cependant, jusqu'à preuve du contraire, que celui reçu de Chine par la Société est le plus productif.

» Je ne sache pas qu'en dehors des graines que j'ai distribuées l'on ait cultivé le Soya.

» De nombreuses occupations, toujours plus grandes, m'ont empêché de continuer mes études sur le fromage, mais j'ai l'intention de les reprendre dès que cela sera possible.

» Comme vous le dites fort bien, je crois que la culture du Soya sera utile dans le département de Vaucluse, et je l'ai fortement recommandé à ceux qui m'en ont parlé. »

M. le docteur Bertherand, à Alger. — 19 novembre 1880.

« Le jardin d'essais a cultivé il y a déjà bien des années le Soya (*Glycine hispida*). Il vient assez bien ici, mais ses graines sont dures, restent coriaces, et il est possible que de longtemps elles ne pourront lutter dans l'alimentation avec le vulgaire haricot. »

M. L., à Monségur (Gironde). — 21 novembre 1880.

« Le *Soya hispida* que vous m'avez envoyé l'année dernière est très productif dans nos contrées, même en verdure; le bétail en est très friand. Quant au grain, il n'est pas très bon à consommer en ragoût; quant à en faire de l'huile et même du fromage, comme l'indiquent certains auteurs, je ne puis rien dire pour le moment. »

M. le docteur Coutaret, à Roanne (Loire). — 20 novembre 1880.

« J'ai semé à Roanne 250 grammes à peu près de graines venues de chez Vilmorin. J'en ai obtenu 3 kilogr. parfaitement mûres. Je les avais remises à mon jardinier, qui les a semées, suivant les indications, dans une terre sablonneuse, fort peu fumée, au milieu d'un très grand jardin en plaine, et ne s'en est plus occupé. Ces plantes poussent vigoureusement; elles ne permettent pas aux plantes parasites de vivre au milieu d'elles et paraissent éloigner les insectes. A la moindre gelée elles flétrissent. »

M. G., à Donneloye (Suisse). — 18 novembre 1880.

« Je semai environ 3 kilogr. de Soya le 18 avril, sur près de 9 ares de terrain, après un labour de 25 centimètres de profondeur, dans un sol sain, fertile, non fumé, succédant à une céréale de printemps fumée. La semaille se fit en lignes à 50 centimètres l'une de l'autre, et les graines 2 à 2 à 20 centimètres dans la ligne, recouvertes de 2 à 3 centimètres de terre. La germination commença du 5 au 10 mai, irrégulièrement, et ne fut complète qu'au 1er juin ; cependant beaucoup de graines ne levèrent pas du tout, ce qu'il faut attribuer au temps froid et humide de cette période. Dès lors, la végétation, quoique lente, mais régulière, sans maladie, atteignit son complet développement avec les fleurs, au commencement d'août, 40 à 50 centimètres de hauteur. Les gousses se forment bien avec 2 ou 3 graines seulement chaque, et j'ai compté sur la même plante 80 gousses bien conformées ; la moyenne serait de 20 à 40, à 2 ou 3 graines par couteau. La maturité se fait un peu attendre à la fin de septembre, ce qui pourra souvent présenter des inconvénients pour rentrer la récolte en bonne condition dans cette saison humide.

» N'ayant pas encore battu, le Soya n'étant pas assez sec, je ne puis pas encore dire quel sera le rendement total, mais je suis certain qu'il est assez élevé pour que la culture de cette nouvelle plante soit plus rémunératrice que celle des pois ou haricots nains que le Soya est destiné à remplacer.

» Semé en terrain très gras, sa végétation est trop vigoureuse et il donne moins de graines. »

LETTRE DE M. EUGÈNE SIMON, ANCIEN CONSUL DE FRANCE EN CHINE

« Il n'y a pas de grandes cultures en Chine, ni pour le Soya, ni pour les autres plantes. Chacun fait son fromage. Très souvent aussi chacun fait son huile, sinon chez soi, du moins chez l'un de ses parents, tous voisins et plus ou moins régulièrement groupés et distribués autour du domaine du chef de la famille.

» La fabrication de l'huile ne devient l'objet d'une industrie spéciale que dans les cantons où il y a un très grand nombre de petits champs annuellement cultivés en Soya.

» Les champs ne sont guère de plus de 4 à 5 méous (13 méous à l'hectare environ). Un champ d'un hectare ne peut guère se rencontrer que dans le nord, et, après avoir relu mes notes, je trouve que les plus grands champs qui se soient offerts à ma vue ne dépassaient pas 8 à 9 méous.

» Il y a certainement de grandes propriétés territoriales en Chine, mais elles sont moins grandes et moins nombreuses qu'en France, excepté en Mongolie, dans la terre des herbes et des pâturages.

» Les propriétés de plus de 1000 hectares sont excessivement rares et n'existent pour ainsi dire pas.

» Dans toute la province de Tché-Kiang, qui compte une vingtaine de millions d'habitants (20 ou 24), je ne connais que trois ou quatre propriétaires de 250 à 500 hectares. Les propriétés les plus communes parmi celles qui sont considérées déjà comme grandes sont celles de 15 à 20 hectares, et les plus communes absolument sont de 3 hectares et au-dessous.

» La terre et la richesse sont donc plus divisées et plus également réparties qu'en France.

» Dans les provinces du nord, où les Mantchoux victorieux avaient essayé de constituer une aristocratie territoriale à leur entrée en Chine, il y a deux cent soixante ans, on trouve des propriétés plus nombreuses de 500 à 1000 hectares encore aux mains de ces prétendus nobles, qui sont la plupart misérables, dont quelques-uns mêmes mendient, tandis que les fermiers chinois sont riches et continuent à exploiter le sol sans pouvoir en être expulsés.

» La loi et les mœurs qui favorisent le travail ne permettent pas qu'on les évince, et veulent au contraire leur assurer le bénéfice de la plus-value due à leur travail. Il faudrait, pour s'en débarrasser, leur donner des indemnités, condition que les *seigneurs mongols* n'ont jamais été capables de remplir. Mais, dans tous les cas, et quelle que soit l'étendue des propriétés, c'est toujours de la petite culture.

» Un cultivateur de 20 hectares est rarissime; de 10 à 12 hectares, rare; 3 à 4 hectares forment une culture *normale* où tous les membres de la famille trouvent un emploi avantageux de tous leurs instants; et l'on peut même avoir un buffle pour faire les gros travaux.

» Il y a une quantité de familles qui vivent très bien et mettent de côté avec 1 hectare et même moins; et il y en a beaucoup qui sont bien forcées de vivre avec le petit champ qui entoure la maison de l'héritage que la loi et les mœurs rendent inaliénable, incéssible et insaisissable.

» Le plus souvent ce champ ne dépasse pas 8 à 10 méous.

TÉOU-FOU

Recette écrite, sous la dictée d'un Chinois, par M. Eugène Simon.

« Faire macérer les pois dans l'eau tiède pendant une demi-journée et écraser dans la meule à main en versant par petites cuillerées les pois et l'eau dans laquelle ils ont macéré.

» En sortant de la meule, cela doit ressembler à une purée écumeuse que l'on reçoit dans un vase placé sous la gouttière.

» On passe dans un filtre de linge ou tamis. On reçoit ce qui filtre dans un vase et on chauffe à 60 ou 70 degrés.

» On ajoute ensuite du sulfate de chaux ou du gypse en poudre à la dose de la grosseur d'un œuf pour 3 ou 4 livres. La livre est de 640 grammes.

» On continue à chauffer jusqu'à ce que cela commence à bouillir et on retire immédiatement. Puis on verse dans un moule à fond de canevas et percé de trous sur les côtés. Le moule a 40 centimètres de carré sur 3 à 4 pouces de hautenr. On couvre d'un linge, puis d'une planchette dans chaque moule et on comprime avec une pierre.

» On sale ou on ne sale pas.

» Il se forme dans le vase où l'on a placé la pâte, et après le mélange du gypse, une peau huileuse que les Chinois retirent et font sécher pour en envelopper les viandes hachées; mais il est mieux de mêler cette peau à la pâte. Le fromage est plus gras.

» On peut manger le fromage frais après qu'il a égoutté pendant une demi-heure ou une heure; mais quand on veut faire du fromage sec qui puisse se conserver des années, il faut le comprimer plus fortement et pendant deux ou trois heures.

» On pourrait le parfumer avec des plantes.

» Lorsqu'on veut manger le fromage sec, on le coupe en tranches et on le fait frire au beurre ou à la graisse.

» Les 4 livres se coupent en 25 morceaux du prix de 3 à 4 sapèques.

» En été, le fromage frais ne peut se conserver plus d'un jour ou deux. »

VERHANDELINGEN VAN HET BATAVIASH GENOOTSCHAP (TRAITÉ DE LA SOCIÉTÉ DE BATAVIA)

Préparation du Soya, par Isaac Titsing. 1781, *vol. III.*

« La préparation du Soya est simple et se fait de la manière suivante :

» On prend un gantang (1) de fèves de miso (2), un gantang de froment ou de gruau brûlé ou moulu, qu'on suppose nécessaire pour donner la couleur convenable. On mélange ces trois espèces, les enferme dans une boîte ou armoire pour moisir, ce qui demande un terme de huit jours. Après que ce mélange est devenu tout à fait vert par le moisi, on le sort de la boîte ou de l'armoire et le laisse sécher toute une journée au soleil.

» Ensuite, on prend 2 gantang et-demi d'eau bouillante et un gantang de sel pur qui doit être dissous dans l'eau ; après cela, on la laisse reposer un etmaal (douze heures), jusqu'à ce que la saleté du sel soit tombée au fond et que l'eau soit devenue froide, que l'on verse (3). On y ajoute ensuite les produits susnommés et l'on tourne avec une pelle pendant quatorze jours, de temps à autre.

» On emploie du froment ou du gruau. La différence est que le Soya fait de gruau est plus fluide ou limpide et celui de froment est plus épais et consistant et ressemble à de l'encre.

(1) Probablement une mesure ou un poids indien.
(2) Soya, *miso mame* des Japonais.
(3) Décante.

» Le Soya, surnommé par les Chinois *Ketjap* (1), est employé avec le rôti comme un sel très délicat et appétissant, tant à Batavia que dans les Pays-Bas (2). »

D'APRÈS L'HERBIER HINOIS, LE PEN TSAO KANG MOU (3)

On compte 12 espèces de haricots, savoir :

I. Le grand haricot : *Ta téou.*
Variétés : 1° le noir, *Hê téou ;*
2° le blanc, *Pè téou ;*
3° le jaune, *Houâng téou ;*
4° le violet, *Tsin téou.*

Le jaune sert à faire le téou-fou, l'huile, la sauce aromate.

II. Le grand haricot jaune, *Tà téou houâng* ou *Téou py.*
III. Le *Houâng ta téou.*
Variétés : noir, violet, jaune, blanc.

Le blanc et le jaune servent à faire le téou-fou, l'huile, la sauce.

IV. Le petit aricot rouge, *Tchê siao téou.*
Variétés : *Tche téou ;*
Hong téou.
V. Le haricot vert, *Lou téou.*

Les peuples du Nord en font un usage fort varié. Ils en font de la farine, des pains, etc.
Ils le donnent en nourriture aux bœufs, aux chevaux.

VI. Le haricot blanc, *Pé téou* ou *Fan téou.*
VII. Le *Lou téou*, ainsi nommé parce qu'il pousse sans culture.

(1) Il y a là une erreur. M. le docteur De la Savinière nous a appris que la sauce dont il s'agit porte à Batavia le nom de *Ketjap*. Les Chinois la nomment *Tsiang-yeou.*

Nous croyons que la recette est la même en Chine et à Batavia. Les Javanais fabriquent le ketjap pour leur consommation.

(2) Nous avons reproduit textuellement la traduction du texte hollandais qui nous a été fournie.

(3) Cette liste permettra de demander en Chine toutes les légumineuses qui y portent le nom de *Téou*. On trouvera sans doute dans le nombre des variétés de Soya que nous ne possédons pas.

VIII. Le *Ouan téou*, Pois chiche.

Variétés : *Hou téou.*
Houy ho téou;
Py téou;
Petit haricot vert;
Tsin ouen téou.

IX. Le *Tsan téou*, Fève.

Variété : *Hoû téou.*

X. Le *Hong téou.*

Variété : *Kiang chouang.*

XI. Le *Pien téou*, tardif.

Yuen ly téou;
Ouo sen téou.

XII. Le *Tao téou*, Haricot couteau.

XIII. Le *Ly téou* ou *Hou téou*, Haricot de l'ours.

II. EXTRAITS DES PROCÈS-VERBAUX DES SÉANCES DE LA SOCIÉTÉ

SÉANCE DU CONSEIL DU 15 OCTOBRE 1880

Présidence de M. le docteur H. LABARRAQUE, membre du Conseil.

Le procès-verbal de la séance précédente est lu et adopté.

— M. le Président proclame les noms des nouveaux membres :

MM.	PRÉSENTATEURS.
BOUDENT (Auguste), au château de la Baudonière, par la Haye-Pesnel (Manche).	E. Garnot. A. Geoffroy-Saint-Hilaire. J. Grisard.
BOUYGUES (Louis-Eugène), receveur de l'enregistrement, à Nonancourt (Eure).	Dr H. Labarraque. E. Leroy. Saint-Yves-Ménard.
CAVELIUS (Paul), 56, rue de la Chapelle, à Paris.	S. Bloch. A. Geoffroy-Saint-Hilaire. Dr H. Labarraque.
CHAUVASSAIGNES (Paul), inspecteur des lignes télégraphiques, membre du Conseil général du Puy-de-Dôme, au Vésinet (Seine).	A. Geoffroy-Saint-Hilaire. Docteur Jeannel. Raveret-Wattel.
CHAUVASSAIGNES (Franc.), membre du Conseil général du Puy-de-Dôme, propriétaire, au château du Theix, près Clermont-Ferrand.	A. Geoffroy-Saint-Hilaire. Docteur Jeannel. Raveret-Wattel.
COUVREUX, propriétaire, à Vigneux, par Montgeron (Seine-et-Oise).	M. Girard. Dr H. Labarraque. Recordon.
CROS (le docteur Fr.-Ant.), médecin-major de 1re classe, à l'hôpital militaire de Vincennes (Seine).	A. Geoffroy-Saint-Hilaire. Jules Grisard. Docteur Weber.
DRAKE DEL CASTILLO (Emmanuel), 2, rue Balzac, à Paris.	Armand David. Alfred Grandidier. J. M. Cornély.
HÉBERT (Ernest), peintre, membre de l'Institut, 23, boulevard Rochechouart, à Paris.	A. Geoffroy-Saint-Hilaire. Albert Goupil. Saint-Yves-Ménard.
HUGOT (A.), propriétaire, négociant, rue de Charentonneau, 9, à Maisons-Alfort (Seine).	Coquereau fils. A. Geoffroy-Saint-Hilaire. Raveret-Wattel.

MM.	PRÉSENTATEURS.
ISELIN (Ferdinand), architecte, à Bâle (Suisse).	Bouguet. A. Geoffroy-Saint-Hilaire. Raveret-Wattel.
LANTHIEZ (Auguste), conseiller général, propriétaire, à Noreuil (Pas-de-Calais).	E. Frémy. A. Geoffroy-Saint-Hilaire. Raveret-Wattel.
LEBLOND (Edmond), receveur de l'enregistrement, en retraite, 135, avenue de Neuilly, à Neuilly (Seine).	A. Dufort. Jules Grisard. Dr H. Labarraque.
WEIL-CRÉMIEUX (Alfred), directeur du Jardin zoologique de Marseille (Bouches-du-Rhône).	A. Geoffroy-Saint-Hilaire. Saint-Yves-Ménard. Raveret-Wattel.

— Des remerciements, au sujet de leur récente admission, sont adressés par MM. Weil-Crémieux, Ringel, A. Boudent. P. Chauvassaignes.

— Des demandes de cheptels sont faites par MM. E. Lefebvre, G. d'Augy, C. Rogelet et D. Dantu.

— M. le vicomte d'Esterno remercie du cheptel que la Société a bien voulu lui confier.

— M. le marquis de Pruns écrit de Brassac (Puy-de-Dôme) que la Chèvre nubienne à grandes oreilles n'a pas réussi dans le Puy-de-Dôme, en ce qu'elle n'y était pas laitière. Il a voulu alors en essayer l'élevage dans le Cantal, où elle n'a pu supporter la rigueur du climat. Un sujet mâle lui est resté, et il en a fait don à un de ses parents, M. de Sarrauste, qui l'a croisé avec la Chèvre du pays. Les métis vivent bien et résistent au climat ; le lait des Chèvres est plus épais, plus crémeux, et n'a pas autant le goût prononcé et peu agréable du lait de la race du pays. Comme le froid du climat ne permet pas de conserver les étalons nubiens, M. de Pruns demande qu'on fasse des essais analogues, pour améliorer le lait, en se servant comme étalon du Bouc de la grande espèce de Chèvres d'Égypte à oreilles pendantes. Il continue, ainsi que plusieurs de ses amis, ses essais sur la Chèvre d'Angora. Ne possédant plus de femelles de race pure, il a dû faire croiser avec les Chèvres du pays, et tous les produits ont été blancs et frisés dès la première génération. Il n'a pu faire tisser les toisons, et la filature n'a donné que des fils trop gros. Il demande quelle utilité on pourrait tirer de ces toisons et où les envoyer pour le tissage.

Nous répondrons à M. de Pruns que les toisons 1/2 sang n'ont pas de valeur; il faut au moins 3/4 ou 5/8. Les poils de race pure et des métis 3/4 et 5/8 portent en Angleterre le nom de *Mohair*, et il faut s'adresser, pour ce qui les concerne, à MM. Foster et fils, à Bradford (Angleterre) :

— M. J. M. Cornély écrit du château de Beaujardin, à Tours, en date du 7 octobre, la lettre suivante, relative aux Lophophores resplendissants qu'il a élevés cette année :

« Quoique depuis une douzaine d'années un ou plusieurs couples de Lophophores aient toujours vécu au parc de Beaujardin, la propagation de ces beaux oiseaux ne semblait pas pouvoir réussir. Tantôt c'était un mâle qui tuait sa femelle au moment de la ponte, tantôt une autre mourait d'apoplexie avant le premier œuf. Une femelle, achetée très cher à lord Will, et garantie en bon état, ne pondait que des œufs déformés. Une seconde ne pondait pas du tout. Bref, en douze années il naquit trois ou quatre jeunes, qui tous vinrent à bien. La saison de 1880 s'annonça encore mal pour cet élevage. Deux mâles adultes moururent subitement avant la ponte; j'en avais un troisième qui venait d'arriver; j'étais alors en possession de 6 femelles adultes et d'un seul mâle en bon état. Un ami complaisant me prêta un autre mâle, qui se trouva malheureusement atteint de phtisie et succomba bientôt. Je dus donner à un seul mâle quatre femelles. J'avais entendu des éleveurs prétendre que les femelles se battraient, et que plus d'une femelle avec un mâle ne pouvaient donner jamais de bons résultats. Mais je n'avais pas le choix. Le ménage polygame marcha à merveille, aucune querelle sérieuse ne s'éleva. 27 œufs environ furent pondus, dont deux ou trois (peut-être même plus) furent mangés par des Râles des Célèbes, avant qu'on ne s'aperçût de ces méfaits, 6 œufs furent pondus de la hauteur d'un perchoir et cassés, les 8 de la seconde ponte étaient clairs, mais les 10 premiers donnèrent 10 jeunes, qui se trouvent en ce moment (9 octobre) en excellente santé, et qui ont atteint la taille des parents. A mon avis, les Lophophores doivent réussir chez celui qui dispose d'un terrain sec. La nourriture des jeunes est composée d'un flan (sorte de gâteau) fait d'œufs et de lait, de vers de terre, d'énormément de verdure et de très peu d'œufs de fourmis. »

— M. Julien, de Chantenay (Loire-Inférieure), écrit à M. le Directeur du Jardin zoologique d'Acclimatation : « ... Mes Colombes Montana ont fait une nouvelle ponte depuis l'éclosion de leurs œufs, mis sous des Colombes à collier. J'ai laissé couver la femelle, qui a amené il y a quatre jours ses petits parfaitement portants ; elle les a laissés mourir. — Est-ce sa faute ? est-ce celle du mâle, qui, très ardent, ne lui laisse pas un moment de repos ? Je n'en sais rien ; mais je pencherais volontiers pour cette dernière cause. Désormais, je donnerai leurs œufs à couver à des Colombes ordinaires. — J'ai pu constater que tous les œufs pondus étaient fécondés... »

— M. Le Merrer, faisandier chez Mme Coëffier, écrit de Versailles : « Permettez-moi de vous donner quelques renseignements sur nos Perdrix brunes du Sénégal (*Ptilopachus fuscus*). Le mâle a eu une patte malade au printemps, de sorte que la femelle, depuis le 3 mars qu'elle a commencé à pondre, jusqu'au 8 juin, a pondu constamment des œufs clairs. Cependant le 20 juin le mâle se mit sur le nid renfermant cinq œufs qu'il a régulièrement couvés jusqu'au 11 juillet ; il est né deux petits, qui sont aujourd'hui aussi forts et aussi bien portants que les père et mère. Je les ai nourris avec de la pâtée et des œufs de fourmis, comme ceux que j'ai élevés dans les années précédentes, mais pendant quinze jours seulement. Je peux certifier que ces charmants oiseaux sont plus faciles à élever que nos Perdrix du pays. »

M. Le Merrer ajoute : « Mme Coëffier m'engage à vous envoyer une petite note sur nos Tinamous roux (*Rhynchotes rufescens*) du Brésil. Ces oiseaux ont multiplié ici pendant trois ans, mais nous avons toujours fait éclore les œufs dans la couveuse artificielle ou par une Poule nègre, et cette année, voyant la difficulté d'en vendre quelques paires, nous n'avons pas voulu en faire couver, et on mangeait les œufs à mesure que les femelles pondaient. Cependant, à la fin de juillet, voyant qu'elles continuaient à pondre, j'ai voulu leur laisser leurs œufs pour voir, malgré le dire de plusieurs amateurs, si elles ne se seraient pas mises à couver elles-mêmes; et en effet, tout d'un coup une jeune femelle de l'année dernière se met à ramasser quatre œufs dans un coin de l'intérieur de la volière et à les couver régulièrement; elle se levait tous les jours pour manger, et avant de quitter ses œufs elle les éparpillait sur la paille, puis faisait sa petite promenade à l'extérieur de la volière, et cela tous les jours pendant une huitaine de jours; et au bout de ce temps c'est le mâle qui se mettait debout sur les œufs pour les garder pendant que la femelle mangeait. Il faut que je vous dise aussi qu'ils étaient neuf Tinamous ensemble, trois mâles et trois femelles, ce qui a été la cause que nous n'avons pas réussi; car je crois que ces animaux doivent être séparés par paire. Au bout de vingt et un jours il est éclos trois petits qui ont été mangés par leurs semblables en naissant; et j'ai lieu de croire qu'il y a eu une bataille, d'après les plumes arrachées et le désordre qu'il y avait dans la volière lorsque j'y suis arrivé le matin de l'éclosion. »

— M. Laloue, président de la Société française pour l'élevage de l'Autruche en Algérie, écrit à M. Geoffroy-Saint-Hilaire : « Nous sommes enfin arrivés à notre première étape, et nous avons un assez grand succès à constater : nous possédons actuellement plus que notre premier cent d'Autruches; en outre, douze petits Autruchons sont nés à la ferme et s'y portent à merveille. »

— M. Créput écrit à M. le Secrétaire général, en date du 8 août 1880 : « Permettez-moi de vous remercier de la réponse que vous avez bien voulu faire pour moi, à un paragraphe qui me concerne, dans une correspondance de M. Oudot, d'Alger, publiée dans le *Bulletin* de la Société du mois d'avril dernier.

» Je regrette beaucoup de ne pouvoir satisfaire encore la légitime curiosité de cet expérimentateur; mais toutes les observations que j'ai recueillies depuis un an et demi sur l'incubation artificielle des œufs d'Autruche sont parfois si contradictoires et si peu concluantes, que je ne saurais, pour ma part, me permettre de les livrer au public, car elles ne feraient point faire un pas de plus à l'interminable question qui nous occupe.

» Ce que je puis dire dès aujourd'hui, c'est que je me sers d'une couveuse système Carbonnier, appropriée à la dimension des œufs auxquels elle est destinée, et que les produits vivants que j'ai obtenus par ce procédé, tant cette année que l'année dernière, sont sortis eux-mêmes de leur coquille, absolument comme des poulets et sans l'intervention de la main humaine, après une incubation qui a varié de quarante-deux à quarante-cinq jours.

» J'ajouterai que tous les autruchons qui ont vu le jour à la suite d'ouvertures faites artificiellement dans leur coquille ont succombé, chez moi, dans les dix jours qui ont suivi leur naissance. »

— En accusant réception de son diplôme de membre honoraire, M. le professeur Spencer F. Baird remercie des renseignements qui lui ont été adressés concernant le Gourami. Il fait connaître que si des Gouramis vivants lui étaient expédiés à San-Francisco, ces poissons pourraient être, dès leur arrivée, placés dans des eaux très favorables à leur acclimatement.

— Par lettre du 1er octobre, M. le professeur Spencer F. Baird annonce l'envoi qu'il veut bien faire encore cette année, à la Société, d'œufs embryonnés de Saumon de Californie. L'expédition en sera faite de New-York, par le paquebot du 13 octobre ou par celui du 20 du même mois.

— M. Auguste Hedde écrit du Puy (Haute-Loire) : « Voici les renseignements que vous me demandez au sujet de la pisciculture au lac du Bouchet, propriété départementale dont je me suis rendu le fermier du 1er janvier 1876 au 1er janvier 1888.

» Vers 1860, l'administration des eaux et forêts, qui, s'occupait alors du reboisement des montagnes environnant le lac, eut la pensée de tenter son empoissonnement. Sur un rapport présenté au Conseil général, le département se rendit acquéreur des communes propriétaires, fit construire un chalet dans lequel on a organisé une salle d'incubation et un bassin d'élevage de l'alevin. Les appareils sont disposés sur gradins, et l'on peut facilement y traiter 100 000 œufs. L'eau qui dessert les appareils provient du lac. Elle est amenée dans un réservoir supérieur au moyen d'une pompe ; et malgré la pureté de cette eau, elle est filtrée avant de sortir des robinets de débit. C'est vous dire que les choses ont été bien faites pour obtenir un résultat satisfaisant. Aussi les éclosions réussissent-elles bien, et l'alevin est-il généralement bien portant. Mais l'alimentation du grand réservoir par une pompe présente des inconvénients. En outre, à cause de l'altitude du lac (1208 mètres) ainsi que de l'époque d'incubation des Salmonidés, du froid et de la neige pendant cette saison, j'ai fait construire, dans une de mes propriétés des environs du Puy, une salle d'incubation, qui correspond à mes besoins et qui est alimentée par une source assez considérable. C'est là que je traite aujourd'hui les œufs et l'élevage des alevins.

» Maintenant que je vous ai suffisamment parlé de l'installation de la pisciculture au lac du Bouchet pour que vous en ayez une idée aussi claire que possible, voyons ce qui a été la conséquence de cet établissement. Tant que l'établissement de Huningue a appartenu à la France, chaque année l'administration des eaux et forêts de la Haute-Loire a reçu nombre d'œufs embryonnés de Saumons, de diverses Truites, d'Ombres chevaliers, etc.; et, dans une période de neuf ans, je puis évaluer à près de 2 millions le nombre d'alevins confiés au lac.

« Ce chiffre aurait dû produire un empoissonnement complet, car le lac a une superficie de 44-45 hectares et une profondeur moyenne de 12 mètres environ. Et pourtant tous les genres de pêche auxquels je me suis livré, avec tous les engins possibles, m'ont amené à conclure que l'on n'avait encore rien obtenu. Voici les raisons auxquelles j'attribue cet insuccès :

» Le lac du Bouchet est un ancien cratère dont l'alimentation se fait par d'abondantes sources souterraines, et dont le ou les déversoirs sont également souterrains. Vous remarquerez que voilà une des principales sources d'alimentation qui échappent par ce fait. Car si le trop-plein du lac donnait lieu à un cours d'eau, en juin et en juillet, lors de la montée des Vérons et des Goujons, il en remonterait suffisamment pour entretenir d'une nourriture abondante les poissons du lac. Ou bien, à l'aide de sources extérieures, on construirait des bassins d'élevage, où l'on produirait de ces poissons on abondance pour les lâcher ensuite dans le lac. Des bassins d'élevage auraient encore l'avantage d'y élever, pendant un an ou deux, les alevins d'empoissonnement, et là serait le vrai succès. Car j'ai observé que par les temps orageux, l'alevin se rapproche des bords comme s'il voulait sortir du lac, et les vagues provoquées par les efforts des vents détruisent et tuent les alevins, qui sont roulés et broyés contre les pierres. C'est pour cela que j'ai fait construire chez moi des bassins d'élevage, pour ne mettre dans le lac qu'un poisson en état de résister. Mais, je vous le répète, à mon avis, je viens de vous signaler la principale cause de l'insuccès d'empoissonnements faits jusqu'à ce jour. Seul l'Ombre chevalier, qui se tient davantage dans les profondeurs, a donné quelques résultats. La nourriture en insectes de toute espèce est très abondante. La végétation autour et au fond du lac est dans de bonnes conditions.

» Voilà, je crois, tous les renseignements dans tous leurs détails qui peuvent vous intéresser sur le lac du Bouchet. Avec ma nouvelle organisation, si vous croyez devoir me confier des œufs de *Salmo fontinalis*, j'en serai très flatté, et vous tiendrai au courant de ces nouveaux élèves. Si vous m'adressez de ces œufs, je les partagerai avec M. le comte de Causans, mon parent, qui, au pied du Mézenc, possède, toujours dans la Haute-Loire, un lac important, celui de Saint-Front, où l'élevage de la Truite fait merveille, et où tout ce qui concerne la pisciculture y est traité avec grand discernement.

» Je terminerai cette longue lettre en vous signalant un fait ignoré, puisque je ne le trouve constaté dans aucun ouvrage : c'est que la sangsue est un animal nuisible à l'élevage de l'alevin, c'est-à-dire destructeur. En faisant écouler de petits cours d'eau, j'ai observé ce fait souvent. Lorsque l'eau a baissé et qu'il ne reste qu'un courant à peine sensible, alors vous verrez les sangsues sortir de dessous les pierres et faire la chasse aux petits poissons. Elles les saisissent sur le coté, où elles se cramponnent fortement, puis elles les engloutissent comme les serpents ingurgitent leur proie. De l'eau dans le creux de la main, avec un vairon de 3 et 4 centimètres, et une sangsue prise en chasse ne refusera pas ce repas instantané. J'ai fait cette expérience nombre de fois, et vous la signale, car je la crois neuve. »

— M. A. Houdion écrit le 18 septembre, de Dampmart, près Lagny (Seine-et-Marne) : « J'ai élevé quelques *Attacus Pernyi*, en nombre très restreint, et j'ai l'honneur de vous adresser les renseignements qui suivent :

» Le 16 mai dernier, un de mes amis (M. Stutz) m'a cédé une quinzaine d'œufs d'*Attacus Pernyi* que je me suis promis d'élever.

» Quatre jours après, les Chenilles commencèrent à éclore ; mais n'ayant pas de chêne à leur donner, je fus donc obligé d'aller tous les jours au bois de notre commune (qui est à 3 kilomètres) pour en cueillir quelques branches.

» Ce n'est pas sans peine et sans difficultés que je pus me les procurer et arriver au but que je m'étais proposé d'atteindre.

» Ces Chenilles ont quatre âges et deux ou trois mues ; dans le premier âge elles sont noires et mesurent en naissant 5 à 6 millimètres, et en atteignent 10 à la première mue (2e âge), qui a eu lieu du 2 au 7 juin. Elles sont alors vertes et ont, sur chaque anneau, quatre proéminences dont le sommet est bleu très pâle, mais devient au fur et à mesure de plus en plus foncé. Celles des trois premiers anneaux les plus près de la tête ont une tache dorée sur le côté.

» Les Chenilles restent sous cette forme dans les deux autres âges, ne différant que par la longueur et la grosseur.

» La deuxième mue (3e âge) a eu lieu du 18 au 22 juin ; enfin dans leur quatrième âge, c'est-à-dire du 22 juin jusqu'au moment où elles ont commencé à filer leur cocon (24 juillet), elles sont superbes, mangent énormément, ont une tête très grosse, pointillée sur le devant ; leur corps mesure environ 9 centimètres de longueur, 6 centimètres de circonférence, et elles pèsent de 15 à 17 grammes.

» Le tableau ci-après résume tous les renseignements qui précèdent et permet de voir d'un coup d'œil la vie de l'*Attacus :*

Couleur de la Chenille.	Différents âges de l'*Attacus*.	Dates.	Durée des âges.
Noire :	1er âge — de sa naissance à la 1re mue.	20 mai	13 jours
Verte :	2e âge — à la 1re mue..............	2 juin	16 —
	3e âge — à la 2e mue...............	18 juin	36 —
	4e âge — jusqu'à ce qu'elle chrysalide.	24 juil.	36 —
	La durée de sa vie est donc de...............		65 jours.

» Pour filer leur cocon, les Chenilles roulent quelques feuilles qu'elles retiennent à l'aide de fils jaunâtres qui forment une espèce d'enveloppe à la soie.

» Enfin, le 25 août, trois papillons, dont un mâle et deux femelles, sont éclos, me pondant environ 400 œufs, dont les deux tiers ont été fécondés, et il me reste encore sept cocons, dont le Papillon éclora l'année prochaine.

» J'ai cru utile de faire connaître et de répandre cette nouvelle espèce de vers à soie ; aussi en ai-je parlé à diverses personnes, dont quelques-unes m'ont demandé de la graine. J'ai saisi avec plaisir l'occasion de satisfaire à leur demande en leur donnant la moitié des œufs fécondés que je possédais, et ceux qui me sont restés sont éclos le 11 septembre ; de sorte qu'en ce moment je suis en train d'en élever à peu près 120 dont je vous enverrai le résultat. Cette seconde étude me permettra de contrôler et compléter la première.

» Je me propose d'en élever encore un plus grand nombre l'année prochaine, et avec plus de commodité, j'espère, car je vais prier une personne qui est propriétaire de plusieurs chênes de vouloir bien en mettre quelques-uns à ma disposition. »

— Mme Ve Simon écrit de Forest (Belgique) : « Je suis heureuse de pouvoir vous faire connaître que notre éducation de Vers à soie du chêne (l'*Attacus Pernyi*), élevés dans les jardins de notre Exposition nationale de 1880, a parfaitement réussi ; le monde n'a cessé et ne cesse d'affluer autour de notre pavillon ; j'ose donc en augurer grand bien pour la propagande de cette industrie. Je me trouve le plus souvent ossible à la disposition des amateurs, afin de les initier à l'éducation, au dévidage des cocons, etc. Lors de la visite de Sa Majesté, notre éducation était dans son beau. Notre soie du chêne était convertie en dentelle par une ouvrière, afin de montrer ce que l'industrie pouvait en attendre. Sa Majesté nous a vivement félicités; ce qui, parmi tant de félicitations, n'a pas été la moindre.

» Nous aurions eu à constater cette année une belle éducation à notre établissement de Forest, si des voisins mal intentionnés n'étaient venus voler nos filets et donner par cela champ libre aux oiseaux. Il nous reste encore cependant un beau grainage, et l'année prochaine nous verra recommencer courageusement. Nous avons bien réussi une petite éducation des *Attacus Cecropia* et *Cynthia*. Nous avons dans notre enclos des cerisiers et des ailantes pour faire l'année prochaine une belle éducation. »

M. l'intendant général de l'Exposition nationale de Bruxelles pour 1880 certifie que Mme Ve Simon a fait, de juin à septembre, dans les jardins de l'Exposition, l'élevage du Ver à soie du chêne, que toutes les transformations ont eu lieu avec succès sous les yeux du public, et que l'installation a été l'objet de l'intérêt général.

— M. Charles Bureau, d'Arras, déjà lauréat de la Société pour ses éducations d'espèces séricigènes, écrit que son éducation d'*Attacus Prometheus* a marché convenablement cet été ; qu'il a réussi à élever sur le lilas et à l'air libre 50 chenilles de cette espèce, sans aucune perte ; que l'éclosion a commencé le 1er août 1880, et qu'au 6 septembre il y avait déjà plusieurs cocons formés. M. Bureau offre à la Société une dizaine de chrysalides vivantes dans le cocon entouré de la feuille où s'est opérée la transformation.

— M. J. B. Blaise écrit de Choloy (Meurthe-et-Moselle) qu'il avait en 1879 plus de 200 cocons d'*Attacus Yama-Maï* laissés en pleine forêt, mais que les froids insolites de l'hiver ont tout fait périr. Il a reçu, le 22 mai 1880, des œufs d'*Attacus Pernyi* envoyés par la Société, et les a portés aussitôt en forêt sur des taillis de chêne. Les oiseaux insectivores ont mangé presque toutes les chenilles, sauf quelques-unes qui ont donné de beaux papillons au mois d'août, ce qui atteste le succès de cet élevage rustique, à condition de prendre des précautions contre les oiseaux.

— M. Frémy écrit de Loches, le 5 septembre : « La Société a bien voulu me confier quelques œufs d'*Attacus Pernyi*. J'ai obtenu environ 200 Vers à soie, sur lesquels il ne m'en est resté que 115 environ ; 110 ont bien filé leur cocon, 5 sont en chrysalide sans avoir filé, et un seul me reste encore, mais il ne me paraît pas bien portant.

» La plupart sont morts jeunes et avant la première mue.

» Les naissances ont eu lieu du 14 au 25 mai.

» La première mue a commencé le 27, pour se terminer le 11 juin ;

» La seconde, du 16 juin au 30 juin ;

» La troisième, du 27 juin au 15 juillet ;

» La quatrième, du 7 juillet au 20 juillet.

» Ils ont commencé à filer le 30 août, et ce n'est qu'aujourd'hui que tout est fini.

» Je n'ai pas observé que les vers marqués de la tache noire, dont il a été question dans la *Chronique*, fussent plus sujets à succomber que les autres. Je n'en ai perdu qu'un seul ayant ce caractère ; 5 sont morts dans la période de la première mue à la seconde ;

» 4 dans la seconde période ;

» 7 dans la troisième période ;

» 9 dans la quatrième.

» Et cependant je n'ai rien négligé pour que rien ne leur manquât. Les feuilles de chêne étaient renouvelées tous les matins, et arrosées. Je n'en ai donc perdu que 20 en réalité, car les autres sont morts deux ou trois jours après leur naissance.

» J'ai mis les cocons dans un endroit frais, et malgré cela une demi-douzaine ont déjà produit 8 mâles et 4 femelles.

» L'exposition que j'ai donnée aux vers était excellente, et malgré cela je suis étonné qu'ils aient mis autant de temps à opérer leur métamorphose. »

— M. Feuillade écrit de Besançon, le 10 septembre : « Je vous ai rendu compte, par lettre du 23 août dernier, des résultats que j'avais obtenus dans l'élevage des chenilles d'*Attacus Pernyi*.

» Je vous ai dit que sur 77 chenilles j'avais eu 68 cocons.

» J'ai eu, le 30 août, un premier papillon, et tous les jours, 1, 2, jusqu'à 11. Depuis, il n'y a plus eu d'éclosion.

» J'ai fait des accouplements, et j'ai eu les premiers œufs le 7 septembre.

» J'ai eu les premières chenilles le 14; les autres, les 15, 16 et 17.

» J'avais d'abord l'intention de mettre ces chenilles en plein air et en liberté; mais j'y ai renoncé; le froid, qui se fait déjà sentir ici, les aurait fait périr indubitablement. Je me réserve de faire cette expérience au mois de mai prochain; j'élèverai donc ces chenilles en chambre. »

— M. le comte Robert de Montbron, à Lubersac (Corrèze), fait connaître l'insuccès de ses cultures de *Carya alba*.

— M. Eug. Vavin adresse le compte rendu suivant des résultats des graines qu'il a reçues de la Société d'Acclimatation : « Les Choux de Chaves n'ont pas pommé, et il en a été de même des graines que j'ai données à mes collègues de la Société nationale et centrale d'Horticulture de France.

» Les graines d'Oignon de Lescur n'ont pas levé. J'ai recommencé deux années de suite sans mieux réussir.

» Les Haricots noirs du Mexique sont bien venus ; mais je ne vois aucun avantage à cultiver cette variété. Le Haricot noir de Belgique et le Haricot chocolat, dit Vavin, sont bien supérieurs en qualité. Le grand produit du Haricot chocolat, qui donne en vert pendant au moins deux mois, si on ne le laisse pas venir en grains, le recommande tout particulièrement.

» *Radis du Japon.* — Je pense que c'est le Daïcon. Excellent à faire pour la grande culture. Semé en juin, on peut le récolter à l'automne, ce qui permet d'employer le terrain à d'autres cultures.

» J'ai reçu cinq paquets de graines du Japon, sans désignation d'espèces ; toutes ont bien levé, mais il m'a été impossible de reconnaître les espèces. Celle indiquée sous le nom d'Épinard a de très petites feuilles, en comparaison de nos épinards, et a le grand inconvénient de venir très haut.

» M. de Barrau de Muratel a eu la gracieuseté de me donner un peu de graines d'une variété de Tomate qu'il m'avait tout particulièrement recommandée. Elles sont venues très belles, bien lisses ; malheureusement, elles ont été subitement atteintes de la maladie ; quoique j'aie employé le soufre, je crains de les perdre toutes. »

— M. E. Duval écrit à M. le Secrétaire général : « Je viens vous rendre compte du résultat de ma culture du Cerfeuil bulbeux, la Société ayant eu l'obligeance de m'accorder un paquet de graines.

» J'ai fait semer cette graine à la volée, immédiatement en place, au commencement d'octobre de l'année dernière, en ayant soin de la faire recouvrir de 1 centimètre de bon terreau de feuilles et de fumier. Le semis a commencé à apparaître fin mars ; dès lors je n'ai plus eu qu'à faire sarcler les mauvaises herbes. Vers le 15 juillet, j'ai fait procéder à l'arrachage de la récolte, qui a été bonne, puisque j'en ai obtenu 14 livres.

» Cependant, cette manière de cultiver m'a semblé défectueuse ; je crois qu'il y a quelques améliorations à apporter à la culture de cette racine, et voici comment j'opérerai cette année : Je ferai tracer des rayons de $0^{m},03$ de profondeur, à l'aide d'un serfouette, en espaçant ces rayons de $0^{m},20$; le semis fait, on étendra une couche de terreau qui comblera les rayons, de sorte qu'au printemps on pourra facilement travailler la terre entre les rayons. Je suis convaincu qu'avec cette manière de faire on obtiendra de plus beaux produits. D'ailleurs, si vous le permettez, je pourrai l'année prochaine vous rendre compte de ma nouvelle culture.

» Je profite de cette lettre, Monsieur le Secrétaire général, pour attirer votre attention sur une espèce de fève qui, je crois, n'est pas assez connue, et est destinée à éclipser toutes les autres : je veux parler de la fève d'*Agua dulce*. Je cultive cette espèce depuis plusieurs années; toutes les personnes qui sont venues chez moi ont été surprises de l'énorme développement de ses gousses. J'en ai mesuré qui avaient $0^m,43$ de longueur; ces gousses contenaient 8 à 9 grosses fèves. Cette espèce est très hâtive, de beaucoup plus productive que les autres, et comme qualité on la trouve supérieure, plus fine de goût. Si vous pensiez que l'extension de la culture de cette espèce soit utile, je pourrais vous en envoyer plusieurs kilos pour être distribués aux membres de la Société. »

— M. Bouchereaux, de Choisy-le-Roi, écrit : « Je viens de faire débiter quelques planches dans les *Eucalyptus* qui avaient été ouverts au mois de juin, et que j'avais laissés dehors, *sans abri*, exposés à la pluie et au soleil. Ces planches sont belles ; le bois est un peu raide, quoique facile à travailler ; il y a bien quelques petites fentes dans les planches prises au cœur (ce qui arrive à tous les bois), mais celles prises sur les rives sont excessivement saines ; le grain du bois s'est resserré et durci énormément, tandis que celui d'un noyer de même diamètre, quoique du double d'âge, et qui avait été travaillé de même, s'est échauffé et fendu de manière à ne pouvoir s'en servir.

» Je viens de faire sceller plusieurs morceaux d'*Eucalyptus* dans un mur et enfoncer quelques poteaux en terre, pour me rendre compte si dans cet emploi ils se pourriraient; je pense tout le contraire, car cette essence se durcit plutôt où les autres se détériorent. Je n'ai pas encore retiré de l'eau ceux que j'ai mis flotter, cette opération devant durer encore sept ou huit semaines.

» D'autres morceaux, mis à l'abri dans un grenier, ont, au contraire des autres bois, travaillé on ne peut plus, et se sont fendus et détériorés malgré toutes les précautions prises pour éviter ces inconvénients.

» Je vous prierais aussi de bien vouloir, si cela se peut, faire employer ce mois-ci le moyen dont je vous ai parlé, et qui consiste à faire donner deux trous de tarière dans la base d'un arbre en pleine vigueur, et faire abattre cet arbre deux mois et demi après. Je suis persuadé que ce moyen empêchera beaucoup ces arbres de se tourmenter et leur enlèvera le raide qu'ils ont, tout en faisant avancer d'un an leur emploi, car ils sécheront beaucoup plus vite.

» Voici pour aujourd'hui tous les renseignements que je peux vous donner sur ce bois : il est malheureux qu'on lui ait fait une mauvaise réputation en France, car toutes les personnes auxquelles je parle de ces arbres croient toutes (vu leur croissance) que le grain en est creux et poreux, tandis qu'il a, je pense, toutes les qualités nécessaires pour entrer dans l'industrie et y occuper une très belle place. »

— M. Thomas-Duris écrit de Bénévent (Creuse) : « J'ai reçu une trentaine de Noix d'Hickory que j'ai semées le 17 mars dernier dans mon jardin ; j'ai le regret de dire qu'aucune n'a levé. Le 27 avril, j'ai reçu de la graine de *Chou de Chaves* et de la graine de Melon de la Louisiane.

» J'ai semé les Choux en deux fois, en avril et en mai ; ils ont parfaitement levé ; ils sont en ce moment très vigoureux. Malgré leur vigueur, je crains bien de n'en pouvoir conserver aucun ; car ils sont presque tous affectés d'une maladie qui les fait pourrir au cœur, et peu à peu les feuilles tombent à la suite de cette pourriture qui attaque le pied ; le chou végète et reste dans un état languissant qui amènera infailliblement la mort.

» Quant aux Melons de la Louisiane, je les ai semés le 3 mai ; ils ont bien levé et poussé avec vigueur ; ont même donné une assez grande quantité de fruits qui malheureusement n'ont guère mûri. J'ai pu en avoir deux parfaitement mûrs dans les derniers jours de septembre ; ils ont été trouvés très bons. »

— M. Berthault, de Portnichet, près Guérande (Loire-Inférieure), envoie un panier de Pommes de terre provenant du cheptel qui lui a été confié, et indique que le résultat a été très satisfaisant comme qualité et comme quantité.

— M. E. Lainé, de Braine-sur-Vesle (Aisne), demande si notre Société peut lui procurer des graines de la Vigne herbacée, récemment découverte dans l'Afrique.

— M. Delgrange, de Valenciennes, écrit à la Société que, pouvant disposer d'une propriété d'environ 400 hectares, près de Gand (Belgique), il désire obtenir des graines de diverses espèces de Quinquinas des plantations de Java, dont l'envoi est annoncé par M. Van Gorkom. — Cette demande ne peut être accueillie, les Quinquinas exigeant des climats très chauds.

— Des comptes rendus de leurs cheptels sont adressés par plusieurs de nos confrères.

— M. G. Guillemet annonce que son cheptel de Chèvres naines est en parfait état, et qu'il obtient chaque année deux Chevrettes.

— M. Perronne, de Derval (Loire-Inférieure), écrit que le couple de Faisans de Lady Amherst qui lui a été confié en cheptel est en parfait état, mais que ces oiseaux sont trop jeunes pour reproduire cette année. Ils sont très familiers et reçoivent une nourriture variée : blé noir, froment, maïs, glands, verdure, et, de temps en temps, de la pâtée composée d'œufs durs et de bœuf bouilli haché.

— M. Desroche écrit le 28 septembre 1880, de Sainte-Catherine, par Sainte-Maure (Indre-et-Loire) : « J'ai reçu en février dernier un couple de *Faisans de Swinhoë* très beaux. La femelle, quoique bien portante, n'a pas pondu. La mue de ces oiseaux vient de se terminer dans d'excellentes conditions ; ils sont magnifiques, et l'année prochaine je compte sur un bon résultat.

» Si les jeunes Faisans de Swinhoë n'ont donné aucun produit cette année, ce qui arrive d'ordinaire aux adultes de cette espèces, j'ai obtenu de magnifiques résultats de deux Faisanes communes croisées avec un Faisan de Mongolie acheté au Jardin d'Acclimatation. Les deux Faisanes ont pondu 72 œufs, dont 67 furent fécondés ; 4 petits seulement moururent sept ou huit jours après leur éclosion ; et s'il ne m'en reste que 52 actuellement, c'est que les autres s'échappèrent et furent tués par les poules qui conduisaient leurs poussins.

» J'ai constaté une fois de plus cette année que la sécheresse des parquets et la chaleur favorisaient singulièrement l'élevage des Faisans ; puis, que les Faisanes, quand elles demandaient à couver, étaient les meilleures éleveuses. Je ne crois pas trop m'avancer en soutenant cette thèse, puisque c'est la huitième fois que j'en fais l'expérience.

» Une de mes Faisanes argentées, que j'avais mise en liberté après l'avoir éjointée, ennuyée sans doute de voir ses œufs enlevés aussitôt qu'ils étaient pondus, alla établir son nid dans le grenier et se mit à couver. Dès que je m'en aperçus, je lui ôtai ses œufs, et les remplaçai par des œufs de Faisan de Mongolie croisé avec la Faisane commune. Elle les accepta comme s'ils avaient été siens..... A partir de ce jour elle ne quitta plus le nid, même pas pour manger et boire; elle laissa intactes la verdure et le pain trempé dans le lait que j'avais mis à sa portée. Tous les deux jours environ, je la levais pour m'assurer si ce jeûne volontaire ne la faisait pas beaucoup maigrir. Je n'ai pas remarqué qu'elle eût perdu sensiblement de son poids. Ses yeux paraissaient ivres, et quand les petits furent éclos, elle ne semblait pas fatiguée et ne mangeait pas plus qu'avant l'incubation. Je mis la Faisane avec sa jeune famille dans une caisse grillagée de 4 pieds de long. Elle garda ses petits longtemps sous ses ailes avant de changer de place, car elle connaissait son métier!

» En effet, les premiers jours de leur naissance, les jeunes Faisans vivent plus de chaleur que de nourriture; et la Poule a cet inconvénient, c'est qu'elle reste peu de temps sur ses poussins et qu'elle remue sans cesse pour le moindre prétexte, la plupart du temps pour donner à ses petits un insecte qu'elle vient de saisir, une mie de pain ou un grain de chènevis que son œil vigilant a aperçu dans un angle de la volière; opération qui se fait toujours à grand renfort d'appels et en grattant frénétiquement la terre, sans précaution pour les petits qui sont sous ses pattes. Bien moins turbulente est la Faisane... elle met une sourdine à ses gloussements et mesure ses pas. En un mot, la Faisane traite ses petits en Faisans, la Poule les traite en Poulets. On ne peut demander à cette dernière de changer ses instincts selon les circonstances.

» La Faisane possède en outre cet avantage sur la Poule, c'est qu'elle accepte volontiers et ne maltraite pas les poussins étrangers qu'on lui confie pour leur sauver la vie. Quand je dis : sauver la vie, c'est exact et en voici la preuve. J'avais, dans les derniers jours de mai de la présente année, plusieurs jeunes Faisans dorés qui pendaient les ailes, fermaient les yeux et se tenaient à peine debout. Je remarquai que la Poule les avait rarement sous les ailes, et j'attribuai au manque de chaleur le triste état dans lequel je les voyais, car ils avaient à discrétion les œufs de fourmis. Je les donnai à la Faisane argentée, et au bout d'un jour ils étaient aussi vifs et aussi bien portants que les autres petits, grâce aux bons soins de la Faisane qui les tenait presque constamment sous ses ailes.

» Le prix des Faisans argentés étant devenu dérisoire, je serais d'avis que l'on gardât les Faisanes pour en faire des éleveuses, à la condition toutefois de les éjointer et de les mettre en liberté; car si les Faisanes demandent rarement à couver en volière, c'est le contraire quand ces oiseaux sont libres. »

— M. Gourraud. — *Canards siffleurs du Chili.* « Le Canard a bien couvert quelquefois la Cane, mais néanmoins cette dernière ne paraît pas se disposer à pondre. De tous les Canards que je possède (mandarins, carolins, etc.) ce sont les moins sauvages, ils viennent presque manger à la main et rien ne les effraye; des Canards domestiques ne sont pas plus familiers. Peut-être que ces oiseaux, qui sont de l'hémisphère sud, suivent les lois de leur calendrier; alors ils ne pondraient pas avant le mois d'octobre; mais je ne pense pas qu'en fait d'animaux il en soit de même qu'en fait de végétaux, et comme le couple que la Société m'a confié est dans d'excellentes conditions pour la reproduction, je ne doute pas que si cette année le résultat est nul, il n'en sera pas ainsi l'année prochaine.

» Cette année, j'ai remarqué un retard de près de deux mois dans la ponte des Canards mandarins et carolins, les rigueurs de l'hiver en sont-elles cause ? Je l'ignore. J'ai aussi un peu moins d'œufs par couvée, 8 ou 10 au lieu de 12 à 14; toutefois la Cane mandarin, qui a couvé la première, vient aujourd'hui de sortir du nid, suivie de 8 canetons, sur 8 œufs qu'elle avait pondus : ce résultat me fait bien augurer pour mes autres couvées, qui ne seront à terme que vers la fin du mois. »

— M. le comte Gabrio Casati écrit de la villa de Cologne (Italie) que les *Pigeons boulants* qu'il a reçus en cheptel sont en très bon état, et que de leur couvée a survécu un pigeonneau qui n'était pas entièrement blanc, comme le père et la mère, mais panaché de marron.

— M. le comte de Montlezun, de Meuville, par Lévignac-sur-Save (Haute-Garonne), informe M. le Président que les Oies du Canada que la Société lui a confiées en cheptel sont dans un état de santé des plus satisfaisants. Ces oiseaux, quoique doués d'un caractère très indépendant et un peu farouches, se familiarisent assez facilement avec ceux qui les soignent. Comme nourriture, les Oies du Canada mangent indistinctement le maïs, le blé et l'avoine; elles sont très friandes de pain; elles broutent une bonne partie de la journée, et choisissent de préférence les jeunes pousses de trèfle blanc.

— En outre, des comptes rendus de leurs cheptels, ne présentant pas d'importance spéciale, sont adressés par MM. Lefèvre, Le Pelletier de Glatigny, du Plessis-Quinquis, A. Bourjuge, marquis de Pruns, de Baillet, Derré, Larrieu, A. Schotsmans, Thomas-Duris, baron de Pommereul, de Largentaye, F. Laval, Al. Gouge, comte du Rivaud de la Raffinière, duc de Bisaccia et J. Tarlier.

— Il est offert à la bibliothèque de la Société :

1° *Notice nécrologique sur le docteur de Boisduval*, par M. Maurice Girard. (Extr. du *Journ. de la Soc. d'Hort.*) — Offert par l'auteur.

2° *Note sur des Insectes nuisibles et sur un Mollusque*, par M. Maurice Girard. (Extr. du *Journ. de la Soc. d'Hort.*) — Offert par l'auteur.

3° *Les bonnes Poires d'hiver*, par Ch. Baltet, horticulteur à Troyes. In-8°. — Offert par l'auteur.

4° *Rapports sur les pêcheries maritimes et fluviales de la Norvège, pour les années* 1869, 1871, 1873, 1880, par M. Hetting. Christiania. — Offert par l'auteur.

5° *Élevage et maladie du Mouton*, par Alfred Leroy. Paris, Auguste Goin, éditeur. — Offert par l'auteur.

6° *La fauconnerie au moyen âge et dans les temps modernes*, par Magaud d'Aubusson. Paris, Auguste Ghio, éditeur, 1879, in-8. — Offert par l'auteur.

7° *Note sur les importations et les exportations des fruits et des légumes en* 1879, par M. Ch. Joly. (Extr. du *Journ. de la Soc. centr. d'Hort. de France.*)

8° *Annuaire statistique de la France*. Troisième année. 1880. Paris, Impr. nationale, 1880, grand in-8°. (Ministère de l'agriculture et du commerce.)

9° *Espagne, Algérie et Tunisie*. Lettres à Michel Chevalier, par P. de Tchihatcheff. Paris, librairie J. B. Baillière et fils, 1880, grand in-8°. — Offert par l'auteur.

10° *Conférence faite à Vichy*, au chalet des Chèvres, le 8 août 1880, à Gannat (Allier), par M. Boudard. Gannat, imprimeur à Haudon. 1 page in-folio. — Offert par l'auteur.

11° *Unterzuchengen ueber den Bau und die Entwickelungs geschichte der Hirudineen*, von C. K. Hoffmann. Haarlem, 1880, in-4°, planches.

Des remerciements sont votés aux donateurs.

Le Secrétaire du Conseil,

MAURICE GIRARD.

III. FAITS DIVERS ET EXTRAITS DE CORRESPONDANCE

Quelques mots sur l'Attacus Yama-maï.

J'ai eu l'honneur de présenter cette année au concours régional de Charleville le ver à soie du Japon (*Attacus Yama-maï*). Ma petite collection a conquis dès le premier jour toutes les sympathies des visiteurs, et a attiré d'une manière toute spéciale la bienveillante attention du jury, qui m'a décerné une médaille d'or.

« Des vers à soie dans les Ardennes, et des vers à soie mangeant du chêne!... » Mais c'est toute une révolution, toute une fortune pour le pays ! Voilà, je crois, la pensée avec laquelle on quittait mes explications : je parle, du moins, des hommes sérieux; les autres n'y voyaient que de belles chenilles et de beaux papillons. Mais, le premier enthousiasme passé, sont venues les difficultés, les objections; et je m'explique facilement les *si* et les *mais*, comme je m'étais expliqué l'admiration et l'étonnement.

Aussi bien il m'a semblé que le résumé des quelques notes, ou plutôt le souvenir exact de ce que j'ai fait depuis deux ans, serait de nature à satisfaire les exigences, ou du moins répondrait à la grave question : *Est-ce possible dans les Ardennes?*

Au mois de mars 1878, je lisais dans le *Guide de l'éleveur de Chenilles*, par M. Berce, un petit traité de l'*Éducation des chenilles* produisant la soie, par M. Guérin-Méneville, et quelques lignes sur le Yama-maï. Et le premier je me suis dit ce qu'on a dit à Charleville : Mais si ces vers pouvaient réussir ici, ce serait une véritable fortune pour mon pays bien-aimé. Je veux essayer. J'ai donc acheté 2 grammes d'œufs, l'un de M. Vote, instituteur à Romorantin, et l'autre à M. le marquis de Lafitole, à Beaune-la-Rolande ; et chacun de ces messieurs, en me les envoyant, m'assurait du succès. J'ai donc reçu à peu près 180 à 200 œufs. Le printemps de 1878 était assez avancé. Les larves sont sorties de leurs œufs du 10 au 20 avril, au nombre de 145 ; les autres œufs n'étaient sans doute pas fécondés. J'avais forcé quelques chênes en pot sur lesquels j'ai placé mes jeunes chenilles, et dès le 25 je trouvais déjà dans les bois exposés au midi de jeunes bourgeons que j'allais chercher tous les deux jours. Ici, je dois dire, non pour augmenter mon mérite, mais pour expliquer certaines maladresses, que j'ai opéré absolument en novice; ces messieurs m'avaient simplement dit de ne pas donner de feuilles poussées sur de jeunes brins, et de changer les vers tous les deux jours en les laissant toutefois en plein air, quelle que fût la température.

Quelques jours après l'éclosion de mes vers, le temps, qui avait été assez beau, s'est subitement refroidi ; mais j'avais ordre de les laisser au jardin, j'ai obéi. Du reste, je dois vous dire que je me livrais à cette étude avec cette seule idée : faire un essai d'acclimatation dans les Ardennes; donc je ne voulais et je ne devais prendre aucun ménagement. Aussi, chaque fois que j'avais envie de venir en aide à mes chers élèves, arrivait cette réponse : « Mais s'ils étaient seuls dans les bois ? » et tout sentiment de commisération était aussitôt étouffé. Je me félicite de ma dureté, car j'ai eu la satisfaction de recueillir au mois de juillet 110 beaux et magnifiques cocons; j'aurais dû en avoir 130, mais j'ai perdu quelques vers en les changeant de branches. J'allais trop vite, j'en ai coupé; d'autres se sont noyés faute de précautions de ma part. 117 papillons sont sortis complets de leurs cocons; leur sortie a duré de quinze à dix-huit jours. Je ne savais rien ou à peu près rien de l'accouplement. J'avais donc construit une espèce de cage dont j'ai garni chacun des six côtés avec une toile très claire, elle mesurait à peu près 1 mètre de long sur 80 centimètres de large. J'y ai enfermé mes cocons. C'est alors qu'il m'est tombé sous la main un numéro de la *Revue de sériciculture comparée*; il m'a appris que les papillons devaient sortir environ quarante jours après avoir filé leur cocon. J'ai surveillé, en effet, cette sortie, et chaque soir, de cinq à sept heures, je voyais de nouveaux captifs sortir de leur prison.

J'ai essayé plusieurs fois d'être témoin d'accouplements, mais en vain. J'y avais renoncé, lorsque un matin, à mon lever, j'ai trouvé deux papillons accouplés Ils y étaient à six heures, encore à six heures et demie; ils n'y étaient plus à sept. Je ne sais depuis combien de temps l'accouplement était commencé.

De mes 117 papillons je ne puis dire exactement le nombre d'œufs que j'ai recueillis; j'ai séparé les bons des mauvais, et à très peu de chose près je crois pouvoir porter le nombre de ceux-là, en chiffres ronds, à 1300.

Aussitôt le choix fait, je les ai mis dans une boîte en bois percée de nombreux petits trous et placée dans une chambre exposée au nord, où l'on ne fait jamais de feu. Ils sont restés cet hiver pendant quatre jours de suite à une température de 12° C. au-dessous de zéro.

Enfin le 10 avril arrive, mais dans quelles conditions cette année! Hélas! il n'était guère question de bourgeons de chêne dans nos pays. Ceux mêmes que j'avais mis en pot n'avançaient pas. Chaque jour cependant, avec une nouvelle crainte, je faisais visite à ma précieuse boîte, et chaque jour pas de changement. Le 25, j'ai cru avoir tout perdu en ne voyant sortir personne. J'ai pensé que mes pauvres chenilles étaient gelées et que j'avais été pour elles trop impitoyable. J'ouvre donc un œuf: la larve est bien vivante, elle est encore un peu engourdie, elle sent bien qu'il ne fait pas bon sortir encore. Dormez, précieuses espérances; ce sera peut être demain. Attendons; le plus longtemps sera le meilleur.

Enfin on dirait qu'il veut faire un peu chaud : nos chênes forcés sont déjà beaux, et ceux du bois commencent à laisser paraitre un petit quelque chose qui ressemble à de la verdure. Ce sera sans doute demain.

Ce demain arrive en effet, mais nous étions au 10 mai !... Juste un mois de retard avec l'an dernier ; et le printemps aussi était bien un mois en retard, on pourrait même se demander s'il est déjà venu.

De mes 1300 œufs ils ne m'en restait alors que 1100. J'avais parlé de mes vers, on m'en avait demandé, et comment refuser de faire plaisir ?

Le 20 mai, toutes mes chenilles étaient sorties, toutes celles du moins qui devaient venir. Une soixantaine sont mortes. Pourquoi ? Je ne sais. Est-ce parce que je n'étais pas là pour les placer immédiatement sur le rameau et qu'elles n'ont pu le trouver? Peut-être. Est-ce plutôt qu'en réalité elles ont été atteintes par le froid, ou que nous n'avons pas encore la bonne manière de conserver les œufs l'hiver ? Toutes questions que je ne puis encore résoudre et que l'expérience seule apprendra.

Toutefois, en lisant les relations et notes écrites à ce sujet, je puis dire que le nombre de mes morts est relativement petit. Il m'en reste donc à peu près 1000 ; j'en ai porté 50 à Charleville, où je les ai laissés comme souvenir et comme témoignage de reconnaissance à l'ami qui m'a réservé un si bienveillant accueil. J'en ai donné depuis 25 ou 30. Il m'en restait au 1er juillet à peu près 900, toujours en plein air dans mon jardin, quand le 4, *o infandum !* ma bonne mère, qui aime mes vers autant que je les aime moi-même, me crie : « Des oiseaux bleus mangent tes chenilles ! » Je cours, et trouve en effet un cadavre étendu sur le sol, la tête percée d'un coup de bec. Ce fut une révélation. Je change mes vers de branches, les compte ; il ne m'en restait que 850. Et l'oiseau bleu était une de ces mésanges qui font leur nid dans le creux des arbres et ont des nichées de 18 et 20 petits.

Aujourd'hui, malgré le temps excessivement contraire, mes vers sont très forts. On les voit, je ne dis pas grossir à vue d'œil, mais au moins changer de jour en jour. Que serait-ce si le temps était un peu plus favorable ? Encore quelques jours, et ils auront passé toute leur existence sans presque avoir vu le soleil.

J'écrivais ce qui précède le 9 juillet. Aujourd'hui toutes mes chenilles ont filé. Je leur ai préparé une chambre nuptiale d'une dimension qui leur permette de se croire en liberté et favorise l'accouplement. Mes cocons sont d'une très belle apparence et j'en espère les meilleurs résultats ; le premier ver a filé le 15 juillet, et le dernier le 26. Depuis cette époque, j'ai placé les premiers venus à l'ombre et les autres dans un endroit plus chaud, de façon à favoriser leur développement et à rétablir l'équilibre dans les naissances, puisque de là dépend la fécondation d'un plus grand nombre de femelles.

Encore quelques jours de légitime impatience, et du cocon où elle dort ou plutôt se transforme en ce moment, sortira *Spes altera domi.*

HÉNON, curé.

Aussonce (Ardennes), 17 août 1879.

IV. BIBLIOGRAPHIE.

I

Les Cactées; histoire, patrie, organes de végétation, inflorescence, culture, etc., par Ch. Lemaire, professeur de botanique à Gand. 1 vol. in-18, 140 p., 11 gravures. (*Bibliothèque du Jardinier*). Librairie agricole de la Maison Rustique, 26, rue Jacob.

Parmi les plantes qui sont appelées vulgairement *Plantes grasses*, et que l'on cultive surtout à cause de la singularité de leur aspect, la grande famille des Cactées occupe sans contredit le premier rang. C'est elle, en effet, qui, par ses formes bizarres, tantôt tubulaires, tantôt sphériques, ainsi que par l'absence presque générale de feuilles, s'éloigne le plus du type ordinaire du règne végétal, et elle présente des espèces si différentes les unes des autres que les amateurs trouvent dans leur culture un attrait toujours nouveau.

Cette famille est originaire de l'Amérique Centrale, et elle occupe dans le nouveau-monde, une aire géographique considérable. Sa patrie principale est le Mexique ; mais elle s'avance dans le nord jusqu'au 50ᵉ degré de latitude, et descend au sud jusqu'au même degré, ce qui représente une longueur de 2500 lieues. Certaines Cactées appartiennent à la zone torride, et on les rencontre sur les côtes et dans les plaines (*Melocactus, Phyllocactus, Epiphyllum*) ; mais la plus grande partie de ces plantes habite des régions plus froides à cause de leur altitude, sur les versants des Andes ou des Cordillères.

Toutes les Cactées sont intéressantes et curieuses.

Citons d'abord les *Cereus* ou cierges, végétaux étranges, dont le tronc verdâtre sort droit de terre, sans qu'aucune feuille l'accompagne, et s'élève ainsi jusqu'à une hauteur de 10 à 12 mètres, semblable à une colonne cannelée, coupée par des étranglements qui la partageraient en segments inégaux. C'est à ce genre qu'appartient le *Cereus Peruvianus*, le plus répandu dans nos cultures, et dont la grande serre du Muséum et celle du Jardin d'Acclimatation contiennent de remarquables spécimens. Le *Cereus Dyckii* forme au Guatémala de véritables forêts composées de pieds monstrueux, placés en rangs serrés et défendus par une formidable armée de piquants. C'est au Colorado que se rencontrent — mais cette fois isolés et non plus en groupes — ces exemplaires gigantesques qui ressemblent à d'immenses candélabres, et qui se dressent jusqu'à 15 mètres de hauteur, dans les anfractuosités d'un rocher calciné par les feux du soleil, sans que l'on aperçoive à leur pied aucune trace de terre végétale.

Mentionnons encore les *Pilocereus*, dont les têtes sont surmontée d'une houppe ou même d'une véritable chevelure de poils laineux; — les *Opuntia*, avec leurs raquettes charnues et plates, leurs fleurs jaune soufre, leurs baies semblables à des figues, mais garnies de piquants; — les *Mamillaria*, qui affectent la forme d'un globe ou d'un cylindre, lesquels seraient composés de tubercules; ces petits mamelons sont disposés en séries, et ils sont surmontés d'une sorte de disque, d'*aréole*, d'où sort, en tous les sens, une touffe d'aiguillons ou de poils raides et durs.

De Candolle est le premier qui, en 1829, ait publié un travail d'ensemble sur cette famille de végétaux; mais ce n'est réellement que vers 1836 que leur culture s'est généralisée en France, à la suite d'une importation considérable faite à cette époque. Ce fut alors un engouement extrême qui s'est refroidi depuis, pour renaître plus tard, et qui a subi les fluctuations ordinaires de la mode et du caprice des amateurs. En 1850, le prince de Salm-Dyck fit paraître, sous la forme modeste d'un catalogue, une étude importante et qui est restée classique. Il divise les Cactées en 20 genres répartis en 7 tribus, faisant d'ailleurs disparaître un assez grand nombre d'espèces trop légèrement établies. C'est sa classification et sa nomenclature qu'ont adoptées MM. Jacques et Hérincq, dans leur *Manuel général des Plantes*. Mais au moment où le prince de Salm-Dyck écrivait, la majeure partie des Cactées n'étaient représentées en Europe que par des sujets qui n'avaient pas encore fleuri, et les caractères particuliers qu'ont présentés leur inflorescence ont dû amener la création de genres nouveaux.

Il faut citer encore sur les Cactées les ouvrages d'Engelmann *Synopsis of the Cactæe of the Territory of the United States*, 1856; la *Monographie de la famille des Cactées*, par J. Labouret, in-18, 1848; la *Culture des Cactées*, par F. T. Palmer, in-18, 1 .

Personne n'était mieux en mesure de rédiger, pour la *Bibliothèque du Jardinier*, un petit livre de vulgarisation sur ces végétaux, que M. Ch. Lemaire, le savant rédacteur de l'*Illustration horticole de Gand*. C'est lui qui, le premier, en 1838, a décrit et déterminé la plus grande partie des plantes dont nous avons signalé plus haut l'importation vers 1836, et il n'a cessé depuis d'enrichir l'horticulture de ses consciencieuses études sur le même sujet.

Il divise les Cactées en 30 genres, répartis en 10 tribus. Cette classification est basée sur l'insertion et la disposition des étamines (caractère tout à fait important dans cette famille), sur le mode d'insertion des fleurs, sur le fruit et même sur le port général de la plante.

Bien qu'il s'en défende, M. Ch. Lemaire entre en matière par un éloge enthousiaste des Cactées. Pour lui, aucune famille végétale ne renferme des plantes plus intéressantes, plus belles même, surtout par la richesse et le coloris des fleurs. On sait, en effet, combien est curieuse et originale l'inflorescence des Cactées. Il est fâcheux qu'elle ait, en général, une durée si courte, et que, pour plusieurs d'entre elles, elle n'arrive que la nuit. Mais nous ne saurions oublier, pour notre compte, la douce émotion que l'on ressent en allant, chaque soir, surveiller l'éclosion possible d'une fleur qui paraît sur le point de s'ouvrir, afin de présider à sa naissance, de respirer le parfum qui s'échappe de cette corolle éblouissante, d'assister en quelques heures à la vie tout entière de cette fleur éphémère.

Mais où nous croyons que l'imagination entraîne un peu loin M. Lemaire, c'est lorsqu'il s'enflamme à la pensée du splendide décor que doivent faire les Cactées dans les Savanes, — lorsque, la nuit, elles semblent aux voyageurs « d'immenses squelettes aux longs bras décharnés », se profilant sur l'azur assombri du ciel. Qu'il nous permette aussi de douter un peu « de ces fruits rafraîchissants, exquis et savoureux, de ces tranches découpées dans leurs troncs, étanchant la soif des bêtes de somme et leur fournissant une excellente nourriture ». En fait, quelques *Opuntia* seulement produisent des fruits réellement comestibles.

Ce n'est pas là, du reste, qu'est la question ; car le traité de M. Lemaire n'est fait qu'au point de vue purement horticole, et ne s'occupe que des Cactées à cultiver en serre ou sous châssis. C'est ainsi qu'il ne mentionne l'*O. ficus indica* que comme porte-greffe.

Après avoir indiqué la patrie des Cactées, leur station et leur port, il donne successivement des notions succinctes, mais suffisantes, sur l'axe ligneux, l'épiderme, les aiguillons, les feuilles, les aréoles (qu'il désigne sous le nom de *tyléoles*), l'inflorescence, les étamines, le style, l'ovaire, le fruit et les semences. Il entre ensuite dans la revue sommaire des 30 genres qu'il a établis, avec leurs nombreuses variétés, dont il ne mentionne, d'ailleurs, qu'un certain nombre, et qu'il restreint le plus possible.

M. Ch. Lemaire s'est attaché à indiquer avec beaucoup de soin l'étymologie des noms adoptés pour chaque genre de Cactée. Toutefois, il repousse l'opinion généralement admise que Tournefort a emprunté la désignation d'*Opuntia* à la ville d'Oponte, *Opus*, petite ville de la Grèce, patrie d'Ajax et de Patrocle. Il en donne pour raison que si Pline a parlé d'une plante *Opuntia*, du nom de la capitale des Locriens-Opuntiens, ce ne peut être le type de l'*Opuntia* de nos jours, puisque Pline est mort soixante dix-neuf ans avant Jésus-Christ, et que l'Amérique n'a été découverte qu'en 1492. Nous admettons sans difficulté que la patrie originaire des Cactées est le nouveau-monde ; mais rien n'empêche qu'à une époque indéterminée les courants océaniques n'aient apporté dans l'Inde, ou même directement sur les côtes de l'Europe ou de l'Afrique, des branches ou des fruits de ces *Opuntia*. Ce mode d'acclimatation des végétaux est parfaitement connu de nos confrères, et nous ne voudrions pas refaire un historique qu'en a donné un écrivain plus autorisé que nous (1).

(1) Drouyn de Lhuys, *Migration des végétaux (Bull. de la Soc. d'Acclim.*, 1870).

Théophraste, qui vivait trois cent vingt-deux ans avant Jésus-Christ, se sert bien lui-mêmedans son *Histoire des Plantes*, du mot κακτος, cactus, en parlant d'une plante épineuse, croissant en Sicile, et dont les baies étaient considérées comme alimentaires.

Nous avons dit plus haut que l'un des caractères distinctifs des Cactées est généralement l'absence de feuilles. M. Lemaire, abandonnant cette opinion commune qu'il a lui-même partagée, pose en principe que *toutes les Cactées ont des feuilles:* très développées dans les *Peirescia;* petites, subulées, mais très manifestes dans les *Opuntia* (excepté dans les *Consolea*), réduites à l'état de squames plus ou moins grandes, mais toujours visibles, dans tous les autres genres, sans exception. L'étude de cette question ne rentre pas dans le cadre de ce compte-rendu, mais nous devions la signaler. En fait, la plus grande partie des Cactées n'ont pas de feuilles proprement dites, ou si elles en présentent, comme les *Cereus*, ce n'est que dans le jeune âge; par contre, la tige ligneuse est entourée d'un tissu mou très considérable, coloré en vert à l'extérieur. On a vu généralement dans cette particularité de la structure de ces plantes l'accomplissement de cette loi qu'on appelle le balancement organique; on a pensé que la nature avait approprié ces végétaux à la température sèche et lourde des régions chaudes, et qu'en supprimant les feuilles, elle s'était efforcée de diminuer les surfaces d'évaporation. Mais comme il faut qu'en définitive les fonctions de la vie soient accomplies, c'est un organe voisin — la tige — qui s'est chargé de les remplir, en empruntant aux feuilles leurs stomates, leur tissu et leur chlorophylle. On pourrait objecter que ces végétaux auraient dû alors se transformer dans nos cultures, surtout ceux qui ont été obtenus de semis successifs; mais on se heurterait alors à cette loi mystérieuse de l'hérédité.

Nous ne pouvons suivre l'auteur dans les conseils qu'il donne sur l'élève raisonné des Cactées; mais nos lecteurs liront peut-être avec intérêt quelques indications que nous allons lui emprunter, sur la culture en appartement.

Il va de soi qu'on ne peut cultiver ainsi les plantes qui acquièrent de trop grandes dimensions, comme les *Cereus* et la plupart des *Opuntia;* pas plus que celles qui exigent la serre chaude ou des soins particuliers, comme les *Melocactus*, les *Anhalonium*, les *Pelecyphora*, les *Discocactus*, etc.; mais les *Echinocactus*, les *Mamillaria*, les *Echinopsis*, etc., conviennent pour ce genre de culture. Il faudra les rentrer dès que les froids menaceront de sévir, et les ranger sur des tablettes, dans une chambre sans feu, en plein midi, de manière à ne pas perdre un seul rayon de soleil. La condition absolue est que *la gelée n'y puisse pénétrer*, car beaucoup d'espèces ne supportent que peu de temps un froid de 2 à 3 degrés au-dessous de zéro. On pourra y arriver jusqu'à un certain point en plaçant dans la pièce un réchaud plein de charbon, dont les vapeurs délétères auront été préalablement exhalées au dehors. La poussière devra être soigneusement chassée avec un soufflet, et les arrosements devront être à peu près nuls. En outre, il faudra, chaque jour, retourner les plantes dans le sens opposé, afin que chaque côté reçoive à son tour la lumière du soleil. En un mot, la culture en chambre, malgré les assertions contraires, est fort difficile, sinon impossible. Mais il n'en est plus de même si on cultive les Cactées dans ces jolies petites serres qui encadrent si élégamment les fenêtres des appartements, au midi, et où la douce chaleur de l'intérieur vient en aide à la nature. Là, toutes les espèces naines, à jolies fleurs, peuvent parfaitement réussir.

AIMÉ DUFORT.

II. — JOURNAUX ET REVUES.

(Analyse des principaux articles se rattachant aux travaux de la Société.)

Bulletin de la Société botanique de France (rue de Grenelle, 84).

1880, n° 3. *Action de l'eau sur les organes des plantes, à l'état de vie latente ou ralentie.*

Si l'on plonge une graine dans l'eau, il se passe aussitôt deux phénomènes inverses : la graine absorbe de l'eau, qui pénètre dans sa masse (avec ou sans les substances en dissolution dans l'eau), suivant la nature de ces matières et celle de la graine. Celle-ci dégage en même temps, dans l'eau qui l'entoure, une certaine quantité des substances solubles qui se trouvent en réserve dans ses cellules.

Tout le monde sait qu'une graine immergée absorbe l'eau, en augmentant à la fois de volume et de poids. Quand la saturation est atteinte, le poids d'eau absorbée, rapporté à 100 de graine prise à l'état de dessiccation ordinaire, est ce que l'on peut appeler le *pouvoir absorbant* de la graine. Ce pouvoir absorbant varie suivant la nature de la graine; il est indépendant de la température ; il n'est pas le même dans une graine vivante et dans une graine morte. Voici pour quelques graines vivantes, immergées à la température ordinaire, la valeur du pouvoir absorbant : Lupin, 125; Fève, 118; Haricot, 110; Blé, 47; Maïs, 38; Canna, 8.

Pour germer, ni la graine entière ni l'embryon isolé n'ont besoin d'être saturés; il leur suffit d'une proportion d'eau beaucoup moindre. Le poids d'eau absorbée étant rapportée à 100 de graine ou d'embryon, on obtient pour le minimum d'absorption germinative, dans la Fève, par exemple : graine entière, 74; embryon isolé, 92.

Les substances dissoutes dans l'eau paraissent pénétrer toutes indifféremment avec l'eau dans le tégument, mais certaines d'entre elles seulement entrent dans l'embryon, tant que ce dernier est vivant. Ainsi, dans le Haricot, le Pois, la Fève, la fuschine traverse le tégument et pénètre dans l'embryon par toute sa surface. La glucose, au contraire, n'entre pas dans l'embryon, à moins que celui-ci n'ait été tué au préalable par un moyen quelconque.

D'autre part, les graines, aussitôt immergées, laissent échapper, dans l'eau qui les baigne, une certaine quantité des matières solubles qu'elles tiennent en réserve, et qui vont s'accumulant dans le liquide. Si l'on renouvelle l'eau, l'exosmose se poursuit jusqu'à épuisement total (1). Ainsi, par exemple, 100 grammes de graines, immergés dans 200 grammes d'eau, ont abandonné, après quarante-huit heures : Pois, 6^{gr},5 ; Haricot, 3^{gr},2 ; Blé, 1 gramme. A la suite d'une immersion de six jours dans une grande quantité d'eau renouvelée chaque jour, 100 grammes de graines desséchées d'abord à 35 degrés et ramenées ensuite à ce même état de siccité ont perdu : Blé, 9 grammes ; Haricot, 9 grammes ; Fève, 10 grammes ; Pois, 13 grammes. Le résidu ainsi obtenu, même évaporé à 35 degrés, a une couleur brune, souvent très intense, surtout chez les Légumineuses. Il renferme ordinairement des sucres de différente nature : dans le Blé, le Maïs, le Haricot, la Fève, le Pois, la Lentille, le Lupin, etc., le produit de l'exosmose ne renferme pas de glucose, mais bien du sucre de canne en quantité plus ou moins considérable. Dans le Châtaignier, au contraire, le Chêne, le Noyer, le Coudrier, l'Amandier, le Sarrasin, et dans certaines Léguminouses (*Soja hispida*), ce résidu renferme une proportion plus au moins grande de glucose.

On voit, par ces expériences, qu'en faisant tremper les graines pendant vingt-quatre heures avant de les semer, ainsi qu'on le pratique fréquemment, on diminue déjà d'une façon sensible leur réserve nutritive, et que cet appauvrissement porte notamment sur les matières sucrées.

On comprend aussi par là l'influence nuisible des arrosages trop fréquents et des pluies trop abondantes après les semis et dans les premiers temps de la germination. Il se fait dans le sol, tout autour des graines, une véritable infusion nutritive où pullulent bientôt les moisissures et les bactéries, notamment le *Bacillus amylobacter*, qui n'a pas besoin d'air pour vivre ; alors, les graines pourrissent, comme on dit.

Quand les navires chargés de blé reçoivent des coups de mer pendant la traversée, l'eau mouille quelquefois la cargaison, et le grain subit par ce seul fait une perte de poids notable que le commerce a intérêt à connaître. On a vu, en effet, plus haut, que du blé immergé dans l'eau, dans des conditions où aucune fermentation ne pouvait se produire,

(1) Cette eau devient ainsi, en peu de temps, une véritable infusion très propre au développement des organismes inférieurs. Le *Bacillus amylobacter* y pullule bientôt en provoquant la fermentation butyrique des produits exosmosés. Puis, s'attaquant à la graine elle-même, si le tégument le lui permet, il s'y introduit en détruisant progressivement toutes les membranes cellulaires.

a perdu, après quelques jours, jusqu'à 7 pour 100 de son poids sec (MM. Ph. van Tieghem et Gaston Bonnier).

Revue des eaux et forêts (13, rue Fontaine-au-Roi).

Août 1880. *Cerfs et biches. — L'autorité administrative peut-elle ordonner leur destruction dans les forêts des particuliers?*

La loi sur la chasse, du 3 mai 1844, ne donne aux préfets que le pouvoir de prescrire des battues pour la destruction du *gibier non comestible*, c'est-à-dire de celui qui s'attaque à l'homme et aux animaux, et qu'il faut faire disparaître dans l'intérêt général (1). Une seule exception à ce principe a été introduite par la jurisprudence, relativement aux sangliers; encore n'a-t-elle pas été admise sans difficulté et sans restriction (Cass., 21 janvier 1864). Elle peut se justifier par cette considération que le sanglier n'est généralement pas sédentaire, qu'il marche ordinairement en troupe; qu'il ravage non seulement les propriétés riveraines de la forêt dans laquelle il se trouve momentanément, mais aussi celles qu'il rencontre, en passant d'une forêt dans une autre. Il en est autrement à l'égard du gibier sédentaire, dont la présence en forêt engage, dans une certaine mesure, la responsabilité du propriétaire. Sans doute, il peut ravager les récoltes des riverains; mais il s'agit alors, non d'un intérêt général, mais d'un intérêt privé, et cet intérêt est protégé par les articles 1382 et 1383 du Code civil (Comité de jurisprudence de la Revue).

Pêche, destruction de poisson, emploi de la dynamite.

La loi du 15 avril 1829 sur la pêche fluviale établit une distinction fondamentale entre les actes de *destruction* de poissons, prévus et punis de peines corporelles par son article 25, et les *délits de pêche* proprement dits, réprimés par les articles 26 et suivants, lesquels trouvent leur complément dans les ordonnances ou décrets déterminant les modes et engins de pêche défendus, ainsi que les temps et saisons où la pêche est interdite.

Le fait de foudroyer le poisson par l'explosion de cartouches de dynamite constitue un délit de destruction de poissons, passible de peines corporelles, et l'on ne saurait y voir un simple délit de pêche avec engin prohibé.

A la vérité, un décret du 10 août 1875 a bien rangé l'emploi de la dynamite parmi les modes et engins de pêche prohibés; mais ce décret, pris en exécution de l'article 26 de la loi de 1829, ne réglemente que les délits de pêche proprement dits; en supposant, d'ailleurs, qu'il y ait quelque contradiction entre la loi de 1829 et le décret de 1875, ce ne serait pas un simple décret, émané du pouvoir exécutif, qui aurait pu modifier la loi ou l'abroger (C. de Nancy, chambre corr., 8 août 1876). A. D.

(1) Voir en ce sens : Dalloz, 1864, I, 321; *Journal des chasseurs*, 1864, p. 434; Puton, *Louveterie*, p. 20.

III. — Publications nouvelles.

Agriculture et horticulture. Découvertes, nouvelles applications, conseils, etc. T. II. In-32, 144 p. Paris, imp. Murat.

De l'éducation du lapin domestique, par Alexis Espanet. 6e édition, revue et augmentée. In-18 jésus, 126 p. avec fig. Paris, impr. Capiomont et Renault; librairie Goin. 1 fr.

Plantes qui fournissent le curare, par M. G. Planchon. In-8° 32 p. Paris, impr. Arnous de Rivière.

Sur les principaux types (espèces ou variétés) **de vignes américaines**, par M. J. E. Planchon, correspondant de l'Institut. In-8°, 6 p. Paris, impr. Chaix et Cie.

Les fleurs de pleine terre, comprenant la description et la culture des fleurs annuelles vivaces et bulbeuses de pleine terre, suivies de classements divers indiquant l'emploi de ces plantes et l'époque de leur floraison, de plans de jardins, etc., par Vilmorin Andrieux et Cie; 3e *édition*. In-12 avec 1300 figures. Paris, impr. Martinet. Vilmorin et Cie; tous les libraires.

La migration des oiseaux, par A. de Brevans. 2e édition, revue et augmentée. In-18 jésus, 325 p., avec 91 vignettes. Paris, impr. Lahure; librairie Hachette et Cie, 2 fr. 25 c.

Le Gérant : Jules Grisard.

PARIS. — IMPRIMERIE E. MARTINET, RUE MIGNON, 2.

ÉDUCATIONS DE BOMBYCIENS SÉRICIGÈNES

NOTE POUR SERVIR A L'HISTOIRE DE L'*ACTIAS SELENE* FAB.

Par M. A. L. CLÉMENT

Vers le commencement du mois de juillet 1879, je reçus de la Société une vingtaine d'œufs d'*Actias selene.*

Le 25 du même mois, ils commencèrent à éclore, mais huit seulement donnèrent des chenilles et j'eus le regret de constater que les autres n'avaient pas été fécondés. Quoi qu'il en soit, je commençai immédiatement l'éducation, et le 26 juillet je dessinais la chenille à son premier âge. Elle mesure environ 7 millimètres, d'un beau jaune orangé avec la tête noire, ainsi que le premier, les quatrième, cinquième et sixième anneaux noirs. La moitié postérieure du dernier segment, les pattes et quelques points parsemés sur les parties jaunes sont également noirs, de même que les tubercules, disposés sur six rangées et portant des poils verticillés dont ceux des deux rangées latérales inférieures sont blancs, les autres noirs.

1er *août.* — *Première mue.* — Cette mue, comme chez *Cecropia*, est difficile à observer, la jeune chenille mangeant entièrement sa vieille peau. Pourtant, on peut encore retrouver l'enduit soyeux auquel elle s'était fixée et qui est formé de fils bien blancs, très-fins et très serrés. Au second âge, la chenille est complètement d'un beau rouge brique tirant sur l'orangé. Les anneaux noirs ont disparu; les tubercules seuls ont conservé cette couleur, sauf à leur base, qui est rouge; ils sont peu apparents et ne se voient nettement qu'à la loupe; à l'œil nu, on les confond avec les taches noires que portent les anneaux. Les poils n'ont pas changé de couleur; il en est de même des pattes et de la tête.

La couronne des pattes membraneuses est gris rouge, ainsi

que le ventre. Les quatre premiers tubercules dorsaux et les deux derniers portent à leur extrémité un poil beaucoup plus long que les autres, noir à la base, blanc à l'extrémité. Les stigmates sont noirs.

4 août. — *Deuxième mue.* — La chenille est maintenant méconnaissable, d'un beau vert d'eau, avec les tubercules dorsaux orangés à l'extrémité. Ceux de la première rangée de chaque côté sont d'un jaune plus clair, ceux des rangées latérales inférieures sont aussi orangés.

Chez quelques chenilles, tous les tubercules sont rosés. Les quatre premiers dorsaux sont très développés. Leur extrémité, d'un beau jaune pâle, est nettement séparée du reste du tubercule par un anneau noir, et ils portent toujours à leur extrémité un poil plus long que le corps, moitié noir, moitié blanc. Tous les autres poils sont raides, épineux et noirs.

La tête est d'un ton jaunâtre presque grenat, ainsi que les pattes. Les fausses pattes sont roses avec une bande noire à la base; les plaques anales sont grenat foncé. Les stigmates sont brun orangé, situés sur une bande plus claire que le ton général de la chenille, qui, à ce moment, commence à ressembler beaucoup pour le port et la couleur à celle de *Pernyi*, et lui ressemblera encore davantage pendant les âges suivants.

10 août. — *Troisième mue.* — La chenille a peu changé; les tubercules sont plus clairs, ceux des derniers anneaux et ceux de la rangée latérale moyenne sont d'un beau vert Véronèse; la bande claire qui porte les stigmates s'est accentuée davantage et est bordée maintenant de roux carminé.

Les stigmates sont orangés, les plaques anales grenat très foncé. La tête est plus foncée que précédemment, les fausse pattes roses n'ont plus de bande noire, et les longs poils persistent à l'extrémité de chaque tubercule.

16 août. — *Quatrième mue.* — Encore peu de changement. Tête jaunâtre; bande latérale rouge d'ocre bordé de blanc, partant du troisième anneau et s'arrêtant à l'avant-dernier; stigmates roux avec la fente blanche, pattes de même couleur que la tête; fausses pattes vertes avec une bande violacée, et la couronne plus claire.

A.L. Clément

26 *août.* — *Premier cocon.* — La chenille, complètement développée, est d'un beau vert tendre, la bande latérale rappelant tout à fait celle de *Pernyi.* Pour l'allure, cette chenille est aussi très voisine de celle de *Cynthia* et, comme elle, se tient fortement aux branches, mangeant avec une rapidité extraordinaire les folioles, leurs nervures, leurs pétioles et même les jeunes tiges du noyer, dont elles se nourrissent. Nous ne connaissons aucune espèce dont la voracité soit comparable à la sienne. Il est impossible de s'imaginer quelle quantité considérable de feuilles une chenille en bonne santé consomme journellement. Aussi son développement est-il très rapide, et nous la voyons atteindre largement un décimètre de longueur en vingt-six jours seulement.

Cette rapidité dans le développement a été pour nous un élément de succès, car, vers le commencement de septembre, il devient fort difficile de conserver les feuilles de noyer dans l'eau, et, pour nourrir une chenille qui s'était attardée, il nous fallait renouveler les rameaux jusqu'à trois fois dans la même journée. Cette espèce est très robuste. Une chenille, étant tombée à terre de plus de 2 mètres de hauteur au moment d'une mue, se blessa grièvement et perdit beaucoup de sang. Cela ne l'empêcha pourtant pas de changer de peau, et elle se remit ensuite à manger comme les autres malgré cet accident réellement fort grave.

Nos huit chenilles ont donné huit cocons; c'est un résultat aussi complet que possible. Elles ont été élevées à l'air libre et ne quittaient jamais les branches dont elles se nourrissaient.

Les cocons sont ovoïdes, complètement enveloppés dans les feuilles et sans aucune attache. Ils sont blancs au moment où ils viennent d'être filés et se colorent ensuite plus ou moins, les uns restant presque blancs, les autres prenant un ton gris chamois plus ou moins jaunâtre.

Leur soie est fine, brillante et d'une grande douceur au toucher. Sous ces deux derniers points de vue, elle surpasse celle de toutes les autres Saturnies.

Le cocon pourtant est mince, quoique d'un tissu serré et très difficile à déchirer. Il présente d'ailleurs une particularité des plus remarquable, et qui ne me semble pas avoir été signalée jusqu'à présent.

En l'ouvrant, on trouve à l'intérieur un réseau à larges mailles de soie rousse, qui ne tient au cocon lui-même que par quelques fils et auquel la chrysalide est solidement fixée par la partie anale. Cette chrysalide est de forme tout à fait particulière : c'est simplement un cône terminé par une demi-sphère, la partie la plus large correspondant, comme dans le papillon, à ce que l'on pourrait appeler les épaules, et sa base est en outre étroitement entourée par la dépouille de la chenille qui la cale en quelque sorte de façon qu'elle se trouve isolée, debout, au milieu du cocon, dont elle ne touche pas les parois. Si on examine au microscope le dernier segment de cette chrysalide, on le trouve garni de nombreux crochets formant autant de petites boucles dans chacune desquelles passe un fil. Ces crochets sont peu réguliers, et il est probable qu'au moment de la métamorphose ce sont de petites épines molles qui, en se desséchant, se contournent sur elles-mêmes et accrochent les fils du fond du cocon.

Le 29 septembre, nous avons assisté à l'éclosion d'un papillon mâle que nous figurons ici de grandeur naturelle.

Les quatre ailes en dessus sont d'un vert très tendre, avec des bandes diffuses d'un jaune olivâtre. La côte des supérieures est d'un beau pourpre foncé, et la base des quatre ailes est couverte de poils blancs, laineux, comme tout le corps, qui présente en avant une bande pourpre réunissant les côtes des deux ailes supérieures, et est surmonté d'un collier blanc légèrement jaunâtre.

Les quatre lunules sont semblables ; on y trouve, en partant du côté du corps, un croissant noir, entrecoupé longitudinalement par un filet bleu cendré, puis une bordure d'un pourpre carminé plus apparente aux ailes inférieures. Vient ensuite une partie transparente peu étendue, et enfin un demi-cercle jaune orangé nuancé légèrement de carmin et bordé de jaune olivâtre. A la base des ailes inférieures s'étend une belle tache rose tendre qui se fond d'une part sur l'aile et d'autre part sur la queue, laquelle est toujours un peu contournée.

Les quatre ailes sont très finement bordées de jaune orangé. Cette bordure est plus apparente en dessous, surtout à la côte des inférieures. Ce dessous diffère d'ailleurs peu du dessus; il est plus lavé de jaunâtre et la côte des supérieures est seulement un peu rosée. Les lunules sont plus roses et leur bordure noire tend à disparaître.

La tête est rouge, avec le front gris clair et les yeux noirs. Les antennes sont d'un jaune verdâtre, les pattes rouges avec le dessous des cuisses blanc. Le ventre est blanc sur les côtés, gris au milieu, et la poitrine porte une belle tache brune qui s'étend entre la tête et les premières pattes.

Le papillon qui nous est éclos représente la deuxième génération annuelle de cette espèce, la première éclosion ayant lieu vers le mois de mai. La température, exceptionnellement basse cette année, a sans doute seule empêché les autres cocons d'éclore, car ils sont parfaitement vivants et donneront certainement leurs papillons au printemps.

En raison de la beauté de la soie, aussi bien que du papillon, nous pensons qu'il y aurait grand intérêt à faire de nouvelles éducations de ce Bombycien, qui, d'après notre premier essai, paraît très robuste et dont l'acclimatation serait certainement aussi facile que celle de l'*Attacus Cecropia*, que nous avons pu élever cette année avec succès en pleine liberté.

RAPPORT SUR DEUX ÉDUCATIONS D'*ATTACUS CECROPIA* FAITES EN 1879

J'ai l'honneur de présenter à la Société un rapport sur deux éducations de *Cecropia*, que j'ai pu mener à bien cette année et qui présentent l'une et l'autre un intérêt tout particulier.

La première, en effet, se rapporte à une seconde génération en France de cette belle espèce, et la deuxième à des chenilles que notre collègue M. Poujade avait commencé à élever chez lui et qui, nous ayant été apportées toutes jeunes encore dans un état désespéré, ont été sacrifiées pour tenter une éducation en liberté qui a donné un résultat tout à fait inattendu.

PREMIÈRE ÉDUCATION

Les cocons que j'avais obtenus l'année passée ont été conservés durant tout l'hiver dans une pièce sans feu. Les premiers papillons en sont sortis au commencement de juin. Des mâles d'abord, puis les deux sexes ensemble et enfin des femelles seules ; et, par conséquent, cette fois comme la première année, nous n'avons eu que peu d'accouplements.

Nos papillons étaient très robustes, vigoureusement colorés, atteignant 15 centimètres, et quelquefois plus, d'envergure. Les mâles sont généralement moins grands que les femelles; celles-ci sont ordinairement d'un rouge tirant un peu sur le jaune, surtout aux pattes, et leurs lunules sont souvent très larges.

Ces femelles ont pondu librement, ce qui nous a permis de constater que les œufs sont rangés par petits groupes comme ceux de *Cynthia*. Dans cette ponte libre, les œufs, moins englobés dans la matière gommeuse, sont presque blancs.

Les premières chenilles éclosent le 4 juillet et présentent quelques variétés intéressantes. L'une, par exemple, ayant des tubercules jaune verdâtre dès la sortie de l'œuf, avec le corps et les épines noirs comme à l'ordinaire. Chez une autre ils étaient gris, et chez une troisième orangés.

Vers le 19 juillet apparaissent les quatre rangées de taches jaunes; malheureusement, des occupations trop nombreuses nous empêchent de vérifier s'il y a bien là une première mue, comme nous l'avons avancé dans notre premier rapport et comme nous l'admettons encore jusqu'à nouvelle vérification.

Nous remarquons ensuite qu'après la deuxième mue les chenilles sont entièrement d'un jaune clair puis deviennent orangées, et au bout de quelque temps seulement les épines noircissent. Vers la fin de juillet, après des temps froids et pluvieux, quelques chenilles deviennent brunes. Nous ne commettons pourtant pas, comme certains auteurs l'ont fait, l'erreur de les prendre pour des variétés. Bien nous en prit, car, dès que la température s'éleva un peu, elles reprirent leur couleur normale et la vigueur qu'elles avaient perdue.

1
1
2
4
3
BISSON-SC
A. L. Clément

Vers la fin d'août, mes chenilles avaient acquis tout leur volume, et nous pûmes en montrer à la Société entomologique de France (séance du 27 décembre) quelques magnifiques spécimens. La chenille choisit toujours pour établir son cocon les branches les plus fraîches.

Dès que les feuilles commencent à se faner, elle les quitte, abandonnant même son cocon s'il n'est pas trop avancé pour qu'elle puisse encore en sortir. C'est alors qu'elle erre partout à la recherche d'un endroit propice, mais il suffit de la placer sur un rameau bien frais pour la voir recommencer immédiatement un nouveau cocon.

Les cocons obtenus cette année sont très réguliers, durs, appartenant à la forme dite en fuseaux, considérée comme supérieure pour le rendement de la soie.

SECONDE ÉDUCATION

Notre collègue M. Poujade avait reçu de la Société un certain nombre de cocons provenant de Chicago, qui donnèrent leurs papillons très tardivement. Il n'en obtint qu'un seul accouplement, puis une ponte, et les jeunes chenilles commencèrent à éclore le 22 juillet. Il y eut une mue le 31 juillet et une autre le 5 août. A cette époque, les jeunes chenilles, qui auraient dû être d'un beau jaune orangé, sont noirâtres, petites et sans vigueur. Il y en a de toutes les tailles.

Cette éducation avait été commencée dans une pièce exposée au nord, et les chenilles continuaient à dépérir, quoique la nourriture fût renouvelée tous les jours.

Craignant de les perdre bientôt toutes, M. Poujade nous les apporta, espérant que, dans notre atelier, où les nôtres se développaient si bien, il serait peut-être possible d'en échapper quelques-unes. Mais en les voyant dans un état aussi déplorable et craignant la contagion, nous leur refusâmes tout contact avec notre éducation, pour ne leur accorder que l'hospitalité du jardin. Elles furent placées sur un prunier enveloppées d'une gaze contre les guêpes et les oiseaux.

Peu de jours après, nous fûmes tout étonné de les trouver plus vigoureuses; elles commencèrent à muer, et, quoique ayant encore une couleur indécise, elles n'étaient déjà plus noirâtres; bientôt même la taille s'égalisa, la couleur devint plus fraîche, le volume augmenta rapidement, et cela malgré de fortes pluies et de subits changements de température.

Une dizaine de chenilles furent alors mises en liberté, et, comme elles continuaient à se bien porter, toutes les autres furent débarrassées de la gaze qui les enveloppait.

Depuis ce moment, nous ne constatons aucune disparition parmi nos chenilles; elles accomplissent leur dernière mue pour atteindre leur complet développement au commencement de septembre, et vers le 15 de ce mois on aperçoit des cocons au bout des branches.

Cette expérience est tout à fait concluante au point de vue de l'acclimatation, et, pour peu que chacun y aide en lâchant quelques papillons, surtout des femelles fécondées, nous pourrons bientôt ajouter cette belle espèce à notre faune, déjà si intéressante.

Notre collègue M. Berce a donné l'exemple cette année en laissant échapper tous les papillons qu'il ne destinait pas au grainage et en faisant remettre la graine qu'il avait obtenue à des éducateurs exercés, au nombre desquels nous citerons M. Bigot, de Pontoise.

Nous ne terminerons pas cette note sans dire quelques mots pour calmer les alarmes de savants distingués qui ont fait observer qu'il serait peut-être à craindre que cette espèce, en s'acclimatant chez nous, devînt un jour nuisible.

Nous répondrons à cette objection par une observation :

Parmi nos cocons de l'année passée, deux seulement ne donnèrent pas de papillons. Dans l'un nous trouvâmes une chrysalide vivante, qui va sans doute éclore l'année prochaine, et l'autre contenait une chrysalide morte, auprès de laquelle se trouvait un diptère desséché, qui n'avait pu sortir du cocon, et la coque de ce diptère, ce qui nous rappela qu'au cours de l'éducation nous avions trouvé à plusieurs reprises des pupes de diptères sur le parquet.

La Chenille avait donc été ce que l'on appelle improprement *ichneumonée* dans cette première éducation faite en

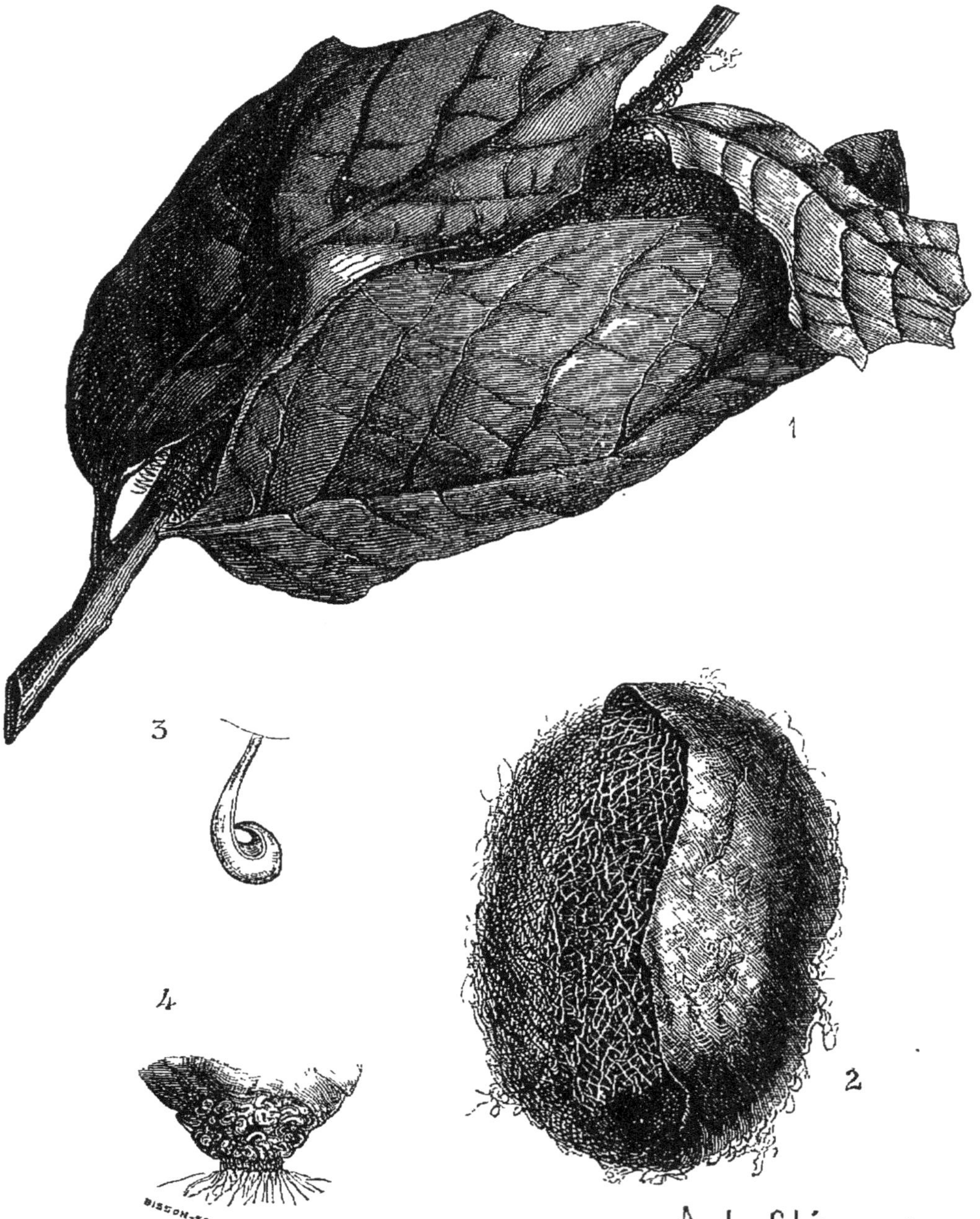

1

3

4

BISSON-SC.

2

A. L. Clément.

captivité. Il est bien certain que le fait se reproduira fréquemment en liberté et que la chenille de *Cecropia* ne sera pas plus nuisible que celle de notre *Piri*, qui n'a jamais inquiété les cultivateurs.

D'ailleurs, les grosses espèces de Lépidoptères vivent ordinairement isolées; leurs femelles, comme celle de *Cecropia*, ne pondent qu'un petit nombre d'œufs à la fois, et le plus grand nombre des chenilles disparaissent pendant les premiers âges, ce qui n'empêche pas celles qui arrivent à toute leur grosseur d'être exposées aux atteintes de la maladie et des parasites.

Dans nos éducations privilégiées, il n'en est pas tout à fait ainsi, à cause des soins assidus dont nous entourons nos élèves.

Nos visites fréquentes éloignent les oiseaux, et la gaze dont nous enveloppons les rameaux protège nos jeunes chenilles contre les parasites qu'elles ont surtout à craindre pendant les premiers âges. C'est d'ailleurs aussi dans cette première période que les oiseaux en dévorent le plus.

Quand nous les abandonnons à elles-mêmes, elles sont déjà robustes et ne craignent plus guère que la maladie; aussi les plaçons-nous dans un milieu hygiénique, où une exposition favorable et une nourriture choisie suffisent souvent pour les en préserver.

Toutefois devons-nous avouer qu'une douzaine de chenilles de *Cecropia* dévorèrent entièrement un jeune prunier et se répandirent ensuite dans le jardin; mais c'est là un cas exceptionnel, car une centaine de chenilles placées sur un vieil arbre y ont bien accompli tout leur développement sans qu'il ait paru en souffrir.

Ces deux éducations me paraissent avoir une grande importance : la première, parce qu'elle est relative à une deuxième génération de cette espèce en France; la deuxième parce qu'elle a été faite en pleine liberté, avec des chenilles déjà malades et par une saison exceptionnellement mauvaise, ce qui ne permet aucun doute sur la possibilité de l'acclimatation de cette espèce.

DES PRODUCTIONS VÉGÉTALES DU JAPON

Par le docteur Édouard MÈNE

(*Suite.*)

LÉGUMINEUSES.

Fève (*Vicia Faba*) *Sora Mame.* — Dans la partie du jardin consacrée aux légumes, près d'un petit treillage en bambou, couvert de fleurs jaunes de concombres, avait été semée une rangée de fèves (*Vicia Faba*) *Sora-Mame*, semblables aux nôtres et qui sont arrivées à maturité, ainsi que plusieurs pieds de fèves des marais, à graines de couleur vert rosé et de grosseur moyenne (1).

Les autres variétés de fèves du Japon, indiquées dans les aquarelles du bureau de l'agriculture de Tokio, étaient :

Le *Mourasaki-sora-Mame*, variété de fève des marais, à feuilles violacées, à fleurs de couleur rose pâle, à fèves petites et de couleur d'un noir violacé;

Une autre fève, nommée *Fève des champs*, à fleurs blanches et roses, à graines de couleur acajou foncé et de grosseur moyenne ;

Une autre variété, à graines moyennes, rougeâtres, à longues taches noires ;

L'*Okafu-ku-mame*, grosse fève de couleur marron ;

L'*Okaraku-mame*, à fleurs blanches et violettes, à grandes gousses vertes, à grosses fèves, de couleur gris verdâtre ;

Dolic (2). Ce genre nommé *Sasaghe* (*Dolichos unguiculatus*), était représenté par les variétés suivantes :

(1) D'après MM. Franchet et Savatier, le genre *Vicia* est représenté au Japon par : les *V. Tanakae* (*Tourou foudzi ba kama*), *V. pseudo-orobus* (*Owa'ha housa foudzi*), *V. quinquenervia*, *V. Japonica*, *V. cracea* (*Kouza foudzi*), *V. amœna* (*Tourou foudzi bakama*), *V. angustifolia* (*Nogendô*), *V. hirsuta* (*Soudzoume no endô*), *V. tetrasperma* (*Kasou magoussa*), dont les noms japonais sont ceux qui sont indiqués dans le *Sô Mokou Zoussetz* (Traité de botanique, avec planches), par Ynouma Tsiodjoun, de la province d'Ogaki, dans la troisième année d'Anssai (1856).

(2) Le genre *Dolichos* comprend au Japon : le *D. umbellatus* ou *unguiculatus* (*Sasaghi*), commun dans le Nippon central, aux environs de Sagami.

Le *D. bicontortus* (*Megane Sasaghi*), dont les graines cultivées par M. Durieu

Le *Jin-roku-Sasaghe*, à grandes feuilles blanches, à longues gousses ondulées, blanc verdâtre, de 50 centimètres à 60 centimètres de long, à semences moyennes, de couleur rouge brique ;

Le *Yuhuté-Sasaghe*, à très minces gousses, de couleur vert clair, de 25 centimètres à 30 centimètres de long, à petites graines de couleur acajou ;

Le *Heritori-yo-roku-Sasaghe*, à tige verte, lisérée de rouge, à fleurs de couleur jaune bleuâtre, à gousses étroites, vertes, lisérées de rouge, de 25 à 30 centimètres de long, à petites graines noires (qu'on trouvait dans le jardin du Trocadéro).

CANAVALIA (1). Parmi les *Canavalia*, on trouvait :

Le *Nata-mame* (*Canavalia incurva*), à fleurs blanches et roses, à grosses et longues gousses vertes, de $0^m,07$ de large sur $0^m,20$ de long, à très grosses graines rosées.

Le *Shiro-nata-mame* (*Canavalia lineata*), à fleurs blanches, à grosses et longues gousses blanchâtres, à grosses graines blanches.

Ces espèces qui sont, soit hâtives, soit tardives, étaient représentées dans les aquarelles du bureau de l'agriculture de Tokio et dans la collection des graines.

Au Japon, les fèves, de même que les *Sasaghe* et les *Canavalia*, se mangent cuites, après avoir été débarrassées de leur enveloppe. Cependant le *Jin-roku-Sasaghe* se fait cuire avec son enveloppe quand il n'est pas encore parvenu à maturité. On les fait souvent sécher. Le *Nata-mame* s'emploie aussi conservé dans du sel. Souvent on en confectionne des pâtes et des sortes de gâteaux.

En Chine, les fèves servent à faire une espèce de fromage particulier, qui, soumis à l'ébullition, se couvre d'une peau, qu'on enlève, qu'on fait sécher et qu'on mange sous le nom de *Peau de fromage de fèves*. Dans les produits de l'exposi-

de Maisonneuve dans le jardin botanique de Bordeaux, ont été envoyées, en 1867, à M. le docteur Cosson, par les Japonais Tanaka et Yekoussima.

Le *D. cultratus* (*Sen gokou mame*), voisin du *D. Lablab*, cultivé près de Nangasaki et de Sitzigama.

(1) Nom hindou, adopté par Adanson pour désigner un genre de la famille des légumineuses, très voisin des Dolics.

tion chinoise, on remarquait des échantillons de vermicelle de fèves qui se fabrique et se consomme par grandes quantités.

HARICOT (*Phaseolus vulgaris*) (1) *Ingen Mame.* — Le treillage de bambou qui entourait le jardin, était garni de différentes variétés de haricots, qui entremêlaient leur feuillage avec celui des pois et mélangeaient leurs gracieuses fleurs lilas, blanches et rouges avec les corolles jaunes des *Cucumis* et les fleurs pourpres et veloutées des Liserons. Il y avait là des haricots blancs, de moyenne grandeur, à gousses de couleur blanc verdâtre, larges comme celles des haricots mange-tout; des haricots blancs ordinaires (*Shiro-Yakou-Boussa-Ingen*), des haricots rouges de moyenne grosseur (*Thiyairo-Yakou-Boussa-Ingen*).

Dans la plate-bande consacrée aux légumes, avait mûri une rangée de *Azuki* (*Phaseolus radiatus*, var. *subtrilobata*), à tige violacée, à fleurs violettes, à longues gousses étroites de 15 à 20 centimètres de long, d'abord verdâtres, puis devenant noirâtres à la maturité, à très petites graines verdâtres presque rondes. On y trouvait aussi quelques pieds de *Phaseolus radiatus*, à longues gousses, de couleur jaune verdâtre, de 15 à 20 centimètres de long, à très petites graines rouges de forme ovale.

Dans les aquarelles du bureau de l'agriculture de Tokio, étaient représentés :

Le Haricot blanc, à petites fleurs blanches, à longues et grosses gousses verdâtres, à graines blanches de moyenne grosseur ;

Le *Shiro-yakou-boussa-ingen*, haricot qu'on trouvait dans le jardin du Trocadéro ;

Le *Mitsou-mine-ingen*, haricot blanc moyen, à fleurs blanches ;

Le Haricot à fleurs blanches, à graines de couleur jaune foncé et de grosseur ordinaire ;

(1) D'après MM. Franchet et Savatier, le genre *Phaseolus* est représenté au Japon par le *Phaseolus vulgaris* (*Ingi mame*), fréquemment cultivé.

Le *Phaseolus radiatus* (*Adzouki*), avec ses variétés : *Typica*, *Pendula* (*Tsouro adzuki* et *Kin-adzuki*), *subtrilobata* (*Yaenari* et *Adzuki*).

Le *Phaseolus radiatus* offre de nombreuses variétés, souvent cultivées.

Le Haricot à fleurs blanches, à gousses ressemblant à celles du mange-tout, à graines blanc jaunâtre, de grosseur moyenne, qu'on trouvait dans le jardin du Trocadéro;

Le Haricot à fleurs jaunes, à gousses roussâtres, à petites graines blanc jaunâtre, à taches noirâtres;

Le *Mura-saki-noshi-kuwa-mame*, à fleurs blanches, gros haricot brun clair, à lignes violettes;

Le *Thiyairo-yakou-boussa-ingen*, haricot rouge brique, de grosseur moyenne, qu'on trouvait dans le jardin du Trocadéro;

Le *Kouro-ingen* de Shinawo, à fleurs rouges, à gousses ordinaires, verdâtres, à graines noires moyennes;

Le Haricot ordinaire à fleurs rouges, à graines noires moyennes;

Le *Azuki* (*Phaseolus radiatus*) blanc, à très-petites graines, blanc jaunâtres, presque rondes;

Le *Phaseolus radiatus*, var. *subtrilobata*, à longues gousses étroites, d'abord verdâtres puis noirâtres à la maturité, à très petites graines de couleur blanc verdâtre, rondes (se trouvait au Trocadéro);

L'*Uraku Shiozu*, à très petites fleurs jaunes, à gousses étroites, verdâtres, lisérées de rouge, brunâtres à la maturité, à très petites graines jaune-verdâtres;

L'*Uraku Shiozu*, à petites graines rondes de couleur rouge foncé;

Le *Phaseolus radiatus* à gousses étroites, longues, noirâtres, à petites graines rondes noirâtres;

L'*Omokow-Shiozu*, à très petites graines rouges;

La collection des graines du Champ-de-Mars comprenait des bocaux de :

Haricot blanc ordinaire (*Phaseolus vulgaris*) *Ingen mame*.

Petit haricot blanc *Kouraki ingen;*

Assagni ingem, haricot assez gros, brun noirâtre;

Nourasaki-noshi ingen, haricot brun clair;

Kouro-mame, haricot noir assez gros;

Yan-kui-mame, haricot noir moyen;

Aka-ingen, haricot rouge moyen;

Ingen, haricot rouge à raies noires, assez gros, allongé.

Parmi les *Azuki*, il y avait des flacons de :

Kouro-kake-yayenari, très petit haricot blanc jaunâtre, à taches noires ;

Azuki, très petit haricot rouge ;

Awo-azuki, très petit haricot rouge ;

Aka-azuki, petit haricot rouge ;

Shiro-azuki, très petit haricot jaune rougâtre, presque rond ;

Kouro-azuki, très petit haricot rouge noirâtre, presque rond ;

Aka-yayenari, petit haricot rouge, allongé, très brillant ;

Oushou-aka-azuki, haricot presque rond, rouge jaunâtre, de la grosseur d'un pois moyen ;

Kouro-bouthi Azuki, petit haricot, presque rond, de couleur rouge brun ;

Madora-azuki, petit haricot gris, rougeâtre ;

Yayenari et *Shiro-yayenari*, très petits haricots verdâtres ;

Hino-azuki et *Dai-nagon-azuki*.

Comme usages, le haricot se mange frais et certaines espèces avec leurs gousses. Les Japonais choisissent surtout les espèces qui peuvent être semées, en toutes saisons, de manière à pouvoir en manger pendant l'hiver. Ils les font cuire, comme en France, et les font aussi sécher pour les conserver.

Réduits en farine (celle des *Azuki*, dont il y avait des échantillons à l'Exposition du Champ-de-Mars, se nomme *Arai-ra*), ils servent à confectionner des gâteaux nommés *Yokan*, gâteaux qui se font aussi en Chine et dont il y avait des spécimens à l'exposition chinoise.

L'*An*, matière sucrée, très employée dans la pâtisserie japonaise, est un mélange de farine d'*Azuki* et de sucre.

Le *Shoyu*, ce condiment si apprécié des Japonais et dont on trouvait des échantillons dans la classe des boissons fermentées, est souvent fait avec de la farine de blé et des haricots, mais plus souvent avec des pois bouillis.

Le *Soye* ou *Soya* chinois est le même condiment, mais plus particulièrement préparé avec des haricots rouges.

A Canton il se fabrique de la manière suivante : On fait

cuire des haricots rouges dans de l'eau pendant une heure; le tout est jeté sur un tamis et égoutté; on saupoudre ensuite avec de la farine de froment les haricots qu'on a soin d'étendre sur un plateau de bois et qu'on place dans un endroit chaud et humide, qui favorise le développement d'une moisissure considérable; après quatre ou cinq jours on enlève la moisissure et on lave à l'eau froide les haricots après les avoir fait sécher au soleil pendant vingt-quatre ou quarante-huit heures; on ajoute du sel et de l'eau et on laisse le tout exposé au soleil pendant quinze jours. On fait alors bouillir le mélange pendant une demi-heure en y ajoutant, pour l'aromatiser, un peu d'anis étoilé, d'anis simple et d'écorce d'oranges; on passe ensuite dans des paniers et on met alors le *Soya* en bouteilles.

Pois (*Pisum sativum*) *Endo mame*. On avait semé le long du treillage de bambou qui entourait le jardin un assez grand nombre de pois à fleurs blanches, qui avaient grandi en mêlant leurs tiges et leurs feuilles avec celles des haricots et des concombres, et qui contribuaient à donner un aspect gracieux à cette clôture verdoyante.

Il y avait aussi une rangée de Pois oléagineux (*Soja hispida*), *mame* précoces, à gousses larges, pendantes, recouvertes de poils roux, à grosses graines de couleur blanc jaunâtre.

Les principales variétés de *Soja* et de *S. hispida* (1) indiquées dans les aquarelles du Bureau de l'agriculture de Tokio étaient :

Le *Soja* à fleurs blanches, à cosses blanches, à grains blanc jaunâtres de moyenne grosseur;

Le *Soja* vert précoce, à cosses larges, recouvertes de poils roux, à grosses graines d'un blanc jaunâtre;

Le *Soja* blanc, à grosses graines d'un blanc jaunâtre;

(1) Le genre *Glycine* L. comprend au Japon, suivant MM. Franchet et Savatier Le *Glycine Soja* (Siebold et Zuccarini), *Kin mame* et *Tsourou mame*, qu'on trouve dans les régions montagneuses de l'île de Kiusiu, dans les vallées de la montagne Kawara-Yama et autour de Nangasaki.

Le *Soja hispida* (Moench) *Kuro mame*, *no mame*, *Kuzu*, *Yama-Daizu*, qui, suivant le livre *Sô Mokou Zoussetz*, comprend un grand nombre de variétés, souvent appelées du nom générique *Mame*. Le *Soja hispida* croît spontanément et est cultivé dans beaucoup d'endroits. MM. Bentham et Hooker n'admettent pas le genre *Soja*.

Le grand *Soja* blanc, à gousses verdâtres, assez longues, à grosses graines blanc jaunâtre ;

Le *Soja* vert à petites gousses vertes, parsemées de poils bruns, ainsi que la tige, à graines blanc jaunâtre de moyenne grosseur ;

Le *Kinoshita mame*, à petites gousses poilues et à petites graines jaunes ;

Le *Soja* rouge, à feuilles d'un vert velouté, à fleurs rouges, à graines rouges de grosseur moyenne ;

Le *Soja* noir à graines noires moyennes ;

Le *Kouro-hiro mame*, à grosses graines noires ovales ;

Il y avait aussi les variétés nommées :

L'*Awo-mame*, à grosses graines blanc verdâtre ;

Le *Shiro-mame ;* le *Kuro-mame ;* le *Kuro-kake mame ;* le *Kinname* (glycine soja); le *Kouringa ;* l'*Ichia-mame.*

Dans la collection des graines de l'Exposition du Champ de Mars se trouvaient :

Le *Daizu* (*Soja hispida*), soja rond, jaunâtre, de grosseur moyenne ;

Le *Shiro-daizu*, gros soja jaunâtre ;

Le *Oshiro-daizu*, très gros soja jaunâtre, double du *Shiro-daizu ;*

L'*Akayendo*, soja jaunâtre moyen ;

L'*Awo-mame*, gros soja blanc verdâtre (variété de glycine);

L'*Aokuro-daizu*, gros soja verdâtre tacheté de noir ;

Le *Thya-iro-mame*, grosse graine brun rougeâtre (variété de Glycine) ;

Le *Shiro-mame*, à graines blanches tachetées de gris (variété de Glycine.

L'*Aka-daizu*, gros soja rouge ;

L'*Endo-mame* (*Pisum sativum*), gros pois noir rougeâtre, à fleurs blanches ou purpurescentes, souvent cultivé et qui croît spontanément.

Le *Kouro-daizu*, gros soja noir.

Les pois sont d'un usage journalier au Japon, où ils s'emploient sous différentes formes ; on en fait des gâteaux nommés *Hana-Toubouki*, ainsi que des espèces de bonbons nommés

Horaï-mame, ressemblant comme aspect à des pralines blanchâtres, dont il y avait des spécimens au Champ de Mars. On les mange surtout cuits, bouillis ou réduits en farine.

En Chine on extrait des pois oléagineux une huile employée pour la cuisine ainsi que pour l'éclairage.

Les Pois verts ou noirs servent souvent à colorer le vin de riz. Mélangés à des haricots et du blé, ils forment la base de la fabrication du *Shoyu* et du *Tofu* (ce dernier condiment se compose de deux espèces de mame bouillis). Avec les graines de *Soja*, les Japonais préparent aussi une sorte de bouillie qui leur tient lieu de beurre et qu'ils nomment *Miso*. Les feuilles et les tiges de soja servent à nourrir les chevaux et les moutons.

LILIACÉES.

Ail (*Allium sativum*) (1) *Nin-niku*. Cette famille était représentée dans le jardin par un certain nombre de pieds de *Nin-niku*, entièrement semblable à l'*Allium sativum* et par

(1) Le genre *Allium* comprend au Japon, d'après MM. Franchet et Savatier :

A. Scorodoprasum (Nin guicou), indiqué avec doute par M. Regel ; mais dont la variété *A. viviparum* est représentée comme plante cultivée dans le livre *Sô Mokou Zoussetz*.

A. fistulosum (Negui et Nebou ka), cultivé et à l'état sauvage.

A. Schœnoprasum, de Regel, avec variété Typica.

A. macrostemon, de Bunge.

A. Grayi, de Regel, qu'on trouve dans l'île de Nippon, près de Simoda, ainsi que dans l'île de Kiusiu, aux environs de Nangasaki.

A. Nipponicum (No birou), lieux secs et incultes. Ile de Nippou, autour d'Yokoska et de Tokio, commun dans la province d'Ise.

A. Japonicum (Yama rakkioo), dans les herbages de l'île de Kiusiu, sur la montagne Kundso San, dans le Nippon, près de Yokohama, sur les montagnes Hakone, et près Tamioko.

A. senescens (Tama mourassachi), figure dans le livre *Sô mokou Zoussetz*, avec ses variétés Typica et Serotina, commun dans l'île de Nippon, sur les collines, autour d'Yokoska.

A. Bakeri ou *A. splendens* (Rakkio), fréquent dans les lieux incultes de l'île de Kinsiu, aux environs de Nangasaki : dans l'île de Nippon, près de Yokohama et de Yokoska.

A. Ledebourianum (Asa tsouki), sur les collines de l'île de Nippon.

A. Tschonoskianum de Regel qu'on rencontre dans les parties septentrionales de l'île de Nippon.

A. Victorialis (Sendo nennicou ou Giodzi nin gnicou) : parties montagneuses et ombragées de la portion septentrionale de l'île de Nippon : Ile de Yeso près Hakodate.

A. odorum ou *uliginosum* (Nira), très commun dans tout le Japon, sur les collines de l'île de Kiusiu et dans l'île de Nippon.

une variété nommée *Rakkio*, dont les bulbes conservés dans le vinaigre sont bons à manger.

On trouvait aussi quelques pieds de *Ciboule* (*Allium fistulosum*) *Negui* ou *Negi*, dont les Japonais font usage, comme assaisonnement, dans leurs plats, soit cuite, soit séchée et pour servir de condiment, en la hachant quand elle est encore verte. La ciboule nommée aussi *Nebouka* se rencontre à l'état sauvage et est fréquemment cultivée.

Dans les aquarelles du Bureau de l'agriculture de Tokio étaient représentées plusieurs variétés :

Le *Senjin negi* et le *Wakegi*.

Le Poireau (*Allium Porrum*) *Nira*. Au Japon, les espèces et variétés les plus remarquables sont :

Le Poireau d'été, le Poireau de Senji, et le Poireau d'Iwatsuki à feuilles lisérées de bandes blanches et vertes.

Lis (*Lilium*) *Yuri* ou *Yri*. Dans presque toutes les plates-bandes se trouvaient des *Lis* à fleurs magnifiques dont il sera question dans la partie ornementale de ce rapport. Cependant, au point de vue alimentaire, le *Lis* cultivé (*Lilium longiflorum*) *Sasa-yri*, le *Lis* cultivé (*L. tigrinum*) *Oni-yri*, et le *Yri* autre espèce de lis, sont employés par les Japonais, qui en mangent les bulbes, les tiges et les pétales.

C'est avec les bulbes de l'*Oni-yri* et avec ceux d'un autre lis (*Lilium callosum*) *Hime-yri* ou *Koyri* que se fait la fécule blanche et fine nommée *Ximé-yri*, dont il y avait plusieurs bocaux à l'Exposition du Champ de Mars.

Dans la vitrine des fruits et légumes artificiels était un bulbe de lis nommé *Yuri-ne* gros comme une grosse pomme, à écailles blanches et à pointes rosées.

MYRTACÉES.

Grenadier (*Punica Granatum*) *Dzakouro*. Sur la plateforme placée devant la petite maison japonaise et sous un des auvents, se trouvaient plusieurs pieds de Grenadier, à fleurs simples, et entièrement semblable au nôtre.

Au Japon les Grenadiers sont communs et donnent des grenades bonnes à manger, grosses, de couleur rouge jaune à l'extérieur, à grains jaunâtres.

Les grenades se mangent crues ou servent à faire une boisson acidulée.

POLYGONÉES.

SARRAZIN (*Fagopyrum esculentum*) *Soba*. Il y avait dans le jardin une rangée de Sarrazin qui avait fleuri et donné des graines.

Dans la collection des graines se trouvaient plusieurs flacons de graines de sarrazin.

Dans les aquarelles du Bureau de l'agriculture étaient dessinés des spécimens de sarrazin de printemps, d'été et d'automne.

Au Japon le *Soba* est hâtif, moyen ou tardif. Le *Soba* hâtif se sème au printemps, la variété moyenne en été et la tardive en automne.

Le Sarrazin se cultive dans presque tous les terrains et surtout dans ceux qui ne sont pas susceptibles d'être arrosés. Cette culture est presque aussi répandue que celle du blé et de l'orge et offre, par la grande vitalité de la plante, une ressource précieuse en cas de famine. On en fait diverses espèces de gâteaux et deux sortes de pâtes ou vermicelles qu'on nomme *Soba-kiri* et *Hori-soba*.

ROSACÉES.

Deux des plates-bandes étaient consacrées aux arbres fruitiers de la famille des Rosacées, mélangés au Kakis. On y trouvait des Abricotiers, des Cerisiers, des Cognassiers, des Néfliers, des Pêchers, des Pommiers, des Poiriers, des Pruniers, qui ont fleuri sans donner des fruits ou seulement quelques fruits qui n'ont pas mûri.

L'ABRICOTIER (*Prunus Armeniaca*) ANZU porte de beaux fruits, mais au Japon on les cueille trop verts. Les Abricots se mangent frais ou on les fait sécher pour être conservés. L'abricotier, importé de Chine, suivant Siébold, est cultivé dans tout le Japon.

Le CERISIER (*Cerasus*) SAKURA était représenté dans le jardin par des espèces à fleurs doubles, de couleur rose violacée, rentrant dans les deux types que possède l'horticulture, le *Cerasus Sieboldi* et le *Cerasus Lanneriana*, espèces indigènes.

De plus, le Japon possède une espèce de Cerisier nommée *Cerasus pseudo Cerasus*, Lindl, ou *Prunus Puddum*, Cerisier faux Cerisier, et une autre espèce qui fleurit plutôt et dont une variété porte des rameaux pendants qui sont très vigoureux (Higan Sakoura). Très commun au Japon où il est répandu aussi à l'état sauvage, le Cerisier porte des fruits petits, aigres, mauvais, dont on fait peu d'usage, et il est plutôt cultivé comme arbre d'ornement. Il est commun aux environs de Nangasaki, de Simoda, de Yokohama et d'Hakodate.

Le COGNASSIER du Japon (*Chænomeles Japonica*, *Cydonia Japonica*), Kuwarin ou Mazoumerou, suivant les livres Kwawi, diffère du Cognassier commun en ce qu'il atteint rarement, comme ce dernier, les dimensions d'un arbrisseau. Il est de nature plus buissonneuse, il garde ses feuilles presque jusqu'au retour des nouvelles, et très souvent il fleurit en plein hiver. Il porte des fruits âcres qu'on ne mange pas crus; on les fait bouillir avec du miel et du gingembre.

Une autre espèce, nommée Karin, commune dans les provinces du Nord, donne de bons et beaux fruits qui se mangent crus comme les poires.

Il y avait au Champ de Mars un bocal de fruits de Karin, conservés dans l'eau-de-vie de riz.

On trouvait dans le jardin plusieurs pieds très beaux et très vigoureux de NÉFLIER du Japon (*Eriobotrya Japonica*) BIWA, dont les fruits jaunes ressemblent à des prunes de mirabelles et dont la saveur se rapproche de celle de l'abricot. Ils se mangent crus et sont assez estimés.

Une de ses variétés, le *Naga Biwa*, produit d'excellents fruits de forme ovale.

Dans les envois faits par les Japonais à des horticulteurs français se trouvait un pied du *Eriobotrya Japonica*, à feuilles panachées, que M. Carrière a vu une fois, mais qui, dit-il, est une plante rare, qui a disparu des cultures.

Dans les différents PÊCHERS (*Amygdalus Persica*) MOMO, plantés dans le jardin, il y avait une variété intéressante de Pêcher pleureur, à fleurs pleines et d'un rouge excessivement foncé. Parmi les autres sortes de Pêchers cultivés au Japon, se trouvent :

Le Su-Momo (*Prunus Japonica*, Thunberg), qui comprend deux variétés, l'une rouge, l'autre blanchâtre. Leurs fruits se mangent cuits ou salés comme les prunes (1) ;

L'Aki-Momo ;

Le Dzubaï-Momo ;

Le Kan-Momo, dont les fruits restent sur l'arbre jusqu'à l'hiver ;

Le Botan-Kio ou Togari Su-Momo, dont les fruits crus sont très-bons à manger.

La culture du Pêcher est très répandue au Japon. Les Pèches sont belles, très nombreuses sur les marchés japonais, mais presque toujours cueillies avant leur maturité.

Elles se mangent crues ou cuites. Souvent on les conserve en les faisant bouillir avec du sucre.

Les noyaux sont employés dans la médecine japonaise pour l'acide prussique qu'ils contiennent.

Il y avait aussi dans le jardin plusieurs pieds de POIRIER (*Pyrus communis*) NASHI et ANRAN.

Au Japon, le Poirier comprend de nombreuses variétés ; suivant le docteur Vidal il est l'objet d'une culture spéciale.

Les plantations sont disposées en quinconce, formant des allées régulières de 3 mètres de large. Les arbres greffés sont taillés avec soin, de manière à ne conserver que quatre à cinq branches principales. On force les branches secondaires à s'étaler horizontalement sur des bambous disposés à 1 mètre 1/2 environ du sol.

(1) Ces deux variétés nommées Kara momo et Amendoo, ont de nombreuses et jolies fleurs rouges ou rosées ou blanches, simples ou doubles, et sont souvent cultivées dans les jardins, autour des temples et placées dans des vases qui garnissent l'intérieur des appartements.

Les Poiriers sont surtout communs dans les provinces de Kodzuke, d'Iwaki et d'Izu.

L'espèce la plus commune est une grosse Poire d'hiver, peu juteuse, un peu acide, qui se mange crue ou en compote.

Quant à la Poire Mikado, elle est grosse, rappelle la Poire Crassane ; elle a une peau verdâtre, devenant d'un beau jaune à la maturité, qui a lieu d'octobre à décembre ; elle est piquetée de points gris. Sa chair, jaunâtre, renferme un grand nombre de concrétions pierreuses ; elle est très juteuse, a une saveur qui rappelle celle du Coing, mais elle est inférieure comme qualité à celles d'Europe.

Au Champ de Mars on trouvait plusieurs bocaux remplis de grosses Poires conservées dans de l'eau-de-vie de riz. Dans la collection des fruits artificiels, il y avait aussi plusieurs grosses Poires de la même espèce.

Les plates-bandes renfermaient aussi quelques pieds de POMMIER (*Malus*) RINGO.

Au Japon, le Pommier occupe un des premiers rangs parmi les arbres fruitiers, sans être cependant aussi cultivé que le Poirier. Une des Pommes les plus communes est une petite variété jaunâtre d'assez bon goût.

Dans la collection des fruits se trouvait un bocal de Ringo.

Ces fruits, conservés dans l'eau-de-vie de riz, ressemblaient à des Pommes Reinette grise. Dans les fruits artificiels il y avait plusieurs grosses Pommes grises, pointillées de blanc.

Le jardin contenait aussi quelques pieds de PRUNIER (*Prunus*) OUME et de *Prunus Mume, Mume* ainsi que d'autres Pruniers inconnus en Europe.

Le *Prunus Mume* est une sorte d'abricotier plutôt qu'un Prunier, qui ne souffre pas des gelées tardives et qui fructifie aussi facilement que le Poirier de la Chine et que les Pêchers à fruits plats.

Il comprend un certain nombre de variétés, entre autres :

Le Bungo-Mume, à fruits très gros,

Le Shinano-Mume, à fruits très petits,

Le Prunier Mume est commun dans plusieurs provinces et principalement à Tokio.

Parmi les autres espèces de *Prunus* du Japon (1) on compte :

(1) Suivant MM. Grisebach et de Thihatchef, et d'après Miquel, il y a au Japon douze espèces de *Prunus*.

D'après MM. Franchet et Savatier, les principales espèces de *Prunus* et de *Pyrus* qu'on trouve au Japon, sont :

Le *Prunus tomentosa* (Iusura mume), importé de Chine.

Le *P. Subhirtella* (Ito sakura et Hisakura), indigène, commun dans l'île de Kiusiu, près de Nangasaki.

Le *P. Japonica*, avec ses variétés *pleniflora* (Niwa Sakura), à fleurs blanches doubles, et *simpliciflora* (Koo mume) à fleurs rouges simples. Suivant les livres *Kwa wi*, cette espèce se nomme Sou momo et a été importée de Chine.

Le *Prunus Mume*. *Mume* importé de Chine

Le *P. Puddum* ou *Pseudo cerasus* (Jama Sakura), à l'état sauvage, très souvent cultivé, surtout dans l'île de Kiusiu, près de Nangasaki; dans l'île de Nippon, à Tokio, à Simoda, à Yokohama, dans l'île de Yeso à Hakodate.

Le *P. apetala* ou *Ceraseidos apetala*, de Siebold et Zuccarini.

Le *P. incisa* (Ito sakura) joli arbre à feuilles courtes, d'un rouge tendre.

Le *P. Ssiori*, qu'on rencontre dans les provinces d'Idzu et de Shinano.

Le *P. bracteata* (espèce nouvelle, Franchet et Savatier), remarquable par les poils roux, qui recouvrent toutes les parties de la plante, se rencontre sur la lisière des bois, sur le mont Fudsi Yama.

Le *P. Maximowicziana*, qui croît dans l'île d'Yeso, aux environs d'Ha Kodate.

Le *P. Burgeriana* (Mome Sakoura), forêts montagneuses du volcan Wunsen, dans l'île de Nippon, aux environs de la ville de Tokio.

Le *P. spinulosa* (Kata sakoura), d'après Miquel, sans indication de lieux.

Le *P. macrophylla*, commun dans l'île Parry.

Dans le genre *Photinia :*

Le *Photinia Japonica* (Thunb.) ou *Eriobotrya Japonica* (Siebold et Zuccarini), Kuskube, qu'on rencontre dans l'île de Kiusiu, près de Nangasaki, aux environs de la ville de Saga ; dans le Nippon central et dans beaucoup d'autres en droits.

Les principales espèces de *Pyrus* sont :

Le *P. communis* (Lin.) ou *Sinensis* (Lindl.), An ran. Le nom de *Sinensis* est plus ancien, mais ne doit être conservé qu'à la condition de maintenir comme genre distinct, le *Cydonia* (*Pyrus chinensis*, de Poiret), comme l'a fait remarquer M. Decaisne, dans son travail sur les *Pomacées*.

Le *Py. præcox* ou *Py. baccata* (Thumb.), Rikiu.

Le *P. spectabilis* (Miquel), Kuarin ou Boke too boke. M. Decaisne rapporte le *P. Toringo* au *P. malus Toringo*. Ile de Nippon, environs d'Yokoska et île de Yeso près d'Hakodate.

Le *P. Cydonia* (Thumb.), Maroumerou, île de Kiusiu, près de Nangasaki, aux environs de Kuane, le loug des rives du fleuve Matsia Gawa.

Le *P. Chinensis* (Poiret), Kouwarin.

Le *P. Japonica* (Thumb.), No boke, île de Kiusiu et de Nippon, sur les collines qui entourent Yokoska.

Le *P. Toringo*, avec ses variétés *Typica* (Ringo), *incisa* (Yama Kaido), *integrifolia* (Ringo), qu'on trouve dans les lieux montagneux, sur les monts Hakone et près du volcan Fudsi Yama.

Le *P. Calleryana*, sans indications de lieux, d'après Maximowicz.

Le *P. malus*, avec ses variétés *Glabra* et *Tomentosa*, commun dans les environs de Tomioka, dans la province de Simotsuke, dans l'île de Nippon.

Le *P. Tschonoskii*, avec sa variété *P. Hoggii*, qui croît au pied du mont Fudsi-Yama.

Le *Prunus incisa Ito-sakura*, à feuilles très étroites, minces, allongées d'un rouge tendre.

Le *Prunus tomentosa* (Thumb), *Iusura mume*, à feuilles tomenteuses, à petites fleurs de couleur blanc rose, réunies par bouquets, dont les fruits précoces d'un beau rouge sont bons à manger. Il forme plutôt un buisson qu'un arbre, les plus hauts ont 3 mètres ; cultivé dans tout le Japon ; importé de Chine suivant Siebold ; de même que le *Prunus trilobata* (Lind.), à feuilles trilobées, originaire de la Chine.

Très souvent au Japon, le Prunier n'est pas cultivé comme arbre fruitier, mais seulement comme arbre d'ornement.

Les Prunes se mangent crues ou cuites. Souvent les Japonais en font des conserves salées qu'ils nomment Mumezuke. Il y en avait au Champ de Mars un bocal dont les fruits rougeâtres étaient de grosseur ordinaire. D'autres conserves s'appellent Mume boski et Mume bushiswo.

On en fait aussi macérer dans le sotchiu (sorte d'eau-de-vie de riz) ; les Prunes lui communiquent un bon goût. Ce liquide se nomme alors Mume Sake. Avec les fleurs de Mume on obtient des infusions analogues à celles du thé.

Le Mume-su, ou vinaigre de Prunes, provient de l'eau salée qui a servi à faire les conserves et qui en a pris le goût aigre. Ce vinaigre s'emploie pour les conserves de légumes.

SÉSAMÉES.

Sous un auvent du jardin, se trouvaient parmi d'autres graines des échantillons de Sésame blanc, jaune et noir, et dans une des plates-bandes avaient poussé plusieurs pieds de Sésame.

Le Sésame (*Sesamum Indicum*) Goma, était représenté à l'Exposition du Champ de Mars, dans les aquarelles du bureau de l'agriculture de Tokio, dans les numéros :

91 Sésame blanc jaune (Chagoma), 92 Sésame blanc (Shirogoma), 93 Sésame noir (Kuro-goma).

Dans la collection des graines il y avait des flacons de ces trois variétés de Sésame.

Au Japon, les graines de Sésame se mangent grillées, mais

cette plante est surtout cultivée pour l'huile comestible que les semences contiennent et dont les Japonais font un grand usage, quoiqu'elle ne soit ni très fine ni très bien épurée. Le Sésame est surtout cultivé dans les îles de Kiusiu et de Nippon, et y donne lieu à un commerce d'huile très important.

Les Chinois emploient aussi beaucoup cette huile dans leur cuisine. Dans leur exposition (classe 71) on remarquait des échantillons d'huile de Sésame à graines blanches, à graines noires, et d'huile de Sésame raffinée.

SOLANÉES.

AUBERGINE (*Solanum melongena*) NASU. Dans la partie du jardin consacrée aux légumes se trouvaient deux rangées d'Aubergine violette, qui a mal réussi et dont deux ou trois pieds seulement ont donné des fruits moitié moindres en grosseur et en longueur qu'ils n'ont d'ordinaire au Japon.

Dans une autre plate-bande, près de la porte d'entrée, était une rangée d'une autre variété d'Aubergine violette, qui a donné des résultats satisfaisants.

L'Aubergine violette est une plante très ramifiée dès la base. Elle atteint une hauteur d'environ 60 à 70 centimètres; sa tige est violette, ses fleurs grandes, ouvertes, ses pétales de couleur lilas clair ou foncé, ses fruits sont elliptiques, atténués vers le pédoncule; ils sont parfois arqués de 6 à 7 centimètres de long sur 5 de large à leur plus grande largeur; ils prennent à leur maturité une belle couleur violette, surtout dans les parties frappées par le soleil.

Dans les aquarelles du bureau de l'agriculture de Tokio étaient représentées les variétés suivantes:

Aubergine violette, à fleurs violacées et rose clair, à fruit allongé, de la grosseur d'une belle poire, de couleur violacée;

Aubergine précoce violette, à jolie tige violette, à fruit allongé, de couleur violette;

Aubergine de Shimoda, à belle tige violette, à feuilles vertes, veloutées, à nervures violettes, à fruit violet, allongé, comme les Concombres, ayant de 20 à 25 centimètres de long sur 6 à 8 centimètres de large. Plante d'un bel effet;

Autre variété d'Aubergine de Shimoda, ressemblant à la précédente, mais à feuilles plus petites et plus claires, et à fruit plus petit, mais de même couleur et de même forme;

Aubergine blanche, à fleurs blanc bleuâtre, à fruit allongé, blanc jaunâtre;

D'autres variétés ont des fruits presque ronds.

L'Aubergine est très cultivée au Japon et très fréquemment employée dans la cuisine japonaise, en été.

Elle se mange cuite ou salée.

PIMENT (*Capsicum longum*) TOGARASHI. De chaque côté d'une allée du jardin qui menait à une porte secondaire, on trouvait deux rangées de trois variétés de piments, à fruits allongés, ovales ou ronds. Ces plantes ont donné un grand nombre de fruits, dont quelques-uns ont pris une belle couleur, soit rouge, soit jaune orangée. Les Piments ronds sont presque tous devenus noirâtres.

Dans la collection des fruits et légumes artificiels on remarquait plusieurs gros Piments rouges, de forme allongée. Dans les aquarelles du bureau de l'agriculture étaient représentées :

Le Piment de Nikko, petit Piment rouge, allongé, assez gros;

Le Yatsubusa-Togarashi, à fruit rouge allongé, assez gros;

Le Takanotsume-Togarashi, à fruit rouge, allongé, très petit;

Le Piment jaune, à fruit assez gros, allongé, très tortillé;

Le Mame-Togarashi, à très petit fruit rouge, rond, ressemblant à une groseille ;

Le Yenome-Togarashi, petit Piment rond, de couleur rouge jaune;

Le Sakuranome-Akatogarashi, à fruit rouge orangé, rond, de la grosseur d'une Cerise ;

Le Hozuki-Togarashi, Piment très petit, ovale, de couleur jaune clair;

Le Mame-Togarashi, jaune, à fruit ovale, de la grosseur d'une grosse groseille;

Le grand Piment rouge, à gros fruit ovale, d'une belle couleur rouge.

Au Japon, le Piment fait partie intégrante de la cuisine japonaise, où il s'emploie comme condiment. Il se mange soit cuit, soit grillé, soit salé, sonservé dans le vinaigre de Prunes.

TOMATE (*Solanum Lycopersicum*) *Toka* et *Sangodzou nasubi*. Plusieurs pieds de Tomate ont fructifié dans le jardin et donné de grosses Tomates rouges entièrement semblables aux nôtres. Ce n'est pas un légume indigène, il est d'importation européenne. Les tomates se mangent au Japon soit crues, soit cuites et salées.

TERNSTRÆMIACÉES.

CAMELLIA JAPONICA. Tsubaki ou Ikel'sbaki, suivant les livres Kwa wi. Dans la partie supérieure du jardin, non loin d'une porte secondaire, une plate-bande était remplie de différentes espèces de Camellia, dont plusieurs inconnues en France.

Au Japon, les Camellias sont très abondants, on les rencontre dans les forêts, dans les jardins, dans les campagnes, souvent mélangés aux Azalées et aux Chênes verts, soit à l'état sauvage, soit cultivés.

Les espèces employées sous le point de vue alimentaire, sont :

Le Shima Tsubaki, dont les fleurs sont très-petites et les graines très nombreuses : commun surtout dans la province d'Idzu.

Le Camellia Sasangua, Sasanka, à fleurs petites, très nombreuses, rouges ou blanches, tachetées de rouge, qui atteint jusqu'à 3 mètres de hauteur, et qu'on trouve principalement dans la province d'Hizen, et dans l'île de Kiusiu.

Les différentes variétés du *C. Sasangua* sont, suivan MM. Franchet et Savatier :

Var. *angustifolia*,
Var. *longifolia* (Hosobo tsubaki),
Var. *lanceolata* ou *serrata* (Nokokiri tsubaki),
Var. *obtusifolia* (Hime Sasankwa),
Var. *oleifera*,

Var. *latifolia* (Sasankwa, tsia baikwa).

Avec les graines des Camellias on fabrique une huile qui est employée pour la cuisine, mais qui est de mauvaise qualité. Celle qui provient des îles de la province d'Idzu a meilleur goût; l'huile fabriquée avec le *Camellia Sasangua* est supérieure à la précédente.

Dans la Chine centrale, les graines du *Camellia oleifera* fournissent une huile douce usitée pour la cuisine.

L'arbuste qui produit cette huile est une espèce voisine du Thé et qui a été confondue avec lui, aussi a-t-on nommé huile de thé le produit qu'on en tire.

Thé (*Thea Chinensis*) Fotsia. Sur l'estrade placée devant la maison on remarquait deux petits pieds de thé (*Thea Chinensis* ou *Bohea*) (1) placés dans des pots.

Ces arbustes, de 50 à 60 centimètres de haut, étaient couverts de petites feuilles.

Au Japon, le thé dont on trouve les variétés *parvifolia* (*tsia*), *stricta* (*tsuru tsia*), *diffusa*, *rugosa*, *macrophylla* et *muliflora*, à fleurs rosées, qu'on cultive dans les jardins, est un arbrisseau toujours vert, voisin du Camellia. Dans beaucoup de districts il est très répandu sous forme de buissons, le long des chemins, des sentiers, un peu partout, sans qu'on lui donne aucun soin. Il est cultivé dans presque toutes les provinces, surtout à Uji, dans la province de Yamashiro, c'est là que se trouve le Thé le meilleur et le plus recherché du Japon.

Il est également cultivé dans les provinces d'Omi, d'Issé, de Shimosa, d'Echin, de Totomi, de Kadzusa, d'Imaba, de Suswo, de Suruga, de Nagata, de Musashi, d'Hizen, de Muro, d'Higo.

(1) Le Thé était connu au Japon dès l'an 729 après J.-C., sous le règne de l'empereur Shomu; mais c'est surtout vers l'an 1400 que la culture du Thé augmenta à Uji, qui est devenu le centre le plus considérable de la production du meilleur thé du Japon. C'est de cette époque, sous le règne de Shogun, nommé Ashikaga Yoshimitsu, que datent les cérémonies dites Chanoyu; ces cérémonies ont pour but de resserrer les liens de l'amitié. Elles consistent dans la préparation du Thé dans tous ses détails par le maître de la maison, qui doit laver même les ustensiles employés à cet effet.

De même qu'en Chine, il est d'usage au Japon d'offrir à tout visiteur une tasse de Thé sans sucre ni lait.

Le Thé en poudre est employé exclusivement pour les cérémonies dites Chanoyu et se divise en Koicha et Usucha.

M. Weber considère la latitude de 36 degrés comme la limite de la culture vraiment productive du Thé, et il fait observer que cette culture n'est pratiquée avec avantage sur la côte occidentale du Nippon (39 degrés de latitude) que d'une manière exceptionnelle, grâce surtout à l'action calorifique exercée sur la côte par un courant sous-marin venant du sud-est à travers le détroit de Sangar.

A l'Exposition du Champ de Mars on remarquait soit en pots, soit en boîtes, des Thés de Kioto, de Tokio, du Thé rouge du département d'Ischikawa, province de Kaga, du Thé du département de Miji, province d'Issé; du Thé du département de Yamaguchi, province de Suwo; du Thé du département de Shidsuoka, province de Suruga.

Culture du Thé. — D'après les documents de la Commission japonaise, le Thé exigeant un climat tempéré et des endroits aérés, on le trouve au Japon, près des cours d'eau, sur les pentes, sur les collines. Les Japonais tracent des sillons du sud au nord afin que toute la plante puisse recevoir les rayons solaires.

Au Japon le Thé n'est ni transplanté, ni bouturé, ni marcotté. Les Japonais, ayant récolté les graines après l'équinoxe d'automne, les sèment de décembre à fin de janvier. Ils sèment en cercle, recouvrent de terre, puis d'une couche de son de riz, afin de protéger les graines contre les gelées.

Les pousses se montrent en mai ou au commencement de juin. Pendant un an, à partir de la pousse, ils ne fument pas le terrain; la deuxième année ils fument avec une dissolution de 50 pour 100 d'urine, autant d'eau et un peu de déjection humaine; la troisième année ils entourent trois fois dans l'année chaque pied avec un engrais de résidu d'huile ou de déjection humaine; à la fin de la troisième année ils coupent la partie supérieure de la tige afin de faire pousser des rejetons; la quatrième année ils commencent à cueillir les feuilles.

La cueillette se fait au commencement de l'été. Ils enlèvent d'abord les jeunes feuilles; trente jours après la première cueillette, a lieu la deuxième. Ils font quelquefois trois récoltes, mais comme cela nuit à la plante ils l'évitent presque toujours.

Préparation des feuilles. — Ils séparent d'abord les petites, les placent dans un crible en bambou, puis ils les soumettent à l'action de la vapeur d'eau ; ils les posent ensuite sur une claie en bambou, placée au-dessus d'une bassine remplie d'eau à 200 degrés Fahrenheit, puis ils recouvrent d'un couvercle.

S'ils veulent faire du thé en feuilles ils les laissent quinze secondes, si, au contraire, ils désirent avoir du Thé en poudre ils les retirent après trente secondes. Puis ils éventent les feuilles après les avoir retournées ; ils les placent dans une corbeille et ils éventent de nouveau. Si elles n'étaient pas éventées elles jauniraient et perdraient leur goût.

On porte ensuite les feuilles au hoiro (appareil à sécher le Thé) ; le hoiro a un cadre extérieur en bois, l'intérieur est recouvert d'une sorte de crépi.

On se sert comme combustible d'un mélange de charbon de bois dur et de bois tendre. Au-dessus du foyer de l'appareil se trouvent des barres de fer recouvertes d'un grillage en fils de cuivre. On pose sur ce grillage un séchoir en bois et en papier, de mêmes dimensions que le hoiro. On étend les feuilles sur ce séchoir, en ayant soin de les rouler avec les mains jusqu'à ce qu'elles se rident et soient à peu près sèches. On les transporte alors sur un autre hoiro, pour compléter leur dessication.

Les feuilles du Thé dit Giokuro sont à peine soumises à l'action de la vapeur d'eau ; on les sèche à petit feu et on les roule avec un soin tout particulier.

Les feuilles séchées sont mises dans un tamis en fils de cuivre où on les frotte avec la paume de la main, pour en séparer les pétioles qui pourraient y adhérer ; on les vanne et on forme trois qualités, puis on les crible à travers des claies de bambou. Il y a dix sortes de claies de plus en plus fines.

Le Thé commun se crible une fois, les Thés de bonne qualité de cinq à sept fois, et le thé en poudre, dit Usucha, se crible jusqu'à dix fois.

La dessiccation des feuilles pour le Thé en poudre se fait au moyen du hoiro, mais sans barres de fer ni grillage en fil de cuivre. On place simplement sur l'appareil des lattes de bambou supportant des claies sur lesquelles on pose une feuille de carton ayant la même grandeur que le hoiro, et on fait sécher les feuilles sur ce carton. On ne les roule pas avec les doigts, on les réunit au centre du carton et on les étale avec de petites pinces. Puis on enlève les feuilles, on les évente, on sépare les mauvaises et celles qui ont jauni ; puis on les replace sur le hoiro pour les dessécher. On les enlève alors pour les porter sur une étagère, puis dans des cribles successifs. S'il s'agit du Thé de première qualité, on les place sur un plateau qu'on recouvre d'une feuille de papier, et on choisit les feuilles qu'on enlève une à une avec de petites pinces.

Le Thé est difficile à conserver, il perd facilement son arome et change de couleur.

Quand il est préparé on le soumet pendant plusieurs heures à l'action d'un feu doux ; on l'étend sur un plat et on l'agite pour le refroidir ; puis on le met dans des pots qu'on remue également et qu'on ferme hermétiquement. Cette opération est répétée cinq fois dans l'espace de huit mois.

Les Japonais emploient les mêmes procédés que les Chinois pour préparer les Thés noirs et les Thés verts.

Les boîtes pour transporter le Thé par terre se font avec le bois de Kiri (*Paulownia imperialis*).

Si le Thé doit être exporté par mer on l'enferme dans des boîtes en fer-blanc qu'on place dans une enveloppe en bois de Sugi (*Cryptomeria Japonica*).

Le Thé en poudre est difficile à conserver, on le renferme dans des flacons en étain, hermétiquement fermés. Ces flacons sont entourés de Thé commun et placés dans une boîte en bois de Kiri.

Les différentes espèces de Thé préparé au Japon sont nommées : Orinono d'Uji, Giokuro d'Uji, Usucha d'Uji (Thé en poudre), Koi cha d'Uji (Thé en poudre), Tobidashi cha, Ban cha et Kocha.

Le Thé est souvent falsifié avec l'indigo, le sulfate de cuivre, le chromate de plomb, le curcuma.

Il est souvent mélangé à d'autres plantes, celles qu'on emploie le plus fréquemment sont :

L'Olivier odorant (*Osmanthus fragans*) Jasminées,

L'*Aglaia odorata* (Méliacées), dont les fleurs donnent un parfum particulier au Thé,

Les jeunes pousses de blé qui servent à colorer le Thé en poudre,

L'*Ochrocarpus Siamensis* (Guttifères),

Le *Nyctanthes Sambac* (Jasminées),

La fleur du *Camellia Sasangua* (Camelliacées),

La fleur du *Magnolia Yulan* et l'Anis étoilé.

On fait au Japon des infusions qui se rapprochent du Thé. Les plus employées sont :

Le Thé d'Amacha, préparé avec les feuilles d'Amacha (*Gynostemma cissoides*) plante cultivée, surtout à Uji et à Tawara dans la province de Yamashiro et dans celle de Tamba,

L'infusion de bourgeons de Tsubaki (*Camellia Japonica*), qui ressemble beaucoup au thé,

Le Kawara cha, infusion de feuilles du Fujikanzo (*Desmodium Oldhami*, légumineuses), sorte de Sainfoin. Le Kawara cha sert de thé commun dans les provinces du centre,

Le Mugi cha, infusion de jeunes pousses de blé qui a un goût désagréable,

Le Maira cha qu'on fait avec une sorte d'érable nommé Kara-Kogi,

Le Kuko-Cha, qu'on prépare avec les bourgeons de Kuko (*Lycium barbatum*),

Le Kawa yanagi (*Salix Japonica*) et le Mûrier donnent aussi des infusions fréquemment employées.

Il en est de même des feuilles de Nénuphar qui, séchées, pressées pour en extraire la sève et infusées, donnent une boisson analogue au thé.

ERRATUM. — Page 365, rétablir ainsi la 16e ligne :
Le *Tsuru-reishi*, variété du genre *Momordica*.

NOTE
SUR LA RHUBARBE DU THIBET

(*RHEUM OFFICINALE*)

Par M. F. GALLAIS

SON HISTOIRE.

La Rhubarbe est une des plantes les plus importantes de la médecine; elle est connue depuis fort longtemps, car Pline, dans son livre XXVII, paragraphe 95, donne une longue description de ses propriétés thérapeutiques.

Elle fut pendant longtemps l'objet de recherches auxquelles tous les savants de l'antiquité se livrèrent, Pline lui-même ne précise pas l'endroit où elle se récolte, il s'exprime ainsi : *Rhacoma affertur ex his quæ supra pontum sunt regionibus.* Cette plante croît dans des contrées situées au delà du Pont. Cette phrase ne détermine nullement aucun site géographique et conséquemment le climat sous lequel elle se rencontre.

J'ai eu connaissance, en 1867, de l'existence de cette Rhubarbe en France, par M. Louis Neumann, qui l'avait vue, cultivée au Jardin botanique de l'École de médecine de Paris; jardin-école, alors sous la direction de M. Baillon, professeur. J'ai appris également de MM. Neumann et Soubeiran, sa provenance et son arrivée à la Société d'Acclimatation.

Désireux de tenter des essais de cette nouvelle introduction, je me rendis immédiatement au siège de la Société où j'appris que M. Giraudeau Saint-Gervais était possesseur d'un fort exemplaire.

Je me présentai donc à son domicile où je trouvai le docteur Giraudeau bien disposé à me remettre des œilletons de cette nouvelle plante, que j'allai chercher à sa propriété de Bouffémont, où je trouvai le pied mère en fleur.

Le jardinier mit à ma disposition un pot de cette plante, que je portai à Ruffec, où depuis cette époque, je la cultive après bien des essais, assez avantageusement.

Je ne donnerai point sa description botanique, je renverrai les lecteurs aux procès-verbaux publiés à Bordeaux, par l'Association française pour l'avancement des sciences, le 9 septembre 1872. On y trouvera non seulement les caractères botaniques bien décrits, mais encore des remarques essentiellement scientifiques traitées par le professeur Baillon.

C'est après avoir consulté ces documents, et bien d'autres travaux, que j'ai cru utile de remettre au jour des notes intéressantes qui ont été oubliées par les auteurs, soit au point de vue des arts, soit à celui de la médecine ou de la culture.

Je procéderai donc par ordre en terminant d'abord l'histoire de la Rhubarbe et en exposant ensuite sa position géographique et climatérique, sa culture, sa dessiccation, ses propriétés tinctoriales, enfin ses propriétés thérapeutiques.

Cette plante, appelée par les anciens Rhacoma ou Rhubarbe est, comme nous l'avons vu, d'une provenance des contrées situées au delà du Pont. Elle appartient à la famille des Polygonées. La plante qui produit cette racine employée en médecine, est remarquable par ses larges feuilles palmées qui atteignent communément chez moi un diamètre de $0^{m},80$. Une volumineuse racine qui sort de terre, sert de support à ces magnifiques feuilles, qui font de cette plante un très-bel ornement de nos pelouses.

Elle est encore en ce moment l'objet d'un commerce très important en Russie et en Chine.

Ce fut vers 1750 que Kaw-Boerhaave, premier médecin de l'empereur de Russie, pria le Sénat de charger un marchand Tartar, de lui procurer des semences de vraie rhubarbe.

Les graines semées à Saint-Pétersbourg produisirent deux espèces : le *Rheum undulatum*, et le *Rheum palmatum*, qui donnent du reste des racines parfaitement identiques ; voici les qualités que présente la vraie Rhubarbe de Chine du commerce : celle de Chine qui nous vient du Thibet, traverse la Chine méridionale pour venir à Canton, où les vaisseaux européens viennent la chercher. Elle est en morceaux arrondis, d'un jaune sale à l'extérieur, d'une texture compacte, d'une marbrure serrée, d'une odeur prononcée, qui lui est particulière et d'une saveur amère; elle colore la salive en jaune orangé, et croque fortement sous la dent; quant à celle de Moscovie, qui est la plus estimée, elle est originaire de la Tartarie chinoise d'où elle est transportée en Sibérie par des marchands bukares qui la vendent au gouvernement russe; là, des commissaires l'examinent scrupuleusement, la font monder avec soin, et l'expédient à Saint-Pétersbourg, où elle subit encore un nouvel examen avant d'être livrée au commerce.:. Elle est en morceaux irréguliers percés de grands trous, d'un jaune plus pur à l'extérieur, d'une cassure moins compacte que celle de la Rhubarbe de Chine.

Le nom de Rhubarbe vient de Rha, nom que portait autrefois le Volga dont les rives étaient habitées par des peuplades barbares; de là: Rhabarbarum. Selon Pline, ce nom viendrait du grec ρεῶ je coule, de l'effet purgatif de cette plante.

SA POSITION GÉOGRAPHIQUE ET CLIMATÉRIQUE.

Après avoir passé en revue la culture et le pays natal de chaque variété de Rhubarbe et avoir pris par altitude et latitude, les climats sous lequel elle vit, il me sera facile d'établir la situation climatérique de cette plante.

Nous savons que ce sont les plateaux du centre de l'Asie qui nous donnent le *Rheum palmatum*.

Nous savons, en outre, que les essais faits en France sur la culture de cette plante n'ont pu réussir.

Nous savons également que la Perse fournit de la Rhubarbe qui vient de l'Inde par la Russie, elle est appelée dans le commerce Rhubarbe *plate*. — Après la Perse, la Moscovie en produit aussi une grande quantité.

Jusqu'alors ces renseignements restaient complètement insuffisants, quand M. Dabry de Thiersant envoya à Paris, en 1867, la plante du Thibet qui passe parmi les Chinois pour fournir la Rhubarbe de Canton, en nous apprenant qu'elle était originaire de la portion orientale du Thibet limitrophe de la Chine, et de laquelle elle est parvenue par l'intermédiaire du P. Vinçot, missionnaire de Su-Chuan.

S'il faut s'en rapporter aux indigènes, cette plante croît sur les versants des montagnes situés immédiatement au-dessous de la limite des neiges qui sont à environ 4000 mètres d'altitude.

D'un autre côté, d'après Murray, cette plante croît spontanément, sur une longue chaîne de montagnes, en partie dépourvue de forêts, qui borde à l'occident la Tartarie chinoise, commence au nord non loin de Selin et s'étend au midi vers le lac Khou-Khou-Noor voisin du Thibet. Cette chaîne de montagnes atteint une altitude de 3500 à 4000 mètres.

J'ai insisté sur ces altitudes qui, avec la position géographique de ces montagnes, vont m'aider à rechercher le climat et le nombre de degrés de chaleur utile à leur *parfaite* végétation.

Avant d'aller plus loin, je ferai observer qu'à Clamart, près Paris, on cultive assez avantageusement les *Rheum undulatum* et *Rhaponticum* qui croissent naturellement au sud de la Sibérie. Ces plantes, cultivées en France, donnent des produits qui sont confondus dans le commerce sous le nom de Rhubarbe de France. Enfin le *Rheum Tataricum* qui croît sur le mont Liban et dans la Perse.

Toutes ces espèces croissent sous une température moyenne annuelle de 7 à 10 degrés.

Enfin, le *Rheum palmatum* croît dans les provinces chinoises traversées par le fleuve jaune (Hoang-ho) et ses affluents.

Il est donc facile avec ces notions de déterminer exactement la position climatérique de cette plante.

Le *Rheum officinale* appartient aux contrées méridionales de l'Asie mais à une altitude de 4000 mètres au-dessus du niveau de la mer.

Si je me sers des lignes isothermes qui établissent les degrés de chaleur ci-dessus énoncés, en me servant des principes que : la chaleur diminue ou augmente, si c'est au nord ou au sud que l'on se dirige, d'un demi-degré de chaleur par degré de latitude et en altitude diminue d'un degré de chaleur au fur et à mesure que l'on s'élève de 172 mètres; il me sera bien facile de déterminer la situation climatérique de cette plante.

La ligne isotherme de 12°,9 de chaleur moyenne passe par Pékin dont la latitude est de 39°54'13" N., elle s'élève au-dessus de Milan à 45°54' de latitude à l'ouest de l'ancien continent.

En s'appuyant sur cette ligne isotherme et en se basant sur les degrés de chaleur moyenne de la contrée, et au niveau de la mer, on arrive à 4000 mètres de hauteur à trouver une chaleur moyenne de 12 degrés centigrades, ce que caractérise le 46e degré de latitude.

La Rochelle 46°9'23"
Température moyenne hiver 4°,78
— — été 19°,22

Or si vous divisez 4000 mètres de hauteur par 172, vous trouvez au quotient 23°,26 de différence à La Rochelle entre l'été et l'hiver, vous avez de différence 14°,44 centig., à Pékin, latitude 39°,54',13" N., une température moyenne 12°,8 centig.; à La Rochelle, la température moyenne est de 11°,6 centig.

Par la latitude 30 degrés on trouve une chaleur annuelle de 22 degrés. Or, comme toutes les contrées affectées au site du *Rheum officinale* se trouvent entre ces deux parallèles, c'est-à-dire entre le 39e degré et le 30e à 4000 mètres d'altitude, limite des neiges.

Nous avons en résumé :

Parallèle	30° =	22°
Parallèle	39° =	12°,8
	Total....	34°,8

En faisant la moyenne nous trouvons $\frac{34,8}{2} = 17°,4$ à la température d'Alger, en opérant par comparaison. Ce qui porte la limite des neiges sur les montagnes de Dyurgura à 2252, 2308, 1716, 2122 mètres ; en prenant la moyenne de cette limite des neiges nous avons un total de :

$$\frac{8398}{4} = 2099,5 - \frac{2099,5}{172} = 12°2$$

Il y a donc un abaissement de 12°,2 centig. de température à retrancher de 17 degrés climat d'Alger, pour les températures les plus fortes d'été et celles les plus froides d'hiver.

Été : température moyenne la plus chaude est de 31°,2 centigrades, 31°,2 — 12°,2 = 19°.

Hiver, température moyenne la plus froide est de 12 degrés en moyenne, 12° — 12° = zéro.

Nous avons donc sous les yeux mathématiquement parlant : un climat de 19 degrés de chaleur pour l'été et zéro pour l'hiver. Ce qui constitue le 46me degré de latitude dont la chaleur est de 17° centig. l'été et de 1°,2 l'hiver. C'est au vieux château de Ruffec où j'habite que je cultive cette Rhubarbe sous la latitude de 46°11′, et de longitude 2°8′17″ O. à 96 mètres d'élévation au-dessus du niveau de la mer.

Température annuelle moyenne 9°,5 centigrades.

C'est sur ces principes calculés depuis l'année 1867, que je me suis basé pour établir ma culture et je me suis si peu trompé, qu'à trois fois différentes j'ai transporté des pieds dans un jardin situé à Mamora, près Douaouda en Afrique, où je faisais des expériences.

Je n'ai jamais pu obtenir de la végétation que pendant les mois de janvier et février, après quoi les pieds du *Rheum* disparaissaient; aussi leur végétation était-elle maigre et gênée par les pluies.

SA CULTURE.

Cette Polygonée, d'après les analyses de Fremy et Pelouze, est assez riche en potasse et en acide sulfurique, peu riche en silice, plus ou moins riche en chaux, riche en acide phosphorique.

Le sol qui constitue mon terrain est un sol calcaire, sableux, arrenacé, très azoté, composé en partie de sables provenant de vieilles démolitions. Ces sables contiennent des matières siliceuses et alumineuses en quantité assez abondante pour y entretenir une fraîcheur notable; ce sol très perméable, demande pendant la saison d'été par are environ 5 mètres cubes d'eau par mois, ce qui n'est pas exorbitant.

Tous les deux ans, mi-juillet, mi-août, suivant les années et la végétation du *Rheum officinale*, je récolte les racines ou tiges prolongées; sur ces tiges prolongées, je sépare une quantité assez appréciable d'œilletons ou bourgeons, à l'aide d'un instrument tranchant, après cette opération, et le terrain bien préparé, je les plante en quinconce distancés de toute part d'un mètre. Aussitôt la saison des pluies et l'abaissement de température, ces bourgeons se développent pendant tout l'automne et forment une racine arrondie qui supporte les plus grands froids de nos contrées; cette année par exemple, 13 degrés au-dessous de zéro.

Cette plante, cultivée à l'ombre, à l'exposition du nord et dans des lieux humides, se développe avec une végétation luxuriante, tant en grosseur pour la racine qu'en ampleur pour ses feuilles. Quant au produit, il serait pour moi très douteux comme qualité, comme vous le verrez plus loin.

Au printemps, en donnant le labour à la plante, on aperçoit une très courte tige ressemblant à une boule recouverte d'écailles noires, de laquelle il sort aux premiers jours de mars un énorme bourgeon, ressemblant tant par sa couleur que par sa forme à un œuf de Poule; ce bourgeon se développe peu à peu, et donne des feuilles qui atteignent la première année de plantation jusqu'à un mètre de diamètre mesuré au bout des palmes des dites feuilles.

Au mois de juin, désirant développer chez la plante une vive végétation tout en lui donnant ou plutôt conservant son principe médical, je fais garnir les pieds de 100 grammes chacun de guano du Pérou (guano Dreyfus). C'est alors qu'à l'aide des arrosements, la racine prend un accroissement considérable et forme sur toutes ces faces des bourgeons axillaires qui produisent à leur tour des feuilles de dimensions bien moindres que celles qui sortent sur la tige mère. Ces bourgeons, en se développant, forment dans cette sorte de tige prolongée coupée en deux, des marbrures de divers genres, qui sont caractéristiques dans le commerce et qui sont seules l'œuvre de la nature.

Je laisse la deuxième année cette plante prendre la force et serrer ses cellules par l'agglomération et la concentration de ses sucs particuliers. Je ne fais plus que lui donner ses labours nécessaires.

C'est donc au bout de deux années franches que je fais la récolte, tandis que les Chinois ne la font que six ans après sa croissance spontanée, il n'est donc pas difficile de se faire une raison des objections que M. Guibourt nous montre de la culture de la Rhubarbe de France; elle n'est pas, dit-il, compacte, ressemble à une matière gorgée d'eau, avant la dessiccation, sa saveur est mucilagineuse et sucrée avec une légère amertume; elle offre à sa surface des points blancs et luisants, et contient beaucoup moins d'oxalate de chaux que les Rhubarbes exotiques.

Ces observations s'expliquent parfaitement, l'art de cultiver doit non seulement suppléer au développement de la plante, mais au développement de ses principes actifs; il faut donc tenir compte de cette hypothèse et arriver à faire dans deux années ce que la nature a fait lentement pendant six ans.

C'est pourquoi la Rhubarbe de France, cueillie avant son époque de maturité, présente ces caractères.

C'est là le but que je me propose de trouver, vous pourrez du reste en juger par des échantillons qui suivent ce rapport.

Quant à la reproduction, celle qui me paraît la plus préférable est celle des bourgeons, celle des graines étant très difficile à obtenir, car cette Rhubarbe monte difficilement à graines la seconde année de culture et les graines ne réussissent pas toujours, surtout quand la saison est pluvieuse et si des fraîcheurs se font sentir, ce qui explique une meilleure culture entre les zones 30 et 39 degrés où le climat est plus doux et homogène.

Depuis que je cultive cette plante, je n'ai pu obtenir que deux fois des graines en assez grande abondance; semées, elles produisent bien plus lentement que les bourgeons séparés des racines mères.

L'année dernière je possédais 18 pieds espacés de un mètre en tout sens ; ces pieds arrachés, mondés, séchés, ont produit 28 kilogrammes de marchandise de bonne qualité, ce que vous pourrez vérifier par les échantillons envoyés.

Voici tout ce que je puis dire de la culture, à mon avis sa dessiccation est bien plus importante.

SA DESSICCATION.

Au mois d'août, les feuilles de cette plante sont complètement desséchées, et il arrive un moment où la terre qui entoure les pieds, forme des crevasses qui laissent apercevoir ses énormes racines ; d'autres plantes ont tantôt leurs racines renfermées en terre, d'autres l'ont en forme de boules difformes, d'ailleurs hors terre ; c'est dans ce moment pour ainsi dire d'inertie, que j'arrache ces espèces de souches, que je les divise, le plus artistement pour imiter celles importées, soit de Tartarie, soit de Moscovie, soit de Perse, en tronçons que je monde bien proprement et que je jette dans l'eau claire, afin de les empêcher de noircir à l'air et de prendre une mauvaise coloration. J'ai même le soin de jeter dans l'eau, soit une bouteille de vinaigre, soit quelques gouttes d'acide sulfurique. Après un moment de lavage, je fais égoutter sur des claies et mets immédiatement à l'étuve à 30° centig. Cette opération a pour but de former une enveloppe dure autour du tronçon, de comprimer le suc, d'empêcher la moisissure et conséquemment la fermentation.

Après quelques jours d'un séchage continuel, j'enfile tous ces tronçons dans une corde de manière à former de grands chapelets que je vais suspendre dans une boulangerie ou sur les côtés d'une cheminée de cuisine, ou enfin, dans une étuve quand la quantité en mérite la peine. J'appuie essentiellement sur cette manière de faire, m'étant laissé dire que les Tartares attachaient aux cornes de leurs chèvres, moutons, etc., de petits chapelets de cette Rhubarbe qui, exposé aux rayons solaires, séchait d'elle-même. J'aurais beaucoup plus de confiance dans un autre dire des voyageurs qui ont parcouru ces contrées, et qui prétendent qu'une fois la Rhubarbe coupée en tronçons et mondée, les naturels du pays font chauffer fortement des pierres sur lesquels ils déposent, en ayant soin de les tourner de temps en temps, ces morceaux de Rhubarbe qui sont ensuite enfilés pour terminer leur dessiccation.

Pour mon compte une dessiccation vive me semblerait encore meilleure, aussi cette année, je me propose d'opérer la dessiccation sur des claies que je passerai au four immédiatement après la cuisson du pain, ce qui à mes yeux, simplifierait bien la chose et serait bien moins coûteux.

J'ai, cette dernière année, essayé la dessication de cette plante en l'exposant aux rayons solaires, je n'ai eu aucune satisfaction comme vous pourrez en juger, échantillons en mains. J'ai retrouvé dans les Rhubarbes qui ont été soumises à l'inspection de M. Guibourt, des principes chimiques et physiques qu'il signale dans des qualités secondaires, ce qui prouverait que la dessiccation de cette plante est très importante.

Les rayons solaires agissent lentement sur ces épaisseurs, ils décolorent complètement cette racine et la rendent blanche au lieu de conserver sa teinte jaune sale, cependant je crois que la qualité n'est pas complètement altérée quant au principe, mais bien quant au tissu cellulaire, atteint par ce moyen d'une légère fermentation. En effet, si vous desséchez assez vite pour que les sucs renfermés perdent leurs eaux et qu'ils viennent immédiatement à l'état d'extrait, les sucs épaissis dans l'intérieur des tronçons ne peuvent se désagréger, ils conservent leurs aromes et donnent à la matière une qualité commerciale qui doit encore augmenter selon l'épaisseur des morceaux.

Ainsi, par exemple, la Rhubarbe plate de Perse n'est pas recherchée comme celle du Thibet et de la Moscovie, pourquoi? Parce qu'il n'y avait pas une épaisseur assez forte pour retenir les sucs nécessaires à lui donner une qualité supérieure.

Le prix de revient de cette plante doit également être envisagé, car nul n'entreprendra une culture, si elle n'est pas rémunératrice et si la vente n'en est pas assurée.

Je suppose que les pieds de Rhubarbe restent trois années en terre, et que dix-huit pieds, comme j'ai eu l'honneur de vous le dire, établis en quinconce, occupent une surface de 20 mètres.

J'évalue le terrain que j'emploie à 200 francs l'are, le revenu 5 pour 100 sera de 30 francs pour les trois années. Je double, pour frais de culture, d'engrais et de séchage cette somme; elle forme un total de 60 francs.

J'ai déjà dit que mes 18 pieds m'avaient produit 18 kilogrammes de Rhubarbe bien sèche, je suppose que la vente soit de 6 francs le kilogramme, ce qui n'est pas exagéré, il s'en faut de beaucoup, nous aurons $18 \times 6 = 108$
Or nous avons à retrancher. 60

Reste. . . . 48 francs.

Un hectare rapporterait donc net tout payé 4800 francs. Ce qui fait une somme de 1 600 francs par an : en prenant encore la moitié de cette somme, le cultivateur n'aurait encore aucun droit de se plaindre, il serait largement rétribué, car cette somme n'est que le cinquième de la production, puisque je n'ai opéré que sur 20 mètres superficiels qui ne sont en surface que le cinquième d'un are ; donc la somme de 1 600 devrait être portée à 9 000 francs, ce qui ferait ouvrir les yeux à bien des cultivateurs. Seulement il ne faut pas compter comme cela, il est bon d'en faire peu, car le *Rheum officinale* deviendrait sous peu aussi bon marché que la betterave, avis.....

SES PROPRIÉTÉS TINCTORIALES.

Cette plante avait déjà comme matière tinctoriale éveillé l'attention des savants. Il y a environ vingt années, M. Garot a publié un rapport d'un grand intérêt relatif à une base colorante rouge des Rhubarbes.

Il traitait la Rhubarbe par l'acide azotique et obtenait une matière colorante qu'il a appelé erythrose, de ἐρυθρος, rougir. Cette substance n'ayant pu être fixée par un mordant connu, a dû être abandonnée, mais les parfumeurs peuvent se servir d'un principe qui se forme pendant la préparation et qui répand une forte odeur de musc.

Liebig, dans son traité de chimie organique, page 409, parle d'une base nommée Rhabarbarine ou jaune de Rhubarbe (Rhéine) et voici comment il s'exprime.

« Les racines des diverses variétés de Rheum renferment une matière colorante jaune, ainsi que du tannin. On obtient ce principe colorant à l'état de pureté en épuisant les racines par de l'alcool, évaporant l'extrait à siccité, et traitant par l'eau tant que le mélange se trouble. On lave le résidu par l'eau froide, puis on le dissout dans l'eau bouillante, d'où la matière colorante se précipite par le refroidissement, ensuite on la dissout dans l'alcool absolu et après avoir chassé l'alcool par la distillation, on épuise le résidu par de l'éther tant que ce liquide jaunit.

» La Rhabarbarine cristallise de sa solution dans l'alcool ou dans l'éther à l'état grenu et avec une couleur orangée; et à l'état sec, elle est inodore, mais lorsqu'elle est humide elle sent la rhubarbe; elle est peu soluble dans l'eau froide; elle se dissout mieux à chaud et se dépose par le refroidissement sous la forme d'une masse extractive; l'alcool la dissout aussi très mal à froid; il en faut 350 parties pour la dissoudre. Les solutions sont d'une amertume désagréable et ont une légère réaction acide. Le perchlorure de fer colore en brun la dissolution alcoolique; l'acétate de plomb lui communique la couleur de la rouille, au bout de quelque temps il se produit dans le mélange un précipité rouge clair.

» La Rhabarbarine se dissout dans les alcalis avec une couleur violette ; l'alun décolore cette combinaison d'une manière complète, en donnant un précipité rouge, fort beau et parfaitement insoluble dans l'eau.

Voici donc cette partie complètement fixée, je désire qu'elle attire l'attention de mes lecteurs et surtout des cultivateurs émérites. »

THÉRAPEUTIQUE.

La racine de Rhubarbe a depuis des siècles une grande importance en médecine et surtout en médecine populaire ; c'est un des meilleurs laxatifs pour les enfants, c'est un tonique à la dose de 30 à 40 centigrammes et un purgatif à celle de 4 grammes et plus, qui agit sans produire aucune irritation. Elle a été employée dans la guérison de la dysenterie.

Ses effets sont attribués par les uns à l'acide chrysophanique, par d'autres aux résines qu'elle renferme ; l'oxalate de chaux joue peut-être un rôle dans les effets cathartiques, tandis que les acides expliqueraient l'action tonique.

Les sécrétions, l'urine, la sueur, prennent une coloration jaune ou rougeâtre, par suite de l'usage continu de la Rhubarbe. La Rhubarbe est employée en teinture, en extrait, sous forme de vin et en sirops.

III. FAITS DIVERS ET EXTRAITS DE CORRESPONDANCE

Reproductions d'oiseaux exotiques

OBTENUES PAR M. LE DOCTEUR RUSS, A BERLIN.

Lettre adressée à M. le Secrétaire général.

Vous avez bien voulu me demander quels ont été jusqu'à ce jour mes travaux ornithologiques et quels ont été, surtout, mes résultats dans l'élevage des oiseaux; j'ai l'honneur de vous en donner ci-dessous un aperçu :

D'abord, je me permets de faire observer qu'en l'espace d'environ quinze ans, j'ai élevé, dans ce que j'appelle « ma chambre à oiseaux », 96 *espèces d'oiseaux*, à savoir : 17 espèces de Perruches, 72 espèces de petits granivores, dont 33 espèces d'Amadinés (*Spermestinæ, Swns.*), 2 espèces de veuves (*Vidæ* L.), 18 espèces de Tisserins (*Plocei*), 10 espèces de Pinsons ou Moineaux divers, 1 espèce de Bouvreuil, 1 espèce de Gros-bec-Pinson, 4 espèces de Cardinaux et 3 espèces de Gros-Becs, 5 espèces de Colombes, 1 espèce de Caille et 2 espèces d'Insectivores.

52 de ces espèces ont été élevées par moi pour la première fois; elles se répartissent ainsi : 5 Perruches, 40 Pinsons, 5 Colombes, 1 Caille et 1 Insectivore; c'est un résultat qui n'avait jamais été obtenu, surtout dans des conditions relativement aussi peu avantageuses.

J'ai de plus écrit les ouvrages suivants :

1° *Les Oiseaux d'appartement étrangers*, 1 volume; Granivores (*Fringillidæ*), orné de 14 chromolithographies et 46 feuilles de texte, 1879.

2° *Les Oiseaux d'appartement étrangers*, 3 volumes; Perruches (*Psittacidæ*), ornés de 10 chromolithographies et 55 feuilles de texte. Vient d'être terminé.

3° *Manuel de l'amateur, de l'éleveur et du marchand d'oiseaux*, 1 volume, oiseaux étrangers, 2e édition, 1878.

4° *Manuel de l'amateur, de l'éleveur et du marchand d'oiseaux*, 2 volumes; oiseaux de pays, 2e édition, sous presse.

5° *Les Amadinés* (*Aeginthinæ Cab.* et *Spermesthinæ Swns*), monographie, 1879.

6° *La Perruche ondulée* (*Psittacus undulatus, melopsittacus undulatus, Gld.*), monographie 1880.

7° *Le Serin* (son histoire, son éducation, son élevage), monographie, 3e édition, 1880.

J'ai décrit en tout dans ces ouvrages 1255 espèces d'oiseaux et il m'a été donné d'indiquer *la durée d'incubation et le premier plumage* de 135 espèces de Perruches, 86 espèces de Pinsons, 5 espèces de Colombes, 1 espèce de Caille et 13 espèces d'insectivores.

J'ai pu compléter le célèbre ouvrage du docteur Finsch sur les Perroquets en déterminant exactement chez 43 espèces les différences de plumage qui existent entre le mâle et la femelle et en en faisant une description précise.

Les principaux oiseaux que j'ai été le premier à élever sont les suivants :

La Perruche-moineau du Brésil (*P. passerinus, L., Sperlingspapage* ou *gewöhliche Zwergpapagei*).

La Perruche à tête grise (*P. canus Gml., der graukopfige Zwergpapagei*).

La Perruche à tête brune (*P. cyanocephalus, L., der pflaumenrothkopfige Edelsittich* ou *Pflaumenkopfsittich*).

La Perruche à tête rose (*P. rosa Bdd; P. rosiceps Rss., der Rosenrothköpfige Edelsittich*) ou *Rosenkopfsittich*).

La Perruche de Bourk (*P Bourki, Gld., Bourksittich* ou *Bourk's Plattschweifsittich*).

La Perruche pétrophile (*P. petrophilus Gld., der olivengrüne Schönsittich*).

Le Gris-bleu (*A. cœrulescens, Vieill.; der röthschwanzigen Astrild.*).

L'Æginthe (*A. tempŏralis, Lth., der Dornastrild*).

Le Diamant modeste (*A. modesta Gld., der Ceresastrild*).

Le Monseigneur (*A. phœnicoptera Swns., der Auroraastrild*).

L'Astrild de Bichenow (*A. Bichenosvi Vgrs. et Hrsf.; der Ringelastrild*).

Le Moineau de Paradis (*S. erythrocephala L. die Rothkopfamandine*).

La grande Nonnette (*S. fringillina Rss., Amadina fringilloïdes, Gray., das Riesenelsterchen*).

Le Capucin à tête blanche (*S. maja L.; die weissköpfige Nonne*).

Le Capucin à tête noire (*S. sinensis, Brss., die schwarzköpfige Nonne*).

Le Tisserin à poitrail châtain (*S. castanothorax, Gld., die Schilfamandine*).

Le Combassou (*V. nitens, Gml.; der stahlblauen Widafink oder Atlas vogel*).

La Veuve à collier d'or (*V. Paridisea, L.; den Parideis widafink* ou *die Paradieswitwe*).

Presque toutes les espèces d'Ignicolores (*Euplectes, Swns. Pyromelaena, Bp.*), entre autres l'Oryx (*P. Oryx L.*), pour la première fois, sans aucun doute.

Le Foudi (*P. madagascariensis, L., der Madagascar-Webervogel*).

Les quatre espèces de Tisserins Baya : (*P. Baya, Blth.*, le Tisserin Baya; *P. manyar Hrsf.*, le Tisserin Manyar; *P. bengalensis, L.*, le Tisserin du Bengale; *P. hypoxanthus, Ddn.*, le Tisserin Baya à coubrun).

Parmi les vrais Tisserins ou Tisserins jaunes (*Hyphanthornis Gr.*), le Tisserin jaune d'œuf (*P. vitellinus, Lchtst., der dottergelbe Webervogel*); le petit Tisserin masqué (*P. luteolus, Lchlst., der Maskenwebervogel*); le Chanteur d'Afrique (*F. musica, Vieill., der grauen weissbürzeliger Girlitz*).

Le Serin de Mozambique (*F. butyracea L., der buttergelbe Girlitz* ou *Hartlaubszeisig*).

Le Serin à front jaune (*F. flaviventris, Gml., der gelbstirnige Girlitz*).

Le chanteur de Cuba (*F. canora Gml., der Kubafink*).

Le Ministre (*F. cyanea, L., der Indigofink*).

Le Pape ordinaire ou Non-pareil (*F. ciris; L., der Papstfink*).

Le Moineau doré (*F. cuchlora Lchtst., der Goldsperling von Abessynien*).

Le Moineau à tête grise (*F. Swainsoni. Rpp., Swainson's Sperling*).

Le Moineau des neiges (*F. hiemalis, L., der Winterfink* ou *Wintersperling*.

Le Bouvreuil rougeâtre (*P. erythrina Pll., der Karmingimpel*).

Le Gros-bec à poitrine rose (*C. ludovicianus, L., der Rosenbrüstiger Kernbeisser.*

Le Gros-bec ou Évêque bleu (*C. cæruleus, L., der hellblauen Kernbeisserfink* ou *Bischof*).

Le Gros-bec bleuâtre (*C. intermedius, Cab., das blaugraue Pfaffchen*).

Le Gros-bec mine (*C. collarius, L., das Erzpfaffchen*).

Le Gros-bec géant (*C. Euleri, Cab., das Riesenpfaffchen*).

La Colombe Turvert (*Columba indica, L , die Glanzkafertaube*).

La Colombe à masque de fer (*C. Capensis, L., das Captaübchen*).

La Colombe à plumes écaillées (*C. S, quamosa Tmm., das Schuppentaübchen*).

La Colombe Passerine (*C. passerina, L., das Sperlingstaübchen*).

La Colombe (*C. cuneata, das Diamanttaübchen*).

La Caille argonda (*Cothurnix Argoondah, Sks., die Argoonda-Wachtel*).

J'ai eu dans ces élevages, outre M. le docteur Bodinus et plusieurs autres zoologues et ornithologues, beaucoup de témoins; il ne peut donc exister aucun doute sur ce que j'ai été le premier à élever ces oiseaux; il est vrai que la reproduction de quelques espèces avait été obtenue déjà en France et en Belgique, par exemple celle du Chanteur d'Afrique, par Vieillot, et celle de la Perruche de Bourk par un inconnu; mais alors j'ai, pour ces espèces comme pour beaucoup d'autres, été le premier à décrire le plumage des jeunes sujets.

Empoissonnement du lac de la Girotte.

Le lac de la Girotte appartient à la commune de Hauteluce; il est situé à une altitude de 1860 mètres, sa superficie est de 62 hectares.

Dominé par de hautes montagnes, deux ruisseaux qui en découlent avec la fonte des neiges en renouvellent les eaux.

Le trop-plein du lac verse en cascades, en s'abaissant de 660 mètres jusqu'à ce qu'il atteigne la vallée habitée de Hauteluce.

Le lac est profond, ses eaux froides sont d'une telle limpidité que l'on peut apercevoir le poisson à une grande profondeur.

Ce qui semble manquer à ce lac pour y faire de la pisciculture, ce sont des abords moins profonds, une plage plus sableuse, de gros graviers, des roches que la truite recherche pour y prendre ses ébats et surtout au moment du frai.

Stanislas Guiguet, de Hauteluce, était journellement appelé, par ses occupations de berger, autour du lac de la Girotte. Assis sur ses bords, en gardant ses troupeaux, il n'avait jamais aperçu dans ses eaux limpides le plus petit poisson; les seuls êtres vivants qu'on y rencontrait étaient des tritons, des salamandres et de petits crustacés.

Souvent il avait réfléchi aux moyens d'empoissonner ce lac, mais ses compagnons, auxquels il avait communiqué cette idée, se moquaient de lui en lui répétant que s'il n'y avait pas de poissons, c'est qu'ils n'y pouvaient pas vivre.

Cette observation retardait l'exécution du projet formé par Stanislas Guiguet, sans cependant le lui faire abandonner. Après bien des hésitations et sans se confier à personne, Guiguet se décida, à dater de 1860, à porter dans le lac de la Girotte toutes les truites qu'il put se procurer en pêchant dans les ruisseaux de Hauteluce.

Ces transports faits avec précaution, souvent renouvelés, permirent à notre pisciculteur de s'assurer que la truite pouvait non seulement vivre, mais encore se développer dans ce lac où des prévisions néfastes la faisait périr; seulement Guiguet voyait avec chagrin qu'il lui faudrait un temps considérable et des peines inouïes pour arriver à peupler convenablement ce lac et à en retirer quelque profit.

On était arrivé à 1865, cet essai de peuplement avait fait du bruit; ce fut alors qu'instruit par M. Perrier de la Bâthie sur le procédé de fécondation artificielle, Guiguet se rendit, au commencement de novembre de cette même année, époque du frai de la truite, chez les Pères du mont Cenis. Là, dans les bassins de réserve, il eut la faculté de pratiquer en grand la fécondation artificielle, et, peu de jours après, il revenait avec une bonne provision d'œufs fécondés.

La moitié environ de ces alevins fut placée sur le cours des deux ruisseaux qui alimentent le lac; Guignet y avait formé une plage artificielle destinée soit à protéger ces œufs qui ne restent pas moins de 35 à 40 jours avant d'éclore, soit aider à la croissance des jeunes poissons.

Plus tard, il dut souvent visiter ses réservoirs et mettre à la disposition des jeunes truites une nourriture en rapport avec leur développement.

Ce ne fut toutefois qu'au printemps, après la fonte des neiges, qu'il crut ses poissons assez forts pour les abandonner dans le lac.

Nous avons dit que la moitié seulement des alevins, dus à l'obligeance des Pères du mont Cenis, avait été portée dans les réservoirs de la Girotte, la seconde partie fut traitée de la même manière dans le ruisseau avoisinant la maison d'habitation de Guiguet; elle fut portée dans le lac au mois de mai.

M. Guiguet a continué pendant quatre ans à tirer de l'alevin de truite de la même source; il en a aussi reçu une caisse d'Huninge par l'obligeant intermédiaire du regretté M. le député Viallet.

Cet apport prolongé de jeunes poissons, de 1860 à 1870, avait convenablement peuplé le lac de la Girotte, et déjà, à cette dernière date, l'on apercevait au moment du frai des truites d'une certaine grosseur, et cependant aucun titre n'assurait à Guiguet une juste rémunération de ses efforts persévérants couronnés de succès.

Ce fut à ce moment que la commune de Hauteluce, voulant reconnaître les services rendus par Guiguet, lui abandonna à titre gratuit, pour 29 ans, la jouissance du lac qu'il avait empoissonné, sous la condition expresse qu'il continuerait et maintiendrait le peuplement du lac.

Malgré cette cession, Guiguet ne commença à pêcher d'une manière suivie qu'à dater de 1873.

Avec de l'eau aussi limpide que l'est celle du lac de la Girotte, il est de toute impossibilité de surprendre la truite pendant le jour : le moindre engin l'effraye, elle reste cantonnée dans les eaux les plus profondes.

Jusqu'à ce jour, l'unique moyen de la pêcher est de tendre, vers le soir, des filets dormants que l'on place dans les basses eaux et qu'on lève au point du jour.

Les filets ont de 50 à 150 mètres de longueur, la maille a 3 ou 4 centimètres de côté; on y prend des truites de 1 kil., 500; les plus grosses ne peuvent entrer dans la maille.

La truite du lac de la Girotte, plus courte, plus épaisse, plus grasse, plus noire, que celle pêchée dans la rivière, a une belle chair jaune, sanguine, qui la fait ressembler au saumon.

M. Guiguet est aujourd'hui au bout de ses efforts; chaque année, sa pêche est de plus en plus lucrative : de 500 francs qu'il en obtenait dans le principe, il est arrivé à vendre pour 1000 à 1200 francs de poissons. La truite du lac de la Girotte se vend au prix moyen de 5 à 6 francs le kilo.

Ce sont les stations balnéaires de Salins et de Brides qui en achètent la plus grosse part.

P. TOCHON.

(Extr. du *Bull. trimest. de la Soc. cent. d'agr. du dép. de la Savoie.*)

Introduction du Black-Bass (Grystes nigricans) en Angleterre.

M. Silk, pisciculteur du marquis d'Exeter, à Burleigh House, Stamford, donne les intéressants détails suivants sur ses travaux.

« Tous les Black-Bass que j'ai importés des États-Unis proviennent de la Delaware. Je les avais préalablement emmagasinés dans des caisses flottantes, pour les avoir sous la main, au moment voulu. La veille du départ du paquebot pour l'Europe, je les plaçai dans un bac pour les transporter par le chemin de fer, et jusque sur le pont du navire, où j'arrivai sans perte aucune, après un voyage de 8 heures. Il faisait très chaud (25 degrés centig.). Craignant l'effet de cette température, je rafraîchis l'eau du bac au moyen de glace, et je passai la nuit à côté de mes poissons, insufflant de l'air dans l'eau, à l'aide d'une pompe, toutes les cinq minutes. Quand vint le jour, il y avait 5 poissons morts, que j'enlevai immédiatement, tout en renouvelant l'eau. A 6 heures du matin, le navire partait. Au bout de quelques milles, j'avais déjà lié connaissance avec deux passagers, qui voulurent bien surveiller mes poissons pendant que j'allais prendre un peu de repos, ce dont j'avais grand besoin, après une faction de 20 heures à côté de mon aquarium. Pour le reste du voyage, les dispositions suivantes furent arrêtées : Mes aides veillaient à tour de rôle pendant deux heures. Une faction de nuit de 4 heures (de minuit à 4 heures) m'était réservée.

» Tout marcha bien le premier jour, c'est-à-dire jusqu'à notre arrivée dans les eaux du Gulf-Stream, où la mer marquait 25 degrés; l'atmosphère était à 26°.5. Ce fut pendant les cinq jours où nous restâmes dans ces eaux, que je perdis le plus de poissons. Chaque jour, je filtrais l'eau avec une flanelle, et j'ajoutais un peu d'eau fraîche au moyen de glace fondue. Le sixième jour, le temps devint plus frais; le thermomètre descendit à 14 degrés ; mes poissons s'en trouvèrent bien. Le dixième jour, nous atteignions Liverpool. Je renouvelai toute mon eau, et j'installai mon aquarium dans un wagon. En arrivant à Stamford, il me restait 153 poissons; j'en avais perdu 93 sur 250, en douze jours, depuis mon départ des rives de la Delaware.

En 1879, je retournai en Amérique, où je me procurai cette fois 1200 Black-Bass. En route, la mortalité fut proportionnellement moindre que lors de mon premier voyage, et je réussis à rapporter 812 sujets.

» Tous les frais de ces deux expéditions ont été supportés par M. le marquis d'Exeter, qui a fait placer les poissons dans son lac de Whitewater, près Stamford. Ils ont atteint actuellement le poids d'une demi-livre environ, et paraissent être en parfaite santé. Ceux du premier lot auront trois ans au mois d'avril, époque où ils pourront commencer à frayer.

» (*Land and Water*). »

III. BIBLIOGRAPHIE

I.

Die Hühnervögel (*les Gallinacés*), par M. C. Cronau. Berlin, Louis Gerschel. S. W. Wilhelm-Strasse, 32, 2 vol. in-8° avec atlas in-folio de 25 planches. Prix : 37 fr. 50.

L'éditeur Gerschel, de Berlin, a publié, dans le courant de l'année 1879 un livre important relatif à l'aviculture. L'auteur de cet ouvrage, M. Cronau, qui remplit de hautes fonctions administratives en Allemagne, et qui est grand amateur et éleveur d'oiseaux rares, a su trouver le temps de réunir dans cette publication les renseignements les plus complets, les plus divers et les plus nécessaires à tous ceux qui s'occupent de l'éducation des oiseaux et surtout des Gallinacés exotiques.

L'ouvrage est intitulé : *Die Hühnervögel ;* il aura deux volumes grand in-8°, plus un atlas in-folio. Le second volume, actuellement sous presse, comprendra la description détaillée de toutes les espèces de Faisans connus, des conseils sur leur multiplication et éducation, et l'histoire de leur introduction. Le premier volume, qui a paru avec l'atlas l'an dernier, s'occupe tout spécialement des soins qu'il faut donner aux oiseaux, de la façon dont il convient de les nourrir, et particulièrement des conditions à remplir pour les loger convenablement.

Cette partie du livre de M. Cronau est traitée avec un soin tout particulier. Les principales installations existant dans les divers jardins zoologiques de l'Europe et chez les amateurs les plus distingués de tous les pays, sont représentées dans l'atlas qui ne comprend pas moins de 25 grandes planches gravées avec luxe. Dans l'atlas qui accompagnera le deuxième volume, les espèces de Faisans les plus remarquables seront figurées en couleur.

Le texte et les planches permettent au lecteur de comparer les avantages et les inconvénients des systèmes employés dans les diverses régions de l'Europe pour loger les oiseaux de prix, dont on recherche la multiplication.

Dans un chapitre étendu, M. Cronau s'occupe des publications relatives à l'aviculture paraissant dans tous les pays. L'auteur fait en outre connaître toutes les sources auxquelles peuvent s'adresser les amateurs, désireux de se procurer des animaux.

Les jardins zoologiques, les marchands d'animaux, sont tous signalés à l'attention du lecteur, et les renseignements les plus circonstanciés sur ces établissements sont donnés. Ce bel ouvrage, qui est intitulé : *Die Hühnervögel* (les Gallinacés), pourrait tout aussi bien s'appeler le

Guide de l'amateur de Gallinacés, puisqu'on trouve dans cette publication tout ce que doivent savoir ceux qui se livrent à l'éducation des Faisans et des oiseaux analogues.

Il est superflu de faire remarquer combien la tâche que s'est imposée M. Cronau était difficile. Il a su la mener à bonne fin, et le lecteur ne peut que s'étonner de l'innombrable quantité de renseignements que l'auteur a su résumer d'abord, choisir ensuite. C'est qu'en effet l'ouvrage dont nous parlons est fait avec le plus heureux esprit de critique. A ses connaissances personnelles, l'auteur a su ajouter dans son livre toutes les notions utiles résultant de l'expérience de tout le monde.

Nous devons espérer que le livre de M. Cronau sera bientôt traduit en français, car cette publication manque à la bibliothèque de nos aviculteurs.

A. G.

Eucalyptographia. *A descriptive Atlas o, the Eucalypts of Australia and the adjoining Islands*, par M. le baron Ferd. von Mueller, Decades 1-6, Melbourne 1879-80.

Des études bien intéressantes et bien variées ont été publiées jusqu'à ce jour sur l'Eucalyptus, et la Société d'Acclimatation peut être fière des résultats qu'elle a provoqués : d'une part, le nom de l'un de ses apôtres les plus convaincus, le regretté M. Ramel, reste indissolublement lié à l'introduction et à la propagation de cette essence précieuse ; d'autre part, la Société a fait naître ou encouragé de nombreuses publications, faisant toutes œuvre de propagande. Mais ces écrits se composent, soit de travaux de vulgarisation, destinés à répandre les données générales, soit d'articles plus spéciaux, ayant pour objet particulier telle ou telle propriété de l'arbre, rapidité de croissance, usages industriels ou médicaux, assainissement, etc., et qui, d'ailleurs, n'ont guère paru que dans des recueils périodiques. Il manquait encore une monographie générale, écrite au point de vue scientifique, un travail d'ensemble faisant connaître les nombreuses variétés de ce genre botanique, et permettant de se reconnaître dans le dédale des synonymies.

On ne saurait, en effet, considérer comme suffisantes les quelques pages consacrées au genre Eucalyptus par De Candolle, en 1828, dans son Prodromus. Il n'y décrit que 52 espèces seulement, et encore d'une manière fort succincte.

Vient ensuite Bentham qui, dans sa *Flora Australiensis*, en 1866, on décrit 135 espèces. Mais cette monographie a été faite surtout à l'aide de notes fournies par des collecteurs qui le plus souvent sont en désaccord. Elle ne contient pas d'ailleurs de figures, et comme elle date aujourd'hui de quinze ans, elle ne se trouve plus évidemment en rapport avec les recherches récentes et les connaissances actuelles.

C'est dans cette situation que le baron Ferd. von Mueller, l'éminent botaniste du gouvernement anglais pour la colonie de Victoria, le savant confrère auquel notre Société a, depuis longtemps, déjà décerné ses plus hautes récompenses, vient de commencer la publication d'un grand ouvrage scientifique sur l'*Eucalyptus*. Personne mieux que lui ne pouvait mener à bien une entreprise de cette importance. Nul ne s'est occupé autant que lui de cet arbre, tant au point de vue technique qu'au point de vue pratique ; et il a eu l'avantage de l'étudier dans le pays même d'origine. Comme M. Ramel, il en a été le propagateur infatigable, et son profond savoir garantit d'avance une œuvre de haute valeur.

Cette publication a commencé en 1879. Elle est éditée par fascicules dont chacun contient la description de 10 espèces avec une grande planche à l'appui ; elles sont conçues d'après le même plan et le même cadre qui a servi à l'auteur pour ses *Victorian Plants*. Les espèces ne sont pas rangées suivant un ordre préconçu ou du moins indiqué d'avance ; ce ne sera sans doute que plus tard que M. von Mueller fera connaître le classement qu'il proposera d'adopter pour les nombreuses espèces qu'il aura décrites. Six décades ont actuellement paru.

Chaque article donne, pour chaque espèce, le nom des auteurs à consulter ; la synonymie et les noms vulgaires ; l'habitat ; une étude critique et comparative des espèces, pleine de détails nouveaux et intéressants, les divers usages, les analyses chimiques, etc. Il contient au moins la matière de deux pages grand in-4°.

Les planches lithographiées qui accompagnent chaque étude sont très soignées. Elles représentent la branche avec la fleur et les boutons, ainsi que de nombreux détails organographiques et anatomiques de l'inflorescence, fortement grossis. Pour quelques espèces, l'auteur a donné le feuillage de la jeune plante. Nous nous permettrons même, à ce sujet, de regretter qu'il ne l'ait pas donné pour toutes sans distinction. L'on sait, en effet, combien la plante, à son début, diffère du sujet adulte, et combien cette sorte de transformation a été cause de nombreuses erreurs.

Nous ne dirons qu'un mot de cet écueil si redoutable de la synonymie et de ce dédale inextricable de noms si divers appliqués à la même espèce par ceux qui, jusqu'à ce jour, se sont occupés de l'Eucalyptus. M. Von Mueller peut mieux qu'un autre faire la clarté en cette matière ; et nous remarquons déjà qu'il n'hésite pas à trancher dans le vif.

En un mot, en ouvrant ces premiers fascicules, l'ont sent qu'on est en présence d'une œuvre magistrale, qui sera un monument élevé à la science botanique.

Jules Grisard.

II. — Journaux et Revues.

(Analyse des principaux articles se rattachant aux travaux de la Société.)

Bulletin des séances de la Société nationale d'Agriculture de France (Jules Tremblay, 5, rue de l'Éperon).

Juillet 1880. — *De l'influence des sexes sur le produit de la conception dans les animaux domestiques.*

Si, dans certains cas, les produits ressemblent plus au père qu'à la mère, d'autres fois c'est le contraire qui a lieu, et, en définitive, *l'influence des deux sexes est égale* (1).

Cette démonstration peut être donnée en comparant les produits à leurs ascendants, à divers points de vue.

I. *Formes, volume du corps.* — L'accouplement de l'Ane avec la Jument donne le Mulet, qui, disait Grognier, « tient de son père par les formes, et de sa mère par le volume du corps ». Le Mulet ressemble tout autant à son père qu'à sa mère; il tient le milieu entre eux par l'épaisseur de la croupe, par le volume de la poitrine. S'il devient plus fort proportionnellement, cela provient de ce qu'il se développe plus fortement sous l'influence du lait maternel que le produit du Cheval et de l'Anesse. La mère du *bardot*, petite comparativement au père, est mal disposée pour le développement du fœtus et pour allaiter le jeune sujet après sa naissance: le tronc, faute de nourriture, prend peu de développement, tandis que la tête est relativement énorme.

Un fait qui, depuis 1830, se produit en grand dans le croisement des races de l'espèce chevaline, est, à cet égard, encore plus concluant. L'on sait que tous les efforts sont tendus, depuis un demi-siècle, à rendre la tête du Cheval normand plus courte et à chanfrein droit, l'encolure très légèrement rouée et la croupe moins avalée. L'on a voulu obtenir ce résultat par des croisements avec le cheval de course, qui dérive du cheval arabe. Les croisements ont donné des métis dont quelques-uns ressemblaient au père par les parties antérieures du corps et à la mère par la croupe, tandis que d'autres avaient la croupe presque horizontale du père et l'avant-main lourd de la mère. — Le croisement du Bélier Dishley avec les races françaises produit constamment des métis intermédiaires par l'épaisseur du garrot et de la poitrine, par la largeur des lombes, en un mot par le volume du corps.

Pour faire prédominer l'influence de l'un des sexes (l'influence du

(1) Cela se voit chez le Léporide. Il tient si bien le milieu entre les deux espèces du Lièvre et du Lapin, que cela rend son élevage difficile : les petits souffrent de rester renfermés dans une rabouillère favorable aux Lapereaux, comme de rester exposés au grand air nécessaire aux Lièvreteaux.

mâle, car c'est par le Taureau, le Bélier et le Verrat, qu'on a changé les formes de nos races, afin de les approprier à la boucherie), l'on a affaibli l'influence de l'autre sexe en continuant le croisement dans le même sens pendant plusieurs générations. Ce n'est que par des alliances successives dans le sens de la race paternelle qu'on a neutralisé l'influence de la race maternelle. Les pères peuvent donc, comme les mères, transmettre les *formes du corps*. Cela est si bien démontré, que nous employons presque exclusivement des mâles — Taureaux, Béliers, Verrats perfectionnés — pour rendre le corps de nos bêtes bovines, ovines et porcines, épais et lourd relativement à la grosseur des membres.

II. *Régions excentriques*. — Les femelles peuvent, comme les mâles, transmettre aux descendants la conformation des parties excentriques : c'est ainsi que nos juments des contrées humides, quoique fécondées par des étalons appartenant à nos meilleurs types de chevaux de trait, donnent des poulains à pieds larges. — Chez la race porcine, les Porcs à oreilles larges et pendantes des races françaises et les Porcs à oreilles dressées des races perfectionnées donnent des métis qui, par le volume des oreilles comme par la longueur des membres, tiennent le milieu entre les deux types croisés.

III. *Couleur*. — Les produits ressemblent tantôt au père, tantôt à la mère ; d'autres fois, ils ont une couleur qui tient le milieu entre celle du père et celle de la mère. Le premier fait s'observe le plus souvent chez le Cheval ; mais si l'on continue le croisement d'une race blanche et d'une race de couleur foncée pendant plusieurs générations, on imprime aux produits la robe qui est propre à la race qu'on fait intervenir exclusivement dans la reproduction. — Dans l'espèce bovine, l'influence des deux sexes est plus facile à saisir, et elle se montre par la fusion de la couleur du mâle et de celle de la femelle en une nuance intermédiaire. Ainsi, en employant des Taureaux de la race charolaise (race blanche ou blanchâtre), on a fait disparaître la robe pie (rouge et blanche), de la race du Morvan ; mais l'influence des Vaches se montre sur les métis pendant plusieurs générations, par la persistance, avec des nuances de moins en moins prononcées, de la race morvandelle primitive. La robe bringuée de la race bovine de la Normandie se propage dans les contrées où l'on introduit comme laitières des Vaches de cette race. — Par l'emploi de reproducteurs de couleur blanche, on a fait disparaître de tous les troupeaux précieux de bêtes à laine, la couleur brune, noirâtre, très commune dans les anciennes races indigènes. — Il n'est pas rare, dans les espèces multipares, de voir des produits de la même portée revêtus les uns de la robe du père, les autres de celle de la mère : cette observation a été faite sur le Chien, sur le Lapin, sur le Porc.

IV. *Jeu des organes, exercices des fonctions*. — La méchanceté de l'étalon est héréditaire comme celle de la jument. — Une Chienne de race commune, fécondée par un Chien de chasse, et une Chienne de chasse fécondée par un Chien de race commune, donnent des petits qui chassent plus ou moins bien. Il arrive même que, des petits, les uns ont une grande aptitude à poursuivre le gibier, et que les autres en sont complètement dépourvus. Ceux qui sont propres à la chasse ont quelque ressemblance par les oreilles avec les races qui ont ce mérite. — Les qualités laitières sont transmises aussi bien par les Taureaux que par les Vaches ; l'observation en a été faite bien souvent.

V. *Pelage.* — Quand on croise des races à laine fine (la race mérine) avec des races à laine grosse (les anciennes races françaises, les races anglaises), on obtient des métis qui tiennent généralement le milieu pour la finesse et la longueur du lainage, entre les deux reproducteurs. On remarque constamment que les toisons sont moins homogènes que dans les races pures.

VI. *Caractères qui varient suivant les sexes.* — Quand les cornes existent dans les deux sexes, l'influence de la femelle est égale à celle du mâle. Dans les croisements, les cornes des métis tiennent le milieu, par leur contour et leur direction entre celles du père et de la mère. — Un Taureau dont le sommet des cornes est blanc, croisé avec une Vache dont la corne est brune ou verdâtre sur toute la longueur, donne des produits à cornes moins blanches que les siennes. La direction des cornes est également intermédiaire. — Dans l'espèce ovine, chez laquelle les cornes manquent ordinairement chez les femelles, l'influence du mâle prédomine. Ainsi, le croisement des Béliers Dishley (race à tête désarmée) et de la Brebis mérinos (race à cornes) donne des métis généralement sans cornes, même au premier croisement, tandis que l'accouplement des Béliers mérinos avec des Brebis de race à tête désarmée donne des métis souvent pourvus de cornes comme la souche paternelle : métis de la Beauce, de la Brie, du Soissonnais, de la Flandre, etc. Dans tous les croisements d'une race à tête désarmée avec une race pourvue de cornes, les produits femelles seront sans cornes, même quand les produits mâles en sont constamment pourvus. Par suite, pour faire disparaître les cornes d'une race par croisement, on doit, autant que possible, importer des mâles.

Ces observations démontrent qu'il faut donner autant d'attention au choix des femelles qu'à celui des mâles, tant pour la forme du tronc chez les produits, que pour les proportions entre les diverses régions du corps, la direction des membres, la couleur de la robe, leurs qualités et leurs défauts (MAGNE).

Le mémoire que nous venons d'analyser fera l'objet d'une discussion ultérieure à la Société nationale d'Agriculture. A. D.

III. — PUBLICATIONS NOUVELLES.

Un jardin d'acclimatation à Bordeaux, par Alphonse Brown. In-8°, 52 pages. Villeneuve-sur-Lot, imprimerie Chabrié. Bordeaux, librairie nouvelle. 1 fr. 50.

Les fruits comestibles. Conférence faite à l'Institut agricole, par M. Cusin. In-8°, 18 pages. Lyon, impr. Bourgeon.

Traité complet théorique et pratique de vérification, ou Art de faire du vin avec toutes les substances fermentescibles, en tout temps et sous tous les climats; 4e édition, revue et considérablement augmentée, suivie de la bibliographie de l'œnologue et du distillateur; par L. F. Dubief. In-18 jésus, VIII-390 pages avec figures. Paris, impr. et libr. Lacroix, 6 francs.

Guide pratique des cultivateurs et des amateurs de jardins (plantes potagères et plantes à fleurs). In-4°, 156 pages et vignettes. Rumilly, impr. Ducret.

Les serres et le matériel d'horticulture à l'Exposition universelle internationale de 1878, par M. Charles Joly, vice-président de la Société d'horticulture de France. In-8°, 30 pages. Paris, Impr. nationale (18 octobre).

Statistique de la production de la soie en Chine, pour les districts desservis par le port de Shangaï, récolte 1879-1880. In-8°, 29 pages et tableaux. Lyon, impr. Pitrat aîné.

Les plantes d'ornement : de l'origine des variétés, par Ingelrelst. In-18 jésus, 129 pages. Paris, impr. et libr. Tolmer et Cie.

Maladie des oiseaux : causes, nature et traitement, par P. Mégnin. In-8°, 230 pages, avec figures. Fontainebleau, impr. Bourges.

Statistique agricole de l'arrondissement de Château-Gontier (Mayenne), par Sylvain Pichon, médecin-vétérinaire. In-8°, 86 pages. Château-Gontier, impr. Bézier.

Enchiridion apicole, ou Manuel d'apiculture rationnelle, comprenant les caractères physiologiques de l'abeille, le travail des abeilles et leur culture, la jurisprudence apicole, etc. In-8°, 354 pages, avec figures. Bordeaux, impr. Gounouilhou.

Le Gérant : JULES GRISARD.

PARIS. — IMPRIMERIE E. MARTINET, RUE MIGNON, 2.

ÉTUDE
SUR LA PERDRIX OUAKIKI

OU PERDRIX PERCHEUSE DE LA CHINE (GALLOPERDIX SPHENURA)

Par M. E. LEROY

Monsieur le Président,

J'ai l'honneur de vous transmettre le résultat de mes observations sur la Perdrix Ouakiki ou Perdrix percheuse de la Chine.

La nécessité de reconstituer nos chasses, qui s'impose de plus en plus, a fait songer, depuis quelques années déjà, à l'introduction de gibiers étrangers de meilleure défense que ceux que nous possédons actuellement et qui tendent visiblement à disparaître.

Parmi les Perdrix, les espèces percheuses ont appelé particulièrement l'attention : les nombreux essais tentés depuis 1852 pour l'acclimatation du Colin en font foi.

C'est qu'en effet les espèces percheuses présentent sur celles qui ne le sont pas des avantages réels.

Outre qu'elles offrent moins de prise aux engins destructeurs du braconnage, leurs habitudes naturelles — c'est un point sur lequel on ne saurait trop insister — leur interdisent d'une façon absolue la nidification en rase campagne.

Voici, en effet, ce qui se passe chez la Perdrix percheuse :

La femelle niche à terre, comme notre Perdrix ; mais l'affection pleine de sollicitude du mâle pour sa compagne est telle qu'il ne la quitte pas d'un instant, tant que dure l'incubation et la première éducation des jeunes. D'un autre côté, sa nature lui fait un besoin impérieux de rester branché une partie des heures de la journée, et invariablement la nuit. — Du haut de sa branche, il fait bonne garde, en même temps qu'il se tient en communication constante avec sa compagne, affaissée sur ses œufs ou sur ses petits nouvellement éclos, et qu'il échange avec elle des conversations à voix contenue.

La nécessité de concilier ses instincts les plus intimes de vie de famille avec sa nature impérieusement percheuse interdit, dès lors, à cette Perdrix toute velléité de reproduction en plaine.

Il lui faut des bois, des bosquets ou des bordures de bois.

Comme conséquence, avec elle, plus à redouter de ces hécatombes d'œufs si regrettables, à l'époque, trop précoce pour nos Perdrix françaises, de la fauchaison des prairies artificielles.

Aussi estime-t-on généralement que le salut de nos chasses à tir réside dans l'introduction de Perdrix percheuses.

Il appartenait à notre Société, toujours jalouse de mériter son titre d'établissement d'utilité publique, d'expérimenter successivement les espèces étrangères, jusqu'à ce qu'elle ait doté notre pays d'une Perdrix suffisamment résistante aux causes de destruction que je viens d'indiquer.

C'est ce qu'elle a compris depuis longtemps déjà, et nous voyons que, depuis 1870, elle encourage d'une de ses récompenses « la multiplication en France, à l'état sauvage, de la Perdrix de Chine (*Galloperdix sphenura*), ou d'une autre Perdrix percheuse ».

C'est à l'initiative de notre sympathique secrétaire, qui a bien voulu me choisir en cette circonstance pour son collaborateur, que je dois cette étude sur la Perdrix percheuse de la Chine. M. A. Geoffroy Saint-Hilaire ne m'a marchandé ni son concours ni ses précieux conseils, et je me plais à reconnaître que, sans son aide, je n'aurais pu arriver à une solution satisfaisante du problème poursuivi.

Mes premières relations avec la Perdrix Ouakiki datent du printemps de 1877, époque à laquelle le Directeur du Jardin zoologique, partageant avec moi ses richesses, voulut bien me confier en dépôt l'un des deux couples qui se trouvaient alors dans l'établissement.

Malheureusement, ce couple ne donna pas de reproduction. Le début n'était pas encourageant.

M. A. Geoffroy Saint-Hilaire, loin de se déconcerter, me fit adresser un nouveau couple en échange de celui qui n'avait pas reproduit.

L'étude fut reprise à nouveau. Le résultat, sans être tout à fait nul, comme celui de l'année 1877, ne fut pas très satisfaisant, mais je dois dire, pour l'expliquer, que le Jardin, qui m'avait promis l'envoi de deux autres couples, de manière à porter mon dépôt à trois couples et à tripler ainsi nos chances, m'envoya seulement deux femelles. La difficulté de se procurer deux mâles fit que je dus commencer la campagne de 1878 avec quatre sujets seulement : un mâle et trois femelles.

Désireux de tirer de cette situation tout le parti possible, je tentai de rapprocher du Coq marié, et successivement, les deux femelles sans emploi, pour les faire féconder.

Ici, je fis complètement fausse route, et, dès la première tentative, l'une de ces deux femelles fut maltraitée, non seulement par l'épouse légitime, mais aussi par le mari lui-même. La fidélité exemplaire de ce dernier m'opposa un obstacle insurmontable.

La Perdrix de Chine est donc éminemment monogame.

Enfin, je dus me résigner à renvoyer les deux Poules perdrix non mariées parce que leurs cris d'appel portaient le trouble chez le couple apparié, au point que la femelle, au lieu de pondre dans un nid, semait ses œufs à travers la volière.

Comme conséquence, la pondeuse ne pouvait se charger de l'incubation, et je dus me résigner à récolter les œufs au fur et à mesure.

Dès que j'en eus recueilli un nombre suffisant pour parfaire une couvée, ces œufs furent confiés à une Poule naine.

L'incubation dura dix-sept jours; mais à l'éclosion commença la série des mécomptes. Le poussin de la Perdrix de Chine, durant les premiers jours, ne sait pas ramasser lui-même sa nourriture, ainsi que le font les Poulets. Il cueille ses premières proies, ainsi que va nous l'apprendre l'élevage de 1879, au bec même de ses parents, qui les lui présentent ainsi.

Il s'ensuivit, entre la Poule et ses élèves, des malentendus regrettables qui me coûtèrent quelques sujets et qui firent qu'en fin de compte je ne pus amener que quatre élèves.

Ce résultat, je l'ai dit, laissait beaucoup à désirer, car ce qui importait surtout dans une étude de ce genre, c'était de voir comment se comporterait l'oiseau étranger livré à lui-même et installé comme à l'état de liberté.

C'est ce que va nous apprendre la campagne d'élevage de 1879, durant laquelle la Perdrix Ouakiki va nous livrer ses mœurs, ses aptitudes, sa vie de famille ; en un mot, ses secrets les plus intimes.

Mais, avant de vous initier à ce qui va suivre, je crois qu'il est convenable de vous la présenter et de vous faire faire avec elle un bout de connaissance sommaire ; après quoi, nous la verrons à l'œuvre.

Voici d'abord son portrait :

Bec noir, œil noir, calotte gris cendré foncé ; bande bleuâtre partant de la commissure du bec et allant se perdre derrière l'occiput, dessous du bec couleur feu, plastron bleu clair doublé de feu à sa partie inférieure ; flancs jaune clair parsemés de plumes marron en demi-cercle, ventre jaune clair et uni, dos gris cendré, tiqueté de points blancs et de plumes marron ; ailes brun clair ocellé de marron foncé, queue droite, cendrée et traversée de lignes ondulées fauves et marron.

La Perdrix Ouakiki tient le milieu, comme taille, entre le Colin et notre Perdrix grise, à laquelle elle ressemble beaucoup, vue à quelque distance, à cela près que les nuances, chez la Ouakiki, sont plus foncées.

La livrée, chez les deux sexes, est identique ; mais le mâle se distingue de la femelle par un éperon très accentué, qui devient, à la longue, acéré comme celui du Coq faisan.

La Perdrix de Chine paraît fort sauvage ; à la moindre alerte, elle se ramasse sur elle-même, de façon à cacher son plastron qui, chez elle, — elle le sait, — est la partie voyante. Elle s'affaisse sur la terre, dont son dos a la teinte grise, tête basse, queue rabattue, en motte.

Il faut alors qu'elle remue pour qu'on la voie, même la sachant là.

A ce moment, elle pousse à voix très basse son cri d'alarme : « Tarr !... tarr !... »

Le matin, dès l'aube, et à certaines heures de la journée, principalement lorsqu'il va pleuvoir, le mâle fait entendre un chant prolongé, perçant, aigu, cuivré, qui se perçoit de fort loin.

La matinée est employée, jusque vers dix heures, à la recherche de la nourriture ; puis, de dix heures du matin à quatre heures du soir environ, l'oiseau de la Chine, suivant l'état de la température, reste branché à l'ombre ou vautré dans l'herbe au soleil, ou se livre aux douceurs du bain de poussière.

Vers quatre heures de l'après-midi, il parcourt le sol ou les branches des arbres pour y chercher sa nourriture et faire la chasse aux insectes.

Le soir, on le trouve invariablement perché, le plus haut possible, pour rester branché toute la nuit.

La femelle seule fait exception à cette règle tant que dure l'incubation et tant que les jeunes sont hors d'état de voler.

Le couple dont nous allons nous occuper, et qui n'est autre que le couple de remplacement dont il a été question plus haut, me parvint le 13 janvier 1878 dans la soirée. Le lâcher en volière eut donc lieu le lendemain matin ; nous connaissons tous les inconvénients des installations de nuit et les paniques qui en résultent pour les pauvres oiseaux dépaysés.

Mon premier soin avait été de me renseigner sur un point bien essentiel en aviculture, sur *les antécédents des sujets*.

1° Les oiseaux étaient-ils *importés* ou nés en France ?

2° Quel était leur *âge ?*

3° Étaient-ils *consanguins* ou issus de familles différentes ?

4° A quel *régime* étaient-ils habitués ?

5° Demandaient-ils à être *rentrés l'hiver* ou pouvaient-ils être exposés *toute l'année à l'air libre ?*

Voici ce qu'il me fut répondu :

« Bois de Boulogne, 15 janvier 1878.

» Les oiseaux sont âgés de deux ans ;

» Sont de familles différentes ;

» Nés de sujets importés ;

» Ils étaient placés dans une volière en plein air ;

» Leur nourriture se composait de blé et millet mélangés ; verdure à discrétion. »

J'étais fixé.

J'ai dit tout à l'heure que l'installation des oiseaux dans le compartiment qui leur était destiné avait eu lieu le lendemain de leur arrivée, dans la matinée.

Ce compartiment, construit sur une terrasse en pente et faisant suite à d'autres volières, comporte environ dix mètres carrés de surface. Il est suffisamment abrité du nord par un mur très élevé, et de l'ouest par ma chambre d'élevage, distante d'une douzaine de mètres du compartiment, avec lequel elle se relie par une série de volières grillagées, susceptibles à volonté de communiquer avec la chambre d'élevage, entre elles et avec le compartiment, qui clôt la série.

Vers la muraille, à distance de 50 centimètres, et sur un monticule entouré d'arbustes, s'élève une petite construction en bois, en forme de pagode, d'un mètre de long sur 50 centimètres de large et de 1^{m},50 de hauteur, avec deux étages de toits formant saillie pour donner de l'ombre et de l'abri.

Cette pagode est percée d'ouvertures pour l'entrée et la sortie, et tapissée au rez-de-chaussée d'un mélange de sable fin, plâtre en poudre, cendre de foyer : c'est la salle de bain.

Dans la muraille et en hauteur se trouve une petite excavation que j'ai surmontée d'un abri, et garnie également de tout ce qu'il faut pour le bain de poussière. Le compartiment est à ciel ouvert et ne renferme aucune toiture autre que celle, fort restreinte, de la pagode.

Le point essentiel, à mon avis, était d'imiter, autant que possible, la nature et de voir comment les sujets seraient susceptibles de supporter, à l'état libre, nos températures si brusquement variables.

Sur le devant de la pagode, à l'exposition du midi, un second monticule gazonné, de 4 mètres de surface, remplace avec avantage la motte de gazon traditionnelle qui est le complément ordinaire de toute installation de Perdrix.

Ce monticule gazonné est surmonté, à son centre, d'un petit sapin de l'espèce *Abies Pinsapo*, à branches basses, horizontales, longues et touffues.

Le surplus du compartiment est boisé, gazonné et entouré d'une allée de 25 centimètres de large, sablée de fin gravier.

L'ordinaire des oiseaux, outre l'eau fraîche et la verdure qu'ils trouvent chez eux à discrétion, se compose d'un mélange de mie de pain et graines diverses : blé, sarrasin, millet, quelques grains de chènevis.

Des perchoirs sont adaptés au haut de la pagode, sous l'abri du toit supérieur; d'autres sont plantés dans le mur, à l'air libre. Quelques pieds de vigne, dont les branches supérieures sont disposées horizontalement, procurent en outre des perchoirs naturels.

Les choses ainsi disposées, les oiseaux furent installés le 14 janvier 1878, de grand matin.

Ils ne se décidèrent à sortir de leur panier qu'au bout d'un instant, puis se mirent à voltiger dans tous les sens avec des cris d'effroi.

Profitant d'un moment où mes pensionnaires, retombés à terre, se tenaient cois, je me hâtai de disparaître, et, durant vingt-quatre heures, leur voisinage fut respecté pour les habituer à se sentir chez eux.

Dès que je les vis suffisamment familiarisés avec leur installation, je m'appliquai à triompher de leur naturel sauvage, condition essentielle pour arriver à la reproduction en captivité; à les habituer à ma présence, condition indispensable pour pouvoir les observer à fond.

Pour cela, je multipliai les prévenances et les moyens de séduction, les abordant avec lenteur et, à chacune de mes visites, leur distribuant de ces petits cadeaux qui entretiennent l'amitié : fruits et insectes de la saison, œufs de fourmis, sauterelles, etc., etc.

Je parvins ainsi à gagner leur confiance, au point de rendre mes Perdrix de Chine aussi familières que les Poules de la basse-cour.

Elles ont supporté sans encombre l'hiver de 1878-1879, soumises à toutes les températures du dehors, sans autre refuge que leur pagode, où elles n'entraient guère que pour leurs ablutions de poussière, sans autre abri que leur petit sapin.

Elles ont de la répugnance à rester enfermées et préfèrent séjourner sur leur monticule, exposées à la pluie, à la neige, au soleil, en un mot à l'air libre.

Ces divers points établis, nous allons observer ensemble, si vous le permettez, le couple soumis à notre étude, dans sa vie privée, dans son intérieur de famille; surprendre ensemble les secrets de la ponte, de l'incubation, de l'éducation des jeunes; en un mot, suivre la Perdrix de la Chine comme à travers un vitrage qui ne laisse rien de caché.

Voici ce que me donnent mes notes, tenues avec soin jour par jour, et pour ainsi dire heure par heure. Je me bornerai, pour éviter la monotonie, à en extraire les données les plus saillantes, les faits les plus instructifs, pour l'objet qui nous occupe.

J'ouvre mon carnet et j'y lis ce qui suit :

24 *avril* 1879. — Trouvé derrière un paillasson, auquel j'ai accès par une trappe qui me permet de tout voir sans rien déranger, deux œufs disposés côte à côte dans une petite excavation creusée par la Perdrix.

Ces œufs sont couleur beurre frais, pointillés de blanc, de forme allongée, très pointus d'un bout, plus petits que l'œuf de la Perdrix grise, plus gros que l'œuf du Colin.

1er *mai. Deux heures de l'après-midi.* — La Poule Ouakiki se dispose à pondre.

Reconnaissons-le à ce signe :

Elle prévient le Coq en se plaçant devant lui et en reculant de trois ou quatre pas, puis s'arrêtant court, l'extrémité de la queue piquée en terre; elle recommence à plusieurs reprises ce manège...

Quatre heures du soir. — Le couple se trouve réuni. C'est le moment de lever la trappe : il y a six œufs.

La ponte a donc eu lieu à raison d'un œuf tous les deux jours.

3 *mai. Quatre heures du soir.* — Le nid contient sept œufs.

4 *mai.* — A partir de l'après-midi, la Poule n'a plus reparu. Le soir, le Coq est perché seul. Donc, elle couve derrière son paillasson.

5 *mai.* — La Poule reste invisible. Le Coq, perché sur une branche de vigne, veille, le regard tourné du côté du paillasson. Écoutons : « katt ! katt ! katt ! » fait-il à voix très basse.

« Katt ! katt ! katt ! » lui est-il répondu sur le même ton de derrière le paillasson.

6 *mai. Une heure après-midi.* — La Poule Ouakiki est dehors ; elle a quitté son nid et est perchée à proximité. Elle manifeste une inquiétude inusitée. Il est évident que ma présence la contrarie beaucoup. Peut-être veut-elle reprendre le nid sans être vue. Je m'éloigne aussitôt.

Un quart d'heure après, elle a disparu. Donc, elle a repris le nid.

Il est probable que c'est à la suite d'une panique qu'elle avait quitté ses œufs, car c'est la seule fois durant le cours de l'incubation que je l'ai vu levée.

Peut-être prend-elle sa nourriture de grand matin.

Peut-être, suivant les curieuses observations de M. Coutelier (de Reims), à propos de la Poule du Faisan doré, vit-elle sans manger depuis le jour où elle prend le nid jusqu'à celui de l'éclosion.

21 *mai. Une heure après-midi.* — Nous sommes au dix-septième jour de l'incubation. Pas encore d'éclosion. Il est vrai qu'il fait une température ingrate ; de la pluie froide presque tous les jours.

22 *mai. Une heure après-midi.* — La couveuse est hors du nid. Son attitude n'est plus la même. Elle fait quelques pas, scandant sa marche, fière, la queue relevée et agitée d'un mouvement saccadé. Pas d'apparence d'éclosion. Elle retourne au nid.

Trois heures du soir. — Une moitié de coquille, rejetée hors du paillasson, s'aperçoit à l'entrée du nid.

Donc, éclosion.

L'incubation a duré dix-huit jours.

Trois heures et demie. — La Perdrix est dans la volière, posture accroupie. Temps chaud; soleil éclatant. Les petits sont sous elle. Elle se lève. Les voici ; leur livrée, plus foncée que celle du Perdreau gris, est fauve brun rougeâtre. Comptons-les : quatre, cinq, six..., puis... c'est tout.

Mais il y avait sept œufs au nid; il y en avait même huit, car la Poule Ouakiki, comme le font la plupart des Poules des Gallinacés, avait pondu un dernier œuf en se mettant à couver.

Restent donc deux œufs non éclos. L'un d'eux, soumis au mirage, est reconnu infécond. L'autre renferme un poussin en train de bêcher, ainsi que l'indique une cassure circulaire caractéristique.

Confions-le à l'une de nos couveuses et revenons à notre petite famille. Jetons pardessus le grillage une poignée d'œufs ou plutôt de larves de fourmis bien épluchés.

Le père et la mère ramassent chacun une larve ; l'offrent, la laissent retomber ; l'offrent à nouveau en la tortillant dans leur bec comme une cigarette ; l'écrasent à demi, en expriment les sucs pour la rendre plus appétissante aux enfants ; le tout avec force petits cris d'insistance :

« Pé-té-ré ! Pé-té-ré-pé-pé ! »

Les Perdreaux ne ramassent pas à terre, mais cueillent chaque bouchée au bec des parents.

Le Coq partage avec la mère le soin de conduire, de nourrir, de couvrir les jeunes ; c'est même lui qui se prodigue le plus. La mère, elle, sans doute par besoin de se refaire de ses dix-huit jours de séquestration, va, vient, se détire, se baigne, se délasse.

27 *mai*, *Sept heures du matin.* — Le petit Perdreau compromis et confié à une poule est ressuyé. Avisons au moyen de le réunir aux six autres. Je lève la trappe et l'introduis dans le compartiment.

Il piaule : le père et la mère le rappellent; mais, retenus par ma présence sans doute, ou peut-être parce qu'ils détiennent leurs autres petits, ne vont pas à lui. Alors il les rallie cahin-caha, en trébuchant, mais sans hésitation.

Il va se fourrer sous les ailes du Coq.

Nous pouvons remarquer que la Perdrix de Chine détient presque constamment ses nouveau-nés sous elle, au contact de sa chaleur naturelle, évitant avec le plus grand soin de les laisser refroidir.

Elle ne les lâche que juste le temps de les laisser manger. A peine le repas pris, vite sous le manteau de ses ailes, pour digérer au chaud.

Aussi, avec elle, point de diarrhée, point d'inflammation d'intestins, suites de mauvaises digestions, cas si fréquents dans les éducations conduites par des poules de basse-cour.

Dix heures du matin. — Le temps se met à la pluie ; les petits évitent les atteintes de l'humidité en grimpant, comme sur des échelons, sur les plumes hérissées de leurs parents.

24 mai. Cinq heures du matin. — Chant retentissant du couple Ouakiki. Matinée froide.

Huit heures du matin. — Le soleil donne de chauds rayons. Le couple Perdrix se tient debout sur la grève, le long du mur inondé de lumière tiède. Les jeunes sont couchés en rond aux pieds de leurs parents.

Huit heures du soir. — Le mâle est perché seul. La mère détient les jeunes, qu'elle a conduits, pour y passer la nuit, au sommet du tertre de gazon, sous les branches basses de l'*Abies pinsapo.*

L'herbe, très haute en cette saison, se confond avec les basses branches, et les Perdrix, en broutant et en piétinant cette herbe, ont formé sous l'arbuste une sorte de galerie en forme de corridor voûté.

La mère se tient à l'avant de ce corridor, où elle se gîte, ses petits sous elle.

Le Coq est perché la tête tournée de l'autre côté de la galerie, de manière que les deux issues de ce refuge se trouvent simultanément gardées.

25 *mai. Sept heures du matin.* — Il ne reste plus que six jeunes. Le septième, probablement le dernier né, celui qui n'avait pas eu la force d'éclore à temps, n'a pu supporter la crise de la première mue. Trouvé le petit cadavre au pied du tertre.

Les autres petits profitent à vue d'œil et sont d'une vivacité incroyable ; ils commencent à s'éparpiller pour chercher leur nourriture chacun pour son compte. Ils mangent la pâtée : mélange de mie de pain, œufs durs, chènevis écrasé, chicorée sauvage.

27 *mai. Matin.* La première mue des jeunes s'accentue ; leurs ailerons commencent à se revêtir de grandes plumes. C'est une épreuve pour leur santé. Aussi les père et mère redoublent-ils de précautions, les détenant sous eux plus longtemps pour les fortifier au contact prolongé de leur chaleur naturelle.

29 *mai. Sept heures du matin.* — Temps frais et humide ; les petits paraissent souffrir, leurs petites ailes tendent à traîner. Ils mangent bien cependant et cherchent de petits vers.

Trois heures du soir. — Ils marchent en relevant la queue, qui n'est encore qu'un moignon, à l'imitation de leurs parents. Leur croissanee s'accentue à vue d'œil.

1er *juin.* — Orage, pluie et grêle. Dans les accalmies, les perdreaux se couchent épars sur les flancs du monticule de verdure, pendant que la mère se poudre et que le père, tout en les gardant, vaque à sa nourriture.

Le soir, cinq des petits sont perchés, sauf l'un d'eux, qui ne peut y parvenir et piaule avec insistance.

Le temps étant froid et pluvieux, je me décide à forcer la compagnie à se dépercher. Elle passe la nuit à terre sous les ailes de la mère.

2 *et* 3 *juin.* — Journées pluvieuses et froides. Mêmes cris de l'un des petits, mêmes entraves à la perchée.

4 *juin, dans la matinée.* — Le petit souffreteux est mort dans la nuit ; les tuyaux de la jeune plume, remplis de sang, indiquent qu'il a succombé à la crise de la mue, contrariée par les froids.

Répandu dans la journée, à bonne exposition, un demi sac de poussière de plâtre. Cinq minutes après, la mère et les cinq poussins restants, tous vautrés dans le plâtre, savourent les douceurs du bain, le premier que prennent les jeunes.

Sept heures du soir. — Toute la compagnie, père, mère et enfants, est perchée pour la première fois au complet.

Remarquons en passant que, l'éclosion ayant eu lieu le 22 mai et la première tentative de perchée le 1er juin, le jeune poussin de la Perdrix de Chine est apte à voleter et à se brancher dix jours après sa naissance.

6 *juin. Cinq heures du matin.* — Chant matinal du couple Ouakiki.

Une heure après-midi. — Le Coq a sous lui ses cinq enfants, déjà grands; on s'en aperçoit à l'ampleur de son pardessus de plumes et aux soubresauts qui agitent l'étoffe. La mère s'approche de lui, lui épluche le cou, et lui donne sur la tête de petits coups de bec d'amitié.

Trois heures. — Les perdreaux sont couchés en grappe sur le gazon, au soleil.

Quatre heures. — La mère vient se poser sur l'un des barreaux de l'échelette destinée à faciliter la perchée. Elle appelle un des petits, le plus à portée. Il en vient un, puis deux, puis trois, puis tous. Alors, en leur présence, elle s'épluche, passe successivement dans son bec chacune des plumes de ses ailes, puis de sa queue.

Eux l'imitent, tout en échangeant avec elle toutes sortes de monosyllabes, — la répétition peut-être de la leçon qu'elle vient de leur donner, — après quoi on se détire. Puis, la perdrix épluche successivement chaque petit sur la tête et sur le cou, parties où leur bec n'avait pu atteindre.

Sept heures. — La pluie commence à tomber. Le couple Ouakiki est perché sous l'abri du toit supérieur de la pagode, trois des petits sous ses ailes. Il en reste deux qui n'ont pas encore rallié. Voyons un peu comment ils vont s'y prendre. L'un d'eux vient se percher à côté de sa mère et, se rapprochant, parvient à se fourrer sous son aile gauche. Dès lors, de ce côté, il n'y a plus de place pour le second. Comment va s'y prendre ce dernier ? Voici : à l'appel de la mère, il vient se percher sur son dos; elle, alors, entr'ouvre son aile droite et l'enfant s'y laisse glisser d'en haut, comme une valeur dans une poche de portefeuille. Arrivé au perchoir, il prend pied et s'arrête.

Ainsi rivés à leurs parents, faisant pour ainsi dire corps avec eux et protégés par les ailes de ceux-ci, les petits peuvent braver les intempéries de la nuit.

7 *juin. Sept heures du matin.* — La Poule Ouakiki est très agitée et semble chercher une issue pour s'échapper. — Il est évident que ma présence la gêne et voici pourquoi :

Midi et demi. — Aperçu un œuf sur le devant du couloir pratiqué sous le pin *Sapo.*

Notons en passant que, durant la ponte, qui a eu lieu dans la matinée, les petits avaient fait bonne garde, postés autour d'elle, à 25 ou 30 centimètres de distance.

8 *juin. Deux heures après midi.* — Le nid contient un deuxième œuf.

10 *juin. Huit heures du matin.* — Il y a trois œufs au nid.

11 *juin, midi.* — Quatrième œuf.

12 *juin. Deux heures après-midi.* — Cinquième œuf.

Toute la compagnie est éparpillée à la recherche de la nourriture. Passe un oiseau de proie. Cri d'alarme du Coq. Tout le monde se rase, quelques-uns l'œuf de fourmi au bec, et l'on reste ainsi dans une immobilité absolue. Puis, le danger passé, le Coq donne un signal, chacun se lève et continue de manger.

13 *juin. Trois heures du soir.* — Un sixième œuf.

Remarquons que la ponte, dans la saison chaude, est plus accélérée que la ponte printanière, qui ne donnait qu'un œuf tous les deux jours.

Les petits, depuis quelques jours, font des stations sur les perchoirs, voltigent à de courtes distances, et parcourent les branches des arbustes pour y cueillir des larves d'insectes ou des œufs de fourmis restés suspendus.

La Perdrix de Chine, en temps de neige, n'est donc pas prise au dépourvu, et saurait trouver sa nourriture sur les arbres.

15 *juin. Dix heures du matin.* — Les œufs aperçus au nid se trouvant trop en évidence, ce qui pourrait entraver l'incubation, je pénètre avec précaution dans le compartiment et je plante sur le devant du nid trois branches de genévrier qui forment un rideau à peu près impénétrable, tout en me ménageant une éclaircie imperceptible pour faciliter mon observation.

Une heure après-midi. — Septième œuf.

Sept heures du soir. — La Poule Ouakiki manque au perchoir. Donc, elle couve. Lorsque j'ai planté mon rideau de genévrier, il était temps.

La Poule Ouakiki couve donc pour la deuxième fois. Certes, ceci est bien étrange, mais nous ne sommes pas au bout de nos étonnements.

Voyons ce que deviennent les jeunes privés de l'abri maternel.

Le mâle a fort à faire au perchoir. Deux des jeunes sont sous son aile droite; les trois autres sont à sa suite, en brochette; puis on change de place, on s'arrange, on se dérange; on saute sur le dos du père, on se laisse glisser d'en haut par son aile entr'ouverte, et l'on finit par s'arrêter à l'agencement suivant : deux des petits sous l'aile droite, deux des petits sous l'aile gauche; le cinquième reste en dehors, à côté, appuyé extérieurement contre l'aile droite de son père.

17 *juin. Trois heures de l'après-midi.* — Les Perdreaux sont couchés sur le tertre, près de leur mère qui couve. Ils pépient et elle leur répond à voix basse.

Ils ont grandi d'une façon marquée et sont déjà presque aussi gros que des Cailles.

Ils commencent à dédaigner un peu l'œuf de fourmi, cette nourriture de la première enfance; ils vont au plat de pâtée, broutent la jeune verdure et trouvent probablement en abondance des vers et autres insectes.

Ils mangent des grillons de boulanger, mais dédaignent absolument les blattes.

Leur tête se trouve entièrement emplumée.

20 *juin.* — Les oisillons ont pris forme d'oiseaux; la livrée

s'est complétée, le col s'est allongé, le corps s'est élancé. Ce ne sont plus des enfants : ce sont des adolescents.

22 *juin*. — Pleine mue du Coq, qui a perdu toutes ses pennes caudales.

Sept heures et demie du soir. — Quatre des jeunes sont perchés à ses côtés. Le cinquième s'est posé sur une branche supérieure. Nous voyons qu'ils commencent à s'émanciper.

26 *juin*. — Les jeunes Perdreaux, devenus forts, supportent sans paraître en souffrir les températures si ingrates de l'été de 1879. Ils couchent seuls, perchés en brochette, le père se tenant à part, à 10 centimètre de distance et leur faisant faire, à mesure qu'ils prennent de la force, l'apprentissage du *self government*.

Ils ont adopté pour la perchée du soir une branche de vigne horizontale, et ils s'organisent dans le feuillage de façon à se masquer, de façon aussi à s'abriter des ondées, chaque feuille étant utilisée comme parapluie.

3 *juillet. Six heures du matin*. — Vents froids. La Poule Ouakiki est toujours accroupie sur son nid.

Une heure de l'après-midi. — Elle est encore à la même place, mais *debout*, cette fois. Il doit y avoir éclosion.

L'incubation, commencée le 15 juin, a duré dix-huit jours.

Trois heures. — La couveuse n'a pas bougé; elle est tantôt levée, tantôt accroupie. Donc, éclosion laborieuse.

Giboulées froides, temps orageux, vents froids.

Les petits ne se montrent pas de la journée.

4 *juillet. Cinq heures et demie du matin*. Rien encore. La Perdrix est sur le nid, accroupie.

Il nous tarde de voir comment va s'opérer la fusion de la nouvelle famille avec la précédente.

Sept heures du matin. — Il est né quatre petits. Le Coq détient sous ses ailes deux d'entre eux : la Poule promène les deux autres pêle-mêle avec les cinq aînés.

Il reste trois œufs au nid, dont deux renferment chacun un embryon mort au début de l'incubation; le troisième, un poussin mort quelques jours avant terme.

Revenons à nos Perdreaux et jetons pardessus le grillage une poignée d'œufs de fourmis.

Ici, nous assistons à un spectacle merveilleusement curieux.

Le Coq et la Poule, avec force petits cris d'insistance, offrent, en le tortillant dans leur bec, ainsi que nous l'avons déjà vu, l'œuf de fourmi.

Les Perdreaux de la première portée, plus agiles et plus tôt prêts que leurs petits frères, cueillent cette proie, puis l'offrent à leur tour aux nouveau-nés, qui la cueillent eux-mêmes au bec de leurs aînés ; en un mot, on fait la chaîne.

Cependant, personne de ces derniers ne s'oublie, et pas mal d'œufs de fourmis sont avalés par les présentateurs ; mais comme il y en a pour tout le monde, il s'ensuit que les plus jeunes reçoivent amplement ce qu'ils demandent. Ils n'ont qu'à tendre le bec, et souvent deux ou trois larves leur sont présentées à la fois.

6 *juillet. Quatre heures un quart du soir.* — A mon approche, deux des Perdreaux de la première portée, arc-boutés l'un contre l'autre, se séparent. Il sort de dessous leurs ailes trois de leurs petits frères, qu'ils réchauffaient maternellement ; la mère détient le quatrième petit.

Du 7 au 10 juillet, temps froids, pluies froides, température hivernale et tout à fait contraire.

10 *juillet. Dix heures du matin.* — Vent froid. Toute la compagnie est massée sous le pin *Sapo* pour se réchauffer mutuellement.

Trois heures du soir. — Les derniers nés circulent encore et nous les voyons manger, mais, hélas ! ils se chapent.

11 *juillet, matin.* — Mort un petit dans la nuit.

Six heures du soir. — Les trois petits survivants sont sans vivacité ; ils ont les pattes raides ; ils poussent des piaulements plaintifs.

12 *juillet. Six heures du matin.* — Deux des trois Perdreaux nouveau-nés restants sont morts dans la nuit. Temps humide et froid. Il ne reste plus qu'un seul des quatre sujets de la deuxième portée. Il piaule ; ses parents semblent le considérer

comme perdu et se promènent à travers la rosée sans s'arrêter à ses cris.

Huit heures du soir. — La Poule Ouakiki est couchée à terre avec le seul petit qui lui reste et qui pousse constamment des cris plaintifs.

14 juillet. Neuf heures et demie du matin. — Recueilli le petit Perdreau couché sur le dos et expirant...

En présence de ces quatre petits cadavres, sujet d'amère tristesse, ma responsabilité m'oblige à quelques explications.

Nous avons vu que la dernière incubation nous a donné trois morts en coquille.

Cependant, les œufs n'avaient pas été soustraits à la loi naturelle ; ils avaient été pondus à la place librement choisie par la mère, couvés par elle librement, par conséquent *selon la formule* imposée par la nature.

Mais nous avons pu constater que la période de l'incubation a été traversée par des orages, par des variations atmosphériques intenses, de chaleur excessive suivie de pluie souvent glacée ; en un mot, par une température sinistre, impossible à prévoir et telle que, de mémoire d'homme, on n'en a vu d'aussi ingrate.

Nous connaissons tous l'influence néfaste des orages sur les embryons contenus dans les œufs en incubation.

De cette influence, les plus maltraités ou les moins robustes meurent avant de naître ; de là nos trois morts en coquille.

De cette influence, ceux des embryons qui ont survécu doivent se trouver atteints dans leur constitution, au point de se présenter amoindris et déjà entamés dans la lutte de la vie.

Aussi, dès la première crise de la mue, avons-nous vu nos quatre derniers élèves faiblir, se plaindre, se chaper, puis périr l'un après l'autre.

Il y eut des moments où je me reprochai l'insuffisance de mon installation, où je me suis dit que j'aurais dû l'établir mieux close, plus abritée, plus confortable.

Sans doute ; mais, en agissant ainsi, je faussais l'étude que j'avais entreprise. Il fallait absolument l'installation à ciel ouvert. Ce qui importait surtout, ce n'était pas d'amener un nombre plus ou moins considérable d'élèves ; c'était de voir comment se comporterait, en liberté, l'oiseau de la Chine.

Recueillir les petits élèves, les emmener au chaud, les confier à une poule naine, il n'y fallait pas penser.

Quel brouhaha, quel affolement de la compagnie lorsqu'il eût fallu les capturer! D'ailleurs, une poule naine, si douce qu'elle fût, consentirait-elle à adopter les petits étrangers? Ceux-ci consentiraient-ils, après un commencement d'éducation par leurs parents naturels, à adopter la poule naine?

Enfin, à l'époque (juillet) où s'est produit le désastre, il était permis d'espérer de jour en jour, d'heure en heure, le changement d'une température jugée jusqu'alors impossible en cette saison.

Une série de quelques jours de beau temps, et les petits eussent pu se percher. Dès lors, échappant au contact permanent de l'humidité, ils étaient sauvés.

Malheureusement, cette série n'eut pas lieu.

Ces regrets bien naturels accordés aux petites victimes, nous allons, si vous le permettez, poursuivre notre étude.

Je n'ai pas besoin de faire observer que, de mes notes tenues avec exactitude jour par jour, je n'extrais que les données les plus saillantes, celles qui ont un rapport sérieux et direct avec le but que nous poursuivons.

21 *juillet. Dix heures du matin.* — Dans un nid creusé en forme de four, comme le nid du Colin, au milieu d'une touffe d'herbe et dans un angle de la volière, trouvé un œuf.

La Perdrix de Chine tient à nous enseigner qu'elle est susceptible de fournir trois portées par an.

22 *juillet. Midi.* — Un deuxième œuf.

23 *juillet. Trois heures du soir.* — Troisième œuf.

Du 23 au 29 juillet, à quatre heures du soir, cinq nouveaux œufs s'ajoutent aux précédents, ce qui porte le produit de cette troisième ponte à huit œufs.

Cette fois, je me décide à confier ces huit œufs à une petite Poule couveuse.

Voici mes motifs :

La température continue à être inclémente, et je tiens à

éviter de nouveaux sacrifices, d'autant plus qu'ayant déjà assisté à la fusion d'une portée de perdreaux nouvellement éclos avec les perdreaux de la portée précédente, et ayant vu comment ces deux séries d'élèves d'âge différent se comportaient entre elles, comment leur éducation marchait parallèlement, nous savons ce qu'il importait de savoir. Inutile, dès lors, de risquer une troisième portée dont la fusion ne nous apprendrait rien de plus.

D'un autre côté, il n'est pas sans intérêt d'expérimenter, après avoir assisté à l'éducation naturelle, ce qu'on pourrait attendre de l'éducation artificielle.

30 *juillet.* — Pas de ponte. Le nid a perdu son creux et paraît défait.

1er *août. Une heure après-midi.* — Confié les huit œufs à une poule naine.

2 *août.* — Dans un nouveau nid creusé en excavation et recouvert d'un dôme de verdure, aperçu un œuf.

Décidément, c'est une production à jet continu.

Certes, il eût été facile de profiter des aptitudes merveilleuses du couple que j'avais entre les mains et de pousser à l'exagération de la ponte, de viser aux produits. Pour cela, je n'avais qu'à enlever les œufs au fur et à mesure.

On a vu que ce n'était pas mon avis. Ce n'était pas non plus celui de notre savant secrétaire qui, par moi consulté, me répondait ceci :

« Bois de Boulogne, 1er mai 1879.

» Mon avis est de laisser la Perdrix couver; mais je vous engage cependant à suivre vos inspirations. Pour moi, je crains les pontes forcées sans repos. »

8 *août. Midi.* — Le nid renferme un cinquième œuf.

Sept heures et demie du soir. — La Poule Ouakiki manque au perchoir. Donc, elle couve.

Cette fois, je laisse faire cette brave bête. Il en adviendra ce qu'il pourra. Si je lui retirais ses œufs, elle serait capable de pondre encore une fois et il importe de ne pas la laisser s'épuiser.

19 *août. Six heures du matin.* —Éclosion des œufs confiés à la Poule naine, après dix-sept jours et demi d'incubation. Six naissances : deux œufs clairs.

Installation de la Poule naine et de ses élèves dans un parquet d'élevage disposé comme il est dit dans *L'aviculture* et placé dans une pièce vitrée dont la température est portée à 22 degrés.

Midi. — Répandu des œufs de fourmis dans le parquet, à portée de la petite Poule : celle-ci les leur présente, puis les avale pour son compte sans y mettre l'insistance de la mère naturelle.

Les nouveau-nés mangent au bout de mon doigt des œufs de fourmis tortillés et à demi écrasés. Puis, pour aller plus vite, je pique au bout d'une épingle longue, et une à une, les larves, que je présente ainsi aux petits Perdreaux. Ceux-ci se familiarisent très vite avec ce mode, calqué sur ce que j'ai vu faire à leurs parents.

Au bout de trois jours, ils ramassent seuls les œufs de fourmis, et de petites sauterelles coupées en deux, dont j'ai soin d'arracher les grandes pattes. Ils mangent aussi de petits vers de terre.

27 *août. Sept heures du matin.* — Collé mon oreille à la cloison qui me sépare du nid de la Poule Ouakiki. Entendu pépier des nouveau-nés. L'incubation, commencée le 9 dans l'après-midi, a duré dix-sept jours et demi.

Cinq heures du soir. — Les derniers nés, au nombre de quatre, suivent en trébuchant le Coq et la Poule Ouakiki. Temps couvert et froid. Avec mille précautions, je parviens, au moyen de trappes ouvertes, à faire pénétrer le couple et ses petits dans la pièce vitrée et chauffée dont il vient d'être question. Ils y occupent un espace grillagé de 4 mètres carrés et semblent avoir perdu toute sauvagerie, comme des animaux pris au piège.

Les père et mère Ouakiki écoutent, par moments, les pépiements qui s'échappent du parquet de la Poule naine, et paraissent fort intrigués.

3 *septembre.* — Introduit chez les Ouakiki l'un des jeunes

de la Poule naine. Le Coq et la Poule Ouakiki cherchent à l'accaparer, mais le petit demande à retourner avec sa Poule. Retiré ce Perdreau, mais son père se montre très irrité et se lance après les grillages pour le reprendre.

7 *septembre. Soir.* — Les Ouakiki font percher leurs jeunes.

8 *septembre. Huit heures du matin.* — Ouvert, dans la pièce vitrée, les trappes de séparation. Fusion des petits Perdreaux. Le couple Ouakiki adopte les élèves de la Poule naine; la Poule naine, les élèves du couple Ouakiki : puis la Poule se met à attaquer ce couple.

Établi une séparation à claire-voie qui permet aux jeunes de se mêler sans que les parents puissent se battre.

Je crois le moment venu de clore cette étude, pour ne pas tomber dans la monotonie. Ce qui précède me paraît suffisant et la Perdrix de Chine nous a appris tout ce qu'il nous importait de savoir.

Nous avons pu regarder pardessus le mur de sa vie privée. Elle nous a livré ses secrets les plus intimes, ses aptitudes, ses mœurs si intéressantes; sa vie de famille, si originale; son mode de reproduction, qui nous confond d'étonnement.

Le seul reproche qu'on puisse lui adresser, c'est le petit nombre d'œufs de chaque couvée. Mais le nombre que nous avons constaté à chaque ponte n'est pas une limite extrême. Il est une conséquence de la constitution spéciale, du degré de fécondité particulier du sujet que nous venons de voir à l'épreuve, et la Perdrix percheuse de la Chine est susceptible, ainsi qu'on en a fait l'expérience au Jardin d'Acclimatation du Bois de Boulogne, de donner des couvées qui se rapprochent davantage, comme quantité d'œufs, des couvées de nos perdrix.

Cette étude, prise sur le vif, vécue avec le sujet, nous a montré la Perdrix Ouakiki telle qu'elle doit être en liberté, telle qu'elle serait dans un parc, abandonnée à elle-même et suivant librement les instincts de sa nature.

Nous l'avons vue installée sans autre abri que celui destiné à tenir au sec les éléments du bain, et dans lequel elle ne se réfugiait que pour ses ablutions de poussière.

Nous avons constaté avec quelle facilité elle adopterait notre climat, comme l'ont adopté déjà du reste la plupart de ses compatriotes du nord de la Chine : le Faisan de Mongolie, celui dit de l'Inde, les Faisans Doré, de Lady Amherst, Vénéré, le Canard Mandarin, etc.

Ne perdons pas de vue que l'un d'eux, le Faisan de Mongolie, est devenu l'un de nos gibiers de plume les plus rusés.

Il nous est donc permis d'espérer que, le jour malheureusement à prévoir où nos Perdrix françaises auront disparu, la Société d'Acclimatation sera en mesure de combler cette lacune regrettable et de répondre aux doléances des disciples de saint Hubert par ces bonnes paroles qui valent tout un poème :

« *Voilà une perdrix !* »

Daignez agréer, je vous prie, Monsieur le Président, etc.

NOTES SUR L'ÉDUCATION

DE

DIVERSES ESPÈCES DE LÉPIDOPTÈRES

SÉRICIGÈNES

FAITE A CHAMPROSAY (SEINE-ET-OISE)

Par M. J. FALLOU

ÉDUCATIONS DE 1879.

J'ai l'honneur d'adresser à la Société le compte rendu des éducations des différentes espèces du genre *Attacus*, que la Société a bien voulu me confier.

Toutes mes éducations ont été faites à Champrosay (Seine-et-Oise), en plein air ou en pavillon ouvert jour et nuit. Je n'ai fait aucun essai soit en serre, soit en chambre chauffée.

J'ai le regret de vous annoncer que, malgré tous les soins que j'ai apportés à l'éducation de ces diverses espèces, seule celle des Yama-maï a à peu près réussi, mais que, pour toutes les autres, mes tentatives ont complètement avorté. A quoi doit-on attribuer ce manque de réussite? Je ne sais; je suppose seulement que le temps froid et humide de cette année, en rendant presque tous nos végétaux malades, n'a pas peu contribué à rendre les éducations difficiles. Les Papillons de nos contrées eux-mêmes ont subi l'influence du retard de la saison, qui s'est manifestée en eux par la flacherie, comme j'ai pu le constater chez plusieurs espèces, telles que celles des genres *Pieris*, *Arctia* et *Saturnia*. Ces espèces, en effet, n'ont paru qu'un mois après leur époque habituelle d'éclosion.

Ce retard m'a donné l'occasion d'essayer si le rapprochement d'espèces différentes, mais du même genre, pouvait avoir lieu, chose qu'il m'aurait été impossible de faire dans une année ordinaire. Ainsi, la Saturnia Piri, qui ordinairement éclôt du 25 avril au 15 mai, n'est parue cette année que du 5 au 25 juin. Ayant donc eu l'éclosion, du 10 au 12, d'un mâle Piri et d'une femelle Pernyi, provenant de mon éducation de la seconde génération de 1878, je laissai ces deux Bombyciens plusieurs jours ensemble, mais tous deux moururent sans qu'il y ait eu rapprochement.

Du 17 au 19, le contraire eut lieu ; il m'éclôt une femelle Piri et un mâle Pernyi, et, cette fois, non seulement je ne constatai point d'accouplement, mais je remarquai de plus que les deux insectes s'éloignaient constamment l'un de l'autre. Ces tentatives de croisement de races entre espèces qui paraissent si rapprochées, mais provenant de pays tout différents, paraissent assez concluantes.

Attacus Yama-maï, G. Mén.

(Ver à soie du chêne du Japon.)

Je reçus, le 8 mars 1879, 80 œufs de cette intéressante espèce : aussitôt reçus, je plaçai la boîte qui les contenait entre deux plaques de marbre dans un endroit sec, mais non chauffé. J'espérais que, grâce à ce procédé, je réussirais à retarder l'éclosion des chenilles. Malgré cette précaution, l'éclosion eut encore lieu beaucoup trop tôt, c'est-à-dire entre les derniers jours du mois de mars et le 4 avril.

Des 80 œufs reçus, il ne sortit que 69 chenilles, que je plaçai aussitôt dans un vaste bocal non couvert. Ce dernier renfermait des branches de chênes âgés de deux ans, portant leurs premiers bourgeons, que j'avais eu soin de dépouiller de leur enveloppe.

Les petites Chenilles s'accommodaient très bien de cette nourriture et mangeaient les bourgeons jusqu'au bois. Elles étaient arrivées à leur première mue quand survinrent les gelées des 11, 12 et 13 avril, pendant lesquelles le thermomètre descendit à 4 et 5 degrés au-dessous de zéro. Ces quelques jours de froid suffirent pour détruire les bourgeons des chênes les plus avancés. J'avais heureusement fait auparavant une réserve de branches : je les plaçai dans l'eau, dans une chambre chauffée et exposée au soleil. De cette façon, j'obtins un développement assez considérable des bourgeons et beaucoup plus prématuré que celui des chênes du dehors. Les chenilles parurent s'accommoder de cette nourriture, mais quatre jours suffirent pour que plusieurs devinssent malades et mourussent très promptement.

Enfin, le 20 avril, la température se radoucit sensiblement et je pus leur donner de nouveaux bourgeons frais. Du 25 au 30 avril, je sortis les chenilles du bocal ; j'en plaçai une partie sur des chênes dans la forêt, à divers endroits ; une autre dans mon jardin; d'autres enfin, au nombre d'une vingtaine environ, dans un pavillon ouvert. J'eus alors, dans ce dernier lieu, à me mettre en garde contre les attaques des fourmis : celles-ci m'en ont fait périr jusqu'à dix dans une journée. Je mis alors le vase plein de sable mouillé où étaient plantées mes branches de chêne au milieu d'un bassin rempli d'eau. Je réussis de la sorte à sauver le reste de mes chenilles, si ce n'est quelques-unes, que les Guêpes m'enlevèrent.

Cette espèce recherche le sommet des branches, mange peu quand le temps est sombre; la chaleur humide, les pluies douces paraissent lui convenir.

Le coconnage eut lieu du 20 juillet au 9 août Les cocons, tant mâles que femelles, sont, à peu de chose près, du même poids : ils pèsent, pleins, 4 grammes; vides, 1 gramme. Quant à l'éclosion, elle a duré 16 jours, du 20 août au 6 septembre. Je n'ai constaté que trois accouplements et je crois que les œufs sont fécondés. Du reste, les femelles déposent leurs œufs dans des endroits où il est difficile de les récolter sans les détériorer et ne pondent que rarement sur le papier ou la toile que l'on prépare pour récolter les œufs.

J'ai eu l'occasion, le 20 juin de cette année, d'observer la ponte d'une femelle d'*Attacus Piri*. Cette observation m'a paru assez intéressante pour vous la rapporter, car elle nous conduit à d'utiles conclusions relativement à nos espèces exotiques. Voici le fait. Après avoir remarqué certains préparatifs qui me parurent laborieux, je vis la femelle voltiger audessus d'un Noyer sur lequel je l'avais posée et ne pas paraître disposée à y déposer ses œufs. Je la transportai ensuite sur un cerisier dont elle ne parut pas s'accommoder davantage. Sachant que cette espèce vit ordinairement soit sur le poirier, soit sur l'orme, soit sur le frêne, je la mis sur un poirier de mon jardin, et je la vis alors y chercher un endroit qui lui convînt. Elle choisit le dessous des premiers coursons, près de la tige principale, ne déposant que 7 à 11 œufs sous chaque courson. Enfin, au bout d'une heure et demie, elle acheva sa ponte, qui se composait de 75 œufs environ.

Je conclus de cette observation que les espèces exotiques doivent, de même que la Saturnia, dont il vient d'être question, rechèrcher pour y déposer leurs œufs la plante sur laquelle les jeunes Chenilles doivent vivre, et que, si elles déposent leurs œufs çà et là, c'est qu'elles ne trouvent pas d'endroit précis où leur instinct les pousse à les déposer. D'ailleurs, l'expérience m'a donné raison sur ce point : en effet, aussitôt après l'accouplement de mes Yama-maï, je plaçai dans la boîte des branches de chêne, et, comme on peut le voir sur les spécimens que je présente à la Société, les femelles n'ont pas choisi d'autre endroit pour pondre que l'enfourchure des branches.

Je ne sais si cette manière d'obtenir des œufs a déjà été appliquée ; toutefois, je n'en ai pas eu connaissance ; ce procédé pourrait, du reste, servir pour toutes les espèces, en donnant à chacune d'elles des branches de la plante sur laquelle vivent les chenilles.

Quant aux chenilles déposées dans la forêt et dans mon jardin, pas une n'a résisté ; elles ont toutes disparu en quelques jours en certains endroits et dans d'autres en quelques semaines. A la fin de mai, je n'en retrouvai pas une seule. Sont-elles mortes, ont-elles été enlevées par les insectes chasseurs ou bien par les oiseaux? C'est ce que je ne pourrais affirmer.

Il me reste encore 6 cocons qui n'ont pas donné leur papillon ; je ne sais pas s'ils viendront, car j'ignore si cette espèce retarde quelquefois son éclosion de plusieurs années, comme cela arrive pour notre Saturnia Piri.

La saison ayant été très humide cette année, j'ai cru bon de renoncer presque complètement à l'arrosement par mon procédé avec le pulvérisateur.

Attacus Cecropia.

(Ver à soie américain.)

J'ai reçu de la Société d'Acclimatation 17 cocons de cette espèce, provenant de je ne sais quel pays. Du 17 juin au 19 juillet, il est éclos 10 papillons mâles et 6 femelles, avec un retard de quinze jours sur les éclosions de 1878.

Il y a eu plusieurs accouplements dans les premiers jours d'août; ils m'ont donné environ 500 œufs, sur lesquels une centaine seulement ont produit les chenilles. Ces derniers provenaient de l'accouplement d'un mâle dont le cocon m'avait été remis cette année, et d'une femelle provenant de mon éducation de 1878. Aussitôt écloses, je plaçai les chenilles sur des cerisiers tant sauvages que cultivés, et sur des pruniers d'espèces différentes, dans un verger qui est exposé au sud-sud-ouest. J'en conservai une petite quantité pour les élever dans un pavillon ouvert, dont l'exposition est la même que celle du verger.

Elle paraissaient toutes bien venir, quoique mangeant peu, se rassemblant par petits groupes sur les feuilles des végétaux nourriciers, quand, dans la nuit du 10 au 11 août, il survint un grand vent et une pluie torrentielle. Dès le matin, j'allai visiter mes élèves et je constatai, à mon grand regret, qu'un grand nombre d'entre elles avait disparu et qu'il n'en restait que quelques-unes, accrochées sous les feuilles où elles s'étaient cachées. Leur première mue s'effectua du 16 au 20 août.

Celles que j'élevais dans le pavillon venaient mal, et leur deuxième mue n'a eu lieu que du 7 au 15 septembre, dans de mauvaises conditions, car trois ou quatre jours après, elles étaient toutes mortes, tout en étant encore accrochées aux branches. Le 22 septembre, il n'en restait plus une seule ni dans le verger ni dans le pavillon.

Nota. — A l'époque de l'éclosion des papillons, j'en ai laissé échapper plusieurs paires provenant de mon éducation de 1878. Je n'ai revu ni papillons, ni chenilles; peut-être sont-ils devenus la proie des chauves-souris ou des oiseaux de nuit, qui sont en grande quantité dans notre pays? J'ai aussi placé des Yama-maï sur différents chênes de la forêt; je me réserve de voir, l'année prochaine, si je trouve des chenilles aux environs des endroits où j'ai abandonné les papillons.

Attacus Polyphemus.

(Ver à soie du chêne américain.)

L'éducation de cette précieuse espèce n'a pas mieux réussi que celle des *Attacus Cecropia.*

J'ai reçu les œufs à Champrosay le 20 juillet. Du 22 au 26 du même mois, la plus grande partie des chenilles sont écloses. J'ai agi relativement à cette espèce comme je l'avais fait pour les Yama-maï. J'en ai déposé sur différents chênes de la forêt, sur des arbres de mon jardin, et enfin j'en ai mis quelques-unes en chambre ouverte. Jusqu'à leur première mue, qui a lieu dans les premiers jours d'août, je croyais pouvoir réussir à les élever; mais, à partir du 6 du même mois, époque qui se rapprochait de celle de la deuxième mue, la mortalité, qui avait été très considérable jusque-là, augmenta tous les jours dans des proportions très notables. Du reste, je remarquai que les chenilles placées dans la forêt mouraient en bien moins grande quantité que celles que j'avais placées en chambre. Vers la fin d'août, il ne m'en restait plus qu'une vingtaine; celles de la forêt mouraient aussi sur les branches. Deux exemplaires seulement sont parvenus à leur presque entier développement. Elles avaient été élevées sur un buisson de chêne abrité dans un creux de la forêt; elles étaient les seules survivantes des dix que j'avais placées au même endroit.

La chenille de l'*Attacus Polyphemus*, arrivée à sa dernière grosseur, est une des plus belles par sa couleur d'un beau vert translucide, et sa pose au sommet des branches est d'un très bel effet. J'allais presque tous les jours les visiter, lorsque, le 31 août, j'aperçus sur le côté droit de l'une d'elles une tache jaunâtre qui me parut être un symptôme de maladie. Afin d'être plus à même de les observer, et dans la crainte qu'elles ne fissent leur cocon ailleurs que sur les branches où elles étaient placées, je coupai au pied les rameaux et je les apportai dans le pavillon où j'avais élevé mes Yama-maï. Le lendemain, la chenille tachée pouvait à peine se remuer et se tenir sur la branche; deux jours après, elle mourait molle et vide.

Je fus à ce moment obligé de m'absenter de Champrosay, je laissai sur la branche la chenille morte, près de la chenille en bonne santé. Quel ne fut pas mon étonnement, en revenant deux jours après, en voyant la chenille morte presque entièrement disparue, et celle que j'avais laissée bien portante à moitié dévorée par les guêpes. Je continuai mes observations et je vis les voraces hyménoptères venir enlever jusqu'à la dernière parcelle des deux chenilles.

Nota. — Les Guêpes ont sans doute pu contribuer à la perte des chenilles placées dans le voisinage de mon habitation, mais je crois que pour celles de la forêt il n'a pas dû en être de même.

Attacus Mylitta.

(Ver à soie de l'Inde.)

J'ai reçu de la Société, le 20 juillet, des œufs de ces bombyciens. Du 31 juillet au 3 août, 5 chenilles seulement en sont sorties (1). Je leur ai offert aussitôt différentes espèces de nourriture appartenant soit à des arbres forestiers, soit à nos arbres fruitiers (chêne, alisier, cognassier, néflier, pommier sauvage et cultivé). Elles n'ont rien attaqué et sont mortes du 5 au 7 août.

(1) Le reste des œufs, que j'ai rendus à la Société, m'a paru mauvais.

Attacus Cynthia vera, G. Mén.

(Ver à soie de l'ailante.)

Le 28 juillet, la Société m'a envoyé 200 œufs de cette espèce; sur cette quantité, 87 chenilles seulement sont écloses aussitôt leur arrivée. Elles ont été élevées dans le même pavillon que les espèces précédentes. D'abord, elles ont très bien mangé les feuilles d'ailante que je leur ai offertes; puis, peu à peu, elles sont devenues paresseuses. A chaque mue, leur nombre diminuait; enfin, après la troisième, qui fut très laborieuse et qui eut lieu dans les premiers jours de septembre, elles moururent toutes de la flacherie, les unes après les autres.

Notre honoré collègue M. Christian Le Doux m'a envoyé, en même temps que la Société, des œufs d'*Attacus Cynthia vera*; il me conseillait d'élever les chenilles avec les feuilles du lilas commun, ce que j'ai fait. Les 150 œufs de cet envoi ne donnèrent qu'une trentaines de chenilles, qui sont écloses aux mêmes époques que les précédentes. Elles eurent beaucoup de peine à attaquer le lilas, et une dizaine d'entre elles moururent presque aussitôt leur éclosion. Les survivantes se décidèrent néanmoins à manger les rameaux, que je leur changeais chaque jour; mais cependant, malgré mes soins assidus, il en mourait chaque jour. Trois exemplaires seulement ont pu jeter leur cocon, mais ceux-ci sont fort petits et me paraissent plus clairs que ceux des chenilles élevées sur l'ailante.

Nota. — J'ai attribué pendant un certain temps le peu de réussite de mes éducations en chambre ouverte à la construction récente du pavillon où j'ai tenté mes essais. Je crois que mon opinion était mal fondée, car ayant retiré de cette pièce et mis en plein air les chenilles de mes Cynthia, cela ne les empêcha pas de mourir de la flacherie, comme je l'ai dit précédemment.

Je donnerais facilement à l'appui de ce que je viens de dire des exemples de chenilles de nos environs, qui ont péri à la suite des mêmes maladies que celles qui ont attaqué ces précieux bombyciens exotiques.

J'ai fait faire à l'automne des plantations d'ailantes, de pruniers sauvages, de cerisiers et de pommiers des bois, afin de pouvoir, l'année prochaine, tenter de nouvelles éducations qui, je l'espère, seront plus heureuses que celles de cette année.

Note sur la maladie de diverses espèces de Lépidoptères. Observations faites à Champrosay en 1879.

Dans les mois de juin et de juillet 1878, j'ai élevé une ponte de *Spilosoma* Stph. *Menthastri*. Esp.: les chenilles sont parfaitement venues et ont donné leur papillon en mai 1879. De ces mêmes papillons, qui formaient la deuxième génération élevée en captivité, j'ai obtenu plusieurs accouplements et un grand nombre de chenilles. Je les élevais comme je l'avais fait pour celles de 1878, quand, à leur deuxième mue, la maladie se déclara, la mortalité se répandit de plus en plus, et enfin, à leur dernière mue, au moment où elles allaient se transformer en chrysalides, il n'en restait plus qu'un très petit nombre qui mourut sans se métamorphoser.

Revenons maintenant à la femelle d'*Attacus piri* dont j'ai raconté la ponte. J'ai dit plus haut que cette femelle avait pondu sur un poirier environ 70 à 75 œufs, Quinze jours après la ponte, on pouvait voir sur les feuilles les petites chenilles rassemblées par groupes; cela était d'autant plus facile que la chenille est, comme on le sait, brune avant la première mue et que cette couleur ressort très bien sur le vert des feuilles. Je pus donc, grâce à cela, les compter chaque jour très facilement. Au moment de leur première mue, le nombre diminua considérablement, et je n'en comptai alors que cinquante-neuf. Chaque jour, il en disparaissait, si bien qu'à la troisième mue je n'en retrouvai plus que 30. Je les pris alors et les mis dans une vaste boîte grillagée de tous côtés. Je plaçai cette boîte au pied d'un poirier et donnai chaque jour à mes élèves des branches fraîches de cet arbre. Quelques jours après, je commençai à voir des malades qui mouraient petit à petit et, à la fin d'août, lors de leur dernière mue, qui était en retard d'un mois, elles étaient toutes mortes molles, et accrochées aux branches ou à la paroi de la boîte. Il y avait encore là une cause de maladie que je n'ai pu approfondir.

A la fin d'octobre dernier, et jusque dans les premiers jours de novembre, nous avons pu observer sur les murs et les maisons à Champrosay et dans les villages environnants une quantité de chenilles de *Pieris Brassicæ*. La majeure partie de ces chenilles ont été atteintes par la maladie, et on les voyait mortes encore accrochés aux aspérités des murs ou aux écorces des arbres.

On doit donc ne pas s'étonner si, cette année, les espèces exotiques ont été chez nous atteintes d'aussi terribles maladies, puisque même les espèces de notre pays ont été affectées de cette même épizootie.

II. EXTRAITS DES PROCÈS-VERBAUX DES SÉANCES DE LA SOCIÉTÉ

SÉANCE GÉNÉRALE DU 10 DÉCEMBRE 1880

Présidence de M. de QUATREFAGES, membre de l'Institut, vice-Président de la Société.

En déclarant ouverte la session de 1880-1881, M. le Président présente un exposé de la situation actuelle de la Société, situation très satisfaisante sous le rapport financier comme sous celui du nombre des membres, lequel s'élève actuellement à 2315.

M. le Président fait part, en même temps, à l'assemblée, des pertes regrettables éprouvées, depuis l'année dernière, par notre Société, à laquelle la mort a enlevé 61 de ses membres. Au nombre de ces regrettés collègues, il y a lieu de citer particulièrement M. le comte de Castelnau, ancien élève du Muséum, qui a fait dans l'Amérique méridionale des voyages très intéressants pour les sciences, et qui, étant entré ensuite dans la carrière des consulats, était toujours prêt à rendre service, soit à la Société, soit aux naturalistes; enfin, le vénérable et si sympathique consul général honoraire de France aux Canaries, M. Sabin Berthelot, auteur de travaux fort importants sur la flore et la faune de cet archipel.

M. le Président proclame ensuite les noms des membres récemment admis par le Conseil, savoir :

MM.	PRÉSENTATEURS.
BUGG (Ernest), directeur du *Courrier de la Champagne*, à Reims (Marne).	A. Geoffroy-Saint-Hilaire. A. Leroy. Saint-Yves-Ménard.
CAPMARTIN, pharmacien à Blaye (Gironde).	A. Dufort. A. Geoffroy-Saint-Hilaire. J. Grisard.
CHARLES (Toussaint), propriétaire, à Épernay (Marne).	E. Chapin. A. Geoffroy-Saint-Hilaire. Maurice Girard.
CORY ESQ. (Charles), ornithologiste, à Boston (États-Unis).	A. Geoffroy-Saint-Hilaire. Maurice Girard. Dr H. Labarraque,

MM.	PRÉSENTATEURS.
DÉCLE (Ch.), 38, rue Condorcet, à Paris.	Aimé Dufort. A. Geoffroy-Saint-Hilaire. Jules Grisard.
GIRAUD (Edmond), avocat, à Alexandrie (Égypte).	Aimé Dufort. Jules Grisard. Raveret-Wattel.
LEROUX (Benjamin), propriétaire, à Paimbeuf (Loire-Inférieure).	A. Geoffroy-Saint-Hilaire E. Perreau. V. Tertrais.
MARTIAL, propriétaire, à Paulhaguet (Haute-Loire).	Faure. A. Geoffroy-Saint-Hilaire Maurice Girard.
NAUDIN (Louis), 13, rue des Bois, à Fontainebleau (Seine-et-Marne).	Carbonnier. Drouyn de Lhuys. A. Geoffroy-Saint-Hilaire.
PREUX (le comte Gustave de), château de la Villette-Saultin, près Valenciennes (Nord).	Aimé Dufort. A. Geoffroy-Saint-Hilaire. Saint-Yves-Ménard.
ROCHE DES BREUX, propriétaire, à Beaux, près Retournac (Haute-Loire).	Aimé Dufort. A. Geoffroy-Saint-Hilaire Martial.
RUSS (le docteur Charles Frédéric), à Berlin (Prusse).	J. M. Cornély. A. Geoffroy-Saint-Hilaire. Dr H. Labarraque.

— MM. Capmartin, Martial et Émile Ringel font parvenir des remerciements au sujet de leur récente admission dans la Société.

— M. de Confévron écrit d'Orange : « Depuis trois ans, je ne cesse de sonner la cloche d'alarme et de crier : Prenez garde ! le gibier s'en va ! Aujourd'hui, mes prédictions sont accomplies, grâce aux nombreuses causes de destruction, aidées par des hivers rigoureux.

» Partout l'on constate que les Perdrix sont à l'état de rareté, et ceux qui se plaignent le plus ne sont pas ceux qui ont le moins contribué à cet état de choses. Ceux-là seuls doivent être satisfaits qui prétendent que la Perdrix est l'animal qui cause le plus de préjudice à l'agriculture, mangeant le blé en grain quand il vient d'être semé, le dévorant en vert lorsqu'il a germé.

» Pour nous, qui ne partageons point cette manière de voir, nous croyons que la destruction du gibier est une chose fâcheuse et qu'il n'est que temps d'y apporter un remède énergique et efficace, si l'on ne veut le voir disparaître totalement.

» En l'état actuel, la fermeture absolue de la chasse pendant quelques années me semble le seul moyen pratique pour permettre aux rares individus qui restent de repeupler un peu. »

— M. Grandfond, instituteur à Thaumiers (Cher), écrit à M. le Président : « J'ai l'honneur de vous transmettre, en même temps que cette lettre, deux cahiers dans lesquels j'ai résumé toutes les leçons que j'ai données à mes élèves depuis bien longtemps.

» Dans ce travail, j'ai condensé le plus possible l'essence de mes idées sur les procédés les plus favorables à la multiplication et à la conservation des animaux essentiellement protecteurs de nos cultures. J'y ai déposé tout le fruit de ma modeste expérience.

» Heureux si j'ai atteint mon but !.... J'en ai presque la conviction, car tout l'été dernier j'ai vu avec un véritable plaisir les enfants de mon école entourer d'une sorte d'affection, de respect même, plusieurs nids qui se trouvaient sur mes treilles et dans mon jardin. Et l'hiver dernier, par les froids les plus rigoureux, je les voyais émietter leur pain sur les fenêtres de la classe, pour de pauvres petits oiseaux transis de froid qui venaient récolter avec avidité cette picorée que leur préparaient des mains amies.

» J'ai donc poursuivi et poursuivrai énergiquement ma tâche.

» Né à la campagne et vivant au milieu des cultivateurs, je comprends mieux que personne le noble but de multiplier les animaux utiles et détruire en général ceux qui nuisent à nos récoltes. C'est pourquoi, Monsieur le Président, je me dévoue tout entier à ces principes, et je serais fier de voir accueillir avec faveur mon modeste travail. »

— MM. Roullier-Arnoult et E. Arnoult, de Gambais (Seine-et-Oise) adressent plusieurs exemplaires de la troisième édition de leur *Guide pratique illustré pour l'éclosion et l'élevage artificiels des oiseaux de chasse et de basse-cour*, ouvrage dont ils sollicitent l'envoi à l'examen de la Commission des récompenses.

— M. Plateau, instituteur à Merfy (Marne), adresse à M. le Secrétaire général le compte rendu ci-après d'un élevage de Faisan vénéré : « J'ai eu cette année une Faisane de troisième année et une de première année, avec un Coq de troisième année, logés très largement.

» La ponte, du 3 avril au 8 juin, m'a donné 65 œufs ; 41 de ces œufs, couvés par des Poules, ont donné 32 Faisandeaux.

» En 1879, le ténia m'a fait perdre toute ma première couvée ; mon jardin et mes volières contiennent des germes, qui ne me paraissent nullement avoir besoin de passer, comme beaucoup semblent le croire, par le corps d'un individu intermédiaire.

» J'ai employé, outre de l'ail et de l'absinthe, le kamala en poudre dans la pâtée de mes Faisandeaux, dès que ceux-ci ont mangé. Aussi je n'ai eu qu'un seul de mes élèves tué directement par le ver; plusieurs en ont laissé des traces visibles sans que je croie qu'ils soient morts du ténia.

» J'avais, avec mes Vénérés, quatre Amherst croisés ; l'un d'eux a eu le ténia : il n'a pas paru en souffrir beaucoup, excepté dans les derniers jours, pour expulser entièrement cet helminthe.

» Je pense donc que le kamala peut être employé comme remède préventif contre le ténia des Faisans.

» Il me reste aujourd'hui 22 Faisans vénérés de l'année, ayant achevé leur dernière mue.

» A l'âge de trois semaines, les Coquelets vénérés sont très batailleurs. Pendant une huitaine de jours, c'était pour moi une distraction : je prenais les combattants dans ma main : ils continuaient la lutte et j'y avais un certain plaisir ; mais un jour j'ai vu que ces combats étaient suivis de mort. Deux de ces oisillons durent être séparés : l'un mourut dans la journée et l'autre le lendemain. Je présume que ce sont les coqs qu se battent ainsi, car dans ma plus belle couvée, où j'ai obtenu 13 Faisandeaux de 16 œufs, j'eus 5 morts sans cause connue et dans la période que j'ai indiquée, ce que j'attribue maintenant à ces combats : il ne m'est resté que des femelles de cette couvée. Dans mes autres couvées, je n'ai vu que peu ou point de combats, mais aussi je n'ai que peu ou point de coqs.

» Ma Faisane de trois ans a couvé comme en 1879; mais je l'ai surchargée, et le résultat n'a pas été très satisfaisant : il ne m'est resté que quatre de ses élèves.

» La Faisane d'un an, avec le Coq de trois ans, a pondu un peu plus longtemps que sa mère; elle n'a pas témoigné le désir de couver. Ses 9 derniers œufs ont été confiés à une Poule : 8 étaient fécondés; mais la Poule couveuse était à peu près abandonnée à elle-même : elle se levait comme elle le voulait, c'est-à-dire très peu. La température en juin-juillet était très élevée, l'acare scélérat envahit la couveuse..... Grâce à la poudre insecticide, je pus la sauver; mais la couvée était fort compromise : les petits vinrent deux jours en retard. Vers l'âge de trois semaines, ils languirent et périrent tous les 15 les uns après les autres, sans autre cause apparente que le défaut d'incubation.

» En 1878, le Coq et la Poule d'un an m'avaient bien donné des œufs, mais ils n'étaient pas fécondés; en 1880, le coq de trois ans et une poule d'un an me donnèrent des œufs parfaitement fécondés; mais dans les premières couvées les œufs ont été mélangés par les deux Faisanes, et, par suite des circonstances que je viens d'énumérer, je ne puis affirmer que les œufs de première année soient aussi bons que les autres.»

— M. Alfred Rousse, de Fontenay (Vendée) écrit à M. le Secrétaire général : «..... J'ai obtenu cette année, en deux couvées, 3 Perruches à scapulaire, qui sont superbes et d'une rusticité très grande : elles passent toutes les nuits en plein air, quelle que soit la température. Je crois avoir 2 femelles et 1 mâle; mais rien dans le plumage ne peut encore me fixer. »

— M. le Secrétaire général communique l'extrait suivant d'une lettre qui lui est adressée par M. Becq-Rouger :

« J'ai l'honneur de vous informer que je viens de remettre au chemin de fer, à votre adresse, un Levraut vivant qui a été cerné par un troupeau de dindons et pris au milieu d'eux. Si cela peut vous intéresser, je vous dirai que ce fait est assez commun : quand un de ces oiseaux aperçoit un lièvre ou un autre animal au gîte, il pousse de petits cris particuliers, et tous les autres d'accourir former un cercle autour en poussant les mêmes cris. Ils rétrécissent le cercle jusqu'à ce qu'ils soient à 1 mètre environ de l'animal, et restent là pour ainsi dire en arrêt.

» Les vieux Lièvres franchissent d'un bon cette barrière emplumée, mais les jeunes se laissent presque toujours prendre à la main.

» Les Perruches omnicolores que j'ai reçues en cheptel sont très belles ; leur plumage, qui laissait beaucoup à désirer à leur arrivée, est superbe ; elles sont très gaies, mais n'ont pas encore niché.

» J'ai toujours le plus vif désir d'avoir les Faisans lady Amherst que j'ai demandés l'an dernier ; ils seraient très bien chez moi, qui ai beaucoup d'espace et de verdure à leur donner. »

— M. Garnot écrit de Bellevue, près Avranches : « Grâce à la Société d'Acclimatation, on peut dire que le Canard du Labrador est acquis à notre pays. Aujourd'hui, dans l'Avranchin, on le trouve dans la plupart des fermes, on le vend sur nos marchés. Beaucoup de gens de la campagne commencent à l'apprécier à cause de sa productivité extraordinaire et de sa tendance à se conserver en bon état de chair et de graisse. Bientôt, ils n'en auront plus d'autres.

» J'ai fait tout mon possible pour répandre cette race, que je possède depuis une quinzaine d'années. Je poursuis toujours le même but, et je viens vous soumettre l'idée suivante.

» Je mets à la disposition de la Société 6 lots de Canards du Labrador, les plus beaux et les plus purs qu'il soit donné de voir. Chaque lot se compose de 1 mâle et de 2 femelles.

» Je les offre à ceux de mes collègues qui voudront bien rendre compte des résultats obtenus et qui s'engageront à mettre à leur tour un lot semblable à celui qu'ils auront reçu l'année prochaine au 1er décembre, pour les sociétaires qui voudraient bien prendre le même engagement pour l'année suivante, et ainsi de suite tous les ans.

» De cette manière, il me semble qu'on arriverait immanquablement à une propagation sérieuse.

» Voilà, Monsieur le Président, mon idée telle que je vous la soumets. Si vous la croyez bonne et pratique, je tiens les 6 lots de Canards à votre disposition.

» Je n'ai qu'un regret, celui de ne pas pouvoir vous en donner plus. »

— M. Frémy écrit de Loches (Indre-et-Loire) : « Depuis dix ans, j'ai commencé à m'occuper de l'élevage des oiseaux exotiques... J'ai pu reconnaître que l'éducation de certaines espèces n'est pas toujours facile, eu égard à la situation des volières et à la température plus ou moins froide qui en est la conséquence. Les divers compartiments qui renferment mes volatiles sont exposés au levant et au midi, à 50 mètres des bords de l'Indre, dans une vallée généralement glaciale, souvent couverte de brouillards pendant l'hiver, et très chaude pendant l'été. C'est à cet état de choses que je dois attribuer en grande partie les essais infructueux que j'ai tentés. La position joue donc un grand rôle dans la question d'élevage.

» Les Faisans Swinhoë ont bien réussi pendant les quatre années que je les ai conservés. J'en ai élevé 22, et je n'y ai renoncé que pour m'occuper d'autres espèces, l'espace dont le pouvais disposer étant très restreint. Ces oiseaux m'ont beaucoup intéressé. La Faisane a couvé deux fois et, comme on l'a fait observer en plusieurs circonstances pour les Faisans dorés, elle n'a jamais quitté son nid pendant le temps voulu d'incubation, ou du moins je ne l'ai pas vue en sortir, malgré la plus scrupuleuse attention, pour prendre de la nourriture. Si elle est excellente couveuse, elle est moins bonne mère, car au bout de quelques jours, j'ai été obligé de lui retirer sa famille, dont elle ne prenait aucun souci. Je n'avais pas, dès la naissance, séparé le Coq, ce qu'il ne faudrait jamais négliger de faire, car il m'a tué les deux premiers poussins qui se sont présentés à lui.

» J'ai eu pendant trois ans des Éperonniers chinquis, dont j'ai eu 4 œufs clairs la première année, et 2 œufs, dont 1 fécondé, la seconde. A cause de la difficulté de nourrir les jeunes qui naîtraient sous une Poule, j'avais laissé la femelle couver sa première ponte. J'ai renoncé à lui confier son petit, dont elle ne s'occupait pas, et que le mâle avait voulu tuer à peine sorti de l'œuf. Pour l'élever, on lui faisait entrer dans le bec les vers de farine, qu'il avalait ensuite avec avidité, puisqu'il n'avait jamais voulu manger seul. Malheureusement, il est mort au bout de trois semaines, probablement parce que sa nourriture n'était pas assez variée.

» Découragé, j'ai remplacé ces derniers par des Faisans vénérés, qui m'ont toujours produit un très bon résultat : une quinzaine de jeunes chaque année, 28 même en 1876; excepté le printemps dernier, pendant lequel je n'ai pu en élever que 2. Les sujets avaient trop souffert pendant l'hiver rigoureux que nous avons traversé, et je n'en ai obtenu qu'une vingtaine d'œufs, bons pour la plupart, mais la Poule qui les couvait les a abandonnés quelques jours avant l'éclosion.

» Je me suis procuré avec beaucoup de peine, en 1874, des Faisans de lady Amherst. Cette même année, les œufs étaient tous clairs. J'ai changé le mâle, et depuis j'en ai toujours élevé un certain nombre formant un total de 29 jusqu'à ce jour.

» Les Tragopans satyres que je possède depuis deux ans m'ont donné 5 œufs, dont 4 fécondés ; mais les petits sont morts dans l'œuf. Ces oiseaux n'ont jamais été malades, et j'ai constaté qu'ils supportent très bien le froid et l'humidité. Il n'en est pas de même des Tragopans de Temminck, dont j'ai eu successivement deux paires, et que j'ai perdues de la diphtérie. Cette maladie, persistant chez ces derniers, quand aucun de leurs compagnons de captivité n'en a jamais été atteint, m'a démontré qu'il fallait y renoncer et que le climat de la vallée leur était des plus funestes. A mon grand regret, je ne leur ai pas donné de successeurs, car c'est un des plus beaux oiseaux de volière que l'on puisse avoir.

» Vers la fin du mois de mars 1878, je recevais du Jardin d'Acclimation une belle paire de Lophophores resplendissants. La femelle, quoique adulte, n'a pas pondu ; sans doute à cause de son déplacement en cette saison. L'année suivante, elle me donnait 8 œufs et 8 petits, que j'ai menés à bien jusqu'à l'âge de deux mois. Après ce délai, je les ai tous vu mourir les uns après les autres d'une hypertrophie du cœur. J'avais cru pouvoir les élever en leur donnant une alimentation très variée dans leur volière ; car, ne connaissant pas leurs mœurs, j'avais peur de les voir s'envoler par-dessus les murs, comme aurait pu le faire toute espèce de Faisan. Cette année, sur 6 œufs, j'avais 4 petits, auxquels j'ai donné les premiers jours la nourriture ordinaire des Faisandeaux, et souvent des vers de farine, dont ils étaient très friands. Deux sont morts au bout du premier mois d'une maladie du foie. Les deux autres se portent admirablement, et sont magnifiques, grâce à la quantité de vers et d'insectes qu'ils trouvent en piochant constamment la terre. Ils la retournent de toutes les façons, et malheur aux plantes qui leur tombent sous le bec; tout disparaît bientôt. Ce sont, sous ce rapport, de très mauvais jardiniers; mais il faut bien supporter leurs caprices; ce qui ne les empêche pas de visiter souvent leur mangeoire, composée de riz, maïs, blé, sarrazin. Agés de six mois, ils n'ont pas encore essayé de quitter l'enceinte du jardin dans lequel ils vivent en liberté. Pour plus de sécurité, j'en ai garni les murs de grillages de 1m,50 de hauteur. Ces oiseaux aiment beaucoup à se percher sur les pierres, et particulièrement sur un petit rocher à leur disposition. Rarement on les voit essayer de voler; mais en revanche ils courent très souvent. Très lourds et d'une nature apathique, je crois même que, sans avoir les ailes coupées, ils ne s'échapperaient jamais.

» Les Pintades vulturines sont bien acclimatées, depuis tantôt un an que je les ai; mais elles ne m'ont donné encore que 2 œufs sans coque.

» Les Colombes Longhup ont produit une grande quantité de jeunes, tandis que je n'ai rien eu des Colombes poignardées, que j'avais de la peine même à conserver.

» Les Perruches Palliceps et de la Nouvelle-Zélande sont ici depuis trop peu de temps pour que je puisse savoir si j'en obtiendrai quelque chose.

» Les Canards carolins et mandarins se sont bien reproduits. Quant aux autres palmipèdes, Canards du Chili, Bahama et autres, dont j'ai voulu tenter l'acclimatation, je n'ai eu pour résultat que des œufs clairs pour les uns et rien des autres. Seuls, les Canards du Labrador m'ont fourni une nombreuse génération. »

— M. le professeur Spencer F. Baird écrit de Washington, à la date du 20 octobre : « Je vous ai avisé, il y a quelques jours, par le télégraphe, de l'envoi, par le *Canada*, d'environ 100 000 œufs de Saumon de Californie, emballés dans les caisses spéciales de l'invention de M. Mather. J'espère que ces œufs vous arriveront en bon état.

» Je serai toujours heureux, d'ailleurs, de prêter mon concours aux efforts de la Société pour l'introduction d'animaux utiles en France, et, si vous désiriez particulièrement certaines espèces propres à l'Amérique du Nord (mammifères, oiseaux), reptiles, mollusques, etc., je m'efforcerais de vous les procurer.

» En ce qui concerne les mesures à arrêter en vue de l'introduction de Gouramis aux États-Unis par la voie de Cochinchine, je suis heureux de vous informer que des arrangements sont déjà pris pour la réception des poissons à Hong-Kong et leur réexpédition sur San Francisco. M. Charles H. Haswell, junior, agent, à Hong-Kong, de la ligne des steamers de San Francisco, a reçu toutes les instructions nécessaires à cet effet. Il est chargé, en outre, d'acquitter toutes les dépenses que les envois pourront entraîner. J'espère que ces envois ne rencontreront aucune difficulté sérieuse, et que nous réussirons, par cette voie, à introduire le Gourami dans les eaux américaines. Il ne serait pas impossible que, plus tard, la race ainsi acclimatée chez nous vînt fournir des sujets plus aptes à supporter le climat de la France que ne le sont les Gouramis, tirés directement des pays orientaux. »

— Une autre lettre de M. Spencer F. Baird, en date du 28 octobre, est ainsi conçue : « Je reçois, avec le plus grand plaisir, la lettre m'annonçant les recherches que la Société va faire faire en Cochinchine, en vue de me procurer des Gouramis. J'écris immédiatement à M. Moquin-Tandon à ce sujet..... »

— M. Raveret-Wattel fait connaître que l'envoi d'œufs de Saumon de Californie, auquel il est fait allusion dans la lettre de M. Baird, est arrivé il y a quelques jours ; mais que, malheureusement, par suite d'un manque de soins en cours de route, à bord du paquebot, où l'on aura négligé sans doute de renouveler la glace qui devait entretenir la fraîcheur dans les caisses et conserver les œufs, ces derniers sont arrivés complètement gâtés.

« Malgré la perte, profondément regrettable, de cet envoi, ajoute M. le Secrétaire, la Société n'en doit pas moins de reconnaissance à M. le professeur Spencer F. Baird, pour ce nouvel et généreux présent, qui nous eût permis de continuer des expériences d'acclimatation du plus haut intérêt. »

— La Compagnie générale transatlantique écrit à M. le Secrétaire général : « Nous avons l'honneur de vous accuser réception de la lettre que vous nous avez adressée, à l'effet de nous signaler la nécessité de faire prendre, sur nos paquebots, durant la traversée de New-York au Havre, un soin spécial des caisses contenant les œufs de truite et de saumon que la Société d'Acclimatation reçoit tous les ans des États-Unis.

» En vue de seconder les efforts de la Société d'Acclimatation et pour répondre au désir que vous nous exprimez, nous chargeons ce jour notre agent au Havre de recommander expressément à tous nos capitaines de la ligne de New-York de surveiller d'une manière toute particulière les caisses qui vous seront destinées et de faire donner à ces caisses, en cours de voyage, les soins indiqués dans votre lettre précitée.

» Nous serons heureux, monsieur, si ces instructions, qui, sans aucun doute, seront ponctuellement suivies à bord de nos paquebots, ont pour résultat d'assurer la conservation des œufs de truite et de saumon qui vous sont envoyés des États-Unis. »

— M. Le Paute écrit à M. le Secrétaire général : « J'ai l'honneur de vous faire connaître, au nom de M. le baron de Haber, propriétaire à Courances (Seine-et-Oise), les résultats qu'il a obtenus pour la multiplication du *Salmo fontinalis*, dont la reproduction, en France, fait l'objet d'un prix proposé par notre Société.

» M. de Haber a reçu, en 1877, 5 000 œufs environ de *Salmo fontinalis*, qui ont été mis en incubation dans son laboratoire de pisciculture. L'éclosion a donné des résultats satisfaisants, et sur ces sujets nés et élevés à Courances, on a pu recueillir et féconder 1 200 œufs.

» Ces œufs, placés à la fin de novembre 1879 dans des appareils (système Coste), ont été embryonnés au bout de vingt-cinq jours seulement, et les éclosions n'ont eu lieu qu'au cinquantième jour de l'incubation, avec une température moyenne de l'eau à 9 degrés.

» Aujourd'hui, 300 alevins de cet élevage sont dans les eaux de Courances, parfaitement portants.

» Je saisis cette occasion pour vous faire connaître que les *Salmo fontinalis* éclos en 1877, et qui sont superbes, — longs de $0^{m},30$ — ont été, depuis trois semaines, atteints d'une sorte de tétanos qui en a enlevé une soixantaine.

» La maladie continue avec un peu moins d'intensité.

» J'ai examiné les essences des arbres qui avoisinent les pièces d'eau ; je n'ai découvert dans les feuilles que l'automne y fait tomber aucun principe toxique.

» M. le docteur Henneguy, préparateur du cours d'embryogénie au Collège de France, a bien voulu examiner ces poissons et analyser leurs organes, dans lesquels il n'a trouvé aucune lésion qui ait pu causer leur mort. »

— M. Aloïs de Loës écrit d'Aigle (Suisse) : « Permettez-moi de vous faire part d'un accident survenu à mes jeunes Saumons de Californie, originaires de mon cheptel-d'œufs de 1878. J'en avais perdu une grande quantité au moment de la résorption de la vésicule. Dès lors, une quarantaine de survivants, placés dans un vivier spécial, à belle eau courante, se portaient à merveille et se nourrissaient si bien que leur taille atteignait 15 centimètres en moyenne. Dernièrement, je fus surpris d'en trouver quelques-uns morts; je constatai des kystes sur les yeux et malheureusement ceux en vie commençaient à en être atteints. J'en pris 24 que je transportai dans une autre eau de source moins minéralisée, mais très oxygénée et d'une grande fraîcheur : + 7 degrés.

» Un repas, consistant en vers de terre, fut lestement consommé, lorsque, quelques heures après, ces 24 Saumons, sans exception, se mouraient, l'abdomen fendu, le foie gonflé, s'échappant par l'ouverture.

» Cet accident extraordinaire (qui présente une certaine analogie avec celui de l'alevin dont la vésicule éclatait) est-il dû à une circonstance particulière encore insaisissable, ou à un typhus ayant des rapports avec celui des Perches en 1873, dans le lac Léman, ou à d'autres causes ?

» En fait d'épizootie, j'ai le regret de signaler que, comme ailleurs, les Écrevisses ont toutes péri dans notre contrée au printemps 1879.

» Ces diverses questions méritent une étude spéciale. »

— M. le marquis de Pomereu écrit du château du Grand Daubeuf : « Je fais depuis plusieurs années de nombreux essais de pisciculture dans plusieurs de nos propriétés, bien propres à ce genre de travail. Nous possédons en Nivernais, en Normandie et en Beauce des eaux splendides, abondantes, courantes, stagnantes; nous avons en toute propriété plusieurs rivières pendant des kilomètres, des cascades limpides comme dans les montagnes et de vastes étangs; plus des bassins creusés et même maçonnés pour la reproduction. Nous sommes à même de faire des essais sur le plus grand pied, et je suis disposé pour cela à faire tous les sacrifices raisonnables. A Paris, j'ai dans mon jardin des appareils pour les éclosions. Vous pouvez donc en toute sûreté nous confier le plus grand nombre possible de Salmonides.

» Les œufs de l'an dernier ont parfaitement réussi dans les appareils de mon hôtel, rue de Lille, à Paris. Les alevins en provenant ont été remis en partie à M. de Pulligny, un de nos confrères, et le reste réparti entre nos terres de Beauce et celles de Normandie. Les alevins de Saumon de Californie avaient, au mois de septembre dernier, la grosseur de petits vérons. Quelques centaines ont été placées dans une vaste pièce d'eau alimentée par un puits artésien. Cette eau, d'une température constante de 11 degrés, est fortement calcaire. Une autre partie a été placée dans un bassin alimenté par d'abondantes sources ; leur température varie entre 10 et 11 degrés. Ces eaux sont également calcaires et très limpides.

» Dans le domaine du Héron (Seine-Inférieure) les alevins ont été placés : 1° dans l'Andelle, un des principaux affluents de la Seine, qui nourrit de nombreuses truites ; et 2° dans un réservoir spécial que j'ai fait construire et qui est alimenté par une source très abondante, de nature calcaire ; température de 10 à 11 degrés.

» Dans le domaine de Daubeuf, je suis propriétaire de sources très abondantes, très limpides, qui forment de gros ruisseaux coulant sur un fond de gravier ; ces eaux sont particulièrement appropriées pour recevoir des œufs ou des alevins de toute espèce de Salmonides.

» Je n'ai pas à me préoccuper de la nourriture des alevins parce que toutes ces eaux contiennent une grande quantité de petits animaux dont les salmonides sont très friands..... »

— M. L. Lavallée écrit de Segrez (Seine-et-Oise) : « Les eaux de Segrez proviennent toutes des sources de la propriété et sont closes. La formation géologique de la contrée vous expliquera la nature de ces eaux : le thalweg de la contrée appartient au terrain du bassin de Paris ; mais les étages du gypse et du calcaire grossier n'y sont pas représentés. On trouve celui de l'argile plastique en couches inclinées dans le sens de la vallée, et au-dessus de cette couche, les dépôts des terrains tertiaires moyens de formation plus récente, les grès de Fontainebleau et les meulières.

» Les eaux de pluie s'infiltrent dans les terrains perméables, grès et sables, qui composent les collines autour de Segrez, et sont retenues par la couche d'argile inférieure. Elles se dégagent en sources abondantes, dont le volume total est actuellement de 800 à 1 000 litres à la minute. Leur température n'est pas sujette à de grandes variations; ces eaux sont constamment courantes et aménagées en rivières artificielles sur un parcours d'environ 3 kilomètres, avec une largeur variable et une profondeur de 1 à 3 mètres. Elles alimentent en outre quelques petits ruisseaux rapides et peu profonds, ainsi que quatre bassins, où leur limpidité et leur transparence sont extraordinaires. Aussi l'eau ne se congèle-t-elle jamais dans ces bassins, dont on pourrait facilement augmenter le nombre si on le désirait. La congélation n'est que partielle dans les cours d'eau, et on ne remarque que peu d'herbes aquatiques dans leur première moitié.

» Les poissons connus pour leur voracité, Perches et Anguilles, ont été cantonnés; les Carpes, Tanches et poissons blancs sont les seuls, avec les Salmonides, qui occupent ces eaux.

» Notre honorable confrère M. Millet a bien voulu me donner d'excellents conseils pour disposer ces eaux en vue d'élevage de poissons, et surtout de Salmonides. Mes essais, qui datent de 1875, ont bien réussi, et les jeunes Saumons de Californie dont j'ai reçu les œufs de la Société l'hiver dernier sont très vivants et très alertes. Je n'ai, il me semble, à me préoccuper que d'un seul point : la nourriture des jeunes ; je demanderai à cet égard à la Société quelques renseignements qui me manquent.

» Quant aux éclosions, les appareils sont tout prêts et fonctionnent parfaitement, alimentés par un large robinet d'eau prise à l'une des sources mêmes. Ce sont les appareils de M. Coste, employés naguère au Collège de France. Je puis donc, tout à la fois, mettre les œufs en incubation, ou disposer les alevins dans des compartiments en eaux courantes préparées spécialement à cet effet. »

— M. Louis, maire de Saint-Germain, près Fontaine-le-Bourg (Seine-Inférieure), écrit à M. le Secrétaire : « Je viens vous prier de bien vouloir, s'il y a lieu, nous comprendre dans les distributions d'œufs de Saumon de Californie. Je vous rappelle que M. d'Halloy et moi avons installé un établissement de pisciculture où nous pouvons élever plusieurs millions de poissons. Il nous reste de l'année dernière un magnifique Saumon de Californie, le seul que nous ayons pu sauver de l'inondation qui nous a tout enlevé. Ce Saumon mesure aujourd'hui de 16 à 17 centimètres de longueur et est installé dans un compartiment spécial de 6 mètres de longueur sur 2 mètres de largeur. Nous sommes dans les meilleures conditions pour élever et faire développer toutes sortes de poissons sans craindre aucun accident. Nous possédons dans un réservoir 500 Truites de 2 à 3 kilogrammes, qui vont nous servir à la reproduction ; ces Truites ont été toutes élevées par moi. »

— M. Le Paute, conservateur du bois de Vincennes, écrit à M. le Secrétaire général : « L'année dernière, la Société d'Acclimatation a mis à notre disposition 2000 œufs de *Salmo quinnat :* ces œufs, mis en incubation le 6 novembre, ont donné les meilleurs résultats, malgré les températures extrêmes que les jeunes poissons ont dû supporter.

» Les pertes subies ne s'élèvent pas à 10 pour 100 : les Saumons ne paraissent pas souffrir de la haute température de nos eaux, qui, cette année, s'est élevée jusqu'à 25 degrés.

» La croissance a été rapide : nourris de foie râpé, d'insectes et de mollusques aquatiques, leur taille est de 10 à 12 centimètres.

» La facilité d'élevage du Saumon de Californie rend cette espèce très digne d'attention : malheureusement, à quatre ans, les Saumons ne pouvant aller à la mer succombent presque tous (1). Néanmoins, leur croissance rapide, leur rusticité permettent d'en tirer un parti comestible dès l'âge de trois ans.

» Je désirerais donc, en raison de tous ces motifs, pouvoir continuer cet élevage sur une plus grande échelle, et je viens

(1) Contrairement à ce que pense M. le Conservateur du bois de Vincennes, les Saumons peuvent vivre et même reproduire sans accomplir leurs migrations, pourvu qu'ils soient abondamment nourris. (*La Rédaction.*)

vous prier de me procure 10 000 œufs de *Salmo quinnat* pour la campagne prochaine dans les meilleures conditions de prix et d'arrivage. »

— M. Valéry Mayet, professeur à l'École nationale d'agriculture de Montpellier, écrit, à la date du 18 novembre : « J'ai eu des nouvelles des Saumons que j'ai jetés en 1879 dans notre rivière du Lez. Un pêcheur de Montpellier en a capturé 2 du même coup d'épervier, au mois de septembre dernier, ce qui, joint à celui dont je vous avais annoncé la capture, porte à 3 le nombre des individus pêchés, à ma connaissance, dans notre petit fleuve. Ces deux Saumons, pêchés dernièrement, avaient environ 20 centimètres de long.

» Pas de nouvelles encore des Saumons jetés en 1880 dans l'Hérault. »

— M. Franck Buckland, inspecteur des pêches de la Grande-Bretagne, adresse une collection de ses rapports officiels sur l'industrie des pêches, travaux qu'il désire voir soumettre à l'examen de la Commission des récompenses.

— M. le docteur Henri Leroux écrit des Sables d'Olonne : « J'ai l'honneur de vous adresser un numéro d'un journal de Vannes contenant un article de moi sur l'ostréiculture.

» La bienveillance que votre Société m'a témoignée me fait un devoir de vous adresser en même temps quelques échantillons de ce que j'appelle huîtres métisses.

» Pourquoi, dans les gisements huîtriers, où l'on cultive la portugaise à côté de la française, trouve-t-on, et en grand nombre, des sujets qui s'éloignent plus ou moins des deux types? La portugaise ne dégénère pas à l'embouchure du Tage. La française reste pure sur les bancs de Cancale.

» La plupart des sujets que je vous envoie proviennent d'Arcachon ; quelques-uns de Royan, et l'*edulis* de Bretagne. Le type portugais pur est rare; il semble qu'il ait été déjà modifié par le croisement.

» S'il existe des Huîtres qui s'éloignent de leur véritable type, pourquoi ne pas le reconnaître, et ne s'occuper, au contraire, qu'à prouver par l'embryogénie que le fait est impossible?

» A l'exception de l'*edulis*, toutes ces Huîtres avaient le manteau plus ou moins coloré. »

Par une autre lettre, M. le docteur Henri Leroux adresse le manuscrit d'un traité pratique d'ostréiculture, en demandant l'envoi de ce travail à l'examen de la Commission des récompenses.

— MM. de Montaugé frères, d'Arcachon, annoncent le prochain envoi d'une brochure sur l'hybridation et la fécondation artificielle des Huîtres, qu'ils publient en réponse aux théories de MM. les docteurs Leroux et Gressy.

— M. Émile Ringel sollicite l'envoi d'une petite quantité de graine d'*Attacus cynthia* pour un essai d'éducation qu'il désire tenter sur le lilas, en Russie.

— M. Huard, de Val de Passey, rend compte de l'insuccès de son éducation d'automne d'*Attacus Pernyi*.

— M. J. Leroux fait connaître le résultat également négatif de son éducation d'*Attacus Yama-maï*.

— M. Bureau adresse 10 cocons vivants d'*Attacus Prometheus* provenant de son éducation de cet été; il y joint quelques renseignements sur cette éducation.

— M. Parod, du Plessis-Trévise (Seine-et-Oise), prie la Société de vouloir bien lui indiquer où il pourrait se procurer de la graine d'*Attacus mylitta*, ainsi que des renseignements sur les soins à donner à cet insecte.

— M. Fortepaule, instituteur à Bray (Loiret), adresse un rapport sur l'éducation de la graine d'*Attacus Pernyi* qui lui a été confiée.

— MM. Ponsard, J. Leroux, Odent, Fleury, R. de Cazenove, de Marigny, Abbadie, Olivier, Blavet, vicomte de Bony, Bremont, Gage, Le Blond et Lamothe demandent à prendre part à la distribution des graines offertes par la Société.

— M. le comte da Praia da Victoria, président de la Société d'agriculture d'Angra do Heroismo (Açores), sollicite pour cette Société l'envoi des graines dont on pourrait disposer en sa faveur.

— M. Odent adresse un rapport sur ses cultures de végétaux provenant de la Société.

— MM. Bouchereaux, Breton et Gallais prient la Société de vouloir bien mettre à leur disposition, dans le cas où elle en posséderait, des graines ou des pieds de la nouvelle vigne découverte dans le Soudan par M. Lécard.

— M. Gaëtan Partiot, consul de France à Barcelone, adresse la même demande au nom de l'Institut agricole de Saint-Isidore.

— En réponse à la demande qui lui avait été adressée, M. le ministre de l'agriculture et du commerce fait savoir que l'Académie des sciences a été chargée par M. le ministre de l'instruction publique de centraliser les demandes de graine de vigne du Soudan.

— M. Léo d'Ounous adresse de nouveaux renseignements sur ses cultures de végétaux exotiques dans les départements de l'Ariège et de la Haute-Garonne.

— M. Heymonet adresse une note sur une variété de Pomme de terre qu'il a obtenue de semis; il joint à cette note divers certificats attestant la bonne qualité de cette variété nouvelle.

— M. Antonio Piot, de Buenos-Ayres, écrit à M. le Président : « ..... Me référant au paragraphe de la lettre dans laquelle vous demandez des semences des végétaux des parties froides et tempérées de la Cordillère, je vous ferai observer que sur les plateaux la flore est très pauvre : deux ou trois espèces d'arbustes souffreteux et quelques *Sempervivum*, dont l'un, la Yareta, sert de combustible et donne une flamme et une chaleur des plus vives. Une fois que l'on a passé les vallées calchaquies, les études et les recherches sont presque entièrement du ressort de la minéralogie. Même dans la partie haute des vallées il n'y a plus d'arbres; les Cactiers cierges, si nombreux plus bas, ont entièrement disparu. Seule, la Yerba de la pampa, qui croît sur les bords de l'Atlantique, pousse encore ses tiges vigoureuses à 4 000 mètres d'altitude.

» Quant aux végétaux que l'on trouve dans les quebrados et les vallées inférieures, je m'occuperai de faire recueillir les graines des plantes dont l'acclimatation serait facile en France. Il y a surtout beaucoup de genres de la famille des Orchidées.

» Me trouvant pour le moment dans les terres chaudes, je me suis déjà occupé de faire recueillir des graines et du coton du Yuchan ou *Palo Borracho*. C'est un arbre de forme très singulière qui croît où vivent les Orangers. Comme végétal curieux, il mériterait d'être acclimaté. Il fournit un coton très beau, d'une qualité supérieure au coton ordinaire ; seulement, les envois sont rares et peu considérables jusqu'ici. L'arbre a 6 ou 7 mètres de haut; le milieu du tronc forme une espèce de ventre proéminent. S'il a été déjà décrit, les atlas de botanique vous le feront connaître mieux que la description que j'en pourrais faire. Le Yuchan prospérerait dans le midi et en Algérie.....

» Abordant à présent la question des graines de Quinquina, je dois vous dire qu'à présent plus que jamais il est devenu difficile de s'en procurer une certaine quantité. Le Pérou et la Bolivie, qui sont les contrées où croît le Quinquina, sont en guerre avec le Chili ; les gouvernements sont à la débandade, et il ne serait pas possible, sans de grands frais, d'obtenir des graines.

» Les Cascarilleros s'opposent de toutes leurs forces et même par la violence à l'exportation des semences. J'ai eu occasion dernièrement de causer avec un Anglais, lequel est celui qui a fourni les semences des Quinquinas qui croissent à présent dans l'île de Ceylan ; il y a même une espèce qui porte le nom de M. Ledger (*Cinchona Ledgeriana*) (comme je l'ai vu dans un magnifique album qui lui a été envoyé de Londres). M. Ledger m'a dit que, l'an dernier, le ministre anglais lui a fait offrir 700 livres sterling pour 2 arrobes de graines. L'affaire en est restée là, à cause des circonstances dont j'ai parlé plus haut. Le Quinquina, de même que la Vigogne, disparaît tous les jours par la destruction continuelle qui s'en fait sans que ni l'arbre ni l'animal se reproduisent par la culture ou l'élève. L'Indien détruit sans souci du lendemain. »

— M. Burky écrit de Long-Praz-sur-Vevez (Suisse) : « J'ai fait ce printemps un second semis de Cotonnier du Japon, qui n'a pas mieux réussi que celui de 1879; les graines lèvent vite, mais les petites plantes ont de la peine à pousser les premières feuilles, et finalement s'étiolent et dépérissent, ce qui prouve que la chaleur de la station que j'habite n'est pas assez élevée pour que la végétation de la plante puisse s'effectuer.

» Je tiens à la disposition de la Société de jolies touffes de *Bambusa Simonii* et *Quilioi* de mon cheptel, ainsi que des marcottes de *Thuiopsis dolabrata.* »

— M. Félix de la Rochemacé appelle l'attention de la Société sur les services que lui paraît appelée à rendre la culture d'une plante fourragère, la *Saggina*, qu'il a importée d'Italie.

— M. Gallais adresse 250 grammes de Rhubarbe du Thibet provenant de sa récolte. — Remerciements.

— M. Maxime Barbier rend compte des résultats négatifs de ses semis de *Carya alba.*

— M. de Gazenove fait connaître le résultat également négatif de ses semis de Cerfeuil bulbeux.

— M. Decroix dépose sur le bureau deux exemplaires d'une brochure relative à un système russe de ferrure à glace qui lui paraît très pratique, et qui consiste en l'emploi de crampons fixés au moyen d'un pas de vis. — Remerciements.

— A l'occasion de la lettre de M. de Confévron réclamant des mesures protectrices pour le gibier et en particulier pour la Perdrix, M. Cosson fait ressortir l'intérêt qui s'attacherait à la conservation de la Perdrix grise, jadis si commune et maintenant presque aussi rare que la Perdrix rouge. « Cette question, ajoute M. Cosson, présente non seulement un intérêt de chasse, mais aussi un intérêt agricole. La Perdrix n'est granivore qu'à l'âge adulte; encore ne l'est-elle que d'une manière exceptionnelle. J'ai été à même de le constater dans le Loiret, où j'ai vu un éleveur conduire aux champs un troupeau de Perdreaux comme on le ferait d'un troupeau de Moutons. J'ai constaté que ce sont surtout les insectes que les Perdrix recherchent lorsqu'elles butinent dans les champs, et l'on peut dire que ces oiseaux sont surtout plutôt insectivores que granivores.

» J'ajouterai que les insectes qu'elle mange sont surtout des insectes nuisibles pour l'agriculture, Fourmis, Sauterelles, etc.

» Quant aux moyens de protection à adopter pour empêcher la disparition de cette espèce, le plus pratique et le plus efficace paraît être celui qui consisterait, par analogie avec ce qui se fait en Allemagne, à prononcer une fermeture spéciale pour la chasse de la Perdrix. »

— M. le Président prie M. Cosson de vouloir bien rédiger, sur l'intéressante question dont il vient d'entretenir l'assemblée, une note qui serait renvoyée à la 2e section (Oiseaux).

— M. Millet confirme les assertions de M. Cosson au sujet de l'utilité de la Perdrix comme auxiliaire de l'agriculture; il fait connaître que l'examen de l'estomac d'un nombre considérable de Perdrix lui a démontré que, pendant leur jeune âge, ces oiseaux vivent exclusivement d'insectes, et surtout d'insectes nuisibles, tels que les larves de Cécydomies par exemple. Plus tard, les Perdrix deviennent granivores; mais si elles détruisent quelques graines utiles, elles font aussi disparaître quantité de graines de plantes adventices et nuisibles. M. Millet insiste pour que la question soit renvoyée à la 2e section, et il demande, en outre, que cette section soit appelée à formuler un vœu tendant à faire repousser le projet de loi sur la chasse présenté aux Chambres par M. Chavoix, projet que notre confrère considère comme devant entraîner la destruction complète et à courte échéance de toute espèce de gibier.

— Au sujet de la lettre de M. Le Paute relative aux jeunes Saumons de Californie qui ont été placés dans les lacs du bois de Vincennes, M. Raveret-Wattel cite divers faits démontrant que cette espèce de Saumon peut vivre et se reproduire en eau douce, sans jamais aller à la mer.

Ainsi, à San-Francisco (Californie), dans le grand réservoir de San-Andreas et Pilarctos, qui alimente la ville, des Saumons adultes ayant été retenus captifs par la création d'un barrage, on a vu ces poissons, bien que privés de la possibilité d'accomplir leurs migrations périodiques, s'habituer à ces nouvelles conditions d'existence et continuer à se reproduire.

Mais, peu à peu, leur voracité ayant fait disparaître, en

grande partie, les autres poissons qui peuplaient le réservoir, les Saumons, réduits à une alimentation insuffisante, n'atteignirent plus leur développement normal. De génération en génération, la taille s'amoindrit, au point qu'actuellement les sujets adultes dépassent rarement un poids de 500 grammes, tandis que leurs ancêtres d'il y a 10 ans atteignaient jusqu'à 10 ou 12 livres. Des faits analogues se sont produits sur d'autres points, en ce qui concerne le Saumon ordinaire. Dans l'État du Maine, plusieurs lacs, notamment le lac Schoodic et le lac Sebago, sont peuplés de Saumons qui ne vont jamais à la mer et qui, selon toute probabilité, constituent seulement une race locale ayant perdu l'instinct migrateur par suite d'un long séjour forcé en eau douce.

Au Canada, M. Samuel Wilmot a peuplé de saumons un petit cours d'eau, tributaire du lac Erié. Chaque année, ces Saumons vont frayer dans la partie supérieure du cours d'eau, puis redescendent vers le lac ; mais jamais ils ne vont à la mer, les eaux dans lesquelles ils vivent n'ayant aucune communication directe avec les eaux salées. Enfin, dans le lac de Wennern, en Suède, on trouve des saumons non migrateurs, que l'on considère également comme ne formant qu'une simple variété du Saumon ordinaire.

— Au sujet de la lettre de M. le docteur Henri Leroux relative à la question de l'hybridation des Huîtres, M. Amédée Berthoule fait connaître que, d'après des observations et expériences faites en sa présence à Arcachon, il semblerait résulter que l'Huître ordinaire (*Ostrea edulis*) est hermaphrodite ou peut-être androgyne, tandis que chez l'Huître portugaise les sexes sont séparés. Quant au croisement entre ces deux mollusques, les mêmes observations tendent à en démontrer le peu de probabilité ; car si les spermatozoïdes d'Huîtres portugaises mâles semblaient rechercher activement les ovules de sujets femelles de même espèce, ils restaient inertes à côté d'ovules d'*Ostrea edulis*.

— M. Raveret-Wattel signale à ce propos les observations récemment faites sur la génération et l'embryogénie de l'Huître américaine (*Ostrea virginiana*), par M. V. K. Brooks, de l'université de Baltimore, qui a reconnu, chez cette espèce, l'existence d'individus mâles et d'individus femelles.

— M. le Président fait observer que la séparation des sexes chez les mollusques est souvent très difficile à constater et que des observations fréquemment répétées sont nécessaires pour acquérir toute certitude à cet égard. On a remarqué, en effet, chez certaines espèces, que le même individu peut présenter alternativement les deux sexes.

— M. Dareste, en signalant les travaux de M. Lacaze-Duthrei sur les organes générateurs des mollusques acéphales, indique un de leurs résultats les plus curieux. « C'est, dit-il, que la répartition des sexes est beaucoup plus compliquée qu'elle ne le semble au premier abord. Dans certaines espèces, les sexes sont complètement séparés dans des individus différents; dans d'autres espèces, les deux sexes sont réunis sur le même individu, mais il y a de plus ce fait particulier que la distinction des sexes n'est pas toujours absolue. Un individu presque exclusivement mâle peut présenter dans l'organe générateur quelques lobules en plus ou moins grand nombre qui produisent des ovules. De même un individu femelle peut présenter dans l'organe générateur quelques lobules en plus ou moins grand nombre qui produisent des spermatozoïdes. »

— M. Aimé Dufort donne lecture d'une lettre de M. Frédéric Grahaud signalant l'existence, dans les tiges du Topinambour, d'une substance saccharine susceptible d'être utilisée par l'industrie des alcools. Notre confrère signale à l'attention de la Société ce mode d'utilisation de l'*Helianthus tuberosus*, qui est indiqué pour la première fois; il rappelle néanmoins à cette occasion que dès 1857 M. de Renneville avait indiqué la possibilité de fabriquer une sorte de cidre en faisant macérer pendant vingt-quatre heures des tiges de Topinambour avec de la levûre.

— M. Carbonnier donne lecture d'une note sur l'acclimatation, obtenue par ses soins, de diverses espèces de poissons américains. — Voir au *Bulletin*.

Il est offert à la bibliothèque de la Société :

1° *Aviculture ; l'élevage pratique*, par E. Leroy, illustrations de E. Bellecroix. — 3e édition, Paris, 1881, librairie de Firmin Didot. — 1 vol. in-18 avec figures. — (L'Auteur.)

2° *Pisciculture.* — Rapport au conseil général de la Creuse, à la séance du 17 août 1880, par le docteur Maslieurat-Lagemard, Paris, 1880, imp. Edmond Rousset et Cie. — Brochure in-8°. — (L'Auteur.)

3° *Les Poissons d'eau douce et la Pisciculture*, par M. Ph. Gauckler. — Paris, 1881, librairie Germer-Baillière et Cie. — 1 vol. in-8° avec figures. — (L'Auteur.)

4° *Études sur la ferrure à glace*, par M. E. Decroix. — Paris, 1880, imprimerie Laloux fils et Guillot. — (L'Auteur.)

5° *Conférence sur la crise agricole*, faite à Tarare le 20 mai 1880, par M. de Saint-Victor. — Lyon, 1880, impr. X. Jevain. — (L'Auteur.)

6° *A propos du renouvellement des traités de commerce*, par M. de Saint-Victor. — Lyon, 1879, impr. X. Jevain. — (L'Auteur.)

7° *Rapport sur la culture forestière*, par M. de Saint-Victor. — Paris, 1876, typographie Morris père et fils ; grand in-8° planche. — (L'Auteur.)

SÉANCE GÉNÉRALE DU 24 DÉCEMBRE 1880.

Présidence de M. Henri BOULEY, de l'Institut, vice-président de la Société.

Le procès-verbal de la séance précédente est lu et adopté, après quelques observations de M. Dareste.

A propos de la communication de M. Berthoule, sur la fécondation artificielle des Huîtres, M. Dareste demande quelle différence on entend faire entre les termes androgyne et hermaphrodite ; dans le langage scientifique, ils sont synonymes ; s'il y a une distinction à établir, il exprime le désir que le procès-verbal en fasse mention.

M. Berthoule répond que, pour lui, il ne voit pas une différence absolue et qu'il n'a fait que se servir d'expressions employées par les ostréiculteurs.

Tous, jusqu'à présent, reconnaissent que l'Huître réunit les deux sexes; mais, pour les uns, l'Huître est hermaphrodite et peut se reproduire elle-même ; d'après les autres, au contraire, elle est androgyne, et, pour en obtenir la reproduction, il faut le concours de deux individus.

Voilà la nuance établie dans les dernières publications sur l'ostréiculture, et dont notre confrère, d'ailleurs, déclare ne pas prendre la responsabilité.

M. le Président proclame les noms des membres admis dans la dernière séance du Conseil :

MM.	PRÉSENTATEURS.
CAVARÉ (Gabriel), 35, boulevard Malesherbes, à Paris.	Chapellier. Bonnin. Drouyn de Lhuys.
CLOGENSON (Paul), propriétaire, au Pérou, commune du Châtelet (Cher).	Dr E. Cosson. Aimé Dufort. Jules Grisard.
COUTARET (docteur), à Roanne (Loire).	Dr E. Cosson. Amédée Berthoule. Drouyn de Lhuys.
THÉRY (André), square de Jussieu, 33, à Lille (Nord).	Drouyn de Lhuys. Aimé Dufort. Jules Grisard.

— M. le Secrétaire procède au dépouillement de la correspondance.

— M. Charles adresse des remerciements au sujet de sa récente admission.

— MM. Anatolie, Fabre, Louis Guérin, R. de Cazenove, Saint-Léon-Boyer-Fonfrède demandent à recevoir les graines annoncées dans la *Chronique*.

— MM. Louis Guérin, Lagrange, Maincent, Vte d'Esterno, P[ce] Troubetzkoy, Dr Jeannel, B. Leroux, R. de la Raffinière, Xambeu, Maisonneuve, Nicolas, Pontet et Bon de Pommereul demandent à prendre part aux cheptels.

— M. le ministre de l'agriculture et du commerce annonce qu'il vient d'accorder à la Société un exemplaire du tome VII de la statistique générale de la France que son département vient de faire paraître. — Remerciements.

— M. E. Leroy, de Fismes (Marne), fait l'hommage à la Société de la 3e édition de son livre : *Aviculture, faisans, perdrix,* etc.

« Les matières nouvelles traitées dans cette 3e édition : Les agents d'incubation naturels et artificiels, l'hydro-incubateur, les éducations spéciales et inédites du canard mandarin, de l'outarde campetière, de la perdrix de Chine, de l'oie d'Égypte, de l'œdichème, de la poule d'eau, etc., dit notre confrère, font du volume une œuvre plus complète que les précédentes, mise au courant des découvertes nouvelles, et j'ai pensé qu'à ce titre, ce volume pourra paraître susceptible d'être admis au prochain concours. »

— M. Garnot, qui avait généreusement offert de mettre à la disposition de nos collègues 6 lots de canards Labrador, et auquel nous avions transmis les demandes qui nous étaient parvenues à la suite de l'insertion de sa lettre dans la *Chronique,* écrit à M. l'Agent général :

« J'avais déjà reçu, depuis l'insertion dans la *Chronique* de l'offre de six lots de canards du Labrador, quatre demandes auxquelles j'ai fait droit immédiatement.

» Je ne puis donc qu'envoyer les deux derniers lots restant, et j'en ajouterai un septième.

» Je vous prie, monsieur et honoré collègue, de vouloir bien être mon interprète et dire quels sont mes regrets de ne pouvoir faire plus. Si, l'année prochaine, rien ne vient à l'encontre, je continuerai. Ce sera un faible appoint. J'espère que, dans un avenir prochain, il ne sera plus nécessaire de s'occuper de cette race ; elle sera répandue et appréciée à sa juste valeur. »

Les 7 lots ont été répartis entre :

1er *Lot :* M. le baron de Molembaix, au château de Bellignies, par Bavay (Nord).

2e *Lot :* M. Julien, propr. à Chantenay (Loire-Inférieure).

3e *Lot :* M. Latour, propr. à Corpeau (Côte-d'Or).

4e *Lot :* M. Leblan, propr. au château de Convonges, par Revigny (Meuse).

5e *Lot :* M. de Bouchaud de Bussy, au château de Cuvis, par Neuville-sur-Saône (Rhône).

6e *Lot :* M. Baron, propriétaire, villa Baron, à Menton (Alpes-Maritimes).

7e *Lot :* M. Jacquemart, 4, place Godinot, Reims (Marne).

— M. Voitellier, de Mantes, adresse une note sur une entrave destinée à remplacer l'éjointage. (Voy. au *Bulletin.*)

— Des comptes rendus de leurs cheptels, sans intérêt spécial, sont adressés par MM. Masson, Xambeu, Sendral et Dubard.

— M. Goll écrit de Lausanne :

« Je vous dois cette année encore un rapport sur mon couple de *Bambusicola thoracina.* La femelle que vous avez eu la bonté de m'envoyer en mars, pour remplacer celle que j'avais perdue par maladie, a été accueillie par le malheureux veuf avec beaucoup de cordialité. Ces deux oiseaux ont toujours fait bon ménage, si bien que, le 31 mai, j'ai eu le plaisir de trouver un œuf dans leur nid.

» Pendant les jours qui avaient précédé cette ponte, j'avais remarqué que la femelle devenait de plus en plus inquiète, courant à droite et à gauche de la volière en poussant des cris plaintifs; elle cherchait sans doute un endroit convenable pour y déposer ses œufs, et le trouva, à l'ombre d'un petit sapin. Depuis le 31 mai, elle continua à pondre, mais seulement tous les deux jours, et cessa dès le 16 juin ; il y en avait dix qu'elle se mit à couver le même jour. — Sans doute que la température assez basse (12° C.) que nous avions pendant cette ponte a contribué à la ralentir. Il m'a paru que le mâle témoignait encore plus d'égards qu'à l'ordinaire à sa femelle ; il l'attendait toujours pendant qu'elle couvait ses œufs pour lui faire mille caresses lorsqu'elle les quittait.

» J'avais cru devoir la laisser couver elle-même, mais dès le huitième jour, je vis avec chagrin qu'elle poussait plusieurs de ses œufs hors du nid. Je les remis les premiers jours ; puis, m'étant souvenu qu'il arrive quelquefois que des oiseaux rejettent et refusent de couver de leurs propres œufs non fécondés, je mis ceux que je trouvais dès lors hors du nid dans un hydro-incubateur. Le douzième jour, il ne restait plus que 4 œufs sous la couveuse ; le jour suivant, je vis qu'elle les avait transportés de nouveau dans un autre endroit plat et dur, abandonnant donc son nid primitif. Elle les y couva quand même très assidûment jusqu'au 13 juillet, qui était le vingt-septième jour. Désespérant déjà du succès, je profitai d'un moment pendant lequel ma couveuse s'était éloignée pour mirer ses œufs et les trouvai, à mon grand déplaisir, tous quatre non embryonnés. De ceux que j'avais déposés dans l'incubateur, deux seulement se sont trouvés embryonnés et ont donné de petits perdreaux, mais l'un a péri tout formé en plumes dans son œuf, et l'autre peu après l'éclosion. Je ne sais à quoi attribuer cet insuccès. Je crois cependant avoir procédé à l'égard de cette couvée avec tous les soins et toutes les précautions imaginables, désirant vivement réussir.

» Aurais-je mieux fait de faire couver mes œufs de perdrix par une petite poule ou bien aurais-je dû forcer ma perdrix femelle à couver dans un espèce de couvoir préparé *ad hoc*, au lieu de la laisser choisir son lieu ?

» Pendant la période d'incubation, le mâle a héroïquement supporté son isolement, sans manifester le moindre ennui. Je dois signaler de plus que la femelle a pondu encore un œuf le 28 juillet, mais elle n'a pas continué.

» A l'heure où je vous écris ces lignes, mes deux perdrix de Chine se portent à merveille, après avoir traversé une période de mue très critique et qui les a de nouveau beaucoup éprouvées, surtout aux yeux. Il se présentait les mêmes symptômes de maladie que la première fois, lorsque la précédente m'a été enlevée. Cette fois, j'ai mieux pu étudier cet état pathologique et suis porté à croire qu'elles étaient atteintes d'un état goutteux. Peut-être des graines oléagineuses, données en trop grande quantité (le chènevis, par exemple), peuvent contribuer à cette maladie, surtout si elles ne sont pas mélangées chaque jour de verdure. Grâce à la douce température qui régnait alors pour favoriser leur mue, maintenant la beauté de leur plumage témoigne de leur bonne santé. J'espère qu'elles passeront bien l'hiver et ne désespère pas d'en obtenir de la progéniture l'été prochain. »

— M. de Miffonis écrit de Sceaux :

« J'ai l'honneur de vous faire connaître les résultats que

j'ai obtenus avec le couple de Faisans versicolores qui m'a été confié en cheptel par la Société d'Acclimatation, au mois de mars dernier.

» Dès leur arrivée, ces oiseaux ont été installés dans leur volière, qui, bien que d'étendue restreinte, a paru être extrêmement de leur goût, à en juger par l'ardeur avec laquelle ils se sont livrés à la reproduction. Cette volière ne mesure que 6 mètres de longueur sur 1^m,50 de long ; mais j'avais pourvu à tout ce qui pouvait la leur rendre agréable en la faisant garnir de gazon et en plantant des arbustes à feuilles persistantes destinés à dissimuler les parois et à fournir des abris permettant aux faisans de se soustraire aux regards importuns. Je me suis attaché aussi à leur assurer une tranquillité presque absolue à partir du commencement de la ponte en évitant les visites, sauf celles nécessitées par leur entretien.

» Quant à leur nourriture que j'ai toujours donnée à discrétion, elle a été composée de blé, sarrazin, maïs nain, orge, millet et verdure variée. Ils ont reçu en outre jusqu'à la fin de juin une pâtée composée d'œufs durs et de mie de pain, à raison seulement d'un demi-œuf dur tous les deux jours. J'aurais craint, en leur en donnant davantage, de les échauffer outre mesure. Je ne connais pas la date exacte de la ponte du premier œuf ; elle a dû avoir lieu vers le 25 avril, car le 27 je découvris trois œufs pondus sous des branches de buis. A partir de cette époque, la poule a donné un œuf presque chaque jour, pendant les premières semaines, puis les intervalles entre chaque ponte ont été plus grands à mesure que la fin approchait. En somme, le total des œufs pondus jusqu'au 20 juillet a été de 52, et, loin d'être fatiguée d'une pareille production, la faisane n'en paraissait que plus vive et plus alerte.

» Ces œufs, mis en incubation successivement, par séries de 6 à 10, à partir du 25 avril jusqu'au 22 juillet, ont été confiés à des poules naines, couveuses éprouvées, et ont donné 23 éclosions, 24 clairs, 3 petits morts dans la coquille au moment d'éclore et 2 œufs cassés par les couveuses. Les œufs clairs, ainsi que j'ai pu m'en assurer par la date inscrite à l'encre, ont été à peu près régulièrement répartis sur toute la durée de la ponte. Sur les 23 jeunes éclos jusqu'au 24 juillet, un est mort le lendemain de sa naissance ; il était infirme et incapable de se tenir sur ses jambes, qui étaient contournées. Il n'y a donc pas lieu de le regretter. Quant aux 22 autres, je les ai tous élevés sans exception, grâce surtout aux deux volières spéciales que j'ai fait construire pour l'élevage des faisans pendant le premier âge.

» La première de ces volières, qui mesure environ 9 mètres superficiels, est située en plein midi, à l'encoignure d'un mur qui l'abrite des vents de l'ouest, et de la maison qui la préserve des vents du nord.

» Cette petite chambre, construite en bois, est munie de 5 châssis vitrés mobiles, dont 2 dans la toiture, 2 sur la façade, au midi, et le 5e sur le côté est. De cette façon, le soleil peut pénétrer de toutes parts ; des claies permettent d'atténuer ses rayons quand ils sont trop ardents et, lorsque la température extérieure l'autorise, des rideaux qui se substituent aux trois châssis de bas permettent de régler à volonté l'introduction de l'air selon l'intensité du vent. La volière est en outre munie de deux appareils de chauffage : l'un, qui n'est autre qu'un petit poêle en fonte alimenté par du bois, est destiné à chauffer très rapidement, par exemple lorsqu'un refroidissement brusque survient à la suite d'une forte pluie. Il m'est surtout utile pour élever la température au degré nécessaire avant la sortie des élèves dans leur parquet, lorsque les matinées sont encore froides et que le soleil ne donne de chaleur suffisante que quelques heures après le lever des jeunes oiseaux. Le deuxième appareil, qui ne chauffe qu'un certain temps après avoir été allumé, produit une chaleur très régulière et très soutenue ; je l'utilise par les temps humides et froids, alors que le soleil ne se montre que peu ou point.

» C'est à l'aide de cette volière ainsi organisée que j'ai pu procurer à mes faisandeaux une température qui n'a jamais été inférieure à + 16°, et qui a été généralement maintenue dans les environs de + 20°. Je crois que cette température à peu près constante est, sinon indispensable, du moins très utile pendant le premier âge des jeunes faisans.

» Lorsque, par suite des éclosions nouvelles, l'encombrement commence à se produire dans la volière chauffée, je fais passer les plus âgés dans la seconde volière, dont les dimensions sont à peu près semblables à la première, mais qui est ouverte sur la façade et munie d'une toiture dont la moitié seulement est vitrée. Je profite, bien entendu, pour faire ce changement, d'un temps favorable, de façon que la transition ne soit que peu sensible. Je laisse mes élèves dans ce parquet jusqu'à ce que leur trop grand nombre m'oblige à les répartir dans les autres compartiments ordinaires.

» Comme nourriture, je leur donne à discrétion des œufs de fourmis très frais pendant les trois premiers jours au moins ; j'y ajoute de la pâtée composée de mie de pain, œufs durs, chicorée sauvage hachée, millet, riz, maïs et chènevis écrasés, ainsi qu'un peu de farine d'orge. Je diminue peu à peu la ration d'œufs de fourmis et j'ajoute à la pâtée, pour l'animation, un peu de bœuf haché. Vers le quinzième jour, je commence à donner des grains tels que millet, petit blé et sarrazin, tout en continuant la pâtée que je leur distribue jusqu'à ce qu'ils aient atteint la taille des adultes. Pendant tout le cours de l'élevage, je donne beaucoup de verdure et principalement du mouron, qui est très utile pendant les premiers jours. Il est à remarquer que les faisans élevés ainsi se développent beaucoup plus rapidement et deviennent bien plus robustes que ceux qui, pendant le premier âge, n'ont pas été préservés des variations atmosphériques. Beaucoup de ces derniers succombent, à la suite de refroidissements occasionnés par les changements brusques de température si fréquents au printemps, de sorte que souvent les plus vigoureux seuls résistent à ces épreuves.

» Tels sont les soins que j'ai donnés aux jeunes produits du cheptel que j'ai élevés conjointement avec les autres espèces de faisans que je possède. Si je suis entré à ce sujet dans des détails peut-être trop longs, c'est que j'attribue en partie aux précautions prises, le résultat obtenu qui est assez satisfaisant, puisque j'ai pu élever, sans en perdre un seul, tous les jeunes versicolores nés viables, au nombre de 22. »

— M. Spencer F. Baird, commissaire général des pêcheries des Etats-Unis, exprime ses regrets au sujet de la perte des œufs de Saumon de Californie qu'il a récemment adressés à la Société.

— M. Blavet, président de la Société d'horticulture d'Étampes, fait don à la Société d'une petite quantité de graines de Soja provenant de sa sixième récolte. — Remerciements.

— M. de la Rochemacé, la de Roche-Couffé, (Loire-Inférieure), écrit à M. le Secrétaire général :

« Dans ma communication sur la *Saggina*, je disais ce fourrage inoffensif pour les animaux, et j'ajoutais que son similaire, le sorgho sucré, passait pour dangereux parmi les agriculteurs, suivant certains faits mis en lumière par l'ancien *Journal d'agriculture pratique* et ma propre expérience.

» M. Nasard vient de me mettre sous les yeux l'opinion de deux spécialistes : dans la *Nouvelle Flore française*, par MM. Gillet, vétérinaire principal, en retraite, et J.-H. Magne, directeur de l'École d'Alfort, deuxième édition, je lis, page 482, à l'article Sorgho sucré : « Comme plante fourragère, il est » très productif, mais il a plusieurs fois déterminé sur les » animaux qui le consomment des *accidents mortels* qu'on » *n'a pas encore expliqués*. »

» L'innocuité de la *Saggina* est prouvée par son usage habituel comme fourrage dans toute l'Italie.

» J'ai pensé que ce complément d'informations avait sa valeur. »

Cette communication est accompagnée d'un sac de graines de Saggina et de semences de piment doux d'Espagne. — Remerciements.

— M. le prince Pierre Troubetzkoy fait hommage à la Société de graines d'*Acacia pulverulenta viridis*, récoltées chez lui pour être distribuées aux membres de la Société. « C'est, dit notre confrère, un arbre très beau pour son feuillage et ses fleurs, croissant aussi vite que les Eucalyptus globulus et Amygdalina, et dont le bois est *très dur*. Il a résisté, chez moi, à une température de 9 degrés centigrades. Dans le midi de la France, il pourrait servir comme ornement en le plantant dans les allées et, au bout de huit à neuf ans, être coupé comme excellent bois de chauffage. »

— M. Raveret-Wattel, qui avait été délégué par le Conseil pour représenter la Société à l'Exposition de pisciculture de Berlin, rend compte à l'Assemblée de la mission qui lui a été confiée.

Notre confrère donne de très utiles renseignements sur ce qu'il a observé ; cette communication, qui sera publié au *Bulletin*, est accueillie avec un vif intérêt, et M. le président remercie M. Raveret-Wattel des intéressants détails dont il a bien voulu entretenir la Société.

— M. Millet croit qu'il doit y avoir une erreur de calcul dans les chiffres de rendement cités par M. Raveret-Wattel, pour la production de la Carpe en étang.

L'accroissement de ce poisson est entièrement subordonné à la surface qu'on lui donne pour vivre ; les étangs peuvent, sous ce rapport, être assimilés aux pâturages, et en France, la Carpe ne rapporte que 70 à 75 francs par hectare.

Notre confrère ne s'explique pas comment en Allemagne, où le poisson est à plus bas prix qu'en France, on puisse en tirer un revenu de 645 francs à l'hectare.

—M. Raveret-Wattel répond que M. Millet ne lui paraît pas bien renseigné sur le prix du poisson en Allemagne, au moins en ce qui concerne la Carpe, qui s'y vend beaucoup plus cher qu'il ne semble le croire, car c'est un poisson excessivement estimé, qui, dans certains cas, se paye comme nous payons la truite ; il y a là une affaire de goût, mais le fait existe.

D'un autre côté, les mares qui sont indiquées comme rapportant ce chiffre de 645 francs par hectare ne sont pas cultivées comme nous le faisons chez nous pour la Carpe que l'on destine au marché, mais simplement pour la vente de l'alevin.

En Allemagne, comme en France, ajoute M. Raveret-Wattel, les étangs à Carpes ne rapportent habituellement que 70 francs à peu près, soit près de dix fois moins que les mares citées plus haut ; mais ces mares sont dans des conditions exceptionnelles et sont exploitées uniquement au point de vue de la production de l'alevin. Au reste, les chiffres donnés ont été puisés dans les compte-rendus de l'association des pêches allemandes; la déclaration en a été faite par le propriétaire lui-même, près duquel on pourrait prendre des renseignements.

— Les étangs étant pêchés tous les trois ou quatre ans, M. Berthoule estime que la somme de 645 francs représente le chiffre de l'année de pêche, il est vrai, supérieur à ce que l'on obtient en France, mais il peut être accepté, tandis que, s'il représente le rapport de chaque année, il paraît en effet exorbitant, et il importerait de connaître le mode de culture qui permet d'atteindre de si brillants résultats.

— M. le docteur E. Cosson présente, au nom de M. de Tchihatcheff, un important ouvrage intitulé: *Espagne, Algérie et Tunisie*, dont le *Bulletin* rendra compte ultérieurement.

— M. le professeur Vaillant soumet à l'assemblée un nouvel appareil servant au transport des Crapauds, et autres batraciens.

La description et la figure en seront données au *Bulletin.*

— M. Paillieux présente à la Société des fruits confits de *Physalis Peruviana* et met à la disposition des sociétaires une centaine de tubes contenant des graines de cette plante.

Contrairement à ce qu'en dit M. Dumont de Courset, dans son *Botaniste cultivateur*, le *Physalis Peruviana* n'exige nullement la serre chaude, c'est une plante des plus rustiques.

Les premières graines reçues par notre confrère venaient de la Nouvelle-Calédonie; elles furent semées fin mars sur couche, et, six mois après, il en recueillait les fruits.

La plante doit être mise en pleine terre, lorsque les gelées ne sont plus à craindre, vers la mi-mai, en ménageant entre les plantes $1^{m},20$ en tous sens.

A la fin d'août, on peut supprimer toutes les parties de la plante qui ne promettent pas de fruits, on lui donne ainsi de l'air et la chaleur pour mieux la pénétrer. On commence à recueillir les fruits dans les premiers jours de septembre, et on les place dans un lieu sec.

Au Pérou, on mange les fruits sous le nom de *Capuli.*

— M. Maurice Girard rappelle que l'année qui va finir a été malheureusement trop féconde en grand nombre de décès.

M. le Président a déjà signalé les membres que la mort nous a enlevés. Parmi ceux de ces collègues, il convient de citer particulièrement M. Le Doux, dont le zèle et le dévouement ne nous ont jamais fait défaut.

Par ses persévérants efforts, il a fait adopter la culture du Panais fourrager dans la Lozère.

Notre regretté confrère s'occupait de l'éducation de divers bombyciens séricigènes, et, tout dernièrement, il avait découvert que le ver à soie de l'ailante pouvait être nourri avec la feuille de lilas.

Un fait plus important encore nous a été signalé dans une de nos séances de la session dernière. M. Le Doux avait trouvé le moyen de filer le cocon de l'*Attacus cynthia*, sans outillage spécial et industriellement.

C'est une perte que la Société sentira vivement.

La séance est levée à cinq heures.

Il est fait don à la bibliothèque de la Société des ouvrages suivants :

1° *La Migration des Oiseaux*, par A. de Brevans. Paris, 1880, Libr. Hachette et Cie. 1 vol. in-18 avec figures (l'auteur).

2° *Exposition d'Horticulture de la ville de Neuilly (Seine)*, du 26 juin au 12 juillet 1880. Rapport de M. Vavin, président. Neuilly, 1880, impr. J. Roustang et Cie. Broch. in-8° (l'auteur).

3° *Mémoire sur l'hybridation et la fécondation artificielles des Huîtres*, par MM. de Montaugé frères, d'après les travaux et les expériences de M. Bouchon-Brandely. Bordeaux, 1880. Impr. nouvelle, A. Bellier, broch. in-8° (les auteurs).

4° *Encore l'Araucaria imbricata*, par M. J. H. Blanchard (extrait du *Journal de la Société centrale d'horticulture de France*, 3e série, t. II, 1880). Br. in-8° (l'auteur).

5° *Exposition des Insectes à Paris en* 1880. Rapport sur les collections d'entomologie appliquée exposées par M. Henri Miot, par M. Maurice Girard. Paris, 1880, impr. E. Donnaud. Broch. in-8° (l'auteur).

6° *De la maladie phylloxérique et de son traitement physiologique à l'aide du drosogène*, par le docteur C.-L. Coutaret. Paris, 1880. G. Masson, éditeur. 1 vol. in-8° (l'auteur).

7° *De Oost-Indische cultures*, in Besrekking tot Nandel en Nijverheid, par K.-W. Van Gorkom. Amsterdam, J.-H. de Bussy, 1881, 1 vol. in-8° (l'auteur).

Le Secrétaire des Séances,
C. RAVERET-WATTEL.

Domestication du Bison pour la production du lait.

Bien que le Bison disparaisse peu à peu devant la civilisation et que les troupeaux se montrent, chaque année, de moins en moins nombreux, l'espèce ne disparaîtra certainement pas sans laisser quelques traces de ses caractères distinctifs infusés dans le sang de nos races domestiques; quelques expériences, récemment faites aux États-Unis, ont démontré que le produit de la femelle du Bison, croisée avec le Taureau courtes-cornes, constitue un type possédant des qualités remarquables au point de vue de la production du lait, et que le croisement des Tauraux demi-sang Bison avec la Vache ordinaire donne des métis d'un produit supérieur à celui de nos meilleures Vaches laitières. Depuis que l'industrie de la production du lait a pris au Canada un grand développement, ces expériences ont vivement attiré l'attention, et il est probable qu'une race spéciale, créée au moyen de semblables croisements, peuplera un jour les fermes à venir du Far-West. Après deux ou trois croisements successifs, les caractères principaux du Bison, — la bosse et surtout le fanon, — ont presque entièrement disparu. L'animal est très beau et possède les bonnes qualités des deux types. Vigoureux et rustique, il croît rapidement en chair, et la viande, au moins égale en quantité, est plus abondante que chez le bœuf ordinaire. Un de ces métis doit figurer à la prochaine exposition de races laitières, à Londres.

(*The Colonies and India*.)

Une Ferme à Autruches au Cap.

Tiré de *South Africa*, par Anthony Trollope, t. Ier, p. 158 et suivantes.
Communiqué par M. A. Milne-Edwards.

Je partis de Grahamstown pour visiter une ferme d'Autruches à environ 5 milles de distance. Cet établissement appartient à M. Douglas, qui est, je crois, parmi les éleveurs d'Autruches de la colonie, celui qui a obtenu le plus de succès et qui fut, sinon le premier éleveur, du moins le premier qui pratiqua cette industrie sur une grande échelle. Il a aussi un brevet pour une couveuse artificielle ou incubateur qui est maintenant en usage chez un grand nombre de plumassiers du district. M. Douglas possède environ 1 200 acres de terre inculte affectée primitivement à l'élevage de moutons. Toute la campagne environnante était convertie depuis quelque temps en pâturages pour les nourrir; mais, par suite des changements survenus dans la végétation, elle ne paraît plus propre à cet usage. Elle peut cependant nourrir des Autruches.

Je trouvai dans cette ferme près de 300 de ces oiseaux, qui ont une valeur moyenne de 30 livres sterling. Chaque oiseau en état d'être plumé donne deux récoltes de plumes par an et produit en moyenne pour 15 livres de plumes chaque année. Les Autruches se nourrissent elles-mêmes, excepté les malades et les jeunes, et vivent aux dépens des buissons et des herbes de toutes espèces qui se trouvent dans la campagne. Le pâturage est divisé en parcs pour les Autruches couveuses, et chaque parc est occupé par un mâle et deux femelles. Les jeunes, qui ne couvent pas encore, car elles ne commencent à le faire qu'à l'âge de trois ans, ou celles qui ne sont pas appareillées, sont lâchées en troupeaux de trente ou quarante. Elles sont sujettes à des maladies qui réclament une certaine attention, et il leur arrive de se blesser et de se briser quelquefois les os en s'accrochant dans les grillages de fer. D'autre part, ce sont des animaux robustes qui peuvent supporter la chaleur et le froid, capables de rester longtemps privés d'eau, qui ne demandent pas une nourriture délicate et qui, à la valeur qu'elles ont actuellement, dédommagent largement des soins qui leur sont prodigués.

Néanmoins, l'élevage des Autruches ne promet pas encore une fortune certaine. Leur prix est tellement élevé (puisqu'un individu adulte en parfait état a une valeur de 75 livres) qu'il y a les risques de faire de grandes pertes, et je doute que cette industrie existe depuis assez longtemps pour que ceux qui la pratiquent en connaissent toutes les conditions. Les deux grands points sont de couver les œufs et d'arracher et couper les plumes, de les trier et de les envoyer au marché. Je crois pouvoir dire que, sans l'aide d'un incubateur, l'élevage des Autruches ne peut pas produire de grands résultats. Les oiseaux abîment leurs plumes en se tenant accroupis sur le nid et la couvée leur fait perdre deux mois. Il y a aussi une grande incertitude quant au nombre des jeunes qui éclosent, et un grand danger quant à leur élevage lorsqu'ils sont éclos. Un incubateur semble être nécessaire dans une ferme d'Autruches. Certainement, jamais expression introduite dans le bagage n'a été moins bien appropriée que celle-ci à l'objet qu'elle désigne, car cette machine a été précisément inventée pour suppléer au procédé de l'incubation. Le fermier qui s'occupe de couvées artificielles se pourvoit d'une certaine quantité d'œufs morts, consistant en coquilles d'œufs vidées, puis remplies avec du sable, et il peut ainsi amener les femelles à pondre. Ces animaux sont si grands, et le pâturage est si peu enclos, qu'il est très difficile de les surveiller et de récolter leurs œufs. Comme chaque œuf vaut à peu près 5 livres, il me semble qu'ils courraient le risque d'être volés, si l'exploitation devenait plus générale; mais jusqu'à présent il n'y a pas encore de marché ouvert pour le bien volé. Quand on trouve les œufs, on les apporte au quartier général et on les garde jusqu'à ce qu'une place se trouve vacante dans la couveuse artificielle.

L'incubateur se compose d'une grossière caisse de bois de sapin posée sur quatre pieds et longue de 8 ou 9 pieds; à chaque bout, se trouvent deux tiroirs avec un certain appareil de flanelle dans lesquels on met les œufs, et qui, au moyen de vis, peuvent s'élever ou s'abaisser d'une hauteur de deux ou trois pouces. On abaisse le tiroir quand il est tiré et qu'il peut recevoir un nombre déterminé d'œufs. J'en ai vu, je crois, plus de quinze dans l'un d'eux. Au-dessus des tiroirs, le long de la surface supérieure de la machine, se trouve un réservoir rempli d'eau chaude et, lorsque le tiroir est fermé, il est rehaussé par les vis, de manière à mettre la paroi de l'œuf en contact avec le fond du réservoir... C'est de là que vient la chaleur nécessaire. Sous le milieu de la machine, sont placées une ou plusieurs lampes destinées à maintenir la chaleur que réclame l'incubation. On laisse les œufs dans les tiroirs pendant six semaines, et, au bout de ce temps, ils sont éclos.

Tout ceci est d'une très grande simplicité, et cette opération de couvée artificielle est cependant des plus compliquées et demande non seulement des soins, mais une faculté d'observation qui n'est pas donnée à tout le monde. Les Autruches retournent souvent leurs œufs, afin que toutes les parties reçoivent successivement la chaleur nécessaire *qu'ils réclament*. L'éleveur d'Autruches doit donc retourner, et il le fait près de trois fois par jour. Il faut aussi qu'il y ait autour des œufs une certaine humidité comme celle qui se développe sous la mère. Il faut modérer la chaleur suivant les circonstances, sans quoi le jaune s'épaissit et étouffe le jeune oiseau. La nature doit être suivie le plus exactement possible, mais il faut qu'elle soit observée et comprise avant de pouvoir être suivie. Quand le temps de l'éclosion est arrivé, l'éleveur doit redoubler de soins et aider le jeune à ouvrir sa coquille, il lui faut certains instruments pour cet usage; il doit ensuite remplacer la mère auprès de la jeune couvée qui ne peut pas encore marcher ni pourvoir elle-même à sa nourriture. Nos petits poulets, dans nos cours de ferme, paraissent entrer plus facilement dans la vie, mais c'est qu'ils ont les ailes maternelles, et nous connaissons à peine tous les soins que cette mère leur prodigue. L'éleveur d'Autruches doit bien connaître la manière de soigner la couvée, sans quoi il serait bientôt ruiné, car chaque oiseau qui vient d'éclore est supposé avoir une valeur de 10 livres. Le fermier doit donc remplir les fonctions de la mère et connaître tout ce que l'instinct fait faire à l'Autruche, s'il veut réussir dans sa tâche.

Les oiseaux sont plumés avant d'avoir atteint l'âge d'un an, et je crois que personne, jusqu'à présent, ne sait combien de temps ils peuvent vivre et fournir des plumes. J'en ai vu que l'on plumait depuis seize ans, et qui avaient encore un grand et beau plumage. Quand le temps de plumer les oiseaux est arrivé, on les attire par une abondante distribution de mealies, comme on appelle le maïs ou blé des Indes dans le sud de l'Afrique, dans un parc dont un des côtés est mobile. Les Autruches, qui sont très friandes de maïs, sortent en courant de leurs parcs aussitôt qu'elles voient le grain pour en manger. Quand l'enceinte est pleine, on referme le côté mobile, de manière que les oiseaux sortent serrés les uns contre les autres sous l'influence d'un violent effort. Elles ne peuvent donc pas étendre leurs ailes ni se lancer en avant, comme elles en ont l'habitude quand elles se disposent à donner un coup de pied. Des hommes entrent alors avec elles et, les saisissant par les ailes, arrachent ou coupent leurs plumes. Les deux procédés sont employés, mais je crois que le premier l'est plus souvent, parce qu'il est plus avantageux. Le poids des plumes est plus considérable quand elles sont arrachées, et les tuyaux commencent à repousser immédiatement, tandis que la croissance est retardée quand on laisse à la nature le soin de faire tomber le tronçon de la plume. Je n'ai pas vu faire la récolte des plumes, mais on m'a assuré que le peu d'attention que l'animal accorde à cette opération prouve que la douleur, s'il en ressent, n'est pas vive.

Les plumes sont ensuite triées et rangées en plusieurs lots ; les plumes primaires qui se trouvent sous les ailes, et dont l'extérieur est blanc, sont de beaucoup les plus recherchées, et on les vend, comme je l'ai déjà dit, 25 livres sterl. la livre. Le triage ne présente pas grande difficulté à des indigènes. Les plumes sont ensuite empaquetées et, dans des boîtes, envoyées au Fort Élisabeth pour y être vendues à l'enchère.

Autant que j'ai pu le constater, il m'a semblé que tous les ouvriers étaient nègres, excepté le propriétaire et deux ou trois jeunes gens, qui vivent avec lui pour apprendre l'élevage des Autruches. Les nègres sont des Cafres, des Fingos ou des Hottentots, qui vivent chacun dans leur propre hutte avec leurs femmes et leurs enfants.

Je puis ajouter que l'élevage des Autruches rapporte souvent, à ce qu'on m'a dit, 50 pour 100 par an sur le capital. Mais on m'a dit aussi que le capital a été perdu assez fréquemment ; cela doit donc être encore considéré comme une entreprise précaire qui réclame des facultés spéciales pour la personne qui la conduit. Il faut considérer aussi que le succès des plumes d'Autruches dépend entièrement de la mode. Le blé et le bois, le coton et le café, le cuir et les planches seront toujours recherchés, parce qu'on en aura toujours besoin, et leur valeur se maintiendra toujours par la rivalité des acheteurs, mais les plumes d'Autruches peuvent être dépréciées. Le jour où la servante s'en parera, la duchesse cessera de les porter.

Entrave pour empêcher les oiseaux de voler.

J'ai l'honneur de vous soumettre une petite nouveauté de mon invention, qui intéressera certainement le plus grand nombre de nos collègues.

C'est une entrave pour empêcher les oiseaux de voler et supprimer l'éjointage et toutes les mutilations ordinaires.

Voici plus d'un an que j'en fais usage avec succès.

Avec ce système, je conserve en liberté dans mon jardin une quantité de Faisans et Perdreaux, et, quand le jour est venu de les lâcher dans une chasse, ils prennent leur essor aussi librement que s'ils avaient été élevés dans les bois.

Voici en quoi consiste mon entrave : c'est une petite chaînette munie d'un porte-mousqueton et dont la moitié est garnie de peau. Une des extrémités de la chaînette entoure les premières pennes de l'aile. L'autre extrémité se passe autour du bras de l'aile et vient s'attacher dans le porte-mousqueton qui se trouve ainsi placé dans le milieu. L'oiseau peut remuer l'aile librement, mais il ne peut l'étendre assez pour voler. Quand l'entrave est placée, elle est complètement invisible et l'oiseau conserve sa tournure et son élégance sans être gêné dans ses mouvements.

Je vous adresse par ce même courrier une de ces entraves.

Je l'ai prise sur un Faisan de bois qui la porte depuis six mois et que je mets aujourd'hui même en liberté dans un chasse voisine. Cette entrave paraît n'avoir jamais servi ; c'est dire qu'elle n'a pas blessé l'animal.

J'applique mon système aux Paons, aux Canards et aux Poules qui ont l'habitude de s'envoler de leur parquet. En une minute, une entrave est placée ; elle se retire en un instant, quand on veut rendre la liberté aux captifs. J'en applique même souvent à des oiseaux de grande valeur, mais un peu sauvages, que je tiens au parquet, pour le cas où une porte serait mal fermée et où mes oiseaux abuseraient d'une liberté concédée malgré soi.

Plusieurs gardes-chasse ont déjà adopté mon entrave et m'en ont exprimé toute leur satisfaction. C'est surtout à la fermeture de la chasse qu'elle leur rend les plus grands services. A cette époque, les faisandiers reprennent dans les bois toutes les Poules qui leur seront nécessaires pour la reproduction et les renferment jusqu'à la fin de la ponte. Ces bêtes, excessivement sauvages, s'abîment dans les parquets et, si ceux-ci ne sont pas couverts de filets, elles se tuent souvent contre les grillages. Il est cependant impossible de leur couper les ailes, puisqu'il faudra les remettre en liberté quelques mois plus tard.

C'est donc une dépense et un entretien considérable que d'avoir des grands parquets entièrement couverts de filets.

Avec mon entrave, les faisandiers suppriment tous ces ennuis; ils mettent leurs Poules faisanes dans des parquets à volailles ordinaires ou plus simplement les laissent en liberté dans un grand enclos, où elles exigent moins de soins, se portent mieux et pondent plus abondamment.

VOITELLIER,
à Mantes (Seine-et-Oise).

IV. BIBLIOGRAPHIE.

I

Élevage des animaux de basse-cour, par E. Lemoine; dessins par Allongé, gravés par Bisson. 1 vol. in-8° ; 146 p., 60 figures. Masson, 120, boulevard Saint-Germain (Imp. Martinet), 1880.

Nos lecteurs savent que M. Lemoine a créé, sur les bords de l'Yerres, une basse-cour qui est un établissement de premier ordre et que l'on peut regarder comme un modèle à suivre pour les installations de cette nature. Ils n'ont certainement pas oublié l'article intéressant dans lequel notre honorable confrère rendait compte de son mode d'élevage et des résultats obtenus (1).

Nous n'avons donc pas besoin de rappeler ici quelle est l'organisation du Poulailler de Crosne, où 85 parquets, échelonnés le long de la rivière, se développent sur un parcours de plus d'un kilomètre, chacun contenant de 80 à 500 mètres carrés, comprenant une pelouse, des arbustes et des allées sablées, offrant, par suite, aux reproducteurs tout ce qu'ils recherchent en liberté : verdure, insectes et gravier (2).

Les conclusions du mémoire de M. Lemoine étaient nettement formulées : n'avoir pas plus de 100 sujets, car avec ce nombre, on doit réussir, toujours réussir, tandis qu'il est très difficile d'en élever deux ou trois mille; n'acquérir que des animaux parfaits ; les loger dans des poulaillers tenus très proprement et badigeonnés tous les ans à la chaux; donner une nourriture très variée : légumes et tubercules cuits, grains et verdure; mettre de l'eau propre deux fois par jour; tenir enfin du sable à la disposition des volailles, attendu qu'il leur est nécessaire pour se poudrer et pour faciliter la digestion.

Dans la publication dont nous avons à rendre compte, notre confrère a développé quelques-uns des renseignements qu'il avait fournis à la Société, en signalant principalement les caractères distinctifs des diverses races de Poules, et en donnant des indications succinctes sur les autres habitants de la basse-cour : Dindons, Canards, Oies et Lapins. Mais il a eu surtout une bonne fortune, que tout écrivain a le droit de lui envier : un artiste de valeur, un dessinateur gracieux et délicat, M. Allongé, dont les paysages ont tant de charme, a bien voulu illustrer l'œuvre de M. Lemoine, et reproduire les plus beaux types de ses oiseaux. C'est la révélation sous un nouvel aspect d'un talent hors de pair. Ces Coqs et

(1) *Bulletin de la Société d'acclimatation*, 1879, p. 571.

(2) Distribution des récompenses, mai 1879 : *médaille de première classe*. — En 1878, les volailles de race pure, entretenues à Crosne, avaient produit 11 300 œufs, dont la plus grande partie avait été livrée aux amateurs d'animaux de choix. Le nombre des poulets élevés dépassait 1 700.

Poules de Crèvecœur, de Houdan, de La Flèche, de Dorking, etc , n'ont rien de commun avec les gravures ordinaires. Ces animaux sont vivants. Le dessin est net et précis ; il met en lumière le caractère saillant de la race. Nous ne jurerions pas cependant que parfois le sentiment artistique n'ait poussé un peu le crayon, mais nous n'aurions garde de nous en plaindre !

L'ouvrage de M. Lemoine n'est pas destiné à ceux qui savent. Comme le dit l'auteur, c'est avec les dessins de son ami qu'il a cherché à fixer l'attention ; il s'est borné à donner des renseignements pratiques, laissant à chacun le plaisir de découvrir lui-même ce qu'il y a d'intéressant dans l'étude des Gallinacés.

Que ce petit livre, si bien illustré, aille donc dans beaucoup de mains ; qu'il inspire l'amour des choses de la ferme et le désir de créer une basse-cour jolie, coquette, propre, bien aérée, peuplée de races pures, donnant la vie et le mouvement autour de l'habitation rurale, et assurant en même temps des bénéfices sérieux à l'éleveur ! AIMÉ DUFORT.

La culture maraîchère; Traité pratique pour le Midi, le Centre de la France et pour l'Algérie, par A. Dumas, ancien jardinier-chef de la ferme-école de Bazin. 1 vol. in-18 de 416 pages, orné de 146 gravures ; libr. J. Rothschild, 13, rue des Saints-Pères. 4e édition, 1880.

Après quelques considérations générales sur la meilleure exposition pour un jardin maraîcher, et sur les diverses sortes de travaux qu'exige sa mise en valeur, l'auteur entre dans le détail des cultures spéciales. Il s'attache ensuite à bien préciser l'époque à laquelle doit se faire la taille de la vigne, ainsi que celle des arbres fruitiers, et il donne en dernier lieu un calendrier horticole.

Ce traité s'occupe spécialement de la culture maraîchère dans les régions méridionales de la France. Il semble surtout destiné aux élèves des écoles normales, et c'est un excellent guide à mettre entre leurs mains, car il est écrit avec netteté et précision, à un point de vue essentiellement pratique.

M. Dumas n'a pas cru devoir adopter, pour la description des diverses plantes, le classement par ordre alphabétique des noms, ainsi que cela a lieu dans la plupart des livres d'horticulture. Il a préféré suivre la classification botanique par famille. Cette dernière méthode a, selon ses expressions, le grand avantage de placer, à côté les unes des autres, les espèces qui se ressemblent le plus par leurs propriétés alimentaires, par leur mode de culture et les soins spéciaux qu'elles réclament. Or, quand on connaît bien les détails horticoles relatifs à la plante la plus importante de la famille, on peut se considérer comme suffisamment renseigné sur toutes les autres espèces du même groupe. AIMÉ DUFORT.

Le Gérant : JULES GRISARD.

ÉTAT DES DONS

FAITS A LA SOCIÉTÉ D'ACCLIMATATION

du 1er janvier au 31 décembre 1880.

DONATEURS.	OBJETS DONNÉS.
BABERT DE JUILLÉ.	Graines de Chou de Chaves et Melon de la Louisiane.
BAIRD (Spencer F.).	Œufs embryonnés de Saumon des lacs et de Saumon de Californie.
BERNAY (de).	Noyaux de Pêche de Perse.
BERTHAULT.	Collection de Pommes de terre
BLAVET.	Graines de *Soja hispida.*
BRIERRE FILS.	Graines d'Asperge palmée.
BUREAU FILS (Charles).	Œufs d'*Hyperchiria Io.*
DUVAL.	Fèves d'*Agua dulce.*
GALLAIS.	Graines de Rhubarbe de Chine.
GODEFROY-LEBŒUF.	Graines d'*Elæococca* et de Melon d'Ispahan.
GRUYÈRE (le docteur).	Graines de Melon de la Louisiane.
HAREL.	Graines de *Michelia Champac* et de *Persea gratissima.*
HERVEY DE SAINT-DENYS (le marquis d').	Collection de graines du Japon.
HEYMONET.	Pommes de terre (de semis).
LAFERRIÈRE (S. de).	Noix de *Carya alba.*
MARC (F. M.).	Graines d'*Holcus Halepensis* et de *Bromus inermis.*
MICHELY (Alexfort).	Igname de Cayenne.

DONATEURS.	OBJETS DONNÉS.
MUELLER (baron F. von).	Graines diverses d'Australie.
NUEROS (Perez de).	500 grammes d'œufs d'*Attacus Pernyi*.
OUNOUS (Léo d').	Graines diverses.
PIERSON.	Graines d'Algarobo et de Quebracho.
PLŒM (le docteur).	Graines diverses des Moluques et de Bornéo.
RAMEL (Prosper).	Graines d'*Eucalyptus colossea* et Sp.
ROCHEMACÉ (F. de la).	Graines de Saggina (*Holcus?*) et de Piment doux d'Espagne.
SAINT-QUENTIN (Mme V^e^ de).	Œufs de *Sericaria Mori*.
SELVE (Marquis de).	Collection de graines de la Réunion.
SIMON (de Bruxelles).	Œufs de divers séricigènes.
TROUBETZKOY (le prince).	Graines d'*Acacia pulverulenta viridis*.
TURREL (le docteur).	Graines de Pin de Sabine.
VAVIN (Eugène).	Plusieurs espèces de graines.
VILMORIN.	Maïs de Cuzco jaune et blanc.
WAILLY (Alfred).	Œufs de *Samia Promethea*.

OUVRAGES OFFERTS

A LA BIBLIOTHÈQUE DE LA SOCIÉTÉ.

Aguilhon de Sarran (le docteur). — Expériences physiologiques sur les eaux minérales du Châtel-Guyon (Puy-de-Dôme). (Extrait de la *Tribune médicale*). Paris, 1879, in-8°. L'auteur.

Allart (F. A.). — Rapport sur l'agriculture et la colonisation de l'Algérie. Sétif, 1879, in-18. L'auteur.

Agassiz (Alexandre). — The development of Lepidosteus. In-8, 5 pl. L'auteur.

— On the young stages of some osseous fishes. Development of the Tail. Cambridge, 1877, in 8, 2 pl. L'auteur.

Anonyme. — Compte-rendu analytique des séances du congrès viticole tenu à Nîmes les 21, 22 et 23 septembre 1879. Nîmes, 1880, in-8.

Arbois de Jubainville (d') et J. Vesque. — Les maladies des plantes cultivées, des arbres forestiers et fruitiers, avec 48 vignettes et 7 pl. en couleur. Paris, 1878, in-18. Rothschild, éditeur.

Association des Pisciculteurs allemands : Collection des circulaires. (Baron von Bunsen).

Baltet (Ch.). — Les bonnes poires d'hiver. Troyes, in-8. L'auteur.

— L'art de greffer les arbres, arbrisseaux et arbres forestiers et fruitiers, 2e édition, suivie d'un appendice sur le rétablissement de la vigne par la greffe, avec 127 figures dans le texte. Paris, 1880, in-18 jésus. L'auteur.

Barnwell Roosevelt et Seth Green. — Fish hatching and fish catching. Les auteurs.

Beaumont (vicomte E. H. de). — Notice sur la carte ichtyologique des principaux cours d'eau et lacs de la France. Rodez, 1879, in-8. L'auteur.

Blanchard (J. H). — Encore l'Araucaria imbricata (Extrait du *Journal de la Société centrale d'horticulture de France*, 3e série, t. II). 1880, broch. in-8°. L'auteur.

Boudard (A.). — Guide pratique de la chèvre nourrice au point de vue de l'allaitement des nouveau-nés. Paris, 1879, in-12. L'auteur.

— Conférence faite à Vichy, au chalet des Chèvres, le 8 août 1880. L'auteur.

Boulart (Raoul). — L'ornithologie du Salon. Synonymie, description, mœurs, nourriture des oiseaux de volière européens et exotiques. Paris, 1879, grand in-8. Rothschild, éditeur.

Brevans (A. de). — La Migration des oiseaux. Paris, 1880, librairie Hachette et Cie, in-8° avec figures. L'auteur.

Brugère (F. de la). — L'art du vétérinaire mis en pratique. Paris, in-8°, nombr. fig. et planches en couleur. L'auteur.

Catalogue o the library of the zoological Society of London, 1880, in-8°.

Comptes rendus sténographiques des congrès et conférences de l'Exposition. Offert par M. le sénateur commissaire général de l'Exposition.

COUTARET (docteur C. L.). — De la maladie phylloxérique et de son traitement physiologique à l'aide du drosogène. Paris, 1880, G. Masson, éditeur. 1 vol. in-8°. L'auteur.

DECROIX (E.). — Études sur la ferrure à glace. Paris, impr. Laloux fils et Guillot. L'auteur.

DUMAS (A.). — La culture maraîchère. Traité pratique, 4e édition, ornée de 186 gravures. Paris, 1880, in-18. Rothschild, éditeur.

DUMÉRIL et BOCOURT (Auguste). — Études sur les reptiles et les batraciens du Mexique et de l'Amérique centrale. Ministère de l'instruction publique.

DUPONT. — Les essences forestières du Japon. Paris, 1880, in-8. L'auteur.

— Notes relatives aux kakis cultivés japonais. — Toulon, 1880, in-8. L'auteur.

DUVAL (Raoul). — L'agriculture et la liberté commerciale. Paris, 1880, in-18.

Esposizione internationale di Pesca in Berlino, 1880, Sezione italiano. Catalogo degli espositori e delle cose esposte. Firenze, 1880, in-8.

FABRE (E.). — Nouveau système d'enseignement national gratuit et obligatoire, considéré surtout au point de vue des intérêts agricoles. Carpentras, 1879, in-18. L'auteur.

FALLOU (J.). — Notes entomologiques et descriptions de Lépidoptères nouveaux, 1863-1879. L'auteur.

FILLON (Alph.). — Le reboisement par les essences résineuses. Mise en valeur des sols pauvres, 2e édition. Paris, 1880. Rothschild, éditeur.

GAUCKLER (O.). — Les poissons d'eau douce et la pisciculture. Paris, 1881, libr. Germer-Baillière, 1 vol. in-8°, avec fig. L'auteur.

GIRARD (Maurice). — Note sur des insectes nuisibles et sur un mollusque (extrait du *Journal de la Société d'horticulture*). L'auteur.

— Notice nécrologique sur le docteur de Boisduval (extrait du *Journal de la Société d'horticulture*). L'auteur.

— Exposition des insectes de Paris, en 1880. Rapport sur les collections d'entomologie appliquée, exposée par M. Henri Miot. Paris. 1880, impr. Donnaud, broch. in-8°. L'auteur.

GIRDWOYN (Michel). — Pathologie des poissons. Traité des maladies, des monstruosités et des anomalies des œufs et des embryons, avec 15 pl. lithographiées. Paris, 1880. L'auteur.

GODERVILLE (A. Robert de). — Sur la question des traités de douanes Rouen, 1879, in-4.

GOLL (H.). — Le topinambour (extrait du *Journal de la Société d'horticulture de Vaud* (Suisse), in-8. L'auteur.

— Le haricot Soja (extrait du *Journal de la Société d'horticulture de Vaud* (Suisse), in-8. L'auteur.

GRAELLS (Mariano de la Paz). — Prontuario filoxerico, dedicado a los viticultores españoles y delegados oficiales. Madrid, 1879, in-8. L'auteur.

GRANDIDIER (Alfred). — Histoire physique, naturelle et politique de Madagascar, volume XIV. Histoire naturelle des oiseaux, tome III. Atlas, 2e partie, 7e fascicule. Ministère de l'instruction publique.

— Histoire physique, naturelle et politique de Madagascar. Vol. I. Géographie physique et astronomie. Atlas, 1re partie, 8e fascicule. Ministère de l'instruction publique.

GRESSY (docteur). — L'huitre est androgyne et non hermaphrodite. Vannes, 1878, in-12. L'auteur.

Guide to the British section of the Berlin international fishery. Exhibition of 1880. Berlin, 1880, in-8.

HAMET (H.). — Calendrier apicole. Almanach des cultivateurs d'abeilles. Paris, 1880, in-12. L'auteur.

HETTING. — Rapport sur les pêcheries maritimes et fluviales de la Norvège, pour les années 1869, 1871, 1873, 1880. Christiania. L'auteur.

HIPPEAU (C.). — L'instruction publique dans l'Amérique du Sud. Paris, in-18. M. Balcarce, ministre de la République Argentine.

HOFFMANN (W. J.). — Remarks upon albinism in several our birds, in-8. L'auteur.

— List of Mammals found in the Vinicity of Grand River, D. T., in-8 (from the Proceedings of the Boston Society of Natural history, volume XIX, March. 7, 1877). L'auteur.

— Molting of the Horned Toad (from the American naturalist), in-8. L'auteur.

— Notes on the Nesting habits of the English Sparrow, in-8. L'auteur.

— The Discovery of « Turtle-Back » celts, in the district of Columbia (from the American Naturalist, February, 1879, in-8. L'auteur.

— The distribution of vegetation in portions of Nevada and Arizona, in-8. L'auteur.

— Report on the Chaco cranium (extracted from the Tenth annual report of the Survey for the year 1876). Washington, 1879, in-8°, figures. L'auteur.

— On the Mineralogy of Nevada (extracted from the Bulletin of the Survey, vol. IV, n° 3). Washington, 1878, in-8. L'auteur.

HOFFMANN (V. C. K.). — Unterzuchengen ueber den Bau und die Entwickelungs geschichte der Hirudineen. Haarlem, 1880, in-4, planches.

Internationale Fischerei. — Ausstellung zu Berlin, 1880. Schweiz. I. Katalog der Schweizerischen Betheiligung. II. Ichthyologiche Mittheilungen aus der Schweiz. Leipzig, in-8.

JOLY (Charles). — Note sur les importations et les exportations des fruits et légumes en 1879. (Extrait du *Journal de la Société centrale d'horticulture de France.*) L'auteur.

— Étude sur le matériel horticole. Paris, 1880, in-8. L'auteur.

— Note sur les serres du jardin botanique de Copenhague, in-8. L'auteur.

LABORDE (docteur J. V.). — Sur l'action physiologique du chlorure de magnésium. Paris, 1879, in-8. L'auteur.

LALEU (O. de). — Expériences sur une éducation du ver à soie de l'ailante au jardin de l'exposition de Nantes. L'auteur.

La Lutte contre le Phylloxéra dans l'arrondissement de Toulon. Toulon, 1880, in-8. Comité d'études et de vigilance de l'arrondissement de Toulon.

Le Doux (Christian). — Revendication pour la France de la découverte de la vaccine. L'auteur.

— L'ailante envisagé au point de vue du reboisement des montagnes. (Extrait du *Bulletin de la Société d'agriculture, industrielle, etc. de la Lozère.*) L'auteur.

Lemoine (E.). — Élevage des animaux de basse-cour. Paris, 1880, in-18, gravures. L'auteur.

Leroy (Alfred). — Élevage et maladie du mouton. Paris, A. Goin, éditeur. L'auteur.

Leroy (E.). — L'aviculture, l'élevage pratique. Illustrations de E. Bellecroix. 3e édition, Paris, 1881, libr. Firmin-Didot, 1 vol. in-18, avec figures. L'auteur.

Lescuyer (F.). — Classification des oiseaux de la vallée de la Marne. Châlons-sur-Marne, 1880, in-8. L'auteur.

Lonquéty aîné. — La pêche du hareng; son importance au port de Boulogne-sur-mer, 1 planche, 1 carte. Boulogne-sur-mer, 1878, in-8. L'auteur.

— La pêche maritime en France et en Angleterre. Boulogne-sur-mer, 1866, in-8. L'auteur.

— Notes sur la législation de la pêche du hareng et sur la préparation essentielle que doit subir ce poisson. Boulogne-sur-mer, 1868, in-8, L'auteur.

— Notes sur l'Exposition de pêche de Bergen (Norvège), en 1865. Boulogne-sur-mer, 1866, in-8. L'auteur.

— Pêche française. Salaison du hareng à bord et en atelier, 1860, in-8. L'auteur.

— Rapport à Son Excellence l'amiral ministre de la marine, sur les filets de coton employés à la pêche d'Écosse. Boulogne-sur-mer, 1858, in-8. L'auteur.

Lucius (le docteur). — Collection de documents relatifs à l'Exposition de pêche de Berlin. L'auteur.

Magaud d'Aubusson. — La fauconnerie au moyen âge et dans les temps modernes. Auguste Ghio, éditeur, 1879, in-8. L'auteur.

Marion (A. F.). — Traitement des vignes phylloxérées, par le sulfure de carbone. Rapport sur les expériences et sur les applications en grande culture effectuées en 1877. Paris, 1878, in-4. L'auteur.

— Traitement des vignes phylloxérées, par le sulfure de carbone. Rapport sur les expériences et sur les applications en grande culture effectuées en 1877. L'auteur.

Maslieurat-Lagémard. — Pisciculture. Rapport au Conseil général de la Creuse, 17 août 1880. Brochure in-8°. L'auteur.

Mazaroz (J. P.). — Dangers du sulfure de carbone. Efficacité des engrais minéraux et végétaux mélangés. Moyens précis de les employer. Paris, 1879, in-8. L'auteur.

Meunier (Stanislas). — Traité pratique de chimie et de géologie agricoles. Paris, 1879. Rothschild, éditeur.

Milne-Edwards (H.). — Missions scientifiques au Mexique et dans l'Amérique centrale. Recherches zoologiques. Ministère de l'instruction publique.

MINISTÈRE DE L'AGRICULTURE ET DU COMMERCE. — Annuaire statistique de la France. 3e année, 1880. Paris, Impr. nationale 1880, grand in-8. Ministère de l'agriculture.

— Commission supérieure du Phylloxera. Paris, 1880, grand in-8 avec carte. Ministère de l'agriculture.

MONTAUGÉ frères (de). — Mémoire sur l'hybridation et la fécondation artificielle des Huîtres, d'après les travaux et les expériences de M. Bouchon-Brandely. Les auteurs.

MOSCROP (E. H.). — Correspondance relative of the introduction of Salmon and Trout at the antipodes. London, 1879, in-8. L'auteur.

MUELLER (baron F. von). — Select extra tropical plants readily eligible for industrial culture or naturalisation with indications of their native countries and some of their uses. Calcutta, 1880, in-8. L'auteur.

OLIVERA (Eduardo). — Estudios y viages agricolas en Francia, Alemania, Holanda y Belgica, etc. Buenos-Ayres, 1879, 2 vol. in-8. M. Balcarce, ministre de la République Argentine.

OUDOT (Jules). — Le fermage des autruches en Algérie. Incubation artificielle. Paris, 1880, in-8 avec planches. L'auteur et l'éditeur.

PAILLIEUX (A.) et BOIS (D.). — Nouveaux légumes d'hiver. Expériences d'étiolement pratiquées en chambre obscure. Paris, in-18. Les auteurs.

Les Papillons de France. Histoire naturelle, mœurs, chasse, préparation, collections, avec 110 vignettes et 19 chromolithographies. Paris, 1880, grand in-8. Rothschild, éditeur.

PIZZETTA (Jules). — La pisciculture fluviale et maritime en France. Culture de l'écrevisse et des sangsues. L'ostréiculture en France, par M. de Bon, avec 212 gravures. Paris, 1880, in-18. Rothschild, éditeur.

Proceedings of the central fishcultural Society at their first annual meeting, held at the Palme House, Chicago, Illinois, october 1st and 2d 1879. Chicago, 1879, in-16.

POULAIN (César). — L'agriculture et les traités de commerce. Lettres à M. le Sénateur Président de la chambre de commerce de Reims, 1879, in-8.

PUYDT (E. de). — Les Orchidées. Histoire iconographique avec 244 vignettes et 50 chromolithographies. Paris, 1880, grand in-8. Rothschild, éditeur.

PUYSÉGUR. — Notice sur la cause du verdissement des huîtres. Paris, in-8, 1 pl. L'auteur.

RAMEL (Prosper). — La vigne en Australie. Paris, 1880, in-8. L'auteur.

RODIN (H.). — Les plantes médicinales et usuelles des champs, jardins, forêts, 4e édition, avec 200 gravures. Paris, 1879, in-8. Rothschild, éditeur.

SÉRIZIAT. — Histoire des coléoptères de France, précédée d'une introduction à l'étude de l'entomologie par M. Charles Naudin. Paris, 1880, in-8, nombr. fig. L'auteur.

SAINT-VICTOR (de). — Rapport sur la culture forestière. Paris, typographie Morris, père et fils, 1876, grand in-8°, planche. L'auteur.

— A propos du renouvellement des traités de commerce, Lyon, impr. X. Jevain. L'auteur.

— Conférence sur la crise agricole, faite à Tarare le 20 mai 1880. Lyon, impr. Jevain. L'auteur.

SAUNDERS (William). — Tea culture as a probable american industry. Washington, 1879, in-8°. Ministre des affaires étrangères.

SICARD (docteur A.). — Le secret de la santé, 1880, in-8. L'auteur.

SOURBÉ (T.). — Traité théorique et pratique d'apiculture mobiliste. Paris, 1880, in-8, figures. L'auteur.

TCHIHATCHEFF (de). — Espagne, Algérie et Tunisie. Lettres à M. Michel Chevalier. Paris, librairie J. B. Baillière et fils, 1880, grand in-8. L'auteur.

TROUYET. — Découverte des causes des maladies des vers à soie, in-18. L'auteur.

VAN DEM BORNE BERNEUCHEN. — Notices sur la construction et le fonctionnement des appareils de pisciculture. L'auteur.

VAN GORKOM (K. W.). — De Oost-Indische cultures in Betrekking tot Handel en Nijverheid. Amsterdam. J. H. de Bussy, 1881, 1 vol. in-8°. L'auteur.

VAUVEL (L.). — Nouveau traitement du pêcher, système Chevalier aîné, de Montreuil, in-8. L'auteur.

— Culture de l'asperge à la charrue; résultat obtenu dans un sol de médiocre qualité; bénéfice net, 6000 fr. par hectare. L'auteur.

VAVIN. — Rapport sur l'exposition d'horticulture de la ville de Neuilly (Seine). 1880, impr. J. Roustang. Broch. in-8°. L'auteur.

VENDEUVRE (Charles de). — L'A B C du chauffage des serres. Asnières, 1880, in-8. L'auteur.

WAILLY (Alfred). — On Silk-producing bombyces and other Lepidoptera. (Extrait du *Journal of the Society of arts*), in-8. L'auteur.

INDEX ALPHABÉTIQUE DES ANIMAUX

MENTIONNÉS DANS CE VOLUME.

Abeille, 290-304.
Actias selene. Voy. *Attacus selene*.
Adimonie, 268.
Agarista, 111.
Agouti, 27-28, 259.
Alouette, 47, 156, 157.
Alpaca, 232-235.
Attacus Atlas, 530.
— *aurota*, 266-267.
— *Cecropia*, 9-10, 635-643, 720-721.
— *Cynthia*, 151-152, 160, 164, 193, 194, 315, 723-724.
— *Mylitta*, 151, 532-536, 722.
— *Pernyi*, 7-9, 141, 213-214, 241-242, 245-246, 312, 321-323. 605-607, 607-609.
— *Piri*, 718-720, 724-725.
— *Polyphemus*, 322, 721-722.
— *Prometheus*. 345-348, 607.
— *Selene*, 502, 530-531, 629-635.
— *Yama-maï*, 20-21, 25-26, 37-38, 140-141, 165, 200-201, 213-214, 312, 607, 618-620, 717-720.
Autruche, 209-211, 472-488. 601-602, 763-766.
Bambusicola, 753-754.
Bernache, 493-494.
Bison, 763.
Black-Bass. Voy. *Grystes nigricans*.
Bœuf, 57-59, 62-67, 237.
Bombyciens séricigènes, 529-537.
Bombyx. Voy. *Attacus*.
Cacatoës, 308.
Canard, 169-170, 735.
— bec-de-lait, 29.
— carolin, 40.
— du Labrador, 40, 97-98, 174-175, 198, 731-732, 735, 752-753.
— mandarin, 28-29, 40-41, 85-86, 89.
— siffleur, 615.
Carpe, 759-760.
Casoar, 238-239.
Chenille, 164, 201-202, 262.
Cheval, 48-51, 236-237.
Chèvre d'Angora, 246-247, 598-599.
Chèvre de Nubie, 598.
Chien, 237.
Céréopse, 40.
Cerf-cochon, 153.
Cigogne, 197-198.
Cochon d'Essex, 39, 258-259.
— d'Inde, 112-113.
Colombe, 600.
— longhup, 734.
— poignardée, 29-30, 40, 87, 89-90, 734.
Coq de bruyère, 156.
Criquet, 115, 163.
Crustacés, 498.
Cygne noir, 206.
Doryphora, 153-154.
Distome, 268.
Douve, 268.
Dyptique, 324.
Ecrevisse, 138-139, 140, 265.
Eperonnier Chinquis, 85, 733.
Escargot, 24.
Euplocomus erythropthalmus, 14-15.
Faisan, 1-6, 253-256, 264, 309.
— argenté, 309, 614-615.
— Argus, 92-93.
— doré, 155-156, 308-309.
— de Lady Amherst, 503-504, 613, 733.
— à queue rousse. Voy. *Euplocomus erythrophtalmus*.
— Swinhoë, 613, 732-733.
— vénéré, 41, 729-730, 733.
— versicolore, 109-110, 755-757
— de Vieillot, 89.
Fourmi, 158-159.
Friquet, 110-111, 112.

Gallinacés, 686-687.
Gourami, 239, 496, 735.
Grystes nigricans, 685.
Guaco, 232-235.
Hanneton, 411.
Hirondelle, 106-107, 110, 251-252, 260, 495.
Homard, 115-116.
Huître, 108, 145, 158, 266, 742-743, 748-749, 750-751
— de Portugal, 158, 176.
Hyperchiria Io, 189-190, 412-413.
Insectes, 171-173, 201-202, 208-209, 220, 244, 267, 323-324.
Lapin, 59-61.
Lavaret, 35.
Lièvre, 731.
Limace, 24.
Lophophore, 309, 599-600, 734.
Mammifères, 217, 404-411, 490-491, 689-691.
Martinet, 110.
Megachile, 112.
Moineau, 96-97, 111, 112, 132.
Mouton, 67-83, 330.
Oie du Canada, 206-207, 616.
Oiseaux, 22-24, 47, 156-157, 217, 229-230, 252-253, 264, 490, 681-682, 767-771.
Otis Tarda, 47.
Outarde barbue, 47.
Perdrix, 253-256, 746-747.
— brune. Voy. *Ptilopachus fuscus*.
— de Chine, 96, 693-715, 753-754.
Perruche, 40, 86-87, 90-91, 107, 175, 211-213, 221-225, 306-308, 495, 730, 731. 735.
Phylloxera, 21, 46, 153-154, 164.
Pigeon de Montauban, 29.
— ramier, 106, 393-394.
— romain, 333-344.
Pinson, 261.
Pleurodeles Waltii, 226-228.
Poissons, 53-54, 105, 139-140, 149-151, 158, 162-163, 198-199, 245, 310-311, 329-330, 602 605, 627, 683-684.
Porc, 59-61.
Poule, 95-96, 117-119, 113, 236.
— de Bréda, 40.
— de Houdan, 310.
Ptilopachus fuscus, 11-14, 600.
Rynchotis rufescens. Voy. Tinamou.
Salmo. Voy. Saumon.
Salmonide, 24-25, 34-36.
Samia Gloveri, 537.
— *Ceanothi*, 537.
Sangsue, 604-605.
Sarcelle, 240.
Saumon, 25, 30, 35, 36, 42, 98-99, 107-108, 112, 114-115, 133-135, 138, 148-149, 176-178, 188-189, 194-195, 199, 240, 241, 243-244, 265-266, 496-497, 498-499, 500-501, 735-742, 747-748.
Sericaria mori, 45-46, 46-47, 100, 323.
Singe, 491-493.
Sphinx atropos, 111, 315.
Stauronotus cruciatus, 115, 163.
Strongle, 1-6.
Talégalle, 121-126.
Tapir, 154-155, 250-251.
Tétranyque tisserand, 268.
Tinamou, 14, 600-601.
Tirotéros, 495.
Tortue, 244-245.
Tragopan satyre, 84-85, 88-89, 733.
— de Temminck, 84, 87-88, 733.
Truite, 199-200, 496, 499.
Vache, 330-331.
Vanneau, 495.
Ver blanc, 24.
Ver à soie, 408-410.
Vers à soie (Voy. *Attacus* et *Sericaria*).
Vigogne, 232-235.

INDEX ALPHABÉTIQUE DES VÉGÉTAUX

MENTIONNÉS DANS CE VOLUME.

Abies Canadensis, 56.
Acacia, 758-759.
Acer. Voy. Erable.
Ailante, 31, 192-193, 204, 257-258, 317-318, 320.
Algarobo, 113-114.
Algue, 266.
Areca catechu, 99.
Arracacha, 167-168.
Asclepias Syriaca, 248.
Aurantiacées, 357-358.
Bambou, 179, 242.
Blé, 183-184.
Cactées, 621-625.
Cedrela odorata, 394.
Cerfeuil bulbeux, 610.
Chamærops excelsa, 175-176.
Champac, 258.
Chêne, 37-38, 144, 217-218.
— vert, 22.
Chénopodées, 359.
Chou, 609, 612.
Cinchona, 745.
Composées, 359.
Conifères, 218, 359-360.
Coton, 109, 190.
Crucifères, 360-362.
Cucurbitacées, 363-366.
Cupressus thyoides, 56.
Cycadées, 366.
Cycas media, 119-120.
Dattier, 331-332.
Dioscorea batatas, 179.
Diospyros, 101-102, 387-391.
Dschugara, 325.
Ebénacées, 366-372.
Elæagnus edulis, 205.
Elæococca vernicia, 209.
Erable rouge, 54.
— à sucre, 54-55.
Eucalyptus, 16-19, 21-22, 32, 144-145, 202-204, 207-208, 313-314, 315-317, 502-503, 611-612, 687-688.
Eucalyptus amygdalina, 313-314.
— *coriacea*, 203.
— *coccifera*, 42-43.
— *colossea*, 39.
— *diversicolor*, 39.
— *pilularis*, 203.
Fenouil, 216.
Fève d'Agua dulce, 610-611.
Fougères, 372-373.
Graminées, 373-386.
Haricot, 30-31, 609.
Helianthus, 749.
Hickory, 38.
Igname, 142-143, 160, 501-502.
Kaki. Voy. *Diospyros*.
Lallementia, 325.
Larix americana, 56.
Latania Borbonica, 143.
Liliacées, 651-652.
Lichen, 331.
Légumineuses, 644-651.
Maïs, 42, 99-100, 143, 256-257.
Mélilot de Sibérie, 248.
Melon, 206, 612.
Metroxylon hermaphroditon, 143.
Michelia Champaca, 258.
Myrtacées, 652-653.
Navicula ostrearia, 145.
Opuntia, 623.
Orchidées, 117.
Palo Borracho, 745.
Persea gratissima, 258.
Picea balsamifera, 56.
Pêcher, 242.
Physalis, 760.
Pin de Sabine, 141.
Pinsapo, 141-142.
Pinus strobus, 55-56.
Polygonées, 653.
Pomme de terre, 30, 204-205, 744.
Quebracho, 113.
Quinquina, 745.
Radis, 609-610.
Rhamnus utilis, 41.

Rheum officinale. Voy. Rhubarbe du Thibet.
Rhubarbe du Thibet, 667-679.
Rosacées, 653-658.
Rosier, 52-53.
Saggina, 746, 758.
Sesamées, 658-659.
Soja, 191-192, 248-249, 256, 320, 414-471, 538-596.
Solanées, 127-131, 659-661.
Sorghum Halepense, 41-42.
Téosinté, 39.
Ternstræmiacées, 661-666.
Topinambour, 749.
Tomate, 610.
Végétaux, 32-33, 38-39, 54-56, 108-109, 166-167, 190-191, 314, 326-329, 349-386, 490, 625-627, 744-745, 770.
Vigne, 27, 394-395.
Yuchan, 745.
Zostère, 266.

TABLE ALPHABÉTIQUE DES AUTEURS

MENTIONNÉS DANS CE VOLUME.

A. G. *Bibliographie*. Die Hühnervögel (les Gallinacés), par M. C. Cronau, 686.

ANONYME. La Dschugara et le Lallementia, 325.

— Introduction du Black-bass (Grystes nigricans) en Angleterre, 685.

— Domestication du Bison pour la production du lait, 763.

B. *Bibliographie*. Etudes et voyages agricoles en France, en Allemagne, en Hollande, en Italie et en Suisse, par Eduardó Olivera, 505.

BARRAU DE MURATEL (de). Emploi de la Tannée pour les semis de chênes, 217.

BUREAU (Charles). Education d'*Attacus Prometheus*, 345.

— Une éducation de l'Hyperchiria Io en 1879, 412.

Cheptels de la Société, 397.

CLÉMENT (A.-L.). Educations de Bombyciens séricigènes, 629.

COURTOIS. Reproduction de diverses espèces de canards exotiques, 169.

CRETTÉ DE PALLUEL. *Procès-verbaux des sections.*

Séance du 27 janvier 1880, 47.

DECROIX. Influence de l'alimentation sur les produits animaux, 404.

DELAURIER aîné (A). Educations d'oiseaux exotiques faites à Angoulême en 1878 et 1879, 84.

DUPONT. Notes relatives aux Kakis cultivés Japonais, 387.

DUFORT (Aimé). *Notices bibliographiques et Analyses :*

— Le Rosier, par J. Lachaume, 52.

— Notice historique sur la pisciculture, par H. Bout, 53.

— Les orchidées, culture, propagation, nomenclature, par G. Delchevalerie, 117.

— Les plantes grasses, autres que les cactées, par M. Ch. Lemaire, 166.

DUFORT (Aimé). Le reboisement par les essences résineuses; mise en valeur des sols pauvres, par Alph. Fillon, 219.

— Nouveaux légumes d'hiver, par A. Paillieux et D. Bors, 326.

— Traité pratique de chimie et de géologie agricoles, par Stanislas Meunier, 392.

— Les cactées, par Ch. Lemaire, 621.

— Elevage des animaux de bassecour, par E. Lemoine, 769.

— La culture maraîchère, par A. Dumas, 770.

— *Bibliographie.* Journaux et revues, 54, 117, 167, 220, 329, 393, 506, 625, 689.

— *Bibliographie.* Publications nouvelles, 56, 120, 332, 395, 508, 628, 692.

ESTERNO (Vicomte d'). *Procès-verbaux des sections.*

Séance du 9 mars 1880, 264.

FALLOU (J). Tentative d'une éducation en plein air des Attacus Pernyi (G. Men) et Cecropia, 7.

— Education de divers lépidoptères séricigènes, 716.

GALLAIS (F.). Sur la Rhubarbe du Thibet, 667.

GEOFFROY-SAINT-HILAIRE (A.). Rapport sur les Récompenses, L.

— Situation financière du Jardin, LXIV.

GINESTOUS (comte de). *Procès-verbaux des sections.*

Séance du 3 février 1880, 162.

— du 16 mars 1880, 265.

GIRARD (Maurice). *Procès-verbaux des séances du conseil de la Société.*

Séance du 15 octobre 1880, 597.

GRISARD (Jules). *Procès-verbaux des sections.*

Séance du 24 février 1880, 216.

— du 6 avril 1880, 320.

GRISARD (Jules). *Procès-verbaux des séances du conseil de la Société.*
Séance du 26 juin 1880, 305.
— du 3 septembre 1880, 489.
— *Bibliographie.* Eucalyptographia, par M. le baron von Mueller, 687.
HÉNON (l'abbé). Quelques mots sur l'*Attacus Yama-maï*, 618.
HERVEY DE SAINT-DENYS (marquis d'). Reproduction en liberté des Talégalles, 121.
JEANNEL (J.). Note relative à l'éducation des Pigeons romains, 333.
LA PERRE DE ROO (de). Des prétendus effets néfastes des alliances consanguines, 57, 269, 509.
LAYENS (Georges de). Remarque sur la ventilation des Abeilles à l'entrée des ruches. — Sur l'eau recueilie par les Abeilles, 290
LE COUTEULX DE CANTELEU (le comte). Les chevaux de Dongola, 48.
LE DOUX (Christian). *Procès-verbaux des sections.*
Séances des 16, 23 et 30 décembre 1879 et des 6 et 12 janvier 1880, 45-47.
— 17 février 1880, 163.
— 23 mars 1880, 266.
— 4 mai 1880, 320.
LE MERRER (Jacques). Notes sur la reproduction de divers oiseaux exotiques (Ptilopachus fuscus, Rynchotis rufescens, Euplocomus erythrophtalmus), 11.
LEROY. Etude sur la Perdrix percheuse de Chine, 693.
MÈNE (Edouard). Des productions végétales du Japon, 349, 644.
MERLATO (Lucien). Sur l'incubation artificielle des œufs d'Autruche, 472.
MISSELBROOK. Note sur la reproduction du Faisan argus, 92.
MOREAU (le docteur). Les strongles du larynx chez les faisans, 1.
OLIVIER (L.). Note sur les insectes morts renfermés dans les laines en ballot, 171.
PAILLIEUX (A.). Le Soya, sa composition chimique, ses variétés, sa culture et ses usages, 414, 538.
PIERRON (docteur). Nouveau procédé d'éjointage, 229.
QUATREFAGES (de). Discours d'ouverture prononcé à la 23e séance publique annuelle, XV.
RAVERET-WATTEL (C.). Rapport sur les travaux de la Société en 1878, XXXV.
— *Procès-verbaux des séances générales :*
9 janvier 1880, 20.
23 — — 33.
6 février — 94.
20 — — 104.
5 mars — 132.
19 — — 147.
2 avril — 174.
16 — — 185.
30 — — 196.
14 mai — 231.
28 — — 249.
10 décembre — 726.
24 — — 750.
— Acclimatation à la Nouvelle-Zélande, 217.
ROUSSE. Elevage de diverses espèces de Perruches dans la Vendée, 221.
RUSS (le docteur). Reproduction d'oiseaux exotiques, 680.
SAINT-QUENTIN (de). Note sur une nouvelle solanée à tubercules comestibles, 127.
TOCHON (P.). Empoissonnement du lac de la Girotte, 683.
TROLLOPE. Une ferme à Autruches au Cap, 763.
VAILLANT (Léon). Sur la ponte et le développement du Pleurodeles Waltlii, observés à la ménagerie des reptiles du Muséum d'histoire naturelle, 226.
VOITELLIER. Entrave pour empêcher les oiseaux de voler, 767.
WAILLY (Alfred). Rapport sur certains Bombyciens séricigènes, 529.
WOOLLS WILLIAM. Sur les Eucalyptus, 16.

TABLE DES MATIÈRES

DOCUMENTS RELATIFS A LA SOCIÉTÉ

Organisation pour l'année 1880

Conseil d'administration V
Délégués de la Société en France et à l'étranger VI
Commission de publication VI
Commission des cheptels VI
Commission des finances VI
Commission médicale VII
Commission permanente des récompenses VII
Bureaux des sections VII
Vingt-cinquième liste supplémentaire des Membres VIII

VINGT-TROISIÈME SÉANCE PUBLIQUE ANNUELLE
DE LA SOCIÉTÉ D'ACCLIMATATION.

Procès-verbal de la vingt-troisième séance publique annuelle, tenue le 11 juin 1880, dans la salle du théâtre du Vaudeville XIV

Prix extraordinaires encore à décerner.

Généralités . . . . XVII-XIX
Prix perpétuel fondé par feu Mme GUÉRINEAU, née DELALANDE . . XIX
Prix fondé par feu AGRON DE GERMIGNY XIX
Première section. — Mammifères . . . . XIX-XXII
Prix perpétuel fondé par feu Mme Ad. DUTRÔNE, née GALOT XX
Deuxième section. — Oiseaux . . . . XXII-XXVI
Troisième section . . . . XXVI-XXVIII
Reptiles XXVI
Poissons XXVI
Mollusques XXVII
Crustacés XXVIII
Quatrième section. — Insectes . . . . XXVIII-XXX
Sériciculture XXIX
Apiculture XXX
Cinquième section. — Végétaux . . . . XXXI-XXXIV

Discours prononcés à la séance.

Procès-verbal de la séance.. XIV
DE QUATREFAGES. — Discours d'ouverture.......................... XV
Prix extraordinaires encore à décerner............................ XVIII
RAVERET-WATTEL. — Rapport sur les travaux de la Société en 1878... XXXV
A. GEOFFROY SAINT-HILAIRE. — Rapport sur les récompenses.......... L

GÉNÉRALITÉS.

A. GEOFFROY-SAINT-HILAIRE. — Situation financière du Jardin zoologique d'acclimatation LXIV
DE LA PERRE DE ROO. — Des prétendus effets néfastes des alliances consanguines.......................... 57, 269, 509
RAVERET-WATTEL. — Acclimatation à la Nouvelle-Zélande 217
Cheptels de la Société d'Acclimatation. — Règlement et liste des animaux et des plantes qui pourront être donnés en cheptel en 1880....... 397
DECROIX. — Influence de l'alimentation sur les produits animaux....... 404

PREMIÈRE SECTION. — MAMMIFÈRES.

Comte LE COUTEULX DE CANTELEU. — Les Chevaux de Dongola........ 48
Anonyme. — Domestication du Bison pour la production du lait....... 763

DEUXIÈME SECTION. — OISEAUX.

Docteur MOREAU. — Les strongles du larynx chez les Faisans......... 1
Jacques LE MERRER. — Note sur la reproduction d'oiseaux exotiques. — *Ptilopachus fuscus, Rynchotis rufescens, Euplocomus ehrythrophtalmus*.................................... 11
A. DELAURIER aîné. — Éducation d'oiseaux exotiques faites à Angoulême en 1878 et 1879 84
MISSELBROOK. — Note sur la reproduction du Faisan Argus............ 92
HERVEY DE SAINT-DENYS (marquis d'). — Reproduction en liberté des Talégalles.. 121
COURTOIS. — Reproduction de diverses espèces de Canards exotiques.... 169
ROUSSE. — Élevage de diverses espèces de Perruches dans la Vendée... 221
Docteur PIERRON. — Nouveau procédé d'éjointage.................. 229
J. JEANNEL. — Note relative à l'éducation des Pigeons romains......... 333
Lucien MERLATO. — Sur l'incubation artificielle des œufs d'Autruche.... 472
Docteur RUSS. — Reproduction d'oiseaux exotiques.................. 680
E. LEROY. — Étude sur la Perdrix percheuse de Chine................ 693
TROLLOPE. — Une ferme à Autruches au Cap.......................... 763
VOITELLIER. — Entrave pour empêcher les oiseaux de voler.......... 767

TROISIÈME SECTION. — POISSONS, CRUSTACÉS, ANNÉLIDES, ETC.

LÉON VAILLANT. — Sur la ponte et le développement du Pleurodeles Waltlii, observés à la ménagerie des reptiles du Muséum d'histoire naturelle........ 226
P. TOCHON. — Empoissonnement du lac de la Girotte........ 683
Anonyme. — Introduction du Black-Bass (Grystes nigricans) en Angleterre........ 685

QUATRIÈME SECTION. — INSECTES.

J. FALLOU. — Tentative d'une éducation en plein air des *Attacus Pernyi* (G. Men.) et Cecropia........ 7
Georges DE LAYENS. — Remarque sur la ventilation des Abeilles à l'entrée des ruches. — Sur l'eau recueillie par les abeilles........ 290
L. OLIVIER. — Note sur les insectes morts renfermés dans les laines en ballot. 171
Ch. BUREAU. — Éducation d'*Attacus Prometheus*........ 345
— Une éducation de l'hyperchiria Io en 1879........ 412
Alfred WAILLY. — Rapport sur certains bombyciens séricigènes........ 529
L'abbé HÉNON. — Quelques mots sur l'*Attacus Yama-maï*........ 618
A. L. CLÉMENT. — Éducation de bombyciens séricigènes........ 629
G. FALLOU. — Éducation de divers lépidoptères séricigènes........ 716

CINQUIÈME SECTION. — VÉGÉTAUX.

WOOLLS (William). — Sur les Eucalyptus........ 16
DE SAINT-QUENTIN. — Note sur une nouvelle solanée à tubercules comestibles........ 127
DE BARRAU DE MURATEL. — Emploi de la tannée pour les semis de Chênes. 217
Anonyme. — La Dschugara et le Lallementia........ 325
Édouard MENE. — Des productions végétales du Japon........ 349, 644
DUPONT. — Notes relatives aux Kakis cultivés japonais........ 387
A. PAILLIEUX. — Le Soya, sa composition chimique, ses variétés, sa culture et ses usages........ 414, 538
F. GALLAIS. — Sur la Rhubarbe du Thibet........ 667

EXTRAITS DES PROCÈS-VERBAUX.

PROCÈS-VERBAUX DES SÉANCES GÉNÉRALES DE LA SOCIÉTÉ.

Séance du 9 janvier 1880........ 20
— 23 janvier........ 33
— 6 février........ 94
— 20 février........ 104
— 5 mars........ 132
— 19 mars........ 147
— 2 avril........ 174
Séance du 16 avril 1880........ 185
— 30 avril........ 196
— 14 mai........ 231
— 28 mai........ 249
— 10 décembre........ 726
— 24 décembre........ 750

PROCÈS-VERBAUX DES SÉANCES DU CONSEIL.

Procès-verbal du 25 juin 1880.. 305
— 3 septembre.. 489
Procès-verbal du 15 octobre 1880. 597

PROCÈS-VERBAUX DES SÉANCES DES SECTIONS.

Séances des 16, 23 et 30 décembre 1879 45
— 6, 12 et 27 janv. 1880... 47
— 3, 17 et 24 fév. 162, 163, 216
Séances des 9, 16, 23 mars 1880 264, 265, 266
Séance du 6 avril 1880.... 320
— 4 mai.......... 320

BIBLIOGRAPHIE.

Aimé Dufort : *Notices bibliographiques et analyses.*
— Le Rosier, par J. Lachaume 52
— Notice historique sur la pisciculture, par H. Bout................ 53
— Les Orchidées : culture, propagation, nomenclature, par G. Delchevalerie 117
— Les plantes grasses, autres que les Cactées, par M. Ch. Lemaire.... 166
— Le reboisement par les essences résineuses; mise en valeur des sols pauvres, par Alph. Fillon.............................. 219
— Nouveaux légumes d'hiver, par A. Paillieux . Bois............ 326
— Traité pratique de chimie et de géologie agricoles, par Stanislas Meunier 392
— Les Cactées, par Ch. Lemaire.............................. 621
— Élevage des oiseaux de basse-cour, par E. Lemoine.............. 769
— La culture maraîchère, par A. Dumas.......................... 770
— Journaux et revues.... 54, 117, 167, 220, 329, 393, 506, 625, 689
— Publications nouvelles........... 56, 120, 332, 395, 508, 628, 692
B. — Études et voyages agricoles en France, en Allemagne, en Hollande, en Italie et en Suisse, par Éduardo Olivera...................... 505
A. G. — Die Hühnervögel (les Gallinacés), par M. C. Cronau......... 686
Jules Grisard. — Eucalyptographia, par M. le baron von Mueller..... 687

FIN DE LA TABLE DES MATIÈRES.

PARIS — IMPRIMERIE ÉMILE MARTINET, RUE MIGNON, 2.

EXTRAITS DES STATUTS & RÈGLEMENTS

Le but de la Société d'Acclimatation est de concourir :

1° A l'introduction, à l'acclimatation et à la domestication des espèces d'animaux utiles et d'ornement; 2° au perfectionnement et à la multiplication des races nouvellement introduites ou domestiquées; 3° à l'introduction et à la propagation des végétaux utiles ou d'ornement.

Le nombre des membres de la Société est illimité.

Les Français et les étrangers peuvent en faire partie.

Pour faire partie de la Société, on devra être présenté par trois membres sociétaires qui signeront la proposition de présentation.

Chaque membre paye :

1° Un droit d'entrée de 10 fr.;

2° Une cotisation annuelle de 25 fr., ou 250 fr. une fois payés.

La cotisation est due et se perçoit à partir du 1er janvier.

Chaque membre ayant payé sa cotisation recevra à son choix :

OU une carte qui lui permettra d'entrer au Jardin d'acclimatation et de faire entrer avec lui une autre personne;

OU une carte personnelle et DOUZE billets d'entrée au Jardin d'acclimatation dont il pourra disposer à son gré.

Les membres qui ne voudraient pas user de leur carte personnelle peuvent la déléguer.

Les sociétaires auront le droit d'abonner au Jardin d'acclimatation les membres de leur famille directe (femme, mères, sœurs et filles non mariées, et fils mineurs) à raison de 5 fr. par personne et par an.

Il est accordé aux membres un rabais de 10 pour 100 sur le prix des ventes (exclusivement personnelles) qui leur seront faites au Jardin d'acclimatation.

Le *Bulletin mensuel* et la *Chronique* de la Société sont gratuitement délivrés à chaque membre.

La Société confie des animaux et des plantes en cheptel.

Pour obtenir des cheptels, il faut :

1° Etre membre de la Société;

2° Justifier qu'on est en mesure de loger et de soigner convenablement les animaux et de cultiver les plantes avec discernement;

3° S'engager à rendre compte deux fois par an au moins des résultats **bons** ou **mauvais** obtenus et des observations recueillies;

4° S'engager à partager avec la Société les produits obtenus.

Indépendamment des cheptels la Société fait, dans le courant de chaque année, de nombreuses distributions, entièrement gratuites, des graines qu'elle reçoit de ses correspondants dans les diverses parties du globe.

La Société décerne, chaque année, des récompenses et encouragements aux personnes qui l'aident à atteindre son but.

(Le règlement des cheptels et la liste des animaux et plantes mis en distribution sont adressés gratuitement à toute personne qui en fait la demande par lettre affranchie.)

www.ingramcontent.com/pod-product-compliance
Lightning Source LLC
LaVergne TN
LVHW080954230826
846092LV00006B/1038
* 9 7 8 2 3 2 9 7 9 8 8 7 5 *